Das Cover zeigt die Kristallstruktur der Coproporphyrinogen III Dehydrogenase, eines Enzym der großen Radical-SAM (S-Adenosyl-Methionin) Proteinfamilie, das an der Hämbiosynthese beteiligt ist. Das Bild wurde freundlicherweise von Frau Prof. Dr. Gunhild Layer (Universität Freiburg) zur Verfügung gestellt.

Horton

Biochemie kompakt

5., überarbeitete und aktualisierte Auflage

Martina Jahn; Dieter Jahn;
Laurence A. Moran; H. Robert Horton;
K. Gray Scrimgeour; Marc D. Perry

Pearson

Bibliografische Information der Deutschen Nationalbibliothek
Die Deutsche Nationalbibliothek verzeichnet diese Publikation in der Deutschen Nationalbibliografie; detaillierte bibliografische Daten sind im Internet über *http://dnb.dnb.de* abrufbar.

Der Umwelt zuliebe verzichten wir auf Einschweißfolie.

10 9 8 7 6 5 4 3 2 1

23 22 21 20

ISBN 978-3-86894-347-4 (Buch)
ISBN 978-3-86326-842-8 (E-Book)

St.-Martin-Straße 82, D-81541 München

www.pearson.de
A part of Pearson plc worldwide

Übersetzung und Fachlektorat: Dr. Martina Jahn, Prof. Dr. Dieter Jahn
Korrektorat: Christian Schneider
Programmleitung: Mario Nast, mnast@pearson.de
Lektorat: Elisabeth Prümm, epruemm@pearson.de
Herstellung: Claudia Bäurle, cbaeurle@pearson.de
Satz: inpunkt[w]o, Haiger (www.inpunktwo.de)
Coverillustration: Prof. Dr. Gunhild Layer, Prof. Dr. Dieter Jahn
Druck und Verarbeitung: Neografia, a.s., Martin-Priekopa

Printed in Slovakia

Inhaltsübersicht

Inhaltsverzeichnis

Vorwort

Für Studierende und Lehrende

Dieses kompakte 600-Seiten-Lehrbuch der Biochemie basiert auf der 4. aktualisierten Auflage des über 1000 Seiten langen Biochemie-Lehrbuches von H. Robert Horton und Co-Autoren von 2008. Es beschreibt alle wesentlichen Bereiche der modernen Biochemie mit der nötigen Detailgenauigkeit und den zugehörigen biophysikalischen Grundlagen. Es richtet sich an Studierende und Lehrende der Lebenswissenschaften (Biologie, Biochemie, Biotechnologie, Chemie, Lebensmittelchemie) und der Medizin im Bachelor, Master bis in die Promotion hinein. Das Buch fokussierte sich bereits in seiner ursprünglichen Version von 2008 auf die chemischen und physikalischen Grundlagen der Biochemie. Das war sicher ein Alleinstellungs- und Qualitätsmerkmal, da es schon früh ein fundamentales Verstehen der biophysikalischen Grundlagen der Biochemie anstatt eines oft blanken Auswendiglernens fördern wollte. Das passte perfekt zu unserem Verständnis von Biochemie basierend auf glasklaren thermodynamischen und daraus abgeleiteten energetischen Grundlagen. Gleichzeitig ist eine solide chemische Grundkenntnis der Struktur und Eigenschaften der wichtigsten biochemischen Spieler (Proteine, Zucker, Fette) unerlässlich für ein Verständnis für deren komplexe, extrem schnelle und effiziente Interaktion im Stoffwechsel, der Basis allen Lebens. Für uns gilt: Metabolismus ist Leben! Gleichzeitig werden biologische Grundlagen (z. B. der Aufbau einer prokaryotischen und eukaryotischen Zelle) heute durch eigenständige Fächer der Lebenswissenschaften wie z. B. der Zellbiologie und Mikrobiologie abgedeckt. Moderne lebenswissenschaftliche Studiengänge bieten heute natürlich in ihren Veranstaltungen diese Grundlagen der Biologie, Biomedizin und Chemie an und nutzen dazu eigene Lehrbücher. Damit decken sie einige Kapitel und Abschnitte des alten Lehrbuches viel effizienter, grundlegender und einfach fachgerechter ab. Gleiches gilt für biochemische und gentechnologische Methoden. Vor diesem Hintergrund haben wir nun gezielt das ursprüngliche Lehrbuch systematisch gekürzt. Dazu wurden Lehrinhalte anderer, eigenständiger Fächer gestrichen, das Layout verändert und methodische Abschnitte und Kapitel, die üblicherweise schnell veralten, entfernt. Geschichtliche Aspekte der Biochemie wurden im ersten Kapitel gebündelt. Einige sehr spezielle medizinische Abschnitte wurden entfernt, da sie zum grundsätzlichen Verständnis der zu Grunde liegenden biochemischen Prozesse nichts beitrugen. Da die Biochemie eine dynamische Wissenschaft ist, war es nötig, erhebliche inhaltliche Ergänzungen vorzunehmen. So wurden zum Beispiel zentrale Stoffwechselwege um einige wichtige Enzymmechanismen ergänzt, die Liste der Cofaktoren komplettiert, alternative Formen der Atmung und Fermentation integriert. Die Liste der proteinogen Aminosäuren wurde ergänzt, Lipopolysaccharide und neue Mechanismen der translationalen Kontrolle werden erklärt. Trotzdem ist das Buch auf 600 Seiten reduziert worden und liegt so deutlich unter den meisten Standardwerken der Biochemie. Dabei war uns wichtig, keine wesentlichen inhaltlichen Abstriche zu machen und trotzdem seine Aktualität wiederherzustellen. Wir hoffen, dass wir mit diesem Buch unsere Begeisterung für die biochemischen Grundlagen des Lebens weitergeben können. Wir wünschen viel Spaß beim Lesen, Lehren und Lernen. Wir danken besonders folgenden Personen für ihre langjährige Inspiration und tatkräftige Mithilfe, ohne die dieses Buch wirklich nicht entstanden wäre: Prof. Dr. Dr. Klaus Seifart, Prof. Dr. Dieter Söll, Prof. Dr. Rolf Thauer, Prof. Dr. Wolfgang Buckel, Prof. Dr. Georg Fuchs, Prof. Dr. Erhard Bremer, Prof. Dr. Gunhild Layer, Dr. Jürgen Moser, Christina Nitzsche, Isabell Ramming, MSc. und Dominik Schuntermann, BSc.

Wolfenbüttel

Martina und Dieter Jahn

1 Eine kurze Geschichte der Biochemie

ÜBERBLICK

Die Grundlagen für die Entwicklung der Biochemie zu einer modernen Wissenschaft wurden bereits in den letzten Jahrhunderten gelegt. Noch vor dem Jahr 1900 erzielten Wissenschaftler große Fortschritte im Verständnis grundlegender chemischer Prinzipien, wie der Reaktionskinetik und der atomaren Zusammensetzung der Moleküle. Viele chemische Verbindungen, die von lebenden Organismen produziert werden, waren am Ende des 19. Jahrhunderts bereits bekannt. So isolierten 1805 Pierre-Jean Robiquet und Louis-Nicolas Vauquelin aus Spargelspitzen die erste Aminosäure, Asparaginsäure. Joseph Louis Proust entdeckte 1818 Leucin und Justus von Liebig 1846 Tyrosin. Im Jahr 1828 synthetisierte Friedrich Wöhler die organische Verbindung Harnstoff, indem er die anorganische Verbindung Ammoniumcyanat erhitzte. Dieses Experiment zeigte erstmals, dass Verbindungen, die ausschließlich in lebenden Organismen vorkamen, aus gewöhnlichen anorganischen Verbindungen hergestellt werden können. Viele Wissenschaftler datieren deshalb den Anfang der Biochemie auf die Harnstoffsynthese durch Wöhler.

Constantin Kirchhoff gelang es erstmals 1811 enzymatisch Zucker aus Stärke freizusetzen. Die zugehörige Enzymaktivität der α-Amylase (damals Diastase) zum Stärkeabbau wurde 1833 von Anselme Payen und Jean-François Persoz beschrieben. 1833 führte Eilhard Mitscherlich den Begriff „Ferment" ein. 1878 kreierte dann Wilhelm Friedrich Kühne den Begriff „Enzym" (das in der Hefe/dem Sauerteig enthaltene). Im Jahr 1897 zeigte Eduard Buchner, dass zellfreie Extrakte aus Hefezellen die Fermentation des Zuckers Glucose zu Alkohol und Kohlendioxid katalysieren konnten. Davor hielten die Wissenschaftler nur lebende Zellen für fähig, so komplexe biologische Reaktionen zu katalysieren. Die Natur biologischer Katalysatoren wurde von dem bekannten organischen Chemiker Emil Fischer, einem Zeitgenossen von Eduard Buchner, untersucht. Nach dem von Fischer vorgeschlagenen Modell sollten sich ein Enzym und sein Substrat (der Reaktant) während der Katalyse zu einem Zwischenprodukt zusammenlagern, wobei ein Molekül (Schlüssel) mit einer geeigneten Struktur als Substrat für ein bestimmtes Enzym (Schloss) dienen könnte (Schlüssel-Schloss-Prinzip). John H. Northop und Wendell M. Stanley zeigten 1930, dass Enzyme wie Pepsin, Trypsin und Chymotrypsin reine Proteine sind. Die erste Proteinstruktur von Myoglobin wurde von John C. Kendrew 1958 aufgeklärt, der dafür zusammen mit Max Perutz den Nobelpreis erhielt. Stanford Moore und Howard Stein entschlüsselten Ende der 50er-Jahre die erste Aminosäuresequenz eines Proteins, der Ribonuclease A. Schließlich gelang 1969 Robert Bruce Merrifield die Synthese der gesamten Aminosäuresequenz der Ribonuclease mit der nach ihm benannten Synthesetechnik. Zur selben Zeit gelang dies auch Ralph F. Hirschmann und Robert G. Denkewalter.

Friedrich Wöhler (1800–1882). Durch die Synthese von Harnstoff hat Wöhler gezeigt, dass Verbindungen, die in lebenden Organismen vorkommen, im Labor aus anorganischen Substanzen hergestellt werden können.

Frederick Sanger (1918–2013). Sanger bekam für seine Arbeiten zur Sequenzierung von Proteinen 1956 den Nobelpreis für Chemie verliehen. Im Jahr 1980 wurde er für die Entwicklung von Methoden zur Sequenzierung von DNA zum zweiten Mal mit dem Nobelpreis für Chemie geehrt.

Linus Pauling (1901–1994). Pauling erhielt den Nobelpreis für Chemie im Jahr 1954 sowie den Friedensnobelpreis im Jahr 1962.

Eduard Buchner (1860–1917). Buchner wurde im Jahr 1907 für seine biochemischen Forschungen zur zellfreien Fermentation mit dem Nobelpreis für Chemie geehrt.

Dorothy Crowfoot Hodgkin (1910–1994). Hodgkin bekam 1964 den Nobelpreis für Chemie für die Aufklärung der Struktur von Vitamin B_{12}. Im Jahr 1969 veröffentlichte sie die Struktur von Insulin.

Christian B. Anfinsen (1916–1995). Anfinsen wurde für seine Arbeiten zur Rückfaltung von Proteinen 1972 der Nobelpreis für Chemie verliehen.

Emil Fischer (1852–1919). Fischer hat viele Beiträge zu unserem Verständnis der Strukturen und Funktionen biologischer Moleküle geleistet. Er entwickelte das Schlüssel-Schloss-Prinzip der Enzym-Substrat-Wechselwirkung. Im Jahr 1902 erhielt er für seine Arbeiten zum Stoffwechsel von Zuckern und Purinen den Nobelpreis für Chemie.

Max Perutz (1914–2002, links) und **John C. Kendrew (1917–1997, rechts).** Kendrew bekam im Jahr 1962 den Nobelpreis für Chemie für die Bestimmung der Struktur von Myoglobin. Im selben Jahr wurde Perutz für die Aufklärung der Struktur von Hämoglobin ebenfalls mit dem Nobelpreis für Chemie geehrt.

Sir Walter Norman Haworth (1883–1950). Haworth wurde im Jahr 1937 für seine Arbeiten zu den Strukturen von Kohlenhydraten und zur Synthese von Vitamin C mit dem Nobelpreis für Chemie geehrt.

Hans Adolf Krebs (1900–1981). Krebs wurde im Jahr 1953 für die Entdeckung des Citronensäurezyklus der Nobelpreis für Physiologie oder Medizin verliehen.

Peter Mitchell (1920–1992). Mitchell wurde im Jahr 1978 für seinen Beitrag zum Verständnis der biologischen Energieübertragung durch die Formulierung der chemiosmotischen Theorie mit dem Nobelpreis für Chemie geehrt.

Melvin Calvin (1911–1997). Calvin wurde im Jahr 1961 für seine Arbeiten über die CO_2-Assimilation in Pflanzen der Nobelpreis für Chemie verliehen.

Arthur Kornberg (1918–2007). Kornberg wurde im Jahr 1959 zusammen mit Severo Ochoa (1905–1993) für die Entdeckung der Mechanismen bei der biologischen Synthese von Ribonucleinsäuren und Desoxyribonucleinsäuren mit dem Nobelpreis für Physiologie oder Medizin ausgezeichnet.

Jacques Monod (1910–1976, links) und François Jacob (1920–2013, rechts). Jacob und Monod wurden im Jahr 1965 für ihre Arbeiten zur genetischen Kontrolle der Synthese von Enzymen mit dem Nobelpreis für Physiologie oder Medizin ausgezeichnet.

Friedrich Miescher isolierte 1869 bei Hoppe-Seyler in Tübingen aus weißen Blutkörperchen die ersten Nucleinsäuren (DNA/RNA) und nannte sie „Nuclein", da sie im Zellkern (Nucleus) der Zellen vorkamen. Der Begriff Nucleinsäure stammt dann von Richard Altmann aus dem Jahre 1889. Albrecht Kossel entdeckte 1885 Adenin, 1983 Guanin, 1894 Thymin und 1903 Cytosin und Uracil. Phoebus Levene beschrieb 1908 die Verknüpfung der Nucleinsäuren über eine Pentose und Phosphat.

Die Identifizierung von Nucleinsäuremolekülen als Träger der genetischen Information gelang im Jahr 1944 Oswald Avery, Colin MacLeod und Maclyn McCarty. Sie isolierten Desoxyribonucleinsäure (DNA, engl. *deoxyribonucleic acid*) aus einem toxischen Stamm des Bakteriums *Streptococcus pneumoniae* und vermischten die DNA mit einem nichttoxischen Stamm des gleichen Organismus. Der nichttoxische Stamm wurde dadurch dauerhaft in einen toxischen Stamm umgewandelt. Im Jahr 1953 klärten James D. Watson und Francis H. C. Crick die grundlegende dreidimensionale Struktur der DNA auf. Diese Struktur legte Watson und Crick sofort einen Mechanismus nahe, nach dem sich die DNA selbst vervielfältigen (replizieren) und somit genetische Information auf nachfolgende Generationen übertragen könnte. Die weitere Forschung zeigte, dass die in der DNA codierte Information auf Ribonucleinsäure (RNA, engl. *ribonucleic acid*) übertragen (transkribiert) und dann in die Aminosäuresequenz von Proteinen übersetzt (translatiert) wird.

Der erste biochemische Stoffwechselweg, der aufgeklärt werden konnte, war die Glycolyse, die von Arthur Harden und William John Young 1905 schrittweise identifiziert wurde. Gustav Embden schlug 1932 erstmals eine Reaktionsfolge für die Glycolyse vor. Die Rolle des Adenosintriphosphates (ATP) als Energieträger und weitere Schritte wurden von Otto Meyerhof und Jakub Karol Parnas erkannt. Zu ihren Ehren wird die Glycolyse auch Embden-Meyerhof-Parnas-Weg genannt. Alle drei arbeiteten mit Muskelzellen, während die Glycolyse in der Hefe von Otto Warburg und Hans Euler-Chelpin aufgeklärt wurde, wofür die beide einen Nobelpreis erhielten (1931 und 1929).

Tabelle 1.1

Nobelpreise für biochemische Entdeckungen

Nobelpreisträger	Jahr/Disziplin	Entdeckung
E. Fischer	1902 – Chemie	Zuckerchemie
Buchner	1907 – Chemie	Zellfreie Gärung
Kossel	1910 – Medizin	Zellkernfunktion
Willstätter	1915 – Chemie	Chlorophyll
Meyerhoff	1922 – Medizin	Glycolyse
Banting, MacLeod	1923 – Medizin	Insulin
Svedberg	1926 – Chemie	Molekülmasse von Proteinen
Windaus	1928 – Chemie	Sterole
Harden, Euler-Chelpin	1929 – Chemie	Glycolytische Enzyme
Eijkman, Hopkins	1929 – Medizin	Thiamin
H. Fischer	1930 – Chemie	Häm und Chlorophyll
Warburg	1931 – Chemie	Atmungskette
Morgan	1933 – Medizin	Chromosomenstruktur
Hallett Dale, Loewi	1936 – Medizin	Neurotransmitter
Haworth, Karrer	1937 – Chemie	Vitaminstrukturen
Szent-Györgyi	1937 – Medizin	Vitamin C
Kuhn	1938 – Chemie	Carotinoide und Vitamine
Butenandt, Ruzicka	1939 – Chemie	Steroidhormone
Domagk	1939 – Medizin	Sulfonamide als Antibiotika
Dam, Doisy	1943 – Medizin	Vitamin K
Fleming, Chain, Florey	1945 – Medizin	Penicillin
Sumner, Northrop, Stanley	1946 – Chemie	Reindarstellung von Proteinen
Robinson	1947 – Chemie	Pflanzliche Alkaloide
Cori, Cori, Houssay	1947 – Medizin	Glycogenbiochemie
Kendall, Reichstein, Hench	1950 – Medizin	Cortison
Waksman	1952 – Medizin	Streptomycin
Krebs, Lipmann	1953 – Medizin	Citronensäurezyklus, ATP
Vigneaud	1955 – Chemie	Peptidhormon Oxytocin
Theorell	1955 – Medizin	Redoxenzyme
Todd	1956 – Chemie	Nucleotidcofaktoren
Sanger	1958 – Chemie	Proteinsequenzierung

Nobelpreise für biochemische Entdeckungen

Nobelpreisträger	Jahr/Disziplin	Entdeckung
Beadle, Tatum, Lederberg	1958 – Medizin	Genfunktion
Ochoa, Kornberg	1959 – Medizin	Biosynthese der DNA und RNA
Calvin	1961 – Chemie	Photosynthese
Perutz, Kendrew	1962 – Chemie	Hämoglobin-Struktur
Crick, Watson, Wilkens	1962 – Medizin	DNA-Struktur
Hodgkin	1964 – Chemie	Vitamin-B_{12}-Struktur
Bloch, Lynen	1964 – Medizin	Fettstoffwechsel
Jacob, Lwoff, Monod	1965 – Medizin	Genregulation
Holley, Khorana, Nirenberg	1968 – Medizin	Genetische Codes, erstes synthetisches Gen
Delbrück, Hershey, Luria	1969 – Medizin	Virusbiologie
Leloir	1970 – Chemie	Polysaccharidbiosynthese
Sutherland	1971 – Medizin	cAMP
Anfinsen, Moore, Stein	1972 – Chemie	RNase-Struktur
Edelman, Porter	1972 – Medizin	Antikörperstruktur
Cornforth, Prelog	1975 – Chemie	Enzymkatalyse
Baltimore, Dubecco, Temin	1975 – Medizin	Viren-Molekularbiologie
Mitchell	1978 – Chemie	Chemiosmotische Theorie
Arber, Nathans, Smith	1978 – Medizin	Restiktionsenzyme
Berg, Gilbert, Sanger	1980 – Chemie	DNA-Technologie
Klug	1982 – Medizin	Nucleosomenstruktur
McClintock	1983 – Medizin	Transposons
Merrifield	1984 – Chemie	Peptidsynthese
Brown, Goldstein	1985 – Medizin	Cholesterinstoffwechsel
Deisenhofer, Huber, Michel	1988 – Chemie	Photosynthese
Altman, Cech	1989 – Chemie	Katalytische RNA
E. H. Fischer, Krebs	1991 – Medizin	Proteinphosphorylierung
Mullis, Smith	1993 – Chemie	PCR
Roberts, Sharp	1993 – Medizin	RNA-Spleißen
Gilman, Rodbell	1994 – Medizin	G-Proteine
Boyer, Walker, Skou	1997 – Chemie	ATP-Synthase
Blobel	1999 – Medizin	Proteintransport
Fenn, Tanaka, Wüthrich	2002 – Chemie	Protein NMR
Ciechanover, Hershko, Rose	2004 – Chemie	Proteinabbau
Kornberg	2006 – Chemie	Transkription
Ahimomura, Chalfie, Tsien	2008 – Chemie	Grün fluoreszierendes Protein (GFP)
Ramakrishnan, Steitz, Yonath	2009 – Chemie	Ribosomenstruktur
Greider, Szostak, Edwards	2009 – Medizin	Telomerase
Lindahl, Modrich, Sancar	2015 – Chemie	DNA-Reparatur

1937 postulierte Hans Adolf Krebs einen Weg zum Abbau von Pyruvat, den Citronensäurezyklus (Tricarbonsäurezyklus, Krebs-Zyklus). Er nutzte zur Untersuchung die Flugmuskulatur von Tauben, die besonders hohe oxidative Aktivitäten zeigte. Die Cytochrom-*c*-Oxidase (Atmungsferment) als Bestandteil der Atmungskette zur ATP-Gewinnung wurde von Otto Warburg entdeckt, der dafür 1931 den Nobelpreis erhielt. 1941 stellte Fritz A. Lipmann eine allgemeine Theorie zum Energietransfer durch ATP auf. 1960 postulierte Peter D. Mitchell seine chemiosmotische Theorie zur Kopplung eines pH/Ionen-Gradienten an einer Membran mit der ATP-Gewinnung, die lange sehr umstritten blieb. Paul Delos Boyer schlug 1989 ein Funktionsmodell für die ATP-Synthase vor, das 1993 durch die Kristallstruktur des Enzyms von John E. Walker bestätigt wurde. Alle drei bekamen dafür den Nobelpreis. Die Aufklärung der Photosynthese begann mit der Entdeckung und Strukturaufklärung des Chlorophylls durch Richard Willstätter (Nobelpreis 1915). Die Sauerstoffentwicklung bei der Photosynthese entdeckte Robert Hill und er leitete daraus eine Funktionsgleichung für den lichtgetriebenen Prozess ab. Melvin Calvin zeigte Anfang der 50er-Jahre, wie CO_2 über Ribose-1,5-diphosphat fixiert wird (Calvin-Zyklus, Nobelpreis 1961). Die Strukturbiologen Johann Deisenhofer, Robert Huber und Hartmut Michel klärten schließlich erstmal die dreidimensionale Struktur eines Photosystems auf (Nobelpreis 1988).

AUSGEWÄHLTE LITERATUR

Liste der Nobelpreisträger und Begründung für Auswahl

https://www.nobelprize.org/prizes/lists/all-nobel-laureates-in-physiology-or-medicine

https://www.nobelprize.org/prizes/chemistry

Ausführliche Begründung des Nobelpreiskomitees der wissenschaftlichen Beiträge der Nobelpreisträger der Medizin und Chemie.

Geschichte der Biochemie

Schling-Brodersen, U., Bonk, M. 1999. Geschichte der Biochemie, *Lexikon der Biologie, Spectrum.de.*

https://www.spektrum.de/lexikon/biologie/geschichte-der-biochemie/8574

Sehr detaillierte Darstellung der Geschichte der Biochemie mit vielen Querverweisen.

Wasser – Basis allen Lebens

2

ÜBERBLICK

Das Leben auf der Erde wird häufig als kohlenstoffbasiertes Phänomen beschrieben, aber es wäre ebenso zutreffend, es als wasserbasiertes Phänomen zu betrachten. Das Leben ist vor mehr als drei Milliarden Jahren wahrscheinlich im Wasser entstanden und die Existenz aller lebenden Zellen hängt noch heute von Wasser ab. In den meisten Zellen ist Wasser das häufigste Molekül, das für 60 bis 90 Prozent der Masse einer Zelle verantwortlich ist. Es gibt davon nur wenige Ausnahmen, wie zum Beispiel Samen und Sporen, aus denen das Wasser gezielt entfernt wird. So können diese lange Zeit in einem Ruhezustand verbringen, bevor sie durch die Zugabe von Wasser wieder zum Leben erweckt werden.

Für das Studium der Biochemie sind die Kenntnis des Wassers und das Verständnis für das Wasser und seine Eigenschaften von besonderer Bedeutung. Die makromolekularen Komponenten der Zelle, also die Proteine, Polysaccharide, Nucleinsäuren und Membranen, nehmen ihre charakteristischen dreidimensionalen Strukturen durch den Kontakt mit den Molekülen der wässrigen Umgebung an. Einige Moleküle treten in starke anziehende Wechselwirkungen mit Wassermolekülen und sind deswegen sehr gut wasserlöslich (griech. hydrophil). Andere Moleküle sind dagegen in Wasser nur schwer löslich (griech. hydrophob) und tendieren dazu, sich untereinander zusammenzulagern, um den Kontakt mit den Wassermolekülen zu minimieren. Ein großer Teil der Stoffwechselmaschinerie muss in wässriger Umgebung arbeiten, weil Wasser sowohl ein essenzielles Lösungsmittel als auch ein Substrat für viele zelluläre Reaktionen darstellt.

2.1 Die Polarität des Wassermoleküls

Ein Dipol-Molekül ist ein elektrisch neutrales Molekül, in dem die Elektronen unsymmetrisch verteilt sind, weshalb sich ein Dipol ausbildet. Die Schwerpunkte der positiven und der negativen Ladungen fallen also örtlich nicht zusammen, sodass das Molekül eine Polarität mit einem positiven und einem negativen Pol aufweist. Es handelt sich um eine polare Atombindung. Neben polaren Atombindungen tragen auch freie Elektronenpaare zur Polarität bei. Das Produkt aus Ladungsdifferenz und Ladungsabstand bezeichnet man als Dipolmoment. Das Wassermolekül besitzt eine gewinkelte, V-förmige Gestalt (▶ *Abbildung 2.1a*). Der Winkel zwischen den beiden kovalenten O–H-Bindungen beträgt 104,5°. Einige wichtige Eigenschaften des Wassers resultieren aus seiner gewinkelten Form und den intermolekularen Bindungen, die es bilden kann. Ein Sauerstoffatom besitzt acht Elektronen und sein Kern besteht aus acht Protonen und acht Neutronen. Zwei der acht Elektronen besetzen die innere Schale ($1s$) und sechs Elektronen die äußere Schale ($2s$ und $2p_{xyz}$), die sogenannte Valenzschale.

Die Valenzschale kann potenziell bis zu vier Elektronenpaare in zwei *s*- und drei *p*-Orbitalen aufnehmen. Allerdings können die Struktur des Wassers und seine Eigenschaften besser erklärt werden, wenn man annimmt, dass sich die vier Valenzorbitale zu vier gleichartigen, sogenannten sp^3-Hybridorbitalen vermischen. Diese vier Hybridorbitale am Sauerstoffatom weisen in die Ecken eines Tetraeders, in dessen Zentrum sich das Sauerstoffatom befindet. Zwei der vier sp^3-Orbitale sind nur mit einem Elektron besetzt, sodass sie für die kovalente Bindung zu jeweils einem anderen Atom verwendet werden können. Eine solche Bindung entsteht durch die Überlappung eines dieser Orbitale mit einem ebenfalls nur halb besetzten Orbital eines anderen Atoms. Im Wasser bestehen zwei dieser kovalenten Bindungen zu verschiedenen Wasserstoffatomen, die ihr einzelnes Elektron durch die Überlappung des $1s$-Orbitals mit einem der oben beschriebenen, nur einfach besetzten sp^3-Orbitale mit dem Sauerstoffatom teilen. In ▶ *Abbildung 2.1b* wird jedes

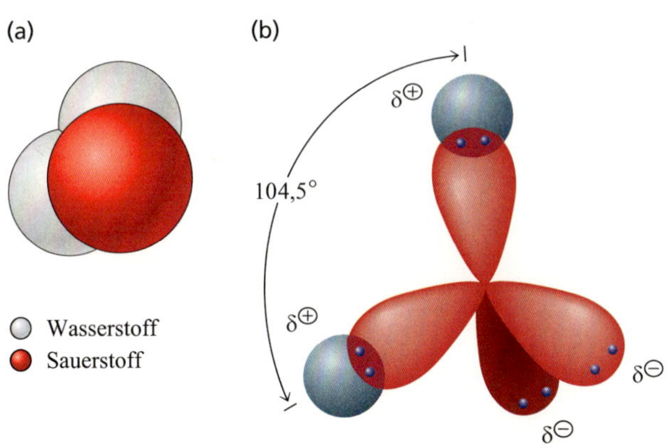

Abbildung 2.1: Struktur des Wassermoleküls. (a) Kalottenmodell (Kugelmodell) eines Wassermoleküls. (b) Winkel zwischen den kovalenten Bindungen eines Wassermoleküls. Zwei der sp^3-Hybridorbitale des Sauerstoffatoms sind an kovalenten Bindungen zu Wasserstoffatomen beteiligt, die durch die Überlappung mit dem $1s$-Orbital des jeweiligen Wasserstoffatoms gebildet werden. Die anderen beiden sp^3-Hybridorbitale werden durch freie Elektronenpaare besetzt.

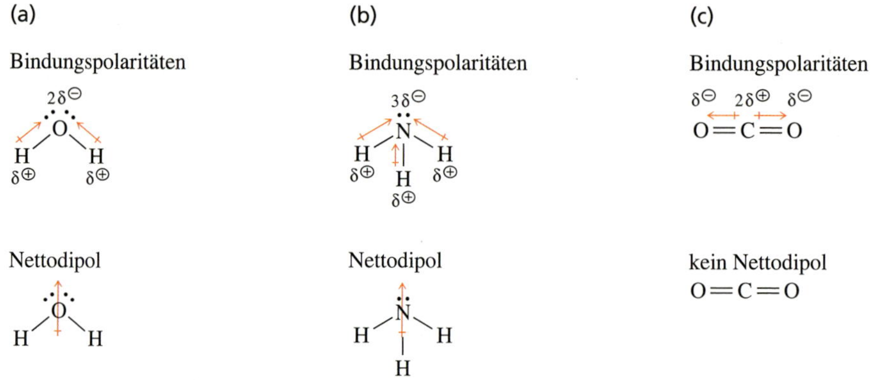

Abbildung 2.2: Polarität von kleinen Molekülen. (a) Die gewinkelte Anordnung der polaren kovalenten Bindungen im Wassermolekül führt zu einem permanenten Dipol im gesamten Molekül. Dabei trägt das Sauerstoffatom eine negative Partialladung (symbolisiert durch 2δ⊖) und jedes Wasserstoffatom weist eine positive Partialladung auf (symbolisiert durch δ⊕). (b) Die pyramidale Gestalt des Ammoniakmoleküls resultiert auch in einem permanenten Dipol. (c) Die Polaritäten der beiden kollinearen Bindungen im Kohlendioxid heben sich gegenseitig auf. Deswegen ist das CO_2-Molekül nicht polar. Die roten Pfeile repräsentieren Dipole, mit der Pfeilspitze am negativen und einem Kreuz am positiven Pol.

Elektronenpaar durch zwei kleine dunkelblaue Kugeln repräsentiert. Man erkennt, dass jedes sp^3-Hybridorbital des Sauerstoffatoms mit zwei Elektronen voll besetzt ist, einschließlich der Elektronen von den Wasserstoffatomen. Auch die Valenzschalen der beiden Wasserstoffatome sind durch die Elektronen, die sie sich mit dem Sauerstoffatom teilen, voll besetzt. Würden die sp^3-Orbitale des Sauerstoffs wirklich exakt in die Ecken eines idealen Tetraeders weisen, müsste der H–O–H-Bindungswinkel im Wassermolekül 109,5° betragen. Tatsächlich beträgt er aber nur 104,5°. Diese Abweichung wird gewöhnlich mit der starken elektrostatischen Abstoßung zwischen den beiden freien Elektronenpaaren am Sauerstoffatom erklärt, die zu einem Zusammenschieben der beiden kovalenten Bindungen und somit zu einer Verkleinerung des Bindungswinkels von 109,5° auf 104,5° führt. Der Kern eines Sauerstoffatoms zieht die Elektronen in der Valenzschale stärker an als das einzelne Proton im Kern eines Wasserstoffatoms. Deswegen ist die Elektronegativität des Sauerstoffs größer als die des Wasserstoffs und die Elektronen der kovalenten Bindung werden näher zum Sauerstoffatom hingezogen. Infolgedessen ist die Ladung in den O–H-Bindungen des Wassermoleküls ungleich zwischen den Atomen verteilt und das Sauerstoffatom trägt eine negative Partialladung (δ⊖), während das Wasserstoffatom eine positive Partialladung (δ⊕) aufweist. Die ungleichmäßige Verteilung der Elektronen beziehungsweise Ladung innerhalb einer Bindung resultiert in einem Bindungsdipol. Deswegen nennt man eine solche Bindung polare Bindung.

Die Polarität des gesamten Moleküls hängt sowohl von der Polarität seiner kovalenten Bindungen als auch von seiner Geometrie ab. Wegen der gewinkelten Anordnung seiner polaren O–H-Bindungen ist das Wassermolekül als Ganzes ein permanenter Dipol (▶ *Abbildung 2.2a*). Aus denselben Gründen stellt auch das Ammoniakmolekül einen permanenten Dipol dar (▶ *Abbildung 2.2b*). Sowohl das Wasser- als auch das Ammoniakmolekül sind also polar, obwohl sie insgesamt elektrisch neutral sind. Die hohe Löslichkeit von Ammoniak in Wasser resultiert unter anderem aus den starken polaren Wechselwirkungen mit den Wassermolekülen. Die gute Löslichkeit von Ammoniak in Wasser demonstriert das Prinzip, dass „Gleiches sich in Gleichem löst". Aber längst nicht alle Moleküle sind polar. Kohlendioxid enthält zum Beispiel polare kovalente Bindungen, aber die Bindungsdipole, die beide den gleichen Betrag aufweisen, sind in einer Reihe angeordnet und entgegengesetzt orientiert, sodass sie sich vektoriell zu null addieren und damit gegenseitig aufheben (▶ *Abbildung 2.2c*). Infolgedessen besitzt Kohlendioxid keinen Nettodipol und ist wesentlicher weniger gut in Wasser löslich als zum Beispiel Ammoniak.

2.2 Wasserstoffbrückenbindungen im Wasser

Eine der wichtigsten Folgen der Polarität der Wassermoleküle besteht in ihrer gegenseitigen Anziehung. Die elektrostatische Anziehung zwischen dem partiell positiv geladenen Wasserstoff eines Wassermoleküls und dem partiell negativ geladenen Sauerstoff eines anderen Wassermoleküls, beziehungsweise einem seiner freien Elektronenpaare in einem der sp^3-Orbitale, resultiert in einer schwachen Bindung zwischen den beiden Molekülen (▶ *Abbildung 2.3a*).

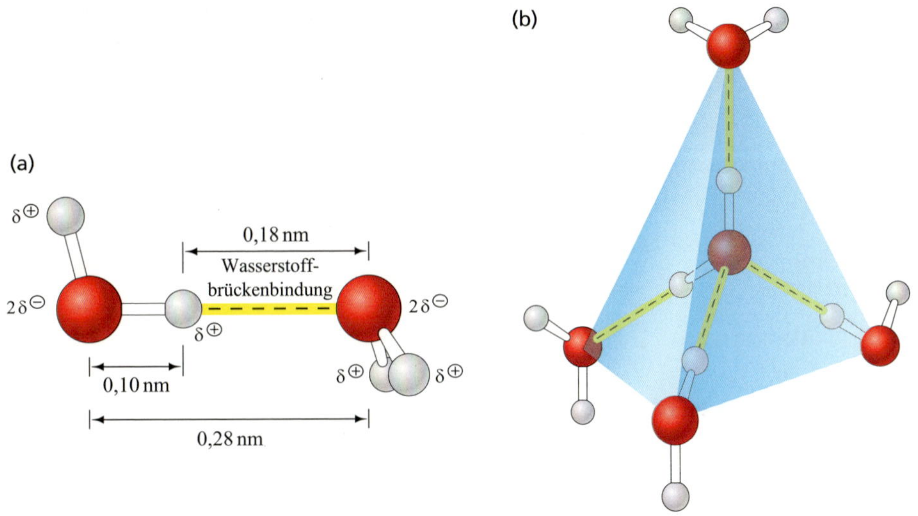

Abbildung 2.3: Wasserstoffbrückenbindung zwischen Wassermolekülen. (a) Ein partiell positiv (δ⊕) geladenes Wasserstoffatom eines Wassermoleküls und das partiell negativ (2δ⊖) geladene Sauerstoffatom eines anderen Wassermoleküls ziehen sich gegenseitig an. Das Ergebnis ist eine Wasserstoffbrückenbindung. Hier ist der Abstand zwischen den Atomen zweier benachbarter Wassermoleküle in Eis gezeigt. Wasserstoffbrücken werden durch gestrichelte Linien dargestellt und hier, sowie im gesamten Buch, gelb hervorgehoben. (b) Ein Wassermolekül kann bis zu vier Wasserstoffbrücken bilden. Das Sauerstoffatom eines Wassermoleküls dient dabei als Wasserstoffakzeptor für zwei Wasserstoffatome und jede O–H-Gruppe fungiert als ein Wasserstoffdonor.

Eine solche Bindung wird Wasserstoffbrückenbindung oder kurz Wasserstoffbrücke genannt. In einer Wasserstoffbrückenbindung zwischen zwei Wassermolekülen bleibt das Wasserstoffatom kovalent an sein ursprüngliches Sauerstoffatom, den sogenannten Wasserstoffdonor, gebunden. Gleichzeitig wird es von dem Sauerstoffatom eines anderen Wassermoleküls, bezeichnet als Wasserstoffakzeptor, elektrostatisch angezogen. Das Ergebnis ist eine (ungleichmäßige) Zuordnung des Wasserstoffatoms zu beiden Sauerstoffatomen. Der Abstand des Wasserstoffatoms vom Akzeptor-Sauerstoff ist etwa doppelt so groß wie die Länge der kovalenten Bindung zum Donor-Sauerstoff. Wasser ist nicht das einzige Molekül, das Wasserstoffbrückenbindungen bilden kann. Diese Wechselwirkung kann vielmehr zwischen jedem Atom auftreten, welches eine negative Partialladung trägt, sowie einem Wasserstoffatom, das an ein ausreichend elektronegativeres Atom gebunden ist. Wasserstoffbrücken sind wesentlich schwächer als typische kovalente Bindungen. Die Stärke einer Wasserstoffbrücke in Wasser und in Lösungen ist einer direkten Messung kaum zugänglich, aber sie wird auf etwa 20 kJ mol^{-1} geschätzt. Die Standardreaktionsenthalpie für die Bildung einer Wasserstoffbrückenbindung zwischen zwei Wassermolekülen in Wasser beträgt demnach etwa –20 kJ mol^{-1}.

$$\mathrm{H{-}O{-}H + H{-}O{-}H \rightleftharpoons (H)O{-}H\cdots O(H)_2} \qquad \Delta H^{\circ\prime}_{\text{Reaktion}} = -20\ \text{kJ mol}^{-1} \tag{2.1}$$

Wenn also unter Standardbedingungen in Wasser eine Wasserstoffbrückenbindung zwischen zwei Wassermolekülen gebildet wird, kommt es zur Freisetzung einer Wärmemenge von 20 kJ mol^{-1}. Standardbedingungen bedeuten in der Biochemie einen äußeren Druck von 1 bar, eine Temperatur von 25 °C und eine Konzentration von 1 M sowohl der Reaktanten als auch der Produkte. Für die Aufspaltung der Wasserstoffbrücken, also für die Rückreaktion in ▸*Gleichung 2.1*, müssen demzufolge 20 kJ mol^{-1} zugeführt werden. Der genaue Wert hängt von der Art der jeweiligen Wasserstoffbrücke ab. Im Gegensatz dazu beträgt die Bindungsenergie – das ist die Energie, die zur Spaltung einer Bindung benötigt beziehungsweise bei ihrer Bildung freigesetzt wird – einer kovalenten O–H-Bindung im Wassermolekül etwa 460 kJ mol^{-1}. Die Bindungsenergie einer C–H-Bindung beläuft sich auf etwa 410 kJ mol^{-1}. Die Stärke einer Wasserstoffbrückenbindung erreicht somit nur etwa fünf Prozent der Stärke einer kovalenten Bindung. Die Ausrichtung der beteiligten Moleküle ist für eine Wasserstoffbrückenbindung von großer Bedeutung. Eine Wasserstoffbrücke ist am stabilsten, wenn das Wasserstoffatom, der Wasserstoffdonor und der Wasserstoffakzeptor wenigstens annähernd auf einer Geraden liegen. Ein einzelnes Wassermolekül kann Wasserstoffbrücken zu bis zu vier anderen Wassermolekülen bilden (▶*Abbildung 2.3b*), und zwar als Donor über seine beiden Wasserstoffatome und als Akzeptor über die beiden freien Elektronenpaare am Sauerstoffatom. Jedes Wasserstoffatom kann nur an einer Wasserstoffbrücke beteiligt sein.

Die Untersuchung der dreidimensionalen Wechselwirkungen in flüssigem Wasser ist eine schwierige Aufgabe, aber viele Erkenntnisse konnten aus der Struktur von Eiskristallen gewonnen werden (▶*Abbildung 2.4*). In der häufigsten Form des Eises ist jedes Wassermolekül wie erwartet an vier Wasserstoffbrücken beteiligt. Jede der vier Wasserstoffbrücken zeigt auf das Sauerstoffatom eines benachbarten Wassermoleküls. Diese vier Sauerstoffatome besetzen die Ecken eines Tetraeders. Diese Anordnung steht im Einklang mit der in ▶*Abbildung 2.1* gezeigten Struktur des Wassermoleküls, in der die vier sp^3-Hybridorbitale in die vier Ecken eines Tetraeders weisen. Die durchschnittliche Energie einer Wasserstoffbrücke im Eis beträgt etwa 23 kJ mol^{-1}. Demnach sind Wasserstoffbrücken im Eis ein wenig stärker als die in flüssigem Wasser. Die Fähigkeit der Wassermoleküle im Eis jeweils vier Wasserstoffbrücken zu bilden und die Stärke dieser Bindungen führen zu dem ungewöhnlich hohen Schmelzpunkt von Wasser. Für den Schmelzvorgang benötigt man deshalb eine große Menge Energie in Form von Wärme, um die Wasserstoffbrücken im Kristallgitter des Eises zu spalten. Wenn Eis schmilzt, bleiben die meisten Wasserstoffbrücken im flüssigen Wasser bestehen. Auch dort kann jedes Wassermolekül bis zu vier Wasserstoffbrücken zu seinen Nachbarn bilden. Allerdings sind diese Wasserstoffbrücken im Vergleich zu denen im Eis verzerrt, sodass die Struktur von flüssigem Wasser deutlich ungeordneter ist. Die Fließfähigkeit von flüssigem Wasser ist im Gegensatz zur Festigkeit des Eises in erster Linie das Resultat der ungeordneten Wasserstoffbrücken. Die Struktur flüssigen Wassers fluktuiert permanent, weil ständig Wasserstoffbrücken gespalten und neu gebildet werden. Zu jedem beliebigen Zeitpunkt existieren viele Wassermoleküle, die an zwei, drei oder vier Wasserstoffbrücken mit anderen Wassermolekülen beteiligt sind. Außerdem werden viele Wassermoleküle nur eine oder gar keine Wasserstoffbrücke bilden. Die mittlere Lebensdauer einer Wasserstoffbrücke in Wasser beträgt etwa zehn Picosekunden (10^{-11} s).

Die Dichte einer Substanz verringert sich in der Regel, wenn sie vom flüssigen in den festen Zustand übergeht, weil die Bewegung der Moleküle abgebremst wird und dicht gepackte Kristalle gebildet werden. Wenn man Wasser abkühlt, sinkt die Dichte zunächst auch, aber nur bis sie bei 4 °C (ca. 277 K) ihr Maximum von 1,000 g ml^{-1} erreicht hat. Der Wert 1,000 ist kein Zufall, weil ein Gramm ursprünglich als die Masse eines Milliliters Wasser bei 4 °C definiert wurde. Wenn die Temperatur unter 4 °C fällt, dehnt sich das immer noch flüssige Wasser wieder aus. Diese Ausdehnung wird durch das spezielle System von vier Wasserstoffbrücken an jedem Wassermolekül, das eine räumlich offenere Struktur des Kristallgitters zur Folge hat, verursacht. Deswegen weist Eis auch eine etwas geringere Dichte (0,924 g ml^{-1}) als flüssiges Wasser bei 4 °C auf. Auch bei dieser Temperatur sind die Moleküle im flüssigen Wasser noch beweglich genug, um eine dichtere Packung als im Eis einzunehmen. Weil die Dichte von Eis geringer ist als die von flüssigem Wasser, schwimmt Eis in Wasser oben und Wasser gefriert von oben nach unten. Dies hat auch bedeutende biologische Folgen, da zum Beispiel eine Eisschicht auf einem Teich die Lebewesen darunter vor extremer Kälte schützt.

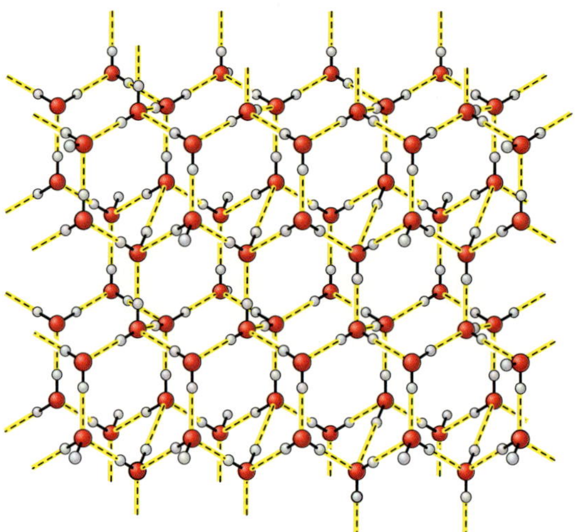

Abbildung 2.4: Struktur von Eis. Im Eis bilden die Wassermoleküle ein offenes, hexagonales Gitter, in dem jedes Wassermolekül über Wasserstoffbrücken mit vier anderen Wassermolekülen verbunden ist. Die geometrische Regelmäßigkeit dieser Wasserstoffbrücken trägt zur Stabilität des Eiskristalls bei. In flüssigem Wasser ist das Muster der Wasserstoffbrücken wesentlich ungeordneter als im Eis. Die tatsächliche, absolute Struktur von Wasser ist bisher nicht bestimmt worden.

Zwei weitere Eigenschaften des Wassers sind mit seinen charakteristischen Wasserstoffbrücken verknüpft, nämlich seine spezifische Wärmekapazität und seine Verdampfungsenthalpie. Die spezifische Wärmekapazität entspricht der Wärmemenge, die erforderlich ist, um die Temperatur von 1 g einer Substanz um 1 K zu erhöhen. Um die Temperatur von Wasser heraufzusetzen, muss eine relativ große Wärmemenge zugeführt werden, weil nicht nur die kinetische Energie der Wassermoleküle gesteigert, sondern auch Wasserstoffbrücken gebrochen werden müssen. Deswegen hilft der große Wassergehalt in den Zellen und Geweben aller großen multizellulären Organismen dabei, die Temperaturschwankungen innerhalb der Zellen zu minimieren. Diese Eigenschaft ist von entscheidender biologischer Bedeutung, weil die Geschwindigkeiten der meisten biochemischen Reaktionen temperaturabhängig sind. Die Verdampfungsenthalpie des Wassers ist ebenfalls wesentlich höher als die der meisten Flüssigkeiten mit Molekülen einer ähnlichen Molekülmasse. Eine große Wärmemenge ist notwendig, um Wasser vom flüssigen in den gasförmigen Zustand zu überführen, weil Wasserstoffbrücken aufgebrochen werden müssen, damit die Wassermoleküle aus dem Molekülverband ausbrechen und in die Gasphase übertreten können. Weil beim Verdampfen von Wasser so viel Wärme aus der Umgebung absorbiert wird, ist das Schwitzen ein effektiver Mechanismus zur Absenkung der Körpertemperatur.

2.3 Wasser als Lösungsmittel

Wasser ist infolge seiner physikalischen Eigenschaften ein ausgezeichnetes Lösungsmittel für polare und ionische Verbindungen. Wir haben bereits gelernt, dass Wassermoleküle polar sind. Außerdem weist Wasser eine intrinsische Viskosität auf, die die Bewegung gelöster Substanzen nicht besonders behindert. Schließlich sind Wassermoleküle im Vergleich zu den Molekülen anderer Lösungsmittel, wie zum Beispiel Ethanol und Benzol, relativ klein. Deswegen können vergleichsweise viele Wassermoleküle mit einem einzelnen gelösten Teilchen assoziieren. Dadurch wird die Löslichkeit dieser Teilchen erhöht.

2.3.1 Löslichkeit von ionischen und polaren Substanzen in Wasser

Polare und ionische Substanzen können mit den polaren Wassermolekülen wechselwirken und deswegen in Wasser gelöst werden. Eine Ionisierung ist mit der Aufnahme oder Abgabe eines oder mehrerer Elektronen verbunden und führt zu einem Atom oder einem Molekül mit einer Nettoladung. Verbindungen, die beim Lösen in Ionen dissoziieren können, werden Elektrolyte genannt. Substanzen, die sich leicht in Wasser auflösen, bezeichnet man als hydrophil (wasserliebend). Wir werden hydrophobe, wasserabstoßende, Substanzen im nächsten Abschnitt behandeln. Warum sind Elektrolyte in Wasser löslich? Wassermoleküle sind polar. Infolgedessen können sich die partiell negativ geladenen Sauerstoffatome der Wassermoleküle an die positiv geladenen Kationen anlagern; die partiell positiv geladenen Wasserstoffatome des Wassers lagern sich an die negativ geladenen Anionen des Elektrolyten. Betrachten Sie, was geschieht, wenn ein Natriumchlorid-Kristall (NaCl) in Wasser gelöst wird (▶*Abbildung 2.5*). Die polaren Wassermoleküle werden durch die geladenen Ionen des Kristalls angezogen. Wenn genügend Wassermoleküle mit einem Ion in Wechselwirkung treten, können diese die bindenden Kräfte, durch die ein Ion an der Kristalloberfläche im Kristall festgehalten wird, überkompensieren. Auf diese Weise können Natrium- und Chloridionen, die an der Kristalloberfläche lokalisiert sind, dissoziieren und der Kristall beginnt sich aufzulösen. Weil jedes der gelösten Natrium- und Chloridionen von vielen Wassermolekülen umgeben ist, werden die Wechselwirkungen zwischen den entgegengesetzten Ladungen dieser Ionen schwächer als im intakten Kristall. Der Lösungsvorgang schreitet so lange fort, bis die Lösung gesättigt ist. An diesem Punkt sind die Geschwindigkeiten der ständig im Wettstreit stehenden Vorgänge der Dissoziation und der Kristallisation gleich groß. Sie befinden sich also im Gleichgewicht. Jedes gelöste $Na^{\oplus}$-Ion übt eine elektrostatische Anziehung auf

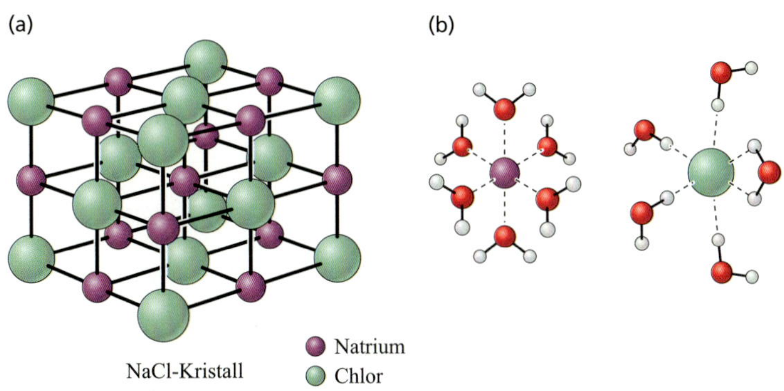

Abbildung 2.5: Lösung von Natriumchlorid (NaCl) in Wasser. (a) Im NaCl-Kristall werden die Ionen durch elektrostatische Kräfte zusammengehalten. (b) Wassermoleküle schwächen die Wechselwirkungen zwischen den Kationen und den Anionen an der Kristalloberfläche so stark, dass der Kristall sich auflöst. Alle gelösten $Na^{\oplus}$- und $Cl^{\ominus}$-Ionen sind von einer Solvatationssphäre umgeben, welche beim Wasser auch Hydrathülle genannt wird. In der Abbildung ist nur eine Schicht von Lösungsmittelmolekülen gezeigt. Wechselwirkungen zwischen Ionen und Wassermolekülen werden durch gestrichelte Linien dargestellt.

die negativ geladenen Pole mehrerer Wassermoleküle aus, während die gelösten $Cl^{\ominus}$-Ionen die positiven Pole mehrerer Wassermoleküle anziehen (▸ *Abbildung 2.5b*). Die Hülle aus schwach gebundenen Wassermolekülen, von der jedes Ion umgeben ist, wird Solvatationssphäre oder, im speziellen Fall des Wassers, auch Hydrathülle genannt. Diese besteht meist aus mehreren Schichten von Lösungsmittelmolekülen. Bei einem Teilchen (Molekül oder Ion), das auf diese Weise von Lösungsmittelmolekülen umgeben ist, spricht man von einem solvatisierten beziehungsweise beim Wasser auch von einem hydratisierten Teilchen.

Elektrolyte sind nicht die einzigen hydrophilen Substanzen, die in Wasser löslich sind. Jedes polare Molekül zeigt ebenfalls eine Tendenz, von Wassermolekülen solvatisiert zu werden. Auch die Wasserlöslichkeit vieler organischer Verbindungen wird durch die Bildung von Wasserstoffbrücken zu den Wassermolekülen erhöht. Ionische organische Substanzen, wie zum Beispiel Carboxylate oder Ammoniumverbindungen (protonierte Amine), verdanken ihre Wasserlöslichkeit den geladenen funktionellen Gruppen. Die Löslichkeit in Wasser kann aber auch durch polare funktionelle Gruppen wie Amino-, Hydroxyl- oder Carbonylgruppen erhöht werden. Sowohl die ionischen Gruppen als auch die polaren Gruppen bilden in wässriger Lösung Wasserstoffbrücken zu den Wassermolekülen.

Die Wasserlöslichkeit einer Verbindung wird durch die Anzahl der polaren Gruppen in ihren Molekülen beeinflusst. Die Löslichkeit hängt aber auch vom Verhältnis der polaren zu den unpolaren Gruppen in einem Molekül ab. So sind Alkohole mit einem, zwei oder drei Kohlenstoffatomen beliebig mit Wasser mischbar, während langkettige Kohlenwasserstoffe mit nur einer Hydroxylgruppe viel schlechter in Wasser löslich sind (▸ *Tabelle 2.1*). In den größeren Molekülen überwiegen die hydrophoben Eigenschaften des Kohlenwasserstoffanteils im Vergleich zu den polaren Eigenschaften der einzelnen Hydroxylgruppe und begrenzen somit die Wasserlöslichkeit der Verbindung. Mit steigender Anzahl von polaren Gruppen in einem organischen Molekül erhöht sich seine Löslichkeit in Wasser. Das Kohlenhydrat Glucose, das fünf Hydroxylgruppen und ein Sauerstoffatom im Ring enthält, ist zum Beispiel sehr gut in Wasser löslich (83 g Glucose pro 100 ml Wasser bei 17,5 °C). All diese polaren Gruppen der Glucose können Wasserstoffbrücken zu Wassermolekülen bilden. In anderen Kapiteln werden noch Beispiele von hydrophoben, schlecht wasserlöslichen Substanzen wie Lipiden und Nucleosidbasen dargestellt, deren Löslichkeit in Wasser durch die Verknüpfung mit einem Kohlenhydrat zum Teil drastisch erhöht wird.

2.3.2 Zelluläre Konzentrationen und Diffusion

Im Innenraum einer Zelle können sehr beengte Verhältnisse herrschen. Das Verhalten gelöster Stoffe im Cytoplasma unterscheidet sich deswegen von dem Verhalten in verdünnter wässriger Lösung. Einer der wichtigsten Unterschiede besteht in der geringeren Diffusionsgeschwindigkeit im Cytoplasma. Es gibt im Wesentlichen drei Gründe für die langsamere Diffusion in Zellen.

Tabelle 2.1

Löslichkeiten von kurzkettigen Alkoholen in Wasser

Alkohol	**Summenformel**	**Löslichkeit in Wasser (mol/100 g H_2O bei 20 °C)**[a]
Methanol	CH_3OH	∞
Ethanol	CH_3CH_2OH	∞
Propanol	$CH_3(CH_2)_2OH$	∞
Butanol	$CH_3(CH_2)_3OH$	0,11
Pentanol	$CH_3(CH_2)_4OH$	0,030
Hexanol	$CH_3(CH_2)_5OH$	0,0058
Heptanol	$CH_3(CH_2)_6OH$	0,0008

[a] Unendlich (∞) bedeutet Mischbarkeit des Alkohols mit Wasser in jedem beliebigen Verhältnis.

1. Die Viskosität des Cytoplasmas ist größer als die von Wasser. Die Ursache dafür liegt in der Anwesenheit vieler gelöster Stoffe, wie zum Beispiel jene von Zuckern. Neuere Messungen haben allerdings ergeben, dass die Viskosität des Cytoplasmas nur wenig größer ist als die von Wasser, sogar in dicht gepackten Organellen.

2. In Zellen treten geladene Teilchen immer wieder kurzfristig mit anderen geladenen Teilchen in anziehende Wechselwirkungen. Dadurch wird ihre Beweglichkeit eingeschränkt. Diese Wechselwirkungen üben einen kleinen, aber signifikanten Einfluss auf die Diffusionsgeschwindigkeiten aus.

3. Der Hauptgrund für die verlangsamte Diffusion im Cytoplasma sind die ständigen Kollisionen mit anderen, insbesondere großen Molekülen. In Zellen ist die Diffusionsgeschwindigkeit kleiner Moleküle nur etwa ein Viertel so groß wie in reinem Wasser. Die Diffusionsgeschwindigkeit von großen Molekülen wie Proteinen wird im Cytoplasma im Vergleich zu einer sehr verdünnten wässrigen Lösung sogar auf fünf bis zehn Prozent verringert.

2.3.3 Der osmotische Druck

Wenn zwei Lösungen mit unterschiedlichen Konzentrationen gelöster Substanzen durch eine Membran getrennt werden, die zwar für die Lösungsmittelmoleküle, nicht aber für die Teilchen des gelösten Stoffes durchlässig ist (semipermeable Membran), dann diffundieren die Lösungsmittelmoleküle aus der weniger konzentrierten in die konzentriertere Lösung, also im Sinne eines Konzentrationsausgleiches. Diesen Vorgang nennt man Osmose. Der Druck, der zur Verhinderung dieses Lösungsmittelflusses notwendig ist, heißt osmotischer Druck. Der osmotische Druck einer Lösung hängt nur von der Konzentration der gelösten Substanzen und nicht von deren chemischer Natur beziehungsweise ihrer Struktur ab. Bei lebenden Zellen trennen durch Kanalproteine wasserdurchlässig gemachte Membranen das Cytosol vom Außenmedium. Die Zusammensetzungen von Cytosol und dem Außenmedium unterscheiden sich stark. Einige gelöste Substanzen weisen im Cytosol eine höhere Konzentration auf, andere im extrazellulären Medium. Im Allgemeinen ist die Konzentration der gelösten Verbindungen innerhalb der Zelle viel größer als außerhalb. Deswegen drängen Wassermoleküle, dem osmotischen Druck folgend, durch die Zellmembran in das Innere der Zelle hinein, um die wässrige Lösung in der Zelle (Cytosol) zu verdünnen. Diese Bewegung der Wassermoleküle wird durch die Zellmembran verhindert; deren Stabilität strebt einer durch den Einstrom von Wasser hervorgerufenen Volumenausdehnung entgegen. In einigen Fällen werden die Größe und die Gestalt einer Zelle zusätzlich durch eine feste Zellwand unterstützt. Zellen verfolgen verschiedene Strategien, um den osmotischen Druck möglichst klein zu halten und so ein Platzen der Zelle zu vermeiden. Eine Strategie besteht in der Kondensation vieler kleiner Moleküle zu wesentlich weniger Makromolekülen (Verringerung der Konzentration). Tierische Zellen speichern zum Beispiel Glucose in Form des Polymers Glycogen, das durchschnittlich ca. 50.000 Glucosereste pro Molekül enthält. Würden diese vielen Glucosemoleküle nicht zu einem Glycogenmolekül kondensiert, würde der zum Lösen der Glucosemoleküle erforderliche Wassereinstrom zum Anschwellen und schließlich zum Platzen der Zelle führen.

2.4 Unpolare Substanzen sind in Wasser schwer löslich

Kohlenwasserstoffe und andere unpolare Substanzen besitzen nur eine sehr geringe Löslichkeit in Wasser, weil Wassermoleküle dazu neigen, mit anderen Wassermolekülen in Wechselwirkung zu treten anstatt mit unpolaren Molekülen. Infolgedessen schließen Wassermoleküle die unpolaren Teilchen regelrecht aus und zwingen sie dazu, untereinander zu assoziieren. Winzige Öltropfen, die durch heftiges Rühren in Wasser dispergiert wurden, tendieren dazu, sich wieder zu einem großen Tropfen zu vereinigen (Koagulation) und auf diese Weise die Kontaktfläche zu den Wassermolekülen zu minimieren. Dies ist auch die Ursache für die Trennung des Öls und der wässrigen Phase (Essig) in einem Salatdressing in zwei große, zusammenhängende Phasen, wenn man es zu lange stehen lässt, bevor es über den Salat gegeben wird. Unpolare Moleküle werden als hydrophob (wasserabstoßend) charakterisiert und das beschriebene Phänomen des Ausschlusses von unpolaren Substanzen durch Wasser nennt man hydrophoben Effekt. Der hydrophobe Effekt ist von entscheidender Bedeutung für die Faltung von Proteinen und für die Selbstorganisation biologischer Membranen. Die Moleküle von Detergenzien (Wasch- und Reinigungsmittel, Tenside), die manchmal auch als oberflächenaktive Substanzen bezeichnet werden, sind sowohl hydrophil als auch hydrophob. Meistens besitzen sie eine hydrophobe Kette, die mindestens

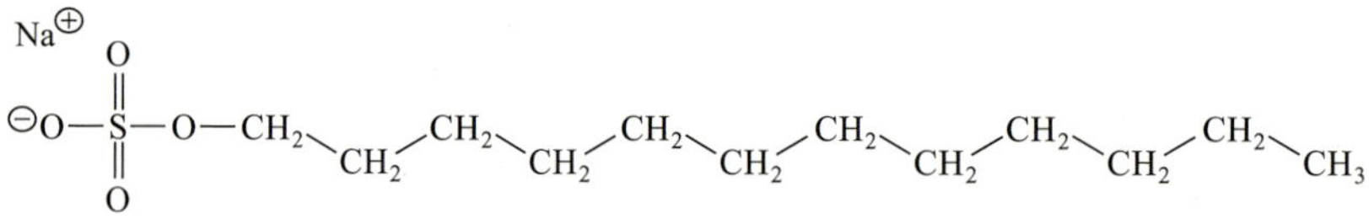

Abbildung 2.6: Natriumdodecylsulfat (SDS), ein synthetisches Detergens.

zwölf Kohlenstoffatome enthält, und ein ionisches oder polares Ende. Solche Moleküle werden amphipathisch genannt. Beispiele für Detergenzien sind Seifen, bei denen es sich um Alkalimetallsalze von langkettigen Fettsäuren handelt. Das Anion der Seife Natriumpalmitat ($CH_3(CH_2)_{14}COO^{\ominus}Na^{\oplus}$) enthält zum Beispiel eine hydrophile Carboxylatgruppe und einen hydrophoben Schwanz. Eines der am häufigsten verwendeten Detergenzien in der Biochemie ist Natriumdodecylsulfat (engl. *sodium dodecyl sulfate*, SDS). Dieses weist einen C_{12}-Schwanz und eine polare Sulfatgruppe auf (▶ *Abbildung 2.6*).

Der Kohlenwasserstoffanteil von Detergenzien ist in unpolaren organischen Lösungsmitteln und ihr polarer Kopf in Wasser löslich. Wenn ein Detergens vorsichtig auf die Oberfläche von Wasser aufgetragen wird, bildet sich eine unlösliche Monoschicht (monomolekulare Schicht), in der die hydrophoben, unpolaren Schwänze in die Luft hinausragen, während die hydrophilen, ionischen oder polaren Köpfe mit den Wassermolekülen in Kontakt stehen (▶ *Abbildung 2.7*). Dispergiert man eine genügend große Menge Detergens in Wasser statt es vorsichtig auf die Oberfläche aufzutragen, sodass eine bestimmte Detergenzkonzentration überschritten wird, lagern sich die Detergenzmoleküle zu Mizellen zusammen. In einem häufigen, kugelförmigen Typ von Mizellen assoziieren die unpolaren Schwänze der Detergenzmoleküle untereinander im Inneren des Aggregats, während die polaren Köpfe an der Oberfläche der Mizelle mit den Wassermolekülen der Umgebung in Kontakt und somit hydratisiert sind.

Weil die Schwänze flexibel sind, verhält sich das Innere von Mizellen ähnlich wie ein flüssiger Kohlenwasserstoff. Kleine, kompakte Mizellen enthalten etwa 80 bis 100 Detergenzmoleküle.

Die Reinigungsfunktion von Seifen und anderen Detergenzien beruht auf der Fähigkeit, Fette, Öle und andere unpolare Schmutzsubstanzen im hydrophoben Innenraum von Mizellen zu lösen und somit einzuschließen. SDS und ähnliche synthetische Detergenzien sind häufig verwendete Bestandteile von Waschmitteln. Die Suspension von unpolaren Verbindungen in Wasser durch deren Einlagerung in Mizellen, die übrigens nicht einem normalen Lösungsvorgang entspricht, nennt man Solubilisierung. Viele der Strukturen, denen wir später in diesem Buch noch begegnen werden, wie zum Beispiel Proteinen und Membranen, weisen Ähnlichkeiten zu Mizellen auf, weil sie ein hydrophobes Inneres und eine hydrophile Oberfläche besitzen. Einige gelöste Ionen, wie zum Beispiel Thiocyanat- ($SCN^{\ominus}$) und Perchlorat-Ionen ($ClO_4^{\ominus}$), werden chaotrop genannt. Diese Ionen sind im Vergleich zu Ionen wie $NH_4^{\oplus}$, $SO_4^{2\ominus}$ und $H_2PO_4^{\ominus}$ nur schwach solvatisiert. Chaotrope Ionen steigern die Löslichkeit von unpolaren Verbindungen in Wasser, indem sie die Unordnung der Wassermoleküle erhöhen. (Es gibt keine allgemein anerkannte Erklärung für diesen Effekt.) Wir werden noch anderen Beispielen chaotroper Reagenzien begegnen, wenn wir die Denaturierung und die dreidimensionale Struktur von Proteinen und Nucleinsäuren erörtern, wie beispielsweise dem Guanidinium-Ion oder der nichtionischen Verbindung Harnstoff.

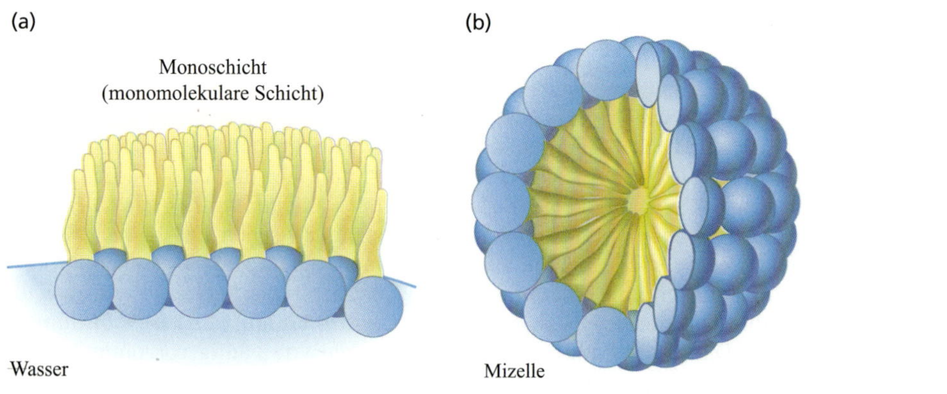

Abbildung 2.7: Blick auf den Querschnitt von Strukturen, die von Detergenzien in beziehungsweise auf Wasser gebildet werden. (a) Detergenzien können an der Grenzfläche zwischen Wasser und Luft Monoschichten bilden. (b) Die Detergenzmoleküle können im Wasser auch zu Mizellen aggregieren, in denen die hydrophoben Schwänze (gelb) im wasserfreien Innenraum der Mizelle assoziieren, während die polaren Kopfgruppen (blau) an der Oberfläche der Mizellen von den Wassermolekülen der Umgebung hydratisiert werden.

2.5 Nichtkovalente Wechselwirkungen

Wasserstoffbrückenbindungen und hydrophobe Wechselwirkungen. Schwache Wechselwirkungen wie diese spielen eine äußerst wichtige Rolle für die Struktur und die Funktion von biologischen Makromolekülen. Sie sind zum Beispiel für die Stabilisierung der Strukturen von Proteinen und Nucleinsäuren verantwortlich. Schwache Wechselwirkungen sind auch an der wechselseitigen Erkennung von Makromolekülen sowie an der Bindung von Reaktanten an Enzyme beteiligt. Es gibt im Wesentlichen vier Arten von nichtkovalenten Bindungen beziehungsweise Kräften, die die Struktur und die Funktion von Biomolekülen stabilisieren. Neben den genannten Wasserstoffbrücken und den hydrophoben Interaktionen treten noch Ladungs-Ladungs-Wechselwirkungen und Van-der-Waals-Kräfte auf. Ladungs-Ladungs-Wechselwirkungen, Wasserstoffbrücken und Van-der-Waals-Kräfte sind Spezialfälle, die unter dem Oberbegriff „elektrostatische Wechselwirkungen" zusammengefasst werden.

2.5.1 Ladungs-Ladungs-Wechselwirkungen

Ladungs-Ladungs-Wechselwirkungen sind Wechselwirkungen zwischen elektrisch geladenen Teilchen. Diese Wechselwirkungen sind die potenziell stärksten nichtkovalenten Kräfte und können über größere Entfernungen als andere nichtkovalente Wechselwirkungen reichen. Die Stabilisierung von NaCl-Kristallen durch die Anziehung zwischen den entgegengesetzt geladenen Ionen ist ein Beispiel für eine Ladungs-Ladungs-Wechselwirkung. Die Stärke von Ladungs-Ladungs-Wechselwirkungen in Lösung hängt von der Natur des Lösungsmittels ab. Wie an früherer Stelle bereits erwähnt wurde, schwächt Wasser diese Wechselwirkungen erheblich. Infolgedessen ist die Stabilität von biologischen Polymeren in einer wässrigen Umgebung nicht so stark von Ladungs-Ladungs-Wechselwirkungen abhängig, aber diese Wechselwirkungen spielen eine große Rolle bei der wechselseitigen Erkennung von Molekülen. Die meisten Enzyme besitzen zum Beispiel entweder anionische oder kationische Stellen; an diese binden entgegengesetzt geladene Reaktanten. Die durch Ladungs-Ladungs-Wechselwirkungen hervorgerufenen Bindungen zwischen gegensätzlich geladenen funktionellen Gruppen von Proteinen werden auch Salzbrücken genannt. Eine im hydrophoben Inneren eines Proteins verborgene Salzbrücke ist stabiler als eine Salzbrücke an der Oberfläche des Proteins (auch wenn sie nicht so stark ist wie die Wechselwirkungen in einem Kristall), weil sie nicht durch Wassermoleküle destabilisiert oder sogar aufgebrochen werden kann. Die Bezeichnung für solche Wechselwirkungen lautet Ionenpaarbildung. Ladungs-Ladungs-Wechselwirkungen sind aber auch für die gegenseitige Abstoßung gleichnamig geladener Gruppen verantwortlich. Die Abstoßung zwischen Ladungen kann sowohl die Struktur einzelner Biomoleküle als auch ihre Wechselwirkungen mit anderen, gleichnamig geladenen Molekülen beeinflussen.

2.5.2 Wasserstoffbrückenbindungen

Wasserstoffbrückenbindungen oder Wasserstoffbrücken, die ebenfalls elektrostatische Wechselwirkungen darstellen, kommen in vielen Makromolekülen vor und gehören zu den stärksten nichtkovalenten Kräften in biologischen Systemen. Die Stärke (Bindungsenergie) von Wasserstoffbrücken, wie sie zwischen Enzymen und Substraten oder zwischen Basen der DNA auftreten, wird auf 2 bis 7,5 kJ mol^{-1} geschätzt. Diese Wasserstoffbrücken sind erheblich schwächer als diejenigen in Eis, deren Bindungsenergie etwa 23 kJ mol^{-1} beträgt. Wasserstoffbrücken in biologischen Systemen sind stark genug, um strukturelle Stabilität zu verleihen, aber auch ausreichend schwach, um bei Bedarf gespalten zu werden. Um eine Wasserstoffbrücke zu bilden, müsste ein Wasserstoffatom, das kovalent an ein Atom mit ausreichend höherer Elektronegativität, wie zum Beispiel Stickstoff, Sauerstoff oder Schwefel gebunden ist, ungefähr 0,2 nm (2 Å) von einem anderen Atom mit hoher Elektronegativität und mindestens einem freien Elektronenpaar entfernt liegen.

Wie zuvor in dem Fall der Wasserstoffbrücken zwischen Wassermolekülen beschrieben wurde, nennt man das kovalent an das H-Atom gebundene elektronegative Atom in einer Wasserstoffbrücke auch Wasserstoffdonor (in ▸*Abbildung 2.8a* als D bezeichnet), während das andere, nichtkovalent gebundene elektronegative Atom, das das Proton anzieht, Wasserstoffakzeptor genannt wird (in ▸*Abbildung 2.8a* als A bezeichnet). Der Abstand zwischen den beiden elektronegativen Atomen, die an einer Wasserstoffbrücke beteiligt sind, beträgt typischerweise zwischen 0,27 nm (2,7 Å) und 0,30 nm (3 Å). ▸*Abbildung 2.8c* zeigt Beispiele von häufig vorkommenden Wasserstoffbrücken. Eine Wasserstoffbrücke weist viele Charakteristika einer kovalenten Bindung auf, aber sie ist wesentlich schwächer. Sie können sich auch vorstellen, dass eine Wasserstoffbrücke durch teilweise gemeinsame Elektronen entsteht. Vielleicht erinnern Sie sich, dass die beiden Bindungspartner einer kovalenten Bindung ein (ganzes) gemeinsames Elektronenpaar (Bindungselektronenpaar) besitzen. Die drei an einer Wasserstoffbrücke beteiligten Atome sind meistens entlang einer Geraden angeordnet, sodass das Zentrum des Wasserstoffatoms auf der Verbindungslinie zwischen den beiden elektronegativen Atomen liegt. Kleine Abweichungen von dieser linearen Anordnung können auftreten. Allerdings sind solche Wasserstoffbrücken schwächer als bei einer linearen Ausrichtung aller drei beteiligten Atome. Alle in ▶*Abbildung 2.8b* gezeigten funktionellen Gruppen können mit Wassermolekülen Wasserstoffbrücken bilden. Wegen der hohen Konzentration der Wassermoleküle treten diese funktionellen Gruppen viel eher mit Wassermolekülen in Wechselwirkung, wenn sie direkt mit einer wässrigen Phase in Kontakt stehen. Damit in biochemischen Makromolekülen Wasserstoffbrücken gebildet werden können, müssen der Wasserstoffdonor und der Wasserstoffakzeptor von den Wassermolekülen abgeschirmt sein. In den meisten Fällen wird dies dadurch erreicht, dass die beteiligten Gruppen im hydrophoben Inneren des Makromoleküls, in das die Wassermoleküle nicht eindringen können, verborgen liegen. In der DNA befinden sich die Wasserstoffbrücken zum Beispiel zwischen den komplementären Basen in der Mitte der Doppelhelix. Unter bestimmten Bedingungen können die intramolekularen Wasserstoffbrücken eines Makromoleküls aufgebrochen und die betroffenen funktionellen Gruppen anschließend in Wasserstoffbrücken mit Wassermolekülen eingebunden werden.

Dieser Vorgang kann zu einer erheblichen strukturellen Veränderung des Makromoleküls führen. Ein biologisches Makromolekül, dessen Struktur auf diese Weise verändert wurde und das seine biologische Funktion infolgedessen verloren hat, nennt man denaturiert.

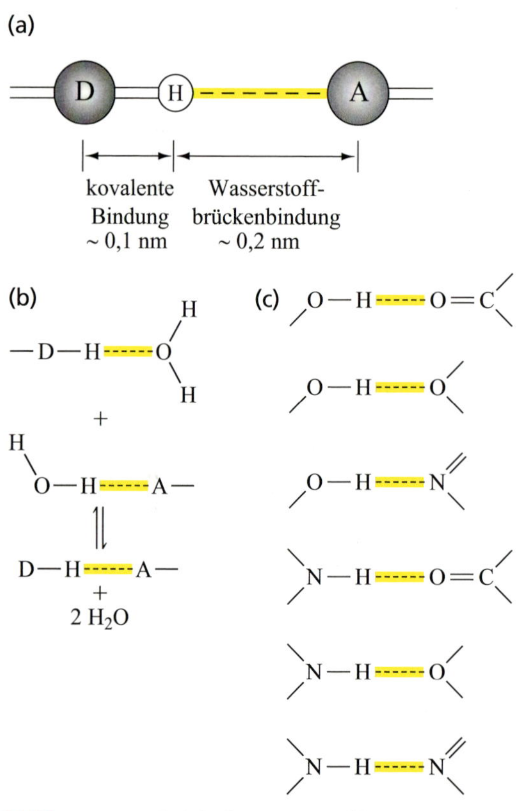

Abbildung 2.8: Beispiele für Wasserstoffbrücken und ihre Entstehung. (a) Wasserstoffbrückenbindung zwischen einer D–H-Gruppe (D ist der Wasserstoffdonor) und einem elektronegativen Atom A (Wasserstoffakzeptor). Eine typische Wasserstoffbrücke ist etwa 0,2 nm lang, also ungefähr doppelt so lang wie eine kovalente Bindung zwischen Wasserstoff und Stickstoff, Sauerstoff oder Schwefel. Der Abstand zwischen den beiden elektronegativen Atomen, die an einer Wasserstoffbrücke beteiligt sind, beträgt demnach etwa 0,3 nm. (b) Die Bindungspartner in Wasserstoffbrücken zwischen oder innerhalb von biologischen Makromolekülen konkurrieren um Wasser. (c) Beispiele für biologisch wichtige Wasserstoffbrücken.

2.5.3 Van-der-Waals-Kräfte

Eine weitere schwache Kraft tritt zwischen den permanenten Dipolen zweier ungeladener, polarisierter Bindungen oder zwischen einem permanenten Dipol und einem transienten (vorübergehenden) Dipol auf, der in einem benachbarten Molekül induziert wurde. Diese Kräfte haben nur eine kurze Reichweite und weisen geringe Stärken auf, nämlich etwa 1,3 kJ mol^{-1} und 0,8 kJ mol^{-1}. Außerdem bestehen zwischen allen neutralen Atomen schwache intermolekulare Kräfte, die durch transiente elektrostatische Wechselwirkungen hervorgerufen werden. Diese Van-der-Waals-Kräfte, die nach dem niederländischen Physiker Johannes Diderik van der Waals benannt wurden, treten nur zwischen eng benachbarten Atomen auf. Van-der-Waals-Kräfte besitzen sowohl anziehende als auch abstoßende Komponenten. Die anziehenden Kräfte, die auch als London'sche Dispersionskräfte bezeichnet werden, haben ihren Ursprung in den winzigen Dipolen, die in Atomen durch die zufällige Bewegung der negativ geladenen Elektronen rund um den positiv geladenen Kern entstehen. Somit sind Van-der-Waals-Kräfte dipolare oder elektrostatische Anziehungskräfte zwischen den Atomkernen von Atomen oder Molekülen und den Elektronen anderer Atome oder Moleküle. Die Stärke der Wechselwirkung zwischen vorübergehend induzierten Dipolen von unpolaren Molekülen wie Methan beträgt bei einem Kernabstand von 0,3 nm etwa 0,4 kJ mol^{-1}. Obwohl sie über ähnliche Distanzen wirken, sind

(a)

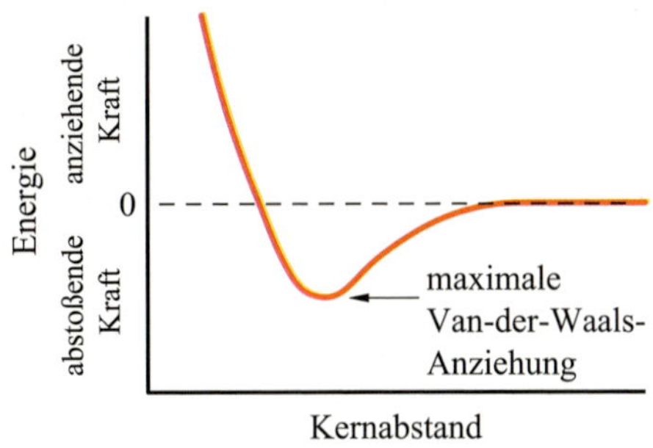

(b)

Atom	Radius (nm)
Wasserstoff	0,11
Sauerstiff	0,14
Stickstoff	0,15
Kohlenstoff	0,17
Schwafel	0,18
Phosphor	0,19

Abbildung 2.9: Abhängigkeit der Van-der-Waals-Kraft vom Kernabstand und Van-der Waals-Radien einiger Atome. (a) Bei sehr kleinem Kernabstand herrscht eine starke, abstoßende Van-der-Waals-Kraft, während die Van-der-Waals-Kraft bei großen Kernabständen gegen null geht. Dazwischen liegt ein Abstand, bei dem die Van-der-Waals-Anziehung maximal ist. Dieser Abstand entspricht der Summe der Van-der-Waals-Radien der beteiligten Atome. (b) Van-der Waals-Radien ausgewählter Atome. Der aus energetischer Sicht optimale Packungsabstand der beteiligten Atome ist jener, bei dem die Summe aus der anziehenden und der abstoßenden Komponente die maximale anziehende Van-der-Waals-Kraft ergibt. Dieser Kernabstand korrespondiert mit dem Energieminimum in ▶*Abbildung 2.9a* und entspricht der Summe der sogenannten Van-der-Waals-Radien der beiden Atome. Wenn zwei Atome durch die Summe ihrer Van-der-Waals-Radien getrennt sind, befinden sie sich im sogenannten Van-der-Waals-Kontakt. Typische Van-der-Waals-Radien einiger Atome sind in ▶*Abbildung 2.9b* angegeben.

Van-der-Waals-Kräfte viel schwächer als Wasserstoffbrücken. Van-der-Waals-Kräfte weisen auch eine repulsive (abstoßende) Komponente auf. Wenn der Abstand zwischen zwei Atomen sehr klein wird, stoßen sich die Elektronen in ihren Orbitalen gegenseitig ab. Die Abstoßung wächst exponentiell mit sinkendem Atomabstand; bei sehr kleinen Abständen übersteigt die abstoßende die anziehende Komponente. Die Summe der anziehenden und abstoßenden Komponenten von Van-der-Waals-Kräften ergibt in Abhängigkeit vom Kernabstand der beteiligten Atome ein Energieprofil wie das in ▶*Abbildung 2.9a*. Beachten Sie, dass die Atome bei großen Abständen nicht wechselwirken und keine anziehenden oder abstoßenden Kräfte auftreten. Wenn die Atome sich annähern (von rechts nach links im Diagramm), steigt zunächst insbesondere die anziehende Kraft. Diese erwächst aus der Delokalisierung der Elektronenwolke rund um die Atome. Sie können sich diesen Zustand als eine Verschiebung der Elektronenwolke rund um eines der Atome vorstellen, sodass sich die Elektronen eher auf der abgewandten Seite des sich nähernden Atoms befinden. Diese Verschiebung erzeugt einen lokalen Dipol, bei dem eine Seite des Atoms schwach positiv und die andere Seite schwach negativ geladen ist. Die Seite mit der schwach positiven Ladung übt eine Anziehungskraft auf die negativ geladenen Elektronen des anderen Atoms aus. Wenn die Atome noch näher zusammenrücken, gewinnt die Abstoßung zwischen den Elektronen der beiden Atome immer mehr an Bedeutung und übersteigt schließlich die Anziehungskraft. Bei sehr kurzen Abständen stoßen sich die Atome deswegen gegenseitig ab.

In manchen Fällen wird eine Verschiebung von Elektronen durch die Annäherung eines anderen Atoms hervorgerufen. Dadurch entsteht ein induzierter Dipol. In anderen Fällen besteht die ungleichmäßige Verteilung der Elektronen permanent, wie zum Beispiel bei Wassermolekülen (siehe ▶*Abschnitt 2.1*). Diese fortwährenden Dipole verursachen ebenfalls Van-der-Waals-Kräfte. Auch wenn einzelne Van-der-Waals-Kräfte nur schwach sind, führt die Zusammenlagerung von vielen Atomen beziehungsweise Molekülen in Proteinen, Nucleinsäuren oder Membranen zu einer großen Anzahl dieser schwachen Wechselwirkungen. Diese Anhäufung von schwachen Wechselwirkungen spielt eine große Rolle für die Stabilisierung der Struktur von biologischen Molekülen. In doppelsträngiger DNA sind die heterocyclischen Basen der Nucleinsäuren zum Beispiel übereinandergestapelt. Diese Anordnung wird durch eine Vielzahl von nichtkovalenten Wechselwirkungen, insbesondere auch durch Van-der-Waals-Kräfte, stabilisiert. Diese Wechselwirkungen werden unter dem Begriff Stapelwechselwirkungen (engl. *stacking interactions*) zusammengefasst.

2.5.4 Hydrophobe Wechselwirkungen

Die Zusammenlagerung eines relativ unpolaren Moleküls oder einer unpolaren Gruppe mit einem anderen unpolaren Molekül wird als hydrophobe Wechselwirkung bezeichnet. Obwohl hydrophobe Wechselwirkungen manchmal auch hydrophobe „Bindungen" genannt werden, ist diese Beschreibung nicht richtig. Unpolare Moleküle oder Gruppen neigen in wässriger Lösung zur Aggregation.

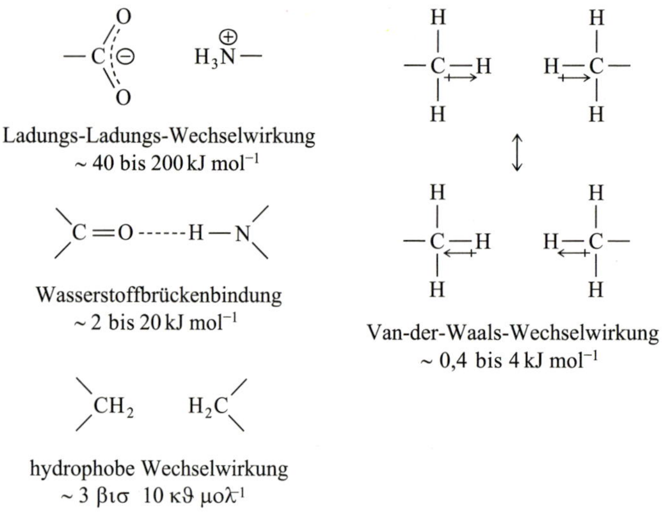

Abbildung 2.10: Typische nichtkovalente Wechselwirkungen in Biomolekülen. Ladungs-Ladungs-Wechselwirkungen, Wasserstoffbrücken und Van-der-Waals-Kräfte sind elektrostatische Wechselwirkungen. Hydrophobe Wechselwirkungen beruhen eher auf der steigenden Entropie der Wassermoleküle in der Umgebung als auf einer direkten Anziehung zwischen unpolaren Gruppen. Zum Vergleich: Die Dissoziationsenergie einer kovalenten C–H- oder C–C-Bindung liegt zwischen 340 und 450 kJ mol^{-1}.

Kapitel 2

Die Ursache dafür liegt aber nicht in der gegenseitigen Anziehung der unpolaren Moleküle, sondern in der Tendenz der Wassermoleküle, die sich in der Umgebung dieser unpolaren Moleküle befinden, eher untereinander als mit unpolaren Molekülen zu assoziieren (siehe ▶*Abschnitt 2.4*). Mizellen (▶*Abbildung 2.7b*) werden zum Beispiel durch hydrophobe Wechselwirkungen stabilisiert. Das Wasserstoffbrücken-Muster von Wasser wird durch die Anwesenheit von unpolaren Molekülen unterbrochen. Wassermoleküle, die in Lösung ein weniger polares Molekül umgeben, sind in ihren Wechselwirkungen mit anderen Wassermolekülen eingeschränkt. Diese sind relativ unbeweglich und weisen die gleiche Ordnung auf wie die Wassermoleküle an der Wasseroberfläche beim bekannten Phänomen der Oberflächenspannung. Die Wassermoleküle innerhalb der flüssigen Phase sind wesentlich beweglicher und ungeordneter. Aus thermodynamischer Sicht ergibt sich damit ein Nettogewinn in der Summe der Entropien des Lösungsmittels sowie der unpolaren gelösten Substanz. Das geschieht, wenn sich die unpolaren Gruppen zusammenlagern und die Wassermoleküle aus ihrem geordneten Zustand in der Umgebung vieler einzelner unpolarer Gruppen so weit wie möglich befreit werden. Hydrophobe Wechselwirkungen sind so wie die Wasserstoffbrücken viel schwächer als kovalente Bindungen. Die Energie, die zur Überführung einer CH_2-Gruppe aus einer hydrophoben in eine wässrige Umgebung erforderlich ist, beträgt zum Beispiel etwa 3 kJ mol^{-1}. Der kumulative Effekt vieler hydrophober Wechselwirkungen kann einen signifikanten Einfluss auf die Stabilität eines Makromoleküls ausüben. Die dreidimensionale Struktur von Proteinen wird zum Beispiel zu einem großen Teil durch hydrophobe Wechselwirkungen bestimmt, die während der spontanen Faltung der Polypeptidkette entstehen. Wassermoleküle sind an die äußere Oberfläche von Proteinen gebunden, können aber in der Regel nicht in das hydrophobe Innere, in dem sich die meisten unpolaren Gruppen befinden, eindringen.

All die Wechselwirkungen, die hier beschrieben wurden, sind einzeln, im Vergleich zu kovalenten Bindungen, nur schwach. Aber die Kombination vieler dieser schwachen Wechselwirkungen kann ihnen eine erhebliche Bedeutung verleihen. Die wichtigsten nichtkovalenten Wechselwirkungen in Makromolekülen sind in ▶*Abbildung 2.10* noch einmal zusammengefasst.

2.6 Wasser als Nucleophil

Neben seinen physikalischen Eigenschaften spielen auch die chemischen Eigenschaften des Wassers eine große Rolle für die Biochemie, weil Wassermoleküle mit biologischen Molekülen reagieren können. Dabei bestimmt das elektronenreiche Sauerstoffatom einen großen Teil der Reaktivität der Wassermoleküle in chemischen Reaktionen. Elektronenreiche molekulare Spezies werden Nucleophile genannt (*nucleophil*, kernliebend), weil sie besonders leicht mit positiv geladenen oder elektronenarmen Teilchen, den sogenannten Elektrophilen (*elektrophil*, elektronenliebend), in Wechselwirkung treten. Nucleophile besitzen freie Elektronenpaare und sind häufig auch negativ geladen. In Substitutions- und Additionsreaktionen greifen sie Elektrophile an und reagieren mit ihnen. Die häufigsten nucleophilen Atome in der Biochemie sind Sauerstoff, Stickstoff, Schwefel und Kohlenstoff. Das Sauerstoffatom des Wassermoleküls weist zwei freie Elektronenpaare auf, die hauptsächlich für seine Nucleophilie verantwortlich sind. Auch wenn Wasser nur ein schwaches Nucleophil ist, könnte man wegen seiner hohen zellulären Konzentration erwarten, dass biologische Makromoleküle leicht durch nucleophile Angriffe von Wassermolekülen abgebaut werden. Dies ist tatsächlich eine korrekte Annahme. Proteine können unter Freisetzung ihrer monomeren Einheiten, den einzelnen Aminosäuren, hydrolysiert beziehungsweise durch Wasser abgebaut werden (▸*Abbildung 2.11*). Das Gleichgewicht für die vollständige Hydrolyse eines Proteins liegt weit auf der Seite der freien Aminosäuren. Das endgültige Schicksal aller Proteine besteht bei Anwesenheit von Wasser also im Abbau durch Hydrolyse!

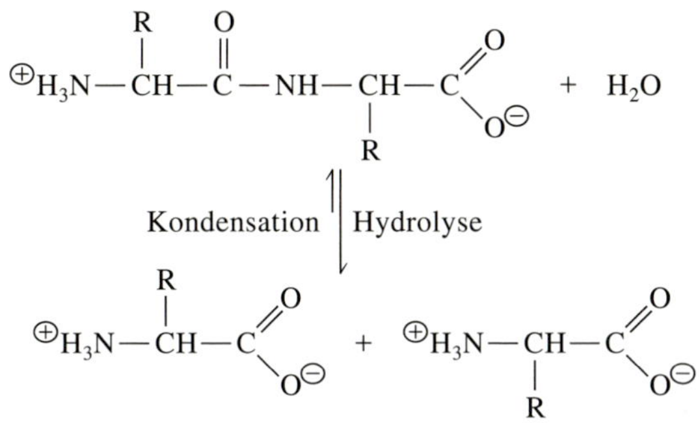

Abbildung 2.11: Hydrolyse eines Peptids. In Anwesenheit von Wasser werden die Peptidbindungen eines Proteins hydrolysiert. Die Umkehrung der Hydrolyse, die Kondensation, ist thermodynamisch nicht begünstigt.

Warum werden Biopolymere dann aber nicht schnell in ihre Komponenten zerlegt, wenn Zellen doch so viel Wasser enthalten? Wie kann die Biosynthese der biologischen Makromoleküle stattfinden, wenn das Gleichgewicht weit auf der Seite der Monomere liegt? Zellen umgehen diese Probleme auf mehreren Wegen. Zunächst sind die Verknüpfungen zwischen den einzelnen Monomeren der Makromoleküle bei den in Zellen herrschenden pH-Werten und Temperaturen in Lösung kinetisch relativ stabil, so wie zum Beispiel die Amidbindungen in Proteinen oder die Esterbindungen in der DNA. Das bedeutet: Die Makromoleküle befinden sich zwar bezüglich ihrer Hydrolyse weit von ihrem thermodynamischen Gleichgewicht entfernt, aber die Geschwindigkeit der Hydrolyse ist trotz der hohen Konzentration des Wassers sehr gering. Die chemischen Eigenschaften des Wassers führen in Kombination mit seiner hohen Konzentration zu einer negativen Gibbs'schen freien Reaktionsenthalpie der Hydrolyse ($\Delta G_{Hydrolyse} < 0$). Diese ist somit thermodynamisch begünstigt und läuft spontan ab (freiwillig, aber nicht unbedingt schnell). Allerdings ist die Geschwindigkeit der Reaktion innerhalb von Zellen so klein, dass die biologischen Makromoleküle während der durchschnittlichen Lebensdauer einer Zelle nicht merklich abgebaut werden. Zwischen der bevorzugten Richtung einer Reaktion, die durch ihre Gibbs'sche freie Reaktionsenthalpie bestimmt wird, und der Reaktionsgeschwindigkeit besteht kein direkter Zusammenhang.

Zellen können Makromoleküle in einer wässrigen Umgebung synthetisieren, obwohl die Kondensationsreaktion (die Umkehrung der Hydrolyse) thermodynamisch nicht begünstigt ist. Sie können die Synthese trotzdem durchführen, indem sie die in ATP gespeicherte chemische Energie nutzen, um die thermodynamische Hürde zu überwinden. Außerdem schließen die Enzyme, die solche Reaktionen katalysieren, während dieser Reaktion Wasser aus ihrem aktiven Zentrum aus, sodass die eigentliche Verknüpfungsreaktion in einer nichtwässrigen Umgebung abläuft. Weil die Synthesereaktionen entgegen einer sehr unvorteilhaften Gleichgewichtslage durchgeführt werden müssen, folgen sie schließlich einem zweistufigen Reaktionsweg, der nicht exakt der Umkehrung der Hydrolyse entspricht. Die in ▸*Abbildung 2.11* gezeigte einfache Kondensationsreaktion ist nicht der Weg, der in lebenden Zellen beschritten wird, weil dieser Pfad durch die hohe Konzentration des Wassers thermodynamisch extrem ungünstig ist. Im ersten Schritt der Biosynthese, der thermodynamisch (energetisch) bergauf verläuft, bildet das Molekül, das übertragen werden soll, durch die Reaktion mit ATP ein reaktives Zwischenprodukt. Im zweiten Schritt wird die aktivierte Gruppe endgültig auf ein angreifendes Nucleophil übertragen. In ▸*Kapitel 18* werden wir sehen, dass es sich bei dem reaktiven Zwischenprodukt in der Proteinbiosynthese um eine Aminoacyl-tRNA handelt, die durch eine ATP-abhängige Reaktion gebildet wird. Das Nettoergebnis der Biosynthesereaktion besteht in der Kopplung der thermodynamisch ungünstigen Kondensation mit der thermodynamisch günstigen Hydrolyse von ATP.

2.7 Die Ionisierung (Autoprotolyse) von Wasser

Eine der wichtigen Eigenschaften von Wasser ist seine schwache Tendenz zur Ionisierung (Autoprotolyse). Reines Wasser besteht nicht nur aus H_2O-Molekülen, sondern enthält außerdem eine niedrige Konzentration von Hydronium-Ionen ($H_3O^{\oplus}$) und Hydroxid-Ionen ($OH^{\ominus}$) in gleicher Konzentration. Die Hydronium- und Hydroxid-Ionen werden durch den nucleophilen Angriff des Sauerstoffatoms eines Wassermoleküls auf ein Wasserstoffatom eines benachbarten Wassermoleküls gebildet.

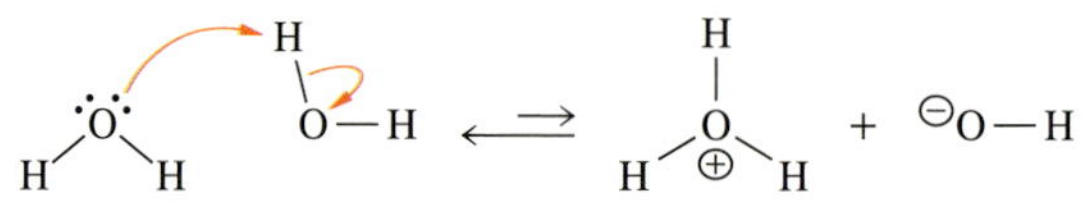
(2.2)

$$H_2O + H_2O \rightleftharpoons H_3O^{\oplus} + OH^{\ominus}$$

Die roten Pfeile in ▸*Reaktionsgleichung 2.2* zeigen die Verschiebung von Elektronenpaaren. Solche Pfeile werden zur Darstellung von Reaktionsmechanismen verwendet, denen wir in diesem Buch noch häufig begegnen werden. Eines der freien Elektronenpaare am Sauerstoffatom wird zur Bildung der neuen kovalenten O–H-Bindung zwischen dem Sauerstoffatom des neu gebildeten Hydronium-Ions und einem Proton ($H^{\oplus}$) genutzt, das von dem anderen Wassermolekül abgespalten wird. Bei der Abspaltung des Protons wird eine O–H-Bindung so gespalten, dass das Bindungselektronenpaar vollständig am Sauerstoffatom des dabei gebildeten Hydroxid-Ions gebunden bleibt (heterolytische Bindungsspaltung). Beachten Sie, dass die Atome im Hydronium-Ion insgesamt elf positiv geladene Protonen (acht im Sauerstoffatom und drei in den drei Wasserstoffkernen) und zehn negativ geladene Elektronen aufweisen (zwei Elektronen im 1*s*-Orbital des Sauerstoffatoms sowie acht Valenzelektronen, davon ein freies Elektronenpaar am Sauerstoff und drei Bindungselektronenpaare). Im Ergebnis ergibt sich somit eine positive Nettoladung, sodass das Hydronium-Ion ein Kation ist. Das Pluszeichen für die positive Ladung wird in der Regel an das Sauerstoffatom geschrieben. In Wirklichkeit ist die Ladung aber auch partiell über die Wasserstoffatome verteilt. Das Hydroxid-Ion trägt als Anion im Vergleich dazu eine negative Ladung, weil den neun positiv geladenen Protonen in den Kernen des Sauerstoff- und des Wasserstoffatoms zehn negativ geladene Elektronen gegenüberstehen.

Die Autoprotolyse des Wassers ist eine typische reversible Reaktion. Die Protonierungs- und Deprotonierungsreaktionen laufen sehr schnell ab. Sowohl die Hydroxid- als auch die Hydronium-Ionen besitzen nur eine kurze mittlere Lebensdauer, bevor sie untereinander oder mit einem Wassermolekül wieder zu einem ungeladenen Wassermolekül zurück reagieren. Auch die Existenz von Wassermolekülen ist durch diese Reaktionen zeitlich begrenzt. Ihre durchschnittliche Lebensdauer beträgt etwa eine Millisekunde (10^{-3} s), bevor sie durch die Abgabe eines Protons zu einem Hydroxid-Ion oder durch die Aufnahme eines Protons zu einem Hydronium-Ion umgewandelt werden. Dennoch ist die mittlere Lebensdauer eines Wassermoleküls um neun Größenordnungen höher als die einer Wasserstoffbrückenbindung (um den Faktor 10^9). Obwohl ein Hydronium-Ion oft durch das Symbol $H_3O^{\oplus}$ beschrieben wird, sind in Wirklichkeit immer einige Wassermoleküle mit ihm assoziiert. Hydronium-Ionen können ein Proton auf ein anderes Ion oder Molekül übertragen. Solche Protonendonoren werden gemäß dem Säure-Base-Konzept von Brønsted und Lowry als Säuren bezeichnet. Wir werden das Hydronium-Ion häufig durch das Symbol $H^{\oplus}$ abkürzen, um dessen Eigenschaft als wichtige Protonenquelle in biochemischen Reaktionen hervorzuheben, auch wenn es sich nicht wirklich um ein freies Proton beziehungsweise Wasserstoff-Kation handelt. Die Autoprotolyse von Wasser kann dann als einfache Dissoziation eines Protons von einem Wassermolekül geschrieben werden.

$$H_2O \rightleftharpoons H^{\oplus} + OH^{\ominus} \qquad (2.3)$$

Die ▸*Gleichung 2.3* stellt eine bequeme Methode dar, um die Ionisierung von Wasser zu beschreiben, aber sie enthält nicht die wahre Struktur des Protonendonors, bei dem es sich ja um das Hydronium-Ion handelt. ▸*Gleichung 2.3* unterschlägt auch die Tatsache, dass die Autoprotolyse von Wasser in Wirklichkeit eine bimolekulare Reaktion darstellt, an der zwei getrennte Wassermoleküle beteiligt sind. Diese Mängel weist die ▸*Reaktionsgleichung 2.2* nicht auf. Glücklicherweise ist die einfache Dissoziation von Wasser eine annehmbare Näherung, die unsere Berechnungen und unser Verständnis für die Eigenschaften des Wassers nicht negativ beeinflusst. Wir werden diese Vereinfachung deswegen im weiteren Buch anwenden. Hydroxid-Ionen können durch die Aufnahme eines Protons wieder in ein Wassermolekül umgewandelt werden. Protonenakzeptoren werden Basen genannt. Die ▸*Reaktionsgleichung 2.2* deutet bereits an, dass Wasser sowohl als Säure als auch als Base fungieren kann. Die Ionisierung von Wasser kann quantitativ analysiert werden. Erinnern Sie sich, dass die Konzentrationen der Reaktanten und die Produkte einer chemischen Reaktion immer ein Gleichgewicht anstreben. Der Quotient aus dem Produkt der Konzentrationen der Produkte und dem Produkt der Konzentrationen der Reaktanten definiert die Gleichgewichtskonstante (K_{Gl}). Im Falle der Ionisierung von Wasser, bei der ihr Gleichgewicht auch nach einer erheblichen Störung wegen der hohen Reaktionsgeschwindigkeiten immer sehr schnell erreicht wird, gilt für die Gleichgewichtskonstante:

$$K_{Gl} = \frac{[H^{\oplus}][OH^{\ominus}]}{H_2O} \qquad K_{Gl}\ 55{,}5\ M\ = [H^{\oplus}][OH^{\ominus}] \tag{2.4}$$

Die Gleichgewichtskonstante für die Ionisierung von Wasser wurde bei dem äußeren Standarddruck von 1 bar und bei der Standardtemperatur von 25 °C bestimmt. Sie beträgt $1{,}8 \times 10^{-16}$ M. Die Konzentrationen der Protonen (Hydronium-Ionen) und Hydroxid-Ionen in reinem Wasser sind für uns von großem Interesse, weil diese Ionen an vielen biochemischen Reaktionen teilnehmen. Diese Werte können mithilfe der ▶*Gleichung 2.4* berechnet werden, wenn die Konzentration des Wassers ($[H_2O]$) im Gleichgewicht bekannt ist. Die Masse von einem Liter Wasser beträgt 1000 g und die Masse von einem Mol Wasser beläuft sich auf 18 g. Somit beträgt die Wasserkonzentration in reinem Wasser näherungsweise 55,5 M. Wenn die Autoprotolyse des Wassers ihr Gleichgewicht erreicht hat, liegt nur ein sehr kleiner Anteil der Wassermoleküle in dissoziierter Form vor, also als $H^{\oplus}$ und $OH^{\ominus}$. Dies hat deswegen nur eine sehr kleine Auswirkung auf die Konzentration der Wassermoleküle im Gleichgewicht. Somit kann die Berechnung durch die Annahme vereinfacht werden, dass für die Wasserkonzentration in ▶*Gleichung 2.4* gilt: $[H_2O] = 55{,}5$ M. Löst man ▶*Gleichung 2.4* nach dem Zähler der rechten Seite auf und setzt man die erwähnten Werte für die Gleichgewichtskonstante und die Wasserkonzentration ein, erhält man ▶*Gleichung 2.5*.

$$(1{,}8 \times 10^{-16}\ M)(55{,}5\ M) = 1{,}0 \times 10^{-14}\ M^2 = [H^{\oplus}][OH^{\ominus}] \tag{2.5}$$

Das Produkt aus den Konzentrationen der Protonen und der Hydroxid-Ionen ($[H^{\oplus}][OH^{\ominus}]$) nennt man das Ionenprodukt des Wassers. Dieses Ionenprodukt ist eine Konstante, die durch das Symbol K_W repräsentiert wird. Bei 25 °C beträgt der Wert von K_W

$$K_w = [H^{\oplus}][OH^{\ominus}] = 1{,}0 \times 10^{-14}\ M^2 \tag{2.6}$$

Es ist ein glücklicher Zufall, dass dieser Wert eine schöne runde Zahl und kein unhandlicher Dezimalbruch ist, weil dadurch die Berechnung von Ionenkonzentrationen viel leichter wird. Reines Wasser ist elektrisch neutral und die Anzahl von Protonen und Hydroxid-Ionen ist in reinem Wasser genau gleich ($[H^{\oplus}] = [OH^{\ominus}]$). Im Falle reinen Wassers kann ▶*Gleichung 2.6* deswegen in der Form von ▶*Gleichung 2.7* neu geschrieben werden.

$$K_w = [H^{\oplus}]^2 = 1{,}0 \times 10^{-14}\ M^2 \tag{2.7}$$

Zieht man auf beiden Seiten der ▶*Gleichung 2.7* die Quadratwurzel, erhält man schließlich ▶*Gleichung 2.8*.

$$[H^{\oplus}] = 1{,}0 \times 10^{-7}\ M \tag{2.8}$$

Da $[H^{\oplus}] = [OH^{\ominus}]$ ist, betragen die Konzentrationen der durch die Autoprotolyse (Ionisierung) in reinem Wasser gebildeten Protonen und Hydroxid-Ionen jeweils 10^{-7} M. Reines Wasser und wässrige Lösungen mit gleichen $H^{\oplus}$- und $OH^{\ominus}$-Konzentrationen werden als neutral bezeichnet. Allerdings weisen natürlich nicht alle wässrigen Lösungen gleiche Konzentrationen von $H^{\oplus}$ und $OH^{\ominus}$ auf. Wenn eine Säure in Wasser gelöst wird, steigt $[H^{\oplus}]$ und die Lösung wird sauer. Beachten Sie, dass beim Lösen einer Säure in Wasser zwar die Konzentration der Protonen steigt, die Konzentration der Hydroxid-Ionen aber gleichzeitig sinkt. Im Endeffekt muss nämlich das Ionenprodukt des Wassers im Gleichgewicht wieder $1{,}0 \times 10^{-14}\ M^2$ (▶*Gleichung 2.6*) betragen, weil K_W eine Konstante ist. Entsprechende Betrachtungen gelten beim Lösen einer Base in Wasser. In dem Fall sinkt $[H^{\oplus}]$ und $[OH^{\ominus}]$ steigt über 1×10^{-7} M hinaus, sodass eine basische beziehungsweise alkalische Lösung entsteht.

Die pH-Skala 2.8

Viele biochemische Prozesse werden durch die Protonenkonzentration stark beeinflusst, so auch der Sauerstofftransport im Blut, die enzymatische Katalyse vieler Reaktionen und die Erzeugung von Stoffwechselenergie während der Atmung oder der Photosynthese. Auch wenn die Konzentration von $H^{\oplus}$ (beziehungsweise $H_3O^{\oplus}$) in Zellen im Vergleich zur Konzentration der Wassermoleküle sehr klein ist, unterliegt $[H^{\oplus}]$ doch so großen Schwankungen, dass die Einführung einer logarithmischen Größe zur Beschreibung der Protonenkonzentration zweckdienlich erscheint. Diese Größe ist der sogenannte pH-Wert. Er ist definiert als der negative, dekadische (zur Basis zehn) Logarithmus der Protonenkonzentration (▶*Gleichung 2.9*).

$$pH = -\log[H^{\oplus}] = \log\frac{1}{[H^{\oplus}]} \tag{2.9}$$

In reinem Wasser gilt: $[H^{\oplus}] = [OH^{\ominus}] = 1{,}0 \times 10^{-7}$ M (▶ *Gleichung 2.8*). Reines Wasser wird deswegen als neutral bezeichnet, weil die Konzentrationen der positiv geladenen Protonen (beziehungsweise Hydronium-Ionen) und der negativ geladenen Hydroxid-Ionen, die zum Ionenprodukt des Wassers beitragen, gleich sind. Neutrale Lösungen besitzen einen pH-Wert von 7,0, da $-\log(10^{-7}) = 7{,}0$ ist. Infolge eines gelösten Stoffes, der $H^{\oplus}$-Ionen liefert, weisen saure Lösungen einen Überschuss an $H^{\oplus}$ auf. In einer 0,01 M HCl-Lösung beträgt die Konzentration der $H^{\oplus}$-Ionen zum Beispiel 0,01 M (also 10^{-2} M), weil HCl als starke Säure vollständig in $H^{\oplus}$ und $Cl^{\ominus}$ dissoziiert. Der pH-Wert einer solchen Lösung ergibt sich zu $pH = -\log(10^{-2}) = 2{,}0$. Der pH-Wert einer Lösung ist somit umso kleiner je größer die $H^{\oplus}$-Konzentration ist. Da die pH-Skala logarithmisch ist, entspricht die Änderung des pH-Wertes um eine Einheit einer Änderung der $H^{\oplus}$-Konzentration um den Faktor zehn.

Wässrige Lösungen können aber auch weniger $H^{\oplus}$-Ionen enthalten als reines Wasser. In einer 0,01 M NaOH-Lösung beträgt die $OH^{\ominus}$-Konzentration zum Beispiel 0,01 M (also 10^{-2} M), weil NaOH als starke Base, so wie die starke Säure HCl, in Wasser vollständig dissoziiert. Die Protonen aus der Autoprotolyse des Wassers rekombinieren nun zum großen Teil mit den Hydroxid-Ionen aus dem NaOH zu Wassermolekülen. Dadurch werden die Gleichgewichtskonzentrationen der Ionisierung (Autoprotolyse) des Wassers verschoben (▶ *Reaktionsgleichungen 2.2* und *2.3*). Wegen der niedrigen Protonenkonzentration ist eine solche Lösung sehr basisch. Der pH-Wert der Lösung kann mithilfe des Ionenprodukts des Wassers, K_W (▶ *Gleichung 2.6*), bestimmt werden, indem man die Konzentration der Hydroxid-Ionen substituiert. Da das Produkt aus den Konzentrationen der Protonen und der Hydroxid-Ionen 10^{-14} M^2 beträgt, ergibt sich für die $H^{\oplus}$-Konzentration in einer 10^{-2} M $OH^{\ominus}$-Lösung ein Wert von 10^{-12} M. Der pH-Wert der Lösung berechnet sich somit zu 12. In ▶ *Abbildung 2.12a* sind zu einigen pH-Werten die zugehörigen Konzentrationen der $H^{\oplus}$-Ionen und der $OH^{\ominus}$-Ionen angegeben.

(a)

pH	$[H^+]$ (M)	$[OH^-]$ (M)
0	1	10^{-14}
1	10^{-1}	10^{-13}
2	10^{-2}	10^{-12}
3	10^{-3}	10^{-11}
4	10^{-4}	10^{-10}
5	10^{-5}	10^{-9}
6	10^{-6}	10^{-8}
7	10^{-7}	10^{-7}
8	10^{-8}	10^{-6}
9	10^{-9}	10^{-5}
10	10^{-10}	10^{-4}
11	10^{-11}	10^{-3}
12	10^{-12}	10^{-2}
13	10^{-13}	10^{-1}
14	10^{-14}	1

(b)

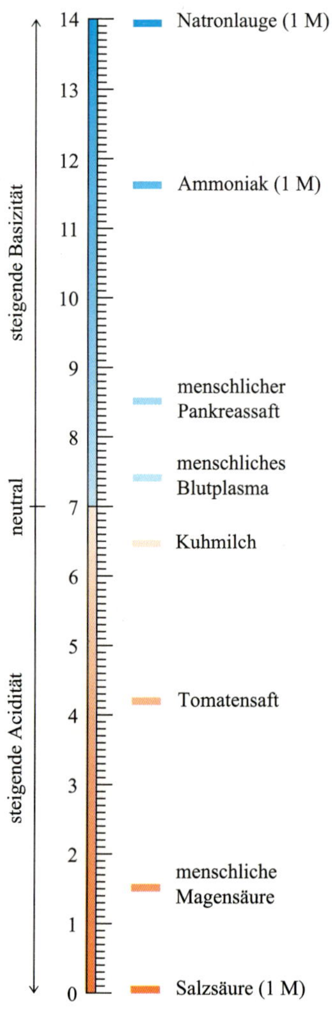

Abbildung 2.12: pH-Wert und Wasser. (a) Beziehung zwischen dem pH-Wert und den Konzentrationen der $H^{\oplus}$- und der $OH^{\ominus}$-Ionen. (b) pH-Werte verschiedener Flüssigkeiten bei 25 °C. Niedrige pH-Werte entsprechen sauren Flüssigkeiten, während hohe pH-Werte basische Flüssigkeiten bedeuten.

Der pH-Wert von basischen Lösungen ist größer als 7,0 und der pH-Wert saurer Lösungen ist kleiner als 7,0. ▸*Abbildung 2.12b* zeigt zum Vergleich die pH-Werte einiger Lösungen. Genaue Messungen des pH-Wertes werden routinemäßig mithilfe eines pH-Meters durchgeführt. Das Herzstück eines pH-Meters stellt eine [$H^{\oplus}$]-sensitive, selektiv permeable Glaselektrode dar. Manchmal erleichtert die Messung des pH-Wertes bei einer Erkrankung die Diagnose. Der normale pH-Wert des Blutes beträgt 7,4; er wird häufig auch als physiologischer pH-Wert bezeichnet. Bei bestimmten Erkrankungen, wie zum Beispiel Diabetes mellitus, kann der pH-Wert des Blutes niedriger sein. Einen solchen Zustand nennt man Acidose. Wenn der pH-Wert des Blutes über dem normalen Wert liegt, spricht man von einer Alkalose. Eine Alkalose kann zum Beispiel nach lange andauerndem Erbrechen (Verlust von Salzsäure aus dem Magen) oder durch Hyperventilation (übermäßiger Verlust von Kohlensäure als Kohlendioxid) entstehen.

2.9 Säuredissoziationskonstanten schwacher Säuren

Säuren und Basen, die in Wasser vollständig dissoziieren, wie zum Beispiel Salzsäure und Natriumhydroxid, werden starke Säuren beziehungsweise starke Basen genannt. Viele andere Säuren und Basen, wie die Aminosäuren, aus denen Proteine aufgebaut sind, oder die Purine und Pyrimidine, die als Bestandteile der DNA und RNA vorkommen, dissoziieren nicht vollständig in Wasser. Diese Verbindungen sind als schwache Säuren beziehungsweise schwache Basen bekannt. Um die Beziehung zwischen Säuren und Basen zu verstehen, wollen wir die Dissoziation von HCl in Wasser betrachten. In ▸*Abschnitt 2.7* haben wir eine Säure als ein Molekül, das Protonen abgeben kann, definiert (Protonendonor), und eine Base wurde als ein Molekül bestimmt, das Protonen aufnehmen kann (Protonenakzeptor). Säuren und Basen treten immer paarweise auf, weil es immer auch einen Protonendonor geben muss, wenn ein Akzeptor ein Proton aufnimmt und umgekehrt. Deswegen weisen auch beide Seiten der Reaktionsgleichung für die Dissoziation sowohl eine Base als auch eine Säure auf. Somit lautet die Gleichgewichtsreaktion der vollständigen Dissoziation von HCl:

$$\underset{\text{Säure}}{HCl} + \underset{\text{Base}}{H_2O} \rightleftharpoons \underset{\text{Base}}{Cl^{\ominus}} + \underset{\text{Säure}}{H_3O^{\oplus}} \qquad (2.10)$$

Salzsäure (HCl) ist eine Säure, weil sie ein Proton abgeben kann. In diesem Fall ist ein Wassermolekül der Protonenakzeptor, der die Base in der Gleichgewichtsreaktion darstellt. Auf der anderen Seite des Gleichgewichts befinden sich das Chlorid-Ion ($Cl^{\ominus}$) und das Hydronium-Ion ($H_3O^{\oplus}$). $Cl^{\ominus}$ ist die Base, die aus HCl durch die Abgabe des Protons entsteht. Das Chlorid-Ion wird konjugierte Base von HCl genannt. Dieser Begriff weist darauf hin, dass $Cl^{\ominus}$ eine Base und ein Teil des Säure-Base-Paares $HCl/Cl^{\ominus}$ ist. Entsprechend repräsentiert das $H_3O^{\oplus}$-Ion die Säure auf der rechten Seite des Gleichgewichts, weil es ein Proton abgeben kann. $H_3O^{\oplus}$ ist die konjugierte Säure von H_2O. Zu jeder Base gibt es eine konjugierte Säure und jede Säure besitzt eine konjugierte Base. HCl ist also die konjugierte Säure von $Cl^{\ominus}$, während H_2O die konjugierte Base von $H_3O^{\oplus}$ darstellt. Beachten Sie, dass H_2O gleichzeitig als die konjugierte Säure des $OH^{\ominus}$-Ions auftritt, da es mit diesem das Säure-Base-Paar $H_2O/OH^{\ominus}$ bildet. In diesem Buch werden wir in den meisten Fällen die Reaktionsgleichungen von Säure-Base-Reaktionen so wie in ▸*Gleichung 2.11* vereinfachen, indem wir den Beitrag von Wasser ignorieren und das Hydronium-Ion als einfaches Proton betrachten.

$$HCl \rightleftharpoons H^{\oplus} + Cl^{\ominus} \qquad (2.11)$$

Dies ist eine Standardkonvention in der Biochemie, aber oberflächlich betrachtet erfüllt die ▸*Reaktionsgleichung 2.11* nicht mehr die Regel, dass auf beiden Seiten des Gleichgewichts jeweils ein Protonendonor und ein Protonenakzeptor auftreten müssen. Studenten sollten immer im Gedächtnis behalten, dass solche Reaktionsgleichungen den Beitrag der Wassermoleküle als Protonenakzeptoren sowie der Hydronium-Ionen als Protonendonoren stillschweigend beinhalten. In den allermeisten Fällen führt die Vernachlässigung der Wassermoleküle nicht zu Fehlern. Dies ist das gleiche Prinzip, das wir bereits auf die Reaktionsgleichung der Dissoziation von Wasser angewandt haben (▸*Abschnitt 2.7*), in der wir den Beitrag eines der Wassermoleküle ignoriert haben. HCl ist eine starke Säure, weil das Gleichgewicht in ▸*Gleichung 2.11* weit auf der rechten Seite liegt, sodass HCl in Wasser praktisch vollständig dissoziiert vorliegt. Mit anderen Worten: HCl zeigt in Wasser eine starke Neigung, das Proton abzugeben. Infolgedessen ist die konjugierte Base von HCl, das Chlorid-Ion ($Cl^{\ominus}$), eine sehr schwache Base, weil sie kaum eine Tendenz zur Aufnahme eines Protons aufweist. Wenn man von starken Säuren spricht, werden die Komponenten des Säure-Base-Paares in der Regel als Säure und ihre konjugierte Base charakterisiert, obwohl die

Bezeichnungen konjugierte Säure und sehr schwache Base technisch ebenso korrekt wären. Es ist leicht, HCl als starke Säure zu identifizieren, aber bei schwachen Säuren oder Basen ist es häufig schwierig zu entscheiden, ob ein gegebenes Säure-Base-Paar als schwache Säure und ihre konjugierte Base oder aber als schwache Base und ihre konjugierte Säure bezeichnet werden soll.

Essigsäure ist eine schwache Säure, die zum Beispiel in Essig enthalten ist. Die Gleichgewichtsreaktion für die Dissoziation der Essigsäure lautet:

$$\underset{\text{(schwache Säure)}}{\underset{\text{Essigsäure}}{CH_3COOH}} \overset{K_S}{\rightleftharpoons} H^{\oplus} + \underset{\text{(konjugierte Base)}}{\underset{\text{Acetat-Anion}}{CH_3COO^{\ominus}}} \quad (2.12)$$

Beachten Sie, dass wir den Beitrag des Wassers in der Gleichung nicht berücksichtigt haben, um sie zu vereinfachen. Nach der ▶*Reaktionsgleichung 2.12* ist das Acetat-Ion die konjugierte Base der Essigsäure. Man könnte auch die Essigsäure als die konjugierte Base des Acetat-Ions bezeichnen. Die Gleichgewichtskonstante der Dissoziation eines Protons von einer Säure in wässriger Lösung ist die sogenannte Säuredissoziationskonstante, K_S. K_S wird häufig auch einfach als Säurekonstante bezeichnet. Im Gleichgewicht, das übrigens sehr schnell erreicht wird, ergibt sich die Säurekonstante aus dem Produkt der Konzentrationen der Produkte dividiert durch das Produkt der Konzentrationen der Reaktanten. Für die Dissoziation der Essigsäure aus ▶*Reaktionsgleichung 2.12* lautet die Gleichung für die Säurekonstante also folgendermaßen:

$$K_S = \frac{[H^{\oplus}][CH_3COO^{\ominus}]}{[CH_3COOH]} \quad (2.13)$$

Die Säurekonstante von Essigsäure beträgt bei 25 °C also $K_S = 1{,}76 \times 10^{-5}$ M. Weil die Werte von Säurekonstanten numerisch relativ klein und damit in Berechnungen eher unbequem sind, wurde eine dem pH-Wert analoge logarithmische Größe eingeführt, der pK_S-Wert:

$$pK_S = -\log K_S = \log \frac{1}{K_S} \quad (2.14)$$

Während der pH-Wert ein Maß für die Acidität einer Lösung darstellt, ist der pK_S-Wert ein Maß für die Säurestärke der jeweiligen Verbindung. Der pK_S-Wert von Essigsäure beträgt 4,8. Bei der Beschäftigung mit Basen muss man deren protonierte Form betrachten, um ▶*Gleichung 2.13* anwenden zu können.

Tabelle 2.2

Dissoziationskonstanten (K_S) und pK_S-Werte einiger schwacher Säuren in wässriger Lösung bei 25 °C

Säure	K_S (M)	pK_S
HCOOH (Ameisensäure)	$1{,}77 \times 10^{-4}$	3,8
CH_3COOH (Essigsäure)	$1{,}76 \times 10^{-5}$	4,8
$CH_3CH(OH)COOH$ (Milchsäure)	$1{,}37 \times 10^{-4}$	3,9
H_3PO_4 (Phosphorsäure)	$7{,}52 \times 10^{-3}$	2,2
$H_2PO_4^-$ (Dihydrogenphosphat-Ion)	$6{,}23 \times 10^{-8}$	7,2
HPO_4^- (Monohydrogenphosphat-Ion)	$2{,}20 \times 10^{-13}$	12,7
H_2CO_3 (Kohlensäure)	$4{,}30 \times 10^{-7}$	6,4
HCO_3^- (Hydrogencarbonat-Ion)	$5{,}61 \times 10^{-11}$	10,2
NH_4^+ (Ammonium-Ion)	$5{,}62 \times 10^{-10}$	9,2
$CH_3NH_3^+$ (Methylammonium-Ion)	$2{,}70 \times 10^{-11}$	10,7

Diese konjugierten Säuren sind sehr schwache Säuren. Um die Berechnungen und Vergleiche zu vereinfachen, messen wir die Gleichgewichtskonstante (K_S) für die Dissoziation eines Protons von der konjugierten Säure einer schwachen Base. Das Ammonium-Ion (NH_4^+) ist zum Beispiel die konjugierte Säure der Base Ammoniak (NH_3), die bei der Dissoziation von NH_4^+ neben H^+ gebildet wird:

$$NH_4^{\oplus} \rightleftharpoons NH_3 + H^{\oplus} \qquad (2.15)$$

Die Säurekonstante (K_S) für dieses Gleichgewicht ist auch ein Maß für die Stärke der Base (Ammoniak, NH_3) in wässriger Lösung. Je kleiner die Säurekonstante der konjugierten Säure ist, desto schwächer ist diese Säure, aber desto stärker ist die Base. Die K_S- und pK_S-Werte einiger häufig vorkommender Säuren sind in ▸*Tabelle 2.2* aufgelistet. Der ▸*Gleichung 2.13* können wir entnehmen, dass die Säurekonstante von Essigsäure einerseits von der Konzentration der Protonen (beziehungsweise H_3O^+) und andererseits vom Quotienten aus den Konzentrationen des Acetat-Ions und der undissoziierten Essigsäure abhängt. Wenn wir die ▸*Gleichungen 2.12* und *2.13* verallgemeinern, indem wir für die undissoziierte Säure die Bezeichnung HA und für die konjugierte Base das Symbol A^- einführen und gleichzeitig ▸*Gleichung 2.13* logarithmieren, erhalten wir folgende Gleichungen für ein beliebiges Säure-Base-Paar:

$$HA \rightleftharpoons H^{\oplus} + A^{\ominus} \qquad \log K_S = \log\frac{[H^{\oplus}][A^{\ominus}]}{[HA]} \qquad (2.16)$$

Da log(*xy*) = log *x* + log *y* gilt, kann ▸*Gleichung 2.16* in ▸*Gleichung 2.17* umgeformt werden.

$$\log K_S = \log[H^{\oplus}] + \log\frac{[A^{\ominus}]}{[HA]} \qquad (2.17)$$

Eine Neuordnung der ▸*Gleichung 2.17* ergibt:

$$-\log[H^{\oplus}] = -\log K_S + \log\frac{[A^{\ominus}]}{[HA]} \qquad (2.18)$$

Die negativen Logarithmen in ▸*Gleichung 2.18* sind bereits als pH-Wert (▸*Gleichung 2.9*) und pK_S-Wert (▸*Gleichung 2.14*) definiert worden, sodass sich folgende Gleichungen ergeben:

$$pH = pK_S + \log\frac{[A^{\ominus}]}{[HA]} \qquad (2.19)$$

oder

$$pH = pK_S + \log\frac{[\text{Protonenakzeptor}]}{[\text{Protonendonator}]} \qquad (2.20)$$

Die ▸*Gleichung 2.20* ist eine Version der sogenannten Henderson-Hasselbalch-Gleichung. Sie definiert den pH-Wert einer Lösung in Abhängigkeit vom pK_S-Wert der schwachen Säure des Säure-Base-Paares und vom Logarithmus des Quotienten aus der Konzentration der dissoziierten Spezies (konjugierte Base) sowie der Konzentration der protonierten Spezies (schwache Säure). Beachten Sie, dass der pH-Wert umso höher ist, je größer das Verhältnis der Konzentration des Protonenakzeptors (konjugierte Base) zur Konzentration des Protonendonators (schwache Säure) wird. Dies ergibt intuitiv auch einen Sinn, da bei einfachen Dissoziationsreaktionen die Konzentration von $A^{\ominus}$ gleich der Konzentration der $H^{\oplus}$-Ionen ist. Wenn mehr HA dissoziiert, steigt die Konzentration von $A^{\ominus}$ und ebenso die Konzentration von $H^{\oplus}$. Wenn die Konzentrationen einer schwachen Säure und ihrer konjugierten Base genau gleich sind, entspricht der pH-Wert dem pK_S-Wert der schwachen Säure, da das Verhältnis der Konzentrationen in diesem Fall gleich 1,0 und der Logarithmus von 1,0 gleich 0 ist. Die Henderson-Hasselbalch-Gleichung wird eingesetzt, um den endgültigen pH-Wert der Lösung einer schwachen Säure zu bestimmen, nachdem sich das Dissoziationsgleichgewicht eingestellt hat. Diese Berechnungen von pH-Werten sind komplizierter als für starke Säuren wie HCl. Wie in ▸*Abschnitt 2.8* bereits beschrieben wurde, ergibt sich der pH-Wert einer HCl-Lösung in einfacher Weise aus der gelösten Menge HCl, da die endgültige $H^{\oplus}$-Konzentration gleich der Anfangskonzentration von HCl zu Beginn der Herstellung der Lösung ist. Im Gegensatz dazu dissoziieren schwache Säuren in Wasser nur teilweise, sodass die Abhängigkeit des pH-Wertes von den Säurekonstanten durchaus einen Sinn ergibt. Bei kontinuierlicher Zugabe einer schwachen Säure zu Wasser sinkt der pH-Wert (mehr $H^{\oplus}$), aber der Anstieg der $H^{\oplus}$-Konzentration verläuft nicht parallel zum Anstieg der jeweiligen (fiktiven) Anfangskonzentration von HA (ist gleich der Summe der Konzentrationen von $A^{\ominus}$ und HA im Gleichgewicht oder der bis zu diesem Punkt hinzugefügten Gesamtmenge HA). Die Ursache für dieses Verhalten ergibt sich aus ▸*Gleichung 2.16*, weil deren Zähler aus dem *Produkt* der Konzentrationen der $H^{\oplus}$- und der $A^{\ominus}$-Ionen besteht.

Die Henderson-Hasselbalch-Gleichung ist auch auf andere Säure-Base-Kombinationen anwendbar und nicht nur auf solche, an denen eine schwache Säure beteiligt ist. Wenn das Säure-Base-Paar zum Beispiel aus einer schwachen Base und ihrer konjugierten Säure besteht, lautet der Zähler in ▶*Gleichung 2.20* [schwache Base] und der Nenner [konjugierte Säure]. Sie sollten sich in diesem Zusammenhang insbesondere Folgendes merken: Der Zähler in ▶*Gleichung 2.20* enthält immer die Konzentration des Protonenakzeptors und der Nenner die Konzentration des Protonendonors. Die pK_S-Werte von schwachen Säuren werden durch Titration bestimmt. Die Titrationskurve für Essigsäure finden Sie in ▶*Abbildung 2.13a*. In diesem Beispiel wird eine Essigsäurelösung durch die Zugabe der Lösung einer starken Base bekannter Konzentration titriert. Der pH-Wert wird gemessen und gegen die während der Titration hinzugefügten molaren Äquivalente der starken Base aufgetragen. Beachten Sie, dass nur genau ein Äquivalent der starken Base erforderlich ist, um die Essigsäure durch Titration vollständig in ihre konjugierte Base, das Acetat-Ion, zu überführen, weil die Essigsäure nur eine ionisierbare Gruppe, die Carboxylgruppe, besitzt. Säuren, die genau ein acides (auf Basen übertragbares) Proton besitzen, werden auch einwertige Säuren genannt. Nachdem exakt 0,5 Äquivalente der starken Base hinzugefügt wurden, sind die Konzentrationen der undissoziierten Essigsäure und des Acetat-Ions genau gleich. An diesem Punkt weist die Titrationskurve einen Wendepunkt auf, der für Essigsäure bei einem pH-Wert von 4,8 liegt. Dies ist der experimentell bestimmte pK_S-Wert von Essigsäure.

Die Konstruktion einer idealen Titrationskurve ist eine nützliche Übung zur Stärkung des Verständnisses für den Zusammenhang zwischen dem pH-Wert und dem Ionisierungszustand einer schwachen Säure. Sie können die Henderson-Hasselbalch-Gleichung zum Beispiel zur Berechnung des pH-Wertes verwenden, der sich durch die Zugabe steigender Mengen einer starken Base wie NaOH zu einer schwachen Säure wie dem Imidazolium-Ion (pK_S = 7,0) einstellt. Das Imidazolium-Ion wird durch die starke Base in seine konjugierte Base, das Imidazol, überführt (▶*Abbildung 2.13b*). Die korrekte Gestalt der Titrationskurve kann bereits mit nur wenigen Wertepaaren leicht illustriert werden, wenn man die pH-Werte für die Punkte berechnet, an denen das Verhältnis der Konzentration der konjugierten Base zur Konzentration der Säure 0,01, 0,1, 1, 10 und 100 beträgt. Berechnen Sie zusätzlich die pH-Werte an anderen Punkten, bis Sie sicherstellen können, dass die Kurve in der Nähe des Mittelpunktes der Titration relativ flach und an den Enden wesentlich steiler verläuft. Für die fünf einwertigen Säuren (diese sind Säuren mit nur einer ionisierbaren Gruppe beziehungsweise mit nur einem aciden Proton) in ▶*Tabelle 2.2* ergeben sich Titrationskurven mit einem ähnlichen Verlauf. Alle zeigen die gleiche allgemeine Gestalt der Kurve in ▶*Abbildung 2.13b*. Der Wendepunkt der Kurve jedoch, der den Mittelpunkt der Titration repräsentiert, an dem 0,5 Äquivalente der Säure titriert wurden, liegt für stärkere Säuren, wie zum Beispiel Ameisensäure oder Milchsäure, bei niedrigeren pH-Werten. Für schwächere Säuren, wie zum Beispiel das Ammonium-Ion oder das Methylammonium-Ion, befindet er sich bei höheren pH-Werten.

Die Titrationskurven schwacher Säuren verdeutlichen eine weitere Anwendung der Henderson-Hasselbalch-Gleichung. Der pH-Wert am Endpunkt der Titration ist das Ergebnis der Mischung der schwachen Säure (HA) mit einer starken Base ($OH^{\ominus}$). Die Base reagiert mit $H^{\oplus}$-Ionen zu Wassermolekülen (H_2O). Dadurch sinkt die Konzentration der $H^{\oplus}$-Ionen, während der pH-Wert steigt. Mit fortschreitender Titration dissoziieren mehr und

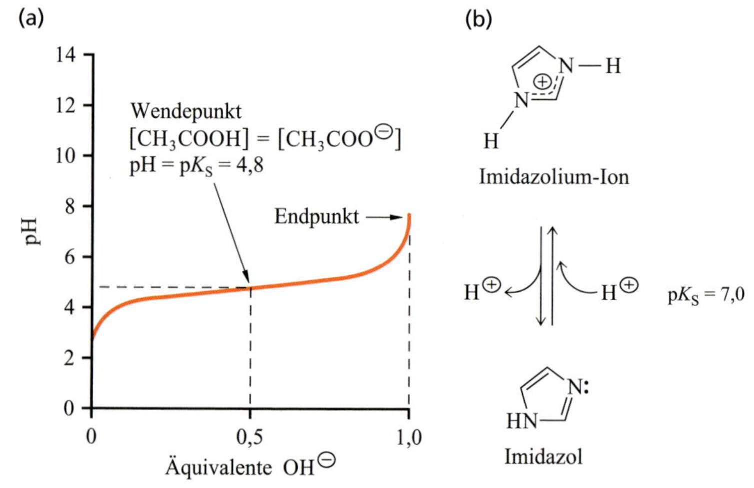

Abbildung 2.13: Titrationskurve für die Titration von Essigsäure mit einer basischen wässrigen Lösung ($OH^{\ominus}$) und Titration eines Imidazolium-Ions. (a) Die Kurve weist einen Wendepunkt (mit einem Minimum der Steigung) auf, der sich am Mittelpunkt der Titration befindet, welcher nach der Zugabe von 0,5 Äquivalenten der Base zur Essigsäurelösung erreicht wird. An diesem Punkt sind die Konzentrationen der undissoziierten Essigsäure und des Acetat-Ions genau gleich ($[CH_3COOH] = [CH_3COO^{\ominus}]$). Der an diesem Punkt herrschende pH-Wert entspricht dem pK_S-Wert der Essigsäure (pH = pK_S). Der pK_S-Wert der Essigsäure beträgt somit 4,8. Am Endpunkt der Titration sind alle Essigsäuremoleküle in ihre konjugierte Base, das Acetat-Ion, überführt worden. (b) Reaktion bei der Titration eines Imidazolium-Ions.

mehr HA-Moleküle nach, um das gestörte Gleichgewicht mit den $OH^{\ominus}$-Ionen und den Wassermolekülen wieder auszugleichen. Das Nettoergebnis am Endpunkt der Titration besteht darin, dass die Konzentration von $A^{\ominus}$ viel größer und die Konzentration von HA viel kleiner ist als im Falle der einfachen Gleichgewichtseinstellung beim Lösen von HA in Wasser. Dadurch wird klar, dass der pH-Wert einer Lösung, in der sich sowohl eine undissoziierte Säure (HA) als auch deren konjugierte Base ($A^{\ominus}$) befinden, direkt vom Verhältnis $[A^{\ominus}]/[HA]$ abhängt. Bei bekanntem pK_S-Wert können also mithilfe der Henderson-Hasselbalch-Gleichung die Konzentrationen der undissoziierten Säure und ihrer konjugierten Base berechnet werden (nach entsprechender Umformung), die zur Einstellung eines bestimmten vorgegebenen pH-Wertes notwendig sind. Dies ist die Grundlage für die Herstellung von sogenannten Pufferlösungen mit definierten pH-Werten (▶*Abschnitt 2.10*).

Phosphorsäure (H_3PO_4) ist eine dreiwertige Säure. Sie besitzt drei verschiedene Wasserstoffatome, die als Protonen ($H^{\oplus}$) abdissoziieren können, sowie die entsprechenden konjugierten Basen mit einer, zwei oder drei negativen Ladungen. In wässriger Lösung erfolgt die Dissoziation des ersten Protons sehr leicht und praktisch vollständig und sie ist mit einer großen Säurekonstante von $7{,}53 \times 10^{-3}$ M und einem pK_S-Wert von 2,2 verbunden. Die Dissoziationen des zweiten und dritten Protons laufen stufenweise und weniger bereitwillig ab, weil die jeweiligen Reaktanten, insbesondere wegen ihrer einfachen beziehungsweise sogar zweifachen negativen Ladung, die noch vorhandenen Protonen weniger leicht abgeben und deswegen kleinere Säurekonstanten aufweisen (▶*Gleichung 2.21*).

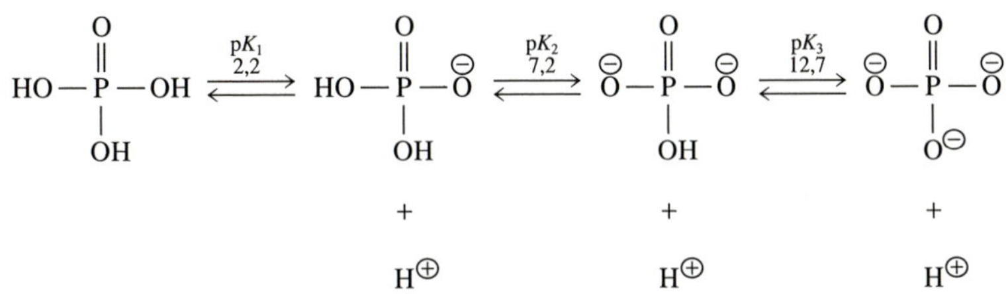

(2.21)

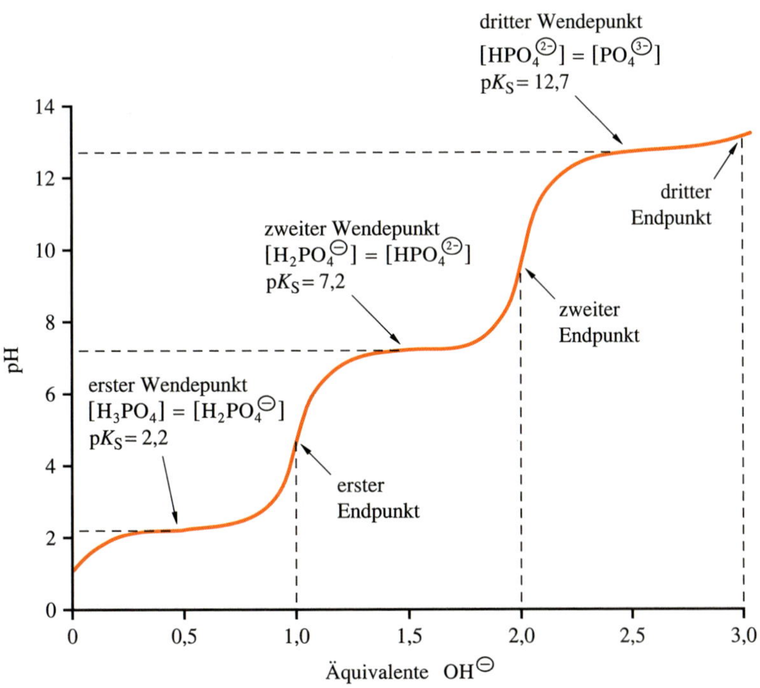

Abbildung 2.14: Titrationskurve für Phosphorsäure (H_3PO_4). Die drei Wendepunkte bei 0,5, 1,5 und 2,5 hinzugefügten Äquivalenten der starken Base entsprechen den drei pK_S-Werten von 2,2, 7,2 und 12,7 der Phosphorsäure.

Für die vollständige Titration von Phosphorsäure sind drei Äquivalente einer starken Base erforderlich. In der Titrationskurve sind drei pK_S-Werte erkennbar (▶*Abbildung 2.14*), die den drei Dissoziationsstufen entsprechen. Die drei pK_S-Werte spiegeln die drei Gleichgewichtskonstanten wider und somit die Existenz von maximal vier möglichen ionischen Spezies (konjugierte Säuren und Basen). Tatsächlich existieren (nur) drei ionische Spezies des anorganischen Phosphats, weil Phosphorsäure (H_3PO_4) selbst nicht ionisch ist. Bei einem physiologischen pH-Wert (7,4) liegt anorganisches Phosphat in wässriger Lösung überwiegend in Form von $H_2PO_4^{\ominus}$- (Dihydrogenphosphat) und $HPO_4^{\ominus}$-Ionen vor (Hydrogenphosphat oder Monohydrogenphosphat). Die Konzentrationen von H_3PO_4 (Phosphorsäure) und $PO_4^{\ominus}$ (Phosphat-Ion) sind bei einem pH-Wert von 7,4 so klein, dass sie vernachlässigt werden können. Dies ist für eine geringfügige Spezies allgemein der Fall, wenn der zugehörige pK_S-Wert mehr als zwei Einheiten vom aktuellen pH-Wert entfernt liegt.

Viele der biologisch bedeutsamen Säuren und Basen, einschließlich der in ▶*Kapitel 3* beschriebenen Aminosäuren, weisen zwei oder mehr ionisierbare Gruppen beziehungsweise acide Protonen auf. Die Anzahl der pK_S-Werte für eine solche Verbindung entspricht der Anzahl ihrer aciden Protonen (ionisierbaren Gruppen) und kann durch Titration bestimmt werden.

2.10 Pufferlösungen – Widerstand gegen pH-Änderungen

Wenn der pH-Wert einer Lösung bei der Zugabe kleiner Mengen einer starken Säure oder Base annähernd konstant bleibt, spricht man von einer *gepufferten* Lösung oder Pufferlösung. Das Ausmaß der Fähigkeit einer Lösung, bei Zugabe einer Säure oder einer Base einen konstanten pH-Wert aufrechtzuerhalten, nennt man ihre Pufferkapazität. Bei näherer Betrachtung der Titrationskurven von Essigsäure (▶*Abbildung 2.13a*) und Phosphorsäure (▶*Abbildung 2.14*) wird deutlich, dass die effektivste Pufferung dann erfolgt, wenn die Konzentrationen der undissoziierten Säure und ihrer konjugierten Base gleich sind, folglich, wenn der pH-Wert dem pK_S-Wert der Säure entspricht. In diesem Bereich ist die Steigung der Titrationskurve nämlich am kleinsten und eine kleine Steigung bedeutet eine kleine Änderung des pH-Wertes pro hinzugefügter Menge an starker Base (oder Säure, wenn in die andere Richtung titriert wird). Der Bereich, in dem man in der Regel eine effektive Pufferung annimmt, erstreckt sich von einer pH-Einheit unterhalb bis zu einer pH-Einheit oberhalb des pK_S-Wertes.

Die meisten biochemischen *In-vitro*-Experimente, an denen aufgereinigte Moleküle, Zellextrakte oder intakte Zellen beteiligt sind, werden in einer geeigneten Pufferlösung durchgeführt, um einen stabilen pH-Wert sicherzustellen. Heute steht eine Vielzahl von synthetischen Puffersubstanzen mit einer breiten Spanne von pK_S-Werten für die Herstellung von Pufferlösungen zur Verfügung, aber auch einige Naturstoffe werden als Puffersubstanzen verwendet. Mischungen aus Essigsäure und Natriumacetat können zum Beispiel als Puffer im pH-Bereich zwischen vier und sechs verwendet werden, während sich Mischungen aus KH_2PO_4 und K_2HPO_4 ($pK_S = 7{,}2$) als Puffer im pH-Bereich zwischen sechs und acht eignen. Die Aminosäure Glycin kommt schließlich häufig als Puffersubstanz im pH-Bereich zwischen neun und elf zum Einsatz.

Ein ausgezeichnetes Beispiel für eine große Pufferkapazität findet man im Blutplasma von Säugetieren, das einen bemerkenswert konstanten pH-Wert aufweist. Betrachten Sie ein Experiment: Die Zugabe eines Aliquots einer starken Säure zu einem definierten Volumen Blutplasma wird verglichen mit der analogen Zugabe einer starken Säure zu physiologischer Kochsalzlösung (0,15 M NaCl) beziehungsweise zu Wasser. Gibt man einen Milliliter 10 M HCl (Salzsäure) zu einem Liter physiologischer Kochsalzlösung oder Wasser, die beide einen pH-Wert von 7,0 haben, wird der pH-Wert auf 2,0 gesenkt; mit anderen Worten: $[H^{\oplus}]$ der HCl wird auf 10^{-2} M verdünnt. Fügt man aber einem Liter menschlichen Blutplasmas mit einem pH-Wert von 7,4 einen Milliliter 10 M HCl hinzu, wird der pH-Wert nur auf 7,2 verringert! Dies ist ein eindrucksvolles Beispiel für die Effektivität eines biologischen Puffersystems.

Der pH-Wert des Blutes wird hauptsächlich durch das Kohlendioxid-Kohlensäure-Hydrogencarbonat-Puffersystem reguliert. Das Diagramm in ▶*Abbildung 2.15* zeigt die prozentualen Anteile der Kohlensäure und ihrer beiden Protolysestufen (konjugierten Basen) als Funktion des pH-Wertes. Beachten Sie, dass die beiden überwiegend vorliegenden Formen der Kohlensäure bei einem pH-Wert von 7,4 das Hydrogencarbonat-Ion ($HCO_3^{\ominus}$) und die undissoziierte Kohlensäure selbst sind.

Die Pufferkapazität des Blutes hängt vom Gleichgewicht zwischen dem Kohlendioxid in der Gasphase der Lungenalveolen, dem im Blutplasma gelösten Kohlendioxid, der Kohlensäure im Blutplasma und den Hydrogencarbonat-Ionen im Blutplasma ab. Aus ▶*Abbildung 2.15* ergibt sich, dass das Gleichgewicht zwischen den Hydrogencarbonat- und den Carbonat-Ionen ($CO_3^{\ominus}$) nicht signifikant zur Pufferkapazität des Blutes beiträgt, weil der pK_S-Wert von Hydrogencarbonat bei 10,2 liegt und somit für einen Effekt auf die Pufferung des Blutes zu weit vom physiologischen pH-Wert entfernt ist.

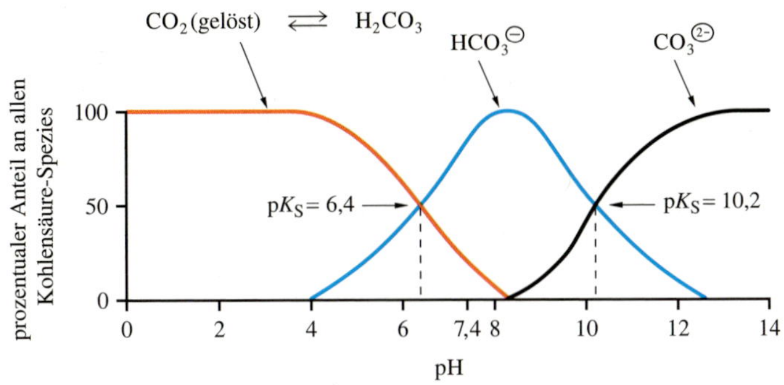

Abbildung 2.15: Prozentuale Anteile der Kohlensäure und ihrer beiden Protolysestufen (konjugierten Basen) als Funktion des pH-Wertes. In einer wässrigen Lösung liegen die Kohlensäure (H_2CO_3) und das Hydrogencarbonat-Ion ($HCO_3^{\ominus}$) bei einem pH-Wert von 7,4 (dem pH-Wert des Blutes) in beträchtlichen prozentualen Anteilen vor, während der Anteil des Carbonat-Ions ($CO_3^{\ominus}$) vernachlässigbar klein ist.

Das erste der drei relevanten Gleichgewichte des Kohlendioxid-Kohlensäure-Hydrogencarbonat-Puffersystems ist die Dissoziation von Kohlensäure zu $H^{\oplus}$ und Hydrogencarbonat:

$$H_2CO_3 \rightleftharpoons H^{\oplus} + HCO_3^{\ominus} \qquad (2.22)$$

Dieses Gleichgewicht wird durch ein zweites Gleichgewicht beeinflusst, in dem gelöstes Kohlendioxid, CO_2 (gelöst), mit seiner hydratisierten Form, der Kohlensäure, H_2CO_3, im Gleichgewicht steht:

$$CO_2\,(\text{gelöst}) + H_2O \rightleftharpoons H_2CO_3 \qquad (2.23)$$

Diese beiden Reaktionen können zu einem einzelnen Gleichgewicht kombiniert werden, in dem die Säure durch in Wasser gelöstes CO_2 repräsentiert wird:

$$CO_2\,(\text{gelöst}) + H_2O \rightleftharpoons H^{\oplus} + HCO_3^{\ominus} \qquad (2.24)$$

Der pK_S-Wert dieser Säure beträgt 6,4.

Schließlich steht gasförmiges CO_2 mit gelöstem CO_2 im Gleichgewicht:

$$CO_2\,(\text{gasförmig}) \rightleftharpoons CO_2\,(\text{gelöst}) \qquad (2.25)$$

Die drei Gleichgewichte, die einen konstanten pH-Wert des Blutes gewährleisten, sind in ▸*Abbildung 2.16* nochmals im Überblick dargestellt. Wenn der pH-Wert des Blutes infolge eines Stoffwechselprozesses, der einen Überschuss an $H^{\oplus}$ produziert, abgesenkt wird, steigt die Konzentration von H_2CO_3 augenblicklich an. Die überschüssige Kohlensäure, H_2CO_3, bildet durch die Abgabe von Wasser aber schnell zusätzliches gelöstes Kohlendioxid, CO_2 (gelöst), das in den Lungen in die Gasphase übertritt und als gasförmiges Kohlendioxid, CO_2 (gasförmig), ausgeatmet wird. Ein Anstieg des Partialdruckes von CO_2, $p(CO_2)$, in der ausgestoßenen Atemluft kompensiert somit im Endeffekt die durch den Stoffwechselprozess gebildeten überschüssigen $H^{\oplus}$-Ionen. Wenn der pH-Wert des Blutes dagegen durch einen anderen Stoffwechselprozess erhöht wird, steigt vorübergehend die Konzentration von $HCO_3^{\ominus}$, aber der pH-Wert wird schnell wieder eingestellt, da sich die Atemfrequenz ändert und das gasförmige Kohlendioxid, CO_2 (gasförmig), in den Lungen zu gelöstem Kohlendioxid, CO_2 (gelöst), und schließlich zu Kohlensäure, H_2CO_3, in den Lungenkapillaren umgewandelt wird. Auch in diesem Fall wird das Gleichgewicht des Blutpuffersystems durch die Veränderung des Partialdrucks von Kohlendioxid, CO_2, in den Lungen schnell wiederhergestellt. Neben dem Kohlendioxid-Kohlensäure-Hydrogencarbonat-Puffer stellt Hämoglobin die stärkste Puffersubstanz im Blut dar.

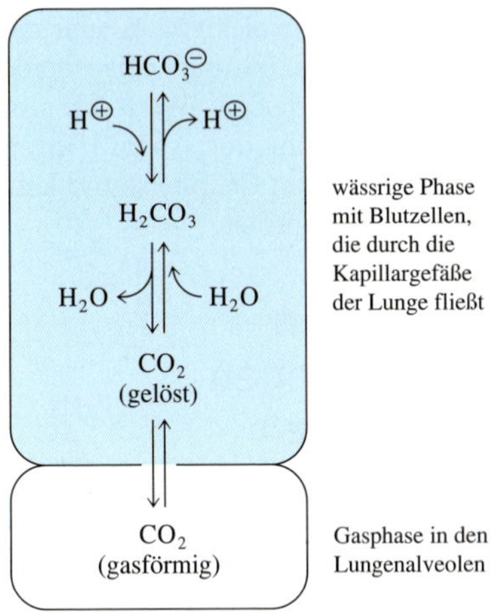

Abbildung 2.16: Regulation des pH-Wertes im Blut von Säugetieren. Der pH-Wert des Blutes wird durch das Verhältnis zwischen der Hydrogencarbonat-Konzentration im Blut, $[HCO_3^{\ominus}]$, und dem Partialdruck von Kohlendioxid, $p(CO_2)$, in der Gasphase in den Lungenalveolen kontrolliert. Wenn der pH-Wert des Blutes infolge eines Überschusses von $H^{\oplus}$ aus einem Stoffwechselprozess abfällt, wird das Puffergleichgewicht durch die Anhebung des CO_2-Partialdruckes in den Lungen wiederhergestellt. Wenn die Konzentration von $HCO_3^{\ominus}$ im Blut infolge eines angehobenen pH-Wertes ansteigt, wird das Puffergleichgewicht wieder eingestellt, indem in den Lungen gasförmiges CO_2 zusätzlich im Blut gelöst wird.

Innerhalb von Zellen tragen sowohl die Proteine als auch anorganisches Phosphat zum intrazellulären Puffersystem bei. Wie bereits früher erwähnt wurde, liegt anorganisches Phosphat bei physiologischem pH-Wert hauptsächlich als $H_2PO_4^{\ominus}$ und $HPO_4^{\ominus}$ vor, deren Gleichgewicht durch den zweiten pK_S-Wert ($pK_2 = 7{,}2$) der Phosphorsäure charakterisiert wird.

ZUSAMMENFASSUNG

1. Das Wassermolekül weist infolge der gewinkelten Anordnung seiner O–H-Bindungen und der ungleichmäßigen Ladungsverteilung in O–H-Bindungen ein permanentes Dipolmoment auf.

2. Wassermoleküle können untereinander Wasserstoffbrücken bilden. Die Wasserstoffbrücken tragen zur hohen spezifischen Wärmekapazität und zur hohen Verdampfungsenthalpie des Wassers bei.

3. Aufgrund seiner Polarität können in Wasser kristalline Elektrolyte aufgelöst werden. Wassermoleküle bilden eine Solvatationssphäre um jedes gelöste Ion. Organische Moleküle können auch wasserlöslich sein, wenn sie ionische oder polare funktionelle Gruppen besitzen, die Wasserstoffbrücken zu den Wassermolekülen bilden können.

4. Der hydrophobe Effekt entsteht durch den Ausschluss unpolarer Substanzen durch Wassermoleküle. Detergenzien, die sowohl einen hydrophoben als auch einen hydrophilen Anteil aufweisen, können Mizellen bilden, wenn sie in Wasser suspendiert werden. Diese Mizellen können in Wasser unlösliche Substanzen in ihrem hydrophoben Innenraum einschließen. Chaotrope erhöhen die Löslichkeit unpolarer Verbindungen in Wasser.

5. Die wichtigsten nichtkovalenten Wechselwirkungen, die die Struktur und Funktion von Biomolekülen bestimmen, sind elektrostatische und hydrophobe Wechselwirkungen. Den elektrostatischen Wechselwirkungen werden Ladungs-Ladungs-Wechselwirkungen, Wasserstoffbrücken und Van-der-Waals-Kräfte zugeordnet.

6. Unter zellulären Bedingungen hydrolysieren biologische Makromoleküle trotz der hohen Wasserkonzentration nur sehr langsam. Spezifische Enzyme katalysieren ihre Hydrolyse und andere Enzyme ihre energieverbrauchende Biosynthese.

7. Bei 25 °C besitzt das Ionenprodukt des Wassers, $[H^{\ominus}][OH^{\ominus}]$, einen Wert von $1{,}0 \times 10^{-14}\,M^2$. Das Ionenprodukt des Wassers ist eine Konstante, die mit dem Symbol K_W abgekürzt wird. In reinem Wasser entstehen durch Autoprotolyse (Ionisierung) $H^{\oplus}$- und $OH^{\ominus}$-Ionen jeweils in einer Konzentration von 10^{-7} M.

8. Die Acidität oder Basizität einer wässrigen Lösung hängt von der Konzentration der $H^{\oplus}$-Ionen (beziehungsweise Hydronium-Ionen) ab und wird mithilfe des pH-Wertes beschrieben.

9. Die Stärke einer schwachen Säure wird durch ihren pK_S-Wert charakterisiert. Die Henderson-Hasselbalch-Gleichung definiert den pH-Wert der Lösung einer schwachen Säure in Abhängigkeit vom pK_S-Wert der schwachen Säure sowie den Konzentrationen der schwachen Säure und ihrer konjugierten Base.

10. Pufferlösungen widerstehen Änderungen des pH-Wertes. In menschlichem Blut wird ein konstanter pH-Wert von 7,4 durch das Kohlendioxid-Kohlensäure-Hydrogencarbonat-Puffersystem aufrechterhalten.

AUSGEWÄHLTE LITERATUR

Wasser

Chaplin, M. F. 2001. Water, its importance to life. *Biochemistry and Molecular Biology Education* 29:54–59. *Dieser Artikel fasst die biologischen Eigenschaften des Wassers zusammen und geht ein wenig über die meisten Lehrbücher hinaus.*

Stillinger, F. H. 1980. Water revisited. *Science* 209: 451–457. *Eine Zusammenfassung und Bewertung von Experimenten, die zur Bestimmung der Struktur von flüssigem Wasser entworfen wurden.*

Verkman, A. S. 2001. Solute and macromolecular diffusion in cellular aqueous compartments. *Trends Biochem. Sci.* 27:27–33. *Ein kurzer Überblick über neuere Experimente, in denen die Diffusionsgeschwindigkeiten innerhalb von Zellen gemessen werden.*

Chieh, C. 2012. Water Chemistry and Biochemistry *https://onlinelibrary.wiley.com/doi/pdf/10.1002/9781118308035.ch5. Ausführliche Beschreibung aller biochemisch relevanten Eigenschaften von Wasser.*

Nichtkovalente Wechselwirkungen

Fersht, A.R. 1987. The hydrogen bond in molecular recognition. *Trends Biochem. Sci.* 12:301–304. *Eine Diskussion der Stärke von bindenden Wechselwirkungen über Wasserstoffbrücken in Enzym-Substrat-Komplexen und in DNA.*

Herschlag D. und Pinney M. M. 2018. Hydrogen Bonds: Simple after All? *Biochemistry* 57:3338-3352. *Aktuelle Beschreibung und Diskussion der biologischen Funktionen von Wasserstoffbrücken.*

Frieden, E. 1975. Non-covalent interactions. *J. Chem. Educ.* 52:754–761. *Ein Überblick über die verschiedenen Arten nichtkovalenter Wechselwirkungen, die in biologischen Systemen vorkommen, mit einer Vielzahl von Beispielen.*

Cerny, J. und Hobza, P. 2007. Non-covalent interactions in biomacromolecule. *Phys Chem Chem Phys.* 9:5291–303. *Übersicht über die biophysikalsiche Grundlagen aller biochemisch relevanten nichtkovalenten Wechselwirkungen.*

Tanford, C. 1980. *The Hydrophobic Effect: Formation of Micelles and Biological Membranes.* 2. Auflage. New York: John Wiley & Sons. *Eine vollständige Beschreibung von Mizellen und hydrophoben Wechselwirkungen.*

Biochemische Berechnungen

Montgomery, R. und Swenson, C.A. 1976. *Quantitative Problems in Biochemical Sciences.* 2. Auflage. San Francisco: W. H. Freeman.

Segel, I. H. 1976. *Biochemical Calculations: How to Solve Mathematical Problems in General Biochemistry.* 2. Auflage. New York: John Wiley & Sons.

Puffer

Stoll, V. S. und Blanchard, J. S. 1990. Buffers: principles and practice. *Methods Enzymol.* 182:24–38. *Ein praktischer Führer zur Auswahl und Herstellung von Pufferlösungen.*

Aminosäuren und der Aufbau von Proteinen

3

ÜBERBLICK

Proteine sind die wichtigsten Funktionsträger lebender Zellen. Sie bilden somit die essenzielle Grundlage jeder Lebensform. Es gibt viele verschiedene Arten von Proteinfunktionen. Die folgende Liste fasst die wichtigsten biologischen Funktionen von Proteinen zusammen:

1. *Viele Proteine fungieren als Enzyme, als biologische Katalysatoren. Fast alle Reaktionen, die in lebenden Organismen ablaufen, werden durch Enzyme katalysiert. Es gibt aber auch katalytisch wirkende RNAs.*
2. *Einige Proteine binden andere Moleküle zum Zweck der Speicherung und des Transports. So bindet und transportiert Hämoglobin Sauerstoff (O_2) und Kohlendioxid (CO_2) in roten Blutkörperchen.*
3. *Einige Proteine, wie zum Beispiel Tubulin, Actin und Kollagen, verleihen Zellen und somit auch Geweben und Organismen ihre Formstabilität und Gestalt.*
4. *Proteine können selbst als Energiespeicher dienen, wie das Gluten in Getreidekörnern, das Phaseolin in Bohnen oder das Casein in der Milch.*
5. *Komplexe Proteinmaschinen können mechanische Arbeit verrichten, wie zum Beispiel bei der Bewegung von Geißeln und Flagellen, der Trennung von Chromosomen während der Mitose oder der Kontraktion von Muskeln.*
6. *Viele Proteine spielen eine Rolle bei der regulierten Umsetzung der genetischen Information in Zellen. Einige sind an der Regulation der Transkription, des Umschreibens von DNA in RNA, beteiligt, während andere in die Translation, die Bildung von Proteinen, eingreifen.*
7. *Manche Proteine fungieren als Hormone, wie Insulin, Gucagon und das Parathormon, die die biochemischen Aktivitäten in ihren Zielzellen regulieren.*
8. *Schließlich weisen einige Proteine hoch spezialisierte Funktionen auf. Antikörper sind zum Beispiel ein wichtiges Glied in der Verteidigung von Tieren gegen bakterielle und virale Infektionen. Toxine, die von Bakterien produziert werden, können wiederum andere Organismen töten. Wir beginnen unser Studium der Proteine, die auch Polypeptide genannt werden, mit der Beschreibung der Strukturen und chemischen Eigenschaften ihrer Bausteine, der Aminosäuren. Dann folgt der schrittweise Aufbau eines Proteins aus den Aminosäuren.*

3.1 Die Struktur von Aminosäuren

In der Natur findet man über 500 Aminosäuren. Aber nur wenige werden für die Bildung von Proteinen verwendet. Alle in Proteinen vorkommenden Aminosäuren, die während der Translation eingebaut werden, werden proteinogen genannt. Dabei unterscheidet man die 20 direkt durch Codons des Erbgutes codierten, sogenannten kanonischen Aminosäuren (Standard-Aminosäuren) von nichtkanonischen Aminosäuren. Die 21. und 22. proteinogene, aber nicht kanonischen Aminosäuren sind Selenomethionin und Pyrrolysin. Sie werden durch eine alternative Nutzung des genetischen Codes in Proteine eingebaut. Schließlich gibt es noch nach der Translation (posttranslational) eingeführte Veränderungen proteinogener Aminosäuren in Proteinen, wie bei *N*-Formylmethionin, Hydroxyprolin, *O*-Phosphoserin oder *O*-Phosphotyrosin. Alle Organismen dieser Erde verwenden den gleichen Standardsatz von 20 kanonischen Aminosäuren für den Aufbau von Proteinmolekülen. Die Nutzung der nichtkanonischen Aminosäuren und von Proteinmodifikation kann Organismus-spezifisch sein. Nur 12 der 20 kanonischen Aminosäuren können vom Menschen selbst oder durch im menschlichen Verdauungstrakt lebende Mikroorganismen synthetisiert werden. Die restlichen acht Aminosäuren müssen vom Menschen über die Nahrung aufgenommen werden, sie sind die sogenannten essenziellen Aminosäuren. Trotz der begrenzten Anzahl von Aminosäuren kann eine enorme Vielfalt von unterschiedlichen Polypeptiden produziert werden, indem die 20 Standard-Aminosäuren in verschiedenen Kombinationen zu langen, linearen Ketten verknüpft werden.

Aminosäuren werden deshalb so genannt, weil sie Aminoderivate von Carbonsäuren darstellen. In den 20 Standard-Aminosäuren sind die Amino- und die Carboxylgruppe an dasselbe Kohlenstoffatom gebunden, das sogenannte α-Kohlenstoffatom (α-C-Atom). Der griechische Buchstabe α kennzeichnet die Position des Kohlenstoffatoms direkt neben der Carboxylgruppe. Alle Aminosäuren, die in Proteinen vorkommen, sind α-Aminosäuren. An das α-C-Atom sind zwei weitere Substituenten gebunden, ein Wasserstoffatom und eine Seitenkette (R), in der sich die verschiedenen Aminosäuren unterscheiden (▶*Abbildung 3.1a*). In den chemischen Namen von Aminosäuren werden Kohlenstoffatome mit Nummern gekennzeichnet, die die relative Position zur Carboxylgruppe, deren C-Atom die Nummer 1 trägt, angeben. Der systematische Name der α-Aminosäure, die eine Methylgruppe ($-CH_3$) als Seitenkette besitzt, lautet 2-Aminopropansäure, $H_3C-CH(NH_2)-COOH$ (Propansäure ist H_3C-CH_2-COOH). Sie ist aber unter ihrem gebräuchlicheren Trivialnamen, Alanin, bekannter. Eine alternative Nomenklatur verwendet griechische Buchstaben, um das α-C-Atom und die C-Atome der Seitenkette zu identifizieren. Gemäß dieser Nomenklatur werden die C-Atome bezüglich ihrer Position relativ zur Carboxylgruppe spezifiziert, sodass das C-Atom der Carboxylgruppe im Gegensatz zur systematischen Nomenklatur nicht durch einen griechischen Buchstaben beziehungsweise eine Positionsnummer gekennzeichnet wird (▶*Abbildung 3.1c*). Biochemiker verwenden traditionell die alte, alternative Nomenklatur und die Trivialnamen.

Weil ihr pK_S-Wert ca. 9 beträgt, liegt die Aminogruppe von (freien) Aminosäuren unter normalen physiologischen Bedingungen innerhalb von Zellen protoniert vor, also als positiv geladene Ammoniumgruppe ($-NH_3^{\oplus}$). Die Carboxylgruppe ist ebenfalls ionisiert, weist aber einen pK_S-Wert von unter 3 auf. Deswegen tritt sie in der deprotonierten Form als negativ geladene Carboxylatgruppe ($-COO^{\ominus}$) auf. Im physiologischen pH-Bereich existieren Aminosäuren somit als dipolare Ionen, sogenannte Zwitterionen, auch wenn ihre Nettoladung null beträgt. In ▶*Abschnitt 3.4* werden wir feststellen, dass auch einige der Seitenketten der Standard-Aminosäuren in ionischer Form vorkommen können. Biochemiker präsentieren die Strukturen von Aminosäuren immer in der biologisch relevanten Form, sodass Sie in den folgenden Abbildungen Zwitterionen vorfinden werden. ▶*Abbildung 3.1a* zeigt die allgemeine Struktur einer Aminosäure in perspektivischer Darstellung, während Sie in ▶*Abbildung 3.1b* ein Kugel-Stab-Modell der Aminosäure Serin mit der Seitenkette $-CH_2OH$ sehen. Die C-Atome der Seitenkette einer Aminosäure werden sequenziell mit den griechischen Buchstaben β, γ, δ und ε, gekennzeichnet, die den Positionsnummern 3, 4, 5 und 6 in der systematischen Nomenklatur entsprechen. Der systematische Name von Serin lautet 2-Amino-3-hydroxypropansäure.

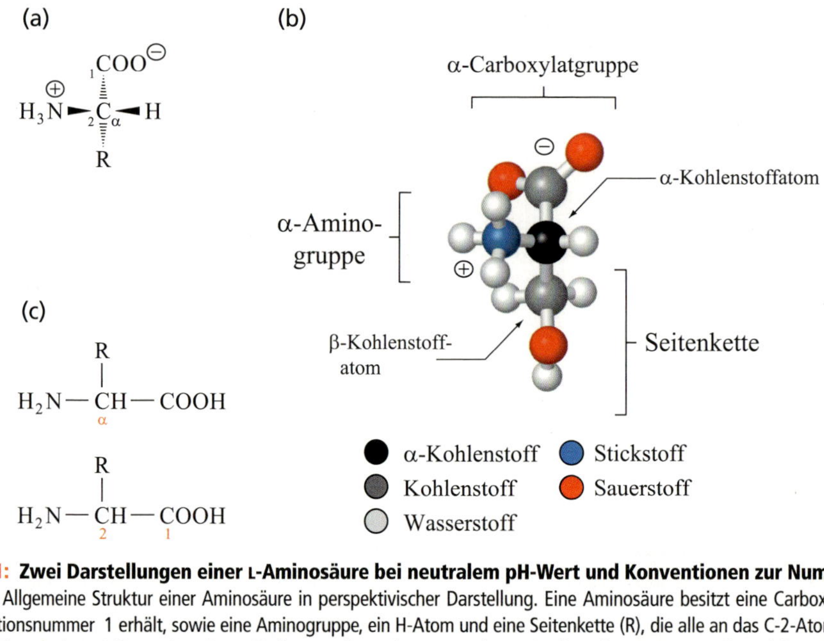

Abbildung 3.1: Zwei Darstellungen einer L-Aminosäure bei neutralem pH-Wert und Konventionen zur Nummerierung von C-Atomen. (a) Allgemeine Struktur einer Aminosäure in perspektivischer Darstellung. Eine Aminosäure besitzt eine Carboxylatgruppe, deren C-Atom die Positionsnummer 1 erhält, sowie eine Aminogruppe, ein H-Atom und eine Seitenkette (R), die alle an das C-2-Atom (das α-C-Atom) gebunden sind. Die massiven Keile repräsentieren Bindungen, die nach vorn aus der Papierebene herausragen, während die gestrichelten, keilförmigen Bindungen hinter die Papierebene zeigen. Die breiten Enden der Keile befinden sich immer näher zum Betrachter als die spitzen Enden. (b) Kugel-Stab-Modell der Aminosäure Serin, die die Seitenkette $-CH_2OH$ aufweist. Beachten Sie die unterschiedlichen Nomenklaturen bezüglich der Kennzeichnung beziehungsweise Nummerierung der Kohlenstoffatome. (c) In der traditionellen Nomenklatur werden die C-Atome in Abhängigkeit von ihrem Abstand vom Carboxyl-C-Atom mit den griechischen Buchstaben α, β, γ etc. gekennzeichnet. Bei den offiziellen systematischen Namen gemäß IUPAC und IUBMB erhält das Carboxyl-C-Atom die Nummer 1 und die benachbarten C-Atome werden sequenziell weiternummeriert. Somit entspricht das α-C-Atom im traditionellen Namenssystem dem C-2-Atom in der systematischen Nomenklatur.

In 19 der 20 Standard-Aminosäuren, die für die Biosynthese von Proteinen verwendet werden, ist das α-C-Atom asymmetrisch substituiert (es ist ein Stereozentrum), da es vier verschiedene Substituenten trägt. Diese Aminosäuren sind infolgedessen chiral. Die einzige Ausnahme bildet Glycin, dessen Seitenkette nur aus einem einfachen Wasserstoffatom besteht. Glycin ist deswegen nicht chiral, weil an das α-C-Atom zwei H-Atome und somit nicht vier verschiedene Substituenten gebunden sind. Die 19 chiralen Aminosäuren können aber in Form von verschiedenen Stereoisomeren vorkommen. Stereoisomere sind Verbindungen, deren Molekülformel übereinstimmt. Entsprechende Atome in den Stereoisomeren sind mit den gleichen Atomen kovalent verbunden. Sie haben aber eine unterschiedliche räumliche Anordnung ihrer Atome. Stereoisomere sind verschiedene Moleküle, die nicht ohne Weiteres ineinander überführt werden können, weil zur Änderung der Konfiguration der Bruch und die anschließende Neubildung von kovalenten Bindungen erforderlich wären. Die Stereoisomere von Aminosäuren sind nicht deckungsgleich, sondern verhalten sich wie Bild und Spiegelbild zueinander. Solche Stereoisomere heißen Enantiomere. Zwei der 19 chiralen Aminosäuren, nämlich Isoleucin und Threonin, weisen jeweils ein zusätzliches, asymmetrisch substituiertes C-Atom in der Seitenkette auf und besitzen somit jeweils zwei Stereozentren. Isoleucin und Threonin können infolgedessen jeweils in Form von vier verschiedenen Stereoisomeren (Diasteromeren) vorkommen, die zwei Enantiomerenpaare darstellen.

Konventionsgemäß werden die Aminosäuren eines Enantiomerenpaares, die sich in ihrer Konfiguration am α-C-Atom unterscheiden, mit den etwas kleiner geschriebenen Großbuchstaben D (lat. *dexter*, rechts) und L (lat. *laevus*, links) gekennzeichnet. Die Aminosäure in ▸*Abbildung 3.2a* besitzt L-Konfiguration, ihr Enantiomer (Spiegelbild) weist D-Konfiguration auf. Um die Konfiguration einer Aminosäure zu bestimmen, zeichnet man die perspektivische Strukturformel der Aminosäure wie in ▸*Abbildung 3.2a* in der Weise, dass die Carboxylatgruppe oben und die Seitenkette unten steht und beide vom Betrachter wegweisen. In dieser Form zeigen die α-Aminogruppe und das α-H-Atom in Richtung des Betrachters. Befindet sich die α-Aminogruppe in dieser Schreibweise auf der linken Seite der senkrechten Grundkette, handelt es sich um das L-Isomer, steht sie auf der rechten Seite, um das D-Isomer (▸*Abbildung 3.2b*). Beachten Sie, dass die vier an das α-C-Atom gebundenen Atome, ähnlich wie die maximale Anzahl von vier Wasserstoffatomen in der Umgebung des Sauerstoffatoms in Wasser (▸*Abbildung 2.3*), die vier Ecken eines Tetraeders besetzen.

Die 19 chiralen Aminosäuren, die zum Aufbau von Proteinen verwendet werden, weisen alle L-Konfiguration (am α-C-Atom) auf, obwohl in Zellen durchaus D-Aminosäuren vorkommen. Ein Beispiel ist die Zellwand von Bakterien, die verschiedene D-Aminosäuren zur Querversetzung nutzt. Konventionsgemäß setzt man in der Biochemie bei Aminosäuren eine L-Konfiguration voraus, wenn die Stereochemie nicht explizit durch den Buchstaben D spezifiziert ist. Oft ist es bequemer, die Struktur von L-Aminosäuren in einer stereochemisch unkommentierten Form zu schreiben. Dies gilt besonders, wenn die korrekte

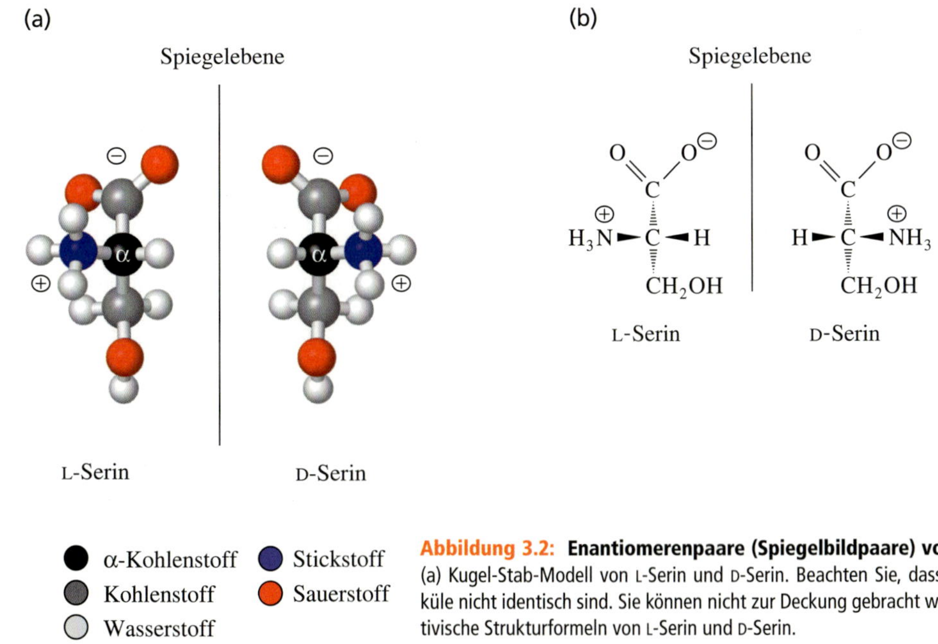

Abbildung 3.2: Enantiomerenpaare (Spiegelbildpaare) von Aminosäuren. (a) Kugel-Stab-Modell von L-Serin und D-Serin. Beachten Sie, dass die beiden Moleküle nicht identisch sind. Sie können nicht zur Deckung gebracht werden. (b) Perspektivische Strukturformeln von L-Serin und D-Serin.

Stereochemie für eine Diskussion keine entscheidende Rolle spielt.

Auch die in der organischen Chemie sehr verbreitete *R,S*-Nomenklatur zur Benennung der absoluten Konfiguration an einem Stereozentrum wird zur Beschreibung der Stereochemie von Aminosäuren manchmal verwendet (▶*Abbildung 3.3*). Die *R,S*-Nomenklatur basiert auf der Festlegung einer Prioritätenreihenfolge der vier Substituenten, die an ein Stereozentrum gebunden sind. Auf der Grundlage dieser Prioritätenreihenfolge und der räumlichen Anordnung der Substituenten, wird die absolute Konfiguration an diesem Stereozentrum entweder als *R* oder als *S* bezeichnet. Ein Beispiel für solche Stereozentren sind die α-C-Atome in den 19 chiralen Standard-Aminosäuren. Die Prioritäten werden von 1 (höchste Priorität) bis 4 (niedrigste Priorität) durchnummeriert und nach den folgenden, hier etwas vereinfacht dargestellten, sogenannten Cahn-Ingold-Prelog-Regeln oder CIP-Regeln, festgelegt.

1. Von den vier Atomen, die direkt an das Stereozentrum gebunden sind, wird demjenigen die niedrigste Priorität (Nummer 4) zugeordnet, welches die kleinste Atommasse besitzt. Die Priorität der restlichen drei Atome steigt mit deren Atommasse.

2. Wenn zwei gleiche Atome direkt mit dem Stereozentrum verknüpft sind, ergeben sich deren Prioritäten entsprechend aus den Atommassen der nächsten mit ihnen verbundenen Atome. Eine $-CH_3$-Gruppe besitzt demnach also eine niedrigere Priorität als eine $-CH_2Br$-Gruppe, weil Brom eine größere Atommasse aufweist als Wasserstoff.

3. Ist ein Atom durch eine Doppel- oder Dreifachbindung gebunden, wird es entsprechend doppelt oder dreifach gezählt. Eine –CHO-Gruppe mit einem doppelt gebundenen Sauerstoffatom besitzt somit eine höhere Priorität als eine $-CH_2OH$-Gruppe. Die Reihenfolge einiger der häufigsten Gruppen in der Biochemie, geordnet von der niedrigsten zur höchsten Priorität, lautet: –H, $-CH_3$, $-C_6H_5$, –CHO, –COOH, –COOR, $-NH_2$, –NHR, –OH, –OR und –SH. Stellen Sie sich das Molekül mit diesen Regeln im Gedächtnis als Lenkrad eines Autos vor, bei dem die Gruppe mit der niedrigsten Priorität (Nummer 4) in Richtung der Lenksäule vom Fahrer wegzeigt, während die übrigen drei Gruppen auf dem Lenkradkranz angeordnet sind. Folgen Sie nun dem Lenkradkranz, ausgehend von der Gruppe mit der höchsten Priorität (1) über die Gruppe der zweithöchsten Priorität (2) bis zur Gruppe mit der niedrigsten Priorität (3). Sind diese drei Gruppen aus der Sicht des Betrachters im Uhrzeigersinn angeordnet, weist das Stereozentrum *R*-Konfiguration auf (lat. *rectus*, rechts). Resultiert aber eine Anordnung entgegen dem Uhrzeigersinn, besitzt das Stereozentrum *S*-Konfiguration (lat. *sinister*, links). Die Abbildung demonstriert die Feststellung der *S*-Konfiguration von L-Serin gemäß der *R,S*-Nomenklatur. Für L-Cystein ergibt sich dagegen die entgegengesetzte *R*-Konfiguration. Die *R,S*-Nomenklatur und die D,L-Nomenklatur stehen also offensichtlich in keinem direkten Zusammenhang. In der Biochemie wird das D,L-System häufiger verwendet, weil alle Aminosäuren, die in Proteinen vorkommen, nach dem D,L-System dieselbe Konfiguration aufweisen, nach dem *R,S*-System aber nicht.

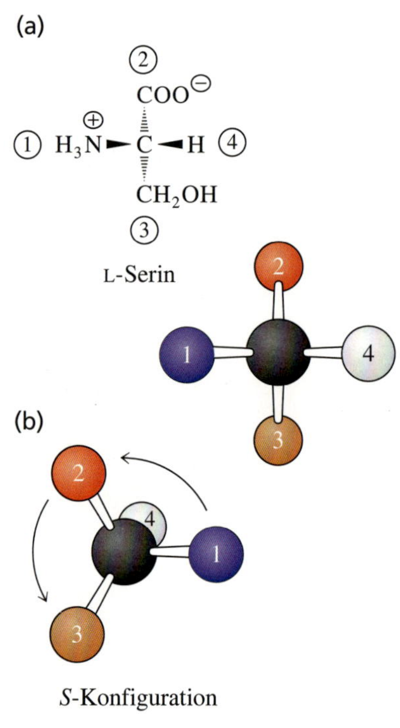

Abbildung 3.3: Bestimmung der absoluten Konfiguration nach dem *R,S*-System. (a) Jeder Gruppe, die an das Stereozentrum gebunden ist, wird auf der Grundlage der Atommassen der direkt mit dem Stereozentrum verbundenen Atome eine Priorität zugeordnet. Dem Substituenten mit der niedrigsten Prioriät wird die Nummer 4 gegeben. (b) Wenn man das Molekül so ausrichtet, dass der Substituent mit der kleinsten Priorität hinter die Papierebene, also vom Betrachter weg, zeigt, kann die absolute Konfiguration des Stereozentrums bestimmt werden. Sind die Substituenten in der Prioritätenreihenfolge 1, 2 und 3 vom Betrachter aus gesehen im Uhrzeigersinn angeordnet, besitzt das Stereozentrum *R*-Konfiguration, sind sie entgegen dem Uhrzeigersinn angeordnet, *S*-Konfiguration. Das hier dargestellte L-Serin weist *S*-Konfiguration auf.

3.2 Strukturen der zwanzig Standard-Aminosäuren in Proteinen

Die Strukturen der 20 Standard-Aminosäuren werden in den folgenden Abbildungen als Fischer-Projektionen dargestellt. Die Untersuchung der Strukturen offenbart erhebliche Unterschiede in den Seitenketten der 20 Aminosäuren. Einige Seitenketten sind unpolar und somit hydrophob, wohingegen andere polare Gruppen aufweisen oder bei neutralem pH-Wert in ionischer Form vorliegen und deshalb hydrophil sind. Die Eigenschaften der Seitenketten beeinflussen die dreidimensionale

Tabelle 3.1

Namen und Eigenschaften der 20 Standard-Aminosäuren

Name Abkürzung	Masse (D)[3]	pK_s COOH	pK_s NH_3^+	pK_s Rest[3]	pI[3]	Hydropathie[5]	Protein (%)[2]	Herkunft des Namens (Jahr der Entdeckung)[1]
Alanin, Ala, A	89,10	2,34	9,69	–	6,00	1,8	8,25	von **Al**dehyd + **an (als Brücke)** + Ami**n** (1849)
Arginin, Arg, R	174,20	2,17	9,04	12,48	10.76	−4,5	5,53	lat. *argentum* (Silber, Fällungsmittel) (1886)
Asparagin, Asn, N	132,12	2,02	8,80	–	5,41	−3,5	4,05	aus Spargel *(Asparagus)* isoliert (1813)
Aspartat, Asp, D	133,11	1,88	9,60	3,65	2,77	−4,5	5,46	ähnlich Asparagin (1836)
Cystein, Cys, C	121,16	1,96	10,28	8,18	5,07		1,38	griech. *kystis* (Blase), aus Blasensteinen (1882)
Glutamat, Glu, E	147,13	2,19	9,67	4,24	3,22		6,73	aus Gluten isoliert (1866)
Glutamin, Gln, Q	146,15	2,17	9,13	–	5,65		3,93	ähnlich Glutamat (1866)
Glycin, Gly, G	75,07	2,34	9,60	–	5,97		7,07	griech. *glykys* (süß) (1848)
Histidin, His, H	155,16	1,82	9,17	6,00	7,59		2,27	griech. *histos* (Gewebe), aus Störsperma (1896)
Isoleucin, Ile, I	131,18	2,36	9,60	–	6,02		5,92	Isomer von Leucin
Leucin, Leu, L	131,18	2,36	9,60	–	5,98		9,65	griech. *leukos* (weiß), weiße Kristalle (1820)
Lysin, Lys, K	146,19	2,18	8,95	10,53	9,74		5,81	griech. *lysis* (Auflösung), aus Proteinlysaten (1891)
Methionin, Met, M	149,21	2,28	9,21	–	5,74		2,41	**Me**thylgruppe + Schwefel (griech. *theion*) (1928)
Phenylalanin, Phe, F	165,19	1,83	9,13	–	5,48		3,96	Alanin + Phenyl (1883)
Prolin, Pro, P	115,13	1,99	10,60	–	6,30		4,73	Pyrrolidinring (1904)
Serin, Ser, S	105,09	2,21	9,15	–	5,68		6,62	lat. *sericum* (Seide), aus Seide isoliert (1865)
Threonin, Thr, T	119,12	2,09	9,10	–	5,60		5,35	ähnlich Threose (1936)
Tryptophan, Trp, W	204,23	2,83	9,39	–	5,89		1,09	**Tryp**siniertes Protein + griech. *phanein*, sich zeigen (1890)
Tyrosin, Tyr, Y	181,19	2,20	9,11	10,07	5,66		2,91	griech. *tyros* (Käse) (1890)
Valin, Val, V	117,15	2,32	9,62	–	5,96		6,96	Valeriansäurederivat aus Pflanzen, *Valeriana* (1906)

Quellen: [1] Oxford English Dictionary, 2. Auflage. [2] Leung, S. H. 2000. Amino Acids, Aromatic Compounds, and Carboxylic Acids: How Did They Get Their Common Names? J. Chem. Educ. 77:48–49. [2] UniProtKB/Swiss-Prot release 2018_1, [3] Lide, D. R. 1991. Handbook of Chemistry and Physics, 72nd Ed., CRC Press, Boca Raton, Florida, USA. [5] Die Werte repräsentieren die Änderung der freien Enthalpie (ΔG in kJ mol^{-1}) für den Transfer der Aminosäurerestgruppe von einem hydrophoben (Membran) in ein wässriges Lösungsmittel nach Kyte, J. und Doolittle, R. F. 1982. J. Mol. Biol. 157:105.

Gestalt, also die Konformation des gesamten Proteins in hohem Maße. Ein wasserlösliches Protein ist zum Beispiel so gefaltet, dass die meisten seiner hydrophoben Seitenketten im Inneren des Moleküls zusammengelagert sind, während die hydrophilen Seitenketten bevorzugt an der Oberfläche liegen. Bei einem Membranprotein liegen hydrophobe Aminosäurereste auf der Oberfläche des Proteinanteils in der Membran, während hydrophile Seitenketten den Kontakt zur wässrigen Phase herstellen.

In den Abbildungen ist sowohl der Drei-Buchstaben-Code als auch der Ein-Buchstaben-Code für jede Aminosäure angegeben. Der Zusammenhang zwischen dem Drei-Buchstaben-Code und dem Trivialnamen ist leicht zu erkennen. Dagegen erscheint der Ein-Buchstaben-Code weniger offensichtlich, weil die Trivialnamen mehrerer Aminosäuren mit dem gleichen Buchstaben beginnen. Deswegen müssen als Ein-Buchstaben-Code für diese Aminosäuren auch noch andere Buchstaben des Alphabets verwendet werden. So lautet zum Beispiel der Ein-Buchstaben-Code für Threonin T, aber für Tyrosin Y und für Tryptophan W. Einige der Ein-Buchstaben-Codes müssen deshalb einfach auswendig gelernt werden. In den folgenden Abschnitten haben wir die Aminosäuren nach ihren allgemeinen Eigenschaften und der Struktur ihrer Seitenketten in Gruppen eingeteilt. Die Seitenketten können einer der folgenden chemischen Klassen zugeordnet werden: aliphatisch, aromatisch, schwefelhaltig, alkoholisch, basisch, sauer und amidhaltig. Außerdem können von den 20 Standard-Aminosäuren fünf als sehr hydrophob (blau) und sieben als sehr hydrophil (rot) klassifiziert werden.

3.2.1 Aliphatische Seitenketten

Glycin (Gly, G) ist die kleinste Aminosäure, da seine Seitenkette nur aus einem Wasserstoffatom besteht. Das α-C-Atom von Glycin trägt also zwei Wasserstoffatome und nicht vier verschiedene Substituenten. Infolgedessen ist das α-C-Atom nicht asymmetrisch substituiert und Glycin ist nicht chiral. Die beiden Wasserstoffatome am α-C-Atom verleihen dem Glycinmolekül einen geringfügigen hydrophoben Charakter. Wir werden sehen, dass Glycin eine einzigartige Rolle für die Struktur von vielen Proteinen spielt, weil seine Seitenkette aufgrund ihrer geringen Größe in Nischen passt, die keine Seitenkette einer anderen Aminosäure besetzen kann.

Die vier Aminosäuren Alanin (Ala, A), Valin (Val, V), Leucin (Leu, L) und Isoleucin (Ile, I), ein Strukturisomer von Leucin, besitzen gesättigte, aliphatische Seitenketten. Während die Seitenkette von Alanin nur aus einer Methylgruppe besteht, weist Valin eine verzweigte C_3-Seitenkette auf. Leucin und Isoleucin enthalten jeweils eine verzweigte C_4-Seitenkette. Im Isoleucin ist neben dem α-C-Atom noch ein C-Atom asymmetrisch substituiert, das β-C-Atom (▶*Abbildung 3.4*). Da Isoleucin somit zwei Chiralitätszentren enthält, kann es in Form von vier möglichen Stereoisomeren auftreten. Das Stereoisomer, das in Proteinen vorkommt, wird L-Isoleucin genannt. Die Aminosäure, die sich von diesem nur durch die absolute Konfiguration am β-C-Atom unterscheidet, heißt L-Alloisoleucin (▶*Abbildung 3.5*). Die Namen der beiden anderen Stereoisomere lauten D-Isoleucin und D-Alloisoleucin.

Alanin, Valin, Leucin und Isoleucin spielen eine wichtige Rolle bei der Ausbildung und Aufrechterhaltung der dreidimensionalen Struktur von Proteinen, weil sie dazu tendieren, sich vom Wasser abgewandt zusammenzulagern. Wegen der Verzweigung in ihrer Kohlenstoffkette der Seitenkette sind Valin, Leucin und Isoleucin auch als verzweigtkettige Aminosäuren bekannt. Diese drei Aminosäuren sind sehr hydrophob.

Prolin (Pro, P) unterscheidet sich von allen anderen 19 Aminosäuren durch die Verknüpfung der Seitenkette sowohl mit dem α-C-Atom als auch mit dem Stickstoffatom der α-Aminogruppe, sodass ein cyclisches Molekül entsteht. Prolin enthält deswegen keine primäre, sondern eine sekundäre Aminogruppe. Der heterocyclische Pyrrolidinring von Prolin schränkt die Geometrie von Polypeptiden ein. Manchmal führt der Einbau

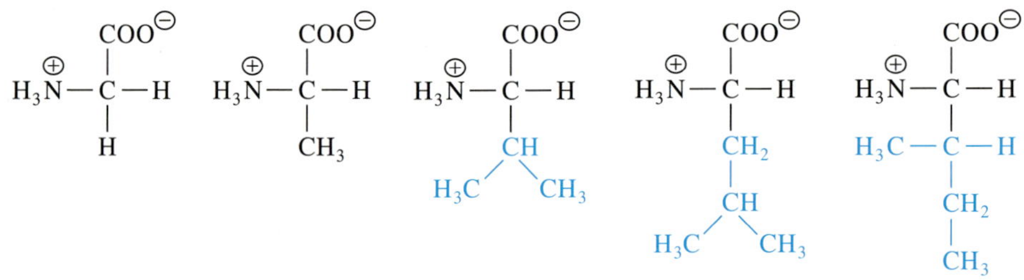

Glycin [G] (Gly) | Alanin [A] (Ala) | Valin [V] (Val) | Leucin [L] (Leu) | Isoleucin [I] (Ile)

Abbildung 3.4: **Strukturen der aliphatischen Aminosäuren Glycin, Alanin, Valin, Leucin, Isoleucin und Prolin.**

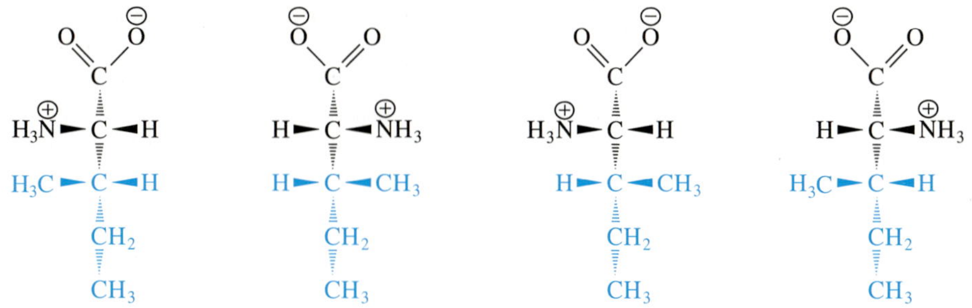

L-Isoleucin D-Isoleucin L-Alloisoleucin D-Alloisoleucin

Abbildung 3.5: Stereoisomere von Isoleucin.

eines Prolinrestes zu einer abrupten Richtungsänderung der Polypeptidkette. Infolge der cyclischen Struktur ist Prolin viel weniger hydrophob als Valin, Leucin und Isoleucin.

3.2.2 Aromatische Seitenketten

Die Seitenketten von Phenylalanin (Phe, F), Tyrosin (Tyr, Y) und Tryptophan (Trp, W) weisen aromatische Gruppen auf (▶*Abbildung 3.6*). Phenylalanin besitzt eine hydrophobe Benzyl-Seitenkette. Tyrosin ähnelt strukturell Phenylalanin, unterscheidet sich von diesem aber durch eine *para*-Hydroxylgruppe (–OH) am Phenylring. Tyrosin ist also ein Phenol. Die Hydroxylgruppe von Tyrosin kann ionisiert (deprotoniert) werden. Unter physiologischen Bedingungen liegt sie aber in nichtionischer, protonierter Form vor. Die Seitenkette von Tryptophan enthält eine bicyclische Indolgruppe. Tyrosin und Tryptophan sind nicht so hydrophob wie Phenylalanin, weil ihre Seitenketten polare Gruppen aufweisen.

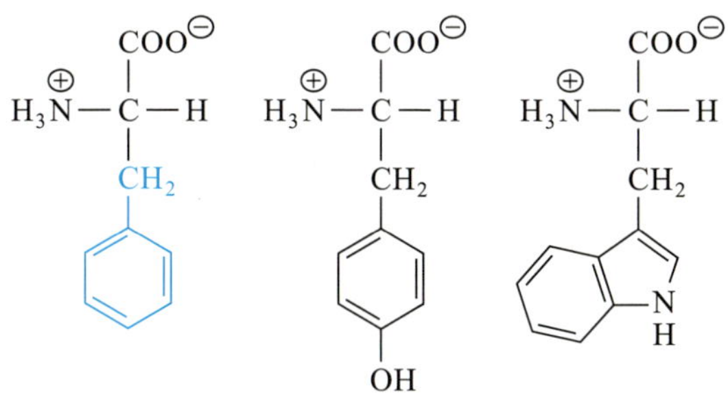

Phenylalanin [F] (Phe) Tyrosin [Y] (Tyr) Tryptophan [W] (Trp)

Abbildung 3.6: Strukturen der aromatischen Aminosäuren Phenylalanin, Tyrosin, und Tryptophan.

Alle drei aromatischen Aminosäuren absorbieren ultraviolettes Licht (UV-Licht), da sie im Gegensatz zu den aliphatischen Aminosäuren delokalisierte π-Elektronen besitzen. Bei neutralem pH-Wert liegen die Absorptionsmaxima von Tryptophan und Tyrosin bei 280 nm, während Phenylalanin UV-Licht bei 280 nm kaum und bei seinem Absorptionsmaximum von 260 nm schwach absorbiert. Die meisten Proteine absorbieren UV-Licht mit einer Wellenlänge von 280 nm, da sie Tryptophan und Tyrosin enthalten. Die Extinktion bei 280 nm wird routinemäßig genutzt, um die Konzentration von Proteinen in Lösung abzuschätzen.

3.2.3 Schwefelhaltige Seitenketten

Methionin (Met, M) und Cystein (Cys, C) sind die beiden einzigen schwefelhaltigen Standard-Aminosäuren (▶*Abbildung 3.7*). Die Seitenkette von Methionin enthält eine Methylthioether-Gruppe, die Methionin einen eher hydrophoben Charakter verleiht. Methionin spielt bei der Proteinbiosynthese eine spezielle Rolle, weil es fast immer die erste Aminosäure bei der Synthese einer Polypeptidkette darstellt. Die Struktur von Cystein ergibt sich formal aus der Struktur von Alanin, wenn man ein Wasserstoffatom der Seitenkette durch eine Sulfhydrylgruppe (–SH) ersetzt. Auch wenn die Seitenkette von Cystein leicht hydrophob ist, besitzt sie dennoch eine hohe Reaktivität. Wegen der Polarisierbarkeit des Schwefelatoms kann die Sulfhydrylgruppe Wasserstoffbrücken zu Sauerstoff- und Stickstoffatomen bilden. Darüber hinaus ist die Sulfhydrylgruppe eine schwache Säure, sodass sie

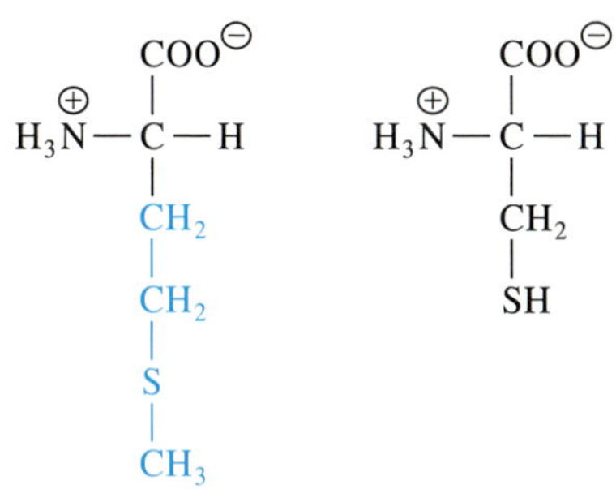

Methionin [M] (Met) Cystein [C] (Cys)

Abbildung 3.7: Strukturen der schwefelhaltigen Aminosäuren Methionin und Cystein.

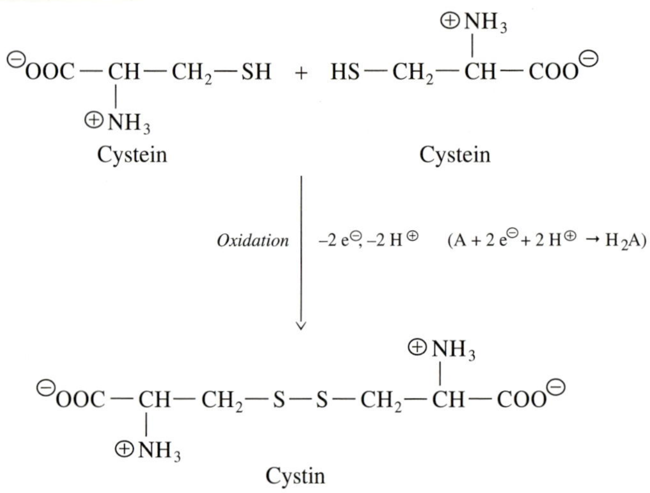

Abbildung 3.8: Bildung von Cystin. Wenn die Sulfhydrylgruppen zweier Cysteinmoleküle durch Oxidation verknüpft werden, entsteht ein Disulfid, das Cystin genannt wird. Dabei werden insgesamt zwei Elektronen von den Cysteinmolekülen auf einen Akzeptor A (Oxidationsmittel) übertragen.

durch die Abspaltung eines Protons in ein negativ geladenes Thiolat-Ion umgewandelt werden kann.

Nach der Hydrolyse mancher Proteine kann eine Verbindung isoliert werden, die Cystin genannt wird. Cystin entsteht durch die oxidative Verknüpfung von zwei Cysteinmolekülen über eine Disulfidbindung (▶*Abbildung 3.8*). Die Oxidation der Sulfhydrylgruppen von Cystein läuft am leichtesten bei schwach alkalischen pH-Werten ab, weil die Sulfhydrylgruppen im Alkalischen in deprotonierter, ionischer Form vorliegen. Um eine Disulfidbindung bilden zu können, müssen sich die beiden beteiligten Cystein-Seitenketten in unmittelbarer räumlicher Nachbarschaft zueinander befinden, aber sie können in der Aminosäuresequenz der Polypeptidkette trotzdem weit auseinanderliegen. Disulfidbindungen, die auch Disulfidbrücken genannt werden, können die dreidimensionale Struktur von Proteinen durch die kovalente Vernetzung von Cysteinresten in Peptidketten stabilisieren. Die meisten Proteine enthalten keine Disulfidbrücken, weil die reduktiven Bedingungen innerhalb von Zellen Oxidationen nicht begünstigen und die Stabilität der Disulfidbrücken vermindern. In vielen extrazellulären Proteinen findet man dagegen Disulfidbrücken. Dort dienen sie offensichtlich der Stabilisierung der Proteinstruktur gegenüber wechselnden Bedingungen mit wechselnden Temperaturen und pH-Werten.

3.2.4 Seitenketten mit alkoholischen Gruppen

Serin (Ser, S) und Threonin (Thr, T) besitzen ungeladene, polare Seitenketten mit β-Hydroxylgruppen (▶*Abbildung 3.9*). Diese alkoholischen Gruppen verleihen den aliphatischen Seitenketten einen hydrophilen Charakter. Im Gegensatz zur phenolischen Hydroxylgruppe von Tyrosin können der primäre und der sekundäre Alkohol Serin und Threonin wesentlich schwerer deprotoniert und somit ionisiert werden.

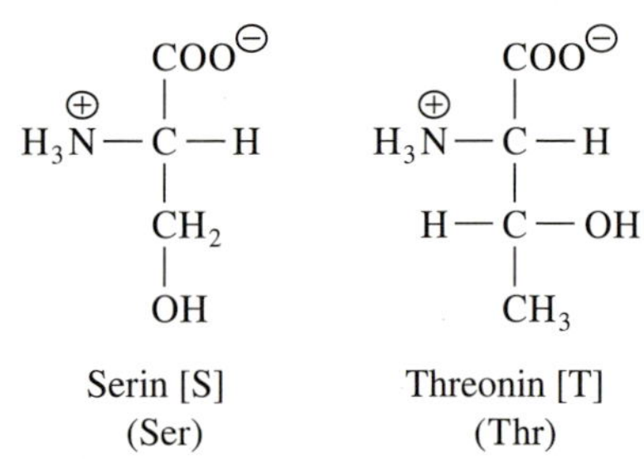

Abbildung 3.9: Strukturen der Aminosäuren Serin und Threonin.

Die Hydroxylmethylgruppe (–CH_2OH) von Serin liegt in wässriger Lösung kaum in ionischer Form vor. Trotzdem zeigt dieser Alkohol im aktiven Zentrum einer Vielzahl von Enzymen nucleophile Eigenschaften, die denen der ionischen Form ähneln. Threonin weist wie Isoleucin zwei Chiralitätszentren auf, das α- und β-C-Atom. Das einzige der vier möglichen Stereoisomere von Threonin, das in Proteinen vorkommt, ist L-Threonin. Die übrigen drei Stereoisomere heißen D-Threonin, L-Allothreonin und D-Allothreonin.

3.2.5 Basische Seitengruppen

Histidin (His, H), Lysin (Lys, K) und Arginin (Arg, R) besitzen hydrophile Stickstoffbasen in ihren Seitenketten, die bei einem pH-Wert von 7 protoniert und somit positiv geladen werden (▶*Abbildung 3.10*). Die Seitenkette von Histidin enthält einen Imidazolring, dessen protonierte Form Imidazolium-Ion genannt wird (▶*Abschnitt* 3.4). Lysin ist eine Diaminosäure, die sowohl eine α- als auch eine ε-Aminogruppe aufweist. Die ε-Aminogruppe liegt bei neutralem pH-Wert als Alkylammonium-Ion

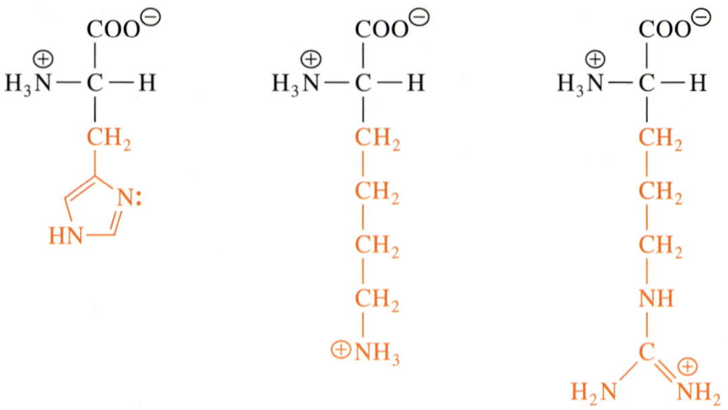

Histidin [H] (His) | Lysin [K] (Lys) | Arginin [R] (Arg)

Abbildung 3.10: Strukturen der Aminosäuren Histidin, Lysin und Arginin.

($-CH_2-NH_3^{\oplus}$) vor und verleiht Proteinen somit eine positive Ladung. Von den 20 Standard-Aminosäuren ist Arginin diejenige mit der größten Basizität. Infolgedessen kommt seine Seitenkette unter den Bedingungen, die normalerweise in Zellen gefunden werden, nur in der protonierten Form als Guanidinium-Ion vor. Jede Arginin-Seitenkette trägt deswegen eine positive Ladung zur Gesamtladung des Proteins bei.

3.2.6 Saure Seitengruppen und ihre Amidderivate

Aspartat (Asp, D) und Glutamat (Glu, E) stellen Aminodicarbonsäuren, deren hydrophile Seitenketten bei einem pH-Wert von 7 negativ geladen vorliegen (▶*Abbildung 3.11*). Zusätzlich zur α-Carboxylgruppe besitzt Aspartat noch eine β-Carboxylgruppe und Glutamat eine γ-Carboxylgruppe. Da ihre Seitenketten bei einem pH-Wert von 7 ionisiert sind, tragen Aspartat und Glutamat mit je einer negativen Ladung zur Gesamtladung des Proteins bei. Aspartat und Glutamat werden manchmal auch Asparaginsäure und Glutaminsäure genannt, aber unter den meisten physiologischen Bedingungen kommen sie in Form ihrer konjugierten Basen, den Carboxylat-Anionen, vor, deren Namen durch die Endung *-at* gekennzeichnet werden. Das Mononatriumsalz von Glutamat (Natriumglutamat) ist als Geschmacksverstärker in Nahrungsmitteln bekannt.

Asparagin (Asn, N) und Glutamin (Gln, Q) sind die Monoamide von Asparaginsäure und Glutaminsäure, in denen jeweils die Carboxylgruppe in der Seitenkette amidiert vorliegt (▶*Abbildung 3.11*). Obwohl die Seitenketten von Asparagin und Glutamin ungeladen auftreten, sind diese Aminosäuren sehr polar und werden häufig auf der Oberfläche von Proteinen gefunden, wo sie mit den Wassermolekülen in der Umgebung des Proteins in Wechselwirkung treten können. Die polaren Amidgruppen von Asparagin und Glutamin können außerdem Wasserstoffbrücken zu Atomen in den Seitenketten anderer polarer Aminosäuren bilden.

3.2.7 Die Hydrophobie der Seitenketten von Aminosäuren

Die unterschiedlichen Eigenschaften der Seitenketten von Aminosäuren reichen von sehr hydro-

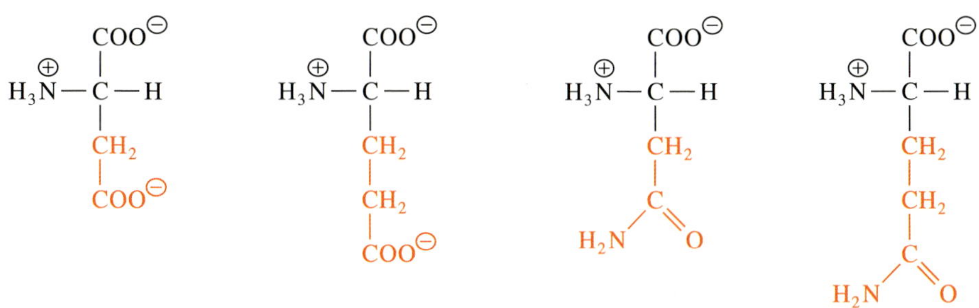

Aspartate [D] (Asp) | Glutamat [E] (Glu) | Asparagin [N] (Asn) | Glutamin [Q] (Gln)

Abbildung 3.11: Strukturen der Aminosäuren Aspartat, Glutamat, Asparagin und Glutamin.

phob über schwach polar bis sehr hydrophil. Die relative Hydrophobie oder Hydrophilie einer Aminosäure wird auch ihre Hydropathie genannt. Es gibt mehrere Wege die Hydropathie von Aminosäuren zu messen. Die meisten dieser Methoden stützen sich auf die Berechnung der Tendenz einer Aminosäure, eine hydrophobe oder eine hydrophile Umgebung zu bevorzugen. Eine häufig verwendete Hydropathie-Skala finden Sie in ▶*Tabelle 3.1*. Aminosäuren mit stark positiven Hydropathie-Werten gelten als hydrophob, während diejenigen mit großen negativen Hydropathie-Werten als hydrophil angesehen werden. Die Hydropathie ist ein wichtiger Faktor bei der Faltung von Proteinketten, weil hydrophobe Seitenketten dazu neigen, sich im Inneren eines Proteins zusammenzulagern, während hydrophile Aminosäurereste meistens auf der Oberfläche des Proteins gefunden werden. Hydropathie-Messwerte von freien Aminosäuren, wie sie in ▶*Tabelle 3.1* zu finden sind, werden genutzt, um vorherzusagen, welche Segmente von Membranproteinen wahrscheinlich in die hydrophobe Lipiddoppelschicht (▶*Abschnitt 7.11*) eingebettet sind.

3.3 Proteinogene, nicht kanonische und modifizierte Aminosäuren in Proteinen

Es war eine überraschende Entdeckung, dass zusätzlich zu den 20 Standard-Aminosäuren eine weitere, 21. Aminosäure in einige Proteine vieler Spezies eingebaut wird. Dabei handelt es sich um Selenocystein (Sel, U), bei dem im Vergleich zu Cystein das Schwefelatom gegen ein Selenatom ausgetauscht worden ist (▶*Abbildung 3.12*). Selenocystein wird als Selenocysteinylrest durch die enzymatische Umwandlung von Seryl-Aminoacyl-$tRNA^{Sec}$ in Selenocysteinyl-$tRNA^{Sec}$ gebildet. Serin, an eine tRNA gebunden, wird also selenyliert. Selenocysteinyl-$tRNA^{Sec}$ besitzt ein 3′-ACU-5′ Anticodon, das mit einem 5′-UGA-3′Codon paaren kann. UGA ist aber normalerweise ein Stopcodon. Über eine Haarnadelstruktur in der Nähe des Stopcodons, genannt Secis (selenocysteine insertion sequence), und einen eigenen EF-Tu-ähnlichen Elongationsfaktor SelB erfolgt dann der Einbau in Proteine während der Translation.

Eine 22. Aminosäure, die in einigen Spezies von Archaeen vorkommt, heißt Pyrrolysin (Pyl, O). Pyrrolysin stellt eine modifizierte Form von Lysin dar (▶*Abbildung 3.12*). Diese Organismen verfügen über eine eigene $tRNA^{Pyl}$ und für deren Beladung seine spezifische Pyrrolysyl-Aminoacyl-tRNA-Synthetase. Der Einbau erfolgt ähnlich dem Selenocystein über das Stopcodon UAG.

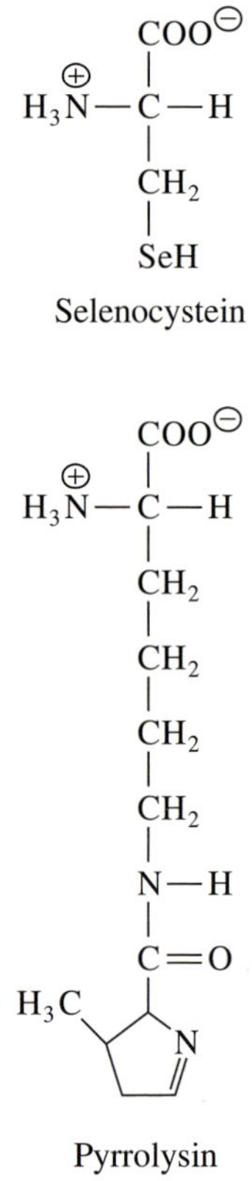

Abbildung 3.12: Strukturen der Aminosäuren Selenocystein und Pyrrolysin.

Infolge posttranslationaler Modifizierungen enthalten viele Proteine mehr als die 22 Standard-Aminosäuren, die bei der Proteinbiosynthese verwendet werden. Manche Aminosäuren werden chemisch modifiziert, nachdem sie in Polypeptide eingebaut wurden. Einige Prolinreste im Protein Kollagen werden zum Beispiel zu Hydroxyprolinresten oxidiert (▶*Abschnitt 3.1*). Eine weitere häufige Modifizierung besteht in der Anknüpfung von komplexen Kohlenhydratketten. Dieser Prozess wird Glycosylierung (▶*Kapitel 6*) genannt. Viele Proteine werden durch die Addition von Phosphorylgruppen an die Seitenketten von Serin, Threonin oder Tyrosin phosphoryliert. Auch die Bildung von Cysteinresten durch die oxidative Verknüpfung von Paaren von Cysteinresten findet nach der Synthese einer Polypeptidkette statt. In Bakterien beginnen Polypeptidketten von Proteinen meistens mit einem Methioninrest, der durch die Addition eines Formylrestes in *N*-Formylmethionin umgewandelt wurde (▶*Abschnitt 18.5*).

3.4 Ionisierung von Aminosäuren

Die physikalischen und chemischen Eigenschaften von Aminosäuren werden von den ionischen Zuständen der α-Carboxylgruppe, der α-Aminogruppe sowie jeder ionisierbaren Gruppe in der Seitenkette beeinflusst. Jede ionisierbare Gruppe ist mit einem spezifischen pK_S-Wert verbunden, der dem pH-Wert entspricht, bei dem die Konzentrationen der protonierten und der deprotonierten Form der jeweiligen Gruppe gleich sind (▶*Tabelle 3.1*). Wenn der pH-Wert einer Lösung unterhalb des pK_S-Wertes mindestens einer der ionisierbaren Gruppen liegt, existiert die Aminosäure überwiegend als echte Säure, die ein Proton abgeben kann. Liegt der pH-Wert einer Lösung oberhalb des pK_S-Wertes einer ionisierbaren Gruppe, überwiegt die deprotonierte, konjugierte Base dieser Gruppe, die in dieser Form ein Proton aufnehmen kann. Jede Aminosäure zeigt mindestens zwei pK_S-Werte, die den Protolysegleichgewichten der α-Carboxyl- und der α-Aminogruppe zuzuordnen sind. Außerdem besitzen sieben der Standard-Aminosäuren ionisierbare Seitenketten mit zusätzlichen, messbaren pK_S-Werten. Diese pK_S-Werte variieren in Abhängigkeit von der jeweiligen Aminosäure (▶*Tabelle 3.1*). Bei einem gegebenen pH-Wert weisen Aminosäuren somit häufig unterschiedliche Nettoladungen auf.

Die ionischen Zustände der Seitenketten von Aminosäuren beeinflussen die dreidimensionale Struktur von Proteinen. Außerdem ist die Kenntnis der ionischen Zustände von Aminosäuren für das Verständnis von enzymatischen Mechanismen von Bedeutung, weil an der Enzymkatalyse häufig ionisierbare Aminosäurereste direkt beteiligt sind (▶*Kapitel 4*).

Die pK_S-Werte von Aminosäuren werden mithilfe von Titrationskurven bestimmt, die wir bereits im letzten Kapitel kennengelernt haben. In ▶*Abbildung 3.13* finden Sie zum Beispiel die Titrationskurve von Alanin. Alanin besitzt zwei ionisierbare Gruppen, die α-Carboxylgruppe und die α-Aminogruppe. Die Titrationskurve von Alanin zeigt deswegen zwei pK_S-Werte bei pH-Werten von 2,4 und 9,9. Jeder pK_S-Wert ist mit einer Pufferzone verbunden, in der sich der pH-Wert der Lösung durch die Zugabe von Base (oder Säure) nur wenig ändert.

Der pK_S-Wert einer ionisierbaren Gruppe entspricht einem Wendepunkt in einem flachen Bereich der Titrationskurve. Bei diesem pH-Wert sind die Konzentrationen der Säure (Protonendonor) und der konjugierten Base (Protonenakzeptor) genau gleich. Bei dem Beispiel in ▶*Abbildung 3.13* stimmen bei einem pH-Wert von 2,4 die Konzentrationen der positiv geladenen Form und des Zwitterions von Alanin exakt überein. Der zugehörige pK_S-Wert beschreibt das folgende Gleichgewicht:

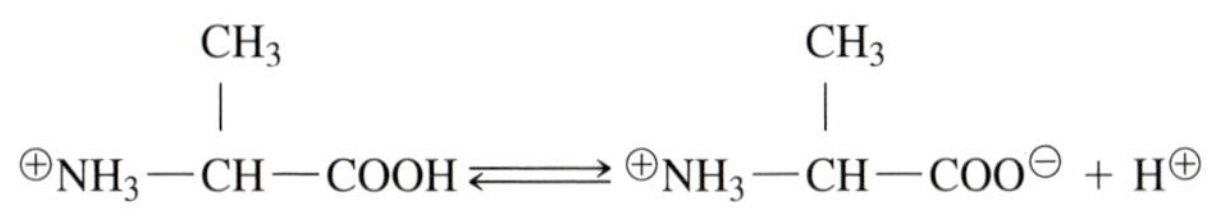

(3.1)

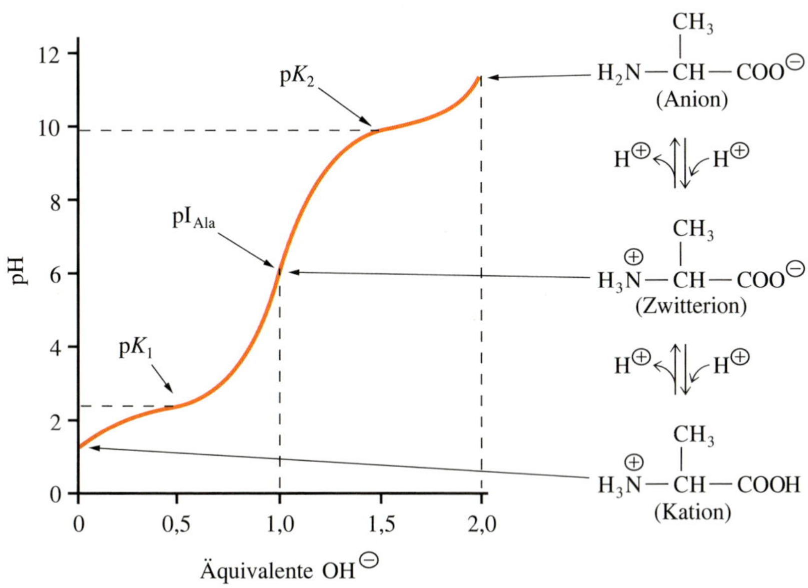

Abbildung 3.13: Titrationskurve von Alanin. Der erste pK_S-Wert beträgt 2,4 und der zweite 9,9. pI_{Ala} repräsentiert den isoelektrischen Punkt von Alanin.

Bei einem pH-Wert von 9,9 sind die Konzentrationen des Zwitterions und der negativ geladenen Form von Alanin gleich. Die beiden Spezies stehen folgendermaßen im Gleichgewicht:

$$\overset{\oplus}{N}H_3-\underset{\displaystyle CH_3}{CH}-COOH^{\ominus} \rightleftharpoons NH_2-\underset{\displaystyle CH_3}{CH}-COO^{\ominus} + H^{\oplus} \tag{3.2}$$

Beachten Sie, dass das Zwitterion im ersten Protolysegleichgewicht (▶*Reaktionsgleichung 3.1*) die konjugierte Base zur Säureform von Alanin darstellt, während es im zweiten Protolysegleichgewicht (▶*Reaktionsgleichung 3.2*) den Protonendonor beziehungsweise die konjugierte Säure zur basischen Form von Alanin repräsentiert, die bei höheren pH-Werten überwiegt.

Aus den Konzentrationsverhältnissen und den Nettoladungen der einzelnen Formen von Alanin ergibt sich bei einem pH-Wert von 2,4 eine durchschnittliche Nettoladung eines Alaninmoleküls von +0,5 und bei einem pH-Wert von 9,9 eine durchschnittliche Nettoladung von –0,5. In der Mitte zwischen diesen beiden pH-Werten von 2,4 und 9,9 liegt, bei einem pH-Wert von 6,15 im steilen Abschnitt der Titrationskurve, ein weiterer Wendepunkt. An diesem Punkt beträgt die durchschnittliche Nettoladung eines Alaninmoleküls null. Deswegen wird dieser Punkt isoelektrischer Punkt (pI) oder auch isoelektrischer pH-Wert genannt. Wenn eine Alaninlösung mit einem pH-Wert unterhalb von pI in einem elektrischen Feld positioniert wird, wandern die Alaninmoleküle zur Kathode (negativ geladene Elektrode), weil die Alaninmoleküle eine positive Nettoladung tragen. Bei einem pH-Wert oberhalb von pI bewegen sich die Alaninmoleküle im elektrischen Feld aufgrund ihrer negativen Nettoladung in Richtung Anode (positiv geladene Elektrode). Entspricht der pH-Wert der Lösung genau dem pI-Wert von Alanin, findet wegen der fehlenden Nettoladung der Alaninmoleküle keine Nettowanderung im elektrischen Feld statt.

Histidin besitzt eine ionisierbare Seitenkette. Die Titrationskurve von Histidin weist deswegen einen weiteren Wendepunkt auf, der dem pK_S-Wert der Seitenkette entspricht (▶*Abbildung 3.14a*). Wie im Falle von Alanin repräsentiert der erste, niedrigste pK_S-Wert von 1,8 das Protolysegleichgewicht der α-Carboxylgruppe. Der größte pK_S-Wert von 9,3 steht für jenes der α-Aminogruppe und der mittlere pK_S-Wert von 6,0 in der Titrationskurve entspricht der Deprotonierung des Imidazolium-Ions der Seitenkette des Histidins (▶*Abbildung 3.14b*). Bei einem pH-Wert von 7,0 beträgt das Verhältnis der Imidazolform (konjugierte Base) zum Imidazolium-Ion (konjugierte Säure) 10 : 1. Somit treten sowohl die protonierte, positiv geladene, als auch die neutrale Form der Seitenkette von Histidin in der Nähe der physiologischen pH-Werte in signifikanten Konzentrationen auf. Die Seitenkette eines bestimmten Histidinrestes kann in Abhängigkeit von ihrer unmittelbaren Umgebung im Protein entweder protoniert oder deprotoniert vorliegen. Mit anderen Worten: Der tatsächliche pK_S-Wert einer Histidin-Seitenkette innerhalb eines Proteins kann sich von dem pK_S-Wert der freien Aminosäure in wässriger Lösung unterscheiden. Infolge dieser Eigenschaften ist Histidin sehr gut als Protonenüberträger im aktiven Zentrum von Enzymen geeignet.

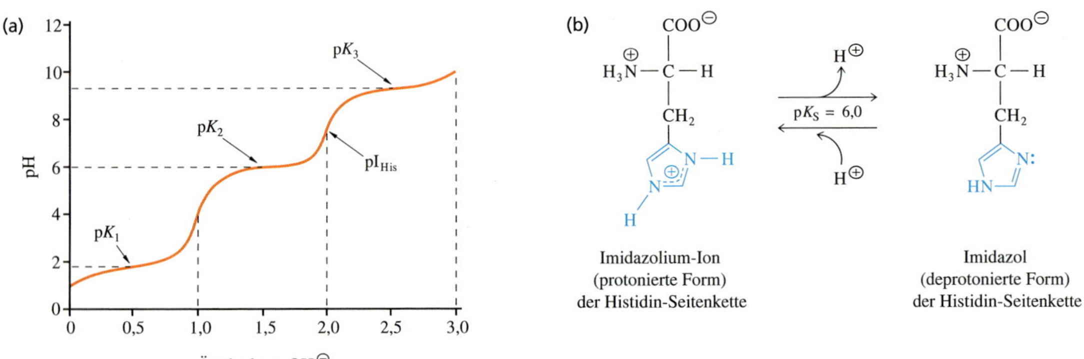

Abbildung 3.14: Ionisierung von Histidin. (a) Titrationskurve von Histidin. Die drei pK_S-Werte betragen 1,8, 6,04 und 9,3. pI_{His} repräsentiert den isoelektrischen Punkt von Histidin. (b) Protolysegleichgewicht des Imidazolrings in der Seitenkette von Histidin.

Der isoelektrische Punkt einer Aminosäure, die nur zwei ionisierbare Gruppen (die α-Carboxyl- und die α-Aminogruppe) enthält, ergibt sich aus dem arithmetischen Mittel ihrer beiden pK_S-Werte: $pI = (pK_1 + pK_2)/2$. Für eine Aminosäure mit drei ionisierbaren Gruppen, wie zum Beispiel Histidin, muss man jedoch die Nettoladung aller ionischen Spezies berücksichtigen. Der isoelektrische Punkt von Histidin liegt zum Beispiel zwischen den pK_S-Werten auf beiden Seiten der Spezies ohne Nettoladung. Dieser Punkt entspricht dem Wendepunkt der Titrationskurve im zweiten steilen Abschnitt, der auch den Endpunkt der Titration der Seitenkette repräsentiert und bei einem pH-Wert von 7,65 in der Mitte zwischen 6,0 und 9,3 liegt.

Wie man der ▶*Tabelle 3.1* entnehmen kann, weisen die pK_S-Werte der α-Carboxylgruppen freier Aminosäuren Werte zwischen 1,8 und 2,5 auf. Diese Werte sind niedriger als die einer typischen Carbonsäure wie Essigsäure ($pK_S = 4{,}8$), weil die benachbarte $-NH_3^{\oplus}$-Gruppe Elektronendichte aus der α-Carboxylgruppe abzieht, wodurch die O–H-Bindung noch stärker polarisiert wird. Infolgedessen wird die heterolytische Abspaltung des Protons zusätzlich erleichtert, wobei das Bindungselektronenpaar vollständig am Sauerstoffatom verbleibt. Die α-Carboxylgruppen der verschiedenen Aminosäuren zeigen unterschiedliche pK_S-Werte, weil diese auch durch die Seitenketten beeinflusst werden. Wir haben gerade im Beispiel gesehen, dass die Werte von Histidin und Alanin nicht übereinstimmen. Die α-Carboxylgruppe einer Aminosäure stellt eine relativ schwache Säure dar. Der Anteil der Gruppe, der bei einem gegebenen pH-Wert in ionischer Form vorliegt, kann mithilfe der Henderson-Hasselbalch-Gleichung (▶*Abschnitt 2.9*) berechnet werden:

$$pH = pK_S + \log \frac{[\text{Protonenakzeptor}]}{[\text{Protonendonator}]} \quad (3.3)$$

Für eine typische Aminosäure, deren α-Carboxylgruppe einen pK_S-Wert von 2,0 aufweist, erhält man das Verhältnis von Protonenakzeptor (Carboxylat-Anion) zu Protonendonor (Carbonsäure) bei einem pH-Wert von 7,0, indem man die folgende Henderson-Hasselbalch-Gleichung nach dem logarithmischen Term auflöst und dann delogarithmiert:

$$7{,}0 = 2{,}0 + \log \frac{[\text{RCOO}^{\ominus}]}{[\text{RCOOH}]} \quad (3.4)$$

In diesem Fall ergibt sich ein Verhältnis von Carboxylat-Anionen zu Carbonsäuremolekülen von 100.000 : 1. Unter den normalerweise innerhalb von Zellen herrschenden Bedingungen liegen die Carboxylgruppen von freien Aminosäuren also fast ausschließlich als Carboxylat-Anionen vor.

Die α-Aminogruppe einer freien Aminosäure kann als ungeladenes, freies Amin, $-NH_2$ (Protonenakzeptor), oder in ihrer protonierten Form als Ammonium-Kation, $-NH_3^{\oplus}$ (Protonendonor), auftreten. Die pK_S-Werte der Ammonium-Ionen der Standard-Aminosäuren variieren von 8,7 bis 10,7 (▶*Tabelle 3.1*). Bei einem pH-Wert von 7,0 beträgt das Verhältnis von Protonenakzeptor zu Protonendonor für eine Ammoniumgruppe, die einen pK_S-Wert von 10,0 aufweist, 1 : 1000. Unter physiologischen Bedingungen liegen die Aminogruppen von freien Aminosäuren somit hauptsächlich als protonierte, positiv geladene Ammonium-Ionen vor. Diese Berechnungen bestätigen unsere frühere Behauptung, dass freie Aminosäuren bei neutralem pH-Wert vorwiegend als Zwitterionen auftreten. Sie zeigen auch die Realitätsferne der Strukturformeln von Aminosäuren, die sowohl eine –COOH-Gruppe als auch eine $-NH_2$-Gruppe zeigen. Denn bei keinem pH-Wert existiert eine signifikante Anzahl von Molekülen, die gleichzeitig eine neutrale, protonierte Carboxylgruppe und eine neutrale, unprotonierte Aminogruppe besitzen. Beachten Sie, dass auch die sekundäre Aminogruppe von Prolin ($pK_S = 10{,}6$) bei neutralem pH-Wert protoniert ist, auch wenn die Seitenkette zusätzlich an die Aminogruppe gebunden ist. Auch freies Prolin liegt bei einem pH-Wert von 7,0 somit als Zwitterion vor.

Die sieben Standard-Aminosäuren mit leicht ionisierbaren Gruppen in ihren Seitenketten sind Aspartat, Glutamat, Histidin, Cystein, Tyrosin, Lysin und Arginin. Die Protolysegleichgewichte dieser Gruppen folgen denselben Prinzipien wie diejenigen der α-Carboxyl- und α-Aminogruppen. Deswegen kann die Henderson-Hasselbalch-Gleichung auch auf diese Gleichgewichte angewandt werden. Die Ionisierung der γ-Carboxylgruppe von Glutamat ($pK_S = 4{,}1$) ist in ▶*Abbildung 3.15a* illustriert. Beachten Sie die geringere Beeinflussung der γ-Carboxylgruppe durch das Ammonium-Ion, was eine Folge der größeren Entfernung im Molekül darstellt und die zu einem für eine Carbonsäure typischen pK_S-Wert einer schwachen Säure von 4,1 führt. Die Säurestärke der γ-Carboxylgruppe ähnelt somit der Säurestärke von Essigsäure ($pK_S = 4{,}8$), während die α-Carboxylgruppe als eine stärkere Säure ($pK_S = 2{,}1$) auftritt. ▶*Abbildung 3.15b* zeigt das Protolysegleichgewicht der Guanidiniumgruppe in der Seitenkette von Arginin in stark basischer Lösung. Die Stabilisierung des Guanidinium-Ions durch die Delokalisierung der Ladung trägt zu dem hohen pK_S-Wert von 12,5 bei.

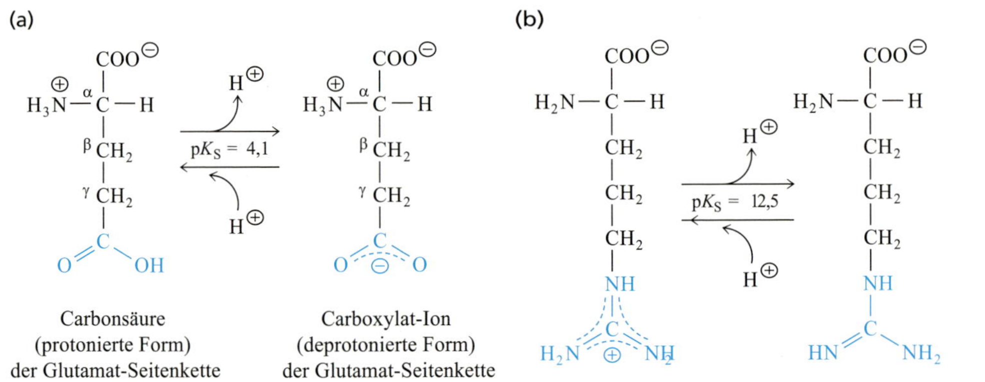

Abbildung 3.15: Ionisierung von Aminosäureseitenketten. (a) Protolysegleichgewicht der γ-Carboxylgruppe von Glutamat. Die negative Ladung des Carboxylat-Anions ist delokalisiert. (b) Protolysegleichgewicht der Guanidiniumgruppe in der Seitenkette von Arginin. Die positive Ladung des Guanidinium-Ions ist stark delokalisiert.

Wie wir bereits erwähnt haben, können sich die pK_S-Werte der ionisierbaren Seitenketten von Aminosäuren in Proteinen von denen der entsprechenden freien Aminosäuren unterscheiden. Diese Abweichungen in den Ionisierungskonstanten werden hauptsächlich durch zwei Faktoren hervorgerufen. Wenn die α-Carboxyl- und die α-Aminogruppen bei der Synthese von Proteinen durch Peptidbindungen verknüpft werden, verlieren sie ihre Ladungen. Infolgedessen werden ihre induktiven Effekte auf die benachbarten Seitenketten schwächer. Außerdem kann der pK_S-Wert einer ionisierbaren Seitenkette durch ihre Position innerhalb der dreidimensionalen Struktur des Proteins beeinflusst werden. Das Enzym Ribonuclease A besitzt zum Beispiel vier Histidinreste, deren Seitenketten aufgrund unterschiedlicher unmittelbarer Umgebungen (Mikroumgebungen) im Protein leichte Differenzen in ihren pK_S-Werten aufweisen.

3.5 Peptidbindungen zwischen Aminosäuren in Proteinen

Die lineare Sequenz (Reihenfolge) der Aminosäuren in der Polypeptidkette wird die Primärstruktur eines Proteins genannt. Die Sekundärstruktur, Tertiärstruktur und Quartärstruktur sind weitere, höhere Organisationsebenen von Proteinstrukturen, die im Anschluss erklärt werden. Aminosäuren können durch Amidbindungen verknüpft werden, die man bei Polypeptiden auch Peptidbindungen nennt (▶*Abbildung 3.16*). Eine Peptidbindung kann man sich formal vorstellen als ein Ergebnis der Kondensation von einer α-Carboxylgruppe einer Aminosäure mit der α-Aminogruppe einer anderen Aminosäure. Beachten Sie, dass bei der Kondensationsreaktion zwischen zwei Aminosäuren ein Wassermolekül freigesetzt wird. Wie in ▶*Abschnitt 2.6* bereits erklärt wurde, ist die einfache Kondensationsreaktion in wässriger Lösung wegen des riesigen Überschusses von Wassermolekülen sehr stark benachteiligt. Der tatsächliche Reaktionsweg in der Proteinbiosynthese überwindet beziehungsweise umgeht diese Einschränkung. Im Gegensatz zu den α-Carboxyl- und α-Aminogruppen von freien Aminosäuren in wässriger Lösung tragen die in Peptidbindungen eingebundenen Carboxyl- und Aminogruppen der Aminosäuren in Proteinen keine Ladungen.

Die in einer Polypeptidkette verknüpften Aminosäuren werden Aminosäurereste genannt. Bei der Benennung von Oligo- oder Polypeptiden werden die Namen der einzelnen Reste gebildet, indem die Endungen *-in*, *-an* und *-at* durch die Endung *-yl* ersetzt werden. Ein Glycinrest erhält im Namen eines Polypeptids zum Beispiel die Bezeichnung Glycyl- und ein Glutamatrest wird durch den Namensbestandteil Glutamyl- vertreten. Bei Asparagin, Glutamin und Cystein bleibt die Silbe *in* erhalten und die Endung *-yl* wird am Ende hinzugefügt, woraus sich die Namensbestandteile Asparaginyl-, Glutaminyl- und Cysteinyl- ergeben. Die Endung *-yl* deutet an, dass der Rest eine Acyleinheit darstellt, also einen Carbonsäurerest, bei dem der Hydroxylanteil der Carboxylgruppe durch eine andere Gruppe substituiert wurde. Das Dipeptid in ▶*Abbildung 3.16* heißt Alanylserin, weil der Alaninrest als Acylgruppe vorliegt, während der Serinrest am Ende der Kette seine Carboxyl- beziehungsweise Carboxylatgruppe behält.

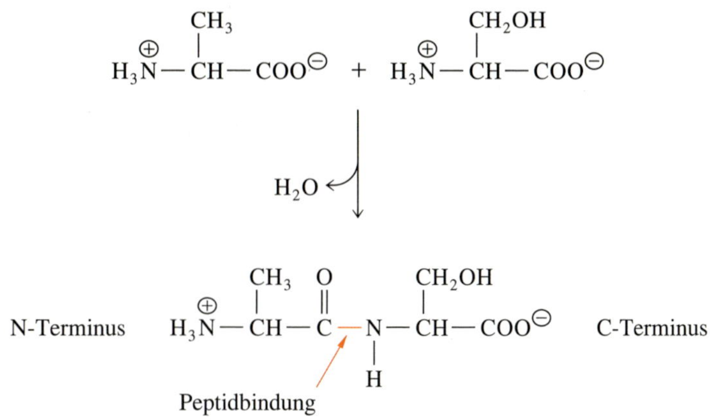

Abbildung 3.16: **Peptidbindung zwischen zwei Aminosäuren.** Die Struktur einer Peptidbindung ist formal das Ergebnis einer Kondensationsreaktion zwischen der α-Carboxylgruppe einer Aminosäure und der α-Aminogruppe einer anderen Aminosäure. Durch die Kondensation wird ein Dipeptid gebildet, in dem die Aminosäuren über die Peptidbindung verknüpft sind. In dem hier gezeigten Beispiel kondensiert Alanin mit Serin zu Alanylserin.

Die freie Aminogruppe und die freie Carboxylgruppe an den entgegengesetzten Enden einer Polypeptidkette werden N-Terminus (Amino-Terminus) und C-Terminus (Carboxyl-Terminus) genannt. Bei neutralem pH-Wert trägt jeder Terminus eine Ionenladung. Konventionsgemäß werden die Aminosäurereste in einer Polypeptidkette vom N-Terminus zum C-Terminus durchnummeriert und in der Regel von links nach rechts hintereinandergeschrieben. Diese Übereinkunft spiegelt die Richtung der Proteinbiosynthese wider (▸*Abschnitt 18.6*). Die Synthese beginnt mit der N-terminalen Aminosäure, bei der es sich fast immer um Methionin handelt (▸*Abschnitt* 3.2.3), und wird sequenziell in Richtung des C-Terminus durch Addition einer Aminosäure nach der anderen fortgesetzt. Zur Beschreibung der Sequenzen von Aminosäureresten in Peptiden und Polypeptiden können sowohl die Drei-Buchstaben-Codes der Aminosäuren (zum Beispiel Gly-Arg-Phe-Ala-Lys) als auch die Ein-Buchstaben-Codes (zum Beispiel GRFAK) verwendet werden. Es ist wichtig, beide Codesysteme zu kennen. Die Begriffe Dipeptid, Tripeptid, Oligopeptid und Polypeptid beschreiben Peptidketten mit zwei, drei, mehreren (bis zu ca. 20) beziehungsweise vielen (in der Regel mehr als 20) Aminosäureresten. Ein Dipeptid enthält eine, ein Tripeptid zwei Peptidbindungen usw. Im Allgemeinen besitzt jede Peptidkette, egal wie lang sie ist, eine freie α-Aminogruppe und eine freie α-Carboxylgruppe. Ausnahmen von dieser Regel bilden Ketten mit kovalent modifizierten, terminalen Resten sowie cyclische Peptidketten. Beachten Sie, dass durch die Bildung von Peptidbindungen die ionisierbaren α-Amino- und α-Carboxylgruppen, die in freien Aminosäuren vorkommen, ihre Ionisierbarkeit verlieren.

Die meisten Ionenladungen, die ein Protein trägt, werden durch die Seitenketten der Aminosäuren beigesteuert. Folglich werden die Löslichkeit und die ionischen Eigenschaften eines Proteins weitgehend durch seine Aminosäurenzusammensetzung auf seiner Oberfläche bestimmt. Außerdem wechselwirken die Seitenketten der Aminosäurereste miteinander und tragen damit zur dreidimensionalen Gestalt und zur Stabilität eines Proteins bei.

3.6 Methoden zur Bestimmung der Proteinstruktur

Seit vielen Jahren ist die Röntgenkristallografie die übliche Technik zur Bestimmung der dreidimensionalen Struktur eines Proteins. Bei dieser Methode wird ein Bündel paralleler Röntgenstrahlen auf einen Proteinkristall gerichtet. Die Röntgenstrahlen werden an den Elektronenwolken der Atome gebeugt und anschließend mithilfe eines Films oder eines elektronischen Detektors aufgezeichnet (▸*Abbildung 3.17*). Die mathematische Analyse des Beugungsmusters liefert ein Bild der Elektronenwolken, die die Atome des Proteinmoleküls umgeben. Diese Elektronendichtekarte offenbart die Gesamtgestalt des Proteinmoleküls sowie die Positionen aller Atome des Proteins im dreidimensionalen Raum. Durch die Kombination dieser Daten mit den Prinzipien der chemischen Bindungslehre ist es möglich, auch die Positionen aller Bindungen in einem Molekül zu ermitteln und somit die gesamte Struktur zu bestimmen.

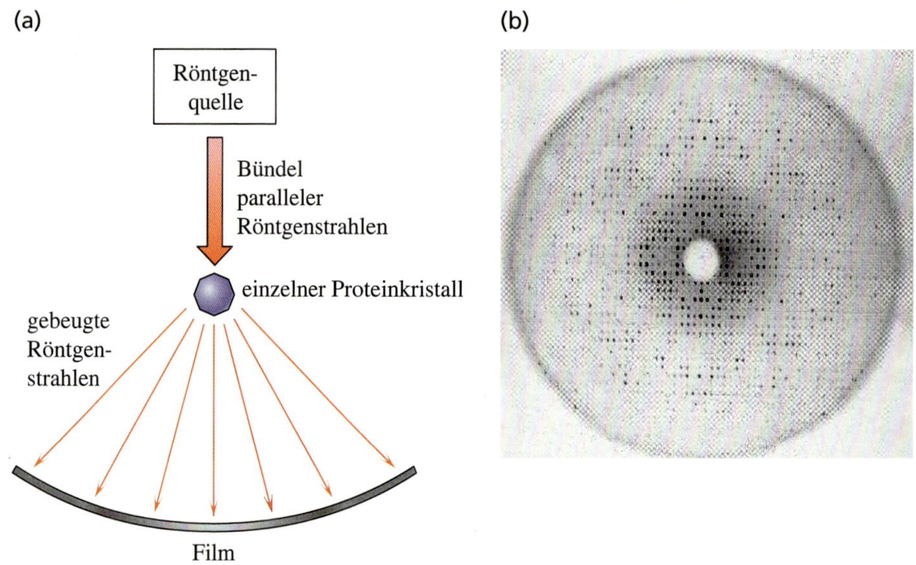

Abbildung 3.17: Röntgenkristallografie. (a) Vereinfachte schematische Darstellung des Versuchsaufbaus bei der Röntgenkristallografie. (b) Röntgenbeugungsmuster eines Kristalls aus adultem Human-Desoxyhämoglobin. Aus den Positionen und Intensitäten der Signale kann die dreidimensionale Struktur des Proteinmoleküls berechnet werden.

Das größte Hindernis bei der Bestimmung der dreidimensionalen Struktur eines Proteinmoleküls war die Schwierigkeit der Berechnung der Atompositionen aus den Positionen und Intensitäten der Signale im Röntgenbeugungsmuster. Es ist nicht überraschend, dass die Entwicklung der Röntgenkristallografie eng mit der Entwicklung der Computertechnologie verknüpft war. Durch die Verfügbarkeit von Hochgeschwindigkeits-Computern und Verbesserungen bei der Erzeugung fokussierter Röntgenstrahlen konnte die Technologie der Röntgenkristallografie von biologischen Makromolekülen in den letzten Jahren erheblich weiterentwickelt werden. Heute wird die Bestimmung von Proteinstrukturen hauptsächlich durch Schwierigkeiten bei der Herstellung von monodispersen Kristallen ausreichender Qualität und Größe für die Röntgenstrukturanalyse limitiert.

Proteinkristalle enthalten in der Regel eine große Anzahl von Wassermolekülen. Häufig gelingt es auch, kleine Liganden in den Kristall einzubringen, so zum Beispiel Substrat- oder Inhibitormoleküle. In vielen Fällen behält das Proteinmolekül im Kristall seine Fähigkeit diese Liganden zu binden und bewahrt sich oftmals sogar seine katalytische Aktivität. Weist ein Enzym im kristallinen Zustand seine ursprüngliche katalytische Aktivität auf, muss es offensichtlich, aber zumindest weitgehend und vor allem im Bereich des aktiven Zentrums, in seiner nativen, biologisch aktiven Konformation kristallisiert sein. Somit repräsentieren die Strukturen der Proteine, die durch Röntgenkristallografie ermittelt worden sind, die tatsächlichen Strukturen beziehungsweise Konformationen, die die Proteine innerhalb von Zellen aufweisen.

Es gibt viele Wege, die dreidimensionale Struktur von Proteinen zu veranschaulichen. Kalottenmodelle (▶*Abbildung 3.18a*, engl. *space-filling model*) stellen jedes Atom als massive Kugel dar. Solche Bilder offenbaren die dichte Packung von gefalteten Polypeptidketten. Kalottenmodelle werden zum Beispiel für die Illustration der Gesamtgestalt oder der von den Wassermolekülen des Mediums erreichbaren Oberfläche eines Proteins eingesetzt. Bei der Betrachtung des Kalottenmodells eines Proteins kann man deutlich erkennen, dass das Innere eines gefalteten Proteins selbst für kleine Moleküle wie Wasser weitgehend unzugänglich ist.

Die Struktur eines Proteins kann auch mithilfe eines vereinfachten Strukturmodells, das nur das Rückgrat der Polypeptidkette hervorhebt, illustriert werden (▶*Abbildung 3.18b*). In diesen Bändermodellen fehlen die Seitenketten der Aminosäuren, sodass der dreidimensionale Faltungsverlauf der Polypeptidkette leichter verfolgt werden kann. Solche Modelle bieten außerdem den Vorteil, Einblicke in das Innere der Proteinstruktur zu ermöglichen und Sekundärstrukturelemente wie α-Helices und β-Faltblätter klar hervorzuheben. Beim Vergleich der Strukturen verschiedener Proteine können in den Bändermodellen gemeinsame Faltungsmuster erkannt werden, die bei Kalottenmodellen verborgen bleiben. Die detailliertesten Modelle zeigen zusätzlich die Strukturen von Aminosäureseitenketten, zum Beispiel als Kugel-Stab-Modell, sowie kovalente Bindungen und schwache Wech-

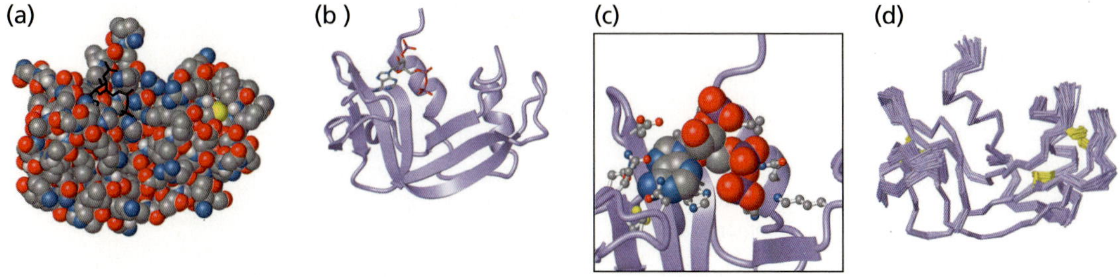

Abbildung 3.18: Ribonuclease A aus Rind *(Bos taurus)*. Die Ribonuclease A ist ein Enzym des Verdauungssekretes, das die Hydrolyse von RNA-Molekülen katalysiert. (a) Das Kalottenmodell zeigt ein gebundenes Substratanalogon in Schwarz. (b) Im Bändermodell sind die Sekundärstrukturen der Polypeptidkette leicht erkennbar. (c) Einblick in die Substratbindungsstelle. Das Substratanalogon 5′-Diphosphoadenosin-3′-phosphat ist als Kalottenmodell dargestellt, während die Seitenketten der relevanten Aminosäuren im aktiven Zentrum als Kugel-Stab-Modelle illustriert sind [PDB 1AFK]. (d) NMR-Strukturen der Rinder-Ribonuclease A. Die Abbildung zeigt einen Satz von sehr ähnlichen Strukturen, die mit den Daten zu den atomaren Wechselwirkungen, die sich aus dem NMR-Spektrum ergeben, erklärt werden können. Nur das Rückgrat der Polypeptidkette ist gezeigt. Vergleichen Sie diese Strukturen mit jener in (b). Beachten Sie die Anwesenheit von Disulfidbrücken (gelb), die in den Bildern, die aus der Röntgenstrukturanalyse abgeleitet wurden, nicht dargestellt sind [PDB 2AAS].

selwirkungen zwischen den Atomen (▶*Abbildung 3.18c*). Solche Modelle sind besonders für das Verständnis der Bindung von Substraten oder Inhibitoren in den aktiven Zentren von Enzymen von Bedeutung. In ▶*Abbildung 3.18c* ist ein vergrößerter Ausschnitt des Rückgrates des Proteins in derselben Orientierung beziehungsweise räumlichen Anordnung gezeigt wie in ▶*Abbildung 3.18b*.

Eine andere, in neuerer Zeit immer häufiger eingesetzte Technik zur Strukturbestimmung von biologischen Makromolekülen ist die NMR-Spektroskopie (engl. *nuclear magnetic resonance*, Kernmagnetresonanz). Diese Methode ermöglicht die Untersuchung von Proteinen in Lösung und vermeidet somit die mühsame Präparation von geeigneten Kristallen. Bei der NMR-Spektroskopie wird die Probe in einem starken äußeren Magnetfeld platziert. Einige Atomkernsorten, wie zum Beispiel ^{1}H- und ^{13}C-Kerne, stellen selbst magnetische Dipole dar, die sich im äußeren Magnetfeld unterschiedlich ausrichten und dabei verschiedene Energieniveaus besetzen können. Strahlt man nun elektromagnetische Strahlung mit einer dem Abstand der Energieniveaus entsprechenden Frequenz ein (Resonanzfrequenz), kommt es zu einer Absorption. Da der Abstand der Kern-Energieniveaus nicht nur von der Kernsorte und der Stärke des äußeren Magnetfeldes abhängt, sondern auch von den Atomen in der Umgebung des jeweiligen Kerns, kann man aus den Intensitäten, den Frequenzen und den Mustern der Signale im NMR-Spektrum auf die Struktur eines Moleküls schließen, ebenso wie auf die räumliche Nachbarschaft von nicht direkt kovalent verknüpften Atomen beziehungsweise Gruppen gefolgert werden kann. Die Kombination dieser Ergebnisse mit der Aminosäuresequenz und bekannten strukturellen Einschränkungen ermöglicht die Berechnung einer Anzahl von Strukturen, die mit dem NMR-Spektrum vereinbar sind.

▶*Abbildung 3.18b* zeigt den aus NMR-Spektren ermittelten kompletten Satz von Strukturen der Rinder-Ribonuclease A, also desselben Enzyms, dessen Röntgenstruktur in ▶*Abbildung 3.18d* dargestellt ist. Beachten Sie, dass die verschiedenen Strukturen, die mithilfe des NMR-Spektrums bestimmt worden sind, sich als sehr ähnlich darstellen und deswegen die Gesamtgestalt des Moleküls leicht erkennbar ist. In einigen Fällen repräsentiert der Satz von NMR-Strukturen Fluktuationen der Konformation des Proteins in Lösung. Die Ähnlichkeiten der NMR- und der Röntgenkristallstrukturen weisen darauf hin, dass die in Kristallen gefundenen Proteinstrukturen meist eine relativ genaue Repräsentation der Struktur des Proteins in Lösung verkörpern. Die NMR-Spektren kleiner Proteine wie der Ribonuclease A können im Allgemeinen relativ einfach analysiert werden, aber die Interpretation von NMR-Spektren großer Proteine kann sich als äußerst kompliziert erweisen. Aus diesem Grund ist es in der Regel sehr schwierig, die Struktur großer Proteine mithilfe der NMR-Spektroskopie zu bestimmen. Für die Strukturaufklärung kleinerer Proteine stellt sie jedoch eine sehr effektive Methode dar.

Als neueste und dritte Methode zur Strukturanalyse von Proteinen und besonders Proteinkomplexen ist die Kryoelektronenmikroskopie (Kryo-EM) zu nennen. Sie wurde von Jacques Dubochet, Joachim Frank und Richard Henderson entwickelt. Alle drei bekamen 2017 für ihre Arbeit den Nobelpreis für Chemie. Die Kryo-EM leitet sich von der Transmissionselektronenmikroskopie (TEM) ab. Biologische Proben werden bei kryogenen Temperaturen ($\lesssim -150$ °C) untersucht. Das erübrigt die bei der TEM übliche komplexe Entfernung des Wassers und damit zusammenhängender Artefakte. Es müssen auch keine Fixierungs- und Kontrastmittel verwendet werden. So können Objekte nahe dem nativen Zustand untersucht werden.

Aufgrund der gleichmäßigen, niedrigen Elektronendichte sind biologische Proben für die verwendeten Strahlen transparent. Daher kann eine geringe Strahlendosis verwendet werden, was zu einem geringen Signal-Rausch-Verhältnis führt.

Es werden dann viele tausend Aufnahmen des Objektes aus verschiedenen Perspektiven gemacht und am Ende zu einem 3D-Modell zusammengesetzt (Einzelpartikelmethode). Darüber hinaus können verschiedene 3D-Modelle eines Objektes gemittelt werden, um so die Qualität weiter zu erhöhen (Untertomogrammmittelung). Die Auflösung der Kryo-EM liegt zwischen denjenigen von TEM und Proteinkristallografie/Röntgenstrukturanalyse, wobei bis zu 0,2 nm (2 Å) erreicht werden können (▶*Abbildung 3.19*).

Die vier Organisationsebenen von Proteinstrukturen 3.7

Die Struktur einzelner Proteine kann durch maximal vier Organisationsebenen beschrieben werden (▶*Abbildung 3.20*). Die lineare Sequenz der Aminosäurereste eines Proteins nennt man Primärstruktur (▶*Abbildung 3.20a*). Rufen Sie sich noch einmal ins Gedächtnis zurück, dass die Aminosäuresequenzen immer vom N-Terminus ausgehend (Amino-Terminus) zum C-Terminus (Carboxyl-Terminus) geschrieben werden und nicht in entgegengesetzter Richtung. Die dreidimensionale Struktur von Proteinen wird durch drei weitere Organisationsebenen charakterisiert: die Sekundärstruktur, die Tertiärstruktur und die

Kapitel 3

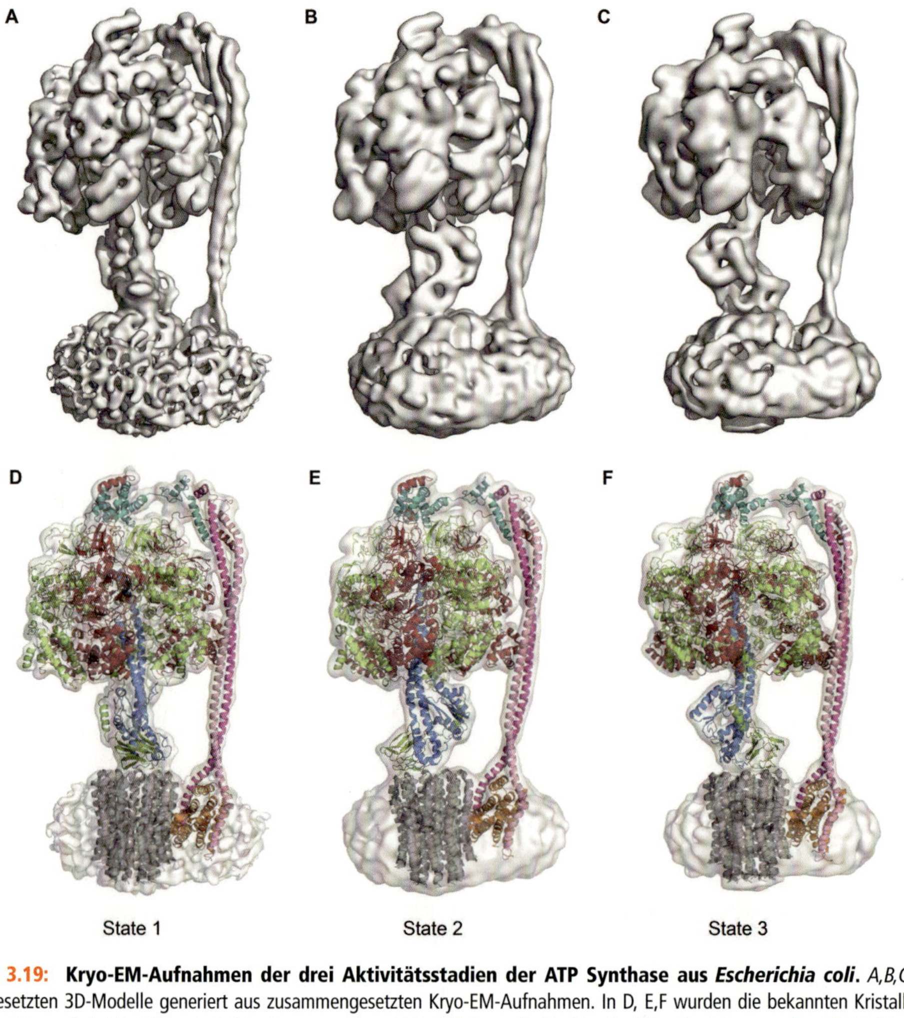

Abbildung 3.19: Kryo-EM-Aufnahmen der drei Aktivitätsstadien der ATP Synthase aus *Escherichia coli*. *A,B,C* zeigt die zusammengesetzten 3D-Modelle generiert aus zusammengesetzten Kryo-EM-Aufnahmen. In D, E,F wurden die bekannten Kristallstrukturen beteiligter Proteine auf die Modelle gelegt. Man kann nun bis auf Molekülebene die Struktur-Funktionsbeziehungen der 3 Aktivitätsstadien der ATPase erkennen (siehe auch ▶*Abbildung 11.11* und ▶*Abschnitt 11.7*). [PDB data files 5T4O (State 1), 5T4P (State 2), 5T4Q (State 3)].

Quartärstruktur. Die für die Aufrechterhaltung oder Stabilisierung dieser strukturellen Organisationsebenen verantwortlichen Kräfte sind in erster Linie nichtkovalenter Natur. Die Sekundärstruktur bezieht sich auf regelmäßige lokale Konformationen, die durch Wasserstoffbrücken zwischen den Amidwasserstoffatomen und den Carbonylsauerstoffatomen des Peptidrückgrates (engl. *backbone*) stabilisiert werden (▶*Abbildung 3.20b*). Die bedeutendsten Sekundärstrukturen sind α-Helices und β-Stränge einschließlich der β-Faltblätter. In Bändermodellen, die die Strukturen von gefalteten Proteinen illustrieren, werden α-helikale Abschnitte durch Schrauben (Helices) repräsentiert und die β-Stränge werden durch breite, flache Pfeile vertreten, die entlang der Kette in die Richtung vom N-Terminus zum C-Terminus zeigen. Die Tertiärstruktur beschreibt die räumliche Gestalt, die sich aus der Zusammenlagerung von Sekundärstrukturelementen ergibt. Viele gefaltete Polypeptidketten bestehen aus mehreren verschiedenen globulären Einheiten, die durch kurze Abschnitte von Aminosäureresten ohne besondere Sekundärstruktur verbunden sind (▶*Abbildung 3.20c*). Solche globulären Einheiten werden Domänen genannt. Tertiärstrukturen werden durch Wechselwirkungen zwischen Aminosäureseitenketten aus nicht benachbarten Regionen der Polypeptidkette stabilisiert. Die Bildung von Tertiärstrukturen führt zu einer Assoziation von zum Teil weit voneinander entfernten Abschnitten der Primär- und Sekundärstruktur. Manche Proteine weisen zusätzlich eine Quartärstruktur auf, die eine nichtkovalente Verknüpfung von zwei oder mehr Polypeptidketten zu sogenannten oligomeren oder multimeren Proteinen darstellt. Die Polypeptidketten eines oligomeren Proteins können, müssen aber nicht identisch sein (▶*Abbildung 3.20d*).

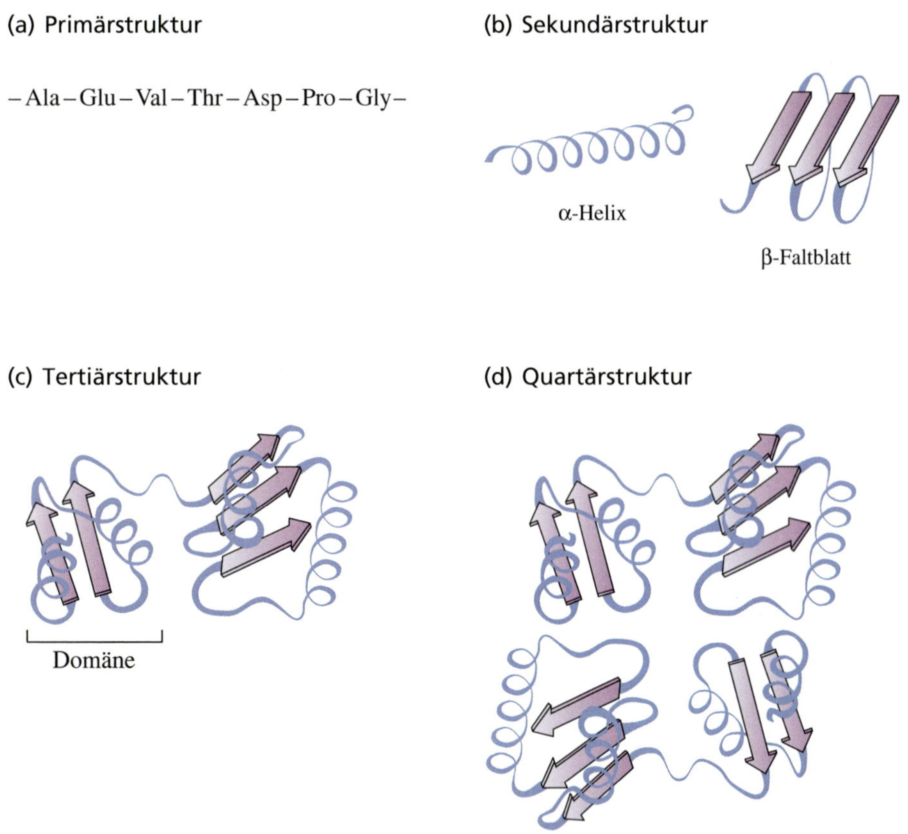

Abbildung 3.20: Organisationsebenen von Proteinstrukturen. (a) Die lineare Sequenz der Aminosäurereste bestimmt die Primärstruktur. (b) Sekundärstrukturen bestehen aus Abschnitten der Polypeptidkette mit regelmäßig wiederholten Konformationen, wie zum Beispiel α-Helices und β-Faltblätter. (c) Die Tertiärstruktur beschreibt die räumliche Gestalt der vollständig gefalteten Polypeptidkette. Das gezeigte Beispiel weist zwei Domänen auf. (d) Eine Anordnung von zwei oder mehr nichtkovalent verknüpften Polypeptidketten zu einem multimeren Proteinmolekül nennt man die Quartärstruktur des Proteins.

Die Konformation der Peptidgruppe **3.8**

Zuerst soll die Struktur der Peptidbindung, durch die die Aminosäuren in einer Polypeptidkette verknüpft, betrachtet werden. Eine Peptidgruppe besteht aus den beiden Atomen, die an der Peptidbindung beteiligt sind, sowie deren vier restlichen Substituenten, also dem Carbonylsauerstoffatom, dem Amidwasserstoffatom und den beiden benachbarten α-C-Atomen. Röntgenkristallografische Analysen kleiner Peptide haben ergeben, dass die Peptidbindung, die zwischen dem Carbonylkohlenstoffatom der einen Aminosäure und dem α-Stickstoffatom der benachbarten Aminosäure gebildet wird, kürzer ist als typische C–N-Einfachbindungen, aber länger als C=N-Doppelbindungen. Außerdem ist die Bindung zwischen dem Carbonylkohlenstoffatom und dem Carbonylsauerstoffatom ein wenig länger als typische C=O-Doppelbindungen. Diese Messergebnisse zeigen, dass Peptidbindungen einen teilweisen Doppelbindungscharakter besitzen und offensichtlich Teil eines Resonanzhybrids sind, der durch die Strukturformeln in ▶*Abbildung 3.21* beschrieben wird.

Beachten Sie die Polarität der Peptidgruppe. Das Carbonylsauerstoffatom weist eine negative Partialladung auf und kann in Wasserstoffbrücken als Wasserstoffakzeptor fungieren. Das Amidstickstoffatom und auch das Amidwasserstoffatom besitzen eine partielle positive Ladung, sodass die –NH-Gruppe als Wasserstoffdonor in Wasserstoffbrücken dienen kann. Die Elektronendelokalisierung und der daraus folgende teilweise Doppelbindungscharakter der Peptidbindung führen zu einer eingeschränkten freien Rotation um diese C–N-Bindung. Infolgedessen nehmen Peptidgruppen eine Struktur ein, in der die Atome der Peptidgruppe in einer Ebene liegen (▶*Abbildung 3.22*). Rotationen um die N–C_α-Bindungen und die C_α–C-Bindungen im Rückgrat des Proteins sind jedoch prinzipiell möglich. Wie wir noch sehen werden, bestimmen die verschiedenen Konformationen, die viele dieser Bindungen aufgrund von bestimmten Einschränkungen der freien Rotation annehmen, die dreidimensionale Struktur eines Proteins.

Wegen des Doppelbindungscharakters der Peptidbindung kann die Peptidgruppe nur in zwei verschiedenen Konformationen auftreten, nämlich der *cis*- oder der *trans*-Konformation (▶*Abbildung 3.23a*). In der *trans*-Konformation befinden sich die beiden α-C-Atome zweier benachbarter Aminosäurereste auf entgegengesetzten Seiten der Peptidbindung und an diagonal gegenüberliegenden Ecken des Rechtecks, das durch die Atome der planaren Peptidgruppe aufgespannt wird. Dagegen liegen die beiden α-C-Atome bei der *cis*-Konformation auf derselben Seite der Peptidbindung und dadurch näher zusammen. Die *cis*- oder *trans*-Konformationen entstehen während der Proteinbiosynthese bei der Anknüpfung von Aminosäuren an die wachsende Polypeptidkette durch die Bildung von Peptidbindungen. Wenn die Peptidbindung einmal gebildet wurde, können die beiden Konformationen nicht durch eine Rotation um die Peptidbindung ineinander umgewandelt werden. Infolge der sterischen Wechselwirkungen zwischen den Seitenketten, die an die α-C-Atome gebunden sind, ist die *cis*-Konformation energetisch ungünstiger als die eher gestreckte *trans*-Konformation. Deshalb weisen annähernd alle Peptidgruppen in Proteinen eine *trans*-Konformation auf. An den selten vorkommenden *cis*-Peptidgruppen ist meistens das Stickstoffatom eines Prolinrestes beteiligt, weil die *cis*-Konformation in diesem Fall nur vergleichsweise wenig stärkere sterische Abstoßungen verursacht als die *trans*-Konformation.

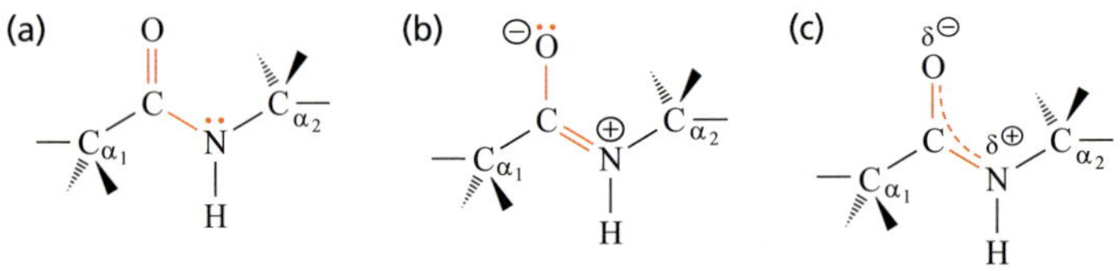

Abbildung 3.21: Resonanzstrukturen der Peptidbindung. (a) In dieser Resonanzstruktur ist die Peptidbindung als C–N-Einfachbindung gezeichnet. (b) Hier liegt die Peptidbindung als Doppelbindung vor. (c) Die tatsächliche Struktur der Peptidbindung wird am besten durch ein Hybrid aus den beiden Resonanzstrukturen beschrieben, in dem die π-Elektronen über das Carbonylsauerstoffatom, das Carbonylkohlenstoffatom und das Amidstickstoffatom delokalisiert sind. Infolge ihres teilweisen Doppelbindungscharakters ist die freie Rotation um die Peptidbindung eingeschränkt.

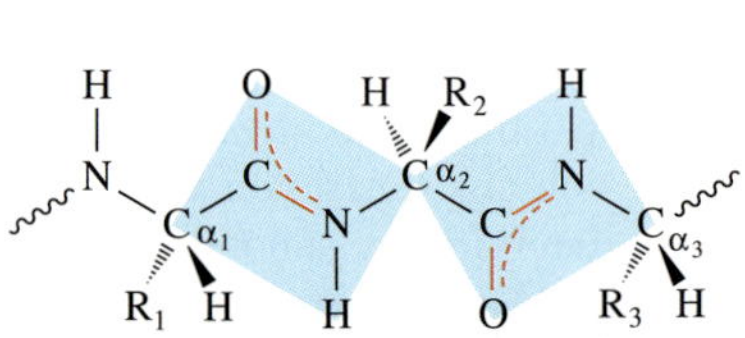

Abbildung 3.22: Planare Peptidgruppen in einer Polypeptidkette. Eine Peptidgruppe besteht aus der N–H- und der C=O-Gruppe, die an der Bildung der Peptidbindung beteiligt sind, sowie aus den zwei α-C-Atomen auf den beiden Seiten der Peptidbindung. In dieser Abbildung sind zwei Peptidgruppen durch einen blauen Hintergrund hervorgehoben.

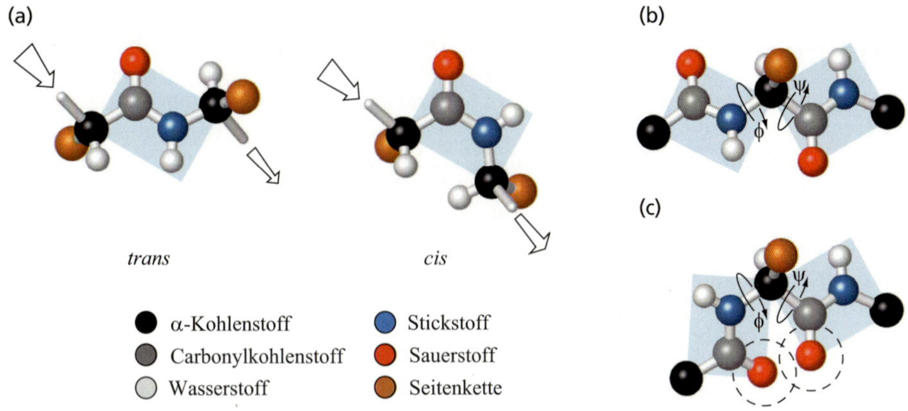

Abbildung 3.23: *Trans/cis*-Konformation und Rotation einer Peptidgruppe. (a) Fast alle Peptidgruppen in Proteinen treten in der *trans*-Konformation auf, wodurch die sterischen Abstoßungen zwischen den Seitenketten benachbarter Aminosäurereste minimiert werden. Die Pfeile geben die Richtung vom N-Terminus zum C-Terminus an. (b) Peptidgruppen in einer gestreckten Konformation. (c) Peptidgruppen in einer Konformation, welche durch die sterischen Wechselwirkungen zwischen den Carbonylsauerstoffatomen benachbarter Aminosäurereste destabilisiert wird. Die Van-der-Waals-Radien der Carbonylsauerstoffatome sind als gestrichelte Linien dargestellt. Der Torsionswinkel um die N–C_α-Bindung wird durch den griechischen Buchstaben ϕ (phi), der Torsionswinkel um die C–C_α-Bindung durch den Buchstaben ψ (psi) repräsentiert. Die Substituenten an den äußeren α-C-Atomen sind der besseren Übersicht wegen nicht gezeigt.

Spezifische Enzyme, die sogenannten Prolyl-Peptidyl-*cis*/*trans*-Isomerasen, können die wechselseitige Umwandlung der *cis*- und *trans*-Konformation von Peptidgruppen an Prolinresten katalysieren, indem sie die Struktur des Resonanzhybrids der Peptidbindung vorübergehend destabilisieren und somit eine Rotation um die Peptidbindung ermöglichen. Ein Modell der Struktur der humanen Prolyl-Peptidyl-*cis*/*trans*-Isomerase ist in ▶*Abbildung 3.33e gezeigt.*

Auch wenn die Atome einer Peptidgruppe aufgrund des Doppelbindungscharakters und der daraus folgenden eingeschränkten freien Rotation der Peptidbindung in einer Ebene liegen, ist eine Rotation um die N–C_α- und C_α–C-Bindungen der sich wiederholenden N–C_α–C-Einheiten des Proteinrückgrates prinzipiell möglich. Aber auch die Rotation um diese Bindungen wird teilweise behindert, allerdings nicht durch spezielle Bindungsstrukturen wie bei der Peptidbindung, sondern durch sterische Wechselwirkungen zwischen Atomen des Rückgrates und der Seitenketten benachbarter Aminosäurereste. Eine der bedeutendsten Einschränkungen dieser freien Rotation ergibt sich aus sterischen Wechselwirkungen zwischen den Carbonylsauerstoffatomen aufeinanderfolgender Aminosäurereste in der Polypeptidkette (▶*Abbildung 3.23a*). Außerdem kann die Anwesenheit voluminöser, sterisch anspruchsvoller Seitenketten die freie Rotation um die N–C_α- und C_α–C-Bindungen behindern. Prolin stellt einen besonderen Fall dar, weil die Rotation um seine N–C_α-Bindung durch die cyclische Struktur von Prolin weitgehend verhindert wird.

Der Torsionswinkel um die N–C_α-Bindung einer Peptidgruppe wird mit dem griechischen Buchstaben ϕ (phi) gekennzeichnet, während der Torsionswinkel um die C_α–C-Bindung durch den Buchstaben ψ (psi) repräsentiert wird (▶*Abbildung 3.23b*). Der Torsionswinkel um die Peptidbindung erhält schließlich die Bezeichnung ω (Omega). Weil die freie Rotation um die Peptidbindung durch deren Doppelbindungscharakter gehindert ist, kann die Konformation des Rückgrates des Polypeptids weitgehend durch die Torsionswinkel ϕ und ψ beschrieben werden. Jeder dieser Winkel wird durch die relativen Positionen von vier Atomen des Peptidrückgrates definiert. Winkel mit einer Drehrichtung im Uhrzeigersinn besitzen ein positives, solche mit einer Drehrichtung entgegen dem Uhrzeigersinn ein negatives Vorzeichen. Hierbei können die Winkel in jede Richtung bis zu 180° überstreifen, womit jeder Torsionswinkel einen Wert zwischen −180° und +180° annehmen kann (▶*Abbildung 3.23c*).

Der Biophysiker G. N. Ramachandran und seine Mitarbeiter haben Kalottenmodelle von Peptiden gebaut und Berechnungen zur Bestimmung der Werte von ϕ und ψ durchgeführt, die in einer Polypeptidkette sterisch erlaubt sind. Im sogenannten Ramachandran-Diagramm, in dem ϕ gegen ψ aufgetragen ist, werden Bereiche zulässiger Torsionswinkel schattiert dargestellt. ▶*Abbildung 3.24a* zeigt die Ergebnisse der theoretischen Berechnungen: Die dunklen schattierten Regionen bedeuten für die meisten Reste zulässige Torsionswinkel. Dagegen repräsentieren die helleren schattierten Bereiche nur die für kleinere Aminosäurereste erlaubten Torsionswinkel, deren Seitenketten die Rotation nicht einschränken. Weiße Flächen im Ramachandran-Diagramm stellen Bereiche von, infolge starker sterischer Wechsel-

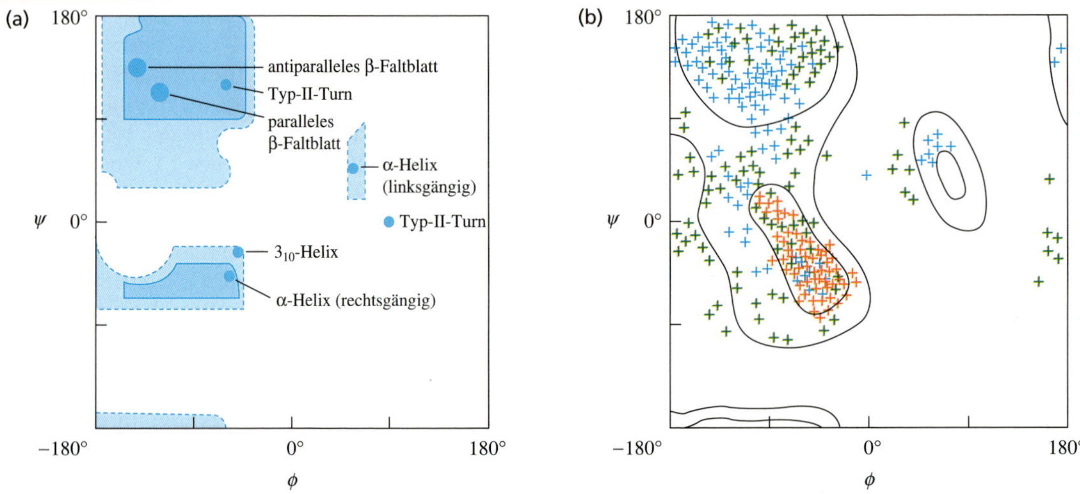

Abbildung 3.24: Ramachandran-Diagramm. (a) Durchgehende Linien umschließen Bereiche der Torsionswinkel ϕ und ψ, die gemäß der Analyse von Molekülmodellen zulässig sind. Die gestrichelten Linien geben die äußeren Grenzen der erlaubten Torsionswinkel für einen Alaninrest an. Die großen dunkelblauen Punkte entsprechen den theoretisch idealen Torsionswinkelwerten in den wiedererkennbaren Konformationen und Sekundärstrukturen, wie zum Beispiel der α-Helix und dem β-Faltblatt. Die für den Typ-II-Turn eingezeichneten Positionen gelten für den zweiten und den dritten Rest des Turns. Die weißen Flächen im Diagramm stellen Torsionswinkel dar, die gemäß den Modellberechnungen nur sehr selten vorkommen dürften. (b) In bekannten Strukturen beobachtete Werte von ϕ und ψ. Die roten Kreuze stehen für Torsionswinkel von Aminosäuren in α-Helices, die blauen Kreuze repräsentieren Torsionswinkel in β-Faltblatt-Aminosäuren. Die übrigen Torsionswinkel werden durch grüne Kreuze dargestellt. Manche Aminosäurereste mit voluminösen, sterisch anspruchsvollen Seitenketten weisen kleinere Bereiche erlaubter Torsionswinkel auf. Beim Prolin sind die Werte von ϕ sogar auf ein Intervall von etwa –60° bis –77° beschränkt, weil die freie Rotation um die N–C_α-Bindung durch die Einbindung in den Pyrrolidinring stark eingeschränkt ist. Im Gegensatz dazu weist Glycin kaum sterische Restriktionen auf, weil es kein β-C-Atom, sondern nur ein Wasserstoffatom als Seitenkette besitzt. Somit treten beim Glycin wegen der größeren konformativen Freiheiten als bei anderen Aminosäureresten häufig Torsionswinkel außerhalb der schattierten, rechnerisch erlaubten Bereiche im Ramachandran-Diagramm auf.

wirkungen, unzulässigen Torsionswinkeln dar. Die Konformationen mehrerer Typen idealer Sekundärstrukturen befinden sich wie erwartet in den schattierten Regionen. ▶*Abbildung 3.24b* zeigt eine andere Version des Ramachandran-Diagramms. Dieses Diagramm basiert auf den tatsächlich beobachteten Werten von ϕ und ψ von Hunderten von Proteinen, deren Struktur bekannt ist. Die inneren eingeschlossenen Bereiche repräsentieren sehr häufig vorkommende Torsionswinkel, die äußeren umschlossenen Regionen beinhalten weniger häufig auftretende Torsionswinkel. Die einzelnen Werte dieser Winkel sind nach ihrer Zugehörigkeit des jeweiligen Restes zu α-Helices, β-Faltblättern oder anderen Strukturen farbig gekennzeichnet. Der größte Unterschied zwischen dem theoretischen und dem beobachteten Ramachandran-Diagramm befindet sich im Bereich um den Punkt $(\phi, \psi) = (-90°, 0°)$. Gemäß den Modellstudien sollten die Torsionswinkel in diesem Bereich nicht erlaubt sein, aber es existieren viele Beispiele von Aminosäureresten, die diese Torsionswinkel aufweisen. Es hat sich herausgestellt, dass sterische Kollisionen bei Torsionswinkeln in diesen Regionen durch eine leichte Verdrehung der Peptidgruppe aus der idealen planaren Struktur heraus vermieden werden. Die Peptidgruppe muss nicht exakt planar sein. Kleine Abweichungen von der Planarität sind möglich!

3.9 Die α-Helix

Die α-helikale Konformation von Peptidketten wurde bereits im Jahr 1952 von Linus Pauling und Robert Corey vorgeschlagen. Sie betrachteten die Abmessungen von Peptidgruppen, denkbare sterische Zwänge sowie Möglichkeiten zur Stabilisierung durch die Bildung von Wasserstoffbrücken. Ihr Modell erklärte den größeren der sich wiederholenden Abstände in der Struktur des Faserproteins α-Keratin, der sich aus dem zugehörigen Röntgenbeugungsmuster ergab. Es stellte sich heraus, dass dieser größere Abstand von 0,50 bis 0,55 nm der Ganghöhe (engl. *pitch*) der α-Helix entspricht, also dem Fortschritt entlang der Achse pro voller Umdrehung. Max Perutz lieferte einen zusätzlichen Beleg für diese Struktur, als er eine zweite, kleinere, sich wiederholende Einheit von 0,15 nm im Röntgenbeugungsmuster von α-Keratin identifizierte. Diese 0,15 nm entsprechen dem Anstieg (engl. *rise*) der α-Helix pro Aminosäure in der Peptidkette, das heißt dem Fortschritt entlang der Helixachse. Perutz wies auch die Anwesenheit von α-Helices in Hämoglobin nach und bestätigte damit das Vorkommen von α-Helices auch in komplexeren globulären Proteinen.

Theoretisch können α-Helices sowohl rechts- als auch linksgängige Windungen aufweisen. Die α-Helices, die in Proteinen vorkommen, besitzen aber fast immer den in ▶*Abbildung 3.25* gezeigten rechtsgängigen Drehsinn. In einer idealen α-Helix beträgt die Ganghöhe 0,54 nm und der Anstieg pro Aminosäure beläuft sich auf 0,15 nm, während für eine vollständige Umdrehung 3,6 Aminosäuren erforderlich sind (annähernd 3 2/3 Reste: eine Carbonylgruppe, drei N–C_α–C-Einheiten und ein Stickstoff). Die meisten α-Helices in Proteinen sind bezüglich dieser idealen Struktur etwas verzerrt, weisen aber im Allgemeinen zwischen 3,5 und 3,7 Aminosäurereste pro voller Umdrehung auf.

Innerhalb der α-Helix ist jedes Carbonylsauerstoffatom (Rest *n*) des Polypeptidrückgrates über eine Wasserstoffbrücke mit dem Wasserstoffatom der Amidgruppe des vier Reste weiter in Richtung des C-Terminus liegenden Restes $(n+4)$ verbunden. Den drei Amidwasserstoffatomen an einem Ende der Helix sowie den drei Carbonylsauerstoffatomen am anderen Ende der Helix fehlen entsprechende Bindungspartner für die Bildung dieser Wasserstoffbrücken. Jede der Wasserstoffbrücken schließt einen Ring aus 13 Atomen, dem Carbonylsauerstoffatom, elf Atomen des Polypeptidrückgrates und dem Amidwasserstoffatom. Die α-Helix wird deswegen auch $3{,}6_{13}$-Helix genannt, da sie 3,6 Aminosäurereste pro voller Umdrehung und 13 Atome pro Ring besitzt, der durch jede Wasserstoffbrücke geschlossen wird. Die Wasserstoffbrücken stabilisieren die Struktur der α-Helix und verlaufen in grober Näherung parallel zur Längsachse der Helix. Die Torsionswinkel ϕ und ψ aller Reste in einer α-Helix weisen jeweils ähnliche Werte auf. Sie häufen sich in einem Bereich des Ramachandran-Diagramms, in dessen Zentrum das Torsionswinkelpaar der idealen α-Helix liegt $(\phi, \psi) = (-57°, -47°)$ (▶*Abbildung 3.24*). Die Ähnlichkeit dieser Werte für die verschiedenen Aminosäuren verleiht der Helix ihre reguläre Struktur aus sich wiederholenden geometrischen Einheiten. Die intramolekularen Wasserstoffbrü-

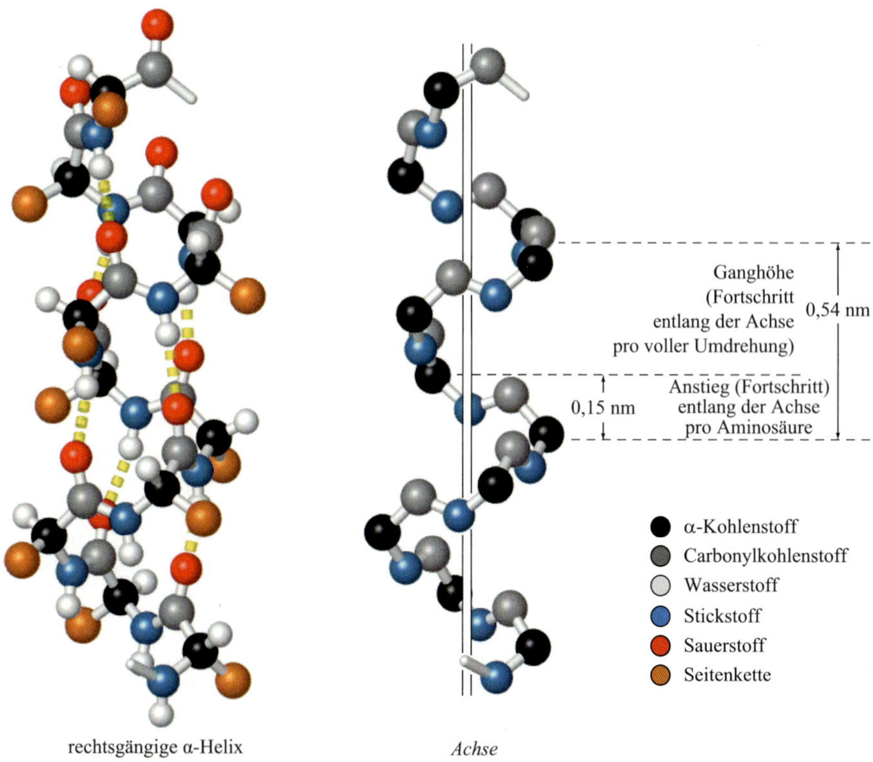

Abbildung 3.25: α-Helix. Die Abbildung zeigt einen Abschnitt aus einer α-helikalen Sekundärstruktur. Der N-Terminus befindet sich unten und der C-Terminus oben. Jedes Carbonylsauerstoffatom bildet eine Wasserstoffbrücke mit dem Amidwasserstoffatom des vier Reste weiter in Richtung C-Terminus liegenden Aminosäurerestes der Polypeptidkette (gelbe, unterbrochene Linien). Die Wasserstoffbrücken verlaufen in grober Näherung parallel zur Längsachse der Helix. Zu beachten ist, dass alle Carbonylgruppen mit ihren Sauerstoffatomen in die Richtung des C-Terminus zeigen. In einer idealen α-Helix treten äquivalente Positionen nach jeder vollen Umdrehung alle 0,54 nm entlang der Achse auf (Ganghöhe der Helix). Der Fortschritt entlang der Längsachse der Helix pro Aminosäurerest in der Polypeptidkette (Anstieg der Helix pro Aminosäure) beträgt 0,15 nm und die ideale α-Helix weist 3,6 Aminosäurereste pro voller Umdrehung auf. Bei einer rechtsgängigen Helix folgt das Rückgrat der Helix dem Uhrzeigersinn, wenn man die Helix entlang der Längsachse betrachtet.

cken zwischen den Resten n und $n+4$ führen zu einer Beschränkung der Werte der Torsionswinkel ϕ und ψ für die Rotationen um die N–C_α- und die C_α–C-Bindungen auf relativ enge Bereiche. Eine einzelne intrahelikale Wasserstoffbrückenbindung würde der Helix keine spürbare strukturelle Stabilität verleihen, aber die Summe vieler Wasserstoffbrücken innerhalb der Helix führt zu einer erheblichen Stabilisierung dieser Konformation. Wasserstoffbrücken zwischen Aminosäureresten sind im hydrophoben Inneren eines Proteins besonders stabil, weil dort keine Wassermoleküle anwesend sind, die mit den Bindungspartnern der Wasserstoffbrücken konkurrieren. In einer α-Helix zeigen alle Carbonylgruppen mit ihren Sauerstoffatomen in Richtung des C-Terminus. Da alle Peptidgruppen polar sind und alle Wasserstoffbrücken ungefähr in dieselbe Richtung weisen, stellt die gesamte Helix einen Dipol dar, mit dem positiven Pol am N-terminalen Ende und dem negativen Pol am C-terminalen Ende.

Die Seitenketten der Aminosäurereste in einer α-Helix zeigen nach außen von der Längsachse der Helix weg (▶*Abbildung 3.26a*). Die Stabilität einer α-Helix wird durch die Art der Seitenketten beeinflusst. Einige Aminosäuren kommen in α-Helices häufiger vor als andere. Alanin besitzt zum Beispiel eine kleine, ungeladene Seitenkette und passt sich gut in die α-helikale Konformation ein. Alaninreste sind in den α-Helices aller Klassen von Proteinen weit verbreitet. Im Gegensatz dazu werden beispielsweise Tyrosin und Asparagin mit ihren großen Seitenketten viel seltener in α-Helices gefunden. Glycin, dessen Seitenkette nur aus einem einzelnen Wasserstoffatom besteht, destabilisiert α-helikale Strukturen, da die Werte seiner Torsionswinkel ϕ und ψ durch die Seitenkette praktisch nicht eingeschränkt werden. Deswegen beginnen oder enden viele α-Helices mit einem Glycinrest. Prolin ist die seltenste Aminosäure in α-Helices, weil seine starre cyclische Seitenkette die rechtsgängige helikale Konformation unterbricht, indem sie eine Position besetzt, die in dieser Konformation eigentlich von einem benachbarten Aminosäurerest eingenommen werden müsste. Außerdem kann Prolin wegen des fehlenden Amidwasserstoffatoms nur über seine Carbonylgruppe an intrahelikalen Wasserstoffbrücken beteiligt sein. Aus diesen Gründen treten Prolinreste öfter außerhalb und an den Enden als innerhalb von α-Helices auf.

Proteine weisen unterschiedlich viele und lange helikale Abschnitte auf. Manche Proteine bestehen fast nur aus α-Helices, während andere nur sehr wenige und kurze α-helikale Sequenzen besitzen. Der durchschnittliche Gehalt an α-Helices in den bisher untersuchten Proteinen beträgt ca. 26 Prozent. Die Länge der α-Helices kann von vier oder fünf bis zu mehr als 40 Aminosäureresten reichen, aber die durchschnittliche Länge beläuft sich auf zwölf Reste.

Bei vielen α-Helices befinden sich auf einer Seite des Helixzylinders überwiegend hydrophile und auf der anderen Seite hydrophobe Aminosäurereste. Amphipathische Helices sind häufig an der Oberfläche von Proteinen lokalisiert, wobei die hydrophile Seite nach außen in Richtung des wässrigen Mediums und die hydrophobe

(a)
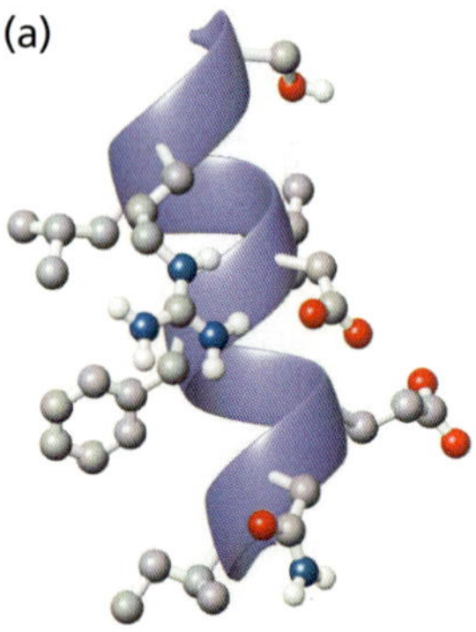
(b)
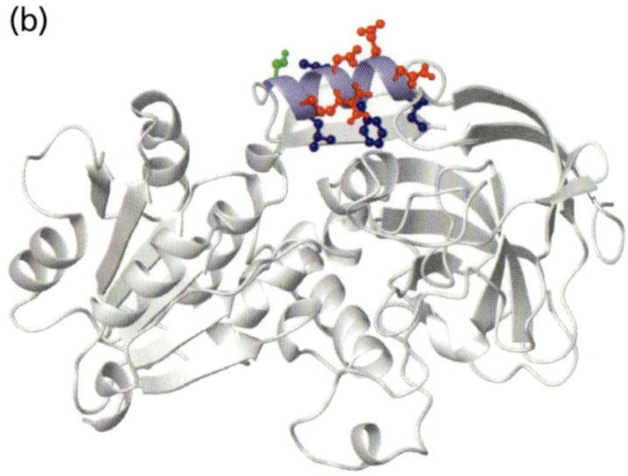
(c)
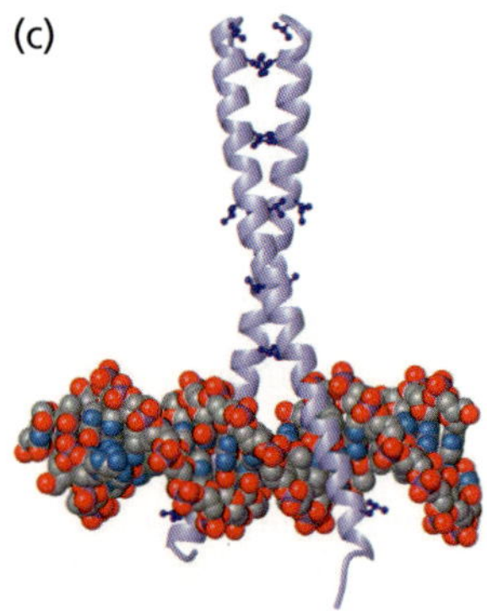

Abbildung 3.26: α-Helices in Proteinen. (a) Ansicht einer rechtsgängigen α-Helix. Das Band stellt die helikale Struktur des Polypeptidrückgrates dar. Die durch Kugel-Stab-Modelle illustrierten Seitenketten zeigen nach außen von der Längsachse der Helix weg. Dieses Beispiel zeigt den Abschnitt von Ile 355 (unten) bis Gly 365 (oben) aus der Pferdeleber-Alkohol-Dehydrogenase. Einige Wasserstoffatome sind nicht gezeigt [PDB 1ADF]. (b) α-Helix in Pferdeleber-Alkohol-Dehydrogenase. Die amphipathische α-Helix ist als farbiges Band hervorgehoben. Die sehr hydrophoben Seitenketten sind dunkelblau, die weniger hydrophoben Seitenketten grün und die sehr hydrophilen Seitenketten rot dargestellt. Zu beachten ist, dass die Seitenketten der hydrophoben Aminosäurereste in das Innere des Proteins weisen, während die Seitenketten der hydrophilen, geladenen Reste an der äußeren Oberfläche des Proteins liegen [PDB 1ADF]. (c) An DNA gebundener Bereich des Leucin-Reißverschlusses des GCN4-Proteins aus der Hefe Saccharomyces cerevisiae. GCN4 ist ein Transkriptions-Regulatorprotein, das an spezifische DNA-Sequenzen bindet. Die DNA-bindende Region besteht aus zwei amphipathischen α-Helices, von denen jede zu einer der beiden Untereinheiten des Proteins gehört. Die Seitenketten der Leucinreste sind in einem dunklen Blau und als Kugel-Stab-Modelle dargestellt, das Rückgrat ist als Band aufgezeigt. Die Abbildung veranschaulicht nur den Leucin-Reißverschluss des Proteins und die DNA-Sequenz (Kalottenmodell) [PDB 1YSA].

Seite in Richtung des hydrophoben Kerns des Proteins zeigt. Die in ▶*Abbildung 3.26a* dargestellte Helix befindet sich an der Oberfläche des wasserlöslichen Leberenzyms Alkohol-Dehydrogenase. Die hydrophoben Seitenketten des ersten, fünften und achten Restes (Isoleucin, Phenylalanin und Leucin, links in ▶*Abbildung 3.26a*) der Helix liegen dabei im Inneren des Proteins (▶*Abbildung 3.26b)*, während hydrophile Reste (Asparagin, Glutamat, Aspartat, Arginine, rechts in ▶*Abbildung 3.26a* mit geladenen Gruppen in rot) zum wässrigen Milieu nach außen ragen. Es gibt viele Beispiele von jeweils zwei amphipathischen α-Helices, die ausgedehnte, superhelikale Strukturen bilden, in denen die beiden Helices so miteinander verschlungen sind, dass ihre hydrophoben Seiten in Wechselwirkung treten können, während die hydrophilen Seiten mit dem wässrigen Medium der Umgebung in Kontakt stehen. Eine Struktur, die in DNA-bindenden Proteinen vorkommt, wird Leucin-Reißverschluss genannt (engl. *leucin zipper;* ▶*Abbildung 3.26c*). Der Name bezieht sich auf die Struktur, in der die Leucinreste und andere hydrophobe Reste auf jeweils einer Seite der beiden amphipathischen Helices wie die Zähne eines Reißverschlusses ineinandergreifen. Bei Leucin-Reißverschlüssen zeigen die beiden α-Helices eine geringe Tendenz, sich gegenseitig zu umschlingen und dadurch eine superhelikale Struktur zu bilden. Die Enden der Helices repräsentieren die DNA-bindende Region des Proteins.

Manche Proteine enthalten einige wenige, kurze Abschnitte eines anderen Helixtyps, der 3_{10}-Helix. Wie die α-Helix ist auch die 3_{10}-Helix in Proteinen rechtsgängig. Jedes Carbonylsauerstoffatom eines Restes *n* in einer 3_{10}-Helix bildet eine Wasserstoffbrücke zum Amidwasserstoffatom des drei Reste weiter in Richtung des C-Terminus liegenden Aminosäurerestes $(n+3)$, im Gegensatz zum $n+4$-ten Rest in einer α-Helix. Der durch die Wasserstoffbrücke in einer 3_{10}-Helix geschlossene Ring ist mit zehn Ringatomen somit um drei Atome kleiner als in einer α-Helix. Die 3_{10}-Helix weist deswegen auch weniger Aminosäurereste pro voller Umdrehung auf, nämlich 3,0, aber eine längere Ganghöhe von 0,60 nm. Die 3_{10}-Helix ist aufgrund von sterischen Behinderungen und der ungünstigeren Geometrie ihrer Wasserstoffbrücken etwas weniger stabil als die α-Helix. 3_{10}-Helices sind meistens nur wenige Reste lang und bilden häufig die letzte Umdrehung am C-terminalen Ende einer α-Helix. Infolge der anderen Geometrie der 3_{10}-Helix liegen die Torsionswinkel ϕ und ψ ihrer Aminosäurereste in einem anderen Bereich des Ramachandran-Diagramms als die einer α-Helix (▶*Abbildung 3.24*).

3.10 β-Stränge und β-Faltblätter

Eine weitere Klasse von häufig vorkommenden Sekundärstrukturen umfasst die sogenannten β-Strukturen, zu denen die β-Stränge und die β-Faltblätter gehören. β-Stränge sind weitgehend gestreckte Abschnitte einer Polypeptidkette. Jeder Aminosäurerest in einem β-Strang ist für 0,32 bis 0,34 nm der Gesamtlänge verantwortlich. Im Gegensatz dazu trägt jeder Rest in der kompakten α-Helix nur mit 0,15 nm zur Gesamtlänge der Helix bei. Wenn mehrere β-Stränge längs nebeneinander angeordnet vorliegen, bilden sie ein sogenannte β-Faltblatt. Auch das β-Faltblatt wurde von Pauling und Corey zur gleichen Zeit vorgeschlagen, zu der sie das theoretische Modell der α-Helix postulierten. Proteine enthalten nur selten isolierte β-Stränge, weil diese Struktur allein nicht signifikant stabiler ist als andere Konformationen. β-Faltblätter werden dagegen durch Wasserstoffbrücken zwischen den Carbonylsauerstoffatomen und den Amidwasserstoffatomen benachbarter β-Stränge stabilisiert. Deswegen kommen β-Strukturen in Proteinen fast immer in Form von β-Faltblättern vor. Die über Wasserstoffbrücken verbundenen β-Stränge können sich in getrennten Polypeptidketten oder in verschiedenen Abschnitten derselben Kette befinden. Die benachbarten β-Stränge in einem Faltblatt können entweder parallel (▶*Abbildung 3.27a*) oder antiparallel (▶*Abbildung 3.27b*) verlaufen. Bei parallelen β-Strängen sind deren N-terminale und C-terminale Enden jeweils nebeneinander angeordnet, sodass die Stränge vom N-terminalen Ende zum C-terminalen Ende in dieselbe Richtung laufen. Im Gegensatz dazu befindet sich das N-terminale Ende des einen Strangs bei antiparallelen β-Strängen neben dem C-terminalen Ende des benachbarten Strangs. In diesem Fall erstrecken sich die Stränge vom N-terminalen Ende zum C-terminalen Ende, also in entgegengesetzte Richtungen. Bei antiparallelen β-Strängen stehen die Wasserstoffbrücken annähernd senkrecht zur Richtung der gestreckten Polypeptidkette. Beachten Sie, dass in einem antiparallelen β-Faltblatt das Carbonylsauerstoffatom und das Amidwasserstoffatom eines Restes in einem β-Strang Wasserstoffbrücken zum Carbonylsauerstoffatom und zum Amidsauerstoffatom eines einzelnen Restes in einem anderen β-Strang ausbilden. Bei der parallelen Anordnung stehen die Wasserstoffbrücken nicht senkrecht zu den gestreckten Peptidketten und jeder Rest bildet Wasserstoffbrücken zum Carbonylsauerstoffatom und zum Amidwasserstoffatom in zwei verschiedenen Resten des benachbarten β-Strangs.

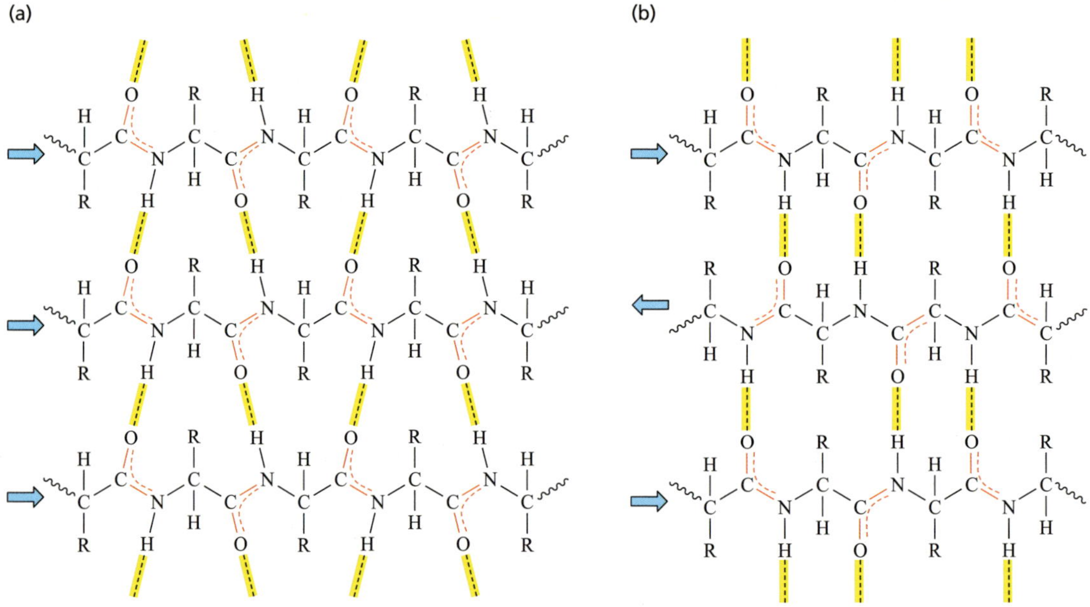

Abbildung 3.27: **β-Faltblätter.** Die Pfeile zeigen in die Richtung vom N-Terminus zum C-Terminus der Polypeptidkette. (a) Paralleles β-Faltblatt. Die Wasserstoffbrücken sind äquidistant, aber zueinander geneigt. (b) Antiparalleles β-Faltblatt. Die Wasserstoffbrücken stehen im Wesentlichen senkrecht zu den β-Strängen und der Abstand zwischen den Wasserstoffbrücken ist abwechselnd größer und kleiner.

Parallele Faltblätter sind weniger stabil als antiparallele. Der Grund dafür liegt möglicherweise darin, dass die Wasserstoffbrücken bei der parallelen Anordnung der β-Stränge im Vergleich zu einer optimalen Anordnung der beteiligten Atome verzerrt vorliegen. Der Name Faltblatt ergibt sich aus der gewinkelten Anordnung der aufeinanderfolgenden Peptidgruppen innerhalb der einzelnen β-Stränge. Dadurch erhält diese β-Struktur das Aussehen eines mehrfach gefalteten und anschließend wie eine Ziehharmonika teilweise wieder auseinandergezogenen Blattes Papier. Wegen der Bindungswinkel zwischen den Peptidgruppen zeigen die Seitenketten der Aminosäurereste abwechselnd nach unten und nach oben von der Ebene des Faltblattes weg. Ein typisches β-Faltblatt enthält zwischen zwei und 15 einzelne β-Stränge. Jeder der Stränge weist durchschnittlich sechs Aminosäurereste auf. Manche Proteine bestehen fast ausschließlich aus β-Faltblättern, aber die meisten Proteine besitzen einen wesentlich geringeren β-Strang-Anteil. Wie bei α-Helices ist die Seite eines β-Faltblattes, die dem Inneren des Proteins zugewandt ist, meist hydrophob, während sich auf einer Seite eines β-Faltblattes, die mit dem wässrigen Medium in der Umgebung des Proteins in Kontakt steht, eher hydrophile Aminosäureseitenketten befinden. Parallele β-Faltblätter weisen in der Regel zwei hydrophobe Seiten auf und sind im Inneren des Proteins verborgen.

Bei den meisten Proteinen sind die β-Stränge der β-Faltblätter gegeneinander verdreht und die β-Faltblätter sind verzerrt und verbogen. Die dreidimensionale Ansicht des β-Faltblattes der Ribonuclease A in ▸*Abbildung 3.18b* liefert somit zum Beispiel ein realistischeres Bild von β-Faltblättern als die idealisierten Strukturen in ▸*Abbildung 3.27*. In ▸*Abbildung 2.28a* sind zwei Stränge eines β-Faltblattes dargestellt. Wichtig hier ist, dass die als Kugel-Stab-Modelle gezeigten Seitenketten der Reste des vorderen Stranges in der Abbildung, wie oben beschrieben wurde, abwechselnd in entgegengesetzte Richtungen von der Ebene des Faltblattes wegzeigen. Typischerweise sind auch die einzelnen Stränge eines β-Faltblattes in einem rechtsgängigen Drehsinn etwas in sich verdrillt. Schaut man entlang eines Strangs, stellt man also eine Verdrehung im Uhrzeigersinn fest.

Die Torsionswinkel ϕ und ψ von β-Strängen in Proteinen weisen Werte in einem relativ weiten Bereich im oberen, linken Quadranten des Ramachandran-Diagramms auf. Dabei sind die typischen Torsionswinkel der Reste in parallelen und antiparallelen Faltblättern nicht identisch (▸*Abbildung 3.24*). Weil die meisten β-Stränge in sich verdrillt sind, nehmen die Torsionswinkel einen breiteren Bereich von Werten an als die Torsionswinkel in der mehr regulären Struktur der α-Helix. Streng genommen ist die Bezeichnung Sekundärstruktur für β-Faltblätter nicht ganz korrekt. In vielen Fällen sind die einzelnen β-Stränge eines Faltblattes nämlich in weit voneinander entfernten Sequenzabschnitten der Polypeptidkette lokalisiert. Diese β-Stränge können sich deswegen erst zur Bildung des β-Faltblattes zusammenlagern, wenn sich die Polypeptidkette in ihre endgültige Tertiärstruktur faltet. In manchen Fällen werden große β-Faltblätter sogar erst bei der

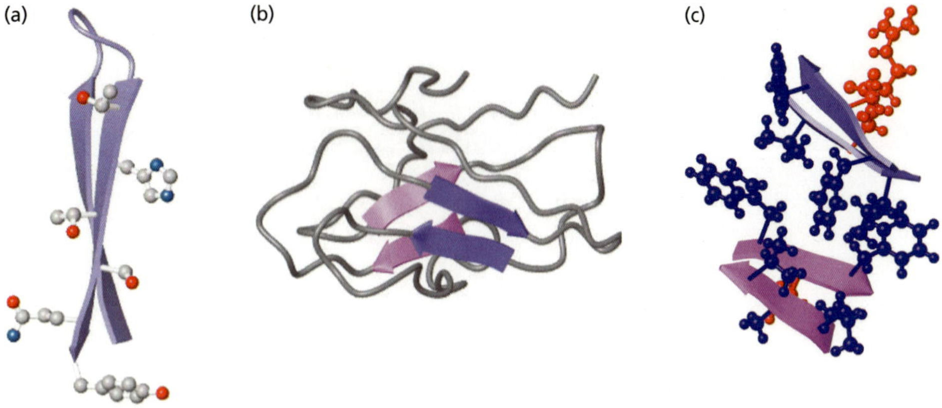

Abbildung 3.28: β-Faltblätter in Proteinen. (a) Blick auf zwei Stränge eines antiparallelen β-Faltblattes der Influenzavirus-A-Neuraminidase. Nur die Seitenketten des vorderen Stranges sind gezeigt. Die Seitenketten liegen abwechselnd auf den beiden unterschiedlichen Seiten des β-Strangs. Beide Stränge weisen eine rechtsgängige Verdrillung auf [PDB 1BJI]. (b) Struktur des Proteins PHL P2 aus den Pollen des Wiesenlieschgrases (*Phleum pratense*). Die beiden kurzen, zweisträngigen antiparallelen β-Faltblätter sind farbig hervorgehoben. Die Pfeilspitzen zeigen die Richtung der β-Stränge im Protein an. (c) Blickt man aus einer anderen Richtung auf die β-Sandwich-Struktur, erkennt man die Wechselwirkung der beiden β-Faltblätter über ihre hydrophoben Seitenketten (blau) und die nach außen weisenden hydrophilen Seitenketten (rot) [PDB 1BMW].

Zusammenlagerung mehrerer Polypeptidketten zu einer Quartärstruktur gebildet.

Im vorangegangenen Abschnitt haben wir amphipathische Helices beschrieben, deren hydrophobe Seitenketten auf einer Seite der Helix herausragen. Diese Seite der Helix bildet mit anderen Bereichen des Proteins hydrophobe Wechselwirkungen aus, die zur Stabilisierung der Tertiärstruktur beitragen. Bei β-Faltblättern ragen die Seitenketten abwechselnd nach oben und nach unten aus der Faltblattebene heraus. Auch β-Faltblätter können somit eine amphipathische Natur aufweisen. Befinden sich auf einer Seite eines β-Faltblattes zum Beispiel überwiegend hydrophobe Seitenketten, kann diese Seite durch hydrophobe Wechselwirkungen mit Resten im Inneren des Proteins ebenfalls eine Stabilisierung der Tertiärstruktur des Proteins bewirken, zum Beispiel vorzugsweise mit einer hydrophoben Seite eines anderen Faltblattes.

Ein Beispiel für solche hydrophoben Wechselwirkungen zwischen zwei β-Faltblättern findet man in der Struktur des Hüllproteins von Graspollenkörnen (▶*Abbildung 3.28b*). Dieses Protein ist das Hauptallergen, das bei Menschen mit einer Allergie gegen Gräserpollen die Symptome hervorruft. Die beiden β-Faltblätter sind amphipathisch. Sie besitzen also jeweils eine Seite mit hydrophoben und eine Seite mit hydrophilen Seitenketten. Die hydrophoben Seiten der beiden β-Faltblätter lagern sich zum hydrophoben Kern des Proteins zusammen, während die hydrophilen Seiten mit dem wässrigen Medium der Umgebung in Kontakt stehen (▶*Abbildung 3.28c*). Dies ist ein Beispiel für ein sogenanntes β-Sandwich (▶*Abbildung 3.30h*), eine von mehreren Anordnungen von Sekundärstrukturelementen, die im Abschnitt zur Tertiärstruktur von Proteinen näher besprochen werden (▶*Abschnitt 3.12*).

3.11 Loops und Turns

In einer α-Helix oder einem β-Strang weisen die aufeinanderfolgenden Aminosäurereste ähnliche Konformationen auf (bis auf die Seitenketten), die sich über das gesamte jeweilige Sekundärstrukturelement fortsetzen. Proteine enthalten aber auch Abschnitte mit einer dreidimensionalen Struktur, die sich nicht aus sich wiederholenden (repetitiven) Strukturgeometrien ergibt. Die meisten dieser Abschnitte können als sogenannte Loops (auch Schleifen genannt) oder Turns (auch Umkehrungen genannt) charakterisiert werden, da sie Richtungsänderungen der Polypeptidkette hervorrufen. Wie in α-Helices und β-Strängen weisen die Peptidgruppen in diesen Abschnitten eine planare Konformation auf. Außerdem liegen die Torsionswinkel ϕ und ψ der Reste dieser Abschnitte innerhalb von erlaubten Regionen des Ramachandran-Diagramms, häufig sogar sehr nahe an den Werten der Reste in α-Helices und β-Strängen. Loops und Turns bilden die Verbindungen zwischen den verschiedenen α-Helices und β-Strängen. Im Gegensatz zu α-Helices und β-Strängen ermöglichen die verschiedenen Loop- und Turn-Typen mehr oder weniger starke und abrupte Richtungsänderungen der Polypeptidkette. So sind sie für die Faltung eines Proteins und damit für die kompakte dreidimensionale Gestalt der nativen Struktur unerlässlich. In einem typischen Protein befindet sich etwa ein Drittel der Aminosäurereste in solchen nichtrepetitiven Abschnitten. Loops enthalten häufig hydrophile Reste und sind meist an der Oberfläche von Proteinen lokalisiert, wo sie mit der Umgebung des Proteins in Kontakt stehen und Wasserstoffbrücken zu Wassermolekülen bilden. Wie man bei vielen Beispielen in diesem Kapitel erkennen kann, bestehen

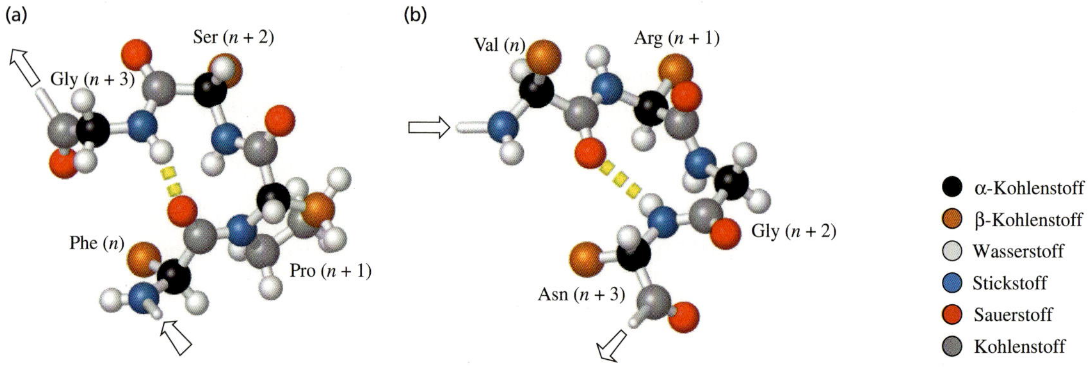

Abbildung 3.29: β-Turns. (a)Typ-I-β-Turn. Diese Struktur wird durch eine Wasserstoffbrücke zwischen dem Carbonylsauerstoffatom des ersten Restes (Phe) am N-terminalen Ende des Turns und dem Amidwasserstoffatom des vierten Restes (Gly) stabilisiert. (b) Typ-II-β-Turn. Auch diese Struktur wird durch eine Wasserstoffbrücke zwischen dem Carbonylsauerstoffatom des ersten Restes (Val) am N-terminalen Ende des Turns und dem Amidwasserstoffatom des vierten Restes (Asn) stabilisiert. Beachten Sie den Glycinrest in der dritten Position ($n + 2$). Diese Turn-Abschnitte stammen aus der Struktur des Neurotoxins der Riesenseeanemone [PDB 1AHL].

Kapitel 3

manche Loops aus vielen Aminosäureresten, die ausgedehnte, nichtrepetitive Strukturen bilden.

Loops, die nicht mehr als fünf Reste aufweisen, werden Turn genannt, wenn sie eine abrupte Richtungsänderung der Polypeptidkette verursachen. Die häufigsten Typen enger Turns nennt man β-Turn (oder *Reverse Turn*), weil sie in der Regel zwei antiparallele β-Stränge eines β-Faltblattes verbinden. Verdeutlichen Sie sich nochmals, dass sich die Polypeptidkette zur Bildung eines β-Faltblattes falten muss, damit zwei oder mehr der gestreckten β-Stränge nebeneinander angeordnet werden können (▶*Abbildung 3.28*). Die meisten β-Turns können zwei verschiedenen Typen (Typ I und Typ II) zugeordnet werden. Beide Typen von β-Turns bestehen aus vier aufeinanderfolgenden Aminosäureresten und werden durch eine Wasserstoffbrücke zwischen dem Carbonylsauerstoffatom des ersten Restes und dem Amidwasserstoffatom des vierten Restes stabilisiert (▶*Abbildung 3.29*). Sowohl Typ-I- als auch Typ-II-β-Turns führen zu einer abrupten Richtungsänderung der Polypeptidkette von normalerweise ca. 180°. Etwa 60 Prozent der Typ-II-β-Turns besitzen als dritten Aminosäurerest einen Glycinrest. Der zweite Rest ist bei beiden Typen häufig ein Prolinrest.

In Proteinen kommen viele β-Turns vor. Alle diese Turns werden durch innere Wasserstoffbrücken stabilisiert. Deswegen können sie auch als eine Art Sekundärstruktur betrachtet werden. In vielen Proteinen stellen die β-Turns einen merklichen Anteil der Proteinstruktur dar. Manche Aminosäurereste in β-Turns weisen Torsionswinkel ϕ und ψ auf, deren Werte außerhalb der erlaubten Bereiche im Ramachandran-Diagramm liegen (▶*Abbildung 3.24*). Dies trifft insbesondere auf die Reste in der dritten Position von Typ-II-β-Turns zu. In dieser Position kommt es zu der abrupten Richtungsänderung der Polypeptidkette. Da es sich bei diesen Resten häufig um Glycin handelt, können die Torsionswinkelwerte in einem wesentlich größeren Intervall liegen, ohne dass sterische Überschneidungen zwischen den Seitenketten- und den Rückgratatomen auftreten. Ramachandran-Diagramme zeigen gewöhnlich nur die erlaubten Torsionswinkelbereiche für alle Aminosäurereste außer Glycin. Deswegen scheint es meist nur so, als lägen manche Torsionswinkel in Typ-II-β-Turns in einer unzulässigen Region des Ramachandran-Diagramms.

3.12 Die Tertiärstruktur von Proteinen

Die Tertiärstruktur von Proteinen resultiert aus der Faltung der Polypeptidkette, die bereits α-Helices und β-Stränge enthält, zu einer dicht gepackten dreidimensionalen Struktur. Ein wichtiges Merkmal von Tertiärstrukturen besteht darin, dass Aminosäuren, die in der Primärstruktur weit voneinander entfernt liegen können, durch die Faltung der Polypeptidkette in unmittelbarer räumlicher Nachbarschaft angeordnet werden. Infolgedessen können zwischen den Seitenketten dieser Aminosäuren Wechselwirkungen auftreten. Während Sekundärstrukturen durch Wasserstoffbrücken zwischen Carbonylsauerstoffatomen und Amidwasserstoffatomen des Rückgrats stabilisiert werden, resultiert die Stabilisierung von Tertiärstrukturen hauptsächlich aus nichtkovalenten, meist hydrophoben Wechselwirkungen zwischen den Seitenketten der Aminosäurereste (hydrophober Effekt). Aber auch die kovalenten Disulfidbrücken zwischen Aminosäureresten, die in der Primärstruktur weit auseinanderliegen, stellen Elemente der Tertiärstruktur dar. Sie sind nicht Teil der Primärstruktur, weil sie erst während der Faltung des Proteins gebildet werden.

3.12.1 Supersekundärstrukturen

Supersekundärstrukturen, die auch Motive genannt werden, sind wiedererkennbare Kombinationen von α-Helices, β-Strängen und unterschiedlichen Loop- und Turn-Typen, die in vielen verschiedenen Proteinen auftreten. Manchmal sind Supersekundärstrukturen mit einer bestimmten Funktion verknüpft, obwohl strukturell ähnliche Supersekundärstrukturen in verschiedenen Proteinen auch unterschiedliche Aufgaben erfüllen können. Einige häufig vorkommende Supersekundärstrukturen sind in ▶*Abbildung 3.30* illustriert.

Eine der einfachsten Supersekundärstrukturen stellt die Helix-Loop-Helix dar (▶*Abbildung 3.30a*). Dieses Strukturmotiv tritt zum Beispiel in einer Anzahl von calciumbindenden Proteinen auf. Glutamat- und Aspartatreste im Loop dieses Strukturmotivs bilden einen Teil der Calcium-Bindungsstelle. In bestimmten DNA-bindenden Proteinen kommt eine andere Version dieser Supersekundärstruktur vor, die Helix-Turn-Helix genannt wird, da die Reste, die die Helices dieses Motivs verknüpfen, einen Reverse Turn bilden. Bei diesen DNA-bindenden Proteinen binden die Aminosäurereste der Helices an die DNA. Die sogenannte Superhelix besteht aus zwei amphipathischen α-Helices, die über ihre hydrophoben Seiten miteinander wechselwirken, wie bei dem Beispiel des bereits erläuterten Leucin-Reißverschlusses (▶*Abbildung 3.26c*), und zu einer Superhelix ineinander verschlungen sind. Mehrere α-Helices können sich auch zu einem sogenannten Helix-Bündel zusammenlagern (▶*Abbildung 3.30c*). In diesem Fall weisen die verschiedenen α-Helices unterschiedliche räumliche Orientierungen auf, während sie bei einer Superhelix weitgehend parallel verlaufen. Eine βαβ-Einheit besteht aus zwei parallelen β-Strängen, die über zwei Loops mit einer dazwischenliegenden α-Helix verbunden sind (▶*Abbildung 3.30d*). Die Helix verbindet das C-terminale Ende des einen β-Strangs mit dem N-terminalen Ende des anderen und verläuft häufig parallel zu den beiden β-Strängen.

Eine sogenannte Haarnadel wird aus zwei benachbarten antiparallelen β-Strängen gebildet, die direkt über einen β-Turn verknüpft sind (▶*Abbildung 3.30e*). Das in ▶*Abbildung 3.28a* gezeigte Beispiel stellt auch eine Haarnadel dar. Der β-Mäander ist ein antiparalleles β-Faltblatt, das aus aufeinanderfolgenden β-Strang-Segmenten der Polypeptidkette, die über Loops oder Turns verbunden sind, zusammengesetzt ist. In einem β-Mäander stimmt die Reihenfolge der β-Stränge im β-Faltblatt mit deren Reihenfolge in der Sequenz der Polypeptidkette überein. Das Faltblatt eines β-Mäanders kann eine oder mehrere Haarnadeln enthalten. Typischerweise sind die einzelnen Stränge aber durch größere Loops verknüpft. Das sogenannte Greek-Key-Motiv wurde nach den schlüsselförmigen Ornamenten auf klassischen griechischen Tonwaren

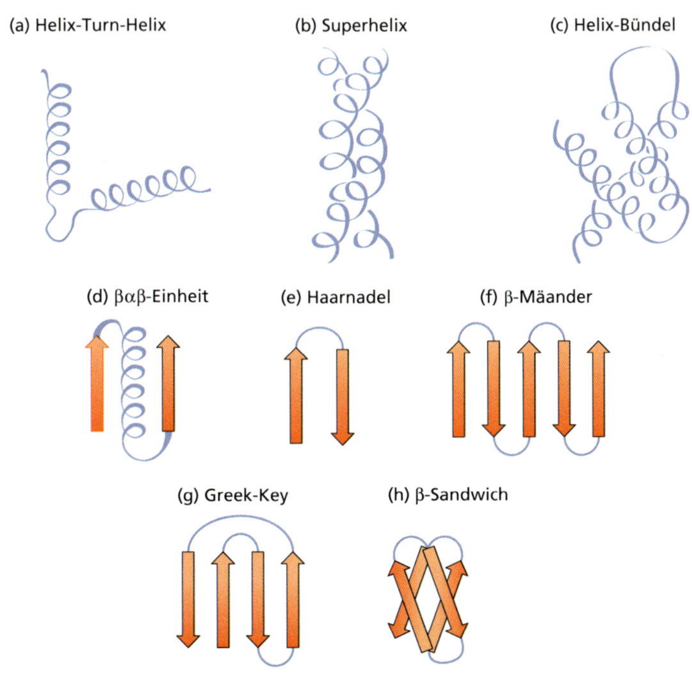

Abbildung 3.30: Häufige Supersekundärstrukturen (Motive). In gefalteten Proteinen bilden über Loops oder Turns verbundene α-Helices und β-Stränge häufig Überstrukturen, die sogenannten Supersekundärstrukturen, die eine Zwischenebene zwischen Sekundär- und Tertiärstrukturen darstellen. In dieser Abbildung werden einige wichtige Supersekundärstrukturen durch zweidimensionale schematische Zeichnungen verdeutlicht. Die Pfeile zeigen vom N- zum C-Terminus der Polypeptidkette.

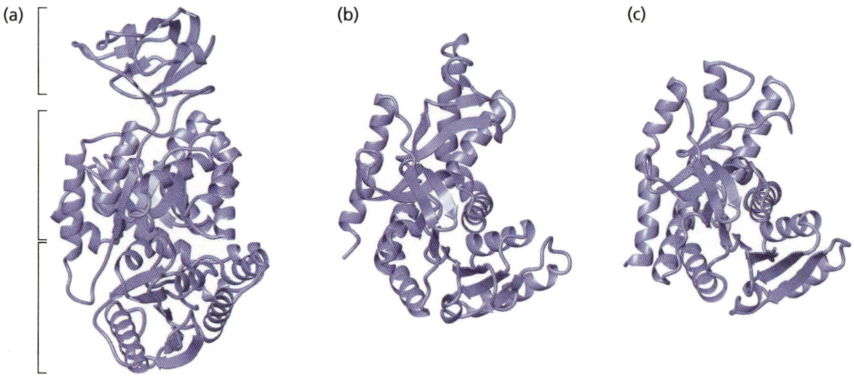

Abbildung 3.31: Proteindomänen und deren Ähnlichkeit. (a) Pyruvat-Kinase aus der Katze *(Felis domesticus)*. Die Hauptpolypeptidkette dieses häufig vorkommenden Enzyms bildet bei der Faltung drei verschiedene Domänen, die durch die Klammern an der Seite gekennzeichnet sind. (b) Strukturelle Ähnlichkeit von Lactat- Dehydrogenase aus *Bacillus stereothermophilus* [PDB 1LDN] und (c) Malat-Dehydrogenase aus *Escherichia coli* [PDB 1EMD].

Kapitel 3

benannt. Der Greek-Key wird von einem β-Faltblatt aus vier antiparallelen β-Strängen gebildet, in dem der dritte und vierte Strang die beiden äußeren Kanten bilden, während der erste und der zweite Strang in der Mitte des Faltblattes liegen. Ein β-Sandwich erhält man schließlich, wenn β-Stränge oder β-Faltblätter übereinandergestapelt werden. ▸*Abbildung 3.30h* zeigt das Beispiel eines β-Sandwiches, in dem die β-Stränge durch kurze Loops und β-Turns miteinander verbunden sind; ein β-Sandwich kann aber auch durch die Wechselwirkung zwischen zwei β-Faltblättern gebildet werden, die in der Primärstruktur weit voneinander entfernt sind. Ein Beispiel für ein solches β-Sandwich finden Sie in ▸*Abbildung 3.28.*

3.12.2 Domänen

Viele Proteine sind aus mehreren, unabhängig voneinander gefalteten, kompakten Einheiten, die Domänen genannt werden, zusammengesetzt. Domänen können aus Kombinationen von Supersekundärstrukturen bestehen. Die Größen von Domänen variieren von weniger als 25 bis zu mehr als 300 Aminosäureresten. Ein Beispiel für ein Protein mit mehreren Domänen ist in ▸*Abbildung 3.31a* dargestellt. Jede Domäne bildet eine einzelne kompakte Einheit, die aus verschiedenen Sekundärstrukturelementen aufgebaut ist. Die Domänen eines Proteins sind in der Regel über Loops der Polypeptidkette verknüpft, aber sie sind auch durch Wechselwirkungen zwischen Seitenketten auf der Oberfläche der Domänen miteinander assoziiert. Im Fall der Pyruvat-Kinase (▸*Abbildung 3.31a*) enthält die obere Domäne die Reste 116 bis 219, die mittlere Domäne die Reste 1 bis 115 sowie die Reste 220 bis 338, und in der unteren Domäne befinden sich die Reste 389 bis 530. Im Allgemeinen bestehen Domänen aus einem kontinuierlichen Abschnitt der Aminosäuresequenz wie bei der oberen und unteren Domäne der Pyruvat-Kinase in ▸*Abbildung 3.31a*. In manchen Fällen kann eine Domäne aber auch aus zwei oder mehr in der Primärstruktur nicht zusammenliegenden Sequenzabschnitten zusammengesetzt sein, so wie die mittlere Domäne der Pyruvat-Kinase.

Die evolutionäre Konservierung von Proteinstrukturen stellt eine der wichtigsten Beobachtungen dar, die sich aus der Untersuchung von Proteinen in den letzten Jahrzehnten ergeben hat. Diese Konservierung ist am leichtesten bei homologen Proteinen mit nur einer Domäne aus verschiedenen Spezies erkennbar. So ist die Tertiärstruktur von Cytochrom-*c*-Molekülen höchst konserviert (▸*Abbildung 3.32*). Cytochrom *c* ist ein Beispiel für ein Protein, das eine prosthetische Hämgruppe

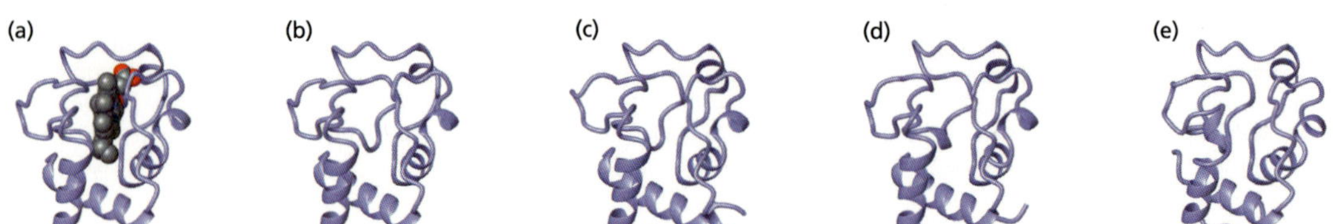

Abbildung 3.32: Cytochrom-*c*-Moleküle aus verschiedenen Spezies, deren Strukturähnlichkeit leicht erkennbar ist. (a) Cytochrom *c* aus Thunfisch *(Thunnus alalunga)* mit Hämgruppe (Kalottenmodell) [PDB 5CYT]. In den folgenden Strukturen ist die Hämgruppe nicht dargestellt. (b) Cytochrom *c* aus Thunfisch. (c) Cytochrom *c* aus Reis *(Oryza sativa)* [PDB 1CCR]. (d) Cytochrom *c* aus der Hefe *Saccharomyces cerevisiae* [PDB 1YCC]. (e) Cytochrom *c* aus dem Bakterium *Rhodophila globiformis* [PDB 1HRO].

(a) Humanes Serumalbumin

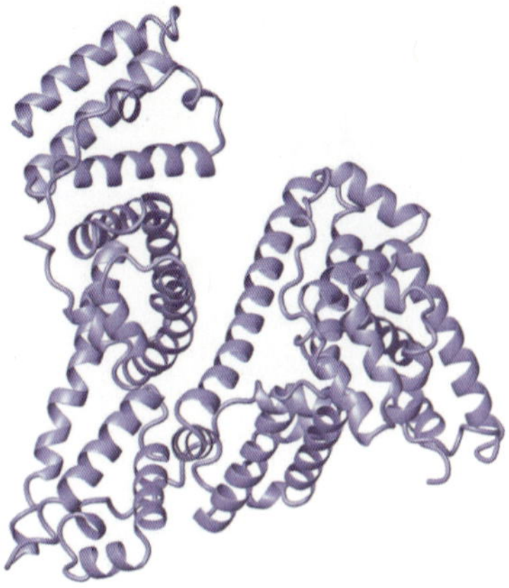

(b) Cytochrom b_{562} aus *E. coli*

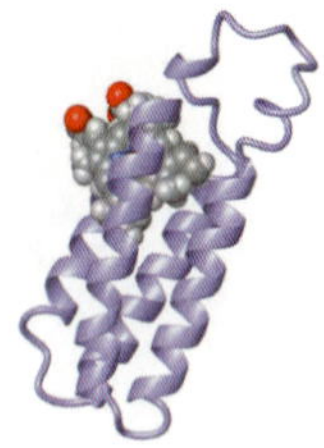

(c) UDP-*N*-Acetylglucosamin-Acyltransferase aus *E. coli*

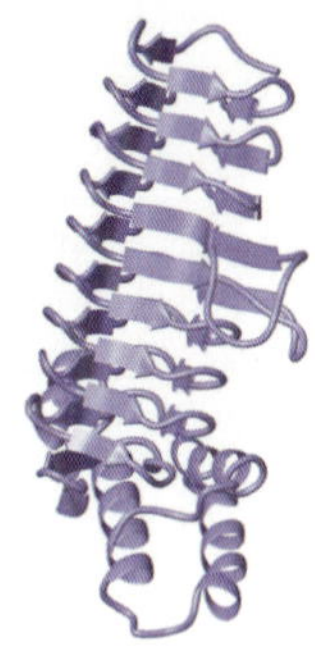

(d) Concanavalin A aus Jackbohnen

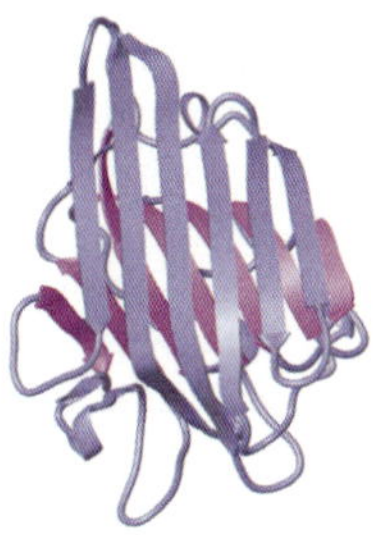

(e) Humane Prolyl-Peptidyl-*cis/trans*-Isomerase

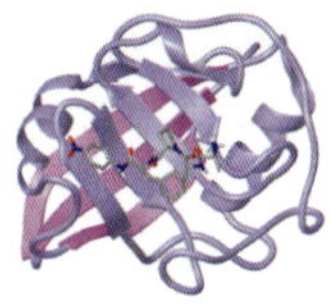

(f) Gamma-Crystallin aus Kuhaugenlinsen

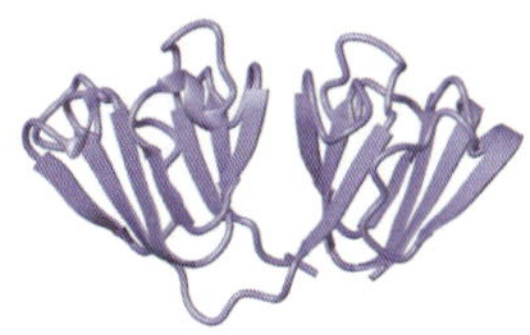

(g) Grün fluoreszierendes Protein aus Quallen

(h) Retinol-bindendes Protein aus Schweinen

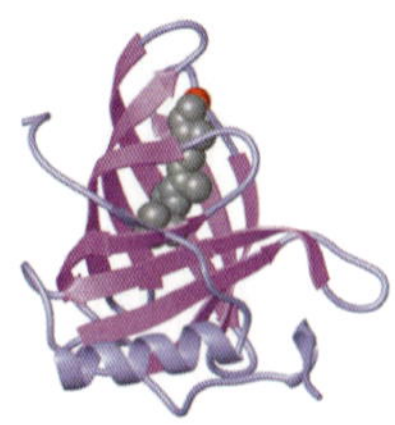

Abbildung 3.33: Beispiele von Tertiärstrukturen ausgewählter Proteine. (a) Humanes *(Homo sapiens)* Serumalbumin (Klasse: all-α) [PDB 1BJ5]. Dieses Protein besitzt mehrere Domänen, die aus geschichteten α-Helices und Helix-Bündeln bestehen. (b) Cytochrom b_{562} aus *E. coli* (Klasse: all-α) [PDB 1QPU]. Dieses Molekül ist ein Häm-bindendes Protein, dessen einzige Domäne ein Helix-Bündel mit vier Helices darstellt. (c) UDP-*N*-Acetylglucosamin-Acyltransferase aus *E. coli* (Klasse: all-β) [PDB 1LXA]. Die Struktur dieses Proteins ist ein typisches Beispiel für eine β-Helix-Domäne. (d) Concanavalin A aus Jackbohnen (*Canavalia ensiformis*; Klasse: all-β) [PDB 1CON]. Dieses Kohlenhydrat-bindende Protein (Lectin) weist nur eine Domäne auf, die aus einem großen β-Sandwich-Faltungsmuster besteht. (e) Humane (*Homo sapiens*) Prolyl-Peptidyl-*cis/trans*-Isomerase (Klasse: all-β) [PDB 1VBS]. Das auffälligste Merkmal dieser Struktur stellt ein großes β-Sandwich-Faltungsmuster dar. (f) Gamma-Crystallin aus der Augenlinse der Kuh (*Bos taurus*; Klasse: all-β) [PDB 1A45]. Dieses Protein enthält zwei β-Barrel-Domänen. (g) Grün fluoreszierendes Protein (GFP) aus Quallen (*Aequorea victoria*; Klasse: all-β) [PDB 1GFL]. Dies ist eine β-Barrel-Struktur mit einer zentralen α-Helix. Die Stränge des Faltblattes verlaufen antiparallel. (h) Retinol-bindendes Protein aus dem Schwein (*Sus scrofa*; Klasse: all-β) [PDB 1AQB]. Retinol wird im Inneren eines β-Barrels gebunden. (i) FMN-Oxidoreduktase (old yellow enzyme) aus Brauhefe (*Saccharomyces carlsburgensis*; Klasse: α/β) [PDB 1OYA]. Das zentrale Faltungsmuster dieses Proteins ist ein α/β-Barrel mit parallelen β-Strängen, die durch α-Helices verbunden sind. Zwei der verbindenden α-helikalen Abschnitte sind gelb hervorgehoben. (j) Tryptophan-Synthetase aus *E. coli* (Klasse: α/β) [PDB 1PII]. Dieses Protein ist ein bifunktionelles Enzym, das zwei verschiedene Domänen aufweist. Jede Domäne ist ein Beispiel für ein α/β-Barrel. Die linke Domäne enthält die Indol-Glycerin-

(i) FMN-Oxidoreduktase aus Hefe *(old yellow enzyme)*

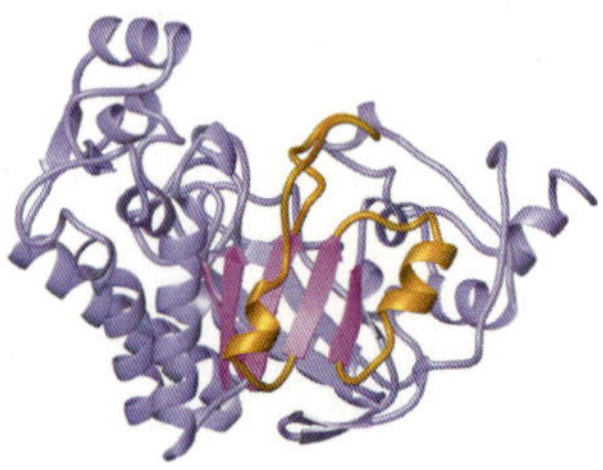

(j) Tryptophan-Synthetase aus *E. coli*

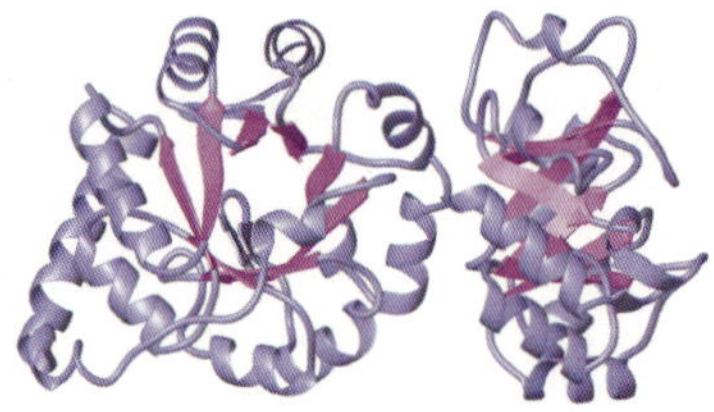

(k) Adenylat-Kinase aus Schweinen

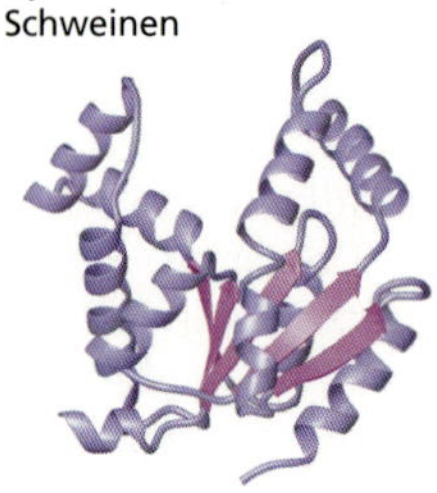

(l) Flavodoxin aus *E. coli*

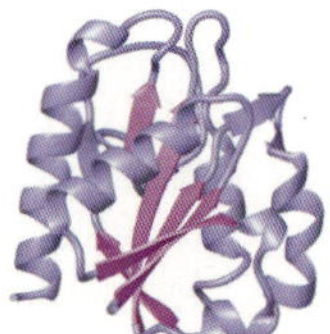

(m) Humanes Thioredoxin

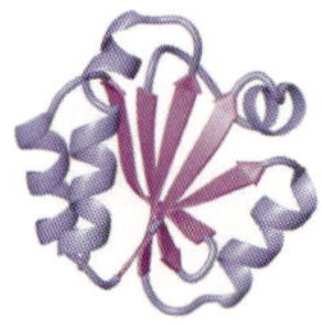

(n) L-Arabinose-bindendes Protein aus *E. coli*

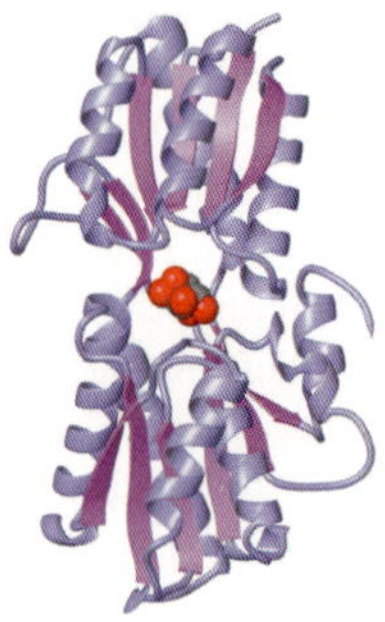

(o) DsbA aus *E. coli*

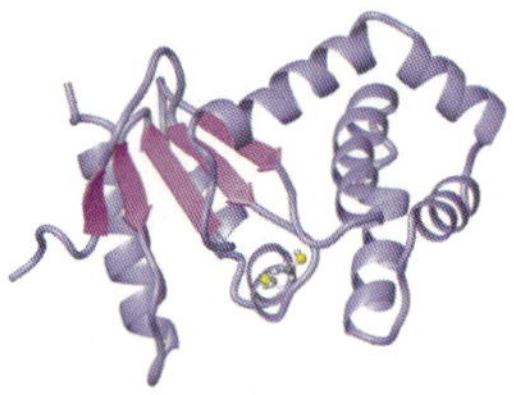

(p) Pilin aus *Neisseria gonorrhea*

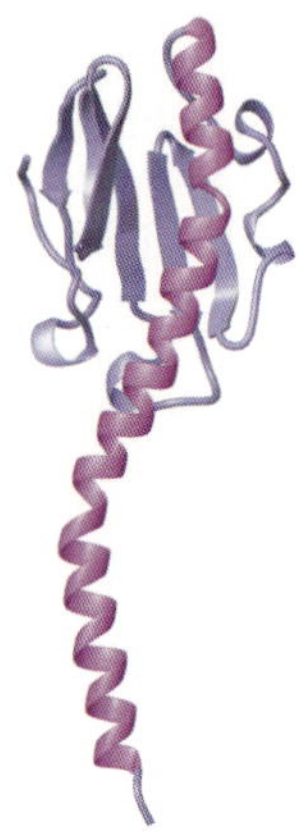

phosphat-Synthetase-Aktivität, während die rechte Domäne die Phosphoribosylanthranilat-Isomerase-Aktivität besitzt. (k) Adenylat-Kinase aus dem Schwein (*Sus scrofa*; Klasse: α/β) [PDB 3ADK]. Die einzige Domäne dieses Proteins besteht aus einem fünfsträngigen parallelen β-Faltblatt mit Schichten aus α-Helices ober- und unterhalb des Faltblattes. Das Substrat bindet in der auffälligen Furche zwischen den α-Helices. (l) Flavodoxin aus *E. coli* (Klasse: α/β) [PDB 1AHN]. Das Faltungsmuster bildet ein fünfsträngiges paralleles verdrilltes Faltblatt, das von α-Helices umgeben ist. (m) Humanes (*Homo sapiens*) Thioredoxin (Klasse: α/β) [PDB 1ERU]. Diese Struktur ist der Struktur des Flavodoxins aus *E. coli* sehr ähnlich, außer dass das fünfsträngige verdrillte Faltblatt im Thioredoxin-Faltungsmuster einen einzelnen antiparallelen Strang aufweist. (n) L-Arabinose-bindendes Protein aus *E. coli* (Klasse: α/β) [PDB 1ABE]. Die beiden Domänen dieses Proteins ähneln jeweils der Domäne des Flavodoxins aus *E. coli*. Der Zucker L-Arabinose bindet im Hohlraum zwischen den beiden Domänen an das Protein. (o) DsbA (Thiol-Disulfid-Oxidoreduktase/Disulfid-Isomerase; *dsb* bedeutet *disulfide bond formation*) aus *E. coli* (Klasse: α/β) [PDB 1A23]. Das vorherrschende Merkmal dieser Struktur besteht aus einem größtenteils antiparallelen β-Faltblatt, das zwischen α-Helices eingepackt ist. Die Cystein-Seitenketten am Ende einer der α-Helices sind als gelbe Kugel-Stab-Modelle hervorgehoben. (p) Pilin aus *Neisseria gonorrhea* (Klasse: $\alpha+\beta$) [PDB 2PIL]. Dieses Polypeptid stellt eine der Untereinheiten der Pili auf der Oberfläche der Bakterien dar, die als Erreger der Gonorrhöe bekannt sind. Die Struktur weist zwei verschiedene Bereiche auf: ein β-Faltblatt und eine lange α-Helix.

enthält. Die Konservierung der Proteinstruktur stellt eine Voraussetzung für die Wechselwirkung der Cytochrom-*c*-Moleküle mit dem Häm dar sowie für seine Funktion als Elektronentransport-Protein in den verschiedenen Spezies.

Die Strukturen mancher Domänen kommen in vielen verschiedenen Proteinen vor, während andere einzigartig sind. Generell können Proteine nach Ähnlichkeiten in den Strukturen ihrer Domänen und ihrer Aminosäuresequenzen in Familien eingeteilt werden. Alle Mitglieder einer Familie stammen von einem gemeinsamen Vorläuferprotein ab. Einige Biochemiker nehmen an, dass es nur wenige Tausend Proteinfamilien gibt, sodass sich alle modernen Proteine von nur wenigen Tausend Proteinen ableiten, die in den einfachsten Organismen vor drei Milliarden Jahren bereits vorkamen.

Lactat-Dehydrogenase und Malat-Dehydrogenase sind zwei verschiedene Proteine, die zur selben Proteinfamilie gehören. Ihre Strukturen, die in ▸*Abbildung 3.31a* und *3.31b* gezeigt sind, ähneln sich sehr. Trotz der offensichtlichen Ähnlichkeit der Strukturen beträgt die Sequenzübereinstimmung nur 23 Prozent. Nichtsdestotrotz ist dieser Grad an Sequenzähnlichkeit ausreichend, um auf die Homologie der beiden Proteine zu schließen. Sie stammen von einem gemeinsamen Vorläufergen ab, das sich vor Milliarden von Jahren in einem gemeinsamen Vorfahren aller noch vorkommenden Bakterien dupliziert haben muss. Lactat-Dehydrogenase und Malat-Dehydrogenase kommen gleichzeitig nebeneinander in den gleichen Spezies vor. Sie stellen deswegen Mitglieder einer Familie von verwandten Enzymen dar. Proteinfamilien enthalten verwandte Proteine, die nebeneinander in den gleichen Spezies existieren. Im Gegensatz dazu sind die Cytochrom-*c*-Moleküle aus ▸*Abbildung 3.32* zwar homologe Proteine, aber streng genommen repräsentieren sie nicht die Mitglieder einer Proteinfamilie, weil in jeder Spezies nur eines der Cytochrom-*c*-Moleküle vorkommt. Proteinfamilien entstehen durch Genduplikationen, während homologe Proteine, die die gleiche Funktion erfüllen, durch unterschiedliche Genmutationen in verschiedenen Spezies gebildet werden.

Proteindomänen können nach ihren Strukturen klassifiziert werden. Ein häufig verwendetes Klassifikationsschema teilt die verschiedenen Domänen in vier Kategorien ein. Die all-α-Kategorie enthält Domänen, die fast nur aus α-Helices und Loops bestehen. All-β-Domänen sind nur aus β-Faltblättern und nichtrepetitiven Strukturen zusammengesetzt, welche die β-Stränge verknüpfen. Die beiden anderen Kategorien umfassen Domänen, die sowohl α-Helices als auch β-Stränge aufweisen. Domänen der α/β-Klasse besitzen Supersekundärstrukturen wie das βαβ-Motiv und andere, in denen sich α-Helices und β-Stränge in der Polypeptidkette abwechseln. Die α+β-Kategorie beinhaltet Domänen, die aus lokalen Clustern von α-Helices oder β-Faltblättern aufgebaut sind. Hierbei werden die einzelnen Sekundärstrukturtypen aus separaten, benachbarten Abschnitten der Polypeptidkette gebildet.

Innerhalb der vier strukturellen Hauptkategorien können die Proteindomänen nach der Anwesenheit charakteristischer Faltungsmuster weiter unterteilt werden. Ein Faltungsmuster ergibt sich aus der räumlichen Anordnung von Sekundärstrukturelementen, die den Kern einer Domäne bilden. ▸*Abbildung 3.33* zeigt eine Auswahl von Proteinen aus jeder der Hauptkategorien und illustriert einige häufig vorkommende Faltungsmuster von Proteindomänen. Manche der Domänen weisen leicht erkennbare Faltungsmuster auf, wie zum Beispiel β-Mäander (▸*Abbildung 3.30f*), die aus antiparallelen, durch Haarnadelschleifen verknüpften β-Strängen aufgebaut sind, oder Helix-Bündel (▸*Abbildung 3.30c*). Andere, komplexere Faltungsmuster, nämlich das verdrillte parallele Faltblatt, das β-Barrel, das α/β-Barrel und die β-Helix, sind in ▸*Abbildung 3.34* dargestellt.

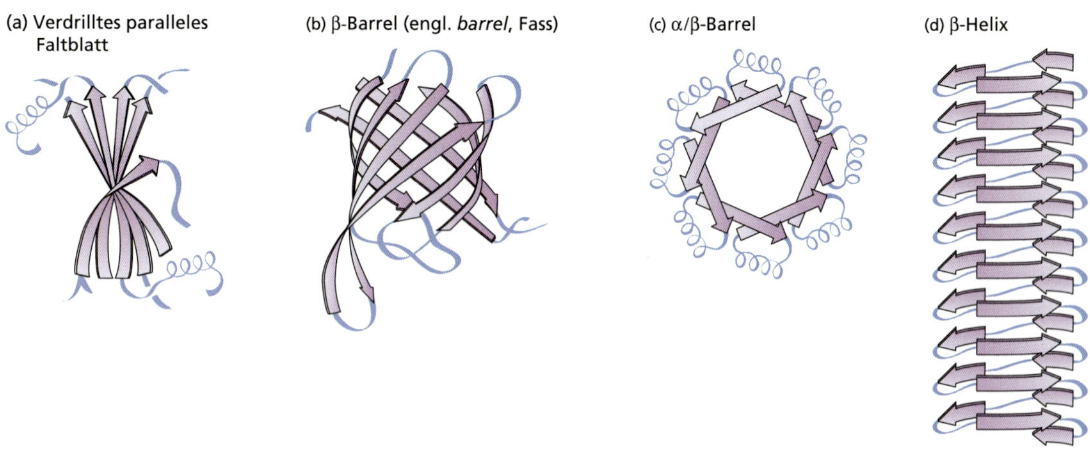

Abbildung 3.34: Häufige komplexere Faltungsmuster in Proteindomänen.

3.12.3 Domänenstruktur und Funktion

Die Zusammenhänge zwischen der Struktur und der Funktion von Proteindomänen sind sehr komplex. Oft besitzt eine einzelne Domäne eine bestimmte Funktion, wie zum Beispiel das Binden eines kleinen Moleküls oder die Katalyse einer einzelnen Reaktion. Bei vielen multifunktionellen Enzymen kann eine spezielle katalytische Aktivität mit einer bestimmten Domäne assoziiert werden, wie zum Beispiel bei der Tryptophan-Synthetase in ▶*Abbildung 3.33f*. In vielen Fällen befinden sich die Bindungsstellen für kleine Moleküle oder die aktiven Zentren von Enzymen aber auch an der Schnittstelle zwischen zwei separaten Domänen. Diese Schnittstellen bilden häufig Spalten oder Taschen, die von der Oberfläche des Proteins zugänglich sind. Das Ausmaß des Kontaktes zwischen den Domänen eines Proteins variiert von Fall zu Fall. Die einzigartigen Gestalten von Proteinen mit ihren Spalten und Taschen sowie den Schnittstellen zwischen den Domänen ermöglichen die dynamische und selektive Bindung anderer Moleküle. Diese Eigenschaft wird am besten durch die hoch spezifische Bindung von Reaktanten (Substraten) an substratbindenden Stellen oder aktiven Zentren von Enzymen veranschaulicht. Weil viele aktive Zentren zwar von der Oberfläche des Enzyms zugänglich sind, aber dennoch im Inneren des Proteins liegen, enthalten sie nur relativ wenige Wassermoleküle. Die Substrate binden so passgenau in den aktiven Zentren, dass dadurch einige der noch verbliebenen wenigen Wassermoleküle aus den aktiven Zentren verdrängt werden.

3.13 Die Quartärstruktur von Proteinen

Die Struktur vieler Proteine weist eine zusätzliche Organisationsebene auf, die sogenannte Quartärstruktur. Die Quartärstruktur beschreibt die Organisation und die Anordnung von mehreren nicht kovalent assoziierten Polypeptidketten in einem Proteinmolekül, das aus mehreren Polypeptid-Untereinheiten aufgebaut ist. Jede Untereinheit besteht also aus einer einzelnen, separaten Polypeptidkette. Ein Proteinmolekül, das aus mehreren Untereinheiten zusammengesetzt ist, stellt somit ein Oligomer dar, dessen Polypeptid-Untereinheiten die Monomere repräsentieren. Die Untereinheiten eines oligomeren Proteins stehen immer in einem bestimmten stöchiometrischen Verhältnis zueinander und die definierte räumliche Anordnung dieser Untereinheiten ergibt eine stabile Quartärstruktur. Ein oligomeres Proteinmolekül kann aus identischen oder aus unterschiedlichen Untereinheiten aufgebaut sein. Bei ungleichen Untereinheiten besitzen die Monomere häufig unterschiedliche Funktionen. Die gebräuchliche Kurzschreibweise zur Darstellung der Zusammensetzung eines oligomeren Proteins aus seinen Untereinheiten verwendet kleine griechische Buchstaben zur Kennzeichnung der verschiedenartigen Untereinheiten und numerische Indizes, um die Anzahl des jeweiligen Untereinheitentyps pro Proteinmolekül anzugeben. Ein $\alpha_2\beta\gamma$-Protein enthält zum Beispiel vier Untereinheiten: zwei identische Polypeptid-Untereinheiten, die mit dem Buchstaben α gekennzeichnet werden, sowie zwei unterschiedliche Untereinheiten, die durch die Buchstaben β und γ benannt werden. Die Untereinheiten eines oligomeren Proteins werden gewöhnlich durch schwache, nichtkovalente Wechselwirkungen zusammengehalten. Dabei handelt es sich hauptsächlich um hydrophobe Wechselwirkungen, obwohl auch elektrostatische Kräfte zur richtigen Anordnung und zur Assoziation der Untereinheiten beitragen können. Beispiele für Proteine, die aus mehreren Untereinheiten aufgebaut sind, finden Sie in ▶*Abbildung 3.35*.

Bei der Triosephosphat-Isomerase (▶*Abbildung 3.35a*) und der HIV-1-Aspartat-Protease (▶*Abbildung 3.35b*) sind die jeweils identischen Untereinheiten durch schwache Wechselwirkungen zwischen Seitenketten verknüpft, die überwiegend in Loop-Bereichen lokalisiert sind. Ähnliche Wechselwirkungen sind für die Stabilisierung der Quartärstruktur des MS2-Capsid-Proteins verantwortlich, das aus einem Trimer identischer Untereinheiten besteht (▶*Abbildung 3.35d*). In diesem Fall setzen sich die trimeren Proteinmoleküle zu einer noch größeren, komplexeren Struktur zusammen, der Proteinhülle oder dem Capsid um den Kern des Bakteriophagen MS2. Das Enzym HGPRT (▶*Abbildung 3.35e*) bildet ein Tetramer, das aus zwei identischen Paaren verschiedener Untereinheiten aufgebaut ist. Jede dieser Untereinheiten stellt eine leicht erkennbare Domäne dar. Das Kaliumkanalprotein in ▶*Abbildung 3.35c* ist ein Beispiel für ein tetrameres Proteinmolekül aus identischen Untereinheiten, in dem diese einen membranspannenden Bereich mit einem zentralen Kaliumkanal bilden, der von einem Helix-Bündel aus acht Helices umhüllt wird. Die Untereinheiten dieses Kanalproteins stellen keine getrennten Domänen dar. Stattdessen lagern sie sich so zusammen, dass ein einzelner zentraler Kanal entsteht. Das in ▶*Abbildung 3.35f* illustrierte bakterielle Photosystem repräsentiert ein sehr komplexes Beispiel einer Quartärstruktur. Drei seiner Untereinheiten tragen zu einem großen membrangebundenen Helix-Bündel bei, während eine vierte Untereinheit (ein Cytochrom) an der äußeren Oberfläche der Membran lokalisiert ist.

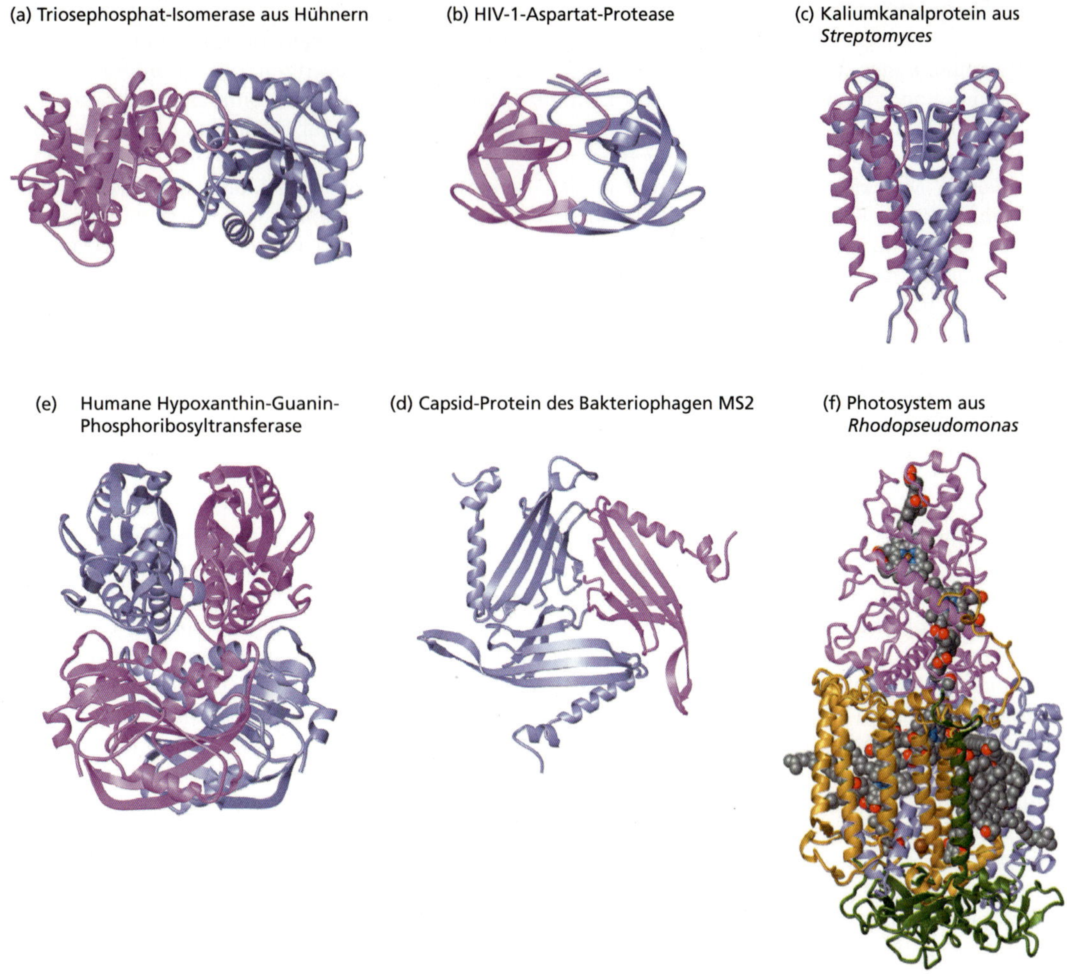

Abbildung 3.35: Beispiele für unterschiedliche Quartärstrukturen. (a) Triosephosphat-Isomerase aus dem Huhn (*Gallus gallus*) [PDB 1TIM]. Dieses Protein besitzt zwei identische Untereinheiten, die jeweils ein β-Barrel-Faltungsmuster aufweisen. (b) HIV-1-Aspartat-Protease [PDB 1DIF]. Diese Protease besteht aus zwei identischen all-β-Untereinheiten, die symmetrisch assoziiert sind. Die HIV-Protease ist das Zielprotein vieler Wirkstoffe, die zur Behandlung von AIDS-Patienten entworfen wurden. (c) Kaliumkanalprotein aus *Streptomyces lividans* [PDB 1BL8]. Dieses membrangebundene Protein ist aus vier identischen Untereinheiten aufgebaut; jede von ihnen trägt zu einem membrandurchspannenden Helix-Bündel aus acht Helices bei, welches einen zentralen Kaliumkanal umhüllt. (d) Capsid-Protein des Bakteriophagen MS2 [PDB 2MS2]. Die Grundeinheit des MS2-Capsids ist ein Trimer aus identischen Untereinheiten, die jeweils ein großes β-Faltblatt aufweisen. (e) Humane *(Homo sapiens)* Hypoxanthin-Guanin-Phosphoribosyltransferase (HGPRT) [PDB 1BZY]. HGPRT ist ein tetrameres Protein, das zwei verschiedene Typen von Untereinheiten enthält. (f) Photosystem aus *Rhodopseudomonas viridis* [PDB 1PRC]. Dieses komplexe, membrangebundene Protein besitzt zwei identische Untereinheiten (gelb und blau) sowie zwei andere Untereinheiten (violett und grün), an die mehrere photosynthetische Pigmentmoleküle gebunden sind.

Die Tatsache, dass ein großer Anteil aller Proteine aus mehreren Untereinheiten aufgebaut ist, kann wahrscheinlich auf mehrere Faktoren zurückgeführt werden. Oligomere sind in der Regel stabiler als ihre dissoziierten Untereinheiten. Man kann deswegen annehmen, dass die Quartärstruktur die Lebensdauer eines Proteins *in vivo* verlängert. Die aktiven Zentren einiger oligomerer Enzyme werden durch Aminosäurereste benachbarter Polypeptidketten gebildet. Die dreidimensionale Struktur vieler oligomerer Proteine verändert sich, wenn das Protein einen Liganden bindet. Dabei können sowohl Konformationsänderungen der Tertiärstrukturen der Untereinheiten als auch der Quartärstruktur eintreten, so zum Beispiel durch Variation der Kontakte zwischen den Untereinheiten. Diese Veränderungen spielen eine Schlüsselrolle bei der Regulation der biologischen Aktivität bestimmter oligomerer Proteine. Die gleichen Untereinheiten können von verschiedenen Proteinen verwendet werden. Da viele Untereinheiten eine definierte Funktion aufweisen, beispielsweise das Binden eines bestimmten Liganden, wurde die Auswahl verschiedener Kombinationen von Untereinheiten zur Erfüllung verwandter Funktionen im Vergleich zur Konstruktion eines vollständig neuen Proteins für jede Aufgabe evolutionär begünstigt.

Diese Strategie ist wesentlich effektiver als die Selektion für ein neues monomeres Enzym, das zum Teil dieselben Funktionen aufweist.

Denaturierung und Renaturierung von Proteinen 3.14

Änderungen der Umgebungsbedingungen oder bestimmte Substanzen können die native Konformation eines Proteins zerstören. Diesen Vorgang, der mit dem Verlust der biologischen Aktivität des Proteins verbunden ist, nennt man Denaturierung. Die zur Denaturierung erforderliche Energiemenge ist häufig relativ klein, genauer ausgedrückt etwa so groß wie die zur Spaltung von drei oder vier Wasserstoffbrücken notwendige Energie. Die Struktur eines Proteins im denaturierten Zustand ist nicht klar definiert. Proteine können je nach Denaturierungsbedingungen zum Beispiel in eine schnell fluktuierende Struktur ohne dauerhafte übergeordnete Struktur, ein sogenanntes Zufallsknäuel, übergehen. In vielen Fällen enthalten Proteine nach der Denaturierung allerdings noch Anteile geordneter Strukturelemente. Oftmals ist es möglich Bedingungen einzustellen, unter denen ein Protein nach seiner Denaturierung spontan wieder renaturiert, das heißt seine native Konformation wiedererlangt.

Proteine werden häufig durch Erhitzen denaturiert. Unter geeigneten Bedingungen führt die Erhöhung der Temperatur zur Entfaltung und zu einem Verlust von Sekundär- und Tertiärstruktur. Ein Beispiel für eine thermische Denaturierung wird in ▶*Abbildung 3.36a* beschrieben. In diesem Experiment wird eine Lösung von Rinder-Ribonuclease A langsam erwärmt und die strukturellen Änderungen des Proteins werden mithilfe verschiedener Techniken verfolgt, mit denen Konformationsänderungen gemessen werden können. Im Fall der Rinder-Ribonuclease A ist für eine vollständige Denaturierung zusätzlich der Einsatz eines Reduktionsmittels erforderlich, das die Disulfidbrücken spaltet und somit die vollständige Entfaltung des Proteins erst ermöglicht. Die Struktur der nativen Rinder-Ribonuclease A wurde bereits in ▶*Abbildung 3.18* vorgestellt.

Die Denaturierung findet meist in einem relativ kleinen Temperaturintervall statt. Die Entfaltung eines Proteins ist also ein kooperativer Prozess. Das bedeutet, dass schon die Destabilisierung von nur wenigen schwachen Wechselwirkungen zu einer Destabilisierung der gesamten Struktur und infolgedessen zu einem fast vollständigen Verlust der nativen Konformation führt. Die meisten Proteine

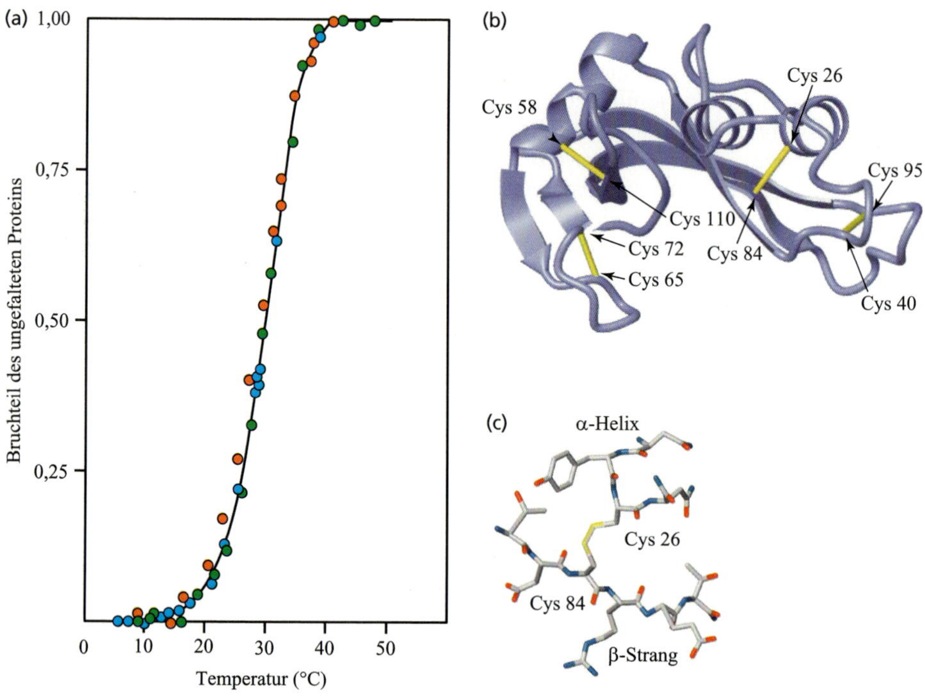

Abbildung 3.36: Thermische Denaturierung und Disulfidbrücken von Rinder-Ribonuclease A. (a) Eine Lösung der Ribonuclease A in 20 mM KCl mit einem pH-Wert von 2,1 wird langsam erwärmt. Die Entfaltung des Proteins wird durch Änderungen der UV-Absorption (blau), der Viskosität (rot) und der optischen Rotation (grün) dokumentiert. [Aus: Ginsburg, A. und Carroll, W.R. 1965. Some specific ion effects on the conformation and thermal stability of ribonuclease. *Biochemistry* 4:2159–2174]. (b) Das Bändermodell (engl. *ribbon model*) zeigt die Positionen der Disulfidbrücken. Das Stabmodell (engl. *stick model*) illustriert die Disulfidbrücke zwischen Cys 26 und Cys 84 [PDB 2AAS].

weisen eine charakteristische Temperatur (T_m) auf, die in Analogie zu Festkörpern die Schmelztemperatur (m: melting) des Proteins genannt wird. Sie entspricht der Temperatur am Wendepunkt der zugehörigen Kurve, die den Übergang zwischen der nativen und der denaturierten Form des Proteins dokumentiert (▶*Abbildung 3.36a*). Die Schmelztemperatur eines Proteins hängt vom pH-Wert und von der Ionenstärke der Lösung ab. Unter physiologischen Bedingungen bleibt die native Konformation der meisten Proteine in Mesophilen, also in Organismen mit einer optimalen Wachstumstemperatur, zwischen 20 °C und 45 °C, maximal bis zu Temperaturen zwischen 50 °C und 60 °C, stabil. Einige Bakterien und Archaeen, sogenannte Thermophile und Hyperthermophile, leben und gedeihen allerdings in heißen Quellen oder in direkter Nachbarschaft zu hydrothermalen Quellen am Meeresboden bei wesentlich höheren Temperaturen. Die Proteine in diesen Spezies besitzen wie vermutet sehr hohe Schmelztemperaturen. Untersuchungen, auf welche Weise diese Proteine ihre native Struktur auch bei den hohen Temperaturen stabilisieren können, stellen ein aktuelles Forschungsgebiet der Biochemie dar.

Proteine können nicht nur durch hohe Temperaturen denaturiert werden, sondern auch durch Chemikalien wie die chaotropen Agenzien und die Detergenzien (▶*Abschnitt 2.4*). Hohe Konzentrationen chaotroper Agenzien, so zum Beispiel Harnstoff oder Guanidiniumsalze (▶*Abbildung 2.6*), denaturieren Proteine, indem sie die Solvatisierung von unpolaren Gruppen im Inneren des Proteins durch Wassermoleküle ermöglichen. Die Wassermoleküle zerstören dadurch die hydrophoben Wechselwirkungen, die normalerweise die native Konformation des Proteins stabilisieren. Im Gegensatz dazu führen Detergenzien, beispielsweise Natriumdodecylsulfat (▶*Abbildung 3.36b*), durch das Eindringen ihrer hydrophoben Schwanzgruppen in das Innere des Proteins zur Denaturierung, weil infolgedessen die hydrophoben Wechselwirkungen in der nativen Konformation des Proteins durch neue hydrophobe Wechselwirkungen mit den Detergenzien ersetzt werden.

Die native Konformation einiger Proteine wie der Ribonuclease A wird zusätzlich durch Disulfidbrücken stabilisiert. Disulfidbrücken kommen nur selten in intrazellulären Proteinen vor, dafür wesentlich häufiger in extrazellulären Proteinen. Die Disulfidbrücken verleihen den extrazellulären Proteinen eine geringere Empfindlichkeit gegenüber einer Entfaltung (Denaturierung) und dem anschließenden Abbau durch die, im Vergleich zum Intrazellularraum, häufig wesentlich stärker destabilisierenden Bedingungen außerhalb von Zellen. Die Bildung von Disulfidbindungen treibt die Faltung von Proteinen nicht an. Stattdessen bilden sich Disulfidbrücken erst jeweils zwischen zwei Cysteinresten, die durch die Faltung des Proteins auf geeignete Weise zueinander positioniert wurden. Die Bildung von Disulfidbrücken erfordert die Oxidation der Thiolgruppen (Sulfhydrylgruppen) der Cysteinreste (▶*Abbildung 3.8*). Diese Oxidation erfolgt wahrscheinlich durch Disulfid-Austauschreaktionen, an denen das cysteinhaltige Disulfid des Tripeptids Glutathion (GSSG) beteiligt ist. Während die Sulfhydrylgruppen der Cysteinreste zum Disulfid oxidiert werden, wird das Disulfid im Glutathiondisulfid (GSSG) zu Sulfhydrylgruppen in Glutathion (GSH) reduziert.

▶*Abbildung 3.36b* zeigt die Positionen der Disulfidbrücken in der Ribonuclease A. (Vergleichen Sie die Orientierung des Proteins in dieser Abbildung mit der in ▶*Abbildung 3.18.*) Jedes Ribonuclease A-Molekül enthält vier Disulfidbrücken. Sie verbinden benachbarte Loops, β-Stränge, eine α-Helix mit einem β-Strang sowie einen β-Strang mit einem Loop.

In ▶*Abbildung 3.36c* finden Sie außerdem das Stabmodell eines Cysteinrestes (Cys 26) in einer α-Helix der Ribonuclease A und eines Cysteinrestes (Cys 84) in einem β-Strang, die über eine Disulfidbrücke verknüpft sind. Die S–S-Bindung der Disulfidbrücke und die Seitenketten der beiden Cysteinreste liegen nicht in einer Linie. Disulfidbrücken bilden sich immer, wenn zwei Cysteinreste in der nativen Konformation in enger Nachbarschaft zueinander lokalisiert sind. Die vollständige Denaturierung von Proteinen erfordert zusätzlich zur Aufhebung der hydrophoben Wechselwirkungen und der Wasserstoffbrücken in der nativen Konformation die Spaltung der Disulfidbindungen. Zur Reduktion aller Disulfidbindungen zu Sulfhydrylgruppen (Thiolgruppen) wird häufig 2-Mercaptoethanol eingesetzt, aber auch andere Thiol-Reagenzien können prinzipiell verwendet werden. 2-Mercaptoethanol fungiert dabei als Reduktionsmittel, das bei der Reaktion zum entsprechenden Disulfid oxidiert wird, ganz im Gegensatz zu den Disulfidbrücken des Proteins, die zu Sulfhydrylgruppen reduziert werden.

Christian B. Anfinsen und seine Mitarbeiter untersuchten die Renaturierung von Ribonuclease A, die zuvor im Beisein von reduzierenden Thiolreagenzien denaturiert wurde. Da die Ribonuclease A ein relativ kleines Protein mit nur 124 Aminosäureresten ist, läuft ihre Rückfaltung in die native Konformation oder Renaturierung relativ schnell ab, wenn sie Umgebungsbedingungen ausgesetzt wird, unter denen ihre native Konformation stabil ist. So muss zum Beispiel die Temperatur unterhalb der Schmelztemperatur liegen und die Lösung darf keine (zu hohen Konzentrationen von) chaotropen Reagenzien oder Detergenzien enthalten. Anfinsen war einer der ersten Forscher, der zeigen konnte, dass sich

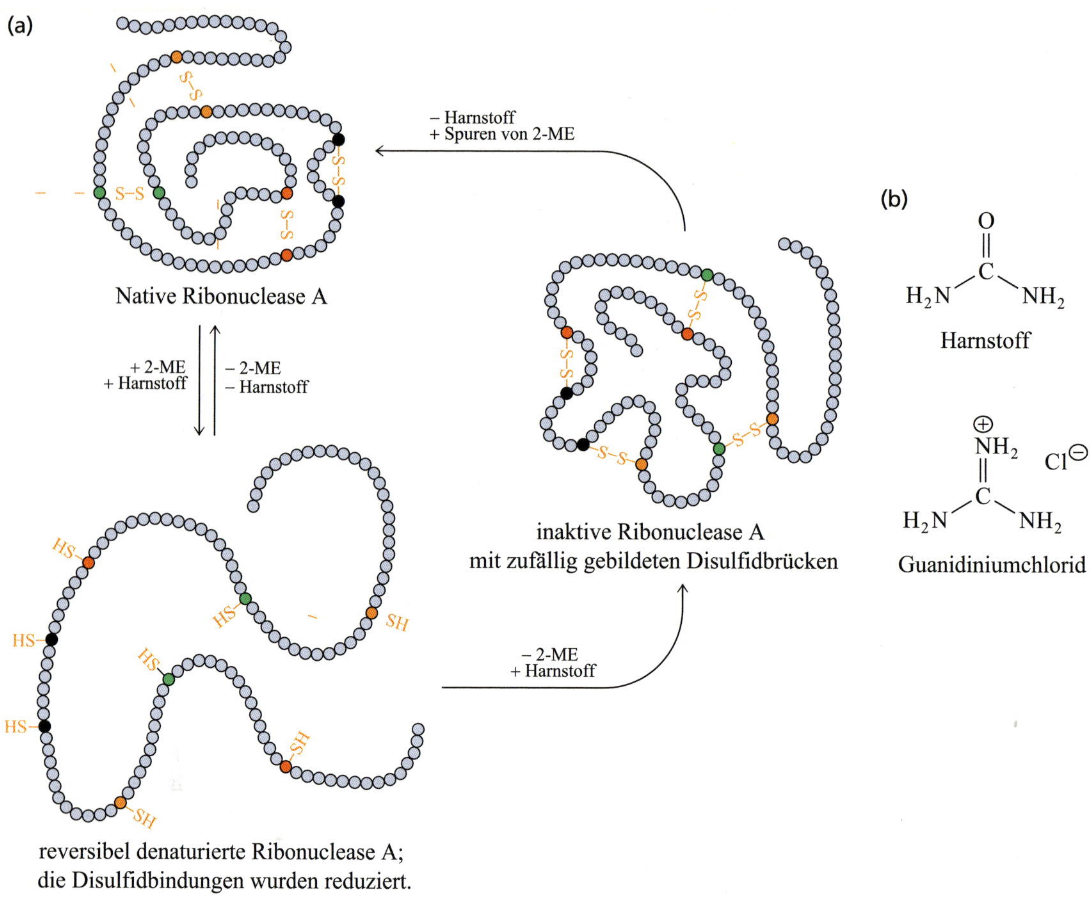

Abbildung 3.37: Denaturierung und Renaturierung von Ribonuclease A. (a) Die Behandlung nativer Ribonuclease A (oben) mit Harnstoff in der Gegenwart von 2-Mercaptoethanol führt zur Spaltung der Disulfidbrücken und zur Entfaltung des Proteins. Das Ergebnis ist eine reduzierte, reversibel denaturierte Ribonuclease A (unten). Wenn dieses denaturierte Enzym in Abwesenheit von Harnstoff und 2-Mercaptoethanol wieder physiologischen Bedingungen ausgesetzt wird, faltet es sich spontan in seine native Konformation zurück und die ursprünglichen Disulfidbrücken werden wieder gebildet. Wenn aber nur das 2-Mercaptoethanol und nicht der Harnstoff entfernt wird, kommt es in Gegenwart von Luftsauerstoff auch zur Reoxidation der Ribonuclease A, bei der die Disulfidbrücken jetzt allerdings zufällig geknüpft werden, sodass eine inaktive Mischung aus vielen Proteinkonformationen entsteht (rechts). Eliminiert man den Harnstoff aus dieser Mischung, fügt wieder eine Spur von 2-Mercaptoethanol hinzu und erwärmt die Lösung dann etwas, werden die Disulfidbrücken zunächst wieder gespalten und die Ribonuclease A faltet sich in ihre native Konformation. Nachdem die native Konformation erreicht wurde, bilden sich erneut die ursprünglichen, korrekten Disulfidbrücken. (b) Struktur von Harnstoff und Guanidiniumchlorid.

denaturierte Proteine spontan in ihre native Konformation zurückfalten können. Die spontane Renaturierung von Proteinen ist ein Beleg dafür, dass die für die native dreidimensionale Konformation erforderliche Information bereits in der Aminosäuresequenz einer Polypeptidkette enthalten ist. Mit anderen Worten: Die Tertiärstruktur eines Proteins ist durch seine Primärstruktur bereits festgelegt.

Die Denaturierung von Ribonuclease A mit 8 M Harnstofflösung (▸*Abbildung 3.37b*), die zusätzlich 2-Mercaptoethanol enthält, führt zum vollständigen Verlust der Tertiärstruktur sowie der enzymatischen Aktivität und ergibt eine Polypeptidkette, die acht Sulfhydrylgruppen aufweist (▸*Abbildung 3.37a*). Wenn 2-Mercaptoethanol aus der Lösung entfernt wird und oxidative Bedingungen hergestellt werden, paaren sich die Sulfhydrylgruppen *zufällig* zu Disulfidbrücken, sodass nur etwa ein Prozent der Proteinmoleküle die für die native Konformation erforderlichen Disulfidbrücken erhält und die ursprüngliche enzymatische Aktivität aufweist. Wenn die acht Sulfhydrylgruppen zufällig Disulfidbrücken bilden, sind 105 verschiedene Kombinationen möglich: sieben mögliche Partner für die erste Sulfhydrylgruppe, fünf mögliche Partner für die zweite, drei Partner für die dritte und nur noch ein möglicher Partner für die vierte Sulfhydrylgruppe. Daraus ergeben sich $7 \times 5 \times 3 \times 1 = 105$ Kombinationen, aber nur eine davon entspricht dem für die native Konformation erforderlichen Disulfidbrücken-Muster. Wenn aber sowohl der Harnstoff als auch das 2-Mercaptoethanol aus der verdünnten Lösung des reduzierten, denaturierten Proteins entfernt werden und die Lösung dem Luftsauerstoff ausgesetzt wird, kommt es zur spontanen Rückfaltung des Proteins in seine native Konformation und zur anschließenden Bildung der korrekten Disulfidbrücken. Dadurch erhält das Protein auch seine volle enzymatische Aktivität zurück. Die inaktiven Proteine, die die zufällig gebildeten Disulfidbrücken enthalten, können renaturiert werden, indem man den Harnstoff aus der Lösung entfernt, eine sehr kleine, katalytische Menge von 2-Mercaptoethanol wieder hinzufügt und leicht erwärmt. Anfinsen demonstrierte durch seine Experimente, dass die korrekten Disulfidbindungen nur gebildet werden können, wenn sich das Protein zuvor in seine native Konformation gefaltet hat. Anfinsen schlussfolgerte, dass die Renaturierung der Ribonuclease A ein spontaner Prozess ist, der nur durch den Gewinn an freier Enthalpie beim Übergang in die stabile physiologische Konformation angetrieben wird. Die native Konformation wird durch die Primärstruktur bestimmt.

Bei der Faltung von Proteinen innerhalb von Zellen nehmen diese gelegentlich eine nichtnative Konformation ein und bilden ungeeignete Disulfidbrücken. Ein von Anfinsen entdecktes Enzym, das Protein-Disulfid-Isomerase (PDI) oder Thiol-Disulfid-Oxidoreduktase genannt wird, katalysiert die Reduktion dieser unerwünschten Disulfidbindungen. Alle lebenden Zellen weisen eine solche enzymatische Aktivität auf. Das Enzym besitzt zwei reduzierte Cysteinreste, die im aktiven Zentrum lokalisiert sind. Wenn ein missgefaltetes Protein mit falschen Disulfidbrücken an die Disulfid-Isomerase bindet, katalysiert die Isomerase eine Disulfid-Austauschreaktion, bei der die Disulfidbindung im missgefalteten Protein reduktiv gespalten und die Cysteinreste im aktiven Zentrum der Isomerase oxidativ zu einer Disulfidbrücke verknüpft werden. Das missgefaltete Protein wird danach wieder freigesetzt und kann sich nun in seine energiearme, native Konformation falten sowie die korrekten Disulfidbrücken ausbilden.

Proteinfaltung und Stabilität 3.15

Neue Polypeptide werden in der Zelle durch einen Translationskomplex aus Ribosomen, mRNA und verschiedenen anderen Faktoren synthetisiert (▶*Kapitel 18*). Sobald die wachsende Polypeptidkette aus dem Ribosom heraustritt, beginnt sie sich in ihre native Konformation zu falten. Die Energie der nativen Konformation befindet sich in einer energiearmen Senke, dem Potenzialminimum, der Potenzialhyperfläche aller Konformationen des Proteins (▶*Abbildung 3.38*). Die native

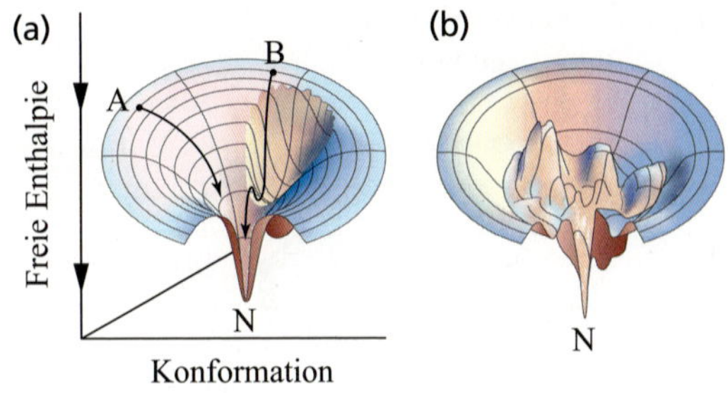

Abbildung 3.38: Energietrichter bei der Proteinfaltung. Die Potenzialhyperflächen repräsentieren die freie Enthalpie in Abhängigkeit von der Konformation des Proteins. (a) Eine vereinfachte Potenzialhyperfläche, in der zwei mögliche Wege vom denaturierten zum energiearmen nativen Protein eingezeichnet sind. Auf dem Weg B durchläuft das Protein bei der Faltung ein lokales Energieminimum. (b) Entsprechend der vielen möglichen Konformationen einer Polypeptidkette weist diese Darstellung einer Potenzialhyperfläche eines Proteins viele lokale Minima und Maxima auf.

Konformation ist demzufolge erheblich stabiler, als es alternative Konformationen sind. Die *In-vitro*-Experimente von Anfinsen und vielen anderen Biochemikern haben gezeigt, dass Proteine durch die spontane Faltung dieses Energieminimum erreichen. Wahrscheinlich führen einige wenige Wechselwirkungen bei der Faltung einer Polypeptidkette zu nachfolgenden Wechselwirkungen weiterer Gruppen; diese wurden durch die ersten Wechselwirkungen günstig zueinander positioniert. Man spricht bei diesem Phänomen von der Kooperativität der Proteinfaltung, das heißt die Bildung bestimmter Strukturelemente wird durch bereits geordnete Strukturbereiche begünstigt. Im Verlauf ihrer Faltung nimmt eine Polypeptidkette immer wieder neue Konformationen an, deren Energie im Mittel sukzessive absinkt, bis die native Konformation (N) im Energieminimum der Potenzialhyperfläche (der freien Enthalpie) erreicht ist (▶*Abbildung 3.38*). Die verschiedenen Konformationen entsprechen den vielen kleinen *lokalen* Vertiefungen beziehungsweise Energieminima der Potenzialhyperfläche, in denen das Protein während der Faltung immer wieder vorübergehend gefangen werden kann. Am Ende der Faltung erreicht das Protein die native Konformation im Energieminimum der Potenzialhyperfläche. In seiner endgültigen, nativen und stabilen Konformation ist ein Protein gegenüber einem Abbau wesentlich weniger empfindlich als eine ungefaltete Polypeptidkette. Native Proteine können deswegen Halbwertszeiten von mehreren Zellgenerationen aufweisen und in manchen Fällen sogar mehrere Jahrzehnte überdauern.

Die Faltung und Stabilisierung von Proteinen hängen von mehreren nichtkovalenten Wechselwirkungen ab, etwa dem hydrophoben Effekt, Wasserstoffbrücken, Van-der-Waals-Wechselwirkungen und Ladungs-Ladungs-Wechselwirkungen. Auch wenn die einzelnen nichtkovalenten Wechselwirkungen nur einen schwachen Beitrag leisten, sind doch die zahlreichen Wechselwirkungen dieses Typs in einem Protein, infolge ihrer großen Summe für die Stabilisierung der nativen Konformation, ausschlaggebend. Daneben tragen in vielen Proteinen aber auch die kovalenten Disulfidbrücken merklich zur Stabilisierung der nativen Proteinstruktur bei. Die Schwäche der einzelnen nichtkovalenten Wechselwirkungen verleiht Proteinen aber auch die Elastizität und Flexibilität für kleinere Konformationsänderungen. Kein realer Protein-Faltungsweg konnte bisher im Detail aufgeklärt und beschrieben werden. Allerdings stellen die Faltungswege von Proteinen ein höchst aktuelles Forschungsgebiet dar, in dem zum Beispiel die Zwischenstufen der Faltungswege einer großen Anzahl von Proteinen untersucht werden. Mehrere hypothetische Faltungswege sind in ▶*Abbildung 3.39* dargestellt. Während der Proteinfaltung fällt das Polypeptid infolge des hydrophoben Effektes quasi in sich selbst zusammen und Sekundärstrukturelemente beginnen sich zu bilden. Dieses nur lose organisierte Intermediat wird *Molten Globule* genannt (engl. *molten globule*, geschmolzenes Kügelchen). Die nachfolgenden Schritte beinhalten die Umlagerung des Polypeptidrückgrates zu charakteristischen Supersekundärstrukturen (Motiven) und schließlich die endgültige Faltung in die native Konformation. Jede Domäne eines Multidomänen-Proteins faltet unabhängig von den anderen.

Abbildung 3.39: Hypothetische Faltungswege von Proteinen. Die zu Beginn weitgehend entfalteten Polypeptidketten bilden zunächst partiell Sekundärstrukturen und nähern sich dann ihren Tertiärstrukturen an, um schließlich ihre einzigartige, charakteristische, native Konformation zu erreichen. Die Pfeile innerhalb der Strukturen zeigen in die Richtung vom N- zum C-Terminus.

Die Aufklärung der Mechanismen der Proteinfaltung stellt eine der größten Herausforderungen für die moderne biochemische Forschung dar. Der Prozess der Proteinfaltung läuft spontan ab und (zumindest das Ergebnis) wird weitgehend von der Primärstruktur (Aminosäuresequenz) der Polypeptidkette bestimmt. Es sollte deswegen prinzipiell möglich sein, die dreidimensionale Struktur eines Proteins von seiner Aminosäuresequenz abzuleiten. In diesem Zusammenhang wurden in den letzten Jahren mithilfe schneller Computer bereits große Fortschritte bei der Modellierung von Faltungsvorgängen erzielt. Allerdings sind wir von einer verlässlichen Vorhersage der dreidimensionalen Struktur eines Proteins aus seiner Primärstruktur trotzdem noch weit entfernt. Im Folgenden werden wir die Kräfte, die die Struktur von Proteinen stabilisieren, sowie die Rolle der sogenannten Chaperone bei der Proteinfaltung näher betrachten.

3.15.1 Der hydrophobe Effekt

Proteine sind in wässriger Lösung stabiler, wenn sich ihre hydrophoben Seitenketten im Inneren des Proteins zusammenlagern, statt an der Oberfläche des Proteins mit dem wässrigen Medium in Kontakt zu stehen. Weil Wassermoleküle untereinander wesentlich stärker wechselwirken als mit den hydrophoben Seitenketten eines Proteins, werden die Seitenketten regelrecht dazu gezwungen, untereinander zu assoziieren. Infolgedessen fällt die Polypeptidkette unter Bildung eines kompakteren *Molten Globule* gewissermaßen in sich zusammen. Da der Ordnungsgrad der Polypeptidkette bei der Faltung in die native Konformation zunimmt, sinkt die Entropie der Polypeptidkette. Diese Absenkung der Entropie wird aber durch die Zunahme der Entropie der Wassermoleküle, die vor der Faltung an das Protein gebunden waren, beziehungsweise mit diesem in direktem Kontakt standen und während der Faltung freigesetzt werden, mehr als kompensiert, sodass die Gesamtentropie des Systems zunimmt. Bei der Faltung werden auch die Überstrukturen der Käfige von Wassermolekülen zerstört, die die hydrophoben Gruppen des Proteins umhüllen. Der Anstieg der Gesamtentropie des Systems stellt die wichtigste Triebkraft für die Faltung von Proteinen dar. Während die unpolaren Seitenketten in das Innere des Proteins gedrängt werden, bleiben die meisten polaren Seitenketten in Kontakt mit den Wassermolekülen an der Oberfläche des Proteinmoleküls. Die Abschnitte des Polypeptidrückgrates, die gezwungenermaßen im Inneren des Proteins lokalisiert sind, können sich stabilisieren, indem sie untereinander Wasserstoffbrücken bilden. Dies führt häufig zur Entstehung von Sekundärstrukturen. Auf diese Weise trägt die hydrophobe Natur des Innenraums von Proteinen auch zur Stabilität von Helices und Faltblättern bei. Die Ergebnisse der Untersuchungen von Faltungswegen deuten darauf hin, dass der hydrophobe Kollaps und die Bildung von Sekundärstrukturen simultan ablaufen. Beispiele für den hydrophoben Effekt stellen die Wechselwirkungen der hydrophoben Seite einer amphipathischen α-Helix mit dem Proteininneren dar (▶*Abschnitt 3.9*), ebenso wie der hydrophobe Bereich zwischen den β-Faltblättern einer β-Sandwich-Struktur (▶*Abschnitt 3.10*). Die meisten Beispiele in den ▶*Abbildung 3.33* und ▶*Abbildung 3.35* enthalten benachbarte Bereiche von Sekundärstrukturen, die durch hydrophobe Wechselwirkungen zwischen den Seitenketten hydrophober Aminosäurereste stabilisiert werden.

3.15.2 Wasserstoffbrückenbindungen

Wasserstoffbrücken tragen zur Kooperativität der Proteinfaltung bei und unterstützen die Stabilisierung der nativen Konformation von Proteinen. Die bei der Faltung frühzeitig gebildeten Wasserstoffbrücken in α-Helices, β-Faltblättern und den verschiedenen Turn-Typen resultieren in definierten Sekundärstrukturbereichen. Die endgültige native Struktur enthält auch Wasserstoffbrücken zwischen dem Polypeptidrückgrat und Wassermolekülen, zwischen dem Polypeptidrückgrat und polaren Seitenketten, zwischen verschiedenen polaren Seitenketten und zwischen polaren Seitenketten und Wassermolekülen. Die ▶*Tabelle 3.2* zeigt einige der vielen Typen von Wasserstoffbrücken, die in Proteinen vorkommen, und ihre typischen Bindungslängen. Die meisten Wasserstoffbrücken in Proteinen weisen den N–H–O-Typ auf. Der Abstand zwischen den Donor- und den Akzeptoratomen schwankt zwischen 0,26 nm und 0,34 nm und die Anordnung der Bindungen kann um bis zu 40° gewinkelt sein. Die Wasserstoffbrücken im hydrophoben Kern eines Proteins sind erheblich stabiler als diejenigen, die an der Oberfläche lokalisiert sind, weil im Inneren des Proteins keine Wassermoleküle vorhanden sind, die mit den Bindungspartnern in den Wasserstoffbrücken konkurrieren.

Tabelle 3.2

Beispiele für Wasserstoffbrücken in Proteinen

Typ der Wasserstoffbrücke	Struktur der Wasserstoffbrücke	Typischer Abstand zwischen dem Donor- und dem Akzeptoratom (nm)
Hydroxyl-Hydroxyl	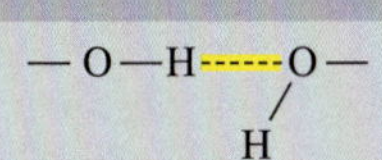	0,28
Hydroxyl-Carbonyl	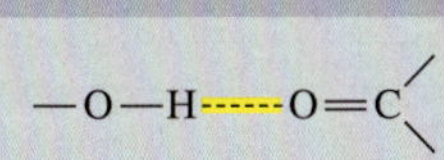	0,28
Amid-Carbonyl	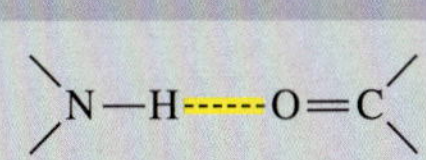	0,29
Amid-Hydroxyl	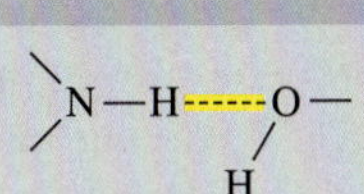	0,30
Amid-Imidazolstickstoff	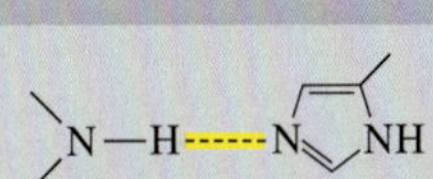	0,31

3.15.3 Van-der-Waals- und Ladungs-Ladungs-Wechselwirkungen

Auch Van-der-Waals-Kontakte zwischen unpolaren Seitenketten tragen zur Stabilität von Proteinen bei. Das Ausmaß der Stabilisierung durch optimierte Van-der-Waals-Wechselwirkungen ist schwierig zu bestimmen. Der kumulative Effekt von vielen Van-der-Waals-Wechselwirkungen leistet aber wahrscheinlich einen signifikanten Beitrag zur Stabilität von Proteinen, weil die unpolaren Seitenketten im Inneren eines Proteins dicht gepackt sind.

Ladungs-Ladungs-Wechselwirkungen zwischen entgegengesetzt geladenen Seitenketten tragen auch etwas zur Stabilität eines Proteins bei. Die meisten ionischen Seitenketten befinden sich aber an der Oberfläche von Proteinen, wo sie solvatisiert vorliegen. Infolgedessen können sie die Stabilisierung der nativen Konformation des Proteins nur minimal unterstützen. Trotzdem bilden zwei entgegengesetzt geladene Seitenketten gelegentlich ein Ionenpaar im Inneren eines Proteins. Solche Ionenpaare sind analog zu Wasserstoffbrücken im Inneren von Proteinen deutlich stärker als solche, die mit dem wässrigen Medium in Kontakt stehen.

3.15.4 Unterstützung der Proteinfaltung durch molekulare Chaperone

Die Untersuchungen zur Faltung von Proteinen haben zu zwei allgemeinen Beobachtungen geführt. Erstens erfolgt die Faltung von Proteinen *nicht* durch eine zufällige Suche im dreidimensionalen Raum nach der nativen Konformation, also indem die Polypeptidkette zufällig verschiedene Konformationen annimmt, bis sie zufällig in einem Schritt die native Konformation erreicht. Stattdessen ist die Proteinfaltung ein kooperativer, sequenzieller Prozess, bei dem die wenigen am Anfang gebildeten Strukturelemente die Ausrichtung und Anordnung weiterer struktureller Merkmale der nativen Konformation unterstützen. Betrachten wir eine Polypeptidkette mit 100 Aminosäureresten. Nehmen wir nun an, dass jeder der Torsionswinkel ϕ und ψ in jedem Rest drei verschiedene Konformationen besitzt. Daraus ergeben sich $3^2 = 9$ Konformationen pro Rest, die wir zur Vereinfachung auf zehn Konformationen pro Rest aufrunden wollen. Da die Seitenketten dabei noch nicht berücksichtigt wurden, ist selbst diese Zahl sicher kleiner als die tatsächliche Zahl möglicher Konformationen pro Rest. Die Polypeptidkette mit 100 Aminosäureresten weist dann 10^{100} mögliche Konformationen auf. Selbst wenn eine Polypeptidkette für den Wechsel von einer Konformation zur nächsten nur die Zeit benötigen würde, die eine Einfachbindung zur Reorientierung braucht, könnte sie nur 10^{13} verschiedene Konformationen pro Sekunde durchlaufen. Es würde demnach $10^{(100-13)}$ s = 10^{87} s dauern, wenn die Polypeptidkette alle möglichen Konformationen einmal durchliefe. Diese Zeitspanne ist aber um viele Größenordnungen höher als das geschätzte Alter des Universums von etwa 20 Milliarden Jahren (ca. 6×10^{17} s)! Diese Berechnung zeigt eindeutig, dass die Faltung von Proteinen kein rein zufälliger Prozess sein kann.

Zweitens hängen das Faltungsmuster und die endgültige native Konformation von der Primärstruktur des Proteins ab. Wie wir im Fall der Ribonuclease A gesehen haben, können sich einfache Proteine im Reagenzglas spontan in ihre native Konformation falten, ohne zusätzliche Energiezufuhr oder eine andersartige Unterstützung. Auch große Proteine falten sich spontan in ihre native Struktur, da diese endgültige Konformation die minimale freie Enthalpie aufweist. Allerdings werden größere Proteine mit einer höheren Wahrscheinlichkeit während des Faltungsprozesses vorübergehend in einem lokalen Energieminimum (einer Konformation) gefangen, wie es in ▶*Abbildung 3.38b* illustriert wurde. Die Anwesenheit solcher metastabilen nichtnativen Konformationen führt im besten Fall nur zu einer Verlangsamung der Proteinfaltung, im schlimmsten Fall können die Faltungsintermediate unspezifisch aggregieren und präzipitieren. In der Zelle wird die korrekte Faltung in die native Konformation durch eine Gruppe spezieller, ubiquitärer Proteine unterstützt, den sogenannten molekularen Chaperonen.

Die verschiedenen Chaperone binden an Proteine in unterschiedlichen Phasen ihrer Synthese und Faltung, also zum Beispiel bereits an die wachsende Polypeptidkette, die aus dem Ribosom austritt, oder erst an die vollständig synthetisierte, aber noch nicht vollständig gefaltete, Polypeptidkette. Durch die Bindung an die Polypeptidkette verhindern Chaperone die unspezifische Aggregation der Polypeptidketten während der Faltung. Auf diese Weise gewährleisten Chaperone die korrekte Proteinfaltung in die native Konformation. Chaperone können auch an die noch nicht zusammengesetzten Untereinheiten eines Proteins binden, um zu verhindern, dass sich diese verfrüht in ungeordneter Weise zusammenlagern und ausfallen, bevor die korrekte Assoziation des Multiuntereinheiten-Proteins erfolgen kann.

Es gibt viele verschiedene Chaperone. Die meisten sind Hitzeschockproteine (Hsp), also Proteine, die als Antwort auf eine abnorme Temperaturerhöhung (Hitzeschock) oder andere Veränderungen gebildet werden, die *in vivo* die Denaturierung von Proteinen verursachen können. Die Aufgabe der Chaperone bei einer abnormen Temperaturerhöhung besteht in der Reparatur der dadurch hervorgerufenen Schäden in Proteinstrukturen. Zu diesem Zweck binden die Hitzeschockproteine an denaturierte Proteine und unterstützen sie bei der Rückfaltung in ihre native Konformation.

Ein für die Proteinfaltung bedeutendes Hitzeschockprotein ist Hsp70 ($M_r \approx 70.000$). Bis auf manche Archaeen enthalten alle Spezies Hsp70-Proteine, die bei Bakterien DnaKs genannt werden. Die Aufgabe der Hsp70-Chaperone bei der Proteinfaltung besteht in der Regel darin, während der Proteinbiosynthese an die naszierende (wachsende) Polypeptidkette zu binden, um die Aggregation und die Bildung von falschen Konformationen zu verhindern. Die Bindung und Freisetzung von Polypeptidketten ist an die Hydrolyse von ATP gekoppelt und erfordert gewöhnlich die Unterstützung durch weitere Proteine. Die Hsp70/DnaK-Proteine zählen zu den höchstkonservierten Proteinen aller bekannten biologischen Systeme. Diese Tatsache deutet darauf hin, dass die Unterstützung der Proteinfaltung durch Chaperone bereits früh entstanden ist, und zwar während der Evolution, die als Voraussetzung für die effiziente Synthese von Proteinen mit funktionsfähigen, nativen dreidimensionalen Strukturen gilt.

Eine weitere bedeutende und ubiquitäre Chaperon-Familie sind die sogenannten Chaperonine, die in Bakterien auch GroE heißen. Auch Chaperonine gehören zu den Hitzeschockproteinen (Hsp60, $M_r \approx 60.000$) und spielen eine wichtige, unentbehrliche Rolle für die Unterstützung der Faltung von Proteinen in ihre native Konformation innerhalb der Zelle. Das Chaperonin GroE aus *E. coli* stellt ein komplexes Multiuntereinheiten-Protein dar, dessen Grundstruktur aus zwei großen Ringen besteht, die jeweils aus sieben identischen GroEL-Untereinheiten aufgebaut sind. Jede dieser Untereinheiten kann ein Molekül ATP binden (▶*Abbildung 3.40a* und ▶*Abbildung 3.40b*). Eine vereinfachte Version der Chaperonin-unterstützten Faltung von Proteinen ist in ▶*Abbildung 3.40d* schematisch illustriert. Ungefaltete Polypeptidketten werden in dem hydrophoben Hohlraum, der von den Ringen des Chaperonins umschlossen wird, gebunden und eingeschlossen. Der Prozess der Faltung wird von komplexen, cyclisch verlaufenden Konformationsänderungen des Chaperonins begleitet, die von der Bindung und Spaltung von sieben ATP-Molekülen pro Faltungsvorgang abhängig sind. Am Ende eines Zyklus werden sieben neue ATP-Moleküle gebunden, die ADP-Moleküle werden freigesetzt und das Protein kann aus dem Chaperonin-Hohlraum herauswandern. Der tatsächliche Vorgang der Chaperonin-unterstützten Proteinfaltung ist noch erheblich komplizierter, als er an dieser Stelle und in ▶*Abbildung 3.40d* beschrieben wird. So wird zum Beispiel eine zusätzliche Proteinkomponente benötigt, die den Hohlraum, in dem die Faltung abläuft, während der Faltung verschließt. Diese Kappe besteht aus sieben ringförmig angeordneten GroES-Untereinheiten (▶*Abbildung 3.40c*). Durch die Bindung von GroES und ATP zu Beginn eines Zyklus kommt es infolge einer Konformationsänderung zu einer deutlichen Vergrößerung des Hohlraums in diesem GroEL-Ring. In diesem vergrößerten Hohlraum findet die Faltung des Proteins statt.

Wie oben bereits erwähnt wurde, neigen einige Proteine beim Fehlen von Chaperonen während der Faltung zur ungeordneten Aggregation. Die Ursache für die Aggregation liegt wahrscheinlich in der vorübergehenden Bildung von Faltungszwischenstufen mit hydrophoben Oberflächen. Die hydrophoben Oberflächen können wegen des hydrophoben Effektes zur unkontrollierten Zusammenlagerung der Polypeptidketten führen, sodass sie teilgefaltet ausfallen (▶*Abbildung 4.30*). Die Chaperonine trennen die verschiedenen Polypeptidketten während der Faltung voneinander, indem sie diese in ihrem zentralen Hohlraum einschließen und so deren Aggregation verhindern. Der Faltungshohlraum der Chaperonine dient als ein *Anfinsen-Käfig*, der den Polypeptidketten das Erreichen der energiearmen, nativen Konformation weitgehend ohne die Beeinträchtigung durch andere in der Faltung befindliche Polypeptidketten ermöglicht.

Der zentrale Hohlraum der Chaperonine ist groß genug, um Polypeptidketten mit bis zu ca. 630 Aminosäureresten ($M_r \approx 70.000$) aufzunehmen. Somit kann die Faltung der meisten kleinen und mittelgroßen Proteine durch Chaperonine unterstützt werden. Allerdings scheinen zum Beispiel nur etwa fünf bis zehn Prozent der Proteine von *E. coli*, also ungefähr 300 verschiedene Proteine, während der Proteinbiosynthese mit GroE in Wechselwirkung zu treten. Bei mittelgroßen Proteinen und Proteinen der α/β-Strukturklasse besteht eher die Notwendigkeit der Unterstützung der Proteinfaltung durch Chaperonine als bei kleineren Proteinen, denn kleinere Proteine können ihre native Konformation leichter und infolgedessen ohne Hilfestellung erreichen. Viele der verbleibenden Proteine in der Zelle treten während ihrer Faltung mit anderen Chaperonen in Kontakt, wie zum Beispiel mit den Hsp70/DnaK-Chaperonen.

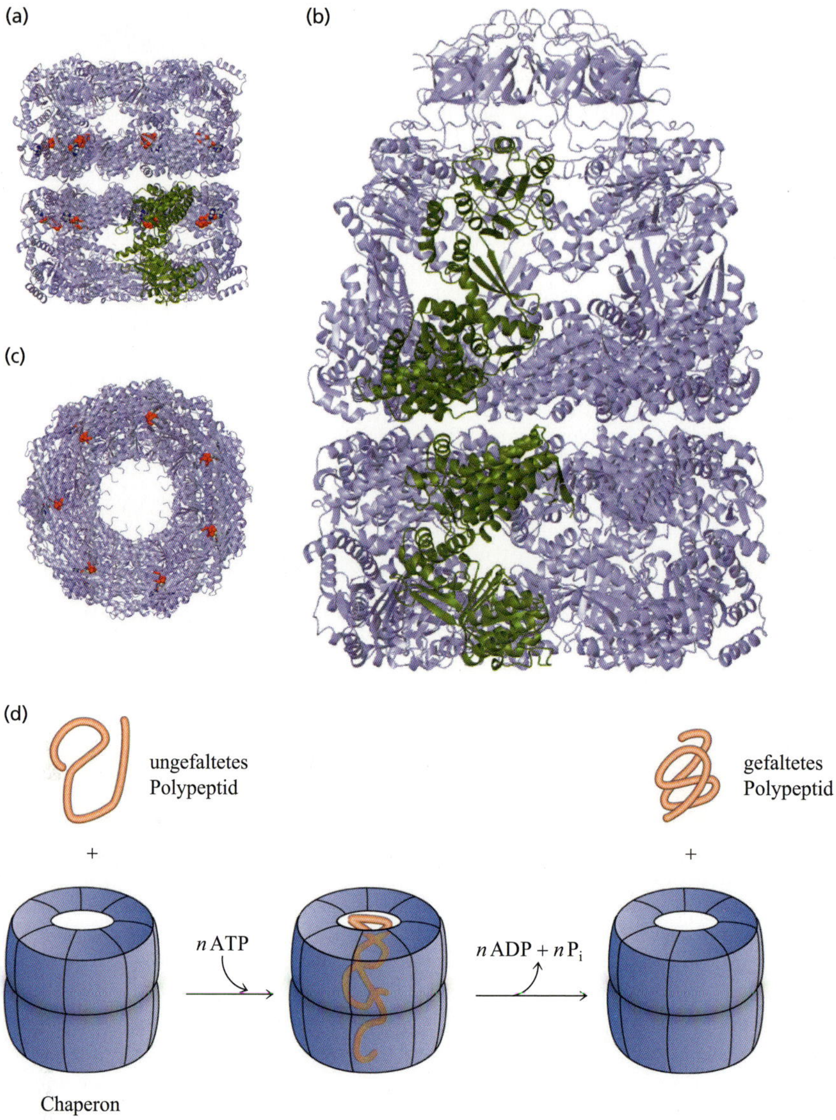

Abbildung 3.40: Chaperonin aus *Escherichia coli* (GroE). Die Grundstruktur besteht aus zwei identischen Ringen, die jeweils aus sieben GroEL-Untereinheiten aufgebaut sind. Das ungefaltete Protein bindet in dem zentralen Hohlraum eines der beiden Ringe, der sich zuvor durch die Bindung von ATP erweitert hat und während der Faltung durch eine Kappe verschlossen wird. Die gebundenen ATP-Moleküle sind durch ihre rot dargestellten Sauerstoffatome leicht zu erkennen. (a) Seitenansicht der Grundstruktur ohne Kappe. (b) Bei einem Blick von oben auf die Grundstruktur ist der zentrale Hohlraum erkennbar [PDB 1KP8]. (c) Während der Faltung wird der zentrale Hohlraum in einem der beiden GroEL-Ringe vergrößert und durch eine Protein-Kappe (oben), die sieben GroES-Untereinheiten enthält, verschlossen [PDB 1AON]. (d) Vereinfachte, schematische Darstellung der Chaperonin-unterstützten Proteinfaltung. Die ungefaltete Polypeptidkette wandert in den zentralen Hohlraum des Chaperonins, wo sie vor Aggregation geschützt ist und falten kann. Die für die Funktion des Chaperonins unerlässlichen, umfangreichen Konformationsänderungen erfordern die Hydrolyse von sieben Molekülen ATP pro Zyklus.

Chaperone scheinen vor allem die unerwünschte Aggregation von Faltungszwischenstufen zu inhibieren, indem sie Komplexe mit Bereichen von Polypeptidoberflächen bilden, die nur während der Synthese, der Faltung und der Zusammenlagerung zu Quartärstrukturen an der Oberfläche liegen und mit der Umgebung in Kontakt treten können. In Anwesenheit von Chaperonen bleibt die Proteinfaltung ein spontaner Prozess. Aus diesem Grund ist die Chaperon-unterstützte Proteinfaltung auch als unterstützte Selbstorganisation beschrieben worden.

ZUSAMMENFASSUNG

1. Proteine sind fast ausschließlich aus einem Satz von 20 Aminosäuren aufgebaut, von denen jede eine Aminogruppe, eine Carboxylgruppe und eine Seitenkette besitzt, die zur Vereinfachung häufig durch den Buchstaben R symbolisiert wird. Bis auf Glycin, das kein asymmetrisch substituiertes Kohlenstoffatom besitzt, weisen alle Aminosäuren in Proteinen L-Konfiguration auf.

2. Die Seitenketten von Aminosäuren werden bezüglich ihrer chemischen Strukturen und Eigenschaften in verschiedene Gruppen eingeteilt: aliphatische, aromatische, schwefelhaltige, alkoholische, basische, saure und amidhaltige Seitenketten. Es sind aber auch weitere Klassifizierungen vorgenommen worden, wie zum Beispiel nach stark hydrophoben oder hydrophilen Seitenketten. Die Eigenschaften der Seitenketten der Aminosäuren sind die entscheidenden Faktoren für die Struktur und die Funktion eines Proteins.

3. Bei einem pH-Wert von 7 liegt die α-Carboxylgruppe von Aminosäuren deprotoniert und damit negativ geladen vor ($-COO^{\ominus}$), während die α-Aminogruppe protoniert und somit positiv geladen ist ($-NH_3^{\oplus}$). Die Ladung von ionisierbaren Seitenketten hängt sowohl vom pH-Wert als auch von deren pK_S-Wert ab.

4. Bei einem pH-Wert von 7 liegt die α-Carboxylgruppe von Aminosäuren deprotoniert und damit negativ geladen vor ($-COO^{\ominus}$), während die α-Aminogruppe protoniert und somit positiv geladen ist ($-NH_3^{\oplus}$). Die Ladung von ionisierbaren Seitenketten hängt sowohl vom pH-Wert als auch von deren pK_S-Wert ab.

5. Aminosäurereste in Proteinen sind über Peptidbindungen miteinander verbunden. Die Sequenz (Reihenfolge) der Reste nennt man die Primärstruktur des Proteins.

6. Globuläre Proteine sind wasserlöslich, in grober Näherung kugelförmig und zu einer kompakten Struktur gefaltet. Fibrilläre Proteine sind im Allgemeinen nicht wasserlöslich und verleihen einzelnen Zellen sowie ganzen Geweben mechanische Stabilität. Membranproteine sind entweder in Membranen eingebaute oder mit deren Oberfläche assoziierte Komponenten biologischer Membranen.

7. Die Strukturen von Proteinen werden durch vier verschiedene Organisationsebenen definiert: die Primärstruktur (Aminosäuresequenz), die Sekundärstruktur (durch Wasserstoffbrücken stabilisierte, lokale, reguläre Konformationsbereiche), die Tertiärstruktur (die kompakte Gestalt der gesamten Polypeptidkette) und die Quartärstruktur (räumliche Anordnung der unterschiedlichen Untereinheiten eines Multiuntereinheiten-Proteins).

8. Die dreidimensionale Struktur von Biopolymeren wie Proteinen kann mithilfe der Röntgenkristallografie, der NMR-Spektroskopie und der Kryoelektronenmikroskopie bestimmt werden.

9. Die Peptidgruppe ist polar und planar. Die Rotation um die $N{-}C_{\alpha}$- und $C_{\alpha}{-}C$-Bindungen wird durch die Torsionswinkel ϕ und ψ beschrieben.

10. Die α-Helix ist eine häufig vorkommende Sekundärstruktur, die aus einer Helix mit 3,6 Aminosäureresten pro voller Umdrehung besteht. Sie wird durch Wasserstoffbrücken zwischen Amidwasserstoffatomen und Carbonylsauerstoffatomen des Polypeptidrückgrates stabilisiert, die annähernd parallel zur Helixachse verlaufen.

11. Einen weiteren häufig vorkommenden Sekundärstrukturtyp stellen die β-Faltblätter dar, die aus entweder parallel oder antiparallel verlaufenden, nebeneinander angeordneten β-Strängen bestehen, die durch Wasserstoffbrücken untereinander verbunden sind.

12. Die meisten Proteine enthalten Abschnitte nichtrepetitiver Konformationen. Zu diesen zählen auch die Loops und β-Turns, die die Verbindungssequenzen zwischen den verschiedenen α-Helices und β-Strängen bilden. Wiedererkennbare, charakteristische Kombinationen von Sekundärstrukturelementen werden Supersekundärstrukturen oder Motive genannt.

13. Die Tertiärstruktur eines Proteins besteht aus einer oder mehreren Domänen, die wiederkehrende Strukturen aufweisen können, die mit einer bestimmten Funktion verbunden sind.

14. In Proteinen, die eine Quartärstruktur besitzen, werden die Untereinheiten durch nichtkovalente Wechselwirkungen zusammengehalten.

15. Die native Konformation eines Proteins kann durch erhöhte Temperaturen oder durch denaturierende Agenzien zerstört werden. Diesen Vorgang nennt man Denaturierung. Unter bestimmten Bedingungen ist die spontane Renaturierung eines denaturierten Proteins möglich.

16. Die Faltung eines Proteins in seine biologisch aktive, native Konformation ist ein sequenzieller, kooperativer Prozess, der durch den Energiegewinn infolge des hydrophoben Effektes angetrieben wird. Die Faltung wird *in vivo* durch Chaperone unterstützt.

AUSGEWÄHLTE LITERATUR

Allgemein

Barrett G. C. 2013. *Chemistry and Biochemistry of the Amino Acids.* Heidelberg: Springer. *Elegante Übersicht über alle biochemisch wichtigen Eigenschaften von Aminosäuren.*

Creighton, T. E. 1993. *Proteins: Structures and Molecular Principles.* 2. Auflage, S. 1–48. New York: W. H. Freeman. *Dieser Abschnitt aus Creightons Monografie ist eine ausgezeichnete Beschreibung der Chemie von Polypeptiden.*

Fersht, A. R. 2017. *Structure and Mechanism in Protein Structure: A Guide to Enzyme Catalysis and Protein Folding (Series in Structural Biology, Band 9).* Singapore: World Scientific Publishing Co Pte Ltd.

Kreil, G. 1997. D-Amino Acids in Animal Peptides. *Annu. Rev. Biochem.* 66:337–345.

Meister, A. 1965. *Biochemistry of the Amino Acids.* 2. Auflage. New York: Academic Press. *Band I dieses zweibändigen Werkes ist die Standardreferenz zu den Eigenschaften von Aminosäuren.*

Wu, G. 2013. *Amino Acids: Biochemistry and Nutrition.* London. Taylor & Francis.

Struktur von Proteinen

Branden, C. und Tooze, J. 1991. *Introduction to Protein Structure.* New York: Garland. *Eine umfangreiche Diskussion der dreidimensionalen Struktur von Proteinen auf der Basis röntgenkristallografischer Analysen.*

Buxbaum E. 2015. *Fundamental of Protein Structure and Function.* Heidelberg. Springer. *Gut verständliche Einführung in die Proteinchemie.*

Ridgen D. J. 2017. *From Protein Structure to Function with Bioinformatics.* Heidelberg. Springer. *Moderne Anleitung zur Proteinstrukturvorhersage.*

Rhodes, G. 1993. *Crystallography Made Crystal Clear.* San Diego: Academic Press. *Eine Einführung in die Röntgenkristallografie und eine Anleitung für die Verwendung von kristallografischen Modellen.*

Richardson, J. S. und Richardson, D. C. 1989. Principles and patterns of protein conformation. In: *Prediction of Protein Structure and the Principles of Protein Conformation.* Hrsg.: Fasman, G. D., S. 1–98. New York: Plenum. *Eine ausgezeichnete Übersicht über die Sekundär- und Tertiärstrukturen von globulären Proteinen.*

Sobti, M., Smits, C., Wong, A. S., Ishmukhametov, R., Stock, D., Sandin, S. und Stewart, A. G. 2016. Cryo-EM structures of the autoinhibited *E. coli* ATP synthase in three rotational states. *Elife.* 5. pii: e21598.

Whitford, D. 2005. *Proteins: Structure and Function.* Hoboken. Wiley. *Ausführliche Darstellung der wichigsten Bausteine, Strukturen und Funktionen von Proteinen.*

Stabilität und Faltung von Proteinen

Ben-Naim, A. 2011. *Molecular Theory of Water and Aqueous Solutions: Part II: The Role of Water in Protein Folding, Self-Assembly and Molecular Recognition.* Singapore: World Scientific Publishing Co Pte Ltd.

Ben-Naim, A. 2013. *The Protein Folding Problem and its Solutions.* Singapore: World Scientific Publishing Co Pte Ltd.

Ben-Naim, A. 2015. *Myth and Verities in Protein Folding.* Singapore: World Scientific Publishing Co Pte Ltd. *Buch aus einer Serie zur detaillierten Darstellung der Grundlagen der Proteinfaltung.*

Daggett, V. und Fersht, A. R. 2003. Is there a unifying mechanism for protein folding? *Trends Biochem. Sci.* 28:18–25.

Feldman, D. E. und Frydman, J. 2000. Protein folding *in vivo*: the importance of molecular chaperones. *Curr. Opin. Struct. Biol.* 10:26–33.

Gierasch, L. M., Horwich, A. L., Slingsby, C., Wickner, S. und Agard, D. 2016. *Structure And Action Of Molecular Chaperones: Machines That Assist Protein Folding In The Cell.* Singapore: World Scientific Publishing Co Pte Ltd.

Malhotra P. und Udgaonkar, J. B. 2016. How cooperative are protein folding and unfolding transitions? *Protein Sci.* 25:1924–1941.

Matthews, B. W. 1993. Structural and genetic analysis of protein stability. *Annu. Rev. Biochem.* 62:139–160.

Enzyme

4

ÜBERBLICK

Im Folgenden wird sich mit einer weiteren großen und wichtigen Gruppe von Proteinen, den Enzymen, beschäftigt. Enzyme sind außerordentlich effiziente und selektive biologische Katalysatoren. In jeder lebenden Zelle arbeiten Hunderte oder sogar Tausende von verschiedenen Enzymen, die lebensnotwendige Reaktionen katalysieren. Unter physiologischen Bedingungen laufen die meisten enzymatisch katalysierten Reaktionen ohne Enzyme nur sehr langsam ab. Die Hauptaufgabe von Enzymen besteht in der Beschleunigung dieser Reaktionen, zu denen fast alle biochemischen Reaktionen gehören. Die Geschwindigkeit von enzymatisch katalysierten Reaktionen ist typischerweise 10^3 bis 10^{20}-mal so hoch wie die Geschwindigkeit der entsprechenden nicht katalysierten Reaktionen. Katalysatoren erhöhen stets die Geschwindigkeit der Hin- und Rückreaktion, indem sie die notwendige Aktivierungsenergie herabsetzen. Deswegen beschleunigen Katalysatoren zwar die Einstellung des Gleichgewichts einer Reaktion, aber sie verändern nicht dessen Position, also den Wert der Gleichgewichtskonstanten.

Ein Katalysator bindet im Verlauf einer Reaktion an einen Reaktanten beziehungsweise an dessen Übergangszustand und verringert so dessen Energie, löst sich aber nach der Katalyse von den Produkten wieder ab. Die Struktur des Katalysators kann sich während der Reaktion verändern, wird im Regelfall aber an deren Ende wiederhergestellt. Infolgedessen ist ein Katalysator dazu in der Lage, die gleiche Reaktion viele Male zu beschleunigen, ohne dabei selbst verbraucht zu werden. Da sich der Katalysator durch die Reaktion im Endeffekt nicht verändert und die Gibbs'sche freie Reaktionsenthalpie eine Zustandsfunktion darstellt, beeinflusst ein Katalysator die freie Reaktionsenthalpie der Reaktion nicht (▶Abschnitt 4.1). Aus diesem Grunde können Katalysatoren nur thermodynamisch begünstigte beziehungsweise mögliche Reaktionen beschleunigen ($\Delta G < 0$), aber nicht die Richtung der Reaktion umkehren.

Enzyme besitzen eine hohe Substratspezifität, können also nur einen bestimmten oder einige wenige verschiedene Reaktanten umsetzen. Der Grad der Substratspezifität variiert zwischen den unterschiedlichen Enzymen. Manche Enzyme setzen eine (kleine) Gruppe von verwandten Substraten um, während andere nur eine einzige Verbindung als Substrat akzeptieren. Die meisten Enzyme sind infolge der Chiralität ihrer aktiven Zentren sowohl bezüglich der Bindung chiraler Substrate als auch in Bezug auf den stereochemischen Verlauf der Reaktion hochspezifisch. Mit anderen Worten: Sie setzen nur eines von zwei oder mehr Stereoisomeren ihres Substrats um, und bei der enzymatischen Reaktion wird nur eines der möglichen Stereoisomere des Produkts gebildet. Enzyme weisen also eine sehr hohe Stereospezifität auf. Den vielleicht wichtigsten Aspekt der Spezifität von Enzymen stellt ihre Reaktionsspezifität dar. Sie katalysieren jeweils nur eine bestimmte Reaktion, sodass praktisch keine unerwünschten Nebenprodukte gebildet werden und eine Produktausbeute von annähernd 100 Prozent erzielt wird. Doch Enzyme können noch mehr, als nur die Geschwindigkeit von biochemischen Reaktionen zu erhöhen. Viele Enzyme sind in der Lage zwei Reaktionen, die normalerweise voneinander getrennt stattfinden, in energetischer Sicht miteinander zu koppeln. Diese Kopplung ermöglicht die Energie, die bei einer exergonischen Reaktion ($\Delta G < 0$) freigesetzt wird, in einer endergonischen Reaktion ($\Delta G > 0$) direkt zu verwenden, welche ohne die Zufuhr dieser Energie überhaupt nicht ablaufen könnte (▶Abschnitt 4.5.2). Eine der häufigsten Reaktionen, die in praktisch allen biologischen Systemen an solchen gekoppelten Reaktionen als energieliefernde (exergonische) Reaktion teilnimmt, ist die Hydrolyse von ATP.

Manche enzymatische Reaktionen dienen als Kontroll- und Regelpunkte im Stoffwechsel. Der Stoffwechsel wird auf vielfältige Art und Weise reguliert, wie zum Beispiel durch die Variation der Konzentration von Enzymen, Substraten und Enzyminhibitoren sowie durch die Modulation der enzymatischen Aktivität bestimmter Enzyme. Die Struktur von Enzymen, deren Aktivität reguliert wird, erscheint im Allgemeinen komplizierter als die Struktur anderer Enzyme. Mit wenigen Ausnahmen sind Enzyme mit einer der Regulation unterliegenden Aktivität oligomere Moleküle, die unterschiedliche Bindungsstellen für ihr Substrat und den Modulator aufweisen. Modulatoren sind Moleküle, die als regulatorische Signalgeber betrachtet werden können. Alle identifizierten Enzyme haben sich als Proteine oder Kombinationen aus Proteinen und Cofaktoren herausgestellt. Bestimmte RNA-Moleküle weisen auch katalytische Aktivitäten auf, aber diese Moleküle werden normalerweise nicht zu den Enzymen gezählt und stattdessen einfach als katalytische RNA bezeichnet.

4.1 Thermodynamische Grundlagen

Enzym-katalysierte Reaktionen folgen wie alle chemischen Reaktionen den Regeln der Thermodynamik, die im Folgenden deshalb eingeführt werden.

4.1.1 Reaktionsgeschwindigkeiten und Gleichgewichte

Die Geschwindigkeit einer chemischen Reaktion hängt von den Konzentrationen der Reaktanten ab. Betrachten Sie eine einfache chemische Reaktion, bei der die Reaktanten A und B infolge einer Kollision zu den Produkten C und D reagieren:

$$A + B \longrightarrow C + D \qquad (4.1)$$

Die Geschwindigkeit dieser Reaktion wird durch die Konzentrationen der Reaktanten A und B bestimmt. Bei hohen Konzentrationen ist eine Kollision zwischen den Reaktanten wahrscheinlicher, während bei niedrigen Konzentrationen weniger Kollisionen stattfinden, sodass die Reaktion nur langsam abläuft. Die Konzentration eines reagierenden Moleküls wird durch eckige Klammern gekennzeichnet, die das Symbol des Moleküls einschließen. [A] steht also zum Beispiel für die Konzentration von A, die gewöhnlich in der Einheit Mol pro Liter oder molar ($1\ \text{mol}\ l^{-1} = 1\ M$) angegeben wird. Die Geschwindigkeit dieser Reaktion ist direkt proportional zum Produkt der Konzentrationen von A und B. Die Proportionalitätskonstante wird in diesem Fall Geschwindigkeitskonstante oder Reaktionsgeschwindigkeitskonstante genannt und mit dem Symbol k ausgedrückt.

$$\begin{aligned} \text{Geschwindigkeit} &\propto [A][B] \\ \text{Geschwindigkeit} &= k[A][B] \end{aligned} \qquad (4.2)$$

Fast alle biochemischen Reaktionen sind reversibel. Das bedeutet, dass infolge einer Kollision zwischen C und D auch die Rückreaktion zu A und B ablaufen kann. Die Geschwindigkeit der Rückreaktion hängt von den Konzentrationen von C und D ab und die Geschwindigkeitskonstante der Rückreaktion besitzt in der Regel einen anderen Wert als die der Hinreaktion. Konventionsgemäß wird die Geschwindigkeitskonstante der Hinreaktion durch das Symbol k_1 und die der Rückreaktion durch das Symbol k_{-1} repräsentiert. Durch ▶*Reaktionsgleichung 4.3* werden die tatsächlichen Abläufe bei einer reversiblen Reaktion zutreffender beschrieben als durch ▶*Reaktionsgleichung 4.1.*

$$A + B \underset{k_{-1}}{\overset{k_1}{\rightleftharpoons}} C + D \qquad (4.3)$$

Wenn wir die oben beschriebene Reaktion in einem Reagenzglas starten, indem wir A und B in hohen Konzentrationen mischen, sind die Anfangskonzentrationen von C und D gleich null und die Reaktion wird nur von links nach rechts ablaufen. Die Anfangsgeschwindigkeit der Gesamtreaktion hängt deswegen nur von den Konzentrationen von A und B sowie der Geschwindigkeitskonstanten k_1 ab. Mit fortschreitender Reaktion nehmen die Konzentrationen von A und B ab, während die Konzentrationen von C und D ansteigen. Entsprechend sinkt auch die Geschwindigkeit der Hinreaktion, während die Geschwindigkeit der Rückreaktion steigt. Letztere wird nämlich durch die Konzentrationen von C und D sowie die Geschwindigkeitskonstante k_{-1} bestimmt. Irgendwann werden die Geschwindigkeiten der Hin- und der Rückreaktion gleich groß. Ab diesem Zeitpunkt ändern sich die Konzentrationen der beteiligten Reaktionspartner A, B, C und D offensichtlich nicht mehr, auch wenn die Hin- und die Rückreaktion immer noch ständig ablaufen. Diesen Zustand einer Reaktion nennt man deswegen *dynamisches Gleichgewicht* oder einfach *Gleichgewicht.* Im Gleichgewicht gilt:

$$k_1[A][B] = k_{-1}[C][D] \qquad (4.4)$$

In vielen Fällen sind die Konzentrationen der Reaktanten und Produkte im Gleichgewicht für die Biochemiker von großem Interesse, weil alle Reaktionen prinzipiell auf diesen Zustand zustreben. Die Gleichgewichtskonstante K_{Gl} wird als der Quotient aus dem Produkt der Konzentrationen der Produkte und dem Produkt der Konzentrationen der Reaktanten definiert. K_{Gl} ist auch gleich dem Quotienten aus den Geschwindigkeitskonstanten der Hin- und der Rückreaktion.

$$\frac{k_1}{k_{-1}} = \frac{[C][D]}{[A][B]} = K_{Gl} \qquad (4.5)$$

Die Produkte der Konzentrationen der Produkte und der Reaktanten könnten gleich sein, wenn eine Reaktion ihr Gleichgewicht erreicht hat. In diesem Fall wäre $K_{Gl} = 1$ und die Geschwindigkeitskonstanten k_1 und k_{-1} hätten den gleichen Wert. Die meisten Gleichgewichtskonstanten weisen aber einen Wert zwischen 10^{-3} und 10^3 auf. In der Regel ist also die Geschwindigkeitskonstante einer der beiden Reaktionen erheblich größer als die der anderen Reaktion. Wenn zum Beispiel der Wert von K_{Gl} 10^3 beträgt, wird die Reaktion überwiegend von links nach rechts ablaufen und die Gleichgewichtskonzentrationen von C und D sind viel größer als die von A und B. In diesem Fall ist die Geschwindigkeitskonstante der Hinreaktion (k_1) eintausendmal größer als die Geschwindigkeitskonstante der Rückreaktion (k_{-1}). Das bedeutet, dass Kollisionen zwischen C und D mit einer wesentlich geringeren Wahrscheinlichkeit zu einer Reaktion führen als Kollisionen zwischen A und B.

In dieser Gleichung steht R für die allgemeine Gaskonstante, deren Wert 8,315 J K^{-1} mol_{-1} beträgt. Die SI-Einheit der Gibbs'schen freien Reaktionsenthalpie lautet J mol^{-1}. Da die freien Reaktionsenthalpien biochemischer Reaktionen aber in der Regel Werte von zumindest einigen Tausend J mol^{-1} aufweisen, werden sie meistens in kJ mol^{-1} angegeben. Achten Sie bei Berechnungen mit Formeln, in denen R vorkommt, bitte darauf, die Einheiten von G und R anzupassen, also zum Beispiel: $R = 8{,}315\ \mathrm{J\ K^{-1}\ mol^{-1}} = 8{,}315 \times 10^{-3}\ \mathrm{kJ\ K^{-1}\ mol^{-1}}$. Manchmal wird auch der dekadische statt des natürlichen Logarithmus verwendet: $RT \ln[A] = 2{,}303 \times RT \log[A]$.

4.1.3 Gleichgewichtskonstanten und Änderungen der Gibbs'schen freien Standardenthalpie

Die meisten biochemischen Reaktionen finden nicht unter den im letzten Abschnitt beschriebenen Standardbedingungen statt, sondern zum Beispiel bei stark von diesen abweichenden Temperaturen und Konzentrationen. Der Zusammenhang zwischen der tatsächlichen Gibbs'schen freien Reaktionsenthalpie bei einer beliebigen Temperatur sowie beliebigen Konzentrationen und der freien Standardreaktionsenthalpie ist für die Reaktion, die in ▶*Gleichung 4.1* beschrieben wurde, durch ▶*Gleichung 4.10* gegeben.

$$\Delta G_{\text{Reaktion}} = \Delta G^{\circ\prime}_{\text{Reaktion}} + RT \ln \frac{[C][D]}{[A][B]} \quad (4.10)$$

Wenn die Reaktion ihr Gleichgewicht erreicht hat, entspricht der Quotient der Konzentrationen im letzten Term von ▶*Gleichung 4.10* definitionsgemäß der Gleichgewichtskonstanten (K_{Gl}). Im Gleichgewicht findet keine Nettoänderung der Konzentrationen der Produkte und Reaktanten mehr statt. Die tatsächliche Änderung der Gibbs'schen freien Enthalpie muss deswegen gleich null sein ($\Delta G_{\text{Reaktion}} = 0$). In diesem Fall erhält man dann durch Einsetzen dieses Wertes in ▶*Gleichung 4.10* und Auflösen von ▶*Gleichung 4.10* nach der freien Standardreaktionsenthalpie den durch ▶*Gleichung 4.11* beschriebenen Zusammenhang zwischen der Gibbs'schen freien Standardreaktionsenthalpie im Gleichgewicht und der Gleichgewichtskonstanten.

$$\Delta G^{\circ\prime}_{\text{Reaktion}} = -RT \ln K_{Gl} = -2{,}303\ RT \log K_{Gl} \quad (4.11)$$

Diese wichtige Gleichung verbindet thermodynamische Größen mit dem Reaktionsgleichgewicht. Beachten Sie, dass durch ▶*Gleichung 4.11* die Gleichgewichtskonstante mit der freien Standardreaktionsenthalpie in Beziehung gesetzt wird und nicht die einzelnen Geschwindigkeitskonstanten, die in den ▶*Gleichungen 4.4* und *4.5* eingeführt wurden. Das Verhältnis der Geschwindigkeitskonstanten der Hin- und Rückreaktion und nicht ihre einzelnen Absolutwerte sind von Bedeutung. Diese Konstanten können zum Beispiel beide sehr groß oder beide sehr klein sein, ohne dass sich der Wert ihres Quotienten ändert. Thermodynamische Größen wie die freie Reaktionsenthalpie sagen etwas darüber aus, ob eine Reaktion spontan, also freiwillig und ohne Energiezufuhr aus der Umgebung, ablaufen kann. Aber mit welcher Geschwindigkeit eine Reaktion tatsächlich abläuft, kann die Thermodynamik nicht beantworten. Wir wissen zum Beispiel, dass Eisen rostet und Kupfer Grünspan ansetzt. Diese Vorgänge können aber wenige Sekunden oder auch viele Jahre dauern. Die Reaktionsgeschwindigkeit hängt also offensichtlich noch von anderen Faktoren ab, wie zum Beispiel der Aktivierungsenergie. Die meisten chemischen Reaktionen, die in lebenden Zellen stattfinden, laufen im Reagenzglas nur sehr langsam ab. Innerhalb von Zellen werden die normalerweise langsamen Reaktionen durch die katalytische Aktivität der Enzyme beschleunigt. Die Geschwindigkeit einer enzymatisch katalysierten Reaktion kann bis zu 10^{20} Mal größer sein als die Geschwindigkeit der entsprechenden unkatalysierten Reaktion.

4.2 Kinetische Eigenschaften von Enzymen

Zuerst sollen die Geschwindigkeiten enzymatischer Reaktionen, die sogenannte Enzymkinetik (griech. *kinesis*, Bewegung) beschrieben werden. Die wichtigste Eigenschaft von Enzymen besteht in der Katalyse von chemischen Reaktionen, also in der Erhöhung der Reaktionsgeschwindigkeit. Die Enzymkinetik, die ein Teilgebiet der chemischen Kinetik darstellt, liefert indirekt Informationen über die Spezifitäten und katalytischen Mechanismen von Enzymen. Mithilfe kinetischer Experimente kann man auch feststellen, ob die Aktivität eines Enzyms einer Regulation unterliegt.

4.2.1 Chemische Kinetik

In kinetischen Experimenten wird der Zusammenhang zwischen der in einer bestimmten Zeit gebildeten Menge eines Produkts, ausgedrückt als dessen Konzentrationsänderung pro Zeit ($\Delta[P]/\Delta t$), und den Reaktionsbedingungen untersucht. Die Basis für die meisten kinetischen Messungen bildet die Beobachtung, dass die Reaktionsgeschwindigkeit (v) direkt von der Konzentration des Substrats abhängt. Mithilfe der Messergebnisse kann für jede Reaktion ein empirisch ermitteltes Geschwindigkeitsgesetz aufgestellt werden. Das Geschwindigkeitsgesetz für die irreversible, nichtenzymatische Umwandlung eines Substrats (S) in ein Produkt (P) durch eine Isomerisierungsreaktion lautet zum Beispiel:

$$\frac{\Delta[P]}{\Delta t} = v = k[S] \tag{4.12}$$

Das Geschwindigkeitsgesetz spiegelt die direkte Abhängigkeit der Reaktionsgeschwindigkeit von der Konzentration des Substrats ([S]) wider. Die Proportionalitätskonstante k nennt man die Geschwindigkeitskonstante der Reaktion. Sie bietet eine Möglichkeit zum Vergleich der Reaktionsgeschwindigkeiten von verschiedenen Reaktionen (mit analogen Geschwindigkeitsgesetzen). Jede Reaktion weist eine andere, für sie charakteristische Geschwindigkeitskonstante auf. Die Einheit der Geschwindigkeitskonstanten der durch ▶*Gleichung 4.12* beschriebenen Reaktion ist s^{-1}. Mit fortschreitender Reaktion steigt die Konzentration des Produkts ([P]), während die Konzentration des Substrats ([S]) sinkt. In ▶*Abbildung 4.1a* ist die Konzentration des Produkts gegen die Reaktionszeit für mehrere verschiedene Anfangskonzentrationen aufgetragen. Die Reaktionsgeschwindigkeit (v) zu einem gegebenen Zeitpunkt entspricht der Steigung ($d[P]/dt$) der jeweiligen Kurve zu diesem Zeitpunkt. Die Gestalt der Kurven bedeutet also eine Abnahme der Reaktionsgeschwindigkeit mit fortschreitender Reaktionszeit, wie es infolge der sinkenden Substratkonzentration auch zu erwarten war. In unserem hypothetischen Beispiel, das dem Geschwindigkeitsgesetz in ▶*Gleichung 4.12* folgt, müsste die Reaktionsgeschwindigkeit schließlich null werden, wenn das Substrat vollständig umgesetzt wurde. Deswegen werden die Kurven in ▶*Abbildung 4.1a* mit fortschreitender Reaktionszeit immer flacher und ihre Steigung nähert sich asymptotisch dem Wert null. Wichtig ist hierbei der Zusammenhang zwischen der Substratkonzentration und der Reaktionsgeschwindigkeit, weil mithilfe dieser Wertepaare und ▶*Gleichung 4.12* die Geschwindigkeitskonstante der Reaktion berechnet werden kann. Für diese Berechnung ist am besten die Substratkonzentration am Anfang der Reaktion geeignet, weil diese aus der Herstellung der Reaktionslösung am genauesten bekannt ist. Während der Reaktion kann die Konzentration meistens nicht mehr so genau ermittelt werden, weil die Messung eine gewisse Zeit benötigt, in der die Reaktion häufig weiterläuft und sich die Konzentration noch ändert. Außerdem wird die Hinreaktion im Fall von nicht vollständig irreversiblen Reaktionen von der Rückreaktion überlagert, sodass die gemessene Reaktionsgeschwindigkeit nicht mehr nur die bloße Abhängigkeit von der Substratkonzentration widerspiegelt. Am Anfang findet die Rückreaktion aber noch nicht statt, weil noch kein Produkt gebildet wurde, das zurückreagieren könnte.

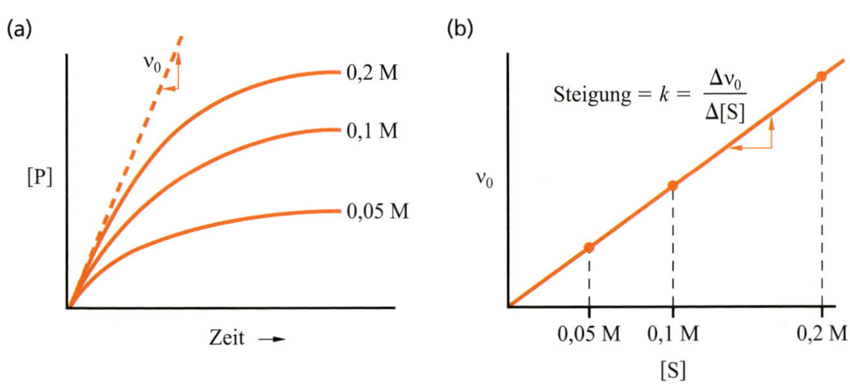

Abbildung 4.1: Geschwindigkeit einer einfachen chemischen Reaktion. Das Geschwindigkeitsgesetz dieser Reaktion ist durch ▶*Gleichung 4.12* gegeben. (a) In diesem Diagramm ist die Konzentration des Produkts ([P]) für verschiedene Anfangskonzentrationen gegen die Reaktionszeit aufgetragen. Die Anfangsgeschwindigkeit v_0 ist in allen drei Fällen unterschiedlich und entspricht jeweils der Steigung der Kurve zum Zeitpunkt null. Die Steigung der gestrichelten Linie repräsentiert die Steigung der Kurve für $[P]_0 = 0,2$ M zu Beginn der Reaktion und damit die Anfangsgeschwindigkeit dieser Reaktion. (b) Hier ist die Anfangsgeschwindigkeit der Reaktion als Funktion der Anfangskonzentration des Substrats dargestellt. Die Steigung der Geraden entspricht der Geschwindigkeitskonstanten.

Die Reaktionsgeschwindigkeiten bei verschiedenen Konzentrationen können demnach am genauesten aus den Anfangsgeschwindigkeiten (v_0) der Reaktion bei verschiedenen Anfangskonzentrationen ermittelt werden (▶*Abbildung 4.1a*). Trägt man die so bestimmten Reaktionsgeschwindigkeiten in einem Diagramm gegen die zugehörigen Konzentrationen auf, erhält man eine Gerade, deren Steigung der Geschwindigkeitskonstanten der Reaktion entspricht (▶*Abbildung 4.1b*). Die meisten biochemischen Reaktionen sind nicht irreversibel. Deswegen wird unsere einfache Beispielreaktion durch die Gleichgewichtsreaktion in ▶*Gleichung 4.13* realistischer beschrieben.

$$S \underset{k_{-1}}{\overset{k_1}{\rightleftharpoons}} P \qquad (4.13)$$

Daraus ergibt sich ein weiterer Grund für die Verwendung der Anfangskonzentrationen und -geschwindigkeiten zur Bestimmung der Geschwindigkeitskonstanten (k), die bei der Gleichgewichtsreaktion der Geschwindigkeitskonstanten der Hinreaktion (k_1) entspricht. Da die Konzentration des Produkts zu Beginn der Reaktion noch bei null liegt ([P] = 0 M), findet noch keine Rückreaktion statt und das Geschwindigkeitsgesetz wird nicht durch die Rückreaktion beeinflusst. Am Anfang ist also ▶*Gleichung 4.12* gültig. Sobald ein wenig des Produkts gebildet wurde, setzt auch die Rückreaktion ein, sodass das Geschwindigkeitsgesetz aus ▶*Gleichung 4.12* nicht mehr zutrifft. Infolgedessen würde die Geschwindigkeitskonstante, die man aus Messungen bei fortgeschrittener Reaktion ermittelt, nicht der Geschwindigkeitskonstante der Hinreaktion entsprechen. Die Abflachung der Kurven in ▶*Abbildung 4.1a* resultiert mit fortschreitender Reaktion auch bei der Gleichgewichtsreaktion aus der sinkenden Reaktionsgeschwindigkeit ($\Delta[P]/\Delta t$). Sie deutet außerdem auf die Annäherung an das Gleichgewicht hin. Bei der Gleichgewichtsreaktion sinkt die Reaktionsgeschwindigkeit aber nicht nur infolge der geringer werdenden Substratkonzentration, sondern auch wegen der zunehmenden Geschwindigkeit der Rückreaktion, weil dadurch *summa summarum* weniger Produkt pro Zeiteinheit gebildet wird. Die Geschwindigkeit der etwas komplizierteren Einschritt-Reaktion $S_1 + S_2 \rightarrow P_1 + P_2$ hängt von den Konzentrationen beider Substrate ab. Das Geschwindigkeitsgesetz dieser Reaktion lautet:

$$v = k[S_1][S_2] \qquad (4.14)$$

Die Geschwindigkeitskonstante von Reaktionen, die dem Geschwindigkeitsgesetz in ▶*Gleichung 4.14* folgen, besitzt die Einheit $M^{-1}\,s^{-1}$. Die Geschwindigkeitskonstante einer solchen Reaktion kann leichter bestimmt werden, wenn man die Messungen bei einer konstant hohen Konzentration eines der Substrate durchführt, während man die Konzentration des anderen Substrats variiert. In diesem Fall hängt die Reaktionsgeschwindigkeit nur noch von der Konzentration des geschwindigkeitsbestimmenden, niedrigkonzentrierten Substrats ab. Dadurch erhält das Geschwindigkeitsgesetz eine unkompliziertere Form und kann leichter analysiert werden.

4.2.2 Enzymkinetik

Einer der ersten großen Meilensteine in der Biochemie, nämlich die Entdeckung, dass Enzyme vorübergehend Substrate binden, war das Ergebnis von Untersuchungen der Enzymkinetik. Im Jahr 1894 schlug Emil Fischer das Schlüssel-Schloss-Prinzip der Bindung eines Substrats an ein Enzym vor. Demzufolge ist das Enzym eine starre Schablone, das Schloss, in die das Substrat, der Schlüssel, genau hineinpasst. Nur spezifische Substrate können an ein gegebenes Enzym binden. Bereits frühe Untersuchungen der Enzymkinetik bestätigten die Bildung von Enzym-Substrat-Komplexen (ES). Ein Enzym-Substrat-Komplex wird gebildet, wenn ein Substrat an die zu ihm passende Stelle im aktiven Zentrum nichtkovalent gebunden wird. Das Substrat reagiert vorübergehend mit dem Proteinkatalysator und im Fall einer Multisubstrat-Reaktion mit anderen Substraten, um schließlich in das Produkt der Reaktion umgewandelt zu werden. Betrachten wir eine einfache enzymatische Reaktion, bei der ein Substrat zu einem Produkt umgesetzt wird. Auch wenn die meisten enzymatischen Reaktionen zwei oder mehr Substrate aufweisen, können die allgemeinen Grundlagen der Enzymkinetik am Beispiel dieser einfachen Reaktion eines einzelnen Substrats zu einem einzelnen Produkt beschrieben werden.

$$E + S \longrightarrow ES \longrightarrow E + P \qquad (4.15)$$

Diese Reaktion verläuft in zwei aufeinanderfolgenden Schritten, der Bildung des Enzym-Substrat-Komplexes und der eigentlichen chemischen Reaktion mit der anschließenden Dissoziation des Produkts vom Enzym. Jeder der Schritte weist eine charakteristische Geschwindigkeit auf. Die Geschwindigkeit der Gesamtreaktion hängt sowohl von der Konzentration des Substrats als auch von der Konzentration des Katalysators (Enzyms) ab. Wenn die Konzentration des Enzyms viel kleiner ist als die Konzentration des Substrats, wird die Reaktionsgeschwindigkeit nur durch die Enzym-

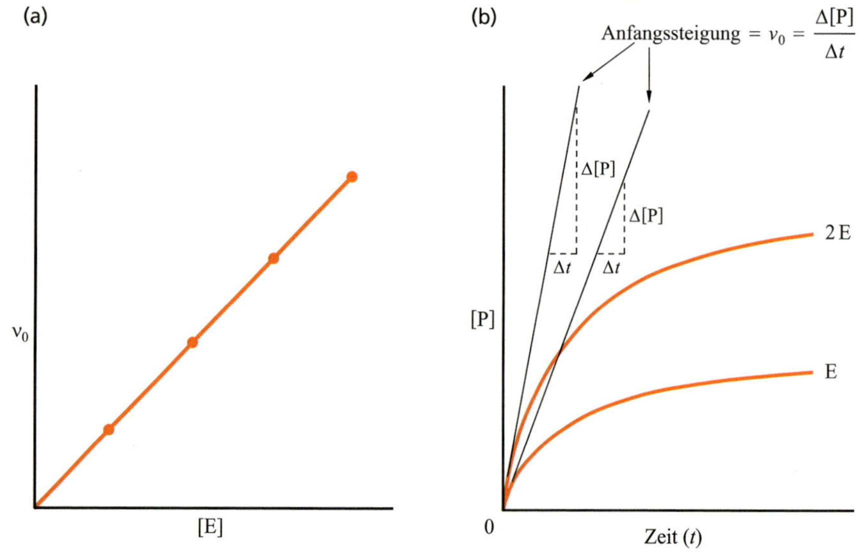

Abbildung 4.2: Enzymkinetik. (a) Effekt der Enzymkonzentration ([E]) auf die Anfangsgeschwindigkeit (v_0) einer enzymkatalysierten Reaktion bei einer festen, sättigenden Substratkonzentration ([S]). In diesem Fall wird die Reaktionsgeschwindigkeit von der Enzymkonzentration, nicht aber von der Substratkonzentration beeinflusst. (b) Verlaufskurven einer enzymatisch katalysierten Reaktion bei zwei verschiedenen Enzym-Anfangskonzentrationen. Die Produktkonzentration ([P]) steigt mit fortschreitender Reaktion. Die Anfangsgeschwindigkeiten der Reaktion (v_0) entsprechen den Steigungen der jeweiligen Kurven zum Zeitpunkt null, die durch die Tangenten in der Abbildung illustriert werden. Beachten Sie, dass sich die Anfangsgeschwindigkeit verdoppelt, wenn die Anfangskonzentration des Enzyms in einer ansonsten unveränderten Reaktionsmischung verdoppelt wird.

konzentration bestimmt. Die Reaktion ist dann pseudo-erster Ordnung, weil die Konzentration des Substrats die Reaktionsgeschwindigkeit nicht mehr beeinflusst. Die Gerade in ▶*Abbildung 4.2a* illustriert den Effekt der Enzymkonzentration auf die Reaktionsgeschwindigkeit einer Reaktion pseudo-erster Ordnung. Je höher die Enzymkonzentration ist, desto höher wird die Reaktionsgeschwindigkeit. Diese Bedingungen werden bei Enzymanalysen angewandt, bei denen die Konzentration eines Enzyms ermittelt werden soll. Die Konzentration eines Enzyms in einer Probe kann durch den Vergleich der enzymatischen Aktivität der Probe mit einer Referenzkurve, ähnlich wie der in ▶*Abbildung 4.2a*, bestimmt werden. Da die Konzentration des Substrats im Vergleich zur Enzymkonzentration sehr groß ist, sind genügend Substratmoleküle vorhanden, um die Bindung eines Substratmoleküls an *jedes* Enzymmolekül unter Bildung eines Enzym-Substrat-Komplexes zu ermöglichen. Man spricht in diesem Fall von einer Sättigung des Enzyms (E) mit dem Substrat (S). Bei der Enzymanalyse misst man die Menge des Produkts, die in einer gegebenen Zeit gebildet wird. Manche Testmethoden verwenden einen an ein Spektrophotometer angeschlossenen Schreiber, der eine kontinuierliche Messung der Produktkonzentration ermöglicht. Bei anderen Testmethoden werden in bestimmten Zeitintervallen Proben entnommen, in denen die Produktkonzentration bestimmt wird. Die Analysen werden bei konstantem pH-Wert und konstanter Temperatur durchgeführt, die im Allgemeinen so gewählt werden, dass eine optimale Enzymaktivität oder zumindest annähernd physiologische Bedingungen erreicht werden.

Wenn man eine enzymkatalysierte Reaktion startet, indem man das Substrat und das Enzym mischt, ist in der Anfangsphase der Reaktion praktisch kein Produkt vorhanden. Unter diesen Bedingungen kann die Rückreaktion, bei der das Produkt (P) an das Enzym (E) bindet und zum Substrat umgesetzt wird, vernachlässigt werden. Diese Reaktion kann durch die folgende Reaktionsgleichung beschrieben werden:

$$\mathrm{E + S} \underset{k_{-1}}{\overset{k_1}{\rightleftharpoons}} \mathrm{ES} \xrightarrow{k_2} \mathrm{E + P} \qquad (4.16)$$

Die Geschwindigkeitskonstanten k_1 und k_{-1} in ▶*Reaktionsgleichung 4.16* bestimmen die Geschwindigkeiten der Assoziation des Substrats (S) mit dem Enzym (E) und der Dissoziation des Substrats (S) vom Enzym-Substrat-Komplex (ES). Der erste Schritt ist eine Gleichgewichtsreaktion, ähnlich wie die Bindung von Sauerstoff an Hämoglobin. Die Geschwindigkeitskonstante des zweiten Schritts, also die Bildung des Produkts und des freien Enzyms aus dem Enzym-Substrat-Komplex, ist k_2. Die Reaktion des Enzym-Substrat-Komplexes zum Produkt und zum freien Enzym wird unter den genannten Bedingungen nicht durch einen Gleichgewichtspfeil beschrieben, weil die Rückreaktion (E + P → EP) am Anfang der Reaktion vernachlässigt werden kann. Die in der Anfangsphase der Reaktion gemessene Reaktionsgeschwindigkeit entspricht der Anfangsgeschwindigkeit (v_0), die im vorhergehenden Abschnitt beschrieben wurde. Die Bildung und die Dissoziation des Enzym-Substrat-Komplexes sind in der Regel sehr schnelle Reaktionen, weil nur nichtkovalente Bindungen gebildet beziehungsweise gebrochen werden müssen. Im Gegensatz dazu stellt die Umwandlung des Substrats in das Produkt meist den geschwindigkeitsbestimmenden Schritt der enzymatischen Reaktion dar. Bei dieser Aktion wird die chemische Struktur des Substrats verändert. Die Enzymkinetik unterscheidet sich von der Kinetik durch einfachere, unkatalysierte chemische Reaktionen, weil die Geschwindigkeit enzymatisch katalysierter Reaktionen von der Enzymkonzentration abhängt und das Enzym weder ein Produkt noch ein Substrat der Reaktion ist. Die Kinetik dieser Reaktionstypen unterscheidet sich auch darin, dass das Substrat bei der enzymatischen Reaktion zunächst an das Enzym binden muss, bevor es zum Produkt umgesetzt wird. Bei enzymatisch katalysierten Reaktionen erhält man die Anfangsgeschwindigkeiten wie bei der einfachen chemischen Reaktion aus der Anfangssteigung der Kurven im [P]/*t*-Diagramm, deren kinetische Analyse im vorhergehenden Abschnitt beschrieben wurde. In ▸*Abbildung 4.2b* ist dieses Diagramm mit Kurven für zwei verschiedene Enzym-Anfangskonzentrationen, bei gleichzeitiger Sättigung mit dem Substrat, also bei hoher Substratkonzentration ([S] >> [E]), dargestellt. In diesem Fall hängt die Geschwindigkeit der Produktbildung nur von der Enzym- und nicht von der Substratkonzentration ab. Die aus solchen Experimenten erhaltenen Anfangsgeschwindigkeiten können zur Erstellung von Diagrammen wie in ▸*Abbildung 4.2a* verwendet werden.

4.2.3 Die Michaelis-Menten-Gleichung

Wie jede chemische Reaktion können auch enzymatisch katalysierte Reaktionen mathematisch durch ihre Geschwindigkeitsgesetze beschrieben werden. Mehrere Konstanten in diesen Gleichungen stellen ein Maß für die Effizienz und die Spezifität eines Enzyms dar und sind deswegen für den Vergleich der Aktivitäten von verschiedenen Enzymen oder zur Abschätzung der physiologischen Bedeutung eines Enzyms geeignet. Die ersten Geschwindigkeitsgesetze wurden zu Beginn des 20. Jahrhunderts aus experimentellen Daten abgeleitet, die man bei der Untersuchung der Effekte unterschiedlicher Substratkonzentrationen auf die Reaktionsgeschwindigkeit gewonnen hatte. ▸*Abbildung 4.3a* zeigt ein typisches Ergebnis eines solchen kinetischen Experiments, in dem die Anfangsgeschwindigkeit (v_0) gegen die Substratkonzentration ([S]) in einem Diagramm aufgetragen ist. Die Messergebnisse können durch die in ▸*Reaktionsgleichung 4.16* beschriebene Reaktion erklärt werden. Der erste Schritt der Reaktion ist eine bimolekulare Wechselwirkung zwischen dem Enzym und dem Substrat, die zur Bildung des Enzym-Substrat-Komplexes führt. Bei hohen Substratkonzentrationen (auf der rechten Seite der Kurven in ▸*Abbildung 4.3* ändert sich die Anfangsgeschwindigkeit bei einer weiteren Erhöhung der Substratkonzentration nur noch sehr wenig. Dieser Sachverhalt deutet darauf hin, dass nur noch die Enzymkonzentration und nicht mehr die Substratkonzentration einen geschwindigkeitsbestimmenden Faktor darstellt. Die Konzentration des Enzyms ist eine wichtige Komponente der Gesamtreaktion, was infolge der Bildung eines Enzym-Substrat-Komplexes auch zu erwarten war. Bei niedrigen Substratkonzentrationen reagiert die Anfangsgeschwindigkeit dagegen sehr empfindlich auf deren Änderungen (auf der linken Seite der Kurven in ▸*Abbildung 4.3*). Unter

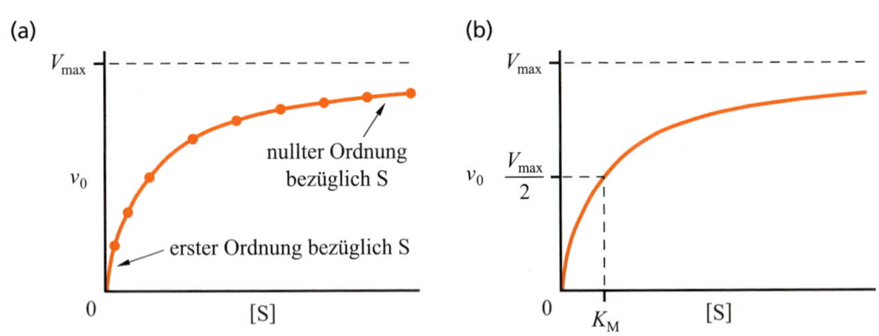

Abbildung 4.3: Diagramme, in denen die Anfangsgeschwindigkeit (v_0) gegen die Substratkonzentration ([S]) einer enzymatisch katalysierten Reaktion aufgetragen ist. (a) Jeder experimentell bestimmte Punkt dieser Kurve wurde aus einer eigenen Verlaufskurve ermittelt, die sich von denen der anderen Punkte in der Anfangs-Substratkonzentration, aber nicht in der konstanten Enzymkonzentration unterscheidet. Die Kurve zeigt einen hyperbolischen Verlauf. Bei niedrigen Substratkonzentrationen ähnelt der Kurvenverlauf einer steilen Geraden. In diesem Bereich hängt die Anfangsgeschwindigkeit hauptsächlich von der Substratkonzentration ab. Bei hohen Substratkonzentrationen liegt das Enzym dagegen weitgehend gesättigt vor, sodass sich die Anfangsgeschwindigkeit bei einer weiteren Erhöhung der Substratkonzentration nur noch wenig ändert. (b) Die Substratkonzentration, bei der die Anfangsgeschwindigkeit der halben Maximalgeschwindigkeit entspricht, repräsentiert die Michaelis-Konstante (K_M). Bei dieser Substratkonzentration, wenn also [S] = K_M ist, liegt das Enzym zur Hälfte gesättigt vor.

diesen Bedingungen ist an die meisten Enzymmoleküle noch kein Substratmolekül gebunden und die Reaktionsgeschwindigkeit der Bildung des Enzym-Substrat-Komplexes hängt in erster Linie von der Substratkonzentration ab.

Die v_0/[S]-Kurve weist eine hyperbolische Gestalt auf. Hyperbolische Kurven sind ein Hinweis auf einen Prozess, an dem eine einfache Dissoziation beteiligt ist. Die Gestalt der Kurven kann somit als ein weiterer Beleg für eine bimolekulare Reaktion gewertet werden, bei der das Enzym und das Substrat zu einem Enzym-Substrat-Komplex assoziieren. Die allgemeine Gleichung für eine (ungleichseitige) Hyperbel lautet:

$$y = \frac{ax}{b + x} \tag{4.17}$$

In dieser Gleichung repräsentiert a den Wert, dem sich die Kurve für $x \to \infty$ asymptotisch annähert, während b dem Punkt auf der x-Achse entspricht, bei dem y den Wert $a/2$ aufweist. Überträgt man diese Erkenntnisse auf enzymkinetische Experimente, so ist $y = v_0$ und $x = [S]$. Der asymptotische y-Wert a wird in der Enzymkinetik Maximalgeschwindigkeit (V_{max}) genannt. V_{max} entspricht der maximalen Reaktionsgeschwindigkeit der Reaktion, die bei unendlich großer Substratkonzentration erreicht würde. Wir tragen in die v_0/[S]-Diagramme häufig auch den Wert von V_{max} ein. Dabei sollte allerdings beachtet werden, dass dieser Wert bei der Erstellung des Diagramms in gewissem Maße willkürlich gewählt wurde. Eines der charakteristischen Merkmale von hyperbolischen Kurven besteht nämlich darin, dass die Kurven bereits bei verhältnismäßig niedrigen x-Werten ([S]-Werten) relativ flach verlaufen, obwohl die zugehörigen y-Werte (v_0-Werte) noch erheblich unter dem asymptotischen y-Wert (V_{max}) liegen. Deswegen kann der Wert von V_{max} aus einer Kurve, die bereits bei relativ kleinen [S]-Werten endet, nicht ohne Weiteres ermittelt werden. Der wahre Wert von V_{max} wird nicht ermittelt, indem man versucht, die Position der Asymptote aus der Gestalt und Lage der Kurve abzuschätzen. Stattdessen wird V_{max} genau und richtig durch die Anpassung der Messdaten an die allgemeine Gleichung einer Hyperbel (▶*Gleichung 4.17*) bestimmt. Zu diesem Zweck werden Werte von a (a entspricht V_{max}) und b ermittelt, für die die Hyperbel möglichst passgenau über der Messkurve liegt. Die Konstante b in der allgemeinen Gleichung einer Hyperbel repräsentiert in der Enzymkinetik die sogenannte Michaelis-Konstante (K_M). Die Michaelis-Konstante entspricht der Substratkonzentration, bei der die Anfangsgeschwindigkeit gleich der halben Maximalgeschwindigkeit ist ($v_0 = 0{,}5 \times V_{max}$; ▶*Abbildung 4.3b*). Das vollständige Geschwindigkeitsgesetz lautet demnach:

$$v_0 = \frac{V_{max}[S]}{K_M + [S]} \tag{4.18}$$

Diese Gleichung heißt Michaelis-Menten-Gleichung (nach Leonor Michaelis und Maud Menten). Beachten Sie die Übereinstimmung der allgemeinen Form dieser Gleichung mit derjenigen von ▶*Gleichung 4.18*. Die Michaelis-Menten-Gleichung beschreibt den Zusammenhang zwischen der Anfangsgeschwindigkeit einer enzymatischen Reaktion wie in ▶*Gleichung 4.17* und der Substratkonzentration. Unter physiologischen Bedingungen ist die Substratkonzentration im Vergleich zur Enzymkonzentration in den meisten Fällen sehr groß. Das Enzym liegt deswegen während des größten Teils des Reaktionsverlaufes in gesättigter Form vor. In dieser Phase bleibt die Konzentration des Enzym-Substrat-Komplexes ([ES]) also weitgehend konstant, weil der Komplex genauso schnell nachgebildet wird wie er wieder in das Produkt und das freie Enzym zerfällt. Diesen Zustand, in dem [ES] konstant bleibt, während ständig Substrat zum Produkt umgesetzt wird, und der für enzymatische Reaktionen zuerst von George E. Briggs und J. B. S. Haldane vorgeschlagen wurde, nennt man Fließgleichgewicht oder stationären Zustand. Stoffwechselreaktionen in lebenden Zellen befinden sich häufig in einem stationären Zustand.

Bei der folgenden Ableitung der Michaelis-Menten-Gleichung wird ein solcher stationärer Zustand angenommen und zur Vereinfachung eine zu vernachlässigende kleine Produktkonzentration beziehungsweise ein irreversibler zweiter Reaktionsschritt vorausgesetzt, sodass die Rückreaktion nicht berücksichtigt werden muss. Bei einer konstanten Konzentration des Enzym-Substrat-Komplexes im Fließgleichgewicht hängt die Geschwindigkeit der Produktbildung von der chemischen Reaktion und der Dissoziation des Produkts (P) vom Enzym ab. Der geschwindigkeitsbestimmende Schritt ist unter diesen Bedingungen der zweite Schritt der ▶*Reaktionsgleichung 4.16*. Die Reaktionsgeschwindigkeit wird also durch die Geschwindigkeitskonstante k_2 und die Konzentration des Enzym-Substrat-Komplexes ([ES]) beeinflusst.

$$\mathrm{ES} \xrightarrow{k_2} \mathrm{E} + \mathrm{P} \qquad v_0 = k_2[\mathrm{ES}] \tag{4.19}$$

Wir werden nun zunächst mithilfe der oben dargelegten Voraussetzungen eines stationären Zustandes einen Ausdruck für [ES] entwickeln, der anschließend in ▶*Gleichung 4.19* eingesetzt wird. Dafür verwenden wir (leicht) messbare Größen wie die Gesamtkonzentration des Enzyms ($[ES]_{total} = [E] + [ES]$), die Geschwindigkeitskons-

Kapitel 4

tante und die Substratkonzentration ([S]). [S] soll deutlich größer sein als $[E]_{total}$, aber nicht unbedingt sättigend. Schon sehr bald, nachdem eine kleine Menge des Enzyms zum Substrat gegeben wurde, wird der stationäre Zustand erreicht, in dem [ES] konstant bleibt. Im stationären Zustand decken sich die Gesamtgeschwindigkeit der Spaltung von ES, die der Summe der Geschwindigkeiten des Zerfalls von ES zu E + S und zu E + P entspricht, und die Geschwindigkeit der Bildung von ES aus E + S. Die Geschwindigkeit der Bildung von ES aus E + S hängt von der Konzentration des freien Enzyms (E ohne gebundenes S) ab, die sich aus der Differenz zwischen der Gesamtkonzentration des Enzyms und der Konzentration des Enzym-Substrat-Komplexes ergibt ($[E] = [E]_{total} - [ES]$). Die Konzentration des Enzym-Substrat-Komplexes bleibt so lange konstant, bis sich [S] durch den ständigen Verbrauch von S an $[E]_{total}$ annähert. Diese Feststellungen können wir in einer mathematischen Gleichung zusammenfassen (▶*Gleichung 4.20*).

Geschwindigkeit der ES-Bildung = Geschwindigkeit der ES-Spaltung

$$k_1([E]_{total} - [ES])[S] = (k_{-1} + k_2)[ES] \qquad (4.20)$$

Die Zusammenfassung der Geschwindigkeitskonstanten auf einer Seite der Gleichung führt zu ▶*Gleichung 4.21*.

$$\frac{k_{-1} + k_2}{k_1} = K_M = \frac{([E]_{total} - [ES])[S]}{[ES]} \qquad (4.21)$$

Das Verhältnis der Geschwindigkeitskonstanten auf der linken Seite von ▶*Gleichung 4.21* entspricht der Michaelis-Konstante, K_M. Nun wird diese Gleichung in mehreren Schritten nach [ES] aufgelöst. Zunächst werden beide Seiten mit [ES] multipliziert.

$$[ES]K_M = ([E]_{total} - [ES])[S] \qquad (4.22)$$

Ausmultiplizieren ergibt:

$$[ES]K_M = ([E]_{total}[S]) - ([ES][S]) \qquad (4.23)$$

Die Zusammenfassung der [ES]-Terme auf einer Seite

$$[ES](K_M + [S]) = [E]_{total}[S] \qquad (4.24)$$

und aller anderen Terme auf der anderen Seite ergibt schließlich einen Ausdruck für die Konzentration des Enzym-Substrat-Komplexes:

$$[ES] = \frac{[E]_{total}[S]}{K_M + [S]} \qquad (4.25)$$

▶*Gleichung 4.25* beschreibt die Konzentration des Enzym-Substrat-Komplexes im stationären Zustand nur mit messbaren Größen. Setzt man den Term auf der rechten Seite von ▶*Gleichung 4.25* für [ES] in das Geschwindigkeitsgesetz ein (▶*Gleichung 4.19*), erhält man:

$$v_0 = k_2[ES] = \frac{k_2[E]_{total}[S]}{K_M + [S]} \qquad (4.26)$$

Wie wir bei der Erörterung der Kurve in ▶*Abbildung 4.3a* festgestellt haben, liegt das Enzym bei hohen Substratkonzentrationen gesättigt vor und praktisch alle Enzymmoleküle treten in Form des Enzym-Substrat-Komplexes auf. Eine weitere Erhöhung der Substratkonzentration hat dann keine Auswirkung mehr auf die Reaktionsgeschwindigkeit. Die einzige Möglichkeit zur Steigerung der Geschwindigkeit besteht in diesem Fall in der Erhöhung der Enzymkonzentration. Unter diesen Bedingungen entspricht die Reaktionsgeschwindigkeit der Maximalgeschwindigkeit (V_{max}) und wird nur noch durch die Gesamtkonzentration des Enzyms ($[E]_{total}$) und die Geschwindigkeitskonstante des zweiten Schrittes (k_2) bestimmt. Somit gilt also:

$$V_{max} = k_2[E]_{total} \qquad (4.27)$$

Setzt man nun für $k_2[E]_{total}$ in ▶*Gleichung 4.26* V_{max} ein, erhält man die gewohnte Form der Michaelis-Menten-Gleichung:

$$v_0 = \frac{V_{max}[S]}{K_M + [S]} \qquad (4.28)$$

Wir haben bereits festgestellt, dass diese Form der Michaelis-Menten-Gleichung die Ergebnisse kinetischer Experimente angemessen beschreibt. In diesem Abschnitt haben wir gezeigt, dass dieselbe Gleichung aus theoretischen Überlegungen zu den Zusammenhängen bei einer enzymatisch katalysierten Reaktion, die durch ▶*Gleichung 4.16* beschrieben wird, abgeleitet werden kann. Die Übereinstimmung zwischen der Theorie und den experimentellen Daten kann als Bestätigung der theoretischen Basis der Enzymkinetik gewertet werden.

4.2.4 Die katalytische Konstante k_{kat}

Bei einer hohen Substratkonzentration entspricht die Gesamtgeschwindigkeit der enzymatischen Reaktion der Maximalgeschwindigkeit (V_{max}), und die Geschwindigkeit wird durch die Enzymkonzentration bestimmt. Die unter diesen Bedingungen beobachtete Geschwindigkeitskonstante der

Reaktion wird die katalytische Konstante (k_{kat}) des Enzyms genannt, die folgendermaßen definiert ist:

$$V_{max} = k_{kat}[E]_{total} \qquad k_{kat} = \frac{V_{max}}{[E]_{total}} \qquad (4.29)$$

Die katalytische Konstante (k_{kat}) gibt die Anzahl der Mole vom Substrat an, die pro Mol Enzym und pro Sekunde unter Sättigungsbedingungen in das Produkt umgewandelt werden. Bei einem Multiuntereinheiten-Enzym mit mehreren aktiven Zentren bezieht sich k_{kat} auf die pro Mol eines aktiven Zentrums umgesetzten Substratmoleküle. Mit anderen Worten: k_{kat} gibt die maximale Anzahl von Substratmolekülen an, die pro Sekunde von jedem aktiven Zentrum umgesetzt werden kann. Diese Größe ist auch als Wechselzahl (engl. *turnover number*) des Enzyms bekannt. Die katalytische Konstante ist ein Maß dafür, wie gut ein gegebenes Enzym eine spezifische Reaktion katalysieren kann. Sie bietet eine sehr nützliche Möglichkeit zur Beschreibung der Effektivität eines Enzyms. Die Einheit von k_{kat} lautet s^{-1}. Der Kehrwert der katalytischen Konstante entspricht der Zeit, die für eine einzelne enzymatische Reaktion benötigt wird. Beachten Sie, dass zur Bestimmung von k_{kat} die Gesamtkonzentration des Enzyms bekannt sein muss. Für eine einfache enzymatische Reaktion, wie zum Beispiel ▶*Reaktion 4.16*, stellt der zweite Reaktionsschritt, $ES \rightarrow E + P$, unter Sättigungsbedingungen den geschwindigkeitsbestimmenden Schritt dar und k_{kat} entspricht k_2. Viele enzymatische Reaktionen sind aber komplizierter. Immer wenn ein Schritt eindeutig der geschwindigkeitsbestimmende Schritt der Gesamtreaktion ist, entspricht dessen Geschwindigkeitskonstante der katalytischen Konstante dieser Reaktion. Im Fall von komplizierteren Reaktionsmechanismen kann sich die katalytische Konstante aus einer Kombination mehrerer einzelner Geschwindigkeitskonstanten ergeben. Aus diesem Grund benötigen wir die Geschwindigkeitskonstante k_{kat}, um die Gesamtgeschwindigkeit enzymatischer Reaktionen beschreiben und vergleichen zu können. In den meisten Fällen entspricht k_{kat} in guter Näherung k_2.

Einige repräsentative Werte katalytischer Konstanten finden Sie in ▶*Tabelle 4.1*. Die meisten Enzyme sind Katalysatoren mit k_{kat}-Werten von $10^2\ s^{-1}$ bis $10^3\ s^{-1}$. Manche Enzyme sind sogar äußerst effektive Katalysatoren mit k_{kat}-Werten von mehr als $10^6\ s^{-1}$. Die Carboanhydrase von Säugetieren muss zum Beispiel sehr schnell arbeiten, um das Gleichgewicht zwischen gelöstem CO_2 und Hydrogencarbonat aufrechtzuerhalten. Ähnlich sind die Enzyme Superoxid-Dismutase und Katalase für den schnellen Abbau der toxischen Sauerstoffmetaboliten Superoxid-Anion und Wasserstoffperoxid verantwortlich. Enzyme mit einer Wechselzahl von über einer Million pro Sekunde setzen häufig kleine Moleküle um, die innerhalb der Zelle schnell diffundieren können.

Tabelle 4.1

Repräsentative Auswahl von Beispielen katalytischer Konstanten

Enzym	$k_{kat}(s^{-1})$*
Papain	10
Ribonuclease	10^2
Carboxypeptidase	10^2
Trypsin	10^2 (bis 10^3)
Acetylcholinesterase	10^3
Kinasen	10^3
Dehydrogenasen	10^3
Transaminasen	10^3
Carboanhydrase	10^6
Superoxid-Dismutase	10^6
Katalase	10^7

*In der Tabelle sind nur die Größenordnungen der katalytischen Konstanten, nicht aber ihre exakten Werte angegeben.

4.2.5 Die Bedeutung von K_M

Die Michaelis-Konstante besitzt mehrere Bedeutungen. ▶*Gleichung 4.21* definiert K_M als Verhältnis der Summe der Geschwindigkeitskonstanten der Zerfallsreaktionen des Enzym-Substrat-Komplexes zur Geschwindigkeitskonstante der Bildungsreaktion des Komplexes. Wenn die Geschwindigkeitskonstante der Produktbildung (k_2) viel kleiner ist als k_{-1} oder k_1, was häufig der Fall ist, kann k_2 vernachlässigt werden, sodass K_M gleich dem Quotienten k_{-1}/k_1 ist. In diesem Fall entspricht K_M also der Gleichgewichtskonstanten der Dissoziation des Enzym-Substrat-Komplexes zurück zum freien Enzym und zum Substrat ($ES \rightarrow E + S$). Somit ist K_M ein Maß für die Affinität des Enzyms für sein Substrat. Je kleiner der Wert von K_M ist, desto fester wird das Substrat gebunden und desto größer ist der Anteil des Enzym-Substrat-Komplexes im Gleichgewicht der Dissoziation. K_M stellt auch einen der Parameter dar, die die Gestalt der v_0/[S]-Kurven bestimmen (▶*Abbildung 4.3b*). In diesem Fall repräsentiert K_M die Substratkonzentration, bei der die Anfangsgeschwindigkeit (v_0) die Hälfte der Maximalgeschwindigkeit (V_{max}) beträgt. Diese Bedeutung folgt direkt aus der allgemeinen Gleichung für eine Hyperbel (▶*Gleichung 4.17*). Die Werte von K_M werden manchmal auch zur Unterscheidung verschiedener Enzyme verwendet, die die gleiche Reaktion katalysieren. Säugetiere besitzen zum Beispiel mehrere unterschiedliche Formen der Lactat-Dehydrogenase, die alle abweichende K_M-Werte aufweisen. Auch wenn es in den meisten Fällen sinnvoll ist, K_M als Gleichgewichtskonstante der Dissoziation des Enzym-Substrat-Komplexes zu betrachten, ergibt sich K_M bei vielen Enzymen aus einer komplizierteren Funktion der verschiedenen Geschwindigkeitskonstanten. Das trifft insbesondere dann zu, wenn die Reaktion über mehr als zwei Schritte verläuft.

4.2.6 Kinetische Konstanten als Maß für Enzymaktivität und katalytische Effizienz

Man kann die kinetischen Konstanten K_M und k_{kat} zur Abschätzung der relativen Aktivitäten von Enzymen einsetzen. In den meisten Fällen stellt K_M ein Maß für die Stabilität des Enzym-Substrat-Komplexes (ES) dar, während k_{kat} der Geschwindigkeitskonstanten für die Umwandlung von ES zum Produkt und zum freien Enzym (E + P) unter Sättigungsbedingungen ähnelt, das heißt, wenn die Substratkonzentration die Reaktionsgeschwindigkeit nicht beeinflusst (Region A in ▶*Abbildung 4.4*).

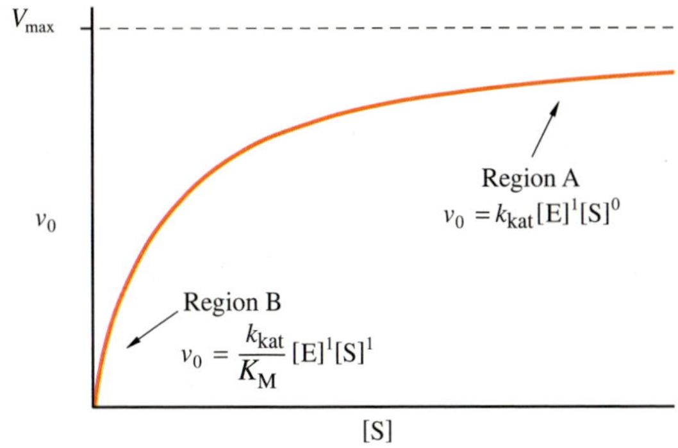

Region A: $ES \xrightarrow{k_{kat}} E + P$

Region B: $E + S \xrightarrow{k_{kat}/K_M} E + P$

$(E + S \longrightarrow ES \longrightarrow E + P)$

Abbildung 4.4: Bedeutungen von k_{kat} und k_{kat}/K_M. Die katalytische Konstante (k_{kat}) entspricht der Geschwindigkeitskonstanten der Umwandlung des ES-Komplexes zu E + S. Sie kann am leichtesten gemessen werden, wenn das Enzym mit dem Substrat gesättigt ist (Region A der gezeigten Michaelis-Menten-Kurve). Der Quotient k_{kat}/K_M stellt die Geschwindigkeitskonstante für die Umsetzung von E + S zu E + P dar, also der Gesamtreaktion bei sehr niedrigen Substratkonzentrationen (Region B). Die Reaktionsgleichungen mit den zugehörigen Geschwindigkeitskonstanten für die Regionen A und B sind unter dem Diagramm aufgeführt.

Betrachten Sie die Region B der hyperbolischen Kurve in ▶*Abbildung 4.4*. In diesem Bereich ist die Substratkonzentration sehr niedrig und der Kurvenverlauf entspricht annähernd einer Geraden. Unter diesen Bedingungen hängt die Reaktionsgeschwindigkeit sowohl von der Enzym- als auch von der Substratkonzentration ab. In der chemischen Kinetik spricht man von einer Reaktion zweiter Ordnung, weil die Reaktionsgeschwindigkeit von zwei Konzentrationen in der ersten Potenz abhängt. Die Reaktion ist erster Ordnung bezüglich des Enzyms, erster Ordnung bezüglich des Substrats und zweiter Ordnung insgesamt. Das Geschwindigkeitsgesetz dieser Reaktion lautet:

$$v_0 = k[E][S] \qquad (4.30)$$

Unser Interesse richtet sich nun auf die Bestimmung der Geschwindigkeitskonstanten zweiter Ordnung in diesem Geschwindigkeitsgesetz (▶*Gleichung 4.30*), weil sie insbesondere bei Enzymen mit hoher Wechselzahl, die unter physiologischen Bedingungen keiner Sättigung mit dem Substrat unterliegen, einen bestimmenden Faktor für die Reaktionsgeschwindigkeit darstellt. Als Michaelis und Menten die ganze Geschwindigkeitsgleichung zum ersten Mal aufschrieben, enthielt sie noch den Term $k_{kat}[E]_{total}$ anstelle von V_{max} (▶*Gleichung 4.29*). Mit der Kenntnis der Bedeutung von k_{kat}

können wir nun in der Michaelis-Menten-Gleichung (▶*Gleichung 4.28*) V_{max} wieder durch $k_{kat}[E]_{total}$ ersetzen. Für den Bereich der Michaelis-Menten-Kurve, in dem die Substratkonzentration sehr klein ist (Region B in ▶*Abbildung 4.4*), kann diese Gleichung vereinfacht werden. Zu diesem Zweck wird die Substratkonzentration im Nenner vernachlässigt, weil [S] viel kleiner ist als K_M. Außerdem kann $[E]_{total}$ gleich [E] gesetzt werden, weil infolge der sehr kleinen Substratkonzentration nur ein sehr kleiner Anteil der Enzymmoleküle mit einem Substratmolekül assoziiert ist. Auf diese Weise erhält man die vereinfachte ▶*Gleichung 4.31*.

$$v_0 = \frac{k_{kat}[E][S]}{K_M + [S]} = \frac{k_{kat}}{K_M}[E][S] \qquad (4.31)$$

Die Gegenüberstellung der ▶*Gleichungen 4.30* und *4.31* offenbart die Möglichkeit, die Geschwindigkeitskonstante zweiter Ordnung sehr gut durch den Quotienten k_{kat}/K_M anzunähern. Somit stellt k_{kat}/K_M eine scheinbare Geschwindigkeitskonstante zweiter Ordnung für die Bildung von E + P aus E + S dar, wenn die Gesamtreaktionsgeschwindigkeit durch die Anzahl der (wirksamen) Zusammenstöße zwischen den Substrat- und den Enzymmolekülen bestimmt wird. Der Quotient k_{kat}/K_M erreicht maximale Werte zwischen $10^8\ M^{-1}\ s^{-1}$ und $10^9\ M^{-1}\ s^{-1}$. Bei noch größeren Geschwindigkeitskonstanten würden die Enzyme das Substrat schneller umsetzen, als es durch Diffusion in der Lösung bei physiologischen Temperaturen nachgeliefert werden kann. Wird diese Grenze erreicht oder überschritten, wird die Reaktionsgeschwindigkeit nur noch durch die Diffusionsgeschwindigkeit der beteiligten Moleküle bestimmt. Man spricht in diesem Fall von einer diffusionskontrollierten Reaktion. Der Quotient k_{kat}/K_M kann verwendet werden, um die Aktivitäten verschiedener Enzyme zu vergleichen. Die Effizienz eines Enzyms kann auch durch die Messung seiner katalytischen Wirksamkeit beurteilt werden. Der Wert der katalytischen Wirksamkeit ergibt sich aus dem Quotienten k_{kat}/K_M (der Geschwindigkeitskonstanten der enzymatischen Reaktion) dividiert durch die Geschwindigkeitskonstante (k_n) der gleichen Reaktion in Abwesenheit des Enzyms. Die Werte der katalytischen Wirksamkeit sind erstaunlicherweise nur von relativ wenigen Enzymen bekannt, weil die meisten chemischen Reaktionen, die von Enzymen katalysiert werden, ohne Katalyse nur äußerst langsam ablaufen, sodass die Messung ihrer Geschwindigkeiten sehr schwierig ist. Die Reaktionsgeschwindigkeiten der unkatalysierten Reaktionen werden deswegen häufig in speziellen stahlummantelten Glaskolben bei Temperaturen oberhalb von 300 °C gemessen.

In ▶*Tabelle 4.2* sind einige Beispiele bekannter katalytischer Wirksamkeiten aufgelistet. Typische Werte liegen zwischen 10^{14} und 10^{20}, aber manche

Tabelle 4.2

Katalytische Wirksamkeiten einiger Enzyme

	Geschwindigkeitskonstante der nichtenzymatischen Reaktion (k_n in s^{-1})	Geschwindigkeitskonstante der enzymatischen Reaktion (k_{kat}/K_M in $M^{-1}\ s^{-1}$)	Katalytische Wirksamkeit
Carboanhydrase	10^{-1}	7×10^6	7×10^7
Chymotrypsin	4×10^{-9}	9×10^7	2×10^{16}
Chorismat-Mutase	10^{-5}	2×10^6	2×10^{11}
Triosephosphat-Isomerase	4×10^{-6}	4×10^8	10^{14}
Cytidin-Desaminase	10^{-10}	3×10^6	3×10^{16}
Adenosin-Desaminase	2×10^{-10}	10^7	5×10^{16}
Mandelat-Racemase	3×10^{-13}	10^6	3×10^{18}
β-Amylase	7×10^{-14}	10^7	10^{20}
Fumarase	10^{-13}	10^9	10^{21}
Arginin-Decarboxylase	9×10^{-16}	10^6	10^{21}
Alkalische Phosphatase	10^{-15}	3×10^7	3×10^{22}
Orotidin-5′-phosphat-Decarboxylase	3×10^{-16}	6×10^7	2×10^{23}

sind auch noch etwas höher (bis etwa 10^{23}). Die Schwierigkeiten bei der Bestimmung der Geschwindigkeitskonstanten der den enzymatischen Reaktionen entsprechenden nichtenzymatischen Reaktionen können durch die Halbwertszeit der Reaktion, die durch die Orotidin-5′-phosphat-Decarboxylase katalysiert wird, in Abwesenheit des Enzyms verdeutlicht werden: Sie beträgt etwa 78 Millionen Jahre! Die Werte der katalytischen Wirkung in ▶*Tabelle 4.2* demonstrieren eine der wichtigsten Eigenschaften von Enzymen, nämlich die Fähigkeit, Reaktionen zu beschleunigen, die ohne Katalyse viel zu langsam ablaufen würden, um in biologischen Systemen genutzt werden zu können.

4.2.7 Messung von K_M und V_{max}

Die kinetischen Parameter einer enzymatischen Reaktion liefern wertvolle Informationen zur Spezifität und zum Mechanismus der Reaktion. Die Schlüsselparameter stellen K_M und V_{max} dar, während k_{kat} berechnet werden kann, wenn V_{max} bekannt ist. K_M und V_{max} einer enzymatischen Reaktion können auf unterschiedlichen Wegen bestimmt werden. Beide Werte können zum Beispiel durch die Analyse der Anfangsgeschwindigkeiten bei einer Reihe von Substratkonzentrationen und einer konstanten Enzymkonzentration ermittelt werden. Um zuverlässige Werte für die kinetischen Konstanten zu erhalten, müssen sich die Substratkonzentrationen der Messpunkte über einen Bereich von genügend weit unterhalb bis ausreichend weit oberhalb von K_M erstrecken, damit die Messwerte eine Hyperbel ergeben. Es ist schwierig, K_M oder V_{max} direkt aus einem v_0/[S]-Diagramm zu bestimmen, weil sich die Kurve V_{max} asymptotisch nähert und bereits bei relativ kleinen Substratkonzentrationen stark abflacht. Allerdings können genaue Werte durch die Verwendung eines geeigneten Computerprogramms berechnet werden, das die allgemeine Gleichung einer Hyperbel an die Messwerte anpasst. Die Michaelis-Menten-Gleichung kann so umgeformt werden, dass man die Gleichung einer Geraden erhält, mit deren Hilfe K_M und V_{max} leichter bestimmt werden können. Die am häufigsten angewandte Umformung ergibt die reziproke Form der Michaelis-Menten-Gleichung, die sogenannte Lineweaver-Burk-Gleichung (▶*Abbildung 4.5*). Die daraus abgeleitete, doppelt-reziproke Auftragung von $1/v_0$ gegen 1/[S] liefert eine Gerade (▶*Abbildung 4.5*). In diesem Diagramm entspricht der Schnittpunkt der Geraden mit der *x*-Achse dem Wert $-1/K_M$ und der Schnittpunkt mit der *y*-Achse dem Wert $1/V_{max}$. Die doppelt-reziproken Diagramme stellen zwar nicht die genaueste Methode zur Bestimmung der kinetischen Konstanten dar, aber sie sind leicht verständlich und liefern problemlos wiedererkennbare, charakteristische Muster bei der Untersuchung der Enzymhemmung, einem äußerst wichtigen Teilgebiet der Enzymologie, das wir in Kürze näher behandeln werden (▶*Abschnitt 4.3.4*).

Werte für k_{kat} können nur dann aus Messungen von V_{max} ermittelt werden, wenn die zugehörige Gesamtkonzentration des Enzyms ($[E]_{total}$) bekannt ist (▶*Gleichung 4.29*). Für K_M können sogar genaue Werte bestimmt werden, wenn das Enzym nicht besonders gereinigt wurde, vorausgesetzt, die beobachtete Reaktion kann nur von einem Enzym in der partiell angereicherten Probe katalysiert werden.

4.2.8 Kinetik von Multisubstrat-Reaktionen

Die Kinetik von Multisubstrat-Reaktionen ist etwas komplizierter als die Enzymkinetik von einfachen Ein-Substrat-Reaktionen. Trotzdem reicht es für viele Zwecke, wie zum Beispiel für die Entwicklung eines Enzym-Tests, nur K_M für jedes Substrat in Gegenwart sättigender Mengen aller anderen Substrate zu bestimmen. Die einfache Enzymkinetik, die in diesem Kapitel bisher aufgezeigt wurde, kann erweitert werden, um bei Multisubstrat-Reaktionen, wie zum Beispiel Grup-

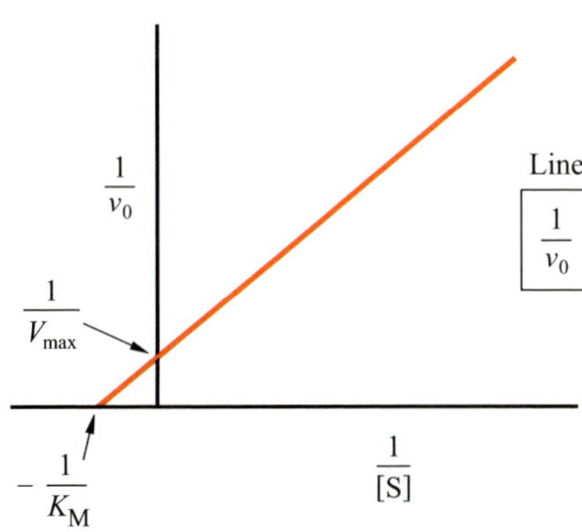

Lineweaver-Burk-Gleichung:

$$\frac{1}{v_0} = \left(\frac{K_M}{V_{max}}\right)\frac{1}{[S]} + \frac{1}{V_{max}}$$

Abbildung 4.5: Lineweaver-Burk-Diagramm (doppelt-reziproke Auftragung). Dieses Diagramm leitet sich aus einer linearen Umformung der Michaelis-Menten-Gleichung ab. Es stellt die Werte von $1/v_0$ als Funktion der Werte von 1/[S] dar.

penübertragungsreaktionen, zwischen mehreren mechanistischen Möglichkeiten unterscheiden zu können. Dies geschieht durch die Messung der Effekte, die die Variation der Konzentration eines Substrats auf die kinetischen Messergebnisse der anderen Substrate ausübt. Multisubstrat-Reaktionen können nach verschiedenen kinetischen Schemata ablaufen, die man kinetische Mechanismen nennt, weil sie vollständig aus kinetischen Experimenten abgeleitet werden. Kinetische Mechanismen werden üblicherweise mithilfe des von W. W. Cleland eingeführten Nomenklatursystems dargestellt. Die einzelnen Reaktionsschritte werden in der Reihenfolge ihres Auftretens während der enzymatischen Reaktion von links nach rechts entlang einer zentralen horizontalen Linie angeordnet (▶*Abbildung 4.6*). Die Assoziation von Substratmolekülen (A, B, C ...) mit dem Enzym und die Dissoziation von Produkten (P, Q, R ...) vom Enzym werden durch Pfeile oberhalb der horizontalen Linie illustriert, die in Richtung der Linie (Substratbindung) oder von ihr weg (Produktfreisetzung) zeigen. Unter die horizontale Linie werden die verschiedenen Formen des Enzyms geschrieben (freies E, ES-Komplexe oder EP-Komplexe). Die Enzym-Substrat-Komplexe, in denen eine chemische Umwandlung erfolgt, nachdem jeweils alle erforderlichen Substrate gebunden wurden, werden durch runde Klammern eingerahmt. Bei sequenziellen Reaktionen (▶*Abbildung 4.6a*) müssen zunächst alle Substrate an das Enzym gebunden sein, bevor das Produkt gebildet und freigesetzt werden kann. Sequenzielle Reaktionen können entweder einen geordneten Mechanismus aufweisen, bei dem die verschiedenen Substratmoleküle in einer genau festgelegten Reihenfolge an das Enzym gebunden und die Produkte in einer bestimmten Reihenfolge freigesetzt werden, oder nach einem zufälligen Mechanismus ablaufen, bei dem keine feste Reihenfolge bei der Bindung der Substrate oder der Freisetzung der Produkte eingehalten wird. Bei Ping-Pong-Reaktionen (▶*Abbildung 4.6b*) sind bereits ein oder mehrere Produkte freigesetzt worden, bevor alle Substrate an das Enzym gebunden werden. In einer Bisubstrat-Ping-Pong-Reaktion wird zum Beispiel zunächst das erste Substrat gebunden, dann wird das Enzym durch eine Substitution verändert, das Substrat wird zum ersten Produkt umgesetzt und das erste Produkt wird freigesetzt. Anschließend wird das zweite Substrat an das veränderte Enzym gebunden und zum zweiten Produkt umgesetzt. Dabei wird das Enzym in seinen ursprünglichen Zustand zurückversetzt. Zum Abschluss des Reaktionszyklus wird auch das zweite Produkt freigesetzt. Da ein Teil (eine Gruppe) des ersten Substrats vorübergehend fest, häufig kovalent, mit dem Enzym verbunden wird, spricht man in diesem Fall auch von einem Mechanismus über ein substituiertes Enzym. Die Bindung und Freisetzung von Liganden bei einem Ping-Pong-Mechanismus werden meistens durch schräge Linien beziehungsweise Pfeile dargestellt. Die beiden Formen des Enzyms werden mit E (unsubstituiert) und F (substituiert) bezeichnet.

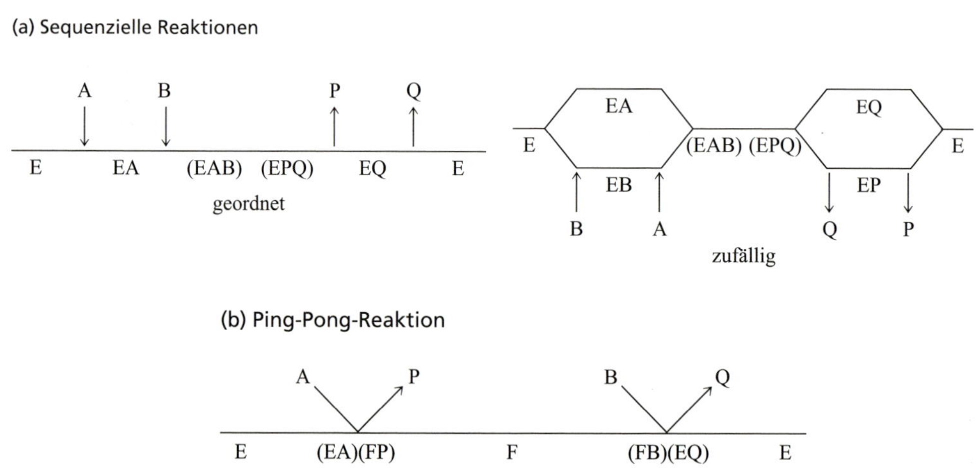

Abbildung 4.6: Nomenklatur zur Beschreibung des kinetischen Mechanismus von Bisubstrat-Reaktionen. (a) Bei sequenziellen Reaktionen werden zunächst alle Substrate gebunden, bevor die Produkte freigesetzt werden. Die Bindung der Substrate und die Freisetzung der Produkte kann in einer bestimmten (geordneter Mechanismus) oder in einer zufälligen (ungeordneter Mechanismus) Reihenfolge stattfinden. (b) Bei einem Ping-Pong-Mechanismus wird zunächst das erste Substrat gebunden und zum ersten Produkt umgesetzt, das vom Enzym dissoziiert. Das Enzym wird durch diesen Reaktionsschritt verändert, indem eine Gruppe des ersten Substrats an das Enzym gebunden bleibt. Anschließend wird ein zweites Substrat gebunden und zum zweiten Produkt umgesetzt, das schließlich auch freigesetzt wird. Bei diesem Reaktionsschritt wird das Enzym in seinen ursprünglichen Zustand zurückversetzt.

4.3 Reversible Hemmung von Enzymen

Ein Inhibitor (I) ist eine Verbindung, die an ein Enzym bindet und dadurch dessen enzymatische Aktivität herabsetzt. Man spricht in diesem Zusammenhang auch von einer Hemmung des Enzyms. Die Wirkung von Inhibitoren kann auf der Verhinderung der Bildung des Enzym-Substrat-Komplexes oder auf der Hemmung der eigentlichen chemischen Reaktion beruhen, die zur Bildung des enzymatischen Produkts führt. Im Allgemeinen sind Inhibitoren kleine Moleküle, die reversibel an das Enzym binden, welches sie hemmen. Zellen enthalten viele natürliche Enzyminhibitoren, die wichtige Rollen bei der Regulation des Stoffwechsels spielen. Künstlich hergestellte Inhibitoren dienen zur Untersuchung enzymatischer Mechanismen und zur Aufklärung von Stoffwechselwegen. Viele Medikamente, aber auch Gifte, stellen Enzyminhibitoren dar. Manche Inhibitoren binden kovalent an ein Enzym und führen so zu dessen irreversibler Hemmung. Die meisten biologisch relevanten Inhibitoren führen aber zu einer reversiblen Hemmung von Enzymen. Reversible Inhibitoren binden über die gleichen Typen nichtkovalenter Wechselwirkungen an Enzyme wie Substrate und Produkte. Die einfache Möglichkeit, reversible Inhibitoren aus einer Lösung des Enzyms durch Methoden wie die Dialyse oder die Gelfiltration zu entfernen, erlaubt es zwischen reversiblen und irreversiblen Inhibitoren zu unterscheiden. Das Gleichgewicht zwischen dem freien Enzym (E) und dem freien Inhibitor (I) auf der einen Seite und dem Enzym-Inhibitor-Komplex (EI) auf der anderen Seite weist eine charakteristische Gleichgewichtskonstante auf, die in Bezug auf die Rückreaktion der Komplexbildung in diesem Zusammenhang Dissoziationskonstante (K_I) genannt wird.

$$E + I \rightleftharpoons EI \qquad K_D = K_I = \frac{[E][I]}{[EI]} \qquad (4.32)$$

Die wichtigsten Typen der reversiblen Hemmung sind die kompetitive, die unkompetitive sowie die nichtkompetitive Hemmung. Diese Typen können experimentell durch ihre Auswirkungen auf das kinetische Verhalten von Enzymen unterschieden werden (▶*Tabelle 4.3*). ▶*Abbildung 4.7* illustriert schematisch die charakteristischen kinetischen Merkmale der Enzym-Inhibitor-Wechselwirkungen bei den verschiedenen Typen der reversiblen Hemmung.

Tabelle 4.3

Auswirkungen der verschiedenen Typen reversibler Inhibitoren auf kinetische Konstanten

Inhibitortyp	Kinetischer Effekt
Kompetitiv (I bindet nur an E)	Anstieg von K_M; V_{max} bleibt unverändert
Unkompetitiv (I bindet nur an ES)	V_{max} und K_M sinken; der Quotient V_{max}/K_M bleibt aber unverändert
Nichtkompetitiv (I bindet an E oder ES)	V_{max} sinkt; K_M bleibt unverändert

4.3.1 Kompetitive Hemmung

Bei den meisten Inhibitoren handelt es sich um kompetitive Inhibitoren. Bei der kompetitiven Hemmung bindet der Inhibitor nur an das freie Enzymmolekül, das noch kein Substratmolekül gebunden hat. Die kompetitive Hemmung wird durch die Illustrationen in den ▶*Abbildung 4.7a* und ▶*Abbildung 4.7b* sowie durch das kinetische Reaktionsschema in ▶*Abbildung 4.8a* verdeutlicht. In diesem Schema kann das Produkt (P) nur direkt aus dem Enzym-Substrat-Komplex (ES) gebildet werden. Durch die Bildung des Enzym-Inhibitor-Komplexes (EI) wird die Bildung von ES verhindert, sodass das Enzym dem normalen Reaktionsweg für die Lebensdauer des EI-Komplexes entzogen wird.

Wenn ein kompetitiver Inhibitor an ein Enzym gebunden ist, kann kein Substratmolekül mehr an das Enzym binden. Umgekehrt verhindert ein bereits gebundenes Substratmolekül die Assoziation mit einem Inhibitormolekül. Mit anderen Worten: S und I stehen im Wettstreit um die Bindung an das Enzym und beide binden meistens an dieselbe Stelle. In diesem Fall spricht man von einer klassischen kompetitiven Hemmung (▶*Abbildung 4.7a*). Es treten aber auch Fälle einer anderen Art der kompetitiven Hemmung auf, bei der der Inhibitor an einer anderen Stelle an das Enzym bindet und dadurch eine Veränderung der Substrat-Bindungsstelle hervorruft, sodass die Bindung des Substrats nicht mehr möglich ist. Diese Art der kompetitiven Hemmung, die man zum Beispiel bei allosterischen Enzymen findet (▶*Abschnitt 4.5*), nennt man nichtklassische kompetitive Hemmung (▶*Abbildung 4.7b*). Wenn in einer Lösung neben E sowohl S als auch I gelöst sind,

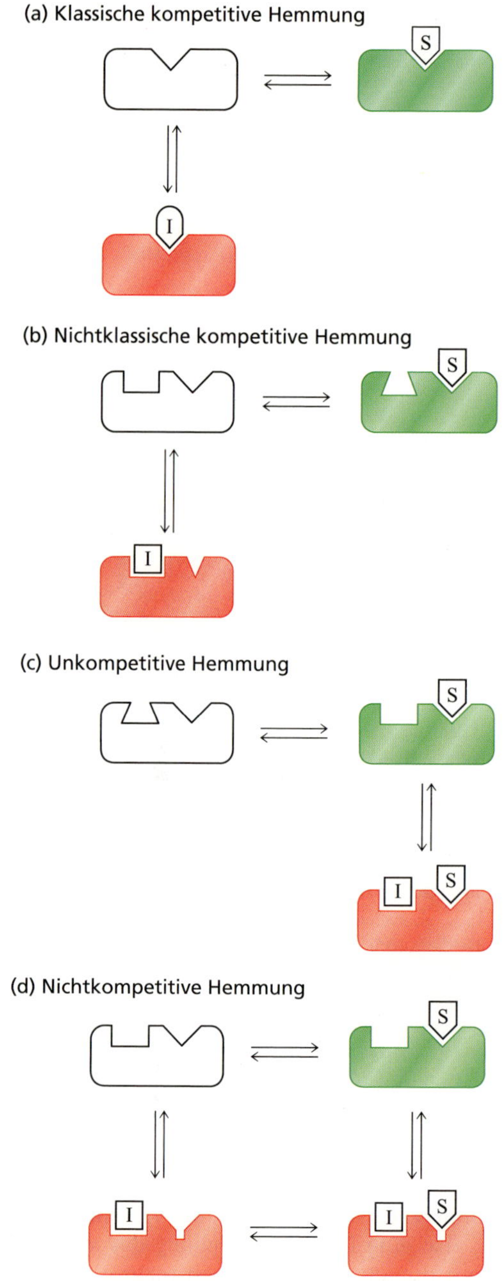

Abbildung 4.7: Schematische Darstellung der verschiedenen Typen der reversiblen Hemmung von Enzymen. In dieser Abbildung sind katalytisch aktive Enzyme grün und inaktive Enzyme rot dargestellt. (a) Klassische kompetitive Hemmung. S und I schließen sich bei der Bindung an das Enzym gegenseitig aus, weil sie an dieselbe Stelle des Enzyms binden. (b) Nichtklassische kompetitive Hemmung. Die Bindung von S im aktiven Zentrum des Enzyms verhindert die Bindung von I an einer anderen Stelle und umgekehrt. (c) Unkompetitive Hemmung. I bindet nur an den ES-Komplex. Das Enzym wird durch die Bindung von I inaktiviert. (d) Nichtkompetitive Hemmung. I kann entweder an E oder an ES binden. Das Enzym wird inaktiviert, wenn I gebunden wird. Obwohl der EI-Komplex nach wie vor das Substrat binden kann, wird kein Produkt gebildet.

hängt der Anteil der Enzymmoleküle, die einen ES-Komplex (und schließlich das Produkt) bilden können, von den Konzentrationen von S und I sowie von deren relativen Affinitäten bezüglich des Enzyms ab. Die Menge des EI-Komplexes kann durch eine Erhöhung der Substratkonzentration verringert werden. Bei genügend hoher Substratkonzentration kann das Enzym sogar trotz Anwesenheit einer kleinen Menge des Inhibitors praktisch mit dem Substrat gesättigt vorliegen. In diesem Fall wird die Maximalgeschwindigkeit deswegen nicht von der Anwesenheit des Inhibitors beeinflusst. Steigert man nun aber die Konzentration des Inhibitors, ist eine höhere Substratkonzentration erforderlich, um eine halbe Sättigung des Enzyms zu erreichen. Die Substratkonzentration bei halber Sättigung entspricht, wie wir bereits gezeigt haben, der Michaelis-Konstante (K_M). Mit wachsender Konzentration des kompetitiven Inhibitors steigt somit auch K_M. Die neue Michaelis-Konstante wird häufig als effektive Michaelis-Konstante (K_M^{eff}) bezeichnet. In einem doppelt-reziproken Diagramm führt die Zugabe eines kompetitiven Inhibitors zu einer Abnahme des Absolutwertes von $-1/K_M$, also zu einer Rechtsverschiebung des Schnittpunktes der Geraden mit der *x*-Achse, während der Schnittpunkt mit der *y*-Achse ($1/V_{max}$) konstant bleibt (▶*Abbildung 4.8b*).

Viele klassische kompetitive Inhibitoren stellen Substratanaloga dar. Diese Verbindungen weisen eine dem Substrat sehr ähnliche Struktur auf, die zwar eine Bindung an das aktive Zentrum aber *keine* Reaktion ermöglicht. Benzamidin ist zum Beispiel ein kompetitiver Inhibitor von Trypsin. Trypsin katalysiert die Hydrolyse von Peptidbindungen, deren Carbonylgruppen von einem Arginin- oder einem Lysinrest stammen. Benzamidin ist ein Analogon der Alkylguanidyl-Seitenkette von Arginin (▶*Abbildung 4.8g*). Benzamidin tritt als kompetitiver Inhibitor auf, weil es mit den Arginin-Seitenketten von Peptiden um die Bindungstasche (das aktive Zentrum) von Trypsin konkurriert.

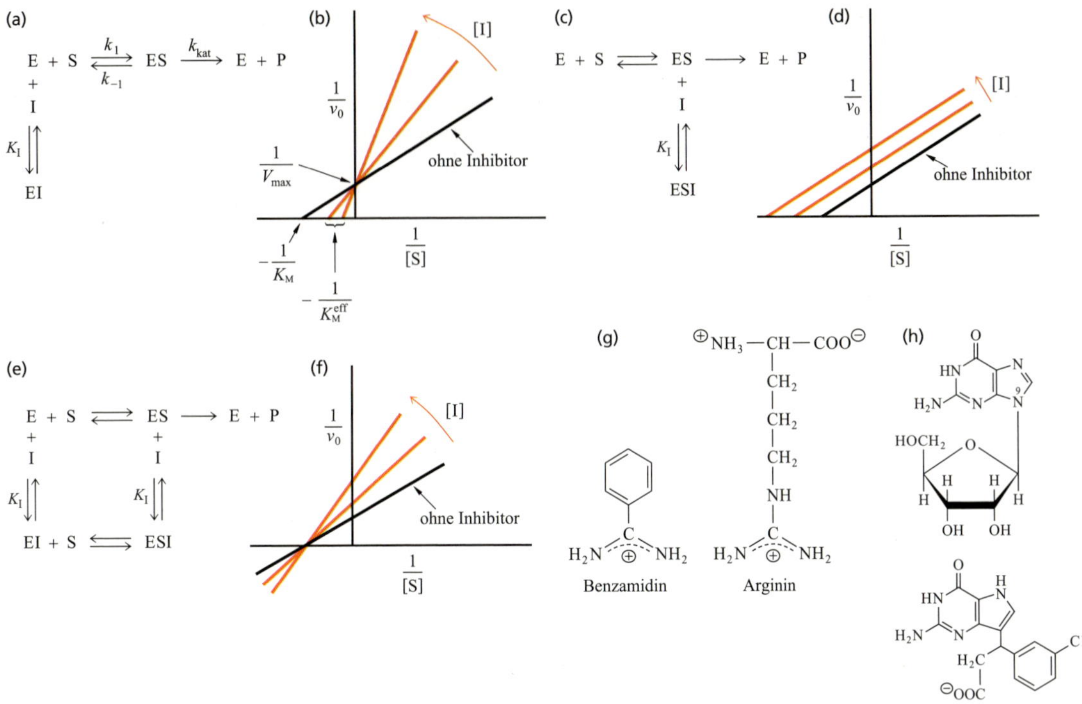

Abbildung 4.8: Reversible Hemmung von Enzymen. (a) Kompetitive Hemmung. Kinetisches Reaktionsschema, das die kinetischen Zusammenhänge bei der Bindung von I oder S an das Enzym sowie die Bildung des Produkts aus dem ES-Komplex illustriert. Beachten Sie, dass dieses Reaktionsschema eine Erweiterung von ▶*Gleichung 4.16* darstellt, die zusätzlich die Bindung von I beinhaltet. (b) Doppelt-reziproke Auftragung. Bei der kompetitiven Hemmung bleibt V_{max} unverändert, während K_M steigt. Die schwarze Gerade zeigt das Ergebnis in Abwesenheit eines Inhibitors. Die roten Geraden repräsentieren Ergebnisse in Anwesenheit unterschiedlicher Konzentrationen eines kompetitiven Inhibitors. Der rote Pfeil zeigt die Richtung der Verschiebung der Geraden mit steigender Inhibitorkonzentration ([I]) an. (c) Unkompetitive Hemmung. Kinetisches Reaktionsschema, das die Bindung von I an ES im Verlauf der normalen enzymatischen Reaktion zeigt. (d) Doppelt-reziproke Auftragung. Bei der unkompetitiven Hemmung sinken sowohl V_{max} als auch K_M, deren aus dem Diagramm direkt ersichtliche Kehrwerte demnach steigen. $-1/K_M$ wird wegen des negativen Vorzeichens allerdings auch kleiner. Der Quotient K_M/V_{max}, der die Steigung der Geraden repräsentiert, bleibt unverändert. (e) Klassische nichtkompetitive Hemmung. Kinetisches Reaktionsschema, das die Bindung von I an E und ES im Verlauf der normalen enzymatischen Reaktion illustriert. (f) Doppelt-reziproke Auftragung. V_{max} sinkt mit steigender Inhibitorkonzentration, während K_M konstant bleibt. (g) Strukturformeln von Benzamidin und Arginin. Benzamidin steht mit Argininresten im Wettstreit um die Bindung an Trypsin. (h) Vergleich des Substrats der Purinnucleosid-Phosphorylase (PNP) mit einem am Computer entworfenen Inhibitor. Die beiden Substrate dieses Enzyms sind Guanosin (oben) und Phosphat. Im Vergleich zum Guanosin wurde im Inhibitor (unten) N-9 gegen ein Kohlenstoffatom ausgetauscht. Der chlorierte Phenylring bindet an die Zucker-Bindungsstelle des Enzyms und die Acetat-Seitenkette bindet an die Phosphat-Bindungsstelle.

4.3.2 Unkompetitive Hemmung

Unkompetitive Inhibitoren binden nur an den Enzym-Substrat-Komplex (ES) und nicht an das freie Enzym (▶*Abbildung 4.7c* und ▶*Abbildung 4.8c*). Bei der unkompetitiven Hemmung wird die Maximalgeschwindigkeit (V_{max}) verringert, $1/V_{max}$ also erhöht, weil ein Teil der ES-Komplexe in die enzymatisch inaktiven ESI-Komplexe umgewandelt wird, sodass diese während der Lebensdauer des ESI-Komplexes kein Produkt bilden können. Da I in diesem Fall an den ES-Komplex bindet, kann die Abnahme von V_{max} nicht durch die Zugabe von mehr Substrat aufgehoben werden. S und I konkurrieren nicht um die Bindung an das Enzym. Unkompetitive Inhibitoren verursachen auch eine Absenkung von K_M, also eine Linksverschiebung des x-Achsenschnittpunktes im doppelt-reziproken Diagramm ($-1/K_M$ wird kleiner, K_M also ebenfalls), weil das Gleichgewicht für die Bildung von ES und ESI durch die Bindung von I zugunsten der Komplexe verschoben wird. Experimentell kann man eine Parallelverschiebung der Messgeraden mit steigender Konzentration des unkompetitiven Inhibitors beobachten. Die Geraden weisen also alle die gleiche Steigung auf. Das bedeutet, dass die Werte von K_M und V_{max} mit steigender Inhibitorkonzentration proportional zueinander abgesenkt werden (▶*Abbildung 4.8d*). Unkompetitive Hemmungen treten in der Regel nur bei Multisubstrat-Reaktionen auf.

4.3.3 Nichtkompetitive Hemmung

Nichtkompetitive Inhibitoren können sowohl an E als auch an ES binden. Dabei werden die enzymatisch inaktiven Komplexe EI beziehungsweise ESI gebildet (▶*Abbildung 4.7d* und ▶*Abbildung 4.8e*). Diese Inhibitoren sind keine Substratanaloga und binden nicht an dieselbe Stelle wie das Substrat. Der klassische Fall einer nichtkompetitiven Hemmung ist durch eine Absenkung von V_{max}, also einen Anstieg von $1/V_{max}$, gekennzeichnet, während sich K_M nicht ändert. Deswegen schneiden sich bei der klassischen nichtkompetitiven Hemmung alle Geraden für unterschiedliche Inhibitorkonzentrationen in einem Punkt, dem gemeinsamen Schnittpunkt mit der x-Achse, der dem Wert $-1/K_M$ entspricht (▶*Abbildung 4.8f*). Der gemeinsame Schnittpunkt mit der x-Achse zeigt, dass K_M nicht beeinflusst wird. Der Effekt der nichtkompetitiven Hemmung besteht in der Titration von E und ES mit I, die zur Verringerung der Anzahl der enzymatisch aktiven Enzymmoleküle führt. Diese Art der Hemmung kann nicht durch die Erhöhung der Substratkonzentration überwunden werden. Die klassische nichtkompetitive Hemmung kommt nur selten vor, es gibt aber Beispiele unter den allosterischen Enzymen. Bei diesen Enzymen induziert der nichtkompetitive Inhibitor wahrscheinlich eine Konformationsänderung des Enzyms in eine Konformation, die das Substrat nach wie vor binden, aber dessen Umwandlung in das Produkt nicht katalysieren kann. Das kinetische Verhalten der meisten nichtkompetitiv gehemmten Enzyme entspricht nicht der reinen klassischen nichtkompetitiven Hemmung. Stattdessen werden sowohl V_{max} als auch K_M beeinflusst, weil sich die Affinität des freien Enzyms (E) bezüglich des Inhibitors von der Inhibitor-Affinität des Enzym-Substrat-Komplexes (ES) unterscheidet. Man spricht in diesem Fall häufig von einer gemischten Hemmung.

4.3.4 Anwendungen der Enzymhemmung

Die reversible Hemmung von Enzymen stellt ein wirksames Werkzeug für die Untersuchung von Enzymaktivitäten und deren gezielte Beeinflussung zur Behandlung von Krankheiten dar. Informationen über die Gestalt und die chemische Reaktivität des aktiven Zentrums eines Enzyms können aus Experimenten mit einer Reihe von Inhibitoren mit systematisch veränderten Strukturen erhalten werden. Die pharmazeutische Industrie führt Studien zur Hemmung von Enzymen durch, um klinisch einsetzbare Wirkstoffe zu entwickeln. Häufig wird ein natürlich vorkommender Inhibitor eines Enzyms als Startmolekül für die Weiterentwicklung zu einem geeigneten, potenten Wirkstoff eingesetzt. Anstelle der zufälligen Synthese und Testung potenzieller Inhibitoren verfolgen einige Forscher einen gezielteren Weg bei der Entwicklung neuer Wirkstoffe, der auch im Deutschen als *Rational Drug Design* (rationale Wirkstoffentwicklung) bekannt ist. Zumindest theoretisch ist es inzwischen möglich, mithilfe des enorm gewachsenen Wissens über die Strukturen und Mechanismen von Enzymen und leistungsfähigen Computern gezielt Inhibitoren zu entwerfen, die passgenau im aktiven Zentrum eines Zielenzyms (engl. *target enzyme*) binden können. Tatsächlich wurden auf diesem Weg bereits einige Inhibitoren gefunden, die zu marktreifen Medikamenten weiterentwickelt werden konnten. Die Wirkung einer synthetischen Verbindung wird zuerst am isolierten Enzym (in Lösung) und dann im biologischen System getestet. Selbst wenn ein Wirkstoff geeignete Hemmaktivitäten aufweist, können viele andere Probleme seine Verwendung als Medikament verhindern. Der Wirkstoff kann zum Beispiel nicht in der Lage sein, die Zielzellen im lebenden Organismus zu erreichen und in sie einzudringen. Es können den Einsatz als Medikament auch ein zu schneller Abbau des Wirkstoffs *in vivo* zu einer inaktiven Verbindung verbieten, ebenso wie eine zu hohe Toxizität für den Zielorganismus oder die Entwicklung einer Resistenz der Zielzellen gegenüber dem Wirkstoff. Die großen Fortschritte bei der Synthese und Entwicklung von neuen Wirkstoffen können am Beispiel einer Reihe von Inhibitoren des Enzyms Purinnucleosid-Phosphorylase (PNP) illustriert werden. Dieses Enzym katalysiert eine Abbaureaktion, an der Phosphat und das Nucleosid Guanosin beteiligt sind. Die Struktur von Guanosin finden Sie in ▶*Abbildung 4.8h oben*. Durch Modellierung am Computer wurden Strukturen von möglichen Inhibitoren für dieses Enzym entworfen und strukturell an das aktive Zentrum des Enzyms angepasst. Eine dieser Verbindungen (▶*Abbildung 4.8h unten*) erwies sich im Experiment als ein 100-mal stärkerer Inhibitor als der beste Inhibitor, der durch die herkömmliche *Trial and Error*-Methode entdeckt wurde. Die Wissenschaftler hoffen durch *Rational Design* von Inhibitoren der PNP neue Medikamente zur Behandlung von Autoimmunerkrankungen wie der rheumatoiden Arthritis und der multiplen Sklerose entwickeln zu können.

4.4 Irreversible Hemmung von Enzymen

Im Gegensatz zu einem reversiblen Inhibitor bildet ein irreversibler Enzyminhibitor eine stabile kovalente Bindung zum Enzym und verursacht dadurch eine dauerhafte Abnahme der Population der aktiven Enzymmoleküle. Die irreversible Hemmung eines Enzyms erfolgt typischerweise durch die Alkylierung oder Acylierung der Seitenkette einer Aminosäure im aktiven Zentrum. Es gibt sowohl viele Beispiele von natürlich vorkommenden als auch von synthetischen irreversiblen Inhibitoren, von denen einige im Folgenden beschrieben werden. Ein wichtiges Einsatzgebiet irreversibler Inhibitoren stellt die Identifizierung von Aminosäuren im aktiven Zentrum von Enzymen durch spezifische Substitutionen an deren Seitenketten dar. Bei diesem Verfahren wird die Lösung eines Enzyms mit einem irreversiblen Inhibitor inku-

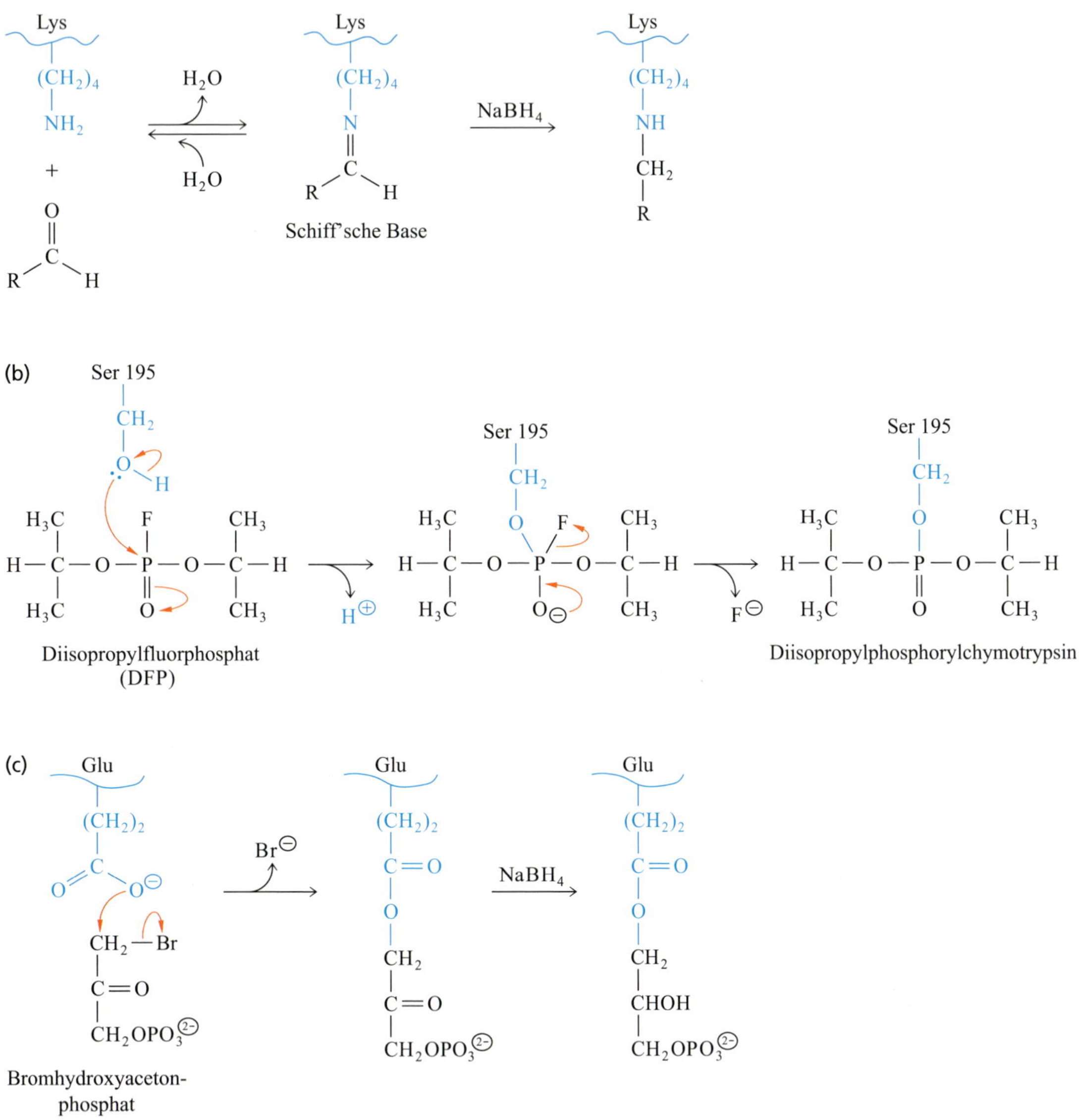

Abbildung 4.9: Irreversible Hemmung von Enzymen. (a) Die Reaktion der ε-Aminogruppe eines Lysinrestes mit einem Aldehyd. Die Reduktion der Schiff'schen Base mit Natriumborhydrid ($NaBH_4$) ergibt das stabilere Amin im substituierten Enzym. (b) Die Reaktion von Diisopropylfluorphosphat DFP mit der nucleophilen, alkoholischen Gruppe in der Seitenkette von Ser 195 im aktiven Zentrum von Chymotrypsin ergibt ein inaktives Diisopropylphosphorylchymotrypsin. DFP inaktiviert Serin-Proteasen und Serin-Esterasen. (c) Gezeigt ist die irreversible Hemmung von Triosephosphat-Isomerase durch Bromhydroxyacetonphosphat. Das 1-Brom-Analogon von Dihydroxyacetonphosphat reagiert mit der Seitenkette des Glutamatrestes Glu 165 im aktiven Zentrum. Die Reduktion der Carbonylgruppe des Substituenten mit Natriumborhydrid ($NaBH_4$) zum sekundären Alkohol verhindert die Übertragung des Affinitätsmarkers auf eine andere Gruppe.

biert, der nur mit einem bestimmten Aminosäuretyp reagiert. Anschließend wird getestet, ob das Enzym seine Aktivität verloren hat. Ionisierbare Seitenketten werden bevorzugt durch Acylierungs- oder Alkylierungsreaktionen modifiziert. Freie Aminogruppen, wie die ε-Aminogruppe von Lysin, reagieren zum Beispiel mit einem Aldehyd zu einer Schiff'schen Base, die durch die Reduktion mit Natriumborhydrid ($NaBH_4$) zu einem stabileren Amin umgesetzt wird (▶ *Abbildung 4.9a*).

Das Nervengas Diisopropylfluorphosphat (DFP; Fluorphosphorsäurediisopropyldiester) gehört zu einer Gruppe phosphororganischer Verbindungen, die Hydrolasen mit einem am enzymatischen Mechanismus beteiligten Serinrest im aktiven Zentrum inaktivieren. Diese Enzyme werden je nach Reaktionsspezifität Serin-Proteasen oder Serin-Esterasen genannt. So wird zum Beispiel die Serin-Protease Chymotrypsin, ein wichtiges Verdauungsenzym, durch DFP irreversibel gehemmt (▶ *Abbildung 4.9b*). Die Reaktion von DFP mit der alkoholischen Seitenkette von Ser 195 im aktiven Zentrum von Chymotrypsin führt zu einem enzymatisch inaktiven Diisopropylphosphorylchymotrypsin. Manche phosphororganischen Inhibitoren werden als Insektizide in der Landwirtschaft eingesetzt. Andere, wie DFP, stellen nützliche Reagenzien in der Enzymforschung dar. Die ursprünglich produzierten phosphororganischen Nervengase sind extrem giftige Verbindungen, die zuerst für den militärischen Einsatz entwickelt wurden. Die bedeutendste biologische Wirkung dieser Gifte besteht in der irreversiblen Hemmung der Serin-Esterase Acetylcholinesterase, die die Hydrolyse des Neurotransmitters Acetylcholin katalysiert. Acetylcholin ist in erster Linie ein Neurotransmitter im synaptischen Spalt und somit an der Reizweiterleitung von einer Nervenzelle zu einer anderen beteiligt. Nachdem Acetylcholin von der aktivierten Nervenzelle in den synaptischen Spalt freigesetzt wurde, bindet es an einen spezifischen Membranrezeptor in der postsynaptischen Membran der anderen Nervenzelle und löst dadurch einen neuen Nervenimpuls aus. Anschließend muss das Acetylcholin durch die Acetylcholinesterase schnell wieder abgebaut werden, damit die Nervenzelle in den Ruhezustand zurückkehren kann und keine dauerhafte Erregung stattfindet. Die Hemmung dieses Enzyms kann zum Beispiel schwere Lähmungserscheinungen hervorrufen. Die Lähmung der Atemmuskulatur kann schließlich sogar zum Tod führen. Nützlicher als allgemein substituierende Reagenzien sind irreversible Inhibitoren mit Strukturen, die die spezifische Bindung an das aktive Zentrum eines bestimmten Enzyms ermöglichen. Solche Inhibitoren werden als Affinitätsmarker verwendet. Bromhydroxyacetonphosphat ist zum Beispiel ein Affinitätsmarker für die Triosephosphat-Isomerase, die die wechselseitige Umwandlung von Dihydroxyacetonphosphat und Glycerinaldehyd-3-phosphat katalysiert. Dieser Inhibitor reagiert mit der Seitenkette eines Glutamatrestes des Enzyms (▶ *Abbildung 4.9c*). Durch Experimente wie dieses konnte Glu 165 als Komponente des aktiven Zentrums der Triosephosphat-Isomerase identifiziert werden.

4.5 Die Regulation der enzymatischen Aktivität

Eine bedeutende Eigenschaft von Enzymen ist die Möglichkeit, ihre katalytische Aktivität auf unterschiedliche Weise regulieren zu können. Die *vorhandene Menge* eines Enzyms kann durch die Regulation der Geschwindigkeiten seiner Synthese und seines Abbaus kontrolliert werden. Eine Kontrolle auf dieser Ebene findet in allen Spezies statt, aber es dauert häufig mehrere Minuten oder sogar Stunden, genügend neue Enzyme zu synthetisieren oder vorhandene Enzyme abzubauen. Eine schnelle Kontrolle im Bereich von Sekunden oder weniger kann in allen Organismen durch die reversible Modulation der Aktivität von regulierten Enzymen erreicht werden. In diesem Zusammenhang wollen wir regulierte Enzyme als solche Enzyme definieren, deren Aktivität so verändert werden kann, dass die Geschwindigkeit der enzymatisch katalysierten Reaktion beeinflusst wird. Häufig kontrollieren diese regulierten Enzyme einen Schlüsselschritt in einem Stoffwechselweg. Bei der Darstellung der Kontrolle von Stoffwechselwegen spricht man auch von regulatorischen Enzymen oder von Regulatorenzymen, wenn man sich auf die Kontrolle des Stoffwechselweges durch die Aktivität des Enzyms und nicht auf die eigentliche Regulation der enzymatischen Aktivität des Enzyms bezieht. Die Aktivität von regulierten Enzymen verändert sich als Antwort auf Signale aus der Umgebung, sodass Zellen auf unterschiedliche Umweltbedingungen durch die Anpassung der Geschwindigkeiten von Stoffwechselprozessen auf geeignete Weise reagieren können. Im Allgemeinen steigt die katalytische Aktivität von regulierten Enzymen mit steigender Substratkonzentration oder mit sinkender Konzentration der Produkte des zugehörigen Stoffwechselweges. Ihre Aktivität fällt dagegen, wenn die Substratkonzentration sinkt oder sich die Produkte ihres Stoffwechselweges anhäufen. Die Hemmung des ersten Enzyms in einem Stoffwechselweg, das nur in diesem Weg auftritt, verhindert die Verschwendung von Material und Energie, da eine unnötige Anhäufung von Zwischenprodukten und des Endprodukts dieses Stoffwechselweges vermieden wird. Regulierte Enzyme können bezüglich der Art ihrer Modulation unterteilt werden: nichtkovalent, allosterisch modulierte Enzyme und durch kovalente Modifizierung regulierte Enzyme.

Allosterische Phänomene sind für die reversible Kontrolle vieler regulierter Enzyme verantwortlich. Auch viele regulierte Enzyme vollziehen einen allosterischen Übergang zwischen einem aktiven R-Zustand und einem inaktiven T-Zustand. Diese Enzyme besitzen eine zweite (oder mehrere) Liganden-Bindungsstelle, die nicht mit dem katalytisch aktiven Zentrum des Enzyms übereinstimmt. Diese zweite Bindungsstelle heißt regulatorisches oder allosterisches Zentrum beziehungsweise Bindungsstelle. Ein allosterischer Effektor (oder Modulator), den man je nach seiner Wirkung als allosterischen Inhibitor oder allosterischen Aktivator bezeichnet, bindet an das allosterische Zentrum und induziert dadurch eine Konformationsänderung des regulierten Enzyms. Diese Konformationsänderung wirkt sich auch auf das aktive Zentrum des Enzyms aus, sodass dessen dreidimensionale Gestalt genügend stark verändert wird, um seine katalytische Aktivität zu beeinflussen. Das allosterische und das katalytisch aktive Zentrum befinden sich in unterschiedlichen, getrennten Bereichen des Proteinmoleküls. Sie sind überwiegend in verschiedenen Domänen und manchmal sogar in ungleichen Untereinheiten des Proteins lokalisiert. Allosterisch regulierte Enzyme sind häufig größer als andere Enzyme. Beachten Sie aber, dass die Aktivität nicht nur durch allosterische Kontrolle, sondern auch durch kovalente Modifizierung reguliert werden kann.

4.5.1 Phosphofructokinase – ein allosterisches Enzym

Die Phosphofructokinase-1 (PFK-1) aus dem Bakterium *Escherichia coli* liefert ein gutes Beispiel für eine allosterische Hemmung und Aktivierung. Phosphofructokinase-1 katalysiert die ATP-abhängige Phosphorylierung von Fructose-6-phosphat und ATP zu Fructose-1,6-bisphosphat und ADP (▶*Abbildung 4.10a*). Diese Reaktion ist einer der ersten Schritte der Glycolyse, eines ATP-erzeugenden Stoffwechselwegs für den Abbau von Glucose. Die Glycolyse wird in ▶*Kapitel 9* im Detail beschrieben. Phosphoenolpyruvat (PEP), das Produkt eines der letzten Schritte der Glycolyse, fungiert als allosterischer Inhibitor der PFK-1 aus *E. coli*. Ein übermäßiger Anstieg der Phosphoenolpyruvat-Konzentration stellt ein Zeichen für eine Blockade des Stoffwechselweges nach diesem Punkt dar. Eine weitere unerwünschte Produktion von Phosphoenolpyruvat wird dann durch die allosterische Hemmung der PFK-1 vermieden.

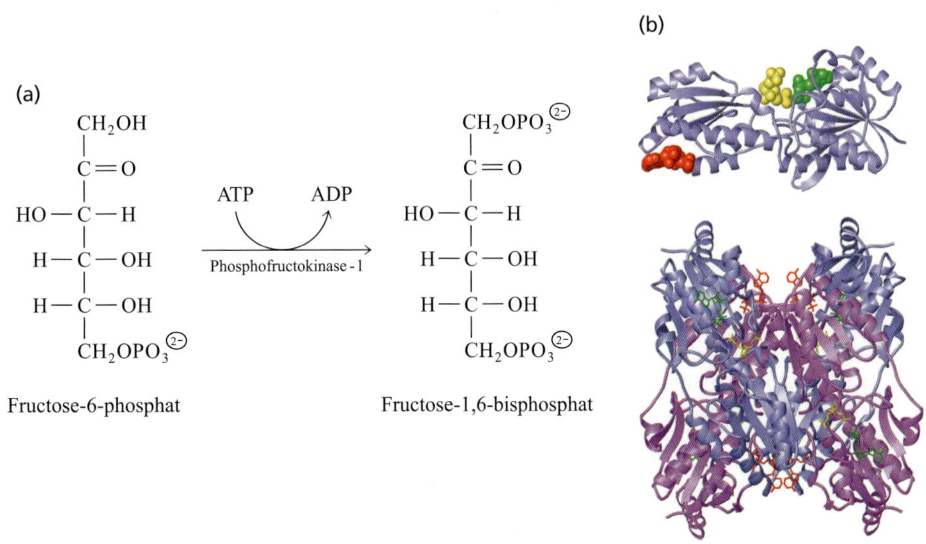

Abbildung 4.10: Das allosterisch regulierte Enzym Phosphofructokinase-1. (a) Die katalysierte Reaktion. (b) Modell der R-Konformation der Phosphofructokinase-1 aus *E. coli*. Dieses Enzym besteht aus vier identischen Untereinheiten, die zu einem Tetramer assoziiert vorliegen. Oben gezeigt ist das Strukturmodell einer einzelnen Untereinheit, in deren aktivem Zentrum die enzymatischen Produkte Fructose-1,6-bisphosphat (gelb) und ADP (grün) gebunden sind, während sich der allosterische Aktivator ADP (rot) im allosterischen Zentrum befindet. Unten sieht man das Modell des PFK-1-Tetramers. Zwei Untereinheiten sind blau und zwei Untereinheiten violett dargestellt, wobei die beiden Untereinheiten jedes Dimers jeweils in unterschiedlichen Farben gezeigt sind. In den aktiven Zentren aller vier Untereinheiten sind die Produkte Fructose-1,6-bisphosphat (gelb) und ADP (grün) gebunden. Die allosterischen ADP-Aktivatormoleküle (rot) besetzen die vier allosterischen Zentren an den Schnittstellen zwischen den Untereinheiten.

ADP wirkt dagegen als allosterischer Aktivator der Phosphofructokinase-1. Dies erscheint auf den ersten Blick vielleicht nicht sinnvoll, weil ADP ja ein Produkt der PFK-Reaktion darstellt (▶*Abbildung 4.10a*). Entscheidend ist aber die Auswirkung auf die Regulation des gesamten Stoffwechselweges und nicht nur auf die Kontrolle der einzelnen enzymatischen Reaktion. Die gesamte Glycolyse führt nämlich zu einer Nettoproduktion von ATP aus ADP. Steigende ADP-Spiegel sind als Hinweis auf einen Mangel an ATP zu werten, sodass eine Stimulation der Glycolyse angezeigt ist. ADP aktiviert also die Phosphofructokinase-1, obwohl oder gerade weil ATP in der PFK-Reaktion hydrolysiert wird. Phosphoenolpyruvat und ADP beeinflussen die Bindung des Substrats Fructose-6-phosphat an die Phosphofructokinase-1. Kinetische Experimente haben ergeben, dass die PFK-1 vier Bindungsstellen für ihr Substrat Fructose-6-phosphat aufweist. Dieses Ergebnis wurde durch die Strukturaufklärung der *E. coli*-PFK-1 ($M_r \approx 140.000$) bestätigt, die ein Tetramer aus vier identischen Untereinheiten ergab. ▶*Abbildung 4.10b* illustriert die Struktur der PFK-1, an die die Produkte der enzymatischen Reaktion, Fructose-1,6-bisphosphat und ADP, im aktiven Zentrum sowie der allosterische Aktivator ADP im allosterischen Zentrum gebunden sind. Die vier Polypeptidketten assoziieren in der Quartärstruktur des nativen Oligomers zu einem symmetrischen Tetramer aus zwei Dimeren. Das aktive Zentrum, mit dem die Produkte assoziiert sind, befindet sich zwischen den beiden Domänen jeder der Ketten. ADP ist an die größere der beiden Domänen und Fructose-1,6-bisphosphat überwiegend an die kleinere Domäne gebunden. Ein wichtiges Merkmal der Struktur der Phosphofructokinase-1 (sowie allgemein von regulierten Enzymen) stellt die räumliche Trennung zwischen dem aktiven und dem allosterischen Zentrum in jeder der Untereinheiten dar. In manchen regulierten Enzymen befinden sich das aktive und das allosterische Zentrum sogar in verschiedenen Untereinheiten. Der allosterische Aktivator ADP bindet in einiger Entfernung vom aktiven Zentrum in einer tiefen Einbuchtung zwischen den Untereinheiten an die PFK-1. Wenn ADP an das allosterische Zentrum gebunden wird, geht die PFK-1 in den R-Zustand (die R-Konformation) über, der eine viel höhere Affinität für Fructose-6-phosphat aufweist. Durch die Bindung des kleineren Moleküls Phosphoenolpyruvat an dasselbe allosterische Zentrum wird eine andere Konformation der PFK-1 stabilisiert. In diesem T-Zustand besitzt die PFK-1 nur eine sehr niedrige Affinität gegenüber ihrem Substrat Fructose-6-phosphat. Der Übergang zwischen den beiden Konformationen wird durch eine kleine Rotation der beiden Untereinheiten-Dimere in entgegengesetzter Richtung erreicht. Die Kooperativität der Substratbindung der PFK-1 ist eng verknüpft mit der konzertierten räumlichen Verschiebung des gleichen Argininrestes in der Fructose-6-phosphat-Bindungsstelle nahe der Schnittstelle zwischen den Dimeren aller vier Untereinheiten. Die Verlagerung der Seitenkette dieses Argininrestes im aktiven Zentrum hat eine Erniedrigung der Affinität für Fructose-6-phosphat zur Folge. In vielen Organismen ist die PFK-1 ein erheblich größeres Molekül, dessen allosterische Regulation deutlich komplizierteren Mechanismen unterworfen ist als die PFK-1 aus *E. coli* (▶*Abschnitt 9.2.3*). Aktivatoren können entweder V_{max} oder K_M oder beide Konstanten beeinflussen. Es ist wichtig zu erkennen, dass die Bindung eines Aktivators die Änderung der Struktur beziehungsweise die Konformation des Enzyms hervorruft und dass diese Konformationsänderung zu einem Zustand mit völlig anderen kinetischen Eigenschaften führen kann. In den meisten Fällen zeigen die Unterschiede in den kinetischen Eigenschaften des R- und T-Zustandes ein komplizierteres Erscheinungsbild als diejenigen, die bei den verschiedenen Typen der Enzymhemmung in ▶*Abschnitt 4.3.4* gezeigt werden.

4.5.2 Allgemeine Eigenschaften von allosterischen Enzymen

Bei der Untersuchung der kinetischen und physikalischen Eigenschaften vieler allosterischer Enzyme haben sich folgende allgemeine, gemeinsame Eigenschaften herauskristallisiert. Die Aktivitäten allosterischer Enzyme werden durch Zwischen- oder Endprodukte des Stoffwechsels verändert, die als Aktivatoren oder Inhibitoren des Enzyms und somit auch des zugehörigen Stoffwechselweges wirken können. Die Struktur dieser sogenannten allosterischen Effektoren oder allosterischen Modulatoren weist in der Regel keine besondere Ähnlichkeit mit der Struktur der Substrate oder Produkte des Enzyms auf. Phosphoenolpyruvat ähnelt zum Beispiel weder dem Substrat noch dem Produkt der Phosphofructokinase. Die strukturellen Unterschiede zwischen den Substraten und den allosterischen Inhibitoren von Enzymen haben ursprünglich zu dem Schluss geführt, dass allosterische Effektoren an Bindungsstellen binden, die *nicht* mit dem aktiven Zentrum übereinstimmen. Allosterische Effektoren binden nichtkovalent an die Enzyme, deren Aktivität sie regulieren. Es gibt allerdings auch eine spezielle Gruppe von regulierten Enzymen, deren Aktivität durch eine kovalente Modifizierung kontrolliert wird (▶*Abschnitt* 4.5.4). Viele Effektoren verändern die Michaelis-Konstante (K_M)

mit der schrittweisen Bindung zusätzlicher Ligandenmoleküle an ein Oligomer. Eine negative Kooperativität kommt nur bei einer kleinen Anzahl von Enzymen vor. Das konzertierte Modell stellt einen einfachen Spezialfall des sequenziellen Modells mit besonderen Anforderungen an die Symmetrie dar.

4.5.4 Regulation durch kovalente Modifizierung

Die Aktivität von Enzymen kann auch durch die Anknüpfung und Abspaltung von kovalent gebundenen Gruppen an die Polypeptidkette moduliert werden. Die Regulation durch kovalente Modifizierung erfolgt in der Regel langsamer als die oben beschriebene allosterische Regulation. Die kovalente Modifizierung ist zwar reversibel, erfordert aber meistens zusätzliche Enzyme, die sie katalysieren. Diese Enzyme können selbst einer allosterischen Kontrolle oder einer Regulation durch kovalente Modifizierung unterliegen. Durch kovalente Modifizierung kontrollierte Enzyme unterliegen vermutlich im Allgemeinen reversiblen Übergängen zwischen einem R- und einem T-Zustand. Sie können entweder in der einen oder der anderen Konformation durch eine kovalente Substitution arretiert werden. Der häufigste Typ einer kovalenten Modifizierung besteht in der Phosphorylierung eines oder mehrerer spezifischer Serinreste, auch wenn in manchen Fällen Threonin-, Tyrosin- oder Histidinreste phosphoryliert werden. Sogenannte Protein-Kinasen katalysieren die Übertragung der terminalen Phosphorylgruppe von ATP auf einen bestimmten Serinrest des regulierten Enzyms. Die Umkehrung dieses Vorgangs wird durch die Aktivität einer Protein-Phosphatase katalysiert. Diese beschleunigt die Hydrolyse des Phosphoserinrestes des regulierten Enzyms, bei der Phosphat freigesetzt und das Enzym in seinen früheren, dephosphorylierten Zustand zurückversetzt wird. Die verschiedenen Enzyme, deren Aktivität auf diese Weise reguliert wird, unterscheiden sich durch den Umstand, welche der beiden Formen die katalytisch aktive Form darstellt. Die Pyruvat-Dehydrogenase katalysiert eine Reaktion, die die Stoffwechselwege der Glycolyse mit dem Citronensäurezyklus verknüpft. Die Phosphorylierung der Pyruvat-Dehydrogenase, die durch das allosterische Enzym Pyruvat-Dehydrogenase-Kinase katalysiert wird, führt zur Inaktivierung der Dehydrogenase. Die Kinase kann durch mehrere Metabolite aktiviert werden. Die phosphorylierte Pyruvat-Dehydrogenase wird unter bestimmten Stoffwechselbedingungen durch die Hydrolyse des Phosphoserinrestes wieder reaktiviert. Diese Hydrolyse wird durch die Pyruvat-Dehydrogenase-Phosphatase katalysiert. Die Phosphatase wird wiederum durch Ca^{2+} allosterisch aktiviert.

4.6 Multienzymkomplexe und multifunktionelle Enzyme

In manchen Fällen kommen mehrere verschiedene Enzyme, die die sequenziellen Reaktionen desselben Stoffwechselweges katalysieren, in Form von Multienzymkomplexen vor. In anderen Fällen werden verschiedene enzymatische Aktivitäten in einer einzelnen multifunktionellen Polypeptidkette gefunden. Mehrere Aktivitäten einer einzelnen Polypeptidkette sind in der Regel das Ergebnis einer Genfusion.

Einige Multienzymkomplexe stellen ziemlich stabile Gebilde dar. In anderen Multienzymkomplexen liegen die Proteine nur schwach miteinander assoziiert vor. Diese Komplexe werden durch viele hydrophobe Wechselwirkungen sowie die sterische und elektrostatische Komplementarität ihrer Proteine stabilisiert. Weil solche Komplexe relativ leicht dissoziieren, war der Nachweis ihrer Existenz und der großen Bedeutung schwierig. Enzyme können auch durch Verknüpfung mit Membranen oder die Anknüpfung an Komponenten des Cytoskeletts assoziieren. Zu den Vorteilen der Multienzymkomplexe und multifunktionellen Enzyme für den Stoffwechsel gehört die Möglichkeit zur Kanalisierung von Stoffwechselzwischenprodukten (engl. *metabolite channeling*). Dieser kanalisierte Weitertransport von Reaktanten zwischen den verschiedenen aktiven Zentren, man spricht in diesem Zusammenhang auch von *Fließbandprinzip*, findet statt, indem das Produkt einer Reaktion direkt zum nächsten aktiven Zentrum des Stoffwechselweges weitergeleitet wird, ohne dass es zunächst in die Lösungsmittelphase übertritt, sondern stattdessen mit dem Multienzymkomplex beziehungsweise dem multifunktionellen Enzym assoziiert bleibt. Dadurch kann die Reaktionsgeschwindigkeit einer Reaktionssequenz stark erhöht werden, weil die Transitzeiten der Reaktanten zwischen den verschiedenen aktiven Zentren erheblich verkürzt werden und lokal hohe Konzentrationen der Stoffwechselzwischenprodukte auftreten. Die Metaboliten-Kanalisierung kann chemisch labile Zwischenprodukte auch vor dem Abbau durch das Lösungsmittel schützen. Die Kanalisierung von Stoffwechselzwischenprodukten stellt einen Weg dar, auf dem Enzyme separate Reaktionen effektiv koppeln können.

Eines der am besten charakterisierten Enzymsysteme, das als typisches Beispiel für eine Metaboliten-Kanalisierung gelten kann, findet man bei dem bifunktionellen Enzym Tryptophan-Synthase, das die letzten beiden Schritte der Biosynthese von Tryptophan katalysiert (▶*Abschnitt 14.3.6*). Die Tryptophan-Synthase besitzt einen Tunnel, durch den das Produkt des einen aktiven Zentrums zum anderen aktiven Zentrum transportiert wird. Die Struktur dieses Enzyms verhindert nicht nur den Übertritt des ersten Produkts in die Lösungsmittelphase, sondern sorgt durch allosterische Kontrolle auch für die zeitliche Koordination der Reaktionen in den beiden aktiven Zentren. Es gibt noch weitere Enzyme, die zwei oder sogar drei durch molekulare Tunnel verbundene aktive Zentren aufweisen. Bei einem anderen Mechanismus der Kanalisierung werden die Stoffwechselzwischenprodukte (meist negativ geladen) entlang eines Pfades aus basischen (positiv geladenen) Aminosäureseitenketten an der Oberfläche gekoppelter Enzyme zum nächsten aktiven Zentrum gelotst. Die Suche nach Multienzymkomplexen und ihre Identifizierung sowie die Untersuchung ihrer katalytischen und regulatorischen Aufgaben stellt ein äußerst aktives und aktuelles Forschungsgebiet der Enzymchemie dar.

Die sechs Enzym-Klassen 4.7

Die meisten klassischen Enzyme des Stoffwechsels werden benannt, indem man die Endung *-ase* an den Namen ihrer Substrate oder an einen Begriff, der die katalysierte Reaktion beschreibt, anhängt. Das Substrat der Urease ist zum Beispiel Harnstoff (Urea) und Alkohol-Dehydrogenase katalysiert die Dehydrierung von Alkoholen, also deren Oxidation zu Aldehyden oder Ketonen. Einige wenige Enzyme tragen aber auch ihre historisch bedingten Namen, wie beispielsweise Trypsin oder Amylase. Viele in neuerer Zeit entdeckte Enzyme werden nach den zugehörigen Genen oder einem etwas weniger charakteristischen Merkmal benannt. Der Name RecA wurde zum Beispiel vom *rec*A-Gen abgeleitet, während sich der Name der Hitzeschockproteine, wie zum Beispiel Hsp70, auf deren Molekülmasse ($M_r \approx 70.000$) und die Tatsache bezieht, dass sie zuerst entdeckt wurden, weil sie als Antwort auf eine übermäßige Erwärmung von Zellen gebildet wurden. Beide Enzyme weisen unterschiedliche Funktionen auf, hydrolysieren aber ATP, um diese erfüllen zu können. Ein Ausschuss der *International Union of Biochemistry and Molecular Biology (IUBMB)* hat ein Klassifikationssystem entworfen, das Enzyme nach dem Reaktionstyp, den sie katalysieren, in sechs Hauptklassen einteilt: Oxidoreduktasen, Transferasen, Hydrolasen, Lyasen, Isomerasen und Ligasen. Nach dem IUBMB-Klassifikationssystem wird jedem Enzym eine eindeutige, für dieses Enzym charakteristische Klassifikationsnummer zugeteilt, die sogenannte EC-Nummer (von engl. *enzyme classification number*). Die IUBMB gibt jedem Enzym außerdem einen systematischen Namen. Dieser systematische Name weicht häufig von dem gebräuchlichen Namen des Enzyms ab. Wir verwenden in diesem Buch aber weitgehend die üblichen Namen. Die vollständige Klassifikationsdatenbank finden Sie im Internet unter *http://www.chem.qmul.ac.uk/iubmb/enzyme/*. Im Folgenden werden die sechs Enzym-Hauptklassen näher erläutert und jeweils mit einem Beispiel illustriert.

1. **Oxidoreduktasen** katalysieren Redoxreaktionen (Oxidationen und Reduktionen). Die meisten dieser Enzyme gehören zu den **Dehydrogenasen**. Andere Enzyme aus dieser Klasse werden zur genaueren Beschreibung der Reaktionen, die sie katalysieren, Oxidasen, Peroxidasen, Oxygenasen oder Reduktasen genannt. In der Biochemie ist der Trend zu beobachten, die Enzyme dieser Klasse mehr und mehr mit ihren systematischen Namen, also als Oxidoreduktasen, zu benennen und nicht mehr die Namen aus der älteren biochemischen Literatur zu verwenden. Ein Beispiel für eine Oxidoreduktase ist die Lactat-Dehydrogenase (EC 1.1.1.27), deren systematischer Name Lactat:NAD-Oxidoreduktase lautet. Dieses Enzym katalysiert die reversible Umwandlung von L-Lactat zu Pyruvat. Dabei ist die Oxidation von L-Lactat an die Reduktion des Coenzyms oxidiertes Nicotinamidadenindinucleotid ($NAD^{\oplus}$) zu reduziertem Nicotinamidadenindinucleotid (NADH) gekoppelt.

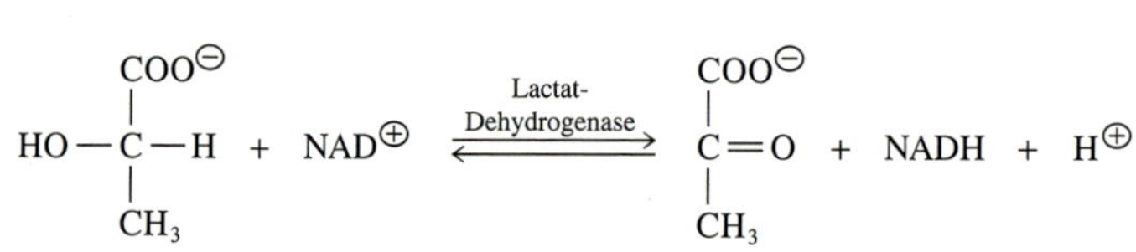

(4.34)

L-Lactat Pyruvat

2. **Transferasen** katalysieren Gruppenübertragungsreaktionen. Viele Transferasen sind von Coenzymen abhängig. Bei enzymatischen Gruppenübertragungsreaktionen wird meistens ein Teil des Substrats vorübergehend kovalent an das Enzym oder das Coenzym gebunden. Den Transferasen werden zum Beispiel die Kinasen zugeordnet. Kinasen katalysieren die Übertragung einer Phosphorylgruppe von ATP. Die Alanin-Transaminase, die den systematischen Namen L-Alanin:2-Oxoglutarat-Aminotransferase (EC 2.6.1.2) trägt, stellt ein typisches Beispiel aus dieser Klasse dar. Das Enzym katalysiert den Transfer einer Aminogruppe von L-Alanin auf α-Ketoglutarat mit der Bildung von Pyruvat und L-Glutamat.

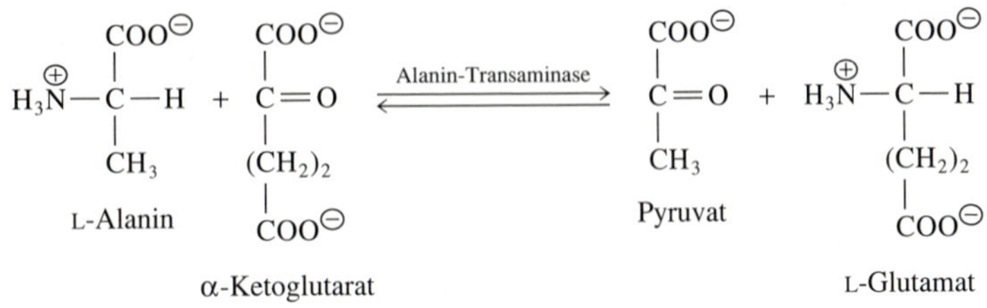

(4.35)

3. **Hydrolasen** katalysieren Hydrolysen. Hydrolasen sind streng genommen eine spezielle Klasse von Transferasen, bei denen Wasser als Akzeptor für die übertragene Gruppe dient. Die Pyrophosphatase ist ein einfaches Beispiel einer Hydrolase. Der systematische Name dieses Enzyms lautet Diphosphat-Phosphohydrolase (EC 3.6.1.1). Das Enzym katalysiert die Wasser-abhängige Spaltung von Pyrophosphat in zwei Phosphatreste.

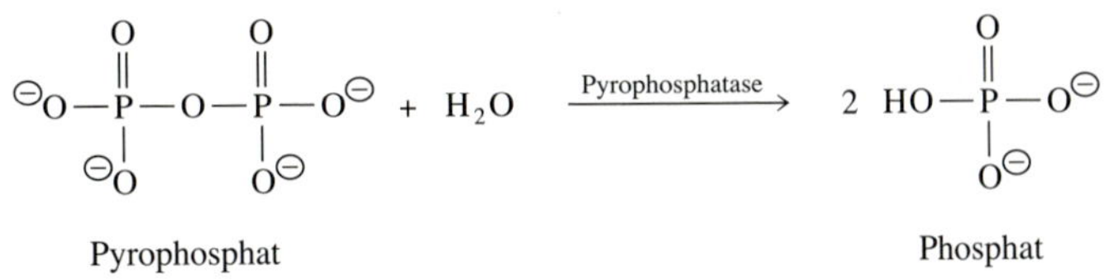

(4.36)

4. **Lyasen** katalysieren die Spaltung eines Substratmoleküls unter Ausbildung einer Doppelbindung, also einer Eliminierung. Die Rückreaktion, ergo die Addition eines Substrats an die Doppelbindung eines zweiten Substrats, wird ebenfalls von Lyasen beschleunigt. Solche Lyasen, die Additionsreaktionen in Zellen unterstützen, werden häufig auch **Synthasen** genannt. Die Pyruvat-Decarboxylase gehört zum Beispiel zu dieser Enzym-Hauptklasse, weil sie die Eliminierung von Kohlendioxid aus Pyruvat katalysiert, bei der Acetaldehyd gebildet wird. Der systematische Name der Pyruvat-Decarboxylase, 2-Oxocarbonsäure-Carboxy-Lyase (EC 4.1.1.1), wird nur selten verwendet.

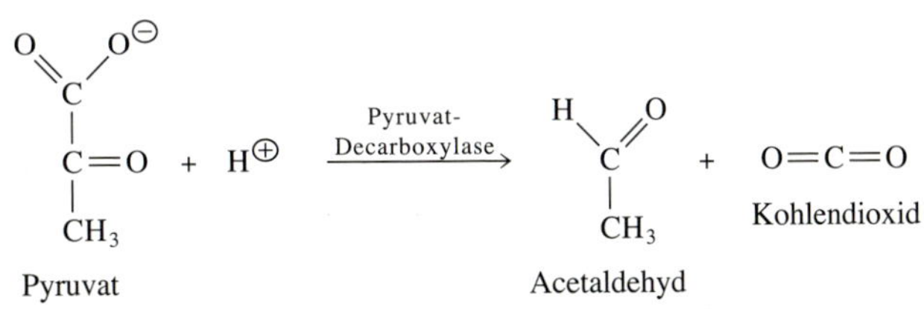

(4.37)

5. **Isomerasen** katalysieren strukturelle Änderungen innerhalb eines Moleküls, die den Bruch und die Neubildung von kovalenten Bindungen erfordern. Es handelt sich also um Isomerisierungsreaktionen und nicht um Konformationsänderungen. Da diese Reaktionen nur ein Substrat und nur ein Produkt aufweisen, gehören sie zu den einfachsten enzymatischen Reaktionen. Alanin-Racemase (EC 5.1.1.1) ist eine Isomerase, die die wechselseitige Umwandlung der Stereoisomere L-Alanin und D-Alanin katalysiert. Erinnern Sie sich bitte, dass Stereoisomere *keine* Konformere darstellen, die nur durch Bindungsrotationen ineinander überführt werden können. Bei der Alanin-Racemase stimmen der gebräuchliche Trivialname und der systematische Name überein.

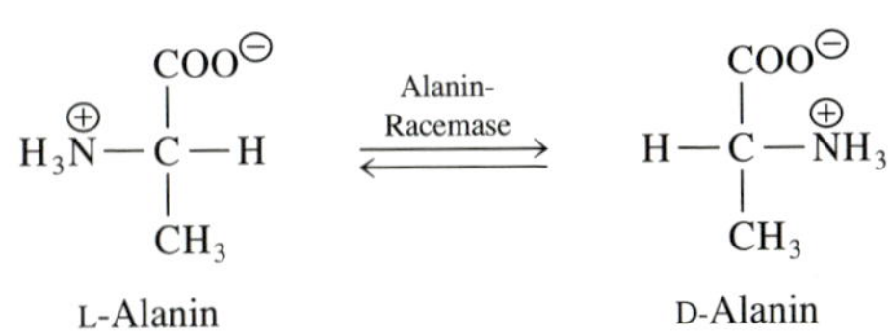

(4.38)

6. **Ligasen** katalysieren die Verknüpfung zweier Substrate. Diese Reaktionen benötigen die Zufuhr von potenzieller chemischer Energie aus einem Nucleosidtriphosphat, wie zum Beispiel ATP. Ligasen werden üblicherweise auch **Synthetasen** genannt. Die Glutamin-Synthetase oder L-Glutamat-Ammoniak-Ligase (EC 6.3.1.2) nutzt die Energie aus der Hydrolyse von ATP, um Glutamat und Ammoniak (liegt unter physiologischen Bedingungen überwiegend als Ammonium-Ion vor) zu Glutamin zu verknüpfen.

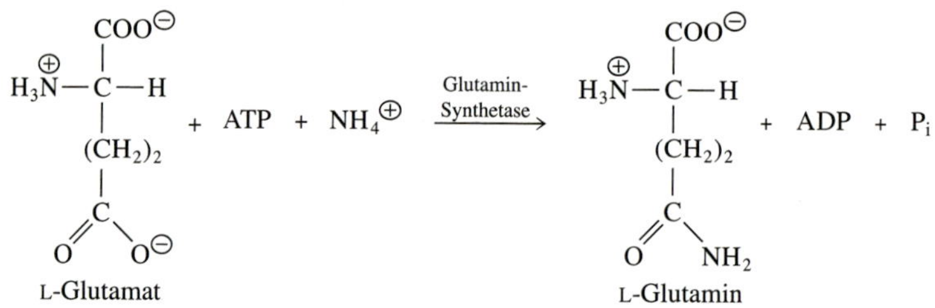

(4.39)

Die oben vorgestellten Beispiele deuten darauf hin, dass an den meisten enzymatischen Reaktionen mehr als ein Substrat beteiligt ist, auch wenn es sich bei dem zweiten Substrat häufig nur um ein kleines Molekül wie Wasser handelt. Hier werden auch in den Reaktionsgleichungen keine Gleichgewichtsreaktionspfeile verwendet, wenn im Gleichgewicht ein großer Überschuss des Produkts im Vergleich zum Substrat vorliegt, obwohl Enzyme immer sowohl die Hin- als auch die Rückreaktion katalysieren. Im (dynamischen) Gleichgewicht ist keine Nettoreaktion mehr zu beobachten, weil die enzymatischen Hin- und Rückreaktionen mit der gleichen Geschwindigkeit (Konzentrationsänderung pro Zeit) ablaufen und sich die Konzentrationen der Substrate und Produkte summa summarum nicht mehr ändern. Trotzdem finden im Gleichgewicht sowohl die Hin- als auch die Rückreaktion nach wie vor statt.

4.8 Enzymatische Mechanismen

Enzymatische Reaktionsmechanismen können nur aus den Ergebnissen einer Vielzahl verschiedener Analysemethoden wie ein Puzzle zusammengesetzt werden, so zum Beispiel aus kinetischen Experimenten, Untersuchungen der Proteinstruktur und dem Studium nichtenzymatischer Modellreaktionen. Die Ergebnisse solcher Untersuchungen zeigen, dass die außerordentlichen katalytischen Fähigkeiten von Enzymen aus der Kombination bestimmter einfacher physikalischer und chemischer Eigenschaften resultieren, insbesondere der Bindung und geeigneten Positionierung von Reaktanten im aktiven Zentrum. Die Chemie, die Physik und die Biochemie haben gemeinsam dazu beigetragen, den Enzymen einen großen Teil ihrer Geheimnisse zu entlocken. Der Mechanismus einer chemischen Reaktion ist eine detaillierte Beschreibung aller Verschiebungen von Molekülen, Gruppen, Atomen und Elektronen sowie der Spaltung und Knüpfung von chemischen Bindungen, die im Verlauf der Reaktion stattfinden. Für eine vollständige mechanistische Beschreibung müssen alle Reaktanten, Produkte und Zwischenprodukte identifiziert werden. Eine Vielzahl von Analysetechniken kommt bei der Aufklärung von Reaktionsmechanismen zum Einsatz. Mithilfe der Isotopenmarkierung kann man zum Beispiel den Weg bestimmter Atome verfolgen, also feststellen, in welchen Reaktanten, Zwischenprodukten und Produkten ein bestimmtes Atom auftritt. Kinetische Experimente können unter anderem Veränderungen der chemischen Bindungen in einem Reaktanten oder den Lösungsmittelmolekülen während der Reaktion offenbaren. Die Untersuchung der Stereochemie der Reaktanten und Produkte kann ein Bild von der dreidimensionalen Anordnung der Atome und Moleküle in den verschiedenen Stufen im Verlauf der Reaktion liefern. Bei jedem vorgeschlagenen enzymatischen Mechanismus müssen die Aussagen über die Reaktanten und Zwischenprodukte mit der dreidimensionalen Struktur des Enzyms vereinbar sein. Enzymatische Mechanismen werden mit denselben Symbolen und demselben Formalismus präsentiert, mit denen die Spaltung und Bildung chemischer Bindungen in organischen Reaktionsmechanismen dargestellt werden. Die Verschiebung von Elektronen ist der Schlüssel zum Verständnis chemischer und enzymatischer Reaktionen.

4.8.1 Nucleophile Substitutionen

Bei vielen chemischen Reaktionen treten zwei verschiedene Typen von Teilchen in Wechselwirkung: elektronenreiche, nucleophile Spezies und elektronenarme, elektrophile Spezies. Ein Nucleophil besitzt ein freies Elektronenpaar und kann negativ geladen sein. Die Reaktion zwischen einem Nucleophil und einem Elektrophil wird in der chemischen Terminologie in der Regel als ein Angriff des Nucleophils mit seinem freien Elektronenpaar auf das Elektrophil beschrieben. Das Elektrophil kann positiv geladen sein, zeigt aber auf jeden Fall das Bestreben, zusätzliche Elektronen in seiner Valenzschale aufzunehmen. Der Angriff des Nucleophils auf das Elektrophil führt zur Bildung einer kovalenten Bindung zwischen den beiden Reaktionspartnern. In der mechanistischen Chemie wird die Verschiebung von Elektronen*paaren* durch gebogene Pfeile mit (ganzen) Pfeilspitzen dargestellt, die *immer* am betroffenen Elektronenpaar des Nucleophils beginnen und zum elektrophilen Zentrum zeigen. Die Verschiebung eines Elektronenpaares kann auch zur Spaltung einer kovalenten Bindung führen. Häufig verläuft der Mechanismus einer nucleophilen Substitution über eine Zwischenstufe. Die Übertragung einer Acylgruppe kann zum Beispiel durch den folgenden allgemeinen Mechanismus beschrieben werden:

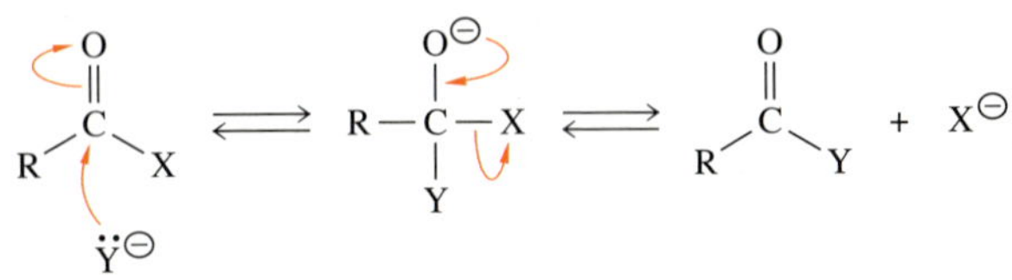

(4.40)

In diesem Fall wird durch den Angriff des Nucleophils $Y^{\ominus}$ auf das elektrophile Carbonylkohlenstoffatom einer geeigneten Carbonylverbindung ein tetraedrisches Zwischenprodukt gebildet. Dieses metastabile Zwischenprodukt stabilisiert sich durch die Eliminierung der sogenannten Abgangsgruppe $X^{\ominus}$. In diesem Mechanismus wird durch die Verschiebung von Elektronenpaaren eine neue kovalente Bindung gebildet und im Anschluss daran eine vorher bestehende kovalente Bindung gespalten. Das Resultat ist die Substitution (der Austausch) eines Substituenten (X) am Carbonylkohlenstoffatom gegen das angreifende Nucleophil (Y). Diese Reaktion liefert somit ein Beispiel einer nucleophilen Substitution, die nach einem Additions-Eliminierungs-Mechanismus abläuft. Dieser Mechanismus der nucleophilen Substitution findet bevorzugt an ungesättigten Kohlenstoffatomen wie Carbonylkohlenstoffatomen statt. Nucleophile Substitutionen können noch andere Mechanismen aufweisen, von denen wir hier einen weiteren vorstellen wollen, der neben dem Addition-Eliminierungs-Mechanismus eine große Rolle in der Biochemie spielt. Bei diesem sogenannten S_N2-Mechanismus (nucleophile Substitution zweiter Ordnung) erfolgt die Substitution in einem Schritt, ohne dass ein Zwischenprodukt gebildet wird. Das Nucleophil greift das elektrophile Zentrum von der Seite an, die der Fluchtgruppe gegenüberliegt. Infolgedessen wird ein Übergangszustand (kein Zwischenprodukt) gebildet, in dem das zentrale Kohlenstoffatom fünffach koordiniert vorliegt. Allerdings ist die Bindung zur Abgangsgruppe in diesem Zustand bereits stark geschwächt, während die Bindung zum angreifenden Nucleophil erst teilweise ausgebildet ist. Dieser Übergangszustand ist instabil und sehr energiereich. Die Struktur des Übergangszustandes liegt zwischen den Strukturen der Reaktanten und der Produkte. In Reaktionsmechanismen werden Übergangszustände durch eckige Klammern eingeschlossen, um sie als instabile, vorübergehende Zustände zu kennzeichnen.

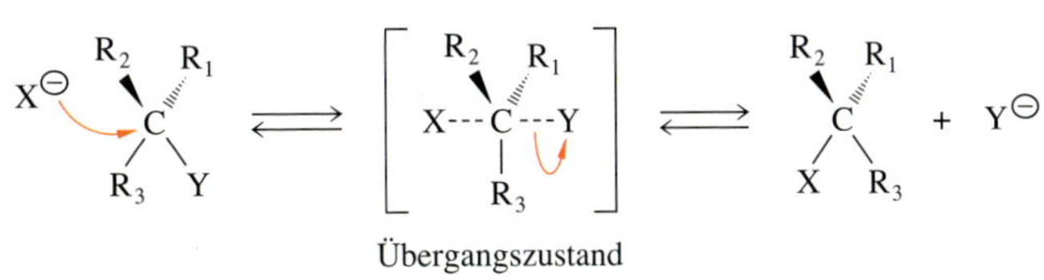

(4.41)

Die transienten Zustände in den beiden beschriebenen nucleophilen Substitutionsmechanismen unterscheiden sich in einem wichtigen Aspekt. Der Additions-Eliminierungs-Mechanismus verläuft in mehreren Schritten (▶*Reaktion 4.40)*, in deren Verlauf ein Zwischenprodukt gebildet wird, das stabil und somit langlebig genug ist, um in einigen Fällen detektiert werden zu können. Beim S_N2-Mechanismus (▶*Reaktion 4.41*) erfolgen der Angriff des Nucleophils und die Abspaltung der Fluchtgruppe simultan oder konzertiert. Dabei wird ein vorübergehender Zustand durchlaufen, der wegen seiner extremen Kurzlebigkeit nicht detektiert werden kann. Dieser Übergangszustand stellt kein stabiles beziehungsweise metastabiles Zwischenprodukt dar. Die Unterschiede zwischen Übergangszuständen und Zwischenprodukten werden in ▶*Abschnitt 4.8.4* noch näher spezifiziert und erläutert.

4.8.2 Spaltungsreaktionen

Kovalente Bindungen können auf zwei Arten gespalten werden. Im ersten Fall, der sogenannten heterolytischen Bindungsspaltung, werden beide Elektronen des Bindungselektronenpaares auf einen der Bindungspartner übertragen. Im anderen Fall, der homolytischen Bindungsspaltung, werden die Elektronen des Bindungselektronenpaares gleichmäßig auf die beiden Bindungspartner verteilt, sodass jeder ein Elektron erhält. Bei den meisten Spaltungsreaktionen in der Biochemie erfolgt eine heterolytische Bindungsspaltung, die zur Bildung von ionischen Spezies führt. Die heterolytische Spaltung einer C–H-Bindung ergibt zum Beispiel zwei Ionen. Wenn das Bindungselektronenpaar dabei zum Kohlenstoffatom verlagert wird, entstehen ein negativ geladenes Carbanion und ein positiv geladenes Proton (Wasserstoff-Ion).

$$R_3{-}C{-}H \longrightarrow \underset{\text{Carbanion}}{R_3{-}C{:}^{\ominus}} + \underset{\text{Proton}}{H^{\oplus}} \quad (4.42)$$

Wird das Bindungselektronenpaar dagegen auf das Wasserstoffatom übertragen, werden ein positiv geladenes Carbokation und ein negativ geladenes Hydrid-Ion gebildet.

$$R_3{-}C{-}H \longrightarrow \underset{\text{Carbokation}}{R_3{-}C^{\oplus}} + \underset{\text{Hydrid-Ion}}{H^{\ominus}} \quad (4.43)$$

Bei homolytischen Bindungsspaltungen, die in der Biochemie weniger häufig vorkommen, entstehen zwei freie Radikale, die in der Regel sehr instabil und reaktiv sind. Ein freies Radikal oder Radikal ist ein Molekül oder Atom mit einem ungepaarten Elektron.

$$R_1O{-}OR_2 \longrightarrow R_1O\cdot + \cdot OR_2 \quad (4.44)$$

4.8.3 Redoxreaktionen

Redoxreaktionen, also Reduktions-Oxidations-Reaktionen, spielen eine zentrale Rolle bei der Versorgung von Organismen mit biologisch nutzbarer Energie. Bei einer Redoxreaktion werden Elektronen von einer Spezies auf eine andere übertragen. Diese Reaktionstypen erfüllen wichtige biochemische Aufgaben und daher wollen wir sie hier noch einmal näher erläutern. Eine Oxidation entspricht der Abgabe von Elektronen. Eine Spezies, die oxidiert wird, besitzt danach weniger Elektronen als vorher und weist eine höhere (positivere) Oxidationsstufe auf. Nimmt eine Spezies Elektronen auf, spricht man von einer Reduktion. Im Gegensatz zur Oxidation enthält eine Spezies nach ihrer Reduktion mehr Elektronen als vorher und ihre Oxidationsstufe ist niedriger (negativer). Da Elektronen nicht einfach im luftleeren Raum verschwinden können, sind Reduktionen und Oxidationen immer miteinander gekoppelt, da die von einer Substanz abgegebenen Elektronen von einer anderen Substanz aufgenommen werden müssen. Man spricht deswegen von Redoxreaktionen. Das Substrat, das die Elektronen aufnimmt und dadurch selbst reduziert wird, nennt man Oxidationsmittel, weil es das andere Substrat oxidiert. Dagegen gibt ein Reduktionsmittel Elektronen ab, reduziert dadurch das andere Substrat und wird dabei selbst oxidiert. Die Übertragung von Elektronen in Redoxreaktionen ist häufig mit der Übertragung von Atomen verbunden. Oxidationen können zum Beispiel durch die Entfernung von Wasserstoffatomen (Dehydrierung), die Addition von Sauerstoffatomen oder die alleinige Abgabe von Elektronen erfolgen. Die meisten biologischen Oxidationen sind Dehydrierungen. Biologische Redoxreaktionen werden von Oxidoreduktasen katalysiert. Die größte Subklasse der Oxidoreduktasen stellen die Dehydrogenasen dar, die die Abspaltung von Wasserstoffatomen, also Dehydrierungen, katalysieren. Biologische Dehydrierungen erfolgen meistens durch die heterolytische Spaltung von C–H-Bindungen, bei denen das Bindungselektronenpaar auf das Wasserstoffatom übertragen wird, sodass ein Carbokation und ein Hydrid-Ion ($H^{\ominus}$) gebildet werden. Das Substrat wird dabei oxidiert, weil es die Elektronen, die auf das Wasserstoffatom übertragen werden, verliert. Da das Hydrid-Ion ein ziemlich instabiles und reaktives Teilchen ist, sind solche Reaktionen mit der Reduktion eines anderen Substrats verknüpft, die durch die Addition des Hydrid-Ions erfolgt. Bei der Dehydrierung von Lactat (▶*Gleichung 4.34*) ist die Oxidation des Lactats zum Beispiel auf diese Weise mit der Reduktion des Coenzyms $NAD^{\oplus}$ gekoppelt (oxidiertes Nicotinamidadenindinucleotid). Die Rolle von Coenzymen (Cofaktoren) bei Redoxreaktionen wird im nächsten Kapitel aufgezeigt.

4.8.4 Stabilisierung von Übergangszuständen durch Katalysatoren

Um das Prinzip der Katalyse zu verstehen, muss man sich mit der Definition der Begriffe Zwischenprodukt und Übergangszustand sowie deren Bedeutung in chemischen Reaktionen beschäftigen. Die Geschwindigkeit einer chemischen Reaktion hängt von der Anzahl der (erfolgreichen) Zusammenstöße zwischen den Molekülen der Reaktanten ab, die zu der betrachteten Reaktion führen. Damit aus einer Kollision zwischen den Reaktanten auch die Bildung der Produkte resultiert, müssen die Reaktanten im Moment des Zusammenstoßes für die Reaktion in geeigneter Weise zueinander orientiert sein. Außerdem müssen die Reaktanten eine Mindestenergie besitzen, die notwendig ist, um den *energiereichsten* Zustand auf dem Weg zum Produkt durchlaufen zu können, in dem die Atome und Bindungen eine bestimmte Konfiguration aufweisen. Die Energie dieses sogenannten Übergangszustandes ist grundsätzlich höher als die Energie der Reaktanten. Gäbe es keinen energiereicheren Übergangszustand, wären die Reaktanten vollkommen instabile Spezies, die nicht existenzfähig wären, weil sie sich sofort in die Produkte umwandeln würden. Der Übergangszustand stellt eine instabile Anordnung der Atome dar, in der die an der Reaktion beteiligten chemischen Bindungen der Reaktanten bereits teilweise gespalten und die neuen Bindungen der Produkte schon teilweise gebildet sind. Übergangszustände weisen nur äußerst kurze Halbwertszeiten auf, die im Bereich der Dauer einer Bindungsschwingung liegen, also etwa 10^{-14} bis 10^{-13} Sekunden. Auch wenn sie deswegen keiner direkten experimentellen Untersuchung zugänglich sind, kann die Struktur von Übergangszuständen dennoch abgeschätzt werden. Die Energiedifferenz zwischen dem Grundzustand der Reaktanten und dem Übergangszustand nennt man die Aktivierungsenergie der Reaktion, weil sie dem Energiebetrag entspricht, um den die Energie der Reaktanten, ausgehend vom Grundzustand, ansteigen muss, um für eine erfolgreiche Reaktion genügend aktiviert zu sein.

Der Fortschritt einer Reaktion kann in einem Energiediagramm dargestellt werden. ▶*Abbildung 4.12a* zeigt das Beispiel eines solchen Energiediagramms, das die Umwandlung eines Substrats in ein Produkt in einer Ein-Schritt-Reaktion beschreibt, also ohne die Bildung eines Zwischenprodukts. Auf der *y*-Achse ist die freie Enthalpie der reagierenden Spezies aufgetragen, während die Position auf der *x*-Achse den Fortschritt der Reaktion, von den Reaktanten auf der linken Seite zu den Produkten auf der rechten Seite, repräsentiert. Die *x*-Achse heißt in solchen Diagrammen deshalb Reaktionskoordinate. Diese ist keine Zeitachse, sondern eher eine Zustandsachse, die den jeweiligen Fortschritt der Spaltung und Bildung von Bindungen und die Anordnung der Atome und Elektronen angibt, das heißt die genaue Position im Verlauf eines mechanistischen Durchlaufs. Der Übergangszustand entspricht definitionsgemäß dem höchsten und damit energiereichsten Punkt auf diesem Energieprofil. Dieser Punkt stellt, wie bereits gesagt, den Gipfel der Aktivierungsbarriere dar, der für eine erfolgreiche Reaktion überschritten werden muss. Je niedriger die Energie des Übergangszustandes und somit die Aktivierungsenergie ist, desto mehr Moleküle der Reaktanten besitzen die

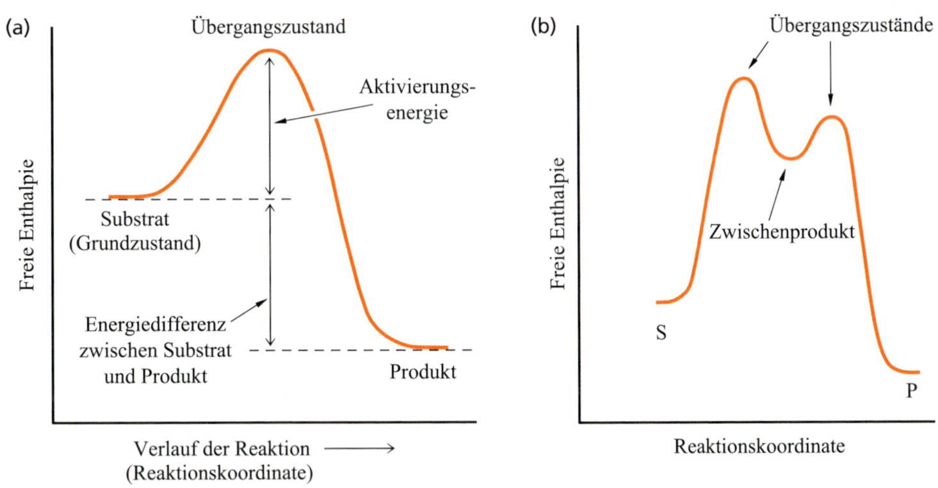

Abbildung 4.12: Ein- und Zwei-Schritt Reaktionen der Enzymkatalyse. (a) Energiediagramm einer Ein-Schritt-Reaktion. Der obere (senkrechte) Pfeil entspricht der Aktivierungsenergie der Hinreaktion vom Substrat zum Produkt. Nur Substratmoleküle, deren freie Enthalpie höher ist als der Gipfel des Aktivierungsberges beziehungsweise der freien Enthalpie des Übergangszustandes, können zum Produkt reagieren. Wenn eine Reaktion mit einer hohen Aktivierungsenergie auch ohne Katalysator schneller ablaufen soll, muss von außen Energie zugeführt werden, zum Beispiel in Form von Wärme. Auf diese Weise kann der Anteil der Substratmoleküle mit einer ausreichend hohen freien Enthalpie gesteigert werden. (b) Energiediagramm einer zweistufigen Reaktion mit einem Zwischenprodukt. Das Zwischenprodukt wird durch das lokale Minimum im Tal zwischen den beiden Übergangszuständen repräsentiert. Der geschwindigkeitsbestimmende Schritt der Hinreaktion ist der erste Reaktionsschritt vom Substrat (S) zum Zwischenprodukt, weil dessen Aktivierungsenergie größer ist als die des zweiten Schrittes vom Zwischenprodukt zum Produkt (P).

notwendige Mindestenergie für eine Reaktion und desto häufiger findet die Reaktion pro Zeiteinheit statt. Eine niedrigere Aktivierungsenergie hat also eine höhere Reaktionsgeschwindigkeit zur Folge.

Zwischenprodukte können im Gegensatz zu Übergangszuständen stabil und langlebig genug sein, um detektiert oder sogar isoliert werden zu können. Zwischenprodukte können nur bei mindestens zweistufigen Reaktionen auftreten. Das Energieprofil einer zweistufigen Reaktion weist für jeden Reaktionsschritt einen eigenen Übergangszustand auf. Zwischen den Übergangszuständen liegt ein lokales Minimum der freien Enthalpie im Energieprofil, das ein Zwischenprodukt repräsentiert (▸*Abbildung 4.12b*). Das Zwischenprodukt ist gleichzeitig das Produkt des ersten, und der Reaktant das Produkt des zweiten Reaktionsschrittes. Der Reaktionsschritt mit der höchsten Aktivierungsenergie ist der langsamste Schritt der Gesamtreaktion und bestimmt deswegen deren Reaktionsgeschwindigkeit. Er wird aus diesem Grund der geschwindigkeitsbestimmende Schritt der Reaktion genannt. Weil das Zwischenprodukt infolge seiner höheren Energie nur eine relativ kleine Aktivierungsenergie überwinden muss, um entweder zurück zu den Reaktanten oder zu den Produkten zu reagieren, stellt es eine metastabile Spezies dar. Zwischenprodukte, die wegen ihrer hohen Energie und der damit verbundenen niedrigen Aktivierungsenergie für die Umwandlung in die Reaktanten oder Produkte wahrscheinlich zu kurzlebig sind, um detektiert werden zu können, werden bei der Beschreibung eines Mechanismus häufig wie Übergangszustände auch in eckigen Klammern geschrieben. Die Struktur solcher Zwischenprodukte ähnelt wegen der geringen Energiedifferenz und der geringen Entfernung auf der Reaktionskoordinate vermutlich der Struktur des benachbarten Übergangszustandes sehr stark.

Katalysatoren eröffnen neue Reaktionswege (Reaktionskoordinaten), deren Aktivierungsenergie niedriger ist als die der nicht katalysierten Reaktion. Katalysatoren nehmen direkt an der Reaktion teil, indem sie mit den Reaktanten im Übergangszustand des geschwindigkeitsbestimmenden Schrittes in Wechselwirkung treten und den Übergangszustand dadurch stabilisieren, seine Energie also absenken. Wenn sie die Energie der Reaktanten zur gleichen Zeit nicht oder nur weniger herabsetzen, ergibt sich aus der Wechselwirkung mit dem Katalysator eine geringere Aktivierungsenergie und somit, wie oben beschrieben, eine höhere Reaktionsgeschwindigkeit. Der Reaktionspfad, also die Reaktionskoordinate, unterscheidet sich von demjenigen der nicht katalysierten Reaktion in der Regel erheblich, und zwar sowohl in der Art und der Struktur der durchlaufenen Übergangszustände und Zwischenprodukte als möglicherweise auch in der Anzahl der Reaktionsschritte. Die katalysierte Reaktion folgt demnach einem anderen Mechanismus als die nicht katalysierte. Auf jeden Fall ist aber die Aktivierungsenergie des geschwindigkeitsbestimmenden Schrittes der katalysierten Reaktion geringer als die Aktivierungsenergie der nicht katalysierten Reaktion.

Enzyme sind Katalysatoren, die die Aktivierungsenergie biochemischer Reaktionen auf die beschriebene Weise herabsetzen und so die Reaktionsgeschwindigkeit erhöhen. Der erste Schritt einer enzymatischen Reaktion besteht in der Bildung eines nichtkovalenten Enzym-Substrat-Komplexes (ES). Wenn die Reaktanten an das Enzym binden, gehen sie in einen wesentlich geordneteren Zustand über, sodass ihre Entropie erheblich sinkt. Die Bindung des Substrats an das Enzym findet trotzdem statt, weil die Änderung der freien Enthalpie insbesondere durch den Entropiegewinn der Wassermoleküle, die aus dem aktiven Zentrum verdrängt werden, genügend gesenkt und somit negativ wird. Bei der enzymatischen Reaktion zwischen A und B führt deren Bindung an das Enzym zu einer für die Reaktion geeigneten Anordnung der Substrate, die durch die Struktur des aktiven Zentrums erzwungen wird. Dadurch wird die Wahrscheinlichkeit einer Reaktion zwischen den Substraten zum Produkt im Vergleich zu einem ungeordneten, zufälligen Zusammenstoß ohne die enzymatische Umgebung stark erhöht. Die ▸*Abbildung 4.13a* und ▸ *Abbildung 4.13b* zeigen die hypothetischen Fälle, dass allein der gerade beschriebene Effekt der geordneten Substratbindung und die damit verbundene Entropieerniedrigung der Substrate für die katalytische Aktivität eines Enzyms verantwortlich ist. Durch die Substratbindung wird die freie Enthalpie der Substrate infolge der starken Entropieabsenkung erhöht, ohne dass die freie Enthalpie des Übergangszustands durch diesen Effekt beeinflusst wird. Dadurch wird die Energiedifferenz zwischen den Substraten und dem Übergangszustand und somit die Aktivierungsenergie offensichtlich verringert. Die geordnete Bindung der Substrate trägt zu einem großen Teil zur katalytischen Aktivität von Enzymen bei.

Das aktive Zentrum eines Enzyms bindet sowohl die Substrate und den Übergangszustand als auch die Produkte, bevor sie freigesetzt werden. In der Regel wird der Übergangszustand allerdings deutlich fester gebunden als das Substrat und vor allem als die Produkte. Mit anderen Worten: Der Übergangszustand wird durch die zusätzlichen oder festeren bindenden Wechselwirkungen stärker stabilisiert als die Substrate. Infolgedessen

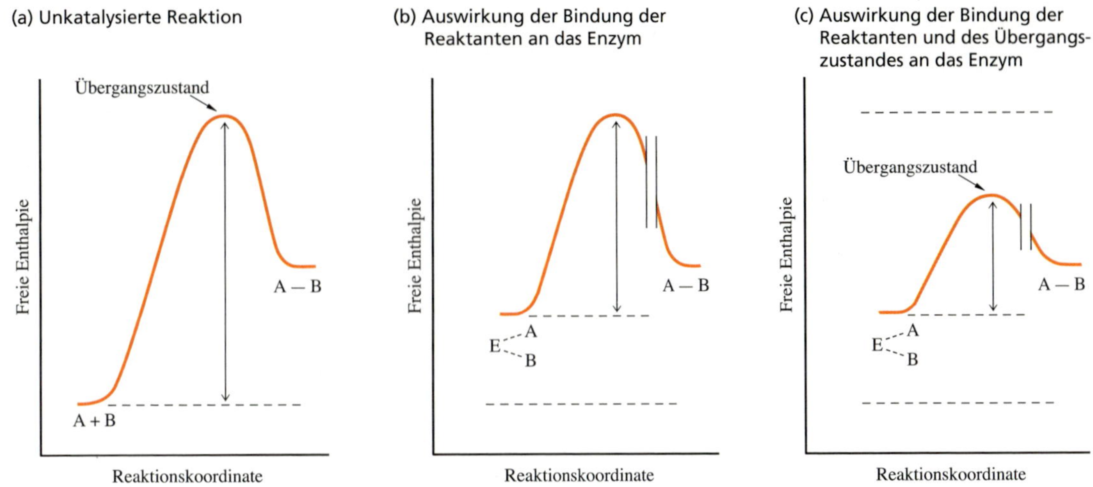

Abbildung 4.13: Energieprofile einer enzymatisch katalysierten Reaktion: A + B → AB. (a) Energiediagramm für die nicht katalysierte Reaktion. (b) Effekt der geordneten Substratbindung. Die Bindung der Substrate an das Enzym im EAB-Komplex führt zu einer für die Reaktion geeigneten Anordnung der Substratmoleküle. Dadurch wird die Wahrscheinlichkeit für die Reaktion zum Produkt AB im Vergleich zur nicht katalysierten Reaktion, bei der die Reaktanten zufällig und ungeordnet zusammenstoßen, erhöht. Die höhere Ordnung der Substrate im EAB-Komplex resultiert in einer Entropieabsenkung und somit schließlich in einer Erhöhung der freien Enthalpie im Vergleich zum ungebundenen Zustand. Infolgedessen wird die Aktivierungsenergie kleiner und die Reaktionsgeschwindigkeit größer. (c) Effekt der Stabilisierung des Übergangszustandes. Der Übergangszustand bindet fester an das Enzym als die Substrate, sodass es zur Absenkung seiner Energie und damit auch der Aktivierungsenergie kommt. Die beschriebenen Effekte führen zu viel kleineren Aktivierungsenergien bei enzymatischen Reaktionen im Vergleich zu den analogen nicht katalysierten Reaktionen. Die Unterbrechungen in den Energieprofilen weisen darauf hin, dass die enzymatisch katalysierten Reaktionen einen anderen Mechanismus aufweisen als die entsprechenden nicht katalysierten Reaktionen. Dieser Mechanismus verläuft meistens über mehr Reaktionsschritte.

wird die Energiedifferenz zwischen den Substraten und dem Übergangszustand, also die Aktivierungsenergie, verringert (▶ *Abbildung 4.13c*). Die Kombination der beschriebenen Effekte führt zu den größten Reaktionsbeschleunigungen in der enzymatischen Katalyse. Enzymatisch katalysierte Reaktionen sind meistens reversibel und die erläuterten Prinzipien gelten genauso für die Rückreaktion. Die Rückreaktion wird somit auch durch die geordnete Bindung der Substrate, also der Produkte der Hinreaktion, und die Stabilisierung des Übergangszustands beschleunigt, weil ihre Aktivierungsenergie dadurch verringert wird.

4.8.5 Polare Aminosäurereste in aktiven Zentren

Durch die Bildung eines Enzym-Substrat-Komplexes (ES) werden die Reaktanten in unmittelbarer Nachbarschaft zu reaktiven Aminosäureseitenketten im aktiven Zentrum des Enzyms positioniert. Ionisierbare Seitenketten sind an zwei Arten von chemischer Katalyse beteiligt, der Säure-Base-Katalyse und der kovalenten Katalyse. Dies sind die beiden häufigsten Arten chemischer Katalyseprozesse in der Enzymchemie. Der Hohlraum der aktiven Zentren in Enzymen wird im Allgemeinen von hydrophoben Aminosäureresten ausgekleidet. Allerdings befinden sich in den meisten aktiven Zentren auch einige wenige polare, ionisierbare Reste (und ein paar Wassermoleküle). Polare Aminosäurereste (und Coenzyme) unterliegen häufig chemischen Veränderungen im Verlauf des enzymatischen Mechanismus. Diese Reste stellen somit einen großen Teil der katalytisch reaktiven Zentren in einem Enzym dar. In ▶ *Tabelle 4.4* sind die ionisierbaren Aminosäurereste aufgelistet, die in den aktiven Zentren von Enzymen vorkommen. Histidin, dessen pK_S-Wert in Proteinen zwischen sechs und sieben liegt, fungiert häufig als Akzeptor oder Donator von Protonen. Aspartat, Glutamat und gelegentlich Lysin können ebenfalls an Protonenübertragungen beteiligt sein. Bestimmte Aminosäuren, wie zum Beispiel Serin und Cystein, sind besonders oft in Gruppenübertragungsreaktionen eingebunden. Bei neutralem pH-Wert tragen Aspartat und Glutamat in der Regel eine negative Ladung, während Lysin- und Argininreste positive Ladungen aufweisen. Diese Anionen und Kationen können als elektrostatische Bindungsstellen für entgegengesetzt geladene Gruppen des Substrats dienen.

Tabelle 4.4

Katalytische Funktionen von reaktiven Gruppen ionisierbarer Aminosäuren

Aminosäure	Reaktive Gruppe	Nettoladung bei pH = 7	Hauptfunktionen
Aspartat	$-COO^{\ominus}$	−1	Bindung von Kationen; Protonenübertragung
Glutamat	$-COO^{\ominus}$	−1	Bindung von Kationen; Protonenübertragung
Histidin	Imidazol	~0	Protonenübertragung
Cystein	$-CH_2SH$	~0	Kovalente Bindung von Acylgruppen
Tyrosin	Phenol	0	Wasserstoffbrücken zu Liganden
Lysin	$-NH_3^{\oplus}$	+1	Bindung von Anionen; Protonenübertragung
Arginin	Guanidinium	+1	Bindung von Anionen
Serin	$-CH_2OH$	0	Kovalente Bindung von Acylgruppen

Wie in ▸*Abschnitt 3.4* dargelegt wurde, können sich die pK_S-Werte der ionisierbaren Gruppen von Aminosäuren in Proteinen von denen der gleichen Gruppen in den entsprechenden freien Aminosäuren unterscheiden. In ▸*Tabelle 4.5* sind die typischen Bereiche der pK_S-Werte der ionisierbaren Gruppen von Aminosäuren in Proteinen angegeben. Vergleichen Sie diese pK_S-Wert-Intervalle mit den exakten Werten für die freien Aminosäuren in ▸*Tabelle 3.1*. Die Schwankungen des pK_S-Wertes einer bestimmten ionisierbaren Gruppe innerhalb von Proteinen sind die Folge von Unterschieden in der Mikroumgebung des jeweiligen Aminosäurerestes im Protein. Diese Unterschiede sind meistens relativ klein, können im Einzelfall aber auch erheblich sein.

Tabelle 4.5

Typische pK_S-Werte der ionisierbaren Gruppen von Aminosäuren in Proteinen

Ionisierbare Gruppe	pK_S-Wert
Terminale α-Carboxylgruppen	3–4
Carboxylgruppen in Seitenketten	4–5
Imidazol-Gruppen	6–7
Terminale α-Aminogruppen	7,5–9
Thiole	8–9,5
Phenole	9,5–10
ε-Aminogruppen	~10
Guanidinogruppen	~12
Hydroxymethylgruppen	~16

Tabelle 4.6

Häufigkeitsverteilung von katalytisch reaktiven Aminosäureresten in Enzymen

Aminosäurerest	Anteil an allen katalytisch reaktiven Resten in Prozent	Anteil an allen Resten in Prozent
His	18	3
Asp	15	6
Arg	11	5
Glu	11	6
Lys	9	6
Cys	6	1
Tyr	6	4
Asn	5	4
Ser	4	5
Gly	4	8

Kapitel 4

Gelegentlich weist die Seitenkette einer katalytischen Aminosäure einen pK_S-Wert auf, der stark von dem in ▶*Tabelle 4.5* angegebenen Intervall abweicht. Dennoch kann man durch die Untersuchung der Abhängigkeit der Reaktionsgeschwindigkeit vom pH-Wert erste Hinweise auf eine mögliche direkte Beteiligung einer bestimmten Aminosäure an der Reaktion bekommen. Wenn eine signifikante Änderung der Reaktionsgeschwindigkeit im pH-Bereich des pK_S-Wertes einer bestimmten Aminosäure eintritt (▶*Abschnitt* 4.8.8), könnte diese Aminosäure direkt am katalytischen Mechanismus beteiligt sein. Nur eine kleine Zahl von Aminosäureresten ist direkt in die katalytischen Reaktionen involviert. Die meisten Aminosäuren tragen nur indirekt zur Reaktionsbeschleunigung bei, indem sie die Aufrechterhaltung der dreidimensionalen Struktur des Proteins und somit auch des aktiven Zentrums gewährleisten. Wie wir in ▶*Kapitel 3* festgestellt haben, sind die meisten Aminosäuren in Proteinen evolutionär nicht konserviert. Tatsächlich haben *in vitro* durchgeführte Mutagenese-Experimente bestätigt, dass die Substitution der meisten Aminosäuren nur kleine Auswirkungen auf die enzymatische Aktivität hat. Trotzdem besitzt jedes Enzym einige Schlüssel-Aminosäurereste, die für seine katalytische Funktion unentbehrlich sind. Manche dieser Reste sind direkt in den katalytischen Mechanismus eingebunden, wobei sie häufig als Säure-Base-Katalysator oder als Nucleophil auftreten. Andere Aminosäurereste unterstützen oder verstärken die Funktion dieser Schlüsselreste nur indirekt, indem sie zum Beispiel zur Bindung des Substrats beitragen, an der Stabilisierung des Übergangszustands beteiligt sind oder mit essenziellen Cofaktoren in Wechselwirkung treten. Enzyme besitzen in der Regel zwischen zwei und sechs katalytisch reaktive Aminosäurereste. Die zehn häufigsten katalytisch reaktiven Reste finden Sie in ▶*Tabelle 4.6*. Die geladenen Reste His, Asp, Arg, Glu und Lys stellen fast zwei Drittel aller katalytisch reaktiven Reste in Enzymen. Das ergibt durchaus einen Sinn, weil die geladenen Seitenketten viel besser als Säuren, Basen oder Nucleophile reagieren können. Wegen der potenziell stärkeren Wechselwirkungen spielen sie wahrscheinlich auch eine größere Rolle bei der Bindung von Substraten und der Stabilisierung von Übergangszuständen. Die Nummer eins unter den katalytisch reaktiven Aminosäureresten ist Histidin. Histidin nimmt sechsmal häufiger direkt an katalytischen Reaktionen in Enzymen teil, als es insgesamt in Enzymen vorkommt.

4.8.6 Säure-Base-Katalyse

Bei der Säure-Base-Katalyse wird die Beschleunigung einer Reaktion durch die katalytisch wirksame Übertragung eines Protons erreicht. Die Säure-Base-Katalyse ist die häufigste Form der Katalyse in der organischen Chemie und kommt auch bei enzymatischen Reaktionen oft vor. Enzyme benötigen für eine Säure-Base-Katalyse Aminosäureseitenketten, die Protonen unter den annähernd neutralen Bedingungen ($pH \approx 7$) in Zellen aufnehmen und abgeben können. So stellen die aktiven Zentren solcher Enzyme die biologische Entsprechung der Säure beziehungsweise Base bei einer nichtenzymatischen Reaktion in Lösung dar. Den in Enzymen in der Regel auftretenden Typ der Säure-Base-Katalyse, an dem protonenübertragende Spezies beteiligt sind, nennt man allgemeine Säure-Base-Katalyse. Bei der allgemeinen Säure-Base-Katalyse wird das Proton im Gegensatz zur spezifischen Säure-Base-Katalyse nicht bereits vor Beginn des geschwindigkeitsbestimmenden Schrittes, sondern erst während dieses Schrittes übertragen. Es ist üblich, zur Darstellung einer Base (Protonenakzeptor) das Symbol B: (beziehungsweise :$B^{\ominus}$) und zur Darstellung der dazu konjugierten Säure (Protonendonator) das Symbol $BH^{\oplus}$ (beziehungsweise BH) zu verwenden. Statt des Buchstabens B wird für die Base häufig auch der Buchstabe A eingesetzt, wenn der anionische Charakter der Base im Säure-Base-Paar $HA/A^{\ominus}$ hervorgehoben werden soll. Ein Protonenakzeptor (Base) kann Reaktionen auf zwei Arten erleichtern. Er kann zum Beispiel O–H-, N–H- und in manchen Fällen sogar C–H-Bindungen durch Aufnahme eines Protons heterolytisch spalten.

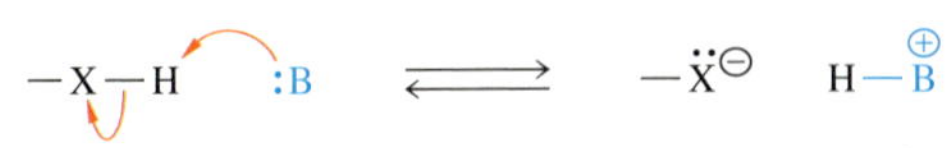

(4.45)

Die allgemeine Base B: kann aber indirekt auch an der Spaltung anderer Bindungen beteiligt sein, wie zum Beispiel C–N-Bindungen, indem sie in neutraler Lösung ein Proton von einem Wassermolekül abspaltet. Das auf diese Weise intermediär gebildete Hydroxid-Ion ($OH^{\ominus}$) kann als Nucleophil in der geschützten Umgebung des aktiven Zentrums unmittelbar ein elektrophiles Zentrum im Substrat, wie zum Beispiel das Carbonylkohlenstoffatom einer Peptidbindung, angreifen und zu einer Substitution führen.

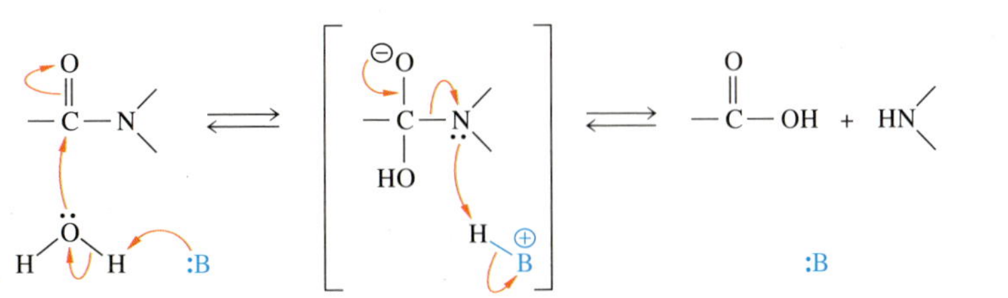

(4.46)

Auch die allgemeine Säure $BH^{\oplus}$ kann die Spaltung von Bindungen unterstützen. Eine kovalente Bindung kann leichter gespalten werden, wenn sie zuvor durch die Protonierung eines der beiden an der Bindung beteiligten Atome destabilisiert wurde. Die Protonierung des Sauerstoffatoms in einem Alkohol (R–OH) mit der anschließenden Abspaltung eines Wassermoleküls ist ein Beispiel für eine solche Säure-Katalyse (▶*Reaktionsgleichung 4.47*).

$$R^{\oplus} + OH^{\ominus} \xleftarrow{\text{langsam}} R{-}OH \underset{H^{\oplus}}{\overset{H^{\oplus}}{\rightleftharpoons}} R{-}OH_2^{\oplus} \xrightarrow{\text{schnell}} R^{\oplus} + H_2O \qquad (4.47)$$

Die Rückreaktion aller durch eine Säure ($BH^{\oplus}$) katalysierten Reaktionen kann durch eine Base (B:) katalysiert werden und umgekehrt. Weil die Imidazolium/Imidazol-Seitenkette von Histidinresten in den meisten Proteinen einen pK_S-Wert zwischen 6 und 7 aufweist, stellt sie eine ideale Gruppe für Protonenübertragungen bei näherungsweise neutralen pH-Werten dar. Dies dürfte ein Grund für das häufige Auftreten von Histidinresten als katalytisch reaktive Aminosäurereste in Enzymen sein.

4.8.7 Kovalente Katalyse

Bei der kovalenten Katalyse wird durch die vorübergehende kovalente Verknüpfung des Substrats oder eines Teils des Substrats mit dem Enzym ein reaktives Intermediat gebildet. Die an dieser Verknüpfung beteiligte reaktive Seitenkette des Enzyms kann je nach Substrat und Reaktion entweder nucleophil oder elektrophil sein. Die nucleophile Katalyse kommt in der enzymatischen Katalyse allerdings häufiger vor. Im zweiten Schritt der Reaktion wird ein Teil des Intermediats auf ein zweites Substrat übertragen. Diese Reaktionsschritte werden durch die beiden folgenden Reaktionsgleichungen, in denen eine Gruppe (X) eines Substratmoleküls (A–X) nach vorübergehender kovalenter Verknüpfung mit dem Enzym (E) auf das zweite Substratmolekül (B) übertragen wird, nochmals verdeutlicht (▶*Reaktionsgleichungen 4.48* und *4.49*).

$$A{-}X + E \rightleftharpoons X{-}E + A \qquad (4.48)$$

und

$$X{-}E + B \rightleftharpoons B{-}X + E \qquad (4.49)$$

Bei diesem Mechanismus-Typ kommt in der Biochemie häufig die Kopplung zweier verschiedener Reaktionen zur Anwendung. Die Fähigkeit zur Kopplung von Reaktionen stellt eine der wichtigen Eigenschaften von Enzymen dar, die zum Beispiel den Ablauf von biologischen, endergonischen Reaktionen überhaupt erst ermöglicht. Die Reaktion, die von der bakteriellen Saccharose-Phosphorylase beschleunigt wird, ist ein Beispiel für eine kovalent katalysierte Gruppenübertragungsreaktion (▶*Reaktionsgleichung 4.50*). Saccharose ist ein Disaccharid aus Glucose und Fructose.

$$\text{Saccharose} + P_i \rightleftharpoons \text{Glucose-1-phosphat} + \text{Fructose} \qquad (4.50)$$

Der erste Schritt in dieser Reaktion besteht in der Bildung eines kovalenten Glucosyl-Enzym-Intermediats (▶*Reaktionsgleichung 4.51*). In diesem Fall entspricht die Saccharose dem Molekül A–X und die Glucose der Gruppe X in den ▶*Reaktionsgleichungen 4.48* und *4.49*.

$$\text{Saccharose} + \text{Enzym} \rightleftharpoons \text{Glucosyl-Enzym} + \text{Fructose} \qquad (4.51)$$

Das kovalente Enzym-Substrat-Intermediat kann den Glucoserest entweder in der Rückreaktion wieder auf ein Fructosemolekül oder in der Hinreaktion auf Phosphat übertragen (▶*Reaktionsgleichung 4.52*). Das Phosphat repräsentiert das Substratmolekül B in der ▶*Reaktionsgleichung 4.49*.

$$\text{Glucosyl-Enzym} + P_i \rightleftharpoons \text{Glucose-1-phosphat} + \text{Enzym} \qquad (4.52)$$

Wie sich herausgestellt hat, folgen etwa 20 Prozent aller Enzyme einem kovalenten Katalysemechanismus. Für den Beweis, dass ein enzymatischer Mechanismus auf einer kovalenten Katalyse beruht, ist die Isolierung oder eindeutige Detektion des kovalenten Zwischenproduktes und der Nachweis einer ausreichenden Reaktivität dieses Zwischenproduktes erforderlich. Die Beobachtung einer Ping-Pong-Kinetik ist ein weiterer Hinweis auf eine kovalente Katalyse.

4.8.8 Einfluss des pH-Wertes auf enzymatische Reaktionsgeschwindigkeiten

Der Einfluss des pH-Wertes auf die Geschwindigkeit einer enzymatischen Reaktion kann einen Hinweis auf die ionisierbaren Aminosäurereste im aktiven Zentrum des Enzyms geben. Eine Abhängigkeit vom pH-Wert spiegelt in der Regel eine Veränderung des Ionisierungszustandes einer oder mehrerer Aminosäureseitenketten wider, die an der Katalyse beteiligt sind, auch wenn gelegentlich die Bindung des Substrats direkt beeinflusst wird. Trägt man in einem Diagramm die Reaktionsgeschwindigkeit gegen den pH-Wert auf, ergibt sich häufig eine glockenförmige Kurve, vorausgesetzt, das Enzym wird durch die Veränderung des pH-Wertes nicht denaturiert. Ein gutes Beispiel für ein solches pH-Geschwindigkeits-Profil erhält man für Papain (▶*Abbildung 4.14a*), eine Protease aus der Papayafrucht. Die Glockenform dieser Kurven kann dadurch erklärt werden, dass der aufsteigende Teil der Kurve die Deprotonierung eines Aminosäurerestes (B) im aktiven Zentrum repräsentiert und der abfallende Teil der Kurve mit der Deprotonierung eines zweiten Aminosäurerestes (A) verknüpft ist. Die pH-Werte bei den beiden Wendepunkten der Kurve entsprechen annähernd den pK_S-Werten der beiden ionisierbaren Seitenketten. Eine einfache glockenförmige Kurve kann man sich als das Ergebnis der Überlagerung zweier Titrationen vorstellen. Wenn die Seitenkette von A (R_A) protoniert und die Seitenkette von B (R_B) deprotoniert vorliegen muss, damit das Enzym aktiv ist (▶*Reaktionsgleichung 4.53*), resultiert daraus die glockenförmige Kurve im pH/Geschwindigkeits-Diagramm.

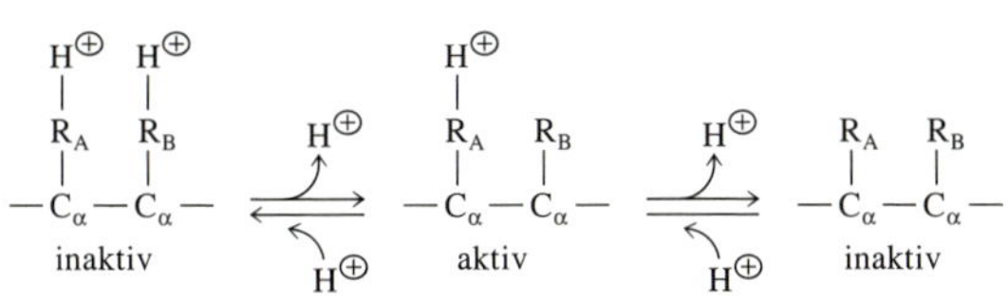

(4.53)

Beim pH-Optimum des Enzyms in der Mitte zwischen den beiden pK_S-Werten (Wendepunkten) liegt die größte Anzahl von Enzymmolekülen in der aktiven Form vor, in der die Seitenkette des Restes A protoniert ist. Allerdings weisen nicht alle pH-Geschwindigkeits-Profile eine glockenförmige Gestalt auf. Wenn zum Beispiel nur ein ionisierbarer Aminosäurerest an der Katalyse beteiligt ist, ergibt sich eine sigmoidale Kurve, während mehr als zwei involvierte ionisierbare Reste zu erheblich komplizierteren Kurvenverläufen führen können. Enzyme werden routinemäßig möglichst nahe an ihrem optimalen pH-Wert getestet, der durch geeignete Puffer eingestellt und konstant gehalten wird.

Das pH-Geschwindigkeits-Profil von Papain mit seinen Wendepunkten bei pH-Werten von 4,2 und 8,2 deutet darauf hin, dass die Aktivität von Papain durch den Ionisierungszustand von zwei Aminosäureresten im aktiven Zentrum beeinflusst wird, deren pK_S-Werte etwa 4 und 8 betragen. Bei diesen Aminosäureresten handelt es sich im aktiven Zustand des Enzyms um einen deprotonierten, nucleophilen Cysteinrest (Cys 25) und um einen protonierten, protonenliefernden Histidinrest (His 159) (▶*Abbildung 4.15*). Die Seitenketten von Cysteinresten weisen normalerweise pK_S-Werte zwischen 8,0 und 9,5 auf. Der pK_S-Wert von Cys 25 im aktiven Zentrum von Papain ist im Vergleich dazu stark verschoben, nämlich bis auf einen Wert von 3,4, weil die konjugierte Base, das Thiolat-Anion, durch die Wechselwirkung mit der direkt benachbarten, protonierten und positiv geladenen Seitenkette von His 159 stabilisiert werden kann. Aus dem gleichen Grund ist der

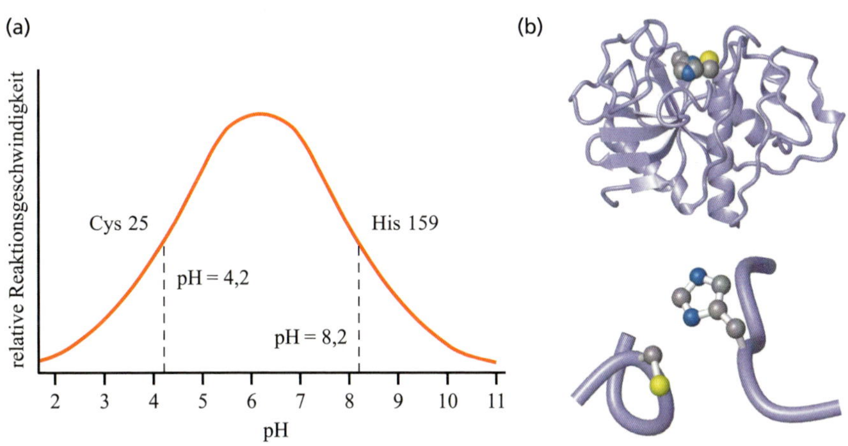

Abbildung 4.14: pH-abhängige Papain-Katalyse. (a) Das pH-Reaktionsgeschwindigkeits-Profil von Papain. Der linke und der rechte Ast der Kurve repräsentieren die Titrationen der Seitenketten von Aminosäureresten im aktiven Zentrum. Der Wendepunkt bei einem pH-Wert von 4,2 entspricht dem pK_S- Wert von Cys 25, der Wendepunkt bei einem pH-Wert von 8,3 dem pK_S-Wert von His 159. Das Enzym ist nur dann aktiv, wenn diese Gruppen als ionisches Thiolat-Imidazolium-Paar vorliegen, also zwischen den beiden Wendepunkten (pK_S-Werten). Bei sehr niedrigen und sehr hohen pH-Werten wird der Kurvenverlauf wahrscheinlich zusätzlich von Denaturierungseffekten beeinflusst. (b) Ionisierbare Aminosäurereste im aktiven Zentrum von Papain. Bändermodell von Papain mit Kalottenmodellen von Cys 25 und His 159 im aktiven Zentrum (oben). Die Stickstoffatome der Imidazolgruppe sind blau und das Schwefelatom des Cysteinrestes gelb dargestellt. Vergrößerter und etwas gedrehter Ausschnitt des Bereichs um Cys 25 und His 159 (unten) [PDB 1EFF].

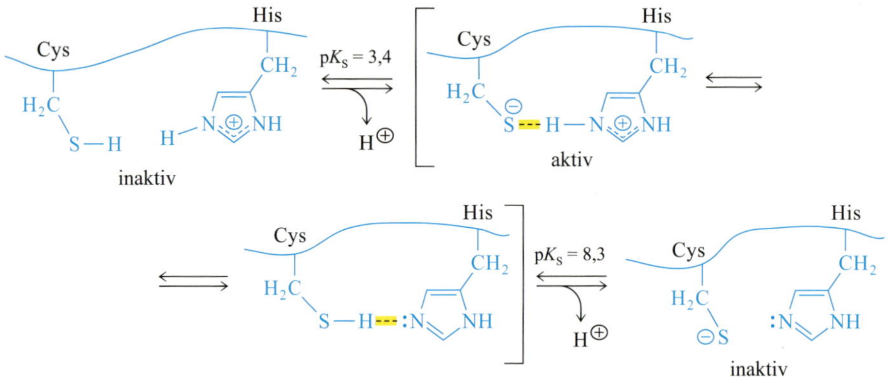

Abbildung 4.15: Die Aktivität von Papain hängt vom Ionisierungszustand der beiden Reste Cys 25 und His 159 im aktiven Zentrum ab. Die Abbildung zeigt die drei möglichen verschiedenen ionischen Zustände dieser beiden Aminosäurereste, von denen nur das obere der beiden Tautomere in der eckigen Klammer zu einem aktiven Enzym führt.

pK_S-Wert der Seitenkette von His 159 nach oben auf einen Wert von 8,3 verschoben, da die protonierte, positiv geladene Imidazolium-Form durch die Wechselwirkung mit dem negativ geladenen Thiolat-Ion in der Seitenkette von Cys 25 stabilisiert wird. Der pK_S-Wert von Histidin-Seitenketten liegt normalerweise zwischen 6 und 7. Die Wendepunkte des pH-Geschwindigkeits-Profils entsprechen nicht exakt den pK_S-Werten von Cys 25 und His 159, weil zusätzlich die Ionisierung weiterer Gruppen etwas zur Gesamtgestalt der Kurve beiträgt. Die drei ionischen Zustände des katalytischen Zentrums von Papain und die wechselseitige Stabilisierung der Seitenketten von Cys 25 und His 159 werden in ▶*Abbildung 4.15* noch einmal verdeutlicht. Das Enzym ist nur dann aktiv, wenn das Thiolat-Anion und das Imidazolium-Kation, wie im oberen Tautomer des mittleren Paares in ▶*Abbildung 4.15*, ein Ionenpaar bilden.

4.8.9 Diffusionskontrollierte Reaktionen der Triosephosphat-Isomerase

Bei einigen wenigen Enzymen erreicht die Reaktionsgeschwindigkeit annähernd die obere physikalische Grenze für Reaktionen in Lösung. Diese theoretische Grenze wird durch die Diffusionsgeschwindigkeit der Reaktanten vorgegeben, weil die enzymatische Reaktion offensichtlich auf keinen Fall schneller ablaufen kann, als das Substrat durch Diffusion nachgeliefert wird. Um diese Grenze zu erreichen, muss jede Kollision zwischen den Reaktanten, also zwischen dem Substrat und dem Enzym, zu einer Reaktion zum Produkt führen. Ansonsten würde die Reaktionsgeschwindigkeit ja nicht nur durch die Diffusionsgeschwindigkeit der Reaktanten begrenzt. Berechnungen zufolge beträgt die Geschwindigkeitskonstante von diffusionskontrollierten Reaktionen unter physiologischen Bedingungen etwa zwischen 10^8 und $10^9\ M^{-1}\ s^{-1}$. Die Frequenz der Zusammenstöße kann noch höher sein, wenn zwischen den Reaktanten eine elektrostatische Anziehung besteht. Die effektiven Geschwindigkeitskonstanten zweiter Ordnung (k_{kat}/K_M) für fünf Enzyme mit sehr hohen Reaktionsgeschwindigkeiten sind in ▶*Tabelle 4.7* aufgelistet.

Die Bindung eines Substrats an ein Enzym ist ein schneller Reaktionsschritt. Um die diffusionskontrollierte Grenze der Reaktionsgeschwindigkeit zu erreichen, müssen aber auch die übrigen Reaktionsschritte einfach und sehr schnell erfolgen. Nur wenige Typen von chemischen Reaktionen können so schnell ablaufen. Dazu gehören Assoziationsreaktionen sowie einige Protonen- und Elektronenübertragungsreaktionen. Alle Reaktionen der Enzyme in ▶*Tabelle 4.7* sind so einfach und schnell, dass die geschwindigkeitsbestimmenden Schritte annähernd so schnell verlaufen wie die Bindung der Substrate an das Enzym (inklusive der Nachlieferung durch Diffusion).

Die Triosephosphat-Isomerase katalysiert die schnelle wechselseitige Umwandlung von Dihydroxyacetonphosphat (DHAP) und D-Glycerinaldehyd-3-phosphat (GAP) in den Stoffwechselwegen der Glycolyse und der Gluconeogenese (▶*Abschnitt 9.1* und *9.8*).

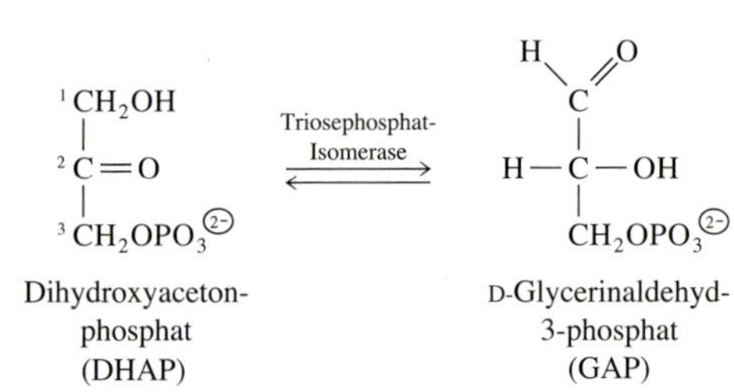

(4.54)

Tabelle 4.7

Enzyme mit Geschwindigkeitskonstanten zweiter Ordnung nahe der oberen, diffusionskontrollierten Grenze

Enzym	Substrat	k_{kat}/K_M ($M^{-1}\,s^{-1}$)*
Katalase	H_2O_2	4×10^7
Acetylcholinesterase	Acetylcholin	2×10^8
Triosephosphat-Isomerase	D-Glycerinaldehyd-3-phosphat	4×10^8
Fumarase	Fumarat	10^9
Superoxid-Dismutase	$\bullet O_2^{\ominus}$	2×10^9

* Das Verhältnis k_{kat}/K_M ist die effektive Geschwindigkeitskonstante für die enzymatisch katalysierte Reaktion $E + S \rightarrow E + P$. Bei diesen Enzymen kann die Bildung des Enzym-Substrat-Komplexes der langsamste Schritt sein.

Ein möglicher Mechanismus ist in ▶*Abbildung 4.16* ausführlich dargestellt. Die Isomerisierungsreaktion besteht summa summarum in der Verschiebung eines Protons zwischen den Kohlenstoffatomen C-1 und C-2, der Verlagerung eines Protons zwischen den Sauerstoffatomen am C-1- und am C-2-Atom sowie den dafür erforderlichen Elektronenverschiebungen.

Triosephosphat-Isomerase besitzt zwei ionisierbare Aminosäurereste im aktiven Zentrum: einen Glutamatrest, der als allgemeiner Säure-Base-Katalysator fungiert, und einen Histidinrest, der ein Proton zwischen zwei Sauerstoffatomen eines enzymgebundenen Intermediats hin- und herbefördert (▶*Abbildung 4.16*). Bei der Umwandlung von Dihydroxyacetonphosphat in D-Glycerinaldehyd-3-phosphat tritt der Histidinrest als Protonendonator in seiner neutralen Form und als Protonenakzeptor in seiner anionischen Imidazolat-Form auf (▶*Reaktionsgleichung 4.55*). Die Wasserstoffbrücken, die im Verlauf dieses Mechanismus zwischen dem Histidinrest und den Zwischenstufen gebildet werden, haben sich als ungewöhnlich stark herausgestellt. Es wurde noch ein alternativer Mechanismus vorgeschlagen, bei dem Glu 165 für die Verschiebung sowohl des Protons zwischen C-1 und C-2 als auch des Protons zwischen den Sauerstoffatomen an C-1 und C-2 verantwortlich sein soll. Auch in diesem Mechanismus kommen starke Wasserstoffbrücken vor.

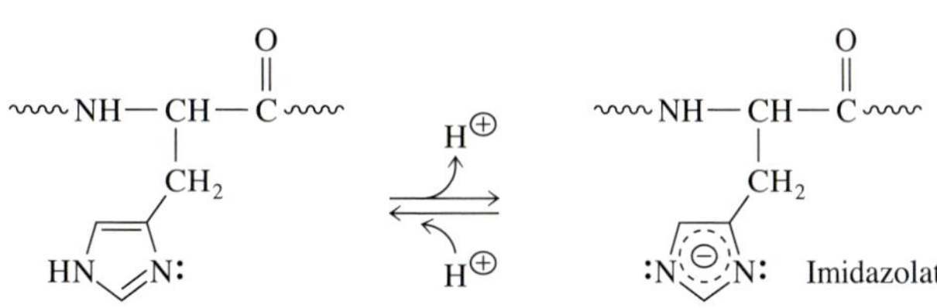

(4.55)

Das Auftreten der anionischen Imidazolat-Form von Histidin ist in Proteinen sehr ungewöhnlich. Tatsächlich war der Mechanismus der Triosephosphat-Isomerase der erste, der mit dieser Form in Zusammenhang gebracht wurde.

Mitte der 1970er-Jahre hatte Jeremy Knowles mit seinen Mitarbeitern die Geschwindigkeitskonstanten der Hin- und Rückreaktionen aller vier kinetisch messbaren Schritte der enzymatischen Reaktion (▶*Reaktionsgleichung 4.56*) der Triosephosphat-Isomerase bestimmt.

$$E + DHAP \overset{(1)}{\rightleftharpoons} E\text{-}DHAP \overset{(2)}{\rightleftharpoons} E\text{-Zwischenprodukt} \overset{(3)}{\rightleftharpoons} E\text{-}GAP \overset{(4)}{\rightleftharpoons} E + GAP \qquad (4.56)$$

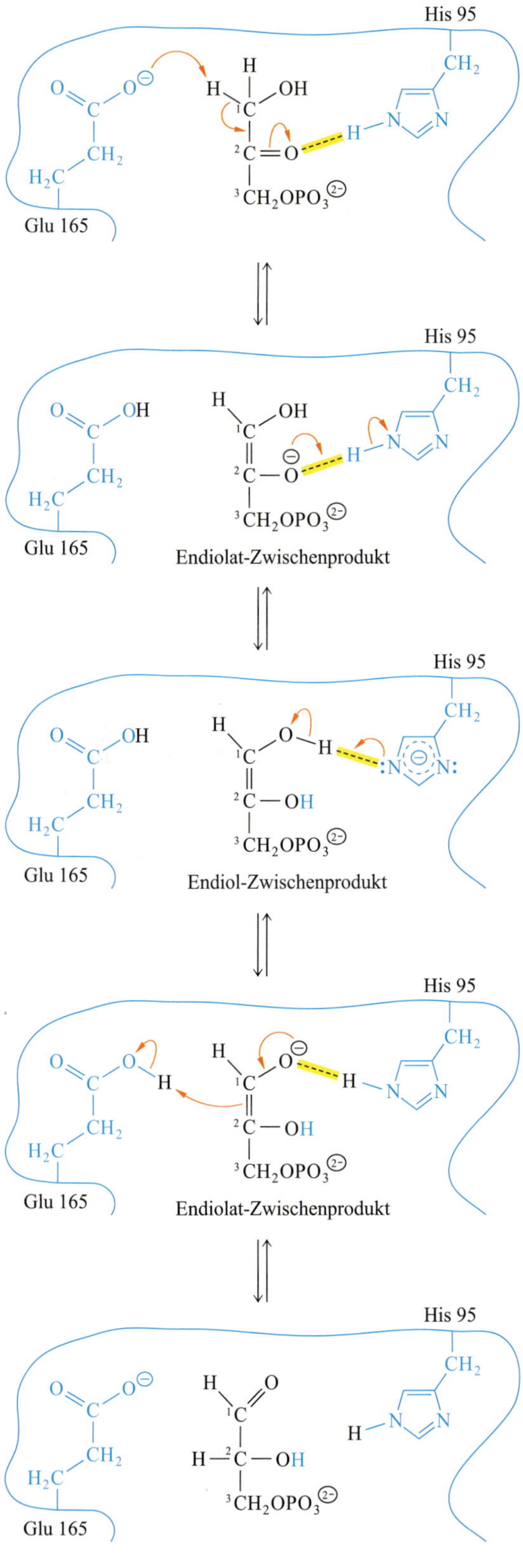

Wenn Dihydroxyacetonphosphat an das Enzym gebunden wird, bildet der Carbonylsauerstoff eine Wasserstoffbrückenbindung mit der neutralen Imidazolgruppe von His 95. Die Übernahme eines Protons vom C-1 des Substrats durch die Carboxylatgruppe von Glu 165 führt zur Entstehung eines Endiolat-Zwischenproduktes.

His 95 bildet eine starke Wasserstoffbrückenbindung zum C-2-Sauerstoffatom des Endiolats und protoniert dieses schließlich.

Anschließend übernimmt das Imidazolat-Anion von His 95 ein Proton von der Hydroxylgruppe am C-1. Das Ergebnis der letzten beiden Schritte ist somit eine durch die Imidazol-Seitenkette von His 95 unterstützte Übertragung eines Protons zwischen den Sauerstoffatomen des Substrats, die zur Bildung eines anderen (isomeren) instabilen Endiolat-Zwischenproduktes führt.

Die Übertragung des Protons von der Glu-165-Carboxylgruppe auf das C-2-Atom des Endiolats ergibt das Produkt D-Glycerinaldehyd-3-phosphat.

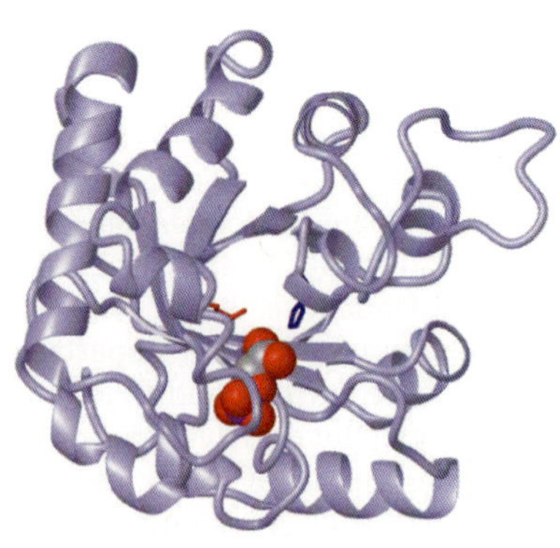

Abbildung 4.16: Mechanismus und Struktur der Triosephosphat-Isomerase-Reaktion. Links ist der allgemeine Säure-Base-Katalyse-Mechanismus, der für die Reaktion vorgeschlagen wurde, die von der Triosephosphat-Isomerase katalysiert wird, gezeigt. Unten rechts ist das Bändermodell der Struktur der Triosephosphat-Isomerase aus der Hefe *Saccharomyces cerevisiae* zu sehen. Die Position des Substrats wird durch das Kalottenmodell eines Übergangszustandsanalogons hervorgehoben. Die Seitenketten der katalytisch reaktiven Reste Glu 165 (rot) und His 95 (dunkellila) sind als Stabmodelle dargestellt [PDB 2YPI].

Das mithilfe dieser Geschwindigkeitskonstanten konstruierte Energiediagramm finden Sie in ▶*Abbildung 4.17*, zusammen mit dem Energiediagramm einer Triosephosphat-Mutante (gestrichelte Linie). Beachten Sie die annähernd gleiche Höhe der Aktivierungsbarrieren aller Reaktionsschritte der nichtmutierten Triosephosphat-Isomerase. Das bedeutet, dass keiner der Schritte eindeutig geschwindigkeitsbestimmend ist. Die Bindung des Substrats an das Enzym (Schritt 1) ist zwar sehr schnell, aber nicht wirklich schneller als die nachfolgenden Schritte der Reaktion. Der Wert der Geschwindigkeitskonstante zweiter Ordnung (k_{kat}/K_M) für die Umwandlung von D-Glycerinaldehyd-3-phosphat zu Dihydroxyacetonphosphat beträgt $4 \times 10^8\ M^{-1}\ s^{-1}$ und liegt somit nahe der theoretischen Grenze bei einer diffusionskontrollierten Reaktion.

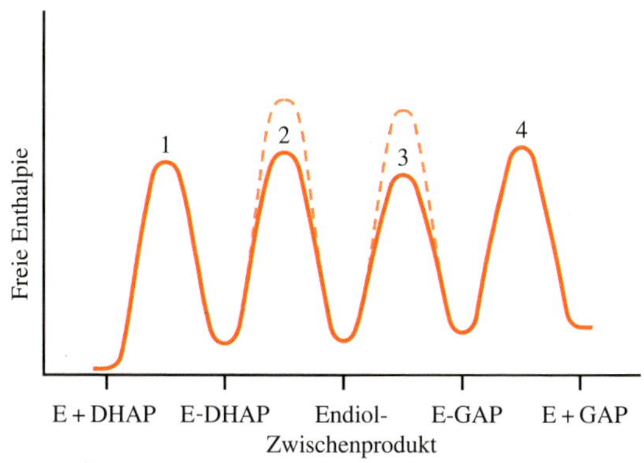

Abbildung 4.17: Energiediagramm der Reaktion, die von der Triosephosphat-Isomerase katalysiert wird. Die durchgehende Linie entspricht dem Energieprofil des natürlich vorkommenden Enzyms (Wildtyp), während die gestrichelte Linie von einer Mutante des Enzyms stammt, in der der Glutamatrest im aktiven Zentrum gegen einen Aspartatrest ausgetauscht wurde. Bei der Enzym-Mutante ergeben sich für die Protonenübertragungsreaktionen (Schritte 2 und 3 in ▶*Reaktionsgleichung 4.56*) signifikant höhere Aktivierungsenergien. [Aus: Raines, R. T., Sutton, E. L., Strauss, D. R., Gilbert, W. und Knowles, J. R. 1986. Reaction energetics of a mutant triose phosphate isomerase in which the active-site glutamate has been changed to aspartate. *Biochemistry.* 25:7142–7154.]

Knowles und seine Mitarbeiter tauschten den Glutamatrest (Glu 165) im aktiven Zentrum der Triosephosphat-Isomerase durch eine ortsspezifische Mutagenese gegen einen Aspartatrest aus. Dieser Aspartatrest in der modifizierten Isomerase besitzt die gleiche reaktive Gruppe, nämlich eine Carboxylatgruppe ($-COO^{\ominus}$), wie der Glutamatrest im natürlich vorkommenden Enzym (Wildtyp). Allerdings liegt die Carboxylatgruppe im mutierten Enzym etwas weiter vom Substrat entfernt, vermutlich wegen der im Vergleich zum Glutamat um eine Methylengruppe ($-CH_2-$) kürzeren Seitenkette des Aspartats. Der Wildtyp und die Mutante des Enzyms weisen zwar ähnliche K_M-Werte auf, aber die katalytische Konstante (k_{kat}) der Enzym-Mutante ist sehr viel kleiner als die des Wildtyps. Tatsächlich läuft die enzymatische Reaktion mit dem mutierten Enzym etwa 1000-mal langsamer ab als mit dem ursprünglichen, natürlich vorkommenden Enzym. Dieses Experiment hat gezeigt, dass der Glutamatrest im aktiven Zentrum der Triosephosphat-Isomerase für die volle katalytische Aktivität essenziell ist. Die Substitution des Glutamatrestes gegen einen Aspartatrest verwandelt ein Enzym mit einer diffusionskontrollierten Reaktionsgeschwindigkeit in ein Enzym mit einer normalen Enzymkinetik, bei der auf die schnelle Bindung des Substrats etwas langsamere Reaktionsschritte folgen.

4.9 Die Rolle der Substratbindung bei der enzymatischen Katalyse

Der quantitative Effekt der verschiedenen Katalysemechanismen auf die Reaktionsgeschwindigkeit ist nicht ganz leicht einzuschätzen. Wir haben bereits zwei chemische Mechanismen in der enzymatischen Katalyse kennengelernt, die Säure-Base-Katalyse und die kovalente Katalyse. Aus der Effektivität nichtenzymatischer Katalysatoren wurde abgeleitet, dass die Säure-Base-Katalyse eine typische enzymatische Reaktion um den Faktor 10 bis 100 beschleunigen kann. Die kovalente Katalyse kann eine Erhöhung der Reaktionsgeschwindigkeit in ähnlicher Größenordnung bewirken. Diese chemischen Mechanismen können also offensichtlich nur zu einem kleinen Teil zu den beobachteten Reaktionsbeschleunigungen beitragen, die durch Enzyme erreicht werden (typischerweise um den Faktor 10^8 bis 10^{12}). Die Differenz in der Effektivität zwischen der chemischen und der enzymatischen Katalyse kann mit der Fähigkeit der Enzyme erklärt werden, Liganden spezifisch und in einer für die Reaktion optimalen Orientierung zu binden. Die passgenaue Bindung der Reaktanten im aktiven Zentrum ist nicht nur für die Substrat- und Reaktionsspezifität, sondern auch für den größten Teil der katalytischen Potenz von Enzymen verantwortlich. Es gibt zwei katalytische Wirkungen, die auf Bindungsphänomene zurückzuführen sind.

Erstens führt bei Multisubstrat-Reaktionen die gemeinsame Bindung und korrekte Positionierung der Substratmoleküle im aktiven Zentrum im Vergleich zu den Konzentrationen in freier Lösung zu einem Anstieg der effektiven lokalen

Substratkonzentrationen. Auf dieselbe Weise resultiert die Bindung eines einzelnen Substrats in der Nähe eines katalytisch reaktiven Restes im aktiven Zentrum in der Absenkung der Aktivierungsenergie infolge der Verringerung der Entropie, während zusätzlich die effektiven Konzentrationen dieser beiden Reaktanten erhöht werden. Durch die hohen effektiven Konzentrationen kommt es häufiger zur Bildung von Übergangszuständen. Dieses Phänomen nennt man Annäherungseffekt (engl. *proximity effect*). Eine effiziente Katalyse erfordert eine nicht zu starke Bindung der Reaktanten an das Enzym, da eine sehr feste Bindung den Ablauf der katalytischen Reaktion stark beeinträchtigen würde.

Die zweite katalytische Wirkung, die sich aus der Enzym-Ligand-Wechselwirkung ergibt, ist die Folge der im Vergleich zu den Substraten und Produkten festeren Bindung des Übergangszustandes an das Enzym. Dieser wird durch die Bindung an das Enzym also stärker stabilisiert als die Substrate, sodass die Aktivierungsenergie sinkt. Außerdem wird dadurch das Gleichgewicht zwischen dem Enzym-Substrat-Komplex (ES) und dem Enzym-Übergangszustands-Komplex ($ES^{‡}$) zugunsten des Enzym-Übergangszustands-Komplexes verschoben (aber nicht das Reaktionsgleichgewicht!).

Die Effekte der Annäherung der Reaktanten und der Stabilisierung des Übergangszustandes sind bereits in ▸*Abbildung 4.13* illustriert worden. Verschiedene Experimente deuten darauf hin, dass Reaktionsgeschwindigkeiten durch den Annäherungseffekt um einen Faktor von bis zu 10.000 erhöht werden können. Die Stabilisierung des Übergangszustandes kann mindestens zu einer genauso großen Erhöhung der Reaktionsgeschwindigkeit führen. Enzyme können die beobachteten, außerordentlich hohen Reaktionsgeschwindigkeiten durch die Kombination dieser Bindungseffekte mit den chemisch-katalytischen Effekten erreichen. Die bindenden Kräfte, die für die Bildung des Enzym-Substrat-Komplexes (ES) und die Stabilisierung des Enzym-Übergangszustands-Komplexes ($ES^{‡}$) verantwortlich sind, wurden bereits in den ▸*Kapiteln 2* und *3* dargestellt: Ladungs-Ladungs-Wechselwirkungen, Wasserstoffbrücken, hydrophobe Wechselwirkungen und Van-der-Waals-Kräfte. Ladungs-Ladungs-Wechselwirkungen sind in unpolarer Umgebung stärker als in wässriger Lösung. Weil aktive Zentren überwiegend unpolare Umgebungen darstellen, können Ladungs-Ladungs-Wechselwirkungen im aktiven Zentrum von Enzymen sehr stark sein. Die Seitenketten der Aminosäurereste Aspartat, Glutamat, Histidin, Lysin und Arginin stellen negativ und positiv geladene Gruppen zur Verfügung, die in aktiven Zentren Ionenpaare mit Substratmolekülen bilden können. In der Reihenfolge der Bindungsstärke folgen nach den Ladungs-Ladungs-Wechselwirkungen die Wasserstoffbrückenbindungen, die zwischen Substrat- und Enzymmolekülen häufig auftreten. Wasserstoffbrücken können zum Polypeptidrückgrat und zu den Seitenketten von vielen Aminosäuren gebildet werden. Die sehr hydrophoben Aminosäuren sowie Alanin, Prolin, Tryptophan und Tyrosin können an hydrophoben Wechselwirkungen mit den unpolaren Gruppen von Liganden beteiligt sein. Viele Van-der-Waals-Wechselwirkungen unterstützen die Bindung des Substrats zusätzlich. Die chemischen Eigenschaften der Aminosäurereste im aktiven Zentrum und die räumliche Gestalt des aktiven Zentrums bestimmen die Substratspezifität eines Enzyms.

4.9.1 Der Annäherungseffekt

Viele Jahre wurden Enzyme als Entropiefallen beschrieben, also als Agenzien, die sehr bewegliche Reaktanten aus verdünnter Lösung einsammeln und dadurch ihre Entropie herabsetzen sowie die Wahrscheinlichkeit von Wechselwirkungen erhöhen. William Jencks und seine Mitarbeiter haben einen konzeptionellen Fortschritt erzielt, als sie die Reaktion zwischen zwei Molekülen im aktiven Zentrum eines Enzyms wie eine intramolekulare und somit unimolekulare Reaktion behandelten. Die korrekte Positionierung von zwei reaktiven Gruppen im aktiven Zentrum reduziert deren Translations- und Rotationsfreiheitsgrade und führt zu einer starken Absenkung der Entropie, die allein schon eine große Reaktionsbeschleunigung bewirkt. Die Erhöhung der Reaktionsgeschwindigkeit kann als Folge einer vergrößerten relativen Konzentration der reagierenden Gruppen in der unimolekularen Reaktion, die effektive Molarität genannt wird, beschrieben werden. Die effektive Molarität kann aus der folgenden Gleichung erhalten werden:

$$\text{effektive Molarität} = \frac{k_1(\mathrm{s}^{-1})}{k_2(\mathrm{M}^{-1}\,\mathrm{s}^{-1})} \qquad (4.57)$$

k_1 entspricht der Geschwindigkeitskonstante der unimolekularen Reaktion, bei der die beiden reagierenden Gruppen zuvor in einem Molekül kombiniert beziehungsweise im aktiven Zentrum gebunden wurden, während k_2 die Geschwindigkeitskonstante der entsprechenden bimolekularen Reaktion repräsentiert. Da die beiden Geschwindigkeitskonstanten unterschiedliche Einheiten aufweisen, besitzt die effektive Molarität tatsächlich die Einheit einer Molarität (M). Effektive Molaritäten sind aber keine realen Konzentrationen. Für manche Reaktionen ergeben sich auch immens hohe Werte. Trotzdem geben effektive Molaritäten Hinweise darauf, wie günstig reagierende Gruppen bereits vor der eigentlichen Reaktion zueinander orientiert sind.

Der Annäherungseffekt wird durch die Arbeiten von Thomas Bruice und Upendra K. Pandit eindrucksvoll veranschaulicht. Bruice hat in seinen Experimenten eine bimolekulare Reaktion mit einer Serie von chemisch ähnlichen, intramolekularen Reaktionen verglichen (▶*Abbildung 4.18*). Die inter- beziehungsweise bimolekulare Reaktion diente in der zweistufigen Hydrolyse von *p*-Bromphenylacetat mit Acetat als Katalysator. Diese Reaktion verläuft über Essigsäureanhydrid, das im ersten Schritt durch die nucleophile Substitution von *p*-Bromphenolat gegen Acetat gebildet wird. Der zweite Schritt, der in der Hydrolyse des Anhydrids durch Wasser besteht, wird in der Reaktion in ▶*Abbildung 4.18* nicht gezeigt. Bei den intramolekularen Reaktionen in ▶*Abbildung 4.18* sind die reagierenden Gruppen über eine Brücke verbunden, deren freie Rotation von Beispiel zu Beispiel immer stärker eingeschränkt ist. Mit wachsender Eingrenzung der Rotation steigt die relative Geschwindigkeitskonstante der Reaktion, also das Verhältnis ihrer Geschwindigkeitskonstante zum Referenzwert der intermolekularen Reaktion (k_1/k_2), erheblich an, weil die reagierenden Gruppen immer fester in der geeigneten, reaktionsfähigen Position festgehalten werden. Beachten Sie bitte, dass der Effekt nicht durch die chemische Katalyse verursacht wird, weil bei den intramolekularen nur der erste Schritt der Gesamthydrolyse ablaufen kann, bei dem das Acetat nicht zurückgewonnen wird und somit als Reaktant und nicht als Katalysator auftritt. Der Glutarsäureester (2. Reaktion) besitzt zwei Bindungen in der eigentlichen Brücke, um die eine freie Rotation weitgehend möglich ist. Der Bernsteinsäureester (3. Reaktion) weist nur noch eine solche Bindung auf. In dem starren bicyclischen Reaktanten in der letzten Reaktion in ▶*Abbildung 4.18* ist in der Brücke praktisch keine Rotation mehr möglich. Infolgedessen liegen die Carboxylatgruppe und die Estergruppe in einer für die Reaktion geeigneten festen Anordnung eng zusammen. Die effektive Molarität, die hier der relativen Geschwindigkeitskonstante entspricht, beträgt für den bicyclischen Reaktanten 5×10^7 M. Die Wahrscheinlichkeit einer Reaktion ist für die

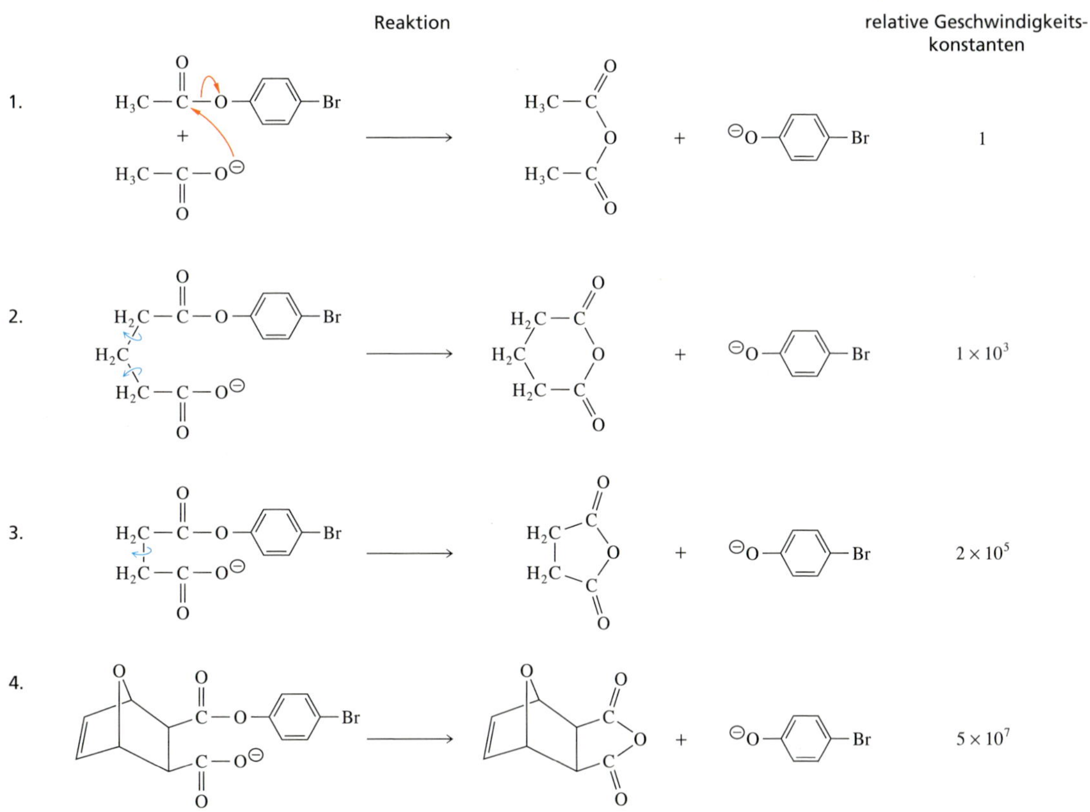

Abbildung 4.18: Reaktionen einer Reihe von Carboxylaten mit substituierten Phenylestern. Der Annäherungseffekt wird durch die steigende Reaktionsgeschwindigkeit veranschaulicht, die beobachtet wird, wenn die reagierenden Gruppen durch die Einschränkung von Bindungsrotationen in den Reaktanten der intramolekularen Reaktionen immer fester in enger Nachbarschaft angeordnet werden. Die vierte Reaktion verläuft 50 Millionen Mal schneller als die erste, bimolekulare Reaktion.

bicyclische Verbindung äußerst groß, weil wegen der bereits im Reaktanten bestehenden starren Anordnung der reagierenden Gruppen bei der Bildung des Übergangszustandes nur ein sehr kleiner Entropieverlust eintritt. Theoretische Betrachtungen deuten auf eine maximal mögliche Beschleunigung um den Faktor 10^8 durch einen Annäherungseffekt hin. So kann die gesamte Zunahme der Reaktionsgeschwindigkeit in diesen Beispielen dem Entropieverlust zugeschrieben werden, der sich aus der starren, für die Reaktion geeigneten Anordnung der beiden Reaktanten ergibt. Diese intramolekularen Reaktionen können als Modell für zwei Substratmoleküle dienen, die durch die Bindung im aktiven Zentrum eines Enzyms in eine feste Anordnung gezwungen werden.

4.9.2 Schwache Substratbindung

Die Reaktion von Enzym-Substrat-Komplexen weist eine große Analogie zu unimolekularen Reaktionen auf. Die passende Positionierung von Substraten im aktiven Zentrum führt zu einer beträchtlichen Erhöhung der Reaktionsgeschwindigkeit. Allerdings erreichen Enzyme in der Regel nicht das theoretisch mögliche Maximum einer etwa 10^8-fachen Beschleunigung der Reaktion allein durch den Annäherungseffekt. In der Praxis ergibt sich aus dem Entropieverlust infolge der Bindung des Substrats an das Enzym typischerweise nur eine Reaktionsbeschleunigung um etwa den Faktor 10^4. In Enzym-Substrat-Komplexen werden die Reaktanten zwar zusammengeführt, aber nicht so eng wie im Übergangszustand. Diese Schlussfolgerung basiert sowohl auf mechanistischen Überlegungen als auch auf Messungen der Stärke der Bindungen von Substraten und Inhibitoren zu Enzymen. Die Bindung von Substraten an Enzyme darf nicht außergewöhnlich fest und somit der Wert der Michaelis-Konstanten (K_M) nicht beliebig klein sein.

▶*Abbildung 4.19* zeigt die Energiediagramme für eine nichtenzymatische, unimolekulare Reaktion und für die entsprechende mehrstufige, enzymatisch katalysierte Reaktion. In ▶*Abschnitt 4.9.4* werden wir noch genauer besprechen, dass Enzyme die Reaktionsgeschwindigkeit auch durch die Stabilisierung des Übergangszustandes erhöhen. Deswegen benötigt der Enzym-Substrat-Komplex (ES) weniger Energie (Aktivierungsenergie) zum Erreichen des Übergangszustandes ($ES^‡$) als das Substrat (S), weil der Übergangszustand der nichtenzymatischen Reaktion ($S^‡$) nicht durch das Enzym stabilisiert wird. Erinnern Sie sich, dass das Substrat nur relativ schwach im ES-Komplex gebunden sein darf. Würde ein Substrat durch eine feste Bindung an das Enzym ebenfalls stark stabilisiert (gestrichelte rote Linie in ▶*Abbildung 4.19*), käme es wieder zu einer Vergrößerung der Energiedifferenz zwischen ES und $ES^‡$ und somit der Aktivierungsenergie. Der Effekt der Stabilisierung des Übergangszustandes auf die Reaktionsgeschwindigkeit würde dadurch weitgehend aufgehoben, denn

Kapitel 4

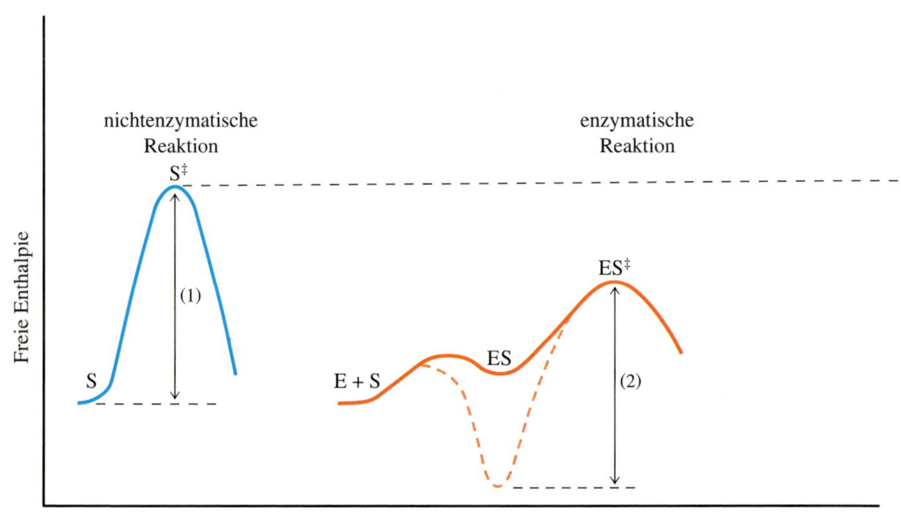

Abbildung 4.19: Energiediagramm zur Illustration der Absenkung der Aktivierungsenergie durch die Stabilisierung des Übergangszustandes infolge der Bindung des Substrats an das Enzym. Im Vergleich zur nichtenzymatischen Reaktion (blaue Kurve) wird die Energie des Übergangszustandes durch dessen feste Bindung an das Enzym herabgesetzt. Wenn gleichzeitig das Substrat im ES-Komplex nicht zu fest gebunden wird (durchgezogene rote Kurve), folgt daraus eine Absenkung der Aktivierungsenergie. Bei einer zu festen Bindung des Substrats im ES-Komplex wird auch dessen Energie verringert, sodass die Aktivierungsenergie (2) in diesem Fall (gestrichelte rote Linie) nicht besonders von der Aktivierungsenergie (1) der nichtenzymatischen Reaktion abweichen würde.

die Aktivierungsenergie der enzymatischen Reaktion würde sich in diesem Fall (Pfeil (2) in ▶*Abbildung 4.19*) nicht signifikant von der Aktivierungsenergie der nichtenzymatischen Reaktion unterscheiden (Pfeil (1) in ▶*Abbildung 4.19*). Mit anderen Worten: Eine sehr feste Bindung des Substrats im Grundzustand bedeutet nur einen kleinen oder gar keinen katalytischen Effekt. Im Fall einer äußerst hohen Stabilität des Enzym-Substrat-Komplexes spricht man von einer thermodynamischen Falle. Die Aufgabe von Enzymen besteht in der Bindung und Positionierung der Substrate, damit diese den Übergangszustand anschließend leichter erreichen können. Dieser Vorteil darf aber durch eine zu feste Bindung des Substrats nicht wieder aufgehoben werden.

Die Werte der Michaels-Konstanten (K_M) von Enzymen bezüglich ihrer Substrate, die die jeweiligen Dissoziationskonstanten repräsentieren, zeigen, dass Enzyme diese thermodynamische Falle tatsächlich vermeiden. Die meisten K_M-Werte liegen im Bereich von 10^{-4} M und deuten somit auf eine relativ schwache Substratbindung hin. Enzyme, die spezifisch kleine Substrate wie Harnstoff, Kohlendioxid oder das Superoxid-Ion umsetzen, weisen relativ hohe K_M-Werte zwischen 10^{-3} und 10^{-4} M auf (schwächere Bindung), weil diese Substratmoleküle nur wenige nichtkovalente Bindungen zu ihren Enzymen bilden können. Bezüglich ihrer Coenzyme zeigen Enzyme in der Regel eher kleine K_M-Werte zwischen 10^{-6} und 10^{-5} M (stärkere Bindung), weil Coenzyme meist größer sind als typische Substrate und deswegen mehr nichtkovalente Wechselwirkungen mit dem Enzym auftreten können. Die K_M-Werte für die Bindung von ATP an die meisten ATP-abhängigen Enzyme liegen im Bereich von 10^{-4} M oder etwas darüber, das Muskelfaser-Protein Myosin, das allerdings kein Enzym darstellt, bindet ATP aber eine Milliarde Mal fester. Diese riesige Differenz in der Bindungsstärke zeigt, dass in den Enzym-Substrat-Komplexen offensichtlich nicht alle Teile des Substrats fest gebunden sind. Die K_M-Werte wurden im Verlauf der Evolution offenbar für die Aufgaben der jeweiligen Enzyme und Proteine optimiert. Bei Enzymen haben sich deswegen K_M-Werte entwickelt, die klein genug sind, damit ein Annäherungseffekt erreicht werden kann, aber gleichzeitig auch hoch genug, damit der ES-Komplex nicht zu stabil ist. Die *schwache* Bindung von Substraten stellt eine wichtige Voraussetzung für die Reaktionsbeschleunigung durch die stärkere Bindung der Substrate im Übergangszustand ($ES^{\ddagger}$) dar, weil die daraus folgende Absenkung der Aktivierungsenergie durch eine *starke* Bindung der Substrate bereits im Grundzustand (ES) wieder aufgehoben würde.

4.9.3 Induced fit

Die meisten Enzyme ähneln in ihrer eingeschränkten Flexibilität festen Katalysatoren, aber Enzyme sind keine starren Moleküle. Die Atome vollziehen ständig kleine, im Rahmen ihrer Bindungen mögliche, schnelle Bewegungen wie Schwingungen und Rotationen, die auch kleine Anpassungen der Konformation des Proteins bei der Bindung von Liganden zulassen. Enzyme sind am effektivsten, wenn sie sich bereits vor der Bindung der Substrate in ihrer katalytischen aktiven Konformation befinden, sodass keine Energie für die Umwandlung in die aktive Konformation verbraucht wird. In manchen Fällen unterliegen Enzyme im Zusammenhang mit der Bindung des Substrats allerdings doch erheblichen Konformationsänderungen. Dabei geht das Enzym von einer inaktiven in eine aktive Form über. Die Aktivierung eines Enzyms durch eine Konformationsänderung, die durch die Bindung des Substrats verursacht wird, nennt man induced fit oder induzierte Anpassung. Der *induced fit* wirkt sich in erster Linie nicht auf die katalytische Aktivität, sondern auf die Substratspezifität aus. In den 1950er-Jahren schlug Daniel E. Koshland vor, dass die Flexibilität von Enzymen sowohl für die katalytische Aktivität als auch für die Substratspezifität eine Rolle spielt. Sein Modell vom *induced fit* basierte auf kinetischen Experimenten mit dem Enzym Hexokinase, das die Phosphorylierung von Glucose durch ATP katalysiert:

$$\text{Glucose} + \text{ATP} \rightleftharpoons \text{Glucose-6-phosphat} + \text{ADP} \tag{4.58}$$

Man könnte annehmen, dass Wasser ein gutes Substrat für die Hexokinase sein sollte, weil es der alkoholischen Gruppe am C-6-Atom der Glucose ähnelt und außerdem klein genug ist sowie eine geeignete Gestalt aufweist, um in das aktive Zentrum der Hexokinase zu passen. Wenn das zuträfe, würde die Hexokinase die Hydrolyse von ATP katalysieren. Tatsächlich verläuft die durch Hexokinase katalysierte Hydrolyse von ATP aber 40.000-mal langsamer als die Phosphorylierung von Glucose. Untersuchungen zur Struktur der Hexokinase offenbarten die Existenz von zwei Hexokinase-Konformationen, einer offenen Konformation in Abwesenheit von Glucose sowie einer geschlossenen Konformation in Gegenwart gebundener Glucose. Wenn Glucose gebunden wird, verändert sich der Winkel zwischen den beiden Domänen der Hexokinase um 12°, sodass die Bindungsspalte im Hexokinase-Glucose-Komplex enger geschlossen wird (▶*Abbildung 4.20*). Wasser ist dagegen nicht groß genug und kann nicht in die notwendigen Wechselwirkungen mit

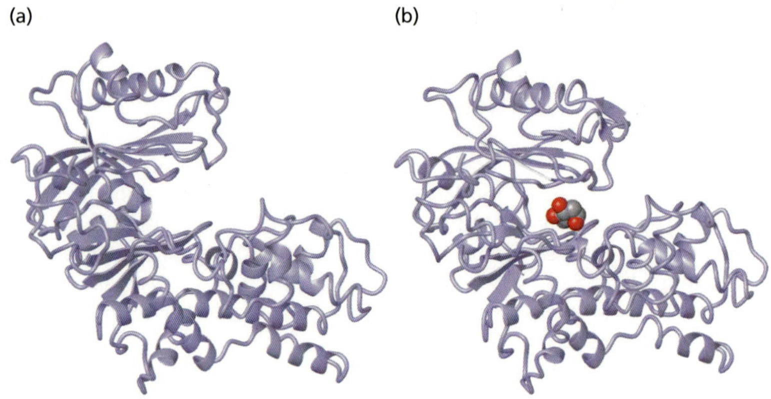

Abbildung 4.20: Strukturmodelle der Hefe-Hexokinase. Die Hefe-Hexokinase enthält zwei strukturelle Domänen, die durch eine Gelenkregion verbunden sind. Wenn das Substrat Glucose in der Bindungsspalte bindet, wird diese durch eine Konformationsänderung der Hexokinase geschlossen, sodass das aktive Zentrum gegenüber der wässrigen Umgebung abgeschirmt wird. (a) Offene Konformation. (b) Geschlossene Konformation [PDB 2YHX und 1HKG].

der Hexokinase treten, um diese Konformationsänderung zu induzieren. Deswegen kann Wasser nicht als gutes Substrat für die ATP-Hydrolyse durch die Hexokinase dienen. Die durch Glucose induzierte Konformationsänderung der Hexokinase verhindert somit die verschwenderische Hydrolyse von ATP, die wegen der hohen Wasserkonzentration tatsächlich eine Gefahr für das Überleben von Zellen darstellen würde. Auch viele andere Kinasen weisen einen Mechanismus mit einer vom Substrat induzierten Konformationsänderung auf.

Die Substratspezifität, die sich aus dem *induced fit* der Hexokinase ergibt, führt zwar zu einem sparsamen Umgang mit zellulärem ATP, sie fordert aber gleichzeitig einen katalytischen Preis. Die Energie, die für die Umwandlung in die energetisch ungünstigere geschlossenere Konformation benötigt wird, geht der Katalyse verloren. Im Endergebnis ergibt sich somit eine höhere Aktivierungsenergie als im Fall des gleichen Enzyms ohne *induced fit*, welches also auch in der freien Form die katalytisch aktive Konformation besitzt. Die höhere Aktivierungsenergie hat aber eine langsamere Reaktionsgeschwindigkeit zur Folge und bedeutet somit einen Verlust an katalytischer Effizienz. Bei der Hexokinase führen die katalytischen Kosten infolge des *induced fit* schließlich zu einer katalytischen Konstante (k_{kat}) von etwa $10^3\ s^{-1}$.

4.9.4 Stabilisierung des Übergangszustandes

Die Begriffe *Spannung* und *Verzerrung* wurden viele Jahre zur Beschreibung der enzymatischen Katalyse verwendet. Es wurde vorgeschlagen, dass Enzyme, wie feste Katalysatoren, Reaktionen durch die physikalische oder elektronische Verzerrung der Substratmoleküle beschleunigen. Die Stabilisierung des Übergangszustandes infolge stärkerer Wechselwirkungen zwischen dem Substrat und dem Enzym im Vergleich zum Grundzustand des Enzym-Substrat-Komplexes stellt nur einen feineren, aus kinetischer Sicht exakteren Weg dar, die Grundlagen und die Folgen der Verzerrung des Substrats im Übergangszustand zu erklären. Einige Enzymologen sind zu der Einschätzung gelangt, dass die Stabilisierung von Übergangszuständen annähernd die gesamte Reaktionsbeschleunigung durch Enzyme erklären könnte. Auch wenn die zuvor aufgezeigten Faktoren sehr wahrscheinlich nicht unerheblich zur enzymatischen Katalyse beitragen, wird der Stabilisierung des Übergangszustandes heute die größte Rolle zugesprochen. Damit hätten wir auch das letzte Teil des katalytischen Puzzles kennengelernt.

Betrachten Sie noch einmal das Schlüssel-Schloss-Prinzip von Emil Fischer (▶*Abschnitt 4.2.2*). Fischer nahm an, dass Enzyme starre Schablonen darstellen, die nur ganz bestimmte Substrate als Schlüssel akzeptieren. Obwohl dieses Modell in den 1950er- und 1960er-Jahren zwischenzeitlich an Anerkennung verloren hatte, wird es inzwischen wieder allgemein als Erklärung für die Spezifität von Enzymen akzeptiert, allerdings nur unter einer Bedingung: Der passende Schlüssel entspricht nicht dem Substratmolekül, sondern dem Übergangszustand. Nachdem ein Substratmolekül an ein Enzym gebunden hat, wird seine Struktur durch die Wechselwirkungen mit den Aminosäuren des aktiven Zentrums zu der Struktur des Übergangszustandes verzerrt. Die maximale Wechselwirkung mit dem Substrat findet nur im Enzym-Übergangszustands-Komplex ($ES^{\ddagger}$) statt. Ein Teil der Bindungen im $ES^{\ddagger}$-Komplex kann zwischen dem Enzym und nicht reagierenden Gruppen des Substratmoleküls bestehen. Der Effekt, den die Bindung von nicht reagierenden Teilen des Substratmoleküls an das Enzym im Übergangszustand ausübt, kann durch den Vergleich der durch Chymotrypsin katalysierten Hydrolyse der Peptidbindung von Phenylalanin in den Peptiden *N*-Acetyl–Phe–Gly–NH_2 und *N*-Acetyl–Phe–Ala–NH_2 veranschaulicht werden. Diese synthetischen Substrate führen zu ähnlichen K_M-Werten, aber das zweite Substrat, das anstelle des Wasserstoffatoms im Glycin eine Methyl-Seitenkette im Alanin besitzt, weist eine 20-mal größere katalytische Konstante auf (k_{kat}).

Das aktive Zentrum muss in elektrostatischer, räumlicher und chemischer Hinsicht zum Übergangszustand komplementär sein. ▶*Abbildung 4.19* verdeutlicht die Senkung der Aktivierungsenergie infolge einer festen Bindung des Übergangszustandes an das Enzym. Weil deswegen die Energiedifferenz zwischen E + S und $ES^‡$ signifikant kleiner ist als die Energiedifferenz zwischen S und $S^‡$ in der unkatalysierten Reaktion, muss die katalytische Konstante (k_{kat}) der enzymatischen Reaktion größer sein als die Geschwindigkeitskonstante (k_n) der unkatalysierten Reaktion. Im Enzym-Übergangszustands-Komplex besitzt das Substrat eine geringere absolute Energie als im Übergangszustand der unkatalysierten Reaktion und deshalb ist es stabiler. Einige Übergangszustände können an ihr Enzym 10^{10}- bis 10^{15}-mal fester binden als die entsprechenden Substrate im Grundzustand. Allerdings besitzen nicht alle Enzyme eine so hohe Affinität bezüglich der Übergangszustände ihrer Substrate. Eine wichtige Aufgabe für Biochemiker besteht in der Untersuchung der Faktoren, die zur Stabilisierung von Übergangszuständen beitragen.

Eine vergleichsweise stärkere Stabilisierung des Enzym-Übergangszustands-Komplexes ($ES^‡$) als des Enzym-Substrat-Komplexes (ES) kann erfolgen, wenn das aktive Zentrum des Enzyms eine elektrostatische Struktur und eine räumliche Gestalt besitzt, die einen höheren Grad an Komplementarität zum Übergangszustand aufweist als zum Substrat im Grundzustand. In diesem Fall würde ein unverzerrtes Substratmolekül im Grundzustand nicht vollständig an das Enzym gebunden. So könnten zum Beispiel einige Partialladungen im Substratmolekül infolge fehlender räumlicher Nähe nur ungenügend mit den Aminosäureseitenketten des Enzyms wechselwirken. Die gleichen Partialladungen wären im verzerrten Übergangszustand aber bezüglich der komplementären Gruppen im aktiven Zentrum des Enzyms optimal angeordnet und würden deswegen zu starken Wechselwirkungen führen. Zusätzlich sind die Ladungsverschiebungen im vollständig besetzten, nichtwässrigen aktiven Zentrum, die im Übergangszustand stattfinden, wahrscheinlich mit der Verstärkung von Bindungen verknüpft. Bestimmte, sehr kurze Wasserstoffbrücken zwischen dem Enzym und dem Übergangszustand, die als *low-barrier* Wasserstoffbrücken bekannt sind und einen stark kovalenten Charakter aufweisen, können die katalytische Aktivität durch eine merkliche Stabilisierung des Übergangszustandes signifikant erhöhen. Diese außergewöhnlich starken Wasserstoffbrücken können gebildet werden, wenn die beteiligten elektronegativen Atome, der Wasserstoffdonator und der Wasserstoffakzeptor, weniger als 0,25 nm voneinander entfernt liegen und ihre jeweiligen protonierten Formen in der Mikroumgebung im Protein ähnliche pK_S-Werte aufweisen. Ein Beispiel für eine solche *low-barrier* Wasserstoffbrücke wurde bereits in ▶*Abbildung 4.16* vorgestellt. Ein weiteres Beispiel stellen die Serin-Proteasen dar (▶*Abschnitt 4.11*).

Übergangszustandsanaloga sind stabile Verbindungen, deren Strukturen den mutmaßlichen Strukturen von Übergangszuständen enzymatischer Reaktionen ähneln, die aber nicht durch die entsprechenden Enzyme umgesetzt werden können. Einige der Belege für die Rolle der Übergangszustände in enzymatischen Mechanismen haben sich aus der Untersuchung solcher Analoga ergeben. Übergangszustände selbst sind keine stabilen oder metastabilen Verbindungen, sondern vielmehr vorübergehende, äußerst kurzlebige Zustände, in denen gerade Bindungen gespalten und gebildet werden. Allerdings können chemisch stabile Verbindungen synthetisiert werden, die diesen aktivierten Spezies ähneln. Wenn das oben beschriebene modifizierte Schlüssel-Schloss-Prinzip korrekt ist, sollte ein solches Übergangszustandsanalogon sehr fest an das Enzym gebunden werden, vor allem aber viel fester als das Substrat. Da es aber infolge seiner stabilen Struktur nicht reagieren kann, müsste es einen wirksamen Inhibitor der enzymatischen Reaktion darstellen. Damit es zum Beispiel als Medikament eingesetzt werden kann, darf die Dissoziationskonstante für ein Übergangszustandsanalogon in der Regel einen Wert von 10^{-13} M nicht überschreiten. Eines der ersten Beispiele für ein synthetisches Übergangszustandsanalogon war 2-Phosphoglycolat (▶*Abbildung 4.21*), dessen Struktur dem Übergangszustand der Reaktion ähnelt, die durch die Triosephosphat-Isomerase katalysiert wird (▶*Abschnitt 4.8.9*). Dieses Übergangszustandsanalogon bindet mindestens 100-mal fester an das aktive Zentrum als jedes der Substrate des Enzyms. Eine der Hauptursachen für die festere Bindung des Übergangszustandsanalogons besteht in den negativen Partialladungen der Sauerstoffatome der Carboxylatgruppe. Diese sind größer als die negative Partialladung des Carbonylsauerstoffatoms im Grundzustand des Substrats, ähneln aber gleichzeitig der negativen Partialladung des Carbonylsauerstoffatoms im Übergangszustand.

Experimente mit der Adenosin-Desaminase haben ein Übergangszustandsanalogon hervorgebracht, das mit einer erstaunlichen Affinität an das Enzym bindet, weil es dem Übergangszustand sehr

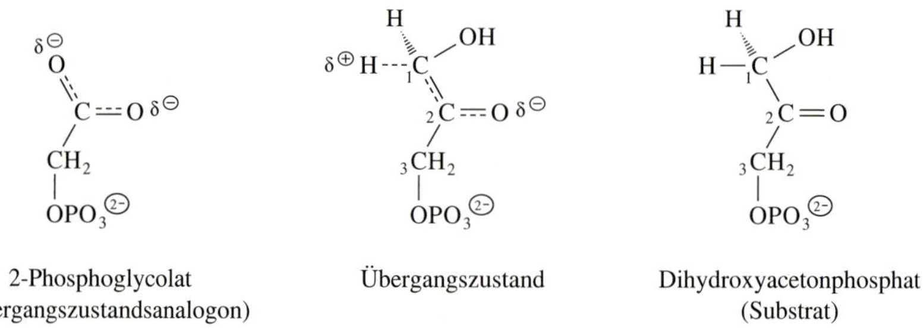

Abbildung 4.21: 2-Phosphoglycolat als Übergangszustandsanalogon. Vergleich der Strukturen von 2-Phosphoglycolat, das ein Übergangszustandsanalogon für das Enzym Triosephosphat-Isomerase darstellt, dem Übergangszustand des Substrats und dem zugehörigen Substrat, Dihydroxyacetonphosphat. Es wird angenommen, dass 2-Phosphoglycolat ein C-2/C-3-Analogon des Übergangszustands (Mitte) zwischen dem Substrat Dihydroxyacetonphosphat (rechts) und dem ersten Endiolat-Zwischenprodukt der Reaktion repräsentiert.

stark ähnelt. Die Adenosin-Desaminase katalysiert die hydrolytische Umwandlung des Purinnucleosids Adenosin in Inosin. Der erste Schritt dieser Reaktion besteht in der Addition eines Wassermoleküls (▶*Abbildung 4.22a*). Der Komplex mit Wasser, der ein kovalentes Hydrat darstellt und sofort gebildet wird, wenn Adenosin an das Enzym bindet, zerfällt schnell zu den Produkten. Das Substratspektrum der Adenosin-Desaminase ist relativ groß, die Substratspezifität also relativ klein. Tatsächlich katalysiert dieses Enzym die Entfernung verschiedener Gruppen von der Position 6 in Purinnucleosiden. Der Inhibitor Purinribonucleosid trägt allerdings nur ein Wasserstoffatom am C-6-Atom (▶*Abbildung 4.22b*), sodass nur der erste Schritt der enzymatischen Hydrolyse, die Addition von Wasser, ablaufen kann, weil das Hydrid-Ion eine zu schlechte Abgangs- beziehungsweise Fluchtgruppe ist. Das aus Purinribonucleosid gebildete Hydrat entspricht einem Übergangszustandsanalogon und hat sich als kompetitiver Inhibitor mit einer Dissoziationskonstante (K_I) von 3×10^{-13} M erwiesen. Die Dissoziationskonstante für den natürlichen Übergangszustand der Adenosin-Desaminase wird zum Vergleich auf 3×10^{-17} M geschätzt. Die Bindungsstärke dieses Analogons übersteigt die Bindungsstärke sowohl des Substrats als auch des Produkts um mehr als den Faktor 10^8. Der sehr ähnliche Inhibitor 1,6-Dihydropurinribonucleosid (▶*Abbildung 4.22c*), ein reduziertes Derivat von Purinribonucleosid, besitzt keine Hydroxylgruppe an C-6 und weist infolgedessen nur eine Dissoziationskonstante von 5×10^{-6} M auf. Daraus können wir schließen, dass die Hydroxylgruppe an C-6 für die spezifische und sehr feste Bindung des Übergangszustandes und seines Analogons Purinribonucleosid an die Adenosin-Desaminase eine große Rolle spielt.

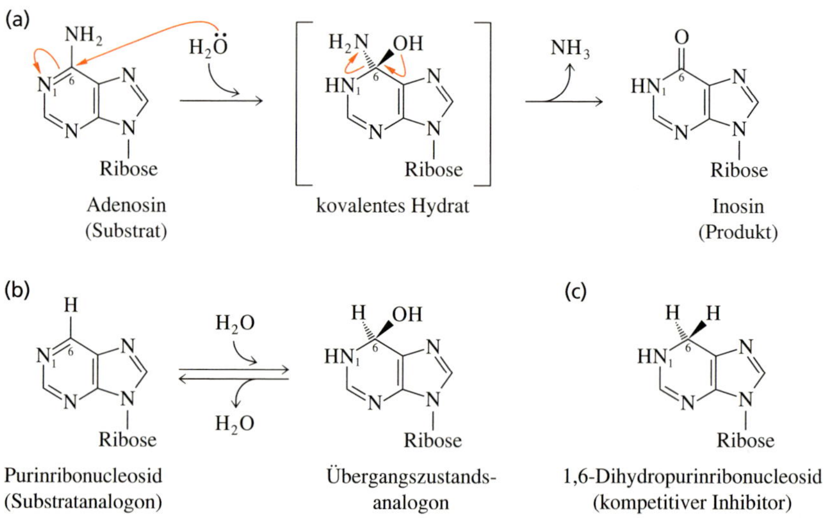

Abbildung 4.22: Hemmung der Adenosin-Desaminase durch ein Übergangszustandsanalogon. (a) Bei der Addition von Wasser im ersten Schritt der Desaminierung von Adenosin wird ein Proton auf N-1 und ein Hydroxid-Ion auf C-6 des Adenosins übertragen, sodass ein instabiles kovalentes Hydrat entsteht, das schnell zu den Produkten Inosin und Ammoniak zerfällt. (b) Auch der Inhibitor Purinribonucleosid bildet schnell das kovalente Hydrat 1,6-Dihydro-6-hydroxypurinribonucleosid. Dieses kovalente Hydrat stellt ein stabiles Übergangszustandsanalogon dar, das nicht weiterreagiert und mehr als eine Million Mal fester an das Enzym bindet als ein weiterer kompetitiver Inhibitor. (c) 1,6-Dihydropurinribonucleosid, der sich von dem Übergangszustandsanalogon nur in der fehlenden 6-Hydroxylgruppe unterscheidet.

Der enzymatische Mechanismus von Lysozym, der aus einer Vielzahl von experimentellen Ergebnissen abgeleitet wurde, ist in ▶*Abbildung 4.26* dargestellt. Wenn ein Polysaccharidmolekül an Lysozym gebunden wird, schließt sich der MurNAc-Rest mit den Bindungsstellen B, D und F zusammen. In den Bindungsstellen A, C, und E existiert kein passender Hohlraum, der die Lactyl-Seitenkette von MurNAc aufnehmen könnte. Die umfangreichen Bindungen des Polysaccharids zum

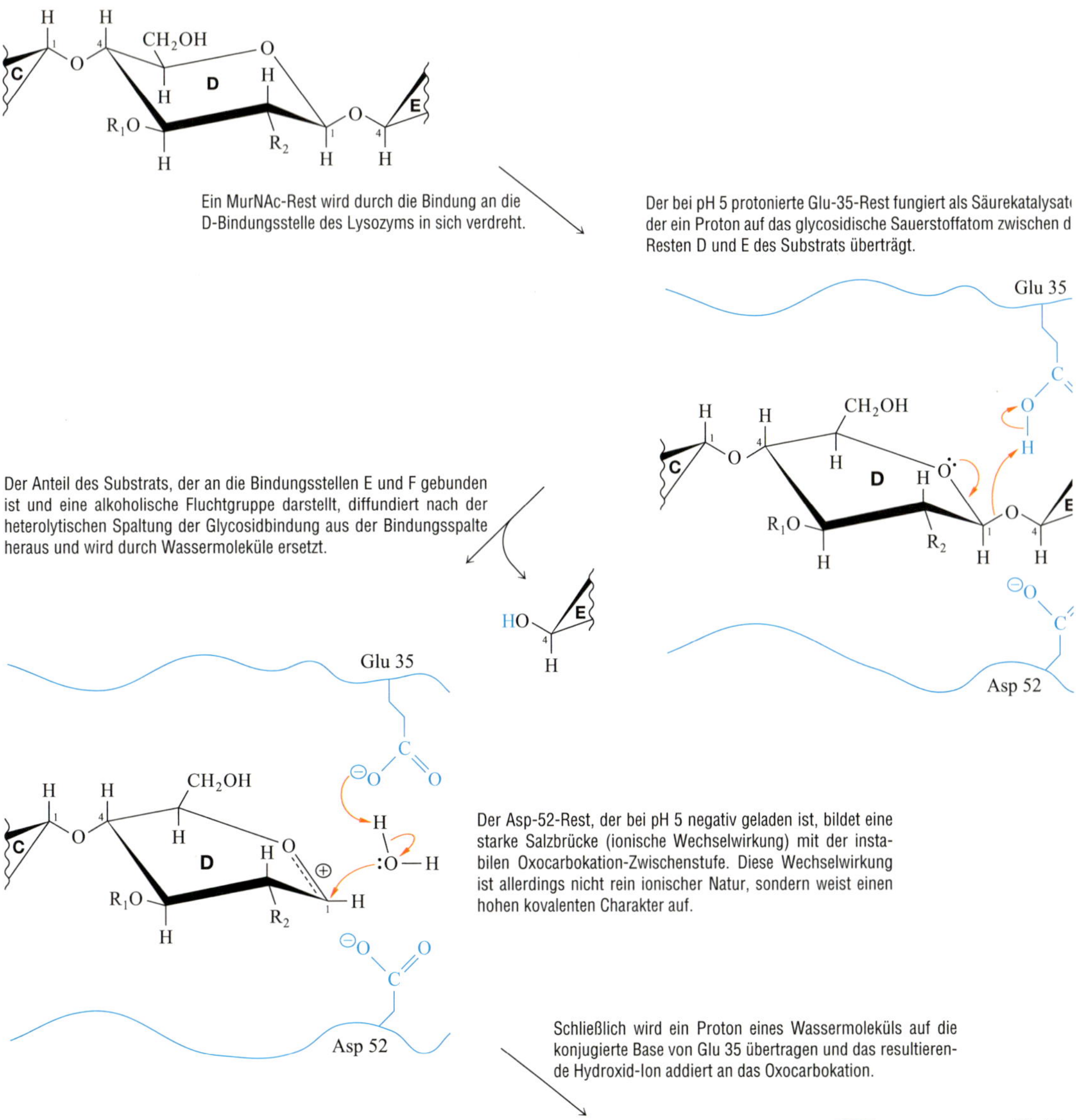

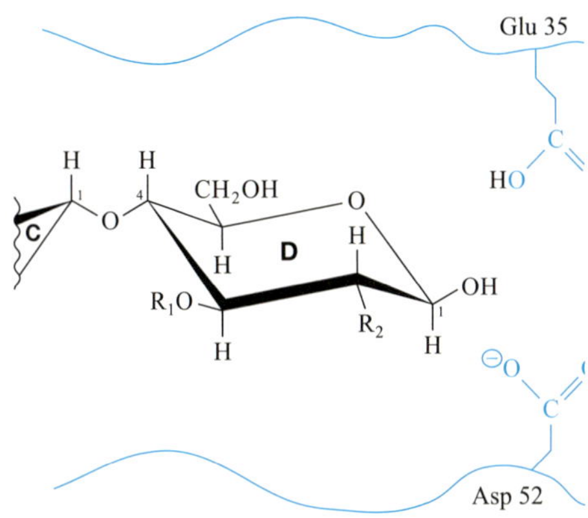

Abbildung 4.26: Enzymatischer Mechanismus des Lysozyms. R_1 repräsentiert die Lactylgruppe und R_2 die *N*-Acetylgruppe von MurNAc.

Lysozym erleichtern die Konformationsänderung des MurNAc-Restes an der Bindungsstelle D in die Halbsesselkonformation. Zwischen Asp 52 und der postulierten instabilen Oxocarbokation-Zwischenstufe wird eine Ionenpaarbindung (Salzbrücke) gebildet, die allerdings vermutlich einen hohen kovalenten Anteil besitzt. Jüngere Belege deuten darauf hin, dass diese Bindung tatsächlich einen überwiegend kovalenten Charakter aufweist. Die wahre Natur dieser Bindung ist aber immer noch Gegenstand kontroverser Diskussionen.

Lysozym stellt nur ein repräsentatives Beispiel aus einer großen Gruppe von Glycosid-Hydrolasen dar. Kürzlich sind die Strukturen einer bakteriellen Cellulase sowie ihrer Komplexe mit einem Substrat, einem Zwischenprodukt und einem Produkt bestimmt worden. Der Mechanismus dieser Glycosidase weicht leicht vom Lysozym-Mechanismus ab, da bei diesem eindeutig ein kovalentes Glycosyl-Enzym-Zwischenprodukt statt des für den Lysozym-Mechanismus postulierten starken Ionenpaares gebildet wird. Andere Aspekte des Cellulase-Mechanismus, wie die Verzerrung der Konformation eines Zuckerrestes und die Wechselwirkungen mit –COOH- und –COO$^{\ominus}$-Gruppen in den Seitenketten des aktiven Zentrums, ähneln denen im Lysozym-Mechanismus. Die Strukturen der Enzymkomplexe zeigen die für die katalytische Aktivität offensichtlich sehr wichtige Verzerrung eines der Zuckerreste in den instabilen Übergangszustand.

Serin-Proteasen und die katalytische Triade 4.11

Serin-Proteasen sind eine Klasse von Enzymen, die Peptidbindungen von Proteinen spalten. Wie der Name bereits andeutet, besitzen Serin-Proteasen einen am katalytischen Mechanismus beteiligten Serinrest im aktiven Zentrum. Die am besten untersuchten Serin-Proteasen stellen die verwandten Enzyme Trypsin, Chymotrypsin und Elastase dar. Menschen (sowie auch Säugetiere) verdauen ihre Nahrung hauptsächlich im Magen und im Dünndarm. Im Verlauf des Verdauungsprozesses unterliegen die Nahrungsproteine einer Reihe von hydrolytischen Reaktionen, wenn sie durch den Magen-Darm-Trakt transportiert werden. Der mechanischen Zerkleinerung und der Einspeichelung im Mund folgen der Schluckakt und die Vermischung mit Salzsäure im Magen. Die Proteine werden durch die Säure denaturiert und durch die katalytische Aktivität von Pepsin, einer Protease mit einem sauren pH-Optimum, zu einer Mischung kleinerer Polypeptide hydrolysiert. Diese Mischung wird in den Zwölffingerdarm weitertransportiert. Dort wird der Nahrungsbrei mit Natriumhydrogencarbonat neutralisiert und die Polypeptide werden durch die Aktivität mehrerer Proteasen zu Aminosäuren und kleinen Peptiden abgebaut, die im Dünndarm absorbiert werden und in den Blutstrom übertreten können. Der größte Teil des Abbaus von Polypeptiden im Dünndarm erfolgt durch die katalytische Aktivität der Serin-Proteasen Trypsin, Chymotrypsin und Elastase. Diese Enzyme werden zunächst als inaktive Vorstufen, sogenannte Zymogene, in der Bauchspeicheldrüse (Pankreas) produziert und gespeichert. Die Namen der inaktiven Pankreas-Zymogene lauten Trypsinogen, Chymotrypsinogen und Proelastase. Es ist sehr wichtig, dass die hydrolytischen Verdauungsenzyme zunächst als inaktive Vorstufen in den Zellen produziert und gespeichert werden sowie durch den Pankreasgang in den Zwölffingerdarm gelangen, da sie sonst durch den Abbau der Zellproteine der Pankreaszellen zu schweren Gewebeschäden in der Bauchspeicheldrüse führen würden. Nachdem die Zymogene in den Dünndarm sezerniert worden sind, werden sie durch eine selektive, proteolytische, enzymatisch katalysierte Spaltung einer oder einiger weniger spezifischer Peptidbindungen aktiviert. Eine Protease mit dem Namen Enteropeptidase spaltet spezifisch die Lys-6–Ile-7-Peptidbindung im inaktiven Trypsinogen, das dadurch in das aktive Trypsin umgewandelt wird. Nach der Aktivierung durch die Abspaltung des N-terminalen Hexapeptids kann Trypsin selbst weitere Trypsinogenmoleküle sowie die anderen Pankreas-Zymogene durch die proteolytische Spaltung spezifischer Peptidbindungen aktivieren (▶ *Abbildung 4.27a*). Die Bildung aktiven Trypsins durch die katalytische Aktivität der Enteropeptidase kann also als Startschritt in der Aktivierung der Verdauungs-Serin-Proteasen betrachtet werden.

Die Aktivierung von Chymotrypsinogen erfolgt durch die trypsinkatalysierte Spaltung zu π-Chymotrypsin. Das π-Chymotrypsin wird durch die Aktivität von Chymotrypsin selbst anschließend in das *in vivo*, vermutlich stabilere, α-Chymotrypsin umgewandelt. Durch diese enzymatischen Reaktionen werden insgesamt vier Peptidbindungen des Chymotrypsinogens gespalten. Diese Spaltungen erfolgen zwischen den Resten 13 und 14, 15 und 16, 146 und 147 sowie 148 und 149, sodass also zwei Dipeptide freigesetzt werden. Trotz der zwei Unterbrechungen des Rückgrats behält Chymotrypsin seine dreidimensionale Gestalt bei. Diese Strukturstabilität resultiert zumindest zum Teil aus der Gegenwart von fünf Disulfidbrücken im Chymotrypsinmolekül.

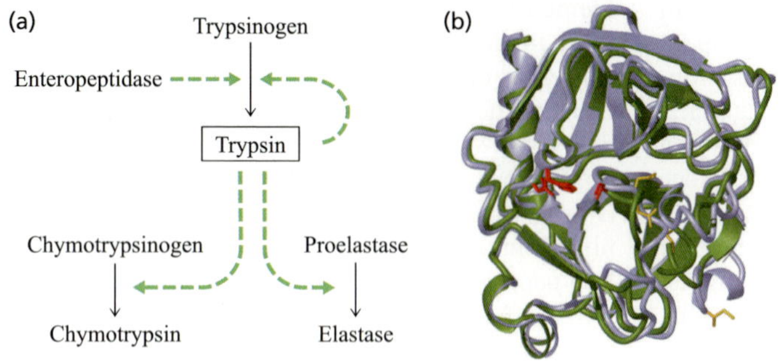

Abbildung 4.27: Aktivierung einiger Pankreas-Zymogene. (a) Zu Beginn katalysiert Enteropeptidase die Aktivierung von Trypsinogen zu Trypsin. Aktive Trypsinmoleküle können anschließend Chymotrypsinogen, Proelastase sowie weitere Trypsinogenmoleküle aktivieren. (b) Überlagerte Bändermodelle der Polypeptidketten von Chymotrypsinogen (blau) [PDB 2CGA] und α-Chymotrypsin (grün) [PDB 5CHA]. Sowohl im Zymogen als auch im aktiven Enzym sind Ile 16 und Asp 194 als gelbe Stabmodelle dargestellt. Die roten Stabmodelle repräsentieren die Aminosäurereste der katalytischen Triade, also Asp 102, His 57 und Ser 195.

Die Röntgenkristallografie hat allerdings einen wichtigen Unterschied zwischen den Konformationen des Chymotrypsinogens und des Chymotrypsins offenbart, nämlich das Fehlen einer hydrophoben Substrat-Bindetasche im inaktiven Chymotrypsinogen. Dieser Unterschied wird in ▶*Abbildung 4.27b* veranschaulicht, in der Bändermodelle der Strukturen von Chymotrypsinogen und Chymotrypsin überlagert wurden. Die durch die Zymogenaktivierung aus ihrer Peptidbindung freigesetzte α-Aminogruppe von Ile 16, die unter physiologischen Bedingungen als positiv geladenes Ammonium-Ion vorliegt, klappt zusammen mit dem Ile-16-Rest nach innen und bildet mit der negativ geladenen β-Carboxylatgruppe des ortsfesten Asp-194-Restes ein Ionenpaar. Durch diese lokale Konformationsänderung wird die Seitenkette von Met 192 von ihren hydrophoben Kontakten im Zymogen weggezogen, wodurch eine relativ hydrophobe Substrat-Bindungstasche entsteht. In der Nähe dieser Bindungstasche befinden sich die drei katalytisch aktiven Reste Asp 102, His 57 und Ser 195 mit ihren ionisierbaren Seitenketten. Die drei katalytisch aktiven Reste Asp, His und Ser, die für Serin-Proteasen charakteristisch sind, werden in diesem Zusammenhang auch als katalytische Triade bezeichnet.

4.11.1 Substratspezifität von Serin-Proteasen

Chymotrypsin, Trypsin und Elastase stellen ähnliche Enzyme dar, die von einem gemeinsamen Vorgängerenzym abstammen. Mit anderen Worten: Die drei Enzyme sind Homologe. Jedes der Enzyme besitzt zwei Domänen, zwischen denen sich eine Spalte befindet, in der das aktive Zentrum lokalisiert ist. Die Positionen beziehungsweise relativen Anordnungen der Seitenketten der katalytisch aktiven Aminosäurereste der katalytischen Triade unterscheiden sich in den drei Enzymen praktisch nicht (▶*Abbildung 4.28*).

Die unterschiedlichen Substratspezifitäten von Chymotrypsin, Trypsin und Elastase können mit relativ kleinen strukturellen Differenzen in den Enzymen erklärt werden. Trypsin katalysiert die Spaltung von Peptidbindungen, deren Carbonylgruppe von einem Arginin- oder einem Lysinrest stammt. Sowohl Chymotrypsin als auch Trypsin weisen eine Bindungstasche auf, die die korrekte Positionierung des Substrats für einen nucleophilen Angriff durch die Seitenkette des Serinrestes im aktiven Zentrum gewährleistet. Jede der Proteasen besitzt außerdem einen ähnlichen ausgedehnten Bereich, in den Polypeptide hineinpassen. Die sogenannten Spezifitätstaschen in den verschiedenen Proteasen, die sich jeweils in der Nähe des Serinrestes des aktiven Zentrums befinden, unterscheiden sich allerdings deutlich. So enthält Chymotrypsin am Boden der hydrophoben Spezifitätstasche einen ungeladenen Serinrest (▶*Abbildung 4.28d*), während Trypsin in dieser Position einen Aspartatrest aufweist (▶*Abbildung 4.28e*). Im Trypsin-Substrat-Komplex bildet die negativ geladene Seitenkette dieses Aspartatrestes ein Ionenpaar mit der positiv geladenen Seitenkette eines Arginin- oder Lysinrestes des Substrats. Das erklärt die oben erwähnte Substratspezifität von Trypsin für Peptidbindungen, deren Carbonylgruppen von einem Arginin- oder Lysinrest stammen. Experimente mit spezifisch mutierten Trypsinmolekülen deuten darauf hin, dass der Aspartatrest am Boden der Spezifitätstasche die Hauptrolle für die Substratspezifität des Trypsins spielt. Allerdings wird die Spezifität auch noch von anderen Teilen des Trypsinmoleküls beeinflusst. Besonders gut katalysiert Elastase den Abbau von Elastin, einem fibrillären Protein, das reich ist an Glycin- und Alaninresten. Die Tertiärstruktur der Elastase ähnelt sehr der Tertiärstruktur von Chymotrypsin. Allerdings weist die Elastase eine viel flachere Spezifitätstasche auf. Statt der zwei Glycinreste, die am Eingang der Spezifitätstaschen von Chymotrypsin und Trypsin vorkommen, enthält die Elastase einen Valin- und einen Threoninrest (▶*Abbildung 4.28f*), die viel

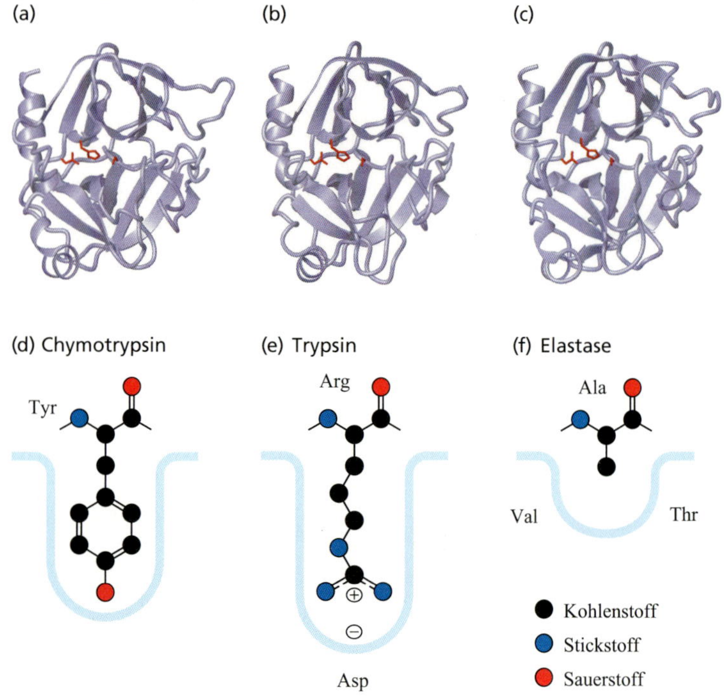

Abbildung 4.28: Chymotrypsin, Trypsin und Elastase. Vergleichende Darstellung der Strukturen des Polypeptidrückgrats von (a) Chymotrypsin [PDB 5CHA], (b) Trypsin [PDB 1TLD] und (c) Elastase [PDB 3EST]. Die Reste der katalytischen Triade (Asp, His und Ser) im katalytisch aktiven Zentrum sind rot hervorgehoben. Vergleich der Spezifitätstaschen von Chymotrypsin, Trypsin und Elastase: Die Unterschiede in den Substratspezifitäten dieser drei Serin-Proteasen werden hauptsächlich durch Unterschiede zwischen den Spezifitätstaschen der drei Enzyme hervorgerufen. (d) Chymotrypsin besitzt eine hydrophobe Spezifitätstasche, die die Seitenketten von aromatischen oder größeren, hydrophoben Aminosäureseitenketten aufnehmen kann. (e) Ein negativ geladener Aspartatrest am Boden der Spezifitätstasche von Trypsin begünstigt die Bindung der positiv geladenen Seitenketten von Arginin- oder Lysinresten. (f) In der Elastase bilden die Seitenketten eines Valin- und eines Threoninrestes eine flache Spezifitätstasche, in die nur kleine Aminosäureseitenketten, insbesondere von Glycin oder Alanin, hineinpassen.

größere Seitenketten besitzen. Infolgedessen wird der Hohlraum in der Spezifitätstasche verkleinert. Peptidbindungen mit großen Seitenketten auf der Aminoseite können deshalb nicht an das katalytische Zentrum der Elastase gebunden und infolgedessen auch nicht gespalten werden. Vielmehr spaltet Elastase vor allem Peptidbindungen, an denen die Aminosäurereste Glycin, Alanin oder Valin mit ihren kleinen Seitenketten beteiligt sind.

4.11.2 Grundlagen der katalytischen Aktivität der Serin-Proteasen

Viele Enzyme spalten Amid- oder Esterbindungen auf analoge Weise, sodass der Mechanismus von Chymotrypsin als Modell für eine große Familie von Hydrolasen dienen kann. Asp 102 liegt in einer ziemlich hydrophoben Umgebung. Es ist über Wasserstoffbrücken mit His 57 verknüpft, das wiederum über eine Wasserstoffbrücke mit Ser 195 assoziiert ist (▶*Abbildung 4.29a*). In dieser Anordnung wird die Nucleophilie des Hydroxylsauerstoffatoms der Ser-195-Seitenkette durch die (zumindest teilweise) Übernahme des Protons durch His 57 beträchtlich erhöht (▶*Abbildung 4.29b*). Infolgedessen kann dieses Sauerstoffatom das elektrophile Carbonylkohlenstoffatom der Peptidbindung des gebundenen Substratmoleküls besonders leicht angreifen. Die Aktivierung des Serinrestes wird dabei durch Asp 102 erleichtert, indem es durch die teilweise Übernahme eines Protons von His 57 die positive Partialladung stabilisiert, die dieses durch das Proton von Ser 195 erhalten hat. Das Proton des Ser-195-Restes wird schließlich vom Produkt gebunden und verlässt mit diesem das aktive Zentrum.

Die Identifizierung von Ser 195 als katalytisch reaktivem Aminosäurerest im aktiven Zentrum von Chymotrypsin war zunächst eine Überraschung, weil das Hydroxylsauerstoffatom von Serinresten eigentlich nicht ausreichend nucleophil ist, um die Spaltung einer Peptidbindung durch einen nucleophilen Angriff auf das Carbonylkohlenstoffatom einzuleiten. Die Serin-Hydroxylgruppe ist auch nicht sauer genug, sodass ihre Nucleophilie unter normalen physiologischen Bedingungen infolge einer Deprotonierung durch Histidin erhöht werden könnte. Tatsächlich weist die Hydroxylgruppe von Serinresten im Allgemeinen einen pK_S-Wert von ca. 16 auf. Ihre Acidität und auch Nucleophilie ähnelt somit der von Ethanol. Zur Bildung eines Ethanolat-Anions aus Ethanol ist die Deprotonierung mit einer sehr starken Base oder die Reduktion mit einem Alkalimetall erforderlich. Der Vorschlag eines detaillierten Mechanismus der enzymatischen Reaktion von Chymotrypsin und verwandter Serin-Proteasen, der aus einer Vielzahl experimenteller Ergebnisse abgeleitet wurde, umfasst eine kovalente Katalyse durch das nucleophile Sauerstoffatom des Serinrestes der katalytischen Triade sowie eine allgemeine Säure-Base-Katalyse, in deren Verlauf durch die Übertragung eines Protons eine bessere Fluchtgruppe gebildet wird. Die Bindung des Peptidsubstrats verursacht eine kleine

(a)

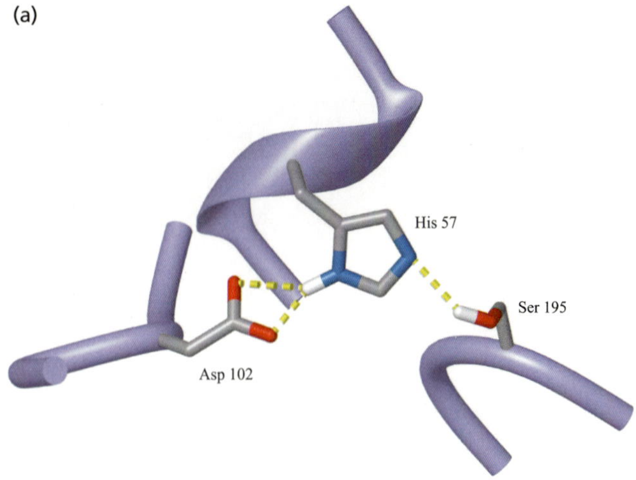

(b)

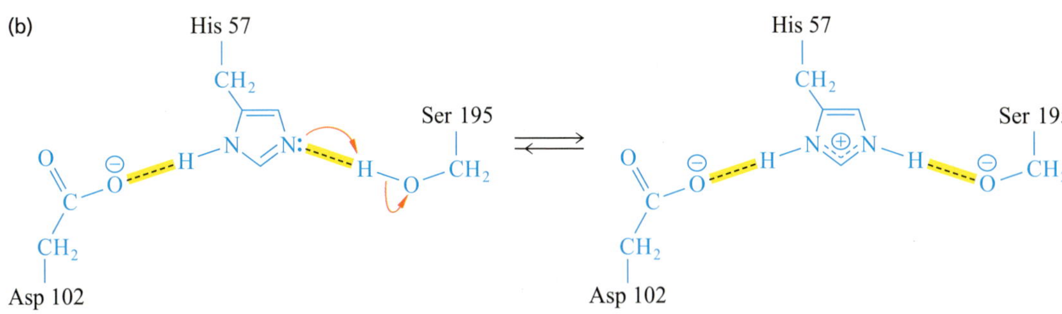

Abbildung 4.29: Die katalytische Triade im aktiven Zentrum von Chymotrypsin. (a) Die Aminosäuren Asp 102, His 57 und Ser 195 sind durch ein Netzwerk aus Wasserstoffbrücken verbunden. Die Konformation dieser drei Reste wird zusätzlich durch eine Wasserstoffbrücke zwischen einem Sauerstoffatom der Carboxylatgruppe in der Seitenkette von Asp 102 und dem Peptidstickstoffatom von His 57 stabilisiert. Die Sauerstoffatome der Seitenketten der katalytischen Triade sind rot, die Stickstoffatome blau dargestellt [PDB 5CHA]. (b) Protonenübertragungen zwischen den Aminosäureseitenketten der katalytischen Triade von Chymotrypsin. Das Proton der Hydroxymethylgruppe der Seitenkette von Ser 195 wird (zumindest teilweise) auf den Imidazolring von His 57 übertragen. Dadurch wird die Nucleophilie des Sauerstoffatoms der Ser-195-Seitenkette stark erhöht. Die Protonenübertragung zwischen Ser 195 und His 57 wird durch Wasserstoffbrücken zwischen dem Imidazolium-Ion im His 57 und der β-Carboxylatgruppe von Asp 102 erleichtert, weil die positive Ladung des Imidazolium-Ions infolge der teilweisen Übertragung eines His-57-Protons in den Wasserstoffbrücken zu Asp 102 stabilisiert wird. In dieser Abbildung sind die Aminosäurereste der katalytischen Triade in einer Anordnung dargestellt, die derjenigen in der Präsentation der dreidimensionalen Struktur unter (a) ähnelt.

Konformationsänderung im Chymotrypsinmolekül, die zu einer weiteren Annäherung der Seitenketten von Asp 102 und His 57 führt (▸*Abbildung 4.29*). Die daraus resultierende sterische Spannung wird durch die Bildung einer *low-barrier* Wasserstoffbrückenbindung zwischen diesen beiden Seitenketten zumindest größtenteils kompensiert. *Low-barrier* Wasserstoffbrücken sind sehr starke und sehr kurze Wasserstoffbrücken mit einem hohen kovalenten Anteil, in denen die energetische Hürde (engl. *barrier*) für den Übergang des Protons zwischen den beteiligten elektronegativen Atomen sehr niedrig (engl. *low*) ist oder bei besonders kurzen Abständen sogar völlig verschwinden kann. Solche *low-barrier* Wasserstoffbrücken können erheblich zur Stabilisierung von Übergangszuständen in enzymatischen Mechanismen beitragen.

Zwischen den Seitenketten von Asp 102 und His 57 wird also eine *low-barrier* Wasserstoffbrücke gebildet, die an der Stabilisierung der positiven Ladung des Imidazolium-Ions maßgeblich beteiligt ist, welche aus der Übernahme des Protons von Ser 195 resultiert. Da His 57 infolgedessen leichter ein Proton aufnehmen kann, steigt sein pK_S-Wert von ca. 7 auf etwa 11. Durch die Bildung der *low-barrier* Wasserstoffbrücke wird Elektronendichte von der negativ geladenen β-Carboxylatgruppe von Asp 102 zum zweiten Stickstoffatom des Imidazolrings verschoben, wodurch dessen Basizität erhöht wird. Durch den Anstieg der Basizität wird His 57 zu einer genügend starken Base, um das Proton im Verlauf der Reaktion von der Ser-195-Hydroxylgruppe abzuspalten. Die mechanistischen Zusammenhänge erklären die starke Erhöhung der Nucleophilie des Hydroxylsauerstoffatoms des Serinrestes der katalytischen Triade. Eine vollständige Übertragung des Protons von Ser 195 auf His 57 noch vor der Bindung des Substrats scheint allerdings eher ausgeschlossen zu sein in Anbetracht der Tatsache, dass selbst der pK_S-Wert des durch die *low-barrier* Wasserstoffbrücke aktivierten Histidinrestes noch um fünf Einheiten kleiner ist als der pK_S-Wert der Serin-Hydroxylgruppe. Die vollständige Übertragung wird erst durch die Kombination aus der Aktivierung von His 57 und der Wechselwirkung von Ser 195 mit dem Substratmolekül möglich.

Mittels ortsspezifischer Mutagenese wurde die relative Bedeutung der Aminosäuren der katalytischen Triade Asp-His-Ser in Chymotrypsin und anderen Serin-Proteasen untersucht. Am Beispiel der bakteriellen Serin-Protease Subtilisin wurde gezeigt, dass der Austausch entweder des kovalenten Katalysators Serin oder des Säure-Base-Katalysators Histidin gegen Alanin zu einem großen Verlust an proteolytischer Aktivität führt. Selbst wenn alle drei Reste der katalytischen Triade gegen katalytisch inaktive Reste ausgetauscht werden, bleibt eine kleine katalytische Restaktivität erhalten, die Bindungseffekten, wie zum Beispiel der Stabilisierung des Übergangszustandes, zugeschrieben werden kann. Diese Restaktivität, die zu einer Beschleunigung der Reaktion im Vergleich zur nichtenzymatischen Reaktion (katalytische Wirksamkeit, *Abschnitt 4.2.6*) um den Faktor 3000 führt, ist im Vergleich zur vollen Aktivität des nativen Enzyms aber eigentlich nur verschwindend gering. So beträgt zum Beispiel die katalytische Wirksamkeit von Chymotrypsin (▶ *Tabelle 4.2*) 2×10^{16}!

Alle katalytischen Wirkmechanismen, die in diesem Kapitel besprochen worden sind, kommen bei den Serin-Proteasen zum Einsatz. Bei den Schritten 1 und 4 der Hinreaktion des Mechanismus in ▶ *Abbildung 4.30* spielen Annäherungseffekte durch die gemeinsame Bindung von Reaktanten im aktiven Zentrum eine große Rolle. Wenn zum Beispiel in Schritt 4 das Amin-Produkt P_1 durch ein Wassermolekül ersetzt wird, kommt es durch die nichtkovalente Bindung des Wassermoleküls an den Histidinrest zu einem Annäherungseffekt bezüglich der folgenden Hydrolyse des benachbarten Acylserinesters. Die Säure-Base-Katalyse durch Histidin resultiert in einer Herabsetzung der Aktivierungsenergie für die Schritte 2 und 4. Eine kovalente Katalyse durch die Hydroxymethylgruppe von Ser 195 erfolgt in den Schritten 2 bis 5. Den instabilen tetraedrischen Intermediaten (E–TI_1 und E–TI_2), die in den Schritten 2 und 4 gebildet werden, wird eine große Ähnlichkeit zu den Übergangszuständen dieser Schritte zugeschrieben. Diese Intermediate stellen Oxyanionen dar, also Spezies mit einem negativ geladenen Sauerstoffatom. Sie werden durch Wasserstoffbrücken zu diesem negativ geladenen Sauerstoffatom im sogenannten Oxyanion-Loch stabilisiert. Diese Wasserstoffbrücken verstärken, im Vergleich zu den Substraten im Grundzustand, die Bindung der Intermediate und somit auch der Übergangszustände an das Enzym Die chemischen Mechanismen der Katalyse (Säure-Base- und kovalente Katalyse) und die Auswirkungen von Bindungseffekten auf die Katalyse (Annäherungseffekt und Stabilisierung des Übergangszustandes) tragen gemeinsam zur enzymatischen Aktivität von Serin-Proteasen bei.

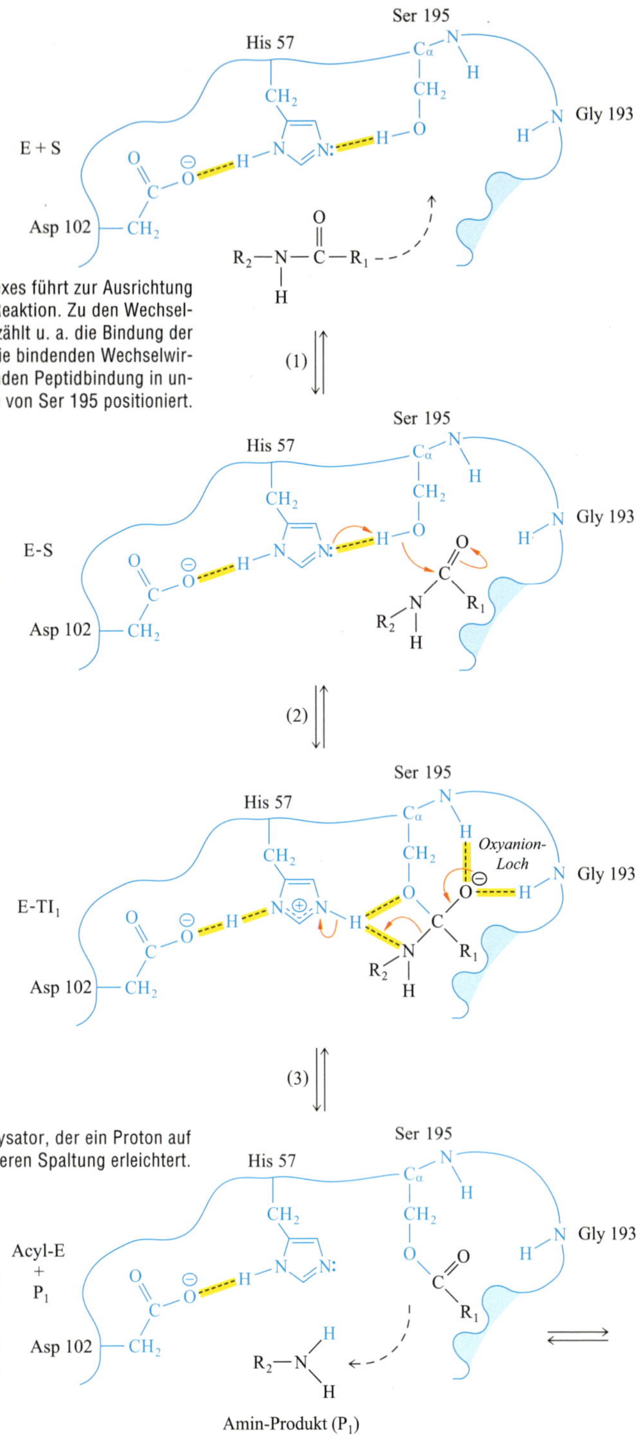

Die Bildung des nichtkovalenten Enzym-Substrat-Komplexes führt zur Ausrichtung des Substrats im aktiven Zentrum für die nachfolgende Reaktion. Zu den Wechselwirkungen, die das Substrat in dieser Lage festhalten, zählt u. a. die Bindung der R1-Gruppe in der Spezifitätstasche (schattiert). Durch die bindenden Wechselwirkungen wird der Carbonylkohlenstoff der zu spaltenden Peptidbindung in unmittelbarer Nähe des Sauerstoffs der Hydroxylgruppe von Ser 195 positioniert.

Durch die Bindung des Substrats werden Asp 102 und His 57 näher zusammengerückt. Die daraus resultierende Spannung wird durch die Bildung einer *low barrier*-Wasserstoffbrückenbindung zumindest teilweise kompensiert. Diese Wasserstoffbrückenbindung führt außerdem zu einem Anstieg des pK_S-Wertes von His 57, so dass eine Abspaltung des Hydroxylprotons von Ser 195 durch den Imidazol-Ring ermöglicht wird. Der nucleophile Sauerstoff von Ser 195 greift nun den Carbonylkohlenstoff der Peptidbindung an. Infolgedessen wird ein tetraedri- sches Zwischenprodukt (TI$_1$) gebildet, von dem angenommen wird, dass es dem Übergangszustand sehr ähnlich ist.

Bei der Bildung des tetraedrischen Zwischenproduktes wird die C-O-Doppelbindung in eine längere C-O-Einfachbindung umgewandelt und der Sauerstoff erhält eine ganze negative Ladung. Infolgedessen kann der negativ geladene Sauerstoff (Oxyanion) eine zuvor freie Position, das so genannte Oxyanion-Loch, besetzen, in der das Oxyanion Wasserstoffbrückenbindungen zu den NH-Wasserstoffen des Peptidrückgrates von Gly 193 und Ser 195 ausbilden kann.

Der Imidazolium-Ring von His 57 fungiert als Säurekatalysator, der ein Proton auf den Stickstoff der Peptidbindung überträgt und somit deren Spaltung erleichtert.

Der Carbonylkohlenstoff der gespaltenen Peptidbindung wird kovalent an das Enzym gebunden. Das Ergebnis ist ein Acyl-Enzym-Zwischenprodukt (Acyl-E). Das Peptid-Produkt (P1) mit dem neuen Amino-Terminus verlässt das aktive Zentrum und wird durch Wasser ersetzt.

Abbildung 4.30: Mechanismus der durch Chymotrypsin katalysierten Spaltung einer Peptidbindung.

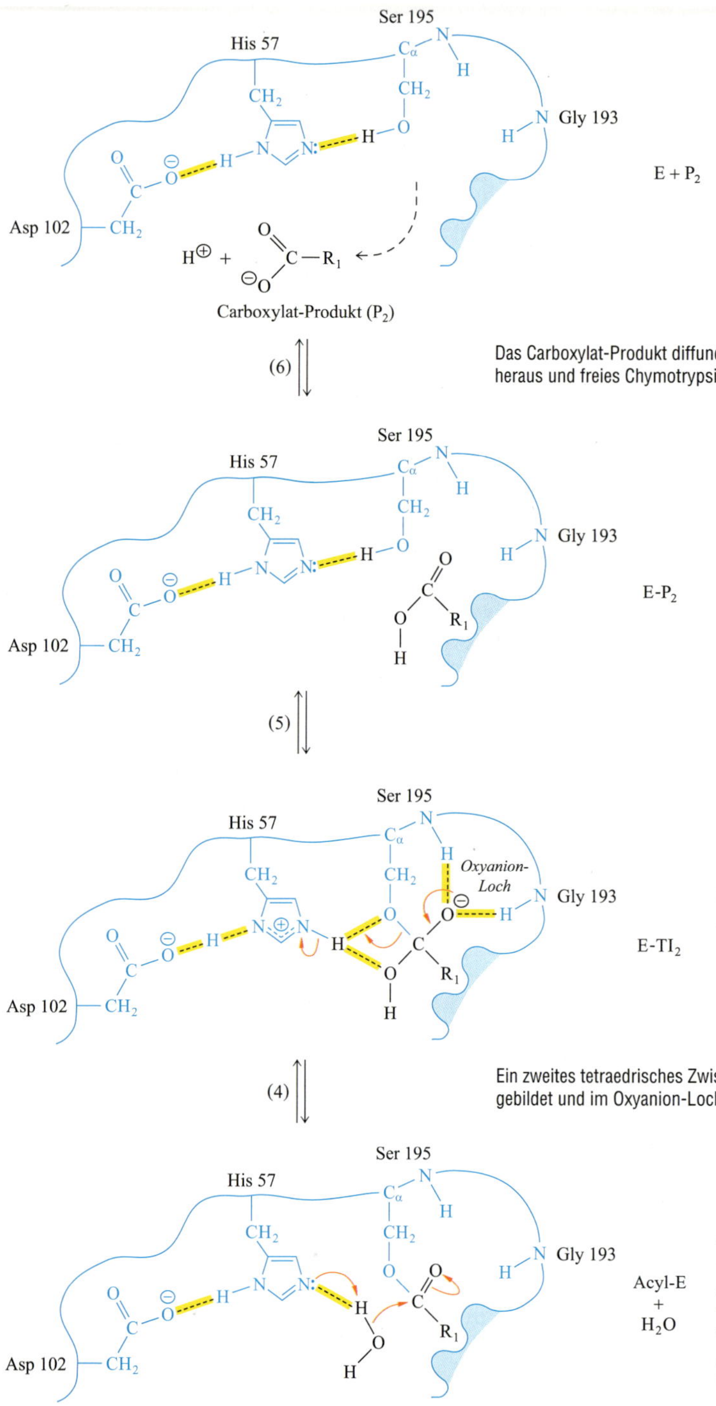

Das Carboxylat-Produkt diffundiert aus dem aktiven Zentrum heraus und freies Chymotrypsin wird regeneriert.

Das zweite Produkt (P_2), ein Polypeptid mit einem neuen Carboxyl-Terminus, wird gebildet.

Das wieder als Imidazolium-Ion vorliegende His 57 überträgt ein Proton auf den ursprünglichen Hydroxylsauerstoff von Ser 195. Dies führt zur Auf- spaltung des zweiten tetraedrischen Zwischenproduktes und zum Ausgleich der negativen Ladung des Oxyanions.

Ein zweites tetraedrisches Zwischenprodukt (TI_2) wird gebildet und im Oxyanion-Loch stabilisiert.

Die Hydrolyse des Acyl-Enzym-Zwischenproduktes (eine Deacylierung) wird eingeleitet, wenn Asp 102 und His 57 erneut eine *low barrier*-Wasserstoffbrückenbindung bilden und His 57 ein Proton von einem Wassermolekül abspaltet. Dadurch wird ein Hydroxid-Ion für den nucleophilen Angriff auf den Carbonylkohlenstoff des Esters bereitgestellt.

ZUSAMMENFASSUNG

1. Enzyme, die Katalysatoren in lebenden Zellen, besitzen eine bemerkenswerte katalytische Effizienz sowie eine außergewöhnlich hohe Substrat- und Reaktionsspezifität. Bis auf wenige Ausnahmen sind Enzyme Proteine oder Proteine mit Cofaktoren. Ihre Katalyse folgt den allgemeinen Regeln der Thermodynamik.

2. Enzyme bilden mit ihren Substraten nichtkovalente Enzym-Substrat-Komplexe. Folglich sind enzymatische Reaktionen charakteristischerweise erster Ordnung bezüglich des Enzyms. Ihre Geschwindigkeiten zeigen typischerweise eine hyperbolische Abhängigkeit von der Substratkonzentration. Die Hyperbel im v_0/[S]-Diagramm wird durch die Michaelis-Menten-Gleichung beschrieben.

3. Die Maximalgeschwindigkeit (V_{max}) wird erreicht, wenn die Substratkonzentration so hoch ist, dass das Enzym mit dem Substrat gesättigt vorliegt. Die Michaelis-Konstante (K_M) entspricht der Substratkonzentration bei halber Maximalgeschwindigkeit, bei der das Enzym außerdem zur Hälfte mit dem Substrat gesättigt ist.

4. Die katalytische Konstante (k_{kat}) eines Enzyms, die auch als Wechselzahl des Enzyms bekannt ist, gibt die maximale Anzahl von Substratmolekülen an, die von einem Enzymmolekül (beziehungsweise einem aktiven Zentrum) pro Sekunde zum Produkt umgesetzt werden kann. Das Verhältnis k_{kat}/K_M stellt eine effektive Geschwindigkeitskonstante zweiter Ordnung dar, die die Geschwindigkeit einer enzymatischen Reaktion bestimmt, wenn die Substratkonzentration zu niedrig ist, um zu einer Sättigung des Enzyms zu führen. k_{kat}/K_M ist ein Maß für die katalytische Wirksamkeit eines Enzyms.

5. Enzymatische Multisubstrat-Reaktionen können einem sequenziellen kinetischen Mechanismus oder einem Ping-Pong-Mechanismus folgen, bei dem die Substrate und Produkte in geordneter oder zufälliger Reihenfolge gebunden beziehungsweise freigesetzt werden.

6. Inhibitoren senken die Geschwindigkeit enzymatisch katalysierter Reaktionen. Die Hemmung von Enzymen durch reversible Inhibitoren kann kompetitiv (Erhöhung des effektiven Wertes von K_M ohne Veränderung von V_{max}), unkompetitiv (proportionale Verringerung von K_M und V_{max}) oder nichtkompetitiv (Absenkung von V_{max} ohne Veränderung von K_M) erfolgen. Irreversible Enzyminhibitoren bilden kovalente Bindungen zum Enzym.

7. Allosterische Effektoren binden an einer Stelle an ihr Zielenzym, die nicht mit dessen aktivem Zentrum übereinstimmt, und verändern dadurch die katalytische Aktivität des Enzyms. Zur Erklärung der Kooperativität von allosterischen Enzymen wurden zwei Modelle vorgeschlagen, das konzertierte und das sequenzielle Modell. Die Regulation der enzymatischen Aktivität bestimmter regulatorischer Enzyme erfolgt durch eine kovalente Modifizierung, überwiegend einer Phosphorylierung.

8. Multienzymkomplexe und multifunktionelle Enzyme erhöhen die Geschwindigkeit und die Effizienz enzymatischer Reaktionsfolgen durch die kanalisierte Weiterleitung von Stoffwechselzwischenprodukten.

9. Je nach Reaktionstyp, den sie katalysieren, werden Enzyme in sechs Hauptklassen eingeteilt: Oxidoreduktasen, Transferasen, Hydrolasen, Lyasen, Isomerasen und Ligasen. Die vier hauptsächlichen katalytischen Wirkmechanismen in der enzymatischen Katalyse umfassen die Säure-Base-Katalyse und die kovalente Katalyse (chemische Wirkmechanismen) sowie den Annäherungseffekt und die Stabilisierung des Übergangszustandes (Bindungseffekte). Die Details von Reaktionen werden auf molekularer und atomarer Ebene durch Reaktionsmechanismen beschrieben, die aus einer Vielzahl von experimentellen Ergebnissen, zum Beispiel kinetischer und struktureller Untersuchungen, abgeleitet werden.

10. In jedem Schritt einer Reaktion durchlaufen die Reaktanten einen Übergangszustand. Die Energiedifferenz zwischen den Reaktanten im Grundzustand und dem Übergangszustand entspricht der Aktivierungsenergie des betreffenden Reaktionsschrittes. Katalysatoren beschleunigen Reaktionen unter anderem durch die Stabilisierung des Übergangszustandes, die eine Absenkung der Aktivierungsenergie zur Folge hat. Eine Reaktion läuft umso schneller ab, je niedriger ihre Aktivierungsenergie ist.

11. Ionisierbare Aminosäurereste im aktiven Zentrum bilden katalytische (reaktive) Zentren. Diese Reste können zum Beispiel an einer Säure-

Base-Katalyse (Addition oder Abspaltung von Protonen) oder einer kovalenten Katalyse (vorübergehende kovalente Verknüpfung eines Teils des Substrats mit dem Enzym) beteiligt sein. Die Abhängigkeit der Reaktionsgeschwindigkeit vom pH-Wert gibt Hinweise auf die Aminosäurereste, die an der katalytischen Reaktion teilnehmen.

12. Bei einigen wenigen Enzymen erreicht die Reaktionsgeschwindigkeit annähernd die obere physikalische Grenze für Reaktionen in Lösung. Diese theoretische Grenze wird durch die Diffusionsgeschwindigkeit der Reaktanten vorgegeben, weil die enzymatische Reaktion offensichtlich auf keinen Fall schneller ablaufen kann, als das Substrat durch Diffusion nachgeliefert wird. Man spricht in diesem Fall von einer diffusionskontrollierten Reaktion.

13. Ein großer Teil der Reaktionsbeschleunigung durch ein Enzym wird durch die Bindung der reagierenden Substrate an das Enzym erreicht. Der Annäherungseffekt führt zu einer Reaktionsbeschleunigung schon allein durch die Bildung eines nichtkovalenten Enzym-Substrat-Komplexes, in dem die Reaktanten gemeinsam im aktiven Zentrum gebunden und in eine bestimmte Anordnung gezwungen werden. Die daraus resultierende Absenkung der Entropie hat eine höhere freie Enthalpie der Reaktanten im Grundzustand, aber nicht im Übergangszustand, und somit eine kleinere Aktivieruingsenergie zur Folge.

14. Ein Enzym bindet seine Substrate im Grundzustand nur relativ schwach. Eine zu starke Bindung der Substrate würde zu einer Stabilisierung des Enzym-Substrat-Komplexes (ES), aber nicht des Enzym-Übergangszustands-Komplexes ($ES^{\ddagger}$) führen. Die Aktivierungsenergie würde in diesem Fall nicht wesentlich von der Aktivierungsenergie der unkatalysierten Reaktion abweichen.

15. Enzyme binden die Übergangszustände der Reaktionen, die sie katalysieren, mit einer viel größeren Affinität als die Substrate. Belege für die größere Stabilisierung der Übergangszustände ergeben sich aus der Synthese von Übergangszustandsanaloga, die als Enzyminhibitoren wirken, und aus der Untersuchung von katalytischen Antikörpern.

16. Manche Enzyme, insbesondere Kinasen, folgen einem Mechanismus mit einem *induced fit* (induzierte Anpassung), der mit einer substratinduzierten Konformationsänderung des Enzyms verbunden ist, um die unnötige, verschwenderische Hydrolyse von Substratmolekülen zu verhindern.

17. Lysozym katalysiert die Hydrolyse von strukturellen Polysaccharid-Komponenten in bakteriellen Zellwänden. Der für Lysozym vorgeschlagene Mechanismus beinhaltet die Verzerrung des Substrats in eine instabilere Konformation und die Stabilisierung eines instabilen Oxocarbokation-Zwischenproduktes.

18. Die Biosynthese vieler Serin-Proteasen ergibt zunächst inaktive Zymogene, die erst später unter geeigneten Bedingungen im extrazellulären Raum durch selektive Proteolyse aktiviert werden. Die röntgenkristallografischen Untersuchungen von Serin-Proteasen repräsentieren ein Paradebeispiel für die Gewinnung von Informationen über die Zusammenhänge zwischen der dreidimensionalen Struktur von Proteinen beziehungsweise ihren aktiven Zentren und den enzymatischen Eigenschaften der Proteine, wie zum Beispiel die spezifische Bindung von Substraten.

19. Die aktiven Zentren von Serin-Proteasen enthalten drei charakteristische Aminosäurereste (Asp, His und Ser), die über Wasserstoffbrücken miteinander verknüpft sind und als katalytische Triade bezeichnet werden. Der Serinrest dient als kovalenter Katalysator, während der Histidinrest als Säure-Base-Katalysator fungiert, der durch den Aspartatrest zusätzlich aktiviert wird. Im Verlauf des Reaktionsmechanismus der Serin-Proteasen werden instabile anionische Zwischenprodukte in einem so genannten Oxyanion-Loch durch Wasserstoffbrücken zum Enzym stabilisiert.

AUSGEWÄHLTE LITERATUR

Datenbanken

https://www.brenda-enzymes.org. Die Braunschweig Enzyme Database BRENDA ist die weltweit größte Datenbank über Enzyme.

Enzymatische Katalyse

Cooper, A. 2014. *The Enzyme Catalysis Process: Energetics, Mechanism and Dynamics (Nato Science Series A).* Heidelberg. Springer.

Miller, B. G. und Wolfenden, R. 2002. Catalytic proficiency: The unusual case of OMP decarboxylase. *Annu. Rev. Biochem.* 71:847–885. *Dieser Übersichtsartikel diskutiert die Prinzipien zur Erhöhung von Reaktionsgeschwindigkeiten und beschreibt viele Beispiele.*

Punekar, N. S. 2018. *ENZYMES: Catalysis, Kinetics and Mechanism.* Heidelberg, Springer.

Sigman, D. S. und Boyer, P. D., Hrsg. 1990–1992. *The Enzymes.* Bände 19 und 20, 3. Auflage. San Diego: Academic Press. *Diese beiden Bände enthalten Kapitel zu den Grundlagen der Katalyse, der Enzymkinetik sowie der Hemmung und den Mechanismen verschiedener Enzyme.*

Spector, L. B. 2013. *Covalent Catalysis by Enzymes.* Heidelberg. Springer.

Webb, E. C., Hrsg. 1992. *Enzyme Nomenclature 1992: Recommendations of the Nomenclature Committee of the International Union of Biochemistry and Molecular Biology on the Nomenclature and Classification of Enzymes.* San Diego: Academic Press. *Eine Auflistung der sechs Enzym-Klassen.*

Enzymkinetik und Hemmung von Enzymen

Baici, A. 2015. *Kinetics of Enzyme-Modifier Interactions: Selected Topics in the Theory and Diagnosis of Inhibition and Activation Mechanisms.* Heidelberg. Springer.

Bugg, C. E., Carson, W. M. und Montgomery, J. A. 1993. Drugs by Design. *Sci. Am.* 269:92–98.

Cornish-Bowden, A. 2012. *Fundamentals of Enzyme Kinetics.* Hoboken. Wiley-Blackwell.

Culka, M., Gisdon, F. J. und Ullmann, G. M. 2017. Computational Biochemistry-Enzyme Mechanisms Explored. *Adv. Protein Chem. Struct. Biol.* 109:77–112.

Purich, D. L. 2009. *Contemporary Enzyme Kinetics and Mechanism.* London. Academic Press.

Taylor, K. B. 2013. *Enzyme Kinetics and Mechanisms.* Heidelberg. Springer.

Regulierte Enzyme

Acker, G. K., Doyle, M. L., Myers, D. und Daugherty, M.A. 1992. Molecular code for cooperativity in hemoglobin. *Science.* 255:54–63.

Barford, D. 1991. Molecular mechanisms for the control of enzyme activity by protein phosphorylation. *Biochem. Biophys. Acta.* 1133:55–62.

Hurley, J. H., Dean, A. M., Sohl, J. L., Koshland, D. E., Jr. und Stroud, R. M. 1990. Regulation of an enzyme by phosphorylation at the active site. *Science.* 249:1012–1016. *Beschreibt die Kontrolle der Aktivität der Isocitrat-Dehydrogenase durch kovalente Modifizierung eines bindenden Aminosäurerestes.*

Schirmer, T. und Evans, P. R. 1990. Structural basis of the allosteric behavior of phosphofructokinase. *Nature.* 343:140–145. *Vergleich verschiedener Strukturen von Enzym-Ligand-Komplexen der bakteriellen Phosphofructokinase-1.*

Wolfinbarger, L. 2017. *Enzyme Regulation in Metabolic Pathways.* Hoboken. Wiley-Blackwell.

Kanalisierung von Stoffwechselzwischenprodukten

Abernathy, M. H., He, L., und Tang, Y. J. 2017. Channeling in native microbial pathways: Implications and challenges for metabolic engineering. *Biotechnol. Adv.* 35:805–814.

Pan, P., Woehl, E. und Dunn, M. F. 1997. Protein architecture, dynamics and allostery in tryptophan synthase channeling. *Trends Biochem. Sci.* 22:22–27.

Vélot, C., Mixon, M. B., Teige, M. und Srere, P. A. 1997. Model of a quinary structure between Krebs TCA cycle enzymes: a model for the metabolon. *Biochemistry.* 36:14271–14276. *Modell von schwach miteinander assoziierten Enzymen, die aufeinanderfolgende Schritte des Citronensäurezyklus katalysieren.*

Winkel, B. S. 2004. Metabolic channeling in plants. *Annu. Rev. Plant Biol.* 55:85-107.

Bindung und Katalyse

Bartlett, G. J., Porter, C. T., Borkakoti, N. und Thornton, J.M. 2002. Analysis of catalytic residues in enzyme active sites. *J. Mol. Biol.* 324: 105–121.

Hackney, D. D., 1990. Binding energy and catalysis. In: *The Enzymes.* Hrsg.: D. D. Sigman und P. D. Boyer. Band 19, 3. Auflage, S. 1–36. San Diego: Academic Press. *Abschnitt II dieses Artikels bietet eine klare, verständliche Erklärung der Beziehungen zwischen Bindung und Katalyse.*

Kuby, S. A. 2019. *A Study of Enzymes: Enzyme Catalysts, Kinetics, and Substrate Binding.* Boca Raton. CRC Press.

Neet, K. E. 1998. Enzyme catalytic power minireview series. *J. Biol. Chem.* 273:25527–25528 und die verwandten Artikel auf den Seiten 25529–25532, 26257–26260 und 27035–27038. *Diskussionen des potenziellen Mechanismus der Stabilisierung von Übergangszuständen.*

Schiøtt, B., Iversen, B. B., Madsen, G. K. H., Larsen, F. K. und Bruice, T. C. 1998. On the electronic nature of low-barrier hydrogen bonds in enzymatic reactions. *Proc. Natl. Acad. Sci. USA.* 95:12799–12802. *Experimentelle Belege für die Existenz von kovalenten Wasserstoffbrücken in Benzoylaceton.*

Shan, S.-U. und Herschlag, D. 1996. The change in hydrogen bond strength accompanying charge rearrangement: implications for enzymatic catalysis. *Proc. Natl. Acad. Sci. USA.* 93:14474–14479. *Chemische Belege für die Stärkung von Wasserstoffbrücken in nichtwässrigen Medien, wie zum Beispiel in aktiven Zentren von Enzymen.*

Übergangszustandsanaloga

Gandour, R. 2013. *Transition States of Biochemical Processes.* Heidelberg. Springer.

Schramm, V. L. 1998. Enzymatic transition states and transition state analog design. *Annu. Rev. Biochem.* 67:693–720.

Wolfenden, R. und Radzicka, A. 1991. Transition-state analogues. *Curr. Opin. Struct. Biol.* 1:780–787.

Spezifische Enzyme

Cassidy, C. S., Lin, J. und Frey, P. A. 1997. A new concept for the mechanism of action of chymotrypsin: the role of the low-barrier hydrogen bond. *Biochemistry.* 36:4576–4584.

Davies, G. J., Mackenzie, L., Varrot, A., Dauter, M., Brzozowski, A. M., Schülein, M. und Withers, S. G. 1998. Snapshots along an enzymatic reaction coordinate: analysis of a retaining β-glycoside hydrolase. *Biochemistry.* 37:11707–11713. *Röntgenkristallografisch bestimmte Strukturen einer Cellulase und ihrer Komplexe mit einem Substrat, einem Zwischenprodukt und einem Produkt.*

Dodson, G. und Wlodawer, A. 1998. Catalytic triads and their relatives. *Trends Biochem. Sci.* 23:347–352. *Die katalytische Triade Ser-His-Asp oder eine ihrer Variationen kommt in vielen Enzymen vor.*

Ekici O. D., Paetzel, M. und Dalbey R. E. 2008. Unconventional serine proteases: variations on the catalytic Ser/His/Asp triad configuration. *Protein Sci.* 17:2023–2037.

Fass, D. und Holder, J. 2018. *Trypsin.* New York. Nova Science Publishers.

Frey, P. A., Whitt, S. A. und Tobin, J. B. 1994. A low-barrier hydrogen bond in the catalytic triad of serine proteases. *Science.* 264:1927–1930.

Getzoff, E. D., Cabelli, D. E., Fisher, C. L., Parge, H. E., Viezolli, M. S., Banci, L. und Hallewell, R. A. 1992. Faster superoxide dismutase mutants designed by enhancing electrostatic guidance. *Nature.* 358:347–351. *Dieser Artikel beschreibt das Beispiel eines Substrats, das durch ein elektrostatisches Feld in ein aktives Zentrum geleitet wird.*

Harris, T. K., Abeygunawardana, C. und Mildvan, A.S. 1997. NMR studies of the role of hydrogen bonding in the mechanism of triosephosphate isomerase. *Biochemistry.* 36:14661–14675. *Vorschlag eines alternativen Mechanismus der Triosephosphat-Isomerase.*

Hedstrom, L. 2002. Serine protease mechanism and specificity. *Chem Rev.* 102:4501–4524.

Kirby, A. J. 2001. The lysozyme mechanism sorted – after 50 years. *Nature Struct. Biol.* 8:737–739.

Lin, J., Cassidy, C. S. und Frey, P. A. 1998. Correlations of the basicity of His-57 with transition state analogue binding, substrate reactivity, and the strength of the low-barrier hydrogen bond in chymotrypsin. *Biochemistry.* 37:11940–11948.

Lodi, P. J. und Knowles, J. R. 1991. Neutral imidazole is the electrophile in the reaction catalyzed by triosephosphate isomerase: structural origins and catalytic implications. *Biochemistry.* 30:6948–6956.

Olivares-Illana, V., Riveros-Rosas, H., Cabrera, N., Tuena de Gómez-Puyou, M., Pérez-Montfort, R., Costas, M. und Gómez-Puyou, A. 2017. A guide to the effects of a large portion of the residues of triosephosphate isomerase on catalysis, stability, druggability, and human disease. Proteins. 85:1190-1211.

Paetzel, M. und Dalbey, R. E. 1997. Catalytic hydroxyl/amine dyads within serine proteases. *Trends Biochem. Sci.* 22:28–31. *Ungewöhnliche Serin-Proteasen besitzen Ser-Lys-Diaden im katalytischen Zentrum.*

Perona, J. J. und Craik, C. S. 1997. Evolutionary divergence of substrate specificity within the chymotrypsin-like serine protease fold. *J. Biol. Chem.* 272:29987–29990. *Mehr als 500 Enzyme weisen den gleichen enzymatischen Mechanismus, aber unterschiedliche Substratspezifitäten auf.*

Zhou, G. Somasundaram, T., Blanc, E., Parthasarathy, G., Ellington, W. R. und Chapman, M. S. 1998. Transition state structure of arginine kinase: Implications for catalysis of bimolecular reactions. *Proc. Natl. Acad. Sci. USA.* 95:8449–8454.

Coenzyme und Vitamine

5

ÜBERBLICK

Die Evolution hat eine spektakuläre Vielfalt von Proteinkatalysatoren hervorgebracht, aber das katalytische Repertoire von Organismen ist nicht auf die reaktiven Gruppen beschränkt, die von den Aminosäureresten in Enzymen zur Verfügung gestellt werden können. Auch andere chemische Spezies, die man Cofaktoren nennt, sind häufig direkt an der Katalyse beteiligt. Cofaktoren allein stellen aber keine Katalysatoren dar. Vielmehr werden sie benötigt, um inaktive Apoenzyme (inaktives Protein ohne Cofaktor) in aktive Holoenzyme (aktive Kombination aus Apoenzym und Cofaktor) zu überführen. Es gibt zwei Typen von Cofaktoren: essenzielle Ionen (hauptsächlich Metallionen) und organische Verbindungen, die als Coenzyme bekannt sind. Sowohl anorganische als auch organische Cofaktoren stellen unentbehrliche, an der Katalyse beteiligte Komponenten des aktiven Zentrums von bestimmten Enzymen dar. Viele der Mineralien, die Organismen benötigen, sind essenzielle Nährstoffe, weil sie als Cofaktoren von Apoenzymen auftreten. Manche essenzielle Ionen, die sogenannten Aktivator-Ionen, werden reversibel an das Enzym gebunden und sind häufig an der Bindung von Substraten beteiligt. Im Gegensatz dazu sind einige Kationen fest an ihre Enzyme, die man Metalloenzyme nennt, gebunden. Die Kationen in Metalloenzymen nehmen oft direkt an der katalytischen Reaktion teil. Coenzyme fungieren als Gruppenübertragungs-Reagenzien, die jeweils nur ganz bestimmte, spezifische Gruppen aufnehmen und abgeben können. Bei manchen Coenzymen handelt es sich bei der übertragenen Gruppe nur um ein Wasserstoffatom beziehungsweise -ion oder ein Elektron. Andere Coenzyme tragen dagegen größere, kovalent gebundene Gruppen. Jene Gruppen, die bei der enzymatischen Reaktion übertragen werden, sind an das reaktive Zentrum des Coenzyms gebunden.

5.1 Anorganische Kationen als Cofaktoren von Enzymen

Mehr als ein Viertel aller bekannten Enzyme benötigt Metallkationen zur vollen katalytischen Aktivität. Diese Enzyme können in zwei Gruppen unterteilt werden: Metallionen-aktivierte Enzyme und Metalloenzyme. Metallionen-aktivierte Enzyme benötigen entweder unbedingt den Zusatz von Metallionen oder sie werden durch Metallionen nur stimuliert. Manche dieser Enzyme brauchen einwertige Kationen, wie zum Beispiel $K^{\oplus}$, während für andere zweiwertige Kationen wie $Ca^{2\oplus}$ oder $Mg^{2\oplus}$ erforderlich sind. Kinasen sind zum Beispiel meistens auf die Anwesenheit von Magnesium-Ionen angewiesen, die mit ATP einen Mg-ATP-Komplex bilden. Dieser Komplex stellt als Substrat einen besseren Phosphorylgruppen-Donator dar als unkomplexiertes ATP. Das Magnesium-Ion schirmt die negativen Ladungen einer der Phosphorylgruppen des ATP ab und erleichtert dadurch den nucleophilen Angriff auf das Phosphoratom einer anderen Phosphorylgruppe. Metalloenzyme enthalten fest gebundene Metallionen in ihren aktiven Zentren. Die häufigsten Metallionen in Metalloenzymen sind die Übergangsmetallionen von Eisen und Zink, gefolgt von Kupfer und Cobalt. Metallionen, die fest an ihr Enzym gebunden sind, spielen oft eine wichtige Rolle im katalytischen Mechanismus. In einigen Metalloenzymen wirken die Metallionen als elektrophile Katalysatoren, indem sie Elektronen von Substratmolekülen in ihre nur teilweise besetzten Elektronenschalen aufnehmen und infolgedessen Bindungen polarisieren. Der Cofaktor des Enzyms Carboanhydrase besteht zum Beispiel aus einem Zink-Ion, das durch die Seitenketten von drei Histidinresten und einem Wassermole-

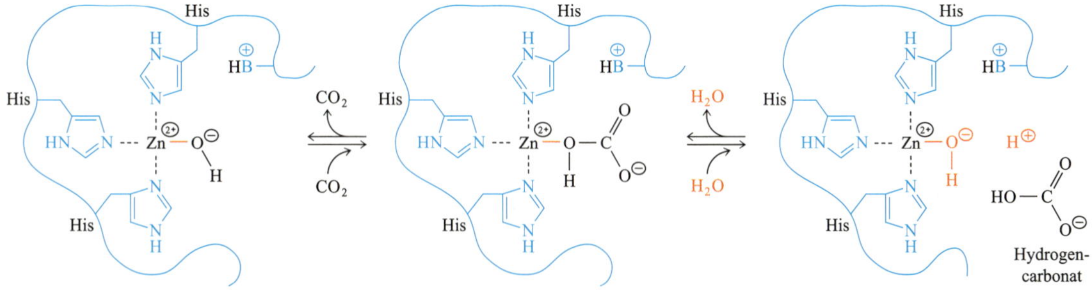

Abbildung 5.1: Mechanismus der Carboanhydrase. Das Zink-Ion im aktiven Zentrum fördert die Deprotonierung eines gebundenen Wassermoleküls. Der nucleophile Angriff des resultierenden Hydroxid-Ions auf das Kohlenstoffatom eines Kohlendioxidmoleküls führt zur Bildung eines Hydrogencarbonat-Ions, das vom Enzym dissoziiert.

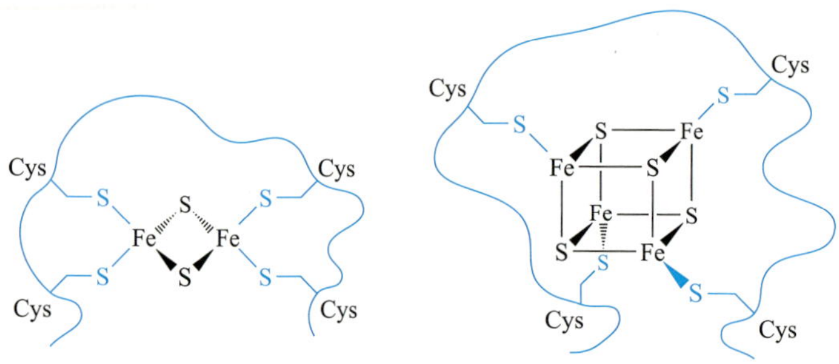

Abbildung 5.2: Die häufigsten Eisen-Schwefel-Cluster in Proteinen sind [2Fe–2S]- und [4Fe–4S]-Cluster. In beiden Clustertypen liegen die Eisen-Ionen mit der gleichen Anzahl von Sulfid-Ionen (S^{2-}) komplexiert vor. Außerdem sind sie über koordinative Bindungen an die Thiolatgruppen der Seitenketten von Cysteinresten des Proteins gebunden.

kül koordiniert vorliegt. Durch die Bindung an das $Zn^{\oplus}$-Ion kann das Wassermolekül leichter deprotoniert werden. Eine genügend basische Carboxylatgruppe kann dann ein Proton von diesem Wassermolekül übernehmen und somit ein gebundenes, wesentlich nucleophileres Hydroxid-Ion erzeugen, das das Substrat nucleophil angreift (▶*Abbildung 5.1*). Dieses Enzym weist eine sehr hohe katalytische Aktivität auf, die teilweise auf seinen einfachen Mechanismus zurückgeführt werden kann. Auch viele andere zinkhaltige Metalloenzyme aktivieren auf diese Weise gebundene Wassermoleküle.

Die Metallionen anderer Metalloenzyme unterliegen reversiblen Reduktionen und Oxidationen, durch die sie Elektronen von einem reduzierten Substrat aufnehmen und an ein oxidiertes Substrat weiterleiten können. Eisen bildet zum Beispiel das Zentralion der Hämgruppe von Katalase, die den Abbau von H_2O_2 katalysiert. Ähnliche Hämgruppen kommen auch in Cytochromen vor. Cytochrome sind elektronenübertragende Proteine, die mit spezifischen Metalloenzymen in Mitochondrien und Chloroplasten assoziiert vorliegen. Nichthäm-Eisen tritt in Metalloenzymen häufig in der Form von Eisen-Schwefel-Clustern auf (▶*Abbildung 5.2*). Die meisten Eisen-Schwefel-Cluster in Proteinen stellen sogenannte [2Fe–2S]- oder [4Fe–4S]-Cluster dar, in denen die Eisen-Ionen mit derselben Anzahl von Sulfidionen komplexiert sind. Die Bindung der Cluster an das Protein erfolgt durch die zusätzliche Koordination der Eisen-Ionen mit den Thiolatgruppen ($-S^{\ominus}$) von Cysteinresten. Eisen-Schwefel-Cluster treten als katalytische Redoxpartner in einigen biologischen Redoxreaktionen auf. Unabhängig von der Anzahl der Eisen- und Sulfid-Ionen pro Cluster kann jeder Cluster pro Redoxprozess immer nur ein Elektron aufnehmen beziehungsweise abgeben.

Klassifikation von Coenzymen 5.2

Auf der Grundlage der Art ihrer Wechselwirkung mit dem Apoenzym können Coenzyme in zwei weitere Klassen eingeteilt werden. Die sogenannten Cosubstrate nehmen tatsächlich als Substrate an der enzymatischen Reaktion teil. Ein Cosubstrat wird im Verlauf der Reaktion chemisch verändert und verlässt das Enzym nach der Reaktion in der veränderten Form, wie man es von einem echten Substrat erwartet. Die ursprüngliche Struktur des Cosubstrats wird anschließend durch eine Reaktion regeneriert, die von einem anderen Enzym katalysiert wird. Im Gegensatz zu normalen Produkten enzymatischer Reaktionen, die in der Regel weiteren Umwandlungen unterliegen, werden Cosubstrate innerhalb von Zellen vielfach wiederverwendet. Cosubstrate befördern übertragbare Gruppen zwischen verschiedenen Reaktionen hin und her.

Die zweite Klasse von Coenzymen wird durch die sogenannten prosthetischen Gruppen repräsentiert. Prosthetische Gruppen bleiben häufig dauerhaft an ihr Enzym gebunden. In einigen Fällen besteht eine kovalente Verknüpfung zwischen der prosthetischen Gruppe und dem Enzym, in anderen Fällen erfolgt eine feste Bindung der prosthetischen Gruppe über viele schwache, nichtkovalente Wechselwirkungen. Wie die ionischen Aminosäurereste im aktiven Zentrum, allerdings im Gegensatz zu Cosubstraten, müssen auch prosthetische Gruppen am Ende jedes katalytischen Zyklus wieder in ihrer ursprünglichen Form vorliegen, damit das Holoenzym seine katalytische Aktivität behält. Sowohl Cosubstrate als auch prosthetische Gruppen treten als Komponenten des aktiven Zentrums von Enzymen auf. Sie stellen reaktive Gruppen bereit, die in den Seitenketten der Aminosäuren in Proteinen nicht zur Verfügung stehen.

Jede lebende Spezies verwendet Coenzyme in einer unterschiedlich großen Anzahl wichtiger enzymatisch katalysierter Reaktionen. Die meisten dieser Spezies besitzen die Fähigkeit, ihre Coenzyme aus einfachen Vorstufen selbst zu synthetisieren. Dies trifft vor allen Dingen für die Vertreter von Prokaryonten, Protisten, Pilzen und Pflanzen zu. Tiere können einige ihrer Coenzyme nicht selbst produzieren. Säugetiere, wie auch der Mensch, benötigen eine externe Quelle für diese Coenzyme oder deren unmittelbare Vorstufen, um zu überleben. Diese Coenzyme müssen mit der Nahrung aufgenommen werden, in der Regel in kleinen Mengen im Bereich weniger Mikro- oder Milligramm pro Tag. Solche essenziellen organischen Verbindungen nennt man Vitamine (▸*Tabelle 5.1*). Allerdings sind nicht alle Vitamine unbedingt auch Coenzyme. Säugetiere und auch andere Tiere sind auf Organismen aus den oben genannten vier Bereichen angewiesen, um ihre Versorgung mit diesen Mikronährstoffen sicherstellen zu können. Normalerweise stellen Pflanzen und Mikroorganismen die Hauptquelle für Vitamine dar, auch wenn fleischfressende Tiere ihren Vitaminbedarf aus dem Fleisch anderer Tiere decken können, die zumindest einen Teil der Vitamine aber selbst zuvor mit der Nahrung aufnehmen mussten. Die meisten Vitamine müssen als Vorstufen der eigentlichen Coenzyme nach ihrer Aufnahme erst noch enzymatisch in die entsprechenden Coenzyme umgewandelt werden. Wenn ein Vitamin in zu geringen Mengen in der Nahrung eines Tieres vorkommt oder sogar ganz fehlt, können Vitaminmangel-Erkrankungen auftreten. Eine Vitaminmangel-Erkrankung kann durch die ausreichende Aufnahme des betreffenden Vitamins geheilt oder von vornherein verhindert werden. Die Erholung von diesen Krankheiten ist als Indikator für die Wirksamkeit von Extrakten genutzt worden, die im Verlauf der Isolierung von Vitaminen gewonnen wurden. Eine andere Möglichkeit zur Überprüfung der Wirksamkeit von vitaminhaltigen Extrakten besteht in der Fütterung und Messung des Wachstums von Mikroorganismen, die infolge einer Mutation die Fähigkeit zur Biosynthese des jeweiligen Vitamins verloren haben. Die Bezeichnung *Vitamin* wurde von Casimir Funk im Jahr 1912 geprägt, um ein vitales (lebenswichtiges) Amin aus den Schalen von Reiskörnern zu beschreiben, das für die Heilung der Vitaminmangel-Erkrankung Beriberi verantwortlich war, bei der Nervendegenerationen auftreten. Beriberi wurde zuerst bei Vögeln und dann bei Menschen beschrieben, die sich hauptsächlich von poliertem Reis ernährten. Der Anti-Beriberi-Wirkstoff Thiamin wurde unter dem Namen Vitamin B_1 bekannt. Die bisher bekannten Vitamine werden in zwei große Klassen eingeteilt: die wasserlöslichen Vitamine, wie zum Beispiel die B-Vitamine, und die fettlöslichen Vitamine, zu denen zum Beispiel Vitamin A und die D-Vitamine gehören. Auch wenn sich herausgestellt hat, dass die meisten Vitamine keine Amine sind, ist die Bezeichnung *Vitamin* für essenzielle organische Mikronährstoffe beibehalten worden. Wasserlösliche Vitamine müssen täglich in kleinen Mengen mit der Nahrung aufgenommen werden, weil sie leicht mit dem Urin wieder ausgeschieden werden und die zellulären Speicher der entsprechenden Coenzyme instabil sind. Im Gegensatz dazu werden fettlösliche Vitamine, wie zum Beispiel die Vitamine A, D, E und K, infolge ihrer Hydrophobie im Fettgewebe gespeichert. Die exzessive Aufnahme von fettlöslichen Vitaminen führt zu einer übermäßigen Anreicherung dieser Vitamine, die einen toxischen Zustand erreichen kann, den man als Hypervitaminose bezeichnet.

Tabelle 5.1

Wichtige Coenzyme, ihre Vitaminquellen beziehungsweise Vitaminvorstufen und ihre wichtigsten Stoffwechselfunktionen

Coenzym	Vitamin (Mangelerscheinung)	Wichtigste Rolle im Stoffwechsel	Mechanistische Rolle
Adenosintriphosphat (ATP)	–	Phosphoryl-/Nucleotidyl-gruppen-Übertragung	Cosubstrat
S-Adenosylmethionin	–	Methylgruppen-Übertragung, Radikalische Katalyse	Cosubstrat
Uridindiphosphat-Glucose (UDPG)	–	Glycosylgruppen-Übertragung	Cosubstrat
Nicotinamidadenindinucleotid ($NAD^{\oplus}$) Nicotinamidadenindinucleotidphosphat ($NADP^{\oplus}$)	Niacin (Pellagra)	Redoxpartner in Zwei-Elektronen-Redoxreaktionen	Cosubstrat
Flavinmononucleotid (FMN), Flavinadenindinucleotid (FAD)	Riboflavin, Vitamin B_2 (Wachstumsstörungen)	Redoxpartner in Ein- und Zwei-Elektronen-Redoxreaktionen	Prosthetische Gruppe
Coenzym A (CoA)	Pantothenat, Vitamin B_5 (Immunschwäche)	Acylgruppen-Übertragung	Cosubstrat
Thiaminpyrophosphat (TPP)	Thiamin, Vitamin B_1 (Beriberi)	Übertragung von C_2-Fragmenten mit einer Carbonylgruppe	Prosthetische Gruppe
Pyridoxalphosphat (PLP)	Pyridoxin, Vitamin B6 (Dermatitis, Anämien)	Übertragung von Gruppen auf und von Aminosäuren	Prosthetische Gruppe
Biotin	Biotin (Dermatitis, psychische Erkrankungen)	ATP-abhängige Carboxylie-rungen und Carboxylgruppen-Übertragung	Prosthetische Gruppe
Tetrahydrofolat (THF)	Folat (Anämie)	Übertragung von C_1-Gruppen, insbesondere von Formyl- und Hydroxymethylgruppen	Cosubstrat
Cobalamine	Cobalamin, Vitamin B_{12} (Perniziöse Anämie)	Methylgruppen-Transfer, Isomerisierungen, Dehalogenierungen	Prosthetische Gruppe
Liponamid	–	Oxidation und Übertragung einer TPP-Hydroxyalkylgruppe	Prosthetische Gruppe
Retinal	Vitamin A (Nachtblindheit, Erblindung)	Teil von Rhodopsin, lichtabsorbierendes Pigment	Prosthetische Gruppe
Vitamin K	Vitamin K, Phyllochinon (Osteoporose)	Blut-Koagulation, Photosynthese	Prosthetische Gruppe
Ubichinon (Q)	–	Fettlöslicher Elektronenüberträger	Cosubstrat

Kapitel 5

5.3 ATP und andere Nucleotid-Cosubstrate

Einige Nucleosidderivate treten als Coenzyme in Erscheinung. Von diesen stellt Adenosintriphosphat (ATP) das mit Abstand häufigste dar. Andere Beispiele sind GTP, *S*-Adenosylmethionin und Nucleotidzucker wie zum Beispiel Uridindiphosphat-Glucose (UDP-Glucose). ATP (▶*Abbildung 5.3*) ist ein vielseitiger Reaktant, der seine Phosphoryl-, Pyrophosphoryl-, Adenylyl- (AMP) oder Adenosylgruppe in Gruppenübertragungsreaktionen abgeben kann.

Phosphorylgruppenübertragungen sind die häufigsten Reaktionen, an denen ATP beteiligt ist. In den enzymatischen Reaktionen von Kinasen wird zum Beispiel die γ-Phosphorylgruppe von ATP-Molekülen unter Bildung von ADP auf ein Nucleophil übertragen. Die zweithäufigste Reaktion von ATP besteht im Transfer seiner Nucleotidylgruppe, also von AMP, bei der Pyrophosphat (PP_i) zurückbleibt. ATP spielt eine zentrale Rolle für den gesamten Stoffwechsel. Seine Funktion als energiereicher Cofaktor wird in ▶*Kapitel 10* noch ausführlich abgehandelt. ATP stellt außerdem die Quelle für mehrere andere Coenzyme des Stoffwechsels dar. *S*-Adenosylmethionin (▶*Abbildung 5.3b*) wird zum Beispiel durch die Reaktion von Methionin mit ATP gebildet.

$$\text{Methionin} + \text{ATP} \longrightarrow S\text{-Adenosylmethionin} + P_i + PP_i \tag{5.1}$$

Im Gegensatz zur Thiomethylgruppe des Methionins weist das positiv geladene Sulfonium-Ion des *S*-Adenosylmethionins eine hohe Elektrophilie und Reaktivität auf. Nucleophile Akzeptoren werden durch *S*-Adenosylmethionin leicht methyliert. Dabei fungiert das Methylkohlenstoffatom als elektrophiles Zentrum, sodass formal ein Methylkation auf das Nucleophil übertragen wird und ein ungeladenes Schwefelatom zurückbleibt (▶*Abbildung 5.3b*). Tatsächlich stellt *S*-Adenosylmethionin ein wichtiges biologisches Methylierungsmittel dar. *S*-Adenosylmethionin tritt außerdem als Methylierungsmittel bei der Methylierung von Phospholipiden, Proteinen, DNA und RNA auf. In Pflanzen ist *S*-Adenosylmethionin als Vorstufe des Pflanzenhormons Ethen (Ethylen) zum Beispiel indirekt an der Regulation der Reifung von Früchten beteiligt.

Eine weitere zentrale katalytische Funktion, die über *S*-Adenosylmethionin vermittelt wird, ist die Bildung von Enzymradikalen. Dabei wird *S*-Adenosylmethionin homolytisch mit einem reduzierten $[4Fe\text{-}4S]^{1+}$-Cluster als Reduktionsmittel in ein

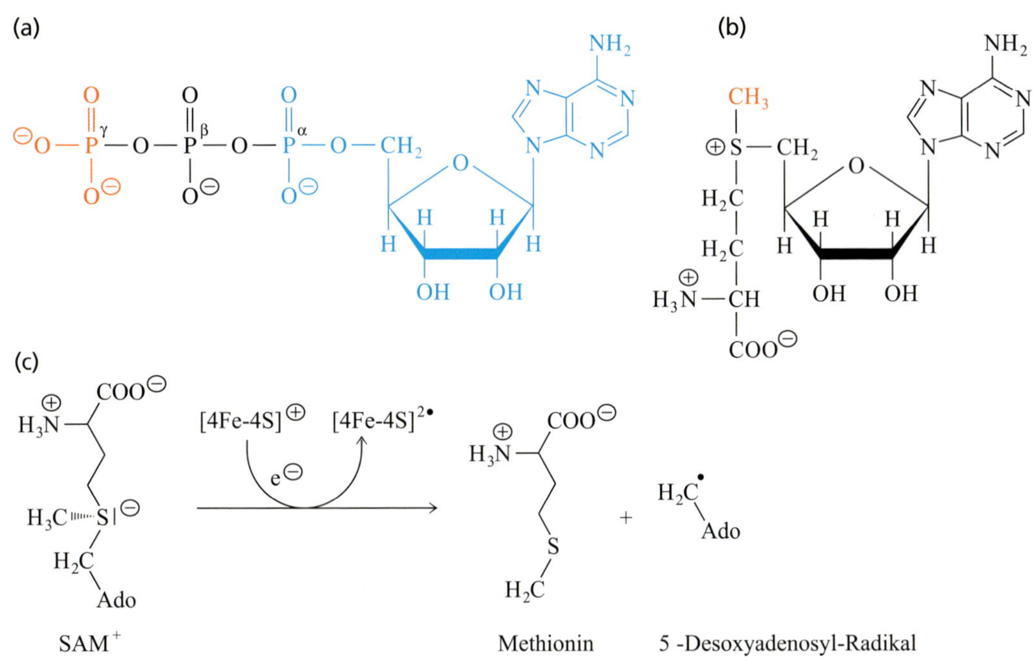

Abbildung 5.3: Struktur von ATP und *S*-Adenosylmethionin (SAM). (a) Im ATP-Molekül (links) ist die Stickstoffbase Adenin mit einer Riboseeinheit verknüpft, die eine Kette aus drei Phosphorylgruppen trägt. Bei der Übertragung einer Phosphorylgruppe (rot) bleibt zum Beispiel ADP zurück, während die Übertragung einer Nucleotidylgruppe (AMP) zur Freisetzung von Pyrophosphat führt. (b) Die aktivierte Methylgruppe des Coenzyms SAM (rechts) ist rot dargestellt. (c) Bildung eines 5-Desoxyadenosyl-Radikals durch die homolytische Spaltung von SAM mittels Elektronentransfers von einem reduziertem $[4Fe\text{-}4S]^{1+}$-Cluster.

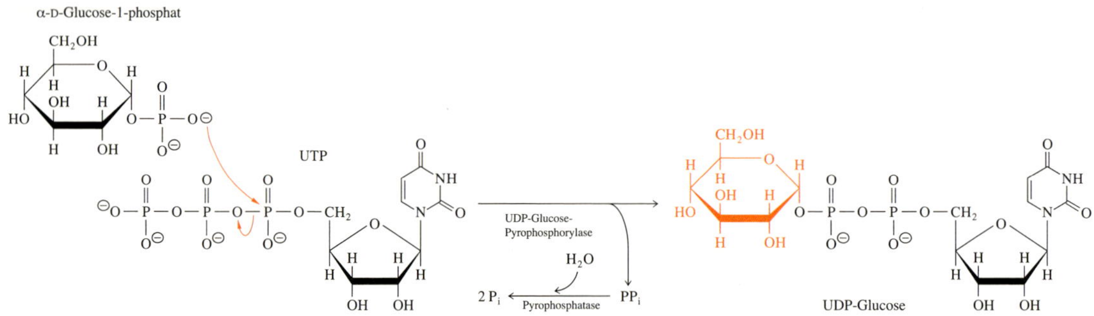

Abbildung 5.4: Die Bildung von UDP-Glucose wird durch das Enzym UDP-Glucose-Pyrophosphorylase katalysiert, benannt nach der Rückreaktion, die zum Beispiel im Galactosestoffwechsel vorkommt. Ein Sauerstoffatom der Phosphatgruppe von α-D-Glucose-1-phosphat greift das α-Phosphoratom von UTP nucleophil an. Das freigesetzte Pyrophosphat-Ion wird durch die katalytische Aktivität der Pyrophosphatase schnell zu zwei Phosphat-Ionen hydrolysiert. Diese Hydrolyse unterstützt den vollständigen Ablauf der Reaktion, die durch die Pyrophosphorylase katalysiert wird. Die mobile Glycosylgruppe der UDP-Glucose ist in rot dargestellt.

5′-Desoxyadenosyl-Radikal und Methionin gespalten (▸*Abbildung 5.3c*). Das hochreaktive (Ado)-Intermediat erlaubt eine schnelle Substrataktivierung, oft die Funktionalisierung von C-H-Bindungen. Deshalb heißt diese bisher größte bekannte aller Enzymgruppen Radikal-SAM-Superfamilie mit mehr als 120.000 bekannten Enzymen und mehr als 80 verschiedenen katalysierten Reaktionen. Diese beinhalten Spaltungen von C-C-, C-N- und C-P-Bindungen, Methylthiolierungen, Methylierungen, Decarboxylierungen, Dehydrogenierungen, Zyklisierungen, Isomerisierungen und die Biogenese von Metallclustern. Die betroffenen biochemischen Prozesse reichen von Cofaktor Biosynthese, tRNA Modifikation, Lipidstoffwechsel, Naturstoffsynthese bis hin zu posttranskriptionalen und posttranslationalen Modifikationen.

Nucleotidzucker-Coenzyme treten im Kohlenhydratstoffwechsel in Erscheinung. Der häufigste Nucleotidzucker, Uridindiphosphat-Glucose (UDP-Glucose), wird durch die Reaktion von Glucose-1-phosphat mit Uridintriphosphat (UTP) gebildet. Das Nucleosidtriphosphat UTP leitet sich formal von ATP durch den Austausch der Adenin-Komponente gegen einen Uracilrest ab (▸*Abbildung 5.4*). UDP-Glucose kann seine Glycosylgruppe (rot hervorgehoben) unter Freisetzung von UDP auf einen geeigneten Akzeptor übertragen. Zur Regeneration von UDP-Glucose wird UDP zunächst mit ATP zu UTP phosphoryliert, das anschließend wieder mit einem Molekül Glucose-1-phosphat zu UDP-Glucose umgesetzt wird.

Sowohl die Zucker- als auch die Nucleosid-Komponente von Nucleotidzucker-Coenzymen können variiert werden. Derivate des Nucleotids Cytidindiphosphat (CDP), das die Stickstoffbase Cytosin enthält, treten zum Beispiel im Lipidstoffwechsel auf.

5.4 NAD⊕ und NADP⊕

Die Nicotinamid-Coenzyme Nicotinamidadenindinucleotid (NAD⊕) und Nicotinamidadenindinucleotidphosphat (NADP⊕) waren die ersten Verbindungen, die als Coenzyme identifiziert wurden. Beide enthalten Nicotinamid, das Amid von Nicotinsäure. Ein Mangel des Vitamins Nicotinsäure, die auch unter dem Namen Niacin bekannt ist, verursacht die Vitaminmangel-Erkrankung Pellagra. Nicotinsäure (Niacin) oder Nicotinamid müssen als biosynthetische Vorstufen von NAD⊕ und NADP⊕ mit der Nahrung aufgenommen werden. Viele Spezies können Tryptophan zu Nicotinsäure abbauen. Niacin oder Nicotinamid können in diesen Spezies deswegen durch Tryptophan in der Nahrung zumindest teilweise ersetzt werden. Weil Nicotinsäure das 3-Carboxylderivat von Pyridin darstellt, werden die Nicotinamid-Coenzyme häufig auch als Pyridinnucleotid-Coenzyme bezeichnet.

Die Nicotinamid-Coenzyme spielen eine wichtige Rolle in vielen Redoxreaktionen. Sie vermitteln die Übertragung von Elektronen von und auf Substrate und Stoffwechselzwischenprodukte, indem sie vorübergehend Elektronen von einem Reaktanten aufnehmen und dadurch reduziert werden, um später durch die Abgabe von Elektronen an einen anderen Reaktanten wieder oxidiert zu werden. Die Elektronen werden dabei als Elektronenpaar zusammen mit einem Proton in Form eines Hydrid-Ions (H⊖) übertragen. Die oxidierten Formen der Nicotinamid-Coenzyme, NAD⊕ und NADP⊕, werden also durch die Aufnahme eines Hydrids in die reduzierten Nicotinamid-Coenzyme NADH und NADPH umgewandelt und umgekehrt. Die Strukturen dieser Coenzyme sind in ▸*Abbildung 5.5* dargestellt. In den reduzierten tionen des katabolen Stoffwechsels, in denen das Substrat oxidiert wird. Die Oxidation von NADH zu $NAD^{\oplus}$ ist über die mitochondriale Elektronentransportkette mit der Synthese von ATP verknüpft.

NADH und NADPH weisen ein Absorptionsmaximum für ultraviolettes Licht bei einer Wellenlänge von 340 nm auf. Diese Absorption ist auf den Dihydropyridin-Ring zurückzuführen, sodass $NAD^{\oplus}$ und $NADP^{\oplus}$ bei dieser Wellenlänge keine nennenswerte Absorption zeigen. Die Messung der UV-Absorption bei 340 nm wird deswegen als einfache und nützliche Methode zur Verfolgung der Reaktionsgeschwindigkeiten von Pyridinnucleotid-abhängigen Redoxreaktionen eingesetzt.

Lactat-Dehydrogenase ist eine Oxidoreduktase, die die reversible Oxidation von Lactat katalysiert. Das Enzym repräsentiert eine typische NAD-abhängige Dehydrogenase. Die bloße Übertragung eines Hydrid-Anions vom Lactat auf $NAD^{\oplus}$ würde ein reaktives, instabiles Zwischenprodukt mit einer positiven Ladung ergeben. Deswegen ist die Oxidation durch $NAD^{\oplus}$ mit der Abspaltung eines Protons verbunden, die schließlich zu einem stabilen Produkt führt. ▶*Abbildung 5.6* zeigt die Beteiligung sowohl des Enzyms als auch des Coenzyms an den Elektronenverschiebungen bei der enzymatischen Oxidation von Lactat durch die Lactat-Dehydrogenase. In diesem Mechanismus wird ein Hydrid-Ion auf das C-4-Atom der Nicotinamidgruppe des Coenzyms übertragen. Dadurch wird eine Umstrukturierung des π-Elektronensystems des Pyridinrings erzwungen, bei der Elektronen zum positiv geladenen Stickstoffatom verschoben werden und die Aromatizität des Rings aufgehoben wird. Das Enzym stellt einen Säure-Base-Katalysator (His 195) zur Verfügung, sowie eine Bindungsstelle mit einer geeigneten dreidimensionalen und elektrostatischen Struktur zur Bindung des Coenzyms und des Substrats. Beachten Sie, dass zur Umwandlung in das Produkt Pyruvat zwei Wasserstoffatome vom Lactat entfernt werden müssen (Dehydrierung). Eines dieser Wasserstoffatome wird als Hydrid-Anion auf $NAD^{\oplus}$ übertragen, während das andere von His 195 als Proton übernommen wird. Zur Regeneration des basischen Katalysators wird das Proton anschließend von der Imidazolium-Seitenkette von His 195 wieder freigesetzt (an ein Wassermolekül abgegeben). In den meisten Fällen von NAD-abhängigen Reaktionen wird neben dem Hydrid-Ion auch ein Proton vom Substrat abgespalten, weil sonst ein instabiles Produkt mit einer positiven Ladung gebildet werden würde. Dieses Proton tritt dann in den zugehörigen Reaktionsgleichungen zusammen mit NADH auf einer Seite des Reaktionspfeils in Erscheinung ($NADH + H^{\oplus}$). Die Abspaltungen des Hydrid-Ions und des Protons finden im enzymatischen Mechanismus mehr oder weniger gleichzeitig statt (▶*Abbildung 5.6*), sodass das instabile Zwischenprodukt, das sich aus der bloßen Abspaltung des Hydrid-Ions ergäbe, erst gar nicht gebildet werden muss.

5.5 FAD und FMN

Die Flavin-Coenzyme Flavinadenindinucleotid (FAD) und Flavinmononucleotid (FMN) leiten sich von Riboflavin ab, das auch als Vitamin B_2 bekannt ist. Riboflavin kann von Bakterien, Protisten, Pilzen, Pflanzen und einigen Tieren synthetisiert werden. Säugetiere müssen Riboflavin mit der Nahrung aufnehmen. Riboflavin besteht aus dem C_5-Alkohol Ribitol, der mit dem heterocyclischen Ringsystem von Isoalloxazin über dessen N-10-Atom kovalent verknüpft ist (▶*Abbildung 5.7a*). Analog zu NAD(H) und NADP(H) enthält auch FAD eine AMP-Komponente und eine Pyrophosphat-Brücke.

Viele Oxidoreduktasen sind auf FAD oder FMN als prosthetische Gruppe angewiesen. Solche Enzyme nennt man Flavoproteine oder Flavoenzyme. In diesen Enzymen ist die prosthetische Gruppe fest an das Protein gebunden, allerdings in der Regel nichtkovalent. Die freien reduzierten Flavin-Coenzyme werden in der Gegenwart von Sauerstoff leicht und schnell nichtenzymatisch oxidiert. Die feste Bindung der Flavin-Coenzyme als prosthetische Gruppen in der geschützten Umgebung des Apoenzyms verhindert ihre unerwünschte Oxidation durch gelösten Sauerstoff. FAD und FMN werden in enzymatischen Reaktionen durch die Aufnahme von zwei Protonen und zwei Elektronen in Form eines Protons und eines Hydrid-Ions (zum Beispiel von NADH) in ihre reduzierten Formen $FADH_2$ und $FMNH_2$ umgewandelt (▶*Abbildung 5.8*). Die oxidierten Flavin-Coenzyme besitzen infolge des ausgedehnten konjugierten π-Elektronensystems des Isoalloxazins eine leuchtend gelbe Farbe. Durch die Reduktion der Coenzyme zu $FADH_2$ beziehungsweise $FMNH_2$ geht die gelbe Farbe verloren, weil das konjugierte System unterbrochen wird. Im Gegensatz zu NADH und NADPH, die ausschließlich an Zwei-Elektronen-Redoxprozessen beteiligt sind, können die reduzierten Flavin-Coenzyme ihre Elektronen

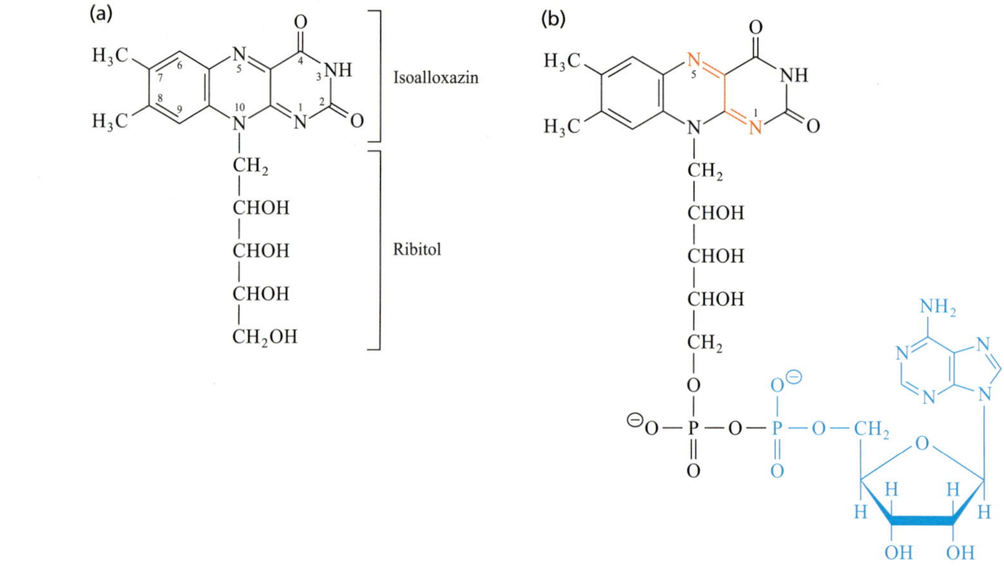

Abbildung 5.7: Strukturen von Riboflavin und seinen Coenzymen. (a) Im Riboflavin ist der Polyalkohol Ribitol kovalent mit dem heterocyclischen Isoalloxazin-Ringsystem verknüpft. (b) Flavinmononucleotid (FMN; schwarze und rote Formelteile) und Flavinadenindinucleotid (FAD; schwarze, rote und blaue Formelteile). Das reaktive Zentrum ist rot hervorgehoben.

entweder schrittweise durch Ein-Elektronen-Redoxprozesse abgeben oder in einem Schritt durch einen Zwei-Elektronen-Prozess. Nach der Übertragung des ersten Elektrons werden bei der Oxidation von $FADH_2$ oder $FMNH_2$ die relativ stabilen freien Radikale FADH• und FMNH• als Zwischenstufen gebildet. Diese freien Radikale sind deswegen stabiler als sehr reaktive, einfache freie Radikale, weil sie durch die Delokalisierung des einzelnen ungepaarten Elektrons im ausgedehnten konjugierten π-Elektronensystem des Isoalloxazins stabilisiert werden. Sie weisen je nach pH-Wert eine rote oder blaue Farbe auf. Radikale mit dieser Struktur werden auch Semichinone genannt. Die Oxidation von $FADH_2$ und $FMNH_2$ ist häufig mit der Reduktion eines Metalloproteins gekoppelt, das in Eisen-Schwefel-Cluster eingebundene Fe^{3+}-Ionen enthält. Weil einzelne Eisen-Schwefel-Cluster immer nur ein Elektron aufnehmen können, müssen die reduzierten Flavin-Coenzyme in zwei getrennten

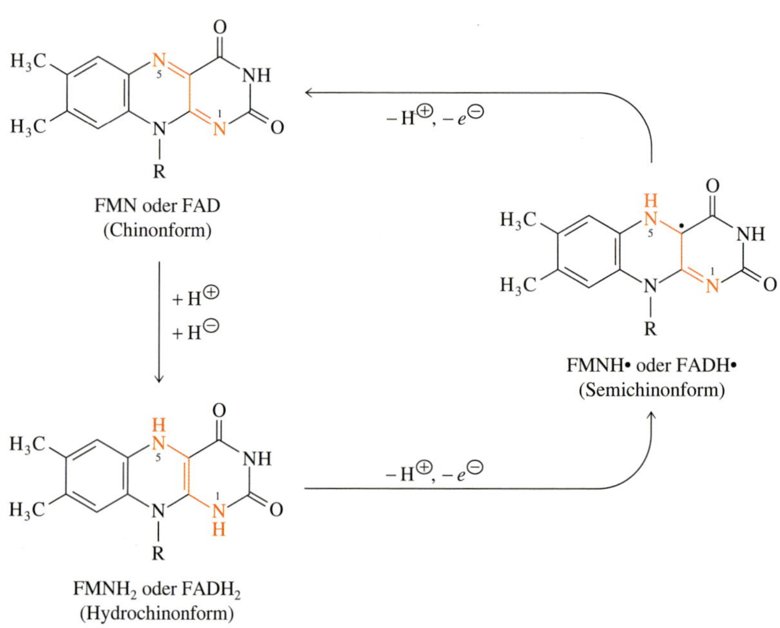

Abbildung 5.8: Reduktion und Reoxidation von FMN und FAD. Die konjugierten Doppelbindungen zwischen N-1 und N-5 des Isoalloxazin-Systems werden durch die Addition eines Hydrid-Ions und eines Protons reduziert. Dabei werden die reduzierten Flavin-Coenzyme $FMNH_2$ und $FADH_2$ gebildet, die auch als Hydrochinonformen der beiden Coenzyme bezeichnet werden. Die Oxidation erfolgt in zwei Schritten. Zunächst wird ein Elektron durch ein Ein-Elektron-Oxidationsmittel, zum Beispiel ein [Fe-S]-Cluster-haltiges Metalloprotein, übernommen. In diesem Zusammenhang wird außerdem ein Proton abgegeben. Insgesamt entsteht in diesem ersten Oxidationsschritt ein relativ stabiles freies Radikal, die sogenannte Semichinonform der Flavin-Coenzyme. Diese Semichinone werden anschließend in einer zweiten Ein-Elektron-Redoxreaktion in die oxidierten Flavin-Coenzyme FMN beziehungsweise FAD umgewandelt.

Ein-Elektron-Redoxschritten unter Bildung eines Semichinon-Zwischenproduktes zu FAD beziehungsweise FMN oxidiert werden. Die Fähigkeit von FMN, Zwei-Elektronen-Übertragungen mit Ein-Elektron-Übertragungen zu koppeln, spielt in vielen Elektronentransfersystemen eine große Rolle.

5.6 Coenzym A

Viele Stoffwechselprozesse sind auf die Anwesenheit von Coenzym A angewiesen (CoA oder HS–CoA), wie zum Beispiel die Oxidation von energiereichen Nährstoffmolekülen und die Biosynthese einiger Kohlenhydrate und Lipide. Dieses Coenzym ist an Acylgruppen-Übertragungsreaktionen beteiligt, in denen die Acylreste von einfachen Carbonsäuren oder von Fettsäuren die beweglichen Gruppen repräsentieren. Coenzym A besteht aus drei Hauptkomponenten: einer 2-Mercaptoethylamin-Einheit mit einer freien Sulfhydrylgruppe (–SH), dem Vitamin Pantothenat (Vitamin B_5, ein Amid aus β-Alanin und Pantoinsäure) und einer ADP-Einheit, deren 3′-Hydroxylgruppe mit einer dritten Phosphatgruppe verestert vorliegt (▶*Abbildung 5.9a*). Das reaktive Zentrum von CoA stellt die freie Sulfhydrylgruppe dar (–SH). Acylgruppen werden in Form eines Thioesters kovalent mit dieser Sulfhydrylgruppe verknüpft. Eines der häufigsten und wichtigsten Beispiele für ein acyliertes CoA-Molekül ist Acetyl-CoA, in dem die Acylgruppe einer Acetylgruppe entspricht. Durch seine energiereiche Thioesterbindung repräsentiert Acetyl-CoA eine energiereiche Verbindung. Ursprünglich wurde Coenzym A wegen der großen Bedeutung von Acetyl-CoA als Acetylierungs-Coenzym bezeichnet.

Phosphopantethein entspricht dem Phosphatester des CoA-Anteils, der aus 2-Mercaptoethylamin und Pantothenat gebildet wird. Phosphopantethein tritt als prosthetische Gruppe eines kleinen Proteins aus 77 Aminosäureresten in Erscheinung, das unter dem Namen Acyl-Carrier-Protein (ACP) bekannt ist. Die prosthetische Gruppe ist über eine Phosphoesterbindung mit der Seitenkette eines Serinrestes des Proteins kovalent verbunden (▶*Abbildung 5.9b*). Das Acyl-Carrier-Protein spielt eine große Rolle in der Fettsäure-Biosynthese. Dort wird die Sulfhydrylgruppe der prosthetischen Gruppe des ACP vorübergehend mit einer kurzkettigen Acylgruppe acyliert, bevor es diese auf die wachsende Kohlenstoffkette der neu entstehenden Fettsäure überträgt.

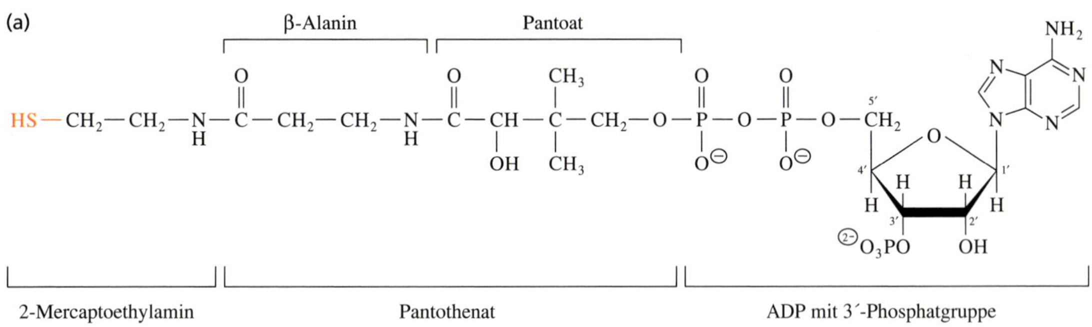

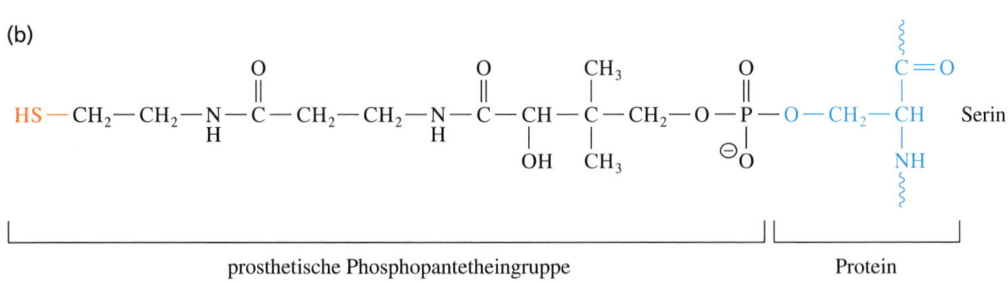

Abbildung 5.9: Strukturen von Coenzym A und dem Acyl-Carrier-Protein (ACP). (a) Im Coenzym A liegt 2-Mercaptoethylamin kovalent mit dem Vitamin Pantothenat verknüpft vor. Letzteres ist wiederum über eine Phosphoesterbindung mit einer ADP-Einheit verbunden, die eine zusätzliche 3′-Phosphatgruppe besitzt. Die Sulfhydrylgruppe oder Thiolgruppe (rot) stellt das reaktive Zentrum von Coenzym A dar. (b) Im Acyl-Carrier-Protein ist eine prosthetische Phosphopantetheingruppe, die aus der 2-Mercaptoethylamin- und der Pantothenat-Einheit von Coenzym A sowie einer Phosphorylgruppe besteht, über eine Phosphoesterbindung kovalent mit der Seitenkette eines Serinrestes des Proteins verknüpft.

Thiaminpyrophosphat – TPP 5.7

Thiamin, das auch als Vitamin B_1 bekannt ist, enthält einen Pyrimidin- und einen positiv geladenen Thiazolium-Ring (▶*Abbildung 5.10a*). Für Säugetiere stellt Thiamin ein essenzielles Vitamin dar, das reichlich in den Schalen von Reiskörnern und in anderen Getreidearten vorkommt. Die mit Vitamin B_1 assoziierte Mangelerkrankung heißt Beriberi. Ein Vitamin-B_1-Mangel tritt am häufigsten in den Ländern auf, in denen polierter Reis als Grundnahrungsmittel Verwendung findet, da mit der Entfernung der Reisschalen auch der größte Teil des essenziellen Thiamins verloren geht. Das vom Vitamin B_1 abgeleitete Coenzym heißt Thiaminpyrophosphat (TPP, ▶*Abbildung 5.10b*). TPP wird durch die enzymatische Übertragung einer Pyrophosphorylgruppe von ATP auf Thiamin synthetisiert.

Es sind etwa ein halbes Dutzend Decarboxylasen (Carboxylasen) bekannt, die TPP als Coenzym benötigen. TPP stellt zum Beispiel die prosthetische Gruppe der Pyruvat-Decarboxylase aus Hefe dar, deren Mechanismus in ▶*Abbildung 5.11* illustriert wird.

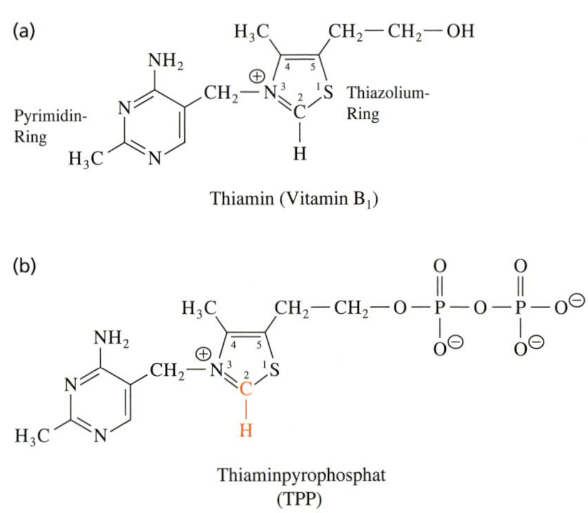

Abbildung 5.10: Thiamin und TPP. (a) Struktur von Thiamin (Vitamin B_1). (b) Struktur des Coenzyms Thiaminpyrophosphat (TPP). Der Thiazolium-Ring von TPP enthält das reaktive Zentrum.

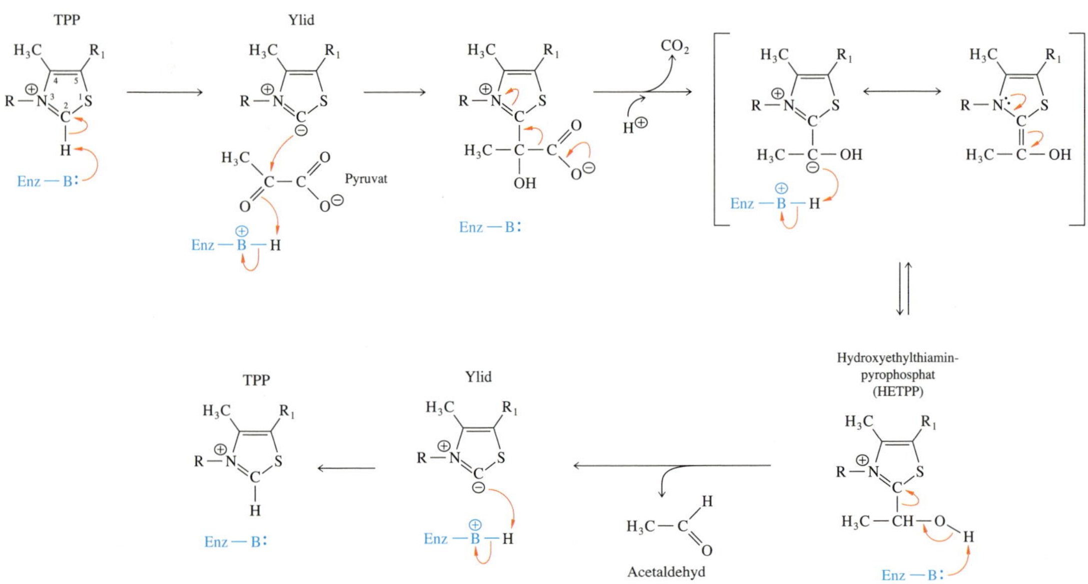

Abbildung 5.11: Mechanismus der Hefe-Pyruvat-Decarboxylase. Die positive Ladung am Stickstoffatom des Thiazolium-Rings von TPP führt zur Verschiebung von Elektronendichte vom C-2-Atom zum Stickstoffatom. Das C-2-Atom gleicht das dadurch entstehende Elektronendichtedefizit teilweise aus, indem es die Bindungselektronen der Bindung zum Wasserstoffatom näher an sich heranzieht. Infolgedessen wird die Bindung zwischen C-2 und dem Wasserstoffatom stärker polarisiert, sodass das Wasserstoffatom leichter als Proton abgespalten werden kann. Das Proton wird dann vermutlich von einem basischen Aminosäurerest des Enzyms übernommen. Die Ionisierung führt zu einem resonanzstabilisierten dipolaren Zwitterion, das Ylid genannt wird, ein Molekül mit zwei entgegengesetzten Ladungen an zwei benachbarten Atomen. Das negativ geladene C-2 des Ylids greift das elektronenarme, elektrophile Carbonylkohlenstoffatom des Substrats Pyruvat nucleophil an. Das dabei gebildete Zwischenprodukt kann leicht CO_2 abspalten (erstes Produkt). Im Decarboxylierungsprodukt ist eine C_2-Einheit des ursprünglichen Pyruvats an den Thiazol-Ring gebunden und bildet einen Teil eines Resonanzhybrids mit einem carbanionischen Charakter am ursprünglichen C-2-Atom des Pyruvats. Durch die anschließende Protonierung dieses C-Atoms wird Hydroxyethylthiaminpyrophosphat (HETPP) gebildet. Aus HETPP wird unter basischer Katalyse durch das Enzym Acetaldehyd abgespalten (zweites Produkt). Dadurch wird die Ylidform des Enzym-TPP-Komplexes regeneriert. In dieser Form ist das Enzym wieder enzymatisch aktiv. Die Protonierung des Ylids durch das Enzym ergibt das ursprüngliche TPP.

TPP ist außerdem als Coenzym an der oxidativen Decarboxylierung von anderen α-Ketocarbonsäuren (oder kurz α-Ketosäuren) als Pyruvat beteiligt. Die ersten Schritte in diesen Reaktionen verlaufen nach dem in *Abbildung 5.11* gezeigten Mechanismus. Zusätzlich tritt TPP als prosthetische Gruppe von Enzymen auf, die als Transketolasen bekannt sind. Transketolasen katalysieren die Übertragung von C_2-Einheiten, die eine Carbonylgruppe enthalten, zwischen Zuckermolekülen. Im Thiazolium-Ring befindet sich das reaktive Zentrum des Coenzyms. Das Wasserstoffatom am C-2 des an das Enzym gebundenen TPP weist eine ungewöhnliche Reaktivität auf. Es ist acide (sauer), obwohl sein pK_S-Wert in wässriger Lösung sehr hoch ist. Jüngere Experimente haben für die Deprotonierung von Hydroxyethylthiaminpyrophosphat (HETPP) gezeigt, dass sich der pK_S-Wert von 15 für in Wasser frei gelöstes HETPP auf 6 für das an das aktive Zentrum der Pyruvat-Decarboxylase gebundene HETPP absenkt. Diese erhöhte Acidität wird auf die geringe Polarität des aktiven Zentrums zurückgeführt, die auch für die Reaktivität des gebundenen TPP selbst verantwortlich zeichnet.

Pyridoxalphosphat – PLP 5.8

Die B_6-Familie wasserlöslicher Vitamine besteht aus drei eng verwandten Molekülen, die sich nur durch die Oxidationsstufe (Oxidationszahl) und den Substituenten des Kohlenstoffatoms unterscheiden, das an die Position 4 des Pyridinrings gebunden ist (▶*Abbildung 5.12a*). Vitamin B_6, meistens in Form von Pyridoxal oder Pyridoxamin, ist aus einer großen Anzahl pflanzlicher und tierischer Quellen verfügbar. In Ratten führt ein künstlich erzeugter Vitamin-B_6-Mangel zu Dermatitis und verschiedenartigen Störungen, die mit dem Proteinstoffwechsel verknüpft sind. Allerdings treten bei Menschen eher selten Vitamin-B_6-Mangelerscheinungen auf. Gleich nachdem Vitamin B_6 in eine Zelle eingedrungen ist, wird das Coenzym Pyridoxal-5′-phosphat (PLP) durch die Übertragung der γ-Phosphorylgruppe eines ATP-Moleküls auf das Vitaminmolekül gebildet (▶*Abbildung 5.12b*).

Pyridoxalphosphat bildet die prosthetische Gruppe in vielen Enzymen, die eine Vielfalt von Reaktionen an Aminosäuren katalysieren, beispielsweise Isomerisierungen und Decarboxylierungen sowie Seitenketten-Eliminierungen und Substitutionen. In PLP-abhängigen Enzymen ist die Carbonylgruppe der prosthetischen Gruppe in Form einer Schiff'schen Base (Imin) mit der ε-Aminogruppe eines Lysinrestes im aktiven Zentrum verknüpft. Eine Schiff'sche Base entsteht durch die Kondensation eines primären Amins mit einem Aldehyd oder einem Keton. Die Schiff'sche Base aus dem Enzym und dem Coenzym PLP, deren Struktur in ▶*Abbildung 5.13* dargestellt ist, entspricht einem inneren Aldimin. PLP ist über viele schwache nichtkovalente Wechselwirkungen fest an das Enzym gebunden. Die zusätzliche kovalente Verknüpfung über das innere Aldimin verhindert den Verlust des nur spärlich vorhandenen Coenzyms, während das Enzym nicht arbeitet. Der erste Schritt in allen PLP-abhängigen enzymatischen Reaktionen mit Aminosäuren besteht in der Verknüpfung von PLP mit der α-Aminogruppe der Aminosäure durch die Bildung eines äußeren Aldimins. Für diese Reaktion muss die Aminogruppe der Aminosäure in der neutralen, nucleophilen Form als $-NH_2$-Gruppe mit einem freien Elektronenpaar vorliegen, weil die positiv geladene Ammonium-Form ($-NH_3^{\oplus}$) das elektrophile Iminkohlenstoffatom des PLP wegen des fehlenden freien Elektronenpaares nicht nucleophil angreifen kann. Wenn eine Aminosäure an ein PLP-Enzym gebunden wird, findet eine Transaminierung statt (▶*Abbildung 5.13*). Diese Übertragungsreaktion verläuft über ein geminales Diamin als Zwischenprodukt (ein Diamin mit den beiden N-Atomen am selben C-Atom), statt über die Bildung der freien Aldehydform des PLP. Beachten Sie, dass die Schiff'sche Base ein System aus konjugierten Doppelbindungen enthält, das sich vom Iminstickstoffatom über den ganzen Pyridinring inklusive des positiv geladenen N-1-Atoms erstreckt. Ähnliche Ringstrukturen mit positiv geladenen Stickstoffatomen kommen in $NAD^{\oplus}$ vor. Im Verlauf der

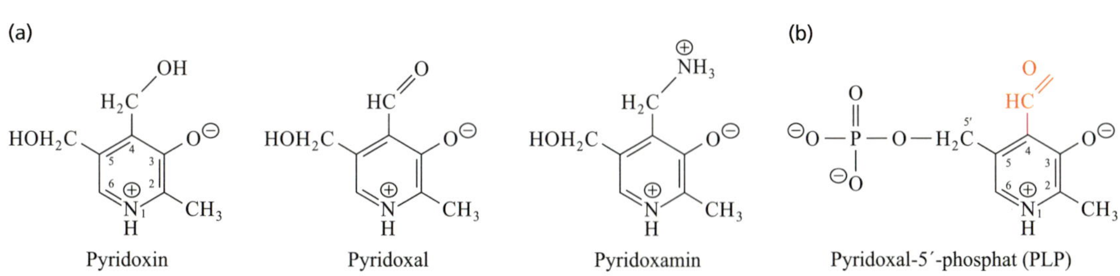

Abbildung 5.12: Strukturen der B_6-Vitamine sowie von Pyridoxalphosphat. (a) Die Vitamine der B_6-Familie: Pyridoxin, Pyridoxal und Pyridoxamin. (b) Pyridoxal-5′-phosphat (PLP). Das reaktive Zentrum von PLP stellt die rot hervorgehobene Aldehydgruppe dar.

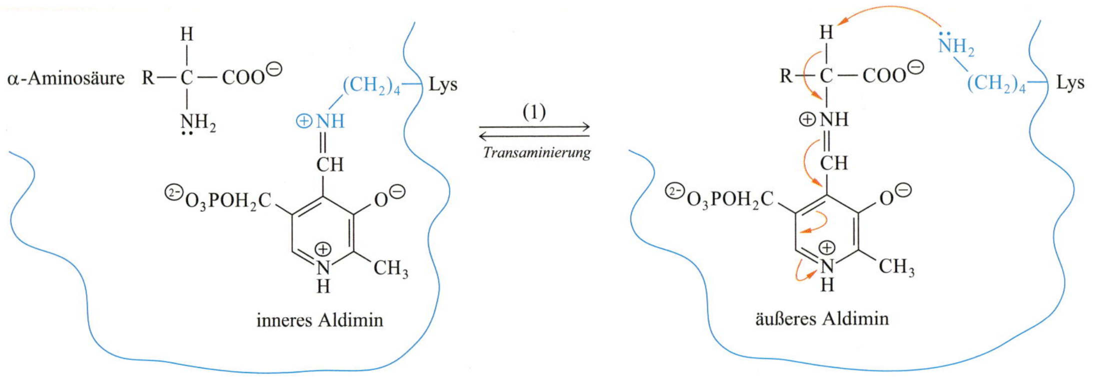

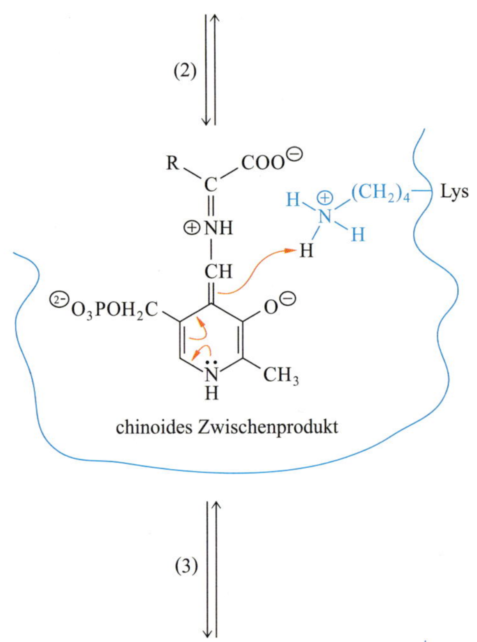

Abbildung 5.13: Mechanismus der enzymatischen Transaminierung. Im ersten Schritt wird (1) der Lysinrest im inneren Aldimin des PLP-Enzyms durch eine Aminosäure verdrängt. Dadurch wird ein äußeres Aldimin zwischen der Aminosäure und PLP gebildet. Im zweiten Schritt wird (2) das α-Wasserstoffatom der ursprünglichen Aminosäure durch denselben Lysinrest, der hier als Säure-Base-Katalysator auftritt, als Proton abgespalten. Diese Reaktion ergibt ein chinoides Zwischenprodukt, das nun durch denselben Lysinrest am ehemaligen Iminkohlenstoffatom des inneren Aldimins wieder protoniert wird (3). Die Schritte (2) und (3) entsprechen einer basenkatalysierten Tautomerisierung des äußeren Aldimins zum Ketimin. Im vierten Schritt (4) führt die Hydrolyse des Ketimins zur Freisetzung der ursprünglichen Aminosäure als α-Ketocarbonsäure und zur Bildung eines kovalent aminierten PLP-Enzym-Zwischenproduktes, dem Pyridoxaminphosphat (PMP), das nichtkovalent an das Enzym gebunden bleibt. Bis hier hat nur eine Desaminierung der Aminosäure stattgefunden. Wenn die gleichen Reaktionsschritte nun mit einer anderen α-Ketocarbonsäure in umgekehrter Richtung ablaufen, wird die Aminogruppe des PMP auf die Ketocarbonsäure übertragen, sodass eine neue Aminosäure gebildet wird. Mit der Regenerierung des PLP-Enzyms wird die enzymatische Transaminierung abgeschlossen.

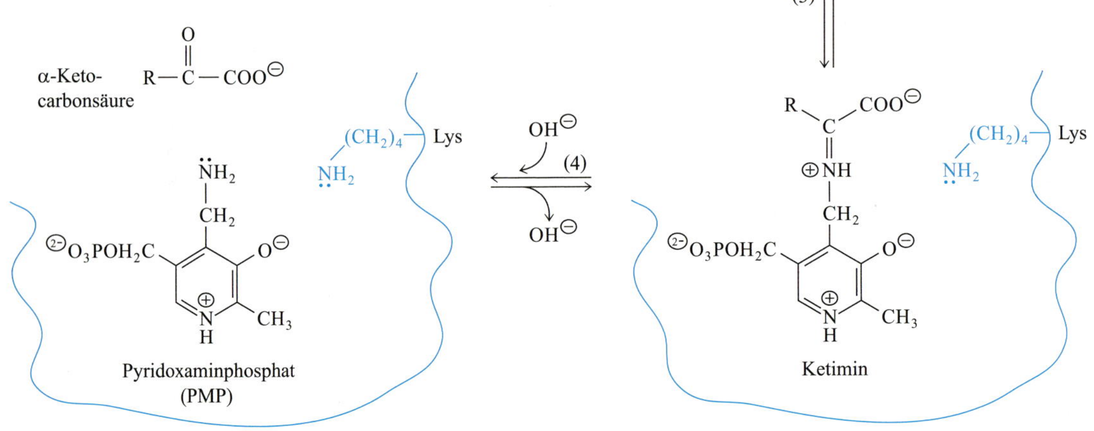

Reaktionen, die von PLP-abhängigen Enzymen katalysiert werden, fungiert die prosthetische Gruppe als stark elektronenziehender, aktivierender Substituent. Nachdem die α-Aminosäure eine Schiff'sche Base mit PLP gebildet hat, wird das α-C-Atom der Aminosäure durch die stark elektronenziehenden Eigenschaften in Richtung von N-1 des PLP-Substituenten zusätzlich positiv polarisiert. Diesen destabilisierenden Effekt gleicht das α-C-Atom teilweise aus, indem es die Bindungselektronenpaare der Bindungen zu seinen anderen Substituenten etwas näher an sich heranzieht. Infolgedessen werden diese Bindungen stärker polarisiert, sodass die heterolytische Abspaltung eines der Substituenten erleichtert wird. Mit anderen Worten: Das Carbanion, das durch die Abspaltung eines der Substituenten als Kation entsteht, wird durch die Delokalisierung des freien carbanionischen Elektronenpaares über das π-Elektronensystem der konjugierten Doppelbindungen der Schiff'schen Base inklusive des Pyridinrings stabilisiert, wodurch seine Bildung begünstigt wird. Welcher der Substituenten letztendlich abgespalten wird, hängt von der chemischen Umgebung im aktiven Zentrum des jeweiligen Enzyms ab. Die Entfernung der α-Aminogruppe von Aminosäuren wird durch Transaminasen katalysiert, die auch Aminotransferasen genannt werden. Diese Enzyme sind sowohl an der Biosynthese als auch am Abbau von Aminosäuren beteiligt. Weil Transaminierungen die am häufigsten vorkommenden PLP-abhängigen Reaktionen repräsentieren, wird in ▸*Abbildung 5.13* ein Mechanismus für diesen Reaktionstyp ausführlich dargestellt.

Bei einer Transaminierung wird eine Aminosäure über ihre α-Aminogruppe als Schiff'sche Base (äußeres Aldimin) an PLP gebunden. Nach der anschließenden Tautomerisierung des Aldimins über eine chinoide Zwischenstufe zum Ketimin wird die ursprüngliche Aminosäure durch Hydrolyse als α-Ketocarbonsäure abgespalten. Bis zu diesem Punkt wurde die ursprüngliche Aminosäure also desaminiert. Zurück bleibt ein kovalent aminiertes PLP-Enzym-Zwischenprodukt, das Pyridoxaminmonophosphat (PMP) oder einfach Pyridoxaminphosphat. Um den katalytischen Zyklus abzuschließen, muss das PLP-Enzym aber noch regeneriert werden. Um die Transaminierung zu vervollständigen, wird im Folgenden die an das PLP-Enzym gebundene Aminogruppe auf eine andere α-Ketocarbonsäure übertragen. Der Mechanismus dieser Aminierung entspricht dem eben besprochenen Mechanismus der Desaminierung, allerdings in umgekehrter Reihenfolge. Das Endergebnis besteht demnach in der Übertragung einer Aminogruppe von einer Aminosäure auf eine α-Ketocarbonsäure, entspricht also einer Transaminierung.

Biotin 5.9

Biotin tritt als prosthetische Gruppe von Enzymen auf, die Carboxylgruppen-Übertragungsreaktionen oder ATP-abhängige Carboxylierungen katalysieren. Die Verknüpfung des Biotins mit dem Enzym erfolgt über eine kovalente Amidbindung zur ε-Aminogruppe eines Lysinrestes im aktiven Zentrum (▸*Abbildung 5.14a*).

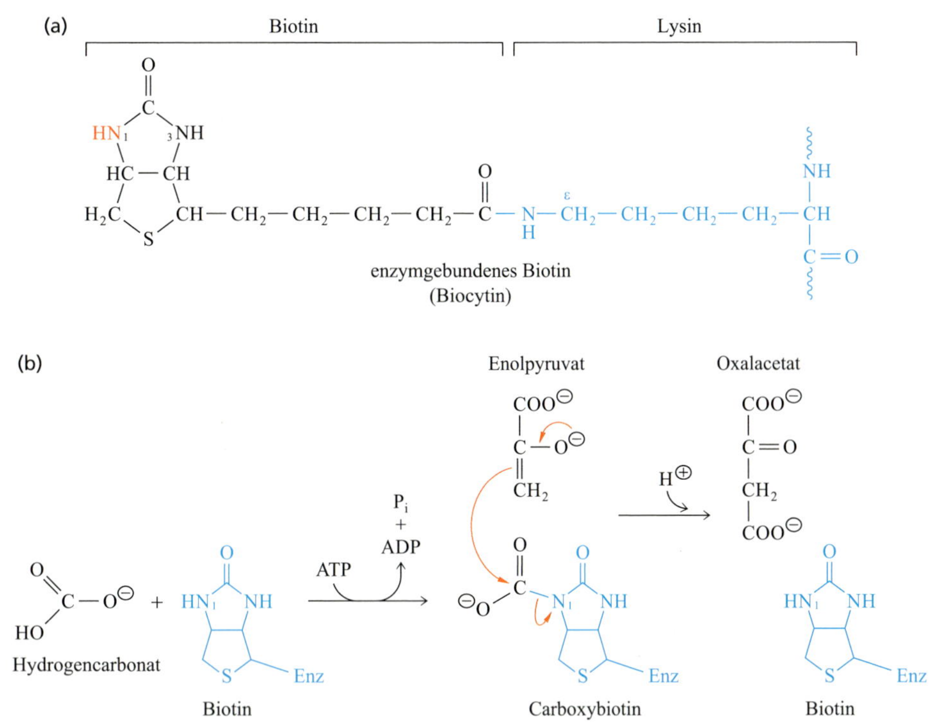

Abbildung 5.14: Biotin. (a) Die Carboxylatgruppe des Biotins ist kovalent über eine Amidbindung mit der ε-Aminogruppe eines Lysinrestes (blau) im aktiven Zentrum seines Apoenzyms verknüpft. Als reaktives Zentrum der Biotin-Einheit tritt das Stickstoffatom N-1 (rot) auf. (b) Reaktion, die durch die Pyruvat-Carboxylase katalysiert wird. Zunächst wird Hydrogencarbonat in einer ATP-abhängigen Reaktion unter Abspaltung von Wasser mit dem N-1-Atom des Biotins verknüpft, sodass Carboxybiotin entsteht. Der Carboxybiotinyl-Enzym-Komplex stellt eine aktivierte Form von CO_2 mit einer erhöhten Elektrophilie des C-Atoms bereit, die auf Pyruvat übertragen werden kann. Diese Übertragung erfolgt durch einen nucleophilen Angriff der Enolatform von Pyruvat (Enolpyruvat) auf das elektrophile C-Atom des biotingebundenen Kohlendioxids. Dabei wird Oxalacetat gebildet und Biotin regeneriert.

Die in ▶*Abbildung 5.14b* dargestellte Reaktion der Pyruvat-Carboxylase verdeutlicht die Rolle von Biotin als CO_2-Überträger. In dieser ATP-abhängigen Reaktion wird die C_3-α-Ketocarbonsäure Pyruvat mit Hydrogencarbonat zur C_4-α-Ketocarbonsäure Oxalacetat umgesetzt. Die Kohlenstoffkette wird also um ein C-Atom verlängert. Die Bindung des Kohlendioxids (aus Hydrogencarbonat) an Biotin führt zu einer zusätzlichen Aktivierung des CO_2 bezüglich eines nucleophilen Angriffs der Enolatform des Pyruvats (Enolpyruvat) auf das elektrophile C-Atom des CO_2. Die Aufgabe des Biotins besteht also in der Bindung von CO_2 an das aktive Zentrum des Enzyms und in der zusätzlichen Aktivierung des CO_2-Moleküls.

Tetrahydrofolat 5.10

Das Vitamin Folat beziehungsweise Folsäure wurde erstmals in den frühen 1940er-Jahren aus grünen Blättern, Leber und Hefe isoliert. Folat besteht aus drei Hauptkomponenten: Pterin (2-Amino-4-oxopteridin), einer *p*-Aminobenzoesäure-Einheit sowie einem Glutamatrest. Die Strukturen von Pterin und Folat sind in den ▶*Abbildung 5.15a* und ▶*Abbildung 5.15b* dargestellt. Menschen müssen Folsäure mit der Nahrung aufnehmen, weil sie das Pterin-*p*-Aminobenzoesäure-Zwischenprodukt (PABA) nicht synthetisieren und Glutamat auch nicht mit exogenem PABA verknüpfen können.

Die verschiedenen Coenzym-Formen von Folat, die alle gemeinsam als Tetrahydrofolat (THF) bekannt sind, unterscheiden sich vom Vitamin in zwei wesentlichen Punkten: Ihr Pterin-Ringsystem liegt teilweise reduziert vor (5,6,7,8-Tetrahydropterin) und mit dem Glutamatrest ist eine unterschiedlich lange Kette weiterer Glutamatreste verknüpft, die über γ-Glutamylamidbindungen verbunden sind (▶*Abbildung 5.15c*). Die anionische Polyglutamyl-Einheit, die in der Regel fünf bis sechs Reste lang ist, trägt maßgeblich zur Bindung der Coenzyme an ihr Protein bei. Wenn Sie den Begriff *Tetrahydrofolat* verwenden, sollten Sie immer daran denken, dass sich dieser auf eine Gruppe von Verbindungen mit unterschiedlich langen Polyglutamatketten bezieht.

Tetrahydrofolat wird aus dem Vitamin Folat formal durch die Addition von Wasserstoff an die Positionen 5, 6, 7 und 8 des Pterin-Ringsystems gebildet. Diese Reduktion erfolgt in einer Reaktion, die über zwei NADPH-abhängige Schritte verläuft und durch die Dihydrofolat-Reduktase katalysiert wird (▶*Reaktionsgleichung 5.2*).

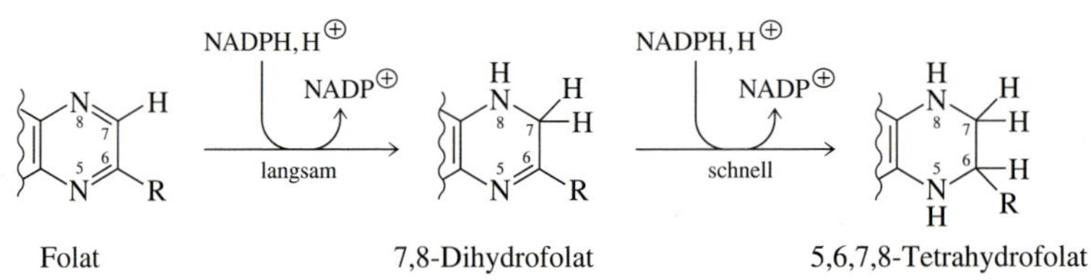

(5.2)

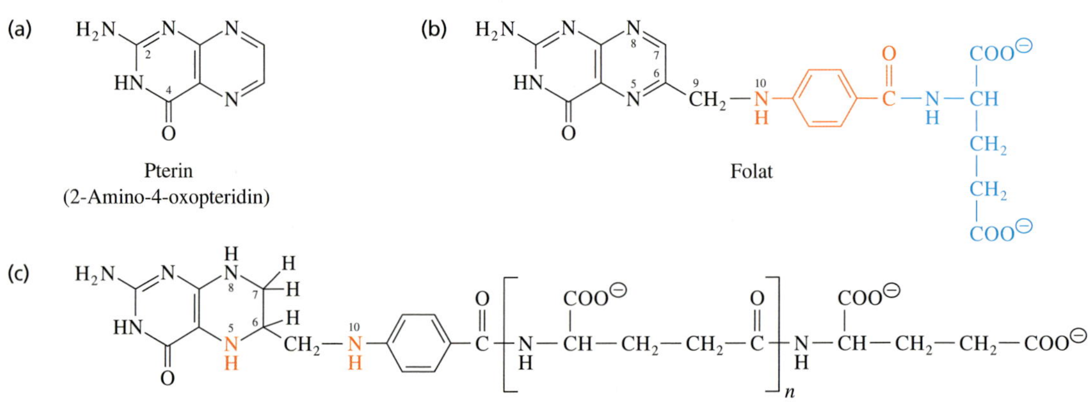

Abbildung 5.15: Strukturen von Pterin, Folat und Tetrahydrofolat. (a) Pterin bildet einen Teil von Folat. (b) Folat enthält neben einer Pteringruppe einen *p*-Aminobenzoesäurerest (rot) sowie einen Glutamatrest (blau). (c) Die verschiedenen Vertreter des Tetrahydrofolats unterscheiden sich durch die Länge ihrer Polyglutamatketten, die meistens fünf oder sechs Reste lang sind. Die reaktiven Zentren von Tetrahydrofolat sind die Atome N-5 und N-10, die in der Abbildung rot hervorgehoben sind.

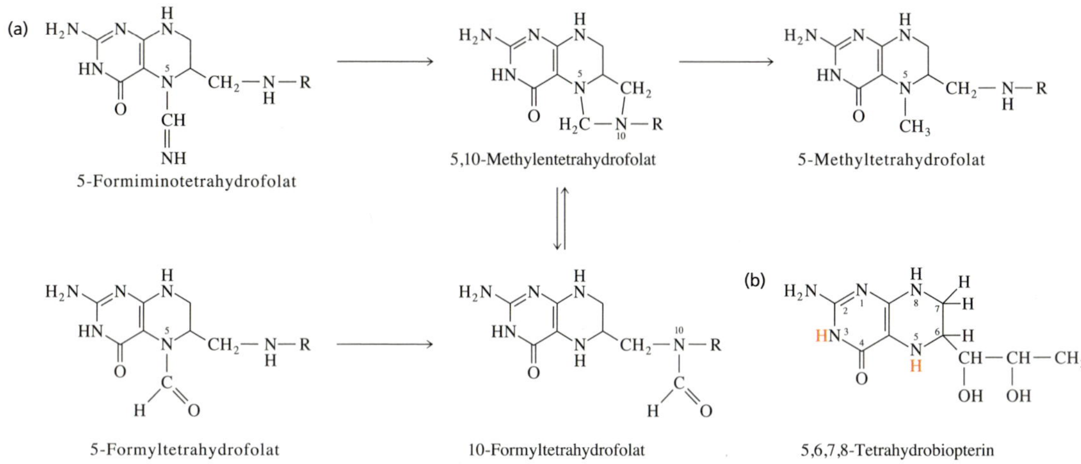

Abbildung 5.16: Derivate von Tetrahydrofolat. Die Derivate können auf den gezeigten Routen ineinander umgewandelt werden. Bei einem Teil der dargestellten Reaktionen handelt es sich um enzymatische Redoxreaktionen, durch die die Oxidationsstufe des C-Atoms der gebundenen C_1-Einheit verändert wird. Der Buchstabe R repräsentiert in den Strukturformeln den Benzoylpolyglutamatrest von Tetrahydrofolat.

Die wichtigste Stoffwechselfunktion der Dihydrofolat-Reduktase besteht in der Reduktion von Dihydrofolat zu Tetrahydrofolat, das während der Bildung der Methylgruppe von Thymidylat (dTMP) gebildet wird. Die Bildung der Thymidylat-Methylgruppe, für die ein Derivat von Tetrahydrofolat erforderlich ist, stellt einen unentbehrlichen Schritt in der DNA-Biosynthese dar. Weil eine Zellteilung nicht erfolgreich stattfinden kann, wenn die DNA-Synthese unterbrochen ist, wurde die Dihydrofolat-Reduktase als Zielenzym (engl. *target*) für die Chemotherapie bei der Behandlung von Krebs intensiv untersucht. 5,6,7,8-Tetrahydrofolat wird von Enzymen benötigt, die die biochemische Übertragung verschiedener C_1-Einheiten mit unterschiedlichen Oxidationsstufen katalysieren. Die C_1-Einheiten, die an Tetrahydrofolat gebunden werden können, umfassen Methyl- ($-CH_3$), Methylen- ($-CH_2-$), Formyl- ($-CH{=}O$), Formimino- ($-CH{=}NH$) und Methenylgruppen ($-CH{=}$). Die C_1-THF-Derivate mit unterschiedlichen Oxidationsstufen können durch enzymatische Redoxreaktionen ineinander umgewandelt werden. In ▶*Abbildung 5.16a* sind die Strukturen der verschiedenen C_1-Derivate von Tetrahydrofolat und die möglichen wechselseitigen enzymatischen Umwandlungen dargestellt. Die stoffwechselaktiven C_1-Einheiten werden kovalent entweder an eines der sekundären Aminstickstoffatome N-5 oder N-10 des Tetrahydrofolats oder unter Bildung eines Rings an beide Stickstoffatome (N-5 und N-10) gleichzeitig gebunden. 10-Formyltetrahydrofolat tritt zum Beispiel als Donator von Formylgruppen in Erscheinung, während 5,10-Methylentetrahydrofolat als Hydroxymethylgruppen-Donator dient.

Ein weiteres Pterin-Coenzym, das 5,6,7,8-Tetrahydrobiopterin heißt, trägt am C-6 der Pterin-Einheit nur eine C_3-Seitenkette anstelle der großen Seitenkette im Tetrahydrofolat (▶*Abbildung 5.16b*). Dieses Coenzym leitet sich nicht von einem Vitamin ab, sondern wird stattdessen von Tieren und anderen Organismen selbst synthetisiert. Tetrahydrobiopterin tritt als Cofaktor mehrerer Hydroxylasen auf sowie als Reduktionsmittel bei der Umwandlung von Phenylalanin in Tyrosin. Es dient außerdem als Reduktionsmittel bei der enzymatisch katalysierten Synthese von Stickstoffmonoxid (NO) aus Arginin.

5.11 Cobalamin

Cobalamine werden oft unter der Vitamin B_{12}-Gruppe von Verbindungen zusammengefasst. Vitamin B_{12} selbst ist eine biologisch inaktive Form des Cobalamins, das sogenannte Cyanocobalamin, das im menschlichen Körper in Adenosylcobalamin umgewandelt wird. Die Struktur von Cobalamin (▶*Abbildung 5.17a*) enthält ein Corrin-Ringsystem, das dem Porphyrinsystem der Hämgruppe ähnelt (▶*Abbildung 5.21*). Allerdings ist das Ringsystem nicht komplett gesättigt, da eine Methinbrücke zwischen den beiden Ringen auf der linken Seite fehlt. Anstelle des Eisens im Häm enthält der Corrinring im Vitamin B_{12} aber ein Cobalt-Ion in der Oxidationsstufe +III, also Co(III). In der Strukturformel in ▶*Abbildung 5.17a* trägt das Cobalt-Ion nur eine positive Ladung, weil zwei seiner Liganden je eine negative Ladung zur Gesamtladung beitragen. Die Kurzschreibweise für

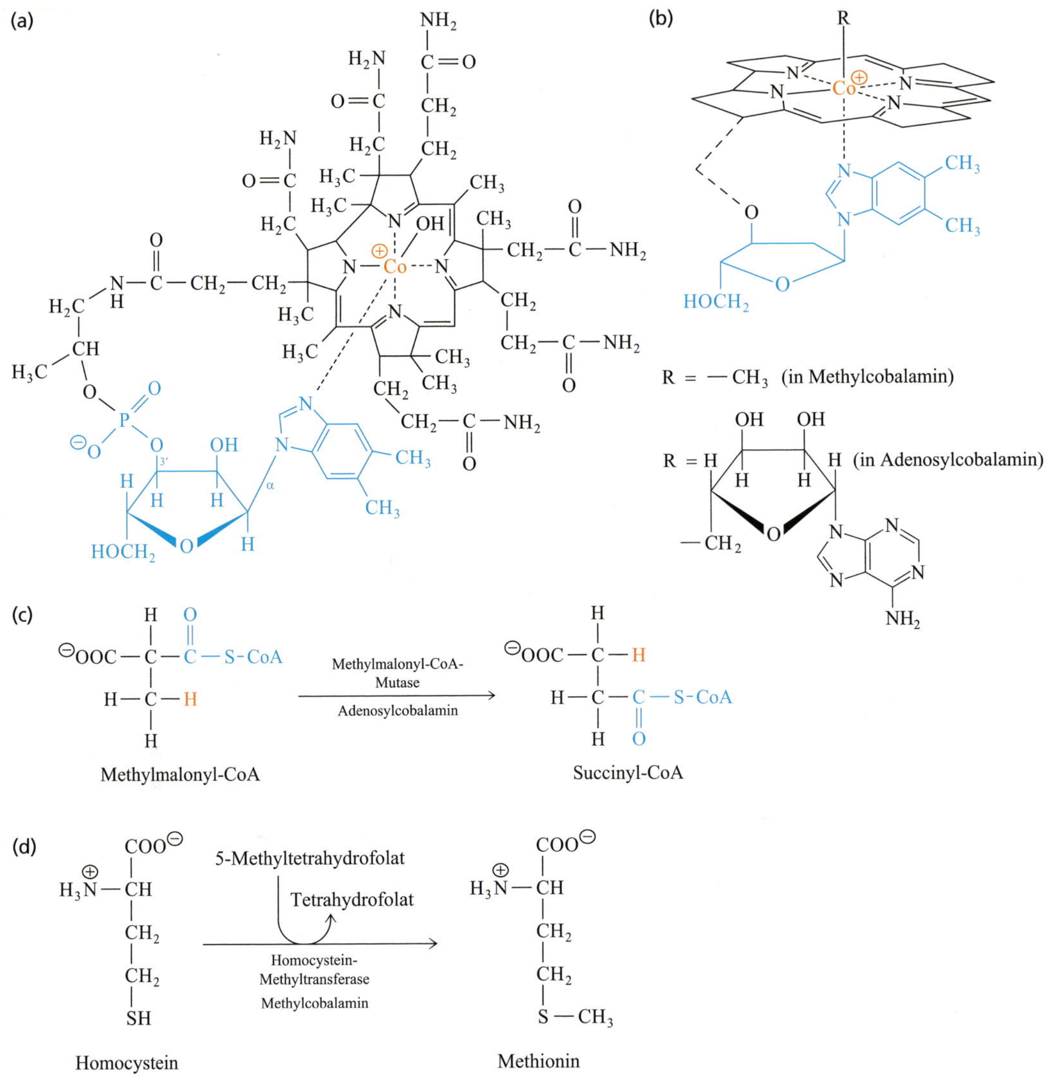

Abbildung 5.17: Strukturen von Cobalamin und seinen Coenzymen. (a) Detaillierte Strukturformel von Cobalamin, die das Corrin-Ringsystem (schwarz) und das 5,6-Dimethylbenzimidazolribonucleotid (blau) zeigt. Das Benzimidazolribonucleotid ist sowohl koordinativ an das Cobalt-Ion als auch kovalent über eine Phosphoesterbindung an eine Seitenkette des Corrinsystems gebunden. (b) Kurzschreibweise der Struktur der Cobalamin-Coenzyme. Ein axialer Benzimidazolribonucleotid-Ligand befindet sich unterhalb der Corrin-Ringebene und der zweite axiale Ligand (R), eine Methyl- oder 5′-Desoxyadenosylgruppe, oberhalb der Ringebene. (c) Die Umlagerung von Methylmalonyl-CoA zu Succinyl-CoA wird durch die Methylmalonyl-CoA-Mutase katalysiert. (d) Die Homocystein-Methyltransferase katalysiert die Methylcobalamin-abhängige Umwandlung von Homocystein in Methionin.

die Struktur des Cobalamins in ▶*Abbildung 5.17b* hebt die beiden axialen Liganden des Cobalt-Ions besonders hervor: ein Benzimidazolribonucleotid unterhalb des Corrinrings und ein Ligand (R) oberhalb der Ringebene. In den Cobalamin-Coenzymen ist der Ligand R entweder eine Methylgruppe (in Methylcobalamin) oder eine 5′-Desoxyadenosylgruppe (in Adenosylcobalamin).

Cobalamin wird von einigen Bakterienspezies synthetisiert. Es muss als essenzieller Mikronährstoff von allen Tieren sowie einigen Bakterien und Algen mit der Nahrung aufgenommen werden. Pflanzen synthetisieren Cobalamin nicht, aber sie benötigen auch kein Cobalamin in ihrem Stoffwechsel. Menschen decken ihren Vitamin-B_{12}-Bedarf somit in der Regel durch Nahrung tierischen Ursprungs. Vegetarier können eine ausreichende Versorgung mit Vitamin B_{12} aus Mikroorganismen sicherstellen. Die durch einen Vitamin-B_{12}-Mangel verursachte Erkrankung heißt perniziöse Anämie. Bei dieser potenziell tödlichen Erkrankung kommt es zu einer verringerten Produktion von Erythrocyten (roten Blutkörperchen) im Knochenmark. Außerdem kann die perniziöse Anämie mit neurologischen Störungen verbunden sein.

Patienten, die an perniziöser Anämie erkrankt sind, nehmen nur selten zu wenig Vitamin B_{12} mit der Nahrung auf. Vielmehr weisen sie meist eine unzureichende Sekretion eines Glyoproteins, das Intrinsic-Faktor genannt wird, durch die Magenschleimhaut auf. Der Intrinsic-Faktor bildet einen spezifischen Komplex mit Vitamin B_{12}. Dieser Komplex wird im Dünndarm durch eine spezifische rezeptorvermittelte Resorption in die Mukosazellen aufgenommen, wo er wieder dissoziiert. Fehlt der Intrinsic-Faktor, kann das mit der Nahrung zugeführte Vitamin B_{12} nicht resorbiert werden. Heute kann die verminderte Resorption von Vitamin B_{12} durch regelmäßige Injektionen des Vitamins ausgeglichen werden. Früher mussten zu diesem Zweck „einfach" entsprechend große Mengen von Vitamin B_{12} durch den Verzehr großer Mengen roher (!) Leber aufgenommen werden.

Die Rolle von Adenosylcobalamin spiegelt die Reaktivität seiner C–Co-Bindung wider. Diese Bindung kann nämlich, was für biologische Systeme ungewöhnlich ist, homolytisch gespalten werden, sodass intermediär ein C-Radikal entsteht. Das Coenzym ist an mehreren enzymatisch katalysierten intramolekularen Umlagerungen beteiligt, bei denen ein Wasserstoffatom und eine zweite Gruppe, die am benachbarten Kohlenstoffatom gebunden ist, ihre Plätze tauschen (▸*Abbildung 5.17a*). Der Mechanismus verläuft über die Abspaltung des Wasserstoffatoms durch das Adenosylcobalamin-C-Radikal, die anschließende Umlagerung des dadurch entstandenen Substratradikals und die Rückübertragung des Wasserstoffatoms auf die neue Position des Substratmoleküls. Ein Beispiel für eine Adenosylcobalamin-abhängige Reaktion stellt die enzymatische Reaktion der Methylmalonyl-CoA-Mutase dar (▸*Abbildung 5.17c*), die für den Stoffwechsel von Fettsäureketten mit einer ungeraden Anzahl von Kohlenstoffatomen eine wichtige Rolle spielt und zur Bildung von Succinyl-CoA führt, das als Zwischenprodukt im Citronensäurezyklus auftritt. Methylcobalamin nimmt an der Übertragung von Methylgruppen teil. Ein Beispiel für eine solche Methylgruppenübertragung repräsentiert die Regeneration von Methionin aus Homocystein in Säugetieren (▸*Abbildung 5.17d*). Bei dieser Reaktion wird die Methylgruppe von 5-Methyltetrahydrofolat auf eine reaktive, reduzierte Form von Cobalamin transferiert, wodurch Methylcobalamin entsteht. Dieses kann die Methylgruppe anschließend auf die Thiolseitenkette von Homocystein übertragen.

Eine dritte Klasse von Vitamin-B_{12}-abhängigen Enzymen sind die reduktiven Dehalogenasen. Diese Enzyme, die in bestimmten Bakterienspezies vorkommen, katalysieren einen wichtigen Schritt beim Abbau organischer Chlorverbindungen, wie zum Beispiel den polychlorierten Biphenylen (PCB). Sie besitzen eine weitere Klasse von Cobalamin, das Norpseudovitamin B12 und dessen Derivate.

Liponamid 5.12

Das Coenzym Liponamid stellt die enzymgebundene Form von Liponsäure dar. Auch wenn Liponsäure häufig als B-Vitamin beschrieben wird, hat sich herausgestellt, dass sie von Tieren synthetisiert werden kann. Für das Wachstum bestimmter Bakterien und Protozoen ist Liponsäure essenziell. Liponsäure entspricht der unverzweigten C_8-Carbonsäure Octansäure, in der zwei Wasserstoffatome an den Kohlenstoffatomen C-6 und C-8 gegen Schwefelatome ausgetauscht sind, die eine Disulfidbrücke bilden. Die Verknüpfung der Liponsäure mit dem Enzym erfolgt über eine Amidbindung zwischen der Carboxylgruppe der Liponsäure und der ε-Aminogruppe eines Lysinrestes des Enzyms (▸*Abbildung 5.18a*). Diese Struktur kommt in Dihydroliponamid-Acyltransferasen vor, die als Proteinkomponenten im Pyruvat-Dehydrogenase-Komplex und im α-Ketoglutarat-Dehydrogenase-Komplex auftreten. Diese Multienzymkomplexe sind mit dem Citronensäurezyklus assoziiert.

Es wird angenommen, dass Liponamid wie ein Schwenkarm funktioniert, der Acylgruppen zwischen den aktiven Zentren in Multienzymkomplexen transportiert. Im Pyruvat-Dehydrogenase-Komplex reagiert die Disulfidbrücke im Dithiolanring der prosthetischen Liponamidgruppe zum Beispiel mit HETPP (▸*Abbildung 5.11*). Dabei wird die Hydroxyethylgruppe des HETPP nach der Oxidation zur Acetylgruppe unter Bildung eines Thioesters an das Schwefelatom am C-8 des Liponamids gebunden, während das Schwefelatom am C-6 zur Sulfhydrylgruppe reduziert wird. Anschließend wird die Acetylgruppe auf das Schwefelatom eines Coenzym A-Moleküls übertragen, wodurch die reduzierte Dihydroliponamid-Form der prosthetischen Gruppe entsteht.

Der letzte Schritt im katalytischen Zyklus des Pyruvat-Dehydrogenase-Multienzymkomplexes besteht in der Oxidation des Dihydroliponamids (▸*Abbildung 5.18b*). In dieser Reaktion wird durch die Aktivität einer Flavoprotein-Komponente des Multienzymkomplexes NADH gebildet. Die enzymatischen Reaktionen des Pyruvat-Dehydrogenase-Multienzymkomplexes hängen insgesamt von mehreren Coenzymen ab. Die Reaktionen dieser Coenzyme zeigen, wie diese durch die Bereitstellung reaktiver Gruppen, die die katalytische Vielseitigkeit von Proteinen erhöhen, zum sparsamen Umgang sowohl mit Energie als auch mit Kohlenstoffbausteinen beitragen.

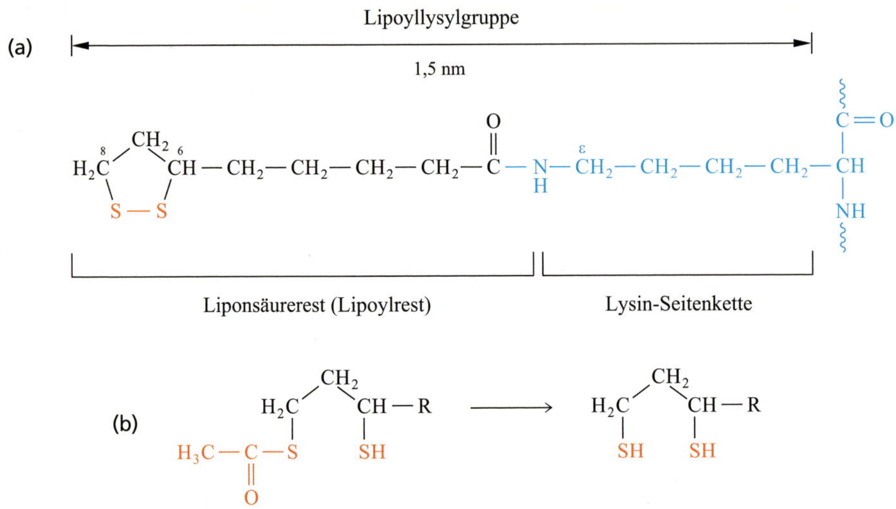

Abbildung 5.18: Struktur von Liponamid. (a) Im Coenzym Liponamid liegt Liponsäure über eine Amidbindung zwischen ihrer Carboxylgruppe und der ε-Aminogruppe eines Lysinrestes (blau) an eine Dihydroliponamid-Acyltransferase gebunden vor. Der Dithiolanring liegt bei gestrecktem Lipoyl-Lysinrest 1,5 nm vom Rückgrat des Proteins entfernt. Das reaktive Zentrum des Coenzyms ist rot hervorgehoben. (b) Oxidation des Dihydroliponamids.

5.13 Fettlösliche Vitamine

Die Strukturen der vier fettlöslichen Vitamine A, D, E und K weisen Ringe und lange aliphatische Ketten auf. Obwohl jedes der vier fettlöslichen Vitamine auch eine polare Gruppe besitzt, sind sie alle sehr hydrophob. Mit der Nahrung aufgenommene fettlösliche Vitamine werden im Darm durch einen Prozess resorbiert, der dem bei der Resorption anderer Lipide ähnelt. Tatsächlich erfolgt ihre Resorption sogar gemeinsam mit anderen Lipiden und kann durch die gleichzeitige Aufnahme anderer Lipide gefördert werden. Die fettlöslichen Vitamine werden nach dem Abbau von Nahrungsproteinen, an die sie gebunden werden können, im Innenraum von Mizellen aus Gallensalzen zur Membranoberfläche der Epithelzellen der Darmschleimhaut (Mukosa) transportiert, wo sie dann resorbiert werden. Die Untersuchung der hydrophoben Moleküle der fettlöslichen Vitamine war mit einigen technischen Schwierigkeiten verbunden, sodass die Aufklärung ihrer Mechanismen langsamer voranschritt als bei den wasserlöslichen Vitaminen. Die verschiedenen fettlöslicheren Vitamine erfüllen sehr unterschiedliche Funktionen, die wir im Folgenden erläutern werden.

5.13.1 Vitamin A

Vitamin A ist ein C_{20}-Lipidmolekül, das über die Nahrung sowohl direkt (tierische Quellen) als auch indirekt in Form von β-Carotin (pflanzliche Quellen) aufgenommen wird. β-Carotin kommt zum Beispiel reichlich in Karotten vor sowie in anderen gelben oder orangefarbenen Gemüsesorten. Es stellt ein pflanzliches C_{40}-Lipid dar, dessen enzymatische oxidative Spaltung Vitamin A ergibt (▶*Abbildung 5.19a*). Vitamin A wird als Oberbegriff einer großen Gruppe von ähnlichen natürlichen und synthetischen Verbindungen verwendet, die alle ein Grundgerüst aus vier Isopreneinheiten aufweisen und auch als Retinoide bezeichnet werden. Die drei wesentlichen natürlich vorkommenden Retinoide unterscheiden sich in der Oxidationsstufe ihrer endständigen funktionellen Gruppe: der stabile Alkohol Retinol, der Aldehyd Retinal sowie die Retinsäure. Diese drei Verbindungen erfüllen wichtige biologische Aufgaben. Retinsäure dient als Signalsubstanz mit hormoneller Wirkung, die an spezifische Rezeptorproteine innerhalb von Zellen bindet und auf diese Weise die Expression von Genen reguliert, die zum Beispiel bei der Zelldifferenzierung eine Rolle spielen. Der Aldehyd Retinal spielt als lichtempfindliche Verbindung eine wichtige Rolle beim Sehprozess. Retinal tritt als prosthetische Gruppe des Proteins Rhodopsin auf, das nach der Absorption eines Photons durch das Retinalmolekül spezifischen Konformationsänderungen unterliegt, die in einem komplizierten Prozess schließlich zur Erzeugung eines Nervenimpulses führen.

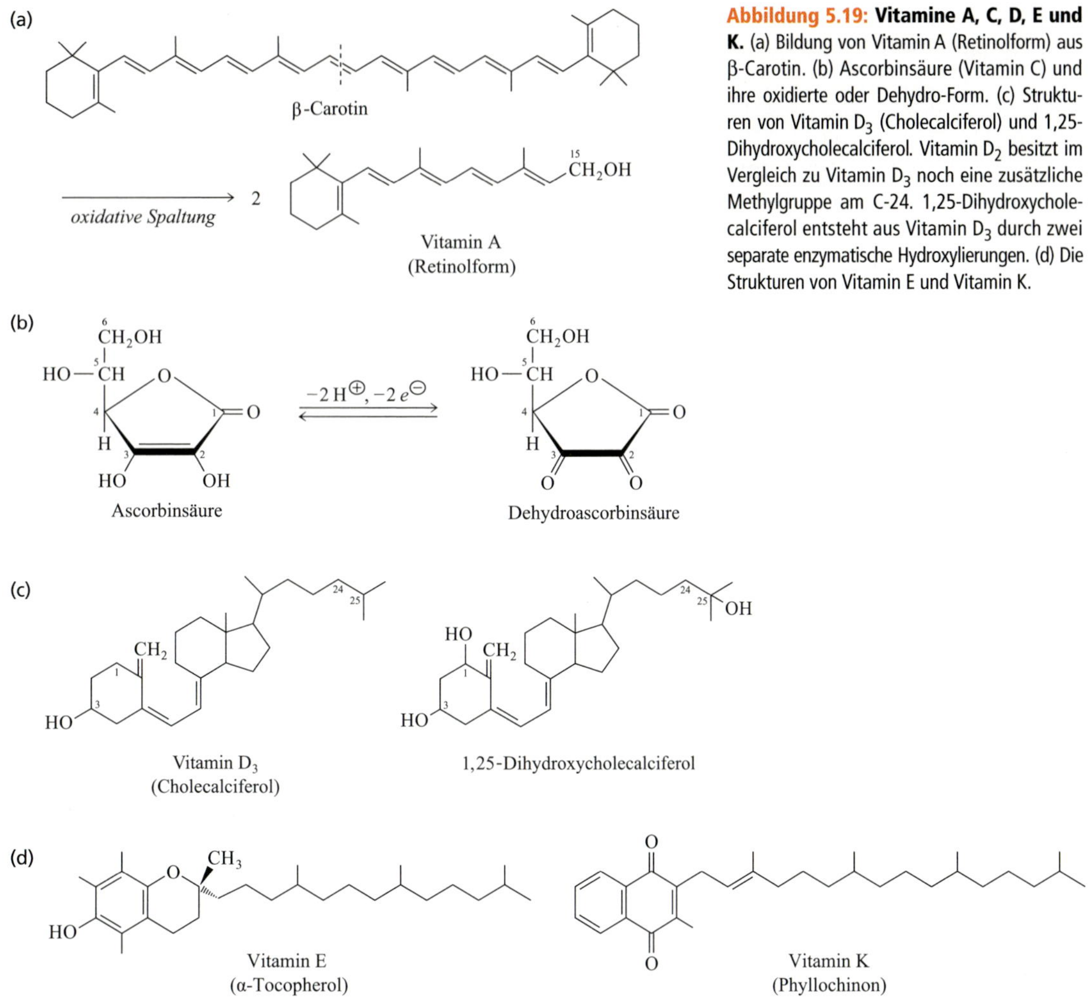

Abbildung 5.19: Vitamine A, C, D, E und K. (a) Bildung von Vitamin A (Retinolform) aus β-Carotin. (b) Ascorbinsäure (Vitamin C) und ihre oxidierte oder Dehydro-Form. (c) Strukturen von Vitamin D_3 (Cholecalciferol) und 1,25-Dihydroxycholecalciferol. Vitamin D_2 besitzt im Vergleich zu Vitamin D_3 noch eine zusätzliche Methylgruppe am C-24. 1,25-Dihydroxycholecalciferol entsteht aus Vitamin D_3 durch zwei separate enzymatische Hydroxylierungen. (d) Die Strukturen von Vitamin E und Vitamin K.

Kapitel 5

5.13.2 Vitamin C

Vitamin C (Ascorbinsäure) ist das einfachste Vitamin (▶*Abbildung 5.19b*). Eine erhebliche Unterversorgung mit diesem Vitamin führt zur Vitamin-C-Mangelerkrankung Skorbut, die unter anderem mit Hautläsionen, brüchigen Blutgefäßen, lockeren Zähnen und Zahnfleischbluten sowie einer verzögerten Wundheilung einhergeht. Der Zusammenhang zwischen Skorbut und der Ernährung ist bereits vor vier Jahrhunderten erkannt worden, als britische Marineärzte entdeckten, dass Zitronensaft als Heilmittel gegen Skorbut wirkt. Skorbut trat bis dahin immer wieder seuchenartig auf Segelschiffen der britischen Flotte auf, weil die Verpflegung der Seeleute keine frischen Früchte oder Gemüse enthielt. Es dauerte allerdings noch bis zum Jahr 1930, dass Ascorbinsäure isoliert und als essenzieller Nahrungsbestandteil identifiziert werden konnte, der zum Beispiel in größeren Mengen in Zitrusfrüchten vorkommt. Ascorbinsäure ist ein cyclisches Kohlenhydratlacton, also ein intramolekularer Kohlenhydratester, in dem die C-1-Carboxylatgruppe mit der C-4-Hydroxylgruppe zur Estergruppe kondensiert vorliegt. Heute wissen wir, dass Ascorbinsäure nicht als Coenzym, sondern nur als Reduktionsmittel betrachtet werden sollte, zum Beispiel während der Hydroxylierung von Kollagen. Denn es wird, nach seiner reversiblen Oxidation zu Dehydroascorbinsäure, unter Ringöffnung irreversibel zur nicht als Vitamin wirksamen Diketogulonsäure hydrolysiert und nicht wiederverwendet. Die meisten Tiere können Ascorbinsäure innerhalb des Kohlenhydratstoffwechsels selbst synthetisieren, aber Meerschweinchen und Primaten, einschließlich des Menschen, haben diese Fähigkeit im Laufe der Evolution verloren und sind deswegen auf exogene Ascorbinsäure angewiesen.

5.13.3 Vitamin D

Vitamin D wird als Sammelbegriff für eine Gruppe verwandter Lipide verwendet. Wenn Menschen dem Sonnenlicht mit ausreichender Intensität ausgesetzt sind, wird in der Haut aus dem Steroid 7-Dehydrocholesterin in einer nichtenzymatischen Reaktion Vitamin D_3 gebildet (Cholecalciferol). Vitamin D_2 (Ergocalciferol) stellt ein Derivat von Vitamin D_3 mit einer zusätzlichen Methylgruppe am C-24 dar. Die biologisch aktive Form von Vitamin D_3, 1,25-Dihydroxycholecalciferol (Calcitriol), wird aus Cholecalciferol durch zwei enzymatische Hydroxylierungen gebildet (▸*Abbildung 5.19c*), die von unterschiedlichen Enzymen in verschiedenen Organen katalysiert werden (Leber und Niere). Vitamin D_2 wird auf ähnliche Weise aktiviert. Diese aktiven Verbindungen treten als Hormone auf, die an der Kontrolle des $Ca^{2\oplus}$-Haushalts beteiligt sind: Calcitriol verstärkt sowohl die Resorption von Calcium im Darm als auch die Rückresorption in den Nieren. Außerdem reguliert es die Ablagerung von Calcium in Knochen sowohl in positiver als auch in negativer Richtung. Vitamin-D-Mangel verursacht zum Beispiel die Osteomalazie beziehungsweise bei Kindern Rachitis, die mit einer gestörten Mineralisation neugebildeter Knochensubstanz verbunden ist, weil das Calciumphosphat nicht richtig auf der Kollagenmatrix im Knochen kristallisiert.

5.13.4 Vitamin E

Vitamin E (α-Tocopherol, ▸*Abbildung 5.19d*) gehört zu einer Gruppe eng verwandter Tocopherol-Verbindungen, die ein bicyclisches, sauerstoffhaltiges Ringsystem mit einer hydrophoben Seitenkette aufweisen. Der Phenolring von Vitamin E kann unter Bildung eines relativ stabilen Radikals oxidiert werden. Vitamin E wird die Funktion eines Reduktionsmittels zugeschrieben, das cytotoxische freie Sauerstoffradikale abfängt. Diese antioxidative Wirkung verhindert zum Beispiel die oxidative Schädigung von Fettsäuren in biologischen Membranen. Vitamin-E-Mangel, der allerdings eher selten vorkommt, kann zum Beispiel zu brüchigen Erythrocyten, deren Zellmembranbestandteile besonders empfindlich gegenüber einer Oxidation durch freie Sauerstoffradikale sind, und zu neurologischen Schäden führen.

5.13.5 Vitamin K

Vitamin K (Phyllochinon, ▸*Abbildung 5.19d*) ist ein fettlösliches Vitamin aus Pflanzen, das für die korrekte Biosynthese mehrerer Proteine erforderlich ist, die an der Blutgerinnung beteiligt sind. Es stellt das Coenzym einer Carboxylase von Säugetieren dar, die die Carboxylierung spezifischer Glutamatreste zu γ-Glutamatresten katalysiert (▸*Gleichung 5.3*). Die reduzierte Hydrochinonform von Vitamin K ist an der Carboxylierung als Reduktionsmittel beteiligt. Wenn Calcium an den γ-Glutamatrest der Gerinnungsproteine (Gerinnungsfaktoren) bindet, können sich die Proteine an die Oberfläche von Thrombocyten (Blutplättchen) anhaften, wo viele Schritte des Gerinnungsprozesses stattfinden. Vitamin K-Analoga werden manchmal Patienten verabreicht, die an einer zu starken Blutgerinnung leiden. Diese Analoga wirken als kompetitive Inhibitoren der Enzyme, die die Regeneration der reduzierten Hydrochinonform aus der oxidierten Spezies katalysieren, die während der Carboxylierung der Glutamatreste gebildet wurde. Die Analoga senken die Carboxylierungsrate und vermindern somit die Blutgerinnung durch die Begrenzung der Vitamin-K-Hydrochinon-Menge.

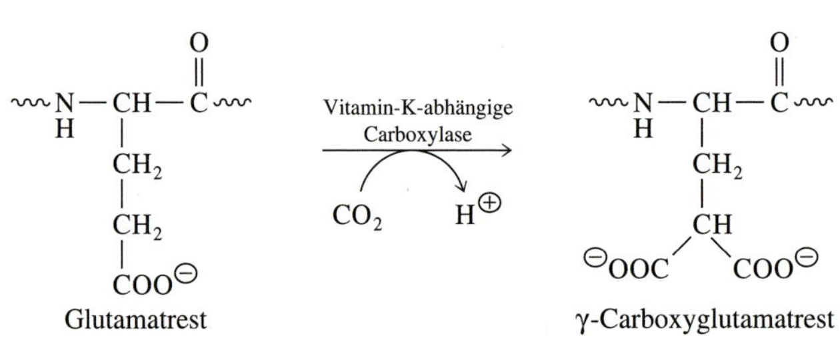

(5.3)

5.14 Ubichinon

Ubichinon (▸*Abbildung 5.20*), das auch als Coenzym Q bezeichnet und deswegen mit dem Buchstaben Q abgekürzt wird, ist ein fettlösliches Coenzym, das von fast allen Spezies synthetisiert wird. Ubichinon stellt ein Benzochinonderivat mit vier Substituenten dar. Einer der Substituenten besteht aus sechs bis zehn Isopren-Einheiten, die eine lange hydrophobe Kette bilden und dadurch die Einbettung von Ubichinon in Lipidmembranen ermöglichen. In diesen Membranen transportiert Ubichinon Elektronen zwischen die in die Membran eingebetteten (integralen) Enzymkomplexe. Einige Bakterien verwenden Menachinon statt Ubichinon. Sowohl $NAD^\oplus$ als auch die Flavin-Coenzyme stellen schwächere Oxidati-

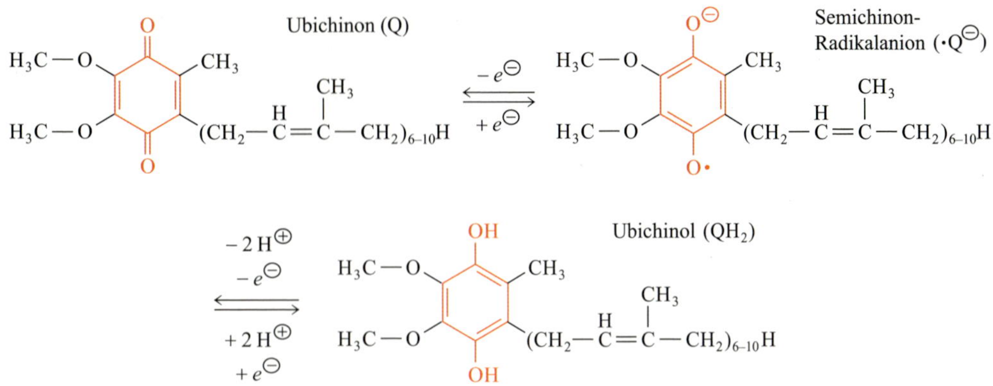

Abbildung 5.20: Ubichinon tritt in drei Oxidationsstufen auf. Es wird in zwei Ein-Elektron-Redoxreaktionen schrittweise über ein freies Semichinon-Radikalanion-Zwischenprodukt zu Ubichinol reduziert. Das reaktive Zentrum von Ubichinon ist rot dargestellt.

onsmittel dar als Ubichinon. Folglich kann Ubichinon durch NADH oder $FADH_2$ reduziert werden. Wie FMN und FAD kann Ubichinon zwei Elektronen schrittweise aufnehmen oder abgeben, weil es drei stabile oder zumindest metastabile Oxidationsstufen bilden kann: oxidiertes Q, ein partiell reduziertes freies Semichinon-Radikalanion und die reduzierte Hydrochinonform QH_2, die Ubichinol genannt wird (▶*Abbildung 5.20*). Coenzym Q spielt eine wichtige Rolle in membrangebundenen Elektronentransportketten. Es ist zum Beispiel für die Translokation von Protonen von einer Seite der Mitochondrienmembran auf die andere Seite der Membran als Teil eines Prozesses verantwortlich, der Q-Zyklus genannt wird. Der daraus resultierende Protonengradient über der Membran treibt die ATP-Synthese an.

Proteine als Coenzyme 5.15

Es gibt auch einige Proteine, die als Coenzyme auftreten. Sie katalysieren selbst keine Reaktionen, werden aber für die Aktivität anderer Enzyme benötigt. Sie enthalten eine funktionelle Gruppe entweder als Teil ihres Rückgrates oder als prosthetische Gruppe. Sie sind im Allgemeinen kleiner und hitzestabiler als die meisten Enzyme. Diese Protein-Coenzyme werden als Coenzyme bezeichnet, weil sie an vielen verschiedenen Reaktionen einer Vielfalt von Enzymen teilnehmen. Protein-Coenzyme sind an Gruppenübertragungsreaktionen beteiligt. Bei manchen dieser Reaktionen handelt es sich um Gruppenübertragungsreaktionen oder Redoxreaktionen, die nur mit der Übertragung eines Wasserstoffatoms oder eines Elektrons verbunden sind. Metallionen, Eisen-Schwefel-Cluster und Hämgruppen repräsentieren reaktive Zentren, die in diesen Proteinen häufig vorkommen. Cytochrome sind zum Beispiel eine wichtige Klasse von Protein-Coenzymen, die eine prosthetische Hämgruppe aufweisen. Einige Protein-Coenzyme besitzen zwei Thiolseitenketten im aktiven Zentrum, die zwischen ihren Dithiol- und Disulfidformen hin- und herwechseln. Ein solches Protein ist zum Beispiel Thioredoxin, das in gewisser Hinsicht als Coenzym betrachtet werden kann, weil es unter anderem als wichtiger Cofaktor bei vielen Reaktionen anderer Enzyme auftritt. Thioredoxin enthält zwei Cysteinreste, die durch zwei Reste (X) getrennt sind (–Cys–X–X–Cys–). Die Thiolseitenketten dieser Cysteinreste unterliegen reversiblen Oxidationen zur Disulfidbrücke einer Cystin-Einheit. Das reaktive Disulfidzentrum befindet sich auf der Oberfläche dieses Protein-Coenzyms (▶*Abbildung 3.32*), sodass es für das aktive Zentrum geeigneter Enzyme zugänglich ist.

Einige andere Protein-Coenzyme weisen selbst fest gebundene Coenzyme oder Teile von Coenzymen auf. In *Escherichia coli* kommt zum Beispiel ein Carboxyl-Carrier-Protein vor, das kovalent gebundenes Biotin enthält. Dieses Carboxyl-Carrier-Protein stellt eine von drei Komponenten dar, daraus die Acetyl-CoA-Carboxylase, die den ersten festlegenden Schritt (engl. *committed step*) der Fettsäurebiosynthese katalysiert. In tierischer Acetyl-CoA-Carboxylase liegen die drei Proteinkomponenten zu einer Polypeptidkette vereinigt vor. Das Acyl-Carrier-Protein (ACP) besitzt eine Phosphopantethein-Einheit als reaktives Zentrum. Die Reaktionen von ACP ähneln deswegen denen des Coenzyms A. In allen bisher untersuchten Fettsäure-Synthetasen tritt das Acyl-Carrier-Protein als Komponente auf. Ein anderes Beispiel für ein Protein-Coenzym, das für den Abbau von Glycin in Säugetieren, Pflanzen und Bakterien notwendig ist, enthält ein kovalent gebundenes Liponamidmolekül als prosthetische Gruppe.

Häme 5.16

Cytochrome sind Häm-bindende Protein-Coenzyme, deren Fe(III)-Ionen reversiblen Ein-Elektron-Reduktionen unterliegen. Es gibt allerdings auch Häme als Cofaktoren von Enzymen wie der Katalase als Sensor oder Transporter von Sauerstoff wie Transkriptionsregulatoren oder im Hämoglobin. In den ▶*Abbildungen 3.32* und *3.33b* sind die Strukturmodelle einiger Cytochrommoleküle dargestellt. Auf der Grundlage ihrer Absorptionsspektren im sichtbaren Bereich werden die Cytochrome in drei Unterklassen eingeteilt, die durch die Buchstaben *a*, *b* und *c* gekennzeichnet werden. Die Vertreter dieser drei Klassen weisen strukturell leicht unterschiedliche prosthetische Hämgruppen auf (▶*Abbildung 5.21*). Die Hämgruppe der Cytochrome des Typs *b* gleicht den Hämgruppen im Hämoglobin und Myoglobin (▶*Abbildung 4.39*). Das Häm von Cytochrom *a* trägt eine lange, hydrophobe C_{17}-Kette am C-2 des Porphyrinsystems und eine Formylgruppe am C-8. Im Gegensatz dazu enthält Cytochrom *b* am C-2 eine Vinylgruppe und am C-8 eine Methylgruppe. In den Cytochromen des Typs *c* ist die Hämgruppe über zwei Thioetherbindungen, die durch die Addition der Sulfhydrylgruppen zweier Cysteinreste an zwei Vinylgruppen des Häms gebildet werden, kovalent mit dem Apoenzym verknüpft.

Wie bereits erwähnt wurde, können die Cytochrome anhand ihrer Absorptionsspektren unterschieden werden. In ▶*Abbildung 5.22* sind zum Beispiel die Absorptionsspektren des reduzierten und oxidierten Cytochroms *c* dargestellt. Auch wenn die Soret- oder γ-Bande die intensivste Bande der Cytochrom-Spektren ist, wird trotzdem die mit dem Buchstaben α gekennzeichnete Bande zur Unterscheidung der Cytochrome *a*, *b* und *c* verwendet, weil sich die γ-Banden zu weit überschneiden. Auch Cytochrome aus derselben Klasse können leicht unterschiedliche Absorptionsspek-

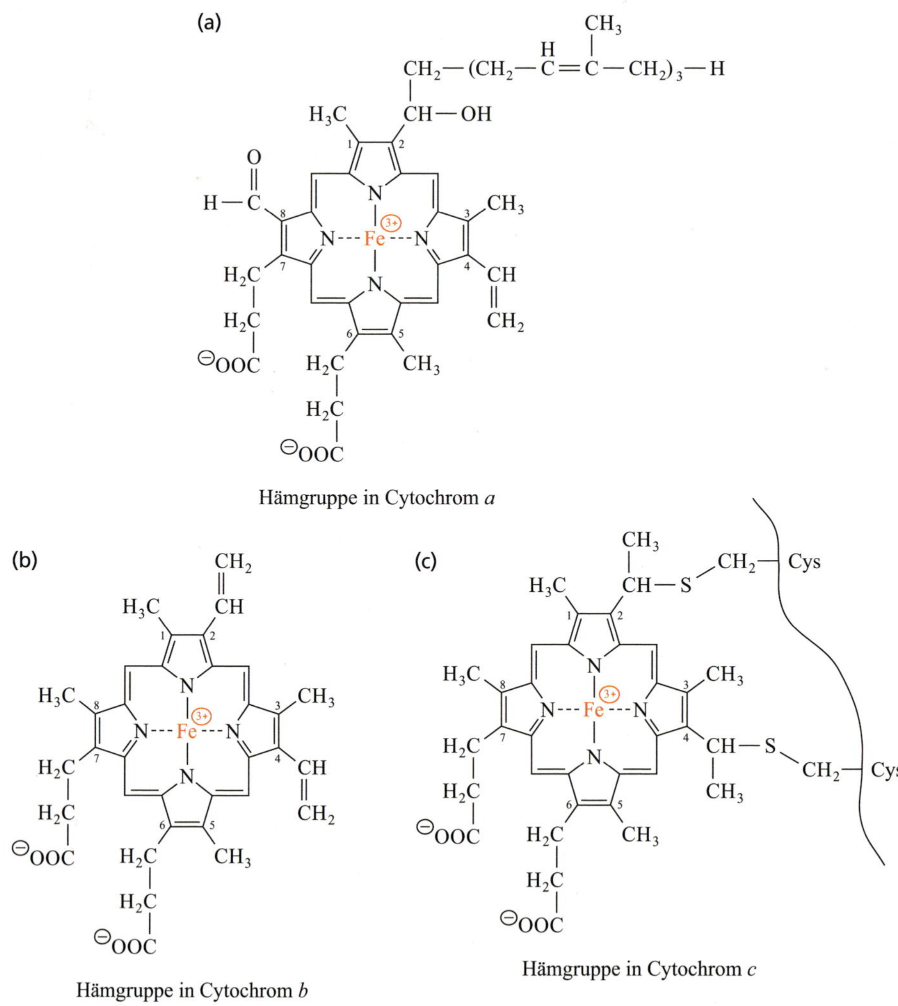

Abbildung 5.21: Strukturen der Hämgruppen von (a) Cytochrom *a*, (b) Cytochrom *b* und (c) Cytochrom *c*. Die Hämgruppen der Cytochrome besitzen alle das gleiche hoch konjugierte Porphyrin-Ringsystem, unterscheiden sich aber in ihren Substituenten an diesem System.

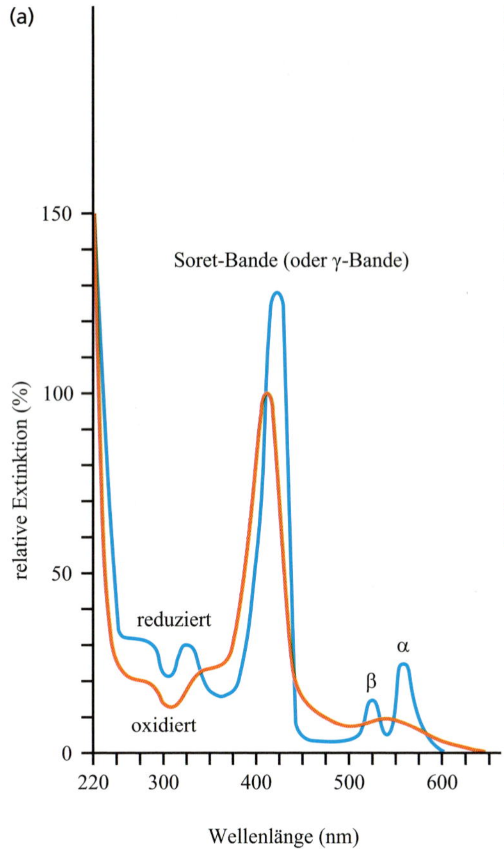

Abbildung 5.22: Optische Eigenschaften von Cytochromen. (a) Vergleich der Absorptionsspektren von oxidiertem (rot) und reduziertem (blau) Pferde-Cytochrom *c*. Das reduzierte Cytochrom *c* weist drei Absorptionsbanden auf, die mit den Buchstaben α, β und γ gekennzeichnet werden. Infolge der Oxidation verringert sich die Intensität der Soret- oder γ-Bande und diese Bande wird zu einer etwas kürzeren Wellenlänge verschoben. Die α- und die β-Bande verschwinden und werden durch eine einzelne schwächere und breitere Bande ersetzt. (b) Absorptionsmaxima der drei Hauptbanden im sichtbaren Bereich der Absorptionsspektren von reduzierten Cytochromen.

(b)

Hämprotein	α-Bande (nm)	β-Bande (nm)	γ-Bande (nm)
Cytochrom *c*	550–558	521–527	415–423
Cytochrom *b*	555–567	526–546	408–449
Cytochrom *a*	592–604	–	439–443

tren zeigen. Deswegen wird zur genaueren Charakterisierung an den Namen des jeweiligen Cytochroms häufig zusätzlich die Wellenlänge der zugehörigen α-Absorptionsbande der reduzierten Form als Index angehängt, also zum Beispiel Cytochrom b_{560}. Die Wellenlängenbereiche der Absorptionsmaxima der reduzierten Cytochrome der drei Unterklassen finden Sie in ▶*Abbildung 5.22b.*

Die Tendenz der reduzierten Cytochrome zur Übertragung eines Elektrons auf eine andere Substanz, also ihr Standardreduktionspotenzial, variiert ebenfalls zwischen den einzelnen Cytochrom-Spezies. Diese Unterschiede ergeben sich aus den verschiedenen Mikroumgebungen der prosthetischen Hämgruppen in ihren jeweiligen Apoproteinen. Auch die verschiedenen Eisen-Schwefel-Cluster weisen in Abhängigkeit von den chemischen und physikalischen Eigenschaften der Mikroumgebung im Apoprotein unterschiedliche Redoxpotenziale auf. Die relativ große Spannweite von Redoxpotenzialen beziehungsweise Standardreduktionspotenzialen, die die verschiedenen prosthetischen Gruppen abdecken, stellt eine wichtige Voraussetzung für die Funktionsfähigkeit membrangebundener Elektronentransportketten dar, wie zum Beispiel bei der oxidativen Phosphorylierung in den Mitochondrien (▶*Kapitel 11*) und der Photosynthese in den Chloroplasten (▶*Kapitel 12*).

Molybdäncofaktor 5.17

Der Molybdäncofaktor besteht aus einem tricyclischen Pterin, genannt Molybdopterin, das Molybdän gebunden hat. Der Molybdäncofaktor dient Enzymen zur Katalyse diverser Redoxreaktionen. Dabei wird üblicherweise ein Sauerstoffatom zu einem oder von einem Substrat transferiert. Die jeweilige Oxidations- oder Reduktionsreaktion ist mit dem Transfer von zwei Elektronen verbunden und bedingt eine Änderung der Oxidationsstufe des Molybdänatoms.

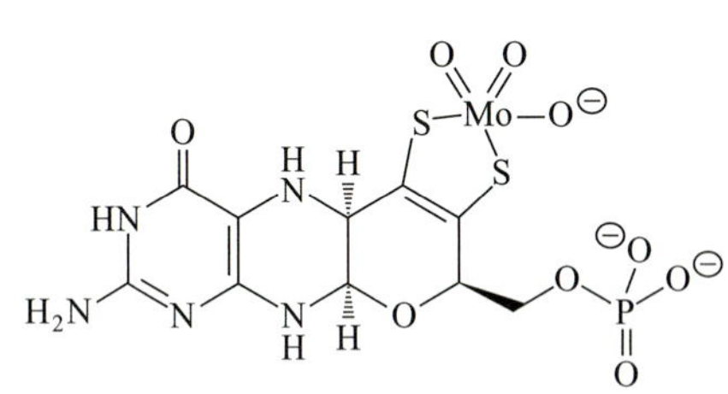

Abbildung 5.23: Struktur des Molybdäncofaktors.

ZUSAMMENFASSUNG

1. Für viele enzymatisch katalysierte Reaktionen sind Cofaktoren erforderlich. Cofaktoren sind essenzielle anorganische Ionen (meist Metallionen) oder gruppenübertragende organische Moleküle, die Coenzyme genannt werden. Coenzyme können entweder als Cosubstrate oder als prosthetische Gruppen, die am Enzym gebunden bleiben und am Ende jedes molekularen katalytischen Zyklus regeneriert werden müssen, auftreten.

2. Anorganische Ionen, wie zum Beispiel $K^{\oplus}$, $Mg^{2\oplus}$, $Ca^{2\oplus}$, $Zn^{2\oplus}$ und $Fe^{3\oplus}$, können an der Bindung des Substrats oder direkt am katalytischen Mechanismus beteiligt sein.

3. Einige Coenzyme können aus gängigen Metaboliten vom Organismus selbst synthetisiert werden. Andere Coenzyme leiten sich von Vitaminen ab. Vitamine sind organische Verbindungen, die vom Organismus nicht selbst produziert werden können und deswegen unter anderem als Vorstufen von Coenzymen essenzielle Bestandteile der Nahrung von Menschen und Tieren darstellen.

4. Die Pyridinnucleotide $NAD^{\oplus}$ und $NADP^{\oplus}$ fungieren als Coenzyme von Dehydrogenasen. Die Übertragung eines Hydrid-Anions ($H^{\ominus}$) von spezifischen Substraten führt zur Reduktion von $NAD(P)^{\oplus}$ zu NAD(P)H, die von der Freisetzung eines Protons aus dem Substrat begleitet ist.

5. Die von Riboflavin abgeleiteten Coenzyme FAD und FMN sind als prosthetische Gruppen fest an ihr jeweiliges Apoenzym gebunden. FAD und FMN werden in einer Zwei-Elektronen-Redoxreaktion durch die Übertragung eines Hydrid-Ions und eines Protons von einem Substrat, das oxidiert wird, zu $FADH_2$ beziehungsweise $FMNH_2$ reduziert. Die regenerative Reoxidation der reduzierten Flavin-Coenzyme kann entweder in einem Schritt in einer Zwei-Elektronen-Oxidation oder in zwei Ein-Elektron-Oxidationsschritten erfolgen.

6. Das Pantothenatderivat Coenzym A ist an Acylgruppen-Übertragungsreaktionen beteiligt.

7. Thiamin (Vitamin B_1) stellt die Vorstufe des Coenzyms Thiaminpyrophosphat (TPP) dar, dessen Thiazoliumring den Aldehyd bindet, der bei der Decarboxylierung einer α-Ketocarbonsäure erzeugt wird.

8. Pyridoxal-5′-phosphat (PLP) tritt als prosthetische Gruppe vieler Enzyme des Aminosäurestoffwechsels in Erscheinung. Die Aldehydgruppe am C-4 des PLP bildet eine Schiff'sche Base mit einem Aminosäure-Substrat.

9. Biotin repräsentiert die prosthetische Gruppe mehrerer Carboxylasen und Carboxyltransferasen. Es liegt mit einem Lysinrest im aktiven Zentrum des jeweiligen Enzyms kovalent verknüpft vor und kann Kohlendioxid kovalent binden und bezüglich eines nucleophilen Angriffs aktivieren.

10. Tetrahydrofolat ist ein reduziertes Derivat von Folat (Folsäure), dessen Funktion in der Übertragung von C_1-Bausteinen mit unterschiedlichen Oxidationsstufen des Kohlenstoffatoms besteht, die denen im Methanol, im Formaldehyd oder in der Ameisensäure entsprechen. Ein Derivat des Tetrahydrofolats, das Tetrahydrobiopterin heißt, fungiert als Reduktionsmittel bei einigen Hydroxylierungen.

11. Die aus Cobalamin (Vitamin B_{12}) abgeleiteten Coenzyme Adenosylcobalamin und Methylcobalamin enthalten ein Cobalt(III)-Ion und ein Corrin-Ringsystem. Diese Coenzyme sind an einigen wenigen intramolekularen radikalischen Umlagerungen sowie an Methylierungen beteiligt.

12. Liponamid dient als prosthetische Gruppe in α-Ketocarbonsäure-Dehydrogenase-Multienzymkomplexen und bindet im Verlauf des enzymatischen Mechanismus vorübergehend eine Acylgruppe in Form eines Thioesters.

13. Zu den fettlöslichen Vitaminen zählen die vier Vitamine A, D, E und K, die sehr unterschiedliche Aufgaben erfüllen.

14. Ubichinon (Coenzym Q) ist ein fettlöslicher Elektronenüberträger, der an Ein- und Zwei-Elektronen-Redoxprozessen teilnehmen kann.

15. Manche Proteine, wie zum Beispiel das Acyl-Carrier-Protein (ACP) und Thioredoxin, treten als Coenzyme in Gruppenübertragungsreaktionen oder in Redoxreaktionen in Erscheinung, bei denen Wasserstoff oder ein Elektron übertragen wird.

16. Häme sind Cofaktoren von Cytochromen, die wichtige Komponenten von Elektronentransportketten darstellen. Die verschiedenen Cytochrome werden auf der Grundlage ihrer Absorptionsspektren im sichtbaren Bereich in drei Unterklassen (a, b, c) eingeteilt.

17. Der Molybdäncofaktor ist an der Übertragung von Sauerstoff von oder auf Substrate beteiligt. Dabei werden zwei Elektronen übertragen und der Redoxstatus des Molybdän ändert sich dabei.

AUSGEWÄHLTE LITERATUR

Metallionen

Rees, D. C. 2002. Great metalloclusters in enzymology. *Annu. Rev. Biochem.* 71:221–246.

Tan, X. 2019. *Metalloproteins and Metalloenzymes: Roles and Mechanisms of Metals in Functional Proteins.* Singapore. World Scientific Pub Co Inc.

Spezifische Cofaktoren

Bellamacina, C. R. 1996. The nicotinamide dinucleotide binding motif: a comparison of nucleotide binding proteins. *FASEB J.* 10:1257–1269. *Vergleicht die Strukturen einer Vielfalt von Dehydrogenasen.*

Bridwell-Rabb, J. und Drennan, C. L. 2017. Vitamin B_{12} in the spotlight again. *Curr. Opin. Chem. Biol.* 37:63–70.

Bunik V. I., Tylick, A. und Lukashev, N. V. 2013. Thiamin diphosphate-dependent enzymes: from enzymology to metabolic regulation, drug design and disease models. *FEBS J.* 280:6412–6442.

Chiang, P. K., Gordon, R. K., Tal, J., Zeng, G. C., Doctor, B. P., Pardhasaradhi, K. und McCann, P. P. 1996. *S*-Adenosylmethionin and methylation. *FASEB J.* 10:471–480.

Coleman, J. E. 1992. Zinc proteins: enzymes, storage proteins, transcription factors, and replicatioin proteins. *Annu. Rev. Biochem.* 61:897–946. *Beschreibt die vielen Enzyme und Transkriptionsfaktoren, die Zink enthalten.*

Cramer, W. A. und Kallas, T. 2016. *Cytochrome Complexes: Evolution, Structures, Energy Transduction, and Signaling.* Heidelberg, Springer.

Hille, R., Miller, S. und Palfey, B. 2013. *Handbook of Flavoproteins: Volume 1: Oxidases, Dehydrogenases and Related Systems. Volume 2: Complex Flavoproteins, Dehydrogenases and Physical Methods.* Berlin. De Gruyter.

Jordan, F. 2003. Current mechanistic understanding of thiamin diphosphate-dependent enzymatic reactions. *Nat. Prod. Rep.* 20:184–201.

Landgraf, B. J., McCarthy, E. L. und Booker, S. J. 2016. Radical *S*-Adenosylmethionine Enzymes in Human Health and Disease. *Annu. Rev. Biochem.* 85:485–514.

Litwack, G. 2008. *Folic Acid and Folates.* Amsterdam. Elsevier.

Mendel, R. R. 2013. The molybdenum cofactor. *J. Biol. Chem.* 288:13165–13172.

Milstein, S., Kapatos, G., Levine, R. A. und Shane, B. 2012. *Chemistry and Biology of Pteridines and Folates.* New York. Springer.

Palfey, B. A., Moran, G. R., Entsch, B., Ballou, D. P. und Massey, V. 1999. Substrate recognition by „password“ in *p*-hydroxybenzoate hydroxylase. *Biochemistry.* 38:1153–1158.

Phillips, R. S. 2015. Chemistry and diversity of pyridoxal-5′-phosphate dependent enzymes. *Biochim. Biophys. Acta.* 1854:1167–1174.

Quinn, P. J. 2013. *Fat-soluble Vitamins (Subcellular Biochemistry Vol. 30).* New York, Springer.

Tong, L. 2013. Structure and function of biotin-dependent carboxylases. *Cell. Mol. Life Sci.* 70:863–891.

Kohlenhydrate

6

ÜBERBLICK

Kohlenhydrate, die auch als Saccharide bezeichnet werden, stellen, bezogen auf ihre Masse, die häufigste Klasse biologischer Moleküle auf der Erde dar. Auch wenn alle Organismen Kohlenhydrate synthetisieren können, wird der größte Teil der Kohlenhydrate von photosynthetischen Organismen, einschließlich Bakterien, Algen und Pflanzen, produziert. Diese Organismen wandeln Sonnenenergie in chemische Energie um, die für die vielstufige Biosynthese der energiereicheren Kohlenhydrate aus Kohlendioxid und Wasser verwendet wird. Kohlenhydrate üben mehrere entscheidende Funktionen in lebenden Organismen aus. In Tieren und Pflanzen dienen polymere Kohlenhydrate, sogenannte Polysaccharide, als Energiespeichermoleküle. Tiere können Kohlenhydrate mit der Nahrung aufnehmen und durch deren Oxidation Energie für andere Stoffwechselprozesse gewinnen. Polysaccharide kommen auch in Zellwänden und in den Schutzhüllen vieler Organismen vor, wie zum Beispiel dem Chitinpanzer von Insekten. Andere Oligo- und Polysaccharide erfüllen die Aufgaben von Markermolekülen, die die Erkennung von Zellen eines Typs durch Zellen eines anderen Typs sowie deren Wechselwirkung ermöglichen. Derivate von Kohlenhydraten treten als Bestandteile vieler biologischer Moleküle auf, wie zum Beispiel in einigen Coenzymen sowie in DNA und RNA.

Kohlenhydrate können nach der Anzahl ihrer monomeren Einheiten in verschiedene Gruppen eingeteilt werden. Monosaccharide stellen die kleinsten Einheiten von Kohlenhydratstrukturen dar und bilden die Monomere größerer Kohlenhydratmoleküle. Der Name Kohlenhydrat ergab sich aus der chemischen Zusammensetzung der Kohlenhydrate, die formal als Hydrate des Kohlenstoffs mit der allgemeinen Summenformel $(CH_2O)_n$ *betrachtet werden können. Bei Monosacchariden beträgt n mindestens 3, meistens aber 5 oder 6 und in einzelnen Fällen bis zu 9. Zu den Oligosacchariden werden Polymere aus zwei bis zu etwa 20 Monosaccharidresten gezählt. Die meisten Oligosaccharide sind Disaccharide, die aus zwei kovalent miteinander verknüpften Monosacchariden bestehen. Polysaccharide enthalten viele, in der Regel mehr als 20, Monosaccharidreste. Für Oligosaccharide und Polysaccharide gilt die allgemeine Formel* $(CH_2O)_n$ *nicht, weil die Verknüpfung der monomeren Einheiten unter Abspaltung von Wasser erfolgt. Der Begriff Glycan wird als allgemeinerer Begriff für die Bezeichnung von Oligo- und Polysacchariden verwendet. Ist ein Molekül nur aus identischen Monosaccharidresten aufgebaut, spricht man von einem Homoglycan, während ein Heteroglycan verschiedene Monosaccharidreste aufweist. Glycokonjugate sind Kohlenhydratderivate, in denen eine oder mehrere Kohlenhydratketten kovalent mit einem Peptid, Protein oder Lipid verbunden sind. Proteoglycane, Peptidoglycane, Glycoproteine und Glycolipide repräsentieren solche Derivate.*

6.1 Monosaccharide als chirale Verbindungen

Reine Monosaccharide sind wasserlösliche, weiße, kristalline Feststoffe, die einen mehr oder weniger süßen Geschmack haben, wie zum Beispiel Glucose und Fructose. Aus chemischer Sicht stellen Monosaccharide Polyhydroxyaldehyde, sogenannte Aldosen, oder Polyhydroxyketone, sogenannte Ketosen, dar. Sie werden nach dem Typ ihrer Carbonylgruppe (Aldehyd- oder Ketogruppe) und nach der Anzahl ihrer Kohlenstoffatome in Gruppen eingeteilt. Im Allgemeinen wird bei der Benennung von Kohlenhydraten die Endung *-ose* verwendet, obwohl es auch einige Ausnahmen von dieser Regel gibt. Alle Monosaccharide enthalten mindestens drei Kohlenstoffatome. Eines dieser C-Atome ist das Carbonylkohlenstoffatom und jedes der verbleibenden C-Atome trägt eine Hydroxylgruppe. In Aldosen weist C-1 die höchste Oxidationsstufe auf und steht in der Fischer-Projektion ganz oben in der Kohlenstoffkette. Bei Ketosen befindet sich das am höchsten oxidierte Kohlen-

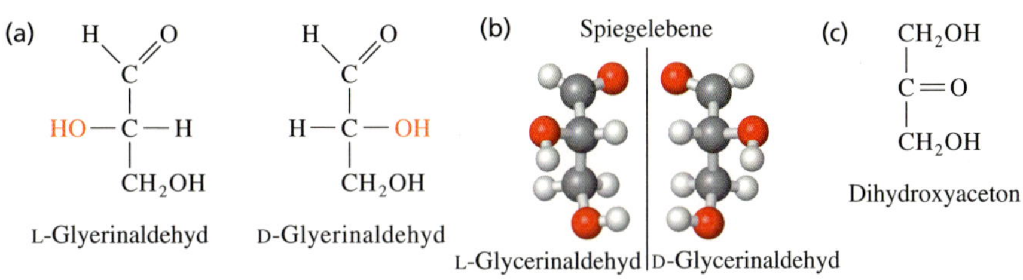

Abbildung 6.1: Stereoisomere von Glycerinaldehyd. (a) Fischer-Projektionen von Glycerinaldehyd. Die Bezeichnungen L (lat. *laevus*, links) und D (lat. *dexter*, rechts) im Falle von Glycerinaldehyd beziehen sich auf die Stellung der Hydroxylgruppe am asymmetrisch substituierten Kohlenstoffatom C-2 in der Fischer-Projektion und gibt dessen Konfiguration an. Glycerinaldehyd stellt infolge seines asymmetrisch substituierten Kohlenstoffatoms (C-2) eine chirale Verbindung dar, während Dihydroxyaceton achiral ist. (b) Strukturen von L-Glycerinaldehyd (links) und D-Glycerinaldehyd (rechts). Die beiden Isomere verhalten sich spiegelbildlich zueinander und stellen somit Enantiomere dar. (c) Fischer-Projektionen von Dihydroxyaceton.

stoffatom, also das Ketocarbonyl-C-Atom, innerhalb der Kohlenstoffkette, meistens in Position 2 (C-2).

Die kleinsten Monosaccharide sind Triosen (C_3-Zucker). C_1- und C_2-Verbindungen mit der allgemeinen Summenformel $(CH_2O)_n$ werden nicht zu den Monosacchariden gezählt, weil sie nicht die typischen Eigenschaften von Kohlenhydraten aufweisen, wie zum Beispiel den süßlichen Geschmack oder die Fähigkeit zur Kristallisation. Die aldehydische Triose oder Aldotriose entspricht Glycerinaldehyd (▶*Abbildung 6.1a*). Da das zentrale C-Atom (C-2) von Glycerinaldehyd mit seinen vier verschiedenen Substituenten asymmetrisch substituiert ist, stellt die Aldotriose eine chirale Verbindung dar. Im Gegensatz dazu ist die Ketotriose Dihydroxyaceton (▶*Abbildung 6.1c*) nicht chiral (also achiral), weil sie kein asymmetrisch substituiertes sp^3-C-Atom besitzt. Alle anderen Monosaccharide, die Versionen dieser beiden Triosen mit längeren Kohlenstoffketten repräsentieren, sind chiral. Die Strukturen der beiden Stereoisomere (Enantiomere) des Glycerinaldehyds, D- und L-Glycerinaldehyd, sind als Kugel-Stab-Modelle (engl. *ball-and-stick model*) in ▶*Abbildung 6.1b* illustriert. Da sie sich wie Bild und Spiegelbild zueinander verhalten, handelt es sich um Enantiomere. Chirale Moleküle sind optisch aktiv. Sie drehen die Ebene von polarisiertem Licht, das eine Lösung dieser Moleküle passiert. Die Konvention zur Kennzeichnung der Konfiguration von Stereoisomeren einer Verbindung mit den Buchstaben D und L wurde ursprünglich auf der Grundlage der optischen Eigenschaften von Glycerinaldehyd eingeführt. Das Glycerinaldehyd-Isomer, das eine Drehung der Polarisationsebene des Lichtes nach rechts verursacht, wurde mit dem Buchstaben D (lat. *dexter*, rechts) und das Isomer, das eine Linksdrehung hervorruft, mit dem Buchstaben L (lat. *laevus*, links) gekennzeichnet. Dem D-Isomer wurde die Struktur zugeordnet, in deren Fischer-Projektion die Hydroxylgruppe am asymmetrisch substituierten Kohlenstoffatom (C-2) rechts steht, und dem L-Isomer die Struktur, in der sich diese Hydroxylgruppe in der Fischer-Projektion auf der linken Seite der Kohlenstoffkette befindet (▶*Abbildung 6.1b*). Die experimentellen Möglichkeiten zur Bestimmung der absoluten Konfiguration waren noch nicht verfügbar, als diese Konvention vereinbart wurde. Deswegen erfolgte die Zuordnung der absoluten Konfiguration zu den beiden Enantiomeren des Glycerinaldehyds rein willkürlich, also mit einer 50-prozentigen Trefferwahrscheinlichkeit. In der Mitte des 20. Jahrhunderts zeigten röntgenkristallografische Untersuchungen schließlich, dass die ursprüngliche Zuordnung korrekt war. Das heißt: Das Stereoisomer des Glycerinaldehyds, dem die D-Konfiguration zugewiesen worden war, drehte die Polarisationsebene des Lichtes tatsächlich nach rechts. Entsprechendes gilt für das L-Isomer.

Längerkettige Aldosen und Ketosen können als erweiterte Versionen von Glycerinaldehyd beziehungsweise Dihydroxyaceton betrachtet werden, die sich aus dem formalen sukzessiven Einschub von H–C–OH-Einheiten zwischen C-1 und C-2 ergeben. ▶*Abbildung 6.2* zeigt die Strukturen und Namen aller Tetrosen (C_4-Zucker), Pentosen (C_5-Zucker) und Hexosen (C_6-Zucker), die sich vom D-Glycerinaldehyd ableiten. Viele dieser Monosaccharide werden von den meisten Organismen nicht synthetisiert.

Die Kohlenstoffatome der Grundkette werden, beginnend mit dem obersten C-Atom in der Fischer-Projektion, bei Aldosen also mit dem Carbonylkohlenstoffatom, durchnummeriert. Konventionsgemäß spricht man bei Zuckern von einer D-Konfiguration, wenn das chirale C-Atom mit der höchsten Positionsnummer, also das chirale C-Atom, das in der Kette am weitesten von der Carbonylgruppe entfernt ist, dieselbe Konfiguration aufweist wie das C-2-Atom von D-Glycerinaldehyd. Mit anderen Worten: Wenn die Hydroxylgruppe am zweiten C-Atom von untern in der Fischer-Projektion, zum Beispiel in ▶*Abbildung 6.2*, auf der rechten Seite steht, wird dem Molekül eine D-Konfiguration zugewiesen. Steht die Hydroxylgruppe auf der linken Seite, besitzt das Monosaccharid eine L-Konfiguration. Für die Zuordnung der D- oder L-Konfiguration zu einem Molekül wird die Konfiguration an den anderen C-Atomen nicht berücksichtigt. Aus den unterschiedlichen Konfigurationen der übrigen asymmetrisch substituierten C-Atome ergeben sich somit die verschiedenen Zucker der D- und L-Reihe (▶*Abbildung 6.2*). Aus jeder spezifischen Anordnung von Konfigurationen der C-Atome in der Kette ergibt sich eine spezifische Verbindung der D- oder L-Reihe mit spezifischen Eigenschaften. Außer für den als Standard verwendeten Glycerinaldehyd besteht kein vorhersagbarer Zusammenhang zwischen der absoluten Konfiguration und der tatsächlichen Richtung, in der die Substanz die Polarisationsebene des polarisierten Lichts dreht. In lebenden Zellen kommen ähnlich wie bei den L-Aminosäuren fast nur D-Monosaccharide vor. Deswegen ist in ▶*Abbildung 6.3* auch nur die D-Reihe dargestellt. In der D- und L-Form desselben Monosaccharids weisen alle jeweils entsprechenden asymmetrisch substituierten C-Atome die entgegengesetzte Konfiguration auf. Sie stellen deswegen Enantiomere dar, weil sie sich spiegelbildlich zueinander verhalten. Alle Paare von Aldosen oder Ketosen mit der jeweils gleichen Kohlenstoffzahl, bei denen nicht alle asymmetrisch substituierten C-Atome die entgegengesetzte Konfiguration besitzen, verhalten sich auch nicht wie Bild und Spiegelbild. In diesen Fällen handelt es sich also um Diastereomere, wie zum Beispiel bei Glucose und Mannose.

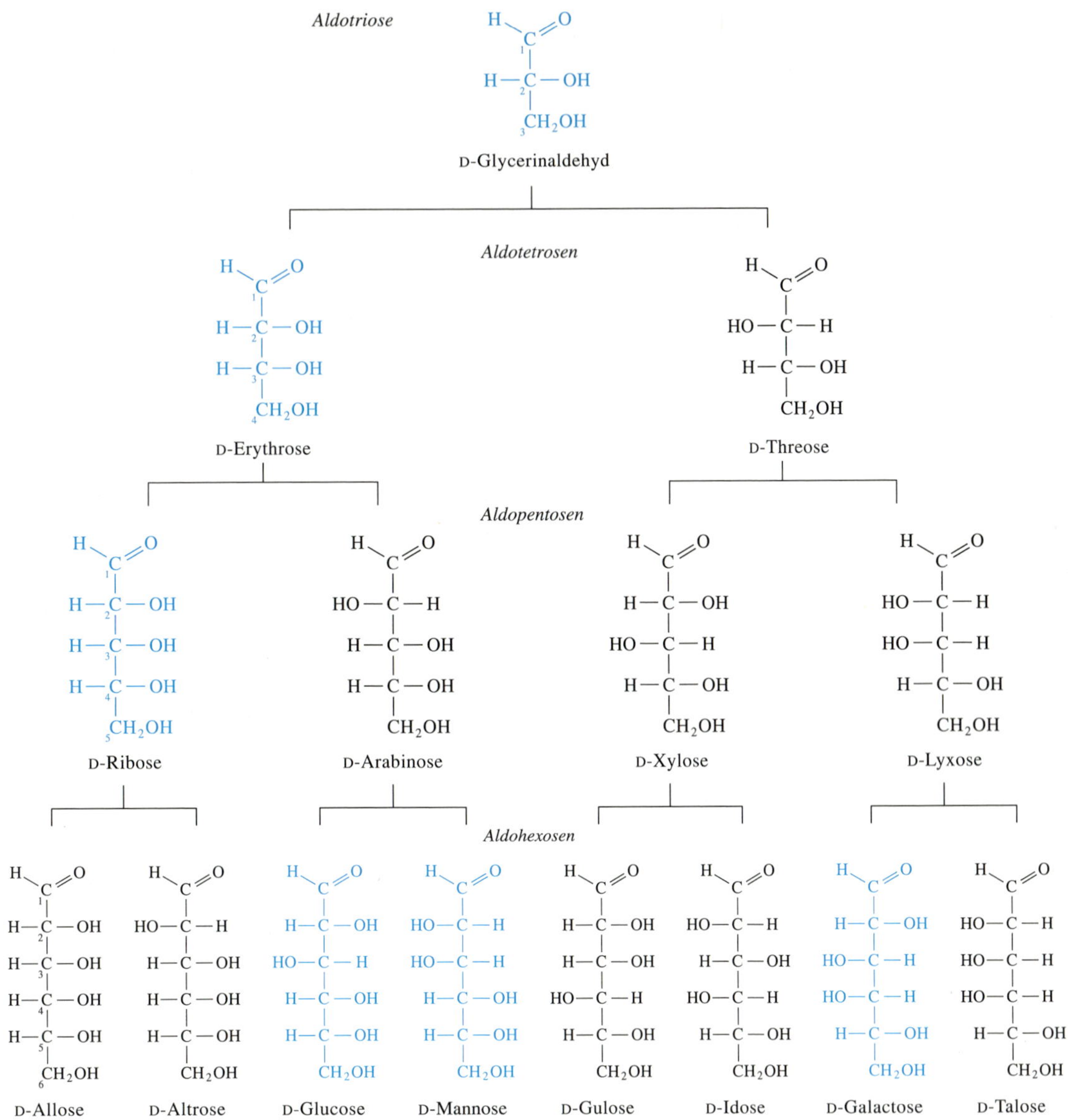

Abbildung 6.2: Fischer-Projektionen der C_3- bis C_6-D-Aldosen. Die blau dargestellten Aldosen sind die wichtigsten in der Biochemie.

Die C_3-Aldose Glycerinaldehyd besitzt nur ein einziges asymmetrisch substituiertes Kohlenstoffatom (C-2) und tritt deswegen nur in Form von zwei verschiedenen Enantiomeren auf. Dagegen gibt es bereits vier unterschiedliche stereoisomere Tetrosen, D- und L-Erythrose sowie D- und L-Threose, weil jede Tetrose zwei asymmetrisch substituierte C-Atome aufweist. Im Allgemeinen sind von einer Verbindung mit *n* asymmetrisch substituierten C-Atomen (Stereozentren) 2^n verschiedene Stereoisomere möglich. Es existieren also zum Beispiel $2^4 = 16$ verschiedene stereoisomere Aldohexosen, von denen jede vier asymmetrisch substituierte C-Atome enthält. Die Fischer-Projektionen der acht D-Aldohexosen sind in der untersten Reihe in ▶*Abbildung 6.2* dargestellt. Zuckermoleküle (und Diastereomere allgemein), die sich nur durch die Konfiguration in einem von mehreren Stereozentren unterscheiden, werden Epimere genannt. D-Mannose und D-Galactose stellen zum Beispiel Epimere von D-Glucose dar, weil sie sich nur in der Konfiguration am C-2 beziehungsweise C-4 von der Glucose unterscheiden. Untereinander sind sie jedoch nicht epimer, da sie an zwei C-Atomen unterschiedliche Konfigurationen besitzen und nicht nur an einem (▶*Abbildung 6.2*).

Längerkettige Ketosen (▶*Abbildung 6.3*) leiten sich auf die gleiche Weise von Dihydroxyaceton ab wie die Aldosen von Glycerinaldehyd. Jede Ketose weist ein asymmetrisch substituiertes C-Atom weniger auf als eine Aldose mit derselben Kettenlänge beziehungsweise Summenformel. So

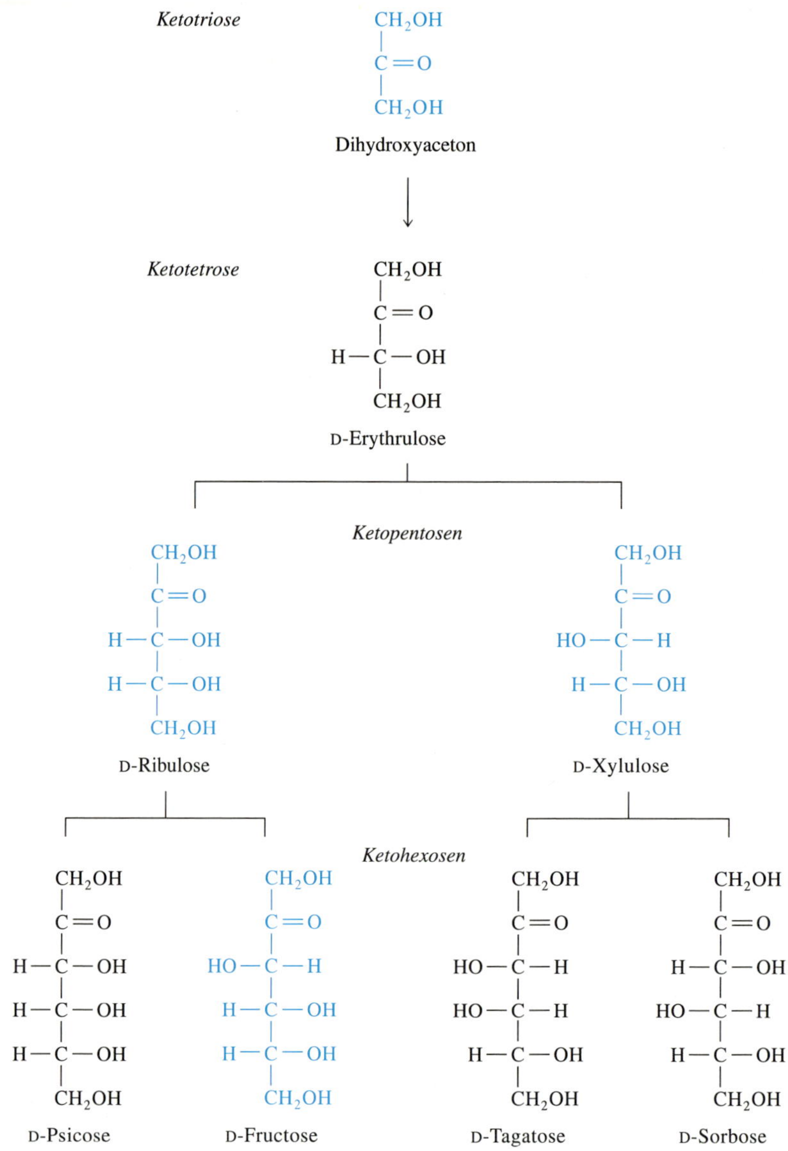

Abbildung 6.3: **Fischer-Projektionen der C_3- bis C_6-D-Ketosen.** Die größte Bedeutung in der Biochemie stellen die in Blau dargestellten Ketosen dar.

gibt es zum Beispiel nur eine Ketotetrose, die in Form von zwei Enantiomeren vorkommt (D- und L-Erythrulose), sowie vier stereoisomere Ketopentosen (D- und L-Xylulose sowie D- und L-Ribulose). Die Namen der Ketotetrose und der Ketopentosen werden durch den Einschub der Silbe *ul* in den Namen der entsprechenden Aldose gebildet. Der Name der Ketose Xylulose ergibt sich zum Beispiel auf diese Weise aus dem Namen der Aldose Xylose. Diese Nomenklatur findet bei den Ketohexosen allerdings keine Anwendung mehr. Die Ketohexosen besitzen die eigenständigen Trivialnamen Tagatose, Sorbose, Psicose und Fructose.

6.2 Cyclisierung von Aldosen und Ketosen

Das optische Verhalten einiger Monosaccharide deutet darauf hin, dass sie ein Stereozentrum aufweisen, dessen Konfigurationen in Lösung miteinander im Gleichgewicht stehen und sich leicht ineinander umwandeln können. Dafür kommen die asymmetrisch substituierten C-Atome, die in den ▶*Abbildung 6.2* und ▶*Abbildung 6.3* erkennbar sind, aber aus chemischer Sicht nicht infrage. Offensichtlich liegen diese Zucker in einer anderen Form vor, die noch ein Stereozentrum besitzt. Tatsächlich hat sich herausgestellt, dass zum Bei-

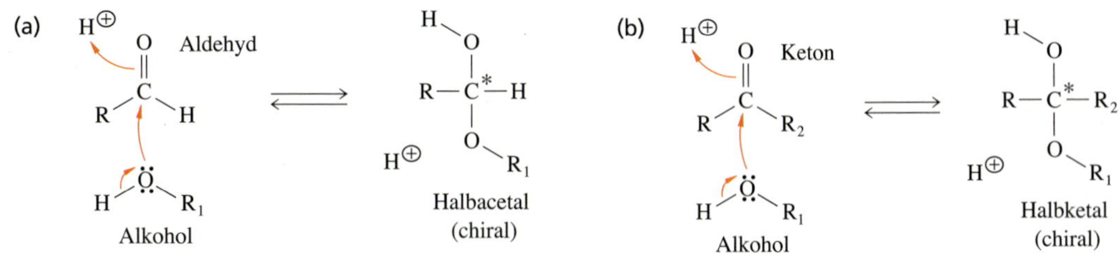

Abbildung 6.4: Bildung eines Halbacetals und eines Halbketals. (a) Reaktion eines Alkohols mit einem Aldehyd zu einem Halbacetal. (b) Reaktion eines Alkohols mit einem Keton zu einem Halbketal. Die Sternchen kennzeichnen die neu gebildeten Stereozentren.

spiel D-Glucose überwiegend in zwei Formen vorkommt, die jeweils fünf und nicht vier Stereozentren enthalten. Dieses zusätzliche Stereozentrum entsteht durch eine intramolekulare Cyclisierungsreaktion, bei der das Carbonylkohlenstoffatom der offenkettigen Form in ein asymmetrisch substituiertes C-Atom in der cyclischen Form umgewandelt wird. Diese Cyclisierung entspricht einer Reaktion eines Alkohols mit einem Aldehyd zu einem Halbacetal beziehungsweise bei Ketosen mit einem Keton zu einem Halbketal (▶*Abbildung 6.4*).

Das Carbonylkohlenstoffatom einer Aldose mit mindestens fünf C-Atomen oder einer Ketose mit mindestens sechs C-Atomen kann mit einer Hydroxylgruppe desselben Moleküls intramolekular zu einem cyclischen Halbacetal beziehungsweise Halbketal reagieren. Das Sauerstoffatom der an dieser Reaktion beteiligten Hydroxylgruppe wird durch die Reaktion zu einem Ringatom des entstehenden fünf- oder sechsgliedrigen Rings. Die sechsgliedrige Ringform eines Monosaccharids wird in Analogie zur heterocyclischen Verbindung Pyran als Pyranose bezeichnet (▶*Abbildung 6.5a*), während die fünfgliedrige Ringform wegen der Ähnlichkeit ihres Grundgerüstes zum Heterocyclus Furan Furanose genannt wird (▶*Abbildung 6.5b*). Die Namen spezifischer cyclischer Monosaccharide werden durch Anhängen des Wortbestandteils *pyranose* beziehungsweise *furanose* an den Wortstamm des Namens der offenkettigen Form des jeweiligen Zuckers gebildet, also zum Beispiel Glucopyranose für die Sechsringform der Glucose oder Fructofuranose für die Fünfringform der Fructose. Im Gegensatz zum Furan und Pyran weisen die Monosaccharide allerdings keine Doppelbindungen im Ring auf.

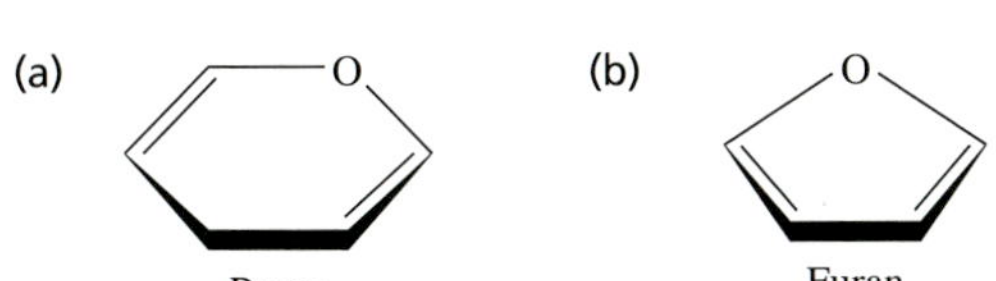

Abbildung 6.5: Strukturen der heterocyclischen Verbindungen Pyran (a) und Furan (b).

Das Carbonylkohlenstoffatom der offenkettigen Form ist in der cyclischen Halbacetal- beziehungsweise Halbketalform mit zwei Sauerstoffatomen kovalent verbunden und mit dem Ringsauerstoffatom und dem ursprünglichen Carbonylsauerstoffatom. Dieses Kohlenstoffatom wird anomeres Kohlenstoffatom oder anomeres Zentrum genannt. Da das anomere Kohlenstoffatom der cyclischen Monosaccharide asymmetrisch substituiert vorliegt, kann es zwei verschiedene Konfigurationen annehmen, die mit den griechischen Buchstaben α und β charakterisiert werden. Aus den beiden entgegengesetzten Konfigurationen am anomeren Kohlenstoffatom ergeben sich zwei Stereoisomere, die Anomere genannt werden. D-Glucose kommt also nicht nur in der offenkettigen Form vor, sondern sogar überwiegend in Form der cyclischen Verbindungen α-D-Glucopyranose und β-D-Glucopyranose (▶*Abbildung 6.6*).

Bei den Aldosen und Ketosen, die Ringe bilden können, stehen die verschiedenen cyclischen Formen über die offenkettige Form miteinander im Gleichgewicht. Die Gleichgewichtsmischung von D-Glucose besteht bei 31 °C in Lösung zum Beispiel aus ca. 63,6 Prozent β-D-Glucopyranose, 36,4 Prozent α-D-Glucopyranose und sehr kleinen Mengen der Glucofuranosen und der offenkettigen Form. D-Ribose tritt im Gleichgewicht in Lösung als Mischung aus etwa 58,5 Prozent β-D-Ribopyranose, 21,5 Prozent α-D-Ribopyranose, 13,5 Prozent β-D-Ribofuranose und 6,5 Prozent α-D-Ribofuranose sowie einer winzigen Menge der offenkettigen Form auf (▶*Abbildung 6.7*). Die relative Häufigkeit der einzelnen Formen eines Monosaccharids im Gleichgewicht spiegelt die relative Stabilität der jeweiligen Formen im Vergleich zu den anderen wider. Die relativen Stabilitäten der einzelnen Formen können durch Substitutionen beeinflusst werden. So liegen die D-Ribose-Einheiten in Nucleotiden (▶*Abschnitt 6.5.3*) in der β-Furanoseform vor, obwohl die stabilste Form der unsubstituierten D-Ribose durch die β-Pyranoseform repräsentiert wird.

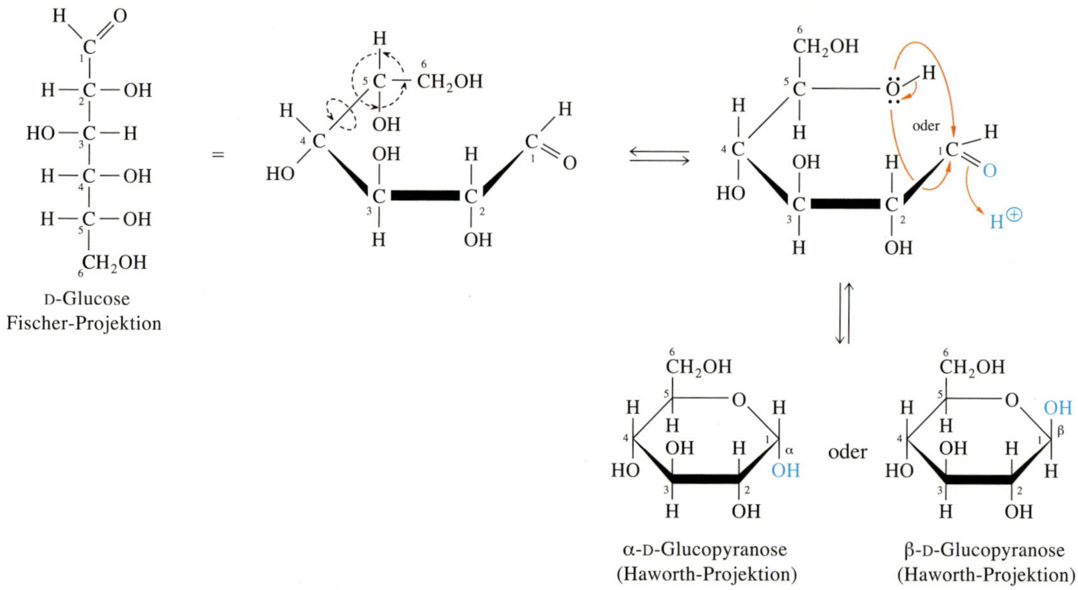

Abbildung 6.6: Cyclisierung von D-Glucose zur Glucopyranose. Die offenkettige Form ist oben links in der Fischer-Projektion und oben rechts in einer dreidimensionalen Darstellung abgebildet. Durch eine geeignete Drehung um die Bindung zwischen C-4 und C-5 wird die Hydroxylgruppe am C-5 in unmittelbarer Nähe der C1-Aldehydgruppe positioniert. Der nucleophile Angriff des Hydroxylsauerstoffatoms am C-5 von einer der beiden (diastereotopen) Seiten der Carbonylgruppe auf das Carbonylkohlenstoffatom ergibt im weiteren Verlauf α-D-Glucopyranose, während der Angriff von der anderen Seite der Carbonylgruppe zu β-D-Glucopyranose führt. Die beiden Glucopyranosen sind als Haworth-Projektionen dargestellt, in denen die unteren Bindungen des Rings (dicke Linien) nach vorn aus der Papierebene herauszeigen, während die oberen Bindungen (dünne Linien) hinter der Papierebene liegen. Im α-D-Anomer der Glucose zeigt die anomere Hydroxylgruppe nach unten, im β-D-Anomer nach oben.

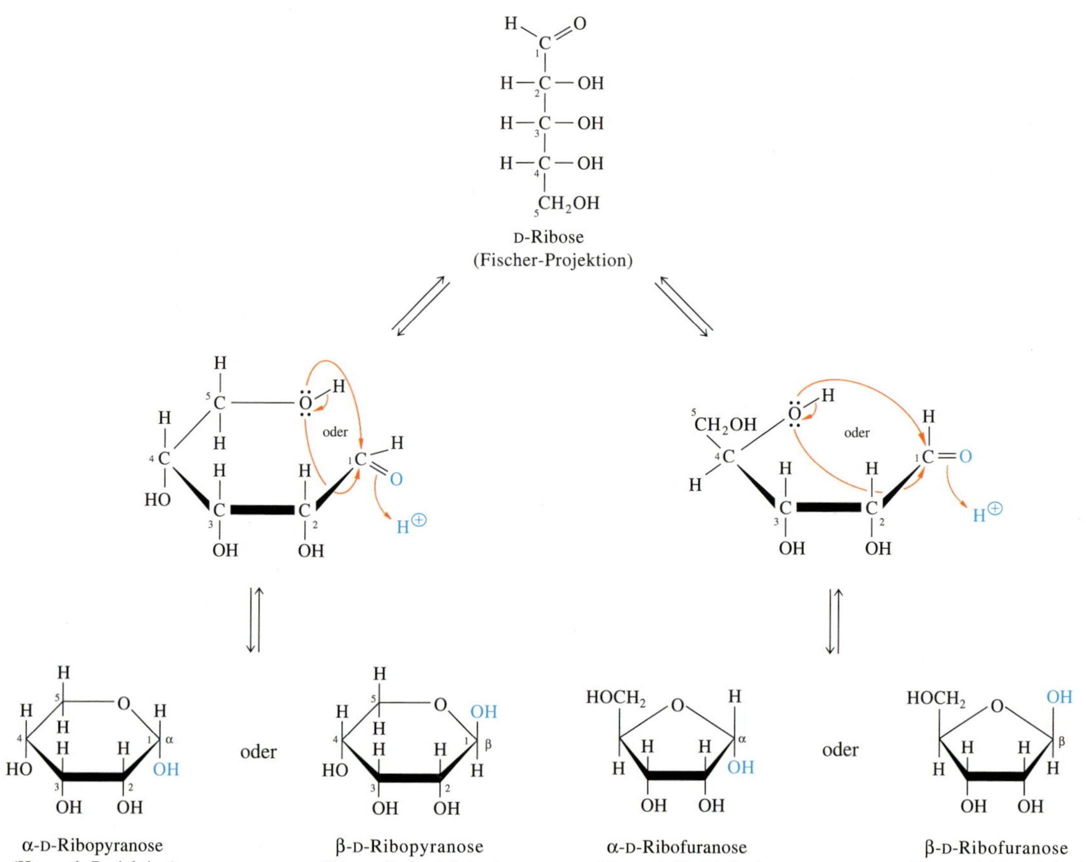

Abbildung 6.7: Cyclisierung von D-Ribose. Cyclisierung von D-Ribose zu α- und β-D-Ribopyranose sowie α- und β-D-Ribofuranose.

In der ▶*Abbildung 6.6* und ▶*Abbildung 6.7* sind die Ringe der Monosaccharide in der sogenannten Haworth-Projektion dargestellt, deren Verwendung bei cyclischen Zuckern sehr gebräuchlich ist. Diese Projektionsformeln wurden nach Norman Haworth benannt, der die Cyclisierungsreaktionen von Kohlenhydraten untersuchte und als Erster diese Darstellungsart vorschlug. Haworth-Projektionen verdeutlichen auf einfache Weise die Stereochemie der Zuckermoleküle und können leicht zu den Fischer-Projektionen der jeweiligen Moleküle in Beziehung gesetzt beziehungsweise in diese umgewandelt werden. In der Haworth-Projektion wird ein cyclisches Monosaccharid so gezeichnet, dass das anomere C-Atom rechts steht und die anderen C-Atome entsprechend ihrer Nummerierung im Uhrzeigersinn folgen. Die untere Kante des Rings (dicke Linie) liegt am weitesten vor der Papierebene und die obere, horizontale Kante am weitesten hinter der Papierebene. Das anomere Zentrum entspricht dem Carbonylkohlenstoffatom in der Fischer-Projektion. Hydroxylgruppen, die in der Haworth-Projektion nach unten weisen, zeigen in der Fischer-Projektion nach rechts, während die Hydroxylgruppen, die in der Haworth-Projektion oberhalb der Ringebene liegen, in der Fischer-Projektion auf der linken Seite der Kohlenstoffkette angeordnet sind. Befinden sich die anomere Hydroxylgruppe und die Hydroxymethylgruppe ($-CH_2OH$) am C-5 in der Haworth-Projektion auf entgegengesetzten Seiten der Ringebene, handelt es sich um das α-Anomer. Wenn diese Gruppen auf derselben Seite der Ringebene lokalisiert sind, entspricht das Molekül dem β-Anomer. C-5 stellt das Stereozentrum dar, nach dessen Konfiguration eine Zuordnung zur D- oder L-Reihe erfolgt. In den Haworth-Projektionen der D-Zucker zeigt die $-CH_2OH$-Gruppe immer nach oben. Die anomere Hydroxylgruppe der α-D-Glucopyranose weist in der Haworth-Projektion also nach unten, während sie in der Haworth-Projektion der β-D-Glucopyranose oberhalb der Ringebene liegt. Auf dieser Grundlage kann eine allgemeinere Regel für die Zuordnung einer bestimmten Konfiguration am anomeren Zentrum zur α- oder β-Form für die Monosaccharide der D-Reihe aufgestellt werden, die zum Beispiel auch auf die Furanoseformen und die cyclischen Aldopentosen anwendbar ist: Zeigt die anomere Hydroxylgruppe in der Haworth-Projektion nach unten (bei L-Zuckern nach oben), handelt es sich um das α-Anomer. Befindet sich die anomere Hydroxylgruppe in der Haworth-Projektion oberhalb der Ringebene, repräsentiert die Formel das β-Anomer. Nach der *R,S*-Nomenklatur der absoluten Konfiguration ergibt sich daraus, dass das anomere C-Atom im α-Anomer *S*-Konfiguration aufweist (bei L-Zuckern *R*-Konfiguration), während es im β-Anomer *R*-Konfiguration besitzt (bei L-Zuckern *S*-Konfiguration).

Die Strukturen von Monosacchariden werden häufig nur in einer der verschiedenen Formen dargestellt, also entweder in der α- oder in der β-Furanoseform beziehungsweise der α- oder β-Pyranoseform. Zu beachten ist, dass die anomeren Formen bei den C_5- und C_6-Monosacchariden in einem schnellen Gleichgewicht miteinander stehen. Bezugnehmend auf die Gleichgewichtsmischung der verschiedenen anomeren Formen oder auf die offenkettige Form eines Zuckers, wird dessen Name ohne genauere Spezifizierung der Stereochemie verwendet, also zum Beispiel einfach *Glucose*. Ist aber von einer bestimmten Form die Rede, wird sie durch den genauen Namen charakterisiert, also zum Beispiel β-D-Glucopyranose. Da in der Natur fast ausschließlich die D-Enantiomere vorkommen, sprechen wir immer von der D-Konfiguration, wenn nicht explizit eine andere Konfiguration angegeben ist.

6.3 Konformationen von Monosacchariden

Wegen ihrer Schlichtheit werden Haworth-Projektionsformeln in der Biochemie gern und häufig verwendet. Diese Formeln zeigen die Konfiguration der Kohlenstoffatome des Zuckerrückgrates in übersichtlicher Weise. Allerdings sind die Kohlenstoffatome eines normalen Monosaccharidrings sp^3-hybridisiert und somit tetraedrisch von ihren Substituenten umgeben, mit Bindungswinkeln von ca. 110°. Die Monosaccharidringe können also nicht wirklich planar sein. Tatsächlich können die cyclischen Monosaccharide in verschiedenen Konformationen auftreten, also in unterschiedlichen dreidimensionalen Gestalten, die aber alle dieselbe Konfiguration aufweisen. Furanoseringe treten im Wesentlichen in zwei Konformationen auf: der Briefumschlagkonformation (engl. *envelope conformation*) und der Halbsesselkonformation (engl. *half-chair conformation*). In der Briefumschlagkonformation ragt ein Ringatom (meistens C-2 oder C-3) aus der Ringebene heraus, während die verbleibenden vier Ringatome zumindest annähernd in einer Ebene liegen (▶*Abbildung 6.8*). In der Halbsesselkonformation sind zwei der fünf Ringatome so aus der Ebene der restlichen drei Ringatome herausgedreht, dass sie auf unterschiedlichen Seiten der Ebene liegen (engl. *out-of-plane*). Die relative Stabilität jedes Konformers hängt ab vom Grad der sterischen Wechselwirkungen zwischen den Hydroxylgruppen. Die verschiedenen Konformere der unsubstituierten Monosaccharide wandeln sich schnell ineinander um.

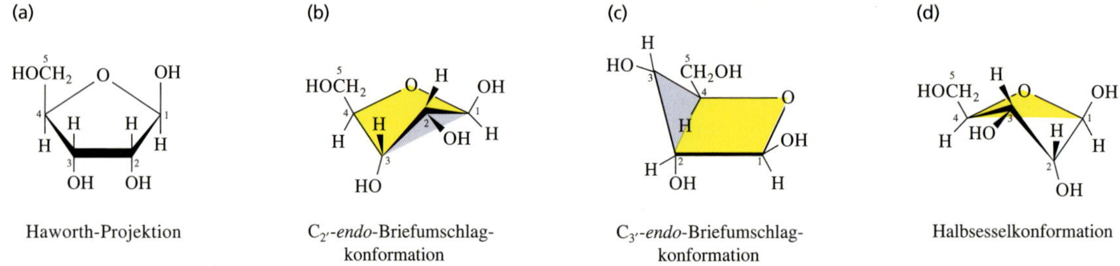

Abbildung 6.8: Konformationen der β-D-Ribofuranose. (a) Haworth-Projektion. (b) $C_{2'}$-*endo*-Briefumschlagkonformation (der Strich an der 2 entspricht der üblichen Nummerierung dieses C-Atoms in Nucleotiden; in dieser Abbildung entspricht diese Nummer der 2 ohne Strich). (c) $C_{3'}$-*endo*-Briefumschlagkonformation. (d) Halbsesselkonformation. In der $C_{2'}$-*endo*-Briefumschlagkonformation liegt C-2 außerhalb der Ebene, die von den übrigen vier Ringatomen aufgespannt wird, während sich in der $C_{3'}$-*endo*-Briefumschlagkonformation C-3 außerhalb der Ebene befindet, die durch die restlichen vier Ringatome definiert wird. Dagegen sind in der Halbsesselkonformation C-2 unterhalb und C-3 oberhalb der Ringebene lokalisiert, die von den C-Atomen C-1 und C-4 sowie dem Ringsauerstoffatom gebildet wird. Die Ringebenen sind jeweils in Gelb hervorgehoben.

Pyranoseringe nehmen bevorzugt eine von zwei Konformationen an, die Sesselkonformation oder die Bootkonformation (▶*Abbildung 6.9*), die auch Wannenkonformation genannt wird. Für jede Pyranose sind zwei verschiedene Sesselkonformationen und sechs unterschiedliche Bootkonformationen möglich. Die Sesselkonformationen sind im Allgemeinen stabiler als Bootkonformationen, weil die sterischen Abstoßungen zwischen den Substituenten in einer Sesselkonformation minimiert werden können. In der Sesselkonformation eines Pyranoserings können die Substituenten zwei stereochemisch unterschiedliche Positionen einnehmen, eine axiale oder eine äquatoriale Position. Die Bindungen zu axialen Substituenten verlaufen parallel zur Hauptsymmetrieachse des Sessels, einer 6-zähligen Drehspiegelachse (in ▶*Abbildung 6.9* nicht dargestellt). In der Sesselkonformation in ▶*Abbildung 6.9* entsprechen die vertikalen (senkrechten) Bindungen zu den Wasserstoffatomen H-1, H-2, H-3, H-4 und H-5 axialen Bindungen; diese Wasserstoffatome repräsentieren also axiale Substituenten. Die äquatorialen Bindungen weisen dagegen seitlich in einem Winkel von etwa 70° von der Hauptsymmetrieachse weg. Die Hydroxylgruppen an den C-Atomen C-1, C-2, C-3 und C-4 sowie die Hydroxymethylgruppe am C-5 in der Sesselkonformation in ▶*Abbildung 6.9* entsprechen äquatorialen Substituenten. Pyranosen weisen in der Sesselkonformation fünf axiale und fünf äquatoriale Substituenten auf. Welcher Substituent axial und welcher äquatorial steht, hängt davon ab, welche Sesselkonformation der Pyranosering einnimmt: diejenige, in der C-1 nach oben und C-4 nach unten von der zentralen Ringebene wegzeigt, die von den Atomen C-2, C-3 und C-5 sowie dem Ringsauerstoffatom gebildet wird, oder die umgekehrte Konformation. Im Prinzip sind die verschiedenen Sesselkonformationen schnell ineinander umwandelbar (Umklappen des Rings ohne Bindungsbrüche).

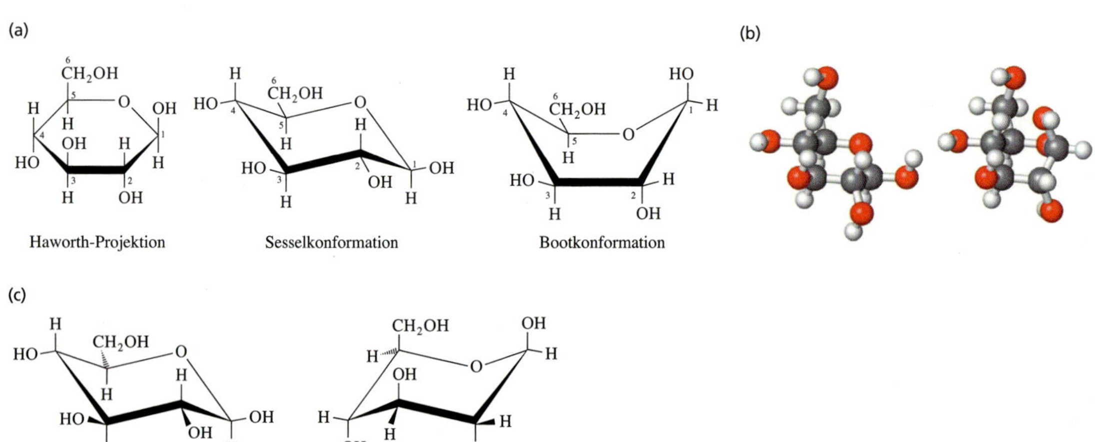

Abbildung 6.9: Konformationen von β-D-Glucopyranose. (a) Haworth-Projektion, eine Sesselkonformation und eine Bootkonformation. (b) Kugel-Stab-Modelle einer Sessel- (links) und einer Bootkonformation (rechts). (c) Die beiden Sesselkonformere von β-D-Glucopyranose sind unterschiedlich stabil. Das linke Konformer ist infolge der geringeren sterischen Abstoßungen zwischen den kleineren axialen Substituenten stabiler als das rechte Konformer.

Allerdings kann eine der Sesselkonformation im Vergleich zur anderen erheblich bevorzugt eingenommen werden, wenn in der anderen besonders starke sterische Abstoßungen auftreten, die vor allem zwischen größeren axialen Substituenten vorkommen können. ▶*Abbildung 6.9c* zeigt die beiden Sesselkonformationen der β-D-Glucopyranose. Die Sesselkonformation, in der die größeren Substituenten äquatoriale Positionen einnehmen, ist die stabilere der beiden Sesselkonformationen (linke Struktur in ▶*Abbildung 6.9c*). Die β-D-Glucose nimmt unter den Aldohexosen eine besondere Stellung ein, weil sie in einer Sesselkonformation vorliegen kann, in der sich *alle* großen Hydroxyl- und Hydroxymethyl-Substituenten in äquatorialen Positionen befinden, während die axialen Positionen ausschließlich von den kleinen Wasserstoffatomen besetzt werden. Sie weist deswegen die geringste sterische Spannung aller Aldohexosen auf. Pyranoseringe werden manchmal in eine etwas andere, instabilere Konformation gezwungen, wie zum Beispiel in die instabile Halbsesselkonformation im Falle des MurNAc-Restes eines an Lysozym gebundenen Polysaccharids (▶*Abschnitt 6.6*).

6.4 Derivate von Monosacchariden

Die in den vorangegangenen Abschnitten beschriebenen Monosaccharid-Derivate umfassen sowohl polymerisierte beziehungsweise polykondensierte Monosaccharide, also Oligosaccharide und Polysaccharide, als auch mehrere Klassen nichtpolymerer Verbindungen. Wie für andere Polymerbildende Biomoleküle sind auch für Monosaccharide und ihre Derivate Abkürzungen eingeführt worden, die bei der Beschreibung der komplizierteren Polysaccharide verwendet werden. Diese allgemein anerkannten Abkürzungen enthalten in der Regel drei Buchstaben, an die in manchen Fällen, vor allem bei Zuckerderivaten, noch weitere Buchstaben angehängt sein können. Die Abkürzungen für einige Pentosen und Hexosen sowie für deren wichtigsten Derivate sind in ▶*Tabelle 6.1* aufgelistet.

Tabelle 6.1

Gängige Abkürzungen für einige Monosaccharide und ihre Derivate

Monosaccharide oder Derivate	Abkürzungen
Pentosen	
Ribose	Rib
Xylose	Xyl
Hexosen	
Fructose	Fru
Galactose	Gal
Glucose	Glc
Mannose	Man
Desoxyzucker	
Abequose	Abe
Fucose	Fuc
Aminozucker	
Glucosamin	GlcN
Galactosamin	GalN
N-Acetylglucosamin	GlcNAc
N-Acetylgalactosamin	GalNAc
N-Acetylneuraminsäure	NeuNAc
N-Acetylmuraminsäure	MurNAc
Zuckersäuren	
Glucuronsäure	GlcUA
Iduronsäure	IdoA

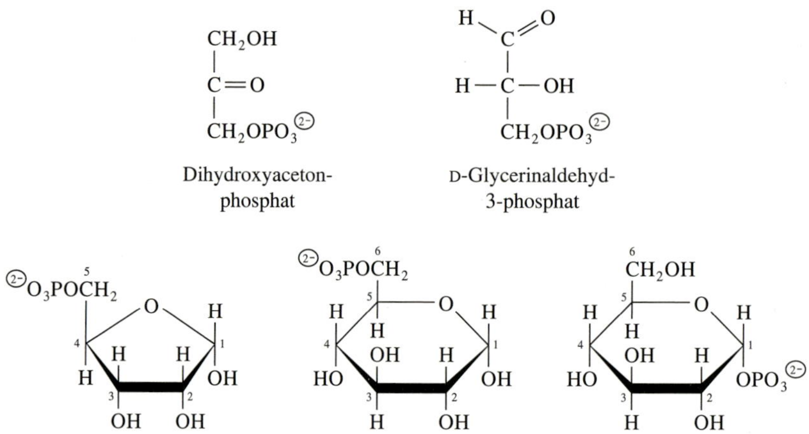

Dihydroxyaceton-phosphat — D-Glycerinaldehyd-3-phosphat

α-D-Ribose-5-phosphat — α-D-Glucose-6-phosphat — α-D-Glucose-1-phosphat

Abbildung 6.10: Strukturen mehrerer metabolisch wichtiger Zuckerphosphate.

6.4.1 Zuckerphosphate

Im Verlauf von Stoffwechselwegen werden Monosaccharide häufig in Phosphatester umgewandelt, um sie energetisch zu aktivieren. ▶*Abbildung 6.10* zeigt die Strukturen mehrerer biologisch wichtiger Zuckerphosphate, die im Kohlenhydratstoffwechsel eine wichtige Rolle spielen. Die Triosephosphate Ribose-5-phosphat und Glucose-6-phosphat stellen einfache Alkohol-Phosphat-Ester dar. Glucose-1-phosphat repräsentiert dagegen das Phosphat eines Halbacetals, das reaktiver ist als ein Alkoholphosphat. Die Fähigkeit von UDP-Glucose, als Glucosyldonator aufzutreten, kann als Hinweis auf diese höhere Reaktivität aufgefasst werden.

6.4.2 Desoxyzucker

In ▶*Abbildung 6.11* sind die Strukturen von zwei Desoxyzuckern dargestellt. In diesen Zuckerderivaten tritt an die Stelle einer Hydroxylgruppe des Stammsaccharids ein Wasserstoffatom. Der Desoxyzucker enthält also eine Hydroxylgruppe weniger als das entsprechende Muttersaccharid. 2-Desoxy-D-ribose dient als wichtiger Baustein von DNA. L-Fucose (6-Desoxy-L-galactose) kommt weitverbreitet in Pflanzen, Tieren und Mikroorganismen vor. Trotz ihrer in biologischen Systemen ungewöhnlichen L-Konfiguration leitet sich die L-Fucose im Stoffwechsel aus D-Mannose ab.

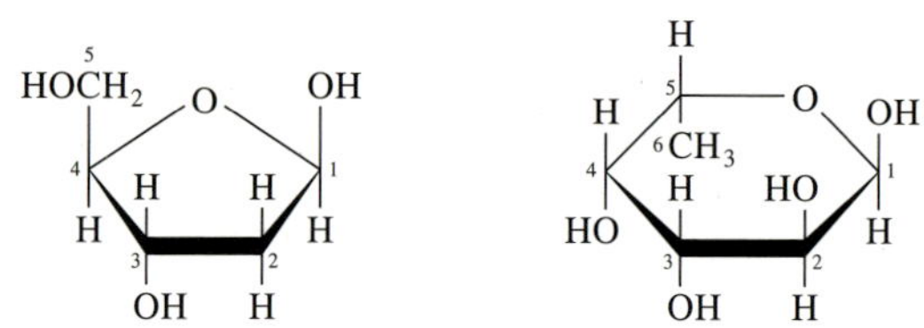

β-2-Desoxy-D-ribose — α-L-Fucose (6-Desoxy-L-galactose)

Abbildung 6.11: Strukturen der Desoxyzucker 2-Desoxy-D-ribose und L-Fucose.

6.4.3 Aminozucker

Bei einer Anzahl von Zuckerderivaten nimmt eine Aminogruppe den Platz einer Hydroxylgruppe ein. In manchen Fällen liegt die Aminogruppe acetyliert vor. Die Strukturen dreier Beispiele von Aminozuckern finden Sie in ▶*Abbildung 6.12*. Die aus Glucose und Galactose gebildeten Aminozucker kommen häufig als Bausteine in Glycokonjugaten vor. *N*-Acetylneuraminsäure (NeuNAc; auch NeuAc, NANA, Sialinsäure oder Sia) ist eine aus *N*-Acetylmannosamin und Pyruvat gebildete Säure. Bei der Cyclisierung dieser Verbindung zu einer Pyranose reagiert das Carbonylkohlenstoffatom (C-2 aus der Pyruvateinheit) mit dem Sauerstoffatom der Hydroxylgruppe am C-6. NeuNAc bildet einen wichtigen Bestandteil vieler Glycoproteine sowie einer Familie von Lipiden, die Ganglioside genannt werden. Neuraminsäure und ihre Derivate, einschließlich NeuNAc, werden gemeinsam unter der Bezeichnung Sialinsäuren zusammengefasst.

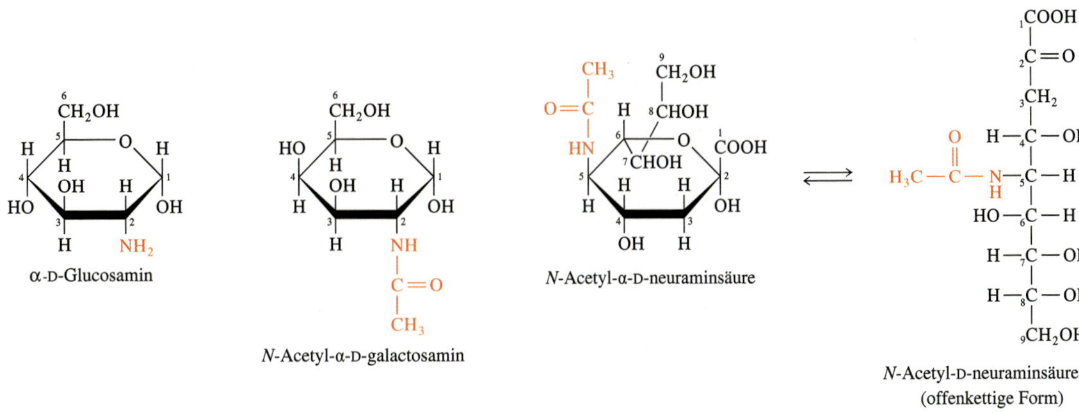

Abbildung 6.12: Strukturen mehrerer Aminozucker. Die Amino- und Aminoacetylgruppen sind rot hervorgehoben.

6.4.4 Zuckeralkohole

In einem Zuckeralkohol liegt auch die Carbonylgruppe des Stammsaccharids zum Alkohol reduziert vor. Zuckeralkohole entsprechen also Polyhydroxyalkoholen. ▶*Abbildung 6.13* zeigt drei Beispiele für Strukturen von Zuckeralkoholen. Glycerin und *myo*-Inositol stellen bedeutende Komponenten von Lipiden dar. Ribitol kommt als Bestandteil von Flavinmononucleotid (FMN) und Flavinadenindinucleotid (FAD) vor.

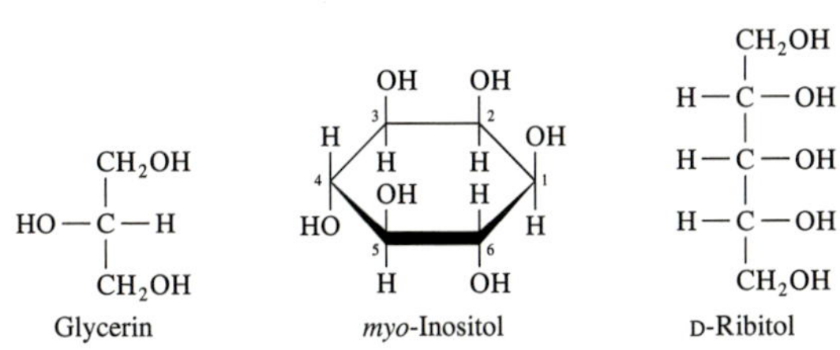

Abbildung 6.13: Strukturen von mehreren Zuckeralkoholen. Glycerin (eine reduzierte Form von Glycerinaldehyd) und *myo*-Inositol (leitet sich im Stoffwechsel von Glucose ab) kommen als wichtige Bestandteile vieler Lipide vor. Ribitol (eine reduzierte Form von Glucose) bildet einen Baustein des Vitamins Riboflavin und seiner Coenzyme.

6.4.5 Zuckersäuren

Zuckersäuren repräsentieren von Aldosen abgeleitete Carbonsäuren, die sich entweder aus der Oxidation von C-1, also der Aldehydgruppe, zu einer Aldonsäure oder durch die Oxidation des Kohlenstoffatoms mit der höchsten Nummer, also des primären Alkohols, zur Alduronsäure ergeben. Die Strukturen des Aldonsäure- und des Alduronsäurederivats von Glucose, Gluconat und Glucuronat, sind in ▶*Abbildung 6.14* dargestellt. In alkalischer Lösung liegen die Aldonsäuren überwiegend in der offenkettigen Form vor, während sie beim Ansäuern in ein cyclisches Lacton übergehen (intramolekularer Ester). Alduronsäuren können als Pyranosen auftreten. In dieser Form besitzen sie ein anomeres Kohlenstoffatom. *N*-Acetylneuraminsäure (▶*Abbildung 6.12*) kann sowohl als Aldonsäure als auch als Aminozucker betrachtet werden. Zuckersäuren treten als wichtige Bestandteile vieler Polysaccharide in Erscheinung.

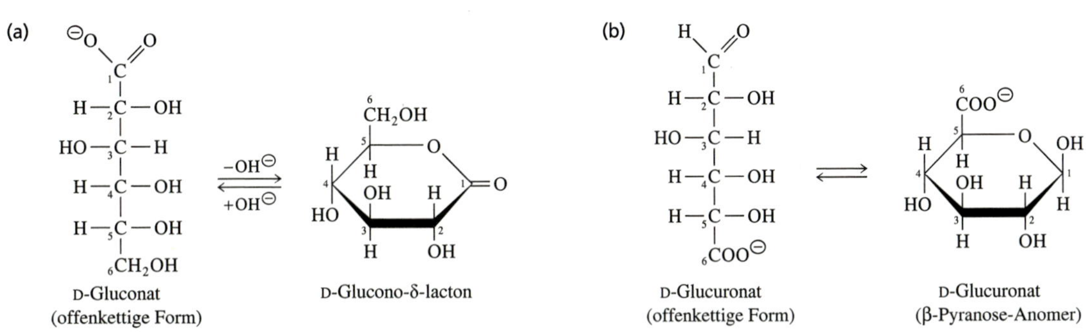

Abbildung 6.14: Strukturen der Zuckersäurederivate von D-Glucose. (a) Gluconat und sein D-Lacton. (b) Die offenkettige und die Pyranoseform von D-Glucuronat.

6.4.6 Ascorbinsäure

L-Ascorbinsäure (▶*Abbildung 5.19*) oder Vitamin C stellt ein Endiollacton dar, das sich aus D-Glucuronat ableitet. Primaten können Glucuronat nicht in Ascorbinsäure umwandeln. Deswegen müssen sie Ascorbinsäure mit der Nahrung aufnehmen. Ascorbinsäure ist zum Beispiel ein essenzieller Cofaktor für die Enzyme, die die Hydroxylierung von Prolin- und Lysinresten während der Kollagensynthese katalysieren. Mit einem pK_s-Wert von 4,25 ist sie saurer als Essigsäure mit $pK_s = 4{,}8$. Somit wird Ascorbinsäure in Lebensmitteln als Konservierungsmittel eingesetzt. Die weltweite Produktion liegt bei 110.000 t/Jahr.

Disaccharide und andere Glycoside 6.5

Die glycosidische Bindung stellt die häufigste und wichtigste strukturelle Verbindung in allen Polymeren von Monosacchariden dar. Eine glycosidische Bindung ist eine acetalische Verknüpfung, in der das anomere Kohlenstoffatom eines Zuckers mit einem Alkohol, einem Amin oder einem Thiol kondensiert vorliegt. Glucopyranose kann zum Beispiel mit Methanol in saurer Lösung zu einem Acetal reagieren (▶*Abbildung 6.15*). Verbindungen, die glycosidische Bindungen enthalten, werden Glycoside genannt. Glucoside repräsentieren einen spezifischen Typ von Glycosiden, in denen das anomere Kohlenstoffatom von einem Glucosemolekül stammt. Zu den Glycosiden gehören neben den Disacchariden, Oligosacchariden und Polysacchariden auch einige Kohlenhydratderivate.

6.5.1 Strukturen von Disacchariden

Wenn das anomere Kohlenstoffatom eines Monosaccharids mit einer der Hydroxylgruppen eines anderen Monosaccharidmoleküls zu einem Acetal reagiert, also ein Glycosid bildet, entsteht ein Disaccharid. Bei der Beschreibung eines Disaccharids müssen somit sowohl die Namen der beteiligten Monosaccharide als auch die Atome beachtet werden, die durch die glycosidische Bindung verknüpft werden. Im systematischen Namen eines Disaccharids werden deswegen die Atome, über die die Monomere verknüpft sind, und die Konfiguration der anomeren Zentren der beiden Monomere angegeben sowie die Namen der beiden Monosaccharidreste, einschließlich der Kennzeichnung als Pyranose oder Furanose. ▶*Abbildung 6.16* zeigt die Strukturen von vier häufig vorkommenden Disacchariden.

Das Disaccharid Maltose (▶*Abbildung 6.16a*) wird bei der Hydrolyse des Polysaccharids Stärke freigesetzt, dessen Polymerkette nur aus Glucoseresten besteht. Maltose bildet zum Beispiel einen Bestandteil von Malz, welches eine Mischung ist, die aus gekeimten Getreidekörnern wie Gerste, aber auch Weizen oder Roggen, hergestellt wird. Es wird in großem Maßstab zum Beispiel zum Bierbrauen sowie zur Produktion von Whisky und Malzkaffee eingesetzt. Maltose ist aus zwei Glucosemolekülen aufgebaut, die über eine α-glycosidische Bindung verbunden sind. Die glycosidische Bindung verknüpft das anomere Kohlenstoffatom (C-1) des einen Glucoserestes (links in ▶*Abbildung 6.16a*) mit dem Sauerstoffatom am C-4 des zweiten Glucoserestes (rechts in ▶*Abbildung 6.16a*). Der systematische Name der Maltose lautet deswegen α-D-Glucopyranosyl-(1→4)-D-glucose. Der linke Glucoserest, dessen anomeres Kohlenstoffatom in

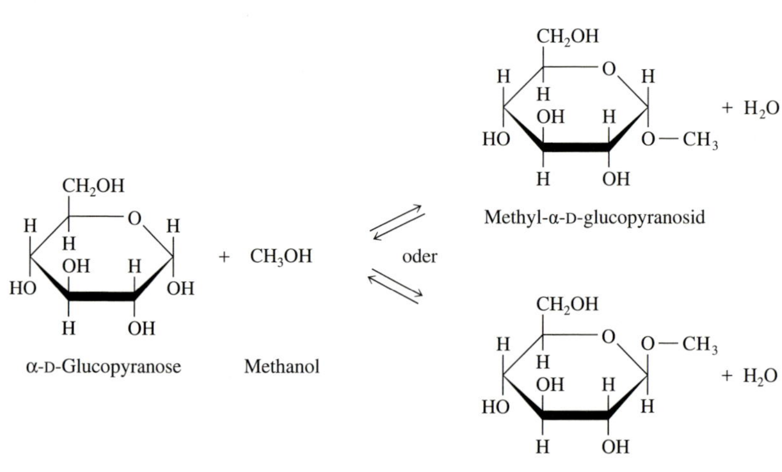

Abbildung 6.15: Die Reaktion von Glucopyranose mit Methanol ergibt ein Glycosid. Bei dieser säurekatalysierten Kondensation wird die anomere Hydroxylgruppe (–OH) des Halbacetals durch eine Methoxygruppe (–CH_2OH) ersetzt, sodass ein Acetal beziehungsweise Methylglucosid gebildet wird. Das Produkt besteht aus einer Mischung des α- und des β-Anomers von Methylglucopyranosid.

Kapitel 6

die glycosidische Bindung eingebunden ist, liegt in der α-Konfiguration fixiert vor, während der rechte Glucoserest, das in ▶*Abschnitt 6.5.2* erläuterte reduzierende Ende, im Gleichgewicht frei zwischen der α-, der β- und der offenkettigen Form hin- und herwechselt. Dabei tritt die offenkettige Form allerdings nur in sehr kleinen Mengen auf. In ▶*Abbildung 6.16a* ist das β-Pyranose-Anomer von Maltose dargestellt, dessen freies anomeres C-1-Hydroxyl-Ende die im Gleichgewicht überwiegende β-Konfiguration aufweist. Cellobiose (β-D-Glucopyranosyl-(1→4)-D-glucose) repräsentiert ein weiteres Glucosedimer, das sich aber von der Maltose strukturell unterscheidet (▶*Abbildung 6.16b*). Cellobiose bildet die sich wiederholende Disaccharideinheit in der Struktur des Pflanzenpolysaccharids Cellulose, die beim Abbau von Cellulose freigesetzt wird. Der einzige Unterschied zwischen Cellobiose und Maltose besteht in der Konfiguration des an der glycosidischen Bindung beteiligten anomeren Kohlenstoffatoms. Dieses Kohlenstoffatom liegt in Cellobiose in der β-Konfiguration vor, in Maltose dagegen in der α-Konfiguration. Der Glucoserest auf der rechten Seite in ▶*Abbildung 6.16b* wechselt im Gleichgewicht, ähnlich wie bei der Maltose, schnell zwischen den verschiedenen anomeren Formen und der offenkettigen Form hin und her. In der Abbildung ist das β-Anomer dargestellt. Lactose (Milchzucker, β-D-Galactopyranosyl-(1→4)-D-glucose) kommt in größeren Mengen in Milch vor. Lactose (▶*Abbildung 6.16c*) ist ein Disaccharid, das nur in den Milchdrüsen von Säugetieren gebildet wird. Beachten Sie, dass Lactose ein Epimer der Cellobiose repräsentiert. Das natürlich vorkommende α-Anomer der Lactose weist einen süßeren Geschmack und eine bessere Wasserlöslichkeit auf als das β-Anomer. Das β-Anomer tritt zum Beispiel in altem, überlagertem Milcheis auf, in dem es während der langen Lagerung auskristallisiert ist und dem Eis dadurch eine griesartige Struktur verleiht. Saccharose (Tafelzucker, α-D-Glucopyranosyl-(1→2)-β-D-fructofuranosid) ist das häufigste natürlich vorkommende Disaccharid und wird ausschließlich von Pflanzen synthetisiert (▶*Abbildung 6.16d*). Saccharose unterscheidet sich in einem wichtigen Punkt von den anderen drei Disacchariden in ▶*Abbildung 6.16*: Im Saccharosemolekül liegen zwei Monosaccharide über eine glycosidische Bindung zwischen ihre anomeren Zentren verknüpft vor. Deswegen sind die Konfigurationen sowohl des Glucopyranose- als auch des Fructofuranoserestes in der Saccharose festgelegt und keiner der beiden Reste kann im Gleichgewicht zwischen den beiden Anomeren hin- und herwechseln.

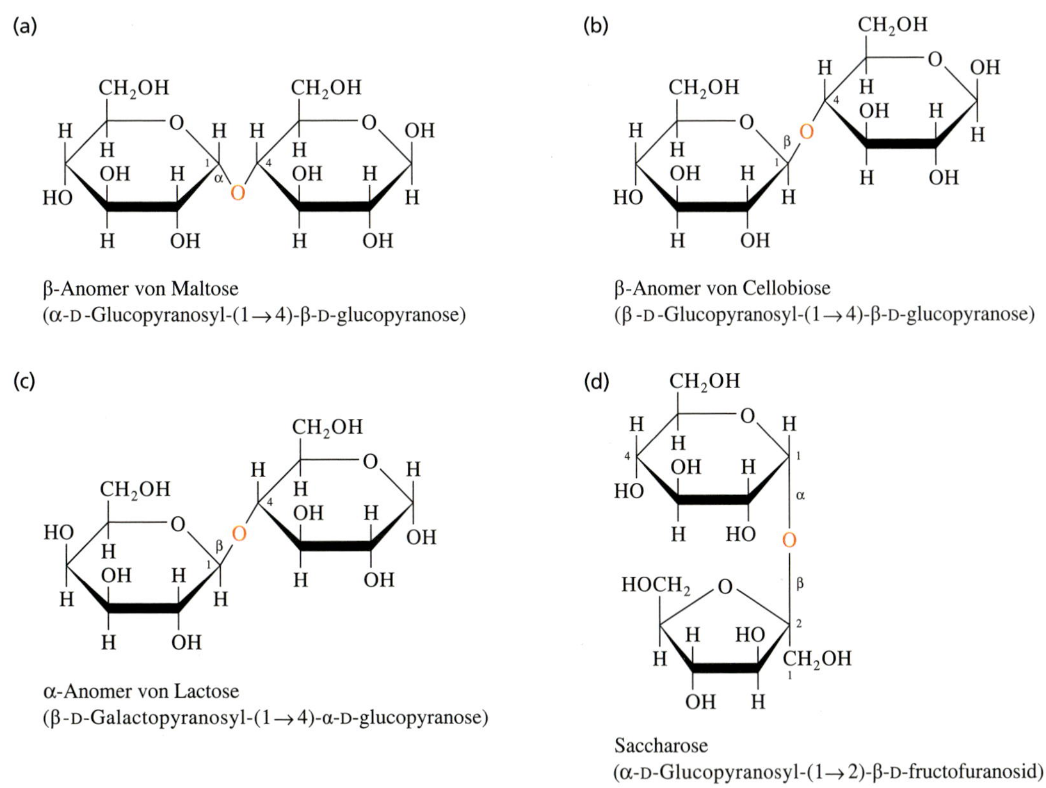

Abbildung 6.16: Strukturen von (a) Maltose, (b) Cellobiose, (c) Lactose und (d) Saccharose. Die Sauerstoffatome der glycosidischen Bindungen sind rot hervorgehoben.

6.5.2 Reduzierende und nichtreduzierende Zucker

Da Monosaccharide und die meisten Disaccharide Hemiacetale darstellen und deswegen in der Gleichgewichtsmischung der Anomeren und der offenkettigen Form reaktive Carbonylgruppen enthalten, können sie leicht zu verschiedenen Produkten oxidiert werden. Diese Eigenschaft wird häufig bei der Analyse von Kohlenhydraten genutzt. Solche Kohlenhydrate, zu denen zum Beispiel Glucose, Maltose, Cellobiose und Lactose gehören, werden deswegen auch als reduzierende Zucker bezeichnet. Als historisch wurden reduzierende Zucker infolge ihrer Fähigkeit beurteilt, Metallionen wie Cu^{2+} und Ag^{+} zu unlöslichen Produkten zu reduzieren. Die acetalischen Kohlenhydrate wie Saccharose können nicht ohne Weiteres leicht oxidiert werden, weil ihre anomeren Zentren alle in glycosidischen Bindungen fest eingebunden sind. Diese Zucker werden nichtreduzierende Zucker genannt. Die Reduktionskraft eines Zuckerpolymers ist nicht nur von analytischem Interesse. Wegen ihrer reduzierenden und nichtreduzierenden Enden, weisen die Polymerketten von Oligo- und Polysacchariden eine bestimmte Richtung auf. Ein lineares Kohlenhydratpolymer enthält in der Regel ein reduzierendes (das freie anomere Zentrum) und ein nichtreduzierendes Ende. Alle glycosidischen Bindungen innerhalb der Polysaccharidketten sind Bestandteil von Acetalen. Die Reste innerhalb der Kette stehen deshalb nicht im Gleichgewicht mit ihrer offenkettigen Form und können Metallionen nicht reduzieren. Eine verzweigte Polysaccharidkette weist mehrere nichtreduzierende Enden, aber nur ein reduzierendes Ende auf.

6.5.3 Nucleoside und andere Glycoside

Das anomere Zentrum von Zuckern bildet nicht nur zu anderen Zuckern glycosidische Verknüpfungen, sondern auch zu einer Vielfalt von Alkoholen, Aminen und Thiolen. Die häufigsten biologischen Glycoside, die keine Oligo- oder Polysaccharide darstellen, sind die Nucleoside, in denen ein Purin oder ein Pyrimidin über seine sekundäre Aminogruppe mit einer β-D-Ribofuranose- oder einer β-D-Desoxyribofuranose-Einheit verbunden ist. Nucleoside werden auch als *N*-Glycoside bezeichnet, weil an der glycosidischen Bindung ein Stickstoffatom anstelle eines Sauerstoffatoms beteiligt ist. Guanosin (β-D-Ribofuranosylguanin) repräsentiert ein typisches Nucleosid (▶*Abbildung 6.17a*). ATP und andere Nucleotide, wie die Coenzyme NAD und FAD, wurden bereits an früherer Stelle vorgestellt (▶*Kapitel 5*). *Nucleotide* weisen im Vergleich zu *Nucleosiden* neben der Stickstoffbase, die *N*-glycosidisch mit einer Zuckereinheit verknüpft ist, zusätzlich mindestens eine mit dem Zucker verbundene Phosphatgruppe auf.

In ▶*Abbildung 6.17* sind zwei weitere Beispiele für natürlich vorkommende Glycoside dargestellt. Vanillinglucosid (▶*Abbildung 6.17b*) bildet die aromabestimmende Komponente in natürlichen Vanilleextrakten. β-Galactoside, in denen eine Vielfalt von zuckerfremden Molekülen mit Galactose über eine β-Verknüpfung verbunden sein kann, repräsentieren eine Klasse häufiger, biologisch relevanter Glycoside. Galactocerebroside, Derivate von 1-β-D-Galactosylglycerin, sind zum Beispiel Glycolipide, die als wichtige Bestandteile von eukaryontischen Zellmembranen in Erscheinung treten und leicht durch die Aktivität von Enzymen, die β-Galactosidasen genannt werden, hydrolysiert werden können.

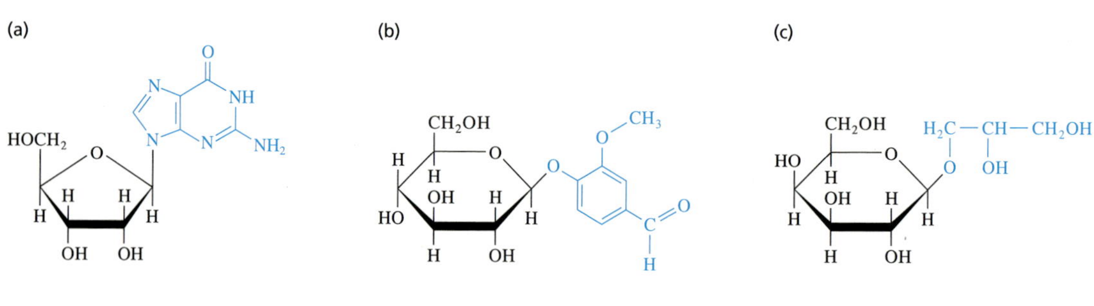

Abbildung 6.17: Strukturen von drei Glycosiden. Die zuckerfremden Komponenten sind blau dargestellt. (a) Guanosin. (b) Vanillinglucosid, der aromabestimmende Bestandteil von Vanilleextrakten. (c) 1-β-D-Galactosylglycerin, dessen Derivate häufig in der Zellmembran vorzufinden sind.

6.6 Polysaccharide

Polysaccharide werden im Allgemeinen in zwei große Klassen eingeteilt. Homoglycane oder Homopolysaccharide sind Polymere, die nur aus Resten desselben Monosaccharids aufgebaut sind. Heteroglycane oder Heteropolysaccharide enthalten dagegen Reste von mindestens zwei verschiedenen Monosacchariden. Im Gegensatz zu Proteinen, deren Primärstruktur durch das Genom codiert wird und die deswegen definierte Kettenlängen aufweisen, werden Polysaccharide ohne die Verwendung einer Matrize durch die Anknüpfung einer nicht genau festgelegten Anzahl von bestimmten Monosacchariden synthetisiert. Deswegen können die Längen und Zusammensetzungen von Polysaccharidmolekülen eines Typs mehr oder weniger stark variieren. Einige wichtige, häufig vorkommende Polysaccharide sind in ▶*Tabelle 6.2* aufgelistet.

Die meisten Polysaccharide können auch auf der Grundlage ihrer biologischen Rollen klassifiziert werden. Stärke und Glycogen übernehmen zum Beispiel die Aufgabe von Speicherpolysacchariden, während Cellulose und Chitin strukturelle Funktionen besitzen. Es werden weitere Beispiele für die Vielfalt und Vielseitigkeit von Kohlenhydraten beschrieben, etwa Heteroglycane in Glycokonjugaten (▶*Abschnitt 6.7*).

6.6.1 Stärke und Glycogen

D-Glucose wird in allen Spezies synthetisiert. Überschüssige Glucose kann abgebaut werden, um im Stoffwechsel nutzbare Energie zu gewinnen. Glucose wird in Form von Polysacchariden zwischengespeichert, bis sie zur Freisetzung von Stoffwechselenergie benötigt wird. Das häufigste Speicherhomoglycan der Glucose in Pflanzen und Pilzen stellt die Stärke dar, während Glucose in Tieren in Form von Glycogen gespeichert wird. In Bakterien kommen sowohl Stärke als auch Glycogen vor. Die Stärke in Pflanzenzellen besteht aus einer Mischung von Amylose und Amylopektin und liegt in Form von Stärkegranula vor, deren Durchmesser Werte zwischen 3 und 100 µm annehmen kann. Amylose ist ein unverzweigtes Polymer aus etwa 100 bis 1000 D-Glucoseresten, die durch α-(1→4)-glycosidische Bindungen verknüpft sind. In diesem spezifischen Fall werden die glycosidischen Bindungen auch α-(1→4)-glucosidische Bindungen genannt, weil sie die beiden anomeren Zentren zweier Glucosemoleküle miteinander verknüpfen (▶*Abbildung 6.18a*). Da Maltose durch den Abbau von Stärke gebildet wird, verwundert es nicht, dass die Verknüpfung der beiden Glucosereste in der Maltose durch denselben Typ einer glucosidischen Bindung erfolgt (▶*Abbildung 6.18a*). Amylose ist in Wasser nicht wirklich löslich, bildet in Wasser aber hydratisierte Mizellen und unter bestimmten Bedingungen auch helikale Strukturen (▶*Abbildung 6.18b*).

Tabelle 6.2

Zusammensetzung einiger wichtiger Polysaccharide und die Verknüpfungstypen zwischen deren Monomeren

Polysaccharid[a]	Monomer(e)[b]	Verknüpfung(en)
Speicherhomoglycane		
Stärke		
Amylose	Glc	α-(1→4)
Amylopektin	Glc	α-(1→4), α-(1→6) (Verzweigungen)
Glycogen	Glc	α-(1→4), α-(1→6) (Verzweigungen)
Strukturhomoglycane		
Cellulose	Glc	β-(1→4)
Chitin	GlcNAc	β-(1→4)
Heteroglycane		
Hyaluronsäure	GlcUA und GlcNAc	β-(1→3), β-(1→4)
Glycosaminoglycane	Disaccharide (Aminozucker, Zuckersäuren)	Unterschiedlich

[a] Diese Polysaccharide sind unverzweigt, außer es ist explizit angegeben.
[b] Glc: Glucose; GlcNAc: *N*-Acetylglucosamin; GlcUA: D-Glucuronat.

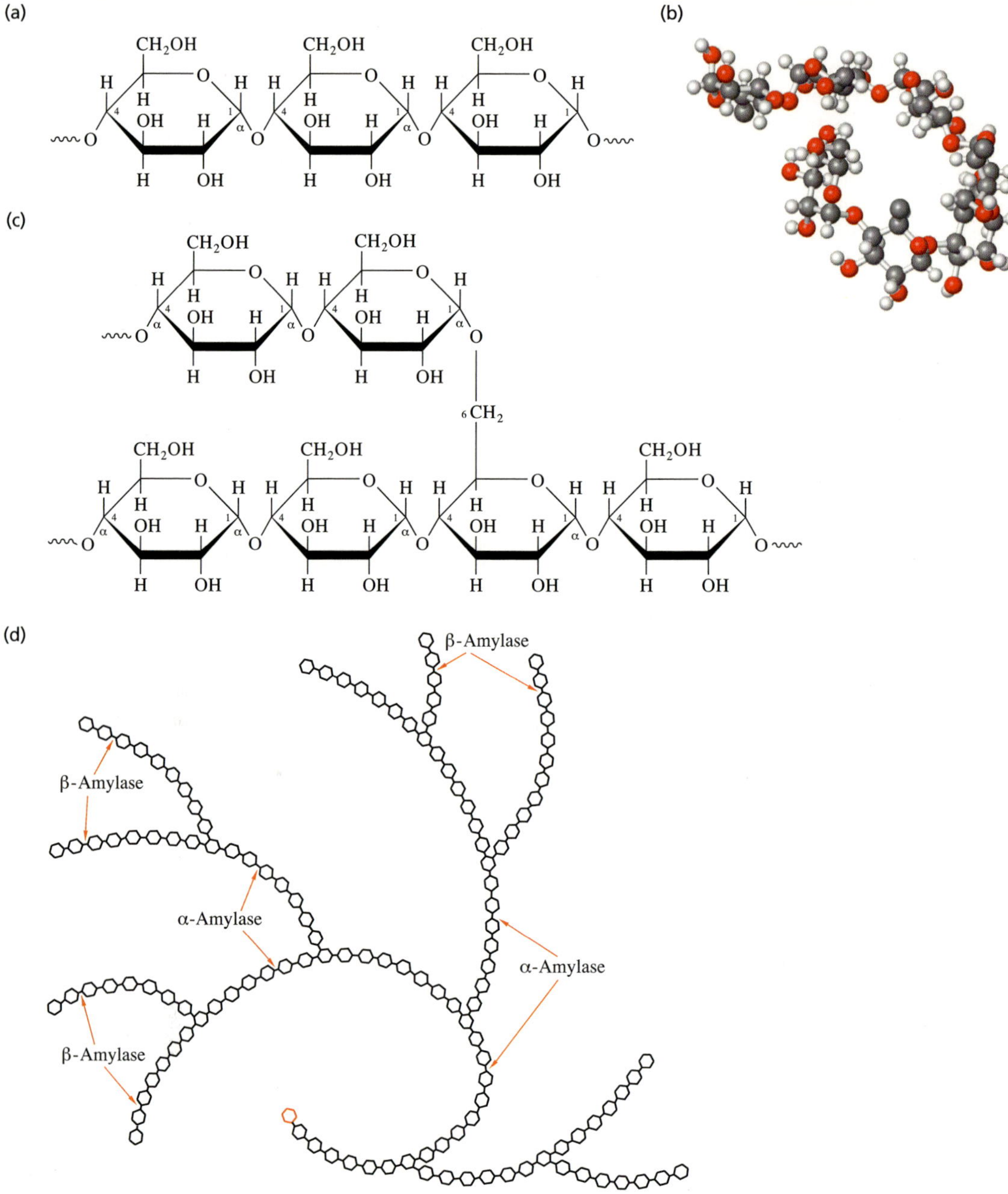

Abbildung 6.18: Struktur von Amylose und Amylopektin sowie deren Abbau durch die α- und die β-Amylase. (a) Amylose, eine Form der Stärke, bildet lineare, unverzweigte Polymere aus Glucoseresten, die über α-(1→4)-glucosidische Bindungen verknüpft sind. (b) Amylosemoleküle können eine linksgängige helikale Konformation annehmen, die sowohl an der Innenfläche als auch an der Außenfläche hydratisiert vorliegt. (c) Struktur von Amylopektin. Amylopektin, eine zweite Form von Stärkemolekülen, besteht aus verzweigten Polymerketten. Die α-(1→4)-D-glucosidischen Bindungen sind die Grundlage für die lineare Hauptkette und die linearen Seitenketten. Die Seitenketten sind an den Verzweigungsstellen über α-(1→6)-D-glucosidische Bindungen mit der Hauptkette beziehungsweise einer anderen Seitenkette verknüpft. (d) Angriffspunkte der α- und der β-Amylase im Amylopektin. α-Amylase katalysiert die Hydrolyse von beliebigen α-(1→4)-glucosidischen Bindungen in den Polymerketten, wenn sie genügend weit von den Verzweigungspunkten entfernt liegen. β-Amylase spaltet von den nichtreduzierenden Enden der Polymerketten sukzessiv Maltoseeinheiten ab. Jedes Sechseck in der Abbildung repräsentiert einen Glucoserest. Das einzelne reduzierende Ende des Amylopektinmoleküls, das an einem Ende der Hauptkette liegt, ist in der Abbildung orange hervorgehoben.

Kapitel 6

Amylopektin (▶*Abbildung 6.18c*) ist eine verzweigte Version der Amylose. Die Verzweigungspunkte, an denen die polymeren Seitenketten angeknüpft sind, werden durch α-(1→6)-glucosidische Bindungen zu Glucoseresten gebildet, die selbst Bestandteil einer Kette von α-(1→4)-glucosidisch verknüpften Glucoseresten sind. Verzweigungspunkte treten im Durchschnitt etwa alle 25 Reste einmal auf und die Seitenketten enthalten in der Regel 15 bis 25 Glucosereste, die untereinander wie in der Hauptkette durch α-(1→4)-glucosidische Bindungen assoziiert vorliegen. Einige Seitenketten weisen selbst noch weitere Verzweigungen auf. Amylopektinmoleküle in lebenden Zellen bestehen meist aus 300 bis 6000 Glucoseresten. Ein erwachsener Mensch nimmt pro Tag etwa 300 g Kohlenhydrate mit der Nahrung auf, von denen ein großer Teil aus Stärke besteht. Rohe Stärkekörner widerstehen einer enzymatischen Hydrolyse, aber beim Kochen in Wasser absorbieren die Stärkekörner das Wasser und schwellen an. Die aufgequollene Stärke kann von zwei Glycosidasen als Substrat umgesetzt werden: Nahrungsstärke wird im Magen-Darm-Trakt durch die enzymatischen Aktivitäten der α-Amylase und der Amylo-1,6-glucosidase (α-Dextrinase) abgebaut. α-Amylase, die sowohl in Tieren als auch in Pflanzen vorkommt, spaltet als Endoglycosidase die glycosidischen Bindungen innerhalb der Polymerkette. Das Enzym katalysiert die Hydrolyse der α-(1→4)-glucosidischen Bindungen in Amylose und Amlyopektin. Eine andere Hydrolase, die β-Amylase, kommt in den Samen und Knollen von einigen Pflanzen vor. β-Amylase arbeitet als Exoglycosidase, die nur die Hydrolyse der vorletzten glycosidischen Bindung von Polysaccharidketten katalysiert. Sie ermöglicht also die sequenzielle Abspaltung des Disaccharids Maltose von den freien, nichtreduzierenden Enden des Amylopektins. Trotz der Bezeichnung β-Amylase, spalten *beide* Amylasen ausschließlich α-(1→4)-D-glycosidische Bindungen. ▶*Abbildung 6.18d* zeigt schematisch die Angriffspunkte der α- und der β-Amylase im Amylopektin. Die α-(1→6)-Verknüpfungen an den Verzweigungspunkten können weder durch die α- noch durch die β-Amylase aufgebrochen werden. Deswegen bleiben nach der Hydrolyse von Amylopektin durch die Amylasen hochverzweigte Kernabschnitte des Polymers zurück, die Grenzdextrine genannt werden. Grenzdextrine können durch Amylasen erst weiter abgebaut werden, nachdem die α-(1→6)-Verzweigungen durch die Aktivität der Amylo-1,6-glucosidase (α-Dextrinase) aufgebrochen wurden. Auch Glycogen stellt ein verzweigtes Polymer aus Glucoseresten dar. Im Glycogen liegen die Monomere auch über denselben Verknüpfungstyp verbunden vor wie im Amylopektin. Allerdings sind die Seitenketten im Glycogen durchschnittlich kürzer, dafür aber häufiger. Die Hauptkette der Glycogenmoleküle weist nämlich alle acht bis zwölf Reste eine Verzweigung auf. Im Allgemeinen sind Glycogenmoleküle deutlich größer als Stärkemoleküle. Sie enthalten bis zu 50.000 Glucosereste. In Säugetieren kann Glycogen je nach Ernährungszustand für bis zu zehn Prozent der Masse der Leber und bis zu zwei Prozent der Muskelmasse verantwortlich sein. Die verzweigten Strukturen der Amylopektin- und Glycogenmoleküle besitzen jeweils nur ein reduzierendes Ende, aber viele nichtreduzierende Enden. An diesen nichtreduzierenden Enden erfolgen der enzymatische Abbau und die enzymatische Verlängerung der Polymerketten.

6.6.2 Cellulose und Chitin

Cellulose dient als Strukturpolysaccharid. Sie stellt eine der Hauptkomponenten der starren Zellwand dar, die die meisten Pflanzenzellen umgibt. Die Stämme und Zweige vieler Pflanzen bestehen hauptsächlich aus Cellulose. Dieses einzelne Polysaccharid bildet somit einen signifikanten Anteil der gesamten organischen Materie auf der Erde. Wie Amylose ist Cellulose ein lineares, unverzweigtes Polymer aus Glucoseresten, die in der Cellulose aber durch β-(1→4)-glucosidische Bindungen und nicht durch α-(1→4)-glucosidische Bindungen verknüpft sind (▶*Abbildung 6.19*). Da das Disaccharid Cellobiose als Abbauprodukt der Cellulose entsteht, liegen auch die beiden Glucosereste in einem Cellobiosemolekül β-(1→4)-glucosidisch verknüpft vor (▶*Abbildung 6.16b*). Die Größe von Cellulosemolekülen variiert sehr stark von etwa 300 bis zu mehr als 15.000 Glucoseresten.

Die β-Verknüpfungen in der Cellulose führen zu einer starren, gestreckten Konformation, in der benachbarte Glucosereste jeweils um 180° gegeneinander verdreht vorliegen (▶*Abbildung 6.19*). Ein ausgedehntes Netzwerk von Wasserstoffbrücken innerhalb und zwischen den Celluloseketten (▶*Abbildung 6.19c*) stellt die Grundlage für die Bildung von Bündeln, Fibrillen und Fasern dar. Cellulosefasern sind in Wasser unlöslich sowie ziemlich starr und zugfest. Baumwollfasern bestehen fast vollständig und Holz etwa zur Hälfte aus Cellulose. Wegen der außergewöhnlichen mechanischen Eigenschaften können Cellulosefasern für vielfältige Zwecke eingesetzt werden. Sie sind auch Bestandteil vieler synthetischer Materialien, wie zum Beispiel Cellophan oder Kunstseide.

Kapitel 6

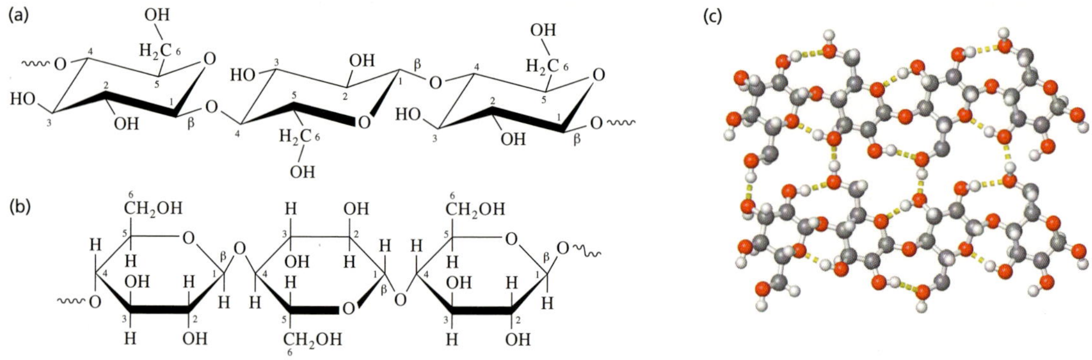

Abbildung 6.19: **Struktur von Cellulose.** (a) Darstellung mit den Monomeren in der Sesselkonformation. Beachten Sie die alternierende Orientierung aufeinanderfolgender Glucosereste in der Cellulosekette. (b) Darstellung mit den Monomeren in einer modifizierten Haworth-Projektion. (c) Wasserstoffbrücken in Cellulosefibrillen. Ein umfangreiches Netzwerk aus Wasserstoffbrücken innerhalb und zwischen den Polymerketten verleiht Cellulosefibrillen ihre mechanische Zugfestigkeit und Starrheit.

Enzyme, die die Hydrolyse von α-D-glucosidischen Bindungen katalysieren, also α-Glucosidasen wie die α- und β-Amylase, können nicht die Hydrolyse von β-D-glucosidischen Bindungen beschleunigen. Analog gilt für β-Glucosidasen, wie zum Beispiel Cellulase, dass sie nicht zur hydrolytischen Spaltung von α-D-glucosidischen Bindungen beitragen können. Menschen sowie viele Säugetiere können Stärke, Glycogen, Lactose und Saccharose hydrolysieren und die Monosaccharidprodukte in einer Vielzahl von Stoffwechselwegen verwerten, aber sie sind nicht zur Nutzung von Cellulose fähig, weil sie keine Enzyme besitzen, die die β-glucosidischen Bindungen der Cellulosemoleküle spalten können. Wiederkäuer wie Kühe und Schafe können Cellulose verwerten, weil in ihrem Pansen (Teil des Mehrkammermagens der Wiederkäuer) Mikroorganismen leben, die β-Glucosidasen produzieren. Deswegen können Wiederkäuer aus Gras oder anderen cellulosereichen Pflanzen monomere Glucose freisetzen und verwerten. Auch Termiten können die Glucose aus der Nahrungscellulose nutzbringend verwenden, weil sie in ihrem Verdauungstrakt Bakterien beherbergen, die das Enzym Cellulase synthetisieren.

Das Strukturhomoglycan Chitin stellt vermutlich die zweithäufigste organische Verbindung auf der Erde dar. Chitin tritt als ein Hauptbestandteil des Exoskeletts von Insekten und Krustazeen auf (Krusten- und Krebstiere) und kommt auch in den Zellwänden der meisten Pilze und vieler Algen vor. Ähnlich wie Cellulose besteht Chitin aus linearen, unverzweigten Polymermolekülen. Die Chitinmoleküle sind aber nicht aus Glucoseresten aufgebaut, sondern aus β-(1→4)-verknüpften GlcNAc-Resten (▶*Abbildung 6.20*). Jeder GlcNAc-Rest liegt relativ zu seinen Nachbarn um 180° verdreht vor. Die GlcNAc-Reste aus benachbarten Chitinsträngen bilden untereinander Wasserstoffbrücken, die für die große mechanische Stärke der linearen Chitinfibrillen verantwortlich sind. Chitin kommt häufig mit polysaccharidfremden Verbindungen, wie Proteinen oder anorganischem Material, assoziiert vor.

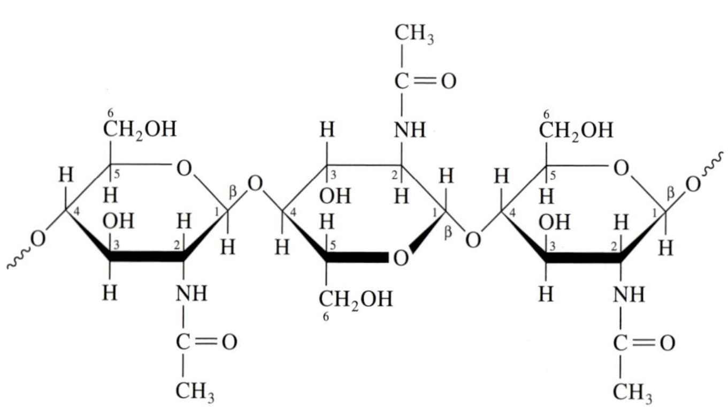

Abbildung 6.20: **Struktur von Chitin.** Das lineare Homoglycan Chitin besteht aus β-(1→4)-glycosidisch verknüpften GlcNAc-Resten. Jeder der Reste ist relativ zu seinen beiden Nachbarn um 180° verdreht.

6.7 Glycokonjugate

Glycokonjugate bestehen aus Polysacchariden, die mit Proteinen, Peptiden oder Lipiden verknüpft (konjugiert) vorliegen. In den meisten Fällen sind die beteiligten Polysaccharide aus mehreren verschiedenen Monosaccharidresten aufgebaut. Es handelt sich also um Heteroglycane. Zur Erinnerung: Stärke, Glycogen, Cellulose und Chitin sind Homoglycane. Heteroglycane treten als Komponenten von verschiedenen Typen von Glycokonjugaten auf, den Proteoglycanen, den Peptidoglycanen, den Glycoproteinen und den Glycolipiden. In diesem Abschnitt wird erläutert, wie die chemischen und physikalischen Eigenschaften der Heteroglycane in Proteoglycanen, Peptidoglycanen und Glycoproteinen an die jeweilige biologische Funktion angepasst sind.

6.7.1 Proteoglycane

Proteoglycane sind Komplexe aus Proteinen und einer Klasse von Polysacchariden, den sogenannten Glycosaminoglycanen. Diese Glycokonjugate kommen in erster Linie in der extrazellulären Matrix des Bindegewebes von multizellulären Tieren vor.

Glycosaminoglycane stellen unverzweigte Heteroglycane dar, die aus sich wiederholenden Disaccharideinheiten zusammengesetzt sind. Wie der Name *Glycosaminoglycan* bereits andeutet, ist eine Komponente des Disaccharids ein Aminozucker, und zwar entweder D-Galactosamin (GalN) oder D-Glucosamin (GlcN). Die Aminogruppe der Aminozucker-Komponente kann auch acetyliert vorliegen. In diesem Fall enthält das Glycosaminoglycan demnach *N*-Acetylgalactosamin (GalNAc) beziehungsweise *N*-Acetylglucosamin (GlcNAc oder NAG). Die andere Monosaccharid-Komponente der Disaccharideinheiten ist meistens eine Alduronsäure. In vielen Glycosaminoglycanen liegen spezifische Hydroxylgruppen sulfatiert vor. Durch diese Sulfatgruppen und durch die Carboxylatgruppen der Alduronsäurereste werden Glycosaminoglycane zu polyanionischen Spezies. Mehrere Typen von Glycosaminoglycanen konnten isoliert und strukturell charakterisiert werden. Die verschiedenen Proteoglycane unterscheiden sich in der Zusammensetzung ihrer Polysaccharid-Komponente, den Verknüpfungsarten, der Verteilung im Gewebe und der biologischen Funktion. Außerdem ist die Polysaccharid-Komponente in jedem der Proteoglycane mit einem charakteristischen Protein assoziiert. Hyaluronsäure stellt ein Beispiel eines Glycosaminoglycans dar, dessen Disaccharid-Komponente in ▶*Abbildung 6.21a* dargestellt ist. Hyaluronsäure bildet einen Bestandteil von Gelenkflüssigkeiten, denen sie eine höhere Viskosität und sehr gute Eigenschaften eines Schmiermittels verleiht. Hyaluronsäure tritt außerdem als eine Hauptkomponente des Knorpelgewebes von Gelenkknorpeln auf (sogenannte hyaline Knorpel).

Abbildung 6.21: Struktur der Hyaluronsäure und des zugehörigen Proteoglycanaggregats. (a) Diese Disaccharideinheit besteht aus D-Glucuronat (GlcUA) und GlcNAc. Jeder GlcUA-Rest ist mit einem GlcNAc-Rest über eine β-(1→3)-glycosidische Bindung verknüpft und jeder GlcNAc-Rest ist über eine β-(1→4)-glycosidische Bindung mit dem nächsten GlcUA-Rest in der Kette verbunden. (b) Schematische Darstellung eines Proteoglycanaggregats aus hyalinem Knorpelgewebe. Kernproteine, die viele kovalent gebundene Glycosaminoglycanketten tragen (Keratansulfatketten und Chondroitinsulfatketten), sind mit einem zentralen Strang eines einzelnen Hyaluronsäuremoleküls assoziiert. Die nichtkovalente Assoziation der Kernproteine mit der Hyaluronsäure wird durch kleine Link-Proteine stabilisiert, die sowohl mit den Kernproteinen als auch mit der Hyaluronsäure nichtkovalent wechselwirken. Das gesamte Proteoglycanaggregat weist die Gestalt einer Flaschenbürste auf.

Bis zu 100 Glycosaminoglycanketten können mit einem Proteinmolekül eines Proteoglycans assoziiert sein. Diese Heteroglycanketten sind in der Regel über glycosidische Bindungen kovalent mit den Hydroxylgruppen von Serinresten des Proteinmoleküls verknüpft. Allerdings liegen nicht alle Glycosaminoglycane kovalent mit dem Protein verknüpft vor. Glycosaminoglycane können für bis zu 95 Prozent der Masse eines Proteoglycans verantwortlich sein. Proteoglycane sind infolge der vielen polaren und ionischen Gruppen in ihren Glycosaminoglycan-Komponenten hoch hydratisiert und sehr voluminös. Diese Merkmale der Proteoglycane verleihen dem Gewebe viskoelastische Eigenschaften, die für die Funktion der verschiedenen Bindegewebe von großer Bedeutung sind. Die Flexibilität von Knorpelgewebe ermöglicht zum Beispiel die effektive Absorption von mechanischen Stößen. Ein Teil des Wassers kann durch eine Kompression aus dem hydratisierten Proteoglycan des Knorpels herausgepresst werden, wird aber wieder aufgenommen, sobald der Druck nachlässt. Zusätzlich zur Erhaltung der Gestalt von Geweben können Proteoglycane auch als extrazelluläre Siebe dienen und direkt das Wachstum und die Wanderung von Zellen unterstützen. Die Untersuchung der mikroskopischen Struktur von Knorpelgewebe zeigt die Organisation von Proteoglycanen in Knorpeln. Knorpelgewebe besteht aus einem Netz von Kollagenfasern, das mit großen Proteoglycanaggregaten ($M_r \approx 2 \times 10^8$) durchzogen ist. Jedes dieser Aggregate weist eine Gestalt auf, die einer Flaschenbürste ähnelt (▶*Abbildung 6.21b*). Ein Proteoglycanaggregat enthält einen zentralen Hyaluronsäure-Strang, der mit vielen Proteoglycaneinheiten assoziiert ist, die seitlich vom Hyaluronsäure-Strang wegzeigen. Dadurch ergibt sich die Flaschenbürstenform. Die Proteoglycane bestehen jeweils aus einem sogenannten Kernprotein, an das seitlich mehrere verschiedene Glycosaminoglycane angeknüpft sind. Die Kernproteine assoziieren mit dem Hyaluronsäure-Strang über nichtkovalente, in erster Linie elektrostatische Wechselwirkungen, die durch die Link-Proteine zusätzlich stabilisiert werden. Das Hauptproteoglycan des Knorpelgewebes ist das sogenannte Aggrecan. An das Kernprotein des Aggrecans ($M_r \approx 220.000$) sind etwa 30 Keratansulfatketten und etwa 100 Chondroitinsulfatketten gebunden. Die Keratansulfatketten bestehen aus alternierenden *N*-Acetylglucosamin-6-sulfat- und Galactoseresten, während sich in den Chondroitinsulfatketten *N*-Acetylgalactosamin-6-sulfat- und Glucuronatreste abwechseln. Aggrecan gehört zu einer kleinen Familie von Proteoglycanen, die an Hyaluronsäure binden, den sogenannten Hyalectanen. Andere Hyalectane verleihen zum Beispiel den Wänden von Blutgefäßen ihre Elastizität oder regulieren Zell-Zell-Wechselwirkungen im Gehirn.

6.7.2 Peptidoglycane

Peptidoglycane bestehen aus Polysacchariden, die mit kleinen Peptiden verbunden sind. Die Zellwände vieler Bakterien enthalten eine spezielle Klasse von Peptidoglycanen, in denen eine Heteroglycan-Komponente mit einem kleinen Peptid assoziiert vorliegt, das aus nur vier oder fünf Aminosäureresten aufgebaut ist. Die Heteroglycan-Komponente ist aus alternierenden Resten von GlcNAc und *N*-Acetylmuraminsäure (MurNAc oder NAM) zusammengesetzt, die über β-(1→4)-glycosidische Bindungen verknüpft sind. MurNAc repräsentiert einen C_9-Zucker, der nur in Bakterien vorkommt. MurNAc besteht aus dem C_3-Carboxylat D-Lactat, das über eine Etherbrücke mit dem C-3 von GlcNAc verbunden ist. Die Polysaccharid-Komponente ergibt sich *formal* aus dem Polysaccharid Chitin durch die Anknüpfung eines Lactatrestes an jeden zweiten GlcNAc-Rest, der dadurch zu einem MurNAc-Rest wird. Die antibakterielle Aktivität von Lysozym resultiert aus dessen Fähigkeit, spezifisch die MurNAc-Reste in den Polysaccharidketten der Peptidoglycane zu binden und die hydrolytische Spaltung der glycosidischen Bindung dieser Reste zu katalysieren.

Die Peptidkette der Peptidoglycane variiert zwischen verschiedenen Bakterien. In *Staphylococcus aureus* enthalten die Peptidoglycane zum Beispiel ein Tetrapeptid aus alternierenden D- und L-Aminosäuren: L-Ala–D-Isoglu–L-Lys–D-Ala; *Isoglu* repräsentiert einen Isoglutamatrest, also einen Glutamatrest, dessen γ-Carboxylgruppe anstelle der α-Carboxylgruppe mit dem nächsten Aminosäurerest verknüpft ist. Andere Spezies weisen in der dritten Position einen anderen Aminosäurerest auf. Im Peptidoglycan ist die freie Aminogruppe des L-Alaninrestes über eine Amidbindung mit der Lactylcarboxylgruppe eines MurNAc-Restes des Glycanpolymers verbunden (▶*Abbildung 6.22*). Das Tetrapeptid liegt seinerseits mit einem Tetrapeptid eines benachbarten Peptidoglycanmoleküls über eine Brücke aus fünf Glycinresten (Pentaglycinbrücke) quervernetzt vor. Eine Pentaglycinbrücke verbindet die ε-Aminogruppe des L-Lysinrestes des einen Tetrapeptids mit der Carboxylgruppe des D-Alaninrestes eines anderen Tetrapeptids. Die ausgedehnten Quervernetzungen verwandeln die Peptidoglycane eigentlich in ein einziges, riesiges, mechanisch stabiles Makromolekül, das die Gestalt des Bakteriums bestimmt, weil es die Zellmembran umgibt und die Zelle vor zu großen, osmotisch induzierten Größenänderungen schützt (▶*Abbildung 6.22b*).

Kapitel 6

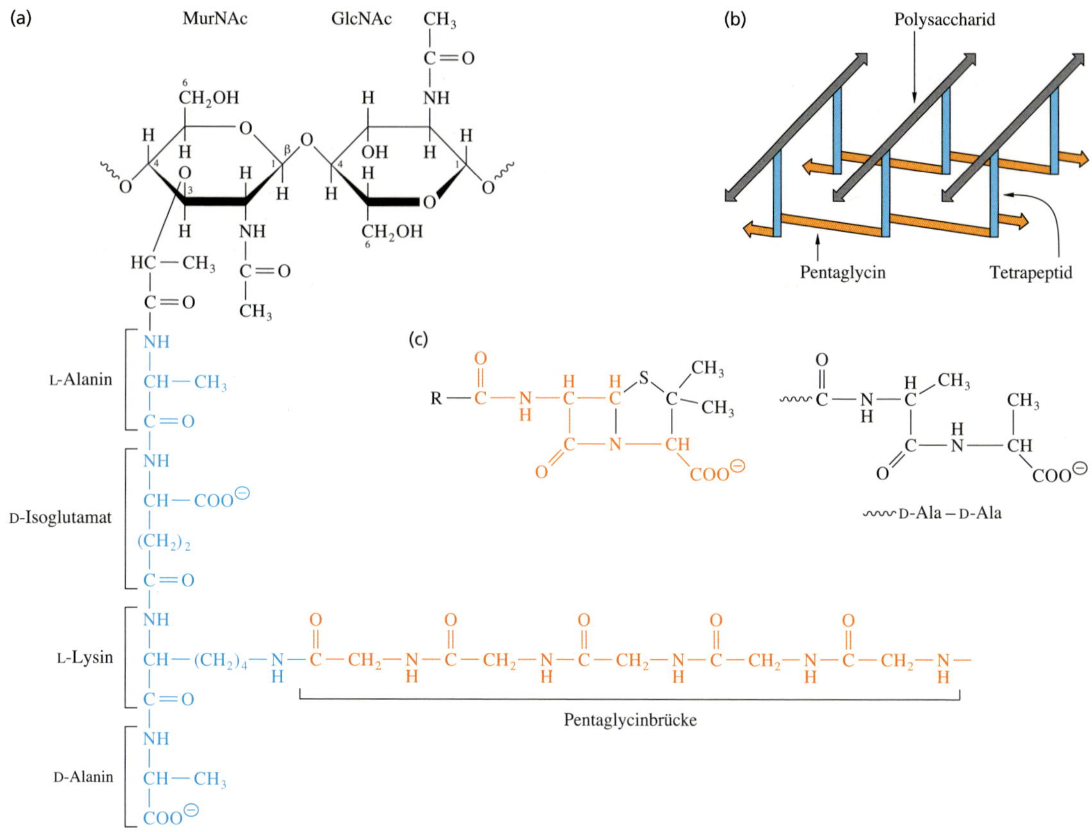

Abbildung 6.22: Struktur des Peptidoglycans aus *Staphylococcus aureus* und von Penicillin. (a) Diese Abbildung zeigt die sich wiederholende Disaccharideinheit der Polysaccharidkette, das Tetrapeptid und die Pentaglycinbrücke. Das Tetrapeptid (blau) ist mit einem MurNAc-Rest der Glycan-Komponente (schwarz) verknüpft. Die ε-Aminogruppe des L-Lysinrestes ist über eine Pentaglycinbrücke (rot) mit der α-Carboxylgruppe eines D-Alaninrestes in einem anderen Tetrapeptid eines benachbarten Peptidoglycanmoleküls quervernetzt. (b) Schematische Darstellung der Quervernetzungen in Peptidoglycan-Makromolekülen. (c) Struktur von Penicillin und des D-Ala–D-Ala-Dipeptidrestes. Der Teil des Penicillinmoleküls, der dem Dipeptid ähnelt, ist rot hervorgehoben. Der Rest R kann durch eine Vielfalt von Substituenten repräsentiert werden.

Bei Gram-negativen Bakterien befindet sich zwischen der inneren und der äußeren Membran eine dünne Peptidoglycanschicht. Gram-positive Bakterien besitzen keine äußere Membran und ihre Peptidoglycanzellwand ist viel dicker. Im Verlauf der Prozedur der Gramfärbung, die nach Hans Christian Gram benannt wurde, wird der verwendete violette Farbstoffkomplex in der dicken Peptidoglycanzellwand Gram-positiver Bakterien zurückgehalten. Im Gegensatz dazu werden Gram-negative Bakterien beim Waschen mit Ethanol wieder entfärbt, weil der Farbstoffkomplex nicht in der dünnen Peptidoglycanschicht festgehalten werden kann. Während der Peptidoglycan-Biosynthese wird zunächst das Pentapeptid L-Ala–D-Isoglu–L-Lys–D-Ala–D-Ala mit einem MurNAc-Rest des Polysaccharids verknüpft. In den nachfolgenden Schritten werden nacheinander fünf Glycinreste in einer Reihe an die ε-Aminogruppe des Lysinrestes angehängt. Diese Glycinreste bilden die Pentaglycinbrücke. Im abschließenden Schritt der Synthese katalysiert eine Transpeptidase die Bildung einer Peptidbindung zwischen dem vorletzten Alaninrest eines Peptidoglycan-Stranges und dem endständigen Glycinrest einer Pentaglycinbrücke eines benachbarten Peptidoglycan-Stranges. Diese Reaktion wird durch die Freisetzung des endständigen D-Alaninrestes angetrieben. Die Struktur des Antibiotikums Penicillin (▶*Abbildung 6.22c*) ähnelt dem endständigen Dipeptidrest D-Ala–D-Ala des noch nicht fertiggestellten Peptidoglycans. Penicillin bindet, wahrscheinlich irreversibel, an das aktive Zentrum der Transpeptidase. Dadurch hemmt es die Aktivität der Transpeptidase und blockiert die weitere Peptidoglycan-Biosynthese. Das Antibiotikum verhindert auf diese Weise das Wachstum und die Fortpflanzung von Bakterien, die infolge des Verlustes der Peptidoglycanschicht dem osmotischen Druck nicht mehr standhalten können. Penicillin wirkt spezifisch nur auf Bakterien toxisch und nicht auf eukaryontische Zellen, weil die von ihm gehemmte enzymatische Reaktion nur in bestimmten Bakterien stattfindet.

6.7.3 Glycoproteine

So wie Proteoglycane sind Glycoproteine Proteine, die kovalent gebundene Oligosaccharide enthalten, also glycosylierte Proteine. Proteoglycane stellen somit einen speziellen Typ von Glycoproteinen dar. Die Länge der Kohlenhydratketten in Glycoproteinen schwankt zwischen einem und dreißig Resten. Der Kohlenhydratanteil von Glycoproteinen kann für bis zu 80 Prozent der Gesamtmasse der Glycoproteinmoleküle verantwortlich sein. Glycoproteine bilden eine außerordentlich vielfältige Gruppe von Proteinen, in der zum Beispiel Enzyme, Hormone, Strukturproteine und Transportproteine zu finden sind. Die Zusammensetzung der Oligosaccharidketten in den verschiedenen Glycoproteinen weist eine große Variabilität auf. Sie kann sich sogar bei Molekülen des gleichen Proteins unterscheiden. Dieses Phänomen nennt man Mikroheterogenität. Zur strukturellen Vielfalt der Oligosaccharidketten in Glycoproteinen tragen mehrere Faktoren bei. Eine Oligosaccharidkette kann zuerst einmal aus mehreren verschiedenen Zuckermolekülen aufgebaut sein. In eukaryontischen Glycoproteinen treten hauptsächlich die folgenden acht Zucker auf: die Hexosen L-Fucose, D-Galactose, D-Glucose und D-Mannose sowie die Hexosamine *N*-Acetyl-D-galactosamin und *N*-Acetyl-D-glucosamin und schließlich das C_9-Saccharid Sialinsäure (in der Regel *N*-Acetylneuraminsäure) und die Pentose D-Xylose. Viele verschiedene Kombinationen dieser Zucker sind möglich. Die Zucker können weiterhin entweder über α- oder β-glycosidische Bindungen verknüpft vorliegen. Außerdem können die einzelnen Reste der Oligosaccharidketten über verschiedene Kohlenstoffatome verbunden werden. Bei Hexosen und Hexosaminen ist an der glycosidischen Bindung immer das C-1 eines der Monosaccharide beteiligt, aber das zweite Monosaccharid kann im Falle einer Hexose sein C-2, C-3, C-4 oder C-6 und im Falle eines Aminozuckers sein C-3, C-4 oder C-6 in die glycosidische Bindung einbringen. Bei Aminozuckern trägt nämlich in der Regel das Kohlenstoffatom C-2 eine acetylierte Aminogruppe. Sialinsäure steuert anstelle von C-1 das Kohlenstoffatom C-2 zu einer glycosidischen Bindung bei. Oligosaccharidketten in Glycoproteinen weisen schließlich bis zu vier Verzweigungen auf. Allerdings wird die astronomische Anzahl von Oligosaccharidstrukturen, die infolge dieser vier Faktoren möglich wäre, in lebenden Zellen nicht realisiert, weil die Zellen nicht die notwendigen spezifischen Glycosyltransferasen besitzen, um die Bildung aller theoretisch möglichen glycosidischen Verknüpfungen zu katalysieren. Außerdem regulieren die einzelnen Glycoproteine durch ihre einzigartige Konformation ihre eigenen Wechselwirkungen mit den glycosylierenden Enzymen, sodass die meisten Glycoproteine eine heterogene, aber reproduzierbare Oligosaccharidstruktur aufweisen.

Die Oligosaccharidketten der meisten Glycoproteine sind entweder über *O*-glycosidische oder *N*-glycosidische Bindungen mit dem Protein assoziiert. Bei *O*-gekoppelten Oligosacchariden liegt typischerweise ein GalNAc-Rest mit einem Serin- oder Threoninrest verknüpft vor. Im Falle *N*-gekoppelter Oligosaccharide ist ein GlcNAc-Rest an das Amidstickstoffatom eines Asparaginrestes gebunden. Die Strukturen von *O*-glycosidischen und *N*-glycosidischen Bindungen werden in ▶*Abbildung 6.23* verglichen. An dem GalNAc-Rest beziehungsweise dem GlcNAc-Rest können zur Bildung von Oligosaccharidketten weitere Zuckerreste angehängt werden. Ein einzelnes Glycoprotein kann sowohl *O*-gekoppelte als auch *N*-gekoppelte Oligosaccharide enthalten. Manche Glycoproteine weisen einen dritten Verknüpfungstyp auf. In diesen Glycoproteinen sind das Protein und ein verzweigtes Oligosaccharid, an das außerdem ein Lipidmolekül gebunden ist, über ein Ethanolaminmolekül miteinander verknüpft (▶*Abschnitt 7.4*).

Es gibt vier wichtige Subklassen *O*-glycosidischer Verknüpfungen zwischen dem Protein und einem Oligosaccharid in Glycoproteinen. Den häufigsten Typ der *O*-glycosidischen Bindung stellt die oben bereits erwähnte GalNAc–Ser/Thr-Verknüpfung dar. An den GalNAc-Rest sind oft weitere Monosaccharide angehängt, wie zum Beispiel Galactose und Sialinsäure (▶*Abbildung 6.23c*). Einige der 5-Hydroxylysinreste (Hyl) von Kollagen sind über eine *O*-glycosidische Bindung mit D-Galactose assoziiert (▶*Abbildung 6.23d*). Dieses Strukturelement kommt nur in Kollagen vor. Die Glycosaminoglycane von bestimmten Proteoglycanen werden über eine Gal–Gal–Xyl–Ser-Struktur an das Kernprotein gebunden (▶*Abbildung 6.23e*). In manchen Proteinen liegt nur ein einzelner GlcNAc-Rest mit Serin oder Threonin verknüpft vor (▶*Abbildung 6.23f*). *O*-gekoppelte Oligosaccharide können für bis zu 80 Prozent der Masse von Mucinen verantwortlich sein. Diese großen Glycoproteine kommen im zähflüssigen Schleim vor (lat. *mucus*), der das Epithel der Atemwege, des Gastrointestinaltrakts und des Urogenitaltrakts schützt und schmiert. Die Oligosaccharidketten der Mucine enthalten große Mengen von *N*-Acetylneuraminsäure-Resten (NeuNAc oder NANA) und sulfatierten Zuckern. Die negativen Ladungen dieser Reste tragen durch ihre umfangreiche Hydratisierung zum Teil zur großen, ausgedehnten Gestalt der Mucine und zur relativ

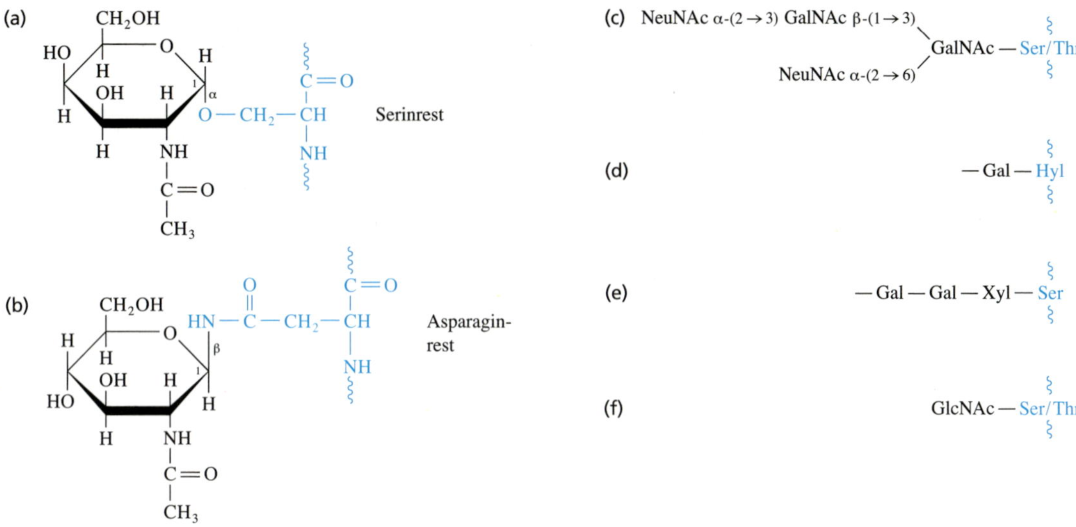

Abbildung 6.23: *O*-glycosidische und *N*-glycosidische Bindungen. (a) Diese *N*-Acetylgalactosamin–Serin-Verknüpfung stellt die überwiegende *O*-glycosidische Verknüpfung in Glycoproteinen dar. (b) Die *N*-Acetylglucosamin-Asparagin-Verknüpfung ist charakteristisch für *N*-gekoppelte Oligosaccharide in Glycoproteinen. Die *O*-gekoppelten Oligosaccharide sind α-glycosidisch und die *N*-gekoppelten Oligosaccharide β-glycosidisch gebunden. (c) Vier wichtige Subklassen von *O*-glycosidischen Verknüpfungen zwischen dem Protein und Oligosacchariden in Glycoproteinen. Beispiel einer typischen Verknüpfung, in der ein verzweigtes Oligosaccharid über einen seiner *N*-Acetylgalactosaminreste (GalNAc) mit einem Serin- oder Threoninrest verbunden ist. (d) Diese Verknüpfung, in der ein Galactoserest, der in der Regel noch mit einem Glucoserest verbunden ist, mit einem 5-Hydroxylysinrest verknüpft vorliegt, kommt nur in Kollagen vor. (e) Diese Verbindung über eine charakteristische Trisaccharideinheit tritt in bestimmten Proteoglycanen auf. (f) In manchen Proteinen sind einzelne GlcNAc-Reste mit einem Serin- oder Threoninrest assoziiert.

hohen Viskosität von wässrigen Lösungen der Mucine bei. Die Biosynthese der Oligosaccharidketten von Glycoproteinen erfordert eine ganze Batterie von spezifischen Enzymen in verschiedenen Kompartimenten der Zelle. In der schrittweisen Synthese von *O*-gekoppelten Oligosacchariden katalysieren Glycosyltransferasen die Anknüpfung von Glycosylgruppen, die durch Nucleotid–Zucker-Coenzyme bereitgestellt werden. Beim Zusammenbau der Oligosaccharidketten wird zunächst der erste Zuckerrest mit dem Protein verbunden, bevor im Anschluss einzelne Zucker nach und nach an das nichtreduzierende Ende der an das Protein gebundenen Saccharidkette angehängt werden. *N*-gekoppelte Oligosaccharide weisen, wie die *O*-gekoppelten Oligosaccharide, eine große Vielfalt von Monosaccharidsequenzen und Zusammensetzungen auf. Die meisten *N*-gekoppelten Oligosaccharide können einer von drei Subklassen zugeordnet werden: mannosereiche, komplexe und hybride Oligosaccharide (▶*Abbildung 6.24*). Der gemeinsame Pentasaccharid-Kern ($GlcNAc_2Man_3$) in allen *N*-gekoppelten Oligosacchariden deutet auf übereinstimmende erste Schritte in ihren Biosynthesen hin. Die Synthese von *N*-gekoppelten Oligosacchariden beginnt mit dem Zusammenbau einer Verbindung, die aus einem Oligosaccharid besteht, das mit dem Lipid Dolichol verknüpft ist. Das Oligosaccharid enthält 14 Reste, darunter neun Mannosereste. Die gesamte Oligosaccharidkette wird auf einen Asparaginrest eines neu synthetisierten Proteins übertragen und anschließend durch die Aktivität von Glycosidasen zurechtgeschnitten. Mannosereiche Ketten repräsentieren also eine frühe Stufe in der Biosynthese von *N*-gekoppelten Oligosacchariden. Komplexere Oligosaccharidketten entstehen durch die Abspaltung weiterer Zuckerreste von der mannosereichen Kette und die Addition von anderen Zuckerresten, wie zum Beispiel Fucose, Galactose, GlcNAc und Sialinsäure. Dieser Vorgang wird Oligosaccharid-Prozessierung oder Glycoprotein-Prozessierung genannt. Wie bei der Synthese der *O*-gekoppelten Oligosaccharide werden die zusätzlichen Zuckerreste von Nucleotidzuckern auf die Oligosaccharidkette übertragen. Diese Reaktion wird durch Glycosyltransferasen katalysiert. In einigen Fällen enthält das Glycoprotein ein verzweigtes Oligosaccharid, das einen Zweig vom mannosereichen Typ und einen Zweig vom komplexen Typ aufweist. Ein solches Oligosaccharid in einem Glycoprotein nennt man hybrides Oligosaccharid.

Die meisten Glycoproteine werden in den extrazellulären Raum sezerniert oder in die Plasmamembran integriert. Innerhalb des Cytoplasmas kommen nur sehr wenige Glycoproteine vor. Abgesehen von seltenen Ausnahmen liegt keines der grundlegenden Stoffwechselenzyme glycosyliert vor. Die Addition von Oligosaccharidketten ist eng mit der Sortierung und Sekretion von Proteinen in eukaryontischen Zellen verbunden. Cytoplasmatische Proteine werden an den freien Ribosomen im Cytoplasma synthetisiert. Die Synthese der Proteine, die nach der Translation aus der Zelle herausgeschleust (sezerniert) werden oder in der Plasmamembran gebunden bleiben, erfolgt durch die Ribosomen am rauen endoplasmatischen Reticulum. (ER) Extrazelluläre Proteine werden bei ihrer Synthese zunächst vollständig in das Lumen des ER abgegeben, während Membranproteine in die ER-Membran integriert werden. Der Transport dieser beiden Proteintypen zur Plasmamembran erfolgt in kleinen Membranvesikeln, die auf ihrem Weg zur Cytoplasmamembran zwischenzeitlich mit den Membranen des Golgi-Apparates verschmelzen. Die Glycosylierung der Glycoproteine findet im Lumen des ER und im Golgi-Apparat durch die Aktivität verschiedener Glycosyltransferasen statt. Schließlich werden die glycosylierten Proteine in Membranvesikeln zur Cytoplasmamembran und zu den Membranen von einigen membranumhüllten Zellkompartimenten, wie zum Beispiel den Lysosomen, aber nicht den Mitochondrien, transportiert. Bei der Verschmelzung der Vesikel mit der Plasmamembran verbleiben die in die Vesikelmembran integrierten Glycoproteine in der Plasmamembran, während die innerhalb der Vesikel eingeschlossenen, aber nicht membrangebundenen Glycoproteine aus der Zelle sezerniert werden. Die Strukturen der Oligosaccharide der Glycoproteine dienen zum Teil als Adressmarker für die Sortierung der Proteine für den Transport zu den unterschiedlichen Zellkompartimenten und zur Plasmamembran. Man spricht in diesem Zusammenhang von der Zielsteuerung der Proteine (engl. *protein targeting*). In Abhängigkeit von der Struktur ihrer Oligosaccharide werden einige Glycoproteine zum Beispiel in die Membran von Lysosomen eingebaut, während andere für den Export aus der Zelle markiert sind.

Zusätzlich zu ihren Rollen als Marker für die Sortierung und Sekretion kann die Anwesenheit von einer oder mehreren Oligosaccharidketten auf der Oberfläche eines Proteins dessen physikalische Eigenschaften beeinflussen, wie zum Beispiel seine Größe, Gestalt, Löslichkeit, elektrische Ladung und Stabilität. Auf diese Weise können auch die biologischen Eigenschaften des Proteins moduliert werden, wie zum Beispiel die Sekretionsrate, die Faltungsgeschwindigkeit und die Immunogenität. In manchen Fällen wurden spezifische Rollen von Oligosaccharidketten auf Glycoproteinen identifiziert. Einige Säugetierhormone stellen zum Beispiel dimere Glycoproteine dar, deren Oligosaccharidketten den Zusammenbau des Dimers unterstützen und eine gewisse Resistenz gegen eine Proteolyse verleihen. Außerdem spielen die Oligosaccharidketten auf Glycoproteinen eine wichtige Rolle bei der Kommunikation zwischen verschiedenen Zellen. Die Erkennung einer Zelle durch eine andere während der Wanderung von Zellen oder bei der Befruchtung von Eizellen (Oocyten) hängt zum Beispiel teilweise ab von der Bindung von Proteinen auf der Oberfläche der einen Zelle an die Kohlenhydrat-Komponenten von Glycoproteinen auf der Oberfläche der anderen Zelle.

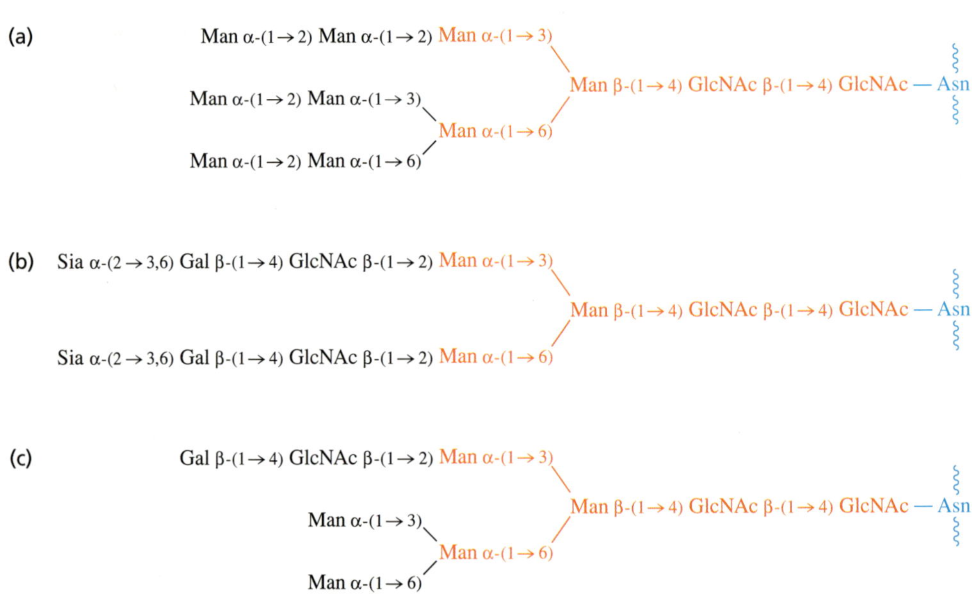

Abbildung 6.24: Strukturen von *N*-gekoppelten Oligosacchariden. (a) Mannosereiche Kette. (b) Komplexe Kette. (c) Hybride Kette. Alle *N*-gekoppelten Oligosaccharide besitzen den gleichen Pentasaccharid-Kern (rot). *Sia* steht für Sialinsäurereste, in der Regel NeuNAc.

6.7.4 Das AB0-System der Blutgruppen

Das AB0-Blutgruppensystem wurde im Jahr 1901 entdeckt. Die meisten Primaten tragen drei verschiedene Arten von *O*- oder *N*-gekoppelten Oligosacchariden, verbunden mit einem Gangliosid, bestehend aus einem Sphingosin Grundgerüst (▶*Abbildung 7.9*) mit angehängter Fettsäure. Die Kernstruktur dieser Oligosaccharide wird H-Antigen genannt. Sie besteht aus unterschiedlichen Kombinationen von Galactose (Gal), Fucose (Fuc), *N*-Acetylglucosamin (GlcNAc) und *N*-Acetylneuraminsäure (Sialinsäure, NeuNAc). Diese Monosaccharide sind auf mehrere Arten zu kurzen, verzweigten Oligosaccharid-Strukturen verknüpft, die eine erhebliche Mikroheterogenität aufweisen. Eine der häufigsten Strukturen von H-Antigenen ist in ▶*Abbildung 6.25* dargestellt.

Die Kernstruktur, also das H-Antigen, kann auf unterschiedliche Art und Weise modifiziert vorliegen. Das Hinzufügen eines GalNAc-Restes über eine α-(1→3)-Verknüpfung ergibt das sogenannte A-Antigen, das eine andere Immunogenität besitzt als das H-Antigen. Diese Reaktion wird durch das A-Enzym katalysiert. Die Addition eines Gal-Restes führt hingegen zu dem sogenannten B-Antigen. Diese Addition wird durch das B-Enzym katalysiert.

Kommt auf der Oberfläche der Erythrocyten (roten Blutkörperchen) eines Menschen (beziehungsweise Primaten) nur das A-Antigen vor, besitzt dieser die Blutgruppe A. Analog weist jemand die Blutgruppe B auf, wenn auf seinen Erythrocyten nur die B-Antigene zu finden sind. Die Blutgruppe AB bedeutet, dass sowohl A-Antigene als auch B-Antigene auf den Zelloberflächen der Erythrocyten existieren. Tragen die Erythrocyten eines Individuums nur H-Antigene auf ihrer Oberfläche, an die keine GalNAc- und keine Gal-Reste angefügt sind, spricht man von der Blutgruppe 0. Beim Menschen wird die Blutgruppe gemäß dem AB0-System durch ein einzelnes Gen auf Chromosom 9 festgelegt. Menschenpopulationen (und andere Primatenpopulationen) enthalten viele Allele dieses Gens. Das ursprüngliche Gen codiert das A-Enzym, das die Übertragung von GalNAc katalysiert. Variationen dieses Gens haben zu einer Veränderung der Substratspezifität der Glycosyltransferase geführt, infolge derer nicht mehr GalNAc erkannt, sondern stattdessen Galactose (Gal) übertragen wird. Das neue Gen codiert das sogenannte B-Enzym, das sich in mehreren Aminosäureresten vom A-Enzym unterscheidet. Die dreidimensionalen Strukturen der Glycosyltransferasen A-Enzym und B-Enzym wurden inzwischen ermittelt. Sie offenbaren, dass nur eine einzelne Aminosäuresubstitution erforderlich ist, um die spezifische *N*-Acetylaminogalactosyltransferase in eine spezifische Galactosyltransferase zu verwandeln. Der Genort dieser Glycosyltransferasen auf Chromosom 9 kann aber auch mehrere Allele enthalten, die nur nichtfunktionale Enzyme codieren. Eine der häufigsten Mutationen besteht in der Deletion eines einzelnen Basenpaares in der Nähe des *N*-Terminus der Code-Region. Diese Deletion führt zu einer Verschiebung des Leserasters für die Translation, die die Synthese eines funktionsfähigen A- oder B-Enzyms unmöglich macht. Individuen, die bezüglich dieser nichtfunktionalen Allele homozygot sind, können weder A-Antigen noch B-Antigen produzieren und weisen deswegen die Blutgruppe 0 auf. Alle Erythrocyten tragen auf ihrer Oberfläche einige H-Antigene, auch wenn die zugehörige Blutgruppe A, B oder AB lautet, weil auch in Gegenwart der A- oder B-Enzyme nicht alle H-Antigene modifiziert werden. Deswegen enthält menschliches Blutplasma unter normalen Umständen keine Antikörper gegen das H-Antigen. Im Blut von Individuen mit der Blutgruppe 0 befinden sich allerdings Antikörper sowohl gegen das A-Antigen als auch gegen das B-Antigen, weil das Immunsystem dieses als körperfremd erkennt. Bekommt jemand mit der Blutgruppe 0 eine Bluttransfusion der Blutgruppe A, B oder AB, binden Antikörper der Klasse M (IgM) gegen das A- beziehungsweise B-Antigen fest an diese Antigene und somit an die Oberflächen der Erythrocyten. Da IgM-Moleküle im Blutserum in der Regel als Pentamere vorkommen, führt die Bindung von IgM-Molekülen an die A- beziehungsweise B-Antigene zu einer stabilen Vernetzung der Erythrocyten und somit zur Agglutination,

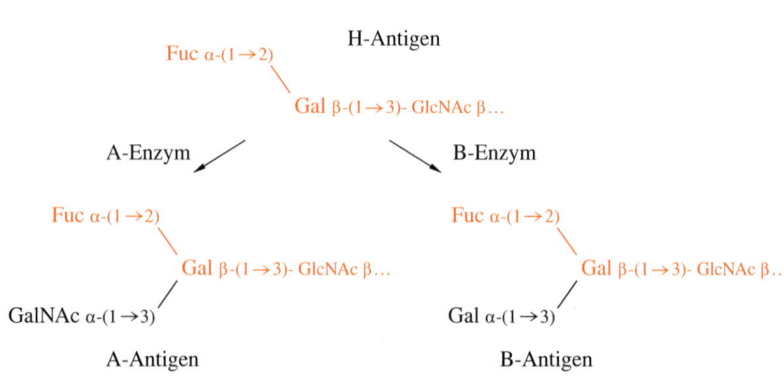

Abbildung 6.25: Strukturen von *O*- oder *N*-gekoppelten Oligosacchariden, die dem AB0-Blutgruppensystem zugrunde liegen.

die im Folgenden zu lebensgefährlichen Zuständen führen kann. Aus dem gleichen Grund darf zum Beispiel Individuen mit der Blutgruppe A weder Blut der Gruppe B noch der Gruppe AB verabreicht werden, weil sie Antikörper gegen das B-Antigen bilden. Das 0-Allel (nichtfunktionale Enzyme) stellt das häufigste der Blutgruppen-Allele in den meisten menschlichen Populationen dar, während das B-Allel am seltensten auftritt. Einige amerikanische Eingeborenenpopulationen sind homogen vom Typ 0, sodass alle Individuen dieser Populationen die Blutgruppe 0 aufweisen. Menschen mit der Blutgruppe 0 sind völlig normal oder mit anderen Worten: Die Abwesenheit der A- und B-Oligosaccharidstrukturen beeinflusst das normale Wachstum und die Entwicklung eines Menschen nicht. Allerdings wurden Korrelationen zwischen der Blutgruppe und bestimmten Erkrankungen gefunden. Menschen mit der Blutgruppe 0 sind zum Beispiel anfälliger für Cholera, die durch die Infektion mit dem Bakterium *Vibrio cholerae* verursacht wird. Der dadurch hervorgerufene Selektionsdruck könnte für die Erhaltung der Häufigkeiten der A- und B-Allele in einzelnen Populationen verantwortlich sein.

6.7.5 Lipopolysaccharide

Gram-negative Bakterien besitzen zusätzlich zur Cytoplasmamembran eine weitere äußere Membran. Diese Lipiddoppelschicht ist asymmetrisch aufgebaut. Die nach innen gerichtete Schicht besteht aus Phospholipiden (▶*Abbildung 6.26*).

Die äußere Schicht besteht aus Lipopolysacchariden (LPS). LPS ist aus drei unterschiedlichen strukturellen Komponenten aufgebaut, dem Lipid A, der Kern-Polysaccharidregion und der *O*-spezifischen Seitenkette. Lipid A besteht aus einem Glucosaminphosphat Disaccharid, an dessen Hydroxylgruppen Fettsäuren mittel Esterbindung gebunden sind. Unter den Fettsäuren sind häufig Capron- (C_6), Laurin- (C_{12}), Myristin- (C_{14}), Palmitin- (C_{16}) und Stearinsäure (C_{18}) zu finden. Die Zuckersäure 2-Keto-3-desoxyoctonsäure (KDO) ist die Brücke von Lipid A zur Kernregion, die aus Zuckern wie verschiedenen Heptosen, Galactose, Glucose und *N*-Acetylglucosamin bestehen. Daran schließt sich die *O*-spezifische Polysaccharidkette an, die aus Galactose, Glucose, Rhamnose und Mannose besteht, aber auch seltene Didesoxyhexosen wie Abequose, Colitose, Paratose und Tyvelose enthalten kann. Vier bis fünf Zucker bilden dabei oft verzweigte Grundstrukturen, die dann mehrfach wiederholt werden können. Diese Strukturen haben stark antigene Eigenschaften für das humane Immunsystem (deshalb *O*-Antigen). Wird durch Zelllyse LPS und besonders der Lipid A-Anteil (Endotoxin) im menschlichen Körper freigesetzt, kann dies zum septischen Schock führen.

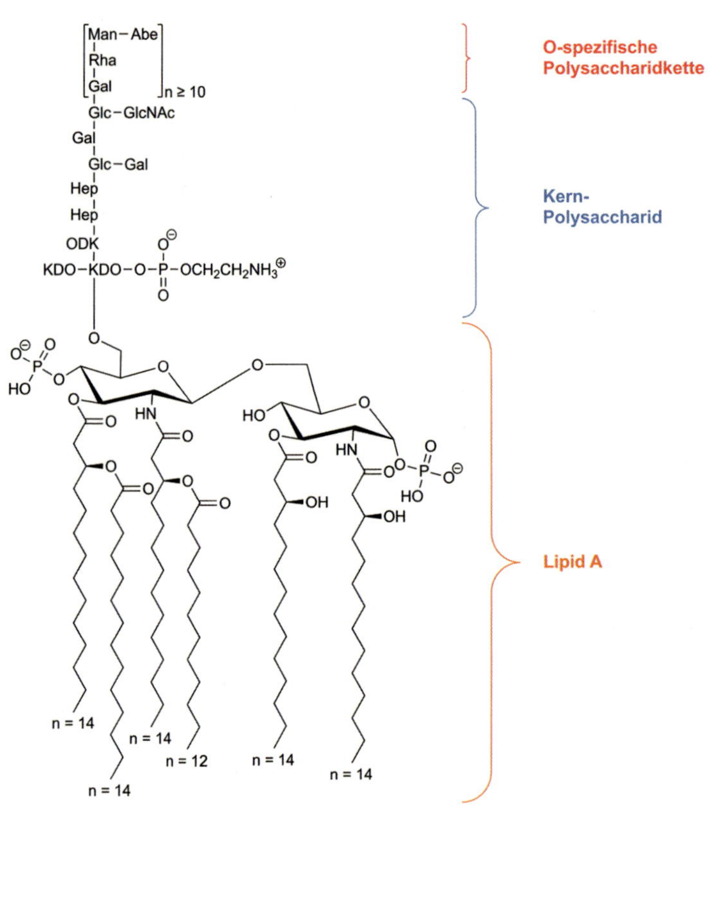

Abbildung 6.26: Struktur von Lipopolysaccharid (LPS).

ZUSAMMENFASSUNG

1. Zur Verbindungsklasse der Kohlenhydrate gehören die Monosaccharide, die Oligosaccharide und die Polysaccharide. Die Monosaccharide werden nach dem Typ ihres höchstoxidierten C-Atoms und potenziellen Derivatisierungen in Aldosen, Ketosen und deren Derivate unterteilt.

2. Ein Monosaccharid wird je nach Konfiguration des asymmetrisch substituierten Kohlenstoffatoms, das am weitesten von der Carbonylgruppe entfernt liegt, als D- oder L-Zucker bezeichnet. Jedes Monosaccharid kann prinzipiell in Form von 2^n verschiedenen Stereoisomeren auftreten, wenn n die Anzahl seiner asymmetrisch substituierten Kohlenstoffatome (beziehungsweise die Anzahl der Stereozentren) repräsentiert. Enantiomere sind Isomere, die sich wie Bild und Spiegelbild verhalten und deswegen nicht deckungsgleich sind, sondern als unterschiedliche Moleküle auftreten. Epimere unterscheiden sich nur in der Konfiguration eines von mehreren Stereozentren.

3. Aldosen mit mindestens fünf Kohlenstoffatomen und Ketosen mit mindestens sechs Kohlenstoffatomen existieren hauptsächlich als cyclische Halbacetale beziehungsweise Halbketale, die je nach Ringgröße als Furanosen oder Pyranosen bekannt sind. Bei diesen Ringstrukturen werden die beiden möglichen Konfigurationen des halbacetalischen beziehungsweise halbketalischen C-Atoms, das auch anomeres Kohlenstoffatom oder anomeres Zentrum genannt wird, mit den griechischen Buchstaben α und β gekennzeichnet. Furanosen und Pyranosen können in mehreren Konfigurationen vorliegen.

4. Zuckerphosphate, Desoxyzucker, Aminozucker, Zuckeralkohole und Zuckersäuren repräsentieren biologisch bedeutsame Zuckerderivate.

5. Glycoside werden durch die Verknüpfung des anomeren Kohlenstoffatoms über eine sogenannte glycosidische Bindung mit einem anderen Molekül gebildet. Zu den Glycosiden gehören zum Beispiel Disaccharide, Oligosaccharide, Polysaccharide und einige andere Kohlenhydratderivate.

6. Homoglycane sind Zuckerpolymere, die nur einen Typ von Monomer enthalten. Die Speicherpolysaccharide Stärke und Glycogen sowie die Strukturpolysaccharide Cellulose und Chitin stellen Beispiele für Homoglycane dar.

7. Heteroglycane, die mehr als einen Typ von Zuckermonomer enthalten, kommen zum Beispiel in Glycokonjugaten vor. Zu den Glycokonjugaten werden Proteoglycane, Peptidoglycane, Glycoproteine und Glycolipide gezählt.

8. In Proteoglycanen sind Proteine mit Glycosaminoglycanen miteinander verknüpft, die aus Ketten von sich wiederholenden Disaccharideinheiten bestehen. Proteoglycane stellen wichtige Bestandteile der extrazellulären Matrix und des Bindegewebes dar, wie zum Beispiel in Knorpeln, die dem Gewebe besondere, an die Funktion angepasste, mechanische Eigenschaften verleihen.

9. Die Zellwände vieler Bakterien bestehen aus Peptidoglycanen. In diesen liegen Heteroglycanketten mit kurzen Peptiden verknüpft vor. Die Peptidoglycane in der Zellwand von Bakterien bilden eine hochvernetzte Struktur, sodass eigentlich ein einziges riesiges Makromolekül entsteht, das die Zelle umschließt, ihre Gestalt definiert und die Plasmamembran vor äußeren Einflüssen und osmotisch bedingten mechanischen Schäden schützt. Die äußere asymmetrische Membran Gram-negativer Bakterien besteht nach innen aus Phospholipiden und nach außen aus Lipopolysacchariden (LPS). LPS wiederum ist aus Lipid A (Endotoxin), einem Kernpolysaccharid und der *O*-spezifischen Seitenkette (*O*-Antigen) aufgebaut.

10. Proteine, die kovalent gebundene Oligosaccharide enthalten, werden Glycoproteine genannt. Die Oligosaccharidketten der meisten Glycoproteine sind entweder über eine *O*-glycosidische Bindung mit einem Serin- oder Threoninrest verbunden (*O*-gekoppelte Oligosaccharide) oder sie liegen über eine *N*-glycosidische Bindung mit einem Asparaginrest verknüpft vor (*N*-gekoppelte Oligosaccharide).

11. Das AB0-Blutgruppensystem basiert auf *N*- und *O*-gekoppelten Oligosacchariden auf der Zelloberfläche.

AUSGEWÄHLTE LITERATUR

Allgemein

Lindhorst, T. K. 2007. *Essentials of Carbohydrate Chemistry and Biochemistry.* Weinheim. Wiley-VCH.

Rauter, A. P., Lindhorst, T. und Queneau, Y. 2018. *Carbohydrate Chemistry: Chemical and Biochemical Approaches.* Cambridge, UK. Royal Society of Chemistry Pub.

Sinnott, M. 2013. *Carbohydrate Chemistry and Biochemistry: Structure and Mechanism.* Cambridge, UK. Royal Society of Chemistry Pub.

Nod-Faktoren

Buhian, W. P. und Bensmihen, S. 2018. *Nod Factor Regulation of Phytohormone Signaling and Homeostasis During Rhizobia-Legume Symbiosis.* Front Plant Sci. 9:1247.

Fliegmann, J. und Bono, J. J. 2015. Lipo-chitooligosaccharidic nodulation factors and their perception by plant receptors. *Glycoconj. J.* 32:455–464.

Proteoglycane

Iozzo, R. V. 2000. *Proteoglycans: Structure, Biology and Molecular Interactions.* Boca Raton. CRC Press.

Mulloy, B. 2018. *Glycosaminoglycans and Proteoglycans.* Basel. MDPI.

Wight, T. N. und Mecham, R. P. 2013. *Biology of Proteoglycans (Biology of Extracellular Matrix) (English Edition).* New York. Academic Press.

Glycoproteine

Aebi, M. 2013. N-linked protein glycosylation in the ER. *Biochim. Biophys. Acta.* 1833:2430–2437.

Bertani, B. und Ruiz, N., 2018. Function and Biogenesis of Lipopolysaccharides. *EcoSal Plus* 8 doi: 10.1128/ecosalplus.ESP-0001–2018.

Cherepanova, N., Shrimal, S. und Gilmore, R. 2016. N-linked glycosylation and homeostasis of the endoplasmic reticulum. *Curr Opin Cell Biol.* 41:57–65.

Li, H, Debowski, A. W., Liao, T., Tang, H., Nilsson, H. O., Marshall, B. J., Stubbs, K. A. und Benghezal, M. 2017. *Understanding protein glycosylation pathways in bacteria.* Future Microbiol. 12:59–72.

Montreuil, J. 2011. *Glycoproteins.* Amsterdam. Elsevier.

Moran, A. P., Holst, O., Brennan, P. und Itzstein, M. 2009. *Microbial Glycobiology: Structures, Relevance and Applications.* New York. Academic Press.

Schenkel-Brunner, H. 2000. *Human Blood Groups.* Wien. Springer.

Strasser, R. 2016. *Plant protein glycosylation.* Glycobiology 26:926–939.

Tan, Z. und Wang, L.-X. 2017. *Chemical Biology of Glycoproteins.* Cambridge, UK. Royal Society of Chemistry Pub.

Whitfield, C., und Trent, M. S. 2014. Biosynthesis and export of bacterial lipopolysaccharides. *Annu. Rev. Biochem.* 83:99–128.

Wittmann, V. 2007. *Glycopeptides and Glycoproteins: Synthesis, Structure, and Application (Topics in Current Chemistry).* Heidelberg, Springer.

Lipide und Membranen

7

ÜBERBLICK

Lipide (gr. lipos, Fett) werden häufig als in Wasser unlösliche oder zumindest schwerlösliche organische Verbindungen in biologischen Systemen beschrieben, die in unpolaren organischen Lösungsmitteln aber sehr gut löslich sind. Lipide sind entweder hydrophob oder amphipathisch, das heißt, sie besitzen entweder nur unpolare Gruppen oder sowohl unpolare als auch polare Bereiche.

7.1 Strukturelle und funktionelle Vielfalt von Lipiden

▸*Abbildung 7.1* zeigt die Haupttypen von Lipiden und ihre wechselseitigen strukturellen Beziehungen. Die einfachsten Lipide sind die Fettsäuren, die durch die allgemeine Formel R–COOH beschrieben werden, in der R für eine Kohlenwasserstoffkette steht. Fettsäuren treten als Komponenten von mehreren komplexeren Lipidtypen auf, wie den Triacylglycerinen, den Glycerophospholipiden und den Sphingolipiden. Lipide, die Phosphatgruppen enthalten, werden Phospholipide genannt, während Lipide, die sowohl Sphingosin als auch eine Kohlenhydrat-Komponente aufweisen, Glycophospholipide heißen. Steroide, fettlösliche Vitamine und Terpene leiten sich strukturell vom C_5-Alken Isopren ab und werden deswegen unter dem Oberbegriff Isoprenoide zusammengefasst. Der Name *Terpene* wird manchmal auf alle Isoprenoide angewandt, bezieht sich in der Regel aber nur auf diejenigen, die in Pflanzen vorkommen.

Lipide weisen nicht nur recht unterschiedliche Strukturen auf, sondern besitzen auch mannigfaltige biologische Funktionen. Biologische Membranen enthalten eine Vielfalt von amphipathischen Lipiden wie Glycerophospholipide und Sphingolipide. In einigen Organismen dienen Triacylglycerine (Fette und Öle) als intrazelluläre Speichermoleküle für die Stoffwechselenergie. Bei Tieren spielen Fette außerdem als thermische Isolatoren und Polster eine Rolle. Wachse in Zellwänden, Exoskeletten und Häuten bilden einen Oberflächenschutz für viele Organismen. Einige Lipide erfüllen hoch spezialisierte Funktionen. Steroidhormone regulieren und koordinieren zum Beispiel eine riesige Anzahl von Stoffwechselreaktionen in Tieren, während Eicosanoide an der Regulation des Blutdrucks, der Körpertemperatur und der Kontraktion der glatten Muskulatur in Säugetieren beteiligt sind. Ganglioside und andere Glycosphingolipide befinden sich auf der Oberfläche von Zellen und können eine wichtige Rolle für zelluläre Erkennungsmechanismen spielen.

7.2 Fettsäuren

Mehr als 100 unterschiedliche Fettsäuren sind in den verschiedenen Spezies identifiziert worden. Sie unterscheiden sich in der Länge ihrer Kohlenwasserstoffketten, der Anzahl von C=C-Doppelbindungen, den Positionen der Doppelbindungen sowie der Anzahl von Verzweigungen. Einige der Fettsäuren, die in Säugetieren häufig vorkom-

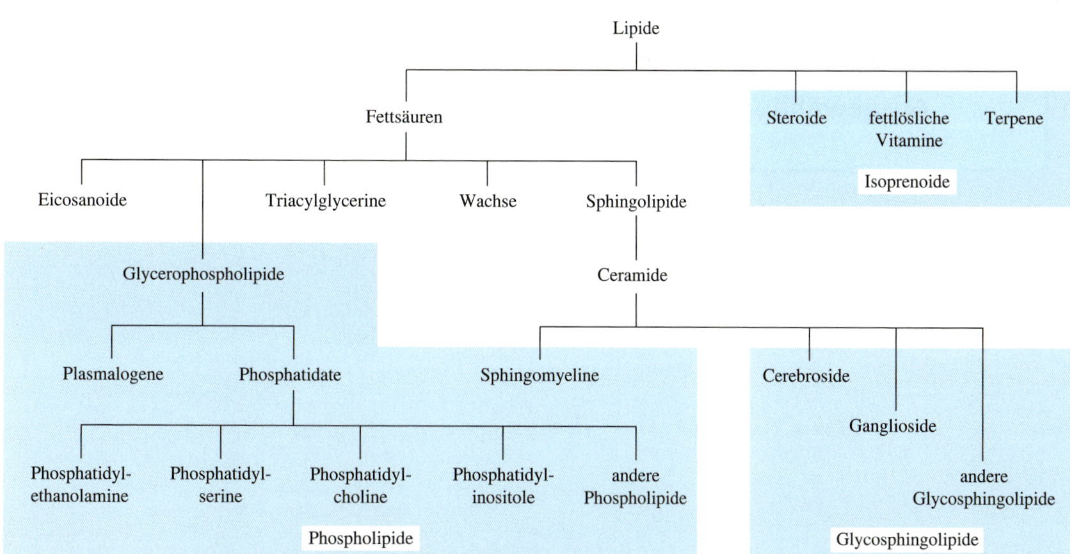

Abbildung 7.1: Strukturelle Beziehungen zwischen den Hauptklassen der Lipide. Fettsäuren stellen die einfachsten Lipide dar. Viele andere Lipide enthalten entweder Fettsäurereste oder leiten sich von diesen ab. Glycerophospholipide und Sphingomyeline besitzen Phosphatgruppen und werden deswegen allgemein als Phospholipide bezeichnet. Cerebroside und Ganglioside gehören zu den Glycosphingolipiden, weil sie Sphingosin und eine Kohlenhydrat-Komponente enthalten. Steroide, fettlösliche Vitamine und Terpene werden unter dem Oberbegriff Isoprenoide zusammengefasst, weil sie sich strukturell alle von dem C_5-Alken Isopren ableiten lassen und weniger mit den Fettsäuren verwandt sind.

men, sind in ▶ *Tabelle 7.1* aufgelistet. Die meisten Fettsäuren weisen einen pK_S-Wert zwischen 4,5 und 5,0 auf und liegen bei physiologischen pH-Werten deswegen in deprotonierter, ionischer Form vor. Fettsäuren besitzen die Eigenschaften von Detergenzien, weil sie neben einer langen hydrophoben Schwanzgruppe einen polaren Kopf besitzen (▶ *Abschnitt 2.4*). Die meisten Fettsäuremoleküle treten als Komponenten komplexerer Lipide in Erscheinung, in denen sie über eine Esterbindung zur endständigen Carboxylgruppe an andere Moleküle gebunden sind.

Tabelle 7.1

Einige häufig vorkommende Fettsäuren (anionische Formen) Die Schmelzpunkte beziehen sich auf die Carbonsäuren, nicht auf die Carboxylate (Anionen) beziehungsweise deren Salze.

C-Atome	Doppelbindungen	Trivialname Ursprüngliche Quelle	IUPAC*-Name	Schmelzpunkt (°C)	Molekülformel
12	0	Laurat (Laurinsäure) Lorbeerbaumöl (Laurus nobilis)	Dodecanoat	44	$CH_3(CH_2)_{10}COOH^{\ominus}$
14	0	Myristat (Myristinsäure) Muskatnussöl *(Myristica fragrans)*	Tetradecanoat	52	$CH_3(CH_2)_{12}COOH^{\ominus}$
16	0	Palmitat (Palmitinsäure) Palmöl	Hexadecanoat	63	$CH_3(CH_2)_{14}COOH^{\ominus}$
18	0	Stearat (Stearinsäure) Ochsenfett (frz. *Stéarique)*	Octadecanoat	70	$CH_3(CH_2)_{16}COOH^{\ominus}$
20	0	Arachidat (Arachinsäure) Erdnussöl *(Arachis hypogaea)*	Eicosanoat	75	$CH_3(CH_2)_{18}COOH^{\ominus}$
22	0	Behenat (Behensäure) Samen des Meeretichbaums	Docosanoat	81	$CH_3(CH_2)_{20}COOH^{\ominus}$
24	0	Lignocerat (Lignocerinsäure) vom lat. Wort *lignum* (Holz)	Tetraconsanoat	84	$CH_3(CH_2)_{22}COOH^{\ominus}$
16	1	Palmitoleat (Palmitoleinsäure)	*cis*-Δ^9-Hexadecenoat	–0,5	$CH_3(CH_2)_5CH{=}CH(CH_2)_7COO^{\ominus}$
18	1	Oleat (Ölsäure) vom lat. Wort *oleum* (Öl)	*cis*-Δ^9-Octadecenoat	13	$CH_3(CH_2)_7CH{=}CH(CH_2)_7COO^{\ominus}$
18	2	Linoleat (Linolsäure)	*cis,cis*-$\Delta^{9,12}$-Octadecadienoat	–9	$CH_3(CH_2)_4(CH{=}CHCH_2)_2(CH_2)_6COO^{\ominus}$
18	3	α-Linolenat (α-Linolensäure)	all-*cis*-$\Delta^{9,12,15}$-Octadecatrienoat	–17	$CH_3CH_2(CH{=}CHCH_2)_3(CH_2)_6COO^{\ominus}$
20	4	Arachidonat (Arachidonsäure)	all-*cis*-$\Delta^{5,8,11,14}$-Eicosatetraenoat	–49	$CH_3(CH_2)_4(CH{=}CHCH_2)_4(CH_2)_2COO^{\ominus}$

* *International Union of Pure and Applied Chemistry*

Kapitel 7

Fettsäuren können entweder mit ihren systematischen IUPAC-Namen *(International Union of Pure and Applied Chemistry)* oder mit ihren in vielen Fällen allgemein bekannten Trivialnamen benannt werden. Für die am häufigsten auftretenden Fettsäuren werden üblicherweise die Trivialnamen verwendet.

Die Anzahl der Kohlenstoffatome in den am häufigsten vorkommenden Fettsäuren liegt zwischen 12 und 20. Sie ist fast immer gerade, weil die Fettsäurebiosynthese durch das sequenzielle Hinzufügen von C_2-Einheiten erfolgt. Gemäß der IUPAC-Nomenklatur erhält das Carboxylkohlenstoffatom die Positionsnummer 1 (C-1) und die anderen Atome werden der Reihe nach durchnummeriert. In der Trivialnomenklatur werden kleine griechische Buchstaben zur Identifizierung der verschiedenen Atome der Kohlenwasserstoffkette von Fettsäuren verwendet. Das zum Carboxylkohlenstoffatom direkt benachbarte C-Atom (C-2 nach IUPAC) wird mit dem Buchstaben α gekennzeichnet und die folgenden C-Atome in der Kette mit β, γ, δ, ε und so weiter (▶ *Abbildung 7.2*). Der griechische Buchstabe ω (omega) bezeichnet das Kohlenstoffatom, das am weitesten von der Carboxylgruppe entfernt liegt, als das Kettenende, unabhängig von der Länge der Kohlenstoffkette. ω ist der letzte Buchstabe im griechischen Alphabet.

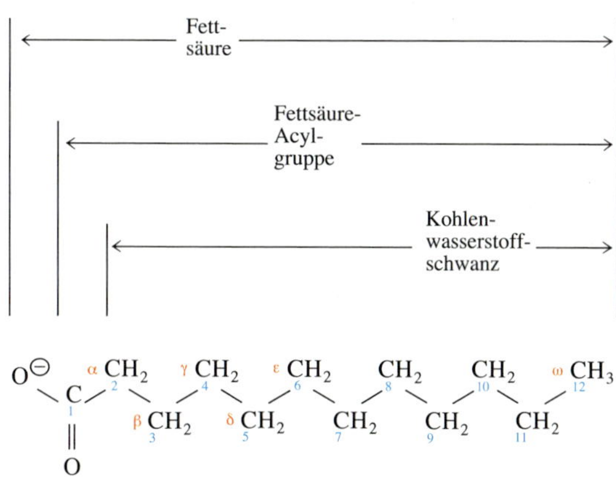

Abbildung 7.2: Struktur und Nomenklatur von Fettsäuren. Fettsäuren bestehen aus einer Carboxylgruppe (beziehungsweise Carboxylatgruppe), an die sich eine lange Kohlenwasserstoffkette anschließt. Da die pK_S-Werte der Carboxylgruppen von Fettsäuren zwischen 4,5 und 5,0 liegen, treten sie bei physiologischen pH-Werten in ihrer deprotonierten, anionischen Form auf. Gemäß der IUPAC-Nomenklatur beginnt die Nummerierung der Kohlenstoffatome mit dem Carboxylkohlenstoffatom. In der Trivialnomenklatur wird das C-Atom, das direkt zum Carboxylkohlenstoffatom benachbart ist, mit dem griechischen Buchstaben α gekennzeichnet und die anschließenden C-Atome mit β, γ, δ, ε und so weiter. Das am weitesten von der Carboxylgruppe entfernte Kohlenstoffatom wird unabhängig von der Länge der Kette ω-C-Atom genannt. In dieser Abbildung ist die Struktur von Laurat (Dodecanoat) dargestellt. Laurinsäure besitzt zwölf C-Atome und weist keine C=C-Doppelbindung auf.

Fettsäuren, die keine einzige C=C-Doppelbindung enthalten, werden gesättigte Fettsäuren genannt und solche, die mindestens eine C=C-Doppelbindung aufweisen, heißen ungesättigte Fettsäuren. Bei Fettsäuren mit genau einer C=C-Doppelbindung spricht man von einfach ungesättigten Fettsäuren und zu Fettsäuren mit mehreren C=C-Doppelbindungen sagt man mehrfach ungesättigte Fettsäuren. Die Doppelbindungen in natürlich vorkommenden Fettsäuren liegen fast immer in der *cis*-Konfiguration vor. In der IUPAC-Nomenklatur wird die Position der Doppelbindung in der Kette durch das Symbol Δ^n angegeben, in dem *n* der Positionsnummer des Kohlenstoffatoms der Doppelbindung entspricht, das die kleinere Nummer aufweist (▶ *Tabelle 7.1*). Die Doppelbindungen der meisten mehrfach ungesättigten Fettsäuren sind durch eine Methylengruppe getrennt und somit nicht konjugiert. Eine Kurzschreibweise für Fettsäuren beginnt mit zwei Zahlen, die durch einen Doppelpunkt getrennt werden. Die erste dieser Zahlen gibt die Anzahl der Kohlenstoffatome an und die zweite bezeichnet die Anzahl der C=C-Doppelbindungen in der Fettsäure. Auf diese beiden Zahlen folgt, durch einen Bindestrich getrennt, das oben erläuterte Symbol $\Delta^{n,m,\cdots}$, das die Positionen der Doppelbindungen kennzeichnet. So stehen 16:0 zum Beispiel für Palmitat, 18:1-Δ^9 für Oleat und 20:4-$\Delta^{5,8,11,14}$ für Arachidonat. Ungesättigte Fettsäuren können auch durch den Abstand der letzten Doppelbindung in der Kette vom Kettenende, also vom ω-C-Atom, näher beschrieben werden. Diese Doppelbindung befindet sich meistens drei, sechs oder neun Kohlenstoffatome vom Kettenende entfernt. Solche Fettsäuren bezeichnet man dementsprechend als ω-3- (zum Beispiel 18:3-$\Delta^{9,12,15}$), ω-6- (zum Beispiel 18:2-$\Delta^{9,12}$) oder ω-9-Fettsäuren (zum Beispiel 18:1-Δ^9). Die physikalischen Eigenschaften von gesättigten und ungesättigten Fettsäuren unterscheiden sich erheblich. Bei einer Raumtemperatur von 22 °C liegen gesättigte Fettsäuren typischerweise als wachsartige Feststoffe vor, während ungesättigte Fettsäuren als Flüssigkeiten erscheinen. Der Schmelzpunkt von Fettsäuren wird durch die Länge der Kohlenstoffkette und durch den Sättigungsgrad beeinflusst. Vergleichen Sie zum Beispiel die Schmelzpunkte der in ▶ *Tabelle 7.1* aufgelisteten, gesättigten Fettsäuren Laurinsäure (12:0), Myristinsäure (14:0) und Palmitinsäure (16:0). Offensichtlich steigt der Schmelzpunkt mit steigender Kettenlänge der Fettsäure an. Eine Ursache für diese Tendenz liegt in der größeren Anzahl von Van-der-Waals-Wechselwirkungen zwischen längeren Kohlenwasserstoffketten, sodass mehr Energie erforderlich ist, um diese aufzuheben. Verglichen werden die Strukturen von Stearat

(18:0), Oleat (18:1) und Linolenat (18:3) in ▶*Abbildung 7.3*. Die gesättigte Kohlenwasserstoffkette des Stearats zeigt in Lösung große konformative Freiheiten, weil um jede der Kohlenstoff-Kohlenstoff-Bindungen eine freie Rotation möglich ist. In einem Kristall von Stearinsäure liegen die Kohlenwasserstoffketten in gestreckter Form in einer engen Packung vor. Die Anwesenheit einer oder mehrerer *cis*-Doppelbindungen in der Kohlenwasserstoffkette, wie im Oleat oder Linolenat, führt zu deutlichen, nicht aufhebbaren Krümmungen der Kette, weil um die Doppelbindungen keine freie Rotation möglich ist. Diese Krümmungen verhindern eine dichte Packung der Fettsäuremoleküle im Kristall sowie umfangreiche Van-der-Waals-Wechselwirkungen zwischen den Kohlenwasserstoffketten. Infolgedessen weisen ungesättigte *cis*-Fettsäuren einen niedrige-

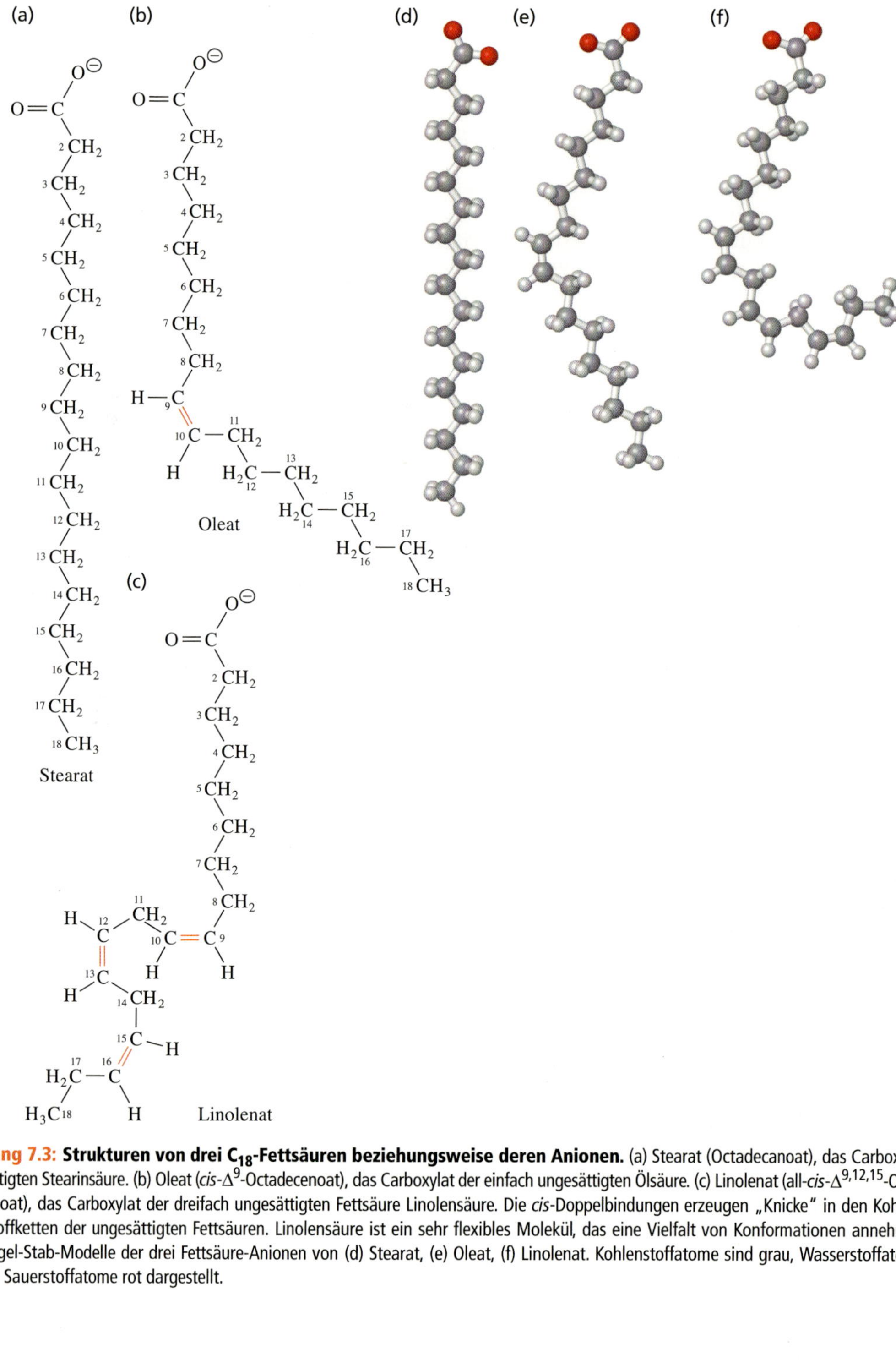

Abbildung 7.3: Strukturen von drei C_{18}-Fettsäuren beziehungsweise deren Anionen. (a) Stearat (Octadecanoat), das Carboxylat der gesättigten Stearinsäure. (b) Oleat (*cis*-Δ^9-Octadecenoat), das Carboxylat der einfach ungesättigten Ölsäure. (c) Linolenat (all-*cis*-$\Delta^{9,12,15}$-Octadecatrienoat), das Carboxylat der dreifach ungesättigten Fettsäure Linolensäure. Die *cis*-Doppelbindungen erzeugen „Knicke" in den Kohlenwasserstoffketten der ungesättigten Fettsäuren. Linolensäure ist ein sehr flexibles Molekül, das eine Vielfalt von Konformationen annehmen kann. Kugel-Stab-Modelle der drei Fettsäure-Anionen von (d) Stearat, (e) Oleat, (f) Linolenat. Kohlenstoffatome sind grau, Wasserstoffatome weiß und Sauerstoffatome rot dargestellt.

ren Schmelzpunkt auf als gesättigte Fettsäuren. Mit sinkendem Sättigungsgrad, also mit steigender Anzahl von C=C-Doppelbindungen, werden die Fettsäuren immer (dünn)flüssiger und ihr Schmelzpunkt immer niedriger. Bei Stearinsäure zum Beispiel liegt er bei 70 °C und kommt bei Körpertemperatur als Feststoff vor, wohingegen sowohl Ölsäure mit einem Schmelzpunkt von 13 °C als auch Linolensäure mit einem Schmelzpunkt von −17 °C bei Körpertemperatur als Flüssigkeiten auftreten.

Freie Fettsäuren treten nur in Spuren in lebenden Organismen auf. Die meisten Fettsäuren liegen mit Glycerin oder anderen Verbindungen, zum Beispiel über Esterbindungen, zu komplexeren Lipiden verknüpft vor. In Estern und anderen Derivaten von Carbonsäuren wird die von der Carbonsäure stammende RC=O-Gruppe als Acylgruppe bezeichnet. In der Trivialnomenklatur werden komplexere Lipide, die eine spezifische Fettsäure-Acylgruppe enthalten, nach der zugrunde liegenden Fettsäure benannt. Ester der Laurinsäure werden also zum Beispiel als Lauroylester und Ester der Linolsäure als Linoleoylester bezeichnet. Dabei wird die Endung *-oyl* allgemein für Fettsäure-Acylgruppen verwendet. Eine Laurylgruppe stellt dagegen das Alkoholanalogon der Lauroyl-Acylgruppe dar. Die relative Häufigkeit bestimmter Fettsäuren (in gebundener Form) hängt vom jeweiligen Organismus, dem Organtyp (in multizellulären Organismen) und der Nahrungsquelle ab. Die häufigsten Fettsäuren in Tieren stellen in der Regel Oleat (18:1), Palmitat (16:0) und Stearat (18:0) dar. Säugetiere müssen bestimmte mehrfach ungesättigte Fettsäuren, die sie nicht selbst synthetisieren können, mit der Nahrung aufnehmen, wie zum Beispiel Linoleat (18:2), das reichlich in Pflanzenölen vorkommt, und Linolenat (18:3), das man gehäuft in Pflanzen und Fischölen findet. Solche Fettsäuren, die für den Stoffwechsel unentbehrlich sind, aber vom Organismus nicht selbst hergestellt werden können, werden essenzielle Fettsäuren genannt. Bei einer ausreichenden Versorgung mit Linoleat und Linolenat können Säugetiere die übrigen unentbehrlichen Fettsäuren aus diesen synthetisieren. Neben den in ▶*Tabelle 7.1* aufgelisteten Fettsäuren kommen in der Natur noch viele andere Fettsäuren vor. In Bakterien wurden unter anderem solche gefunden, die Cyclopropanringe enthalten. Verzweigtkettige Fettsäuren treten als häufige Bestandteile bakterieller Membranen und als Komponenten auf Entenfedern in Erscheinung. Viele andere Fettsäuren sind eher selten und erfüllen spezialisierte Funktionen.

Triacylglycerine 7.3

Fettsäuren dienen als wichtige Brennstoffe des Stoffwechsels, insbesondere in Tieren. Weil die Kohlenstoffatome in Fettsäuren eine niedrigere Oxidationsstufe besitzen als in Proteinen und Kohlenhydraten, liefert die Oxidation von Fettsäuren mehr Energie (≈ 37 kJ g^{-1}) als die Oxidation von Proteinen oder Kohlenhydraten (jeweils ≈ 16 kJ g^{-1}). Die Fettsäurespeicher bestehen im Allgemeinen aus einer Klasse neutraler Lipide, den Triacylglycerinen. Wie ihr Name bereits an-

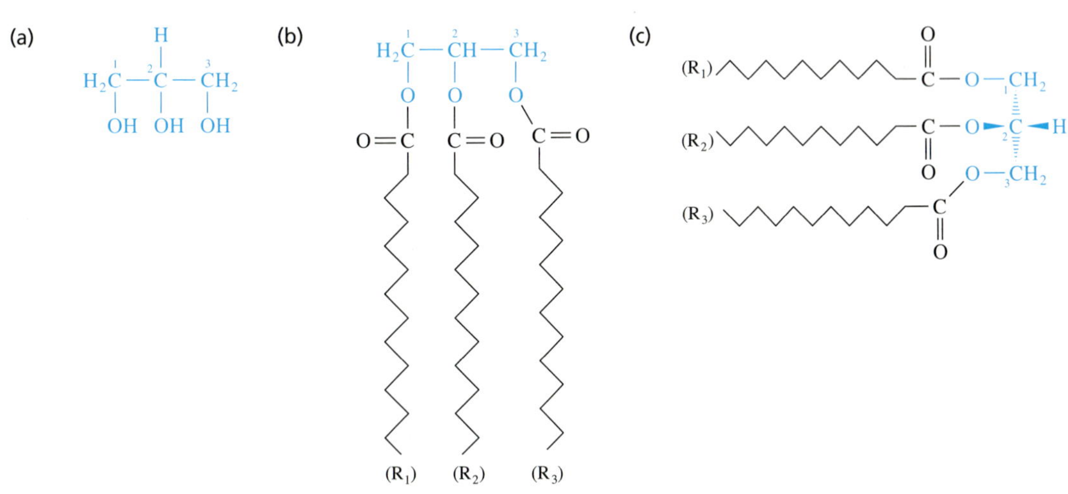

Abbildung 7.4: Struktur eines Triacylglycerins. Glycerin (a) bildet das Rückgrat, das mit drei Fettsäureresten verestert vorliegt (b). Obwohl Glycerin nicht chiral ist, weist sein C-2 in Triacylglycerinen eine asymmetrische Substitution auf, wenn an C-1 und C-3 unterschiedliche Fettsäure-Acylgruppen ($R_1 \neq R_3$) gebunden sind. Solche Triacylglycerine sind demnach chiral. Die allgemeine Struktur eines Triacylglycerins ist in (c) in einer Orientierung dargestellt, die einen Vergleich mit der Struktur von L-Glycerinaldehyd erleichtert. Diese Orientierung erlaubt in Anlehnung an L-Glycerinaldehyd eine stereospezifische Nummerierung von Glycerinderivaten mit C-1 an der Spitze und C-3 am unteren Ende in der Darstellung.

deutet, sind Triacylglycerine (manchmal auch Triglyceride genannt) aus Glycerin aufgebaut, dessen drei Hydroxylgruppen mit Fettsäure-Acylgruppen durch Esterbindungen verknüpft vorliegen (▶*Abbildung 7.4*). Glycerin ist ein dreiwertiger C_3-Zuckeralkohol (1,2,3-Propantriol, ▶*Abbildung 7.4a*). Triacylglycerine sind sehr hydrophobe Verbindungen, sodass sie im Gegensatz zu Kohlenhydraten in Zellen in einer unhydratisierten Form gespeichert werden können. Dadurch wird im Vergleich zu den hydratisierten Kohlenhydraten Platz eingespart, was zu einer zusätzlichen Steigerung der Effizienz dieser Art der Energiespeicherung führt.

Fette und Öle bestehen aus Mischungen von Triacylglycerinen. In Abhängigkeit von der Fettsäurezusammensetzung und der Temperatur können diese Mischungen fest (Fette) oder flüssig (Öle) sein. Triacylglycerine, die nur langkettige, gesättigte Fettsäure-Acylgruppen enthalten, tendieren dazu bei Körpertemperatur fest zu sein, während diejenigen mit überwiegend kurzkettigen oder ungesättigten Fettsäure-Acylgruppen eher eine flüssige Konsistenz haben. Die Probe eines natürlich vorkommenden Fettes oder Öls kann mehr als 20 bis 30 verschiedene Triacylglycerine enthalten, die sich durch ihre Fettsäurezusammensetzungen unterscheiden. Allerdings weisen Fette und Öle aus bestimmten Quellen charakteristische Hauptbestandteile auf. Das in tierischen Fetten häufig auftretende Tripalmitin besitzt zum Beispiel drei Palmitinsäurereste. Triolein, in dem drei Ölsäurereste vorkommen, stellt das Haupttriacylglycerin des Olivenöls dar. Die mengenmäßig häufigsten Lipide der menschlichen Nahrung sind Triacylglycerine. Diese Lipide werden im Dünndarm durch die Aktivität von Lipasen gespalten. Lipasen werden als Zymogene im Pankreas gebildet und dann in den Dünndarm sezerniert, wo sie aktiviert werden. Die Pankreaslipasen katalysieren die Hydrolyse der primären Ester am C-1 und C-3 von Triacylglycerinen, aus der freie Fettsäuren und Monoacylglycerine hervorgehen. Weil Lipide nicht wasserlöslich sind, kann die Verdauung von Lipiden nur in Gegenwart von bestimmten starken Detergenzien stattfinden, den sogenannten Gallensalzen. Gallensalze stellen amphipathische Derivate von Cholesterin dar, die in wässriger Lösung Mizellen bilden, in deren Innenraum Fettsäuren und Monoacylglycerine eingeschlossen und zur Oberfläche der Darmschleimhaut (Mukosa) transportiert werden. Dort werden die Lipide in die Epithelzellen der Mukosa aufgenommen. Im Blut werden Lipide in Form von sogenannten Lipoproteinen, die aus nichtkovalenten Aggregaten zwischen Proteinen und Lipiden bestehen, durch den Körper zu ihren Bestimmungsorten transportiert. In den meisten Zellen vereinigen sich die Triacylglycerine zu kleinen Fetttröpfchen. Diese liegen in Zellen, deren Stoffwechsel auf Triacylglycerine als Energielieferanten angewiesen ist, manchmal in unmittelbarer Nähe der Mitochondrien. Bei Säugetieren befindet sich der größte Teil des Fettes im Fettgewebe, das aus spezialisierten Zellen aufgebaut ist, den sogenannten Adipocyten.

7.4 Glycerophospholipide

Obwohl Triacylglycerine, bezogen auf ihr Gewicht, für den größten Teil der Lipide in Säugetieren verantwortlich sind, kommen sie nicht in biologischen Membranen vor. Die häufigsten Lipide in den meisten Membranen stellen die Glycerophospholipide bzw. Phosphoglyceride dar. Glycerophospholipide besitzen wie Triacylglycerine ein Glycerinrückgrat. Die einfachsten Glycerophospholipide, die sogenannten Phosphatidate, bestehen aus Glycerin-3-phosphat, dessen Hydroxylgruppen am C-1 und C-2 wie in Triacylglycerinen mit Fettsäuren verestert vorliegen (▶*Tabelle 7.2*). Triacylglycerinmoleküle weisen drei Fettsäure-Acylgruppen auf, während Glycerophospholipidmoleküle nur zwei Fettsäure-Acylgruppen besitzen (R_1 und R_2 in ▶*Tabelle 7.2* und den nachfolgenden Abbildungen). Am C-3 des Glycerins enthalten Glycerophospholipide im Gegensatz zu Triacylglycerinen eine Phosphatgruppe, die in den verschiedenen Glycerophospholipiden auf unterschiedliche Weise derivatisiert vorliegt. Somit können die Strukturen der Glycerophospholipide als Derivate von L-Glycerin-3-phosphat bezeichnet werden, in deren Fischer-Projektion der Substituent am C-2 wie in ▶*Tabelle 7.2* auf der linken Seite der Glycerin-Kohlenstoffkette steht.

Tabelle 7.2

Einige häufige Typen von Glycerophospholipiden

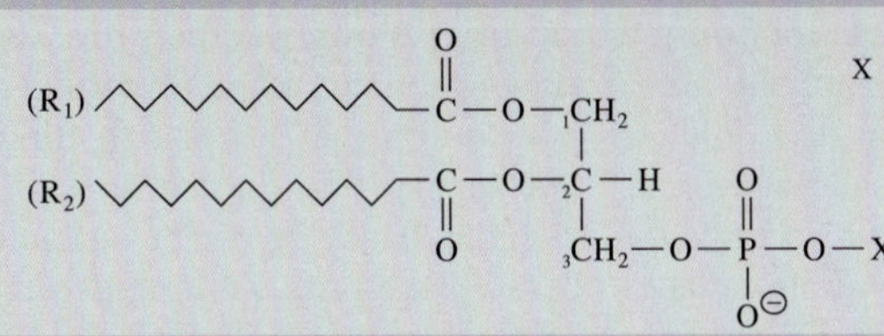

X = Rest des polaren Kopfes

Vorläufer von X (HO–X)	Formeln von –O–X	Name des resultierenden Glycerophospholipids
Wasser	$-O-H$	Phosphatidat
Cholin	$-O-CH_2CH_2\overset{\oplus}{N}(CH_3)_3$	Phosphatidylcholin
Ethanolamin	$-O-CH_2CH_2\overset{\oplus}{N}H_3$	Phosphatidylethanolamin
Serin	$-O-CH_2-CH(\overset{\oplus}{N}H_3)(COO^{\ominus})$	Phosphatidylserin
Glycerin	$-O-CH_2CH(OH)-CH_2OH$	Phosphatidylglycerin
Phosphatidylglycerin	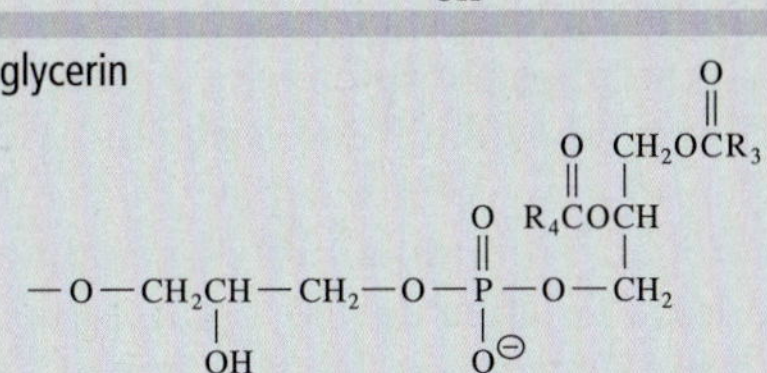	Diphosphatidylglycerin (Cardiolipin)
myo-Inositol	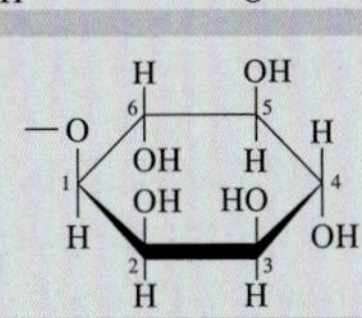	Phosphatidylinositol

Phosphatidate treten in kleinen Mengen als Zwischenstufen in der Biosynthese und beim Abbau von komplexeren Glycerophospholipiden auf. In den meisten Glycerophospholipiden liegt die Phosphatgruppe nicht nur mit Glycerin, sondern zusätzlich mit einer weiteren Verbindung verestert vor, die eine alkoholische Hydroxylgruppe besitzt. In ▶*Tabelle 7.2* sind einige häufig vorkommende Typen von Glycerophospholipiden aufgelistet. Glycerophospholipide stellen amphipathische Moleküle dar, die eine polare Kopf- und eine lange, unpolare Schwanzgruppe aufweisen. In ▶*Abbildung 7.5* wird diese Amphipathie am Beispiel der Strukturen der drei Glycerophospholipid-Typen Phosphatidylethanolamin, Phosphatidylserin und Phosphatidylcholin verdeutlicht.

Die verschiedenen Moleküle jedes Glycerophospholipid-Typs besitzen alle die gleiche polare Kopfgruppe, aber unterschiedliche Fettsäure-Acylgruppen. Die Membranen der menschlichen Erythrocyten (rote Blutkörperchen) enthalten zum Beispiel mindestens 21 verschiedene Spezies von Phosphatidylcholin, die sich nur in den Fettsäure-Acylgruppen am C-1 und C-2 des Glycerins unterscheiden. Im Allgemeinen stammen die Fettsäure-Acylgruppen am C-1 des Glycerinrückgrats in Glycerophospholipiden von einer gesättigten Fettsäure und die am C-2 von einer ungesättigten Fettsäure.

Phospholipasen spalten Esterbindungen in Phospholipiden. Phospholipase A_1 und Phospholipase A_2 katalysieren jeweils spezifisch nur die Spaltung der Esterbindungen am C-1 beziehungs-

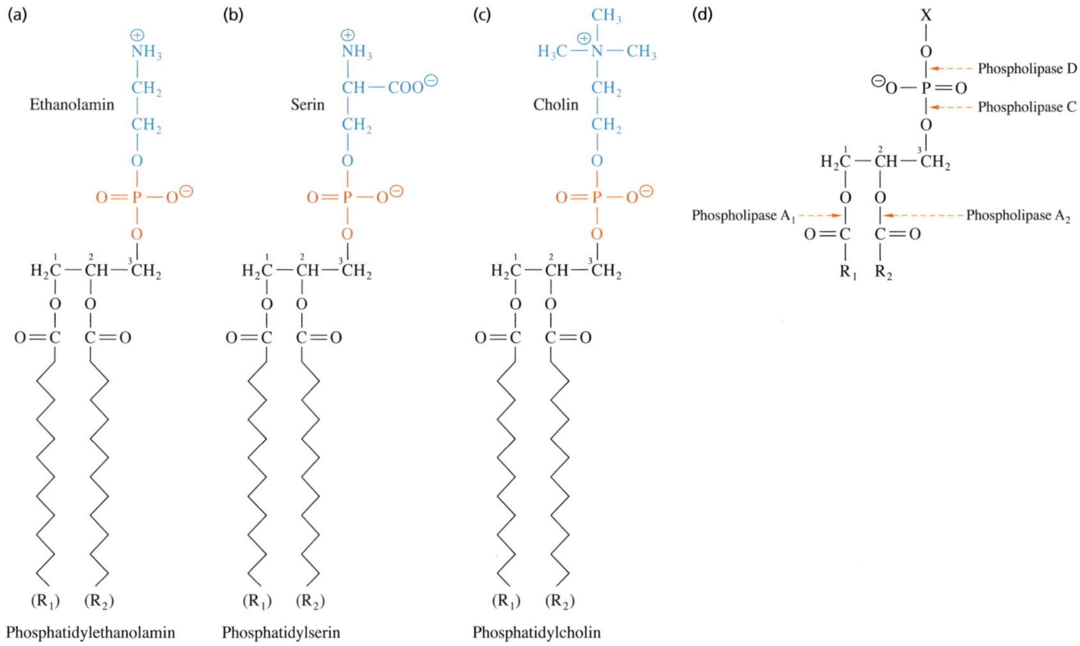

Abbildung 7.5: Strukturen von (a) Phosphatidylethanolamin, (b) Phosphatidylserin und (c) Phosphatidylcholin. Die Gruppen, die von den veresterten Alkoholen Ethanolamin, Serin und Cholin stammen, sind blau dargestellt. Da jedes dieser Lipide viele verschiedene Kombinationen von Fettsäure-Acylgruppen (R_1 und R_2) enthalten kann, beziehen sich die allgemeinen Namen auf Substanzfamilien und nicht auf einzelne spezifische Verbindungen. (d) Angriffspunkte von vier Phospholipasen. Die Phospholipasen A1, A2, C und D spalten Glycerophospholipide an jeweils spezifischen Positionen. Phospholipasen katalysieren die selektive Entfernung der Fettsäure-Acylgruppen am C-1 beziehungsweise C-2 des Glycerinrückgrates sowie die selektive Umwandlung von Glycerophospholipiden in Diacylglycerine oder Phosphatidate.

weise am C-2 des Glycerins (▶*Abbildung 7.5d*). Phospholipase A_1 ist in vielen Lebewesen am regulären Lipidstoffwechsel beteiligt. Phospholipase A_2 stellt die Hauptphospholipase im Pankreassekret dar und spielt somit eine wichtige Rolle bei der Verdauung von Membran-Phospholipiden aus der Nahrung. Phospholipase A_2 kommt aber auch als Bestandteil von Schlangen-, Bienen- und Wespengift vor. Hohe Konzentrationen der Produkte der Phospholipase-A_2-Reaktion führen zur Zerstörung von Zellmembranen. Die Injektion von Schlangengift in den menschlichen Blutkreislauf kann deswegen eine lebensbedrohliche Lyse der Erythrocytenmembranen verursachen. Phospholipase C katalysiert dagegen die Spaltung der P–O-Bindung zwischen dem Glycerinrückgrat und dem Phosphatrest, die zur Freisetzung des entsprechenden Diacylglycerins führt. Die Phospholipase D wandelt schließlich Glycerophospholipide in Phosphatidate um. Die andere wichtige Klasse von Glycerophospholipiden, die sogenannten Plasmalogene, unterscheiden sich von den Phosphatidaten dadurch, dass ihr Kohlenwasserstoffrest am C-1 des Glycerinrückgrats nicht über einer Estergruppe, sondern über eine Vinylethergruppe mit dem Glycerin verknüpft ist (▶*Abbildung 7.6*). Die Phosphatgruppe von Plasmalogenen liegt häufig mit Ethanolamin oder Cholin verestert vor. Der Anteil der Plasmalogene an den Glycerophospholipiden im menschlichen Zentralnervensystem beträgt etwa 23 Prozent. Plasmalogene kommen aber auch in peripheren Nerven und im Muskelgewebe vor.

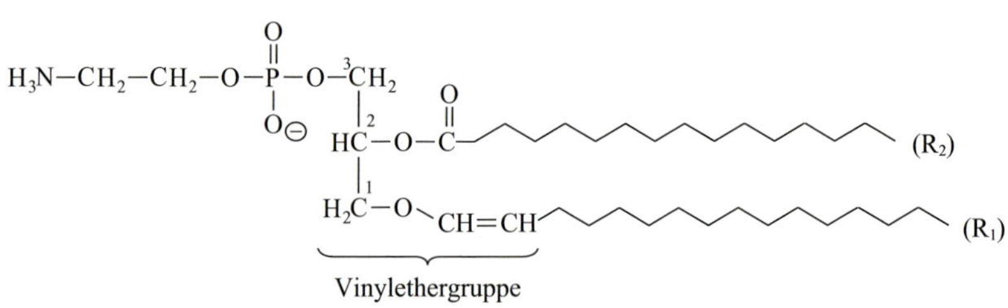

Abbildung 7.6: Struktur eines Ethanolamin-Plasmalogens. In Plasmalogenen ist die Kohlenwasserstoffkette am C-1 des Glycerinrückgrats über eine Vinylethergruppe mit dem Glycerinmolekül verknüpft.

Kapitel 7

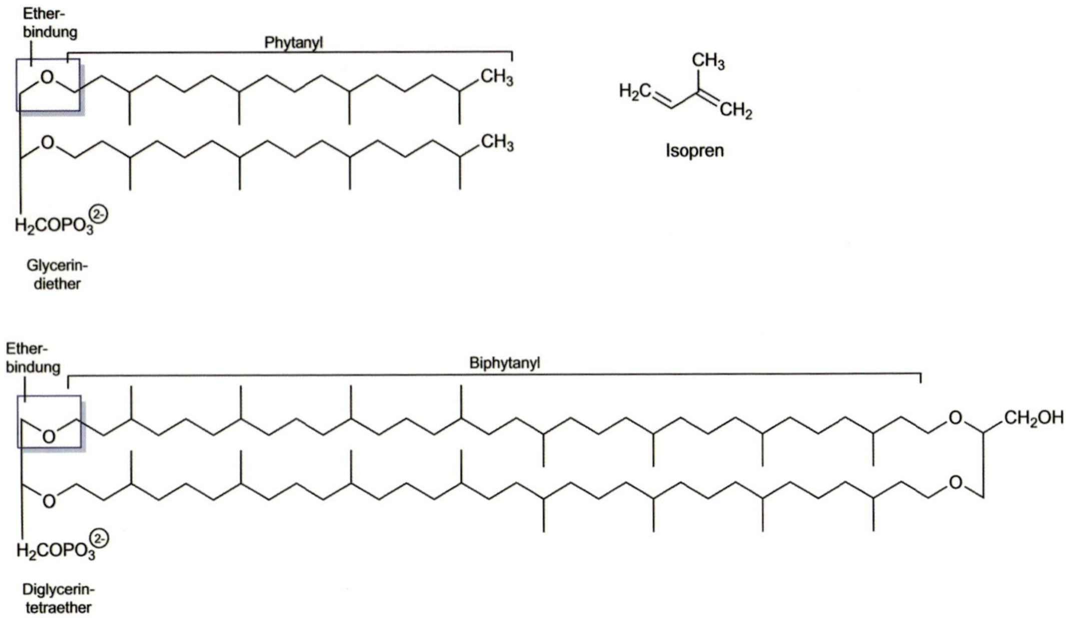

Abbildung 7.7: Struktur von Glycerindiethern und Diglycerintetraethern. Die in Isopren-abgeleiteten Terpenoide Phytanyl und Biphytanyl sind über Etherbindungen mit dem Glyceringrundgerüst verbunden. Sie sind Bausteine der Membran von Archaea und einigen thermophilen Bakterien.

7.5 Diglycerintetraether

Archaea (früher Archaebakterien), die neben den Bakterien und Eukaryonten eine der drei Domänen des Lebens bilden, können unter extremen Bedingungen leben. Thermophile Archaea können heiße Quellen mit Temperaturen von über 100 Grad Celsius besiedeln. Um unter diesen extremen Bedingungen überleben zu können, haben Archaea, aber auch eine Gruppe der thermophilen Bakterien, eine besondere Zellmembranstruktur bestehend aus Glycerindiethern entwickelt. Diese bestehen auch aus einem Glyceringrundgerüst, an das aber über eine Ether- statt Esterbrücke verzweigte Terpenoide anstatt Fettsäuren gebunden sind (▶*Abbildung 7.7*). Terpenoide leiten sich von Isopren ab und in den Phytanylketten trägt jedes vierte Kohlenstoffatom eine Methylgruppe (▶*Abbildung 7.7*). Diese Membrangrundbausteine sind deutlich stabiler verglichen mit klassischen Glycerindiestern. Extrem thermophile Archaea, die an heißen Quellen am Meeresboden zu finden sind und dort bei 110 Grad Celsius leben, bilden statt der Membrandoppelschicht eine in der Mitte verknüpfte, dadurch sehr stabile Einzelschicht bestehend aus Diglycerintetraethern (▶*Abbildung 7.7*).

7.6 Sphingolipide

Nach den Glycerophospholipiden stellen die sogenannten Sphingolipide die häufigsten Lipide in pflanzlichen und tierischen Membranen dar. In Säugetieren treten die Sphingolipide in besonders großen Anteilen im Gewebe des zentralen Nervensystems auf. Die meisten Bakterien enthalten dagegen keine Sphingolipide. Das strukturelle Rückgrat der Sphingolipide bildet Sphingosin (*trans*-4-Sphingenin), ein unverzweigter C_{18}-Alkohol mit einer *trans*-konfigurierten Doppelbindung zwischen C-4 und C-5, jeweils einer Hydroxylgruppe am C-1 und C-3 sowie einer Aminogruppe (beziehungsweise Ammoniumgruppe) am C-2 (▶*Abbildung 7.8a*). Ceramide bestehen aus einem Sphingosin-Grundgerüst, mit dessen C-2-Aminogruppe eine Fettsäure-Acylgruppe über eine Amidbindung verknüpft *ist (▶Abbildung 7.8b).* Ceramide bilden die metabolischen Vorstufen aller Sphingolipide. Die von den Ceramiden abgeleiteten drei Hauptfamilien der Sphingolipide sind die Sphingomyeline, die Cerebroside und die Ganglioside. Von diesen drei Familien enthalten nur die Sphingomyeline Phosphatgruppen und werden deswegen zu den Phospholipiden gezählt. Cerebroside und Ganglioside werden auch als Glycosphingolipide beschrieben, weil sie Kohlenhydratreste *besitzen (▶Abbildung 7.1).*

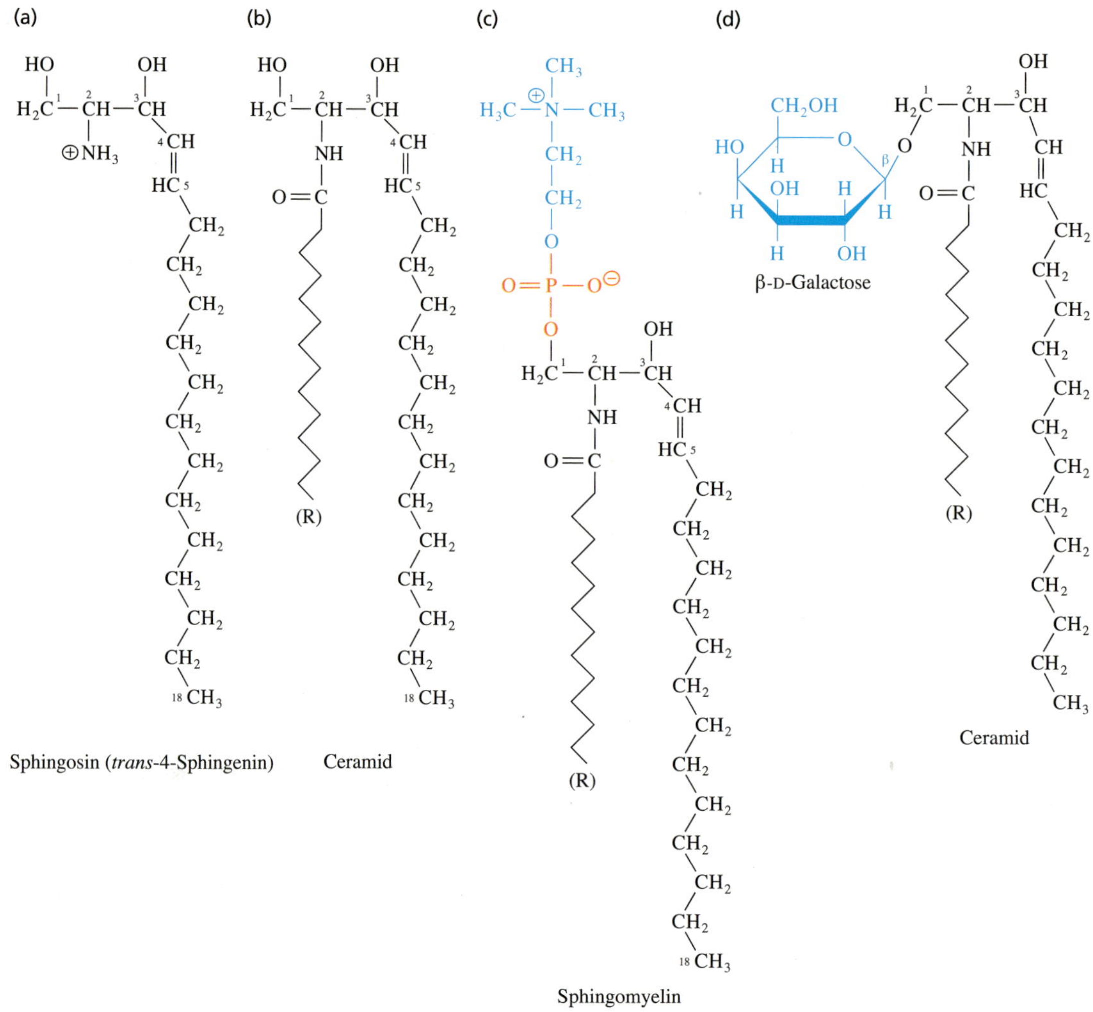

Abbildung 7.8: Strukturen von Sphingosin, Ceramid und Sphingomyelin. (a) Sphingosin, das Rückgrat von Sphingolipiden, ist ein langkettiger, zweiwertiger C_{18}-Alkohol mit einer Aminogruppe am C-2 und einer *trans*-Doppelbindung zwischen C-4 und C-5. (b) Ceramide bestehen aus einem Sphingosin-Grundgerüst, dessen Aminogruppe mit einem langkettigen Fettsäure-Acylrest amidiert vorliegt. (c) In Sphingomyelinen ist die C-1-Hydroxylgruppe durch eine Phosphatgruppe (rot) ersetzt und die Phosphatgruppe ist zusätzlich mit einem Cholinrest (blau) verestert. (d) Struktur eines Galactocerebrosids. In Galactocerebrosiden ist ein β-D-Galactosylrest (blau) über eine glycosidische Bindung mit dem Hydroxylsauerstoffatom der C-1-Hydroxylgruppe eines Ceramids (schwarz) verknüpft.

Sphingomyeline leiten sich von Ceramiden durch die Verknüpfung der C-1-Hydroxylgruppe mit einem Phosphocholinrest ab (▶*Abbildung 7.8c*). Es gibt eine strukturelle Ähnlichkeit zwischen Sphingomyelin und Phosphatidylcholin (▶*Abbildung 7.8c*): Beide Moleküle treten als Zwitterionen auf und enthalten neben einem Cholin- und einem Phosphatrest auch zwei langkettige hydrophobe Schwanzgruppen. Sphingomyeline kommen in den Plasmamembranen der meisten Säugetierzellen vor und repräsentieren eine Hauptkomponente der sogenannten Myelinscheiden, die die Axone der größeren Nervenzellen in Wirbeltieren umhüllen.

Cerebroside sind Glycosphingolipide, die einen Monosaccharidrest enthalten, der über eine β-glycosidische Bindung mit dem C-1 eines Ceramids verknüpft ist. Galactocerebroside, die auch Galactosylceramide genannt werden, besitzen einen einzelnen β-D-Galactosylrest als polare Kopfgruppe (▶*Abbildung 7.8d*). Galactocerebroside kommen reichlich in Nervengewebe vor und erreichen einen Anteil von ca. 15 Prozent an den Lipiden der Myelinscheiden. Viele andere Säugetiergewebe enthalten Glucocerebroside, also Cerebroside mit einem β-D-Glucosylrest als Kopfgruppe. In manchen Glycosphingolipiden liegt eine lineare Kette aus bis zu drei weiteren Monosaccharidresten vor, verbunden mit dem Galactosyl- oder dem Glucosylrest von Cerebrosiden.

Ganglioside stellen komplexere Glycosphingolipide dar, in denen eine Oligosaccharidkette, die einen *N*-Acetylneuraminsäure-Rest (NeuNAc oder

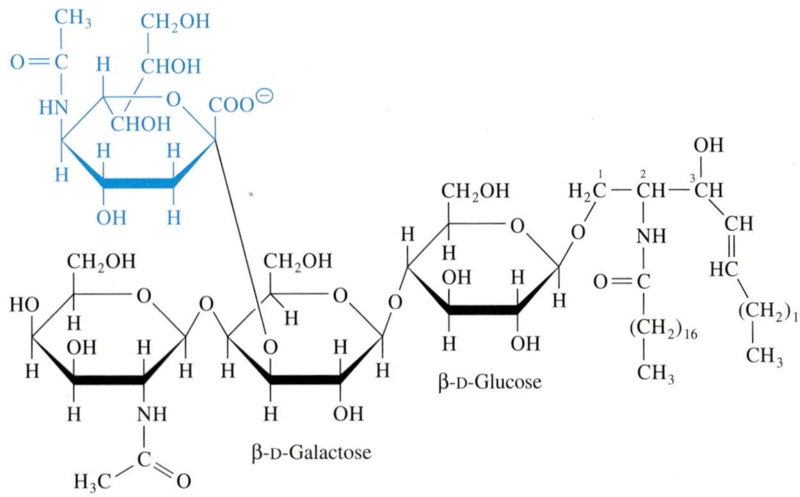

N-Acetyl-β-D-galactosamin

Abbildung 7.9: Das Gangliosid GM2. Der *N*-Acetylneuraminsäure-Rest ist in Blau dargestellt.

NANA) aufweist, an ein Ceramid gebunden vorliegt. NeuNAc (Sialinsäure) verleiht den Kopfgruppen von Gangliosiden bei physiologischen pH-Werten durch die negative Ladung ihrer Carboxylatgruppe einen anionischen Charakter. In ▸*Abbildung 7.9* ist die Struktur eines typischen Gangliosids, G_{M2}, dargestellt. Das M in G_{M2} steht für *monosialino*, das heißt für *einen* Sialinsäurerest (entspricht einem NeuNAc-Rest). Die 2 im Index weist darauf hin, dass dieses Gangliosid das zweite Monosialinogangliosid war, das charakterisiert werden konnte.

Mehr als 60 verschiedene Ganglioside sind bisher identifiziert worden. Ihre strukturelle Vielfalt ergibt sich aus Variationen in der Zusammensetzung und der Sequenz der Zuckerreste. Allerdings ist in allen Gangliosiden das C-1 der Ceramid-Komponente mit einem β-Glucosylrest verbunden, der wiederum mit einem β-Galactosylrest verknüpft ist.

Ganglioside treten auf der Oberfläche von Zellen in Erscheinung. Sie sind mit ihren beiden hydrophoben Kohlenwasserstoffketten der Ceramid-Komponente in der Plasmamembran verankert, während die Oligosaccharidkette auf der extrazellulären Seite aus der Membran herausragt. Neben den Glycoproteinen sind also auch die Ganglioside und andere Glycosphingolipide an der Belegung der Zelloberfläche mit einer Vielfalt von Oligosacchariden beteiligt. Alle zusammen verleihen sie den Zellen charakteristische, äußere, molekulare Unterscheidungsmerkmale, die für die Zell-Zell-Erkennung und die Zell-Zell-Kommunikation eine wichtige Rolle spielen. Strukturen, die denen der menschlichen Blutgruppenantigene ähneln, können zusätzlich zu ihrer Verknüpfung mit Proteinen in Glycoproteinen als Oligosaccharid-Komponenten von Glycosphingolipiden vorkommen.

7.7 Steroide und Hopanoide

Steroide repräsentieren eine weitere Klasse von Lipiden, die hauptsächlich in den Membranen von Eukaryonten vorkommen. In Bakterien findet man die strukturell mit den Steroiden verwandten Hopanoide. Steroide und Hopanoide werden gemeinsam mit den fettlöslichen Vitaminen und den Terpenen als Isopreonide bezeichnet, weil ihre Struktur von dem C_5-Alken Isopren (▸*Abbildung 7.7*) abgeleitet werden kann. Steroide enthalten vier kondensierte Ringe: drei C_6-Ringe, die mit den Buchstaben A, B und C gekennzeichnet werden, sowie einen C_5-D-Ring. Das charakteristische kondensierte Ringsystem der Steroide leitet sich vom Squalen ab, das aus sechs Isopreneinheiten besteht. Substituenten, die sich oberhalb der Molekülebene befinden, werden β-ständige Substituenten genannt, solche, die unter der Molekülebene stehen, bezeichnet man als α-ständig. In ▸*Abbildung 7.10* sind die Strukturen mehrerer Steroide dargestellt.

Das Steroid Cholesterin bildet eine wichtige Komponente der Plasmamembran tierischer Zellen, aber es kommt nur selten in Pflanzen und sehr selten in Prokaryonten, Protisten oder Pilzen vor. Häufig wird in den Namen der Steroide statt der Endung *in* die Endung *ol* verwendet. Tatsächlich handelt es sich bei Cholesterin beziehungsweise Cholesterol um einen Alkohol, weil es am C-3 eine Hydroxylgruppe aufweist. Andere Steroide sind zum Beispiel die Sterine (beziehungsweise Sterole) aus Pflanzen, Pilzen und Hefen, die ebenfalls eine Hydroxylgruppe am C-3 besitzen, die Steroidhormone aus Säugetieren, wie zum Beispiel Östrogene, Androgene, Gestagene und Corticosteroide, sowie die Gallensalze. Diese Steroide unterscheiden sich durch die Seitenketten am C-17 sowie in der

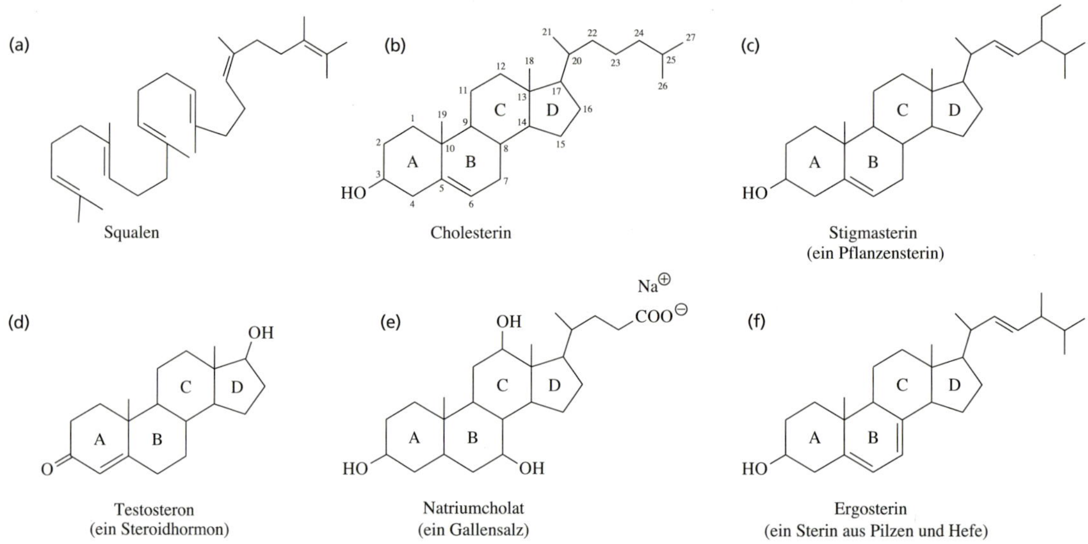

Abbildung 7.10: Strukturen mehrerer Steroide. Squalen (a) stellt die biosynthetische Vorstufe der meisten Steroide dar. Steroide enthalten vier kondensierte Ringe (A, B, C und D). (b) Cholesterin. (c) Stigmasterin tritt als häufige Komponente von Membranen in Pflanzen auf. (d) Testosteron spielt für die Ausbildung der männlichen Geschlechtsorgane und Geschlechtsmerkmale bei Tieren eine wichtige Rolle. (e) Natriumcholat gehört zu den Gallensalzen, die die Verdauung von Lipiden unterstützen. (f) Ergosterin kommt in Pilzen und Hefen vor.

Anzahl und den Positionen von Methylgruppen, Doppelbindungen, Hydroxylgruppen und in einigen Fällen Ketogruppen. Prokaryontische Membranen enthalten Squalen und einige nichtsteroidale Lipide, die nicht das vollständige Ringsystem der Steroide aufweisen (▶*Abbildung 7.10a*). Cholesterin wird nicht nur mit der Nahrung aufgenommen, sondern vor allem auch von Säugetierzellen selbst synthetisiert (▶*Abbildung 7.10b*). Cholesterin ist eine wichtige Komponente von Membranen und stellt die biosynthetische Vorstufe der Steroidhormone und Gallensalze dar (▶*Abbildung 7.10d* und *7.10e*). Durch ihr kondensiertes Ringsystem sind Steroide wie Cholesterin wesentlich starrere Moleküle als die meisten anderen Lipide. Infolgedessen dient Cholesterin als Modulator der Fluidität der Zellmembranen von Säugetierzellen.

Da die Hydroxylgruppe am C-3 die einzige polare Gruppe des Cholesterins darstellt, ist Cholesterin viel hydrophober als Glycerophospholipide und Sphingolipide. Tatsächlich beträgt die maximale Konzentration frei gelösten Cholesterins in Wasser nur 10^{-8} M. Die Veresterung der C-3-Hydroxylgruppe des Cholesterins mit einer Fettsäure führt zu einem Cholesterinester (▶*Abbildung 7.11*). Weil die Fettsäure-Acylgruppe dieser Cholesterinester ebenfalls unpolar und die freie Hydroxylgruppe des Cholesterins nicht mehr anwesend ist, weisen Cholesterinester sogar eine noch größere Hydrophobie auf als Cholesterin selbst. Cholesterin wird zum Zwecke der Speicherung in Zellen und zum Transport im Blutstrom in Cholesterinester überführt. Da Cholesterin und seine Fettsäureester in Wasser weitgehend unlöslich sind, müssen sie für den Transport im Blut mit Phospholipiden und amphipathischen Proteinen zu sogenannten Lipoproteinen komplexiert werden.

Hopanoide erfüllen vergleichbare Funktionen in der bakteriellen Zellmembran (▶*Abbildung 7.12*) wie Cholestrol in der eukaryontischen Zellmembran. Hopanoide sind sehr stabile Triterpene und bestehen aus vier Sechsringen sowie einem Fünfring mit Resten unterschiedlicher Kettenlänge in Abhängigkeit vom Hopanoidtyp.

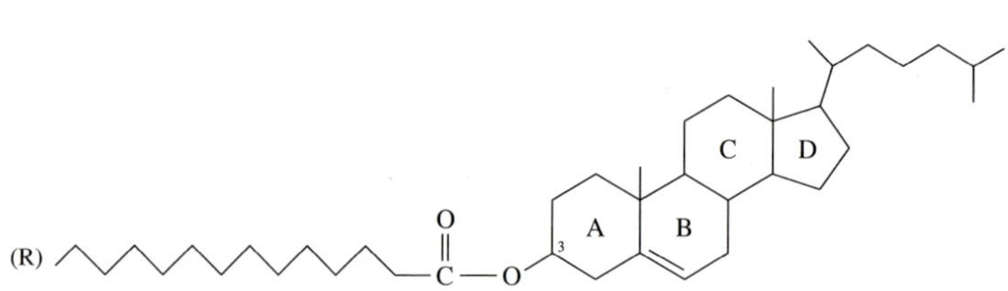

Abbildung 7.11: Struktur eines Cholesterinesters.

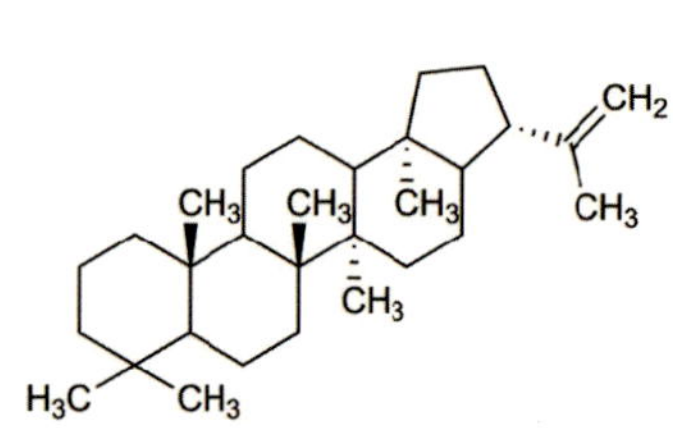

Abbildung 7.12: Grundstruktur eines Hopanoids. Die Ringsubstituenten können in Abhängigkeit vom Hopanoidtyp variieren.

7.8 Andere biologisch bedeutende Lipide

Es gibt viele Arten von Lipiden, die nicht in Membranen vorkommen. Dazu gehören so verschiedene Verbindungsklassen wie Wachse, Eicosanoide und manche Isoprenoide. Diese membranfremden Lipide weisen viele unterschiedliche, spezialisierte Funktionen auf, wie zum Beispiel bei den fettlöslichen Vitaminen. Weiterhin sind einige Vitamine Lipide. Die fettlöslichen Vitamine A, E und K repräsentieren Isoprenoide, die lange Kohlenwasserstoffketten oder kondensierte Ringe enthalten (▶*Kapitel 5*). Vitamin D (Calciferol) kann als isoprenoides Derivat von Cholesterin betrachtet werden, in dem der B-Ring des Cholesterins nicht geschlossen ist. Calciferol reguliert den Calcium-Spiegel im Blut und stärkt Zahn- und Knochenstruktur. Es existieren mehrere Carotinoide, die mit Retinol (Vitamin A) verwandt sind. Retinol, als Teil des Rhodopsins, unterstützt das Sehen in der Dämmerung, aber auch das Farbsehen, sorgt für gesunde Haut und Schleimhäute nebst der Ankurbelung der Spermienproduktion und der Embryoentwicklung im Mutterleib. Schließlich enthält auch die hydrophobe Kette des Ubichinons zwischen sechs und zehn Isopreneinheiten. Vitamin E (Tocopherol) stärkt das Immunsystem und schützt Zellmembranen vor Schädigungen zerstörerischer Stoffe, wie beispielsweise freier Radikale. Vitamin K ist an der Blutgerinnung und dem Knochenstoffwechsel beteiligt.

Eicosanoide sind oxygenierte Derivate von mehrfach ungesättigten C_{20}-Fettsäuren wie der Arachidonsäure. Die Strukturen einiger Eicosanoide sind in ▶*Abbildung 7.13* dargestellt. Eicosanoide sind an einer Vielzahl von physiologischen Prozessen beteiligt und können auch viele potenziell pathologische Antworten vermitteln. Die Eicosanoide werden in verschiedene Substanzklassen weiter unterteilt, die Prostaglandine, die Thromboxane, die Leukotriene und die Prostacycline. Prostaglandine, die einen derivatisierten C_5-Ring aufweisen, treten als lokal wirksame Hormone in Erscheinung und zeigen vielfältige biologische Wirkungen. Prostaglandin E_2 kann zum Beispiel unter anderem die Konstriktion von Blutgefäßen verursachen. Thromboxan A_2 spielt eine wichtige Rolle bei der Blutgerinnung, aber auch bei der pathologischen Bildung von Blutgerinnseln in geschlossenen Blutgefäßen, die durch die Blockierung des Blutflusses zu Herzinfarkten und Schlaganfällen führen können. Leukotrien D_4 tritt als Botenstoff bei der Kontraktion der glatten Muskulatur auf und kann schon in kleinsten Mengen eine Bronchokonstriktion sowie Asthmaanfälle auslösen. Aspirin (Acetylsalicylsäure) lindert Schmerzen, Fieber und Entzündungen durch die Hemmung der Prostaglandin-Biosynthese, da Prostaglandine bei all diesen Krankheitserscheinungen als verstärkend wirkende Mediatoren eine Rolle spielen.

Wachse bestehen aus unpolaren Estern zwischen langkettigen Fettsäuren und langkettigen einwertigen Alkoholen. Myricylpalmitat, eine Hauptkomponente des Bienenwachses, ist zum Beispiel ein Ester zwischen Palmitinsäure (16:0) und dem C_{30}-Alkohol Myricylalkohol (Palmitinsäuremyricylester, ▶*Abbildung 7.14b*). Die starke Hydrophobie verleiht dem Bienenwachs eine sehr schlechte Wasserlöslichkeit und die langen, gesättigten Kohlenwasserstoffketten führen zu einem hohen Schmelzpunkt, sodass Bienenwachs bei den üblichen Außentemperaturen als feste und harte Substanz auftritt. Wachse sind in der Natur weit verbreitet. Sie dienen als wasserfeste Schutzschichten

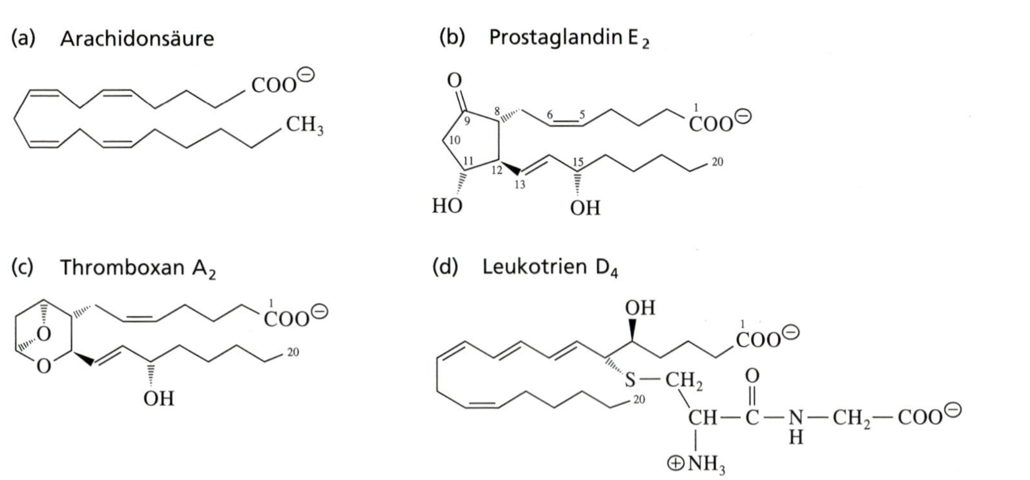

Abbildung 7.13: Strukturen von (a) Arachidonsäure und drei von ihr abgeleiteten Eicosanoiden (b), (c) und (d). Arachidonsäure ist eine mehrfach ungesättigte Fettsäure mit vier *cis*-konfigurierten C=C-Doppelbindungen.

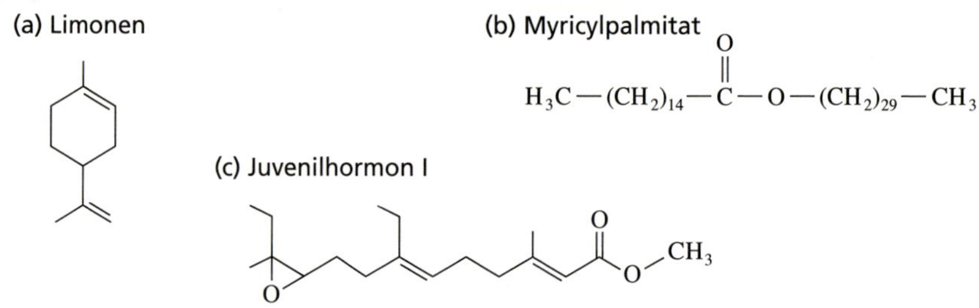

Abbildung 7.14: **Isoprenoide Lipide, die nicht in Membranen eingebaut werden, und Struktur des Wachses Myricylpalmitat.**

auf den Blättern und Früchten bestimmter Pflanzen sowie auf der Haut, dem Fell, den Federn und dem Exoskelett von Tieren. Ohrenschmalz, das auch als Cerumen (lat. *cera*, Wachs) bezeichnet und von speziellen Drüsen in der Haut des Gehörgangs sezerniert wird, enthält unter anderem Wachse. Das Cerumen schützt den Gehörgang vor Austrocknung und fängt Partikel und Insekten ein, die zur Schädigung des Trommelfells führen könnten. Das Cerumen stellt eine komplizierte Mischung dar, die überwiegend aus langkettigen Fettsäuren, Cholesterin und Ceramiden besteht. Es enthält aber auch Squalen, Triacylglycerine und echte Wachse. Diese Wachse sind für etwa 10 Gewichtsprozent des Cerumens verantwortlich.

Das Terpen Limonen (▶*Abbildung 7.14a*) ist ein cyclisches Lipid, auf das der charakteristische Geruch von Zitronen zurückgeführt werden kann. Als letztes Beispiel soll das Isopreonid Juvenilhormon I (▶*Abbildung 7.14c*) genannt werden, das die Expression von Genen reguliert, die für die Entwicklung von Insekten erforderlich sind.

7.9 Aufbau biologischer Membranen aus Lipiddoppelschichten und Proteinen

Membranen definieren die äußeren Begrenzungen von Zellen und trennen Kompartimente innerhalb von ihnen. Sie bilden essenzielle Komponenten aller lebenden Zellen. Eine typische Membran besteht aus zwei zusammengelagerten Schichten von Lipidmolekülen, in die viele Proteinmoleküle eingelagert sind. Eine Ausnahme bildet die Einzelschichtmembran der hyperthermophilen Archaea (▶*Abbildung 7.7*). Biologische Membranen wirken nicht einfach nur als passive Diffusionsbarrieren, sondern erfüllen eine breite Vielfalt komplexer Funktionen. Einige Membranproteine arbeiten als selektive Pumpen oder Kanäle, die den Transport von Ionen und kleinen Molekülen durch die Membran erst ermöglichen, streng kontrollieren und beschleunigen können. Membranen sind auch für die Erzeugung von Protonengradienten unentbehrlich, die für die Produktion von ATP erforderlich sind. Rezeptoren in Membranen nehmen extrazelluläre Signale auf und leiten sie in das Innere der Zelle. Viele Zellen besitzen Membranen mit spezialisierten Strukturen. Gram-negative Bakterien weisen zum Beispiel eine Doppelmembranstruktur auf mit einer äußeren Lipopolysaccharide beinhaltenden Membran und einer inneren Plasmamembran. Die Flüssigkeit im periplasmatischen Raum zwischen diesen beiden Membranen enthält Proteine, die spezifische gelöste Substanzen zu Transportproteinen in der inneren Membran tragen. Die gelösten Substanzen werden anschließend durch ATP-getriebene Prozesse durch die innere Membran geschleust. In der äußeren, glatten Mitochondrienmembran befinden sich Porin-Proteine, die Kanäle bilden, die den Durchtritt von kleinen Molekülen ermöglichen. Die Permeabilität der inneren, gefalteten Mitochondrienmembran, die wesentlich mehr membrangebundene Proteine enthält, wird sehr viel strenger durch selektive Transport- und Kanalproteine in der Membran kontrolliert als die der äußeren Membran. Auch der Zellkern wird von einer Doppelmembran umhüllt. Der Innenraum des Zellkerns steht über Kernporen mit dem Cytosol in Verbindung. Die einzelne Membran des endoplasmatischen Reticulums (ER) liegt hochgradig gefaltet vor. Das ausgedehnte Membrannetzwerk des endoplasmatischen Reticulums in eukaryontischen Zellen ist maßgeblich an der Biosynthese von membrangebundenen, Transmembran- und zur Sekretion bestimmten Proteinen sowie von vielen Membranlipiden beteiligt.

7.9.1 Lipiddoppelschichten

Detergenzien können sich spontan in wässriger Lösung zu Monoschichten oder Mizellen (▶ *Abbildung 7.15b*). zusammenlagern. Wie Detergenzien neigen auch die amphipathischen Glycerophospholipide und Glycosphingolipide zur Bildung von Monoschichten (▶*Abbildung 7.15a*). Die Struktur dieser Lipidmoleküle unterscheidet sich von den Detergensmolekülen, wie dem Palmitat- und dem Dodecylsulfat-Anion, allerdings durch eine

Kapitel 7

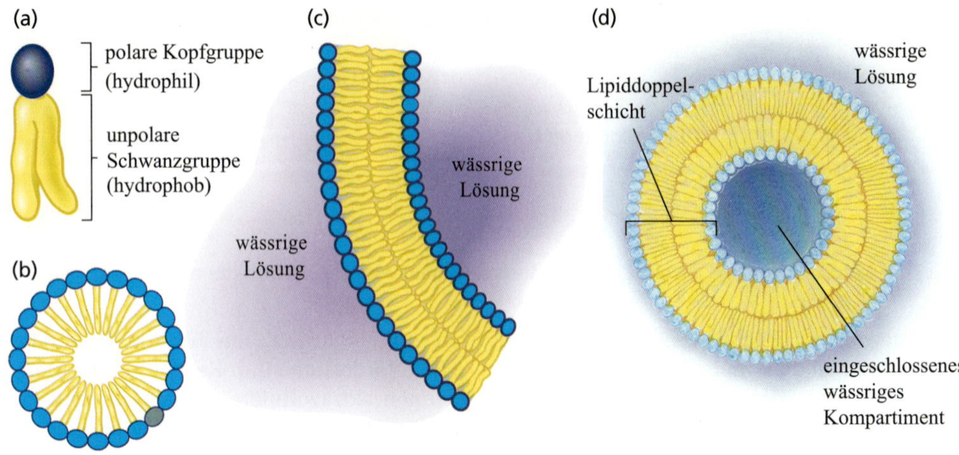

Abbildung 7.15: Schematische Darstellung eines Membranlipids, einer Micelle, einer Lipiddoppelschicht und eines Liposoms. (a) amphipathisches Membranlipide mit zwei oder einer Fettsäure. (b) Querschnitt durch eine kugelförmige Micelle. Hier lagern sich Lipide mit einer Fettsäure zu einer Micelle zusammen, die mit den Kopfgruppen (blau) der Lipide im Wasser gelöst ist, während das Innere hydrophob ist. (c) Querschnitt durch eine Lipiddoppelschicht. Die hydrophilen Kopfgruppen (blau) jedes der Blätter der Lipiddoppelschicht stehen mit der wässrigen Umgebung in Kontakt, während die hydrophoben Schwanzgruppen im Inneren der Lipiddoppelschicht zusammengelagert vorliegen. (d) Struktur eines Liposoms mit Lipiddoppelschicht.

zusätzliche, zweite hydrophobe Kohlenwasserstoffkette. Infolgedessen müssten im begrenzten Innenraum von Mizellen aus Glycerophospholipiden oder Glycophospholipiden erheblich mehr Kohlenwasserstoffketten untergebracht werden. Dies ist aber nicht möglich und die Membranlipide neigen deswegen im Gegensatz zu den Detergensmolekülen nicht zur Bildung von Mizellen, sondern von Lipiddoppelschichten (▶*Abbildung 7.15c*). Lipiddoppelschichten stellen das Grundgerüst aller biologischen Membranen dar, einschließlich der Plasmamembranen und der Membranen innerhalb von eukaryontischen Zellen. Die nichtkovalenten Wechselwirkungen zwischen den Lipidmolekülen in Doppelschichten verleihen Membranen eine hohe Flexibilität und selbstabdichtende Eigenschaften. Triacylglycerine, die eher sehr hydrophob als amphipathisch sind, sowie reines Cholesterin, das auch nur schwache amphipathische Eigenschaften aufweist, können keine Doppelschichten bilden.

Im Labor können synthetische Vesikel (häufig auch Liposomen genannt) aus Phospholipiddoppelschichten, die ein wässriges Kompartiment einschließen, hergestellt werden (▶*Abbildung 7.15d*). Um den ungünstigen Kontakt zwischen den hydrophoben Kanten der Lipiddoppelschicht und der wässrigen Lösung zu minimieren beziehungsweise zu vermeiden, tendieren die Lipiddoppelschichten zur Bildung kugelförmiger Gebilde mit einem wässrigen Innenraum. Diese Vesikel sind im Allgemeinen ziemlich stabil und für viele Substanzen impermeabel (undurchlässig). Liposomen, in deren wässrigen Innenräumen Wirkstoffmoleküle gelöst sind, können für den Transport von Medikamenten zu bestimmten Geweben im Körper eingesetzt werden, wenn die Liposomenmembran geeignete zielsteuernde Proteine enthält. Liposomen stellen ein wichtiges experimentelles Werkzeug zur Erforschung zellulärer Membranen dar.

Eine typische Lipiddoppelschicht besitzt eine Dicke von ca. 5 bis 6 nm und besteht aus zwei mit ihren hydrophoben Seiten eng zusammengelagerten Monoschichten, die im Fall von Membranen auch Blätter genannt werden. In jedem der beiden Blätter befinden sich die hydrophilen Kopfgruppen an der äußeren Oberfläche der Membran in Kontakt mit der wässrigen Umgebung, während die unpolaren Kohlenwasserstoffketten in das Innere der Lipiddoppelschicht zeigen. Die spontane Bildung oder Organisation von Lipiddoppelschichten wird durch den hydrophoben Effekt angetrieben, der durch die hydrophoben Wechselwirkungen zwischen den unpolaren Schwanzgruppen der Lipidmoleküle innerhalb der Doppelschicht und die Verdrängung der Wassermoleküle aus der Lipiddoppelschicht hervorgerufen wird. Wenn sich die Lipidmoleküle zu Doppelschichten zusammenlagern, ist der Entropiegewinn durch die Verdrängung der Wassermoleküle größer als der Entropieverlust infolge der Organisation der Lipidmoleküle in der Doppelschichtstruktur. Dieser Entropiegewinn trägt erheblich zum hydrophoben Effekt bei. Bezüglich des hydrophoben Effektes weist die Selbstorganisation von Membranen große Ähnlichkeit mit der spontanen Faltung von Proteinen auf.

7.9.2 Fluid-Mosaik-Modell der biologischen Membranen

Eine typische biologische Membran besteht, bezogen auf ihre Masse, zu etwa 25 bis 50 Prozent aus Lipiden und zu 50 bis 75 Prozent aus Proteinen, mit weniger als 10 Prozent Kohlenhydraten als Komponenten von Glycolipiden und Glycoproteinen. Die Membranlipide repräsentieren eine komplexe Mischung aus Phospholipiden, Glycosphingolipiden (in Tieren) und Cholesterin (ein Hauptbestandteil tierischer Plasmamembranen). Cholesterin und einige andere Lipide, die allein keine Lipiddoppelschichten bilden können und für ca. 30 Prozent der Lipide in einer Membran verantwortlich sind, werden in einer Doppelschichtstruktur durch die restlichen 70 Prozent der Lipide stabilisiert. Die Zusammensetzung biologischer Membranen variiert erheblich zwischen verschiedenen Spezies und sogar zwischen den unterschiedlichen Zelltypen eines multizellulären Organismus. Die Membranen der Myelinscheiden, die zur Isolierung der Axone in langen Nervenfasern dienen, enthalten zum Beispiel nur relativ wenige Proteine. Im Gegensatz dazu ist die innere Mitochondrienmembran reich an Proteinen, die die hohe Stoffwechselaktivität dieser Membran widerspiegeln. Auch die Plasmamembran von Erythrocyten weist einen außerordentlich hohen Proteinanteil auf. Jede biologische Membran besitzt neben einem charakteristischen Protein/Lipid-Verhältnis auch eine charakteristische Lipidzusammensetzung. Membranen im Hirngewebe zeigen zum Beispiel einen relativ hohen Gehalt an Phosphatidylserinen, während in den Membranen im Herz und in den Lungen hohe Anteile von Phosphatidylglycerinen beziehungsweise Sphingomyelinen vorkommen. Der Lipidanteil der inneren Plasmamembran von *E. coli*-Zellen besteht dagegen zu annähernd 70 Prozent aus Phosphatidylethanolaminen und die äußeren Membranen von Gram-negativen Bakterien enthalten Lipopolysaccharide. Phospholipide treten nicht nur in verschiedenen Geweben in unterschiedlichen Mengen auf, sondern sie sind auch asymmetrisch zwischen den beiden Blättern einzelner biologischer Membranen verteilt. So befinden sich in Säugetierzellen etwa 90 Prozent der Sphingomyelinmoleküle in der dem Extrazellulärraum zugewandten Schicht der Plasmamembran. Auch Phosphatidylserin liegt in vielen Zellen asymmetrisch verteilt vor, wobei etwa 90 Prozent dieser Lipidmoleküle auf der cytoplasmatischen Seite der Plasmamembran zu finden sind.

Eine biologische Membran ist mit ca. 6 bis 10 nm dicker als eine reine Lipiddoppelschicht. Im Jahr 1972 schlugen S. Jonathan Singer und Garth L. Nicolson das sogenannte Fluid-Mosaik-Modell der biologischen Membranen vor, das die Anordnung von Lipiden und Proteinen innerhalb einer Membran beschreibt und viele Jahre das Verständnis von Membrandynamik bestimmte (▶ *Abbildung 7.16*).

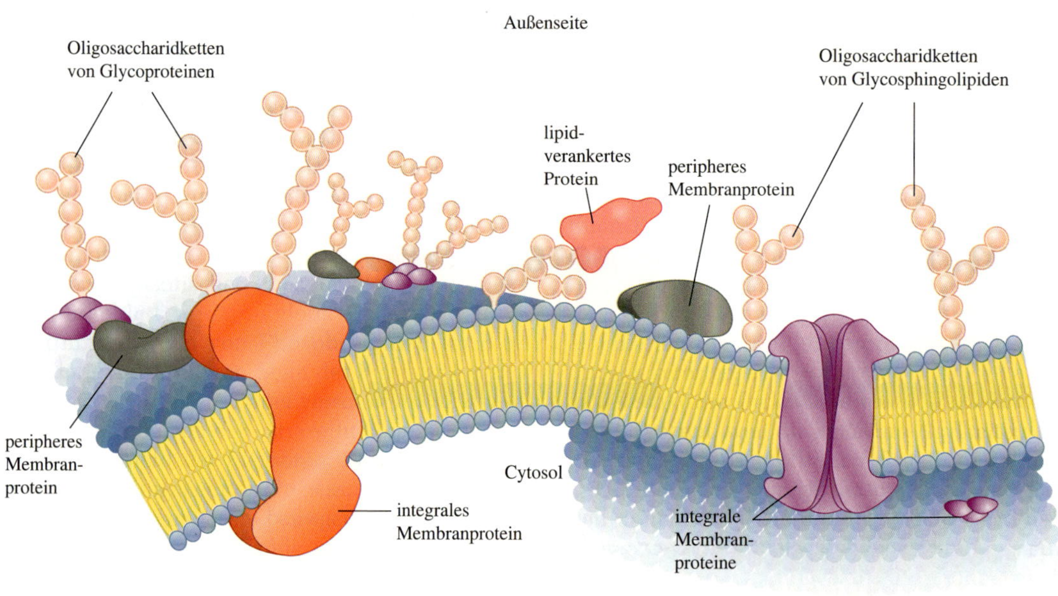

Abbildung 7.16: Vereinfachtes Fluid-Mosaik-Modell, Darstellung einer typischen eukaryontischen Plasmamembran. Eine Lipiddoppelschicht bildet die grundlegende Matrix biologischer Membranen, in die viele verschiedene Proteine auf ungleiche Art und Weise eingebettet sind. Einige der Proteine sind Glycoproteine. Die Oligosaccharid-Komponenten der Glycoproteine und Glycolipide befinden sich nur an der äußeren Oberfläche der Plasmamembran. In einer echten Plasmamembran würde man dicht gedrängt Membranproteine aneinander gelagert sehen und dazwischen einige Lipide der Doppelschicht.

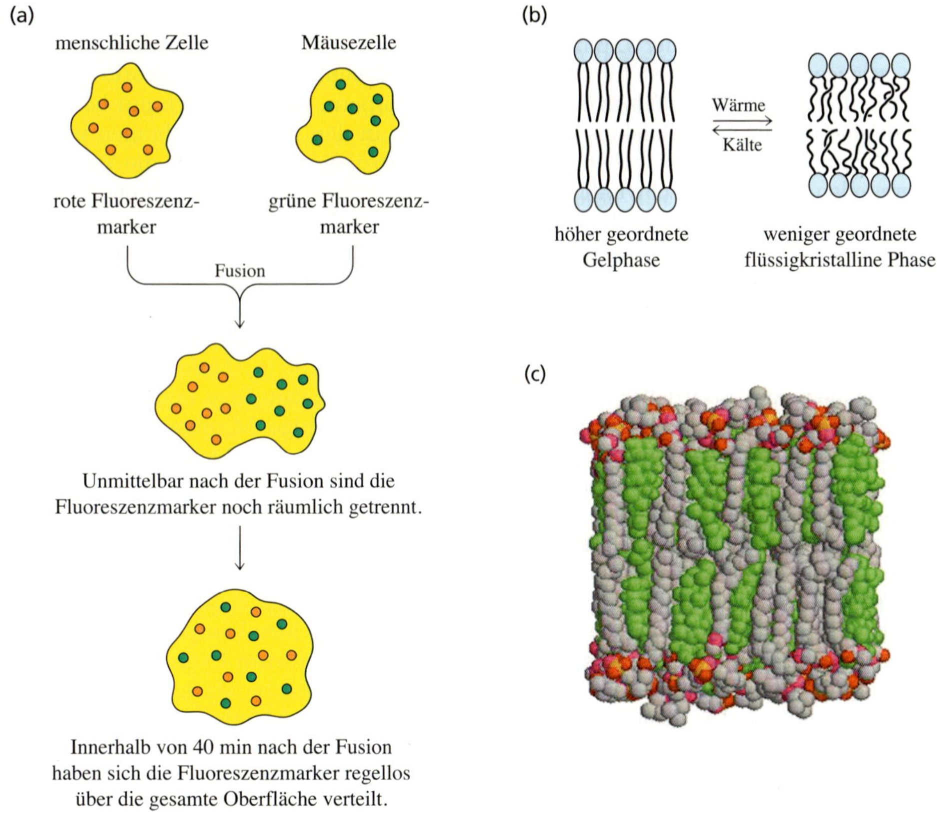

Abbildung 7.19: Diffusion von Membranproteinen, Phasenübergang und Kalottenmodell einer Lipidoppelschicht. (a) Membranproteine humaner Zellen wurden mit einem roten Fluoreszenzmarker markiert und die der Mäusezellen wurden mit einem grünen Fluoreszenzmarker gekennzeichnet. Anschließend fusionierte man die markierten Mäusezellen mit den ausgezeichneten humanen Zellen und verfolgte die zeitliche Verteilung der Membranproteine in der Membran des Heterokaryons (der Hybridzelle). Die anfänglich lokalisierten Marker waren innerhalb von 40 Minuten nach der Fusion gleichmäßig über die Plasmamembran des Heterokaryons verteilt. (b) Schematische Darstellung des Phasenübergangs einer Lipiddoppelschicht. In der höher geordneten Gelphase weisen die Fettsäure-Acylketten eine gestreckte Konformation auf. Oberhalb der Phasenübergangstemperatur entsteht durch die Rotationen um C–C-Einfachbindungen in den Ketten, die nun nicht mehr vollständig gestreckt vorliegen, der höhere Grad an Unordnung in der flüssigkristallinen Phase. (c) Kalottenmodell einer Lipidmembran, die Cholesterin- und Phospholipidmoleküle enthält. Beachten Sie die dichte Anordnung der Cholesterinmoleküle (grün) und der langen, gesättigten Ketten der Fettsäure-Acylgruppen.

Zustand. Biologische Membranen, die aus einer heterogenen Mischung von Lipiden bestehen, zeigen einen kontinuierlichen Übergang zwischen der Gelphase und der flüssigkristallinen Phase, der sich typischerweise über ein Temperaturintervall von 10 °C bis zu 40 °C erstreckt. Phasenübergänge in biologischen Membranen können zunächst nur in begrenzten, lokalisierten Regionen erfolgen, sodass bei bestimmten Temperaturen gelartige und flüssigkristalline Membranbereiche koexistieren.

Die Struktur eines Phospholipids beeinflusst seine Fluidität und Phasenübergangstemperatur sehr stark. Die Kohlenwasserstoffketten von Fettsäuren mit *cis*-konfigurierten C=C-Doppelbindungen weisen Knicke auf, die eine dichte Packung der Moleküle stört und die Fluidität (Kehrwert der Viskosität) des jeweiligen Lipids erhöht. Infolgedessen führt der Einbau von ungesättigten Fettsäure-Acylgruppen in ein Phospholipid zu einer Absenkung der Phasenübergangstemperatur. Veränderungen der Membranfluidität wirken sich auf den Transport von Substanzen durch die Membran und auf die katalytischen Funktionen der Membranproteine aus. Aus diesem Grund erhalten viele Organismen die Fluidität ihrer Membranen unter verschiedenen Bedingungen durch die Anpassung des Verhältnisses von ungesättigten zu gesättigten Fettsäure-Acylgruppen in ihren Membranlipiden aufrecht. Wenn Bakterien zum Beispiel bei niedrigen Temperaturen wachsen, erhöhen sie den Anteil ungesättigter Fettsäure-Acylgruppen in ihren Membranen. Goldfische passen sich an die Temperatur des Wassers, in dem sie leben, an. Wenn die Umgebungstemperatur sinkt, steigt der Anteil ungesättigter Fettsäure-Acylgruppen in den intestinalen Membranen des Goldfisches sowie in seinem gesamten Gehirn.

Der niedrigere Schmelzpunkt und die höhere Fluidität ungesättigter Fettsäure-Acylgruppen gewährleisten die Membranfluidität und die Funktionsfähigkeit der unterschiedlichen Membranprozesse auch bei niedrigeren Temperaturen.

Der Anteil von Cholesterin an der Masse der Lipide in einer typischen Säugetier-Plasmamembran beträgt zwischen 20 und 25 Prozent, sodass Cholesterin die Membranfluidität signifikant beeinflusst. Wenn die *starren* Cholesterinmoleküle zwischen den Kohlenwasserstoffketten der Membranlipide eingeordnet werden (▶*Abbildung 7.19c*), wird die Mobilität der Fettsäure-Acylketten beschränkt und eine zu hohe Fluidität der Membran bei höheren Temperaturen verhindert. Die Cholesterinmoleküle stören aber auch die dichte Packung der gestreckten Fettsäure-Acylketten und erhöhen dadurch die Membranfluidität bei niedrigen Temperaturen. Das Cholesterin in tierischen Zellmembranen unterstützt somit die Aufrechterhaltung einer weitgehend konstanten Membranfluidität und damit der Membranfunktionen trotz Fluktuationen der Temperatur sowie des Sättigungsgrades der Fettsäure-Acylgruppen. Cholesterinmoleküle tendieren zur bevorzugten Assoziation mit Sphingolipidmolekülen, weil diese nicht zuletzt auch aufgrund ihrer Sphingosin-Komponente einen hohen Anteil an langen, gesättigten Kohlenwasserstoffketten aufweisen. Die in den meisten Glycerophospholipiden vorkommenden ungesättigten Ketten enthalten Knicke, infolge derer sich die Ketten nur schlecht an die eher flache Gestalt der Cholesterinmoleküle anlagern können. Dadurch entwickeln sich in der Membran Mikrodomänen, die besonders reich an Cholesterin und Sphingolipiden sind und wie ein Floß in der Membran schwimmen. Deswegen nennt man diese Mikrodomänen auch *Lipid Rafts* (Lipidflöße). Bestimmte Membranproteine halten sich bevorzugt in solchen *Lipid Rafts* auf, sodass sie nicht gleichmäßig, sondern eher flickenteppichartig über die Membran verteilt vorliegen. Membranproteinen wird eine wichtige Rolle bei der Erhaltung der Integrität der *Lipid Rafts* zugesprochen.

7.11 Membranproteine

Zelluläre und intrazelluläre Membranen enthalten spezialisierte membrangebundene Proteine. Diese Proteine können auf der Basis der Art, auf die sie mit der Lipiddoppelschicht assoziiert sind, in drei Klassen eingeteilt werden: integrale Membranproteine, periphere Membranproteine und lipidverankerte Membranproteine.

Integrale Membranproteine weisen eine oder mehrere Domänen mit einer überwiegend hydrophoben Oberfläche auf, die in den hydrophoben Kern der Lipiddoppelschicht eingebettet sind. Integrale Membranproteine können die Membran zum Beispiel vollständig durchspannen (bitopische oder Transmembranproteine) oder nur in ein Blatt der Membran eingebettet sein (monotopische Membranproteine). Alle bisher bekannten Membranproteine stehen zumindest auf einer Seite der Membran mit dem wässrigen Medium in Kontakt. Manche integrale Membranproteine sind nur mit einem einzelnen hydrophoben Segment der Polypeptidkette in der Lipiddoppelschicht verankert. Andere Membranproteine weisen mehrere Transmembransegmente auf, die durch Schleifen (Loops) an der Membranoberfläche verbunden sind. Ein membrandurchspannendes Segment besteht häufig aus einer α-Helix, die ungefähr 20 Aminosäurereste enthält. Zur Isolierung von integralen Membranproteinen muss die Membran normalerweise zerstört werden. Dies geschieht durch organische Lösungsmittel, chaotrope Agenzien oder Detergenzien. Die Moleküle eines milden Detergens können dabei die Rolle der Lipidmoleküle in der Membran übernehmen und sich mit ihren hydrophoben Schwanzgruppen an die hydrophobe Domäne der Membranproteine anlagern. Dadurch wird die native Konformation der Proteine stabilisiert. Zur Vermeidung einer Denaturierung der Proteinmoleküle dürfen die Detergensmoleküle nicht von den Proteinen abgetrennt werden.

Eines der am besten untersuchten integralen Membranproteine stellt Bacteriorhodopsin dar (▶*Abbildung 7.20a*). Dieses Protein kommt in der cytoplasmatischen Membran von halophilen (salzliebenden) Bakterien wie *Halobacterium halobium* vor. Es ist in der Lage, Lichtenergie einzufangen, die dann zur Synthese von ATP genutzt wird. Bacteriorhodopsin weist ein Bündel aus sieben α-Helices auf. Die hydrophobe äußere Oberfläche des Helixbündels steht in direkter Wechselwirkung mit den Lipidmolekülen in der Membran. Die innere Oberfläche enthält geladene Aminosäureseitenketten, die das Pigmentmolekül binden, das zum Einfangen der Lichtenergie erforderlich ist. Bacteriorhodopsin repräsentiert eines von mehreren α-helikalen Membranproteinen, deren Strukturen im Detail bekannt sind. Fehlen die Daten der dreidimensionalen Struktur eines Proteins, kann die Anwesenheit von helikalen Transmembransegmenten häufig durch die Suche nach hydrophoben Aminosäuresequenzen, also nach Sequenzen mit hohen Hydropathiewerten, vorhergesagt werden (▶*Abschnitt 3.2.7*).

(a) (b)

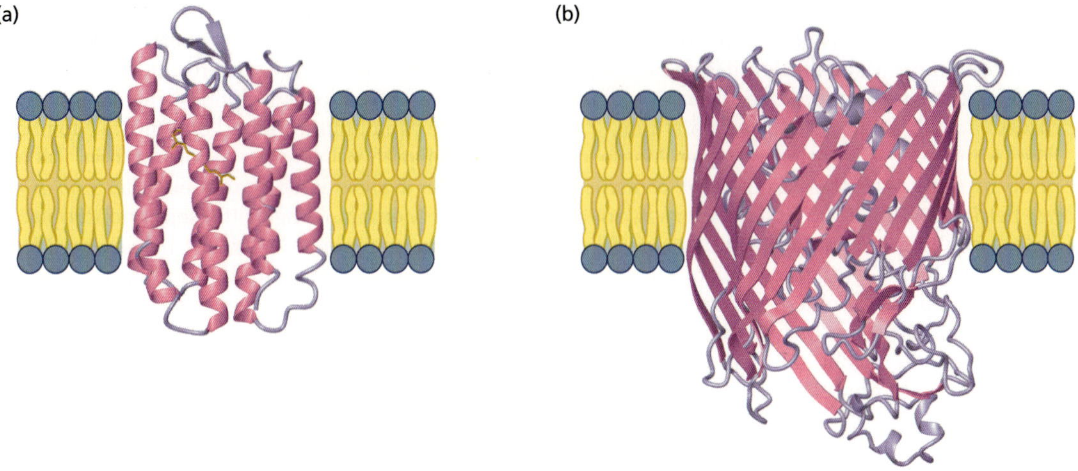

Abbildung 7.20: Die integralen Membranproteine Bacteriorhodopsin aus *Halobacterium salinarum* und das Porin FhuA aus *Escherichia coli*. (a) Sieben transmembrane α-Helices von Bacteriorhodopsin, die durch Loops verbunden sind, bilden ein Helixbündel, das die gesamte Lipiddoppelschicht durchspannt. Die lichtsammelnde prosthetische Gruppe ist in Gelb dargestellt. Sie befindet sich zwischen den Helices [PDB 1FBB]. (b) Das Porin FhuA arbeitet als Kanal für die Passage von proteingebundenem Eisen durch die äußere Membran in das Bakterium. Der Kanal besteht aus 22 antiparallelen β-Strängen [PDB 1BY3]. Die äußere Membran ist schematisch ohne Lipopolysaccharidanteile dargestellt.

Viele integrale Membranproteine weisen ein β-Barrel-Faltungsmuster auf. Die äußere Oberfläche der β-Stränge befindet sich in Kontakt mit den Membranlipiden, während das Zentrum des Barrels häufig als Pore oder Kanal für den Durchtritt von Molekülen durch die Membran dient. Das *E. coli*-Porin FhuA ist ein typisches Beispiel für diesen Typ von integralen Membranproteinen (▶*Abbildung 7.20b*).

Periphere Membranproteine liegen mit einer Seite der Membran über Ladungs-Ladungs-Wechselwirkungen und Wasserstoffbrücken mit integralen Membranproteinen oder den polaren Kopfgruppen von Membranlipiden assoziiert vor. Periphere Membranproteine können viel leichter von der Membran abgetrennt werden, ohne dass die Spaltung von kovalenten Bindungen oder die Zerstörung der Membranstruktur erforderlich sind. Eine Änderung des pH-Wertes oder der Ionenstärke genügt häufig bereits, um diese Proteine von der Membran zu entfernen.

Lipidverankerte Membranproteine sind durch eine kovalente Bindung zu einem Lipidanker mit der Membran verknüpft. In den einfachsten lipidverankerten Membranproteinen ist eine Aminosäureseitenkette über eine Amid- oder Esterbindung mit der Carboxylgruppe einer Fettsäure-Acylkette, häufig Myristat oder Palmitat, verbunden. Die Fettsäureketten dieser einfachen lipidverankerten Membranproteine sind in das cytoplasmatische Blatt der Lipiddoppelschicht eingebettet und verankern so das Protein in der Membran (▶*Abbildung 7.21a*). Proteine dieses Typs kommen in Viren und eukaryontischen Zellen vor. Andere lipidverankerte Membranproteine liegen kovalent mit einer Isoprenoidkette verknüpft vor, die 15 oder 20 C-Atome lang und in die Lipiddoppelschicht eingebettet ist. Die Bindung an das Isoprenoid erfolgt über das Schwefelatom eines Cysteinrestes in der Nähe oder am C-Terminus des Proteins (▶*Abbildung 7.21b*). Diese prenylierten Proteine befinden sich auf der cytoplasmatischen Seite von Plasmamembranen und intrazellulären Membranen. Viele eukaryontische lipidverankerte Proteine sind mit einem Glycosylphosphatidylinositol-Molekül verbunden (▶*Abbildung 7.21c*). Der Membrananker wird von der 1,2-Diacylglyceringruppe des Glycosylphosphatidylinositols gebildet. Ein Glycan variabler Zusammensetzung ist über einen Glucosaminrest mit der Inositolgruppe und über einen Mannoserest mit einem Phosphoethanolaminrest verbunden. Die Anknüpfung des Proteins erfolgt durch eine Amidbindung zwischen der C-terminalen α-Carboxylgruppe des Proteins und der Aminogruppe der Phosphoethanolamin-Einheit. Mehr als 100 Proteine, die über einen Glycosylphosphatidylinositol-Anker mit Membranen assoziiert vorliegen, sind bisher bekannt. Diese Proteine, die eine Vielfalt von Funktionen ausüben, kommen nur mit dem Blatt der Plasmamembran verknüpft vor, das dem Extrazellulärraum zugewandt ist. Sie befinden sich in den Cholesterin-Sphingolipid-Rafts, die in ▶*Abschnitt 7.9.2* beschrieben wurden.

Alle drei Typen von Lipidankern werden erst posttranslational, also nach der Synthese des

Proteins, mit einem Aminosäurerest des Proteins verknüpft. Wie die integralen Membranproteine, liegen die meisten lipidverankerten Membranproteine dauerhaft mit der Membran assoziiert vor, obwohl die Proteine selbst nicht direkt mit der Membran wechselwirken. Wenn diese Proteine durch die Behandlung mit Phospholipasen von der Membran abgelöst werden, verhalten sie sich wie lösliche Proteine.

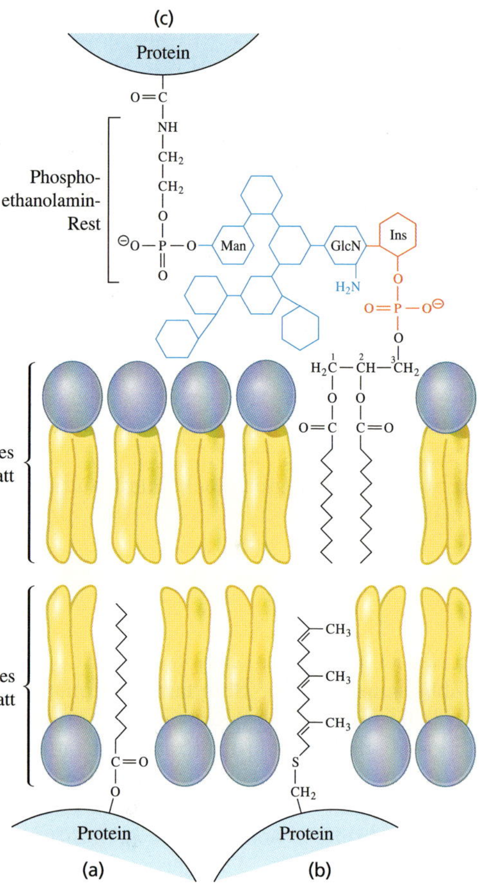

Abbildung 7.21: Schematische Darstellung der Verknüpfung von lipidverankerten Membranproteinen mit der Plasmamembran. Die drei Ankertypen können in derselben Membran auftreten. Sie bilden aber keine Komplexe, wie es durch diese Abbildung möglicherweise suggeriert werden könnte. (a) Ein Fettsäure-Acylketten-verankertes Membranprotein. (b) Ein prenylverknüpftes Membranprotein. Die Fettsäure-Acylgruppen-verankerten und prenylverankerten Membranproteine kommen auch auf dem Blatt auf der cytoplasmatischen Seite von intrazellulären Membranen vor. (c) Membranverknüpfung eines Proteins über einen Glycosylphosphatidylinositol-Anker. Hier ist das Beispiel eines Oberflächen-Glycoproteins der parasitären Protozoen *Trypanosoma brucei* dargestellt. Das Protein liegt kovalent mit einem Phosphoethanolaminrest assoziiert vor, der wiederum an ein Glycan gebunden ist. Das Glycan (blau) besitzt einen Mannoserest, an den der Phosphoethanolaminrest gebunden ist, und einen Glucosaminrest, über den das Glycan mit der Phosphoinositolgruppe (rot) von Phosphatidylinositol verknüpft ist. Abkürzungen: GlcN entspricht Glucosamin; Ins bedeutet Inositol; Man steht für Mannose.

7.12 Membrantransport

Plasmamembranen stellen physikalische Barrieren dar, die den Innenraum von lebenden Zellen von der extrazellulären Umgebung trennen und schützen. Innerhalb von eukaryontischen Zellen kommen außerdem verschiedene Membranen vor, die diverse Kompartimente wie den Zellkern oder die Mitochondrien umhüllen und so vom Cytoplasma separieren. Membranen dienen als selektiv permeable Barrieren, die den ungehinderten Durchtritt der meisten Moleküle unterbinden. Im Allgemeinen muss der Transport von vielen Molekülen durch die Membranen nämlich streng kontrolliert und gegebenenfalls auch gezielt unterstützt werden, um in der Zelle die für den Stoffwechsel notwendigen Konzentrationsverhältnisse aufrechtzuerhalten, die sich erheblich von denen des extrazellulären Raumes unterscheiden. Trotzdem müssen einige Moleküle wie Wasser und Sauerstoff innerhalb einer eukaryontischen Zelle weitgehend frei zwischen den verschiedenen Kompartimenten hin- und herwandern können. Aber auch größere Moleküle, wie Proteine und Nucleinsäuren, die nicht frei durch die Membran diffundieren können, müssen sowohl durch Plasmamembranen als auch durch intrazelluläre Membranen transportiert werden. Hydrophobe Moleküle und kleine ungeladene Moleküle können Membranen in der Regel weitgehend ungehindert durchwandern, aber der hydrophobe Kern der Lipiddoppelschicht stellt eine nahezu vollständig undurchlässige Barriere für die meisten polaren oder gar geladenen Spezies dar. Um dennoch den unbedingt notwendigen, wenn auch kontrollierten, Transport von polaren und ionischen Substanzen durch Membranen zu ermöglichen, weisen die Membranen lebender Zellen spezifische Kanal- und Transportproteine auf. Außerdem können Makromoleküle durch Endo- oder Exocytose durch Membranen geschleust werden.

Unpolare Gase, wie O_2 und CO_2, sowie hydrophobe Moleküle, wie zum Beispiel Steroidhormone, fettlösliche Vitamine und manche Medikamente, diffundieren durch die Lipiddoppelschicht der Plasmamembran in die Zelle hinein oder aus der Zelle heraus. Die Richtung der Diffusion wird durch die Konzentrationen der jeweiligen Substanz innerhalb und außerhalb der Zelle bestimmt. Die freie Diffusion erfolgt immer im Sinn eines Konzentrationsausgleichs, also vom Bereich höherer Konzentration zum Bereich niedrigerer Konzentration. Dabei hängt die Geschwindigkeit der Diffusion, also die Konzentrationsänderung der jeweiligen Substanz auf einer Seite der Membran pro Zeiteinheit (ist gleich der negativen Änderung auf der anderen Seite), von der Differenz der Kon-

Tabelle 7.3

Charakteristische Merkmale verschiedener Typen von Membrantransportsystemen

	Protein-abhängig	Sättigung durch Substrat	Richtung relativ zum Konzentrations-gradienten	Energiezufuhr erforderlich
Einfache Diffusion	Nein	Nein	Abwärts	Nein
Kanäle und Poren	Ja	Nein	Abwärts	Nein
Passiver Transport	Ja	Ja	Abwärts	Nein
Aktiver Transport				
Primär	Ja	Ja	Aufwärts	Ja (direkte Quelle)
Sekundär	Ja	Ja	Aufwärts	Ja (Ionengradient)

zentrationen auf den beiden Seiten der Membran ab, also dem Konzentrationsgradienten über der Membran. Die Diffusion abwärts eines Konzentrationsgradienten, das heißt in negativer Richtung der Konzentration beziehungsweise im Sinn eines Konzentrationsausgleichs, stellt einen spontanen Prozess dar, der mit einem Anstieg der Entropie und einer negativen Änderung der freien Enthalpie verbunden ist.

Der Verkehr von polaren Molekülen und Ionen durch Membranen wird durch drei Typen von integralen Membranproteinen vermittelt: Kanäle beziehungsweise Poren, passive und aktive Transporter. Diese Transportsysteme unterscheiden sich in ihren kinetischen und thermodynamischen Eigenschaften. Die Geschwindigkeit der Diffusion eines gelösten Stoffes durch Kanäle und Poren wächst zum Beispiel mit steigender Konzentration des Stoffes auf einer Seite der Membran, aber die Geschwindigkeit des Stofftransports durch passive oder aktive Transporter kann bei steigender Konzentration des Stoffes ein Maximum erreichen, weil es zu einer Sättigung des Transportproteins kommt. Einige aktive Transportproteine benötigen eine Energiequelle, weil sie einen Transport gegen einen Konzentrationsgradienten (aufwärts) bewerkstelligen müssen. Ein solcher aktiver Transport führt zur weiteren Vergrößerung eines bestehenden Konzentrationsgradienten und ist deswegen zunächst mit einer positiven Änderung der freien Enthalpie verknüpft. Der Gesamtprozess wird erst durch die Kopplung mit einem exergonischen Prozess möglich. Einige charakteristische Merkmale der verschiedenen Typen des Membrantransports sind in ▶*Tabelle 7.3* zusammengefasst. In diesem Abschnitt werden wir die verschiedenen Membrantransportsysteme sowie die Prozesse der Endo- und Exocytose behandeln.

7.12.1 Thermodynamik des Membrantransports

Die tatsächliche Änderung der freien Enthalpie einer Reaktion ist folgendermaßen mit der freien Standardreaktionsenthalpie und den Konzentrationen der beteiligten Reaktanten und Produkte verknüpft:

$$\Delta G_{\text{Reaktion}} = \Delta G^{\circ\prime}_{\text{Reaktion}} + RT \ln \frac{[\text{C}][\text{D}]}{[\text{A}][\text{B}]} \qquad (7.1)$$

In dieser Gleichung entsprechen $\Delta G^{\circ\prime}_{\text{Reaktion}}$ der Gibbs'schen freien Standardreaktionsenthalpie und [C] und [D] den Konzentrationen der Produkte sowie [A] und [B] den Konzentrationen der Reaktanten. Bei einem reinen Transportprozess werden keine chemischen Bindungen gespalten oder gebildet, sodass die Änderung der Gibbs'schen freien Standardenthalpie infolge dieses Prozesses gleich null ist ($\Delta G^{\circ\prime}_{\text{Transport}} = 0$). In diesem Fall hängt die Änderung der freien Enthalpie durch den Transportprozess also nur von den Konzentrationen der transportierten Moleküle auf den beiden Seiten der Membran ab. Für ein beliebiges Molekül A sei die Konzentration auf der Innenseite der Membran $[\text{A}_{\text{innen}}]$ und auf der Außenseite der Membran $[\text{A}_{\text{außen}}]$. Die Änderung der Gibbs'schen freien Enthalpie, verbunden mit einem Transport des Moleküls A durch die Membran von der Außenseite zur Innenseite, ist dann durch die folgende Gleichung gegeben:

$$\Delta G_{\text{Transport}} = RT \ln \frac{[\text{A}_{\text{innen}}]}{[\text{A}_{\text{außen}}]} = 2{,}303\, RT \log \frac{[\text{A}_{\text{innen}}]}{[\text{A}_{\text{außen}}]} \qquad (7.2)$$

Wenn die Konzentration von A innerhalb der Zelle kleiner ist als außerhalb der Zelle, wird $\Delta G_{\text{Transport}}$ negativ und der Fluss von A in die Zelle hinein ist thermodynamisch begünstigt. Für $[A_{\text{innen}}] = 1$ mM und $[A_{\text{außen}}] = 100$ mM ergibt sich bei 25 °C die Änderung der freien Enthalpie durch den Transport von A in die Zelle hinein aus der folgenden Berechnung:

$$\Delta G_{\text{Transport}} = 2{,}303\, RT \log\frac{[A_{\text{innen}}]}{[A_{\text{außen}}]} = 2{,}303 \times 8{,}325 \times 298 \times (-2) = -11{,}4 \text{ kJ mol}^{-1} \quad (7.3)$$

Unter diesen Bedingungen tendieren Moleküle der gelösten Substanz A also dazu, in die Zelle hineinzuwandern und dadurch den Konzentrationsgradienten zu verringern. Ein Fluss von A in die andere Richtung, also aus der Zelle heraus, ist in diesem Fall dagegen thermodynamisch ungünstig, weil er eine positive Änderung der freien Enthalpie zur Folge hat ($\Delta G_{\text{Transport}} = +11{,}4$ kJ mol^{-1}).

▶*Gleichung 7.2* trifft nur auf ungeladene Moleküle zu. Wenn geladene Moleküle durch die Membran transportiert werden, ist ein zusätzlicher Term erforderlich, der die Änderung der Gibbs'schen freien Enthalpie infolge des über der Membran bestehenden Ladungsgradienten berücksichtigt, das heißt der elektrischen Potenzialdifferenz über der Membran. Beachten Sie, dass hier die Gesamt-Potenzialdifferenz einfließen muss, an der alle bezüglich der Membran asymmetrisch verteilten Ionen beteiligt sind, und nicht nur die Potenzialdifferenz, die sich aus der ungleichen Verteilung der vom jeweils betrachteten Transport betroffenen Ionen ergibt. Diese tatsächlich existierende Potenzialdifferenz über der Membran nennt man das Membranpotenzial ($\Delta\Psi$), das der Differenz der elektrischen Potenziale auf der Innenseite (Ψ_{innen}) und der Außenseite ($\Psi_{\text{außen}}$) der Membran entspricht:

$$\Delta\Psi = -\Delta\Psi_{\text{innen}} - \Psi_{\text{außen}} \quad (7.4)$$

Die Einheit des Membranpotenzials lautet Volt. Die meisten Zellen transportieren selektiv und aktiv Kationen aus der Zelle heraus und erzeugen dadurch ein negatives Membranpotenzial, sodass also die Innenseite der Membran relativ zur Außenseite eine negative Überschussladung oder ein negativeres beziehungsweise kleineres Potenzial aufweist. Die Änderung der Gibbs'schen freien Enthalpie beim Transport von Ionen durch die Membran von außen nach innen, die allein infolge des Membranpotenzials auftritt, ergibt sich aus:

$$\Delta G = z\mathcal{F}\Delta\Psi \quad (7.5)$$

Darin bedeutet z die Ladung des Ions, das transportiert wird, also zum Beispiel +1 für ein Kalium-Ion, +2 für ein Calcium-Ion oder −1 für ein Chlorid-Ion. $\mathcal{F}$ entspricht der Faraday-Konstante (96.485 J V^{-1} mol^{-1}). Für den Transport von Ionen von innen nach außen kehrt sich das Vorzeichen um. Das liegt daran, dass das Membranpotenzial als Differenz zwischen den Potenzialen auf der Innenseite und der Außenseite und nicht umgekehrt definiert ist. Da die Plasmamembran ein negatives Membranpotenzial aufweist, ist der Import von Kationen wie $Na^{\oplus}$ und $K^{\oplus}$ in die Zelle ein thermodynamisch günstiger, exergoner Prozess. Der Export von Kationen stellt dagegen einen endergonischen Prozess dar, der nur ablaufen kann, wenn er mit einer energieliefernden, exergonen Reaktion gekoppelt wird, wie zum Beispiel der Hydrolyse von ATP. Für die Aufrechterhaltung des Membranpotenzials ist also Energie erforderlich. Abschließend stellen wir Folgendes fest: Bei der Berechnung der Änderung der freien Enthalpie durch einen beliebigen Transportprozess, bei dem geladene Teilchen transportiert werden, müssen sowohl die chemischen Konzentrationseffekte als auch die physikalischen Ladungseffekte berücksichtigt werden. Somit ergibt sich die Änderung der Gibbs'schen freien Enthalpie für einen beliebigen Transportprozess aus der folgenden Gleichung:

$$\Delta G_{\text{Transport}} = 2{,}303\, RT \log\frac{[A_{\text{innen}}]}{[A_{\text{außen}}]} + z\mathcal{F}\Delta\Psi \quad (7.6)$$

Diese Gleichung gilt auch für ungeladene Teilchen beziehungsweise Moleküle, weil der zweite Term wegen $z = 0$ in diesen Fällen null beträgt und somit wegfällt.

7.12.2 Poren und Kanäle

Poren und Kanäle sind Transmembranproteine mit einem zentralen Durchgang für Ionen und kleinere Moleküle. Gelöste Stoffe, die eine geeignete Größe, Ladung und molekulare Struktur besitzen, können durch Diffusion infolge eines Konzentrationsgradienten in beliebiger Richtung, die nur durch die Richtung des Konzentrationsgradienten vorgegeben wird, schnell durch Poren und Kanäle hindurchwandern (▶*Abbildung 7.22*). Dieser Prozess benötigt keine zusätzliche Energiezufuhr, weil er im Sinne eines Konzentrationsausgleichs abläuft und deswegen mit einer negativen Änderung der freien Enthalpie verbunden ist. Im Allgemeinen ist die Geschwindigkeit des Transports von Teilchen durch Poren und Kanäle nicht durch eine Sättigung des Transmembranproteins beschränkt. Die Geschwindigkeit kann allerdings die diffusionskontrollierte Grenze erreichen.

Die äußere Membran einiger Bakterien enthält viele Poren-Proteine, die zur Familie der Porine gehören. Diese Porine ermöglichen den weitgehend ungehinderten Einstrom von Ionen und kleinen Molekülen, die so zu den spezifischen Transportern in der Plasmamembran gelangen. Ähnliche Poren kommen in der äußeren Mitochondrienmembran vor. Porine sind nur wenig selektiv. Sie arbeiten wie dauerhaft geöffnete Siebe. Im Gegensatz dazu weisen Plasmamembranen viele für bestimmte Ionen hochspezifische Kanäle auf. Einige dieser Kanäle liegen ständig geöffnet vor, während andere nur als Antwort auf spezifische Signale geöffnet und wieder geschlossen werden.

Membranen von Nervenzellen enthalten unter anderem kontrolliert schließende und öffnende Kaliumkanäle (engl. *gated potassium channels*), die im geöffneten Zustand den schnellen Ausstrom von Kalium-Ionen aus der Zelle ermöglichen, weil die Nervenzellen durch aktiven Transport in der Zelle eine höhere Kaliumkonzentration als im extrazellulären Raum aufrechterhalten. Im Fall der Natrium-Ionen treten genau entgegengesetzte Konzentrationsgradienten über der Nervenzellmembran auf. Die Kaliumkanäle können von Kalium-Ionen etwa 10.000-mal schneller passiert werden als von den kleineren Natrium-Ionen. Kristallografische Untersuchungen der dreidimensionalen Struktur des Kaliumkanals KcsA aus *Streptomyces lividans* haben eine Struktur mit einem weiten, trichterförmigen Eingang offenbart. Der Trichter mündet in eine enge Pore, die für die Selektivität des Kaliumkanals verantwortlich ist und deswegen Selektivitätsfilter genannt wird. Der Durchmesser der Pore ist so klein, dass weder hydratisierte Kalium-Ionen noch hydratisierte Natrium-Ionen durch die Pore wandern können. Die Ionen müssen also zunächst dehydratisiert werden, um überhaupt durch den Selektivitätsfilter zu passen. Die Dehydratisierung ist ein energieaufwendiger Prozess. Bei den Kalium-Ionen kann dieser Energieaufwand aber durch die Komplexierung in geeigneten Bindungsstellen im Selektivitätsfilter weitgehend kompensiert werden, deren Geometrie, Abstandsverhältnisse und elektrostatischen Eigenschaften denen in der Hydrathülle stark ähneln. So können die Kalium-Ionen leicht von einer Bindungsstelle zur nächsten durch den Selektivitätsfilter geschleust werden. Die Natrium-Ionen sind dagegen zu klein, um genügend starke Wechselwirkungen in den für sie zu großen Bindungsstellen im Selektivitätsfilter des Kaliumkanals aufbauen zu können. Der Energieaufwand zur Entfernung der Hydrathülle kann deswegen nicht ausreichend kompensiert werden. Infolgedessen ist die Energiebarriere für den Durchtritt der Natrium-Ionen viel größer als im Fall der Kalium-Ionen. Auf der Basis des Vergleichs mit den dreidimensionalen Strukturen (soweit bekannt) und Aminosäuresequenzen anderer Ionenkanäle wird vermutet, dass die allgemeinen strukturellen Eigenschaften und Mechanismen der bisher gut untersuchten Kaliumkanäle auch bei anderen Ionenkanälen anzutreffen sind.

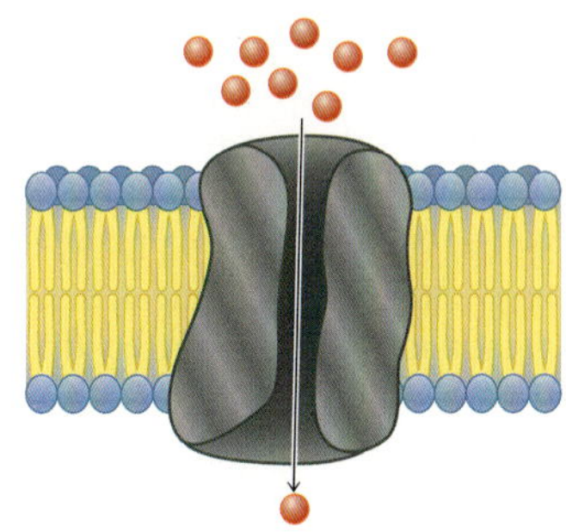

Abbildung 7.22: Membrantransport durch eine Pore oder einen Kanal. Ein zentral gelegener Durchgang ermöglicht Molekülen oder Ionen passender Größe, Ladung und Geometrie durch die Membran zu wandern.

7.12.3 Passiver Transport

Passive und aktive Transportproteine binden spezifisch gelöste Stoffe (Substrate) und transportieren sie durch die Membran. Beim passiven Transport fließen die Moleküle von der Seite höherer Konzentration zur Seite niedrigerer Konzentration, sodass die Konzentrationen auf beiden Seiten der Membran angeglichen werden. Die Änderung der Gibbs'schen freien Enthalpie durch diesen Prozess weist somit ein negatives Vorzeichen auf und der Transport läuft spontan ab. Beim aktiven Transport wird das Substrat gegen einen Konzentrationsgradienten oder/und gegen ein Membranpotenzial befördert. Weil die Änderung der freien Enthalpie bei einem solchen Transportprozess positiv ist, muss er mit einem energieliefernden, exergonischen Prozess gekoppelt werden, um ablaufen zu können. Die einfachsten Membrantransporter, egal ob passive oder aktive, führen einen Uniport durch, das heißt sie transportieren nur einen einzelnen Typ von Substrat durch die Membran (▶*Abbildung 7.23a*). Viele Transporter schleusen aber auch zwei verschiedene Substratmoleküle simultan durch die Membran. Wenn dabei beide Substrate in dieselbe Richtung gebracht werden, spricht man von einem Symport (▶*Abbildung 7.23b*). Werden sie in entgegengesetzte Richtungen transportiert, nennt man den Prozess einen Antiport (▶*Abbildung 7.23c*).

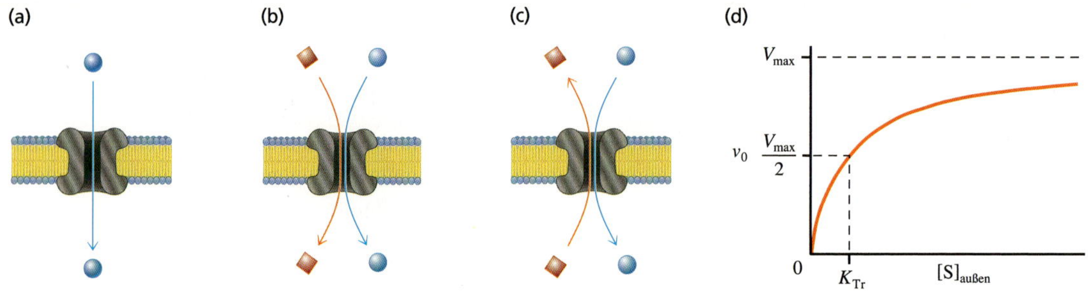

Abbildung 7.23: Verschiedene Typen des passiven und aktiven Transports sowie Kinetik des passiven Transports. Auch wenn die Transportproteine hier mit einem geöffneten zentralen Kanal dargestellt sind, unterliegen sie in Wirklichkeit spezifischen Konformationsänderungen, wenn sie ihr Substrat durch die Membran befördern (▶*Abbildung 7.24*). (a) Uniport. (b) Symport. (c) Antiport. (d) Kinetik des passiven Transports. Die Anfangsgeschwindigkeit des Transports steigt mit der Substratkonzentration, nähert sich aber asymptotisch einem Maximalwert. K_{Tr} entspricht der Substratkonzentration, bei der die Geschwindigkeit des Transports die halbe Maximalgeschwindigkeit erreicht.

Man spricht bei einem passiven Transport häufig auch von einer erleichterten Diffusion, weil er keine zusätzliche Energiezufuhr benötigt. Ein passives Transportprotein beschleunigt den Durchtritt des Substrats durch die Membran in Richtung eines bestehenden Konzentrationsgradienten (von höherer zu niedrigerer Konzentration). Dieser Prozess würde auch, allerdings sehr langsam, allein durch Diffusion erfolgen. In dieser Hinsicht ähneln passive Transporter Enzymen, weil sie nur Prozesse beschleunigen, die thermodynamisch begünstigt, also exergon ($\Delta G_{Prozess} < 0$) sind. Für ein einfaches passives Uniport-System hängt die Anfangsgeschwindigkeit eines nach innen gerichteten Transports, wie die Anfangsgeschwindigkeit einer enzymatisch katalysierten Reaktion, von der Anfangskonzentration des Substrats ab, die in diesem Fall der Substratkonzentration auf der Außenseite der Membran entspricht. Diese Abhängigkeit kann durch eine Gleichung, die eine zur Michaelis-Menten-Gleichung für die enzymatische Katalyse analoge Form besitzt, beschrieben werden:

$$v_0 = \frac{V_{max}[S]_{außen}}{K_{Tr} + [S]_{außen}} \qquad (7.7)$$

In dieser Gleichung entsprechen v_0 der Anfangsgeschwindigkeit des nach innen gerichteten Transports des Substrats S bei der externen Substratkonzentration $[S]_{außen}$, V_{max} der Maximalgeschwindigkeit des Substrattransports und K_{Tr} der Michaelis-Konstante für den Transport. K_{Tr} gibt also die Substratkonzentration bei halber Maximalgeschwindigkeit des Transports beziehungsweise bei halber Sättigung der Transportproteine mit dem Substrat an. Je kleiner der Wert von K_{Tr} ist, desto höher ist die Substrataffinität des Transporters. Die Geschwindigkeit des Transports unterliegt einer Sättigungskinetik und erreicht deswegen bei hohen Substratkonzentrationen einen Maximalwert (▶*Abbildung 7.23d*).

Mit zunehmender Konzentration des Substrats in der Zelle durch den nach innen gerichteten passiven Transport nimmt auch die Geschwindigkeit des nach außen gerichteten passiven Transports zu, während die Konzentration des Substrats außerhalb der Zelle abnimmt. Wird schließlich der Punkt erreicht, an dem die Konzentrationen des Substrats auf beiden Seiten der Membran gleich sind, sind auch die Geschwindigkeiten des Imports und des Exports identisch und es erfolgen kein Nettotransport und keine Konzentrationsänderung des Substrats infolge eines Transports durch die Membran mehr. Natürlich handelt es sich hier um ein dynamisches Gleichgewicht, in dem nach wie vor Substratmoleküle in beiden Richtungen durch die Membran transportiert werden, allerdings mit gleicher Geschwindigkeit.

Passive und aktive Transportproteine weisen einige Merkmale von Enzymen auf. Statt eine chemisch-strukturelle Veränderung des Substrats zu katalysieren, transportieren sie das Substrat allerdings von einer Seite der Membran auf die andere Seite. Modelle der Transportmechanismen beschreiben eine Konformationsänderung des Transporters nach der Bindung des Substrats auf einer Seite der Membran. Diese Konformationsänderung führt zu einer Verschiebung des Substrats zur anderen Membranseite, wo das Substrat dann wieder freigesetzt wird. Durch die Freisetzung des Substrats kehrt das Transportprotein wieder in seine ursprüngliche Konformation zurück und der Prozess kann erneut ablaufen (▶*Abbildung 7.24*). Die Konformationsänderung eines Transporters wird häufig durch die Bindung des Substrats ausgelöst, ähnlich wie beim *induced fit* bestimmter Enzyme an ihre Substrate. Beim aktiven Transport kann die Konformationsänderung durch die Hydrolyse von ATP oder eine andere Energiequelle angetrieben werden. Wie Enzyme können auch Transportproteine reversibel oder irreversibel gehemmt werden.

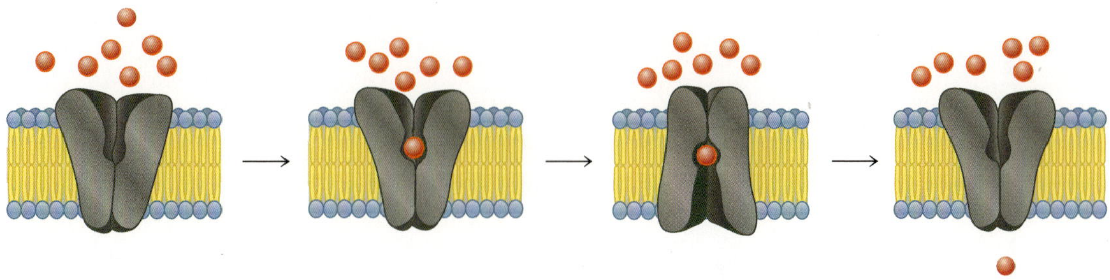

Abbildung 7.24: Funktion von passiven und aktiven Transportproteinen. Wenn ein Transportprotein sein spezifisches Substrat bindet, kommt es zu einer Konformationsänderung des Proteins, die eine anschließende Freisetzung des Moleküls oder Ions auf der anderen Membranseite ermöglicht. Cotransporter besitzen spezifische Bindungsstellen für jede der transportierten Spezies.

7.12.4 Aktiver Transport

Der aktive Transport ähnelt dem passiven Transport bezüglich des eigentlichen Transportmechanismus und der kinetischen Merkmale. Allerdings benötigt der aktive Transport eine zusätzliche Energiezufuhr, damit der Transport des Substrats gegen einen Konzentrationsgradienten überhaupt ablaufen kann. In manchen Fällen erfolgt ein aktiver Transport von geladenen Molekülen oder Ionen gegen ein Membranpotenzial, dessen Betrag dadurch vergrößert wird. Auf diese Weise können Membranpotenziale überhaupt erst aufgebaut werden. Aktive Transporter nutzen verschiedene Energiequellen, am häufigsten allerdings die Hydrolyse von ATP. Ionen transportierende ATPasen kommen in allen Organismen vor. Diese aktiven Transporter, zu denen zum Beispiel die $Na^{\oplus}$/$K^{\oplus}$-ATPase und die $Ca^{2\oplus}$-ATPase gehören, erzeugen und erhalten Ionen-Konzentrationsgradienten über der Plasmamembran und über Membranen von Zellorganellen.

Ein primärer aktiver Transport wird durch eine direkte Energiequelle angetrieben, wie die Hydrolyse von ATP oder Lichtenergie. Bacteriorhodopsin (▶*Abbildung 7.20a*) nutzt zum Beispiel Lichtenergie, um einen transmembranen Protonengradienten aufzubauen, dessen Energie zur Synthese von ATP verwendet werden kann. Ein anderer primärer aktiver Transporter, das P-Glycoprotein, spielt offenbar eine entscheidende Rolle für die Resistenz von Tumorzellen gegen viele chemotherapeutische Wirkstoffe. Diese multiple Wirkstoffresistenz stellt eine maßgebliche Ursache für das Versagen von Chemotherapeutika bei der klinischen Behandlung von Krebserkrankungen dar. P-Glycoprotein ist ein integrales Membran-Glycoprotein ($M_r \approx 170.000$), das in der Plasmamembran von wirkstoffresistenten Zellen reichlich vorhanden ist. Unter Verwendung von ATP als Energiequelle pumpt das P-Glycoprotein eine Vielfalt von strukturell nicht unbedingt verwandten unpolaren Substanzen, wie zum Beispiel viele Wirkstoffe, gegen bestehende Konzentrationsgradienten aus der Zelle heraus. Auf diese Weise wird die cytosolische Wirkstoffkonzentration auf einem genügend niedrigen Niveau gehalten, um den Tod der Zelle zu verhindern. Die normale physiologische Funktion des P-Glycoproteins besteht wahrscheinlich in der Entfernung von hydrophoben cytotoxischen Substanzen aus der Zelle, die mit der Nahrung aufgenommen werden.

Ein sekundärer aktiver Transport wird durch einen Ionen-Konzentrationsgradienten angetrieben. Dabei wird der Transport eines Substrats gegen einen Konzentrationsgradienten oder ein elektrisches Potenzial mit dem Transport eines zweiten Substrats in Richtung eines Konzentrationsgradienten oder eines elektrischen Potenzials gekoppelt. In diesem Fall wird der endergone Transport des ersten Substrats durch den exergonischen Transport des zweiten Substrats angetrieben. Dazu muss der Konzentrationsgradient des zweiten Substrats zuvor aber durch einen primären aktiven Transport aufgebaut worden sein. In *Escherichia coli* wird zum Beispiel der Fluss von Elektronen durch eine Serie von membrangebundenen Redoxenzymen, der mit der Oxidation eines reduzierten Substrats verknüpft ist, zur Erzeugung einer höheren extrazellulären Protonenkonzentration genutzt. Der anschließende exergone Fluss von Protonen in Richtung des Protonengradienten in die Zelle hinein treibt den endergonen Transport von Lactose gegen einen Lactosegradienten in die Zelle hinein an (▶*Abbildung 7.25a*). Der Symport von Protonen und Lactose wird durch das Transmembranprotein Lactose-Permease vermittelt.

In großen, multizellulären tierischen Organismen werden sekundäre aktive Transportvorgänge häufig durch einen $Na^{\oplus}$-Gradienten angetrieben. Die meisten Zellen erhalten einen $Na^{\oplus}$-Gradienten mit einer intrazellulären $Na^{\oplus}$-Konzentration von ca. 5 bis 15 mM und einer extrazellulären $Na^{\oplus}$-Konzentration von etwa 145 mM aufrecht. Außerdem erzeugen sie einen ständigen $K^{\oplus}$-Gradienten mit einer intrazellulären $K^{\oplus}$-Konzentration von ca. 140 mM und einer extrazellulären $K^{\oplus}$-Konzentration von etwa 5 mM. Diese Ionen-Konzentrationsgradienten werden durch das ATP-

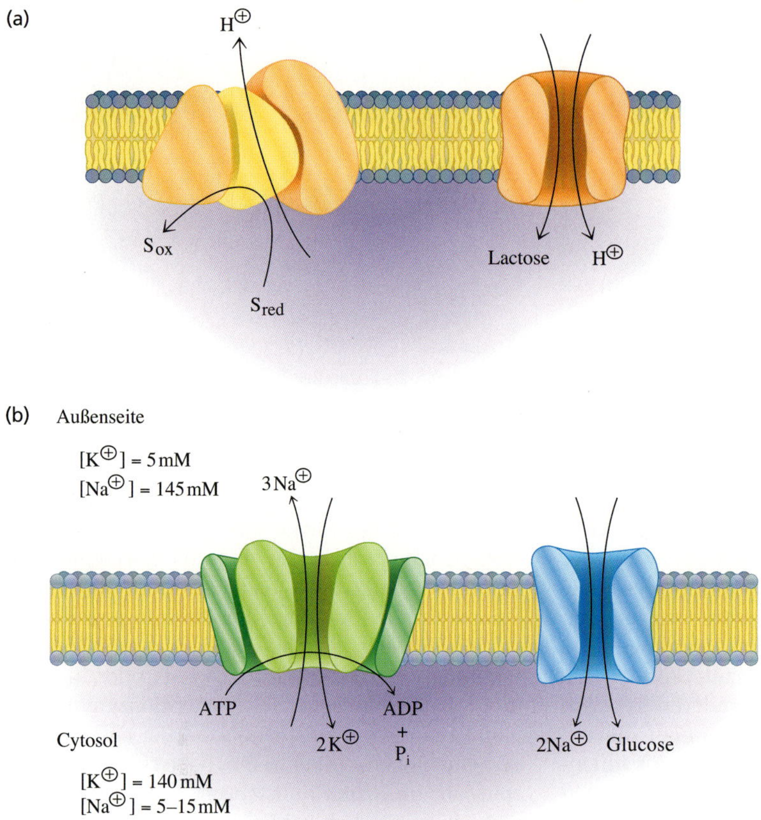

Abbildung 7.25: Sekundärer aktiver Transport. (a) In ***Escherichia coli***: Die Oxidation eines reduzierten Substrats (S_{red}) liefert die Energie für den aktiven Export von Protonen aus der Zelle und den damit verbundenen Aufbau eines Protonengradienten. Die Energie, die beim Rückfluss der Protonen in die Zelle frei wird, also in Richtung des Protonengradienten, treibt den endergonen Transport von Lactose in die Zelle an. Der Rücktransport der Protonen und der Import der Lactose erfolgen durch den Symporter Lactose-Permease. (b) In tierischen Zellen: Die $Na^{\oplus}/K^{\oplus}$-ATPase erzeugt einen $Na^{\oplus}$-Gradienten, der zum Beispiel den sekundären aktiven Symport von Glucose und zwei $Na^{\oplus}$ durch SGLT 1 aus dem Darmlumen in die Epithelzellen des Dünndarms antreibt.

getriebene Antiport-System der $Na^{\oplus}/K^{\oplus}$-ATPase, das pro hydrolysiertem ATP-Molekül zwei $K^{\oplus}$-Ionen in die Zelle hinein- und drei $Na^{\oplus}$-Ionen aus der Zelle herauspumpt, aufgebaut und erhalten (▶*Abbildung 7.25b*). Jedes $Na^{\oplus}/K^{\oplus}$-ATPase-Molekül kann pro Minute die Hydrolyse von etwa 100 ATP-Molekülen katalysieren. Die $Na^{\oplus}/K^{\oplus}$-ATPasen sind somit für einen signifikanten Anteil (bis zu einem Drittel) des gesamten Energieverbrauchs einer typischen tierischen Zelle verantwortlich. Der $Na^{\oplus}$-Gradient, der durch die $Na^{\oplus}/K^{\oplus}$-ATPase erzeugt wird, stellt zum Beispiel die Hauptenergiequelle für den sekundären aktiven Transport von Glucose aus dem Darmlumen in intestinale Epithelzellen dar (Resorption von Glucose). Dabei wird mit je zwei $Na^{\oplus}$-Ionen, die in die Zelle eintreten, ein Glucosemolekül symportiert. Der endergone Transport von Glucose gegen einen Glucosegradienten wird also durch den exergonen Transport von $Na^{\oplus}$ in Richtung eines $Na^{\oplus}$-Gradienten angetrieben. Der Transport erfolgt durch den $Na^{\oplus}$-Glucose-Symporter SGLT 1.

7.12.5 Endocytose und Exocytose

Bei den bisher dargelegten Transportvorgängen erfolgt der Fluss von Molekülen oder Ionen durch eine intakte Membran. Zellen müssen aber auch Moleküle, die für den Transport durch Poren, Kanäle oder Transportproteine zu groß sind, importieren und exportieren. Prokaryonten besitzen ein spezialisiertes Multikomponenten-Exportsystem in ihrem Plasma und der äußeren Membran, das die Sekretion bestimmter Proteine (häufig Toxine oder Enzyme) in das extrazelluläre Medium ermöglichen. In eukaryontischen Zellen werden viele, aber nicht alle, Proteine (und bestimmte andere große Moleküle) durch Endocytose beziehungsweise Exocytose in die Zelle importiert beziehungsweise aus der Zelle exportiert. Sowohl bei der Endocytose als auch bei der Exocytose werden spezialisierte Typen von Lipidvesikeln gebildet.

Bei der Endocytose werden extrazelluläre Makromoleküle oder noch größere Gebilde, wie zum Beispiel Viren, von der Plasmamembran umschlungen und eingeschlossen. Dieses Lipidvesikel schnürt sich anschließend nach innen von der Plasmamembran ab. Die rezeptorvermittelte Endocytose beginnt mit der Bindung von Makromolekülen an spezifische Oberflächenrezeptorproteine in der Plasmamembran der Zelle. Durch die Bindung an den Rezeptor werden die Einstülpung des betroffenen Membranareals und die anschließende Abschnürung als Lipidvesikel in das Cytoplasma hinein ausgelöst. Dabei wird das gebundene Makromolekül in das Lipidvesikel eingeschlossen und in die Zelle importiert. Wie der ▶*Abbildung 7.26* zu

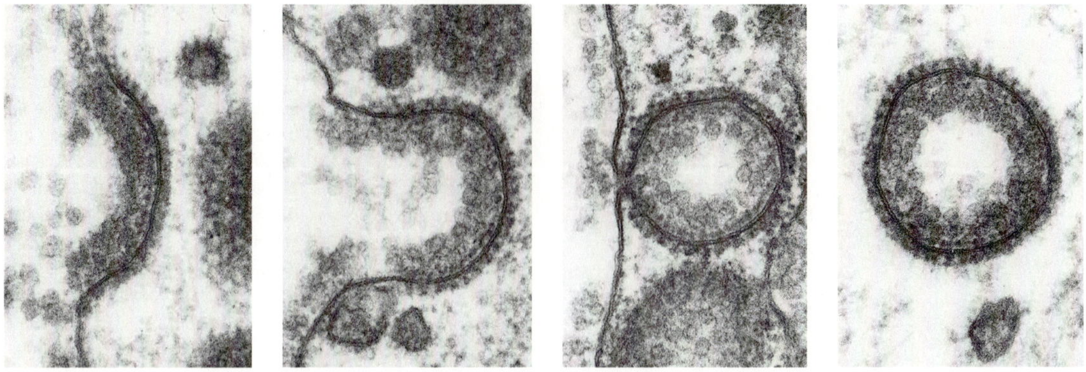

Abbildung 7.26: Elektronenmikroskopische Aufnahmen einer Endocytose. Die Endocytose beginnt mit der Bindung von Makromolekülen an spezifische Rezeptoren auf der extrazellulären Seite der Plasmamembran. Der betroffene Membranbereich stülpt sich dann in die Zelle hinein und schnürt sich als Vesikel, in das die gebundenen Makromoleküle eingeschlossen werden, ins Cytoplasma hinein ab. Die Innenseite der Vesikelmembran stimmt topologisch mit der Außenseite der Plasmamembran überein.

entnehmen ist, entspricht die Innenseite der Vesikelmembran der ursprünglichen Außenseite der Plasmamembran. Die in den Vesikeln eingeschlossenen Moleküle sind also nicht im eigentlichen Sinn tatsächlich durch die Plasmamembran hindurchgewandert. Innerhalb der Zelle können die Vesikel zum Beispiel mit einem anderen Typ von Vesikeln verschmelzen, den Endosomen, die anschließend mit Lysosomen fusionieren. Im Innenraum von Lysosomen können die eingeschlossenen Moleküle und der Rezeptor selbst enzymatisch abgebaut werden. Alternativ können der Ligand, der Rezeptor oder beide durch Verschmelzung des Endosoms mit der Plasmamembran auch wiederverwendet werden.

Die Exocytose ähnelt der Endocytose, allerdings erfolgt der Transport in die entgegengesetzte Richtung, also aus der Zelle heraus. Zur Vorbereitung der Exocytose wird das zur Sekretion aus der Zelle bestimmte Material durch den Golgi-Apparat in Vesikel eingeschlossen. Die Vesikel fusionieren dann mit der Plasmamembran und setzen dabei ihren Inhalt in den extrazellulären Raum frei. Die Zymogene der pankreatischen Verdauungsenzyme werden zum Beispiel auf diese Weise aus den Zellen des Pankreas exportiert.

Transduktion extrazellulärer Signale 7.13

Die Plasmamembranen aller Zellen enthalten spezifische Rezeptoren, die es der Zelle ermöglichen, auf externe chemische Reize zu reagieren, die die Membran nicht direkt durchdringen können. Bakterien können zum Beispiel bestimmte Chemikalien in ihrer Umgebung detektieren. Diese lösen durch die Bindung an einen spezifischen Oberflächenrezeptor ein Signal aus, das zu den Geißeln weitergeleitet wird. Die dadurch hervorgerufene Geißelbewegung treibt das Bakterium dann zum Beispiel in die Richtung einer Nahrungsquelle. Ein solcher Vorgang, also die Wanderung einer Zelle in Richtung eines chemischen Signals oder in Richtung eines chemischen Konzentrationsgradienten, nennt man positive Chemotaxis. Bei einer negativen Chemotaxis flüchtet ein Bakterium zum Beispiel vor toxischen Substanzen. Die positive Chemotaxis spielt auch bei Entzündungsvorgängen im menschlichen Körper eine große Rolle, bei denen Immunzellen durch Cytokine und andere Entzündungsmediatoren zum Entzündungsherd geleitet werden. In multizellulären Organismen werden chemische Reize, wie zum Beispiel Hormone, Neurotransmitter oder Wachstumsfaktoren, von spezialisierten Zellen synthetisiert. Hormone dienen zur Kommunikation zwischen nicht benachbarten Zellen, häufig zwischen Zellen in unterschiedlichen Organen. Neurotransmitter sind an der Übertragung von Nervenimpulsen im synaptischen Spalt zwischen benachbarten Nervenzellen beteiligt. Wachstumsfaktoren oder Wachstumshormone sind Peptide oder Proteine, die bei der Regulation der Zellproliferation eine Rolle spielen. Diese Liganden können zu anderen Geweben wandern, um dort an spezifische Rezeptoren auf ihren Zielzellen zu binden und bestimmte Antworten beziehungsweise Aktivitäten hervorzurufen. In diesem Abschnitt wird die Bindung von wasserlöslichen Liganden an solche Oberflächenrezeptoren und die dadurch ausgelösten intrazellulären Antworten in Säugetierzellen erörtert. An diesen Signaltransduktions- beziehungsweise Signalübertragungswegen sind zum Beispiel die Adenylat-Cyclase, Phosphoinositole oder Rezeptor-Tyrosin-Kinasen beteiligt. In ▸*Abbildung 7.27* ist der allgemeine Mechanismus einer Signaltransduktion, also einer Signalübertragung durch eine Membran, schematisch dargestellt. Ein primärer Botenstoff (engl. *first mes-*

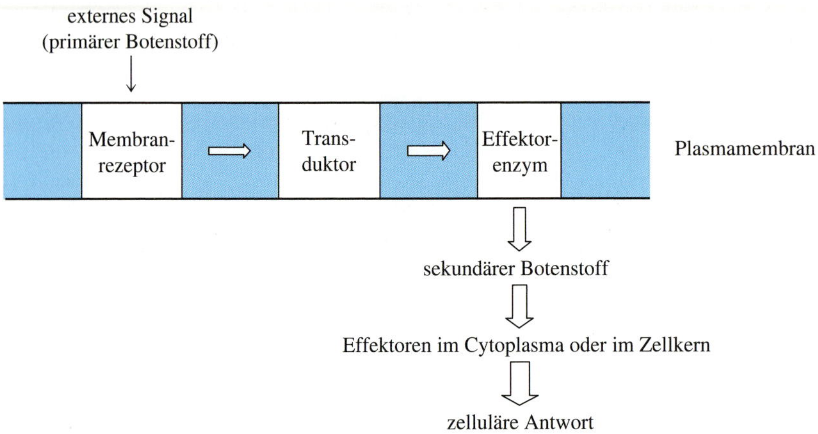

Abbildung 7.27: Allgemeiner Mechanismus der Signaltransduktion durch die Plasmamembran einer Zelle.

senger) bindet zunächst als Ligand an seinen spezifischen Rezeptor auf der Oberfläche der Zielzelle. Diese Wechselwirkung erzeugt ein Signal, das durch ein Transduktor-Membranprotein (engl. *transducer*) zu einem membrangebundenen Effektorenzym weitergeleitet wird. Die dadurch ausgelöste Aktivität des Effektorenzyms führt zur Bildung eines intrazellulären sekundären Botenstoffs (engl. *second messenger*), bei dem es sich meistens um ein kleines Molekül oder Ion handelt. Der diffusionsfähige sekundäre Botenstoff transportiert das Signal zu seinem endgültigen Ziel, das im Zellkern, in einem anderen Zellkompartiment oder im Cytosol lokalisiert sein kann. Die Bindung eines Liganden an einen Oberflächenrezeptor einer Zelle führt fast ausnahmslos zur Aktivierung von Protein-Kinasen. Diese Enzyme katalysieren die Übertragung einer Phosphorylgruppe vom ATP auf eine große Zahl verschiedener Protein-Substrate, von denen viele an der Regulation des Stoffwechsels, des Zellwachstums oder der Zellteilung beteiligt sind. Einige Enzyme werden durch die Phosphorylierung aktiviert, andere werden inaktiviert. Es gibt eine große Vielfalt von Liganden, Rezeptoren und Transduktoren, aber bisher sind nur einige wenige sekundäre Botenstoffe und Typen von Effektorenzymen bekannt.

Rezeptor-Tyrosin-Kinasen ermöglichen die Signaltransduktion durch einen vereinfachten Mechanismus. Bei diesen Tyrosin-Kinasen sind die Funktionen des Membranrezeptors, des Transduktors und des Effektorenzyms in einem einzigen Protein vereinigt. Die Rezeptordomäne auf der extrazellulären Membranseite einer Tyrosin-Kinase ist über ein Transmembransegment mit dem aktiven Zentrum des Enzyms auf der cytosolischen Membranseite verbunden. Das aktive Zentrum katalysiert die Phosphorylierung des Zielproteins der jeweiligen Tyrosin-Kinase. Dazu muss die Kinaseaktivität des Enzyms aber erst durch die Bindung eines spezifischen Liganden an die Rezeptordomäne auf der extrazellulären Membranseite aktiviert werden.

Die Signalverstärkung oder Amplifizierung stellt ein wesentliches Merkmal von Signalwegen dar. Ein einzelner Ligand-Rezeptor-Komplex kann in der Regel mit mehreren Transduktoren wechselwirken, von denen jeder wiederum mehrere Effektorenzyme aktivieren kann. Die anschließende Produktion von vielen Molekülen des sekundären Botenstoffs bedeutet eine weitere Signalverstärkung. Die Moleküle dieses Botenstoffs können zum Beispiel viele Protein-Kinase-Moleküle aktivieren, die die Phosphorylierung von noch mehr Zielenzymen katalysieren. Da die Phosphorylierung des Zielenzyms je nach Enzym eine Aktivierung oder eine Inaktivierung zur Folge hat, können sowohl Signale, die zu einer größeren enzymatischen Aktivität führen, verstärkt werden, als auch Signale, die zu einer geringeren enzymatischen Aktivität führen. Diese Serien von Amplifizierungsstufen werden Kaskaden oder Signalkaskaden genannt. Durch den Kaskadenmechanismus kann eine kleine Anzahl von Molekülen einer extrazellulären Verbindung die Aktivität einer großen Zahl von intrazellulären Enzymen beeinflussen, ohne die Membran durchqueren und einzeln an jedes der intrazellulären Zielenzyme binden zu müssen.

Nicht alle chemischen Reize werden entsprechend dem in ▶*Abbildung 7.27* illustrierten allgemeinen Mechanismus der Signaltransduktion weitergeleitet. Steroidhormone können infolge ihrer Hydrophobie leicht durch die Membran in die Zelle hineindiffundieren, wo sie an spezifische Rezeptorproteine im Cytoplasma oder gleich im Zellkern binden. Die cytoplasmatischen Hormon-Rezeptor-Komplexe werden in den Zellkern überführt. Im Zellkern binden die Hormon-Rezeptor-Komplexe an spezifische Abschnitte der DNA, die sogenannten *Hormon-responsive elements* (HREs), und erhöhen oder unterdrücken dadurch die Expression eines benachbarten Gens.

ZUSAMMENFASSUNG

1. Lipide bilden eine vielfältige Gruppe von wasserunlöslichen organischen Verbindungen.
2. Fettsäuren sind Monocarbonsäuren, von denen die meisten eine gerade Anzahl von 12 bis 20 Kohlenstoffatomen enthalten.
3. Fettsäuren werden im Allgemeinen in Form der neutralen und unpolaren Triacylglycerine (Fette und Öle) gespeichert.
4. Glycerophospholipide stellen amphipathische Moleküle mit einer polaren phosphathaltigen Kopfgruppe und zwei unpolaren Fettsäure-Acyl-Schwanzgruppen dar, die an ein Glycerinrückgrat über eine Esterbrücke gebunden sind. In Archaea und einigen thermophilen Bakterien kommen Glycerindiether als Membranlipide vor. Es sind verzweigte Terpenoide, die über Etherbrücken an Glycerol gebunden sind.
5. Sphingolipide, die in pflanzlichen und tierischen Membranen vorkommen, besitzen ein Sphingosin-Grundgerüst.
6. Steroide repräsentieren eine Gruppe von Isoprenoiden, die ein charakteristisches kondensiertes Ringsystem aus vier Ringen aufweisen. In Bakterien findet man damit verwandte Hopanoide, die aus vier Sechsringen und einem Fünfring bestehen.
7. Wachse, Eicosanoide, fettlösliche Vitamine und Terpene sind weitere biologisch bedeutsame Lipide.
8. Die strukturelle Grundlage aller biologischen Membranen bildet eine Lipiddoppelschicht, die amphipathische Lipide, wie zum Beispiel Glycerophospholipide, Sphingolipide und in einigen Fällen auch Cholesterin oder Hopanoide enthält. Die Lipide können innerhalb eines Blattes schnell lateral diffundieren, aber nur langsam von einem Blatt in das andere wechseln.
9. Biologische Membranen treten mit Proteinen assoziiert auf. Integrale Membranproteine sind in die Lipiddoppelschicht eingebettet, während periphere Membranproteine nur mit der Membranoberfläche verknüpft vorliegen. Periphere Membranproteine sind weniger fest mit der Membran verbunden. Auch die Proteine können lateral in der Membran diffundieren.
10. Integrale Membranproteine können die Lipiddoppelschicht entweder vollständig (Transmembranproteine) oder nur teilweise durchspannen. Lipidverankerte Membranproteine liegen kovalent mit Lipiden in der Lipiddoppelschicht verknüpft vor.
11. Sehr kleine Moleküle, wie zum Beispiel Wasser, und hydrophobe Moleküle können relativ ungehindert durch die Lipiddoppelschicht der Membranen diffundieren. Kanäle und Poren sowie passive und aktive Transportproteine ermöglichen die Bewegung von Ionen und polaren Molekülen durch Membranen. Für einen aktiven Transport ist eine zusätzliche Energiezufuhr erforderlich, weil er gegen einen Konzentrationsgradienten oder ein Membranpotenzial erfolgt. Makromoleküle können durch Endo- und Exocytose in Zellen importiert beziehungsweise aus Zellen exportiert werden.
12. Extrazelluläre chemische Signale binden in Form von primären Botenstoffen an spezifische Oberflächenrezeptoren in der Plasmamembran. Dadurch wird eine Signaltransduktion ausgelöst, bei der das Signal von einem Transduktor-Membranprotein an ein Effektorenzym auf der cytosolischen Seite der Plasmamembran weitergeleitet wird. Das Effektorenzym katalysiert die Bildung eines cytosolischen sekundären Botenstoffs.

AUSGEWÄHLTE LITERATUR

Allgemein

Gurr, M. I., Harwood, J. L., Frayn, K. N., Murphy, D. J. und Michell, R. H. 2016. *Lipids: Biochemistry, Biotechnology and Health.* Hoboken. Wiley and Sons. *Ein allgemeines Werk über die Struktur und den Stoffwechsel von Lipiden.*

Ridgway, N. und McLeod, R. 2015. *Biochemistry of Lipids, Lipoproteins, and Membranes.* New York. Elsevier.

Thompson, D. 2017. *Lipid Biochemistry.* New York. Syrawood Publishing House.

Membranen

Borell, J. H., Domenech, O. und Keough, Kl. M. W. 2016. *Membrane Protein – Lipid Interactions: Physics and Chemistry in the Bilayer (SpringerBriefs in Biochemistry and Molecular Biology).* Heidelberg. Springer.

Jelinek, R. 2018. *Membranes: From Biological Functions to Therapeutic Applications.* Berlin. De Gruyter.

Thomas, N. und Jonathan, S. 2018. *Lipid Rafts (Biochemistry Research Trends).* New York. Nova Science Pub.

Pabst, G., Kucerka, N., Nieh, M.-P. und Katsaras, J. 2014. *Liposomes, Lipid Bilayers and Model Membranes: From Basic Research to Application.* Boca Raton. CRC Press.

Mouritsen, O. G. G. und Bagatolli, L. A. 2016. *LIFE – AS A MATTER OF FAT: Lipids in a Membrane Biophysics Perspective (The Frontiers Collection).* Heidelberg. Springer.

Nicolson, G. L. 2014. The Fluid-Mosaic Model of Membrane Structure: still relevant to understanding the structure, function and dynamics of biological membranes after more than 40 years. *Biochim. Biophys. Acta.* 1838:1451–1466.

Stillwell, W. 2013. *An Introduction to Biological Membranes: From Bilayers to Rafts.* Amsterdam. Elsevier.

Membranproteine

Harris J. R. und Boekema, E. J. 2019. *Membrane Protein Complexes: Structure and Function (Subcellular Biochemistry, Band 87).* Heidelberg. Springer.

Lundstrom, K. H. 2019. *Structural Genomics on Membrane Proteins.* New York. CRC Press.

Tabaczar, S., Czogalla, A., Podkalicka, J., Biernatowska, A. und Sikorski, A. F. 2017. Protein palmitoylation: Palmitoyltransferases and their specificity. *Exp Biol Med (Maywood).* 242:1150–1157.

Wang, M. und Casey, P. J. 2016. Protein prenylation: unique fats make their mark on biology. *Nat. Rev. Mol. Cell. Biol.* 17:110–122.

Membrantransport

Ford, R. C. und Beis, K. 2019. Learning the ABCs one at a time: structure and mechanism of ABC transporters. Biochem Soc Trans. 47:23–36.

Jahn, R. und Fasshauer, D. 2012. Molecular machines governing exocytosis of synaptic vesicles. *Nature* 490:201–207.

Krämer, R. und Ziegler, C. 2016. *Membrane Transport Mechanism: 3D Structure and Beyond.* Heidelberg. Springer.

Mollazadeh, S., Sahebkar, A., Hadizadeh, F., Behravan, J. und Arabzadeh, S. 2018. Structural and functional aspects of P-glycoprotein and its inhibitors. *Life Sci.* 214:118–123.

Zheng, J. und Trudeau, M.C. 2015. *Handbook of Ion Channels.* New York. CRC Press.

Signaltransduktion

Aducci, P. 2013. *Signal Transduction in Plants (Molecular and Cell Biology Updates).* Basel. Birkhäuser Verlag.

Kraus, G. 2014. *Biochemistry of Signal Transduction and Regulation.* Weinheim. Wiley-VCH.

Marks, F., Klingmüller, U. und Müller-Decker, K. 2017. *Cellular Signal Processing: An Introduction to the Molecular Mechanisms of Signal Transduction.* New York. Garland Science.

Spiro, S. und Dixon, R. 2010. *Sensory Mechanisms in Bacteria: Molecular Aspects of Signal Recognition.* Norfolk. Caister Academic Press.

Einführung in den Stoffwechsel

8

ÜBERBLICK

Der Stoffwechsel oder Metabolismus ist das gesamte Netzwerk chemischer Reaktionen, die in lebenden Zellen ablaufen. Metabolite sind kleine Moleküle zum Abbau oder zur Biosynthese von Biopolymeren. Der Begriff Intermediärstoffwechsel *bezieht sich auf Reaktionen, an denen diese Moleküle mit einem geringen Molekulargewicht beteiligt sind. Es ist sinnvoll, Reaktionen, bei denen Moleküle synthetisiert werden (anabole Reaktionen), und solche, bei denen Moleküle abgebaut werden (katabole Reaktionen), getrennt zu betrachten.*

Der Stoffwechsel als Summe zellulärer Reaktionen 8.1

Anabole Reaktionen sind für die Synthese aller Verbindungen verantwortlich, die für die Erhaltung, das Wachstum und die Reproduktion (Fortpflanzung) der Zelle erforderlich sind. Diese Biosynthesereaktionen erzeugen einfache Metabolite wie Aminosäuren, Kohlenhydrate, Coenzyme, Nucleotide und Fettsäuren. Sie produzieren aber auch größere Moleküle wie Proteine, Polysaccharide, Nucleinsäuren und komplexe Lipide (▶*Abbildung 8.1*). In manchen Spezies werden all die komplexen Moleküle, aus denen eine Zelle aufgebaut ist, aus anorganischen Vorstufen (Kohlendioxid, Ammoniak, anorganische Phosphate etc.) synthetisiert. Einige Spezies beziehen Energie aus solchen anorganischen Molekülen oder aus der Erzeugung eines Membranpotenzials. Photosynthetische Organismen nutzen Lichtenergie, um Biosynthesereaktionen anzutreiben.

Durch katabole Reaktionen werden große Moleküle abgebaut, wobei Energie und kleine Moleküle freigesetzt werden. Diese Reaktionen bauen außerdem kleine Moleküle zu anorganischen Produkten ab (▶*Abbildung 8.1*). In allen Zellen laufen Abbaureaktionen als Teil des normalen Zellstoffwechsels ab, aber einige Organismen sind auf sie als ihre einzige Energiequelle angewiesen. Tiere benötigen zum Beispiel organische Moleküle als Nahrung. Die grundlegende Quelle für diese organischen Moleküle ist ein Biosyntheseweg in einer anderen Spezies. Denken Sie immer daran, dass alle katabolen Reaktionen den Abbau von Verbindungen beinhalten, die zuvor von einer lebenden Zelle synthetisiert wurden – entweder von derselben Zelle, einer anderen Zelle desselben Individuums oder einer Zelle in einem anderen Organismus. Neben der Energie, die für Biosynthesen erforderlich ist, benötigen Organismen Energie für die Durchführung anderer Arten zellulärer Aktivitäten wie den Transport und die Bewegung.

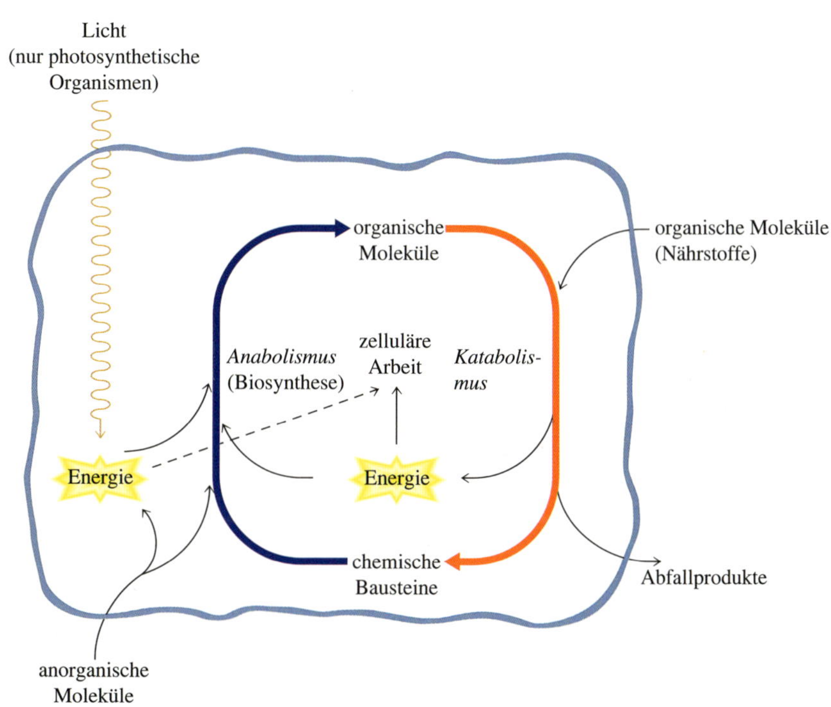

Abbildung 8.1: Anabolismus und Katabolismus. Anabole Reaktionen nutzen kleine Moleküle und chemische Energie zur Synthese von organischen Molekülen und zur Durchführung zellulärer Arbeit. Sonnenenergie ist die Hauptquelle für Stoffwechselenergie in photosynthetischen Bakterien und Pflanzen. Einige Moleküle, darunter auch diejenigen, die mit der Nahrung zugeführt werden, werden abgebaut, also katabolisiert. Dabei werden monomere Bausteine oder Abfallprodukte gebildet und Energie freigesetzt. In den weiteren Abbildungen dieses Kapitels werden Biosynthesewege mit blauen Pfeilen und katabole Reaktionswege mit roten Pfeilen dargestellt.

In den letzten Jahren ist die vollständige Sequenz des Genoms einer Vielzahl von Spezies ermittelt worden. Auf der Grundlage der Sequenzen der Gene, die die Enzyme des Stoffwechsels codieren, bekommen wir zum ersten Mal ein vollständiges Bild vom gesamten Stoffwechselnetzwerk dieser Spezies. *Escherichia coli* besitzt etwa 1000 Gene, die Enzyme des Intermediärstoffwechsels codieren, und weist etwa 150 verschiedene Stoffwechselwege auf. Andere Bakterienspezies besitzen eine vergleichbare Anzahl von Enzymen, die die grundlegenden Stoffwechselreaktionen katalysieren, aber einige Spezies zeigen zusätzliche Reaktionswege. Das Bakterium *Mycobacterium tuberculosis*, der Erreger der Tuberkulose, besitzt etwa 250 Enzyme, die am Fettsäuremetabolismus beteiligt sind – fünfmal so viele wie *E. coli*. Die einzellige Hefe *Saccharomyces cerevisiae* ist ein Mitglied des Reiches der Pilze. Ihr Genom enthält 5900 proteincodierende Gene. Von diesen codieren ca. 1200 Enzyme des Intermediär- und Energiestoffwechsels. Der Nematode (Fadenwurm) *Caenorhabitis elegans* ist ein kleines multizelluläres Tier, das viele der gleichen spezialisierten Zellen und Gewebe besitzt, die auch in größeren Tieren vorkommen. Sein Genom codiert 19.100 Proteine, von denen 5300 den verschiedenen Reaktionswegen des Intermediärstoffwechsels zugerechnet werden. Bei der Fruchtfliege, *Drosophila melanogaster*, wird für annähernd 2400 ihrer 14.100 Gene eine Beteiligung am Intermediärstoffwechsel und an bioenergetischen Reaktionen vorhergesagt. Die genaue Anzahl der Gene, die für den grundlegenden Stoffwechsel des Menschen erforderlich sind, ist nicht bekannt, aber es werden wahrscheinlich etwa 5000 Gene benötigt. Das menschliche Genom umfasst ungefähr 25.000 Gene.

Im Allgemeinen erhalten Lebewesen spezifische interne Konzentrationen von anorganischen Ionen, Metaboliten und Enzymen in ihren Zellen aufrecht. Zellmembranen stellen die physikalische Barriere dar, die die Zellkomponenten von der Umgebung trennt. Sie beziehen Energie aus externen Quellen, um energieverbrauchende Reaktionen anzutreiben. Photosynthetische Organismen gewinnen nutzbare Energie durch die Umwandlung von Lichtenergie der Sonne in chemische Energie. Andere Organismen erhalten Energie durch die Aufnahme und den Katabolismus energieliefernder Substanzen. Die Stoffwechselwege jedes Lebewesens werden durch die Gene seines Genoms bestimmt. Lebewesen wechselwirken mit ihrer Umgebung. Die Aktivitäten von Zellen müssen an die Verfügbarkeit von Energie angepasst werden. Bei reichlicher Energieversorgung aus der Umgebung wachsen die Organismen und pflanzen sich fort. Wenn die Energieversorgung begrenzt ist, kann der Energiebedarf vorübergehend aus internen Speichern gedeckt oder durch Verlangsamung der Stoffwechselreaktionen gesenkt werden, wie zum Beispiel beim Winterschlaf. Bei einer länger andauernden mangelhaften Energieversorgung sterben die Organismen meist ab. Viele Zellkomponenten werden kontinuierlich synthetisiert und abgebaut, unterliegen also einem ständigen Stoffumsatz. Dabei bleiben die Konzentrationen der meisten Moleküle allerdings annähernd konstant, während die Konzentrationen anderer Verbindungen in Abhängigkeit von Änderungen äußerer und innerer Bedingungen variieren können.

Stoffwechselwege 8.2

Die große Mehrheit der Stoffwechselreaktionen wird durch Enzyme katalysiert. Deswegen muss eine vollständige Beschreibung des Stoffwechsels nicht nur die Reaktanten, die Zwischenprodukte und die Produkte zellulärer Reaktionen umfassen, sondern auch die Eigenschaften und das Verhalten der relevanten Enzyme. In den meisten Zellen laufen Hunderte bis Tausende verschiedener Reaktionen ab. Wir können diese Komplexität bewältigen, indem wir den Stoffwechsel systematisch in Segmente unterteilen. Es gibt vier Hauptgruppen von Biomolekülen: Kohlenhydrate, Lipide, Aminosäuren und Nucleotide, deren Stoffwechselwege in diesem Kapitel erläutert werden.

8.2.1 Stoffwechselwege – Sequenzen von Reaktionen

Ein **Stoffwechselweg** ist das biologische Äquivalent eines Syntheseweges in der organischen Chemie. Er besteht aus einer Serie von Reaktionen, bei denen das Produkt der einen Reaktion jeweils zum Substrat der folgenden Reaktion wird. Einige Stoffwechselwege können aus nur zwei Schritten bestehen, während andere eine Länge von Dutzenden von Schritten aufweisen. Die Festlegung der Anfangs- und Endpunkte eines Stoffwechselweges ist nicht einfach. Eine chemische Synthese im Labor besitzt ein offensichtliches Ausgangssubstrat (Edukt) und ein offensichtliches Endprodukt, aber zelluläre Reaktionswege sind auf eine Weise untereinander verbunden, die die Auswahl eines Anfangs und eines Endes deutlich erschwert. Wo beginnt zum Beispiel die Glycolyse im Katabolismus von Glucose? Beginnt sie mit Polysacchariden wie Glycogen oder Stärke, mit extrazellulärer Glucose oder vielleicht mit intrazellulärer Glucose? Endet dieser Reaktionsweg mit Pyruvat, Lactat oder Ethanol? Die Start- und Endpunkte

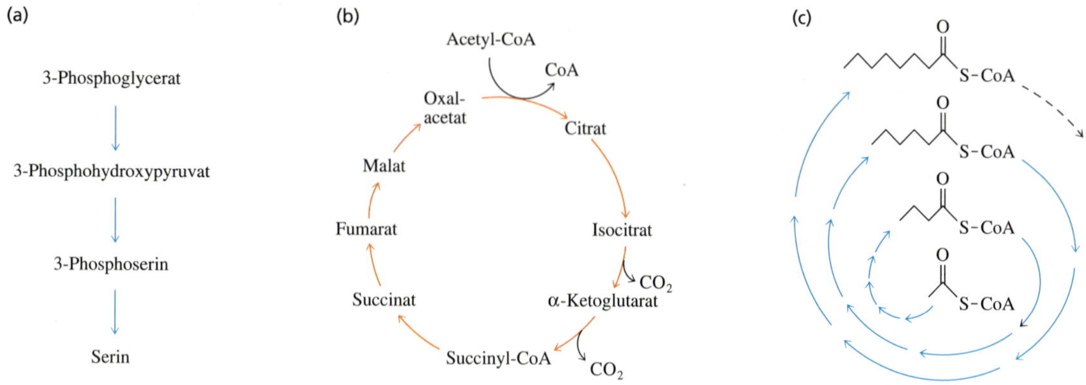

Abbildung 8.2: Formen von Stoffwechselwegen. (a) Die Biosynthese von Serin ist ein Beispiel für einen linearen Stoffwechselweg. Das Produkt jedes Schrittes ist das Substrat des nächsten Schrittes. (b) Die Reaktionssequenz in einem cyclischen Stoffwechselweg bildet einen geschlossenen Kreislauf. Im Citronensäurezyklus wird eine Acetylgruppe durch Reaktionen, die die Zwischenprodukte des Zyklus regenerieren, metabolisiert. (c) Bei der Fettsäurebiosynthese, einem spiralförmigen Stoffwechselweg, katalysiert derselbe Satz von Enzymen eine fortschreitende Verlängerung der Acylkette.

können bis zu einem gewissen Grad willkürlich festgelegt werden. Dies geschieht häufig nach historischen oder didaktischen Gesichtspunkten. Reaktionen und Stoffwechselwege können zu ausgedehnten Stoffwechselrouten verbunden werden.

Einzelne Stoffwechselwege können unterschiedliche Gestalten aufweisen. Ein linearer Stoffwechselweg, wie zum Beispiel die Biosynthese von Serin, ist eine Serie von enzymatisch katalysierten Reaktionen, bei denen das Produkt einer Reaktion das Substrat der folgenden Reaktion des Reaktionsweges darstellt (▶*Abbildung 8.2a*). Die meisten Stoffwechselwege, denen wir begegnen werden, sind linear. Ein cyclischer Stoffwechselweg, wie zum Beispiel der Citronensäurezyklus, ist auch eine Sequenz von enzymatisch katalysierten Reaktionsschritten, aber die Sequenz bildet einen geschlossenen Kreislauf, sodass die Zwischenprodukte mit jedem vollständigen Durchlauf des Zyklus regeneriert werden (▶*Abbildung 8.2b*). Es gibt nur einige wenige Beispiele für cyclische Stoffwechselwege. In einem spiralförmigen Stoffwechselweg, zum Beispiel der Biosynthese von Fettsäuren, wird derselbe Satz von Enzymen wiederholt zur Verlängerung oder Verkürzung eines gegebenen Moleküls eingesetzt (▶*Abbildung 8.2c*). Viele Polymerisationen stellen spiralförmige Reaktionswege dar.

Jeder Typ von Stoffwechselweg kann Verzweigungspunkte besitzen, an denen Metabolite den Weg verlassen oder in diesen eintreten. Um die Grundlagen des Stoffwechsels zu beschreiben, werden die Hauptrouten erläutert, gefolgt von den wichtigsten Metaboliten, die im Allgemeinen in allen Spezies vorkommen.

8.2.2 Der Stoffwechsel läuft über viele einzelne Schritte

Das intrazelluläre Milieu ist vergleichsweise stabil. Die Reaktionen in Zellen laufen gewöhnlich bei moderaten Temperaturen und Drücken, bei eher niedrigen Konzentrationen der Reaktanten und bei annähernd neutralem pH-Wert ab. Diese Bedingungen erfordern eine Vielzahl von effizienten enzymatischen Katalysatoren. Aber warum kommen in lebenden Zellen so viele verschiedene Reaktionen vor? Im Prinzip könnten der Abbau und die Synthese komplexer organischer Moleküle mithilfe einer viel kleineren Anzahl von Reaktionen bewerkstelligt werden.

Ein Grund für die vielstufigen Stoffwechselwege ist die hohe Reaktionsspezifität von Enzymen. Jedes aktive Zentrum katalysiert nur einen einzelnen Schritt eines Stoffwechselweges. Die Synthese eines Moleküls – oder dessen Abbau – folgt deswegen einer Stoffwechselroute, die durch die Verfügbarkeit geeigneter Enzyme bestimmt wird. In der Regel können durch eine einzelne enzymatisch katalysierte Reaktion nur wenige kovalente Bindungen gebrochen oder gebildet werden. Häufig besteht die Reaktion nur aus dem Transfer einer einzelnen chemischen Gruppe.

Ein weiterer Grund für die Vielstufigkeit von Stoffwechselwegen ist die notwendige Kontrolle des Energieumsatzes. Der Energiefluss wird durch Energiedonatoren und -akzeptoren vermittelt, die jeweils eine bestimmte Energiemenge übertragen. Die Energiemenge, die während einer einzelnen Reaktion umgesetzt wird, übersteigt selten 60 kJ mol^{-1}. Stoffwechselwege zur Biosynthese von Molekülen benötigen an vielen Stellen

Kapitel 8

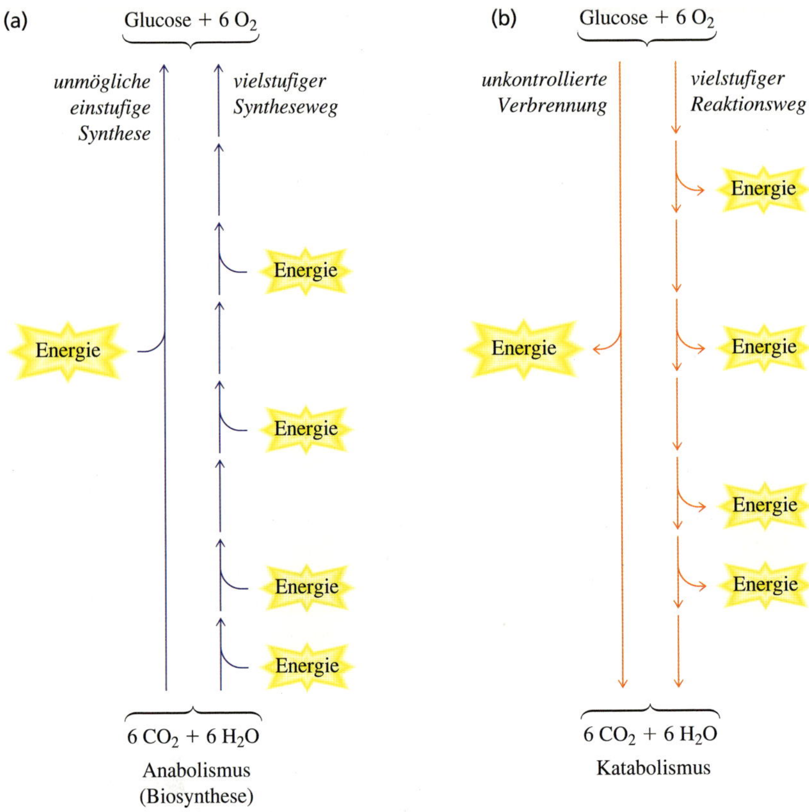

Abbildung 8.3: Vergleich von einstufigen und vielstufigen Reaktionswegen. (a) Die Synthese von Glucose kann nicht in einem einzelnen Schritt erfolgen. Die vielstufige Biosynthese ist auf die mehrfache Zufuhr kleiner Energiemengen, die von ATP und NADH übertragen werden, angewiesen. (b) Die unkontrollierte Verbrennung von Glucose setzt auf einen Schlag eine große Energiemenge frei. Der vielstufige, enzymatisch katalysierte Abbau von Glucose führt insgesamt zur Freisetzung der gleichen Energiemenge, die aber zum großen Teil in kleinen Portionen in biochemisch nutzbarer Form gespeichert wird.

den Transfer von Energie. Jede endergone Reaktion entspricht einem einzelnen Schritt in der Reaktionssequenz. Die Synthese von Glucose aus Kohlendioxid und Wasser erfordert insgesamt eine Energiezufuhr von ~2800 kJ mol^{-1}. Wegen der Größe dieser Energiemenge ist es thermodynamisch nicht möglich, Glucose in einem einzelnen Schritt zu synthetisieren (▶*Abbildung 8.3*). Entsprechend wird die Energie, die während eines katabolen Prozesses freigesetzt wird, in mehreren Portionen auf einzelne Akzeptoren übertragen und nicht in einem Schritt an die Umgebung abgegeben, weil dies bei großen Energiemengen zu einer Verbrennung oder gar einer Explosion führen würde. Ein solcher kataboler Prozess ist zum Beispiel die Oxidation von Glucose zu Kohlendioxid und Wasser, bei der ~2800 kJ mol^{-1} freigesetzt werden. Die Effizienz des Energietransfers erreicht bei keinem Schritt jemals 100 Prozent, aber dennoch wird ein erheblicher Anteil der Energie in biochemisch nutzbarer Form gespeichert. Energieträger, die Energie aufnehmen und wieder abgeben können, wie zum Beispiel das Adeninnucleotid (ATP) oder das Nicotinamid-Coenzym (NADH) kommen in allen Lebensformen vor.

8.2.3 Regulation von Stoffwechselwegen

Stoffwechselreaktionen verlaufen nicht zufällig, sondern sie werden streng reguliert. Organismen reagieren auf veränderte Umgebungsbedingungen wie die wechselnde Verfügbarkeit von Energie und Nährstoffen. Organismen sprechen auch auf genetisch programmierte Instruktionen an. Während der Embryogenese oder der Reproduktion kann sich der Stoffwechsel einzelner Zellen zum Beispiel dramatisch verändern.

Die Antworten von Organismen auf veränderte Bedingungen reichen von Feineinstellungen bis zur drastischen Reorganisation der Stoffwechselprozesse, die die Synthese und den Abbau von Biomolekülen sowie die Freisetzung und den Verbrauch von Energie bestimmen. Die Kontrollprozesse können viele oder nur wenige Reaktionswege beeinflussen, und die Ansprechzeit kann von weniger als einer Sekunde bis zu Stunden oder länger variieren. Die schnellsten biologischen Antworten, die innerhalb von Millisekunden erfolgen, betreffen Änderungen der Durchlässigkeit von Membranen für kleine Ionen (zum Beispiel $Na^{\oplus}$, $K^{\oplus}$ und $Ca^{2\oplus}$). Die Weiterleitung von Nervenimpulsen und die Muskelkontraktion hängen von der Bewegung dieser Ionen ab. Die schnellsten Antworten sind auch die kurzlebigsten. Langsame Antworten dauern gewöhnlich länger an.

Die meisten Stoffwechselwege laufen unter physiologischen Bedingungen nur in einer Richtung ab. Wenn ein Metabolit in einen Reaktionsweg eintritt, erfolgen alle Schritte des Weges nacheinander, ohne Rückschritte und ohne Verschwendung von zellulärem Material und Energie. Biomoleküle werden gewöhnlich auf unterschiedlichen Stoffwechselrouten synthetisiert und abgebaut, obgleich einige Reaktionsschritte sowohl im anabolen als auch im katabolen Stoffwechsel vorkommen können. Zu einem bestimmten Zeitpunkt oder an einem bestimmten Ort in der Zelle werden diese gemeinsamen Reaktionen in der Regel so reguliert, dass sie nur in eine Richtung ablaufen.

Der Durchsatz von Metaboliten in einem Stoffwechselweg wird Metabolitenfluss oder einfach Fluss genannt. Betrachten Sie einen einfachen linearen Reaktionsweg, der mit dem Substrat A beginnt und mit dem Produkt P endet:

$$A \xrightarrow{E_1} B \xrightarrow{E_2} C \xrightarrow{E_3} D \xrightarrow{E_4} E \xrightarrow{E_5} P \quad (8.1)$$

Wenn die Konzentration von A ausreichend groß ist, findet die erste Reaktion statt, und das Zwischenprodukt B wird gebildet. Mit der Anhäufung von B beginnt dieses als Substrat für die zweite Reaktion zu dienen, sodass C entsteht. Schließlich wird auch das Endprodukt P gebildet. Solange eine ständige Versorgung mit dem Anfangssubstrat A erfolgt *und* das Endprodukt P entfernt wird, setzt sich der Metabolitenfluss durch den Reaktionsweg fort. Unter den meisten Bedingungen ist die Geschwindigkeit des Flusses relativ konstant. Sie hängt von den Eigenschaften der Enzyme E_1, E_2, E_3, E_4 und E_5 ab. Dabei ändern sich die Konzentrationen von B, C, D und E nur wenig.

Das Fließgleichgewicht kann mit einem leckenden Eimer, der ein Loch im Boden aufweist, beschrieben werden. Wenn von oben ständig genauso viel Wasser in den Eimer nachgegossen wird, wie aus dem Loch im Boden herausfließt, bleibt der Wasserspiegel dauerhaft konstant, auch wenn das Wasser selbst einem Umsatz unterliegt. In einem Stoffwechselweg, der aus mehreren Reaktionen besteht, befinden sich die Konzentrationen der Zwischenprodukte in einem stationären Zustand. Das Anfangssubstrat wird ständig nachgeliefert und das Endprodukt wird ständig entfernt. Solange der Fluss stattfindet, bleiben die Konzentrationen der Zwischenprodukte unverändert.

Der Metabolitenfluss durch einen Stoffwechselweg nimmt ab, wenn die Konzentration des Anfangssubstrats unter einen bestimmten Grenzwert fällt. Der Fluss nimmt auch ab, wenn die Konzentration des Endproduktes ansteigt. Dies sind Änderungen, durch die jeder Stoffwechselweg beeinflusst wird. Allerdings existieren zusätzlich zu diesen normalen Konzentrationseffekten spezielle regulatorische Kontrollmechanismen, die sich auf die Aktivität einzelner Enzyme des Reaktionsweges auswirken. Man kann die Regulation eines Stoffwechselweges durch die effiziente Manipulation einer einzelnen geschwindigkeitsbestimmenden enzymatischen Reaktion, die manchmal mit dem schmalen Durchlass einer Sanduhr verglichen wird, verdeutlichen. In vielen Fällen ist das aber eine zu starke Vereinfachung. In den meisten Stoffwechselwegen hängt der Metabolitenfluss von der Kontrolle mehrerer Schritte ab. Bei diesen Schritten handelt es sich im Allgemeinen um irreversible Reaktionen des Stoffwechselweges. Bei einer irreversiblen Reaktion sind die Konzentrationen der Substrate und Produkte im Fließgleichgewicht weit von den Gleichgewichtskonzentrationen der Reaktion entfernt, sodass die Reaktion praktisch nur in eine Richtung abläuft. Ein regulatorisches Enzym trägt zu einem bestimmten Anteil zur Kontrolle des Metabolitenflusses seines Stoffwechselweges bei. Weil einem Stoffwechselweg Zwischenprodukte oder Cosubstrate aus verschiedenen Quellen zugeführt oder entzogen werden können, ist die Existenz vieler Kontrollpunkte normal. Ein isolierter, linearer Stoffwechselweg ist selten.

Es gibt zwei übliche Muster der Stoffwechselregulation: die negative Rückkopplung oder Rückkopplungshemmung (engl. *feedback inhibition*) und die positive Rückkopplung (engl. *feed-forward activation*). Eine Rückkopplungshemmung findet statt, wenn ein Produkt (meistens das Endprodukt) eines Stoffwechselweges die Geschwindigkeit seiner eigenen Bildung durch die Hemmung eines frühen Schrittes verringert. Bei diesem frühen Schritt handelt es sich meistens um die erste Reaktion, die für diesen Stoffwechselweg spezifisch ist.

$$A \xrightarrow{E_1} B \xrightarrow{E_2} C \xrightarrow{E_3} D \xrightarrow{E_4} E \xrightarrow{E_5} P \quad (8.2)$$

Der Vorteil eines solchen Regulationsmusters in einem biosynthetischen Stoffwechselweg ist offensichtlich. Der Metabolitenfluss durch den Stoffwechselweg wird gehemmt, wenn eine ausreichende Menge des Produktes (P) verfügbar ist. Der Fluss wird erst wieder größer, wenn die Menge des

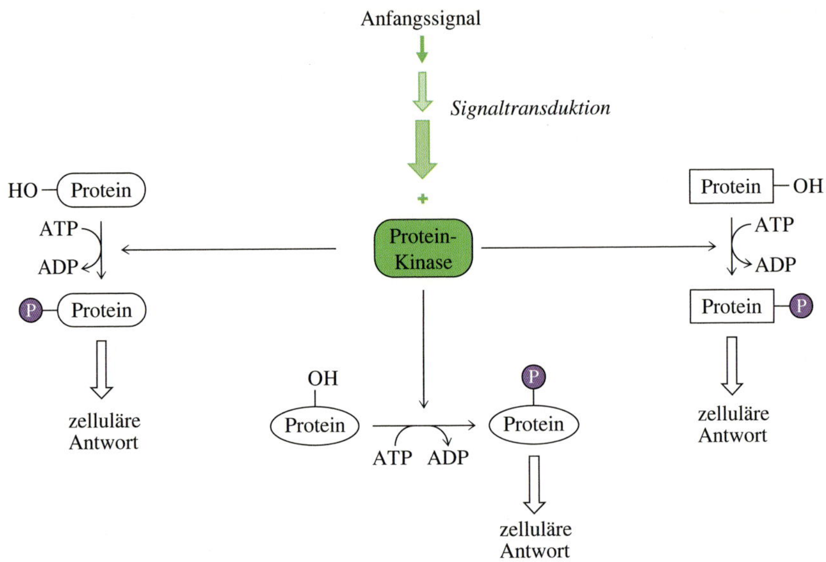

Abbildung 8.4: Die regulatorische Rolle einer Protein-Kinase. Der Effekt des Anfangssignals wird durch die Signalkaskade verstärkt. Die Phosphorylierung verschiedener Proteine durch die aktivierte Kinase führt zur koordinierten Regulation verschiedener Stoffwechselwege. Einige Reaktionswege werden aktiviert, während andere gehemmt werden. Das Symbol (P) steht für eine proteingebundene Phosphatgruppe.

zur Verfügung stehenden Produktes abgenommen hat. Bei einer Hemmung eines späteren Schrittes würden unnötigerweise davorliegende Stoffwechselzwischenprodukte angehäuft.

Zu einer positiven Rückkopplung kommt es, wenn ein zu einem frühen Zeitpunkt des Stoffwechselweges gebildeter Metabolit ein Enzym aktiviert, das eine spätere Reaktion des Stoffwechselweges katalysiert.

$$A \xrightarrow{E_1} B \xrightarrow{E_2} C \xrightarrow{E_3} D \xrightarrow{E_4} E \xrightarrow{E_5} P \qquad (8.3)$$

In diesem Beispiel wird die Aktivität des Enzyms E_1, das A zu B umwandelt, mit der Aktivität des Enzyms E_4, das D zu E umwandelt, koordiniert. Ein Ansteigen der Konzentration des Metaboliten B erhöht den Fluss durch den Stoffwechselweg.

Die Aktivität interkonvertierbarer Enzyme kann auch durch kovalente Modifizierung, die gewöhnlich in der Addition und Abspaltung von Phosphorylgruppen besteht, schnell und reversibel verändert werden. Bei der durch Protein-Kinasen katalysierten Phosphorylierung wird eine Phosphorylgruppe von ATP auf das Enzym übertragen. Die Aktivität von Protein-Phosphatasen, die die hydrolytische Abspaltung von Phosphorylgruppen katalysieren, kehrt diese Reaktion wieder um. Die Phosphorylierung führt bei manchen Enzymen zu einer Aktivierung und bei anderen zu einer Deaktivierung. In katabolen Stoffwechselwegen werden interkonvertierbare Enzyme im Allgemeinen durch Phosphorylierung aktiviert und durch Dephosphorylierung deaktiviert. Die meisten interkonvertierbaren Enzyme in anabolen Stoffwechselwegen werden durch Phosphorylierung deaktiviert und durch Dephosphorylierung reaktiviert. Die Aktivierung von Kinasen, die mehrere verschiedene Proteine modifizieren, ermöglicht die koordinierte Regulation von mehr als einem Stoffwechselweg durch nur ein Signal (▶*Abbildung 8.4*).

Die Mengen der einzelnen Enzyme in der Zelle können durch Erhöhung der Geschwindigkeit ihrer Biosynthese oder ihres Abbaus verändert werden. Dies ist in der Regel ein – im Vergleich zur allosterischen und kovalenten Regulation – langsamer Prozess. Allerdings kann der Umsatz bestimmter Enzyme auch schnell erfolgen. Beachten Sie, dass mehrere Mechanismen der Regulation innerhalb eines Stoffwechselweges auch simultan arbeiten können.

8.3 Hauptstoffwechselwege in Zellen

Dieser Abschnitt gibt einen Überblick über die Organisation und die Funktion einiger zentraler Stoffwechselwege, die in den nachfolgenden Kapiteln ausführlich diskutiert werden. Alle Spe-

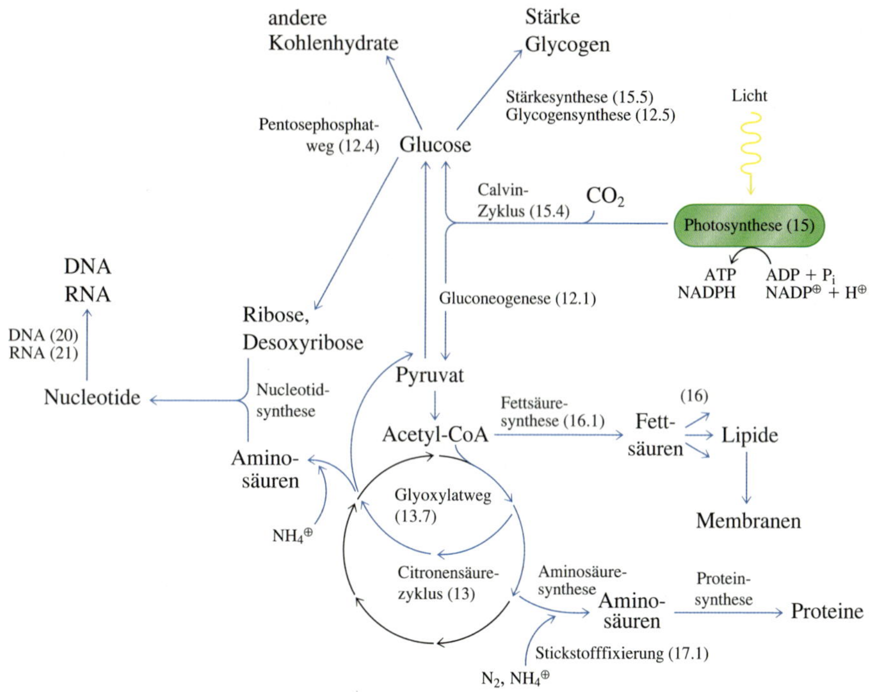

Abbildung 8.5: Übersicht über die anabolen Stoffwechselwege. Große Moleküle werden aus kleinen Molekülen aufgebaut, hauptsächlich durch das Hinzufügen von Kohlenstoffeinheiten (meistens aus CO_2 abgeleitet) und Stickstoffeinheiten (in der Regel aus $NH_4^{\oplus}$ abgeleitet). Zu den wichtigsten Stoffwechselwegen gehören der Citronensäurezyklus, der unter anderem Zwischenstufen für die Aminosäurebiosynthese bereitstellt, und die Gluconeogenese, aus der Glucose als Produkt hervorgeht. Die Energie für die biosynthetischen Stoffwechselwege wird in photosynthetischen Organismen durch Photosynthese aus Licht gewonnen, während sie in anderen autotrophen Organismen durch den Abbau von anorganischen Substanzen bereitgestellt wird. Die Zahlen in den Klammern geben die Kapitel bzw. Abschnitte in diesem Buch an, in denen die jeweiligen Stoffwechselwege näher beschrieben werden.

zies müssen dazu in der Lage sein, die meisten ihrer biochemischen Schlüsselsubstanzen, wie zum Beispiel DNA, RNA und Proteine, selbst zu synthetisieren. Das allgemeine Schema in ▸*Abbildung 8.5* zeigt die wichtigsten anabolen Stoffwechselwege. Alle Zellen sind auf externe Quellen für Kohlenstoff, Wasserstoff, Sauerstoff, Stickstoff, Phosphor und Schwefel sowie einige anorganische Ionen angewiesen. Einige Spezies, vor allem Pflanzen und viele Bakterien, können diese essenziellen Elemente für ihr Wachstum und ihre Fortpflanzung aus anorganischen Quellen beziehen. Diese Spezies werden autotroph genannt. Spezies, für die organische Moleküle wie zum Beispiel Glucose als Kohlenstoffquelle erforderlich sind, werden dagegen als heterotroph bezeichnet. Alle Tiere sind heterotroph.

Biosynthetische Stoffwechselwege benötigen die Zufuhr von Energie. Die autotrophen Spezies stellen aus biochemischer Sicht die komplexesten Organismen dar, weil sie nutzbare Stoffwechselenergie aus Sonnenlicht oder durch die Oxidation anorganischer Moleküle wie $NH_4^{\oplus}$, H_2 oder H_2S erzeugen können. Die bei diesen Reaktionen freigesetzte Energie wird zur Synthese der energiereichen Verbindung ATP und des Reduktionsmittels NADH verwendet. Diese Cofaktoren übertragen die Energie, die bei ihrer Hydrolyse (ATP) bzw. Oxidation (NADH) frei wird, auf endergone, biosynthetische Reaktionen, deren Ablauf dadurch erst ermöglicht wird. Die autotrophen Spezies können weiter unterteilt werden. Photoautotrophe Organismen erzeugen den größten Teil ihrer Stoffwechselenergie durch Photosynthese und ihre Hauptkohlenstoffquelle ist CO_2. Zu dieser Gruppe gehören photosynthetische Bakterien, Algen und Pflanzen. Chemoautotrophe Organismen gewinnen ihre Stoffwechselenergie dagegen durch die Oxidation anorganischer Moleküle, nutzen aber auch CO_2 als Hauptkohlenstoffquelle. Einige Bakterienspezies sind chemoautotroph, während keine chemoautotrophen Eukaryonten bekannt sind.

Auch die heterotrophen Spezies können in weitere Untergruppen eingeteilt werden. Photoheterotrophe Organismen benötigen wenigstens eine organische Verbindung als Kohlenstoffquelle, beziehen ihre Stoffwechselenergie aber aus der Photosynthese. Es gibt mehrere Gruppen von Bakterien, die Lichtenergie einfangen und nutzen kön-

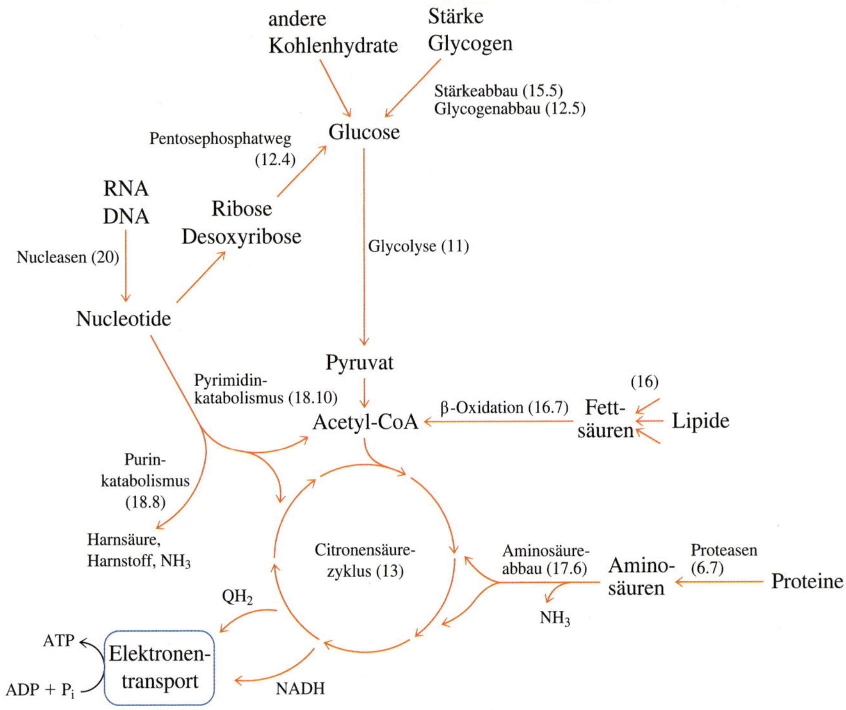

Abbildung 8.6: Übersicht über die katabolen Stoffwechselwege. Aminosäuren, Nucleotide, Monosaccharide und Fettsäuren werden durch die enzymatische Hydrolyse der entsprechenden Polymere gebildet. Sie werden dann in Oxidationsreaktionen weiter abgebaut, wobei die frei werdende Energie in Form von ATP und reduzierten Coenzymen (meistens NADH) zwischengespeichert wird. Die Zahlen in den Klammern geben die Kapitel bzw. Abschnitte in diesem Buch an, in denen die jeweiligen Stoffwechselwege näher beschrieben werden.

nen, aber auf organische Moleküle als Kohlenstoffquelle angewiesen sind. Chemoheterotrophe Organismen betreiben keine Photosynthese. Ihre Stoffwechselenergie gewinnen sie im Allgemeinen durch den Abbau der importierten organischen Moleküle, die sie auch als Kohlenstoffquelle nutzen. Wir Menschen sind chemoheterotroph wie alle Tiere, die meisten Protisten, alle Pilze und viele Bakterien. ▶*Abbildung 8.6* zeigt die wichtigsten katabolen Stoffwechselwege. In der Regel stellen diese Stoffwechselabbauwege nicht einfach die Umkehrung von Biosynthesewegen dar, auch wenn sie mit diesen häufig einige Schritte bzw. deren Rückreaktionen gemeinsam haben. Die Gluconeogenese ist zum Beispiel keine einfache Umkehrung der Glycolyse, aber diese beiden Stoffwechselwege weisen einige übereinstimmende Reaktionsschritte auf, die in beiden Richtungen gleich gut ablaufen können. Der Citronensäurezyklus ist der Dreh- und Angelpunkt sowohl im anabolen als auch im katabolen Stoffwechsel. Bei Biosynthesen (Anabolismus) dient der Citronensäurezyklus als Quelle für Vorstufen der Aminosäuresynthese. Im Katabolismus liefert er den größten Teil der Energie zur Synthese von ATP. Die Hauptaufgaben des Katabolismus bestehen in der Eliminierung unerwünschter Moleküle (Abfälle) und der Erzeugung von Stoffwechselenergie und deren Speicherung in Form von ATP, sodass sie zur Verwendung in anderen Prozessen zur Verfügung steht.

Die Produktion von ATP ist eine der wichtigsten Reaktionen im gesamten Stoffwechsel. Die Synthese der meisten ATP-Moleküle ist mit einem membrangebundenen Elektronentransport gekoppelt. Bei diesem Elektronentransport wird die Energie, die bei der Oxidation von reduzierten Coenzymen wie NADH frei wird, zur Erzeugung eines elektrochemischen Protonengradienten über einer Membran verwendet. Die potenzielle Energie dieses Gradienten wird schließlich genutzt, um die endergonische Phosphorylierung von ADP zu ATP anzutreiben.

$$ADP + P_i \longrightarrow ATP + H_2O \qquad (8.4)$$

Diesen Prozess der ATP-Synthese, bei dem die Oxidation von reduzierten Coenzymen mit der Phosphorylierung von ADP gekoppelt ist, nennt man oxidative Phosphorylierung. Die Reaktionen der oxidativen Phosphorylierung ähneln in vielerlei Hinsicht den Reaktionen der Photosynthese.

Kapitel 8

8.4 Kompartimentierung und Stoffwechsel verschiedener Organe

Die verschiedenen Stoffwechselwege laufen in der Regel in bestimmten Regionen der Zelle ab. Die mit dem membrangebundenen Elektronentransport gekoppelte ATP-Synthese bei der oxidativen Phosphorylierung findet in Eukaryonten zum Beispiel in und an der inneren Mitochondrienmembran statt, während sie in Bakterien an der Plasmamembran erfolgt. Die Photosynthese repräsentiert ein weiteres Beispiel eines membrangebundenen Stoffwechselweges in Bakterien und Eukaryonten. Innerhalb von eukaryontischen Zellen befinden sich verschiedene membranumschlossene Kompartimente (Organellen), in denen jeweils bestimmte Stoffwechselreaktionen stattfinden (▶*Abbildung 8.7a*). Die Enzyme der Fettsäurebiosynthese befinden sich zum Beispiel im Cytosol, während die Enzyme, die den Abbau von Fettsäuren synthetisieren, im Inneren der Mitochondrien lokalisiert sind. Durch die Kompartimentierung können innerhalb einer Zelle getrennte Pools von Stoffwechselzwischenprodukten gleichzeitig existieren. Diese Anordnung ermöglicht den simultanen Ablauf von entgegengesetzten Stoffwechselwegen. Die Kompartimentierung bietet außerdem die Möglichkeit hoher lokaler Substratkonzentrationen und der koordinierten Regulation von Enzymen. Manche der Enzyme, die Reaktionen in Mitochondrien (die sich im Lauf der Evolution aus symbiontischen Prokaryonten entwickelt haben) katalysieren, werden von mitochondrialen Genen codiert.

Auch auf molekularer Ebene besteht eine Kompartimentierung. Die Enzyme, die die Reaktionen mancher Stoffwechselwege katalysieren, treten zu Multienzymkomplexen zusammengelagert auf. Durch die Bildung von Multienzymkomplexen kann die Verdünnung der Stoffwechselzwischenprodukte während der Diffusion von einem Enzym zum nächsten durch eine gezielte, kanalisierte Weiterleitung (engl. *metabolite channeling*) verhindert werden. Manche Enzyme, deren Reaktionen im Stoffwechselweg benachbart sind, liegen in Membranen eingebettet vor und können innerhalb der Membran schnell lateral diffundieren, um in Wechselwirkung treten zu können. Einzelne Zellen in multizellulären Organismen erhalten unterschiedliche Konzentrationen von Metaboliten aufrecht. Dies beruht teilweise auf der Anwesenheit spezifischer Transporter, die den Eintritt und den Austritt spezifischer Substanzen fördern. Außerdem reagieren verschiedene Zellen in Abhängigkeit von den vorhandenen Oberflächenrezeptoren und Signaltransduktionswegen unterschiedlich auf externe Signale. In multizellulären Organismen kann auch eine Kompartimentierung im Sinn einer Spezialisierung von verschiedenen Geweben und Organen auftreten. Die Arbeitsteilung zwischen verschiedenen Gewebetypen erlaubt eine ortsspezifische Regulation von Stoffwechselprozessen. Verschiedene Zell-

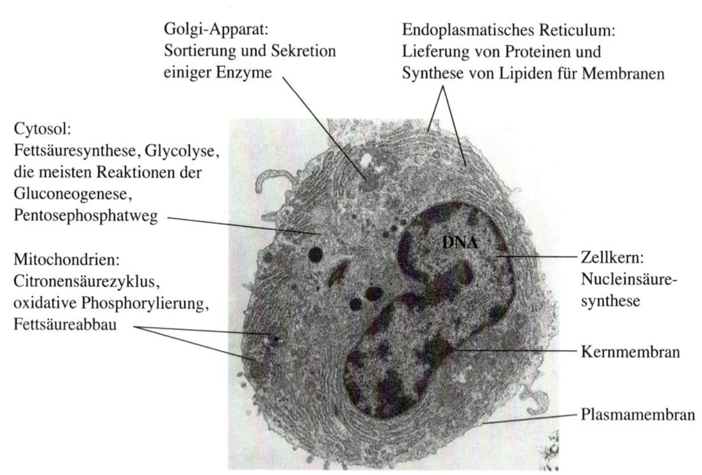

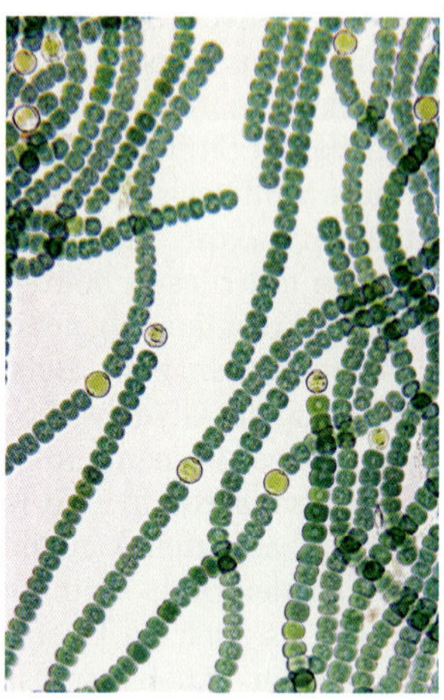

Abbildung 8.7: Die Kompartimentierung von Stoffwechselprozessen. (a) In eukaryontischen Zellen dienen unterschiedliche zelluläre Kompartimente, wie Cytosol, Mitochondrien, Zellkern oder Golgi-Apparat angegebenen Funktionen. (b) In Prokaryoten. Viele Spezies von Cyanobakterien, wie die gezeigte *Anabaena spherica*, bilden lange multizelluläre Filamente. Manche spezialisierte Cyanobakterienzellen betreiben die Fixierung von Stickstoff, aber keine Photosynthese. Diese Heterocysten nehmen eine rundlichere Gestalt an und sind von einer dicken Zellwand umgeben. Die Heterocysten sind mit den benachbarten Cyanobakterienzellen über interzelluläre Verbindungskanäle verbunden, die einen kontrollierten, wechselseitigen Stoffaustausch ermöglichen. Die Bildung von Heterocysten bei Cyanobakterien repräsentiert ein Beispiel für die Kompartimentierung von Stoffwechselwegen zwischen verschiedenen Zellen.

typen unterscheiden sich in der Zusammensetzung ihres Enzymsatzes. Die spezialisierten Aufgaben von Muskelgewebe, Erythrocyten (rote Blutkörperchen) und Gehirnzellen sind uns im Allgemeinen bereits vertraut, aber eine Aufgabenteilung zwischen den Zellen stellt auch ein häufiges Merkmal bei einfacheren Spezies dar. Bei den Cyanobakterien wird die Stickstofffixierung von einigen spezialisierten Zellen, die Heterocysten genannt werden, übernommen (▶ *Abbildung 8.7b*). Diese Aufgabenteilung ist notwendig, weil die für die Stickstofffixierung erforderliche Nitrogenase durch Sauerstoff inaktiviert wird, während die Zellen, die Photosynthese betreiben, eine relativ hohe Sauerstoffkonzentration erzeugen.

8.5 Tatsächliche Änderung der Gibbs'schen freien Enthalpie – Spontaneität von Stoffwechselreaktionen

Die Änderung der Gibbs'schen freien Enthalpie bei einer exergonen Reaktion, also die freie Reaktionsenthalpie, stellt ein Maß für die nutzbare Energie dar, die bei der Reaktion freigesetzt wird. Die Gibbs'sche freie Standardreaktionsenthalpie einer beliebigen Reaktion, $\Delta G^{\circ\prime}_{\text{Reaktion}}$, bezieht sich auf die Reaktion unter den Standardbedingungen in der Biochemie, also bei einem Druck von 1 bar, einer Temperatur von 25 °C (298,15 K) und einem pH-Wert von 7,0. Außerdem beträgt die Konzentration jedes Reaktanten und jedes Produktes unter Standardbedingungen 1 M. Bei biochemischen Reaktionen wird die Konzentration von Wasser als konstant betrachtet (55 M).

Die freie Reaktionsenthalpie einer Reaktion ergibt sich aus der Differenz der Standardbildungsenthalpien der Produkte und der Reaktanten (▶ *Gleichung 8.5*). Die Werte der Standardbildungsenthalpien vieler biologisch relevanter Verbindungen sind in Tabellenwerken aufgelistet und müssen deswegen nicht jedes Mal neu bestimmt werden, wenn man die freie Reaktionsenthalpie einer biochemischen Reaktion berechnen will.

$$\Delta G^{\circ\prime}_{\text{Reaktion}} = \Delta G^{\circ\prime}_{\text{f,Produkte}} - \Delta G^{\circ\prime}_{\text{Reaktanten}} \qquad (8.5)$$

Beachten Sie, dass man mithilfe von ▶ *Gleichung 8.5* nur die freie Reaktionsenthalpie unter Standardbedingungen erhält. Bei realen biochemischen Reaktionen herrscht aber fast nie eine Temperatur von genau 25 °C und die Konzentrationen der Reaktanten und Produkte betragen praktisch nie 1 M. Ein Druck von 1 bar und ein pH-Wert von 7,0 sind allerdings durchaus realistische Werte, von denen häufig nur leicht abgewichen wird. Um die tatsächliche freie Reaktionsenthalpie, $\Delta G_{\text{Reaktion}}$, einer realen biochemischen Reaktion zu bestimmen, muss die freie Standardreaktionsenthalpie noch um einen temperatur- und konzentrationsabhängigen Term korrigiert werden. Dieser Zusammenhang wird durch ▶ *Gleichung 8.6* beschrieben, die die Berechnung der tatsächlichen freien Reaktionsenthalpie einer biochemischen Reaktion ermöglicht, wenn die freie Standardreaktionsenthalpie, die Temperatur und die Konzentrationen der Reaktanten und Produkte bekannt sind.

$$\Delta G_{\text{Reaktion}} = \Delta G^{\circ\prime}_{\text{Reaktion}} + RT \ln \frac{[\text{Produkte}]}{[\text{Reaktanten}]} \qquad (8.6)$$

Die Änderung der freien Enthalpie, ΔG, bei einem physikalischen oder chemischen Prozess kann auch mithilfe der ▶ *Gleichung 8.7* bestimmt werden, die ΔG in Abhängigkeit von Änderungen der Enthalpie des Systems (Wärmeinhalt des Systems), ΔH, und der Entropie des Systems (Ordnungsgrad des Systems), ΔS, angibt. Die ▶ *Gleichungen 8.6* und *8.7* beschreiben die gleiche Größe mithilfe verschiedener Parameter.

$$\Delta G = \Delta H - T\Delta S \qquad (8.7)$$

In ▶ *Gleichung 8.7* bedeuten ΔH die Reaktionsenthalpie, ΔS die Reaktionsentropie und T die Reaktionstemperatur in Kelvin. Wenn die freie Reaktionsenthalpie einer Reaktion negativ ist (exergone Reaktion), läuft sie spontan ab. Das bedeutet, dass sie ohne zusätzliche Energiezufuhr von außen stattfinden kann. Eine Reaktion, deren freie Reaktionsenthalpie positiv ist (endergone Reaktion), läuft dagegen nicht spontan ab. Um stattfinden zu können, benötigt eine solche endergone Reaktion die Zufuhr von ausreichend Energie von außerhalb des Systems, zum Beispiel von einer exergonen Reaktion, sodass die Änderung der freien Enthalpie für den Gesamtprozess negativ wird. Die Rückreaktion einer endergonen Reaktion ist immer exergonisch und läuft deswegen spontan ab. Die Beträge der freien Reaktionsenthalpien einer Reaktion und ihrer Rückreaktion sind immer gleich, weil die freie Enthalpie eine Zustandsgröße darstellt. Dabei steht die Spontaneität einer Reaktion in keinem Zusammenhang mit der Reaktionsgeschwindigkeit. Auch eine Reaktion mit einer großen negativen freien Reaktionsenthalpie läuft häufig nur sehr langsam ab. Wenn die freie Reaktionsenthalpie schließlich gleich null ist, befindet sich die Reaktion im Gleichgewicht, in dem die Hin- und die

Rückreaktion gleich schnell ablaufen, sodass keine Nettoreaktion mehr stattfindet und sich die Konzentrationen der Reaktanten und Produkte nicht mehr ändern. Weil die Temperatur in Kelvin immer positiv ist und vor dem Entropieterm in ▶*Gleichung 8.7* ein Minuszeichen steht, beeinflussen die Änderungen der Enthalpie und der Entropie die freie Reaktionsenthalpie in gegenläufiger Richtung. Das bedeutet, dass eine negative Reaktionsentropie ($\Delta S < 0$, aber $-T\Delta S > 0$; Produkte besitzen ein höheres Maß an Ordnung als die Reaktanten) durch eine genügend große negative Reaktionsenthalpie ($\Delta H << 0$) überkompensiert werden kann, sodass die freie Reaktionsenthalpie trotz einer negativen Reaktionsentropie ebenfalls negativ und die Reaktion somit exergonisch wird. Auf analoge Weise kann eine positive Reaktionsenthalpie durch eine ausreichend große positive Reaktionsentropie überwunden werden. Spontane Prozesse, deren negative freie Reaktionsenthalpie vor allem auf einer großen positiven Reaktionsentropie (ΔS) beruht, nennt man entropiegetriebene Prozesse. Solche entropiegetriebene Prozesse stellen zum Beispiel die Faltung von Proteinen und die Bildung von Lipiddoppelschichten dar, deren Ablauf in beiden Fällen durch einen hydrophoben Effekt gefördert wird. Der hydrophobe Effekt ist wiederum mit einer großen positiven Änderung der Entropie verbunden. Zwar führen die Faltung von Proteinen und die Bildung einer Lipiddoppelschicht zu einer starken Abnahme der Entropie der Proteinmoleküle bzw. der Moleküle in der Lipiddoppelschicht, weil der Grad der Ordnung dabei erheblich steigt. Diese Entropiesenkung wird aber durch den Anstieg der Entropie der zuvor gebundenen Wassermoleküle mehr als ausgeglichen, sodass sich insgesamt eine positive Änderung der Entropie ergibt. Damit eine beliebige enzymatische Reaktion in einem lebenden Organismus ablaufen kann, muss die freie Reaktionsenthalpie für die Reaktion in der betrachteten Reaktionsrichtung unter den tatsächlich herrschenden zellulären Bedingungen negativ sein ($\Delta G < 0$). Viele Stoffwechselreaktionen weisen eine positive freie Standardreaktionsenthalpie ($\Delta G^{\circ\prime}$) auf. Der Unterschied zwischen ΔG und $\Delta G^{\circ\prime}$ hängt von der Abweichung der zellulären Bedingungen von den Standardbedingungen ab. Die wichtigsten Parameter, die die freien Reaktionsenthalpien in Zellen beeinflussen, sind die Konzentrationen der Substrate und Produkte, die in der Regel weit von den Standardbedingungen entfernt liegen. Deswegen *kann* die tatsächliche freie Reaktionsenthalpie in der Zelle auch dann negativ sein, wenn die freie Standardreaktionsenthalpie positiv ist (und umgekehrt). Betrachten Sie ▶*Reaktion 8.8*:

$$A + B \rightleftharpoons C + D \qquad (8.8)$$

Im Gleichgewicht entspricht der Quotient aus der Konzentration der Produkte und der Konzentration der Reaktanten definitionsgemäß der Gleichgewichtskonstanten (K_{Gl}) und die freie Reaktionsenthalpie wird unter diesen Bedingungen gleich null (▶*Gleichung 8.9*).

$$\text{(im Gleichgewicht)} \quad K_{Gl} = \frac{[C][D]}{[A][B]} \qquad \Delta G = 0 \qquad (8.9)$$

Wenn sich die Reaktion nicht im Gleichgewicht befindet, weicht das Verhältnis der Konzentrationen der Produkte zu den Konzentrationen der Reaktanten von der Gleichgewichtskonstanten ab und die Gibbs'sche freie Reaktionsenthalpie ergibt sich aus ▶*Gleichung 8.6*, die in ▶*Gleichung 8.10* etwas anders formuliert wird.

$$\Delta G_{Reaktion} = \Delta G^{\circ\prime}_{Reaktion} + RT \ln\frac{[C][D]}{[A][B]} = \Delta G^{\circ\prime}_{Reaktion} + RT \ln Q \qquad (8.10)$$
$$\left(\text{mit } Q = \frac{[C][D]}{[A][B]}\right)$$

Q ist der sogenannte Massenwirkungsquotient, der im Gleichgewicht mit der Gleichgewichts- bzw. Massenwirkungskonstante übereinstimmt. Die Differenz zwischen dem Massenwirkungsquotienten und der Gleichgewichtskonstante bestimmt die tatsächliche Gibbs'sche freie Reaktionsenthalpie. Mit anderen Worten: Die freie Reaktionsenthalpie stellt ein Maß dafür dar, wie weit die betrachtete Reaktion vom Gleichgewicht entfernt stattfindet. Folglich kann die Spontaneität einer Reaktion und somit ihre Richtung in einem biologischen System nur auf der Grundlage ihrer tatsächlichen freien Reaktionsenthalpie, ΔG, und *nicht* auf der Basis ihrer freien Standardreaktionsenthalpie, $\Delta G^{\circ\prime}$, eingeschätzt werden. Stoffwechselreaktionen können zwei verschiedenen Typen zugeordnet werden. Wenn der tatsächliche Massenwirkungsquotient im biologischen Fließgleichgewicht (Q) nur sehr wenig von der Gleichgewichtskonstanten der Reaktion (K_{Gl}) abweicht, läuft die Reaktion im Zustand eines annähernden Gleichgewichts ab. Die freien Reaktionsenthalpien (ΔG) solcher Reaktionen weisen nur kleine Werte auf, sodass die Reaktionen in hohem Maße reversibel sind. Reaktionen, bei denen sich Q stark von K_{Gl} unterscheidet, stellen metabolisch irreversible Reaktionen dar. Diese Reaktionen finden weit vom Gleichgewichtszustand entfernt statt, wobei Q meistens um zwei oder mehr Größenordnungen von K_{Gl} abweicht. Deshalb weisen die freien Reaktionsenthalpien (ΔG) von metabolisch irreversiblen Reaktionen große negative Werte auf. Wenn sich der Metabolitenfluss durch einen Stoffwechselweg ändert, verändern sich auch die intrazellulären Konzentrationen der Stoffwechselzwischenprodukte und -produkte. In der überwiegenden Zahl der Fälle verschieben sich die Konzentrationen höchstens um den Faktor zwei bis drei. Die meisten Enzyme in einem Stoffwechselweg katalysieren Reaktionen im annähernden Gleichgewicht und besitzen ausreichend große Aktivitäten, um nach einer stärkeren Konzentrationsveränderung ihrer Substrate oder Produkte den Zustand des annähernden Gleichgewichts wiederherzustellen. Sie können einen Metabolitenfluss in jeder Richtung einstellen, weil sie die Hin- und Rückreaktion in gleichem Maße katalysieren. Die tatsächliche Reaktionsrichtung hängt in diesem Zusammenhang gemäß ▸ *Gleichung 8.10* von den Konzentrationen der beteiligten Reaktanten und Produkte ab.

Die Aktivitäten der Enzyme von metabolisch irreversiblen Reaktionen reichen dagegen in der Regel nicht aus, um den Zustand eines annähernden Gleichgewichts der Reaktion zu erreichen. Das heißt, dass im Fließgleichgewicht die Reaktanten dieser Reaktionen durch andere enzymatische Reaktionen zu schnell nachgeliefert und/oder die Produkte zu schnell weiter umgesetzt werden, sodass die Aktivität des Enzyms der irreversiblen Reaktion nicht ausreicht, um sein Produkt-Reaktanten-Verhältnis bzw. Q merklich in Richtung des annähernden Gleichgewichts zu verschieben. Metabolisch irreversible Reaktionen dienen im Allgemeinen als Kontrollstellen für Stoffwechselwege, und die Enzyme, die solche Reaktionen katalysieren, werden meistens auf irgendeine Art und Weise reguliert. Deswegen können metabolisch irreversible Reaktionen als Flaschenhälse im Stoffwechselverkehr fungieren, die maßgeblich zur Kontrolle des Metabolitenflusses durch nachfolgende Reaktionen des Stoffwechselweges beitragen. Reaktionen, die im annähernden Gleichgewicht ablaufen, stellen in der Regel keine geeigneten Kontrollpunkte des Stoffwechsels dar. Der Metabolitenfluss durch solche Reaktionen kann nämlich nicht merklich erhöht werden, weil die Reaktionen unter Bedingungen arbeiten, unter denen die Konzentrationen der Reaktanten und Produkte bereits näherungsweise den Gleichgewichtskonzentrationen entsprechen, und eine Änderung der Konzentrationen über das Gleichgewicht hinaus bzw. vom Gleichgewicht weg ist durch die Aktivität von Enzymen nicht möglich. Die Richtung von Reaktionen im annähernden Gleichgewicht kann durch Veränderungen der Substrat- oder Produktkonzentrationen kontrolliert werden. Die Richtung einer irreversiblen Reaktion kann auf diese Weise dagegen nicht leicht kontrolliert werden, weil zur Umkehrung der Reaktionsrichtung sehr große Änderungen der Konzentrationen der Reaktanten und/oder Produkte erforderlich wären. Aber auch die Kontrolle des Ausmaßes des Metabolitenflusses durch eine metabolisch irreversible Reaktion kann kaum durch die Konzentrationen der Reaktanten oder Produkte gesteuert werden. Die Kontrolle des Metabolitenflusses durch diese Reaktionen muss durch die Regulation der enzymatischen Aktivität erfolgen. Weil so viele Stoffwechselreaktionen im annähernden Gleichgewicht stattfinden, werden wir in unseren Diskussionen nicht die $\Delta G^{\circ\prime}$-Werte aller besprochenen Reaktionen einzeln angeben. Sieben der zehn Reaktionen der Glycolyse weisen in Zellen zum Beispiel $\Delta G^{\circ\prime}$-Werte nahe null auf.

8.6 Die freie Enthalpie von ATP

ATP enthält einen Phosphatester, der durch die Verknüpfung der α-Phosphorylgruppe mit dem 5′-Sauerstoffatom des Riboserestes gebildet wird, und zwei Phosphoanhydrid-Verknüpfungen zwischen der α- und β- sowie der β- und γ-Phosphorylgruppe (▸ *Abbildung 8.8*). ATP tritt im Stoffwechsel als Donator verschiedener Gruppen auf. Meist überträgt ATP eine Phosphorylgruppe oder eine Nucleotidylgruppe (AMP). Im ersten Fall bleibt ADP zurück, während im zweiten Fall anorganisches Pyrophosphat (PP_i) gebildet wird. Beide Reaktionen sind mit der Spaltung einer Phosphoanhydridbindung verbunden. Die verschiedenen Gruppen von ATP werden in der Regel nicht auf Wasser, sondern auf einen anderen Akzeptor übertragen. Nichtsdestoweniger können die entsprechenden Hydrolysereaktionen brauchbare Schätzwerte für die Gibbs'schen freien Reaktionsenthalpien der Gruppenübertragungsreaktionen auf andere Akzeptoren liefern. In ▸ *Tabelle 8.1* sind die freien Standardreaktionsenthalpien der verschiedenen Hydrolysereaktionen ($\Delta G^{\circ\prime}_{Hydrolyse}$) von ATP und AMP aufgelistet und ▸ *Abbildung 8.8* zeigt die Reaktionsgleichungen der Hydrolysen der beiden Phosphoanhydridbindungen von ATP. Bei der Hydrolyse des Phosphoesters im AMP werden nur 13 $kJ\ mol^{-1}$

rend Nucleosidmonophosphate von diesem Enzym nicht umgesetzt werden. Wegen seiner relativ großen Häufigkeit dient in lebenden Zellen meistens ATP als Phosphorylgruppen-Donator:

$$\text{GDP} + \text{ATP} \rightleftharpoons \text{GTP} + \text{ADP} \quad (8.12)$$

Auch wenn die ATP-Konzentrationen in verschiedenen Zelltypen gewisse Unterschiede aufweisen, verändert sich die ATP-Konzentration innerhalb einer bestimmten Zelle nur wenig und die Summe der Konzentrationen der Adeninnucleotide bleibt annähernd konstant. An der Aufrechterhaltung der intrazellulären ATP-Konzentrationen ist zum Teil die Aktivität der Adenylat-Kinase beteiligt, die die folgende, im annähernden Gleichgewicht befindliche Reaktion katalysiert:

$$\text{AMP} + \text{ATP} \rightleftharpoons 2\,\text{ADP} \quad (8.13)$$

Wenn die Konzentration von AMP ansteigt, können AMP und ATP durch die Adenylat-Kinase (eine Nucleosidmonophosphat-Kinase) zu zwei Molekülen ADP umgesetzt werden. Diese ADP-Moleküle werden anschließend durch Nucleosiddiphosphat-Kinase zu zwei Molekülen ATP phosphoryliert. Der Gesamtprozess wird durch ▸*Reaktionsgleichung 8.14* beschrieben.

$$\text{AMP} + \text{ATP} + 2\,\text{P}_i \rightleftharpoons 2\,\text{ATP} + 2\,\text{H}_2\text{O} \quad (8.14)$$

Die ATP-Konzentrationen in lebenden Zellen sind erheblich größer als die ADP- und die AMP-Konzentrationen. Relativ kleine Änderungen der ATP-Konzentration können deswegen zu großen prozentualen Änderungen der Konzentrationen der Di- und Monophosphate führen. ▸*Tabelle 8.2* zeigt den theoretischen Anstieg der ADP- und AMP-Konzentration unter Bedingungen, unter denen ATP verbraucht wird, sodass die ATP-Konzentration sinkt, während die Gesamtkonzentration der Adeninnucleotide als konstant 5,0 mM angenommen wird. Zu beachten ist, dass eine Verringerung der ATP-Konzentration um etwa 6 Prozent von 4,8 mM auf 4,5 mM zu einem 2,5-fachen Anstieg der ADP-Konzentration und sogar zu einem 5-fachen Anstieg der AMP-Konzentration führt. Wenn Zellen gut mit oxidierbaren Nährstoffen und Sauerstoff versorgt sind, erhalten sie einen mehr oder weniger stationären Zustand mit einer ATP-Konzentration zwischen 2 mM und 10 mM, einer ADP-Konzentration von weniger als 1 mM und einer noch geringeren AMP-Konzentration aufrecht. ATP, dessen Konzentration relativ konstant und groß ist, dient dagegen unter physiologischen Bedingungen im Allgemeinen nicht als bedeutender Modulator.

Eine wichtige Folge der Konzentrationsverhältnisse von ATP und seiner Hydrolyseprodukte *in vivo* besteht darin, dass die Gibbs'sche freie Reaktionsenthalpie der ATP-Hydrolyse tatsächlich größer ist als die entsprechende freie Standardreaktionsenthalpie von $-32\ \text{kJ mol}^{-1}$. Dies wird durch die Beispielrechnung Gibbs'sche freie Reaktionsenthalpie einer ATP-Hydrolyse, in die die gemessenen Werte der ATP-, ADP- und P_i-Konzentrationen in Leberzellen von Ratten einfließen, verdeutlicht. Tatsächlich weichen die Werte der entsprechenden freien Reaktionsenthalpien, die für viele andere Zelltypen bestimmt wurden, von dem in diesem Beispiel berechneten Wert kaum ab.

Tabelle 8.2

Theoretische Änderungen der Konzentrationen der verschiedenen Adeninnucleotide durch eine Variation der ATP-Konzentration [Aus: Newsholme, E. A., und Leech, A. R., 1986. *Biochemistry for the Medical Sciences*. S. 315. New York: John Wiley & Sons.]

[ATP] (mM)	[ADP] (mM)	AMP (mM)
4,8	0,2	0,004
4,5	0,5	0,02
3,9	1,0	0,11
3,2	1,5	0,31

8.7 Die Rolle von ATP im Stoffwechsel

Biochemische Reaktionen oder Prozesse, bei denen Energie verbraucht wird, wie die hypothetische endergone Synthese von X–Y in ▶*Reaktionsgleichung 8.15*, werden häufig mit einer zweiten, exergonen Reaktion wie der ATP-Hydrolyse gekoppelt, um überhaupt ablaufen zu können.

$$X + Y \rightleftharpoons X{-}Y$$
$$ATP + H_2O \rightleftharpoons ADP + P_i + H^{\oplus} \quad (8.15)$$

Die Summe der freien Reaktionsenthalpien der beiden gekoppelten Reaktionen, also die freie Reaktionsenthalpie des Gesamtprozesses, muss negativ sein, damit beide Reaktionen stattfinden können. Das bedeutet also, dass nur eine der beiden Reaktionen unabhängig von der anderen spontan ablaufen können muss ($\Delta G < 0$). Der Vorteil der Kopplung von Reaktionen besteht somit darin, dass die Energie, die bei einer exergonen Reaktion freigesetzt wird, zum Antrieb einer endergonen Reaktion ($\Delta G > 0$) eingesetzt werden kann, die sonst nicht spontan, also von allein, stattfinden würde.

Der Energiefluss im Stoffwechsel hängt von vielen gekoppelten Reaktionen ab, an denen ATP beteiligt ist. Häufig werden die Reaktionen über ein gemeinsames Zwischenprodukt, wie zum Beispiel ein phosphoryliertes Derivat eines hypothetischen Reaktanten X, miteinander verknüpft.

$$X + ATP \rightleftharpoons X{-}P + ADP$$
$$X{-}P + Y + H_2O \rightleftharpoons X{-}Y + P_i + H^{\oplus} \quad (8.16)$$

Die Übertragung einer Phosphoryl- oder einer Nucleotidylgruppe auf ein Substrat führt zur Aktivierung des Substrats. Mit anderen Worten: Das Substrat wird durch die Gruppenübertragung in ein neues Substrat einer Reaktion mit einer (großen) negativen freien Reaktionsenthalpie umgewandelt. Die aktivierte Verbindung X–P kann entweder ein kleines Stoffwechselzwischenprodukt oder die phosphorylierte Seitenkette einer Aminosäure im aktiven Zentrum eines Enzyms sein. Das aktivierte Zwischenprodukt reagiert anschließend mit einem zweiten Substrat zu den Produkten der Reaktion, die dadurch abgeschlossen wird.

8.7.1 Übertragung von Phosphorylgruppen

Die Synthese von Glutamin aus Glutamat und Ammoniak kann als anschauliches Beispiel für eine endergone biosynthetische Reaktion dienen, die durch die Hydrolyse von ATP angetrieben wird. Diese Reaktion, die durch die Glutamin-Synthetase katalysiert wird, ermöglicht Organismen den Einbau von anorganischem Stickstoff als kohlenstoffgebundenen Stickstoff in organische Biomoleküle. Die γ-Carboxylatgruppe des Substrats Glutamat wird im ersten Schritt dieser Synthese durch die Übertragung einer Phosphorylgruppe von ATP in ein energiereiches, aktiviertes gemischtes Anhydrid umgewandelt, das im Anschluss mit Ammoniak zu einem Amid abreagiert.

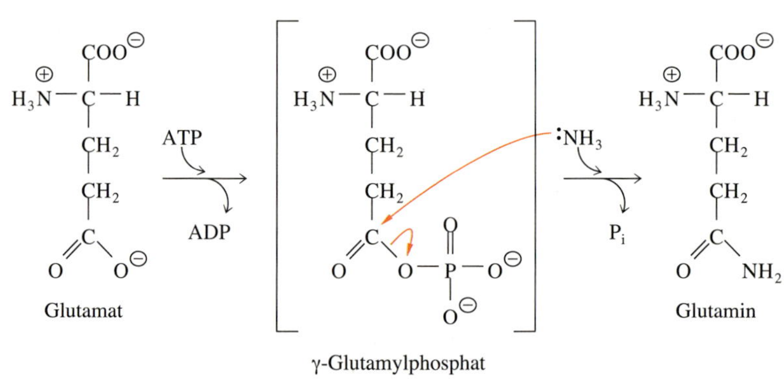

(8.17)

Die Glutamin-Synthetase katalysiert die nucleophile Substitution der ADP-Einheit des ATP durch das γ-Carboxylat des Glutamats. Dabei wird ADP freigesetzt und ein enzymgebundenes γ-Glutamylphosphat als energiereiches Zwischenprodukt gebildet. γ-Glutamylphosphat ist in wässriger Lösung nicht stabil, sondern hydrolyseempfindlich, aber im aktiven Zentrum der Glutamin-Synthetase liegt es vor dem Angriff der Wassermoleküle geschützt vor. Im zweiten Schritt des Mechanismus wird das Phosphat als gute Abgangsgruppe durch den nucleophilen Angriff eines Ammoniakmoleküls auf das Carbonylkohlenstoffatom der gemischten Anhydridgruppe im γ-Glutamylphosphat verdrängt. Damit ist die Bildung einer neuen Amidbindung und des Produktes Glutamin verbunden. Pro Glutaminmolekül, das aus Glutamat und Ammoniak synthetisiert wird, erfolgt also die Hydrolyse eines ATP-Moleküls zu ADP und P_i.

Berechnet man die Gibbs'sche freie Standardreaktionsenthalpie für diese Reaktion ohne Kopplung an die Hydrolyse von ATP, erhält man einen Wert von +14 kJ mol^{-1}.

$$\text{Glutamat} + NH_4^{\oplus} \rightleftharpoons \text{Glutamin} + H_2O \qquad (8.18)$$

$$\Delta G^{\circ\prime}_{\text{Reaktion}} = +14\ \text{kJ mol}^{-1}$$

Dies ist die freie Standardreaktionsenthalpie, die nicht unbedingt die tatsächliche freie Reaktionsenthalpie unter den Bedingungen zellulärer Konzentrationen von Glutamat, Glutamin und Ammoniak widerspiegelt. Die hypothetische ▶*Reaktion 8.18* könnte innerhalb der Zelle mit einer negativen freien Reaktionsenthalpie verbunden sein, wenn die Konzentrationen von Glutamat und Ammoniak im Vergleich zur Konzentration von Glutamin relativ groß wären. Dies ist aber nicht der Fall. Die Konzentrationen von Glutamat und Glutamin müssen im Fließgleichgewicht der Zelle ungefähr gleich groß gehalten werden, um eine ungestörte Durchführung der Proteinbiosynthese und anderer Stoffwechselwege sicherzustellen. Deswegen kann die Gibbs'sche freie Reaktionsenthalpie von ▶*Reaktion 8.18* in der Zelle nicht negativ sein. Darüber hinaus tritt Ammoniak im Vergleich zu Glutamat und Glutamin nur in sehr kleinen zellulären Konzentrationen auf. Ammoniak muss aber sowohl in Bakterien als auch in Eukaryonten effektiv zur Synthese von Glutamin verwendet werden können, selbst wenn die Konzentration des freien, gelösten Ammoniaks nur sehr gering ist. Weil im Fließgleichgewicht lebender Zellen eine relativ hohe Glutaminkonzentration vorliegen muss und die Konzentration von Ammoniak nur sehr klein ist, kann ▶*Reaktion 8.18* also nicht spontan stattfinden. Die endergonische Glutaminsynthese muss demnach mit der exergonischen ATP-Hydrolyse gekoppelt werden, damit sie in die gewünschte Richtung ablaufen kann.

Die Glutamin-Synthetase katalysiert eine Phosphorylgruppenübertragung, bei der die phosphorylierte Verbindung nur als vorübergehendes Zwischenprodukt auftritt (▶*Reaktionsgleichung 8.17*). Bei anderen Reaktionen können dagegen auch stabile phosphorylierte Produkte gebildet werden. Zum Beispiel katalysieren Kinasen die Übertragung der γ-Phosphorylgruppe von ATP (oder in seltenen Fällen auch von einem anderen Nucleosidtriphosphat) auf ein anderes Substrat. Die Reaktionen der Kinasen stellen in der Regel metabolisch irreversible Reaktionen dar. Einige Kinase-Reaktionen, wie zum Beispiel die der Adenylat-Kinase (▶*Reaktionsgleichung 8.13*) oder der Kreatin-Kinase, finden allerdings auch im annähernden Gleichgewicht statt und werden manchmal als Phosphatgruppenübertragungen beschrieben. Tatsächlich katalysieren Kinasen aber die Übertragung von Phosphorylgruppen ($-PO_3^{2\ominus}$) auf ihre Akzeptoren. Wenn die Phosphorylgruppe auf ein Sauerstoffatom des Akzeptors übertragen wird, entsteht dabei allerdings eine neue Phosphatgruppe, übertragen wurde aber trotzdem nur die Phosphorylgruppe.

Das sogenannte Phosphorylgruppen-Übertragungspotenzial oder einfach Gruppenübertragungspotenzial einer phosphorylierten Verbindung stellt ein Maß für die Fähigkeit bzw. das Bestreben, ihre Phosphorylgruppe(n) auf ein Substrat zu übertragen, dar. Manche Verbindungen wie zum Beispiel Phosphoanhydride sind ausgezeichnete Phosphorylgruppen-Donatoren. Wenn ein Phosphoanhydrid ein Gruppenübertragungspotenzial aufweist, das annähernd gleich oder größer ist als das von ATP, spricht man häufig von einer energiereichen Verbindung. Andere Verbindungen wie zum Beispiel Phosphoester sind dagegen nur schlechte Phosphorylgruppen-Donatoren. Sie besitzen ein merklich kleineres Gruppenübertragungspotenzial als ATP und werden deswegen oft als energiearme Verbindungen bezeichnet. Die Gruppenübertragungspotenziale von Phosphorylgruppenüberträgern werden als dimensionslose Zahlen angegeben, deren Wert mit dem mit −1 multiplizierten Wert der freien Standardreaktionsenthalpie ihrer Hydrolyse übereinstimmt. Das Gruppenübertragungspotenzial kann deswegen auch als Maß für die freie Enthalpie, die für die Bildung der phosphorylierten Verbindung erforderlich ist, aufgefasst werden. In ▶*Tabelle 8.3* sind die freien Standardreaktionsenthalpien der Hydrolyse einiger phosphorylierter Verbindungen aufgelistet. Häufig katalysieren Kinasen die Übertragung einer Phosphorylgruppe von einem Phosphorylgruppen-Donator mit hohem Gruppenübertragungspotenzial auf ADP. Das dabei gebildete ATP kann anschließend als Phosphorylgruppen-Donator in einer anderen von einer Kinase katalysierten Reaktion fungieren.

Tabelle 8.3

Gibbs'sche freie Standardreaktionsenthalpien für die Hydrolyse einiger häufig vorkommender phosphorylierter Verbindungen

Phosphorylgruppen-Donator	$\Delta G^{\circ\prime}_{\mathrm{Hydrolyse}}$ (kJ mol^{-1})
Phosphoenolpyruvat	−62
1,3-Bisphosphoglycerat	−49
ATP (zu AMP und PP_i)	−45
Phosphokreatin	−43
Phosphoarginin	−32
Acetyl-CoA	−32
ATP (zu ADP und P_i)	−32
Pyrophosphat	−29
Glucose-1-phosphat	−21
Glucose-6-phosphat	−14
Glycerin-3-phosphat	− 9

8.7.2 Synthese von ATP durch Phosphorylgruppenübertragung

Verbindungen mit hohen Phosphorylgruppen-Übertragungspotenzialen, einschließlich Carbonsäure-Phosphat-Anhydrid, können eine Phosphorylgruppe unter Bildung von ATP auf ADP übertragen. Einige dieser energiereichen Verbindungen treten als Zwischenprodukte in katabolen Stoffwechselwegen auf, andere dienen als Energiespeicherverbindungen. ▸*Abbildung 8.10* illustriert das Gruppenübertragungspotenzial mehrerer Verbindungen relativ zu dem von ATP.

Phosphoenolpyruvat, ein Zwischenprodukt der Glycolyse, besitzt das höchste bekannte Phosphorylgruppen-Übertragungspotenzial. Die freie Standardreaktionsenthalpie der Hydrolyse von Phosphoenolpyruvat beträgt −62 kJ mol^{-1}. Dieser hohe

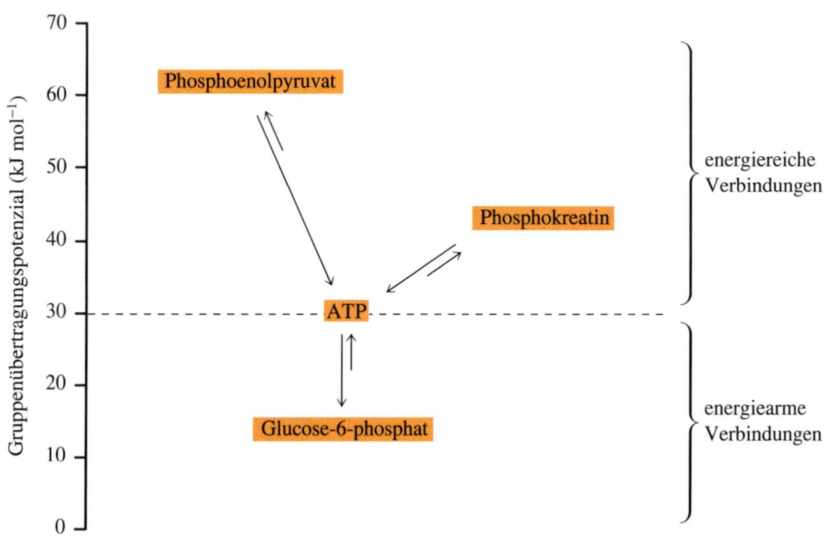

Abbildung 8.10: Relative Phosphorylgruppen-Übertragungspotenziale. Eine Verbindung mit einem höheren Gruppenübertragungspotenzial kann ihre Phosphorylgruppe auf eine Verbindung mit einem niedrigeren Gruppenübertragungspotenzial, die weniger energiereich ist, übertragen. Die Länge der Reaktionspfeile weist auf die bevorzugte Richtung der Phosphorylgruppenübertragung unter Standardbedingungen hin.

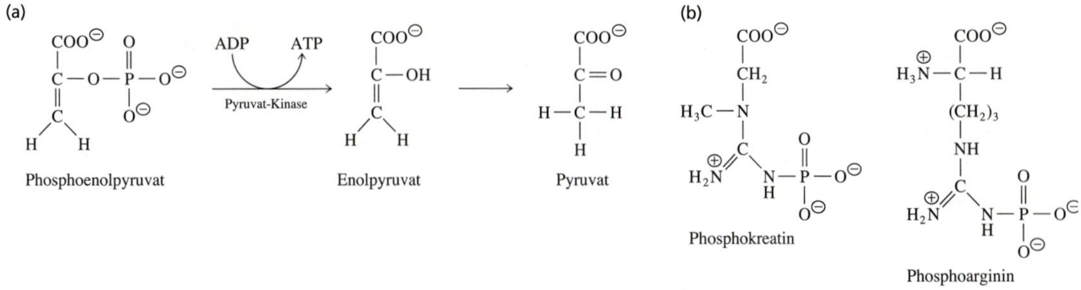

Abbildung 8.11: Übertragung der Phosphorylgruppe von Phosphoenolpyruvat auf ADP und die anschließende Tautomerisierung des Enolpyruvats zum Pyruvat (Ketoform) sowie Struktur von Phosphokreatin und Phosphoarginin.

negative Wert wird verständlich, wenn man weiß, dass die Enolform des Pyruvats schnell zur wesentlich stabileren Ketoform tautomerisiert. Durch die Phosphorylgruppe des Phosphoenolpyruvats wird das Molekül in der Enolform festgehalten. Wenn die Phosphorylgruppe durch die Hydrolyse entfernt wird, geht das Molekül in einer exergonen Reaktion vom Enol- in das stabilere Ketotautomer über (▶*Abbildung 8.11a*). Die Übertragung der Phosphorylgruppe von Phosphoenolpyruvat auf ADP wird durch das Enzym Pyruvat-Kinase katalysiert. Weil $\Delta G^{\circ\prime}$ für diese Reaktion etwa -30 kJ mol^{-1} beträgt, liegt das Gleichgewicht der Reaktion weit auf der Seite von Pyruvat und ATP. In Zellen stellt diese metabolisch irreversible Reaktion eine wichtige ATP-Quelle dar.

Phosphagene, einschließlich Phosphokreatin und Phosphoarginin, repräsentieren energiereiche Phosphatspeichermoleküle, die in tierischen Muskelzellen vorkommen. In Phosphagenen sind die Phosphorylgruppen über eine Amidbindung (Phosphorsäureamid) mit einer Guanidiniumgruppe verbunden. Die Phosphagene weisen ein höheres Gruppenübertragungspotenzial auf als ATP. In den Muskelzellen von Wirbeltieren (Vertebraten) werden in Zeiten großer ATP-Konzentrationen, also in Ruhephasen des Muskels, große Mengen Phosphokreatin gebildet. Im ruhenden Muskel tritt infolgedessen eine Phosphokreatinkonzentration auf, die etwa fünfmal höher ist als die ATP-Konzentration. Wenn der ATP-Spiegel durch eine Aktivität des Muskels sinkt, katalysiert die Kreatin-Kinase die schnelle Nachlieferung von ATP durch die Übertragung einer aktivierten Phosphorylgruppe von Phosphokreatin auf ADP.

$$\text{Phosphokreatin} + \text{ADP} \xrightleftharpoons{\text{Kreatin-Kinase}} \text{Kreatin} + \text{ATP} \quad (8.19)$$

Der Vorrat an Phosphokreatin reicht bei maximaler Aktivität des Muskels für drei bis vier Sekunden, im Falle einer durchschnittlichen Muskelaktivität für wenige Minuten. Diese Zeit genügt anderen Stoffwechselprozessen, um eine effektive Wiederherstellung des ATP-Vorrats einzuleiten. Unter zellulären Bedingungen findet die Reaktion der Kreatin-Kinase im annähernden Gleichgewicht statt. Dies ist erforderlich, weil sich die Richtung der Reaktion in Abhängigkeit vom aktuellen ATP-Spiegel umkehren können muss. Phosphokreatin dient also als eine Art ATP-Puffer, der die Aufrechterhaltung einer relativ konstanten ATP-Konzentration unter wechselnden Stoffwechselbedingungen unterstützt. In vielen wirbellosen Tieren (Invertebraten), wie zum Beispiel Mollusken (Weichtieren) und Arthropoden (Gliederfüßlern), übernimmt Phosphoarginin die Rolle der Quelle für aktivierte Phosphorylgruppen (▶*Abbildung 8.11b*).

Weil ATP ein mittelgroßes Gruppenübertragungspotenzial besitzt (▶*Tabelle 8.3* und ▶*Abbildung 8.10*), ist es aus thermodynamischer Sicht besonders gut als Phosphorylgruppenüberträger in biologischen Systemen geeignet. ATP ist außerdem unter physiologischen Bedingungen gegenüber einer nichtenzymatischen Hydrolyse kinetisch stabil. Mit anderen Worten: Obwohl die freie Reaktionsenthalpie der ATP-Hydrolyse stark negativ ist, läuft die Reaktion wegen ihrer zu hohen Aktivierungsenergie ohne enzymatische Katalyse nicht in nennenswertem Maße ab. Deswegen kann potenzielle chemische Energie mithilfe von ATP-Molekülen von einem Enzym zu einem anderen Enzym transportiert werden, ohne dass sie unterwegs durch eine vorzeitige Hydrolyse verlorengeht. ATP vermittelt in allen Organismen die meisten Energietransporte.

8.7.3 Übertragung von Nucleotidylgruppen

Bei einem anderen häufigen Typ einer Gruppenübertragungsreaktion, an der ATP beteiligt ist, wird nicht die Phosphorylgruppe, sondern die Nucleotidylgruppe auf ein Substrat übertragen. Die durch die Acetyl-CoA-Synthetase katalysierte Synthese von Acetyl-CoA in Bakterien und Pflanzen repräsentiert ein Beispiel einer solchen Gruppenübertragung. Bei dieser Reaktion wird zunächst die AMP-Einheit von ATP auf die nucleophile Carboxylatgruppe eines Acetat-Ions übertragen. Dadurch wird ein Acetyl-Adenylat-Zwischenprodukt gebildet, in dem das negativ geladene Sauerstoffatom des Acetat-Ions, das eine extrem schlechte Abgangsgruppe darstellt, in eine gute Phosphat-Abgangsgruppe überführt wurde (Schritt (1) in ▶*Abbildung 8.12*). Infolgedessen kann anschließend eine nucleophile Substitution (▶*Abbildung 8.12*, Schritte (2) und (3)) durch den nucleophilen Angriff des Schwefelatoms der Sulfhydrylgruppe von Coenzym A (CoA) auf das Carbonylkohlenstoffatom des aktivierten Acetat-Ions (▶*Abbildung 8.12*, Schritt (2)) erfolgen. Die nucleophile Substitution verläuft über einen Additions-Eliminierungs-Mechanismus mit einem tetraedrischen Zwischenprodukt (▶*Abschnitt 4.8.1*), aus dem schließlich die gute Phosphat-Abgangsgruppe AMP eliminiert wird. Im ersten Schritt der Reaktion wird Pyrophosphat (PP_i) freigesetzt. Wie das Glutamylphosphat-Zwischenprodukt in ▶*Reaktion 8.17* wird auch das aktivierte, reaktive Zwischenprodukt dieser Reaktion durch die feste Bindung im aktiven Zentrum vor einer nichtenzymatischen Hydrolyse geschützt.

Die Synthese von Acetyl-CoA ist außerdem ein schönes Beispiel für eine Stoffwechselreaktion, deren Umsatz durch das Entfernen eines der Produkte angetrieben wird. Einen analogen Effekt erreicht ein Synthesechemiker im Labor, wenn eines der Produkte einer Reaktion als schwerlöslicher Niederschlag ausfällt oder als Gas aus der Reaktionsmischung entweicht. Die Gibbs'sche freie Standardreaktionsenthalpie der Bildung von Acetyl-CoA aus Acetat und CoA beträgt etwa -13 kJ mol^{-1} ($\Delta G^{\circ\prime}$ für die Hydrolyse von Acetyl-CoA ist gleich -32 kJ mol^{-1}; $\Delta G^{\circ\prime}$ für die Hydrolyse von ATP zu AMP beträgt -45 kJ mol^{-1}: -45 kJ mol^{-1} $-$ (-32 kJ mol^{-1}) = -13 kJ mol^{-1}). Allerdings wird das Produkt Pyrophosphat (PP_i) durch die hydrolytische Aktivität der Pyrophosphatase (▶*Abschnitt 8.6*) ständig aus dem Reaktionsgleichgewicht entfernt. Infolgedessen kann sich die Reaktion ihrem Gleichgewicht nicht annähern und läuft weiter in Richtung der Produkte ab. In fast allen Zellen stehen hohe Aktivitäten der Pyrophosphatase zur Verfügung, sodass die Konzentration von Pyrophosphat in lebenden Zellen im Allgemeinen sehr klein ist (kleiner als 10^{-6} M). Die Spaltung des Pyrophosphats trägt also zu einer großen negativen freien Reaktionsenthalpie dieser Reaktion unter physiologischen Bedingungen bei, weil der zweite Term in ▶*Gleichung 8.6* durch die sehr kleine Pyrophosphatkonzentration stark negativ wird. Die Hydrolyse trägt auf diese Weise erheblich zu einer großen negativen freien Reaktionsenthalpie des Gesamtprozesses bei und treibt vor allem auch die Bildung des energiereichen gemischten Anhydrid-Zwischenproduktes im ersten Schritt der Reaktion an. Viele Synthesereaktionen im Stoffwechsel werden von einer Pyrophosphathydrolyse begleitet.

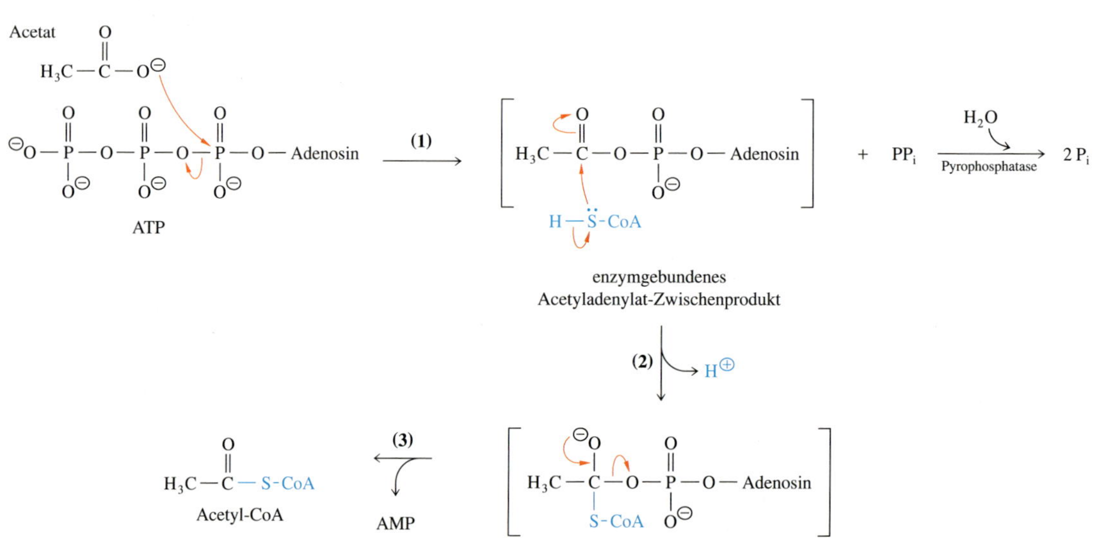

Abbildung 8.12: Die Synthese von Acetyl-CoA aus Acetat und CoA wird durch die Acetyl-CoA-Synthetase katalysiert.

8.8 Hohe freie Hydrolyse-enthalpien von Thioestern

Thioester repräsentieren eine weitere Klasse energiereicher Verbindungen. Acetyl-CoA, das im Stoffwechsel eine zentrale Position einnimmt, stellt ein Beispiel eines solchen Thioesters dar (▶*Abbildung 8.5* und ▶*Abbildung 8.6*). Die energiereichen Thioester können zur Erzeugung von ATP-Äquivalenten oder zur Übertragung von Acylgruppen auf Akzeptormoleküle dienen. Acylgruppen sind über eine Thioesterbindung mit Coenzym A oder dem Acyl-Carrier-Protein verknüpft (▶*Abschnitt 7.6* und ▶*Abbildung 8.12*).

$$R-\overset{\overset{\displaystyle O}{\|}}{C}-S-\text{Coenzym A} \qquad (8.20)$$

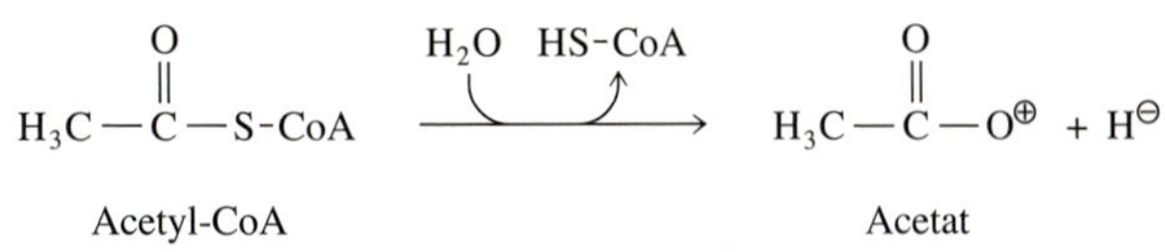

(8.21)

Im Gegensatz zu normalen Carbonsäureestern ähnelt die Reaktivität von Thioestern eher derjenigen von Carbonsäureanhydriden. Schwefel befindet sich in derselben Gruppe des Periodensystems wie Sauerstoff. Thioester sind aber weniger stabil als normale Ester, weil die freien Elektronenpaare des Schwefelatoms in Thioestern weniger effektiv delokalisiert sind als diejenigen des Sauerstoffatoms in normalen Estern. Bei der Hydrolyse einer Thioesterbindung wird eine ähnlich große Energiemenge freigesetzt wie bei der Hydrolyse jeder der Phosphoanhydridbindungen des ATP. Die Gibbs'sche freie Standardreaktionsenthalpie der Hydrolyse von Acetyl-CoA beträgt zum Beispiel $-31\ \text{kJ mol}^{-1}$.

Trotz ihrer hohen freien Hydrolyseenthalpie sind CoA-Thioester gegenüber einer nichtenzymatischen Hydrolyse bei neutralem pH-Wert unempfindlich. Mit anderen Worten: In Abwesenheit geeigneter Katalysatoren und starker Nucleophile sind CoA-Thioester kinetisch stabil. Die hohe Hydrolyseenergie von Succinyl-CoA wird im fünften Schritt des Citronensäurezyklus dazu verwendet, die endergone Umsetzung von GDP (oder manchmal auch ADP) mit P_i zu GTP (bzw. ATP) anzutreiben.

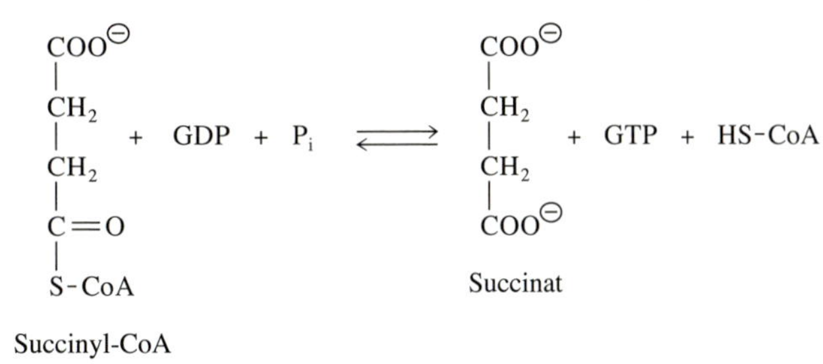

(8.22)

Bei dieser Reaktion wird das CoA im Succinyl-CoA zunächst durch Phosphat substituiert. Dadurch wird ein energiereiches Succinylphosphat-Zwischenprodukt gebildet, dessen Phosphorylgruppe in mehreren Schritten auf GDP übertragen wird (▶*Abschnitt 10.3.5*). Durch diese Substratkettenphosphorylierung wird die bei der Bildung von Succinyl-CoA eingesetzte und gespeicherte Energie in ein ATP-Äquivalent übertragen. Die Energie von CoA-Thioesterbindungen dient auch dazu, die Biosynthese von Fettsäuren anzutreiben (▶*Abschnitt 13.1*).

8.9 Speicherung der Energie aus biologischen Oxidationen in reduzierten Coenzymen

Auch reduzierte Coenzyme stellen energiereiche Verbindungen dar. Durch ihre hohe Energie oder Reduktionskraft können Redoxreaktionen angetrieben werden. Die Energie von reduzierten Coenzymen kann in Form von ATP-Äquivalenten ausgedrückt werden, da ihre Oxidation mit der Synthese von ATP gekoppelt werden kann. Ein Molekül, das Elektronen aufnimmt und infolgedessen reduziert wird, fungiert dabei als Oxidationsmittel, weil es gleichzeitig das andere Molekül, von dem die aufgenommenen Elektronen stammen, oxidiert. Das Molekül, das die Elektronen abgibt und dadurch oxidiert wird, nennt man dementsprechend Reduktionsmittel. Die Netto-Redoxreaktion kann folgendermaßen formuliert werden:

$$A_{red} + B_{ox} \rightleftharpoons A_{ox} + B_{red} \qquad (8.23)$$

Die bei biologischen Oxidationen abgegebenen Elektronen werden enzymatisch auf ein Oxidationsmittel übertragen. Dabei handelt es sich meistens um ein Pyridinnucleotid ($NAD^{\oplus}$ oder manchmal $NADP^{\oplus}$), ein Flavin-Coenzym (FMN oder FAD) oder Ubichinon (Q). Wenn $NAD^{\oplus}$ oder $NADP^{\oplus}$ in von Dehydrogenasen katalysierten Redoxreaktionen reduziert werden, übernimmt der Pyridinring ein Hydrid-Ion. Dehydrogenasen bilden eine Unterklasse der Oxidoreduktasen. Deswegen beziehen sich die *systematischen* Namen der Dehydrogenasen auf diese Hauptklasse. Wie der Name dieser Enzyme bereits andeutet, katalysieren Dehydrogenasen Redoxreaktionen, bei denen das Substrat durch die Entfernung eines Wasserstoffatoms oder durch die Abspaltung eines Hydrid-Ions oxidiert wird. Das Substrat verliert ein Elektron, wenn ein Wasserstoffatom, das aus einem Proton und einem Elektron besteht, abgespalten wird, und zwei Elektronen, wenn ein Hydrid-Ion, das aus einem Proton und zwei Elektronen aufgebaut ist, auf das Oxidationsmittel übertragen wird. Rufen Sie sich ins Gedächtnis zurück, dass eine Oxidation die Abgabe von Elektronen und eine Reduktion die Aufnahme von Elektronen bedeutet.

Die reduzierten Coenzyme NADH und NADPH sowie QH_2 versorgen den Stoffwechsel mit Reduktionskraft, weil sie in Redoxreaktionen als Reduktionsmittel auftreten können, die dabei selbst zu den entsprechenden oxidierten Coenzymen oxidiert werden. $FMNH_2$ und $FADH_2$ kommen als reduzierte, enzymgebundene Zwischenprodukte bei manchen Oxidationen vor. Die reduzierten Coenzyme NADH und NADPH haben ähnliche Strukturen und spielen in biologischen Redoxreaktionen ähnliche mechanistische Rollen, allerdings in unterschiedlichen Reaktionen: NADH meist bei Abbaureaktionen (Katabolismus) und NADPH in der Regel bei Synthesereaktionen (Anabolismus).

8.9.1 Die Gibbs'sche freie Reaktionsenthalpie und das Reduktionspotenzial

Das Reduktionspotenzial eines Reduktionsmittels stellt ein Maß für seine thermodynamische Tendenz bzw. Bereitschaft, Elektronen abzugeben, dar. Je niedriger bzw. negativer das Reduktionspotenzial einer Verbindung ist, desto größer ist seine Reduktionskraft. Das Reduktionspotenzial kann in einer elektrochemischen Zelle gemessen werden. Die Übertragung von zwei Elektronen von einem Zinkatom (Zn) auf ein Kupfer(II)-Ion ($Cu^{2\oplus}$) repräsentiert ein einfaches Beispiel einer anorganischen Redoxreaktion.

$$Zn + Cu^{2\oplus} \rightleftharpoons Zn^{2\oplus} + Cu \qquad (8.24)$$

Diese Reaktion kann in zwei getrennten Lösungen durchgeführt werden, sodass die Gesamtreaktion in zwei Halbreaktionen geteilt wird (▶*Abbildung 8.13*). Damit die Reaktion ablaufen kann, müssen die Lösungen allerdings über eine Salzbrücke und einen äußeren Draht, der von einer Zinkelektrode in der einen Lösung zu einer Kupferelektrode in der anderen Lösung führt, elektrisch miteinander verbunden sein. An der Zinkelektrode geben dann Zinkatome je zwei Elektronen ab und werden dadurch oxidiert. Die entstehenden Zink-Ionen ($Zn^{2\oplus}$) gehen in Lösung und die Elektronen fließen über den äußeren Draht zur Kupferelektrode in der anderen Lösung. Dort nehmen gelöste $Cu^{2\oplus}$-Ionen an der Elektrodenoberfläche die vom Zink stammenden Elektronen auf und schlagen sich als elementares Kupfer auf der Elektrode nieder. Die $Cu^{2\oplus}$-Ionen werden also zu Cu reduziert. Bei dieser Reaktion fungieren elementares Zink als Reduktionsmittel und $Cu^{2\oplus}$-Ionen als Oxidationsmittel. Die Reaktion läuft von allein in dieser und nicht in die andere Richtung ab, weil Zink ein niedrigeres Reduktionspotenzial, also eine höhere Reduktionskraft aufweist als Kupfer. Eine Salzbrücke, die aus einem Rohr besteht, das mit einem porösen, gelartigen Trennmaterial und einer Elektrolytlösung gefüllt ist, gewährleistet den Ausgleich der Ladungen, die durch den Fluss der Elektronen von einer Lösung (oder

Halbzelle) in die andere Lösung transportiert wurden, durch eine entsprechende Diffusion von Gegenionen. Die Elektrolytlösung in der Salzbrücke enthält nur Ionen, die nicht an der Reaktion teilnehmen können. Der Fluss der Elektronen ist in einer elektrochemischen Zelle vom Fluss der Ionen getrennt. Schaltet man zwischen den äußeren Draht ein Voltmeter, kann man eine Spannung messen. Diese Spannung stellt ein Maß für die Triebkraft der Reaktion und somit für die Energie- bzw. freie Enthalpieänderung durch die Reaktion dar.

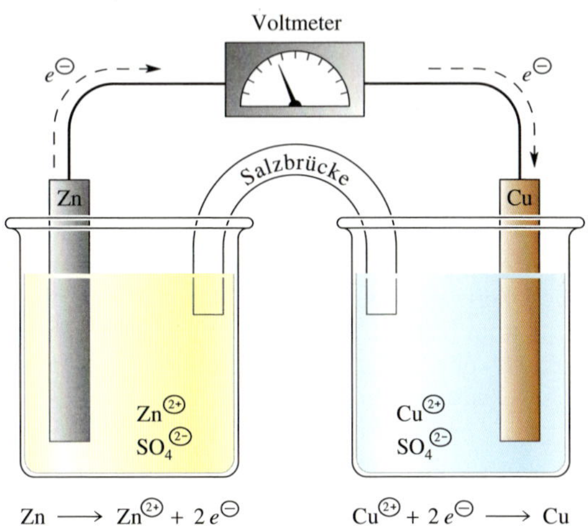

Abbildung 8.13: Schematische Abbildung einer elektrochemischen Zelle. Elektronen fließen durch den äußeren Draht von der Zinkelektrode zur Kupferelektrode. Die Salzbrücke ermöglicht den Fluss von Gegenionen (in diesem Beispiel Sulfat-Ionen) und somit einen Ladungsausgleich, ohne dass es zu einer nennenswerten Durchmischung der beiden Lösungen kommt. Eine Durchmischung würde zu einer direkten Reaktion zwischen Cu^{2+}-Ionen und der Zinkelektrode führen, ohne dass Elektronen durch den äußeren Draht fließen. Die elektromotorische Kraft (EMK) wird mithilfe eines Voltmeters gemessen, das zwischen die beiden Elektroden geschaltet wird.

Die Richtung des Elektronenflusses durch den Draht in ▶*Abbildung 8.13* deutet an, dass Zink leichter oxidiert werden kann als Kupfer bzw. dass Zink ein stärkeres Reduktionsmittel ist als Kupfer. Die Spannung, die zwischen den beiden Halbzellen gemessen wird, repräsentiert eine Potenzialdifferenz, die der Differenz der Reduktionspotenziale der Halbreaktionen auf der linken und der rechten Seite entspricht. Diese Potenzialdifferenz nennt man elektromotorische Kraft (EMK). Ähnlich wie bei Gibbs'schen freien Enthalpieänderungen ist auch bei Messungen von Reduktionspotenzialen die Einführung von Standardbedingungen sinnvoll, weil auch die Reduktionspotenziale von den äußeren Bedingungen abhängen. Für die Messung von Reduktionspotenzialen wurde aber nicht nur ein Satz von Standardbedingungen, sondern außerdem eine Referenz-Halbreaktion eingeführt, mit der alle anderen Halbreaktionen verglichen werden können. Mit anderen Worten: Da es nicht möglich ist, absolute Reduktionspotenziale zu bestimmen, gibt man für jede Halbreaktion die Potenzialdifferenz zur Referenz-Halbreaktion an. Auf diese Weise werden alle Halbreaktionen miteinander vergleichbar. Als Referenz-Halbreaktion wurde die Reduktion von zwei $H^{\oplus}$ zu gasförmigem Wasserstoff (H_2) ausgewählt. Dabei wird das Reduktionspotenzial dieser Halbreaktion unter Standardbedingungen ($E°$) willkürlich auf 0,0 V festgelegt. Zur Messung des Reduktionspotenzials einer beliebigen Halbreaktion baut man eine elektrochemische Zelle. Die Referenz-Halbzelle dieser Zelle enthält eine Lösung mit einer $H^{\oplus}$-Konzentration von 1 M (pH = 0), in die eine Platinelektrode eintaucht, die außerdem mit einer H_2-Gasphase unter einem Druck von 1 atm in Kontakt steht (die sogenannte Standardwasserstoffelektrode). Die Halbzelle, deren Standardreduktionspotenzial gemessen werden soll, weist jeweils eine Konzentration von 1 M der oxidierten und der reduzierten Spezies der Halbreaktion auf. Unter Standardbedingungen für biologische Messungen enthält die Proben-Halbzelle eine $H^{\oplus}$-Konzentration von 10^{-7} M (pH = 7). In dieser Anordnung kann das Standardreduktionspotenzial der Proben-Halbreaktion mit dem Voltmeter direkt als Differenz zwischen den beiden Halbzellen (EMK) gemessen werden, da das Standardreduktionspotenzial der Standardwasserstoffelektrode definitionsgemäß 0,0 V beträgt.

In ▶*Tabelle 8.4* sind die Standardreduktionspotenziale einiger wichtiger biologischer Halbreaktionen bei einem pH-Wert von 7,0 ($E°'$ aufgelistet. Elektronen können spontan von einer leichter oxidierbaren Verbindung (die mit dem niedrigeren bzw. mehr negativen Reduktionspotenzial) auf eine leichter reduzierbare Verbindung (die mit dem höheren bzw. positiveren Reduktionspotenzial) übertragen werden. Ein kleineres bzw. negativeres Reduktionspotenzial bedeutet eine größere Tendenz des Reaktionssystems zur Abgabe von Elektronen. Ein solches System stellt also ein Reduktionsmittel dar, das seine Elektronen auf ein System mit einem höheren Reduktionspotenzial in einer exergonischen Reaktion, also spontan, übertragen kann.

Tabelle 8.4

Standardreduktionspotenziale einiger wichtiger biologischer Halbreaktionen

Reduktionshalbreaktion	$E^{\circ\prime}$ **(V)**
Acetyl-CoA + CO_2 + $H^{\oplus}$ + 2 $e^{\ominus}$ → Pyruvat + CoA	−0,48
Ferredoxin (Spinat), Fe^{3+} + $e^{\ominus}$ → Fe^{2+}	−0,43
2 $H^{\oplus}$ + 2 $e^{\ominus}$ → H_2 (bei pH = 7,0)	−0,42
α-Ketoglutarat + CO_2 + 2 $H^{\oplus}$ + 2 $e^{\ominus}$ → Isocitrat	−0,38
Lipoyl-Dehydrogenase (FAD) + 2 $H^{\oplus}$ + 2 $e^{\ominus}$ → Lipoyl-Dehydrogenase ($FADH_2$)	−0,34
$NADP^{\oplus}$ + 2 $H^{\oplus}$ + 2 $e^{\ominus}$ → NADPH + $H^{\oplus}$	−0,32
$NAD^{\oplus}$ + 2 $H^{\oplus}$ + 2 $e^{\ominus}$ → NADH + $H^{\oplus}$	−0,32
Liponsäure + 2 $H^{\oplus}$ + 2 $e^{\ominus}$ → Dihydroliponsäure	−0,29
Glutathiondisulfid (GSSG) + 2 $H^{\oplus}$ + 2 $e^{\ominus}$ → 2 Glutathion (GSH)	−0,23
FAD + 2 $H^{\oplus}$ + 2 $e^{\ominus}$ → $FADH_2$	−0,22
FMN + 2 $H^{\oplus}$ + 2 $e^{\ominus}$ → $FMNH_2$	−0,22
Acetaldehyd + 2 $H^{\oplus}$ + 2 $e^{\ominus}$ → Ethanol	−0,20
Pyruvat + 2 $H^{\oplus}$ + 2 $e^{\ominus}$ → Lactat	−0,18
Oxalacetat + 2 $H^{\oplus}$ + 2 $e^{\ominus}$ → Malat	−0,17
Cytochrom b_5 (mikrosomal), Fe^{3+} + $e^{\ominus}$ → Fe^{2+}	0,02
Fumarat + 2 $H^{\oplus}$ + 2 $e^{\ominus}$ → Succinat	0,03
Ubichinon (Q) + 2 $H^{\oplus}$ + 2 $e^{\ominus}$ → QH_2	0,04
Cytochrom *b* (mitochondrial), Fe^{3+} + $e^{\ominus}$ → Fe^{2+}	0,08
Cytochrom c_1, Fe^{3+} + $e^{\ominus}$ → Fe^{2+}	0,22
Cytochrom *c*, Fe^{3+} + $e^{\ominus}$ → Fe^{2+}	0,23
Cytochrom *a*, Fe^{3+} + $e^{\ominus}$ → Fe^{2+}	0,29
Cytochrom *f*, Fe^{3+} + $e^{\ominus}$ → Fe^{2+}	0,36
Plastocyanin, Cu^{2+} + $e^{\ominus}$ → $Cu^{\oplus}$	0,37
$NO_3^{\ominus}$ + 2 $H^{\oplus}$ + 2 $e^{\ominus}$ → $NO_2^{\ominus}$ + H_2O	0,42
Photosystem I (P700)	0,43
Fe^{3+} + $e^{\ominus}$ → Fe^{2+}	0,77
1/2 O_2 + 2 $H^{\oplus}$ + 2 $e^{\ominus}$ → H_2O	0,82
Photosystem II (P680)	1,1

Das Standardreduktionspotenzial für die Übertragung von Elektronen von einer molekularen Spezies auf eine andere ist mit der freien Standardreaktionsenthalpie der Redoxreaktion durch folgende Gleichung verknüpft:

$$\Delta G^{\circ\prime} = -n\mathcal{F}\Delta E^{\circ\prime} \qquad (8.25)$$

In dieser Gleichung bedeuten *n* die Anzahl der bei der Reaktion übertragenen Elektronen und $\mathcal{F}$ die Faraday-Konstante (96,48 kJ V^{-1} mol^{-1}). Beachten Sie, dass ▶*Gleichung 8.25* bis auf die Tatsache, dass sie ein Reduktionspotenzial und kein Membranpotenzial beschreibt, eine große Übereinstimmung zu ▶*Gleichung 7.5* aufweist. Die elektromotorische Kraft ($\Delta E^{\circ\prime}$) entspricht der Differenz zwischen dem Standardreduktionspotenzial des Elektronenakzeptorsystems und dem Standardreduktionspotenzial des Elektronendonatorsystems.

$$\Delta E^{\circ\prime} = \Delta E^{\circ\prime}_{\text{Elektronenakzeptor}} - \Delta E^{\circ\prime}_{\text{Elektronendonator}} \qquad (8.26)$$

Die freie Standardreaktionsenthalpie ($\Delta G^{\circ\prime}$) ist gemäß *Gleichung* $\Delta G^{\circ\prime} = -RT \ln K_{Gl}$ mit der Gleichgewichtskonstante verknüpft. Kombiniert man diese *Gleichung* mit ▶*Gleichung 8.25* erhält man folgenden Ausdruck für die elektromotorische Kraft:

$$\Delta E^{\circ\prime} = \frac{RT}{n\mathcal{F}} \ln K_{Gl} \qquad (8.27)$$

Unter biologischen Bedingungen liegen die Reaktanten eines Redoxsystems praktisch nie in der Standardkonzentration von 1 M vor. Genauso wie die tatsächliche Gibbs'sche freie Reaktionsenthalpie einer Reaktion über ▶*Gleichung 8.6* mit der Gibbs'schen freien Standardreaktionsenthalpie in Beziehung steht, ist die tatsächliche elektromotorische Kraft (ΔE, EMK) durch die sogenannte Nernst-Gleichung mit der Standard-EMK ($\Delta E^{\circ\prime}$) assoziiert. Für ▶*Reaktion 8.23* lautet die Nernst-Gleichung folgendermaßen:

$$\Delta E = \Delta E^{\circ\prime} - \frac{RT}{n\mathcal{F}} \ln \frac{[A_{ox}][B_{red}]}{[A_{red}][B_{ox}]} \qquad (8.28)$$

Bei 298 K erhält man durch Einsetzen der Temperatur sowie der Konstanten *R* und $\mathcal{F}$ in ▶*Gleichung 8.28* die vereinfachte ▶*Gleichung 8.29*.

$$\Delta E = \Delta E^{\circ\prime} - \frac{0{,}026}{n} \ln Q \qquad (8.29)$$

In dieser Gleichung repräsentiert *Q* den Massenwirkungsquotienten, also das tatsächlich vorliegende Verhältnis der Konzentrationen der Produkte und der Reaktanten der Redoxreaktion. Die elektromotorische Kraft einer Redoxreaktion unter Nicht-Standardbedingungen kann man also durch Einsetzen der tatsächlichen Reaktionstemperatur, der Anzahl der übertragenen Elektronen pro Reaktionseinheit und der tatsächlichen Konzentrationen der Produkte und Reaktanten in die Nernst-Gleichung berechnen. Versuchen Sie sich zu merken, dass für eine spontane Redoxreaktion, also eine Redoxreaktion mit einer negativen freien Reaktionsenthalpie, gemäß ▶*Gleichung 8.25* eine positive elektromotorische Kraft erforderlich ist.

8.9.2 Gewinnung von freier Enthalpie aus der Oxidation von NADH

$NAD^{\oplus}$ wird in gekoppelten Reaktionen, bei denen Elektronen von einem Metaboliten auf $NAD^{\oplus}$ übertragen werden, zu NADH reduziert. Die reduzierte Form des Coenzyms (NADH) dient anschließend in anderen Redoxreaktionen als Elektronendonator, also als Reduktionsmittel. Mithilfe von ▶*Gleichung 8.25* kann die Gibbs'sche freie Standardreaktionsenthalpie einer Redoxreaktion berechnet werden. Dazu muss zunächst die Standard-EMK ($\Delta E^{\circ\prime}$) nach ▶*Gleichung 8.26* aus der Differenz der Standardreduktionspotenziale der beteiligten Halbreaktionen bestimmt werden. Betrachtet man die Oxidation von NADH mit molekularem Sauerstoff, bei der der Sauerstoff reduziert wird, stellt man fest, dass diese Reaktion die verfügbare freie Enthalpieänderung beim membrangebundenen Elektronentransport repräsentiert, die schließlich durch die Synthese von ATP in Form von ATP-Äquivalenten gespeichert wird.

Die Gesamtreaktion ergibt sich aus den beiden folgenden Halbreaktionen, deren Standardreduktionspotenziale ▶*Tabelle 8.4* entnommen werden können:

$$NAD^{\oplus} + 2\,H^{\oplus} + 2\,e^{\ominus} \longrightarrow NADH + H^{\oplus} \qquad \Delta E^{\circ\prime} = -0{,}32\,V \qquad (8.30)$$

und

$$^1/_2O_2 + 2\,H^{\oplus} + 2\,e^{\ominus} \longrightarrow H_2O \qquad \Delta E^{\circ\prime} = 0{,}82\,V \qquad (8.31)$$

Da die NAD$^{\oplus}$-Halbreaktion das kleinere, negativere Standardreduktionspotenzial aufweist, tritt NADH als Reduktionsmittel (Elektronendonator) und Sauerstoff als Oxidationsmittel (Elektronenakzeptor) auf. Die Netto-Gesamtreaktion setzt sich also aus ▶*Reaktion 8.31* und der Rückreaktion von ▶*Reaktion 8.30* zusammen:

$$NADH + {}^1/_2O_2 + H^{\oplus} \longrightarrow NAD^{\oplus} + H_2O \qquad (8.32)$$

Die Standard-EMK ($\Delta E^{\circ\prime}$) für diese Reaktion beträgt:

$$\Delta E^{\circ\prime} = E^{\circ\prime}_{O_2} - E^{\circ\prime}_{NADH} = 0{,}82\,V - (-0{,}32\,V) = 1{,}14\,V \qquad (8.33)$$

Setzt man dieses Ergebnis in ▶*Gleichung 8.25* ein, erhält man die Gibbs'sche freie Reaktionsenthalpie dieser Redoxreaktion:

$$\Delta G^{\circ\prime} = -(2)\,(96{,}48\,kJ\,V^{-1}\,mol^{-1})\,(1{,}14\,V) = -220\,kJ\,mol^{-1} \qquad (8.34)$$

8.9.3 Unterschiede zwischen den Spektren von NAD$^{\oplus}$ und NADH

Die Unterschiede zwischen den UV-Spektren von NAD$^{\oplus}$ und NADH können experimentell ausgenutzt werden. NAD$^{\oplus}$ (und NADP$^{\oplus}$) weist ein Absorptionsmaximum bei 260 nm auf. Diese Absorption ist sowohl auf die Adenin- als auch auf die Nicotinamideinheit zurückzuführen. Wenn NAD$^{\oplus}$ zu NADH (oder NADP$^{\oplus}$ zu NADPH) reduziert wird, sinkt die Intensität der Absorptionsbande bei 260 nm und bei 340 nm erscheint eine neue, breite Absorptionsbande. Die Bande bei 340 nm ist eine Folge des neu entstandenen reduzierten Nicotinamidrings. Die UV-Spektren von NAD$^{\oplus}$ und NADH verändern sich im pH-Bereich zwischen 2 und 10, in dem das Aktivitätsmaximum der meisten Enzyme liegt, praktisch nicht. Außerdem unterliegen nur wenige andere Biomoleküle Änderungen einer Absorptionsbande bei 340 nm (▶*Abbildung 8.14*).

In einem auf geeignete Art präparierten Enzymtest kann man die Geschwindigkeit der Bildung von NADH durch Messung der Zunahme der Extinktion bei 340 nm verfolgen. Auf analoge Weise kann die Oxidation von NADH zu NAD$^{\oplus}$ durch die Messung der Abnahme der Extinktion bei 340 nm dokumentiert werden. Die Reaktionen vieler Dehydrogenasen können durch diese Absorptionsmessungen direkt untersucht werden. Außerdem kann häufig die Bildung eines Produktes in einer anderen Reaktion durch die anschließende Oxidation des Produktes mit einer NAD$^{\oplus}$-abhängigen Dehydrogenase nachvollzogen werden. Solche Messungen der Konzentrationen von NAD$^{\oplus}$ und NADH mithilfe der Absorptionsspektren werden nicht nur in Forschungslaboratorien, sondern auch bei vielen klinischen Analysen eingesetzt.

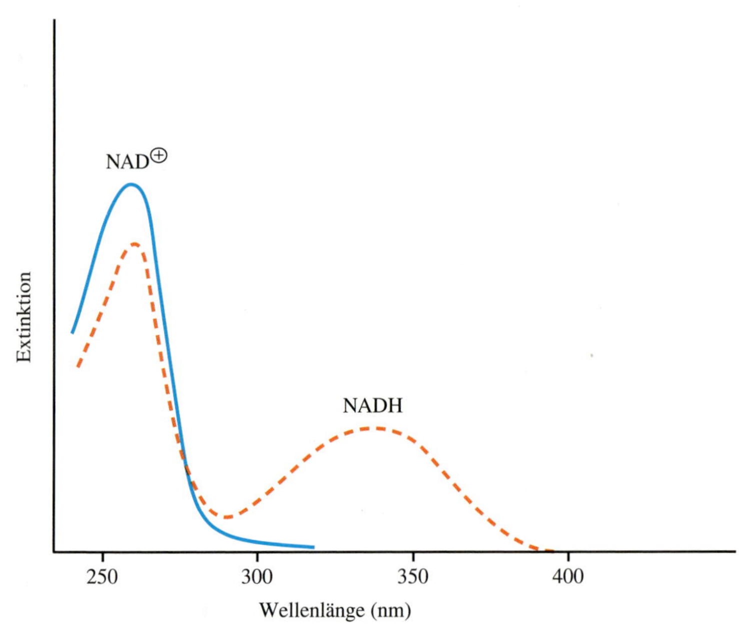

Abbildung 8.14: UV-Absorptionsspektren von NAD$^{\oplus}$ und NADH.

ZUSAMMENFASSUNG

1. Die Gesamtheit der chemischen Reaktionen, die in lebenden Zellen stattfinden, wird Stoffwechsel genannt. Zusammenhängende Sequenzen von Reaktionen nennt man Stoffwechselwege. Die abbauenden (katabolen) und synthetischen (anabolen) Stoffwechselwege laufen über viele einzelne Schritte.

2. Stoffwechselwege werden reguliert, um geeignete Reaktionen von Organismen auf wechselnde Umweltbedingungen und Anforderungen zu ermöglichen. Die Aktivitäten einzelner Enzyme werden häufig durch allosterische Modulation oder durch reversible kovalente Modifizierung kontrolliert.

3. In den katabolen Hauptstoffwechselwegen werden Makromoleküle in energieliefernden Reaktionen zu kleineren Molekülen abgebaut. Die bei katabolen Reaktionen freigesetzte Energie wird in Form von ATP, GTP und reduzierten Coenzymen gespeichert.

4. Innerhalb von Zellen oder von multizellulären Organismen laufen die Stoffwechselprozesse in räumlich getrennten Kompartimenten ab.

5. Stoffwechselreaktionen werden durch die Regulation des Stoffwechsels in einem Fließgleichgewicht gehalten und befinden sich nicht im Gleichgewicht. Reaktionen können spontan ablaufen, wenn ihre freie Reaktionsenthalpie (ΔG) negativ ist. Die tatsächliche freie Reaktionsenthalpie von biochemischen Reaktionen (ΔG) weicht in der Regel mehr oder weniger stark von der freien Standardreaktionsenthalpie ($\Delta G^{\circ\prime}$) ab, weil sich die Bedingungen in biologischen Systemen, vor allem die Konzentrationen der Substrate und Produkte, relativ stark von den Standardbedingungen unterscheiden.

6. Die hydrolytische Spaltung der Phosphoanhydridbindungen von ATP führt zur Freisetzung relativ großer Energiemengen.

7. Die Energie des ATP-Moleküls kann durch die Übertragung der endständigen Phosphorylgruppe oder einer Nucleotidylgruppe zur Verfügung gestellt werden. Manche Phosphorylgruppen-Donatoren mit hohen Phosphorylgruppen-Übertragungspotenzialen können ihre Phosphorylgruppe auf ADP übertragen und dadurch ATP produzieren. Verbindungen mit großen Gruppenübertragungspotenzialen werden als energiereiche Verbindungen bezeichnet.

8. Thioester, wie zum Beispiel Acetyl-CoA oder Acyl-Carrier-Proteine, können Acylgruppen auf geeignete Substrate übertragen und manchmal an der Erzeugung von ATP-Äquivalenten beteiligt sein.

9. Die bei biologischen Oxidationen freigesetzte Energie kann durch die Reduktion von oxidierten Coenzymen, wie zum Beispiel $NAD^{\oplus}$, zu reduzierten Coenzymen, wie zum Beispiel NADH, in Form des reduzierten Coenzyms gespeichert werden. Die Gibbs'sche freie Standardreaktionsenthalpie einer solchen Redoxreaktion kann mithilfe der Differenz der Standardreduktionspotenziale der beteiligten Oxidations- und Reduktionshalbreaktion, die Standard-EMK (EMK = elektromotorische Kraft) der Reaktion genannt wird, berechnet werden.

AUSGEWÄHLTE LITERATUR

Burgot, J.-L. 2019. *Thermodynamics in Bioenergetics.* Boca Raton. CRC Press.

Skulachev, V. P. P., Bogachev, A. V. und Kasparinsky, F. O. 2015. *Principles of Bioenergetics.* Heidelberg. Springer.

Gräber, P. und Milazzo, G. 2013. *Bioenergetics (Bioelectrochemistry: Principles and Practice, Band 4).* Basel. Birkhäuser Verlag.

Zuckerstoffwechsel

9

ÜBERBLICK

Die Glycolyse dient der Umwandlung von Glucose in Pyruvat. Dabei werden netto zwei ATP gewonnen und zwei Moleküle NADH generiert. Es mündet eine Reihe von Abbauwegen anderer Polymere in die Glycolyse ein. Gleichzeitig versorgt die Glycolyse den Stoffwechsel mit Vorläufermolekülen für diverse Biosynthesen. Mit dem Citronensäurezyklus, der ähnliche Funktionen im Aufnehmen und Verteilen von Stoffwechselprodukten hat, wird die Glycolyse deshalb zum Zentralstoffwechsel gerechnet. Für eine Energiegewinnung ohne Atmungskette können Fermentation genutzt werden, die ATP direkt auf Stufe der Substrate (Substratstufenphosphorylierung) generieren. Hauptproblem ist dabei die Regeneration des in der Glycolyse gebildeten NADH zu NAD. Es gibt dazu eine Vielzahl von Wegen, die diverse Säuren und Lösungsmittel produzieren. Interessant ist die Stickland-Reaktion, die eine Aminosäurefermentation mit der Bildung eines Ionengradienten verbindet und so auf Stufe des Substrats und mit einer Atmungskette Energie gewinnt. Die Gluconeogenese stellt die Umkehrung der Glycolyse dar, wobei die Rückreaktion der nicht umkehrbaren Schritte der Glycolyse durch andere Enzyme katalysiert wird. Der Pentosephosphatweg bietet die Möglichkeit zur Verwertung von Kohlenhydraten wie Glucose unter Bildung des Reduktionsmittels NADPH. Pentosen sind weiterhin essenzielle Bausteine der Nucleinsäuren. Der Entner-Doudoroff-Weg ist ein zur Glycolyse alternativer Weg des Zuckerabbaus. Zwar wird im Vergleich zur Glycolyse nur ein ATP statt zwei gewonnen, aber dafür werden ein NADPH und ein NADP gebildet. Eine Vielzahl von Zuckern wird über die genannten Wege in den Zentralstoffwechsel eingeschleust. Der in der Natur mit am häufigsten benutzte Zuckerspeicherstoff neben Stärke ist das damit verwandte Glycogen. Dessen Auf- und Abbau ist eng an die Wege des Zuckerstoffwechsels gekoppelt.

9.1 Die enzymatischen Reaktionen der Glycolyse

Die Glycolyse besteht aus einer Sequenz von zehn enzymatisch katalysierten Reaktionen, durch die Glucose zu Pyruvat abgebaut wird (▸*Abbildung 9.1*). Dabei ist die Umwandlung eines Moleküls Glucose zu zwei Molekülen Pyruvat mit der Nettoproduktion von zwei ATP-Molekülen aus ADP und mit der Produktion von zwei Molekülen NADH aus $NAD^{\oplus}$ verbunden. Die meisten Enzyme dieses Abbauweges kommen in allen lebenden Spezies vor und sind im Cytosol lokalisiert. Die Glycolyse findet in allen differenzierten Zelltypen multizellulärer Organismen statt. Die Nettoreaktionsgleichung der Glycolyse lautet folgendermaßen:

$$\text{Glucose} + 2\,\text{ADP} + 2\,\text{NAD}^{\oplus} + 2\,\text{P}_i \longrightarrow 2\,\text{Pyruvat} + 2\,\text{ATP} + 2\,\text{NADH} + 2\,\text{H}^{\oplus} + 2\,\text{H}_2\text{O} \quad (9.1)$$

In ▸*Tabelle 9.1* sind die zehn Reaktionen der Glycolyse aufgelistet. Die Glycolyse kann man dabei in eine Vorbereitungs- (linke Seite der *Abbildung 9.1*) und eine Erntephase (rechte Seite der *Abbildung 9.1*) einteilen. Zuerst wird Glucose phosphoryliert und so aktiviert. Durch Umwandlung der Aldose Glucose-6-phosphat zur Ketose Fructose-6-phosphat wird ein symmetrisches Molekül geschaffen für den übernächsten Schritt der Spaltung der C-3–C-4-Bindung der Hexose in zwei Triosen. Damit diese beiden Triosen phosphoryliert und so frei ineinander umwandelbar werden, wird Fructose-6-phosphat nochmals phosphoryliert zu Fructose-1,6-bisphosphat. Bisher wurden also zwei Moleküle ATP investiert. Von den entstehenden ineinander umwandelbaren phosphorylierten Triosen Dihydroxyacetonphosphat und Glycerinaldehyd-3-phosphat geht Letztere in den weiteren Stoffwechsel ein. Nun beginnt die Erntephase mit der oxidativen Umwandlung von Glycerinaldehyd-3-phosphat in Pyruvat gekoppelt an die Bildung von vier Molekülen ATP und zwei Molekülen NADH pro Molekül Glucose. Dazu wird Glycerinaldehyd-3-phosphat unter NADH-Bildung oxidiert und phosphoryliert, um dann auf Stufe des 1,3-Bisphosphoglyerat die erste Substratstufenphosphorylierung, also ATP-Bildung durchzuführen. Umlagerungs- und Dehydrierung führen zum energiereichen Phophoenolpyruvat, das in einer gekoppelten Enol-Keton-Tautomerisation und Substratstufenphosphorylierung zum zweiten Mal zu ATP führt. Da die Erntephase durch die Bildung von zwei Triosen aus einem Molekül Glucose zweimal durchlaufen wird, werden 2 Moleküle ATP und 2 Moleküle NADH netto während der Glyolyse, die nach der Spaltung (Lyse) der Hexose benannt wurde, gewonnen.

Tabelle 9.1

Die Reaktionen und Enzyme der Glycolyse

	Reaktion	Enzym
1.	Glucose + ATP $\rightarrow$ Glucose-6-phosphat + ADP + $H^{\oplus}$	Hexokinase, Glucokinase
2.	Glucose-6-phosphat $\rightleftharpoons$ Fructose-6-phosphat	Glucose-6-phosphat-Isomerase
3.	Fructose-6-phosphat + ATP $\rightarrow$ Fructose-1,6-bisphosphat + ADP + $H^{\oplus}$	Phosphofructokinase-1
4.	Fructose-1,6-bisphosphat $\rightleftharpoons$ Dihydroxyacetonphosphat + Glycerinaldehyd-3-phosphat	Aldolase
5.	Dihydroxyacetonphosphat $\rightleftharpoons$ Glycerinaldehyd-3-phosphat	Triosephosphat-Isomerase
6.	Glycerinaldehyd-3-phosphat + $NAD^{\oplus}$ + P_i $\rightleftharpoons$ 1,3-Bisphosphoglycerat + NADH + $H^{\oplus}$	Glycerinaldehyd-3-phosphat-Dehydrogenase
7.	1,3-Bisphosphoglycerat + ADP $\rightleftharpoons$ 3-Phosphoglycerat + ATP	Phosphoglycerat-Kinase
8.	3-Phosphoglycerat $\rightleftharpoons$ 2-Phosphoglycerat	Phosphoglycerat-Mutase
9.	2-Phosphoglycerat $\rightleftharpoons$ Phosphoenolpyruvat + H_2O	Enolase
10.	Phosphoenolpyruvat + ADP + $H^{\oplus}$ $\rightarrow$ Pyruvat + ATP	Pyruvat-Kinase

$$\begin{array}{ll} \text{ATP-Moleküle, die pro Glucosemolekül verbraucht werden:} & 2 \text{ (Vorbereitungsphase)} \\ \text{ATP-Moleküle, die pro Glucosemolekül produziert werden:} & \underline{4} \text{ (Erntephase)} \\ \text{ATP-Nettoproduktion pro Glucosemolekül:} & 2 \end{array} \tag{9.2}$$

Die erste und die dritte Reaktion der Glycolyse sind mit dem Verbrauch von ATP gekoppelt. Diese Reaktionen bestimmen infolge ihrer großen negativen freien Reaktionsenthalpie und der daraus folgenden Irreversibilität unter physiologischen Bedingungen die Richtung des Glycolyseweges, während in Abwesenheit von ATP die jeweiligen Rückreaktionen thermodynamisch begünstigt wären. Zwei spätere phosphorylierte Zwischenprodukte der Glycolyse weisen ein genügend großes Gruppenübertragungspotenzial auf, um eine Phosphorylgruppe auf ADP zu übertragen und somit ATP zu produzieren (Schritte 7 und 10). Schritt 6 ist mit der Synthese von Reduktionsäquivalenten in Form von NADH verbunden. Da jedes NADH-Molekül mehreren ATP-Äquivalenten in der Atmungskette entspricht, wird der größte Teil der Energie, die durch die Reaktionen der Glycolyse freigesetzt wird, in Form von NADH gespeichert. Allerdings, für Organismen die unter bestimmten Umständen keine Atmungskette nutzen können oder keine Atmungskette haben, werden die zwei gebildeten NADH zum Problem und müssen über verschiedenste Fermentationsreaktionen wie die Bildung von Lactat oder Ethanol wieder zu $NAD^{\oplus}$ regeneriert werden.

9.2 Die zehn enzymatisch katalysierten Schritte der Glycolyse

9.2.1 Hexokinase

In der ersten Reaktion der Glycolyse wird die γ-Phosphorylgruppe von ATP auf das Sauerstoffatom am C-6 von Glucose übertragen. Dabei werden Glucose-6-phosphat und ADP gebildet (▶*Abbildung 9.2*). Das Enzym, das diese Phosphorylgruppen-Übertragungsreaktion katalysiert, heißt Hexokinase. Insgesamt werden vier Reaktionen des Glycolyseweges, nämlich die Schritte 1, 3, 7 und 10, von Kinasen katalysiert.

Hexokinasen aus Hefe und Säugetiergeweben sind gründlich untersucht worden. Diese Enzyme weisen eine breite Substratspezifität auf. Sie katalysieren die Phosphorylierung von Glucose und Mannose sowie von Fructose, wenn diese in hohen Konzentrationen vorliegt. Im Fall der Hefe-Hexokinase konnte durch röntgenkristallografische Untersuchungen eine Konformationsänderung im Sinn eines *induced fit* infolge der Bindung des Substrats Glucose nachgewiesen werden. In einigen Bakterien erfolgt die Phosphorylierung von Glucose zu Glucose-6-phosphat durch das Phosphoenolpyruvat-abhängige Zucker-Phosphotransferase-System. Dieses System koppelt die Aufnahme bestimmter Zuckermoleküle in die Zelle mit deren simultaner Phosphorylierung durch Phosphoenolpyruvat. Zwar kommen Hexokinasen und Glucokinasen auch in diesen Bakterien vor, spielen dort aber nur eine untergeordnete Rolle für die Glycolyse.

9.2.2 Glucose-6-phosphat-Isomerase

Im zweiten Schritt der Glycolyse katalysiert Glucose-6-phosphat-Isomerase (Phosphoglucoisomerase, PGI) die Isomerisierung der Aldose Glucose-6-phosphat zur Ketose Fructose-6-phosphat (▶*Abbildung 9.3*). Die Glucose-6-phosphat-Isomerase bindet bevorzugt das α-Anomer von Glucose-6-phosphat (α-D-Glucopyranose-6-phosphat). Im aktiven Zentrum des Enzyms wird die offenkettige Form von Glucose-6-phosphat gebildet, die dann zur Ketose Fructose-6-phosphat umgewandelt wird. Die offenkettige Form des Fructose-6-phosphats cyclisiert anschließend zum α-D-Fructofuranose-6-phosphat. Der enzymatische Mechanismus der Glucose-6-phosphat-Isomerase ähnelt dem Mechanismus der Triosephosphat-Isomerase.

Glucose-6-phosphat-Isomerase arbeitet hoch stereospezifisch. In der von diesem Enzym ebenfalls katalysierten Rückreaktion wird Fructose-6-phosphat, dessen C-2 als sp^2-C-Atom kein Stereozentrum darstellt, fast ausschließlich zu Glucose-6-phosphat isomerisiert. Das C-2-Epimer von Glucose-6-phosphat, also Mannose-6-phosphat, entsteht dabei nur in Spuren. Die enzymatische Reaktion der Glucose-6-phosphat-Isomerase findet im annähernden Gleichgewicht statt. Die Rückreaktion tritt als ein Schritt in der Biosynthese von Glucose, der Gluconeogenese, in Erscheinung.

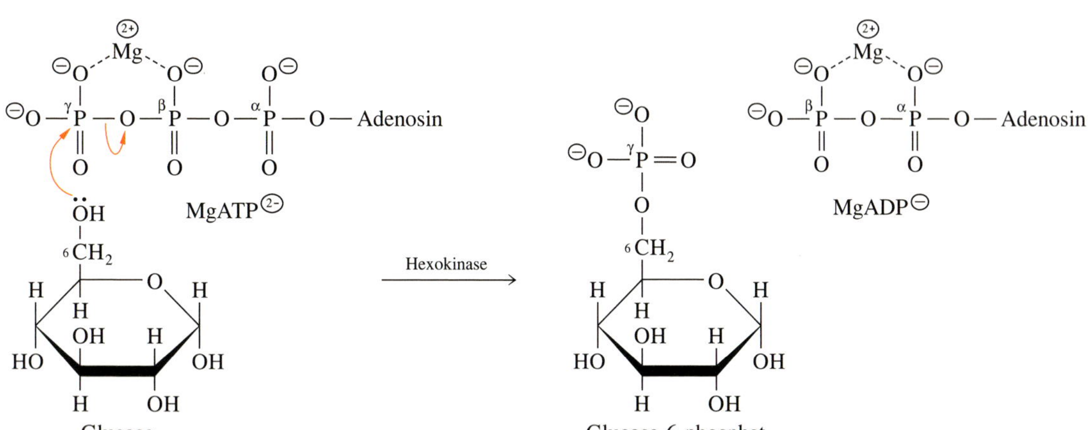

Abbildung 9.2: Phosphorylgruppen-Übertragungsreaktion, die durch die Hexokinase katalysiert wird. Diese Reaktion erfolgt durch den nucleophilen Angriff des Sauerstoffatoms der Hydroxylgruppe am C-6 der Glucose auf das γ-Phosphoratom von $MgATP^{2-}$. Infolge dieses Angriffs werden $MgADP^{-}$ und Glucose-6-phosphat gebildet. Alle vier Kinasen, die im Glycolyseweg auftreten, katalysieren unter physiologischen Bedingungen den direkten nucleophilen Angriff eines Hydroxylsauerstoffatoms auf das Phosphoratom der endständigen Phosphorylgruppe von ATP und/oder die Rückreaktion der nucleophilen Substitution. Mg^{2+}, dessen Wechselwirkung mit ATP und ADP hier dargestellt ist, wird auch in den anderen Kinase-Reaktionen in diesem Kapitel benötigt, dort aber in den Abbildungen nicht erwähnt.

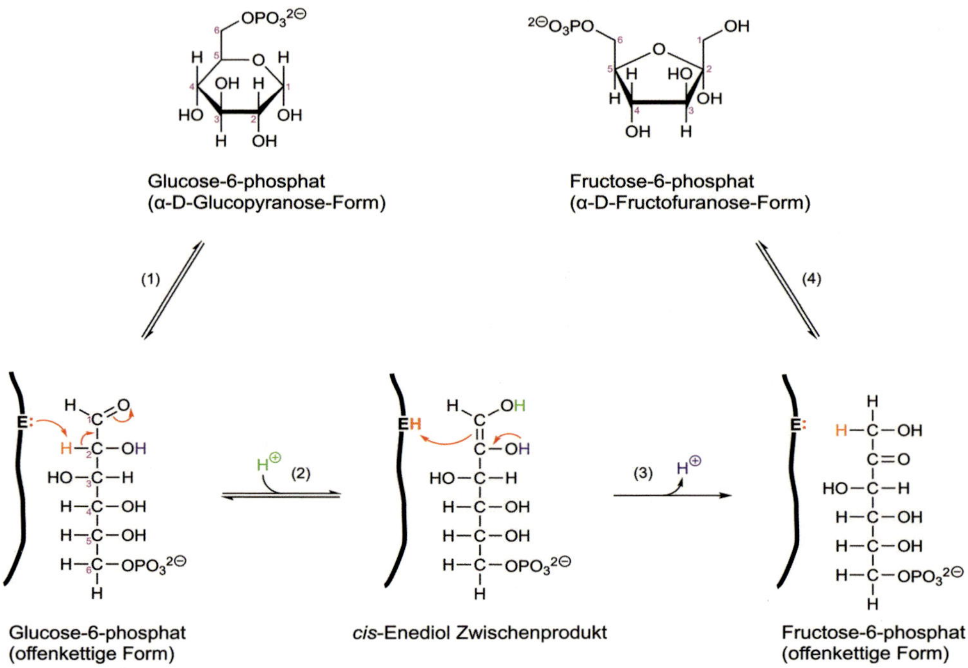

Abbildung 9.3: Mechanismus der Umwandlung von Glucose-6-phosphat in Fructose-6-phosphat. Diese Aldose-Ketose-Isomerisierung wird durch die Glucose-6-phosphat-Isomerase katalysiert. (1) Zuerst kommt es zur Substratbindung und dabei zur Ringöffnung. (2) Durch einen Glutamatrest im aktiven Zentrum (E:) wird ein Proton abstrahiert und gleichzeitig das Substrat protoniert. Es entsteht das cis-Enediol Zwischenprodukt. (3) Es erfolgt eine klassische Säurekatalyse durch den Glutamatrest. (4) Das Produkt dissoziiert und zyklisiert.

9.2.3 Phosphofructokinase-1

Phosphofructokinase-1 (PFK-1) katalysiert die Bildung von Fructose-1,6-bisphosphat durch die Übertragung einer Phosphorylgruppe von ATP auf die C-1-Hydroxylgruppe von Fructose-6-phosphat.

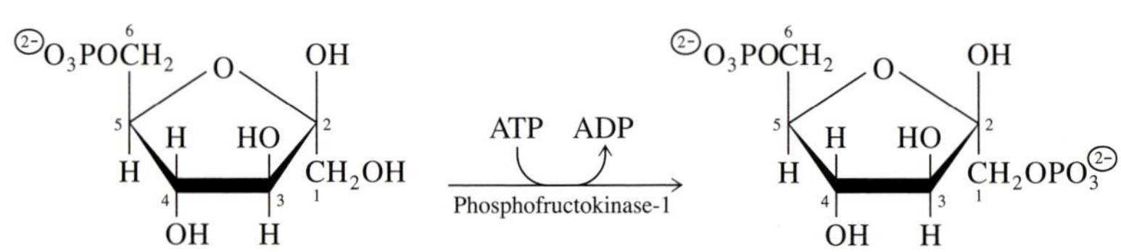

(9.3)

Aus der vorhergehenden Reaktion der Glycolyse, die von der Glucose-6-phosphat-Isomerase katalysiert wird, geht α-D-Fructose-6-phosphat hervor. Als Substrat der PFK-1 wird aber das β-D-Anomer benötigt. Da die beiden Anomere von Fructose-6-phosphat miteinander im Gleichgewicht stehen, das sich in wässriger Lösung unter physiologischen Bedingungen spontan und sehr schnell einstellt, wirkt sich diese nichtenzymatische Isomerisierung nicht auf die Gesamtreaktionsgeschwindigkeit der Glycolyse aus. Die metabolische Irreversibilität der von der PFK-1 katalysierten Reaktion deutet auf eine mögliche Regulation des Enzyms hin. Tatsächlich dient dieser Schritt in den meisten Zellen als ein entscheidender Kontrollpunkt für die Regulation der Glycolyse. Die PFK-1-Reaktion stellt den ersten festlegenden Schritt (engl. *committed step*) der Glycolyse dar, weil außer Glucose weitere Hexosen durch eine vorherige direkte Umwandlung in Fructose-6-phosphat an dieser Stelle noch in den Glycolyseweg eintreten können, ohne zuvor die von der Hexokinase und der Glucose-6-phosphat-Isomerase katalysierten Reaktionen durchlaufen zu haben. Die metabolisch irreversible Hexokinase-Reaktion ist deswegen *nicht* der erste festlegende Schritt der Glycolyse. Die Regulation der PFK-1-Aktivität spielt auch eine wichtige Rolle für die koordinierte Regulation von Glycolyse und Gluconeogenese. Wenn Glucose synthetisiert werden soll, muss die Aktivität der PFK-1 gehemmt werden. Die Struktur der Phosphofructokinase aus *E. coli* ist in ▶*Abbildung 4.10b* dargestellt. Die PFK-1 ist eines der klassischen allosterischen Enzyme, so wird die bakterielle PFK-1 aus *E. coli* durch ADP aktiviert und durch Phosphoenolpyruvat allosterisch gehemmt. In Säugetieren wird die Aktivität der PFK-1 durch AMP und Citrat reguliert. Neben der PFK-1 kommt noch eine zweite Phosphofructokinase vor, die Phosphofructokinase-2 (PFK-2). Im Gegensatz zur PFK-1 katalysiert die PFK-2 nicht die Bildung von Fructose-1,6-bisphosphat, sondern die Synthese von Fructose-2,6-bisphosphat.

9.2.4 Aldolase

Die ersten drei Schritte der Glycolyse bereiten die Glucose auf die Spaltung in die beiden Triosemoleküle Dihydroxyacetonphosphat und Glycerinaldehyd-3-phosphat vor.

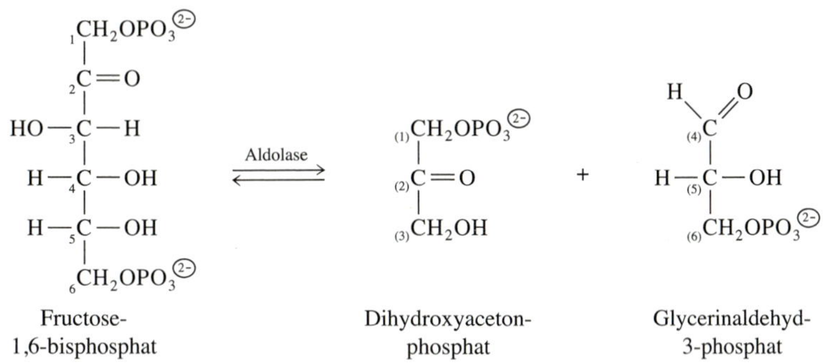

(9.4)

Dihydroxyacetonphosphat geht dabei aus der C-1–C-3-Einheit des Fructose-1,6-bisphosphats hervor, während Glycerinaldehyd-3-phosphat aus der C-4–C-6-Einheit des Fructose-1,6-bisphosphats stammt. Das Enzym, das diese Spaltungsreaktion katalysiert, heißt Fructose-1,6-bisphosphat-Aldolase, wird in der Regel aber nur kurz als Aldolase bezeichnet. Die Spaltung eines Aldols oder Ketols tritt als häufig vorkommender Mechanismus zur Spaltung von C–C-Bindungen in biologischen Systemen auf. Der Mechanismus der durch Aldolasen katalysierten Aldolspaltungen ist in ▶*Abbildung 9.4* dargestellt. Bei der Rückreaktion der Aldolspaltung wird einen neue C–C-Bindung geknüpft.

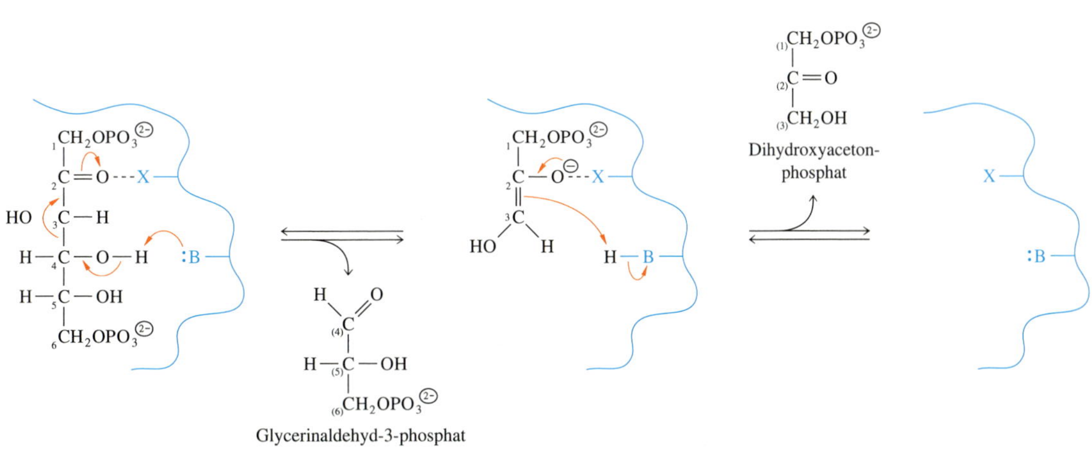

Abbildung 9.4: Mechanismus der durch Aldolasen katalysierten Aldolspaltung. In der Glycolyse dient Fructose-1,6-bisphosphat als Substrat der Aldolase. Aldolasen besitzen eine elektronenziehende Gruppe (–X), die eine stärkere Polarisierung der C-2-Carbonylgruppe des Substrats bewirkt. Bei Klasse-I-Aldolasen entspricht X der Ammoniumgruppe eines Lysinrestes im aktiven Zentrum, während diese Aufgabe in Klasse-II-Aldolasen von einem Zn^{2+}-Ion erfüllt wird. Die Seitenkette eines basischen Restes (–B:) übernimmt zur Einleitung der Reaktion ein Proton von der C-4-Hydroxylgruppe des Substrats.

Die Gibbs'sche freie Standardreaktionsenthalpie der Aldolspaltung von Fructose-1,6-bisphosphat weist einen großen positiven Wert auf ($\Delta G^{\circ\prime} = +23{,}8\ \text{kJ mol}^{-1}$). In lebenden Zellen, in denen die Glycolyse einen bedeutenden katabolen Stoffwechselweg repräsentiert, läuft die Reaktion dagegen im annähernden Gleichgewicht ab. Die tatsächliche freie Reaktionsenthalpie (ΔG) unterscheidet sich hier nur wenig von $0\ \text{kJ mol}^{-1}$. Das wird durch die schnelle Umsetzung der beiden Trioseprodukte in den nachfolgenden Schritten der Glycolyse erreicht. Dadurch wird das Verhältnis der Produktkonzentrationen zu den Konzentrationen der Reaktanten im Vergleich zu den Konzentrationsverhältnissen unter Standardbedingungen erheblich verkleinert, sodass der zweite (logarithmische) Term in ▶*Gleichung 8.6* einen großen negativen Wert annimmt und somit zu der oben beschriebenen tatsächlichen freien Reaktionsenthalpie führt. Wie wir im nächsten Kapitel feststellen werden, stellt die Rückreaktion der Spaltung von Fructose-1,6-bisphosphat, also die Fusion von zwei C_3-Einheiten zu einer Hexose durch eine Aldoladdition, einen wichtigen Schritt in der Biosynthese von Glucose, der Gluconeogenese, dar.

Es gibt zwei verschiedene Klassen von Aldolasen, die sich in der strukturellen Lewis-Säure-Komponente im aktiven Zentrum, die für die zusätzliche Polarisierung der Carbonylgruppe des Substrats zuständig ist, unterscheiden (▶*Abbildung 9.4*). Klasse-I-Aldolasen kommen in Pflanzen und Tieren vor, während Klasse-II-Aldolasen häufiger in Bakterien, Pilzen und Protisten in Erscheinung treten. Viele Spezies besitzen Aldolasen aus beiden Klassen. Klasse-I- und Klasse-II-Aldolasen sind nicht miteinander verwandt, obwohl sie die gleiche Reaktion nach dem gleichen Mechanismus (bis auf die unterschiedliche Lewis-Säure-Komponente) katalysieren. Tatsächlich weisen die Enzyme dieser beiden Klassen deutlich voneinander abweichende Strukturen und Aminosäuresequenzen auf.

Der Schlüssel für das Verständnis der Strategie der Glycolyse liegt in der Einschätzung der Bedeutung der Aldolase-Reaktion. Am besten betrachtet man die Aldolase-Reaktion als eine im annähernden Gleichgewicht ablaufende *biosynthetische* Reaktion, deren Richtung sich bereits durch relativ kleine Änderungen der Konzentrationen der Reaktanten oder Produkte umkehren kann. Aldolasen haben sich im Verlauf der Evolution zunächst als Enzyme entwickelt, die die Synthese und nicht die Spaltung von Fructose-1,6-bisphosphat katalysieren können. Diese Reaktion fand am Ende eines Biosyntheseweges statt, der vom Pyruvat zu den Triosephosphaten Glycerinaldehyd-3-phosphat und Dihydroxyacetonphosphat führt. Während der Glycolyse erfolgt der Metabolitenfluss in der entgegengesetzten Richtung im Sinn einer Pyruvatsynthese. Die ersten Schritte der Glycolyse, die Hexosephase, münden in der Produktion von Fructose-1,6-bisphosphat, das als Substrat für die Rückreaktion seiner Synthese durch Aldolase dienen kann. Tatsächlich ist aus der Evolution zuerst der Glucose-Biosyntheseweg, die Gluconeogenese, hervorgegangen. Erst als infolge der Aktivität dieses anabolen Stoffwechselweges dessen Produkt Glucose in großen Mengen verfügbar wurde, entstand ein evolutionärer Druck zur Entwicklung eines Stoffwechselweges zum Abbau von Glucose, der Glycolyse.

9.2.5 Triosephosphat-Isomerase

Von den beiden Produkten, die durch die Spaltung von Fructose-1,6-bisphosphat gebildet werden, kann nur Glycerinaldehyd-3-phosphat von dem Enzym des nächsten Schrittes des Glycolyseweges umgesetzt werden. Das andere Produkt, Dihydroxyacetonphosphat, muss zuvor in Glycerinaldehyd-3-phosphat umgewandelt werden. Diese Isomerisierung läuft im annähernden Gleichgewicht ab und wird durch die Triosephosphat-Isomerase (TIM) katalysiert.

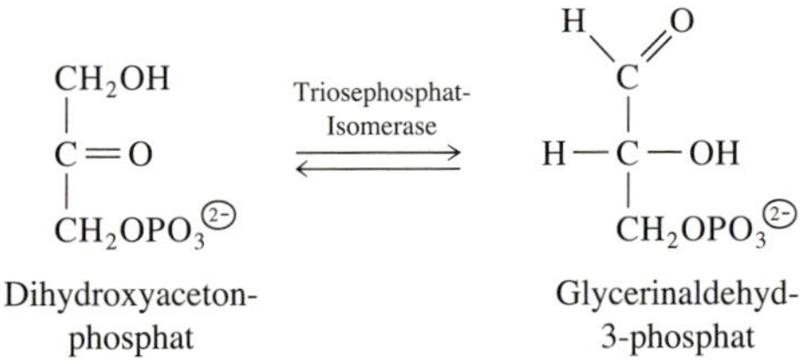

(9.5)

Das durch den nachfolgenden Schritt 6 der Glycolyse verbrauchte Glycerinaldehyd-3-phosphat wird zunächst durch die sehr schnelle Triosephosphat-Isomerase-Reaktion nachgeliefert. Auf diese Weise werden für Schritt 6 der Glycolyse pro gespaltenem Fructose-1,6-bisphosphat-Molekül zwei Moleküle Glycerinaldehyd-3-phosphat als Substrat bereitgestellt. Die Triosephosphat-Isomerase arbeitet stereospezifisch, sodass ausschließlich das D-Isomer von Glycerinaldehyd-3-phosphat gebildet wird. Wie die Glucose-6-phosphat-Isomerase katalysiert auch die Triosephosphat-Isomerase die wechselseitige Umwandlung zwischen einer Aldose und einer Ketose. Der Mechanismus der Triosephosphat-Isomerase-Reaktion wurde bereits in ▶*Abschnitt 4.8.9* und in ▶*Abbildung 4.16.* ausführlich beschrieben. Das dabei auftretende enzymgebundene Endiolat-Zwischenprodukt ist ein gemeinsames Merkmal von Aldose-Ketose-Isomerasen.

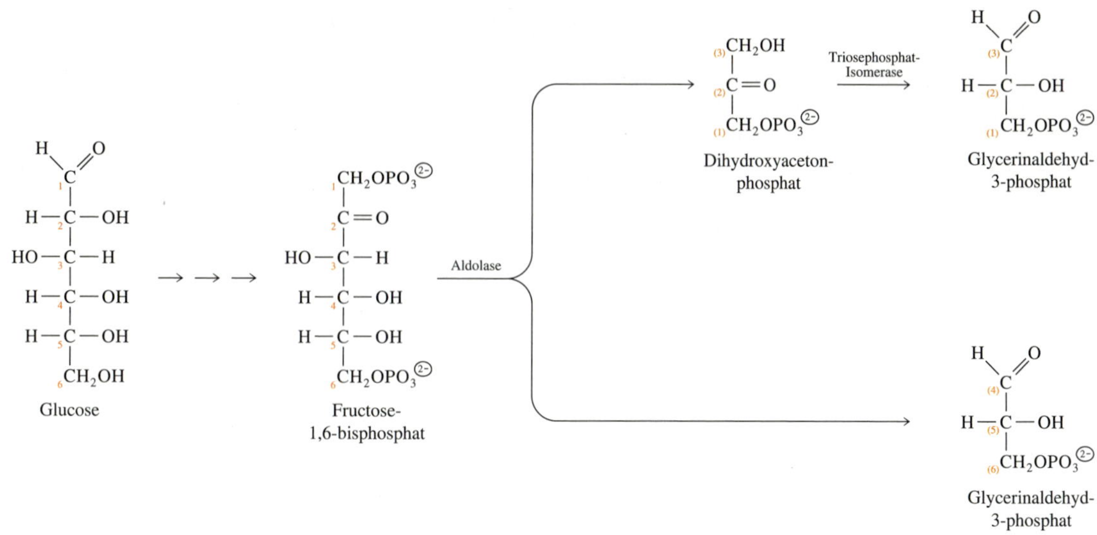

Abbildung 9.5: Verbleib der Kohlenstoffatome der Moleküle aus der Hexosephase der Glycolyse in den Molekülen der Triosephase. Alle Nummern beziehen sich auf die Nummerierung der C-Atome im ursprünglichen Glucosemolekül.

Die Reaktionsgeschwindigkeiten einiger enzymatischer Reaktionen werden nur durch die Geschwindigkeit begrenzt, mit der das Substrat durch Diffusion nachgeliefert wird. Man spricht in diesen Fällen von diffusionskontrollierten Reaktionen. Die Enzyme dieser Reaktionen setzen ihre Substrate also offensichtlich äußerst schnell um. Die Triosephosphat-Isomerase ist ein solches Enzym. Sie katalysiert die wechselseitige Umwandlung von Dihydroxyacetonphosphat und Glycerinaldehyd-3-phosphat mit annähernd maximaler Effizienz. Der Verbleib der einzelnen Kohlenstoffatome eines Glucosemoleküls, das in der Glycolyse bis zu dieser Stelle umgesetzt wird, ist in ▶*Abbildung 9.5* dargestellt. Diese Verteilung konnte durch Markierungsexperimente mit radioaktiven Isotopen für eine Reihe von Organismen bestätigt werden. Die Kohlenstoffatome C-1, C-2 und C-3 des Glycerinaldehyd-3-phosphat-Moleküls, das durch die Aldolspaltung von Fructose-1,6-bisphosphat direkt gebildet wird, leiten sich von den Atomen C-4, C-5 und C-6 der Glucose ab. Dagegen stammen die Atome C-1, C-2 und C-3 des anderen Glycerinaldehyd-3-phosphat-Moleküls, das durch die Aktivität der Triosephosphat-Isomerase aus dem Dihydroxyacetonphosphat-Molekül entsteht, das neben Glycerinaldehyd-3-phosphat bei der Spaltung von Fructose-1,6-bisphosphat gebildet wird, von den Kohlenstoffatomen C-3, C-2 und C-1 der Glucose. Werden diese Glycerinaldehyd-3-phosphat-Moleküle miteinander vermischt, kann man anschließend die ursprünglichen Kohlenstoffatome C-1 und C-6, C-2 und C-5 sowie C-3 und C-4 der Glucose nicht mehr unterscheiden.

9.2.6 Glycerinaldehyd-3-phosphat-Dehydrogenase

Die Rückgewinnung der in den Triosephosphaten gespeicherten Energie beginnt mit der Reaktion, die durch die Glycerinaldehyd-3-phosphat-Dehydrogenase (GAPDH) katalysiert wird. In diesem Schritt wird Glycerinaldehyd-3-phosphat durch Oxidation und Phosphorylierung in 1,3-Bisphosphoglycerat umgewandelt.

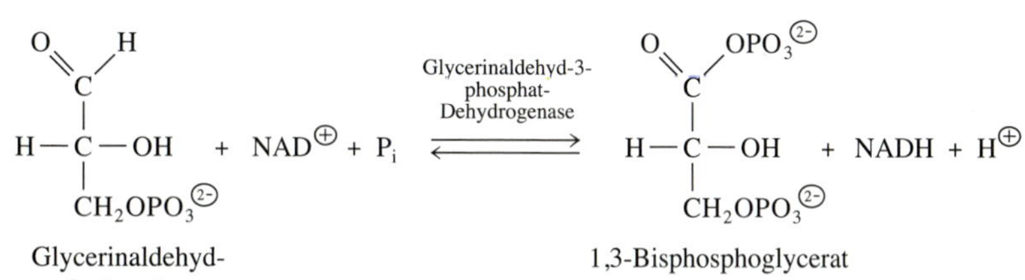

(9.6)

Dabei handelt es sich um eine Redoxreaktion, in der die Oxidation von Glycerinaldehyd-3-phosphat mit der Reduktion von NAD⊕ zu NADH gekoppelt ist (▶*Abbildung 9.6*). Obwohl durch diese Reaktion NADH und 1,3-Bisphosphoglycerat, eine Verbindung mit einem höheren Phosphorylgruppen-Übertragungspotenzial als ATP, gebildet werden, findet sie in Zellen im annähernden Gleichgewicht statt. Die Oxidation der Aldehydgruppe des Glycerinaldehyd-3-phosphats ist mit einer großen negativen freien Reaktionsenthalpie verbunden und ein Teil dieser Energie bleibt in der energiereichen Säureanhydridbindung des 1,3-Bisphosphoglycerats erhalten. Im nächsten Schritt der Glycolyse wird die C-1-Phosphorylgruppe von 1,3-Bisphosphoglycerat auf ADP übertragen, sodass schließlich ein Teil der durch die Aldehydoxidation freigesetzten Energie in Form von ATP gespeichert wird. Die übrige freigesetzte Energie wird zur Synthese von NADH, also von energiereichen Reduktionsäquivalenten, verwendet. Jedes NADH-Molekül entspricht aus energetischer Sicht mehreren ATP-Äquivalenten. Deswegen stellt diese Reaktion den am meisten Energie liefernden Schritt der gesamten Glycolyse dar. Die Gibbs'sche freie Standardreaktionsenthalpie ($\Delta G^{\circ\prime}$) der Gesamtreaktion, das heißt der Oxidation des Aldehyds zum 1,3-Bisphosphoglycerat und die Reduktion von NAD⊕, ist positiv. In lebenden Zellen wird die Reaktion durch die schnelle Umsetzung des Produktes 1,3-Bisphosphoglycerat im nächsten Schritt in die Richtung der Glycolyse getrieben. Mit anderen Worten: Durch die Sicherstellung einer kleinen 1,3-Bisphosphoglycerat-Konzentration (Produktkonzentration) wird die tatsächliche freie Reaktionsenthalpie (ΔG) in der Zelle infolge des genügend großen negativen logarithmischen Terms in ▶*Gleichung 9.6* negativ, sodass die Reaktion in glycolytischer Richtung spontan ablaufen kann.

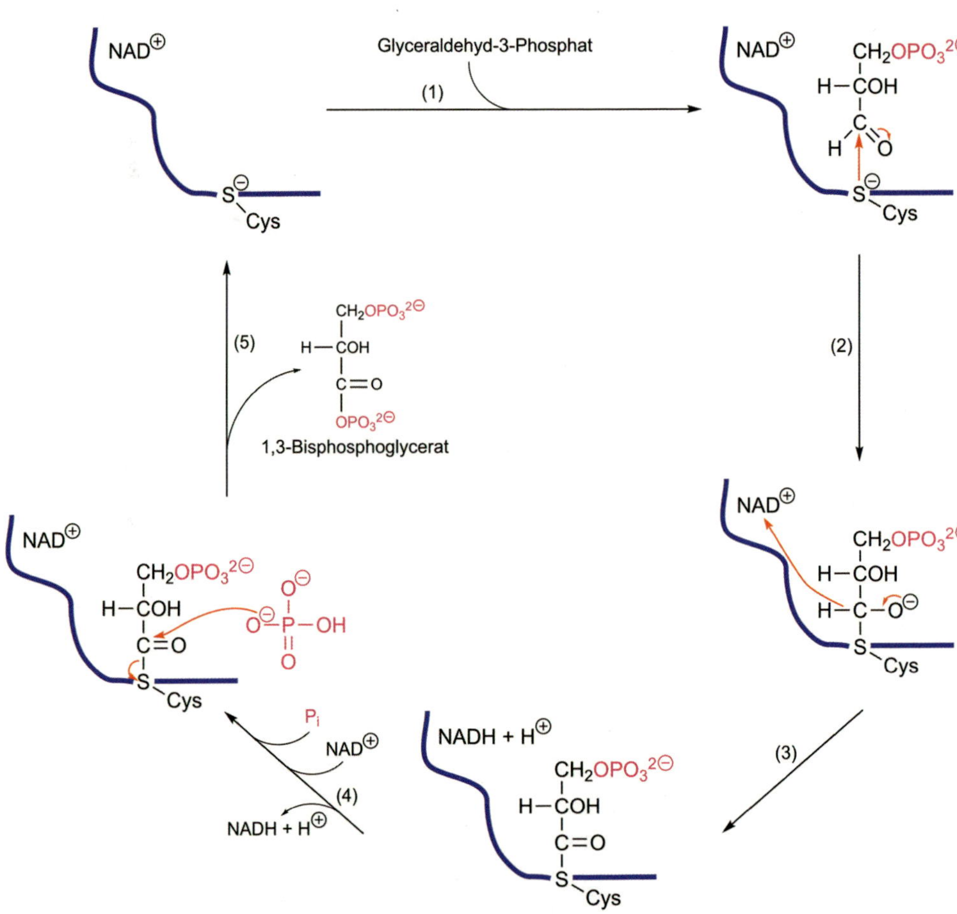

Abbildung 9.6: Enzymmechanismus der Glycerinaldehyd-3-phosphat-Dehydrogenase. (1) Bildung des Enzym-Substrat-Komplexes. Ein Cysteinrest im aktiven Zentrum hat durch das gebundene NAD^+ einen pK_S von 5,5 statt von 8 und ist so in der reaktiven Thiolatform. (2) Bildung einer kovalenten Thiohemiacetalbindung zwischen dem Cysteinrest und dem Substrat. (3) Das Enzym-Substrat-Zwischenprodukt wird durch im aktiven Zentrum gebundenes NAD^+ oxidiert. (4) Das gebildete NADH verlässt das aktive Zentrum und wird durch ein neues NAD^+ ersetzt. (5) Der Angriff eines freien Phosphats auf die kovalente Thioesterbindung zwischen dem Substrat und dem Enzym setzt 1,3-Phosphoglycerat durch Phosphorolyse frei.

Die Reoxidation des durch die Reaktion der Glycerinaldehyd-3-phosphat-Dehydrogenase gebildeten NADH dient entweder als Energielieferant zum Antrieb der membrangebundenen Elektronentransportkette (▶*Kapitel 11*) oder sie erfolgt durch andere Reaktionen, in denen NADH als Reduktionsmittel fungiert, wie zum Beispiel die Reduktion von Acetaldehyd zu Ethanol (▶*Abbildung 9.10*) oder von Pyruvat zu Lactat. In den meisten Zellen liegt nur eine niedrige $NAD^{\oplus}$-Konzentration vor. Deswegen ist es von essenzieller Bedeutung, dass $NAD^{\oplus}$ durch die Reoxidation von NADH ständig zurückgewonnen wird, weil die Glycolyse an dieser Stelle ansonsten zum Erliegen kommt.

9.2.7 Phosphoglycerat-Kinase

Phosphoglycerat-Kinase (PGK) katalysiert die Übertragung einer Phosphorylgruppe vom energiereichen gemischten Anhydrid 1,3-Bisphosphoglycerat auf ADP, die zur Bildung von ATP und 3-Phosphoglycerat führt. Die Bezeichnung dieses Enzyms als Kinase bezieht sich auf die ebenfalls von ihm katalysierte Rückreaktion, bei der 3-Phosphoglycerat durch ATP phosphoryliert wird.

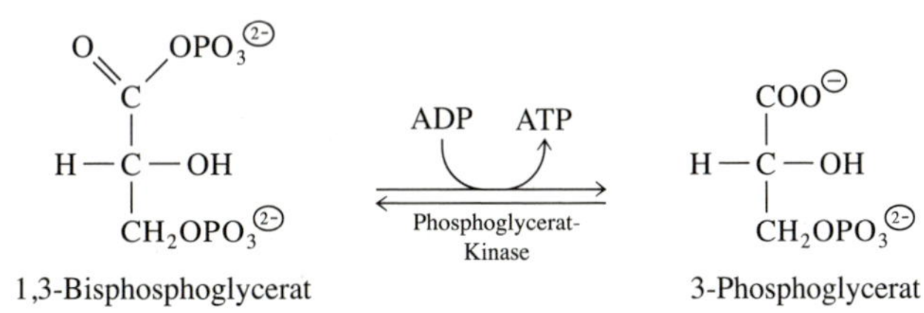

(9.7)

Durch die Kombination der Schritte 6 und 7 der Glycolyse wird die Oxidation eines Aldehyds zu einer Carbonsäure (bzw. eines Carboxylats) mit der Phosphorylierung von ADP zu ATP verknüpft. Die Bildung von ATP durch die Übertragung einer Phosphorylgruppe von einer energiereichen Verbindung wie 1,3-Bisphosphoglycerat auf ADP wird Substratkettenphosphorylierung genannt. Diese Reaktion stellt den ersten ATP-erzeugenden Schritt der Glycolyse dar. Sie findet in der Zelle bei Substrat- und Produktkonzentrationen nahe am Gleichgewicht der Reaktion statt. Dies ist nicht besonders verwunderlich, weil die Rückreaktion ein wichtiger, ATP-verbrauchender Schritt der Gluconeogenese ist.

9.2.8 Phosphoglycerat-Mutase

Die Phosphoglycerat-Mutase (PGM) katalysiert die im annähernden Gleichgewicht ablaufende wechselseitige Umwandlung zwischen 3-Phosphoglycerat und 2-Phosphoglycerat.

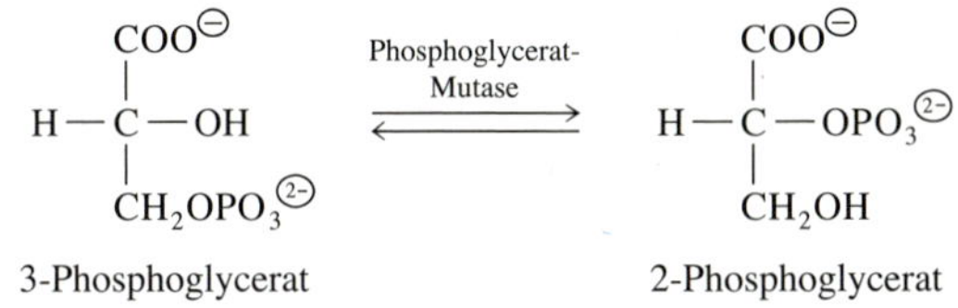

(9.8)

Allgemein sind Mutasen Isomerasen, die die Übertragung einer chemischen Gruppe, wie zum Beispiel einer Phosphorylgruppe, von einem Teil eines Substratmoleküls auf einen anderen Teil desselben Moleküls katalysieren. Bei einem Typ der Phosphoglycerat-Mutase wird die Phosphorylgruppe des Substrats zuerst auf eine Aminosäureseitenkette des Enzyms und anschließend auf einen anderen Teil des Substrats zurück übertragen. Das dephosphorylierte Zwischenprodukt bleibt während dieses Prozesses an das aktive Zentrum des Enzyms gebunden. In einem anderen Typ der Phosphoglycerat-Mutase wird 2,3-Bisphosphoglycerat (2,3-BPG) als Zwischenprodukt gebildet (▶*Abbildung 9.7*). Auch an diesem Mechanismus ist ein phosphoryliertes Enzym beteiligt. Er unterscheidet sich vom Mechanismus des anderen Mutasetyps aber dadurch, dass kein dephosphoryliertes Substrat-Zwischenprodukt auftritt. Kleine Mengen 2,3-BPG sind erforderlich, um die volle Aktivität dieses zweiten Mutasetyps dauerhaft zu erhalten. Das zusätzliche 2,3-BPG wird benötigt, um sicherzustellen, dass das Enzym rephosphoryliert wird, wenn es zwischendurch in den dephosphorylierten Zustand ohne gebundenes Substrat übergeht. Dies kann zum Beispiel geschehen, wenn das 2,3-BPG-Zwischenprodukt der Reaktion das aktive Zentrum verlässt, bevor es zum 2- oder 3-Phosphoglycerat dephosphoryliert werden kann. Der zweite Typ der Phosphoglycerat-Mutase wird auch cofaktorabhängige PGM oder dPGM (engl. *cofactor-dependent PGM*) genannt, während der erste Typ auch als cofaktorunabhängige PGM oder iPGM (engl. *cofactor-independent PGM*) bezeichnet wird.

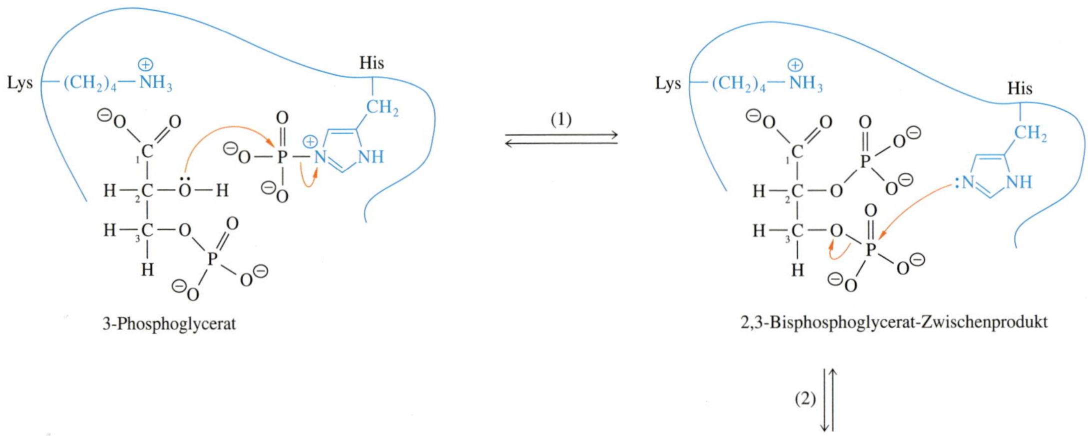

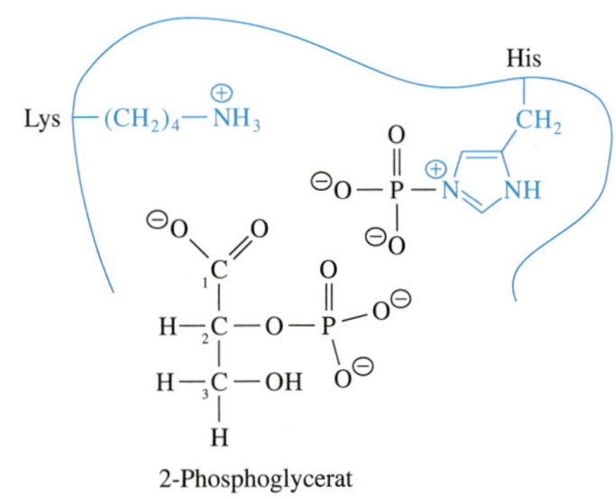

Abbildung 9.7: Mechanismus der Cofaktor-abhängigen Phosphoglycerat-Mutase (dPGM)-Reaktion, bei der 3-Phosphoglycerat zu 2-Phosphoglycerat isomerisiert wird. (1) Ein Lysinrest im aktiven Zentrum der Phosphoglycerat-Mutase (dPGM) bindet an die anionische Carboxylatgruppe von 3-Phosphoglycerat. Ein Histidinrest, der bereits vor der Bindung des Substrats phosphoryliert vorlag, überträgt seine Phosphorylgruppe unter Bildung von 2,3-Bisphosphoglycerat (2,3-BPG) als Zwischenprodukt auf das Substratmolekül. (2) Die Rephosphorylierung des Histidinrestes durch die Übernahme des C-3-Phosphorylrestes vom 2,3-BPG-Zwischenprodukt liefert das Produkt 2-Phosphoglycerat dieser Reaktion der Glycolyse.

dPGM und iPGM sind evolutionär nicht miteinander verwandt. Die cofaktorabhängige PGM (dPGM) gehört zu einer Familie von Enzymen, die saure Phosphatasen und Fructose-2,6-bisphosphatase umfasst. Die dPGM stellt die Hauptform der Phosphoglycerat-Mutase in Pilzen, einigen Bakterien und den meisten Tieren dar. Die cofaktorunabhängige PGM (iPGM) wird zur Enzymfamilie der alkalischen Phosphatasen gezählt. Dieser Typ der Phosphoglycerat-Mutase kommt in Pflanzen und einigen Bakterien vor. Manche Bakterienspezies weisen beide Typen dieses Enzyms auf.

9.2.9 Enolase

Das in Schritt 8 der Glycolyse gebildete 2-Phosphoglycerat wird in einer im annähernden Gleichgewicht ablaufenden Reaktion durch die Aktivität der Enolase zu Phosphoenolpyruvat (PEP) dehydratisiert. Der systematische Name der Enolase lautet 2-Phosphoglycerat-Dehydratase.

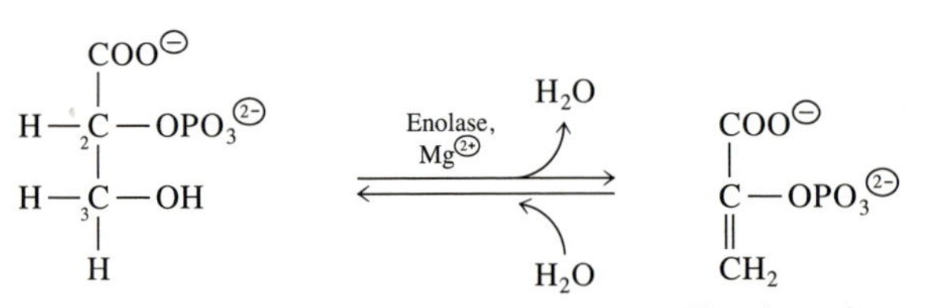

(9.9)

Bei dieser Reaktion wird der Phosphomonoester 2-Phosphoglycerat durch die reversible Eliminierung von Wasser unter Ausbildung einer Doppelbindung zwischen C-2 und C-3 zum Enolphosphat Phosphoenolpyruvat umgesetzt. Phosphoenolpyruvat weist ein äußerst hohes Phosphorylgruppen-Übertragungspotenzial auf, weil das Molekül durch die Phosphorylgruppe in der Enolform, die erheblich instabiler ist als die Ketoform, festgehalten wird. Für die Aktivität der Enolase ist die Anwesenheit von $Mg^{\oplus}$-Ionen erforderlich. An der Reaktion nehmen zwei Magnesium-Ionen teil: ein „konformatives" Mg^{2+}-Ion bindet an die Carboxylatgruppe des Substrats und ein „katalytisches" Mg^{2+}-Ion ist direkt an der Eliminierungsreaktion beteiligt.

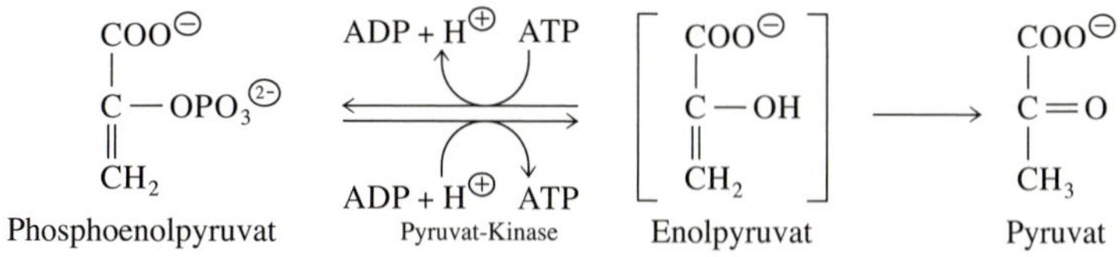

Abbildung 9.8: Die Bildung von Pyruvat aus Phosphoenolpyruvat (PEP) wird durch das Enzym Pyruvat-Kinase (PK) katalysiert. Die Übertragung der Phosphorylgruppe des PEP auf ADP führt in dieser metabolisch irreversiblen Reaktion zur Bildung von ATP. Das instabile Enoltautomer von Pyruvat tritt dabei als enzymgebundenes Zwischenprodukt auf.

9.2.10 Pyruvat-Kinase

Die zweite Substratkettenphosphorylierung der Glycolyse wird durch die Pyruvat-Kinase (PK) katalysiert (▸*Abbildung 9.8*). Die Übertragung der Phosphorylgruppe von Phosphoenolpyruvat auf ADP stellt die dritte metabolisch irreversible Reaktion im Verlauf der Glycolyse dar und dient als weitere Regulationsstelle. Die Gesamtreaktion hat eine stark negative Standardenthalpie, zum großen Teil wegen der spontanen Umwandlung des Zwischenproduktes Enolpyruvat zur Ketoform des Pyruvats. Ungefähr die Hälfte der freiwerdenden Energie der Phosphoenolpyruvat-Hydrolyse ($\Delta G^{\circ\prime} = -61{,}9$ kJ mol^{-1}) wird zurückgewonnen durch die Bildung der Phosphoanhydridbindung im ATP ($\Delta G^{\circ\prime} = -30{,}5$ kJ mol-1). Der Rest ($\Delta G^{\circ\prime} = -31{,}4$ kJ mol^{-1}) treibt die Reaktion zur ATP-Bildung. Pyruvat-Kinase wird sowohl durch allosterische Modulatoren als auch durch kovalente Modifizierung kontrolliert.

9.3 Änderung der freien Enthalpie im Verlauf der Glycolyse

Wenn die Glycolyse abläuft, findet ein Metabolitenfluss von der Glucose zum Pyruvat statt. Unter diesen Bedingungen muss die Gibbs'sche freie Reaktionsenthalpie jeder einzelnen Reaktion der Glycolyse entweder negativ oder maximal null sein, weil die Glycolyse andernfalls nur bis zur betroffenen Reaktion ablaufen könnte. In diesem Zusammenhang ist ein Vergleich der freien Standardreaktionsenthalpien ($\Delta G^{\circ\prime}$) mit den *tatsächlichen* freien Reaktionsenthalpien (ΔG) unter zellulären Bedingungen mit einem hohen Metabolitenfluss durch die Glycolyse sehr interessant. Solche Bedingungen herrschen zum Beispiel in Erythrocyten, für die die Glucose im Blut die Hauptenergiequelle darstellt und in denen nur eine sehr geringe Synthese von Kohlenhydraten oder anderen Molekülen erfolgt. Die tatsächlichen Konzentrationen der Zwischenprodukte der Glycolyse in Erythrocyten sind gemessen worden und die freien Reaktionsenthalpien der glycolytischen Reaktionen wurden berechnet. In ▸*Abbildung 9.9* sind die kumulativen freien Standardreaktionsenthalpien und die kumulativen tatsächlichen freien Reaktionsenthalpien der glycolytischen Reaktionen in Erythrocyten dargestellt. Die vertikale Achse zeigt die kumulative freie Reaktionsenthalpie der Glycolyse, also die Summe der freien Reaktionsenthalpien bis zu dem jeweiligen Schritt. Die Abbildung verdeutlicht den Unterschied zwischen den freien Reaktionsenthalpien unter Standardbedingungen ($\Delta G^{\circ\prime}$) und den freien Reaktionsenthalpien unter den tatsächlichen zellulären Bedingungen (ΔG).

Die blaue Kurve repräsentiert die tatsächlichen freien Reaktionsenthalpien. Sie zeigt, dass keine der Reaktionen der Glycolyse in Erythrocyten eine positive freie Reaktionsenthalpie aufweist. Dies ist eine notwendige Voraussetzung für die Umwandlung von Glucose in Pyruvat. Infolgedessen muss offensichtlich auch der Gesamtprozess eine negative freie Reaktionsenthalpie aufweisen, weil sich diese ja aus der Summe der freien Reaktionsenthalpien der Einzelreaktionen ergibt. Die freie Reaktionsenthalpie des Gesamtprozesses der Glycolyse beträgt unter den Bedingungen in Erythrocyten etwa -72 kJ mol^{-1}. Dabei sind nur die Schritte 1, 3 und 10 der Glycolyse, die durch die Hexokinase, die Phosphofructokinase-1 und die Pyruvat-Kinase katalysiert werden, mit einer großen negativen freien Reaktionsenthalpie verbunden. Diese Schritte sind metabolisch irreversibel und werden reguliert. Die freien Reaktionsenthalpien (ΔG) der übrigen Reaktionen betragen dagegen annähernd 0 kJ mol^{-1}. Mit anderen Worten: Die übrigen Reaktionen laufen in Zellen im annähernden Gleichgewicht ab. Die freien Standardreaktionsenthalpien der gleichen zehn glycolytischen Reaktionen ergeben im Gegensatz dazu keine stetig fallende freie Enthalpie des Glycolysesystems. Die drei Reaktionen mit einer großen negativen freien Reaktionsenthalpie unter zellulären Bedingungen weisen vermutlich nur zufällig ebenfalls große negative freie Standardreaktionsenthalpien auf, da auch manche der übrigen Reaktionen, die in der Zelle im annähernden Gleichgewicht ablaufen, große negative Standardreaktionsenthalpien besitzen. Einige der glycolytischen Reaktionen sind mit einer positiven freien Stan-

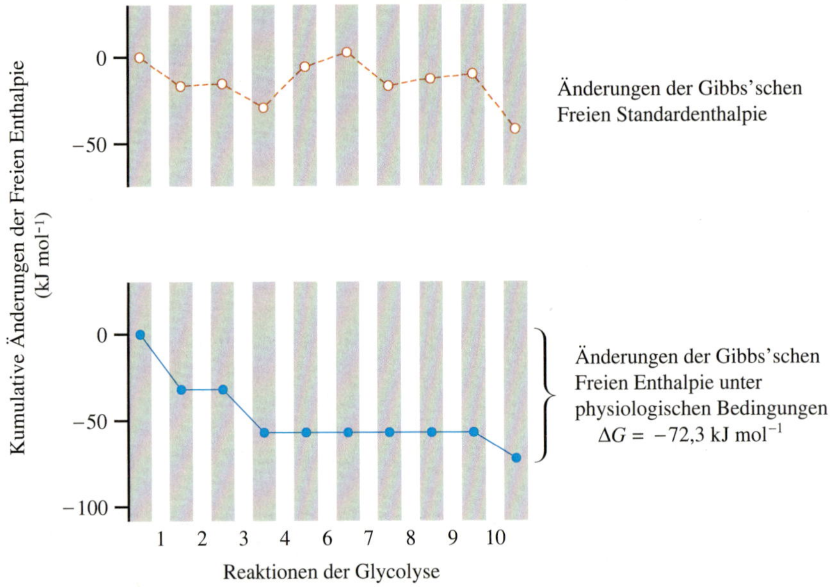

Abbildung 9.9: Kumulative freie Standardreaktionsenthalpien und kumulative tatsächliche freie Reaktionsenthalpien für die Reaktionen der Glycolyse. Das Diagramm zeigt die Änderungen der freien Enthalpie in kJ mol^{-1} im Verlauf der Glycolyse. Die einzelnen Schritte der Glycolyse sind in horizontaler Richtung sequenziell hintereinander aufgetragen. Die obere Kurve (rot) folgt den freien Standardreaktionsenthalpien, während die untere Kurve (blau) die tatsächlichen freien Reaktionsenthalpien in Erythrocyten repräsentiert. Die freie Reaktionsenthalpie der durch die Triosephosphat-Isomerase katalysierten Reaktion (Schritt 5) ist nicht dargestellt. [Aus: Hamori, E. 1975. Illustration of free energy changes in chemical reactions. *J. Chem. Ed.* 52:370–373.]

dardreaktionsenthalpie verbunden. Unter Standardbedingungen würde der Metabolitenfluss durch diese Reaktionen in Richtung der Glucose statt in Richtung des Glycolyseproduktes Pyruvat erfolgen. Dies gilt offensichtlich besonders für die Schritte 4 und 6, also die Reaktionen der Aldolase und der Glycerinaldehyd-3-phosphat-Dehydrogenase. In anderen Zelltypen können die im annähernden Gleichgewicht ablaufenden Reaktionen der Glycolyse leicht umgekehrt werden und dann an der Biosynthese von Glucose (Gluconeogenese, ▸*Kapitel 12*) beteiligt sein.

Das Schicksal des Pyruvats 9.4

Die Bildung von Pyruvat aus Phosphoenolpyruvat stellt den letzten Schritt der Glycolyse dar. Die anschließende weitere Verstoffwechselung des Pyruvats findet in der Regel auf einer der folgenden vier Routen statt. Einerseits kann Pyruvat durch die Aktivität des Pyruvat-Dehydrogenase-Multienzymkomplexes decarboxyliert, oxidiert und die verbleibende Acetylgruppe mit CoA zu Acetyl-CoA verknüpft werden. Acetyl-CoA spielt in vielen Stoffwechselwegen eine wichtige Rolle. Im Citronensäurezyklus wird seine Acetylgruppe zum Beispiel vollständig zu CO_2 oxidiert. Die dabei freigesetzte Energie wird in Form verschiedener energiereicher Verbindungen zwischengespeichert. Unter aeroben Bedingungen, also in Gegenwart von ausreichend Sauerstoff, läuft bevorzugt dieser Stoffwechselweg zur Energiegewinnung aus Pyruvat bzw. Acetyl-CoA ab. Andererseits kann die ATP-abhängige Pyruvat-Carboxylase zum energiereicheren Oxalacetat carboxyliert werden. Diese Reaktion repräsentiert den ersten Schritt der Gluconeogenese (Biosynthese von Glucose). Oxalacetat tritt auch als Zwischenprodukt des Citronensäurezyklus auf. Pyruvat kann zudem als Startsubstrat in der Gluconeogenese dienen. In einigen Spezies kann Pyruvat zu Ethanol reduziert werden, das anschließend aus den Zellen sezerniert wird. Diese Reaktion findet normalerweise unter anaeroben Bedingungen statt, unter denen der Citronensäurezyklus nicht begünstigt ist. Manche Spezies können Pyruvat zu Lactat reduzieren. Je nach Spezies wird Lactat später wieder in Pyruvat umgewandelt oder in einem anderen Stoffwechselweg verwertet (▸*Abbildung 9.10*).

Während der Glycolyse wird $NAD^{\oplus}$ durch die enzymatische Reaktion der Glycerinaldehyd-3-phosphat-Dehydrogenase (Schritt 6) zu NADH reduziert. Damit die Glycolyse kontinuierlich weiterarbeiten kann, muss die Zelle ständig $NAD^{\oplus}$ aus NADH regenerieren. Andernfalls würde das Coenzym schnell praktisch vollständig in die reduzierte Form umgewandelt und die Glycolyse käme zum Erliegen. In vielen Organismen kann unter aeroben Bedingungen NADH durch molekularen Sauerstoff mithilfe der membrangebundenen

Elektronentransportkette zum NAD$^{\oplus}$ reoxidiert werden. Dies ist unter anaeroben Bedingungen wegen des fehlenden Sauerstoffs nicht möglich. In diesem Fall wird einerseits NADH für die Reduktion von Pyruvat zu Ethanol oder Lactat verwendet und dabei zum NAD$^{\oplus}$ reoxidiert. Auf diese Weise wird unter anaeroben Bedingungen die Versorgung der Glycolyse mit NAD$^{\oplus}$ und somit die ATP-Produktion durch die Glycolyse sichergestellt. Andererseits können Mikroorganismen Sauerstoff durch andere Elektronenakzeptoren wie Nitrat, Sulfat oder Metalle ersetzen und so eine anaerobe Atmung durchführen.

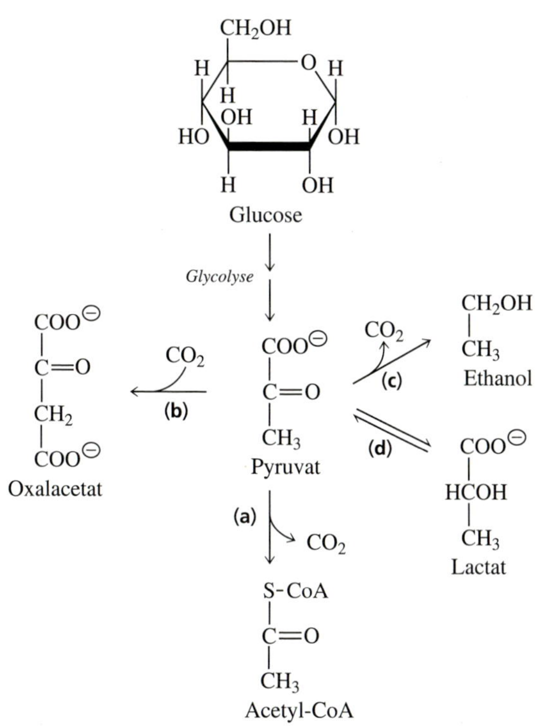

Abbildung 9.10: Vier Hauptschicksale von Pyruvat. (a) Unter aeroben Bedingungen wird Pyruvat decarboxyliert und zur Acetylgruppe von Acetyl-CoA oxidiert. In dieser Form kann es im Citronensäurezyklus vollständig zu CO_2 oxidiert werden. (b) Pyruvat kann auch zu Oxalacetat carboxyliert werden. Diese Reaktion ist die erste Reaktion der Gluconeogenese. (c) Unter anaeroben Bedingungen vergären bestimmte Mikroorganismen Glucose über Pyruvat zu Ethanol. (d) Glucose unterliegt in übermäßig beanspruchten und daher sauerstoffarmen Muskeln, Erythrocyten und ein paar anderen Zelltypen einer anaeroben Glycolyse zu Lactat. Pyruvat wird auch in anabolen Stoffwechselwegen, die hier nicht dargestellt sind, weiterverwertet.

9.4.1 Umsetzung von Pyruvat zu Ethanol

Viele Bakterien und einige Eukaryonten können auch oder sogar nur unter anaeroben Bedingungen, das heißt in Abwesenheit von Sauerstoff, leben. Sie wandeln Pyruvat in eine Vielzahl von organischen Verbindungen um, die anschließend sezerniert werden. Eines dieser Produkte ist Ethanol. Diese Umwandlung hat in der Biochemie eine besondere Bedeutung erlangt, weil die Synthese von Ethanol durch speziell ausgewählte Hefestämme die Grundlage für die Produktion von alkoholischen Getränken wie Bier und Wein und in neuerer Zeit auch für die Produktion von Bioethanol als Treibstoff für Kraftfahrzeuge darstellt. Hefezellen wandeln Pyruvat unter Oxidation von NADH zu NAD$^{\oplus}$ in Ethanol und CO_2 um. Dafür sind zwei Reaktionen erforderlich. Zuerst wird Pyruvat in einer Reaktion, die durch das Enzym Pyruvat-Decarboxylase katalysiert wird, zu Acetaldehyd decarboxyliert. Dieses Enzym, dessen Mechanismus im Kapitel über Coenzyme bereits beschrieben wurde (▶*Abbildung 5.11*), ist von dem Coenzym Thiaminpyrophosphat (TPP) abhängig.

Acetaldehyd wird in der zweiten Reaktion durch NADH zu Ethanol reduziert. Diese Redoxreaktion wird durch die Alkohol-Dehydrogenase katalysiert und sie führt zur Regeneration von NAD$^{\oplus}$. In ▶*Abbildung 9.11* sind die beiden Reaktionen sowie der NAD$^{\oplus}$/NADH-Redoxzyklus, der sich aus der Reduktion von NAD$^{\oplus}$ während der Glycolyse und der Oxidation von NADH durch Acetaldehyd ergibt, dargestellt.

Die Summe der glycolytischen Reaktionen und der Umwandlung von Pyruvat zu Ethanol ergibt folgende Nettoreaktionsgleichung:

$$\text{Glucose} + 2\,P_i^{2\ominus} + \text{ADP}^{3\ominus} + 2\,H^{\oplus} \longrightarrow 2\,\text{Ethanol} + 2\,CO_2 + 2\,\text{ATP}^{4\ominus} + 2\,H_2O \qquad (9.10)$$

Diese Reaktionen kommen in allgemein bekannten kommerziellen Anwendungen, wie dem Backen von Brot oder dem Brauen von Bier, zum Einsatz. In der Brauerei kann das Kohlendioxid, das bei der Umwandlung von Pyruvat in Ethanol freigesetzt wird, aufgefangen und später dazu benutzt werden, das Bier mit Kohlensäure zu versetzen. Das aus der Kohlensäure später freigesetzte CO_2 dient unter anderem zur Erzeugung der Schaumkrone. Beim Backen bewirkt das Kohlendioxid das Aufgehen von Hefeteigen.

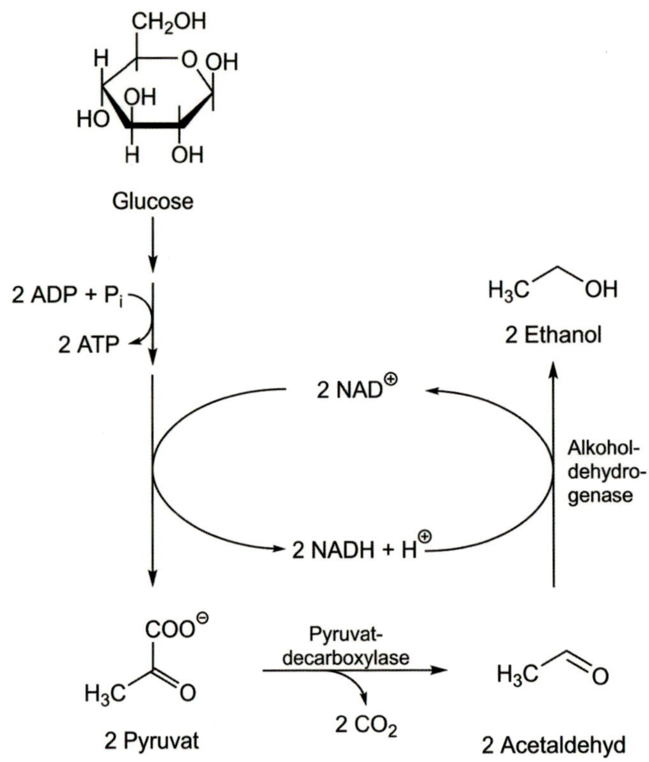

Abbildung 9.11: Anaerobe Umwandlung von Pyruvat zu Ethanol.

9.4.2 Reduktion von Pyruvat zu Lactat (homofermentative Milchsäuregärung)

Pyruvat wird in einer reversiblen Reaktion, die durch die Lactat-Dehydrogenase katalysiert wird, durch NADH zu Lactat reduziert (▸*Abbildung 9.12*). Diese Reaktion kommt sowohl in Bakterien als auch in Säugetieren häufig vor. Lactat-Dehydrogenase ist eine klassische Dehydrogenase, die von $NAD^{\oplus}$ als Coenzym abhängig ist. Ihr Mechanismus ist bereits in ▸*Abschnitt 5.4* näher diskutiert worden. Die Reduktion des Pyruvats in dieser Redoxreaktion erfolgt durch die Übertragung eines Hydrid-Ions von einem NADH-Molekül auf das C-2-Carbonylkohlenstoffatom.

Infolge der Lactat-Dehydrogenase-Reaktion werden Reduktionsäquivalente, die durch die Reaktion der Glycerinaldehyd-3-phosphat-Dehydrogenase der Glycolyse gebildet wurden, oxidiert. Dadurch wird ein großer Teil des Nettoenergiegewinns der Glycolyse wieder aufgebraucht. Die Reaktion spielt für den jeweiligen Organismus aber die gleiche Rolle wie die Produktion von Ethanol in anderen Spezies. Sie dient nämlich zur Aufrechterhaltung des glycolytischen Flusses und der glycolytischen ATP-Produktion unter anaeroben Bedingungen. In Bakterien wird das Lactat entweder sezerniert oder zu anderen Produkten wie Propionat umgesetzt. Säugetiere können Lactat dagegen nur in Pyruvat zurückverwandeln. Lactat stellt in Säugetierzellen folglich eine Stoffwechselsackgasse dar.

In den Gewebetypen von Säugetieren, in denen Glucose als Hauptkohlenstoffquelle dient und Reduktionsäquivalente (NADH) nicht für Biosynthesereaktionen verbraucht werden und auch nicht zur Erzeugung von ATP durch oxidative Phosphorylierung verwendet werden können, spielt die Produktion von Lactat eine essenzielle Rolle. Ein gutes und vertrautes Beispiel ist die Bildung von Lactat in den Zellen von stark beanspruchten Skelettmuskeln, in denen infolge des großen Sauerstoffverbrauchs vorübergehend ein anaerobes Milieu entstanden ist. Lactat, das in den Muskelzellen gebildet wurde, wird aus den Zellen heraus und mit dem Blutstrom zur Leber transportiert. Dort wird es durch die Aktivität der hepatischen Lactat-Dehydrogenase wieder zu Pyruvat umgesetzt. Für eine weitere Verstoffwechselung des Pyruvats ist die Anwesenheit von Sauerstoff erforderlich. Im Falle einer Unterversorgung mit Sauerstoff produzieren alle Gewebe Lactat durch anaerobe Glycolyse. Unter diesen Bedingungen wird Lactat akkumuliert. Der infolgedessen ebenfalls steigende Blut-Lactatspiegel führt zu einem Zustand, den man Lactat-Acidose nennt. Im Verlauf einer Lactat-Acidose kann der pH-Wert des Blutes unter Umständen auf gefährliche Werte sinken.

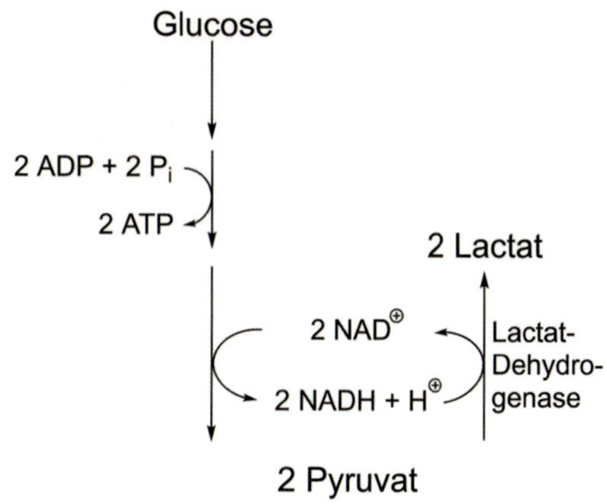

Abbildung 9.12: Anaerobe Umwandlung von Pyruvat zu Lactat.

Die Nettoreaktionsgleichung des Abbaus von Glucose zu Lactat lautet folgendermaßen:

$$\text{Glucose} + 2\,\text{P}_i^{2-} + 2\,\text{ADP}^{3-} \longrightarrow 2\,\text{Lactat}^{-} + 2\,\text{ATP}^{4-} + 2\,\text{H}_2\text{O} \qquad (9.11)$$

Milchsäure (die korrespondierende Säure der schwachen Base Lactat) ist für den Schmerz verantwortlich, der während und nach einer starken Muskelbeanspruchung auftreten kann. Milchsäure wird auch von *Lactobacillus* und einigen anderen Bakterien produziert, wenn sie die Zucker in Milch vergären. Die Milchsäure führt zur Denaturierung der Milchproteine und verursacht dadurch den Gerinnungsprozess, der für die Produktion von Käse und Joghurt erforderlich ist. Unabhängig vom Endprodukt, Ethanol oder Lactat, werden bei der Glycolyse unter anaeroben Bedingungen zwei Moleküle ATP pro Molekül Glucose gebildet. Molekularer Sauerstoff wird in diesem Fall nicht benötigt. Dieses Merkmal ist nicht nur für anaerob wachsende Organismen, sondern auch für spezialisierte Zellen in multizellulären Organismen von essenzieller Bedeutung. Manche Gewebe, wie zum Beispiel das Nierenmark und Teile des Gehirns, die auch als obligat glycolytische Gewebe bezeichnet werden, beziehen ihre gesamte Stoffwechselenergie aus der Glycolyse. In der Hornhaut des Auges besteht wegen der fehlenden Durchblutung (die Hornhaut ist gefäßfrei) zum Beispiel nur ein begrenztes Sauerstoffangebot. Die anaerobe Glycolyse liefert diesen Geweben das erforderliche ATP.

9.4.3 Die gemischte Säuregärung

Von zahlreichen Bakterien werden Gärungen durchgeführt mit einer Vielzahl verschiedener Gärungsprodukte, davon viele organische Säuren (▶*Abbildung 9.13*). Typische Produkte sind Wasserstoff, Ethanol, Glycerin, Lactat, Formiat, Acetat, Kohlendioxid und Wasserstoff. In der Mikrobiologie wurden früher anhand der Fermentationsprodukte die Bakterienspezies bestimmt, heute geschieht dies molekularbiologisch. Der große Unterschied zur klassischen Glucoseverwertung ist das Ersetzen des Pyruvat-Dehydrogenase Komplexes, der Pyruvat in Acetyl-CoA umsetzt, durch die Formiat-Pyruvat-Lyase, die Pyruvat in Acetyl-CoA und Formiat umwandelt. Das dabei entstehende Acetyl-CoA kann über Acetylphosphate zu Acetat unter Bildung von ATP umgesetzt werden. So kann mehr ATP pro Glucose gebildet werden und trotzdem können die Reduktionsäquivalente (NADH) reoxidiert werden. Aber auch der über die Formiat-Hydrogen-Lyase gebildete Wasserstoff findet eine energetische Verwertung.

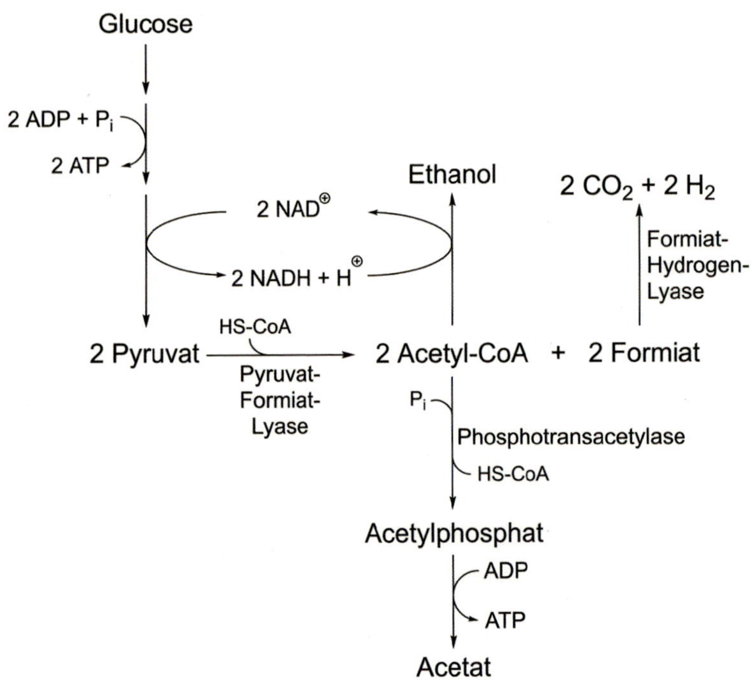

Abbildung 9.13: Gemischte Säuregärung von *E. coli*.

9.4.4 Die Buttersäure- und Lösungsmittelgärungen

Bei der Vergärung von Zuckern zur Energiegewinnung durch anaerobe Bakterien wie Clostridien können Gemische von Säuren (Butyrat, Acetat, Lactat), Alkoholen (Butanol, Ethanol, Isopropanol), Lösungsmitteln (Aceton) und Gasen (Wasserstoff, CO_2) entstehen (▶*Abbildung 9.14*). Der Abbau der Zucker erfolgt klassisch über die Glycolyse bis zum Pyruvat. Dort wird die Umwandlung von Pyruvat in Acetyl-CoA statt durch die NADH-bildende Pyruvat Dehydrogenase durch die Pyruvat-Ferredoxin-Oxidoreduktase katalysiert. Freiwerdende Elektronen werden durch Eisen-Schwefel-Zentren enthaltende Ferredoxine aufgenommen. Sie können die Elektronen in verschiedene Energie-gewinnende Prozesse einschleusen. Durch die Bildung von Butyrat aus zwei Molekülen Acetyl-CoA werden die zwei NADH der Glycolyse regeneriert und so die zwei ATP der Glycolyse gewonnen. Die Kondensation von zwei Acetyl-CoA zu Acetoacetyl-CoA entspricht der Umkehrung der β-Oxidation zum Abbau von Fetten. Beteiligte Enzyme beider Prozesse ähneln sich deshalb. Das Acetoacetyl-CoA wird durch die NADH-abhängige 3-Hydroxybutyryl-CoA-Dehydrogenase zum (S)-3-Hydroxybutyryl-CoA umgewandelt. Eine Dehydrierung durch die Crotonase ergibt Crotonyl-CoA und eine weitere NADH-abhängige Reduktion durch die Butyryl-CoA-Dehydrogenase führt zu Butyryl-CoA. Der CoA-Thioester kann durch eine Transferase auf Acetat übertragen werden. Das entstehende Acetyl-CoA wird über die Acetat-Kinase unter Gewinnung eines ATPs wieder in Acetat rückumgewandelt. Entsprechend werden auch Acetat und Ethanol gebildet. Letzteres in der klassischen Funktion des NADH-Recyclings. Einige Bakterien schützen sich gegen die durch die ausgeschiedenen Säuren entstehende Ansäuerung des Lebensraumes mit der alternativen Bildung von pH-neutralen Gärprodukten, wie n-Butanol, 2-Propanol und Aceton. Zur Bildung von n-Butanol wird angehäuftes Butyrat wieder zu Butyryl-CoA aktiviert, dieses wird dann durch zwei NADH-abhängige Schritte über eine Aldehydzwischenstufe zum Alkohol reduziert. Aceton kann durch die Decarboxylierung von Acetoacetyl-CoA entstehen und freigesetzt werden. Alternativ kann es weiter zu 2 Propanol reduziert werden. Zwischen 1930 und 1960 wurden diese bakteriellen Prozesse zur Produktion von Aceton und Butanol benutzt.

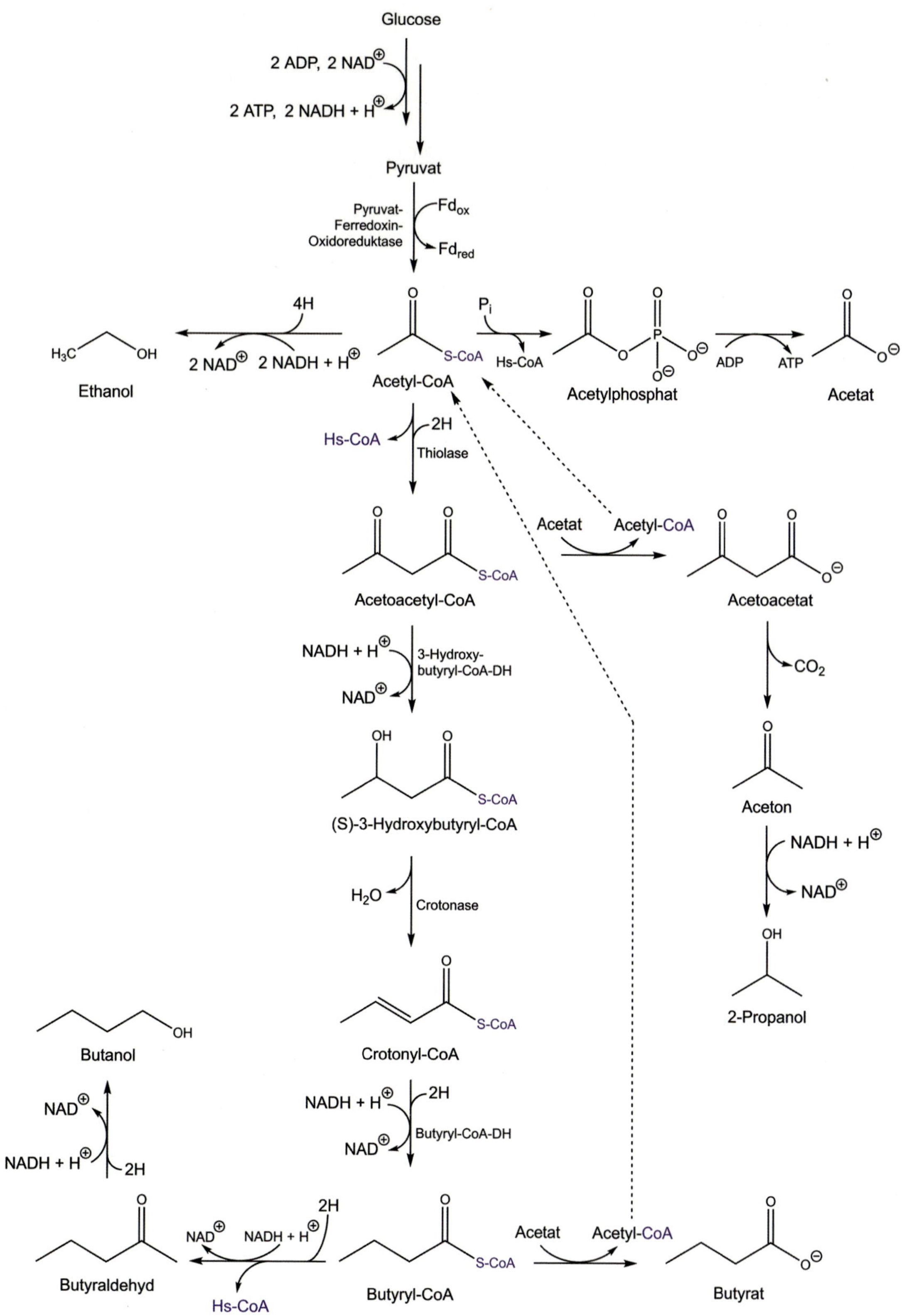

Abbildung 9.14: Wege der Buttersäure und Lösungsmittelgärungen.

9.5 Andere Gärungen

Mikroorganismen nutzen eine Vielzahl von Fermentationsprozessen zur Energiegewinnung. Entweder sie sind direkt in ihrer ökologischen Nische darauf spezialisiert und leben dann meist anaerob. Alternativ können sie fakultativ, also wenn nötig, diese Fermentation zum Leben nutzen, zum Beispiel um Perioden ohne Sauerstoff oder ohne andere alternative Elektronenakzeptoren zu überleben. Oft dienen diese Wege auch zum Ausgleich der Energiebilanzen des Stoffwechsels, indem Stoffwechselprodukte, die die Bilanz stören, ausgeschieden werden, um sie später bei Bedarf wieder aufzunehmen. Das nennt man Überlaufmetabolismus *(overflow metabolism)*. Über diese Prozesse werden industriell Lebensmittel oder auch chemische Produkte hergestellt.

9.5.1 Die Heterofermentative Milchsäuregärung

Die Bildung von Lactat, Acetat und Ethanol zur Gewinnung von Energie wird von verschiedenen Milchsäurebakterien durchgeführt (▶*Abbildung 9.15*). Dabei wird nicht die komplette Glycolyse benutzt, denn diesen Organismen fehlen die Enzyme Fructose-1,6-bisphosphat-Aldolase und Triosephosphat-Isomerase.

Hier können auch Pentosen aus Pflanzenzellwänden vergoren werden. Pentosen werden dabei über Xylulose-5-phosphat abgebaut. Dieses wird durch die Phosphoketolase phosphorolytisch zu Acetylphosphat und Glycerinaldehyd-3-phosphat umgewandelt. Glycerinaldehyd-3-phosphat geht durch die Glycolyse zum Pyruvat und wird anschließend zu Lactat reduziert. Acetylphosphat wird durch die Acetatkinase unter Bildung von ATP zu Acetat umgesetzt. Hexosen werden über

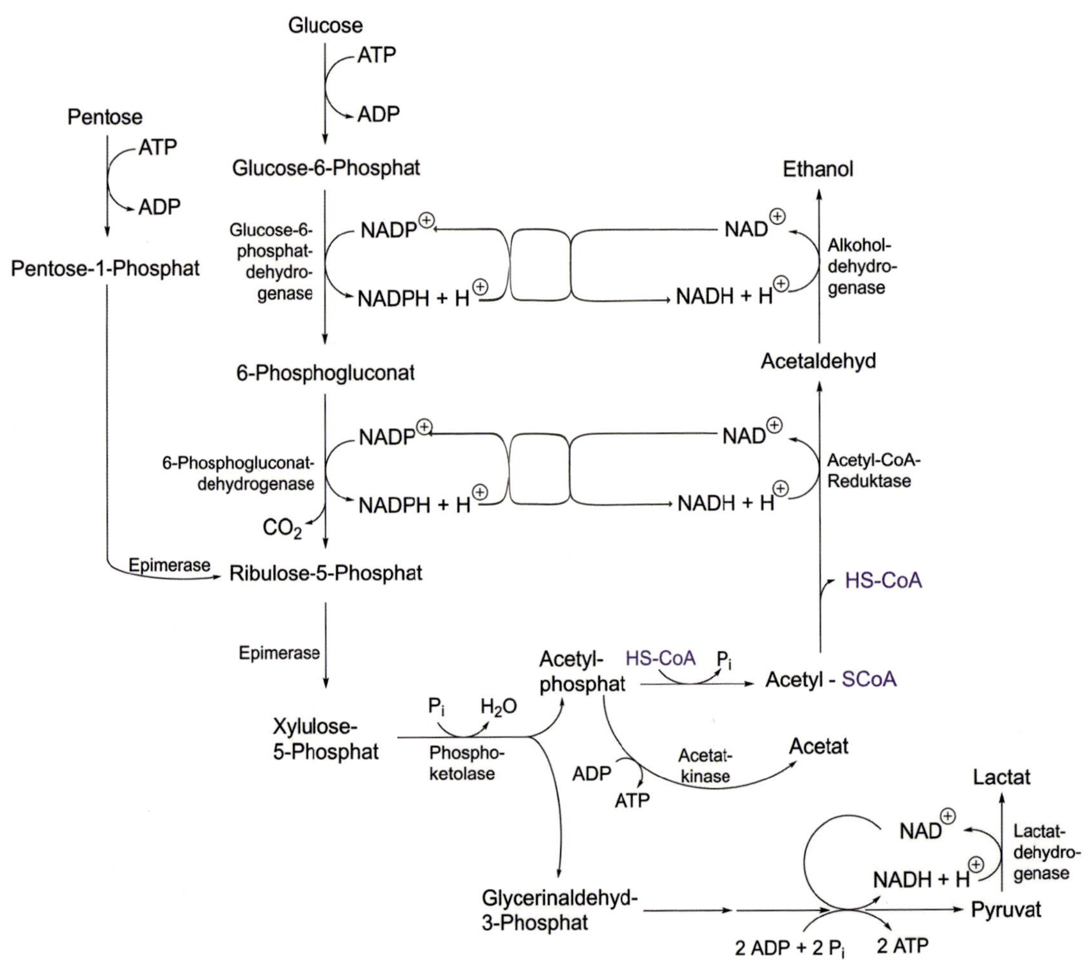

Abbildung 9.15: Die heterofermentative Bildung von Lactat, Acetat und Ethanol aus Hexosen und Pentosen.

Reaktionen des Pentosephosphatweges bis zu CO_2 und Ribulose-5-phosphat oxidiert, bevor Letzteres in Xylulose-5-phosphat isomerisiert wird. Da bei der Bildung von Xylulose-5-phosphat aus Hexosen 2 NADPH entstehen, müssen diese über einen Prozess, der an eine Ethanolbildung gekoppelt ist, regeneriert werden. Dabei wird NADPH in NADH umgewandelt, bevor es in die Reaktionen eingeht.

9.5.2 Die Gärung von Aminosäuren (Stickland-Reaktion) mit Elektronenbifurkation

Bei der Vergärung von Aminosäuren durch anaerobe, proteolytische Bakterien, wie Clostridien, wird ein seit 1935 bekannter Fermentationsweg genutzt, der nach seinem Entdecker Stickland-Reaktion genannt wird. Biochemisch spannend ist hier die Verbindung von klassischer Fermentation (Substratstufenphosphorylierung) mit einem Elektronentransferprozess an einer Membran mit Bildung eines Ionengradienten zur ATP-Gewinnung. Dazu müssen Elektronen zwischen beiden Prozessen verteilt werden, ein Vorgang, den man als Elektronenbifurkation bezeichnet. Die Stickland-Reaktion verbindet ursprünglich die Oxidation einer Aminosäure (oxidativer Stickland) mit der Reduktion einer zweiten Aminosäure (reduktiver Stickland), wobei gebildetes NADH re-oxidiert wird (▶*Abbildung 9.16*).

Gleichzeitig können reduzierte Ferredoxine (Fd_{red}) am membrangebundenen Rnf-Komplex reoxidiert und darüber ein Protonengradient erzeugt werden, der zur Bildung von ATP genutzt werden kann (▶*Abbildung 9.16*). In manchen Organismen wird die Bildung eines Natriumionengradienten vermutet.

Eintritt anderer Zucker in die Glycolyse 9.6

Glucose tritt in vielen Organismen als Hauptbrennstoff des Stoffwechsels auf, aber einige andere Monosaccharide können ebenfalls absorbiert und als Energiequellen genutzt werden. In diesem Abschnitt werden wir erläutern, auf welche Weise Fructose, Galactose und Mannose durch die Glycolyse verstoffwechselt werden können.

9.6.1 Umwandlung von Fructose in Glycerinaldehyd-3-phosphat

Das fructosehaltige Disaccharid Saccharose und das Monosaccharid Fructose, die als Süßungsmittel in vielen Nahrungsmitteln und Getränken verwendet werden, sind für einen signifikanten Teil der Kohlenhydrate in der Ernährung des Menschen verantwortlich. Nach der Absorption wird die meiste Fructose in der Leber durch die Aktivität einer ATP-abhängigen spezifischen Fructokinase zu Fructose-1-phosphat phosphoryliert (▶*Abbildung 9.17*). Anschließend katalysiert Fructose-1-phosphat-Aldolase die Spaltung des

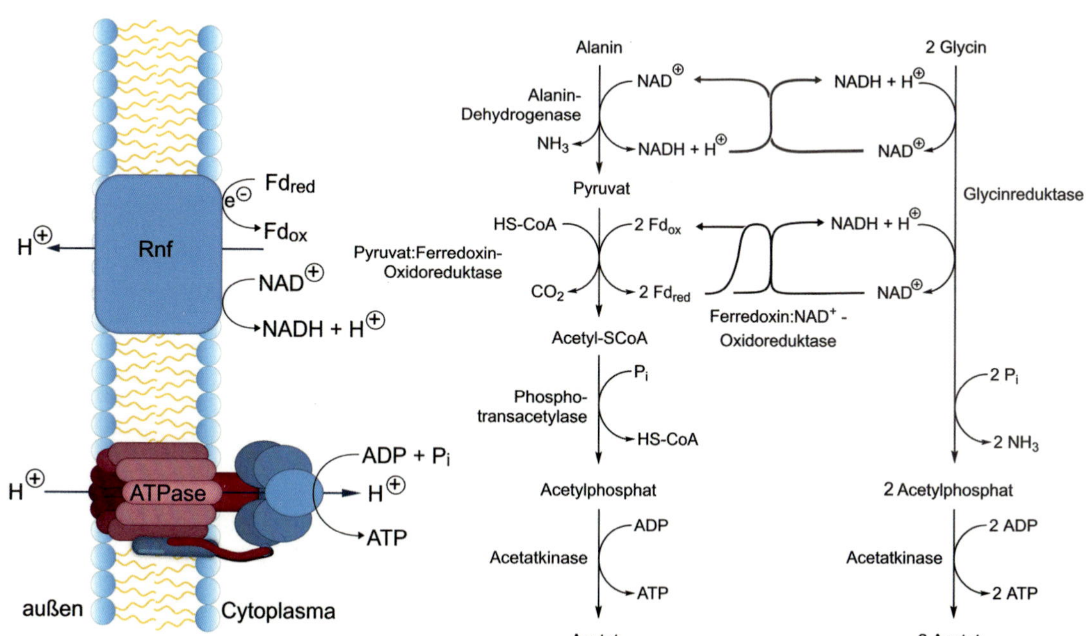

Abbildung 9.16: Gekoppelte Aminosäuregärung und Atmung über den Rnf-Komplex in Clostridien.

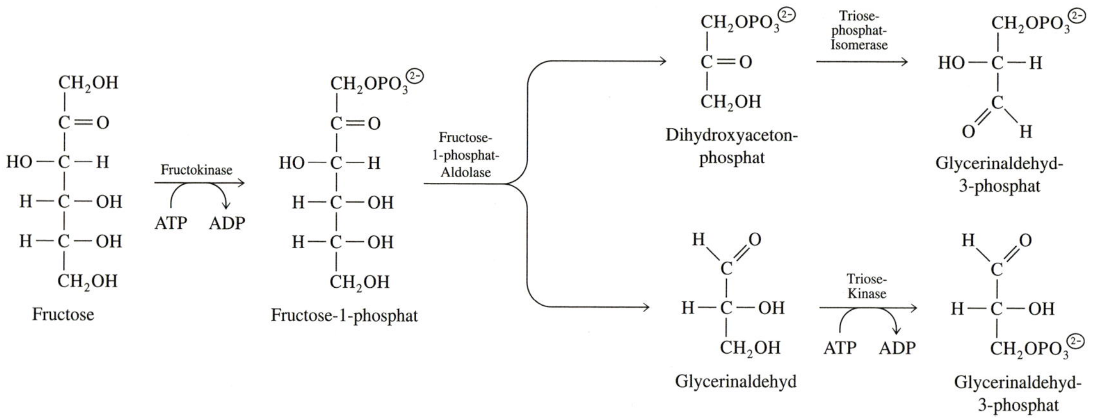

Abbildung 9.17: Umwandlung von Fructose in zwei Moleküle Glycerinaldehyd-3-phosphat.

Fructose-1-phosphats zu Dihydroxyacetonphosphat und Glycerinaldehyd. Der Glycerinaldehyd wird dann in einer durch Triose-Kinase katalysierten Reaktion zu Glycerinaldehyd-3-phosphat phosphoryliert. Dabei wird ein zweites Molekül ATP verbraucht. Ein zweites Glycerinaldehyd-3-phosphat-Molekül entsteht aus dem Dihydroxyacetonphosphat-Molekül durch die Aktivität der glycolytischen Triosephosphat-Isomerase.

Die beiden aus der Fructose gebildeten Moleküle Glycerinaldehyd-3-phosphat können nun in den verbleibenden Schritten der Glycolyse zu Pyruvat umgesetzt werden. Auf diesem Weg führt die Verstoffwechselung eines Moleküls Fructose zu zwei Molekülen Pyruvat zu einer Nettoproduktion von zwei Molekülen ATP und zwei Molekülen NADH. Diese Ausbeute entspricht genau der Ausbeute an ATP und NADH bei der Umwandlung eines Moleküls Glucose zu zwei Pyruvatmolekülen durch die Glycolyse. Allerdings umgeht der Fructosekatabolismus die Phosphofructokinase-1 und die mit ihr verbundene Regulation. Diäten, die reich an Fructose sind, können deswegen auf Dauer eine Fettleber verursachen, weil zu viel Pyruvat produziert wird, das als Vorläufer in der Biosynthese von Fetten und Cholesterin dient.

9.6.2 Umwandlung von Galactose in Glucose-1-phosphat

Das Disaccharid Lactose, das als Bestandteil von Milch vorkommt, stellt eine Hauptenergiequelle für junge Säugetiere, die noch gestillt werden, dar. In Neugeborenen katalysiert die intestinale Lactase die Hydrolyse der Lactose in ihre Monomere, Glucose und Galactose, die beide aus dem Darm resorbiert und ins Blut transportiert werden. Auch einige Darmbakterien können Lactose als Energiequelle nutzen. In diesen Spezies erfolgt die Hydrolyse der Lactose durch die Aktivität des Enzyms β-Galactosidase. Galactose ist das C-4-Epimer von Glucose und kann durch einen Stoffwechselweg, der mit dem Recycling des Nucleotidzuckers UDP-Glucose (▶*Abschnitt 7.3*) verbunden ist, in Glucose-1-phosphat umgewandelt werden (▶*Abbildung 9.18*). Dieser Weg steht in den meisten Spezies zur Verfügung. In Säugetieren findet die Umwandlung von Galactose in Glucose-1-phosphat in der Leber statt. Zunächst katalysiert Galactokinase die Übertragung einer Phosphorylgruppe von ATP auf Galactose. Das dabei gebildete Galactose-1-phosphat tauscht den Platz mit der Glucose-1-phosphat-Einheit eines UDP-Glucose-Moleküls durch die Spaltung der Pyrophosphatbindung der UDP-Glucose. Bei dieser Reaktion, die durch die Galactose-1-phosphat-Uridylyltransferase katalysiert wird, entstehen Glucose-1-phosphat und UDP-Galactose. Glucose-1-phosphat wird durch die Aktivität des Enzyms Glucosephosphat-Mutase (Phosphoglucomutase) in Glucose-6-phosphat umgewandelt, das anschließend in die Glycolyse eintreten kann. Die eigentliche Epimerisierung erfolgt durch das Recycling von UDP-Glucose aus UDP-Galactose, das durch die UDP-Galactose-4-Epimerase katalysiert wird.

Die Umwandlung eines Moleküls Galactose in zwei Moleküle Pyruvat ist mit einer Nettoproduktion von zwei Molekülen ATP und zwei Molekülen NADH verknüpft. Diese Ausbeute entspricht genau der Ausbeute an ATP und NADH bei der Umwandlung eines Moleküls Glucose oder Fructose in zwei Moleküle Pyruvat. Die erforderliche UDP-Glucose wird aus Glucose und dem ATP-Äquivalent UTP gebildet. Allerdings werden nur kleine, katalytische Mengen UDP-Glucose gebraucht, weil sie durch die Aktivität der UDP-Galactose-4-Epimerase recycelt wird.

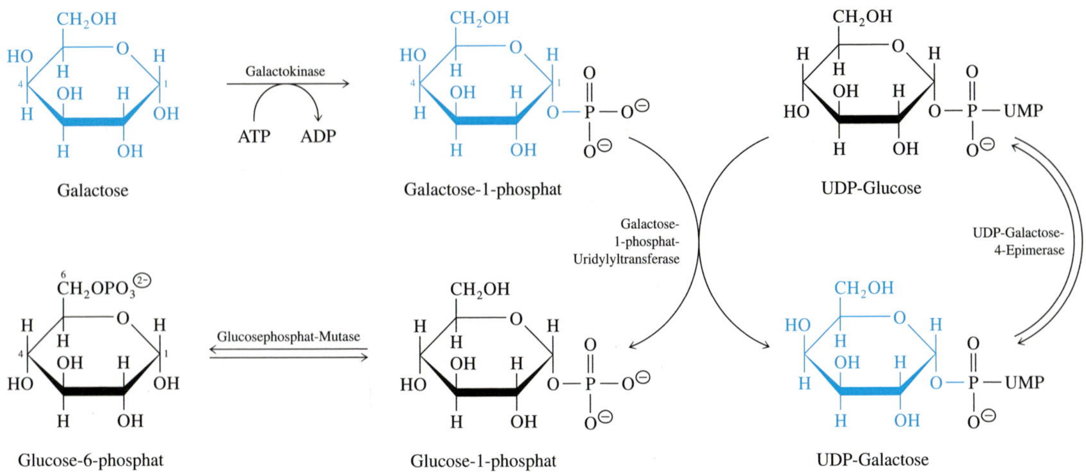

Abbildung 9.18: Umwandlung von Galactose in Glucose-6-phosphat. Das Stoffwechselzwischenprodukt UDP-Glucose wird bei diesem Prozess recycelt. Die Nettoreaktionsgleichung des Weges lautet: Galactose + ATP ⟶ Glucose-6-phosphat + ADP.

9.6.3 Umwandlung von Mannose in Fructose-6-phosphat

Die Aldohexose Mannose tritt als Bestandteil von Glycoproteinen und bestimmten Polysacchariden auf. Mannose wird durch Hexokinase zu Mannose-6-phosphat phosphoryliert. Um anschließend in die Glycolyse eintreten zu können, wird Mannose-6-phosphat danach zu Fructose-6-phosphat isomerisiert. Diese Isomerisierung wird durch die Phosphomannose-Isomerase katalysiert. Diese beiden Reaktionen sind in ▶*Abbildung 9.19* dargestellt.

9.7 Der Entner-Doudoroff-Weg in Bakterien

Der klassische Glycolyseweg wird auch als Embden-Meyerhof-Parnas-Weg bezeichnet. Die Glycolyse findet in allen Eukaryonten und vielen Bakterienspezies statt. Eine erhebliche Anzahl von Bakterienspezies besitzt allerdings keine Phosphofructokinase-1. Diese Bakterien können die Umwandlung von Glucose-6-phosphat in Fructose-1,6-bisphosphat in der Hexosephase der Glycolyse nicht durchführen. Die Hexosephase der klassischen Glycolyse kann durch den Entner-Doudoroff-Weg umgangen werden. Der Weg beginnt mit der Umwandlung von Glucose-6-phosphat in 6-Phosphogluconat über 6-Phosphogluconolacton. Diese Reaktionen werden durch die beiden Enzyme Glucose-6-phosphat-Dehydrogenase und Gluconolactonase katalysiert (▶*Abbildung 9.20*). Beide Enzyme kommen in fast allen Spezies vor, weil sie für den Pentosephosphatweg benötigt werden. Die Oxidation von Glucose-6-phosphat, die durch die Glucose-6-phosphat-Dehydrogenase katalysiert wird, erfolgt durch die Kopplung mit der Reduktion von $NADP^{\oplus}$ zu NADPH.

In einer ungewöhnlichen Dehydratase-Reaktion wird 6-Phosphogluconat anschließend zu 2-Keto-3-desoxy-6-phosphogluconat (KDPG) dehydratisiert. KDPG wird dann durch die Aktivität der KDPG-Aldolase in ein Molekül Pyruvat und ein Molekül Glycerinaldehyd-3-phosphat gespalten. Pyruvat entsteht auch als Endprodukt der Glycolyse und Glycerinaldehyd kann in der Triosephase der Glycolyse zu einem zweiten Pyruvatmolekül umgesetzt werden. Die Enzyme der Triosephase der Glycolyse kommen in allen Spezies vor, weil sie sowohl für die Glycolyse als auch für die Verwertung der Produkte des Entner-

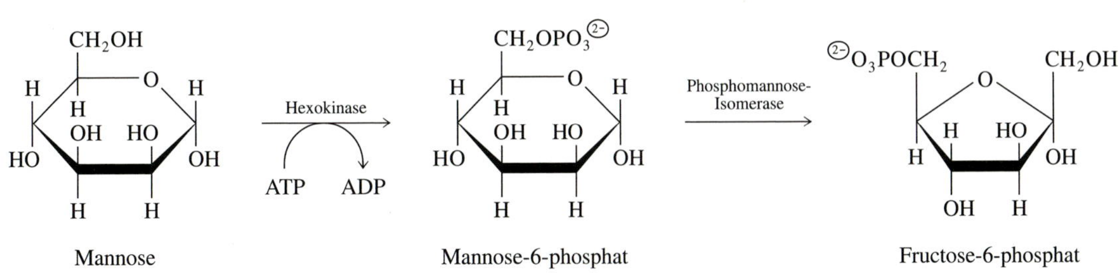

Abbildung 9.19: Umwandlung von Mannose in Fructose-6-phosphat.

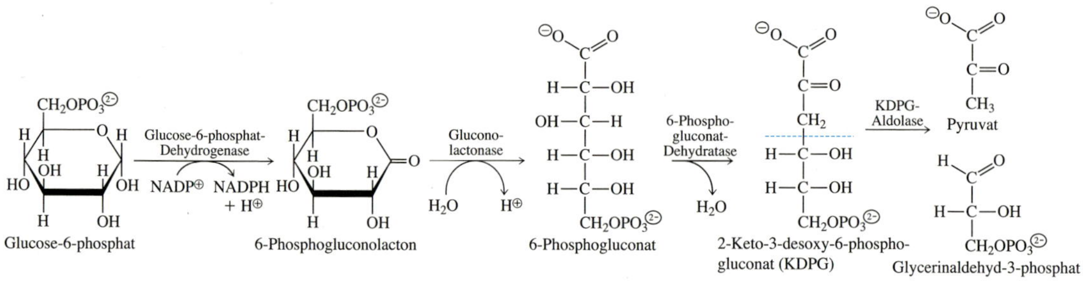

Abbildung 9.20: Der Entner-Doudoroff-Weg in Bakterien.

Doudoroff-Weges sowie die Synthese von Glucose erforderlich sind. Zu beachten ist, dass im Anschluss an den Entner-Doudoroff-Weg nur ein Glycerinaldehyd-3-phosphat-Molekül pro Glucose-6-phosphat-Molekül, das im Entner-Doudoroff-Weg verstoffwechselt wird, in die Triosephase der Glycolyse eintritt. Beim Abbau von Glucose über den Entner-Doudoroff-Weg zu Pyruvat erfolgt also nur eine Nettoproduktion von einem ATP-Molekül, im Gegensatz zu zwei ATP-Molekülen bei der klassischen Glycolyse. Dagegen werden sowohl im Verlauf der Glycolyse als auch im Entner-Doudoroff-Weg zwei NADH-Äquivalente gebildet. Im Entner-Doudoroff-Weg entstehen ein NADPH-Molekül in der ersten Reaktion des Weges und ein NADH-Molekül bei der Umwandlung von Glycerinaldehyd-3-phosphat zu 1,3-Bisphosphoglycerat in der Triosephase. Der Entner-Doudoroff-Weg ist aber nicht nur für die Spezies, die keine vollständige Ausstattung mit den Enzymen der klassischen Glycolyse aufweisen, von großer Bedeutung. Er dient auch in anderen Spezies zur Verstoffwechselung von Gluconat und anderen verwandten organischen Säuren. Diese Metabolite können nicht in die klassische Glycolyse geleitet werden. Viele Bakterienspezies, einschließlich *E. coli*, können auf Gluconat als einziger Kohlenstoffquelle wachsen. Unter diesen Bedingungen stellt der Entner-Doudoroff-Weg den wichtigsten energieliefernden Abbauweg dar.

Gluconeogenese 9.8

Fast alle Organismen besitzen die enzymatische Ausstattung zur Synthese von Glucose, also zur Gluconeogenese. Unter Hungerbedingungen deckt die Gluconeogenese fast den gesamten Glucosebedarf eines Organismus. Glucose ist essenziell für eine Vielzahl metabolischer Prozesse und wird daher immer vorgehalten. Eigentlich ist die Gluconeogenese eine Umkehr der Glycolyse. Nun gibt es aber Reaktionen in der Glycolyse, die nicht umkehrbar sind. Dafür muss die Gluconeogenese Lösungen finden. In ▶*Abbildung 9.21* werden die Gluconeogenese ausgehend vom Pyruvat

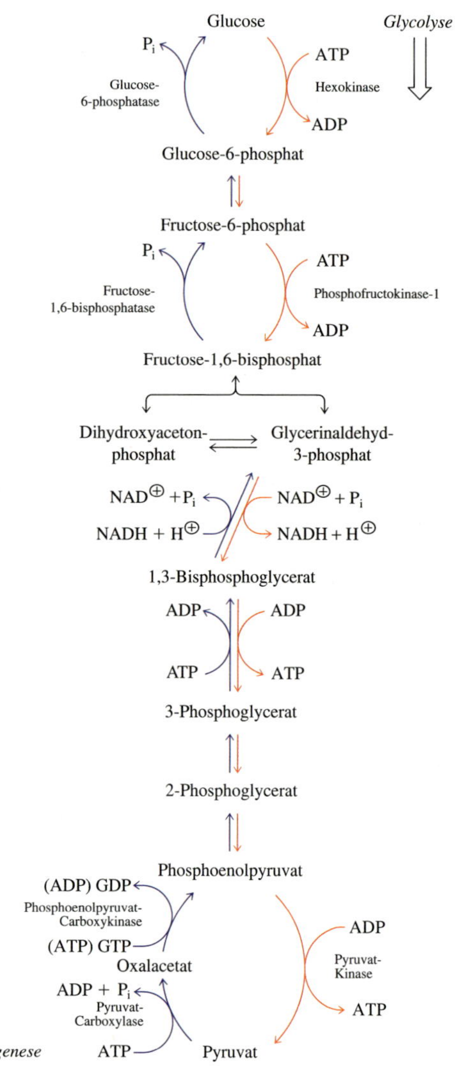

Abbildung 9.21: Vergleichende Darstellung der Reaktionen der Gluconeogenese und der Glycolyse. Die Gluconeogenese weist vier metabolisch irreversible Reaktionen auf, die in der entgegengesetzten Richtung in der Glycolyse durch die Hexokinase, die Phosphofructokinase-1 und die Pyruvat-Kinase katalysiert werden. Beide Stoffwechselwege durchlaufen eine Triose- und eine Hexosephase. Zur Synthese eines Glucosemoleküls durch die Gluconeogenese müssen zwei Moleküle Pyruvat umgesetzt werden.

und die Glycolyse von Glucose aus miteinander verglichen. Viele der Enzyme und Zwischenprodukte dieser beiden Stoffwechselwege sind identisch. Alle sieben Reaktionen der Glycolyse, die unter zellulären Bedingungen im annähernden Gleichgewicht ablaufen, werden in der Gluconeogenese durch die gleichen Enzyme katalysiert, laufen aber in umgekehrter Richtung ab. Metabolisch irreversible Reaktionen könnten nämlich nur durch sehr große Konzentrationsänderungen der Substrate bzw. Produkte der Reaktion umgekehrt werden, die unter physiologischen Bedingungen praktisch nicht möglich sind. Die drei irreversiblen Reaktionen der Glycolyse werden durch die Pyruvat-Kinase, die Phosphofructokinase und die Hexokinase katalysiert. In Richtung der Glucosebiosynthese, also in der Gluconeogenese, werden diese Reaktionen durch andere Enzyme katalysiert. Die Pyruvat-Carboxylase und Phosphoenolpyruvat-Kinase katalysieren die Rückreaktion der Pyruvatkinase. Man braucht also zwei Enzyme, um diesen energetisch hoch ergiebigen Schritt der Glycolyse umzukehren. Die Rückreaktion der Phosphofructokinase wird durch die Fructose-1,6-bisphosphatase und die Hexokinase durch die Glucose-6-phosphatase ersetzt. Da sich der Biosyntheseweg der Glucose evolutionär früher entwickelt hat als die Glycolyse, ist es sinnvoll, die glycolytischen Enzyme als Umleitungsenzyme zu betrachten. Diese Enzyme, insbesondere die Phosphofructokinase, sind demnach entstanden, damit die zu den metabolisch irreversiblen Reaktionen der Gluconeogenese gegenläufigen Reaktionen der Glycolyse ablaufen können.

Zur Synthese eines Moleküls Glucose aus zwei Molekülen Pyruvat werden vier Moleküle ATP und zwei Moleküle GTP (in Tieren) sowie zwei Moleküle NADH benötigt. Die Nettoreaktionsgleichung der Gluconeogenese lautet:

$$\begin{aligned}&2\,\text{Pyruvat} + 2\,\text{NADH} + 4\,\text{ATP} + 2\,\text{GTP} + 6\,H_2O + 2\,H^{\oplus} \longrightarrow\\ &\qquad \text{Glucose} + 2\,\text{NAD}^{\oplus} + 4\,\text{ADP} + 2\,\text{GDP} + 6\,P_i\end{aligned} \tag{9.12}$$

Vier ATP-Äquivalente sind erforderlich, um den thermodynamischen Berg zur Synthese von zwei Molekülen der energiereichen Verbindung Phosphoenolpyruvat aus zwei Molekülen Pyruvat zu erklimmen. Die Umwandlung von Phosphoenolpyruvat in Pyruvat während der Glycolyse ist eine stark exergonische, metabolisch irreversible Reaktion. In der katabolen, glycolytischen Richtung wird die dabei freigesetzte Energie zur Synthese von einem ATP-Molekül pro Molekül Phosphoenolpyruvat verwendet. Für die Umwandlung von zwei Molekülen 3-Phosphoglycerat in zwei Moleküle 1,3-Bisphosphoglycerat durch die Phosphoglycerat-Kinase-Reaktion in der Triosephase der Gluconeogenese sind zwei ATP-Moleküle erforderlich. Während der Hexosephase der Gluconeogenese, in der die Umsetzung von Fructose-1,6-bisphosphat zu Glucose erfolgt, wird keine verfügbare Stoffwechselenergie zurückgewonnen, weil Fructose-1,6-bisphosphat kein energiereiches Stoffwechselzwischenprodukt darstellt. Der Abbau von Glucose durch die Glycolyse ist mit einer Nettoproduktion von zwei ATP-Äquivalenten und zwei Molekülen NADH aus NAD$^{\oplus}$ verbunden. Die Synthese eines Moleküls Glucose durch die Gluconeogenese erfordert dagegen den Einsatz von sechs ATP-Äquivalenten und zwei Molekülen NADH. Wie erwartet, muss zur Biosynthese von Glucose Stoffwechselenergie aufgebracht werden, während beim Abbau von Glucose Energie freigesetzt und in Form von ATP und NADH gespeichert wird.

9.8.1 Pyruvat-Carboxylase

Die beiden Reaktionen, die die Umwandlung des Pyruvats in Phosphoenolpyruvat bewirken, beinhalten eine Carboxylierung und eine anschließende Decarboxylierung. Im ersten Schritt katalysiert die Pyruvat-Carboxylase die Bildung von Oxalacetat aus Pyruvat. Diese Reaktion ist mit der Hydrolyse eines ATP-Moleküls gekoppelt.

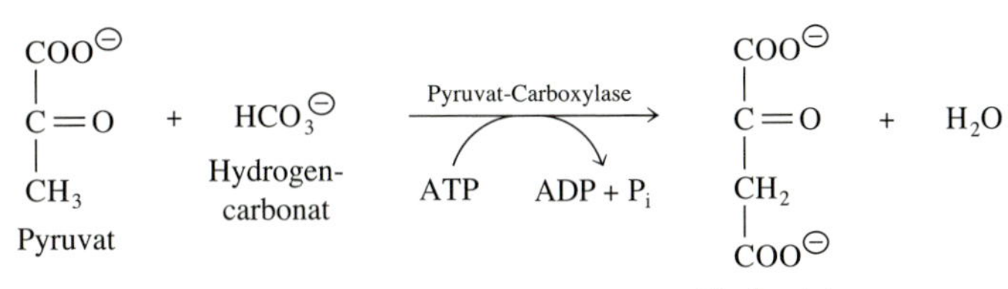

(9.13)

Die Pyruvat-Carboxylase ist ein großes, komplexes Enzym, das aus vier identischen Untereinheiten besteht. Jede der Untereinheiten weist eine prosthetische Biotingruppe auf, die kovalent an einen Lysinrest gebunden ist. Die Biotingruppe wird für die Carboxylierung des Pyruvats durch die Addition von CO_2, das aus Hydrogencarbonat ($HCO_3^{\ominus}$) stammt, benötigt (▶*Abbildung 5.14*). Die Pyruvat-Carboxylase katalysiert eine metabolisch irreversible Reaktion und kann durch Acetyl-CoA allosterisch aktiviert werden. Acetyl-CoA stellt den einzigen bekannten Effektor dieses Enzyms dar. Die Anhäufung von Acetyl-CoA deutet auf seine unvollständige Verstoffwechselung im Citronensäurezyklus hin. Pyruvat-Carboxylase wird durch Acetyl-CoA stark aktiviert, um die Umwandlung von Pyruvat in Oxalacetat statt in weiteres Acetyl-CoA zu bewirken. Oxalacetat kann entweder in den Citronensäurezyklus eintreten oder zur Glucosebiosynthese verwendet werden. Als eines der Substrate in ▶*Reaktion 9.13* fungiert Hydrogencarbonat. Hydrogencarbonat wird beim Lösen von Kohlendioxid in Wasser gebildet. Da das durch die Reaktion von Hydrogencarbonat mit der Biotingruppe gebildete Carboxybiotin aber tatsächlich nur die CO_2-Gruppe auf das Substrat überträgt, wird die ▶*Reaktion 9.13* häufig nur mit CO_2 als Substrat aufgeschrieben. Die Pyruvat-Carboxylase spielt eine wichtige Rolle für die Fixierung von CO_2 in Bakterien und einigen Eukaryonten. Untersucht man nur die Gluconeogenese, ist diese Rolle keineswegs offensichtlich, weil das CO_2 gleich im nächsten Schritt der Gluconeogenese, der vom Oxalacetat zum Phosphoenolpyruvat führt, wieder freigesetzt wird. Allerdings wird ein großer Teil des gebildeten Oxalacetats nicht in der Gluconeogenese weiter umgesetzt. Stattdessen wird es zur Nachlieferung des Oxalacetats verwendet, das als Zwischenprodukt des Citronensäurezyklus für die Biosynthese von Aminosäuren und Lipiden abgezweigt wird.

9.8.2 Phosphoenolpyruvat-Carboxykinase

Die Phosphoenolpyruvat-Carboxykinase (PEPCK oder PEP-Carboxykinase) katalysiert die Umwandlung von Oxalacetat in Phosphoenolpyruvat.

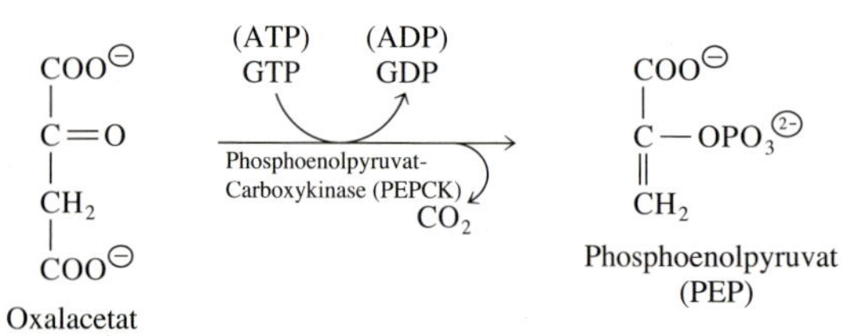

(9.14)

Es existieren zwei verschiedene Versionen der PEPCK. Das Enzym, das in Bakterien, Protisten, Pilzen und Pflanzen vorkommt, verwendet ATP als Phosphorylgruppen-Donor bei der Decarboxylierungsreaktion. Die tierische Variante nutzt zu diesem Zweck GTP. In den meisten Spezies zeigt das Enzym keine kinetischen Eigenschaften, die auf eine allosterische Regulation hindeuten, und es sind dementsprechend auch keine physiologischen Effektoren für die PEPCK bekannt. Seine Aktivität wird in erster Linie auf der Ebene der Transkription seines Gens kontrolliert. Die Aktivität der PEPCK in Zellen beeinflusst die Geschwindigkeit der Gluconeogenese. Dies trifft insbesondere auf Säugetiere zu, bei denen die Gluconeogenese hauptsächlich in den Zellen der Leber, der Nieren und des Dünndarms stattfindet. Die zweistufige Synthese von Phosphoenolpyruvat aus Pyruvat findet in den meisten Eukaryonten, einschließlich des Menschen, statt. Das dürfte der Hauptgrund dafür sein, dass sie in der Regel im Zusammenhang mit der Gluconeogenese beschrieben wird (▶*Abbildung 9.21*). Viele Bakterienspezies können Pyruvat allerdings in einer ATP-abhängigen Reaktion, die durch die Phosphoenolpyruvat-Synthase katalysiert wird, auch direkt in Phosphoenolpyruvat umwandeln. Diese Reaktion ist viel effizienter als die zweistufige Synthese der Eukaryonten, an der die Pyruvat-Carboxylase und die PEPCK beteiligt sind. Der Grund für die Existenz der Phosphoenolpyruvat-Synthase in Bakterienzellen liegt vermutlich darin, dass eine effiziente Gluconeogenese für Bakterien von größerer Bedeutung ist als für Eukaryonten, weil den meisten Bakterien in ihrer Umgebung keine exogene Glucosequelle zur Verfügung steht.

9.8.3 Fructose-1,6-bisphosphatase

Die Reaktionen der Gluconeogenese, die von Phosphoenolpyruvat zu Fructose-1,6-bisphosphat führen, stellen einfach die Rückreaktionen der im annähernden Gleichgewicht ablaufenden entsprechenden Reaktionen der Glycolyse dar und werden durch die gleichen Enzyme katalysiert. Die glycolytische Reaktion der Phosphofructokinase-1 (PFK-1) verläuft allerdings metabolisch irreversibel. In Richtung der Glucosebiosynthese wird die Bildung von Fructose-6-phosphat aus Fructose-1,6-bisphosphat durch das dritte für die Gluconeogenese spezifische Enzym, die Fructose-1,6-bisphosphatase, katalysiert.

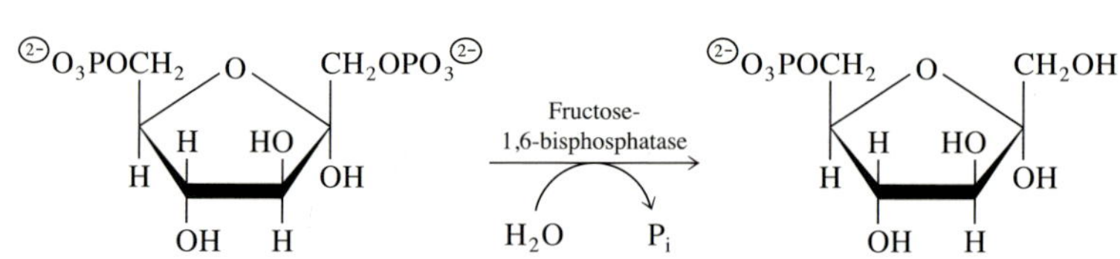

(9.15)

Die Hydrolyse des Phosphatesters in dieser Reaktion ist mit einer großen negativen Gibbs'schen freien Reaktionsenthalpie (ΔG) verknüpft. Deswegen läuft auch diese Reaktion metabolisch irreversibel ab. Die Säugetiervariante der Fructose-1,6-bisphosphatase zeigt eine sigmoidale Kinetik und wird durch AMP sowie durch den Effektor Fructose-2,6-bisphosphat als starker Aktivator der Phosphofructokinase-1 allosterisch gehemmt. Die Phosphofructokinase-1 katalysiert die Bildung von Fructose-1,6-phosphat aus Fructose-6-phosphat in der Glycolyse (▶*Abschnitt 9.2.3*). Diese beiden Enzyme, die zwei entgegengesetzte Reaktionen der Gluconeogenese und der Glycolyse beschleunigen, werden also durch den allosterischen Effektor Fructose-2,6-bisphosphat auf entgegengesetzte Weise (reziprok) reguliert. Fructose-1,6-bisphosphatase wird gehemmt, während Phosphofructokinase-1 aktiviert wird.

9.8.4 Glucose-6-phosphatase

Der letzte Schritt der Gluconeogenese besteht in der Hydrolyse von Glucose-6-phosphat zu Glucose, die durch das Enzym Glucose-6-phosphatase katalysiert wird. Diese Reaktion verläuft metabolisch irreversibel.

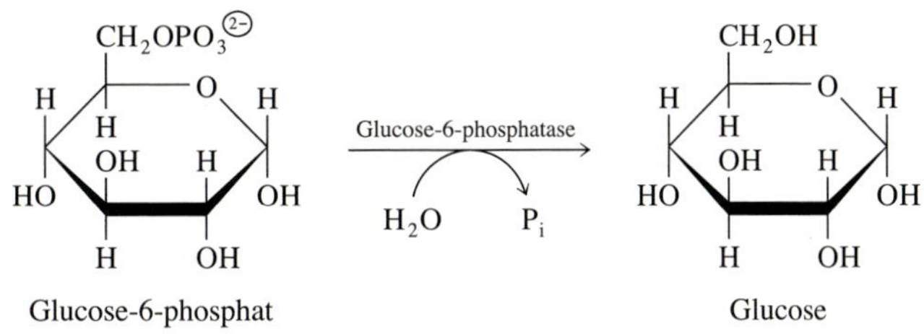

(9.16)

Auch wenn Glucose hier als Endprodukt der Gluconeogenese beschrieben wird, tritt sie dennoch nicht in allen Spezies als solches in Erscheinung. In vielen Fällen endet die Gluconeogenese vielmehr auf der Stufe von Glucose-6-phosphat. Das aktivierte Glucosederivat Glucose-6-phosphat kann als Startsubstrat für mehrere Wege des Kohlenhydratstoffwechsels dienen, die zur Synthese von Glycogen, Stärke und Saccharose, Pentosen sowie anderen Hexosen als Glucose führen.

9.9 Vorstufen der Gluconeogenese

Die Hauptstartsubstrate für die Synthese von Glucose-6-phosphat durch die Gluconeogenese stellen Pyruvat, Zwischenprodukte des Citronensäurezyklus, C_3-Zwischenstufen der Gluconeogenese selbst (zum Beispiel Glycerinaldehyd-3-phosphat) und Überträger von C_2-Einheiten wie Acetyl-CoA dar. Im Glyoxylatzyklus, der in Bakterien, Protisten, Pilzen, Pflanzen und manchen Tieren vorkommt, wird Acetyl-CoA zur Synthese von Oxalacetat verwendet, das als Zwischenprodukt in die Gluconeogenese eintreten kann. In Säugetieren treten Lactat und die meisten Aminosäuren, insbesondere Alanin, als Hauptvorläufer der Gluconeogenese auf. Glycerin, das durch die Hydrolyse von Triacylglycerinen gebildet wird, kann ebenfalls als Vorstufe für die Gluconeogenese dienen und nach der Umwandlung in Dihydroxyacetonphosphat direkt in diese eingeschleust werden. Vorläufer der Gluconeogenese, die in Geweben entstehen, die keine Gluconeogenese betreiben, müssen zunächst in die Leber transportiert werden, um als Substrat der Glucosebiosynthese verwendet werden zu können.

9.9.1 Lactat

Durch die Glycolyse werden in aktiven Muskeln große Mengen Lactat erzeugt und in Erythrocyten wird sogar ständig Lactat gebildet. Lactat aus diesen und anderen Quellen gelangt in den Blutstrom, wird mit diesem zur Leber befördert und dort durch die Aktivität der $NAD^{\oplus}$-abhängigen Lactat-Dehydrogenase zu Pyruvat oxidiert. Das Pyruvat kann dann direkt als Substrat für die Gluconeogenese dienen. Die in der Leber aus dem Lactat produzierte Glucose wird anschließend ins Blut abgegeben, um andere Gewebe mit Glucose zu versorgen. Dieser Stoffkreislauf wird Cori-Zyklus genannt (▶*Abbildung 9.22*). Der Cori-Zyklus ist weder mit einem Nettogewinn noch mit einem Nettoverlust an Glucose verbunden. Für die Umwandlung von Lactat in Glucose ist die Zufuhr von Energie erforderlich. Diese Energie wird überwiegend durch die Oxidation von Fettsäuren in der Leber gewonnen. Durch den Cori-Zyklus wird somit potenzielle chemische Energie in Form von Glucose von der Leber zu anderen Geweben transportiert.

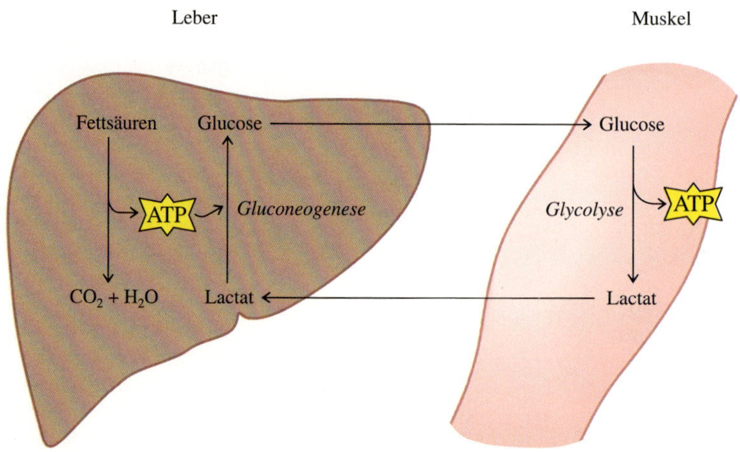

Abbildung 9.22: Der Cori-Zyklus. Als Cori-Zyklus wird der Kreislauf bezeichnet, in dem Glucose in Muskeln, Erythrocyten und anderen Geweben zu L-Lactat katabolisiert, das Lactat anschließend zur Leber befördert und dort durch Gluconeogenese wieder zu Glucose umgesetzt wird. Der Kreislauf wird durch den Transport der neu gebildeten Glucose zu den anderen Geweben, in denen das Lactat gebildet wurde, geschlossen. Die Energie für die Glucosebiosynthese in der Leber stammt größtenteils aus der Oxidation von Fettsäuren.

9.9.2 Aminosäuren

Die meisten Aminosäuren werden im Katabolismus zunächst zu Pyruvat oder Zwischenprodukten des Citronensäurezyklus abgebaut. Die Endprodukte dieser katabolen Stoffwechselwege können in Zellen, die zur Gluconeogenese fähig sind, als direkte Vorstufen der Glucose-6-phosphat-Synthese eingesetzt werden. Auch das in Säugetiergeweben gebildete Pyruvat muss zunächst zur Leber befördert werden, bevor es zur Synthese von Glucose verwendet werden kann. Der Cori-Zyklus stellt eine Möglichkeit dar, um Pyruvat nach vorhergehender Umwandlung in Lactat zur Leber zu transportieren, wo es wieder zu Pyruvat umgesetzt wird. Der Glucose-Alanin-Zyklus repräsentiert ein ähnliches Transportsystem. Pyruvat kann in einer Transaminierung die Aminogruppe einer α-Aminosäure wie Glutamat übernehmen und dadurch in Alanin umgewandelt werden.

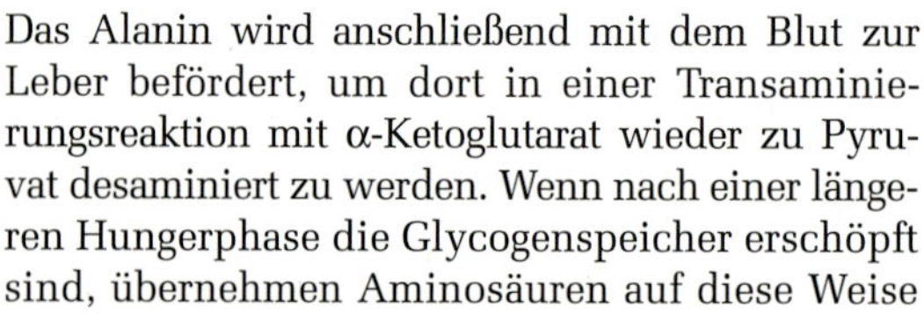

(9.17)

Das Alanin wird anschließend mit dem Blut zur Leber befördert, um dort in einer Transaminierungsreaktion mit α-Ketoglutarat wieder zu Pyruvat desaminiert zu werden. Wenn nach einer längeren Hungerphase die Glycogenspeicher erschöpft sind, übernehmen Aminosäuren auf diese Weise die Rolle des Hauptkohlenstofflieferanten für die Gluconeogenese. Schließlich kann auch Aspartat als Vorstufe in der Glucosebiosynthese verwendet werden. Aspartat fungiert ebenfalls als Aminogruppen-Donor im Harnstoffzyklus, der zur Eliminierung überschüssigen Stickstoffs aus der Zelle dient. Im Harnstoffzyklus wird Aspartat in Fumarat umgewandelt. Das Fumarat wird anschließend zu Malat hydratisiert und das Malat zu Oxalacetat oxidiert. Außerdem wird Oxalacetat direkt durch die Transaminierung zwischen Aspartat und α-Ketoglutarat erzeugt.

9.9.3 Glycerin

Der Katabolismus von Triacylglycerinen führt zur Bildung von Glycerin und Acetyl-CoA. Wie oben bereits erwähnt wurde, trägt Acetyl-CoA zur Nettosynthese von Glucose über die Reaktionen des Glyoxylatzyklus bei. In Säugetierzellen kommt der Glyoxylatzyklus aber nicht vor und kann dort deswegen keinen Beitrag zur Nettosynthese von Glucose aus Lipiden leisten. Glycerin kann allerdings als Vorstufe der Gluconeogenese dienen. Zu diesem Zweck erfolgt zunächst eine Phosphorylierung zu Glycerin-3-phosphat, die durch die Glycerin-Kinase katalysiert wird (▶*Abbildung 9.23*). Glycerin-3-phosphat kann nach der Umwandlung in Dihydroxyacetonphosphat direkt in die Gluconeogenese eintreten. Diese Oxidation kann durch einen flavinhaltigen Glycerin-3-phosphat-Dehydrogenase-Komplex, der in die innere Mitochondrienmembran eingebettet ist, katalysiert werden. Auf der Außenseite dieser Membran bindet Glycerin-3-phosphat an das Enzym und überträgt Elektronen auf Ubichinon (Q). Die Elektronen werden anschließend in der membrangebundenen Elektronentransportkette weitergeleitet. Die Oxidation von Glycerin-3-phosphat kann aber auch durch die cytosolische Glycerin-3-phosphat-Dehydrogenase katalysiert werden. Diese Reaktion ist mit der Reduktion von $NAD^{\oplus}$ zu NADH gekoppelt. Beide Reaktionen finden in der Leber statt, in der bei Säugetieren die Gluconeogenese hauptsächlich abläuft.

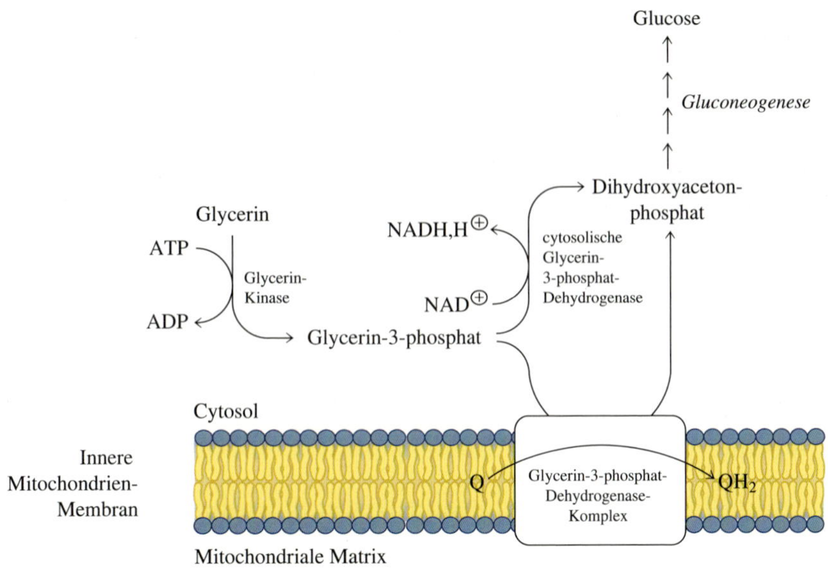

Abbildung 9.23: Glycerin als Vorstufe zur Gluconeogenese. Die Oxidation von Glycerin-3-phosphat zu Dihydroxyacetonphosphat kann entweder durch eine cytosolische oder eine an die innere Mitochondrienmembran gebundene Glycerin-3-phosphat-Dehydrogenase katalysiert werden. Bei beiden Reaktionen werden reduzierte Coenzyme erzeugt. Die Leber enthält beide Typen dieser Dehydrogenase, sodass die zugehörigen enzymatischen Reaktionen auch beide in der Leber stattfinden.

9.9.4 Propionat und Lactat

Im Pansen (Mehrkammermagen) von Wiederkäuern, zu denen zum Beispiel Rinder, Schafe, Giraffen, Hirsche und Kamele gehören, produzieren Mikroorganismen die organischen Carboxylate Propionat und Lactat. Diese werden resorbiert und größtenteils zur Glucosebiosynthese verwendet. Lactat aus dem Pansen wird zu diesem Zweck, wie oben beschrieben, zunächst zu Pyruvat oxidiert. Propionat wird über Propionyl-CoA in Succinyl-CoA umgewandelt. Diese Reaktionen werden im Zusammenhang mit der β-Oxidation von Fettsäuren mit einer ungeraden Anzahl von Kohlenstoffatomen näher erläutert. Succinyl-CoA stellt ein Zwischenprodukt des Citronensäurezyklus dar und wird in diesem zu Oxalacetat umgesetzt.

9.9.5 Acetat

Viele Spezies können Acetat als Hauptkohlenstoffquelle nutzen. Diese Spezies können Acetat in Acetyl-CoA umwandeln, das als Vorstufe zur Synthese von Oxalacetat dient. Manche Bakterienspezies können Acetat direkt aus CO_2 synthetisieren. In diesen Spezies kann Glucose durch diese Reaktionen in Zusammenarbeit mit der Gluconeogenese aus anorganischen Vorstufen produziert werden.

9.10 Der Pentosephosphatweg

Im Verlauf des Pentosephosphatweges erfolgt die Synthese von drei Pentosephosphaten: Ribulose-5-phosphat, Ribose-5-phosphat und Xylulose-5-phosphat. Ribose-5-phosphat wird zur Synthese von RNA und DNA benötigt. Der vollständige Stoffwechselweg verläuft in zwei Phasen, einer oxidativen und einer nichtoxidativen Phase (▶*Abbildung 9.24*). Im Verlauf der oxidativen Phase ist die Umwandlung von Glucose-6-phosphat in die C_5-Verbindung Ribulose-5-phosphat mit der Produktion von NADPH aus $NADP^{\oplus}$ verbunden. Die Nettoreaktionsgleichung der oxidativen Phase des Pentosephosphatweges lautet folgendermaßen:

$$\text{Glucose-6-phosphat} + 2\,NADP^{\oplus} + H_2O \longrightarrow \text{Ribulose-5-phosphat} + 2\,NADPH + CO_2 + 2\,H^{\oplus} \qquad (9.18)$$

Wenn ein hoher Bedarf an NADPH und Nucleotiden besteht, wird praktisch das gesamte Ribulose-5-phosphat zu Ribose-5-phosphat isomerisiert und der Pentosephosphatweg endet an dieser Stelle. Manchmal wird deutlich mehr NADPH als Ribose-5-phosphat benötigt. Dann wird der größte Teil der Pentosephosphate in Zwischenprodukte der Glycolyse umgewandelt.

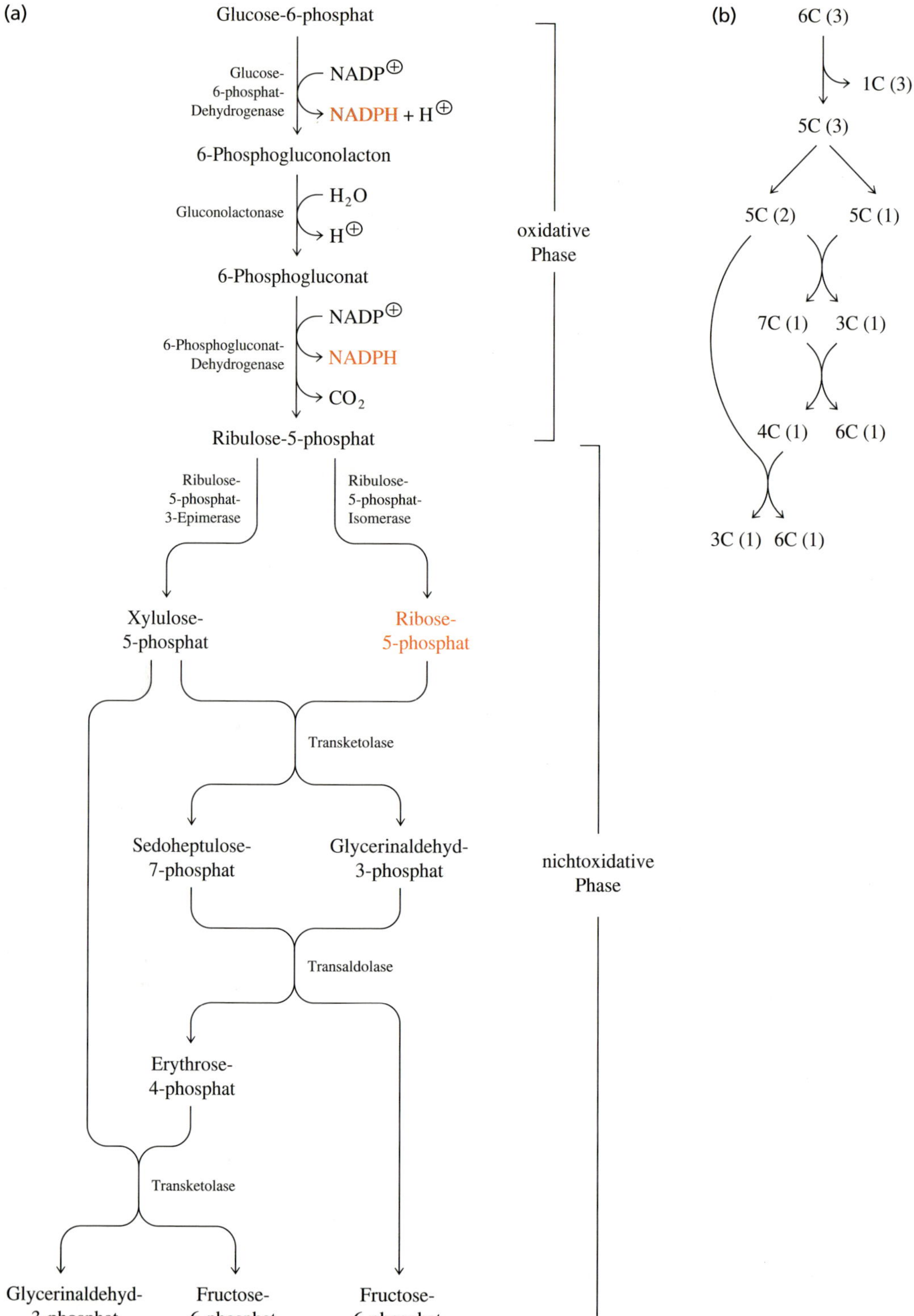

Abbildung 9.24: Der Pentosephosphatweg. (a) Die oxidative Phase dieses Stoffwechselweges führt zur Synthese des Pentosephosphats Ribulose-5-phosphat aus Glucose-6-phosphat und ist mit der Erzeugung von NADPH verbunden. Die nichtoxidative Phase kann neben Ribose-5-phosphat für die Synthese von Nucleotiden auch die glycolytischen Zwischenprodukte Fructose-6-phosphat und Glycerinaldehyd-3-phosphat liefern. (b) Schematische Darstellung des Weges des Kohlenstoffs im Pentosephosphatweg. In der oxidativen Phase werden drei Moleküle des C_6-Zuckers Glucose-6-phosphat unter Freisetzung von drei Molekülen CO_2 in drei Moleküle des C_5-Zuckers Ribulose-5-phosphat umgewandelt. Bei vollständigem Ablauf der nichtoxidativen Phase zu den glycolytischen Zwischenprodukten werden drei Moleküle des C_5-Zuckers zu zwei Molekülen des C_6-Zuckers Fructose-6-phosphat und einem Molekül der C_3-Verbindung Glycerinaldehyd-3-phosphat umgesetzt.

Die nichtoxidative Phase des Pentosephosphatweges entscheidet über das Schicksal des in der oxidativen Phase gebildeten Pentosephosphats, indem sie mehrere Wege zu Zwischenprodukten der Glycolyse bereitstellt. Bei den glycolytischen Zwischenprodukten, die über den Pentosephosphatweg erreicht werden, handelt es sich um Fructose-6-phosphat und Glycerinaldehyd-3-phosphat. Die vollständige Umsetzung von drei Pentosephosphatmolekülen in der nichtoxidativen Phase des Pentosephosphatweges zu Zwischenprodukten der Glycolyse liefert zwei Hexosemoleküle und ein Triosemolekül.

$$\text{3 Ribulose-5-phosphat} \longrightarrow \text{2 Fructose-6-phosphat} + \text{Glycerinaldehyd-3-phosphat} \qquad (9.19)$$

Sowohl Fructose-6-phosphat als auch Glycerinaldehyd-3-phosphat können in der Glycolyse oder in der Gluconeogenese weiter verstoffwechselt werden. Im Folgenden werden wir die einzelnen Schritte des Pentosephosphatweges näher diskutieren.

9.10.1 Oxidative Phase

Die drei Reaktionen der oxidativen Phase des Pentosephosphatweges sind in ▸*Abbildung 9.25* dargestellt. Die ersten beiden Schritte entsprechen denen des bakteriellen Entner-Doudoroff-Weges. Die erste Reaktion besteht in der Oxidation von Glucose-6-phosphat zu 6-Phosphogluconolacton durch NADP⊕, die durch die Glucose-6-phosphat-Dehydrogenase (G6PDH) katalysiert wird. Dieser Schritt repräsentiert die Hauptregulationsstelle des gesamten Pentosephosphatweges. Glucose-6-phosphat-Dehydrogenase wird durch NADPH allosterisch gehemmt. Dieser einfache regulatorische Mechanismus stellt sicher, dass die Produktion von NADPH durch den Pentosephosphatweg selbstlimitierend ist.

Das Enzym der nächsten Reaktion der oxidativen Phase stellt die Gluconolactonase dar, die die Hydrolyse von 6-Phosphogluconolacton zur Zuckersäure 6-Phosphogluconat katalysiert. Schließlich beschleunigt 6-Phosphogluconat-Dehydrogenase die oxidative Decarboxylierung von 6-Phosphogluconat. Diese Reaktion ist mit der Produktion eines zweiten Moleküls NADPH verknüpft und liefert außerdem Ribulose-5-phosphat und CO_2. In der oxidativen Phase findet summa summarum also die Oxidation der Hexose Glucose-6-phosphat zur Pentose Ribulose-5-phosphat und CO_2, die mit der Reduktion von zwei Molekülen NADP⊕ zu NADPH gekoppelt ist, statt.

9.10.2 Nichtoxidative Phase

Die Reaktionen der nichtoxidativen Phase des Pentosephosphatweges finden alle im annähernden Gleichgewicht statt. Diese Phase des Stoffwechselweges liefert C_5-Zucker für Biosynthesen und verschiedene Zuckerphosphate, die in der Glycolyse und der Gluconeogenese weiter umgesetzt werden können. Ribulose-5-phosphat, das Produkt der oxidativen Phase, kann im Pentosephosphatweg zwei verschiedene Schicksale erleiden: Entweder katalysiert eine Epimerase die Umwandlung in Xylulose-5-phosphat oder eine Isomerase beschleunigt die Bildung von Ribose-5-phosphat (▸*Abbildung 9.26*). Ribose-5-phosphat dient als Vorstufe der Ribose- oder Desoxyriboseeinheit von Nucleotiden. Die verbleibenden Schritte des Pentosephosphatweges führen zur Umsetzung dieser beiden Pentosephosphate zu Zwischenprodukten der Glycolyse. Zellen mit einer hohen Teilungsrate benötigen viel Ribose-5-phosphat als Vorläufer für Ribonucleotid- und Desoxyribonucleotidreste sowie NADPH für die Reduktion von Ribonucleotiden zu Desoxyribonucleotiden. Diese Zellen weisen in der Regel eine hohe Aktivität des Pentosephosphatweges auf.

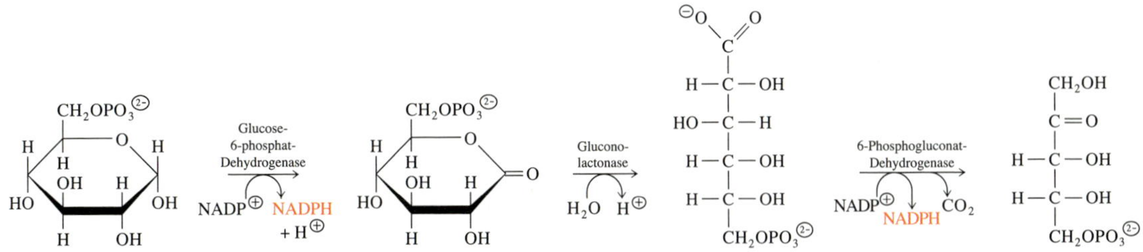

Abbildung 9.25: Oxidative Phase des Pentosephosphatweges. Pro Molekül Glucose-6-phosphat, das in den Weg eintritt, werden in der oxidativen Phase ein Molekül Ribulose-5-phosphat, ein Molekül CO_2 sowie zwei Moleküle NADPH gebildet.

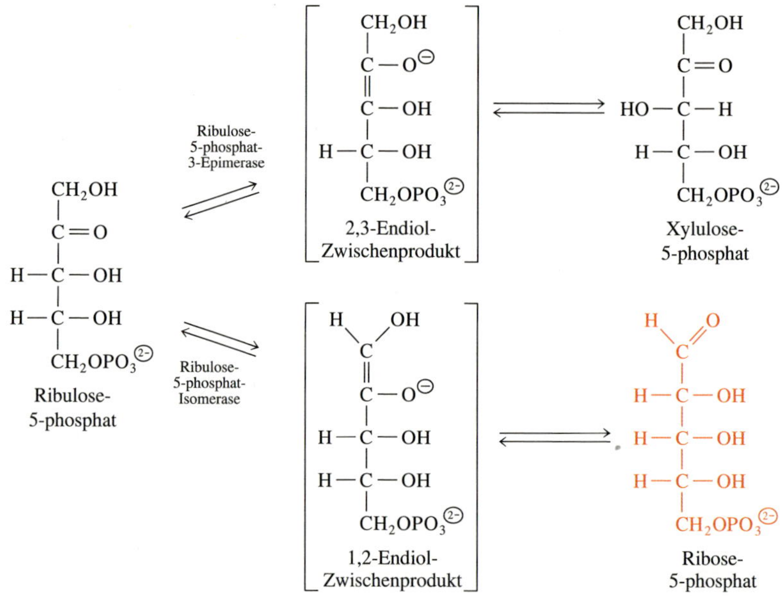

Abbildung 9.26: Umwandlung von Ribulose-5-phosphat in Xylulose-5-phosphat oder Ribose-5-phosphat. In beiden Reaktionen führt die Entfernung eines Protons zur Bildung eines Endiol-Zwischenprodukts. Durch die Reprotonierung wird in einem Fall Xylulose-5-phosphat und im anderen Fall Ribose-5-phosphat gebildet.

Die Darstellung des Gesamtprozesses des Pentosephosphatweges (▶*Abbildung 9.24*) zeigt, dass in der nichtoxidativen Phase zwei Moleküle Xylulose-5-phosphat und ein Molekül Ribose-5-phosphat in mehreren Stufen miteinander zu einem Molekül der C_3-Verbindung Glycerinaldehyd-3-phosphat und zwei Molekülen des C_6-Zuckerphosphats Fructose-6-phosphat reagieren. Mit der Passage von drei Molekülen Glucose-6-phosphat durch den gesamten Pentosephosphatweg ist somit die Bildung von zwei Molekülen Fructose-6-phosphat, einem Molekül Glycerinaldehyd-3-phosphat, drei Molekülen CO_2 und sechs Molekülen NADPH verbunden. Die ausgeglichene Reaktionsgleichung dieses Prozesses lautet also folgendermaßen:

$$\begin{aligned}&3\ \text{Glucose-6-phosphat} + 6\ \text{NADP}^{\oplus} + 3\ H_2O \longrightarrow 2\ \text{Fructose-6-phosphat} + \\ &\text{Glycerinaldehyd-3-phosphat} + 6\ \text{NADPH} + 3\ CO_2 + 6\ H^{\oplus}\end{aligned} \tag{9.20}$$

In den meisten Zellen werden das Fructose-6-phosphat und das Glycerinaldehyd-3-phosphat, die im Pentosephosphatweg gebildet wurden, zur Resynthese von Glucose-6-phosphat in der Gluconeogenese verwendet. In diesem Fall wird durch die Passage von sechs Molekülen Glucose-6-phosphat durch den Pentosephosphatweg das Äquivalent eines Moleküls Glucose vollständig zu CO_2 oxidiert. Mit anderen Worten: Die *sechs* Moleküle Ribulose-5-phosphat, die durch die Oxidation von sechs Molekülen Glucose-6-phosphat in der oxidativen Phase gebildet wurden, können anschließend durch die Reaktionen der nichtoxidativen Phase des Pentosephosphatweges und einen Teil der Reaktionen der Gluconeogenese in *fünf* Moleküle Glucose-6-phosphat umgewandelt werden. Denken Sie in diesem Zusammenhang daran, dass in der Gluconeogenese aus zwei Molekülen Glycerinaldehyd-3-phosphat ein Molekül Fructose-1,6-bisphosphat gebildet wird. Wenn wir H_2O und $H^{\oplus}$ *nicht* berücksichtigen, ergibt sich für diesen Prozess folgende Gesamtstöchiometrie:

$$\begin{aligned}&6\ \text{Glucose-6-phosphat} + 12\ \text{NADP}^{\oplus} \longrightarrow \\ &5\ \text{Glucose-6-phosphat} + 12\ \text{NADPH} + 6\ CO_2 + P_i\end{aligned} \tag{9.21}$$

Diese Nettoreaktion unterstreicht, dass der größte Teil des Glucose-6-phosphats, das in den Pentosephosphatweg eintritt, recycelt werden kann. Ein Sechstel des Glucose-6-phosphats wird zu CO_2 und P_i oxidiert. Dabei werden die Wasserstoffe auf $\text{NADP}^{\oplus}$ übertragen. Tatsächlich wird der Pentosephosphatweg wegen des möglichen Recyclings eines großen Teils des Glucose-6-phosphats manchmal auch als *Pentosephosphatzyklus* bezeichnet.

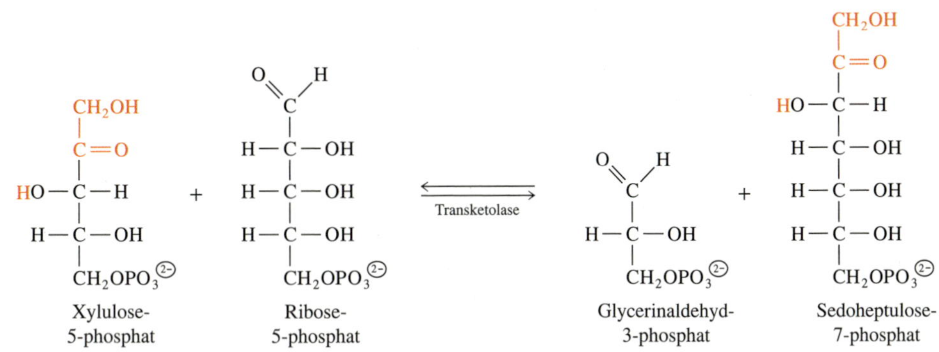

Abbildung 9.27: Reaktionsgleichung der ersten Transketolase-Reaktion des Pentosephosphatweges. Die reversible Übertragung einer C_2-Glycoaldehydgruppe (rot) von Xylulose-5-phosphat auf Ribose-5-phosphat führt zur Bildung von Glycerinaldehyd-3-phosphat und Sedoheptulose-7-phosphat. Sowohl in der Hin- als auch in der Rückreaktion wird jeweils das Ketosephosphat um eine C_2-Einheit gekürzt, während das Aldosephosphat um diese C_2-Einheit verlängert wird. In diesem Beispiel findet also eine Gleichgewichtsreaktion zwischen zwei C_5-Zuckern auf der einen Seite sowie einem C_3- und einem C_7-Zucker auf der anderen Seite statt.

9.10.3 Reaktionen der Transketolase und der Transaldolase

In der nichtoxidativen Phase des Pentosephosphatweges werden drei C_5-Zuckermoleküle in zwei C_6-Zuckermoleküle sowie ein C_3-Molekül überführt. Dazu ist die Übertragung von C_2- und C_3-Einheiten zwischen den Molekülen und Zwischenstufen erforderlich. Diese Reaktionen werden durch die beiden Enzyme Transketolase und Transaldolase beschleunigt. Die Transketolase wird auch Glycoaldehyd-Transferase genannt. Sie stellt ein Thiaminpyrophosphat-Enzym dar, das die Übertragung einer C_2-Glycoaldehydgruppe von einem Ketosephosphat auf ein Aldosephosphat katalysiert. Dabei wird das Ketosephosphat in den entsprechenden Aldehyd, dessen Kohlenstoffkette um zwei C-Atome kürzer ist, umgewandelt. Aus dem Aldosephosphat wird ein Ketosephosphat mit einer um zwei C-Atome längeren Kohlenstoffkette gebildet. In der nichtoxidativen Phase des Pentosephosphatweges werden zwei Reaktionen durch eine Transketolase katalysiert. Im ersten dieser Schritte reagieren die beiden Pentosephosphate (C_5-Zucker) Xylulose-5-phosphat und Ribose-5-phosphat zum Triosephosphat (C_3-Zucker) Glycerinaldehyd-3-phosphat und zum Heptosephosphat (C_7-Zucker) Sedoheptulose-7-phosphat (▶*Abbildung 9.27*). In der zweiten Transketolase-Reaktion, die zwischen Erythrose-4-phosphat (C_4-Zucker) und Xylulose-5-phosphat (C_5-Zucker) stattfindet, werden durch die Übertragung einer C_2-Einheit von dem Pentosephosphat auf das Tetrosephosphat die Endprodukte Glycerinaldehyd-3-phosphat (C_3-Zucker) und Fructose-6-phosphat (C_6-Zucker) gebildet (▶*Abbildung 9.27*).

Die Transaldolase wird auch als Dihydroxyaceton-Transferase bezeichnet. Sie katalysiert die Übertragung einer Dihydroxyacetoneinheit von einem Ketosephosphat auf ein Aldosephosphat. In der Transaldolase-Reaktion des Pentosephosphatweges werden Sedoheptulose-7-phosphat und Glycerinaldehyd-3-phosphat in Erythrose-4-phosphat und Fructose-6-phosphat umgewandelt ▶*Abbildung 9.28*). Fructose-6-phosphat stellt eines der Endprodukte des Pentosephosphat-

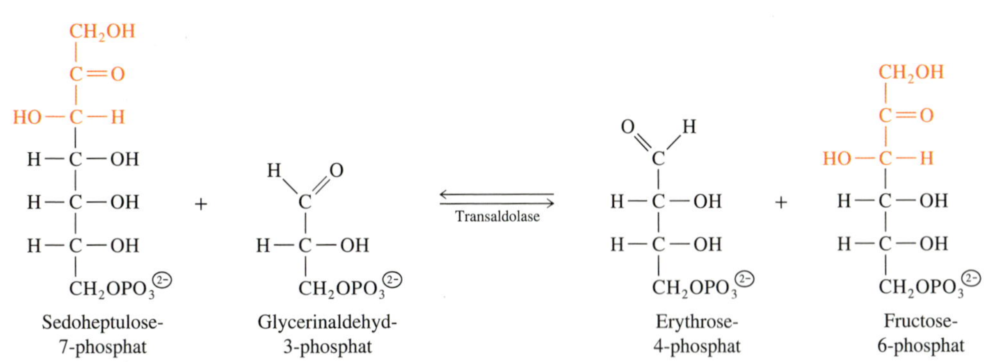

Abbildung 9.28: Reaktionsgleichung der Transaldolase-Reaktion des Pentosephosphatweges. Durch die Übertragung einer C_3-Dihydroxyacetoneinheit (rot) von Sedoheptulose-7-phosphat auf das C-1-Atom von Glycerinaldehyd-3-phosphat werden das Ketosephosphat Fructose-6-phosphat und das Aldosephosphat Erythrose-4-phosphat erzeugt. In diesem Beispiel findet also eine Gleichgewichtsreaktion zwischen einem C_3-Zucker und einem C_7-Zucker auf der einen Seite sowie einem C_4- und einem C_6-Zucker auf der anderen Seite statt.

weges dar, während Erythrose-4-phosphat in der oben beschriebenen, zweiten Ketolase-Reaktion zusammen mit Xylulose-5-phosphat zu Fructose-6-phosphat und Glycerinaldehyd-3-phosphat umgesetzt wird (▶*Abbildung 9.28*).

Glycogenstoffwechsel 9.11

Glucose wird in Form der intrazellulären Polysaccharide Stärke und Glycogen gespeichert. Glycogen dient als wichtiges Speicherpolysaccharid in Bakterien, Protisten, Pilzen und Tieren. Bei Wirbeltieren befindet sich der größte Teil des Glycogens in den Muskel- und Leberzellen. Die Glycogensynthese beginnt mit der Umwandlung von Glucose-6-phosphat in Glucose-1-phosphat. Die Synthese und der Abbau von Glycogen dienen in erster Linie der Speicherung von Glucose-6-phosphat, bis es für einen dieser Stoffwechselwege benötigt wird.

9.11.1 Glycogensynthese

Drei separate Reaktionen sind erforderlich, um den Glucoserest von Glucose-6-phosphat mit dem Ende eines Glycogenmoleküls zu verknüpfen (▶*Abbildung 9.29*). Zunächst katalysiert Glucosephosphat-Mutase die im annähernden Gleichgewicht ablaufende Umwandlung von Glucose-6-phosphat in Glucose-1-phosphat. Durch die Reaktion mit UTP, bei der UDP-Glucose und Pyrophosphat (PP_i) gebildet werden, wird der Glucoserest des Glucose-1-phosphats anschließend aktiviert. Im dritten Schritt katalysiert die Glycogen-Synthase die Addition des Glucoserestes der UDP-Glucose an das nichtreduzierende Ende eines Glycogenmoleküls unter Freisetzung von UDP. Das Glycogenmolekül wird dadurch um einen Glucoserest verlängert.

Die Glucosephosphat-Mutase ist ein ubiquitäres (überall verbreitetes) Enzym. Sie katalysiert die Isomerisierung von α-D-Glucose-6-phosphat zu α-D-Glucose-1-phosphat, eine Reaktion, die in der Zelle im annähernden Gleichgewicht stattfindet.

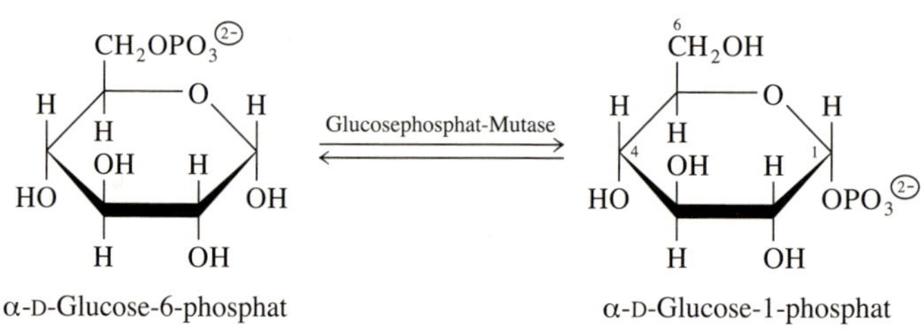

(9.22)

Der Mechanismus dieser Reaktion ähnelt dem der cofaktorabhängigen Phosphoglycerat-Mutase-Reaktion. Dabei wird Glucose-6-phosphat an das phosphorylierte Enzym gebunden, das seine Phosphorylgruppe unter Bildung des enzymgebundenen Zwischenprodukts Glucose-1,6-bisphosphat auf Glucose-6-phosphat überträgt. Die nachfolgende Übertragung der C-6-Phosphorylgruppe des Zwischenproduktes führt zur Regeneration des phosphorylierten Enzyms und ergibt das Produkt Glucose-1-phosphat. Im zweiten Schritt wird der Glucoserest des Glucose-1-phosphats durch die Bildung von UDP-Glucose aktiviert. Bei dieser Reaktion wird der UMP-Rest eines UTP-Moleküls unter Freisetzung von Pyrophosphat (PP_i) über eine Phosphoanhydridbindung mit der Phosphorylgruppe von Glucose-1-phosphat verknüpft. Das Enzym, das diese Reaktion katalysiert, heißt UDP-Glucose-Pyrophosphorylase und kommt in den meisten eukaryontischen Spezies vor. Die Aktivierung der Glucose erfolgt auf Kosten eines ATP-Äquivalents in Form eines UTP-Moleküls. Die Energie des UTP-Moleküls wird dabei in Form der UDP-Glucose gespeichert, in der sie für viele biosynthetische Reaktionen verwendet werden kann. UDP-Glucose kann als Substrat zur Synthese von UDP-Galactose dienen. UDP-Galactose wird für die Biosynthese von Cerebrosiden und Gangliosiden benötigt. Trotz des Verbrauchs eines UTP-Moleküls beträgt die Gibbs'sche freie Reaktionsenthalpie der UDP-Glucose-Pyrophosphorylase-Reaktion annähernd 0 kJ mol^{-1}, weil das Produkt UDP-Glucose eine energiereiche Verbindung darstellt. Die Reaktion wird vor allem durch die nachfolgende Hydrolyse des Pyrophosphats in die Richtung der UDP-Glucose-Synthese getrieben. Die eigentliche Glycogensynthese erfolgt durch eine Polymerisation,

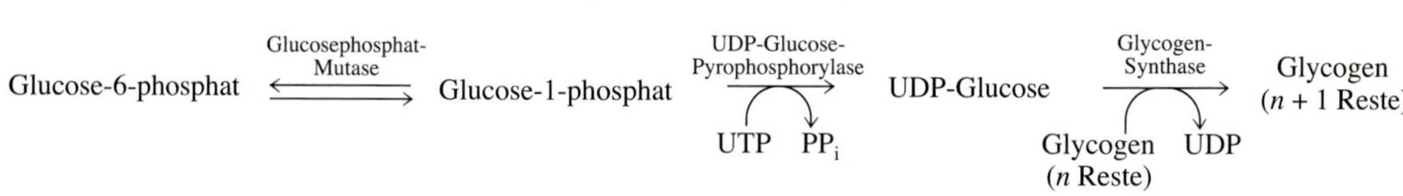

Abbildung 9.29: Synthese von Glycogen in Eukaryonten.

Nettoproduktion von drei ATP-Molekülen. Der Grund für die höhere Energieausbeute liegt darin, dass die Abspaltung eines Glucoserestes durch die Glycogen-Phosphorylase einer Phosphorolyse und keiner Hydrolyse entspricht. Da dabei direkt ein Glucosephosphat gebildet wird und statt ATP anorganisches Phosphat zum Einsatz kommt, wird die ATP-verbrauchende Hexokinase-Reaktion der Glycolyse durch eine Reaktion ersetzt, für die kein ATP erforderlich ist. Das Glucose-1-phosphat wird zwar durch die Aktivität der Glucosephosphat-Mutase in einer sehr schnellen enzymatischen Reaktion noch zu Glucose-6-phosphat isomerisiert, bevor es in die Glycolyse eintreten kann, aber damit ist ebenfalls kein ATP-Verbrauch verbunden.

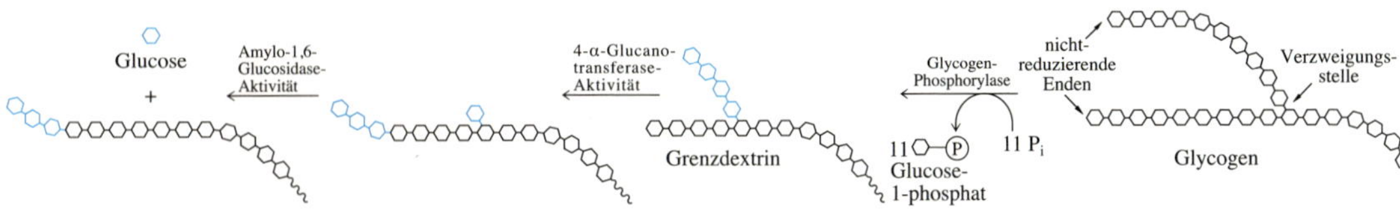

Abbildung 9.32: Schematische Darstellung des Glycogenabbaus. Glycogen-Phosphorylase katalysiert die Phosphorolyse von Glycogenketten zu Glucose-1-phosphat-Molekülen und kürzeren Glycogenketten. Dieser Abbau stoppt jeweils vier Reste vor einem α-(1→6)-Verzweigungspunkt. Die Entfernung dieser Verzweigung im verbleibenden Grenzdextrin erfolgt durch die beiden Aktivitäten des Glycogen-Debranching-Enzyms. Die 4-α-Glucanotransferase-Aktivität katalysiert die Übertragung eines Glucosetrimers vom Ende des Zweiges des Grenzdextrins auf das freie Ende der Glycogenhauptkette. Schließlich katalysiert die Amylo-1,6-Glucosidase-Aktivität die hydrolytische Abspaltung des einzelnen, verbliebenen, α-(1→6)-verknüpften Glucoserestes des ursprünglichen Zweiges. Im Anschluss kann die Glycogenhauptkette durch die Glycogen-Phosphorylase über den ursprünglichen Verzweigungspunkt hinaus verkürzt werden.

ZUSAMMENFASSUNG

1. Die Glycolyse ist ein zehnstufiger Stoffwechselweg, in dem Glucose zu Pyruvat katabolisiert (abgebaut) wird. Sie kann in zwei Phasen unterteilt werden, die Vorbeeitungsphase und die Erntephase. Als Produkte der Vorbereitungsphase werden pro Glucosemolekül ein Molekül Dihydroxyacetonphosphat und ein Molekül Glycerinaldehyd-3-phosphat gebildet. Diese beiden Triosephosphate wandeln sich schnell ineinander um und schließlich werden zwei Moleküle Glycerinaldehyd-3-phosphat pro Glucosemolekül in der Triosephase zu Pyruvat umgesetzt.

2. Der Abbau eines Moleküls Glucose zu zwei Molekülen Pyruvat durch die Glycolyse ist mit der Nettoproduktion von zwei Molekülen ATP aus ADP und P_i sowie zwei Molekülen NADH aus $NAD^{\oplus}$ verbunden.

3. Unter anaeroben Bedingungen wandeln Mikroben Pyruvat in Ethanol und CO_2 um. In einigen anderen Organismen kann Pyruvat unter anaeroben Bedingungen zu Lactat, Acetat, Formiat und Ethanol umgesetzt werden. Bei beiden Prozessen wird $NAD^{\oplus}$ aus NADH regeneriert.

4. Während der Buttersäure- und Lösungsmittelfermentationen werden Produkte, wie Aceton, 2-Propanol, Butyrat, Butanol und Acetat gebildet, um ATP zu gewinnen. Ungewöhnlich ist die Stickland-Reaktion, in der eine klassische Fermentation von Aminosäuren an die Bildung eines Ionengradienten und darüber ATP gekoppelt wird. Die dazu nötige Verteilung von Elektronen nennt man Elektronenbifurkation.

5. Fructose, Galactose und Mannose können ebenfalls in die Glycolyse eintreten, indem sie zuvor in Zwischenprodukte der Glycolyse umgewandelt werden.

6. Der Entner-Doudoroff-Weg dient in einigen Bakterienspezies als Alternative zur Glycolyse zum Abbau von Glucose.

7. Die Gluconeogenese ist ein Stoffwechselweg zur Synthese von Glucose aus Vorstufen, die keine Kohlenhydrate darstellen. Die sieben Reaktionen, die in der Glycolyse im annähernden Gleichgewicht ablaufen, finden in der Gluconeogenese durch die gleichen Enzyme katalysiert in umgekehrter Richtung statt. Durch vier Enzyme, die für die Gluconeogenese spezifisch sind, können die drei metabolisch irreversiblen Reaktionen der Glycolyse umgangen werden.

8. Zu den kohlenhydratfremden Vorstufen für die Glucosebiosynthese gehören Pyruvat, Lactat, Alanin und Glycerin.

9. Im Pentosephosphatweg werden im Verlauf der Verstoffwechselung von Glucose-6-phosphat unter anderem NADPH und Ribose-5-phosphat gebildet. In der oxidativen Phase dieses Stoffwechselweges werden zwei Moleküle NADPH pro Glucose-6-phosphat-Molekül, das zu Ribulose-5-phosphat und CO_2 umgesetzt wird, erzeugt. In der nichtoxidativen Phase wird Ribulose-5-phosphat zunächst in die Pentosephosphate Xylulose-5-phosphat und Ribose-5-phosphat umgewandelt. Letzteres wird für die Synthese von Ribonucleotiden (zum Beispiel für RNA) und Desoxyribonucleotiden (für DNA) benötigt. Die beiden Pentosephosphate können aber im Pentosephosphatweg auch weiter zu Zwischenprodukten der Glycolyse umgesetzt werden. Dazu sind die Aktivitäten einer Transketolase und einer Transaldolase erforderlich, die zur Bildung verschiedener Zwischenprodukte mit unterschiedlichen Kettenlängen und schließlich zur Entstehung der glycolytischen Zwischenprodukte Glycerinaldehyd-3-phosphat und Fructose-6-phosphat führen. Auf diese Weise werden die Pentosephosphate, die aus der oxidativen Phase hervorgehen, letztendlich in Triosephosphate und Hexosephosphate überführt.

10. Die Glycogensynthese wird durch die Glycogen-Synthase katalysiert, die zu Beginn der Kettenverlängerung allerdings auf die Existenz eines Glycogen-Primers sowie dauerhaft auf UDP-Glucose als Substrat angewiesen ist.

11. Glucose wird aus Glycogen durch die Aktivität der Glycogen-Phosphorylase freigesetzt. Dabei entsteht zunächst Glucose-1-phosphat, das durch die Glucosephosphat-Mutase schnell zu Glucose-6-phosphat isomerisiert wird.

AUSGEWÄHLTE LITERATUR

Glucosestoffwechsel

Ganapathy-Kanniappan, S. 2018. Molecular intricacies of aerobic glycolysis in cancer: current insights into the classic metabolic phenotype. *Crit. Rev. Biochem. Mol. Biol.* 536:667–682.

Lithaw, P. N. 2009. *Glycolysis – Regulation, Processes and Disease* (Biochemistry Research Trends). New York. Nova Science Pub.

Olivares-Illana, V., Riveros-Rosas, H., Cabrera, N., Tuena de Gómez-Puyou, M., Pérez-Montfort, R., Costas, M. und Gómez-Puyou, A. 2017. A guide to the effects of a large portion of the residues of triosephosphate isomerase on catalysis, stability, druggability, and human disease. *Proteins.* 2017 Jul;85(7):1190–1211.

Shams, F., Oldfield, N. J., Wooldridge, K. G. und Turner, D. P. 2014. Fructose-1,6-bisphosphate aldolase (FBA)-a conserved glycolytic enzyme with virulence functions in bacteria: 'ill met by moonlight'. *Biochem. Soc .Trans.* 426:1792–1795.

Schormann, N., Hayden, K. L., Lee, P., Banerjee, S. und Chattopadhyay, D. 2019. An overview of structure, function, and regulation of pyruvate kinases. *Protein Sci.* 28:1771–1784.

Sirover, M. A. 2017. *Glyceraldehyde-3-Phosphate Dehydrogenase (GAPDH): The Quintessential Moonlighting Protein in Normal Cell Function and in Human Disease.* London. Academic Press.

Schöneberg, T., Kloos, M., Brüser, A., Kirchberger, J. und Sträter N. 2013. Structure and allosteric regulation of eukaryotic 6-phosphofructokinases. *Biol. Chem.* 394:977–993.

Fermentationen

Fuchs, G., Eitinger, T. Heider, J. 2017. *Allgemeine Mikrobiologie.* Stuttgart. Georg Thieme Verlag.

Stoffwechsel anderer Zucker

Frey, P. A. 1996. The Leloir pathway: a mechanistic imperative for three enzymes to change the stereochemical configuration of a single carbon in galactose. *FASEB J.* 10:461–470. *Präsentiert die enzymatischen Details der Umwandlung von Galactose in Glucosephosphat.*

Gluconeogenese

Carlson, G. M. und Holyoak, T. 2009. Structural insights into the mechanism of phosphoenolpyruvate carboxykinase catalysis. *J. Biol. Chem.* 284:27037–27041.

Gizak, A., Duda, P., Wisniewski, J. und Rakus, D. 2019. Fructose-1,6-bisphosphatase: From a glucose metabolism enzyme to multifaceted regulator of a cell fate. *Adv. Biol. Regul.* 72:41–50.

Valle, M. 2017. Pyruvate Carboxylase, Structure and Function. *Subcell. Biochem.* 83:291–322.

Wang, Z. und Dong, C. 2019. Gluconeogenesis in Cancer: Function and Regulation of PEPCK, FBPase, and G6Pase. *Trends Cancer.* 5:30–45.

Pentosephosphatweg

Kruge, N. J. und von Schaewen, A. 2003. The oxidative pentose phosphate pathway: structure and organisation. *Curr. Opin. Plant Biol.* 63:236–246.

Patra, K. C., Hay, N. 2014. The pentose phosphate pathway and cancer. *Trends Biochem. Sci.* 39:347–354.

Stincone, A., Prigione, A., Cramer, T., Wamelink, M. M., Campbell, K., Cheung, E., Olin-Sandoval, V., Grüning, N. M., Krüger, A., Tauqeer Alam, M., Keller, M. A., Breitenbach, M., Brindle, K. M., Rabinowitz, J. D. und Ralser M. 2015. The return of metabolism: biochemistry and physiology of the pentose phosphate pathway. *Biol. Rev. Camb. Philos. Soc.* 90:927–963.

Glycogenstoffwechsel

Adeva-Andany, M. M., González-Lucán, M., Donapetry-García, C., Fernández-Fernández, C. und Ameneiros-Rodríguez, E. 2016. Glycogen metabolism in humans. *BBA Clin.* 5:85–100.

Cifuente, J. O., Comino, N., Trastoy, B., D'Angelo, C. and Guerin, M. E. 2019. Structural basis of glycogen metabolism in bacteria. *Biochem. J.* 476:2059–2092.

Mathieu, C., Dupret, J. M. und Rodrigues Lima, F. 2017. The structure of brain glycogen phosphorylase-from allosteric regulation mechanisms to clinical perspectives. *FEBS J.* 284:546–554.

Nadeau, O. W., Fontes, J. D. und Carlson, G. M. 2018. The regulation of glycogenolysis in the brain. *J. Biol. Chem.* 293:7099–7107.

Zeqiraj, E. und Sicheri, F. 2015. Getting a handle on glycogen synthase – Its interaction with glycogenin. *Mol. Aspects Med.* 46:63–69.

Der Citronensäurezyklus

10

ÜBERBLICK

Acetyl-CoA ist eines der Schlüsselintermediate bei der wechselseitigen Umwandlung von kleinen organischen Säuren. Im Anschluss an die Glycolyse erfolgt die Bildung von Acetyl-CoA unter Freisetzung von CO_2 bei der oxidativen Decarboxylierung von Pyruvat, die durch die Pyruvat-Dehydrogenase katalysiert werden kann. Die Acetylgruppe (eine C_2-Acylgruppe) des Acetyl-CoA kann dann auf das C_4-Dicarboxylat Oxalacetat übertragen werden. Dadurch wird das C_6-Tricarboxylat Citrat, also die deprotonierte Form der Tricarbonsäure Citronensäure, gebildet. Citrat kann im Anschluss durch einen siebenstufigen Stoffwechselweg oxidiert werden. Dabei werden unter anderem zwei Moleküle CO_2 freigesetzt und Oxalacetat zurückgewonnen. Oxalacetat kann nun erneut die Acetylgruppe von einem Acetyl-CoA-Molekül übernehmen, sodass der Zyklus geschlossen wird und von vorn beginnen kann. Das Nettoergebnis dieses cyclischen Stoffwechselweges, an dem acht verschiedene Enzyme beteiligt sind, besteht in der vollständigen Oxidation der Acetylgruppe zu CO_2 und der Übertragung der Elektronen und Wasserstoffatome auf mehrere Cofaktoren zur Produktion von Reduktionsäquivalenten. Dieser cyclische Stoffwechselweg heißt Citronensäurezyklus. Auch die Bezeichnung Tricarbonsäurezyklus wird gelegentlich verwendet, weil Citronensäure eine Tricarbonsäure darstellt. Schließlich wird der Zyklus nach seinem Entdecker Hans Adolf Krebs, der seine Untersuchungen in den 1930er-Jahren durchführte, auch Krebs-Zyklus genannt. Der Citronensäurezyklus liegt im Zentrum des Energiestoffwechsels vieler Organismen. Die bei den Oxidationen des Zyklus freigesetzte Energie wird überwiegend zur Reduktion der Coenzyme NAD⊕ und Ubichinon (Q) zu NADH und QH_2 und somit zur Bereitstellung von Reduktionsäquivalenten eingesetzt. Diese Energie wird letztendlich durch die Oxidation von Pyruvat (über Acetyl-CoA) zu CO_2 gewonnen. Den anschließenden Prozess, der sich aus der Oxidation von NADH durch O_2 über die membrangebundene Elektronentransportkette und aus der damit über einen Protonengradienten gekoppelten Bildung von ATP aus ADP zusammensetzt, nennt man oxidative Phosphorylierung. Die Kombination aus Glycolyse, Citronensäurezyklus und oxidativer Phosphorylierung entspricht somit einer vollständigen Oxidation von Glucose zu Wasser (H_2O) und Kohlendioxid (CO_2), bei der ein großer Teil der freigesetzten Energie bzw. freien Enthalpie in Form von ATP gespeichert wird und anschließend für den Antrieb anderer, endergonischer (energieverbrauchender) Stoffwechselprozesse zur Verfügung gestellt werden kann.

Umwandlung von Pyruvat in Acetyl-CoA 10.1

Acetyl-CoA dient als Hauptsubstrat des Citronensäurezyklus. Die Umwandlung von Pyruvat zu Acetyl-CoA wird durch einen großen Komplex aus Enzymen und Cofaktoren katalysiert, der als Pyruvat-Dehydrogenase-Multienzymkomplex bekannt ist. Die Gesamtstöchiometrie der enzymatisch katalysierten Umwandlung von Pyruvat in Acetyl-CoA wird durch die folgende Reaktionsgleichung, in der HS–CoA dem Coenzym A entspricht, beschrieben:

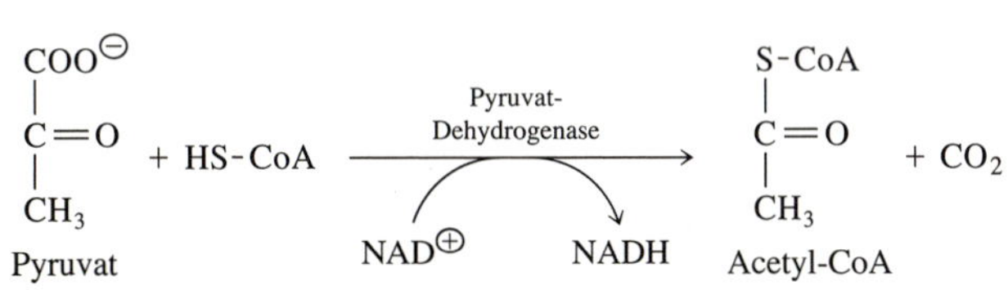

(10.1)

Dies ist der erste Schritt der Oxidation des Pyruvats, in dem neben einem Molekül Acetyl-CoA ein Molekül CO_2 und ein NADH-Molekül gebildet werden. Die durch die Pyruvat-Dehydrogenase katalysierte Reaktion repräsentiert eine Redoxreaktion. In diesem Fall ist die Oxidation von Pyruvat zu CO_2 und einer Acetylgruppe mit der Reduktion von NAD⊕ zu NADH gekoppelt. Dabei werden zwei Elektronen vom Pyruvat auf NAD⊕ übertragen. Die Pyruvat-Dehydrogenase ist ein Multienzymkomplex, der aus vielen Kopien von drei verschiedenen Enzymen aufgebaut ist: Pyruvat-Dehydrogenase (E_1), Dihydroliponamid-Acetyltransferase (E_2) und Dihydroliponamid-Dehydrogenase (E_3). Die oxidative Decarboxylierung von Pyruvat läuft in fünf Schritten ab. In den folgenden Reaktionsgleichungen sind die Atome des ursprünglichen Pyruvats in Rot dargestellt.

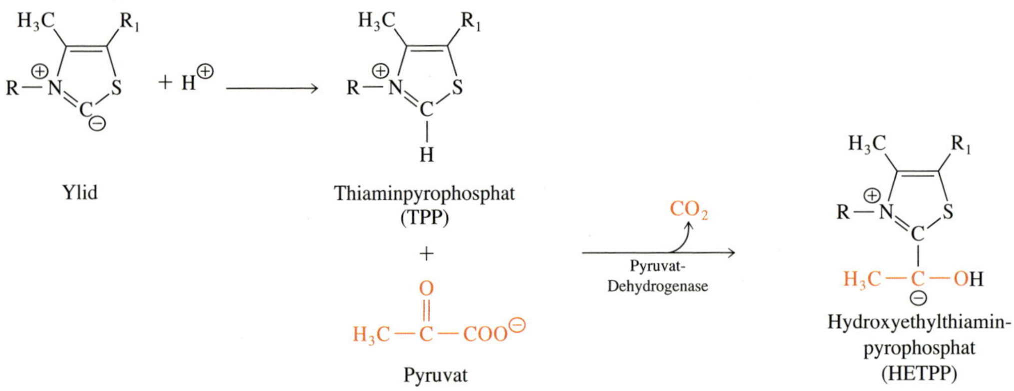

(10.2)

Die E_1-Komponente enthält die prosthetische Gruppe Thiaminpyrophosphat (TPP, Vitamin B_1). Die Startreaktion der Pyruvat-Dehydrogenase führt zur Bildung eines Hydroxyethyl-TPP-Zwischenproduktes (HETPP) und zur Freisetzung von CO_2.

Die ▶*Reaktionsgleichung 10.2* ist keine mechanistische Beschreibung. Das reaktive Zentrum des TPP stellt das Carbanion des Ylids dar. Das Carbanion kann in der besonderen, unpolaren Umgebung des Coenzyms im aktiven Zentrum des Enzyms sehr viel leichter gebildet werden. Als Produkt der ersten Reaktion der Pyruvat-Dehydrogenase wird die carbanionische Form von HETPP gebildet. Der Mechanismus dieser Reaktion ähnelt dem der Pyruvat-Decarboxylase (▶*Abbildung 5.11*). Im zweiten Schritt wird die Hydroxyethylgruppe des HETPP-Zwischenprodukts, also eine C_2-Einheit, auf die Liponamidgruppe der Enzym-Komponente E_2 übertragen. Die Liponamidgruppe entspricht einem Liponsäuremolekül, das über eine Amidbindung kovalent mit einem Lysinrest des Enzyms E_2 verknüpft vorliegt (▶*Abbildung 5.18*). Dieses spezielle Liponamid-Coenzym kommt nur in der Pyruvat-Dehydrogenase und eng verwandten Enzymen vor. Seine Struktur und Funktion wurden bereits in ▶*Abschnitt 5.18* näher beschrieben. Die Übertragung der Hydroxyethylgruppe wird noch von der E_1-Komponente des Multienzymkomplexes katalysiert.

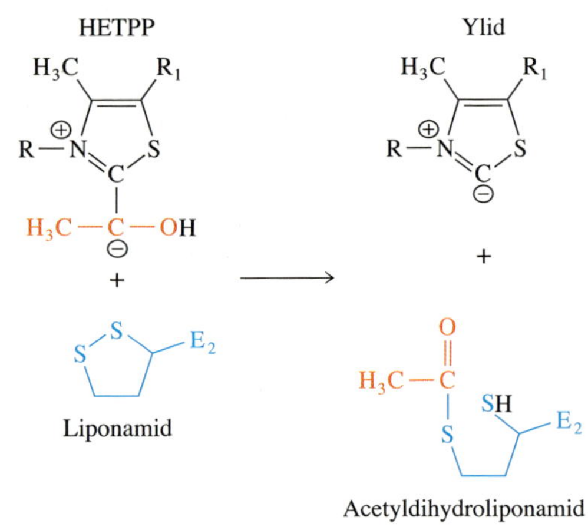

(10.3)

Die Oxidation im zweiten Schritt ist mit der Reduktion der Disulfidgruppe des Liponamids gekoppelt. Dabei wird die Hydroxyethylgruppe auf eines der Schwefelatome des Coenzyms übertragen und zur Acetylgruppe oxidiert. Der dritte Schritt besteht in der Übertragung der Acetylgruppe vom Acetyldihydroliponamid auf Coenzym A (HS–CoA). Dadurch werden Acetyl-CoA gebildet und das Liponamid in seiner reduzierten Dithiolform freigesetzt. Diese Reaktion wird durch die E_2-Komponente des Pyruvat-Dehydrogenase-Multienzymkomplexes katalysiert.

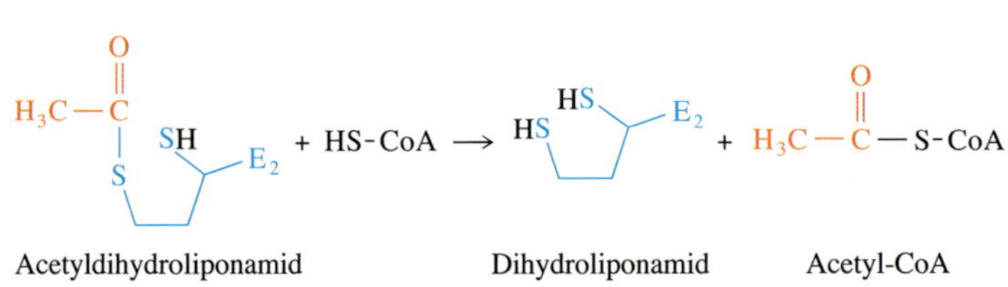

(10.4)

Das reduzierte Liponamid-Coenzym von E_2 muss im Anschluss zum Disulfid reoxidiert werden, um die prosthetische Gruppe für weitere Reaktionen zu regenerieren. Diese Oxidation erfolgt im vierten Schritt durch die Übertragung von zwei Elektronen und zwei Protonen von der Dithiolform des Liponamids auf FAD. FAD dient als prosthetische Gruppe der E_3-Komponente des Multienzymkomplexes und wird in der Redoxreaktion mit der Dithiolform des Liponamids zum reduzierten Coenzym $FADH_2$ umgesetzt. Die Reduktion von FAD zu $FADH_2$ erfolgt in der Regel durch die Übertragung eines einzelnen Protons und eines Hydrid-Ions.

Im abschließenden, fünften Schritt wird auch das FAD-Coenzym durch die Oxidation von E_3–$FADH_2$ zu E_3–FAD regeneriert. Diese Oxidation ist mit der Reduktion von $NAD^{\oplus}$ zu NADH gekoppelt.

$$E_3-FADH_2 + NAD^{\oplus} \longrightarrow E_3-FAD + NADH + H^{\oplus} \quad (10.5)$$

Durch die Oxidation von E_3–$FADH_2$ wird der ursprüngliche, vollständig aktive Pyruvat-Dehydrogenase-Komplex zurückgebildet und somit der katalytische Zyklus geschlossen. In Schritt 5 werden NADH und $H^{\oplus}$ gebildet, während im ersten Schritt ein Proton aufgenommen wird. In der Nettoreaktionsgleichung des Gesamtprozesses der Pyruvat-Dehydrogenase-Reaktion (▶*Gleichung 10.1*) treten deswegen keine Protonen auf. Das Zusammenspiel von fünf Coenzymen im Pyruvat-Dehydrogenase-Multienzymkomplex illustriert die große Bedeutung von Coenzymen in Stoffwechselreaktionen. Zwei der Coenzyme (Coenzym A und $NAD^{\oplus}$) stellen Cosubstrate dar und drei der Coenzyme (TPP, Liponamid und FAD) treten als prosthetische Gruppen auf, von denen jeweils eine an jedes der am Multienzymkomplex beteiligten Enzyme (E_1, E_2 und E_3) gebunden ist. Die an E_2 gebundene Liponamidgruppe ist in erster Linie für die Verschiebung von Reaktanten von einem aktiven Zentrum zum nächsten verantwortlich (▶*Abschnitt 5.18*). Dabei wird ein Liponamid im zweiten Schritt durch die Übernahme einer C_2-Einheit vom Hydroxyethyl-TPP in ein Acetyldihydroliponamid-Zwischenprodukt umgewandelt. Durch eine Schwenkbewegung der Lipoyl-Lysyl-Kette wird die Acetylgruppe in das aktive Zentrum der Dihydroliponamid-Acetyltransferase verlagert und dort im dritten Schritt auf Coenzym A übertragen. Das in der zweiten und dritten Reaktion gebildete reduzierte Liponamid (Dihydroliponamid) wird anschließend in das aktive Zentrum der Dihydroliponamid-Dehydrogenase (E_3) verschoben, um dort im vierten Schritt reoxidiert zu werden. Das regenerierte Liponamid-Coenzym wird dann wieder in das aktive Zentrum von E_1 verlagert, wo es eine neue C_2-Einheit von einem Pyruvatmolekül empfangen kann. In diesen Reaktionen fungiert der lange Lipoyl-Lysyl-Rest mit der prosthetischen Liponamidgruppe als Schwenkarm, dessen Ende zu den verschiedenen aktiven Zentren des Pyruvat-Dehydrogenase-Multienzymkomplexes schwingen kann (▶*Abbildung 10.1*). Der gesamte Schwenkarm besteht aus einem flexiblen Abschnitt der Polypeptidkette der E_2-Komponente, an dessen endständigen Lysinrest die prosthetische Liponamidgruppe kovalent gebunden ist.

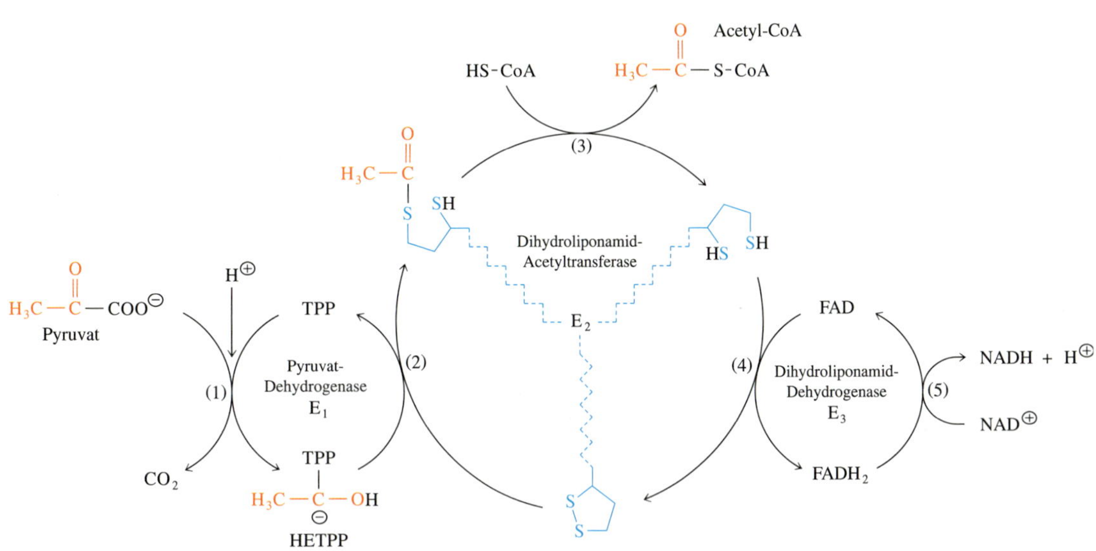

Abbildung 10.1: Schematische Darstellung der Reaktionen im Pyruvat-Dehydrogenase-Multienzymkomplex. Die prosthetische Liponamidgruppe (blau) ist über eine Amidbindung zwischen Liponsäure und einem Lysinrest kovalent an die E_2-Komponente gebunden. Diese prosthetische Liponamidgruppe befindet sich am Ende eines langen Schwenkarms, der die C_2-Einheit vom aktiven Zentrum der Pyruvat-Dehydrogenase (E_1) zum aktiven Zentrum der Dihydroliponamid-Acetyltransferase (E_2) verlagert. Dann transportiert der Schwenkarm die Wasserstoffatome der Sulfhydrylgruppen in das aktive Zentrum der Dihydroliponamid-Dehydrogenase, um sie dort auf FAD zu übertragen. Nach der Regeneration der Liponamid- und der FAD-Gruppe beginnt der Zyklus erneut.

Die verschiedenen Enzym-Komponenten des Multienzymkomplexes sind in einer Struktur angeordnet, die den Schwenkmechanismus des Liponamidarms ermöglicht. Durch diesen Mechanismus wird sichergestellt, dass die Produkte der einzelnen Reaktionen nicht erst ins Umgebungsmedium abgegeben, sondern direkt zur nächsten Komponente des Systems weitergeleitet und dort umgesetzt werden. Dies ist eine Form der Kanalisierung von Stoffwechselzwischenprodukten (engl. *metabolite channeling*), bei der das Produkt einer enzymatischen Reaktion in einem multifunktionellen Enzym oder einem Multienzymkomplex als Substrat einer zweiten enzymatischen Reaktion direkt zum nächsten aktiven Zentrum weitergeleitet wird. Die vollständige Reaktionsfolge des Pyruvat-Dehydrogenase-Multienzymkomplexes entspricht einer Reihe von gekoppelten Redoxreaktionen, in denen die Elektronen vom Startsubstrat Pyruvat über mehrere Schritte letztendlich auf $NAD^{\oplus}$ als eigentliches Oxidationsmittel der Nettoreaktion übertragen werden. Die vier Halbreaktionen der verschiedenen Elektronenübertragungsprozesse lauten folgendermaßen:

$$1.\ \text{Acetyl-CoA} + CO_2 + H^{\oplus} + 2e^{\ominus} \longrightarrow \text{Pyruvat} + \text{CoA} \qquad (10.6)$$

$$2.\ E_2 - \text{Liponamid} + 2H^{\oplus} + 2e^{\ominus} \longrightarrow E_2 - \text{Dihydroliponamid}$$

$$3.\ E_3 - \text{FAD} + 2H^{\oplus} + 2e^{\ominus} \longrightarrow E_3 - FADH_2$$

$$4.\ NAD^{\oplus} + 2H^{\oplus} + 2e^{\ominus} \longrightarrow NADH + H^{\oplus}$$

Jede der Halbreaktionen weist ein charakteristisches Standardreduktionspotenzial auf (▶*Tabelle 8.4*), das bereits als Hinweis auf die Richtung des Elektronenflusses in einer Redoxreaktion verwendet werden kann. Die tatsächlichen Reduktionspotenziale der Halbreaktionen bei realen Redoxreaktionen hängen allerdings zusätzlich von den Konzentrationen der beteiligten Reaktanten und Produkte ab. Im Pyruvat-Dehydrogenase-Komplex beginnt der Elektronentransport mit Pyruvat, das in der Rückreaktion von Halbreaktion 1 Elektronen abgibt, also oxidiert wird. Diese Elektronen werden von der Disulfidgruppe des Liponamids in E_2–Liponamid aufgenommen. Das durch diese Reduktion gebildete Dihydroliponamid überträgt die Elektronen anschließend auf die prosthetische FAD-Gruppe von E_3–FAD, die dadurch zu $FADH_2$ reduziert wird. Zur oxidativen Regeneration der FAD-Gruppe werden die Elektronen schließlich vom $FADH_2$ an $NAD^{\oplus}$ abgegeben, das infolgedessen zum NADH reduziert wird. NADH besitzt zwei in Redoxreaktionen leicht übertragbare Elektronen und stellt das Endprodukt des Elektronentransports im Pyruvat-Dehydrogenase-Multienzymkomplex dar. Es existieren viele Beispiele für einfache Elektronentransportsysteme wie diesem in Stoffwechselenzymen. Sie sollten nicht mit der erheblich komplizierteren, membrangebundenen Elektronentransportkette, die in ▶*Kapitel 11* diskutiert wird, verwechselt werden. Der Pyruvat-Dehydrogenase-Komplex weist eine enorme Größe auf. Er ist mehrere Male größer als ein Ribosom. In Bakterien befinden sich diese Komplexe im Cytosol, während sie in eukaryontischen Zellen in der mitochondrialen Matrix lokalisiert sind. Außerdem kommen Pyruvat-Dehydrogenase-Komplexe in Chloroplasten vor. Der eukaryontische Pyruvat-Dehydrogenase-Komplex ist der größte bekannte Multienzymkomplex. Der Kern dieses Komplexes enthält 60 E_2-Einheiten, die die Gestalt eines pentagonalen Dodekaeders bilden. Auf jeder der 20 Ecken des Dodekaeders liegt ein E_2-Trimer, dessen E_2-Moleküle trigonal angeordnet sind (▶*Abbildung 10.2a*). Jede E_2-Einheit besitzt eine Linker-Region, die aus der Oberfläche des Dodekaeders herausragt. Diese Linker-Regionen stellen den Kontakt zu einem äußeren Ring aus E_1-Einheiten her, der den inneren Kern umhüllt

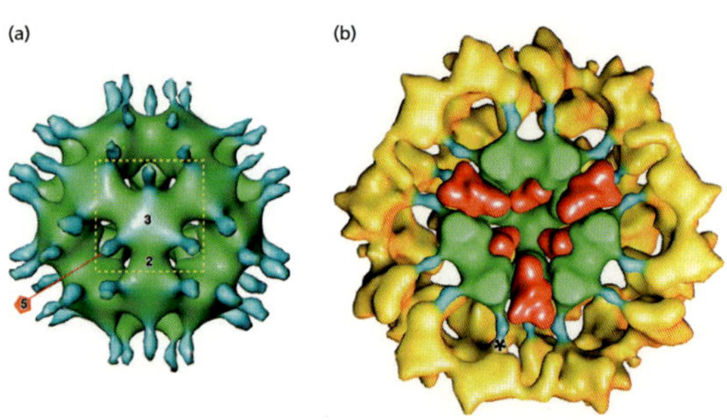

Abbildung 10.2: Strukturmodell des Pyruvat-Dehydrogenase-Multienzymkomplexes. (a) Der innere Kern des Komplexes besteht aus 60 E_2-Enzymen, die in der Gestalt eines pentagonalen Dodekaeders angeordnet sind. Auf jeder der 20 Ecken des Dodekaeders liegt ein E_2-Trimer mit trigonal (dreiecksförmig) angeordneten E_2-Molekülen. Eines der E_2-Trimere wird durch den gestrichelten gelben Kasten hervorgehoben. Der rote Strich, der von dem kleinen roten Fünfeck ausgeht, mündet im Zentrum eines der Fünfecke (nicht die blaugrünen Linker-Regionen, sondern der freie Raum dahinter). Die Linker-Regionen (blaugrün) ragen vom Dodekaeder weg nach außen. Dort befinden sich die hier nicht gezeigten E_1-Proteine. (b) Die Ansicht der zentralen Querschnittsfläche des vollständigen Komplexes zeigt die äußere Hülle aus E_1-Enzymen (gelb) sowie die BP–E_3-Enzyme (rot), die sich in den Freiräumen zwischen den E_2-Enzymen des Kerns befinden. [Aus: Zhou, H. Z., et al. 2001. The remarkable structural and functional organization of the eukaryotic pyruvate dehydrogenase complexes. *Proc. Natl. Acad. Sci. USA* 98:14802–14807.]

(▸*Abbildung 10.2b*). Der Liponamid-Schwenkarm befindet sich in der Linker-Region.

Die äußere Hülle besteht aus 60 E_1-Einheiten. Jedes E_1-Enzym ist über eine der Linker-Regionen mit einem der innen liegenden E_2-Enzyme assoziiert und steht außerdem mit den benachbarten E_1-Enzymen in der äußeren Hülle in Kontakt. Das E_1-Enzym ist aus zwei α-Untereinheiten und zwei β-Untereinheiten aufgebaut ($\alpha_2\beta_2$) und es ist erheblich größer als das E_2-Enzym im Kern des Komplexes. Die E_3-Enzyme, die aus α_2-Dimeren bestehen, liegen in den Zentren der Fünfecke des Dodekaeders, der aus den E_2-Enzymen gebildet wird. Somit enthält der vollständige Komplex entsprechend der zwölf Fünfecke der pentagonalen Dodekaederstruktur auch zwölf E_3-Enzyme. In Eukaryonten liegen die E_3-Enzyme über ein kleines Bindeprotein (BP) mit dem E_2-Kern verankert vor. Da auch die E_2-Trimere über flexible Brücken untereinander assoziiert vorliegen, bildet der dodekaedrische E_2-Kern somit das strukturstabilisierende Grundgerüst des gesamten Multienzymkomplexes. Das Modell in ▸*Abbildung 10.2* wurde auf der Basis von hochaufgelösten elektronenmikroskopischen Aufnahmen von Pyruvat-Dehydrogenase-Komplexen bei tiefen Temperaturen (Kryo-Elektronenmikroskopie) entworfen. Um ein dreidimensionales Modell zu erhalten, wurden die Aufnahmen einer großen Anzahl von Partikeln unterschiedlicher Orientierung mithilfe spezieller Computerprogramme analysiert und rekombiniert. Das Modell wurde anschließend mit den dreidimensionalen Strukturen der einzelnen Enzyme des Komplexes abgeglichen, die durch röntgenkristallografische oder NMR-spektroskopische Untersuchungen ermittelt wurden. Ein ähnlicher Pyruvat-Dehydrogenase-Komplex kommt in vielen Bakterienspezies vor, obwohl einige, wie zum Beispiel die Gram-negativen Bakterien, eine kleinere Version mit nur 24 E_2-Enzymen im Kern besitzen. Bei diesen Bakterien bilden die E_2-Kernenzyme die Gestalt eines Würfels, dessen acht Ecken jeweils mit einem E_2-Trimer besetzt sind. Die E_2-Einheiten der beiden verschiedenen bakteriellen Pyruvat-Dehydrogenase-Komplexe sowie der eukaryontischen Komplexe aus Mitochondrien und Chloroplasten sind alle eng miteinander verwandt. Zwischen den E_1-Enzymen der Komplexe aus gramnegativen Bakterien und aus Eukaryonten besteht allerdings keine Verwandtschaft.

Die Pyruvat-Dehydrogenase stellt eine 2-Oxocarbonsäure-Dehydrogenase dar. Pyruvat ist die kleinste 2-Ketocarbonsäure. Eine dieser Dehydrogenasen, die α-Ketoglutarat-Dehydrogenase, tritt als Enzym des Citronensäurezyklus in Erscheinung (▸*Abschnitt 10.3.4*). Die zweite Dehydrogenase ist die Dehydrogenase für verzweigtkettige α-Ketosäuren, die im Aminosäurestoffwechsel eine Rolle spielt. Alle Mitglieder dieser Enzymfamilie katalysieren essenzielle irreversible Reaktionen, in denen eine organische Carbonsäure zu CO_2 und einem energiereichen Coenzym-A-Derivat oxidiert wird. Die Rückreaktion findet in einigen Bakterien auf dem sogenannten Acetyl-CoA-Weg statt. Dieser Weg dient in anaeroben Bakterien zur Fixierung von CO_2.

In manchen Bakterien und anaeroben Eukaryonten wird Pyruvat durch die Aktivität der Pyruvat-Ferredoxin-Oxidoreduktase, die nicht mit der Pyruvat-Dehydrogenase verwandt ist, in Acetyl-CoA und CO_2 umgewandelt. In diesem Fall tritt nicht NADH, sondern reduziertes Ferredoxin (Fd_{red}) als letztes Glied der Elektronentransportkette auf. Die Reaktion der Pyruvat:Ferredoxin-Oxidoreduktase verläuft reversibel und kann dementsprechend auch zur CO_2-Fixierung durch reduktive Carboxylierung eingesetzt werden. Bakterienspezies, die sich bereits ab einer sehr frühen Phase der Evolution auf einem eigenen Zweig weiterentwickelt haben, enthalten häufig Pyruvat:Ferredoxin-Oxidoreduktase anstelle von Pyruvat-Dehydrogenase. Das deutet darauf hin, dass das Vorläuferenzym primitiver war und sich die Pyruvat-Dehydrogenase erst später entwickelt hat. In Bakterienzellen findet die Umwandlung von Pyruvat in Acetyl-CoA und CO_2 im Cytosol statt, während sich der Pyruvat-Dehydrogenase-Komplex in eukaryontischen Zellen in der mitochondrialen Matrix befindet (und in Chloroplasten).

10.2 Der Citronensäurezyklus und die Oxidation von Acetyl-CoA

Das aus Pyruvat oder anderen Verbindungen, wie Fettsäuren und Aminosäuren, gebildete Acetyl-CoA kann durch den Citronensäurezyklus vollständig zu CO_2 oxidiert werden. Die acht Reaktionen des Citronensäurezyklus sind in ▸*Tabelle 10.1* aufgelistet und in ▸*Abbildung 10.3* dargestellt. Zunächst sollen zwei allgemeine Merkmale dieses Stoffwechselzyklus diskutiert werden: der Fluss des Kohlenstoffs und die Produktion energiereicher Verbindungen.

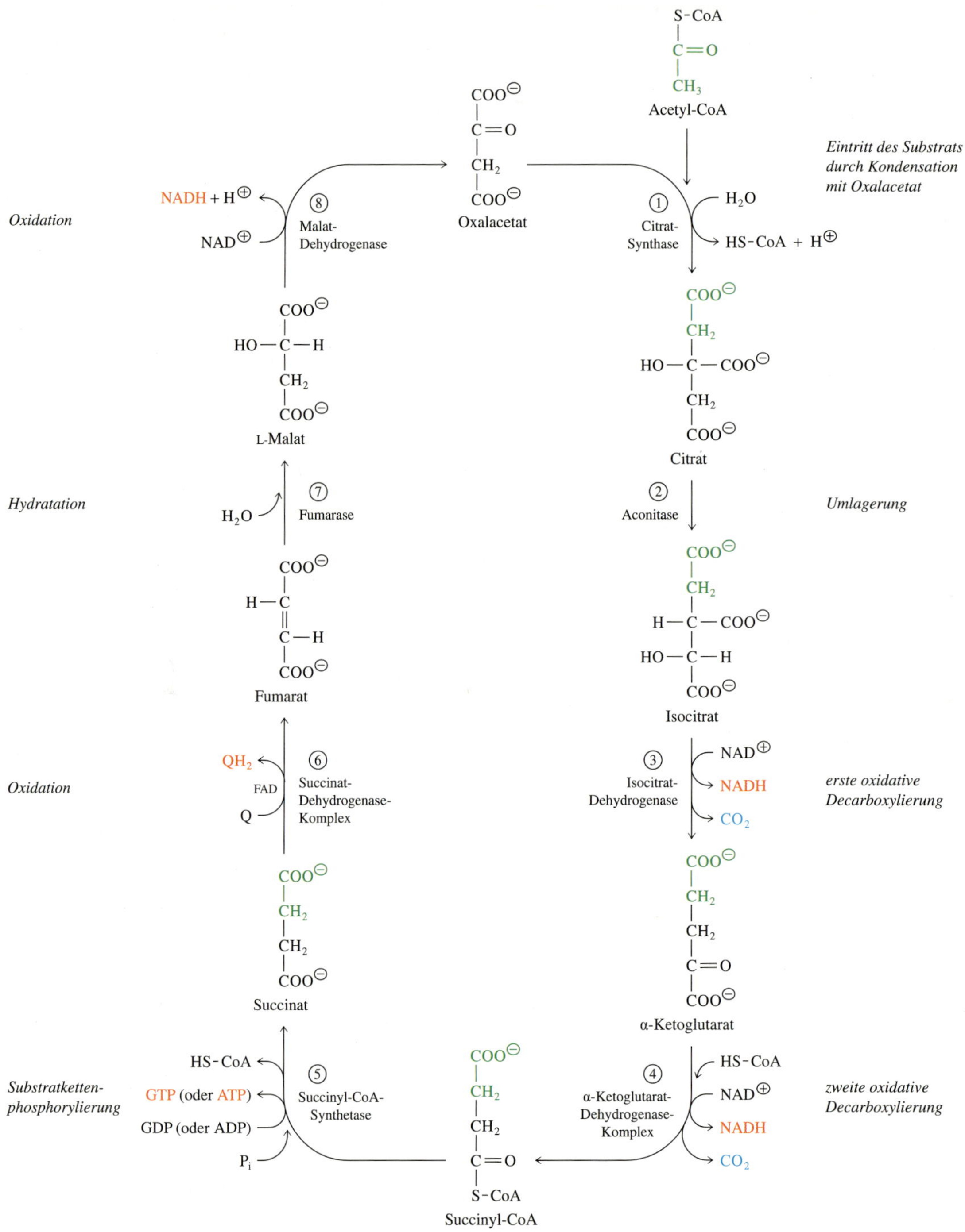

Abbildung 10.3: Der Citronensäurezyklus. Für jede Acetylgruppe, die in den Zyklus eintritt, werden zwei Moleküle CO_2 freigesetzt, drei Moleküle $NAD^{\oplus}$ und ein Molekül Ubichinon (Q) reduziert und ein GDP-Molekül (oder ADP-Molekül) phosphoryliert. Das Oxalacetatmolekül, das die Acetylgruppe zu Beginn eines jeden Durchlaufs des Zyklus aufnimmt, wird am Ende des Durchlaufs wieder regeneriert.

Tabelle 10.1

Die enzymatischen Reaktionen des Citronensäurezyklus

Reaktion	Enzym
1. Acetyl-CoA + Oxalacetat + $H_2O \rightarrow$ Citrat + HS–CoA + $H^{\oplus}$	Citrat-Synthase
2. Citrat $\rightleftharpoons$ Isocitrat	Aconitase (Aconitat-Hydratase)
3. Isocitrat + $NAD^{\oplus} \rightarrow$ α-Ketoglutarat + NADH + CO_2	Isocitrat-Dehydrogenase
4. α-Ketoglutarat + HS–CoA + $NAD^{\oplus} \rightarrow$ Succinyl-CoA + NADH + CO_2	α-Ketoglutarat-Dehydrogenase-Komplex
5. Succinyl-CoA + GDP (oder ADP) + $P_i \rightleftharpoons$ Succinat + GTP (oder ATP) + HS–CoA	Succinyl-CoA-Synthetase
6. Succinat + Q $\rightleftharpoons$ Fumarat + QH_2	Succinat-Dehydrogenase-Komplex
7. Fumarat + $H_2O \rightleftharpoons$ L-Malat	Fumarase (Fumarat-Hydratase)
8. L-Malat + $NAD^{\oplus} \rightleftharpoons$ Oxalacetat + NADH + $H^{\oplus}$	Malat-Dehydrogenase
Nettoreaktion: Acetyl-CoA + 3 $NAD^{\oplus}$ + Q + GDP (oder ATP) + P_i + 2 $H_2O \rightarrow$ HS–CoA +3 NADH + QH_2 + GTP (oder ATP) + 2 CO_2 + 2 $H^{\oplus}$	

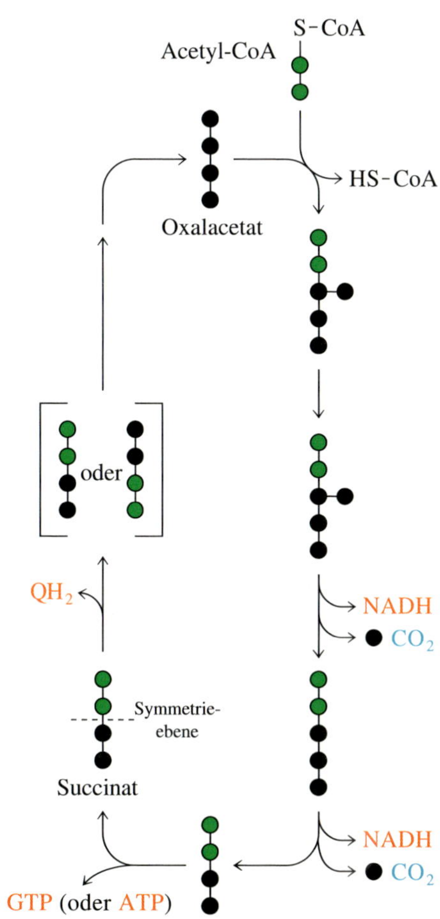

Das Schicksal der Kohlenstoffatome des Oxalacetats und der Acetylgruppe des Acetyl-CoA ist in ▸*Abbildung 10.4* schematisch dargestellt. In der ersten Reaktion des Citronensäurezyklus wird die Acetylgruppe (C_2-Einheit) von Acetyl-CoA auf das C_4-Dicarboxylat Oxalacetat übertragen. Dabei wird das C_6-Tricarboxylat Citrat gebildet. Im weiteren Verlauf des Zyklus werden zunächst ein C_6-Carboxylat (Isocitrat) und anschließend ein C_5-Carboxylat (α-Ketoglutarat) oxidativ decarboxyliert. Dadurch werden zwei Moleküle CO_2 freigesetzt und schließlich das C_4-Dicarboxylat Succinat gebildet. Die verbleibenden Reaktionen des Zyklus wandeln Succinat in Oxalacetat, den Reaktanten, mit dem der Zyklus ursprünglich begann, um.

Abbildung 10.4: Schicksal der Kohlenstoffatome des Oxalacetats (schwarz) und der Acetylgruppe des Acetyl-CoA (grün) während eines Durchlaufs des Citronensäurezyklus. Die Existenz einer Symmetrieebene im Succinat bedeutet, dass seine beiden Molekülhälften chemisch äquivalent sind. Deswegen sind die C_2-Einheiten der ursprünglichen Acetylgruppen gleichmäßig auf die beiden Molekülhälften der nachfolgenden C_4-Zwischenprodukte, die zum Oxalacetat führen, verteilt. Die Kohlenstoffatome einer Acetylgruppe werden nicht im ersten, sondern erst im zweiten und einem der nachfolgenden Durchläufe des Zyklus nach dem Eintreten der jeweiligen Acetylgruppe als CO_2 freigesetzt. Die durch die Reaktionen des Citronensäurezyklus freigesetzte Energie wird in Form der reduzierten Coenzyme NADH und QH_2 sowie einem GTP-Molekül (oder ATP-Molekül), das durch eine Substratkettenphosphorylierung gebildet wird, gespeichert. Das bei der Oxidation von Malat zu Oxalacetat produzierte NADH-Molekül ist hier nicht dargestellt.

Die beiden Kohlenstoffatome der Acetylgruppe des Acetyl-CoA werden nicht im ersten Durchlauf des Zyklus nach ihrem Eintreten, sondern erst in den nachfolgenden Runden als CO_2 freigesetzt. Die Gesamtkohlenstoffbilanz eines vollständigen Durchlaufs des Zyklus lautet allerdings dennoch, dass für die beiden Kohlenstoffatome, die mit der Acetylgruppe in den Zyklus eintreten, zwei andere Kohlenstoffatome den Zyklus in Form von CO_2 verlassen. Nach dem fünften Schritt des Zyklus bilden die beiden Kohlenstoffatome der Acetylgruppe des ehemaligen Acetyl-CoA eine Hälfte des symmetrischen C_4-Dicarboxylats Succinat. Da die beiden Hälften des symmetrischen Succinatmoleküls chemisch äquivalent sind, wird die zusammenhängende C_2-Einheit der ursprünglichen Acetylgruppe gleichmäßig auf die untere und obere Hälfte (bezogen auf die Darstellungen in den ▶*Abbildung 10.3* und ▶*Abbildung 10.4*) der nachfolgenden Zwischenprodukte des Citronensäurezyklus verteilt. Betrachtet man das Schicksal einer einzelnen Acetylgruppe, findet man ihre beiden Kohlenstoffatome am Ende des ersten Durchlaufs nach ihrem Eintreten in den Zyklus also entweder in der unteren oder der oberen Hälfte des Oxalacetats wieder. Da pro Durchlauf die beiden endständigen Carboxylatgruppen des Oxalacetats als CO_2 freigesetzt werden, verlässt eines der beiden Kohlenstoffatome der Acetylgruppe im zweiten Durchlauf nach ihrem Eintreten in den Zyklus als CO_2. Wann das zweite Kohlenstoffatom dieser speziellen Acetylgruppe als CO_2 aus dem Zyklus austritt, hängt von seinem (zufälligen) Schicksal im Schritt 7 des Zyklus ab. Acetyl-CoA ist ein energiereiches Molekül. In der Thioesterbindung wird ein Teil der Energie gespeichert, die bei der oxidativen Decarboxylierung des Pyruvats durch den Pyruvat-Dehydrogenase-Komplex gewonnen wird. Wenn man die Nettogleichung des Citronensäurezyklus (▶*Tabelle 10.1*) genauer analysiert, stellt man fest, dass sie der Oxidation der Acetylgruppe des Acetyl-CoA, die dabei also Elektronen abgibt, entspricht. Aus der Gesamtreaktionsgleichung kann die folgende Oxidationshalbreaktion abgeleitet werden:

$$\underset{\displaystyle \mathrm{CH_3}}{\overset{\displaystyle \mathrm{S\text{-}CoA}}{\mathrm{C}}}\!=\!\mathrm{O} + 2\,H_2O + OH^{\ominus} \longrightarrow 2\,CO_2 + \mathrm{HS\text{-}CoA} + 7\,H^{\oplus} + 8e^{\ominus} \qquad (10.7)$$

Das Hydroxid-Ion stammt vom anorganischen Phosphat (P_i) in Reaktion 5. Diese Reaktionsgleichung offenbart die Abgabe von acht Elektronen während der Oxidation. Sechs der in diesem Fall abgegebenen Elektronen werden zusammen mit drei der sieben Protonen (▶*Reaktionsgleichung 10.8*) auf drei $NAD^{\oplus}$-Moleküle übertragen. Die verbleibenden zwei Elektronen und zwei der Protonen werden von einem Molekül Ubichinon (Q) aufgenommen. Die Oxidation der Acetylgruppe ist demnach mit der Reduktion von $NAD^{\oplus}$ und Ubichinon (Q) verknüpft. Schließlich werden pro Durchlauf des Zyklus zwei „freie" Protonen gebildet. Die beiden CO_2-Moleküle, die in einem Durchlauf des Zyklus freigesetzt werden, stammen nicht direkt von der Acetylgruppe, die in diesem Durchlauf in den Zyklus eingetreten ist. ▶*Reaktionsgleichung 10.7* repräsentiert somit nur die Nettooxidation durch den Citronensäurezyklus, ohne den tatsächlichen Ablauf des Zyklus zu beschreiben.

Der größte Teil der durch die Reaktionen des Citronensäurezyklus freigesetzten Energie wird durch die Übertragung der Elektronen auf die oxidierten Coenzyme $NAD^{\oplus}$ und Q in Form der reduzierten Coenzyme NADH und QH_2 gespeichert (▶*Abbildung 10.3* und ▶*Abbildung 10.4*). NADH wird durch die Reduktion von $NAD^{\oplus}$ in drei Redoxreaktionen gebildet, von denen zwei oxidative Decarboxylierungen darstellen. Die Reduktion von Q zu QH_2 ist mit der Oxidation von Succinat zu Fumarat gekoppelt. Die nach dem Citronensäurezyklus folgende Oxidation der reduzierten Coenzyme durch den membrangebundenen Elektronentransport führt zur Übertragung der Elektronen vom NADH und QH_2 auf einen terminalen Elektronenakzeptor. Bei den meisten Eukaryonten und vielen Prokaryonten entspricht dieser Elektronenakzeptor molekularem Sauerstoff, der durch die Elektronenaufnahme zu Wasser reduziert wird. Die bei der Oxidation der reduzierten Coenzyme durch die membrangebundene Elektronentransportkette freigesetzte Energie wird direkt zur Erzeugung eines Protonengradienten über der Membran verwendet. Der Protonengradient dient schließlich dazu, die endergone Synthese von ATP aus ADP und P_i anzutreiben. Den gesamten Prozess, der sich aus der Kombination der Oxidation der reduzierten Coenzyme und der Phosphorylierung von ADP ergibt, nennt man oxidative Phosphorylierung. Zusätzlich zu den Reduktionsäquivalenten wird im Citronensäurezyklus ein Nucleosidtriphosphat durch die Phosphorylierung des entsprechenden Diphosphats produziert. In Abhängigkeit vom Zelltyp oder der Spezies kann es sich dabei entweder um GTP oder ATP handeln. Da die Acetylgruppe, die in den Citronensäurezyklus eintritt, wie erwähnt nicht nur aus der Glycolyse, sondern auch aus dem Abbau von Aminosäuren oder Fettsäuren stammen kann, führt die Kombination von Citronensäurezyklus und oxidativer Phosphorylierung zum Abschluss der vollständigen Oxidation von Kohlenhydraten, Fettsäuren und Aminosäuren zu Kohlendioxid und Wasser.

Die Enzyme des Citronensäurezyklus 10.3

Der Citronensäurezyklus kann als eine vielstufige katalytische Reaktion betrachtet werden, die nach der Oxidation der Acetylgruppe eines Acetyl-CoA-Moleküls wieder in ihren ursprünglichen Zustand zurückkehrt. Diese Betrachtungsweise beruht auf der Tatsache, dass bei vollständigem Ablauf des Zyklus nach jedem Durchlauf der zu Beginn eingesetzte Reaktant Oxalacetat regeneriert wird. Definitionsgemäß erhöht ein Katalysator die Geschwindigkeit einer Reaktion, ohne dabei selbst einer Nettoumwandlung zu unterliegen. Da alle enzymatischen Reaktionen tatsächlich katalytische Reaktionen darstellen, können sie auch in Form eines Zyklus präsentiert werden. Ein Enzym durchläuft eine cyclische Reihe von Umwandlungen, um schließlich wieder in seinen Ausgangszustand zurückzugelangen. In diesem Sinn trifft die Beschreibung eines Katalysators auch auf den Citronensäurezyklus zu. Der Citronensäurezyklus als Ganzes stellt einen Mechanismus zur Oxidation der Acetylgruppe von Acetyl-CoA zu CO_2 durch $NAD^{\oplus}$ und Ubichinon bereit. Wenn der Citronensäurezyklus für sich allein arbeitet, finden weder eine Nettoproduktion noch ein Nettoverbrauch seiner Zwischenprodukte statt. Durch diesen cyclischen Charakter des vollständig ablaufenden Citronensäurezyklus unterscheidet sich dieser von anderen Stoffwechselwegen wie der Gluconeogenese oder der Glycolyse, in denen keines der Substrate im Verlauf oder am Ende des Stoffwechselweges regeneriert wird.

10.3.1 Citrat-Synthase

In der ersten Reaktion des Citronensäurezyklus reagiert Acetyl-CoA mit Oxalacetat und Wasser zu Citrat, Coenzym A (HS–CoA) und einem Proton. Diese Reaktion wird durch die Citrat-Synthase katalysiert und verläuft über das enzymgebundene Zwischenprodukt Citryl-CoA (▶*Abbildung 10.5*).

Citrat ist das erste von zwei Tricarboxylaten, die im Citronensäurezyklus als Zwischenprodukte auftreten. Die Gibbs'sche freie Standardreaktionsenthalpie ($\Delta G^{\circ\prime}$) der Citrat-Synthase-Reaktion beträgt $-31{,}5\ \mathrm{kJ\ mol^{-1}}$. Der große negative Wert ist hauptsächlich eine Folge der Hydrolyse der energiereichen Thioesterbindung des Citryl-CoA-Zwischenprodukts, die auch im Acetyl-CoA bereits vorhanden war und somit im Verlauf der Reaktion nicht erst neu gebildet werden musste. Normalerweise würde man erwarten, dass eine so große negative freie Reaktionsenthalpie mit der Synthese von ATP gekoppelt ist. Tatsächlich ist die Hydrolyse einer ähnlichen Thioesterbindung des Succinyl-CoA im fünften Schritt des Citronensäurezyklus mit der Phosphorylierung von GDP (oder ADP) verbunden. Allerdings darf dabei nicht vergessen werden, dass die tatsächliche freie Reaktionsenthalpie von den Konzentrationen der beteiligten Reaktanten und Produkte abhängt. Im Fall der Citrat-Synthase-Reaktion dient die Energie, die bei der Hydrolyse der Thioesterbindung frei wird, vor allem zur Sicherstellung einer negativen freien Reaktionsenthalpie, damit bei Vorliegen einer sehr kleinen Oxalacetatkonzentration die Reaktion überhaupt ablaufen kann. Nach ▶*Gleichung 8.6* kann die freie Reaktionsenthalpie infolge einer im Vergleich zur Produktkonzentration sehr kleinen Konzentration der Reaktanten selbst bei einer negativen freien Standardreaktionsenthalpie positiv werden, wenn der große positive logarithmische Term nicht durch eine genügend große negative freie Standardreaktionsenthalpie überkompensiert wird. Es hat sich herausgestellt, dass die Oxalacetatkonzentration

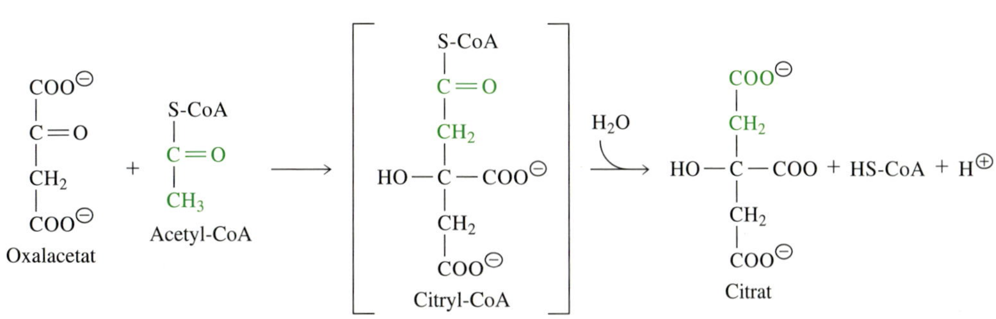

Abbildung 10.5: Die Citrat-Synthase-Reaktion. Im ersten Schritt dieser Reaktion erfolgt eine Aldoladdition von Acetyl-CoA an Oxalacetat, durch die das enzymgebundene Zwischenprodukt Citryl-CoA gebildet wird. Dieser energiereiche Thioester wird im zweiten Reaktionsschritt zu den Produkten Citrat und Coenzym A (HS–CoA) hydrolysiert. Die Hydrolyse der energiereichen Thioesterbindung liefert einen wesentlichen Teil der Triebkraft der Reaktion bei den unter zellulären Bedingungen in der Regel herrschenden sehr kleinen Oxalacetatkonzentrationen.

unter den normalen zellulären Bedingungen, unter denen der Citronensäurezyklus stattfindet, wirklich ziemlich niedrig ist. Dennoch begünstigt das Gleichgewicht der in ▶*Abbildung 10.5* dargestellten Reaktion auch in der Gegenwart von nur kleinen (katalytischen) Mengen Oxalacetat noch die Synthese von Citrat, weil die freie Standardreaktionsenthalpie der Reaktion einen ausreichend großen negativen Wert aufweist. Allerdings liegt die tatsächliche freie Reaktionsenthalpie unter zellulären Bedingungen wesentlich näher an 0 $kJ\,mol^{-1}$, als es die freie Standardreaktionsenthalpie auf den ersten Blick vielleicht vermuten ließe. Die stark exergonische Natur der Reaktion unter Standardbedingungen gewährleistet somit auch im Fall sehr niedriger Oxalacetatkonzentrationen den Ablauf des Citronensäurezyklus in Richtung der Oxidation der Acetylgruppe von Acetyl-CoA.

Die Citrat-Synthase repräsentiert eine Transferase. Lyasen katalysieren die Spaltung eines Substrats durch eine einfache Eliminierungsreaktion, die *nicht* mit der Hydrolyse von ATP gekoppelt ist. Der Begriff *Synthase* wird für Lyasen verwendet, deren Hauptaufgabe in der Katalyse der Rückreaktion besteht, durch die zwei Substrate zu einem größeren Molekül kombiniert werden. *Synthetasen* sind dagegen Mitglieder der Klasse der Ligasen. Die Reaktionen, die durch Synthetasen katalysiert werden, müssen mit der Hydrolyse von ATP (oder GTP) gekoppelt sein. Die Citrat-Synthasen von Gram-positiven Bakterien, Archaeen und Eukaryonten sind Dimere, die aus zwei identischen Untereinheiten bestehen. In Gram-negativen Bakterien treten die Enzyme als hexamere Komplexe aus jeweils sechs identischen Untereinheiten auf. Jede Untereinheit des Säugetierenzyms besitzt zwei verschiedene Domänen, eine kleine, flexible Domäne an den äußeren Enden des Dimers und eine größere Domäne, die im Kern des dimeren Proteins liegt (▶*Abbildung 10.6*). Die Assoziation der beiden Untereinheiten erfolgt durch Wechselwirkungen zwischen vier α-Helices in jeder der beiden großen Domänen, die zusammen ein α-Helix-Sandwich bilden. Wenn Oxalacetat an sie bindet, unterliegt die Citrat-Synthase einer erheblichen Konformationsänderung, die in ▶*Abbildung 10.6* dargestellt ist. Die Bindungsstelle liegt am Boden einer tiefen Spalte zwischen der kleinen Domäne einer Untereinheit und der großen Domäne der anderen Untereinheit. Durch die Bindung von Oxalacetat wird eine Rotation der kleinen Domäne um 20° relativ zur großen Domäne induziert, durch die sich die Domänen annähern. Dieser Verschluss der Oxalacetat-Bindungsstelle führt zur Entstehung der Acetyl-CoA-Bindungsstelle, die aus Aminosäureresten der kleinen und der großen Domäne, die sich infolge der Konformationsänderung angenähert haben, gebildet wird. Nach Abschluss der Reaktion wird das Coenzym A freigesetzt. Anschließend kehrt das Enzym in seine offene Konformation zurück, während das Produkt Citrat aus dem aktiven Zentrum herausdiffundiert.

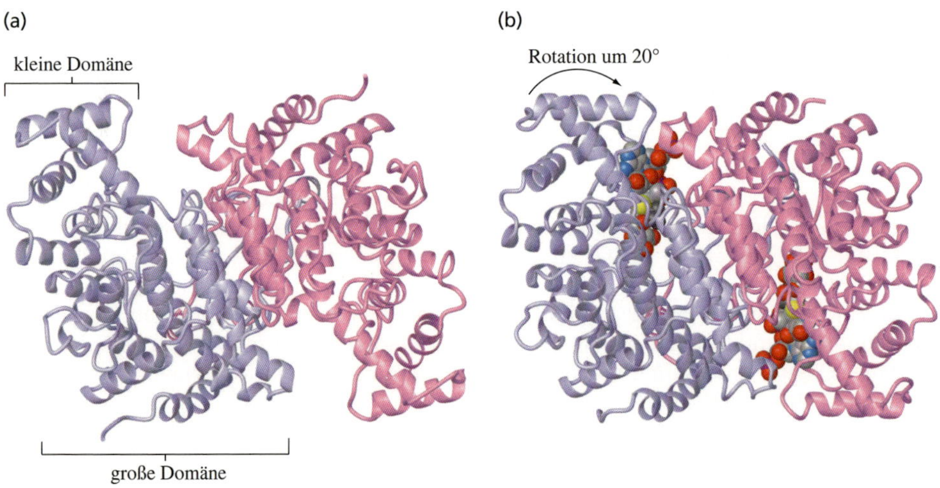

Abbildung 10.6: Bändermodell (engl. *ribbon model*) der Citrat-Synthase aus Huhn. Die beiden identischen Untereinheiten des Enzyms sind zur Unterscheidung in Blau und Violett dargestellt. Jede Untereinheit besteht aus einer kleinen und einer großen Domäne. (a) Offene Konformation. Die Substrat-Bindungsstelle befindet sich in der tiefen Spalte zwischen der kleinen Domäne einer Untereinheit und der großen Domäne der anderen Untereinheit [PDB 5CSC]. (b) Geschlossene Konformation. In der geschlossenen Konformation wurde die kleine Domäne im Vergleich zur offenen Konformation um 20° in Richtung der großen Domäne der anderen Untereinheit gedreht. Infolgedessen wird die Bindungsspalte verengt, die Bindung des Substrats verstärkt und die Bindungsstelle für das zweite Substrat geschaffen. Die Substratanaloga, die für die Strukturermittlung in diesem Fall verwendet wurden, sind als Kugelmodelle (engl. *space-filling model*) dargestellt [PDB 6CSC].

Infolge des mit der Struktur des Enzyms verbundenen Bindungsmechanismus ist zunächst die Bindung des Oxalacetats an das Enzym erforderlich, bevor Acetyl-CoA überhaupt binden kann. Dadurch wird die Gefahr, dass Acetyl-CoA ohne Oxalacetat gebunden und anschließend durch die katalytische Hydrolyse der Thioesterbindung verschwendet wird, erheblich verringert. Diese potenzielle Nebenreaktion stellt durchaus eine reale Gefahr dar, da sich die Thioesterbindung gleich nach der Bindung des Acetyl-CoA, auch schon vor der Aldoladdition zum Citryl-CoA, in der Nähe der Aminosäuren befindet, die anschließend die Hydrolyse der Thioesterbindung des Citryl-CoA katalysieren, und weil die Oxalacetatkonzentration im Vergleich zur Acetyl-CoA-Konzentration in der Zelle sehr niedrig sein kann.

10.3.2 Aconitase

Die Umwandlung des Citrats in Isocitrat, die durch das Enzym Aconitase (systematischer Name: Aconitat-Hydratase) katalysiert wird, läuft unter zellulären Bedingungen im annähernden Gleichgewicht ab. Citrat ist ein tertiärer Alkohol und kann deswegen nicht direkt zu einer Ketocarbonsäure oxidiert werden. Das Ketocarbonsäure-Zwischenprodukt wird als Substrat für die im dritten Schritt des Citronensäurezyklus folgende Decarboxylierung benötigt. In der Aconitase-Reaktion wird das Citrat zum sekundären Alkohol Isocitrat isomerisiert. Dieser sekundäre Alkohol wird im dritten Schritt, einer oxidativen Decarboxylierung, zunächst zur Ketocarbonsäure oxidiert, bevor im selben Schritt die Decarboxylierung stattfindet. Der Name der Aconitase leitet sich vom *cis*-Aconitat ab, das als enzymgebundenes Zwischenprodukt der Reaktion auftritt. Im ersten Schritt der Reaktion erfolgt die Bildung einer C=C-Doppelbindung durch die Eliminierung von Wasser. Anschließend wird wieder Wasser an die Doppelbindung addiert (Hydratation). Die Addition des Wassermoleküls verläuft stereospezifisch unter Bildung des Citratisomers Isocitrat.

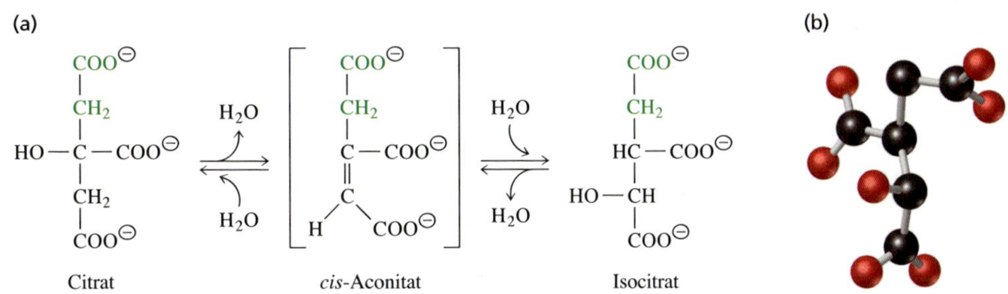

(10.8)

Aconitase gehört zu einer Proteinfamilie, die zusätzliche mitochondriale und cytoplasmatische Aconitase-Versionen einschließt. Eine dieser Aconitasen dient als Regulatorprotein ohne katalytische Aktivität (*iron response element* IRE bindendes Protein, ▸*Abschnitt 18.10.2*), während eine andere an der Synthese von Aminosäuren beteiligt ist. Bakterien enthalten zwei entfernt verwandte Enzyme, Aconitase A und Aconitase B. Alle Mitglieder dieser Proteinfamilie weisen einen charakteristischen [4Fe–4S]-Eisen-Schwefel-Cluster auf. In den meisten dieser Redoxenzyme sind die Eisen-Schwefel-Cluster direkt am Transport von Elektronen beteiligt. Die Mitglieder der Aconitase-Familie stellen in dieser Hinsicht eine Ausnahme dar, weil ihre Eisen-Schwefel-Cluster eine Rolle bei der Bindung des Substrats spielen, aber nicht für die Übertragung von Elektronen verantwortlich sind. Bei der Isomerisierung des Citrats werden zwar intramolekular auch Elektronen verschoben, aber Citrat als Ganzes wird weder oxidiert noch reduziert, sodass man hier im Allgemeinen nicht von einer Redoxreaktion spricht.

Citrat ist kein chirales Molekül, weil keines der Atome vier verschiedene Substituenten trägt. Das Produkt der Aconitase-Reaktion, Isocitrat, weist dagegen zwei Stereozentren auf, nämlich C-2 und C-3. An jedes dieser Kohlenstoffatome sind vier verschiedene Substituenten gebunden, die in beiden Fällen in zwei verschiedenen Konfigurationen um das Kohlenstoffatom herum angeordnet sein können. Daraus ergeben sich vier verschiedene Stereoisomere des Isocitrats, von denen in der hoch stereospezifischen Aconitase-Reaktion aber nur eines gebildet wird. Unter Verwendung der *R,S*-Nomenklatur zur Bezeichnung der absoluten Konfiguration von Stereozentren lautet der Name dieses Produktes (2*R*,3*S*)-Isocitrat (▸*Reaktionsgleichung 10.8b*).

10.3.3 Isocitrat-Dehydrogenase

Die Isocitrat-Dehydrogenase katalysiert die oxidative Decarboxylierung des Isocitrats zu α-Ketoglutarat. Diese Reaktion stellt die erste von vier Redoxreaktionen im Citronensäurezyklus dar. Die Oxidation des Isocitrats ist mit der Reduktion von NAD⊕ zu NADH gekoppelt. Die Gesamtreaktion verläuft in zwei Schritten über eine enzymgebundene Oxalsuccinat-Zwischenstufe.

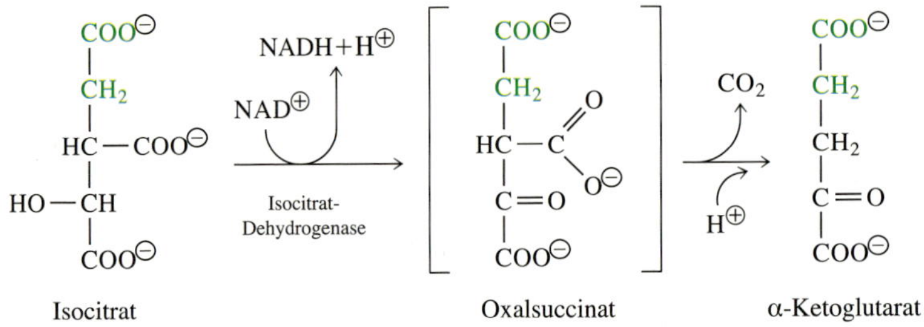

(10.9)

Im ersten Schritt wird die Hydroxylgruppe des Isocitrats durch die formale Entfernung von zwei Wasserstoffatomen, inklusive zweier Elektronen, zur Carbonylgruppe oxidiert. Diese Reaktion entspricht einer typischen Dehydrogenase-Reaktion. Das am Kohlenstoffatom gebundene Wasserstoffatom wird zusammen mit den beiden Bindungselektronen als Hydrid-Ion auf NAD⊕ übertragen, während das Hydroxylwasserstoffatom als Proton abgespalten wird. Dies ist die erste Reaktion des Citronensäurezyklus, die mit der Abgabe von Elektronen verbunden ist und somit zu einer partiellen Oxidation des Substrats in Richtung der vollständigen Oxidation zu CO_2 führt.

Das im ersten Schritt der Isocitrat-Dehydrogenase-Reaktion gebildete, enzymgebundene Oxalsuccinat-Zwischenprodukt stellt eine instabile Ketosäure dar, deren Decarboxylierung durch die zur mittleren Carboxylatgruppe β-ständige Ketocarbonylgruppe erleichtert wird. Im zweiten Schritt der Reaktion unterliegt das Oxalsuccinat tatsächlich einer enzymatischen Decarboxylierung, bevor es als α-Ketoglutarat von der Isocitrat-Dehydrogenase abdissoziiert. Da die Decarboxylierung mit der Aufnahme eines Protons verbunden ist, während bei der Oxidation des Isocitrats zum Oxalsuccinat ein Proton abgegeben wurde, tritt in der stöchiometrisch ausgeglichenen Nettoreaktionsgleichung der Gesamtreaktion der Isocitrat-Dehydrogenase kein Proton in Erscheinung:

$$\text{Isocitrat} + \text{NAD}^{\oplus} \longrightarrow \alpha\text{-Ketoglutarat} + \text{NADH} + CO_2 \qquad (10.10)$$

Es existieren mehrere verschiedene Versionen der Isocitrat-Dehydrogenase. In Bakterien kommen sowohl eine NAD⊕-abhängige als auch eine NADP⊕-abhängige Variante vor. Auch Eukaryonten enthalten beide Typen des Enzyms. Zusätzlich treten in Eukaryonten allerdings mehrere Subtypen der NADP⊕-abhängigen Variante auf. Im Allgemeinen befindet sich die NAD⊕-abhängige Isocitrat-Dehydrogenase in den Mitochondrien, wo sie eine entscheidende Rolle im Citronensäurezyklus spielt. Die NADP⊕-abhängige Variante tritt dagegen im Cytoplasma, in Chloroplasten und anderen membranumhüllten Kompartimenten auf. Alle Varianten des Enzyms weisen homologe Sequenzen auf und sie stammen zusammen mit einem Enzym des Leucin-Biosyntheseweges von einem gemeinsamen Vorfahren ab.

α-Ketoglutarat ist als Derivat des symmetrischen C_5-Dicarboxylats Glutarat (⊖OOC–CH_2–CH_2–CH_2–COO⊖) benannt. Die Ketogruppe befindet sich an einem der zu den Carboxylatgruppen direkt benachbarten Kohlenstoffatome, also einem α-Kohlenstoffatom. Die Positionsbezeichnung durch den griechischen Buchstaben α haben wir bereits bei der Benennung der α-Aminosäuren kennengelernt. In Analogie zu den Aminosäuren könnte der systematische Name von α-Ketoglutarat demnach 2-Ketoglutarat sein. Tatsächlich lautet der korrekte systematische Name allerdings 2-Oxoglutarat, weil der Namensbestandteil *keto* gemäß den IUPAC- und IUBMB-Nomenklaturregeln vermieden werden sollte. Die Verwendung von Trivialnamen organischer Moleküle anstelle ihrer systematischen Namen ist vollkommen akzeptabel, wenn sie allgemein gut bekannt sind. Der systematische Name des Substrats Oxalacetat im ersten Schritt des Citronensäurezyklus lautet zum Beispiel 2-Oxosuccinat, weil es das 2-Oxo-Derivat von Succinat darstellt. Der ursprünglich eingeführte Name Oxalacetat ist im Laufe der Jahre aber allgemein so gut bekannt und vertraut geworden, dass die Verwendung des systematischen Namens vermutlich sogar zu Verwirrungen führen würde. Infolgedessen findet man den systematischen Namen 2-Oxosuccinat zumindest in der biochemischen Literatur praktisch nicht. Der systematische Name 2-Oxoglutarat wird dagegen in letzter Zeit immer häufiger anstelle des altbekannten Trivialnamens α-Ketoglutarat eingesetzt, wie es die neuen IUPAC/IUBMB-Regeln eigentlich auch fordern. In diesem Fall ist die Akzeptanz vermutlich größer, weil zumindest der Wortstamm *glutarat* erhalten bleibt. In diesem Buch wird aber zunächst weiterhin der altbekannte Trivialname α-Ketoglutarat verwendet.

10.3.4 Der α-Ketoglutarat-Dehydrogenase-Komplex

Die oxidative Decarboxylierung von α-Ketoglutarat verläuft analog zur Reaktion, die durch die Pyruvat-Dehydrogenase katalysiert wird. In beiden Fällen treten eine α-Ketocarbonsäure (kurz: α-Ketosäure) und Coenzym A (HS–CoA) als Reaktanten sowie CO_2 und ein energiereicher Thioester des Coenzyms A als Produkte auf. Die vierte Reaktion des Citronensäurezyklus wird durch die α-Ketoglutarat-Dehydrogenase (auch als 2-Oxoglutarat-Dehydrogenase bekannt) katalysiert.

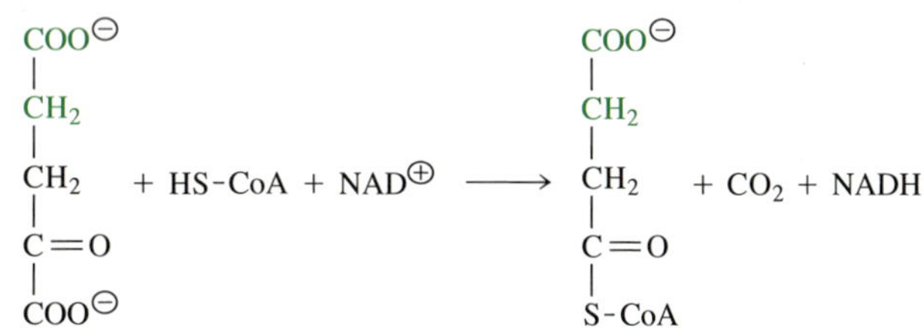

α-Ketoglutarat — Succinyl-CoA (10.11)

Die α-Ketoglutarat-Dehydrogenase ist ein großer Multienzymkomplex, der dem Pyruvat-Dehydrogenase-Komplex sowohl strukturell als auch funktionell ähnelt. An der Reaktion der α-Ketoglutarat-Dehydrogenase sind die gleichen Coenzyme beteiligt und der enzymatische Mechanismus verläuft analog zum Pyruvat-Dehydrogenase-Mechanismus. Die drei Enzymkomponenten des α-Ketoglutarat-Dehydrogenase-Komplexes heißen α-Ketoglutarat-Dehydrogenase (E_1, enthält TPP), Dihydroliponamid-Succinyltransferase (E_2, enthält einen Liponamid-Schwenkarm) und Dihydroliponamid-Dehydrogenase (E_3, das gleiche Flavoprotein, das auch im Pyruvat-Dehydrogenase-Komplex vorkommt). Die Gesamtreaktion repräsentiert sowohl die zweite Reaktion des Citronensäurezyklus, durch die CO_2 freigesetzt wird, als auch die zweite Reaktion des Zyklus, die mit der Erzeugung von Reduktionsäquivalenten verbunden ist. Die Pyruvat-Dehydrogenase-Reaktion wird dabei nicht als Reaktion des Citronensäurezyklus betrachtet, weil das Acetyl-CoA, das in den Zyklus eintritt, auch aus anderen Quellen stammen kann. Die restlichen vier Reaktionen des Citronensäurezyklus dienen zur Regeneration von Oxalacetat aus Succinyl-CoA und zur Produktion eines ATP- sowie weiterer Reduktionsäquivalente. Eukaryontische Zellen besitzen nur eine einzelne, mitochondriale Variante des α-Ketoglutarat-Dehydrogenase-Komplexes. Archaeen und einige Bakterienspezies enthalten keine α-Ketoglutarat-Dehydrogenase. Stattdessen verwenden sie zur Katalyse der Umwandlung von α-Ketoglutarat in Succinyl-CoA ein vollkommen anderes Enzym, die 2-Oxoglutarat:Ferredoxin-Oxidoreduktase.

10.3.5 Succinyl-CoA-Synthetase

Die Umwandlung von Succinyl-CoA in Succinat und Coenzym A (HS–CoA) wird durch die Succinyl-CoA-Synthetase, die auch Succinat-Thiokinase genannt wird, katalysiert. Durch das Enzym wird die Hydrolyse der energiereichen Thioesterbindung des Succinyl-CoA mit der Bildung eines Nucleosidtriphosphats (GTP oder ATP) gekoppelt. Die Reaktion verläuft in drei Schritten (▶*Abbildung 10.7*), die durch den nucleophilen Angriff eines anorganischen Phosphats auf das Carbonylkohlenstoffatom der Thioestergruppe des Succinyl-CoA eingeleitet werden.

Im ersten Schritt wird infolge des Angriffs des anorganischen Phosphats ein enzymgebundenes Succinylphosphat-Zwischenprodukt gebildet, während Coenzym A freigesetzt wird. Im zweiten Schritt erfolgt die Übertragung der Phosphorylgruppe auf eine Histidin-Seitenkette im aktiven Zentrum des Enzyms, wodurch ein im Vergleich zum Succinylphosphat stabileres Phosphoenzym-Zwischenprodukt entsteht. Im dritten Schritt wird durch die Übertragung der Phosphorylgruppe auf GDP (oder ADP) ein neues GTP-Molekül (oder ATP-Molekül) produziert. Diese Reaktion repräsentiert die einzige Substratkettenphosphorylierung im gesamten Citronensäurezyklus. Da die freien Reaktionsenthalpien einer Thioesterhydrolyse, wie zum Beispiel der Thioesterbindung im Succinyl-CoA, und der Hydrolyse von ATP (oder GTP) ähnliche Werte aufweisen, kann die endergone Phosphorylierung von ADP oder GDP durch die Kopplung mit der exergonen

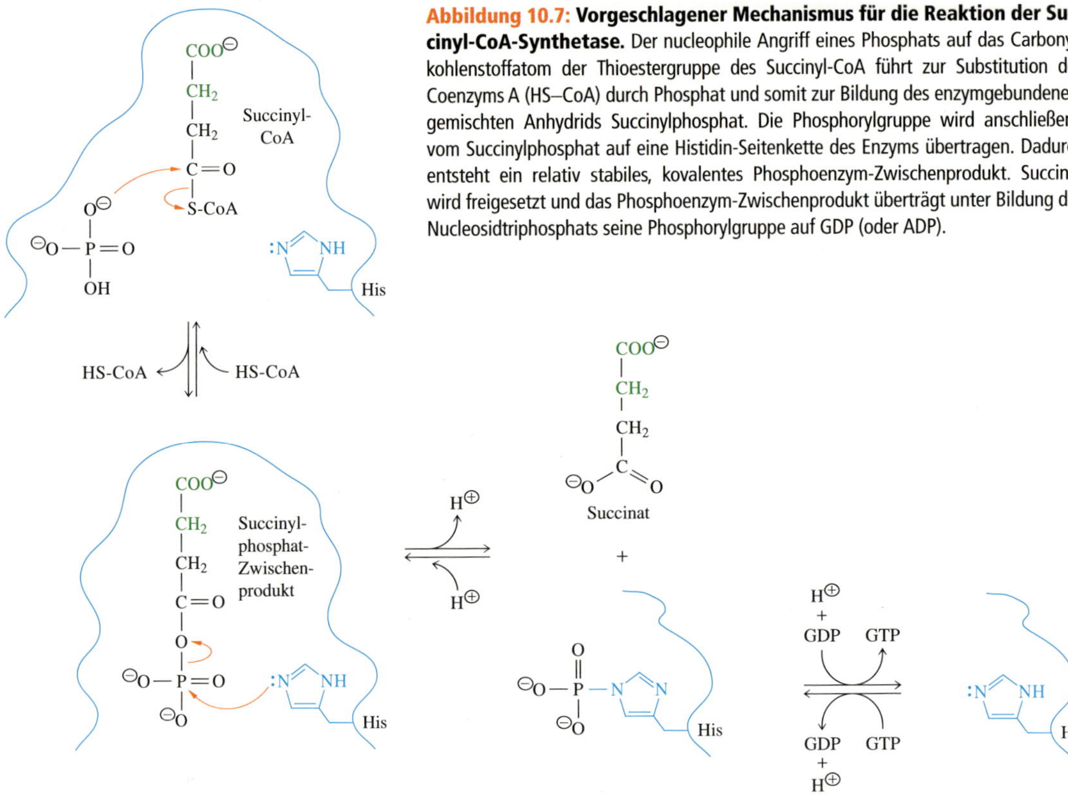

Abbildung 10.7: Vorgeschlagener Mechanismus für die Reaktion der Succinyl-CoA-Synthetase. Der nucleophile Angriff eines Phosphats auf das Carbonylkohlenstoffatom der Thioestergruppe des Succinyl-CoA führt zur Substitution des Coenzyms A (HS–CoA) durch Phosphat und somit zur Bildung des enzymgebundenen, gemischten Anhydrids Succinylphosphat. Die Phosphorylgruppe wird anschließend vom Succinylphosphat auf eine Histidin-Seitenkette des Enzyms übertragen. Dadurch entsteht ein relativ stabiles, kovalentes Phosphoenzym-Zwischenprodukt. Succinat wird freigesetzt und das Phosphoenzym-Zwischenprodukt überträgt unter Bildung des Nucleosidtriphosphats seine Phosphorylgruppe auf GDP (oder ADP).

Hydrolyse eines Thioesters ermöglicht werden. Die stöchiometrisch ausgeglichene Nettoreaktionsgleichung der Succinyl-CoA-Synthetase-Reaktion lautet folgendermaßen:

$$\text{Succinyl-CoA} + P_i + \text{GDP} \longrightarrow \text{Succinat} + \text{HS-CoA} + \text{GTP} \qquad (10.12)$$

Das anorganische Phosphat (Hydrogenphosphat, $HSO_4^{\ominus}$) liefert die Phosphorylgruppe zur Phosphorylierung von GDP (oder ADP), das Sauerstoffatom, das zur Bildung des Succinats erforderlich ist, sowie das Proton für die Sulfhydrylgruppe des Coenzyms A (HS–CoA). Beachten Sie, dass das Enzym nach der Rückreaktion dieser Reaktion benannt ist, in der Succinyl-CoA aus Succinat und Coenzym A unter Verbrauch von GTP (oder ATP) synthetisiert wird. Es wird als Synthetase und nicht als Synthase bezeichnet, weil die Reaktion mit der Kombination von zwei Molekülen zu einem Molekül verbunden und mit der Hydrolyse eines Nucleosidtriphosphats gekoppelt ist. In eukaryontischen Zellen befindet sich die Succinyl-CoA-Synthetase ausschließlich in den Mitochondrien. Das Enzym ist aus zwei α- und zwei β-Untereinheiten aufgebaut ($\alpha_2\beta_2$). Die β-Untereinheit enthält die Bindungsstelle für das Nucleotid. Die bakteriellen Versionen des Enzyms nutzen ADP, während Eukaryonten häufig zwei Varianten des Enzyms besitzen, von denen eine GDP und die andere ADP phosphoryliert. Die verschiedenen Nucleotidspezifitäten der einzelnen Varianten sind eine Folge von Unterschieden in ihren β-Untereinheiten. Die GTP-abhängigen Varianten haben sich eindeutig aus den ATP-abhängigen Varianten entwickelt und nicht umgekehrt. Archaeen und einige Bakterienspezies weisen keine Succinyl-CoA-Synthetase auf. Diese Spezies führen eine ähnliche Reaktion durch, die durch ein vollkommen anderes Enzym namens Succinyl-CoA:Acetoacetat-CoA-Transferase katalysiert wird.

10.3.6 Succinat-Dehydrogenase-Komplex

Die Succinat-Dehydrogenase katalysiert die Oxidation von Succinat zu Fumarat, bei der durch die Abgabe von zwei Protonen und zwei Elektronen eine C=C-Doppelbindung gebildet wird. Die Protonen und Elektronen werden von einem Ubichinonmolekül (Q) aufgenommen, das infolgedessen zum Hydrochinon QH_2 reduziert wird. In fast allen Fällen stellt Ubichinon das bevorzugte Oxidationsmittel dar, aber manche Bakterien verwenden Menachinon. FAD tritt in allen Spezies als essenzieller Cofaktor der Succinat-Dehydrogenase auf.

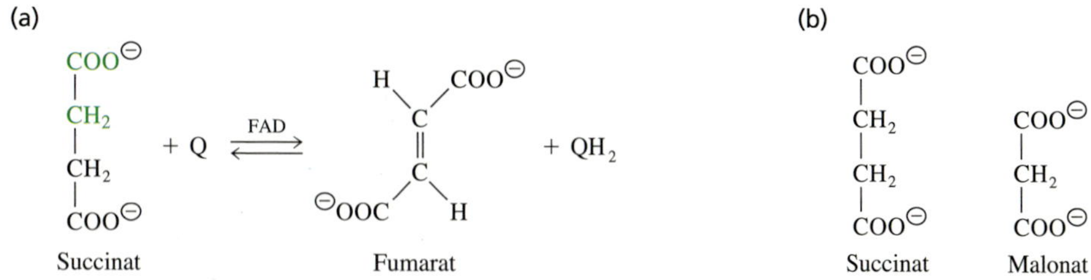

(10.13)

Das aktive Zentrum des Enzyms wird von Aminosäuren aus zwei verschiedenen Untereinheiten gebildet. Eine der Untereinheiten enthält Eisen-Schwefel-Cluster und die andere Untereinheit ist ein Flavoprotein mit kovalent gebundenem FAD. Das Succinat-Dehydrogenase-Dimer bildet zusammen mit zwei Membranpolypeptiden einen größeren Komplex. Die Membrankomponenten bestehen aus Cytochrom *b* mit seiner assoziierten Hämgruppe und einer Chinon-Bindungsstelle. Der Elektronentransport findet vom Succinat über die Cofaktoren FAD, mehrere Eisen-Schwefel-Cluster und die Hämgruppe zum Chinon statt. $FADH_2$ wird in der E_3-Einheit der Pyruvat-Dehydrogenase durch $NAD^{\oplus}$ reoxidiert, um den katalytischen Zyklus durch die Regeneration von FAD zu schließen. Im Fall der Succinat-Dehydrogenase wird $FADH_2$ letztendlich durch Ubichinon (Q) wieder zu FAD oxidiert. Häufig wird zur Vereinfachung nur $FADH_2$ als Reduktionsprodukt dieser Reaktion angegeben. Da FAD aber kovalent an das Enzym gebunden ist, wird der katalytische Zyklus nicht vollendet und kann nicht erneut ablaufen, bis $FADH_2$ reoxidiert und das Reduktionsprodukt QH_2 freigesetzt wurde.

Der Succinat-Dehydrogenase-Komplex bildet einen Bestandteil der Elektronentransportketten in der Plasmamembran von Prokaryonten und in der inneren Mitochondrienmembran eukaryontischer Zellen. Dies wird im Zusammenhang mit den Elektronentransportketten noch genauer beschrieben. In Bakterien ragt der größte Teil des Enzyms ins Cytoplasma hinein, wo es in einer der Reaktionen des Citronensäurezyklus Succinat binden und als Fumarat wieder freisetzen kann. In Mitochondrien befindet sich das aktive Zentrum des Enzyms auf der Membranseite der mitochondrialen Matrix, in der die Enzyme des Citronensäurezyklus lokalisiert sind.

Das Substratanalogon Malonat (▶ *Reaktionsgleichung 10.13b*) wirkt als kompetitiver Inhibitor des Succinat-Dehydrogenase-Komplexes. Malonat stellt wie Succinat ein dianionisches Dicarboxylat dar, das an kationische Aminosäurereste im aktiven Zentrum des Succinat-Dehydrogenase-Komplexes bindet. Allerdings kann beim Malonat keine Oxidation unter Ausbildung einer C=C-Doppelbindung erfolgen, weil dafür eine zweite Methylengruppe ($-CH_2-$) notwendig wäre. Bei Experimenten mit isolierten Mitochondrien oder Zellhomogenisaten führt die Zugabe von Malonat deswegen zur Anhäufung von Succinat, α-Ketoglutarat und Citrat. Experimente dieser Art lieferten ursprünglich die Belege für die Reaktionssequenz des Citronensäurezyklus.

10.3.7 Fumarase

Die Fumarase (systematischer Name: Fumarat-Hydratase) katalysiert die im annähernden Gleichgewicht ablaufende Umwandlung von Fumarat in L-Malat, die durch die stereospezifische *trans*-Addition von Wasser an die Doppelbindung des Fumarats erfolgt.

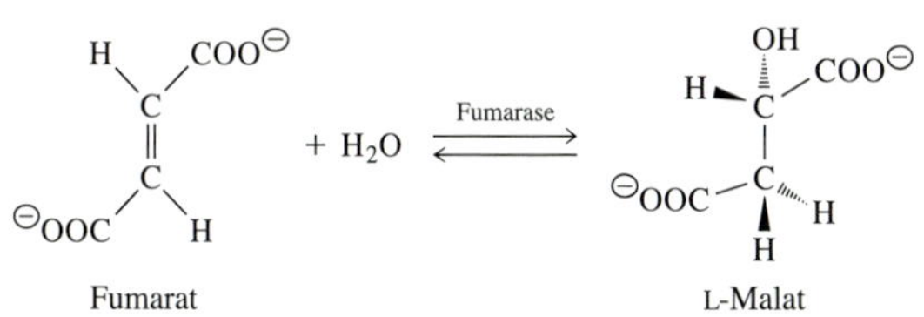

(10.14)

Fumarat stellt wie Citrat ein prochirales Molekül dar. Wenn Fumarat an das chirale aktive Zentrum des Enzyms bindet, werden die beiden Seiten der Doppelbindung unterscheidbar und der Angriff des Wassermoleküls kann nur noch auf eine ganz bestimmte stereo- und regiospezifische Weise stattfinden. Als Produkt der Reaktion wird infolgedessen ausschließlich das L-Stereoisomer des Hydroxydicarboxylats Malat erzeugt.

Es existieren zwei nicht miteinander verwandte Fumarasen, die die gleiche Reaktion katalysieren können. Das Klasse-I-Enzym kommt in den meisten Bakterien vor, während das Klasse-II-Enzym in manchen Bakterien und allen Eukaryonten vorhanden ist. Einige Bakterien, wie zum Beispiel *E. coli*, besitzen beide Varianten des Enzyms. Eine der Varianten ist im normalen Citronensäurezyklus aktiv, während die andere in der Regel die Rückreaktion, also die Umwandlung von Malat in Fumarat, katalysiert.

10.3.8 Malat-Dehydrogenase

Der letzte Schritt des Citronensäurezyklus besteht in der Oxidation von Malat, durch die das Startsubstrat des Zyklus, Oxalacetat, regeneriert wird. Die Oxidation ist mit der Reduktion eines $NAD^{\oplus}$-Moleküls zu NADH gekoppelt.

Diese Redoxreaktion wird durch die $NAD^{\oplus}$-abhängige Malat-Dehydrogenase katalysiert. Die wechselseitige Umwandlung des α-Hydroxycarboxylats Malat und des Ketocarboxylats Oxalacetat findet im annähernden Gleichgewicht statt und verläuft analog zur reversiblen Lactat-Dehydrogenase-Reaktion. Dies ist nicht überraschend, weil die Lactat-Dehydrogenase und die Malat-Dehydrogenase von einem gemeinsamen Vorläuferenzym abstammen.

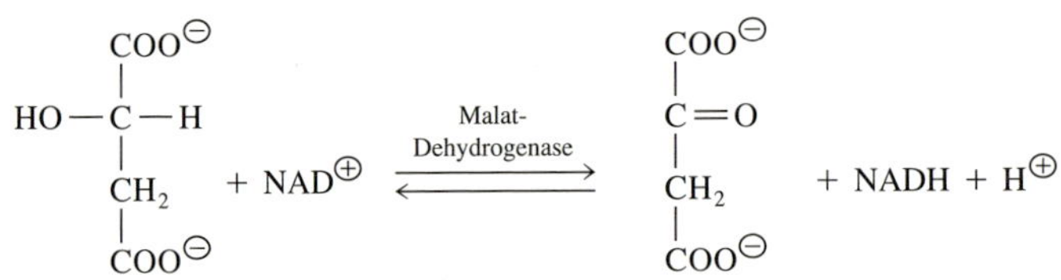

L-Malat Oxalacetat (10.15)

Reduzierte Coenzyme als Energielieferanten für die ATP-Produktion 10.4

Die Nettoreaktion des Citronensäurezyklus liefert für jedes Molekül Acetyl-CoA, das in den Zyklus eintritt, neben einem Coenzym-A-Molekül und zwei Molekülen CO_2 drei Moleküle NADH, ein Molekül QH_2 und ein Molekül GTP oder ATP.

NADH und QH_2 können durch die membrangebundene Elektronentransportkette oxidiert werden. Die abgegebenen Elektronen werden dabei auf molekularen Sauerstoff übertragen, der dadurch zu Wasser reduziert wird. Die in diesem Zusammenhang freigesetzte Energie wird über einen Protonengradienten ebenfalls zur Produktion von ATP aus ADP eingesetzt. Den gesamten Prozess der Oxidation der reduzierten Coenzyme und der damit gekoppelten ATP-Synthese nennt man oxidative Phosphorylierung. Pro NADH-Molekül, das zu $NAD^{\oplus}$ oxidiert wird, werden etwa 2,5 Moleküle ATP erzeugt, während für jedes zu Q oxidierte Molekül QH_2 etwa 1,5 Moleküle ATP entstehen. Die vollständige Oxidation einer Acetylgruppe aus Acetyl-CoA zu Wasser und Kohlendioxid durch den Citronensäurezyklus und die nachfolgende oxidative Phosphorylierung ist demzufolge mit der Produktion von etwa zehn Molekülen ATP aus ADP verbunden (▶ *Tabelle 10.2*).

$$\text{Acetyl-CoA} + 3\,\text{NAD}^{\oplus} + \text{Q} + \text{GDP (oder ADP)} + \text{P}_i + 2\,\text{H}_2\text{O} \longrightarrow \text{HS-CoA} + 3\,\text{NADH} + \text{QH}_2 + \text{GTP (oder ATP)} + 2\,\text{CO}_2 + 2\,\text{H}^{\oplus} \qquad (10.16)$$

Tabelle 10.2

ATP-Ausbeute bei der Oxidation von Acetyl-CoA

Reaktion (Enzym)	Energiereiches Produkt	ATP-Äquivalente
Isocitrat-Dehydrogenase	NADH	2,5
α-Ketoglutarat-Dehydrogenase-Komplex	NADH	2,5
Succinyl-CoA-Synthetase	GTP oder ATP	1,0
Succinat-Dehydrogenase-Komplex	QH_2	1,5
Malat-Dehydrogenase	NADH	2,5
Gesamtprozess		**10,0**

Unter aeroben Bedingungen werden die energiereichen reduzierten Coenzyme, die im Citronensäurezyklus pro Molekül Acetyl-CoA entstehen, dessen Acetylgruppe vollständig oxidiert wird, durch die oxidative Phosphorylierung in ATP-Äquivalente umgewandelt. Zusammen mit dem direkt im Citronensäurezyklus gebildeten ATP-Äquivalent werden so etwa zehn ATP-Äquivalente pro Molekül Acetyl-CoA, dessen Acetylgruppe oxidiert wird, gewonnen.

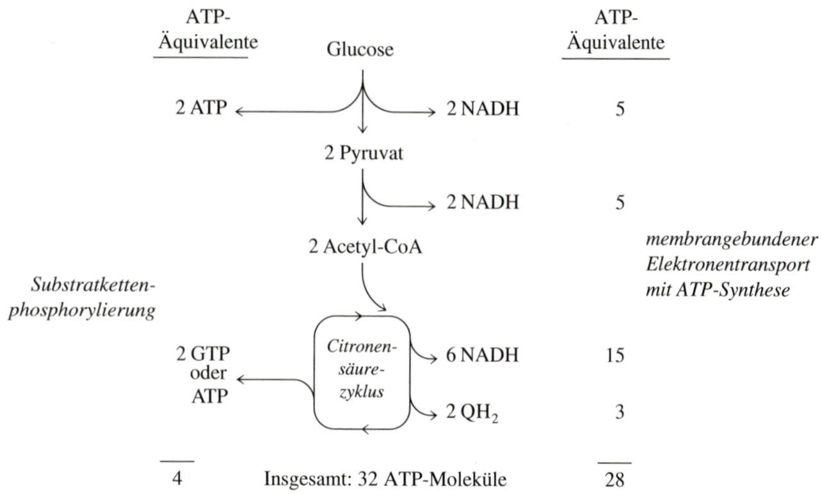

Abbildung 10.8: Bilanz der ATP-Produktion durch den Katabolismus eines Moleküls Glucose durch die Glycolyse, den Citronensäurezyklus und die oxidative Phosphorylierung, die der Reoxidation von NADH und QH_2 sowie der anschließenden ATP-Synthese entspricht. Die vollständige Oxidation eines Glucosemoleküls zu Wasser und Kohlendioxid liefert bis zu 32 ATP-Äquivalente.

Der Citronensäurezyklus stellt die letzte Stufe des Katabolismus von vielen Hauptnährstoffen dar. Er dient als Stoffwechselzyklus zur Oxidation aller Acetyl-CoA-Moleküle, die durch den Abbau von Kohlenhydraten, Lipiden und Aminosäuren gebildet werden.

Der Abbau eines Glucosemoleküls zu zwei Pyruvatmolekülen durch die Glycolyse führt zur Nettoproduktion von zwei Molekülen ATP. Zusätzlich werden im Verlauf der Glycolyse in der Reaktion, die durch die Glycerinaldehyd-3-phosphat-Dehydrogenase katalysiert wird, zwei Moleküle NADH gebildet. Da auch diese durch die oxidative Phosphorylierung zur Erzeugung von ATP-Äquivalenten eingesetzt werden können, ergibt sich eine Gesamtausbeute von 7,0 ATP-Äquivalenten pro Glucosemolekül, das durch die Glycolyse zu zwei Pyruvatmolekülen abgebaut wird. Die Umwandlung beider Pyruvatmoleküle zu Acetyl-CoA durch den Pyruvat-Dehydrogenase-Komplex liefert zwei weitere NADH-Moleküle, die wiederum 5,0 ATP-Äquivalenten entsprechen. Da infolge der vollständigen Oxidation von zwei Molekülen Acetyl-CoA zu CO_2, H_2O und Coenzym A durch den Citronensäurezyklus und die anschließende oxidative Phosphorylierung 20 ATP-Äquivalente gewonnen werden, erhält man somit 32 ATP-Äquivalente pro Glucosemolekül, das vollständig zu CO_2 und H_2O oxidiert wird (▶*Abbildung 10.8*).

In Bakterien können die beiden NADH-Moleküle, die während der Glycolyse im Cytosol entstehen, durch die in der Plasmamembran lokalisierte, membrangebundene Elektronentransportkette direkt reoxidiert werden. Deswegen wird in Bakterienzellen die theoretische Maximalausbeute von 32 ATP-Äquivalenten pro Glucosemolekül, das vollständig oxidiert wird, im Gegensatz zu eukaryontischen Zellen erreicht. Auch in eukaryontischen Zellen erfolgt die Glycolyse im Cytosol. Die oxidative Phosphorylierung findet allerdings auf der Matrixseite der inneren Mitchondrienmembran statt. Der Citronensäurezyklus läuft in der Mitochondrienmatrix ab, aber die Glycolyse ereignet sich wie erwähnt im Cytosol. Die in der Glycolyse gebildeten Reduktionsäquivalente der NADH-Moleküle müssen infolgedessen erst durch die äußere und innere Mitochondrienmembran transportiert werden, um im Verlauf der oxidativen Phosphorylierung zur Produktion von ATP beitragen zu können. Die äußere Mitochondrienmembran ist für kleine Moleküle bis zu einer relativen Molekülmasse von etwa 10.000 durch Porine passierbar. Die innere Mitochondrienmembran ist für NADH-Moleküle dagegen völlig undurchlässig. Die Reduktionsäquivalente der NADH-Moleküle können allerdings mithilfe spezieller Shuttle-Systeme durch die Mitochondrienmembran transportiert werden, aber nicht die NADH-Moleküle selbst. In beiden Fällen werden die Reduktionsäquivalente der NADH-Moleküle auf andere Moleküle übertragen, von denen eines zum Beispiel durch die innere Mitochondrienmembran transportiert werden kann (Malat-Aspartat-Shuttle). Auf diese Weise gelangen die Reduktionsäquivalente in die mitochondriale Matrix, um dort auf die membrangebundene Elektronentransportkette übertragen zu werden, die die Phosphorylierung von ADP antreibt. Die in der

Matrix oxidierten Reduktionsäquivalente werden wieder aus der Matrix heraustransportiert und können dann erneut durch NADH reduziert werden. Dadurch wird der Shuttle-Zyklus geschlossen. NADH wird dabei außerhalb der Matrix zu $NAD^{\oplus}$ oxidiert, das im Cytosol während der Glycolyse wieder reduziert werden kann. Dies trifft auch auf das zweite, ebenfalls cyclische Shuttle-System zu (Glycerinphosphat-Shuttle). Das in Zellen mit Abstand am häufigsten zum Einsatz kommende Shuttle-System ist der sogenannte Malat-Aspartat-Shuttle. Durch die Aktivität dieses Shuttle-Systems können pro NADH-Molekül letztendlich etwa 2,5 ATP-Äquivalente erzeugt werden. Werden die Reduktionsäquivalente durch den alternativen Mechanismus des Glycerinphosphat-Shuttles transportiert, liefert jedes NADH-Molekül aus der Glycolyse jedoch nur etwa 1,5 ATP-Äquivalente, sodass sich bei ausschließlicher Verwendung dieses Shuttles lediglich eine Gesamtausbeute von 30 Molekülen ATP pro Glucosemolekül ergeben würde. Deswegen ist die ATP-Ausbeute, die bei der vollständigen Oxidation von Glucose in eukaryontischen Zellen erreicht wird, in der Regel kleiner als das theoretische Maximum.

10.5 Acyclische Verläufe des Citronensäurezyklus

Der Citronensäurezyklus dient nicht ausschließlich als kataboler Stoffwechselweg zur Oxidation von Acetyl-CoA. Vielmehr spielt er im Gesamtstoffwechsel außerdem eine wichtige Rolle als Kreuzungspunkt mehrerer anderer Stoffwechselwege. Einige Zwischenprodukte des Citronensäurezyklus treten nämlich als wichtige Vorstufen in verschiedenen Biosynthesewegen auf, während einige katabole Stoffwechselwege Zwischenprodukte des Citronensäurezyklus produzieren. Citrat, α-Ketoglutarat, Succinyl-CoA und Oxalacetat werden nicht nur im Citronensäurezyklus weiter umgesetzt, sondern finden auch als Substrate für verschiedene Biosynthesen Verwendung (▶*Abbildung 10.9*). Citrat tritt in einen Stoffwechselweg zur Biosynthese von Fettsäuren und Steroiden ein. In diesem Zusammenhang unterliegt es einer Umwandlung in Acetyl-CoA, das auch als biochemischer Vorläufer von Lipiden in Erscheinung tritt. In Eukaryonten findet diese Reaktion im Cytosol statt, sodass das Citrat

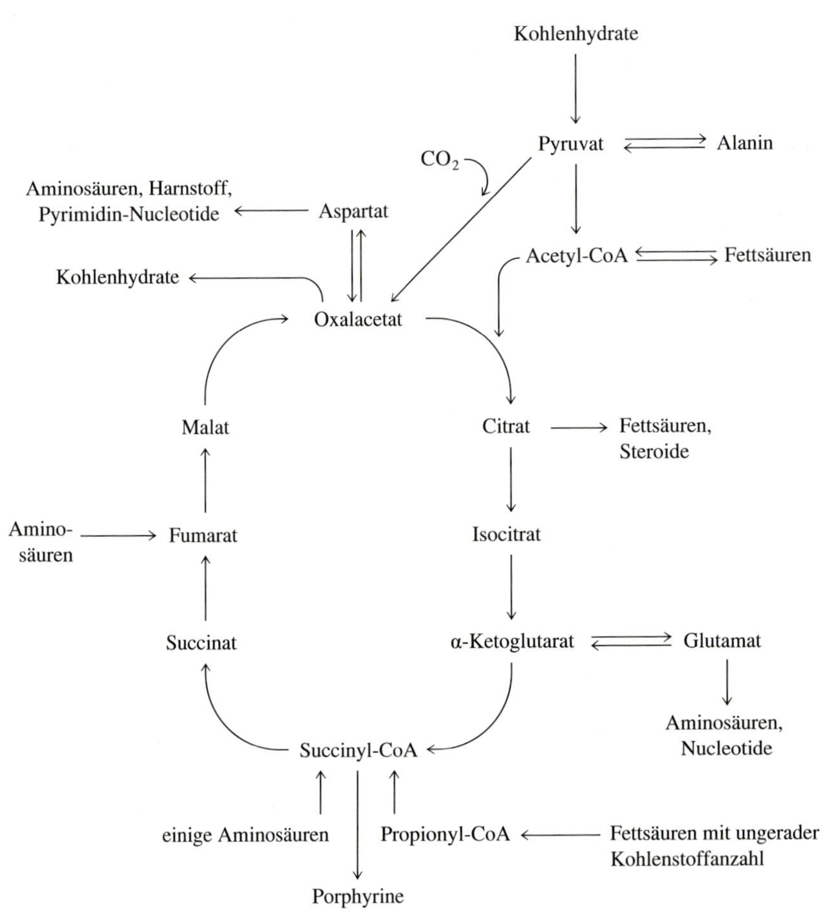

Abbildung 10.9: Stoffwechselrouten, die in den Citronensäurezyklus münden, und solche, die aus diesem entspringen. Zwischenprodukte des Citronensäurezyklus dienen als Vorstufen von Kohlenhydraten, Lipiden und Aminosäuren sowie von Nucleotiden und Porphyrinen. Der Vorrat an Zwischenprodukten des Citronensäurezyklus wird durch katabole Wege des Kohlenhydrat-, des Fettsäure- und des Aminosäurestoffwechsels wieder aufgefüllt.

zunächst aus den Mitochondrien ins Cytosol transportiert werden muss, um die Biosynthese von Fettsäuren unterstützen zu können. Eine wichtige Rolle von α-Ketoglutarat im Stoffwechsel besteht in seiner reversiblen Umwandlung in Glutamat, das in Proteine eingebaut sowie zur Synthese anderer Aminosäuren oder Nucleotide verwendet werden kann. Die Kondensation von Succinyl-CoA mit Glycin erfolgt in der ersten Phase der Biosynthese von Porphyrinen in Tieren, wie zum Beispiel den Hämgruppen in Cytochromen. Oxalacetat steht außerdem im Gleichgewicht mit Aspartat, das bei der Synthese von Harnstoff, Aminosäuren und Pyrimidinnucleotiden eingesetzt wird.

Wenn der Citronensäurezyklus als vielstufiger Katalysator arbeitet, werden nur kleine Mengen des Katalysators bzw. der Katalysator-Zwischenprodukte benötigt, um große Substratmengen in die Produkte umzuwandeln. Deswegen reagiert die Geschwindigkeit, mit der Acetyl-CoA durch den Citronensäurezyklus verstoffwechselt wird, äußerst empfindlich auf Konzentrationsänderungen der Zwischenprodukte des Zyklus. Metabolite, die durch ihre Verwertung in Biosynthesewegen für den Citronensäurezyklus verloren gehen, müssen durch sogenannte anaplerotische (vom griechischen Wort für „auffüllen“) Reaktionen nachgeliefert werden. Weil der Citronensäurezyklus als geschlossener Zyklus ablaufen kann, führt die Nachlieferung eines beliebigen seiner Zwischenprodukte auch zur Erhöhung der Konzentrationen der übrigen Zwischenprodukte. Die Synthese von Oxalacetat aus Pyruvat, die durch die Pyruvat-Carboxylase katalysiert wird, stellt eine wichtige, regulierte Auffüllreaktion für den Citronensäurezyklus dar.

$$\text{Pyruvat} + CO_2 + \text{ATP} + H_2O \longrightarrow \text{Oxalacetat} + \text{ADP} + P_i \qquad (10.17)$$

Diese Reaktion stellt auch einen Schritt des Gluconeogeneseweges dar. Die Pyruvat-Carboxylase wird durch Acetyl-CoA allosterisch aktiviert. Die Akkumulation von Acetyl-CoA wird als Hinweis auf eine niedrige Konzentration des Oxalacetats und auf einen ungedeckten Bedarf an Zwischenprodukten des Citronensäurezyklus gewertet, da im ersten Schritt des Citronensäurezyklus Acetyl-CoA durch die Reaktion mit Oxalacetat verbraucht wird. Durch die Pyruvat-Carboxylase-Reaktion wird Oxalacetat für diese Reaktion nachgeliefert, sodass der Citronensäurezyklus wieder in größerem Umfang ablaufen kann und wieder mehr Zwischenprodukte des Zyklus gebildet werden. In vielen Spezies dient eine ganze Reihe von verschiedenen Reaktionen zur Aufrechterhaltung eines fein regulierten Gleichgewichts zwischen der Bildung und dem Verbrauch von Zwischenprodukten des Citronensäurezyklus. Die Nachlieferung von Oxalacetat für den Citronensäurezyklus erfolgt in vielen Pflanzen und einigen Bakterien zum Beispiel durch eine Reaktion, die durch Phosphoenolpyruvat-Carboxylase katalysiert wird.

$$\text{Phosphoenolpyruvat} + HCO_3^{\ominus} \rightleftharpoons \text{Oxalacetat} + P_i \qquad (10.18)$$

Die Stoffwechselwege zum Abbau mancher Amino- und Fettsäuren können Succinyl-CoA für den Citronensäurezyklus bereitstellen. Die wechselseitigen Umwandlungen zwischen Oxalacetat und Aspartat sowie zwischen α-Ketoglutarat und Glutamat können je nach Bedarf Zwischenprodukte für den Citronensäurezyklus liefern oder aus diesem abzweigen. Aus dem Zusammenspiel all dieser Reaktionen im Rahmen des Citronensäurezyklus, also dem Eintritt von Acetyl-CoA aus der Glycolyse und anderen Quellen, dem Eintritt von Zwischenprodukten aus katabolen Stoffwechselwegen und aus anaplerotischen Reaktionen sowie der Abzweigung von Zwischenprodukten für anabole Stoffwechselwege, ergibt sich, dass der Citronensäurezyklus nicht immer als einfacher, geschlossener Zyklus abläuft wie bei der bloßen Oxidation von Acetyl-CoA. Tatsächlich besitzen die meisten Bakterien nicht einmal alle klassischen Enzyme des Citronensäurezyklus. In diesen Spezies dienen die vorhandenen Enzyme des Citronensäurezyklus überwiegend zur Katalyse von biosynthetischen Reaktionen, bei denen die Zwischenprodukte als Vorstufen für Aminosäuren und Porphyrine verwendet werden.

10.6 Der Glyoxylatzyklus

Der Glyoxylatzyklus ist eine Stoffwechselroute, die einige der Reaktionen des Citronensäurezyklus umgeht und diesen dadurch abkürzt. Der Name des Zyklus bezieht sich auf das C_2-Molekül Glyoxylat, das als essenzielles Zwischenprodukt des Glyoxylatzyklus auftritt, welcher nur zwei vom Citronensäurezyklus abweichende Reaktionen aufweist. In der ersten Reaktion wird das C_6-Tricarboxylat Isocitrat in das C_2-Molekül Glyoxylat und das C_4-Dicarboxylat Succinat gespalten. Diese Reaktion wird durch die Isocitrat-Lyase katalysiert (▶*Abbildung 10.10*). In der zweiten Reaktion reagiert das C_2-Molekül Glyoxylat mit Acetyl-CoA unter Abspaltung von Coenzym A (HS–CoA) zum C_4-Dicarboxylat Malat. Diese zweite Reaktion wird durch die Malat-Synthase katalysiert.

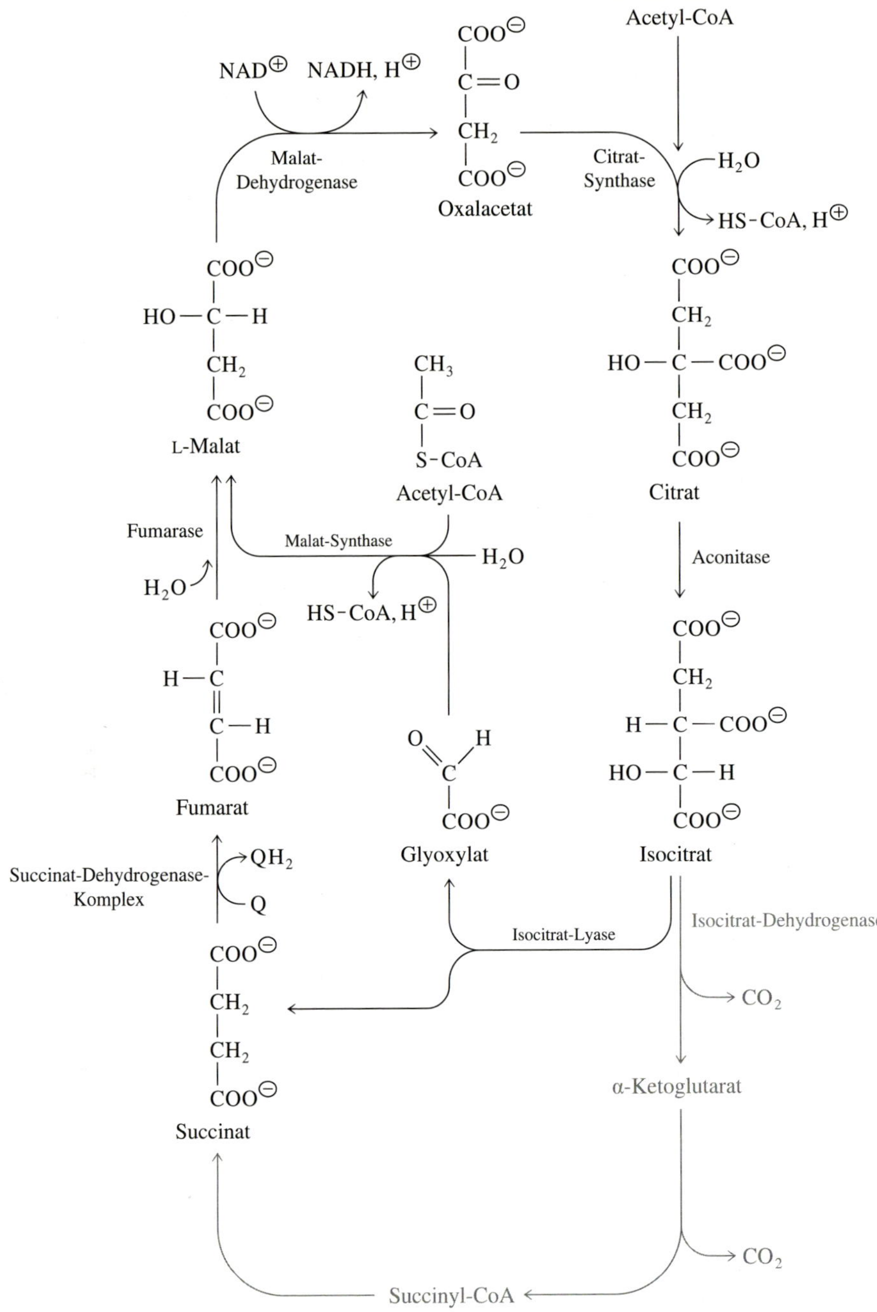

Abbildung 10.10: Glyoxylatzyklus. Die Isocitrat-Lyase und die Malat-Synthase stellen die beiden für den Glyoxylatzyklus spezifischen Enzyme dar. Wenn der Glyoxylatzyklus arbeitet, werden die Kohlenstoffatome der Acetylgruppe eines zusätzlichen Moleküls Acetyl-CoA mit Glyoxylat zu Malat umgesetzt und es wird insgesamt kein CO_2 freigesetzt. Das Malat wird anschließend in Oxalacetat umgewandelt. Das bei der Spaltung des Isocitrats neben Glyoxylat entstehende Succinat wird über Malat ebenfalls zu Oxalacetat oxidiert. Da für die Fortsetzung des Zyklus nur ein Molekül Oxalacetat benötigt wird, ist der Glyoxylatzyklus mit der Nettosynthese von Oxalacetat verbunden, das als Substrat für die Gluconeogenese dienen kann. Die Schritte des Citronensäurezyklus, die durch den Glyoxylatzyklus ausgelassen werden, sind in Grau dargestellt.

Der Glyoxylatzyklus zweigt also beim Isocitrat aus dem Citronensäurezyklus ab und tritt an zwei Stellen, beim Succinat und beim Malat, wieder in den Citronensäurezyklus ein, allerdings ohne zwischendurch zwei Moleküle CO_2 abzuspalten. Stattdessen wird sogar eine zusätzliche Acetylgruppe aus Acetyl-CoA inkorporiert, sodass der Glyoxylatzyklus im Gegensatz zum Citronensäurezyklus mit zwei Molekülen Malat fortgesetzt wird. Infolgedessen werden auch zwei Moleküle Oxalacetat gebildet, von denen aber nur eines erforderlich ist, um den weiteren Ablauf des Zyklus zu gewährleisten. Die Umsetzung von Acetyl-CoA durch den Glyoxylatzyklus führt also zu einer

Nettoproduktion von Oxalacetat, das in der Gluconeogenese zur Nettosynthese von Glucose eingesetzt werden kann. Dazu ist der Citronensäurezyklus nicht fähig. Der Glyoxylatzyklus wurde zuerst in Bakterien entdeckt. Anschließend fand man ihn auch in Pflanzen und später in Pilzen, Protisten und einigen Tieren. Der Zyklus wird häufig auch als Glyoxylatweg bezeichnet. Der Glyoxylatzyklus bietet eine anabole Alternative für den Stoffwechsel von Acetyl-CoA, die über C_4-Verbindungen zur Synthese von Glucose führt. Zellen, die Enzyme des Glyoxylatzyklus besitzen, können alle Kohlenhydrate, die sie benötigen, aus jedem beliebigen Substrat, dessen Verstoffwechselung Acetyl-CoA liefert, selbst produzieren. Hefezellen können zum Beispiel auf Ethanol wachsen, weil sie Ethanol zu Acetyl-CoA oxidieren, das über den Glyoxylatzyklus zuerst in Malat und schließlich in Oxalacetat umgewandelt wird. Viele Bakterien nutzen den Glyoxylatzyklus auf ähnliche Weise zur Aufrechterhaltung ihres Wachstums auf Acetat, das in einer Reaktion, die durch die Acetyl-CoA-Synthetase katalysiert wird, in Acetyl-CoA eingebaut werden kann.

$$\underset{\text{Acetat}}{H_3C-COO^{\ominus}} + \text{HS-CoA} \xrightarrow[\text{Acetyl-CoA-Synthetase}]{\text{ATP} \rightarrow \text{AMP, PP}_i} \underset{\text{Acetyl-CoA}}{H_3C-\overset{O}{\overset{\|}{C}}-\text{S-CoA}} \qquad (10.19)$$

Der Glyoxylatzyklus stellt einen wesentlichen Stoffwechselweg in Bakterien, Protisten, Pilzen und Pflanzen dar. In Ölsamenpflanzen ist er besonders aktiv. In diesen Pflanzen werden in den Samen gespeicherte Öle (Triacylglycerine) während der Keimung zur Versorgung der Pflanze in Kohlenhydrate umgewandelt. Säugetiere besitzen dagegen keine Gene für die beiden spezifischen Enzyme des Glyoxylatzyklus. Infolgedessen können Säugetiere und somit auch Menschen Acetyl-CoA nicht als Vorstufe für die Nettoproduktion von Oxalacetat nutzen und somit auch nicht als Kohlenstoffquelle zur Nettosynthese von Glucose verwenden. Da die Umwandlung von Pyruvat in Acetyl-CoA durch die Pyruvat-Dehydrogenase praktisch irreversibel verläuft, kann auch über die Rückreaktion dieser Reaktion keine Nettosynthese von Glucose aus Acetyl-CoA eingeleitet werden. Zwar werden die Kohlenstoffatome der Acetylgruppe des Acetyl-CoA auch im Citronensäurezyklus in Oxalacetat eingebaut, aber für jedes aus Acetyl-CoA stammende Kohlenstoffatom, das in Oxalacetat eingebaut wird, verlässt ein Kohlenstoffatom den Citronensäurezyklus wieder als CO_2.

Der Glyoxylatweg kann als Abkürzung des Citronensäurezyklus betrachtet werden (▶*Abbildung 10.10*). Die beiden für den Glyoxylatzyklus spezifischen Reaktionen ermöglichen eine Umgehung der Reaktionen des Citronensäurezyklus, durch die CO_2 produziert wird. Wenn der Glyoxylatzyklus aktiv ist, werden also keine Kohlenstoffatome der Acetylgruppen aus Acetyl-CoA als CO_2 freigesetzt. Stattdessen erfolgt die Nettoproduktion des C_4-Moleküls Oxalacetat aus jeweils zwei der Acetylgruppen und somit die Bereitstellung einer C_4-Vorstufe, die durch die Gluconeogenese in Glucose umgewandelt werden kann. Im Citronensäurezyklus wird Succinat zu Malat und schließlich zu Oxalacetat oxidiert, um das für den erneuten Ablauf des Zyklus erforderliche Zwischenprodukt zu liefern. Sie können den Glyoxylatweg als Teil eines Zyklus betrachten, der den oberen Teil des in ▶*Abbildung 10.9* dargestellten Citronensäurezyklus beinhaltet. In diesem Fall ist die Nettoreaktion aber sowohl mit der Bildung von Oxalacetat für die Gluconeogenese als auch mit der Oxidation von Succinat zu Oxalacetat zur Aufrechterhaltung der cyclischen Reaktionen verbunden. Außerdem werden pro Durchlauf zwei Moleküle Acetyl-CoA verstoffwechselt.

$$\begin{aligned} &2\ \text{Acetyl-CoA} + 2\ \text{NAD}^{\oplus} + \text{Q} + 3\ H_2O \longrightarrow \\ &\qquad \text{Oxalacetat} + 2\ \text{HS-CoA} + 2\ \text{NADH} + QH_2 + 4\ H^{\oplus} \end{aligned} \qquad (10.20)$$

In Eukaryonten ist für den Ablauf des Glyoxylatzyklus der Transfer von Metaboliten zwischen den Mitochondrien, in denen sich die Enzyme des Citronensäurezyklus befinden, und dem Cytosol, in dem die Isocitrat-Lyase und die Malat-Synthase vorkommen, erforderlich. Der gesamte mit dem Glyoxylatzyklus verbundene Prozess ist deswegen komplizierter, als er in ▶*Abbildung 10.10* dargestellt ist. In Pflanzen sind die entscheidenden Enzyme des Glyoxylatzyklus in speziellen membranumhüllten Organellen, den sogenannten Glyoxysomen, lokalisiert. Die Glyoxysomen enthalten die für den Glyoxylatzyklus spezifischen Enzyme Isocitrat-Lyase und Malat-Synthase sowie spezielle Versionen von einigen, aber nicht allen Enzymen des Citronensäurezyklus. Da die Glyoxysomen nicht alle Enzyme des Citronensäurezyklus enthalten, ist für einen vollständigen Ablauf dieses Stoffwechselweges der Transport von Metaboliten zwischen verschiedenen Zellkompartimen-

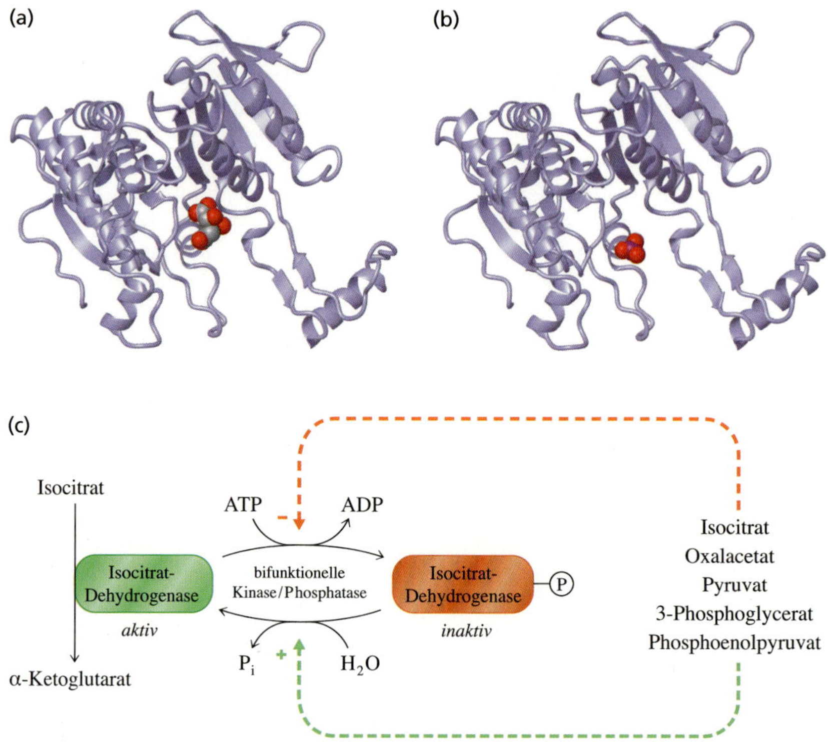

Abbildung 10.11: Bändermodelle der phosphorylierten und dephosphorylierten Form der Isocitrat-Dehydrogenase aus *E. coli* und ihre Regulation. (a) Das dephosphorylierte Enzym ist aktiv, weil das Substrat Isocitrat (Kugelmodell) im aktiven Zentrum gebunden werden kann [PDB 5ICD]. (b) Das phosphorylierte Enzym ist dagegen inaktiv, weil die negativ geladene Phosphorylgruppe (rote (O) und violette (P) Kugeln) die Bindung des ebenfalls negativ geladenen Substrats Isocitrat im aktiven Zentrum durch elektrostatische Abstoßung verhindert [PDB 4ICD]. (c) Regulation der Isocitrat-Dehydrogenase aus *E. coli* durch kovalente Modifizierung. Ein bifunktionelles Enzym katalysiert sowohl die Phosphorylierung als auch die Dephosphorylierung der Isocitrat-Dehydrogenase. Die beiden Aktivitäten des bifunktionellen Enzyms werden durch Zwischenprodukte der Glycolyse und des Citronensäurezyklus reziprok, allosterisch reguliert.

ten notwendig. Das durch die Aktivität der Isocitrat-Lyase gebildete Succinat kann zum Beispiel in den Glyoxysomen nicht weiterverarbeitet werden. Deswegen muss das Succinat über das Cytosol in die Mitochondrien transportiert werden, damit dort die Umwandlung zum Oxalacetat durch den Citronensäurezyklus stattfinden kann.

In Bakterien dient der Glyoxylatzyklus häufig zur Nachlieferung von Zwischenprodukten des Citronensäurezyklus, die für eine Vielzahl von Biosynthesewegen abgezweigt wurden. Da all diese Reaktionen bei Bakterien im Cytosol stattfinden, müssen die verschiedenen Metabolitenflüsse reguliert werden. Das Schlüsselenzym für die Regulation von Glyoxylat- und Citronensäurezyklus stellt die Isocitrat-Dehydrogenase dar. Ihre Aktivität wird durch kovalente Modifizierung reguliert. Die durch eine Kinase katalysierte Phosphorylierung eines Serinrestes führt zur Inaktivierung der Isocitrat-Dehydrogenase. Im aktiven Zentrum der dephosphorylierten Form des Enzyms kann die Hydroxylgruppe des Serinrestes eine Wasserstoffbrückenbindung zu einer der Carboxylatgruppen des Isocitrats bilden. Die Phosphorylierung hat die Inaktivierung des Enzyms zur Folge, weil sie eine elektrostatische Abstoßung zwischen dem Phosphoserinrest und dem Substrat verursacht (▸*Abbildung 10.11*). Die Inaktivierung ist jedoch nicht mit einem R/T-Übergang durch eine Konformationsänderung des Enzyms verbunden. Das Protein, das die Kinaseaktivität aufweist, besitzt eine weitere Domäne mit einer Phosphataseaktivität, die die Hydrolyse des Phosphoserinrestes katalysiert und so die Isocitrat-Dehydrogenase reaktiviert.

Die Kinase- und die Phosphataseaktivitäten werden reziprok reguliert. Isocitrat, Oxalacetat, Pyruvat sowie die glycolytischen Zwischenprodukte 3-Phosphoglycerat und Phosphoenolpyruvat führen zu einer allosterischen Aktivierung der Phosphatase und Hemmung der Kinase (▸*Abbildung 10.11c*). Wenn in *E. coli*-Zellen hohe Konzentrationen dieser Zwischenprodukte der Glycolyse und des Citronensäurezyklus herrschen, wird die Isocitrat-Dehydrogenase somit aktiviert. Wird die Isocitrat-Dehydrogenase durch Phosphorylierung inaktiviert, wird das Isocitrat in den Glyoxylatzyklus umgeleitet.

Evolution des Citronensäurezyklus 10.7

Die Reaktionen des Citronensäurezyklus wurden zuerst in Säugetieren entdeckt. Viele der Schlüsselenzyme des Zyklus wurden aus Leberextrakten isoliert. Bereits erwähnt wurde, dass man den Citronensäurezyklus unter anderem als Endphase der Glycolyse betrachten kann, weil in ihm die Acetylgruppe des Acetyl-CoA, das als ein Produkt der Glycolyse entsteht, zu CO_2 oxidiert wird. Es existieren allerdings auch viele Organismen, die nicht Glucose als Hauptkohlenstoffquelle nutzen. In diesen Spezies kann die Produktion von ATP-Äquivalenten über die Glycolyse und den Citronensäurezyklus demzufolge nicht als Hauptquelle für verfügbare Stoffwechselenergie dienen.

Das Verständnis der Funktionen der Enzyme des Citronensäurezyklus in einfachen einzelligen Organismen wie Bakterien kann uns Rückschlüsse auf die Stoffwechselwege in den primitiven Zellen ermöglichen, aus denen sich schließlich die Eukaryonten entwickelt haben. Glücklicherweise sind heute die Sequenzen von mehr als einhundert prokaryontischen Genomen bekannt. Dies ist vor allem den Fortschritten in der Technik der rekombinanten DNA sowie der DNA-Sequenzierung zu verdanken. Infolgedessen können jetzt die vollständigen Sätze von Stoffwechselenzymen vieler verschiedener Bakterienspezies untersucht und verglichen werden. Mithilfe von bioinformatischen Programmen kann dabei überprüft werden, welche Enzyme welcher Stoffwechselwege speziesvergleichend gemein sind. Diese Analysen werden durch die Entwicklungen in den Gebieten der vergleichenden Genetik, der molekularen Evolution und der Bioinformatik erheblich erleichtert und teilweise erst ermöglicht.

Die meisten Bakterien weisen nicht den vollständigen Satz der Enzyme des Citronensäurezyklus auf. Die häufigsten Versionen des unvollständigen Zyklus umfassen einen Teil der Reaktionen auf der linken Seite in ▶*Abbildung 10.3*. Dieser kurze Stoffwechselweg führt zur Produktion von Succinat, Succinyl-CoA oder α-Ketoglutarat aus Oxalacetat durch einen reduktiven Prozess, der in der umgekehrten Richtung des üblichen Zyklus, der in den Mitochondrien von Eukaryonten stattfindet, abläuft. Viele Bakterienspezies besitzen zusätzlich Enzyme von der rechten Seite des in ▶*Abbildung 10.9* dargestellten Citronensäurezyklus, insbesondere die Citrat-Synthase und die Aconitase. Diese Enzyme befähigen die Bakterien zur Synthese von Citrat und Isocitrat aus Oxalacetat und Acetyl-CoA. Die Existenz eines gabelförmigen Stoffwechselweges (▶*Abbildung 10.12*) ermöglicht die Synthese aller notwendigen Vorstufen von Aminosäuren, Porphyrinen und Fettsäuren.

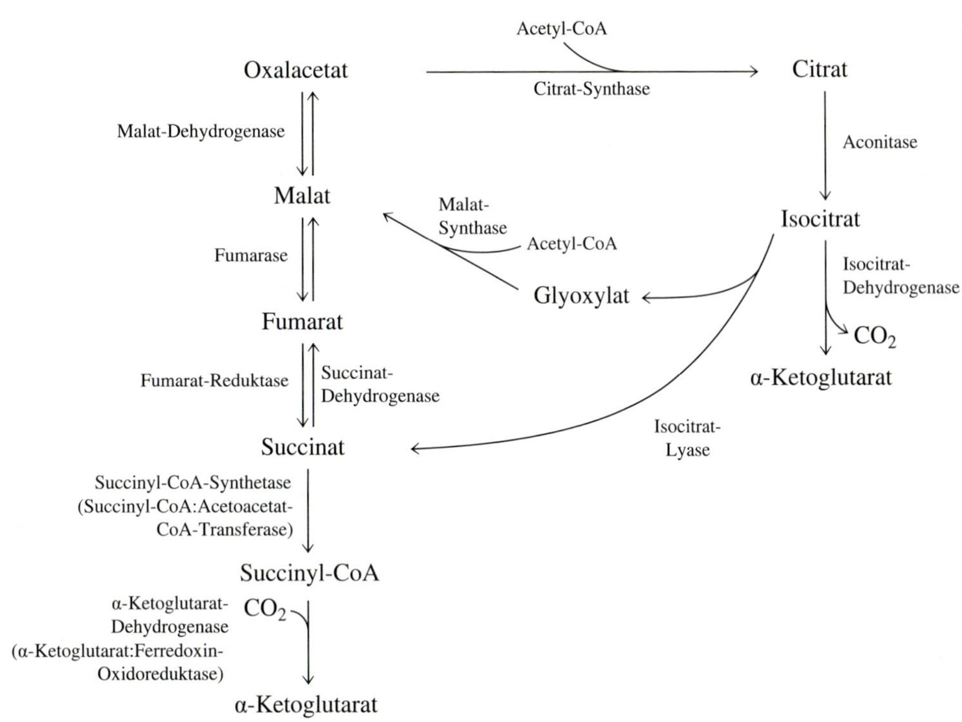

Abbildung 10.12: Gabelförmiger Stoffwechselweg, der in vielen Bakterienspezies vorkommt. Die linke Seite der Gabel stellt einen reduktiven Weg zur Synthese von Succinat oder α-Ketoglutarat dar. Diese Reaktionen entsprechen den Rückreaktionen eines Teils des herkömmlichen Citronensäurezyklus. Die rechte Seite ist ein oxidativer Weg, der den ersten Reaktionen des Citronensäurezyklus ähnelt.

Es gibt Hunderte verschiedener Bakterienspezies, die in völliger Abwesenheit von Sauerstoff wachsen können. Für viele dieser Spezies, die sogenannten obligaten Anaerobier, stellt Sauerstoff ein tödliches Zellgift dar! Andere Spezies, die sogenannten fakultativen Anaerobier, können sowohl in sauerstofffreier als auch in sauerstoffhaltiger Umgebung überleben. *Escherichia coli* repräsentiert das Beispiel eines fakultativen Anaerobiers. Unter strikt anaeroben Bedingungen nutzt *E. coli* die gabelförmige Version des Stoffwechselweges, um die notwendigen Stoffwechselvorstufen zu produzieren und gleichzeitig die Anhäufung von Reduktionsäquivalenten, die unter anaeroben Bedingungen nicht durch die sauerstoffabhängige, membrangebundene Elektronentransportkette reoxidiert werden können, zu vermeiden. Bakterien wie *E. coli* können auf Medien wachsen, in denen Acetat die einzige Quelle organischen Kohlenstoffs darstellt. In diesem Fall verwenden sie den Glyoxylatzyklus, um Acetat in Malat und Oxalacetat für die Glucosesynthese umzuwandeln.

Die ersten lebenden Zellen sind vor etwa drei Milliarden Jahren in einer sauerstofffreien Umgebung entstanden. Diese primitiven Zellen besaßen mit ziemlicher Sicherheit bereits die meisten Enzyme, die Acetat, Pyruvat, Citrat und Oxalacetat ineinander umwandeln, da diese Enzyme auch heute noch in den allermeisten Bakterien vorkommen. Die Entwicklung des gabelförmigen Stoffwechselweges begann möglicherweise mit der Entstehung der Malat-Dehydrogenase durch eine Duplikation des Lactat-Dehydrogenase-Gens. Aconitase und Isocitrat-Dehydrogenase leiten sich aus Enzymen ab, die bei der Synthese von Leucin eine Rolle spielen (Isopropylmalat-Dehydratase bzw. Isopropylmalat-Dehydrogenase). Der Leucin-Biosyntheseweg ist weiter verbreitet und primitiver als der Citronensäurezyklus. Die Erweiterung des reduktiven Zweiges wurde durch die Entwicklung der Fumarase aus Aspartase fortgesetzt. Aspartase ist ein häufig vorkommendes bakterielles Enzym, das Fumarat aus L-Aspartat synthetisiert. Die Synthese von L-Aspartat erfolgt wiederum durch eine Aminierung von Oxalacetat, die durch die Aspartat-Transaminase katalysiert wird. Vermutlich verwendeten primitive Zellen ursprünglich den Weg Oxalacetat → Aspartat → Fumarat zur Produktion von Fumarat, bevor die Malat-Dehydrogenase und die Fumarase entstanden sind. Die Reduktion von Fumarat zu Succinat wird in vielen Bakterien durch die Fumarat-Reduktase katalysiert. Der evolutionäre Ursprung dieses komplexen Enzyms liegt noch weitgehend im Dunkeln, aber zumindest eine der Untereinheiten ist offenbar mit einem anderen Enzym des Aminosäurestoffwechsels verwandt. Die Succinat-Dehydrogenase, die im Citronensäurezyklus vorzugsweise die Rückreaktion der Reduktion von Fumarat zu Succinat katalysiert, hat sich wahrscheinlich erst später durch eine Genduplikation aus der Fumarat-Reduktase entwickelt. Die Synthese von α-Ketoglutarat kann in beiden Zweigen des gabelförmigen Stoffwechselweges erfolgen. Im reduktiven Zweig kommt zu diesem Zweck das Enzym α-Ketoglutarat:Ferredoxin-Oxidoreduktase zum Einsatz, das in vielen Bakterienspezies auftritt, die keinen vollständigen Citronensäurezyklus aufweisen. Die Reaktion, die durch dieses Enzym katalysiert wird, ist nicht ohne Weiteres reversibel. Mit der Entwicklung der α-Ketoglutarat-Dehydrogenase, die die Rückreaktion vom α-Ketoglutarat zum Succinyl-CoA ermöglicht, konnte durch die Verbindung der beiden Zweige ein cyclischer Stoffwechselweg geschaffen werden, in dem der ehemals reduktive Zweig in oxidativer Richtung durchlaufen wird. Es ist offensichtlich, dass die α-Ketoglutarat-Dehydrogenase und die Pyruvat-Dehydrogenase von einem gemeinsamen Vorläufer abstammen, und es ist wahrscheinlich, dass sich diese Enzyme erst nach den anderen Enzymen des Citronensäurezyklus entwickelt haben.

Einige Bakterien besitzen die vollständige enzymatische Ausstattung des Citronensäurezyklus, verwenden sie aber in der reduktiven Richtung zur Fixierung von CO_2, um komplexere organische Moleküle aufzubauen. Auf diese Weise könnten sich diese Spezies durch die Entwicklung des vollständigen Citronensäurezyklus einen Selektionsvorteil verschafft haben. Wenn er, wie in Eukaryonten, in der üblicheren, oxidativen Richtung arbeitet, benötigt der Citronensäurezyklus für seine dauerhafte Funktionsfähigkeit einen terminalen Elektronenakzeptor, um die gebildeten Reduktionsäquivalente NADH und QH_2 wieder zu oxidieren. Ursprünglich dienten Schwefel und verschiedene Schwefelverbindungen als terminale Elektronenakzeptoren. In vielen anaeroben Bakterienspezies finden diese Reaktionen immer noch statt. In der Uratmosphäre gab es praktisch keinen Sauerstoff. Der Sauerstoffgehalt begann erst vor etwa 2,5 Milliarden Jahren zu steigen, als sich die ersten photosynthetischen Cyanobakterien entwickelten. Einige Bakterien, zunächst vor allem Proteobakterien, brachten schließlich den membrangebundenen Elektronentransport hervor, um den nun verfügbaren Sauerstoff zu verwerten. Eine Proteobakterienspezies trat vor etwa zwei Milliarden Jahren in eine symbiontische Beziehung mit einer primitiven eukaryontischen Zelle. Dies führte schließlich zur Entwicklung der Mitochondrien und somit des heutigen Citronensäurezyklus und Elektronentransports in Eukaryonten.

ZUSAMMENFASSUNG

1. Der Pyruvat-Dehydrogenase-Komplex katalysiert die Oxidation von Pyruvat zu Acetyl-CoA und CO_2. Die Reaktion ist mit der Reduktion von $NAD^{\oplus}$ zu NADH gekoppelt. Der Gesamtprozess ist eine Redoxreaktion, die innerhalb eines großen Multienzymkomplexes stattfindet, der die Cofaktoren Thiaminpyrophosphat (TPP), Liponamid und FAD enthält.

2. Für jedes Molekül Acetyl-CoA, das in den Citronensäurezyklus eintritt, werden zwei Moleküle CO_2 freigesetzt, drei Moleküle $NAD^{\oplus}$ zu NADH und ein Molekül Ubichinon (Q) zu QH_2 reduziert sowie ein Molekül GTP aus GDP und P_i gebildet (oder je nach Spezies ATP aus ADP und P_i).

3. Die enzymatischen Reaktionen des Citronensäurezyklus können als ein vielstufiger Katalysator betrachtet werden.

4. Die Oxidation der reduzierten Coenzyme, die im Citronensäurezyklus gebildet wurden, führt zur Bildung von etwa zehn Molekülen ATP pro Molekül Acetyl-CoA, das in den Citronensäurezyklus eintritt. Die vollständige Oxidation eines Moleküls Glucose zu Wasser und Kohlendioxid durch die Glycolyse, den Citronensäurezyklus und die oxidative Phosphorylierung ist mit der Bildung von bis zu 32 Molekülen ATP verbunden. In Eukaryonten liefert dieser Prozess eine etwas geringere ATP-Ausbeute, weil durch die Übertragung von Reduktionsäquivalenten auf die mitochondriale, membrangebundene Elektronentransportkette durch den Glycerinphosphat-Shuttle weniger ATP gebildet wird.

5. Die Oxidation von Pyruvat wird durch die Regulation der Schritte des Pyruvat-Dehydrogenase-Komplexes, der Isocitrat-Dehydrogenase und des α-Ketoglutarat-Dehydrogenase-Komplexes kontrolliert.

6. Zusätzlich zu seiner Rolle im oxidativen Stoffwechsel liefert der Citronensäurezyklus Vorstufen für biosynthetische Stoffwechselwege. Die dabei verbrauchten Zwischenprodukte des Citronensäurezyklus werden durch anaplerotische Reaktionen nachgeliefert.

7. Der Glyoxylatzyklus stellt eine Abwandlung des Citronensäurezyklus dar, die vielen Organismen die Verwendung von Acetyl-CoA zur Nettoproduktion von C_4-Zwischenstufen ermöglicht, die als Substrate für die Gluconeogenese dienen können.

8. Der Citronensäurezyklus hat sich vermutlich aus einem primitiveren, gabelförmigen Stoffwechselweg entwickelt, der noch heute in vielen Bakterienspezies vorkommt.

AUSGEWÄHLTE LITERATUR

Pyruvat-Dehydrogenase-Komplex

Byron O, Lindsay JG. 2017. The Pyruvate Dehydrogenase Complex and Related Assemblies in Health and Disease. *Subcell. Biochem.* 83:523–550.

Patel M. S., Nemeria, N. S., Furey, W. und Jordan, F. 2014. The pyruvate dehydrogenase complexes: structure-based function and regulation. *J. Biol. Chem.* 289:16615–16622.

Citronensäurezyklus

Akram M. 2014. Citric acid cycle and role of its intermediates in metabolism. *Cell. Biochem. Biophys.* 68:475–478.

Bunik V. I. und Brand, M. D. Generation of superoxide and hydrogen peroxide by side reactions of mitochondrial 2-oxoacid dehydrogenase complexes in isolation and in cells. *Biol. Chem.* 399:407–420.

Dang, L. und Su, S. M. 2017. Isocitrate Dehydrogenase Mutation and (R)-2-Hydroxyglutarate: From Basic Discovery to Therapeutics Development. *Annu. Rev. Biochem.* 86:305–331.

Huang, S. und Millar, A. H. 2013. Succinate dehydrogenase: the complex roles of a simple enzyme. *Curr. Opin. Plant. Biol.* 16:344–349.

Kumaran, S., Pate, M. S. und Jordan, F. 2013. Nuclear magnetic resonance approaches in the study of 2-oxo acid dehydrogenase multienzyme complexes – A literature review. *Molecules* 18:11873–11903.

Leshets, M., Silas, Y. B. H., Lehming, N. und Pines, O. 2018. Fumarase: From the TCA Cycle to DNA Damage Response and Tumor Suppression. Front. Mol. *Biosci.* 5:68.

Lushchak, O. V., Piroddi, M., Galli, F. und Lushchak, V. I. 2014. Aconitase post-translational modification as a key in linkage between Krebs cycle, iron homeostasis, redox signaling, and metabolism of reactive oxygen species. *Redox Rep.* 19:8–15.

McAlister-Henn, L. 2012. Ligand binding and structural changes associated with allostery in yeast NAD(+)-specific isocitrate dehydrogenase. Arch. *Biochem. Biophys.* 519:112–117.

Moosavi, B., Berry, E. A., Zhu, X. L., Yang, W. C. und Yang G. F. 2019. The assembly of succinate dehydrogenase: a key enzyme in bioenergetics. *Cell. Mol. Life Sci.* 76:4023–4042.

Murphy, M. P. und O'Neill, L. A. J. 2018. Krebs Cycle Reimagined: The Emerging Roles of Succinate and Itaconate as Signal Transducers. *Cell* 174:780–784.

Rasheed, M. R. H. A. und Tarjan, G. 2018. Succinate Dehydrogenase Complex: An Updated Review. *Arch. Pathol. Lab. Med.* 142:1564–1570.

Sajnani, K., Islam, F., Smith, R. A., Gopalan, V. und Lam, A. K. 2017. Genetic alterations in Krebs cycle and its impact on cancer pathogenesis. *Biochimie* 135:164–172.

Solmonson, A. und DeBerardinis, R. J. 2018. Lipoic acid metabolism and mitochondrial redox regulation. *J. Biol. Chem.* 293:7522–7530.

Vatrinet, R., Leone, G., De Luise, M., Girolimetti, G., Vidone, M., Gasparre, G. und Porcelli, A. M. 2017. The α-ketoglutarate dehydrogenase complex in cancer metabolic plasticity. *Cancer Metab.* 5:3.

Yin, X., Li, J., Shin, H. D., Du, G., Liu, L. und Chen, J. 2015. Metabolic engineering in the biotechnological production of organic acids in the tricarboxylic acid cycle of microorganisms: Advances and prospects. *Biotechnol. Adv.* 33:830–841.

Glyoxylatzyklus

Dolan, S. K. und Welch, M. 2018. The Glyoxylate Shunt, 60 Years On. *Annu. Rev. Microbiol.* 72:309–330.

Elektronentransport und ATP-Synthese

11

ÜBERBLICK

In der Glycolyse und besonders im Citronensäurezyklus wurden über den Abbau von Kohlenhydraten Reduktionsäquivalente in Form von NADH und $FADH_2$ gewonnen. An der inneren Mitochondrienmembran von Eukaryonten und der Cytoplasmamembran von Prokaryonten werden diese reoxidiert und die Elektronen in eine membrangebundene Elektronentransportkette eingeschleust (▶Abbildung 11.1). In den meisten Eukaryonten dient Sauerstoff unter Bildung von Wasser als terminaler Elektronenakzeptor. In Prokaryonten, die auch ohne Sauerstoff leben können, wird dieser dann durch organische oder anorganische Substanzen ersetzt. Prokaryonten können auch eine Vielzahl alternativer Elektronendonoren anstatt NADH oder $FADH_2$ nutzen.

Der Elektronentransport wird über verschiedene, oft integral in der Membran sitzende Protein-Cofaktoren-Komplexe mit dem Export von Protonen, manchmal auch Natriumionen, gekoppelt (▶Abbildung 11.1). Diese werden in den Mitochondrien im Raum zwischen innerer und äußerer Mitochondrienmembran und bei Prokaryonten aus der Zelle heraustransportiert. Die infolge dieser Redoxreaktionen freigesetzte Energie wird also zur Erzeugung eines Ionengradienten eingesetzt, der schließlich die endergone Synthese von ATP aus ADP und P_i antreibt. Dazu wird eine komplexe membrangebundene ATPase genutzt (▶Abbildung 11.1).

Die Bezeichnung oxidative Phosphorylierung für den Gesamtprozess aus membrangebundenem Elektronentransport und ATP-Synthese ist historisch aus dem biochemischen Puzzle entstanden, das mit der Verknüpfung zwischen der Sauerstoffaufnahme und der ATP-Synthese verbunden war. Auch die Begriffe Zellatmung und Atmungskette werden häufig verwendet. Diese Begriffe beziehen sich offensichtlich auf die Variante des Stoffwechselweges, in der Sauerstoff als terminaler Elektronenakzeptor dient.

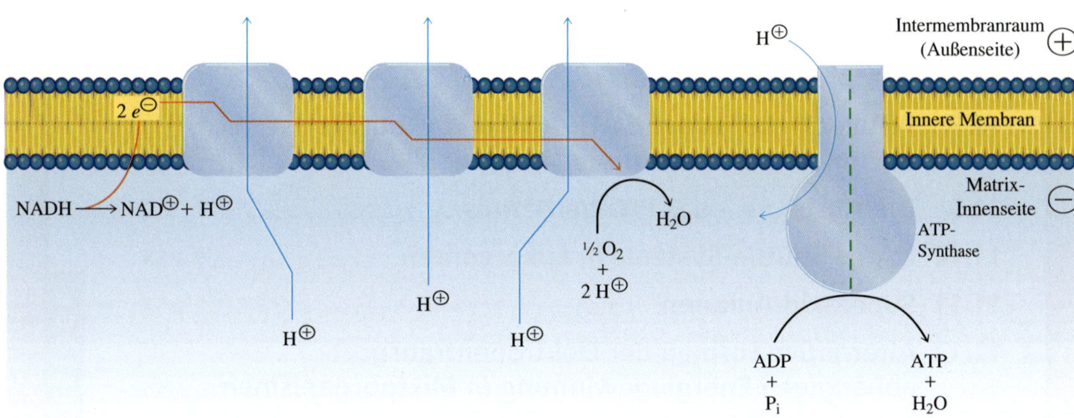

Abbildung 11.1: Übersicht über den membrangebundenen Elektronentransport und die ATP-Synthese in Mitochondrien. Die bei den Reaktionen der Elektronentransportkette freigesetzte Energie wird zum Aufbau eines Protonenkonzentrationsgradienten über der inneren Mitochondrienmembran verwendet. Zu diesem Zweck werden Protonen durch die innere Mitochondrienmembran aus der mitochondrialen Matrix in den Intermembranraum transportiert, wenn Elektronen von reduzierten Substraten durch die Komplexe der Elektronentransportkette fließen. Wenn die Protonen durch die ATP-Synthase in die Matrix zurückfließen, wird die im Protonengradienten gespeicherte freie Enthalpie zur Bildung von ATP aus ADP und P_i genutzt.

11.1 Chemiosmotische Theorie und protonenmotorische Kraft

Die chemiosmotische Theorie beschreibt die Vorstellung, dass ein Protonengradient als Energiequelle zum Antrieb der endergonen Synthese von ATP aus ADP und P_i dient. Die grundlegenden Gedanken dieser Theorie wurden ursprünglich von Peter Mitchell in den frühen 1960er-Jahren vorgestellt. Mitchell hatte die damals radikale Idee, dass die Enzyme der Atmungskette einen Protonenkonzentrationsgradienten über der inneren Mitochondrienmembran erzeugen. Er schlug vor, dass dieser Gradient eine *indirekte* Kopplung zwischen ATP-Synthese und Elektronentransport bewerkstelligt, indem er die beim Elektronentransport freigesetzte Energie zwischenspeichert und schließlich für die endergone Phosphorylierung von ADP zur Verfügung stellt.

Durch die Aktivität der membrangebundenen Elektronentransportkomplexe werden Protonen aus der mitochondrialen Matrix in den Intermembranraum überführt. Anschließend fließen sie durch die ATP-Synthase in die Matrix zurück. Dieser Protonenfluss bildet einen Kreislauf, der einem elektrischen Stromkreis ähnelt. Allerdings treten hier Protonen anstelle von Elektronen als bewegliche Ladungsträger auf. Der Protonengradient ist übrigens nicht nur ein einfacher Konzentrationsgradient, sondern er führt infolge der Ladung der Protonen auch zu einem Ladungsgradienten und somit zu einer elektrischen Potenzialdifferenz zwischen den beiden Membranseiten. Sowohl der Konzentrationsgradient als auch die elektrische Potenzialdifferenz tragen zur freien Enthalpie bei, die in dem Gradienten gespeichert ist. Die gesamte durch den Protonengradienten erzeugte elektrochemische Potenzialdifferenz wird in Analogie zur elektromotorischen Kraft (EMK) als protonenmotorische Kraft (PMK) bezeichnet. Die PMK stellt ein Maß für die in dem Gradienten gespeicherte freie Enthalpie dar.

Die mit dem Transport von geladenen Teilchen durch eine Membran verbundene Änderung der Gibbs'schen freien Enthalpie wird durch die folgende Gleichung beschrieben:

$$\Delta G_{\text{Transport}} = 2{,}303\, RT \log \frac{[A_{\text{innen}}]}{[A_{\text{außen}}]} + z\mathcal{F}\Delta\Psi \quad (11.1)$$

In dieser Gleichung entspricht der linke Term auf der rechten Seite dem Beitrag des chemischen Konzentrationsgradienten zur Änderung der freien Enthalpie und der rechte Term dem Anteil der elektrischen Potenzialdifferenz über der Membran. Setzt man in ▶ *Gleichung 11.1* für z die Ladung eines Protons (z = 1,0) ein, so erhält man nach Umformung des logarithmischen Ausdrucks unter Berücksichtigung, dass für den pH-Wert pH = $-\log [H^{\oplus}]$ gilt, ▶ *Gleichung 11.2*, die die Änderung der freien Enthalpie beim Rückfluss der Protonen durch die Membran im Sinn des Konzentrationsgradienten beschreibt.

$$\Delta G = 2{,}303\, RT \log \frac{[H^{\oplus}_{\text{innen}}]}{[H^{\oplus}_{\text{außen}}]} + \mathcal{F}\Delta\Psi = \mathcal{F}\Delta\Psi - 2{,}303\, RT\, \Delta pH \quad (11.2)$$

In den Mitochondrien von Leberzellen beträgt das Membranpotenzial ($\Delta\Psi = \Psi_{\text{innen}} - \Psi_{\text{außen}}$) − 0,17 V (die Matrix ist relativ zum Intermembranraum negativ geladen) und die pH-Differenz beläuft sich auf 0,5 Einheiten (ΔpH = 0,5). Bei 37 °C (T = 310 K) ergibt sich für den Rückfluss von Protonen durch die ATP-Synthase in der inneren Mitochondrienmembran der Leberzelle die Änderung der freien Enthalpie, also die für die ATP-Synthese verfügbare Energie, zu:

$$\Delta G = [96.485 \times -0{,}17] - [2{,}303 \times 8{,}315 \times 310 \times 0{,}5] = -16.402\ \text{J mol}^{-1} - 2968\ \text{J mol}^{-1} = -19{,}4\ \text{kJ mol}^{-1} \quad (11.3)$$

Demnach ist der Fluss von einem Mol Protonen vom Intermembranraum in die Matrix mit einer Änderung der freien Enthalpie von −19,4 kJ verbunden. Die Änderung der Gibbs'schen freien Standardenthalpie für die Synthese von ATP aus ADP beträgt 32 kJ mol^{-1} ($\Delta G^{\circ\prime}$= 32 kJ mol^{-1}; ▶ *Abschnitt 10.6*). Auch wenn die tatsächliche freie Reaktionsenthalpie in der Zelle von diesem Wert abweicht, für die Synthese eines ATP-Moleküls muss mehr als ein Proton in die Matrix zurückfließen. 85 Prozent (−16,4 / −19,4 = 85 %) der Änderung der freien Enthalpie können auf den Ladungsgradienten und nur 15 Prozent (−3,0 / −19,4 = 15 %) auf den Konzentrationsgradienten zurückgeführt werden.

Elektronentransport in den Mitochondrien 11.2

Die Reaktionen der membrangebundenen Elektronentransportkette werden durch vier in die innere Mitochondrienmembran eingebettete oligomere Enzymkomplexe katalysiert. Jeder der Komplexe katalysiert einen separaten Schritt des Prozesses der Energieumwandlung. Die vier Komplexe werden durch die römischen Zahlen I bis IV gekennzeichnet. Komplex V entspricht der ATP-Synthase.

11.2.1 Komplexe I bis IV

Die Elektronentransportkomplexe können grundsätzlich voneinander unabhängig in der inneren Mitochondrienmembran lateral diffundieren, aber sie neigen zur Bildung größerer zusammenhängender Strukturen, die durch schwache Wechselwirkungen zwischen den Komplexen stabilisiert werden. Die vier Enzymkomplexe enthalten eine Vielfalt von Redoxzentren. Dabei kann es sich zum Beispiel um Cofaktoren wie FAD, FMN oder Ubichinon (Q) handeln. Andere Zentren umfassen Eisen-Schwefel-Cluster, Protein-Coenzyme wie die hämhaltigen Cytochrome sowie kupferhaltige Proteine. Der Elektronenfluss erfolgt durch die Reduktion und Oxidation dieser Redoxzentren, wobei die Elektronen immer von einem Reduktionsmittel auf ein Oxidationsmittel übertragen werden. Der Elektronenfluss durch die Komponenten einer Elektronentransportkette findet in der Richtung steigenden Reduktionspotenzials statt. Die Reduktionspotenziale der einzelnen Redoxzentren wachsen vom starken Reduktionsmittel NADH bis zum terminalen Oxidationsmittel O_2 schrittweise an. Dabei weist ein Reduktionsmittel eine umso größere Reduktionskraft auf je kleiner bzw. negativer sein Reduktionspotenzial ist. Die beweglichen Coenzyme Ubichinon (Q) und Cytochrom *c* dienen als Redoxbrücken zwischen den verschiedenen Enzymkomplexen der Elektronentransportkette. Ubichinon (Q) überträgt Elektronen von den Komplexen I oder II auf Komplex III, während Cytochrom *c* Elektronen vom Komplex III zum Komplex IV weiterleitet. Komplex IV verwendet die Elektronen schließlich, um Sauerstoff zu Wasser zu reduzieren. In ▸*Abbildung 11.2* sind die Elektronentransportreaktionen und die daran beteiligten Komponenten

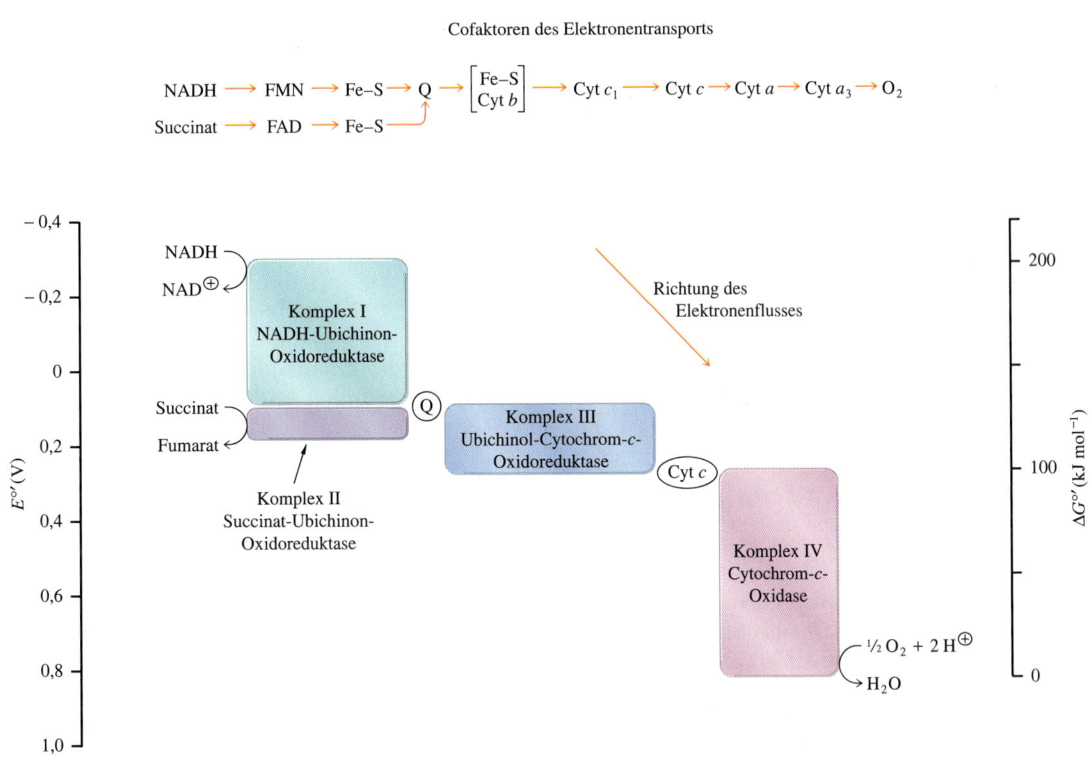

Abbildung 11.2: Die Elektronentransportkette. Jeder der vier Enzymkomplexe der Elektronentransportkette, die alle aus mehreren Untereinheiten und Cofaktoren aufgebaut sind, unterliegt einem cyclischen Reduktions-Oxidations-Prozess. Die Komplexe sind über die beweglichen Elektronenüberträger Ubichinon (Q) und Cytochrom *c* (Cyt *c*) mechanistisch miteinander verknüpft. Die Höhe der Kästen, die die Komplexe darstellen, repräsentiert die Standard-EMK ($\Delta E^{\circ\prime}$) des jeweiligen Redoxsystems, das aus dem Reduktionsmittel (Substrat) und dem Oxidationsmittel der Redoxreaktion besteht, die durch den jeweiligen Komplex katalysiert werden.

schematisch dargestellt. Dabei sind die Komponenten in horizontaler Richtung entsprechend der Reihenfolge der Redoxreaktionen in der Elektronentransportkette und in vertikaler Richtung gemäß dem Reduktionspotenzial der einzelnen Komponenten angeordnet. Die Skala auf der rechten Seite gibt die relative Gibbs'sche freie Enthalpie des Reaktionssystems bezüglich des willkürlich gewählten Nullpunktes nach der Bildung des terminalen Reduktionsproduktes H_2O an.

Die Standard-EMK ($\Delta E^{\circ\prime}$; in Volt) eines Redoxsystems, also die Differenz zwischen den Standardreduktionspotenzialen der beiden beteiligten Halbreaktionen, steht über *Gleichung 11.4* direkt mit der Gibbs'schen freien Reaktionsenthalpie (in kJ mol^{-1}) in Beziehung.

$$\Delta G^{\circ\prime} = -n\mathcal{F}\Delta E^{\circ\prime} \tag{11.4}$$

Im Verlauf des Elektronentransportprozesses wird eine beträchtliche Menge Energie freigesetzt (▶*Abbildung 11.2*). Ein großer Teil dieser Energie wird in Form der protonenmotorischen Kraft (PMK) des parallel erzeugten Protonengradienten, der schließlich die ATP-Synthese antreibt, gespeichert. Durch diese Kopplung des Elektronentransports mit dem Aufbau einer protonenmotorischen Kraft unterscheidet sich die Elektronentransportkette in der inneren Mitochondrienmembran (bei Bakterien in der Plasmamembran) von anderen Elektronentransportprozessen.

Die in ▶*Abbildung 11.2* gezeigten Werte treffen streng genommen nur unter Standardbedingungen zu, wenn die Temperatur 25 °C, der pH-Wert 7,0 und die Konzentrationen aller Reaktanten und Produkte jeweils 1 M betragen. Das tatsächliche Reduktionspotenzial ist wie die Gibbs'sche freie Enthalpie konzentrationsabhängig. Die Beziehung zwischen dem tatsächlichen Reduktionspotenzial (E) und dem Standardreduktionspotenzial ($E^{\circ\prime}$) ähnelt derjenigen zwischen der tatsächlichen freien Enthalpie und der freien Standardenthalpie:

$$E = E^{\circ\prime} + \frac{RT}{n\mathcal{F}} \ln \frac{[S_{red}]}{[S_{ox}]} = E^{\circ\prime} + \frac{2{,}303\,RT}{n\mathcal{F}} \log \frac{[S_{red}]}{[S_{ox}]} \tag{11.5}$$

In dieser Gleichung stehen $[S_{red}]$ und $[S_{ox}]$ für die tatsächlich herrschenden Konzentrationen der beiden Oxidationsstufen des Elektronenüberträgers. Unter Standardbedingungen sind die Konzentrationen der reduzierten und der oxidierten Spezies gleich (beide 1 M), sodass der Quotient $[S_{red}]/[S_{ox}]$ den Wert 1,0 annimmt und der logarithmische Term in ▶*Gleichung 11.5* gleich null wird. In diesem Fall entspricht das Reduktionspotenzial also wie erwartet dem Standardreduktionspotenzial (bei 25 °C und pH = 7,0). Damit der Elektronenfluss durch die einzelnen Elektronenüberträger in der Elektronentransportkette dauerhaft aufrechterhalten werden kann, müssen im Fließgleichgewicht sowohl von den reduzierten als auch von den oxidierten Spezies nennenswerte Mengen zur Verfügung stehen. Dies ist bei der Elektronentransportkette in Mitochondrien der Fall. Wir können deswegen *näherungsweise* annehmen, dass die Konzentrationen der beiden Oxidationsstufen der Redoxreaktionen in den einzelnen Elektronentransportkomplexen jeweils gleich groß sind und deswegen der logarithmische Term in ▶*Gleichung 14.8* wie unter Standardbedingungen gleich null wird. Da sich außerdem der physiologische pH-Wert in den meisten Fällen kaum von 7,0 unterscheidet und die meisten Elektronentransportprozesse bei Temperaturen ablaufen, die nur relativ wenig von 25 °C (298,15 K) abweichen, können wir schließlich unterstellen, dass E und $E^{\circ\prime}$ annähernd übereinstimmen. Deswegen beziehen wir uns in den folgenden Diskussionen nur noch auf $E^{\circ\prime}$.

Die Standardreduktionspotenziale der Substrate und Cofaktoren der Elektronentransportkette in der inneren Mitochondrienmembran sind in ▶*Tabelle 11.1* aufgelistet. Die einzelnen Spezies sind von oben nach unten nach steigendem Reduktionspotenzial angeordnet. Dies entspricht auch der Reihenfolge ihres Auftretens in den Reaktionen der Elektronentransportkette, weil im Allgemeinen ein Substrat oder Zwischenprodukt nur durch einen Cofaktor oder ein Substrat mit einem größeren bzw. positiveren Reduktionspotenzial oxidiert werden kann. Tatsächlich spielten die Reduktionspotenziale der einzelnen Komponenten der Elektronentransportkette bei der Bestimmung der Reihenfolge ihrer Redoxreaktionen eine große Rolle.

Die Gibbs'schen freien Reaktionsenthalpien der Redoxreaktionen, die durch die einzelnen Komplexe katalysiert werden, sind in ▶*Tabelle 11.2* zusammengestellt. Die freie Reaktionsenthalpie des Gesamtprozesses beträgt −219 kJ mol^{-1}, wie auch auf der rechten Skala in *Abbildung 11.2 dargestellt*. Die exergonen Redoxreaktionen der Komplexe I, III und IV sind mit dem endergonen Transport von Protonen aus der Matrix in den Intermembranraum gekoppelt. Komplex II, der gleichzeitig dem Succinat-Dehydrogenase-Komplex des Citronensäurezyklus entspricht, trägt nicht unmittelbar zur Erzeugung des Protonengradienten bei. Stattdessen überträgt er Elektronen von Succinat auf Ubichinon (Q) und repräsentiert somit eine Umgehung des Reduktionsäquivalents NADH und des Komplexes I, sodass auch Succinat als elektronenlieferndes Substrat zum Ablauf der Elektronentransportkette beitragen kann.

Tabelle 11.1

Standardreduktionspotenziale der mitochondrialen Redoxkomponenten

Substrat oder Komplex	$E^{\circ\prime}$ (V)
NADH	−0,32
Komplex I	
FMN	−0,30
[Fe-S]-Cluster	−0,25 bis −0,05
Succinat	+0,03
Komplex II	
FAD	0,0
[Fe-S]-Cluster	−0,26 bis 0,00
QH_2/Q	+0,04
$\bullet Q^{\ominus}/Q$	−0,16
$QH_2/\bullet Q^{\ominus}$	+0,28
Komplex III	
Cytochrom b_L	−0,01
Cytochrom b_H	+0,03
[Fe-S]-Cluster	+0,28
Cytochrom c_1	+0,22
Cytochrom *c*	+0,23
Komplex IV	
Cytochrom *a*	+0,21
Cu_A	+0,24
Cytochrom a_3	+0,39
Cu_B	+0,34
O_2	+0,82

Tabelle 11.2

Freie Standardreaktionsenthalpien der Redoxreaktionen der einzelnen Komplexe der mitochondrialen Elektronentransportkette

Komplex	$E^{\circ\prime}_{\text{Reduktionsmittel}}$ (V)	$E^{\circ\prime}_{\text{Oxidationsmittel}}$ (V)	$\Delta E^{\circ\prime a}$ (V)	$\Delta G^{\circ\prime b}$ (kJ mol^{-1})
I (NADH/Q)	−0,32	+0,04	+0,36	−70
II (Succinat/Q)	+0,03	+0,04	+0,01	−2
III (QH_2/Cytochrom *c*)	+0,04	+0,23	+0,19	−37
IV (Cytochrom *c*/O_2)	+0,23	+0,82	+0,59	−110

[a] $\Delta E^{\circ\prime} = E^{\circ\prime}_{\text{Oxidationsmittel}} - E^{\circ\prime}_{\text{Reduktionsmittel}}$.
[b] Zur Berechnung der freien Standardreaktionsenthalpien wurde *Gleichung 11.7* verwendet. Dabei gilt für alle hier beschriebenen Fälle $n = 2$ (Anzahl der pro Redoxprozess übertragenen Elektronen). Die Faraday-Konstante beträgt $\mathcal{F} = 96{,}48$ kJ V^{-1} mol^{-1}.

11.2.2 Cofaktoren beim Elektronentransport

Die Cofaktoren des mitochondrialen Elektronentransports sind im oberen Teil von ▶*Abbildung 11.2* dargestellt. Die Elektronen, die durch die Komplexe I bis IV fließen, werden tatsächlich zwischen den gekoppelten Cofaktoren übertragen. Aus den Substraten NADH oder Succinat treten jeweils gleichzeitig zwei Elektronen in die membrangebundene Elektronentransportkette ein. Dadurch werden die Coenzyme FMN im Komplex I bzw. FAD im Komplex II reduziert. Die reduzierten Coenzyme $FMNH_2$ und $FADH_2$ geben die beiden Elektronen jeweils in zwei Ein-Elektron-Übertragungen an das nächste Glied in der Elektronentransportkette ab und alle nachfolgenden Schritte der Kette erfolgen ebenfalls durch Ein-Elektron-Übertragungen. In den Komplexen I, II und III kommen sowohl Eisen-Schwefel-Cluster des Typs [2Fe–2S] als auch des Typs [4Fe–4S] vor. Jeder [Fe-S]-Cluster kann je nach Oxidationsstufe, in der er sich gerade befindet, ein Elektron abgeben oder aufnehmen. Durch diese Oxidationen und Reduktionen wechselt die Oxidationsstufe eines Eisenatoms des Clusters zwischen +II (Fe^{2+} bzw. Fe(II)) und +III (Fe^{3+} bzw. Fe(III)) hin und her. Kupfer-Ionen und Cytochrome stellen ebenfalls Ein-Elektron-Redoxpartner dar.

In den mitochondrialen Elektronentransportkomplexen von Säugetieren sind mehrere verschiedene Cytochrome gefunden worden: Cytochrom b_L, Cytochrom b_H, Cytochrom c_1, Cytochrom a und Cytochrom a_3. In anderen Spezies wurden sehr ähnliche Cytochrome identifiziert. Cytochrome übertragen Elektronen von einem Reduktionsmittel auf ein Oxidationsmittel, indem das Eisenzentrum ihrer prosthetischen Hämgruppe ein Elektron aufnimmt und anschließend wieder abgibt. Dabei wechselt die Oxidationsstufe des Eisens zwischen Fe(III) und Fe(II) hin und her. Die voneinander abweichenden Reduktionspotenziale der einzelnen Cytochrome (▶*Tabelle 11.1*) resultieren aus den unterschiedlichen Strukturen ihrer Apoproteine und manchmal auch der Hämgruppen. Die Differenzen zwischen den Reduktionspotenzialen ermöglichen den Hämgruppen der verschiedenen Cytochrome, an mehreren Stellen der Elektronentransportkette als Elektronenüberträger zu fungieren. In Abhängigkeit von der Mikroumgebung im Protein unterliegen auch die Reduktionspotenziale der Eisen-Schwefel-Cluster weiten Schwankungen.

Die membrangebundenen Elektronentransportkomplexe sind mechanistisch durch die beweglichen Elektronenüberträger Ubichinon (Q) und Cytochrom *c* miteinander verknüpft. Ubichinon stellt ein lipidlösliches Molekül dar, das zwei Elektronen in zwei aufeinanderfolgenden Ein-Elektron-Übertragungen aufnehmen oder abgeben kann. Das lipidlösliche Ubichinon nimmt, während es innerhalb der Lipiddoppelschicht diffundiert, Elektronen von den Komplexen I oder II auf und transportiert sie zum Komplex III, an den es die Elektronen wieder abgibt. Der andere bewegliche Elektronenüberträger, Cytochrom *c*, ist ein peripheres Membranprotein, das mit der Außenseite der Membran assoziiert ist. Cytochrom *c* überträgt Elektronen vom Komplex III auf den Komplex IV.

11.3 Komplex I

Komplex I katalysiert die Übertragung von zwei Elektronen von NADH auf Ubichinon (Q). Der systematische Name dieses Enzyms lautet daher NADH:Ubichinon-Oxidoreduktase. Dieser Enzymkomplex weist eine sehr komplizierte Struktur auf. Die prokaryontische Version enthält 14 verschiedene Polypeptidketten. Die eukaryontischen Varianten bestehen sogar aus 14 zwischen den verschiedenen Spezies homologen Untereinheiten sowie 20 bis 32 zusätzlichen speziesabhängigen Untereinheiten. Die im Vergleich zu den Prokaryonten zusätzlichen Untereinheiten in Eukaryonten dienen wahrscheinlich zur Stabilisierung des Komplexes und zur Vermeidung des Verlustes von Elektronen. Der Gesamtkomplex I weist eine L-förmige Gestalt auf (▶*Abbildung 11.3*). Die membrangebundene Komponente besteht aus mehreren Untereinheiten, die die Membran durchspannen. Dieses Modul besitzt unter anderem eine Protonentransportaktivität. Eine größere Komponente ragt in die mitochondriale Matrix bzw. bei Bakterien ins Cytoplasma hinein. Dieser Arm des Komplexes enthält die NADH-Dehydrogenase-Aktivität sowie den Cofaktor FMN. Die beiden Komponenten liegen über ein Verbindungsmodul, das aus mehreren Untereinheiten mit insgesamt acht oder neun Eisen-Schwefel-Clustern aufgebaut ist, miteinander verknüpft vor. NADH-Moleküle in der mitochondrialen Matrix (bei Bakterien im Cytoplasma) geben an der Innenseite der Membran Elektronen an Komplex I ab. Diese Elektronen werden jeweils zu zweit zusammen mit einem Proton als Hydrid-Ion ($H^{\ominus}$) auf den Komplex übertragen. Im ersten Schritt des Elektronentransfers erfolgt die Aufnahme des Hydrid-Ions durch FMN, gefolgt von der Aufnahme eines Protons ($H^{\oplus}$), sodass $FMNH_2$ gebildet wird. $FMNH_2$ wird anschließend in zwei Ein-Elektron-Schritten über ein Semichinon-Zwischenprodukt (FMNH•) oxidiert. Die beiden Elektronen werden einzeln nacheinander auf das nächste Oxidationsmittel der Elektronentransportkette, einen [Fe-S]-Cluster im Komplex I, übertragen.

$$\mathrm{FMN} \xrightarrow{+\mathrm{H}^{\oplus},\,+\mathrm{H}^{\ominus}} \mathrm{FMNH_2} \xrightarrow{-\mathrm{H}^{\oplus},\,-e^{\ominus}} \mathrm{FMNH}\bullet \xrightarrow{-\mathrm{H}^{\oplus},\,-e^{\ominus}} \mathrm{FMN} \qquad (11.6)$$

FMN arbeitet als Umwandler, der die Zwei-Elektronen-Übertragung der NADH-abhängigen Dehydrogenase in zwei Ein-Elektron-Übertragungen aufspaltet, die sich auch im Rest der Elektronentransportkette als Ein-Elektron-Übertragungen fortpflanzen. Der reduzierte Cofaktor $FMNH_2$ im Komplex I gibt die Elektronen an eine Kette von sequenziell verknüpften [Fe-S]-Clustern ab. Der Arm von Komplex I, der auch die NADH-Dehydrogenase-Aktivität aufweist, enthält mindestens acht [Fe-S]-Cluster. Diese [Fe-S]-Cluster bilden einen Redoxkanal, der die Elektronen zur membrangebundenen Komponente des Komplexes weiterleitet. Dort werden die Elektronen von Ubichinon (Q) aufgenommen. Dies geschieht durch zwei getrennte, aufeinanderfolgende Ein-Elektron-Übertragungen, durch die das Ubichinon (Q) über seine Semichinon-Radikalanion-Zwischenstufe ($\bullet Q^{\ominus}$) schließlich seinen vollständig reduzierten Zustand, das Ubichinol (QH_2), erreicht.

$$\mathrm{Q} \xrightarrow{+e^{\ominus}} \bullet\mathrm{Q}^{\ominus} \xrightarrow{+e^{\ominus},\,+2\,\mathrm{H}^{\oplus}} \mathrm{QH_2} \qquad (11.7)$$

Q und QH_2 sind lipidlösliche Cofaktoren. Sie verbleiben innerhalb der Lipiddoppelschicht und können in dieser in lateraler Richtung, das heißt zweidimensional, frei diffundieren. Die Q-Bindungsstelle von Komplex I befindet sich ebenfalls innerhalb der Membran. Ein Grund für die Komplexität der Elektronentransportkette im Komplex I besteht in der Notwendigkeit, Elektronen aus dem wässrigen Medium der Matrix (bei Bakterien des Cytoplasmas) in die hydrophobe Umgebung in der Membran zu transportieren.

Für die Reduktion von FMN zu $FMNH_2$ ist nicht nur die Aufnahme von zwei Elektronen, sondern zusätzlich die Aufnahme von zwei Protonen erforderlich. Eines der Protonen wird zusammen mit den beiden Elektronen als Hydrid-Ion ($H^{\ominus}$) vom NADH auf FMN übertragen. Das zweite Proton stammt aus dem wässrigen Medium der Matrix (bei Bakterien des Cytoplasmas). Diese beiden Protonen oder ihre Äquivalente müssen schließlich zusammen mit den Elektronen auf Ubichinon (Q) übertragen werden, um Q in QH_2 umzuwandeln. Auch diese Protonen werden aus der Matrix (bzw. dem Cytoplasma) aufgenommen. Die Protonen vom $FMNH_2$ werden *nicht* zur Außenseite der Membran transportiert. QH_2 wird anschließend durch Komplex III reoxidiert. Dabei werden die Protonen dann an der Außenseite der Membran abgegeben. Dies ist aber ein Teil der Protonentransportaktivität von Komplex III und stellt nicht das Ergebnis einer der Reaktionen von Komplex I dar. Dennoch sind die exergonen Redoxreaktionen im Komplex I, die zum Transfer von zwei Elektronen von NADH nach Q führen, mit dem endergonen Transport von vier *anderen* Protonen durch die Membran gekoppelt. Dabei handelt es sich, wie erwähnt, *nicht* um die Protonen, die für die Reduktion von Q zu QH_2 verwendet wurden. Die Protonenpumpe ist Bestandteil der membrangebundenen Komponente von Komplex I. Es gibt erste Modelle dieser Protonenverlagerung aus der Matrix (bzw. dem Cytoplasma) in den Intermem-

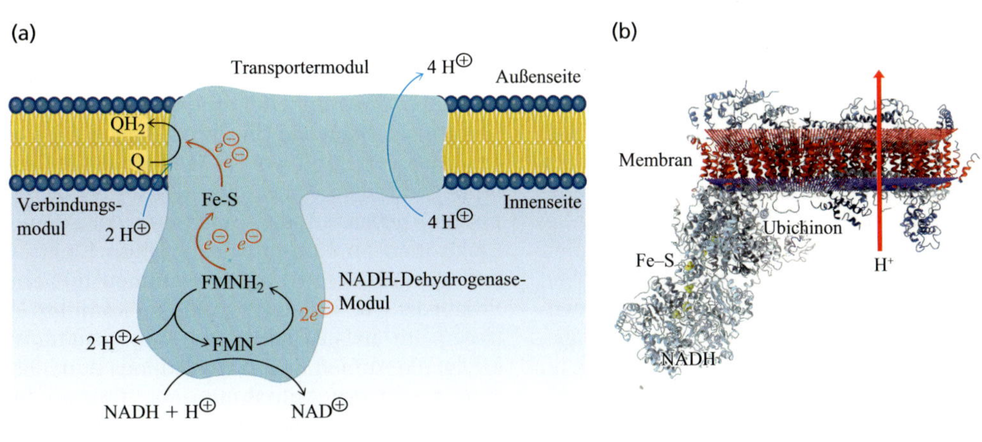

Abbildung 11.3: Elektronenübertragungen und Protonenfluss im Komplex I. (a) Die Elektronen wandern vom NADH über FMN und eine Reihe von [Fe-S]-Clustern zum Ubichinon (Q). Für die Reduktion von Q zu QH_2 sind nicht nur zwei Elektronen, sondern auch zwei Protonen erforderlich. Diese Protonen werden aus der mitochondrialen Matrix (dem Innenraum; dem Cytoplasma bei Bakterien) aufgenommen. Außerdem werden für jedes übertragene Paar von Elektronen vier Protonen aus der Matrix (von der Innenseite; bei Bakterien aus dem Cytoplasma) in den Intermembranraum (auf die Außenseite; bei Bakterien in das Periplasma) transportiert. (b) Kristallstruktur von Komplex I aus Yarrowia lipolytica. NADH- und Ubichinon-Bindestellen sowie die Position der [Fe-S]-Cluster (gelb) sind markiert. Die protonenpumpende Domäne ist mit einem Pfeil markiert [PDB 4WZ7].

branraum (bzw. das Periplasma). Dabei spielen Konformationsänderungen in der Struktur von Komplex I eine Rolle, die im Verlauf des Elektronenflusses von der NADH-Bindungsstelle zur Ubichinon-Bindungsstelle ausgelöst werden.

Komplex II 11.4

Der systematische Name von Komplex II lautet Succinat:Ubichinon-Oxidoreduktase, er wird aber auch Succinat-Dehydrogenase-Komplex genannt. Es handelt sich dabei um den Enzymkomplex des Citronensäurezyklus. Er katalysiert die Oxidation von Succinat zu Fumarat im Citronensäurezyklus, bei der die Elektronen des Succinats auf Ubichinon (Q) übertragen werden. Diese Reaktion ist sowohl Bestandteil des Citronensäurezyklus als auch der Elektronentransportkette, in der der Komplex II die Elektronen vom Succinat aufnimmt und diese anschließend wie Komplex I zur katalytischen Reduktion von Q zu QH_2 verwendet. Komplex II enthält drei identische, aus mehreren Untereinheiten aufgebaute Enzyme, die zu einer trimeren Struktur assoziieren, die fest in der Membran eingebettet ist (▶*Abbildung 11.4*). Die Gestalt

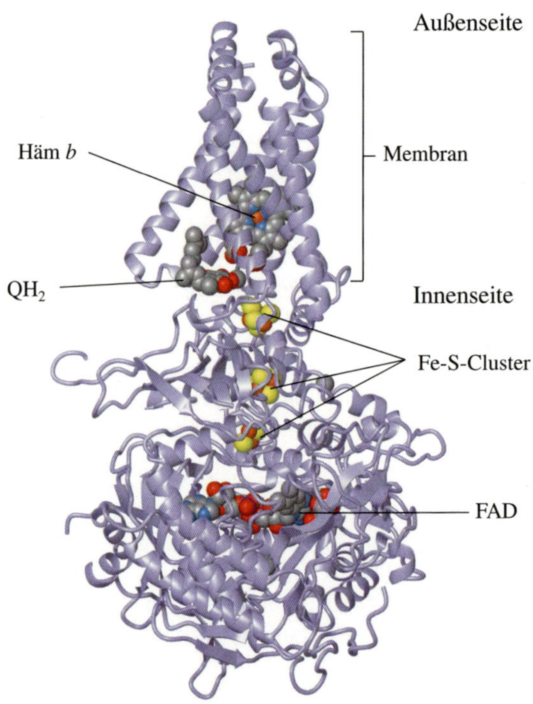

Abbildung 11.4: Modell der Struktur des Succinat-Dehydrogenase-Komplexes aus *E. coli*. Die Abbildung zeigt nur eines der drei identischen Enzyme des Trimers. FAD, die drei [Fe-S]-Cluster, QH_2 und die Hämgruppe sind als Kalottenmodelle (Kugelmodelle) dargestellt und ihre jeweiligen Positionen sind durch die Beschriftung gekennzeichnet. Komplex II besteht aus einem Trimer dieses Multiuntereinheiten-Enzyms [PDB 1NEK].

des Trimers ähnelt einem Champignon, dessen Kopf in das Innere des Membrankompartiments hineinragt. Jedes der drei Succinat-Dehydrogenase-Enzyme besteht aus zwei Untereinheiten, die den Kopf bilden, und, in Abhängigkeit von der Spezies, aus einer oder zwei Untereinheiten, aus denen der membrangebundene Stiel aufgebaut ist. Eine der Untereinheiten des Kopfes weist die Substratbindungsstelle und ein kovalent gebundenes Flavinadenindinucleotid (FAD) auf. Die andere Untereinheit des Kopfes enthält drei [Fe-S]-Cluster.

Die Kopfuntereinheiten aus allen Spezies sind eng miteinander verwandt und sie weisen signifikante Sequenzähnlichkeiten auf zu anderen Mitgliedern der Succinat-Dehydrogenase-Familie wie zum Beispiel der Fumarat-Reduktase (▶*Abschnitt 11.12*). Die Strukturen der Membranuntereinheiten verschiedener Spezies können dagegen erheblich voneinander abweichen und nicht miteinander verwandt sein. Im Allgemeinen bestehen die Membrankomponenten aus einer oder zwei Untereinheiten, die ausschließlich aus membrandurchspannenden α-Helices aufgebaut sind. An die meisten dieser Untereinheiten ist ein Häm-*b*-Molekül gebunden. Diese Untereinheiten werden dann auch als Cytochrom *b* bezeichnet. Alle Membranuntereinheiten von Komplex II besitzen eine Q-Bindungsstelle, die sich in unmittelbarer Nähe zur Membranoberfläche auf der Innenseite und somit im Kontaktbereich zwischen den Membran- und Kopfuntereinheiten von Komplex II befindet. Zur Erinnerung: Die Innenseite der Membran, in die die Elektronentransportkette eingebettet ist, steht bei Eukaryonten mit der mitochondrialen Matrix und bei Bakterien mit dem Cytoplasma in Kontakt.

Die Reaktionssequenz zum Transfer von zwei Elektronen vom Succinat auf Ubichinon (Q) beginnt mit der Reduktion von FAD durch die Übertragung eines Hydrid-Ions ($H^{\ominus}$), gefolgt von einem Proton. Anschließend folgen zwei Ein-Elektron-Übertragungen vom Flavin auf eine Reihe aus drei [Fe-S]-Clustern (▶*Abbildung 11.5*). Die Hämgruppen der Spezies, die einen Cytochrom-*b*-Anker besitzen, treten nicht als Teil des Elektronentransportweges auf.

Durch die vom Komplex II katalysierten Reaktionen wird nur sehr wenig freie Enthalpie freigesetzt. Das bedeutet, dass der Komplex nicht direkt zur Erzeugung des Protonengradienten über der Membran beitragen kann. Stattdessen schleust er nur die Elektronen aus der Succinatoxidation mitten in die Elektronentransportkette ein. Ubichinon (Q) kann Elektronen vom Komplex I oder vom Komplex II aufnehmen und sie zum Komplex III und somit zum Rest der Elektronentransportkette weiterleiten. Auch durch Reaktionen in mehreren anderen Stoffwechselwegen werden Elektronen auf Ubichinon (Q) übertragen.

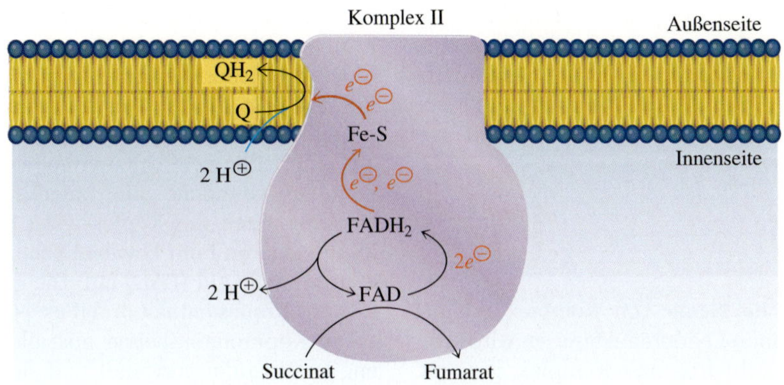

Abbildung 11.5: Elektronenübertragungen im Komplex II. Zwei Elektronen werden zusammen mit einem Proton als Hydrid-Ion ($H^\ominus$) vom Succinat auf FAD übertragen, gefolgt von einem Proton. Diese Reaktion repräsentiert einen Schritt des Citronensäurezyklus. Die Elektronen werden nacheinander in Ein-Elektron-Übertragungen vom $FADH_2$ auf eine Reihe von drei [Fe-S]-Clustern und dann auf Ubichinon (Q) weitergeleitet. In der Abbildung ist nur einer der [Fe-S]-Cluster dargestellt. Die Reduktion von Q ist mit der Aufnahme von zwei Protonen aus dem Medium auf der Innenseite der Membran verbunden, sodass schließlich QH_2 gebildet wird. Komplex II trägt nicht direkt zur Erzeugung des Protonengradienten bei, aber er dient als Nebenweg, der Elektronen über QH_2 mitten in die Elektronentransportkette einschleust.

11.5 Komplex III

Komplex III wird auch Cytochrom-*bc*-Komplex genannt. Sein systematischer Name lautet aber Ubichinol:Cytochrom-*c*-Oxidoreduktase. Dieses Enzym katalysiert die Oxidation von Ubichinolmolekülen (QH_2) innerhalb der Membran und die Reduktion eines beweglichen, wasserlöslichen Cytochrom-*c*-Moleküls an der äußeren Oberfläche der Membran. Der Elektronentransport durch Komplex III ist über einen Prozess, der Q-Zyklus genannt wird, mit dem Transfer von Protonen durch die Membran gekoppelt.

Die Strukturen der Cytochrom-*bc*-Komplexe aus vielen bakteriellen und eukaryontischen Spezies konnten röntgenkristallografisch aufgeklärt werden. Komplex III besteht aus zwei Kopien des Enzyms und ist durch eine große Anzahl von α-Helices, die die Membran durchspannen, fest in der Membran verankert (▶*Abbildung 11.6*). Der funktionelle Teil des Enzyms ist im Wesentlichen aus drei Untereinheiten aufgebaut: aus Cytochrom c_1, Cytochrom *b* und dem Rieske-Eisen-Schwefel-Protein, das auch Rieske-[Fe-S]-Protein genannt oder kurz als ISP (engl. *iron-sulfur protein*) bezeichnet wird. Weitere Untereinheiten befinden sich an der inneren Oberfläche der Membran. Diese Untereinheiten sind aber nicht direkt an der Ubichinol:Cytochrom-*c*-Oxidoreduktase-Reaktion beteiligt. Der bewegliche Elektronenakzeptor Cytochrom *c* bindet an die Spitze des Teils des Komplexes, der auf der äußeren Membranseite liegt. In Chloroplasten findet man sehr ähnliche Komplexe, die am Elektronentransport und am Protonentransfer während der Photosynthese teilnehmen.

Der Weg der Elektronen durch den Komplex ist in ▶*Abbildung 11.7* dargestellt. Die Reaktion beginnt mit der Bindung von Ubichinol (QH_2), das durch die Reduktion von Ubichinon (Q) am Komplex I, II oder III entstanden ist, an die Q_o-Stelle in der Cytochrom-*b*-Untereinheit, die innerhalb der Membran in der Nähe der äußeren Membranoberfläche lokalisiert ist. Das QH_2 wird durch die Abgabe eines Elektrons an einen [Fe-S]-Cluster in der ISP-Untereinheit zum Semichinon-Zwischenprodukt oxidiert. QH_2 kann das erste Elektron nicht auf das Häm b_L übertragen, weil dieses ein erheblich niedrigeres Reduktionspotenzial aufweist. Das Elektron wird anschließend vom [Fe-S]-Cluster zur Hämgruppe der Cytochrom-c_1-Untereinheit weitergeleitet. Dieser Elektronentransfer ist mit einer Verlagerung der Kopfgruppe der ISP-Untereinheit verbunden. In der Elektronenakzeptor-Position befindet sich der [Fe-S]-Cluster in unmittelbarer Nachbarschaft zur Q_o-Stelle, während er in der Elektronendonator-Position nahe der Hämgruppe des Cytochroms c_1 liegt. Schließlich wird das Elektron von der Hämgruppe in der membrangebundenen Cytochrom-c_1-Untereinheit von Komplex III auf ein lösliches und mobiles Cytochrom-*c*-Molekül übertragen.

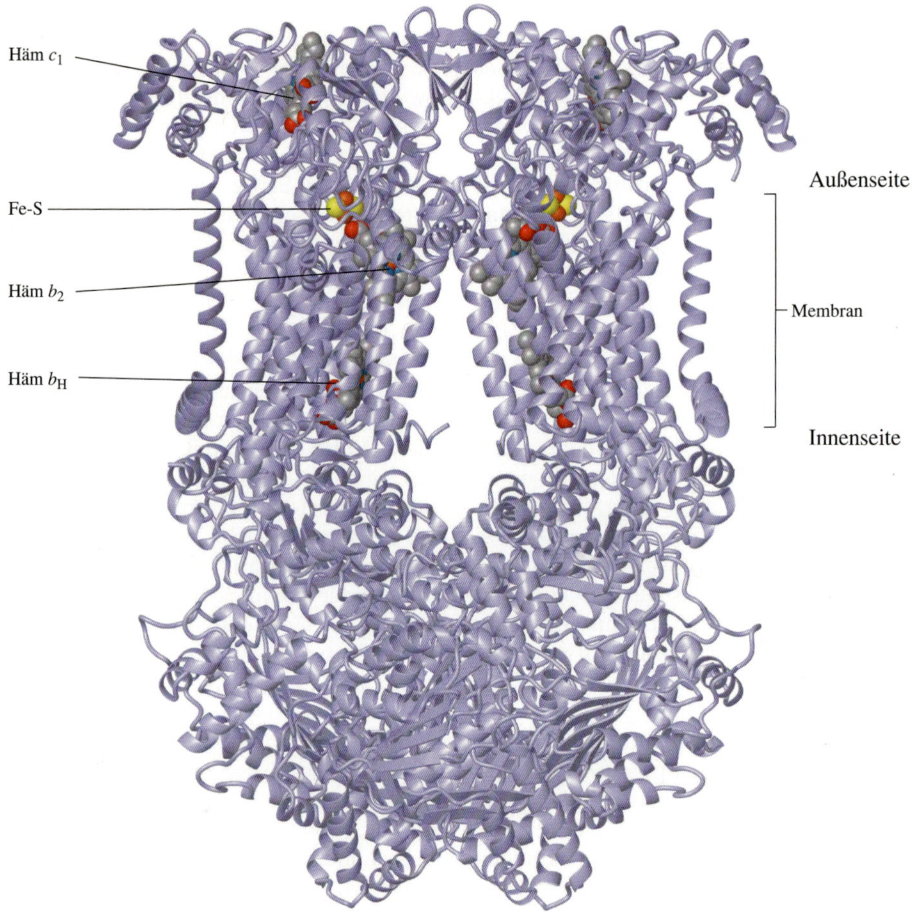

Abbildung 11.6: Strukturmodell von Komplex III aus den Mitochondrien einer Kuh *(Bos taurus)*. Der Komplex besteht aus zwei Exemplaren des Enzyms Ubichinol:Cytochrom-*c*-Oxidoreduktase [PDB 1PP9].

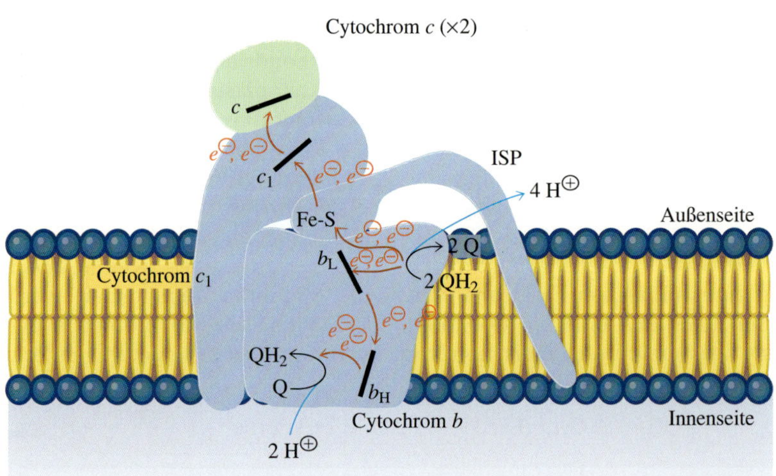

Abbildung 11.7: Elektronentransfer und Protonenfluss im Komplex III. Pro Reaktionszyklus werden vier Elektronen durch Ein-Elektron-Übertragungen getrennt von zwei Molekülen QH_2 an einen [Fe-S]-Cluster und ein Häm b_L, die in unmittelbarer Nachbarschaft zur Q_o-Stelle liegen, abgegeben. Je ein Elektron von jedem QH_2-Molekül wird über den [Fe-S]-Cluster und Cytochrom c_1 an den terminalen Elektronenakzeptor Cytochrom *c*, der jeweils ein Elektron aufnehmen kann, weitergeleitet. Das zweite Elektron jedes QH_2-Moleküls wird über das Häm b_L auf ein Häm b_H (Q_i-Stelle) und schließlich auf ein Ubichinonmolekül (Q) übertragen. Insgesamt werden von den zwei QH_2-Molekülen, die an der Q_o-Stelle oxidiert werden, vier Protonen an das Umgebungsmedium auf der äußeren Membranseite abgegeben. Zum Ausgleich werden bei den Reduktionen von je einem Ubichinonmolekül (Q) durch die Reaktionen von Komplex I (oder II) und Komplex III jeweils zwei Protonen aus dem Medium auf der Innenseite der Membran aufgenommen. Insgesamt werden dadurch vier Protonen durch die Membran transportiert.

In dieser Reaktion wird das Cytochrom *c* als terminaler Elektronenakzeptor von Komplex III reduziert. Das Molekül dient als beweglicher Elektronenüberträger zur Weiterleitung von Elektronen vom Komplex III zum Komplex IV, dem nächsten Glied in der Elektronentransportkette. Die Rolle des reduzierten Cytochroms *c* ähnelt in dieser Hinsicht der des Ubichinols (QH_2), das Elektronen von Komplex I oder II auf Komplex III überträgt. Die Strukturen der Cytochrom-*c*-Elektronenüberträger aller Spezies weisen eine beträchtliche Ähnlichkeit auf (▶*Abschnitt 3.3.2*, ▶*Abbildung 4.21*) und die Aminosäuresequenzen ihrer Polypeptidketten sind in hohem Maße konserviert.

Die Oxidation von QH_2 an der Q_o-Stelle erfolgt in einem zweistufigen Prozess, bei dem in jedem Schritt ein einzelnes Elektron abgegeben wird. Das erste Elektron wird auf dem oben beschriebenen Weg zum Cytochrom *c* weitergeleitet. Der Weg des zweiten Elektrons, das aus der Oxidation der Semichinon-Zwischenstufe stammt, führt aber in eine andere Richtung. In diesem Fall wird das Elektron nacheinander auf zwei verschiedene Hämgruppen des Typs *b* übertragen, die sich innerhalb der Membrankomponente des Komplexes befinden. Die erste Hämgruppe (b_L) weist ein niedrigeres Reduktionspotenzial auf als die zweite Hämgruppe (b_H; ▶*Tabelle 11.1*). Das durch die Abgabe des ersten Elektrons aus QH_2 entstandene Semichinon-Radikalanion ($\bullet Q^{\ominus}$) besitzt im Gegensatz zum QH_2 ein niedrigeres Reduktionspotenzial als das Häm b_L, sodass es ein Elektron auf das Häm übertragen kann (▶*Tabelle 11.1*). Auf diese Weise wird die Aufteilung der beiden Elektronen jedes Ubichinolmoleküls (QH_2) auf die beiden verschiedenen Elektronentransportwege im Komplex III erreicht. Der genaue Mechanismus der Reaktionen an der Q_o-Stelle ist noch nicht vollständig aufgeklärt.

Das Häm b_H ist ein Teil der Q_i-Stelle, an der Ubichinon (Q) in einer zweistufigen Reaktion über eine Semichinon-Zwischenstufe zu Ubichinol (QH_2) reduziert wird. Zunächst erfolgt durch die Übertragung eines einzelnen Elektrons vom Häm b_L (Q_o-Stelle) über das Häm b_H (Q_i-Stelle) auf Q die Bildung des Semichinon-Zwischenproduktes. Anschließend erfolgt auf dem gleichen Weg der Transfer eines zweiten Elektrons zur Reduktion des Semichinons zum QH_2. Das zweite Elektron stammt aus der Oxidation des zweiten Moleküls QH_2 an der Q_o-Stelle, da von den beiden Elektronen, die jedes QH_2 abgibt, nur eines zur Q_i-Stelle und das andere zum Cytochrom *c* weitergeleitet wird. Die Elektronen aus der Oxidation von zwei Molekülen QH_2 an der Q_o-Stelle dienen also zur Reduktion von zwei Molekülen Cytochrom *c* durch die Aufnahme von je einem Elektron und eines Moleküls Ubichinon (Q) durch die Aufnahme von zwei Elektronen. Neben der Reduktion von zwei Molekülen Cytochrom *c* führen die Reaktionen im Komplex III also zur Oxidation von zwei Molekülen QH_2, von denen hier nur eines durch die Reduktion eines Ubichinonmoleküls (Q) regeneriert wird. Das zweite Ubichinolmolekül (QH_2) wurde bereits vorher durch die Reaktionen von Komplex I oder Komplex II erzeugt. Insgesamt findet also weder ein Nettoverbrauch noch eine Nettoproduktion von Ubichinon oder Ubichinol statt.

Die Reaktionen von Komplex III sind außerdem mit der Abgabe von vier Protonen im Verlauf der Oxidation von zwei Molekülen QH_2 an der Q_o-Stelle verbunden. Diese Protonen werden in das Umgebungsmedium an der äußeren Membranseite freigesetzt, bei Eukaryonten also in den mitochondrialen Intermembranraum und bei Bakterien in das Periplasma. Diese Protonen tragen zur Erzeugung des Protonengradienten über der Membran bei, weil sie zuvor bei der Reduktion von zwei Ubichinonmolekülen (Q) an der Innenseite der Membran aus dem Medium aufgenommen wurden, bei Eukaryonten also aus der mitochondrialen Matrix und bei Bakterien aus dem Cytoplasma. Je eine dieser Reduktionen von Q erfolgt durch den Komplex I oder II und eine am Komplex III (▶*Abbildung 11.3*, ▶*Abbildung 11.5* und ▶*Abbildung 11.7*).

Den Prozess im Komplex III, bei dem durch die Oxidation eines QH_2 sowie die Oxidation und Regeneration eines zweiten QH_2 Protonen durch die Membran transportiert werden, nenn man Q-Zyklus. Die Stöchiometrie der Nettoreaktion von Komplex III lautet folgendermaßen:

$$Q_o\text{:}\quad 2\,QH_2 + 2\,\text{Cyt}\,c(Fe^{3+}) \longrightarrow 2\,Q + 2\,\text{Cyt}\,c(Fe^{2+}) + 2\,e^{\ominus} + 4\,H^{\oplus}_{\text{außen}}$$

$$Q_i\text{:}\quad Q + 2\,H^{\oplus}_{\text{innen}} + 2\,e^{\ominus} \longrightarrow QH_2$$

$$QH_2 + 2\,\text{Cyt}\,c(Fe^{3+}) + 2\,H^{\oplus}_{\text{innen}} \longrightarrow Q + 2\,\text{Cyt}\,c(Fe^{2+}) + 4\,H^{\oplus}_{\text{außen}} \qquad (11.8)$$

Für je zwei Elektronen, die durch den Komplex III pro Molekül QH_2 netto auf Cytochrom *c* übertragen werden, erfolgt somit die Freisetzung von vier Protonen in das Medium an der Außenseite der Membran, während an der Innenseite zwei Protonen aufgenommen werden. Dabei werden zwei Moleküle Cytochrom *c* durch die Aufnahme je eines Elektrons reduziert. Die beweglichen, reduzierten Cytochrom-*c*-Moleküle übertragen ihr Elektron schließlich auf Komplex IV. An der Q_o-Stelle werden pro Zyklus tatsächlich zwei Moleküle QH_2 oxidiert und geben dabei vier Elektronen ab, von denen aber zwei Elektronen zur Regeneration eines der QH_2-Moleküle an der Q_i-Stelle verwendet werden. In der Nettogleichung der Reaktionen von Komplex III erscheint deswegen nur die Oxidation eines Moleküls QH_2 zu Q.

Die vollständige Reaktionssequenz der Ubichinol:Cytochrom-*c*-Oxidoreduktase (Komplex III) umfasst den Q-Zyklus im Komplex III und den Transport von Protonen durch die Membran. Der Begriff Q-Zyklus wird üblicherweise nur auf die entsprechenden Reaktionen im Komplex III angewandt. Die Reaktionen von Komplex III allein führen allerdings zu einem Nettoverbrauch von QH_2. Tatsächlich finden durch die Reaktionen der gesamten Elektronentransportkette inklusive des Protonentransports durch die Membran aber *kein* Nettoverbrauch und auch *keine* Nettosynthese von QH_2 statt, weil durch die Reaktionen von Komplex I oder Komplex II eine Nettosynthese des im Komplex III netto verbrauchten QH_2 erfolgt. Der Q-Zyklus wird deswegen streng genommen erst durch die Einbeziehung der Synthese von QH_2 durch Komplex I oder Komplex II zu einem echten, vollständigen Zyklus. Diese Reaktionssequenz stellt eine der wichtigsten und grundlegendsten des gesamten Stoffwechsels dar.

Komplex IV 11.6

Komplex IV ist die Cytochrom-*c*-Oxidase. Dieser Komplex katalysiert die Oxidation des reduzierten Cytochroms *c*, das durch die Reaktionen von Komplex III produziert wurde. Die Reaktionen im Komplex IV münden in der Vier-Elektronen-Reduktion von molekularem Sauerstoff (O_2) zu Wasser (H_2O) und sind mit dem Transport von vier Protonen durch die Membran gekoppelt.

Komplex IV besteht aus zwei funktionsfähigen Cytochrom-*c*-Oxidase-Einheiten. In allen Spezies enthält jede dieser Einheiten je ein Exemplar der Untereinheiten I, II und III (▶*Abbildung 11.8*). Die bakteriellen Enzyme weisen nur noch eine zusätzliche Untereinheit in jeder Cytochrom-*c*-Oxidase-Einheit auf. Dagegen besitzen die eukaryontischen (mitochondrialen) Einheiten bis zu zehn zusätzliche Untereinheiten. In Säugetieren ist die Gesamtmasse von Komplex IV größer als 400 kDa ($M_r >$ 400.000). Die zusätzlichen Untereinheiten der eukaryontischen Versionen spielen bei der Assemblierung des Komplexes eine Rolle und tragen zur Stabilisierung der Struktur bei.

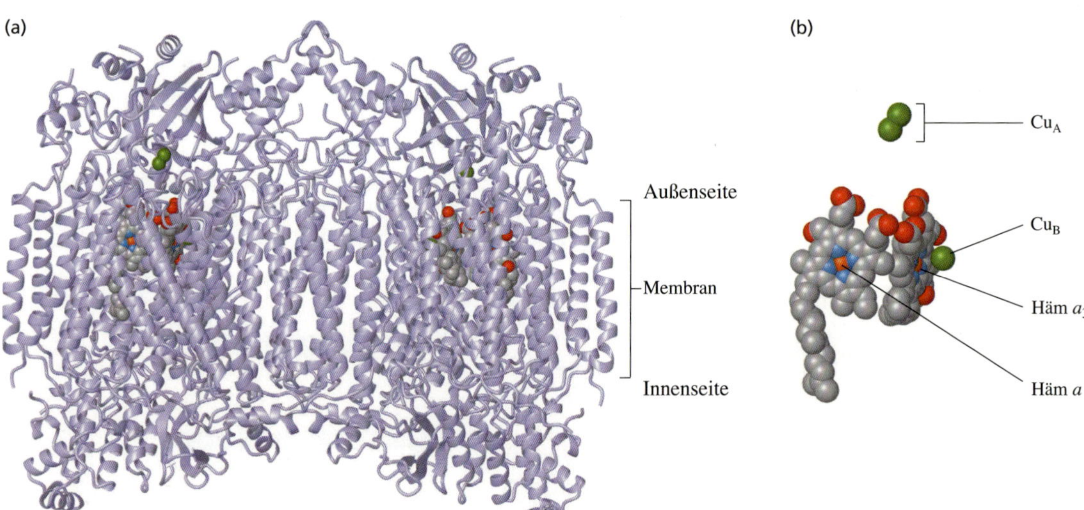

Abbildung 11.8: Struktur von Komplex IV aus den Mitochondrien des Hausrinds *(Bos taurus)*. (a) Komplex IV besteht aus zwei funktionsfähigen Cytochrom-*c*-Oxidase-Einheiten. Jede Einheit dieses Enzyms ist aus 13 Untereinheiten mit vielen die Membran durchspannenden α-Helices aufgebaut. (b) Isolierte Darstellung der Anordnung der Häm- und Kupfer-Cofaktoren in einer der Cytochrom-*c*-Oxidase-Einheiten [PDB 1OCC].

Die Kernstruktur der Cytochrom-*c*-Oxidase ist aus den drei konservierten Untereinheiten I, II und III aufgebaut. Diese Polypeptide werden in allen Eukaryonten durch mitochondriale Gene codiert. Untereinheit I ist fast vollständig in die Membran eingebettet. Der überwiegende Teil dieses Polypeptids besteht aus zwölf die Membran durchspannenden α-Helices. Im Inneren von Untereinheit I liegen drei Redoxzentren verborgen: zwei Hämgruppen vom Typ *a* (Häm *a* und Häm a_3) sowie ein Kupfer-Ion (Cu_B). Das Cu_B-Ion befindet sich in unmittelbarer Nähe des Häm a_3 und bildet mit dessen Eisen-Ion ein zweikerniges Metallzentrum, an dem die Reduktion des molekularen Sauerstoffs stattfindet. Untereinheit II besitzt zwei Transmembranhelices, mit denen sie in der Membran verankert ist. Der Großteil der Polypeptidkette dieser Untereinheit bildet allerdings eine β-Barrel-Domäne, die sich auf der äußeren Oberfläche der Membran befindet. Diese Domäne enthält das Kupfer-Redoxzentrum Cu_A, das aus zwei Kupfer-Ionen besteht. Die Kupfer-Ionen bilden ein gemischtvalentes Dimer, in dem sich die beiden Cu-Zentren ein Valenzelektron teilen. Außerdem befindet sich die Bindungsstelle für Cytochrom *c* in der äußeren Domäne von Untereinheit II.

Untereinheit III weist schließlich sieben membrandurchspannende Helices auf und liegt vollständig in die Membran eingebettet. Sie enthält keine Redoxzentren, sodass sie künstlich und ohne Verlust der katalytischen Enzymaktivität entfernt werden kann. *In vivo* besteht die Rolle von Untereinheit III in der Stabilisierung der Untereinheiten I und II sowie in einem Beitrag zum Schutz vor unerwünschten, unproduktiven Redoxreaktionen der Redoxzentren. In ▶*Abbildung 11.9* ist der Ablauf der Elektronenübertragungen im Komplex IV dargestellt. Zunächst bindet ein reduziertes Cytochrom *c* an die Untereinheit II und gibt ein Elektron an das Cu_A-Redoxzentrum ab. Das Paar von Kupfer-Ionen des Cu_A-Zentrums kann immer nur ein Elektron gleichzeitig aufnehmen oder abgeben, ganz so wie die [Fe-S]-Cluster. Für die vollständige Reduktion eines Sauerstoffmoleküls (O_2) zu zwei Wassermolekülen (2 H_2O) sind vier Elektronen erforderlich. Demzufolge müssen nacheinander vier Cytochrom-*c*-Moleküle an die Untereinheit II binden und ihr Elektron auf das Cu_A-Redoxzentrum übertragen.

Da das Cu_A-Zentrum immer nur ein Elektron gleichzeitig aufnehmen oder abgeben kann, werden die Elektronen zwischenzeitlich zur prosthetischen Häm-*a*-Gruppe in Untereinheit I weitergeleitet. Von dort können sie schließlich auf das zweikernige Fe/Cu-Metallzentrum des Häm-a_3-Cu_B-Komplexes übertragen werden. Die beiden Hämgruppen Häm *a* und Häm a_3 besitzen identische Strukturen, aber sie weisen voneinander abweichende Reduktionspotenziale auf. Dies ist eine Folge der unterschiedlichen lokalen Mikroumgebungen der Hämgruppen, die durch Aminosäureseitenketten der Untereinheit I gebildet werden. In dem zweikernigen Fe/Cu-Metallzentrum können Elektronen gesammelt werden, weil das Eisen-Ion des Häms zwischen den Oxidationsstufen Fe(IV), Fe(III) und Fe(II) hin- und herwechseln und das Kupfer-Ion die Oxidationsstufen Cu(I) und Cu(II) annehmen kann. Der genaue Mechanismus der Reduktion des molekularen Sauerstoffs am zweikernigen Fe/Cu-Metallzentrum von Komplex IV ist noch nicht bekannt, aber Gegenstand intensiver Forschung. Der erste Schritt beinhaltet die schnelle Spaltung des

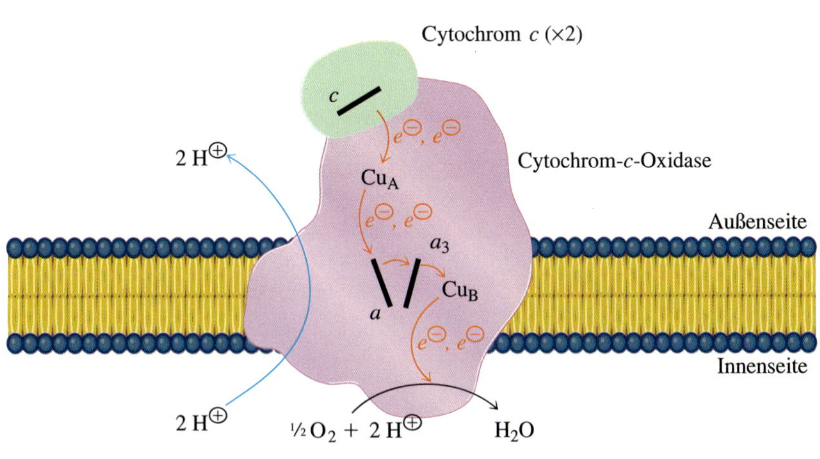

Abbildung 11.9: Elektronentransfer und Protonentransport im Komplex IV. Die Eisenzentren der Hämgruppen und die Kupferzentren werden abwechselnd reduziert und oxidiert, wenn die Elektronen von reduzierten Cytochrom-*c*-Molekülen durch den Komplex zum Sauerstoff fließen. Der Elektronenfluss durch den Komplex ist mit dem Transport von Protonen durch die Membran gekoppelt. Die Abbildung zeigt die Stöchiometrie für den Transfer von zwei Elektronen durch den Komplex, wie zuvor auch die ▶*Abbildung 11.3*, ▶*Abbildung 11.4* und ▶*Abbildung 11.5*. Für die vollständige Reduktion eines Sauerstoffmoleküls (O_2) zu zwei Wassermolekülen (2 H_2O) sind allerdings vier Elektronen und somit zu Beginn der Elektronentransportkette zwei NADH-Moleküle erforderlich.

zweiatomigen Sauerstoffmoleküls (O_2). Dabei wird eines der Sauerstoffatome an das Eisen-Ion der Häm-a_3-Gruppe und das andere an das Cu_B-Zentrum gebunden. Die nachfolgende Protonierung und Übertragung von Elektronen auf das Sauerstoffatom am Cu_B-Zentrum führen zur Freisetzung des ersten Wassermoleküls. Auf analoge Weise folgt die Freisetzung des zweiten Wassermoleküls vom Häm-a_3-Eisenzentrum. Die Gesamtreaktion, also die vollständige Reduktion eines Sauerstoffmoleküls zu zwei Wassermolekülen, erfordert die Aufnahme von vier Protonen aus dem Medium auf der Innenseite der Membran.

$$O_2 + 4\,e^{\ominus} + 4\,H^{\oplus}_{innen} \longrightarrow 2\,H_2O \quad (11.9)$$

Die Reaktionen der Cytochrom-*c*-Oxidase sind außerdem mit dem Transport von vier Protonen für jedes reduzierte Sauerstoffmolekül von der Innenseite zur Außenseite der Membran gekoppelt. Mit anderen Worten: Für jedes Elektron, das vom Cytochrom *c* auf das Endprodukt (H_2O) übertragen wird, erfolgt der Transport eines Protons durch die Membran. Die Protonen wandern durch einen Kanal im Komplex IV. Diese Wanderung stellt einen endergonen Prozess dar, der nach einem komplizierten Mechanismus abläuft, der unter anderem Konformationsänderungen des Enzyms beinhaltet. Die für diesen Prozess benötigte freie Enthalpie stammt aus der exergonen Übertragung der Elektronen von Cytochrom *c* auf den molekularen Sauerstoff. Die Stöchiometrie der vollständigen Nettoreaktion von Komplex IV lautet folgendermaßen:

$$4\,Cyt\,c^{2+} + O_2 + 8\,H^{\oplus}_{innen} \longrightarrow 4\,Cyt\,c^{3+} + 2\,H_2O + 4\,H^{\oplus}_{außen} \quad (11.10)$$

Durch die Übertragung der Elektronen vom Cytochrom *c* auf der Außenseite der Membran zum Sauerstoff auf der Innenseite der Membran wird kein Ladungsgradient aufgebaut, weil die Elektronen zu Beginn der Elektronentransportkette auf der Innenseite der Membran vom NADH oder vom Succinat abgegeben wurden und im Laufe des Elektronentransports nur zwischenzeitlich die Membranseite gewechselt haben. Komplex IV trägt zur Erzeugung des Protonengradienten bei, der anschließend die ATP-Synthese antreibt. Für je *zwei* Elektronen, die durch diesen Komplex fließen, werden *zwei* Protonen durch die Membran transportiert. Zu beachten ist, dass pro zwei Elektronen, die durch die Elektronentransportkette geschleust werden, im Komplex I und im Komplex III jeweils vier Protonen die Membran passieren. Für jedes NADH-Molekül, das zu Beginn der Elektronentransportkette oxidiert wird und das dabei zwei Elektronen abgibt, werden demnach insgesamt zehn Protonen von der Innenseite der Membran zur Außenseite der Membran verlagert.

Komplex V: ATP-Synthase 11.7

Komplex V ist die ATP-Synthase. Sie katalysiert die endergone Synthese von ATP aus ADP und P_i, die durch den Protonengradienten angetrieben wird, der im Verlauf des membrangebundenen Elektronentransports erzeugt worden ist. Die ATP-Synthase stellt eine spezifische F-Typ-ATPase dar, die nach der Rückreaktion der ATP-Synthese als ATPase bezeichnet wird. Trotz ihres Namens katalysieren F-Typ-ATPasen *nicht* die Hydrolyse, sondern die Synthese von ATP. Es handelt sich um sehr komplizierte membrangebundene Multiuntereinheiten-Enzyme, die eine charakteristische *Knopf-und-Stiel-Struktur* aufweisen (▶*Abbildung 11.10*). Die F_1-Komponente (der Knopf) enthält die katalytischen Untereinheiten. Die isolierten, von der Membran und der membrangebundenen F_0-Komponente abgetrennten F_1-Komponenten katalysieren die Hydrolyse von ATP. Aus diesem Grund wird sie üblicherweise als F_1-ATPase klassifiziert. Die F_1-Komponente der intakten ATP-Synthase ragt bei Eukaryonten in die mitochondriale Matrix und bei Bakterien ins Cytoplasma hinein. Die ATP-Synthase kommt auch in Chloroplastenmembranen vor (▶*Kapitel 12*). Die F_0-Komponente (die Basis des Stiels) ist in die Membran eingebettet. Sie weist einen Protonenkanal auf, der die gesamte Membran durchspannt. Der durch den Protonengradienten angetriebene Fluss von Protonen durch die F_0-Komponente ist mit der Synthese von ATP aus ADP und P_i durch die F_1-Komponente gekoppelt.

Die F_1-Komponente weist die Untereinheiten-Zusammensetzung $\alpha_3\beta_3\gamma\delta\varepsilon$ und die F_0-Komponente die Zusammensetzung $a_1b_2c_{10-14}$ auf. Die c-Untereinheiten der F_0-Komponente bilden eine zylinderförmige Basis innerhalb der Membran. Die knopfförmige Grundstruktur der F_1-Komponente wird durch drei α- und drei β-Untereinheiten gebildet, die abwechselnd zu einem zylinderförmigen Hexamer assoziiert sind. Die Nucleotid-Bindungsstellen (aktiven Zentren) befinden sich in den Spalten zwischen den α- und den β-Untereinheiten. Demnach liegen drei Nucleotid-Bindungsstellen in Abständen von jeweils

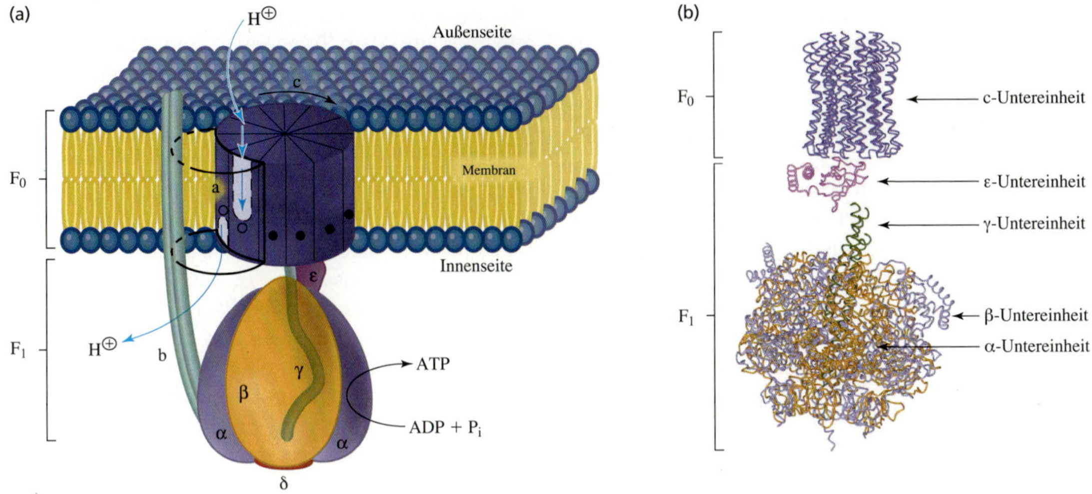

Abbildung 11.10: Die *Knopf-und-Stiel-Struktur* der ATP-Synthase. (a) Die F_1-Komponente ragt in das Medium auf der inneren Seite der Membran hinein. Die a-Untereinheit der membrandurchspannenden F_0-Komponente enthält einen Protonenkanal, der an der Schnittstelle zu einem aus c-Untereinheiten aufgebauten Zylinder liegt. Der Fluss von Protonen durch den Kanal verursacht eine Rotation des Rotors ($c_x\varepsilon\gamma$) relativ zum Stator ($ab\delta\alpha_3\beta_3$). Das Drehmoment dieser Rotation wird auf die F_1-Komponente übertragen und dort zum Antrieb der Synthese von ATP verwendet. (b) Molekulare Struktur des Rotors und eines Teils des Stators der ATP-Synthase aus *Saccharomyces cerevisiae*. Das schematisch dargestellte Modell des gesamten ATP-Synthase-Komplexes wurde aus den Ergebnissen röntgenkristallografischer Untersuchungen der verschiedenen Bestandteile des Komplexes abgeleitet [PDB 1QO1].

120° an der Oberfläche des $\alpha_3\beta_3$-Zylinders. Das aktive Zentrum, in dem die ATP-Synthese stattfindet, wird allerdings überwiegend von Aminosäureresten der β-Untereinheiten gebildet.

Das $\alpha_3\beta_3$-Oligomer der F_1-Komponente ist mit dem membrandurchspannenden Zylinder aus c-Untereinheiten der F_0-Komponente über einen Stiel, der aus der γ- und der ε-Untereinheit der F_1-Komponente besteht, assoziiert. Die c-Untereinheiten bilden mit der ε- und der γ-Untereinheit eine große Einheit, die in der Membran rotiert und deswegen als Rotor funktioniert. Die Rotation der in das Zentrum des $\alpha_3\beta_3$-Zylinders hineinragenden γ-Untereinheit führt zu periodischen Änderungen der Konformationen der α- und β-Untereinheiten, die auch die Eigenschaften der aktiven Zentren beeinflussen. Die Untereinheiten a, b und δ bilden einen in der Membran verankerten, nicht rotierenden Arm, der das $\alpha_3\beta_3$-Hexamer in seiner Position arretiert, sodass es nicht mitrotieren kann. Die übergeordnete Einheit aus den Untereinheiten a, b, δ und $\alpha_3\beta_3$ übernimmt somit die Funktion eines Stators. Der durch den Protonengradienten angetriebene Fluss von Protonen durch einen zweigeteilten Kanal in der a-Untereinheit, der an der Schnittstelle zu den c-Untereinheiten liegt, verursacht die Rotation des Rotors relativ zum Stator und somit auch die Rotation der γ-Untereinheit im $\alpha_3\beta_3$-Hexamer sowie die damit verbundenen Konformationsänderungen in den aktiven Zentren der ATP-Synthase. Die Protonen fließen nicht auf geradem Weg durch die gesamte a-Untereinheit. Vielmehr wird jedes Proton zwischendurch auf eine der c-Untereinheiten übertragen. Die damit verbundene Ladungsänderung verursacht eine laterale Verschiebung der c-Untereinheiten und des gebundenen Protons relativ zur a-Untereinheit und somit eine Rotation des Rotors. Danach wird das Proton durch den zweiten Abschnitt des Kanals auf die Innenseite der Membran entlassen. Der genaue Mechanismus ist noch erheblich komplizierter und weiterhin Gegenstand der Forschung. Wegen seines funktionellen Aufbaus und der Rotation wird der gesamte Komplex der ATP-Synthase häufig als molekularer Motor bezeichnet.

Die Basis des Rotors in der Membran besteht aus 10 bis 14 c-Untereinheiten. Die genaue Anzahl der c-Untereinheiten hängt von der jeweiligen Spezies ab. Der c-Zylinder von *E. coli* enthält 10 c-Untereinheiten, während die c-Zylinder in Pflanzen und Tieren bis zu 14 c-Untereinheiten aufweisen können. Es gibt überzeugende Belege dafür, dass für jede c-Untereinheit, die die a-Untereinheit passieren soll, ein Proton durch die a-Untereinheit fließen muss. Die Rotation der γ-Untereinheit innerhalb der F_1-Komponente erfolgt in einer schritt- bzw. sprungartigen Weise mit Sprüngen von jeweils 120°. Während der c-Zylinder rotiert, wird die γ-Untereinheit verdrillt, bis die Spannung groß genug ist, um eine ruckartige 120°-Drehung in die nächste Position innerhalb des $\alpha_3\beta_3$-Hexamers hervorzurufen. Wenn der c-Zylinder wie bei *E. coli* aus zehn c-Untereinheiten aufgebaut ist, müssen für eine volle

Umdrehung zehn Protonen durch die F_0-Komponente fließen. Dies führt zur Synthese von etwa drei ATP-Molekülen. Die genaue Stöchiometrie dieses Prozesses wird noch untersucht. Die Ergebnisse vieler Experimente deuten allerdings darauf hin, dass für die Synthese eines ATP-Moleküls drei Protonen durch die Membran fließen müssen.

Die Aufklärung des genauen Mechanismus der durch die ATP-Synthase katalysierten Synthese von ATP aus ADP und P_i ist seit mehreren Jahrzehnten das Ziel intensiver Forschung. Im Jahr 1979 schlug Paul Boyer den sogenannten Bindungsveränderungs-Mechanismus (engl. *binding change mechanism*) vor. Dieser beruht auf hinweisenden Beobachtungen, dass sich die Bindungseigenschaften der aktiven Zentren für die Substrate und das Produkt verändern, während Protonen durch die Membran fließen. Das $\alpha_3\beta_3$-Oligomer der ATP-Synthase enthält drei aktive Zentren. Zu jedem Zeitpunkt befindet sich jedes der aktiven Zentren in einer von drei verschiedenen Konformationen: 1. Offen (engl. *open*; O) -- in dieser Konformation kann neu synthetisiertes ATP freigesetzt werden. Anschließend können ADP und P_i an das aktive Zentrum binden. 2. Lose (engl. *loose*; L) – wenn das aktive Zentrum diese Konformation annimmt, wird die Bindung von ADP und P_i so verstärkt, dass sie das aktive Zentrum nicht mehr verlassen können. 3. Fest (engl. *tight*; T) – diese Konformation führt zu einer sehr festen Bindung von ATP, sodass die Kondensation von ADP und P_i thermodynamisch begünstigt wird, also spontan ablaufen kann (▶*Abschnitt 1.4.2*). Die Energie des Protonengradienten wird über den Protonenfluss und die Rotation des Rotors der ATP-Synthase zur Konformationsänderung der aktiven Zentren und zur Freisetzung der Produkte genutzt.

Infolge der gleichsinnigen Rotation des Rotors und somit der γ-Untereinheit innerhalb des $\alpha_3\beta_3$-Zylinders durchschreiten die aktiven Zentren sequenziell und periodisch die verschiedenen Konformationen, solange Protonen durch die Membran fließen. Die Bildung und die Freisetzung von ATP läuft demnach in den folgenden Schritten ab, die in ▶*Abbildung 11.11* zusammengefasst dargestellt sind. Zuerst binden ein ADP-Molekül und ein anorganisches Phosphat (P_i) an ein aktives Zentrum in der offenen Konformation. Die folgende Rotation des γ-Stiels um 120° verursacht den Sprung aller drei aktiven Zentren in die jeweils nächste Konformation. Das zuvor offene aktive Zentrum, das die neu gebundenen Substrate ADP und P_i enthält, wechselt dabei in die Konformation der losen Bindung. Durch die nächste 120°-Drehung des γ-Stiels geht dieses aktive Zentrum in die Konformation über, in der ADP und P_i zum fest gebundenen ATP kondensieren. Mit der folgenden Rotation des γ-Stiels um weitere 120° wird eine vollständige Umdrehung um 360° vollendet, sodass das betrachtete aktive Zentrum wieder in die ursprüngliche offene Konformation übergeht. Damit beginnt der Zyklus erneut. Das Produkt ATP wird freigesetzt und neues ADP und P_i werden gebunden.

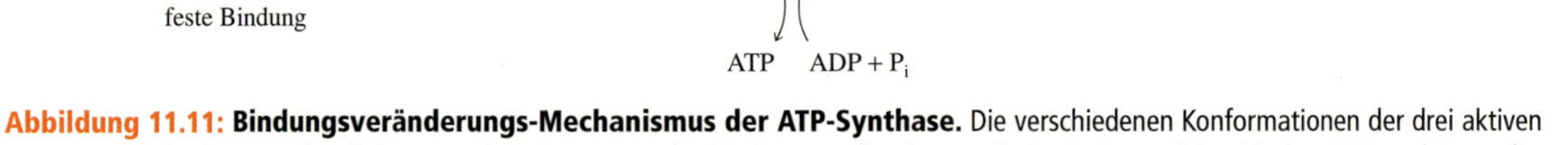

Abbildung 11.11: Bindungsveränderungs-Mechanismus der ATP-Synthase. Die verschiedenen Konformationen der drei aktiven Zentren sind durch unterschiedliche geometrische Formen der Bindungstasche dargestellt. In Gelb: zunächst binden ADP und P_i an das aktive Zentrum in der offenen Konformation. Wenn der γ-Stiel um 120° entgegen dem Uhrzeigersinn rotiert (die Abbildung zeigt die Ansicht vom cytoplasmatischen bzw. Matrixende der F_1-Komponente), wechselt das aktive Zentrum in die Konformation der losen Bindung (orange), in der die Substrate bereits fester gebunden werden. Durch den folgenden 120°-Rotationsschritt geht das aktive Zentrum in die Konformation der festen Bindung über und ATP wird gebildet (rot). Während der Rotationsschritte des γ-Stiels haben auch die beiden anderen aktiven Zentren ihre Konformation auf analoge Weise verändert, Substrate gebunden sowie das Produkt ATP gebildet und freigesetzt. Dabei befinden sich aber zu keinem Zeitpunkt zwei aktive Zentren in der gleichen Konformation.

11.8 Aktiver Transport von ATP, ADP und P_i durch die innere Mitochondrienmembran

In eukaryontischen Zellen wird ein großer Teil des insgesamt synthetisierten ATP in den Mitochondrien gebildet. Da die meisten der ATP-Moleküle für Prozesse im Cytoplasma benötigt werden, müssen sie aus der mitochondrialen Matrix exportiert werden. Wegen der Impermeabilität der inneren Mitochondrienmembran für geladene Substanzen ist für diesen Export ein Transporter erforderlich, der den Export von ATP und gleichzeitig den Import von ADP als Substrat für die weitere ATP-Synthese ermöglicht. Dieser Transporter wird ADP/ATP-Translokase oder ADP/ATP-Translokator genannt. Er tauscht mitochondriales ATP gegen cytosolisches ADP aus (▶*Abbildung 11.12*). Normalerweise liegen Adeninnucleotide mit $Mg^{2\oplus}$-Ionen komplexiert vor, beim Transport durch die innere Mitochondrienmembran ist dies nicht der Fall. Es erfolgt also ein Austausch (Antiport) von $ADP^{3\ominus}$ gegen $ATP^{4\ominus}$, der mit dem Nettoexport einer negativen Ladung aus der mitochondrialen Matrix verbunden ist. Deswegen kann dieser Transportprozess durch den elektrischen Anteil der protonenmotorischen Kraft (PMK; ▶*Abschnitt 11.1*), also $\Delta\Psi$, angetrieben werden. Ein Teil der freien Enthalpie aus der NADH-Oxidation, die im Verlauf der Elektronentransportkette zum Aufbau des Protonengradienten verwendet wurde, wird demnach für den ADP/ATP-Antiport wieder verbraucht und steht nicht mehr für die ATP-Synthese zur Verfügung.

Da bei der Synthese von ATP aus ADP und P_i auch P_i verbraucht wird, ist außerdem ein Phosphattransporter für den Import von P_i aus dem Cytosol in die mitochondriale Matrix erforderlich. Dieser Transporter arbeitet als Symporter, der Phosphat als $H_2PO_4^{\ominus}$ zusammen mit $H^{\oplus}$ elektroneutral in die Matrix befördert (▶*Abbildung 11.12*). Da dieser $P_i/H^{\oplus}$-Symport elektroneutral abläuft, wird er nicht durch die elektrische Komponente der PMK angetrieben, sondern durch die Komponente, die auf die unterschiedlichen Protonenkonzentrationen auf den beiden Membranseiten (ΔpH) zurückzuführen ist. Somit verbrauchen beide Transporter, die für die Nachlieferung von Substraten und den Export der Produkte der ATP-Synthese erforderlich sind, jeweils einen Teil der protonenmotorischen Kraft, die während der Oxidation von NADH durch die Elektronentransportkette erzeugt worden ist. Der Gesamtenergieverbrauch für den Export eines Moleküls ATP aus der Matrix und den Import eines Moleküls ADP und eines Moleküls P_i in die Matrix entspricht näherungsweise der freien Enthalpie, die beim Einstrom eines Protons in die Matrix freigesetzt wird. Deswegen ist für die Synthese eines *cytoplasmatischen* ATP-Moleküls der Einstrom von vier Protonen aus dem Intermembranraum in die Matrix erforderlich: ein Proton für den Transport von ATP, ADP und P_i sowie drei Protonen, die beim Fluss durch die F_0-Komponente der ATP-Synthase die eigentliche ATP-Synthese antreiben. In Bakterien müssen weder ATP noch ADP oder P_i durch eine Membran transportiert werden, weil die ATP-Synthese auf der Innenseite der Cytoplasmamembran stattfindet und das ATP infolgedessen nach seiner Synthese aus dem aktiven Zentrum direkt ins Cytoplasma freigesetzt wird. Das bedeutet, dass der Gesamtenergieverbrauch bei der ATP-Synthese in Bakterien niedriger ist als in Eukaryonten.

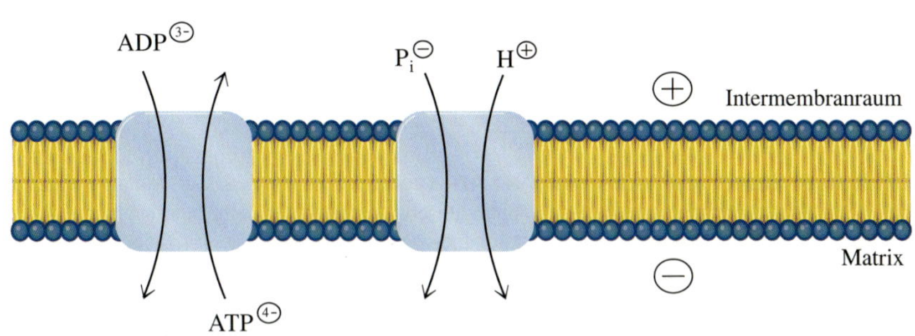

Abbildung 11.12: Schematische Darstellung des Transports von ATP, ADP und P_i durch die innere Mitochondrienmembran. Der ADP/ATP-Translokator arbeitet als ADP/ATP-Antiporter. Der Import von P_i in die mitochondriale Matrix erfolgt durch den Symport mit $H^{\oplus}$ auf elektroneutrale Weise.

Die Ausbeute – das P/O-Verhältnis 11.9

Für die Synthese eines Moleküls ATP aus ADP und P_i durch die katalytische Aktivität der ATP-Synthase muss der Einstrom von etwa drei Protonen stattfinden. In Eukaryonten ist der Rückfluss eines weiteren Protons erforderlich, um ATP, ADP und P_i durch die innere Mitochondrienmembran zu transportieren. Das P/O-Verhältnis entspricht dem Quotienten aus der Anzahl der phosphorylierten Moleküle und der Anzahl der Sauerstoffatome, die reduziert wurden. Zur Reduktion eines Sauerstoffatoms (1/2 O_2) werden zwei Elektronen benötigt. Vier Protonen werden durch Komplex I, vier Protonen durch Komplex III und zwei Protonen durch Komplex IV von der Innenseite der Membran zur Außenseite verlagert. Für je zwei Elektronen, die durch die Elektronentransportkette von einem NADH zu *einem* Sauerstoffatom fließen, werden *zehn* Protonen durch die Membran transportiert. Da in Eukaryonten für die Erzeugung jedes cytoplasmatischen ATP-Moleküls vier Protonen durch die innere Mitochondrienmembran zurückfließen müssen, beträgt das P/O-Verhältnis $10 \div 4 = 2{,}5$. Das P/O-Verhältnis für die Oxidation von Succinat lautet dagegen $6 \div 4 = 1{,}5$, weil die Elektronen vom Succinat nicht durch Komplex I fließen. Diese berechneten Werte und die experimentell bestimmten P/O-Verhältnisse stimmen näherungsweise überein.

Ein durchschnittlich aktiver Erwachsener benötigt etwa 2400 kcal (10.080 kJ) pro Tag. Wenn diese gesamte Energie in ATP-Äquivalente umgewandelt würde, entspräche sie der Hydrolyse von 315 Mol ATP pro Tag, wenn man annimmt, dass die Gibbs'sche freie Enthalpie der Hydrolyse 32 kJ mol^{-1} beträgt. Diese Menge ATP entspricht einer Masse von 155 kg ATP ($M_r = 507$). All diese ATP-Moleküle müssen synthetisiert werden. Der mit Abstand häufigste Weg zur Synthese von ATP ist die oxidative Phosphorylierung, die durch den mitochondrialen Protonengradienten angetrieben wird. Tatsächlich berechnete und gemessene Werte deuten darauf hin, dass in einem durchschnittlichen Erwachsenen 9×10^{20} ATP-Moleküle pro Sekunde oder 78×10^{24} ATP-Moleküle pro Tag synthetisiert (und auch wieder hydrolysiert) werden. Diese Menge entspricht 130 Mol oder 66 kg ATP pro Tag. Somit wird ein signifikanter Anteil der Kalorienaufnahme des Menschen in einen mitochondrialen Protonengradienten zur Synthese von ATP umgewandelt. Diese Berechnungen zeigen aber auch, dass ATP-Moleküle offensichtlich sehr schnell synthetisiert und auch wieder hydrolysiert werden, da wir natürlich nicht ständig 63 kg ATP mit uns herumtragen.

NADH-Shuttle-Systeme in Eukaryonten 11.10

NADH wird bei vielen verschiedenen Reaktionen gebildet. Beträchtliche Mengen entstehen insbesondere durch die Reaktion, die durch die Glycerinaldehyd-3-phosphat-Dehydrogenase während der Glycolyse katalysiert wird, und durch die drei NADH produzierenden Reaktionen des Citronensäurezyklus. Das NADH kann direkt in vielen biosynthetischen Reaktionen verwertet werden, wie zum Beispiel bei der Fettsäuresynthese, der Aminosäuresynthese, der Nucleotidsynthese oder der Gluconeogenese, in deren Verlauf die Reaktion der Glycerinaldehyd-3-phosphat-Dehydrogenase in umgekehrter Richtung abläuft. NADH dient natürlich auch als Energielieferant für die Synthese von ATP. In Bakterien kann das NADH aus allen verfügbaren Quellen leicht auf diese Weise oxidiert werden, da die membrangebundene Elektronentransportkette in der Plasmamembran lokalisiert ist und die innere Oberfläche der Membran direkt mit dem Cytosol in Kontakt steht. In eukaryontischen Zellen haben aber nur diejenigen NADH-Moleküle einen direkten Zugang zum Komplex I der Elektronentransportkette, die sich in der mitochondrialen Matrix befinden. Dies stellt für die Reduktionsäquivalente, die im Citronensäurezyklus gebildet werden, kein Problem dar, weil der Citronensäurezyklus in der mitochondrialen Matrix abläuft. Die Reduktionsäquivalente, die durch die Glycolyse im Cytosol erzeugt werden, müssen allerdings erst durch die innere Mitochondrienmembran transportiert werden, um als Brennstoff für die ATP-Synthese verwendet werden zu können. Die äußere Mitochondrienmembran können die Moleküle, wie besprochen, durch Porine leicht passieren. Da weder NADH noch $NAD^{\oplus}$ durch die innere Mitochondrienmembran diffundieren können und da sie auch nicht durch die Membran transportiert werden können, müssen ihre Reduktionsäquivalente durch spezielle Shuttle-Systeme durch die Membran übertragen werden. Der Glycerinphosphat-Shuttle und der Malat-Aspartat-Shuttle stellen Wege zur Verfügung, auf denen die Reduktionskraft eines reduzierten Coenzyms vom Cytosol bzw. mitochondrialen Intermembranraum auf ein Molekül in der mitochondrialen Matrix bzw. der inneren Mitochondrienmembran übertragen werden kann, das anschließend als Substrat der Elektronentransportkette verwendet wird.

Der Glycerinphosphat-Shuttle (▶*Abbildung 11.13*) kommt vor allem in den Flugmuskeln von Insekten vor, in denen sehr hohe ATP-Synthesegeschwindigkeiten aufrechterhalten werden müstransportkette werden diese reaktiven Spezies, insbesondere $\bullet O_2^{\ominus}$, als Nebenprodukt gebildet. Das Superoxid-Radikalanion muss durch die Aktivität der Superoxid-Dismutase sehr schnell entfernt werden, weil es wegen seiner hohen Reaktivität ansonsten schnell zum schädlichen oxidativen Abbau von Proteinen, Nucleinsäuren und vielen weiteren zellulären Komponenten beiträgt.

Die Superoxid-Dismutase ist ein Beispiel für ein Enzym mit einer diffusionskontrollierten Reaktionsgeschwindigkeit. Die Nettoreaktion, die durch dieses Enzym katalysiert wird, entspricht einer Disproportionierung von zwei Superoxid-Anionen zu Wasserstoffperoxid und molekularem Sauerstoff. Diese Reaktion läuft äußerst schnell ab.

$$2\,\bullet O_2^{\ominus} + 2\,H^{\oplus} \longrightarrow H_2O_2 + O_2 \quad (11.11)$$

Die hohe Geschwindigkeit dieses Prozesses stellt ein typisches Merkmal von Elektronenübertragungsreaktionen dar. In diesem Fall tritt nur ein einzelnes enzymgebundenes Kupfer-Ion als Elektronentransferreagenz auf. Das Kupfer-Ion wird durch die Aufnahme eines Elektrons von einem Superoxid-Radikalanion ($\bullet O_2^{\ominus}$) reduziert. Das Superoxid-Radikalanion wird dadurch zu molekularem Sauerstoff oxidiert. Anschließend überträgt das Kupfer-Ion das Elektron auf ein zweites Superoxid-Radikalanion, das infolgedessen nach der zusätzlichen Aufnahme von zwei Protonen in Wasserstoffperoxid umgewandelt wird. Das gebildete Wasserstoffperoxid repräsentiert aber nach wie vor eine cytotoxische Verbindung, die schnell eliminiert werden muss. Dies erfolgt durch die Umsetzung zu Wasser (H_2O) und Sauerstoff (O_2) durch die Aktivität der Katalase.

$$2\,H_2O_2 \longrightarrow 2\,H_2O + O_2 \quad (11.12)$$

Viele Bakterienspezies stellen sogenannte obligat anaerobe Organismen dar. Diese Bakterien, die zum Beispiel den größten Teil der menschlichen Darmflora bilden, sterben in Anwesenheit von Sauerstoff schnell ab, weil sie die reaktiven Sauerstoffspezies, die als Nebenprodukt von Redoxreaktionen entstehen, nicht entsorgen können. Zu diesem Zweck fehlt ihnen die notwendige enzymatische Ausstattung, wie zum Beispiel die Superoxid-Dismutase. Dagegen besitzen alle aeroben Spezies Enzyme, die reaktive Sauerstoffspezies abfangen können.

11.12 Alternative Formen der Elektronentransport-abhängigen Energiegewinnung in Mikroorganismen

Der bisher beschriebene eukaryontische Energiestoffwechsel stellt nur eine von vielen Varianten der Elektronentransport-abhängigen Energiegewinnung formen dar. Man teilt die Formen der Energiegewinnung (Trophien) ein in Abhängigkeit von der Energiequelle (Licht = Photo, chemisches Molekül = Chemo), dem Elektronendonor (anorganischer Stoff = Litho, organischer Stoff = Organo) und der benutzten Kohlenstoffquelle (anorganischer Stoff = Auto, meist CO_2, organischer Stoff = Hetero). So wäre die typische eukaryontische Lebensweise chemoorganoheterotroph, da die Energie aus der Oxidation organischer Moleküle in der Nahrung kommt, die gleichzeitig auch den Elektronendonor und die Kohlenstoffquelle darstellen. Die phototrophen Lebensweisen sind Gegenstand des nächsten Kapitels.

Eine Variation der chemoorganoheterotrophen und chemoautotrophen Lebensweise zeigt das Darmbakterium *Escherichia coli* (▶*Abbildung 11.15*). Im Gegensatz zu Säugerzellen, die ausschließlich NADH als Elektronendonor und Sauerstoff als Elektronenakzeptor nutzen, kann dieses Bakterium eine Vielzahl von Elektronendonoren (Pyruvat, Formiat, Wasserstoff und mehr, links in ▶*Abbildung 11.15)* und Elektronenakzeptoren (Fumarat, Nitrat, Nitrit und mehr, rechts in ▶*Abbildung 11.15)* verwenden. Dazu nutzt *E. coli* für jeden Elektronendonor und Elektronenakzeptor zum Teil mehrere membrangebundene Komplexe. Dabei haben diese Enzymkomplexe wenig Ähnlichkeit zu löslichen Enzymen gleichen Namens, wie der Glycerin-3-phosphat-Dehydrogenase, der Lactat-Dehydrogenase oder den assimilatorischen Nitrat- oder Nitrit-Reduktasen.

Unter aeroben Bedingungen, also mit Sauerstoff, und anaeroben ohne Sauerstoff gibt es eine Vielzahl von Kombinationsmöglichkeiten zwischen Elektronendonoren und Elektronenakzeptoren, vermittelt über drei verschiedene Chinone. So kann das Bakterium einer Vielzahl sich ändernder Umweltbedingungen immer mit der optimalen Form der Energiegewinnung begegnen. Weiterhin besitzt das Bakterium eine sehr fortgeschrittene Form der gemischten Säuregärung. Neben den spezialisierten Enzymkomplexen der Energiegewinnung tragen aber auch membranassoziierte Enzyme des Prolin-, Häm-,

Pyrimidin- und Disulfidbrücken-Stoffwechsels zum Elektronentransport bei. Gleichzeitig misst der Regulator ArcB als Elektronenakzeptor den Elektronentransport und reguliert mit anderen Regulatoren den Energiestoffwechsel von *E. coli*.

Als Beispiel einer solchen Elektronentransportkette ist in ▸*Abbildung 11.16* die Kombination von einer Hydrogenase als Elektronendonor und der Fumaratreduktase als Elektronenakzeptor dargestellt.

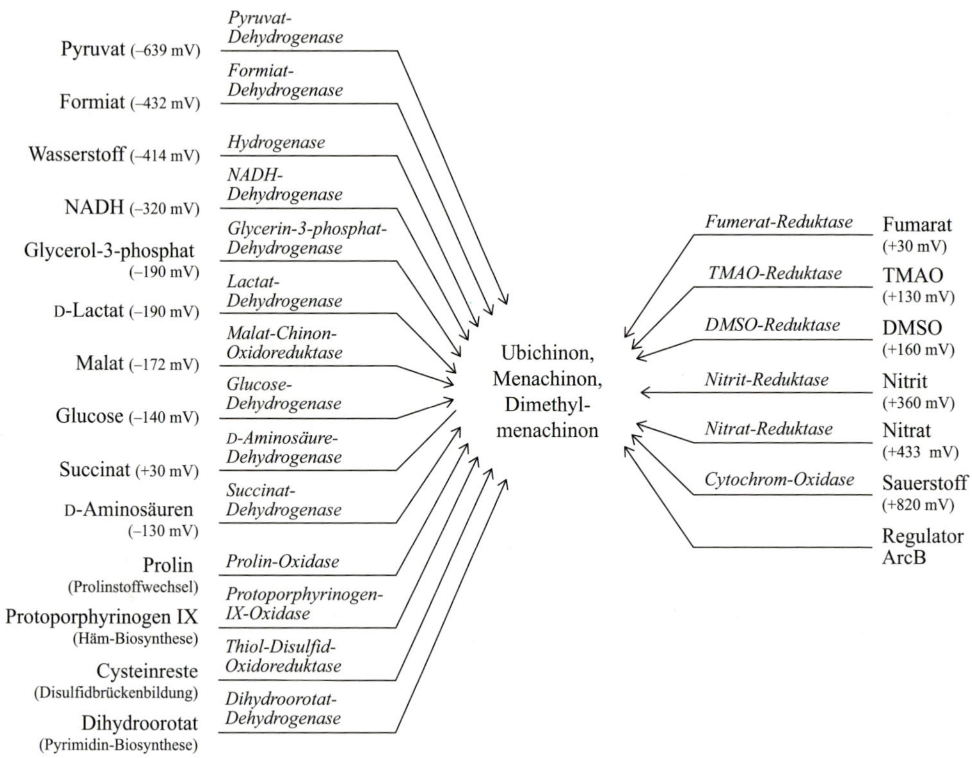

Abbildung 11.15: Multiple Elektronentransportketten von *E. coli* zur Energiegewinnung. Auf der linken Seite sind die möglichen Elektronendonoren mit den zugehörigen Redoxpotenzialen (in mV) gezeigt. In der Mitte sind die drei Elektronentransport-vermittelnden Chinone zu sehen. Diese werden in Abhängigkeit von den Umweltbedingungen (z. B. aerob versus anaerob) genutzt. Rechts sind die zu Sauerstoff möglichen alternativen Elektronenakzeptoren mit Redoxpotenzial dargestellt. TMAO steht für Trimethylaminoxid und DMSO für Dimethylsulfoxid. ArcB ist Teil eines Elektronenfluss-messenden Zweikomponentenregulationssystems (ArcAB).

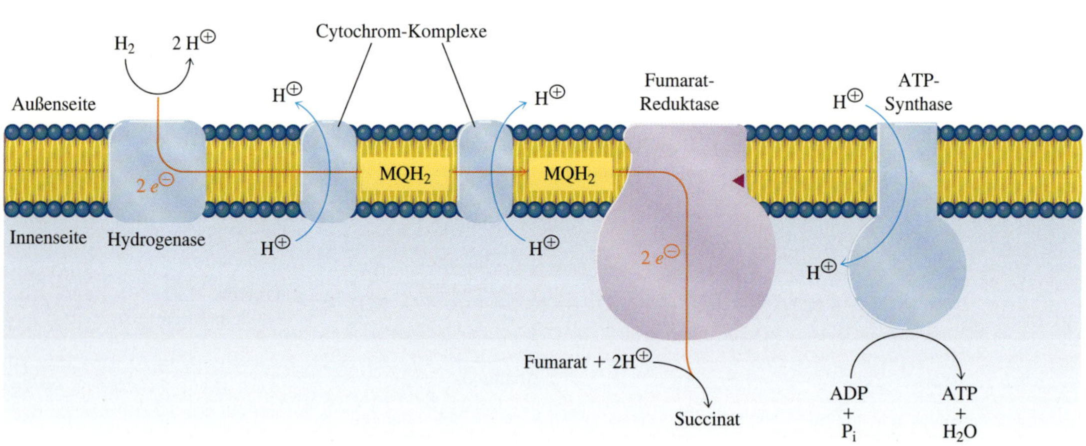

Abbildung 11.16: Ein möglicher Stoffwechselweg für die oxidative Phosphorylierung in chemoautotrophen Bakterien. Wasserstoff wird durch eine membrangebundene Hydrogenase oxidiert und die Elektronen werden über mehrere, ebenfalls membrangebundene Cytochrom-Komplexe weitergeleitet. Der Elektronenfluss ist mit dem Transport von Protonen durch die Membran gekoppelt und resultiert in einer protonenmotorischen Kraft, die die Synthese von ATP antreibt. In diesem Fall wird der terminale Elektronenakzeptor Fumarat durch die Aktivität der Fumarat-Reduktase mit Menachinon (MQH_2) als Reduktionsmittel zum Succinat reduziert.

In diesem Beispiel fungiert Wasserstoff (H_2) als Elektronendonator. Eine membrangebundene Hydrogenase oxidiert den Wasserstoff zu Protonen. In Bakterien existiert eine breite Vielfalt solcher Hydrogenasen. Von der Hydrogenase fließen die Elektronen weiter durch Cytochrom-Komplexe, ähnlich wie bei der in diesem Kapitel erläuterten Atmungskette. In den meisten Bakterien tritt als beweglicher Elektronenüberträger zwischen einzelnen Enzymkomplexen der Elektronentransportkette anstelle von Ubichinon (Q) eine verwandte Verbindung namens Menachinon (MQ, ▶*Abbildung 11.17*) auf. Schließlich katalysiert Fumarat-Reduktase die Reduktion von Fumarat unter Verwendung von Menachinol (MQH_2) als Elektronendonator zu Succinat. Fumarat tritt in diesem Beispiel also als terminaler Elektronenakzeptor auf.

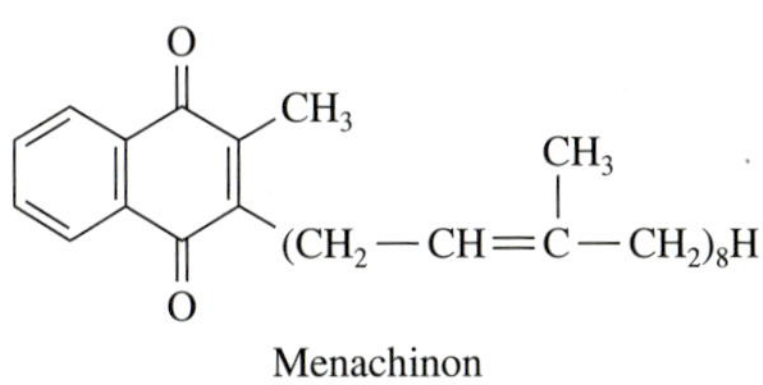

Abbildung 11.17: Struktur von Menachinon (MQ).

Die Fumarat-Reduktase ist ein in die Plasmamembran eingebettetes Multiuntereinheiten-Enzym. Sie ist homolog zur Succinat-Dehydrogenase. Tatsächlich katalysieren diese beiden Enzyme sehr ähnliche Reaktionen, die allerdings in entgegengesetzter Richtung ablaufen.

11.12.1 Elektronentransportketten der Energiegewinnung im Stickstoffkreislauf der Welt

Der Stickstoffkreislauf (▶*Abbildung 11.18*) beschreibt die permanente biologische Umwandlung von Stickstoffverbindungen in der Natur. Für die Biosynthese biologischer Stickstoffverbindungen wie Aminosäuren und Nucleotiden wird der Stickstoff in Form von Ammonium (NH_4^+) aufgenommen und zuerst in Aminosäuren eingebaut.

Umgekehrt wird beim Zerfall biologischen Materials Ammonium frei, das durch nitrifizierende Bakterien über Nitrit (NO_2^-) in Nitrat (NO_3^-) umgewandelt wird. Dabei frei werdende Elektronen werden in einer Atmungskette auf Sauerstoff übertragen und so wird über einen Protonengradienten ATP gewonnen. Hier dient also Nitrit als Elektronendonor. Alternativ kann über die Anammoxreaktion aus Ammonium mit Nitrit als Elektronenakzeptor molekularer Stickstoff entstehen (▶*Abbildung 11.19*). Auch hier werden die frei werdenden Elektronen zur ATP-Synthese genutzt. Nitrat kann weiterhin durch die Denitrifikation über Nitrit, Stickstoffmonoxid (NO), Distickstoffmonoxid (N_2O) zu molekularem Stickstoff (N_2) umgesetzt werden (▶*Abbildung 11.20*). Diesmal dienen alle Stickoxide als alternative Elektronenakzeptoren. So dient hier Nitrit anders als während der Nitrifikation als Elektronenakzeptor. Während der Ammonifikation kann Nitrat über Nitrit direkt in Ammonium umgewandelt werden. Auch hier dienen die Prozesse dem Aufbau eines Protonengradienten und so der ATP-Gewinnung. Die Stickoxide können damit Sauerstoff als Elektronenakzeptor in Elektronentransportketten ersetzen, was ein effizientes Leben unter anaeroben Bedingungen erlaubt. Schließlich kann molekular Stickstoff unter Bildung von Ammonium fixiert werden. Dieser Prozess wird im Rahmen der Aminosäurebildung beschrieben. Gleiches gilt für die NADH- und Ferredoxin-abhängige Nitratassimilation.

Der Begriff Anammox steht für anaerobe Ammoniumoxidation mit Nitrit als Elektronenakzeptor. Die Elektronen kommen dabei aus der Atmungskette von Komplex III (▶*Gleichung 11.13, Reaktion 1*). Dabei werden folgende Einzelreaktionen katalysiert.

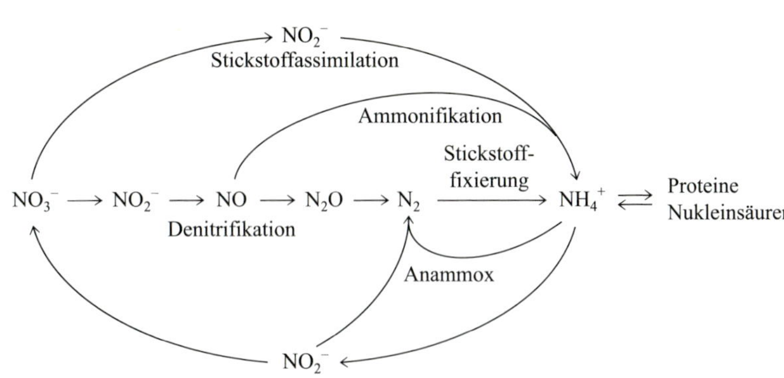

Abbildung 11.18: Biologischer Stickstoffkreis. Während der Anammoxreaktion und Nitrifikation dienen Stickoxide als Elektronendonoren, während der Denitrifikation und Ammonifikation fungieren sie dagegen als Akzeptoren. Alle diese Prozesse sind an Elektronentransportketten gekoppelt und dienen der ATP-Bildung. Die energieverbrauchende Stickstofffixierung und Nitratassimilation werden bei der Aminosäurebildung beschrieben.

1. Nitrit-Reduktion: $NO_2^- + e^- + 2\,H^+ \longrightarrow NO + H_2O$
2. Hydrazinbildung: $NO + NH_4 + 3\,e^- + 2\,H^+ \longrightarrow N_2H_4 + H_2O$
3. Hydrazinoxidation: $N_2H_4 \longrightarrow N_2 + 4\,e^- + 4\,H^+$
4. Gesamt: $NO_2 + NH_4^+ \longrightarrow N_2 + 2\,H_2O \quad (\Delta G^{\circ\prime} = -358\ \text{kJ mol}^{-1})$ (11.13)

Diese anaerobe chemolithotrophe Form der Energiegewinnung findet in einem eigenen membranumhüllten bakteriellen Organell, dem Anammoxosom statt. Dabei wird zuerst ein Elektron aus der Atmungskette von Komplex III durch die Nitrit-Reduktase auf Nitrit übertragen. Entstehendes NO wird mit drei weiteren Elektronen und Ammonium durch die Hydrazin-Synthase zu Hydrazin und Wasser umgesetzt, bevor schließlich die Hydrazin-Dehydrogenase das gebildete Hydrazin zu N_2 oxidiert und die gewonnenen vier Elektronen unter Protonentranslokation über die Membran auf Chinone der Elektronentransportkette überträgt. Der so aufgebaute Protonengradient dient der ATP-Bildung über eine ATPase (▶*Abbildung 11.19).*

Bei der Denitrifikation handelt sich um vier Elektronentransportketten, die Elektronen von Komplex I oder Komplex III der Atmungskette bekommen und diese über vier verschiedene terminale Oxidasen jeweils auf Nitrat, Nitrit, NO und N_2O übertragen. Dabei wird dann Nitrat komplett zu N_2 reduziert (▶*Abbildung 11.20*). Da Komplex I und III sowie die Nitrat-Reduktase Protonen pumpen, entsteht dabei ein Protonengradient, der der ATP-Bildung dient. Komplex I und III können durch andere Elektronendonoren (primäre Dehydrogenasen), wie für *E. coli* gezeigt, ersetzt werden. Die Nitrat-Reduktase besteht aus drei Untereinheiten und ist ein integrales Membranprotein mit Eisen-Schwefel-Zentren, Hämen und einem Molybdäncofaktor. Da die Reaktion im Cytoplasma abläuft, wird Nitrat in die Zelle und entstehendes Nitrit sofort wieder aus der Zelle über einen Nitrat-Nitrit-Antiporter transportiert. In Gram-negativen Bakterien ist die Nitrit-Reduktase löslich im Periplasma lokalisiert. Das Enzym nutzt Cytochrom *c* als Elektronendonor. Zwei Moleküle des gebildeten NOs werden von dem integralen Membranprotein NO-Reduktase zu N_2O reduziert. Die dazu nötigen Elektronen können entweder von Chinonen oder über Cytochrom *c* kommen. Schließlich reduziert die wieder im Periplasma lösliche N_2O-Reduktase

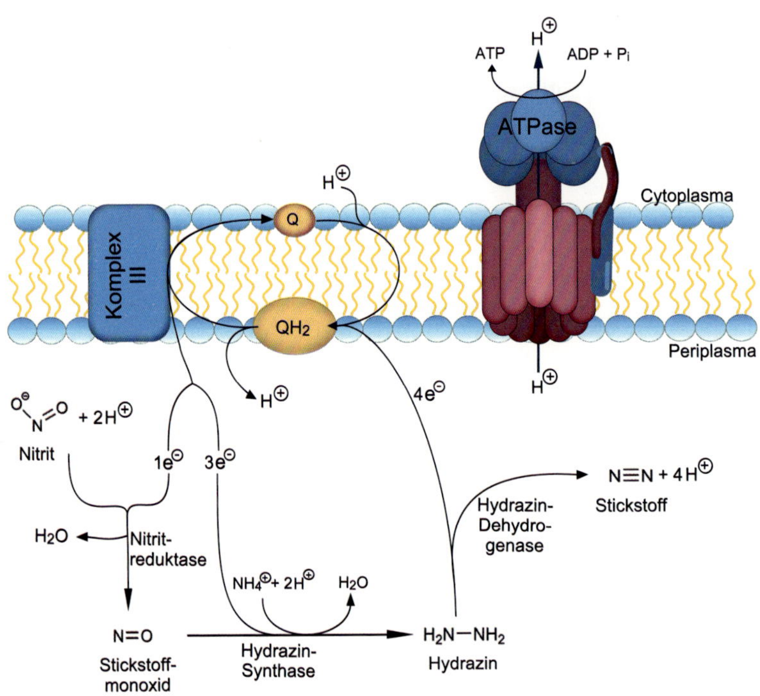

Abbildung 11.19: Enzymatik der Anammoxreaktion. Im Periplasma von Gram-negativen Bakterien katalysiert die Nitrit-Reduktase die Reduktion von Nitrit zu Stickstoffmonoxid, das wiederum von der Hydrazin-Synthase unter Assimilation von Ammonium zu Hydrazin umgewandelt wird. Die Hydrazin-Dehydrogenase überträgt Elektronen auf den Chinonpool (Q) unter Freisetzung von molekularem Stickstoff. Der dabei gebildete Protonengradient dient der ATP Synthese.

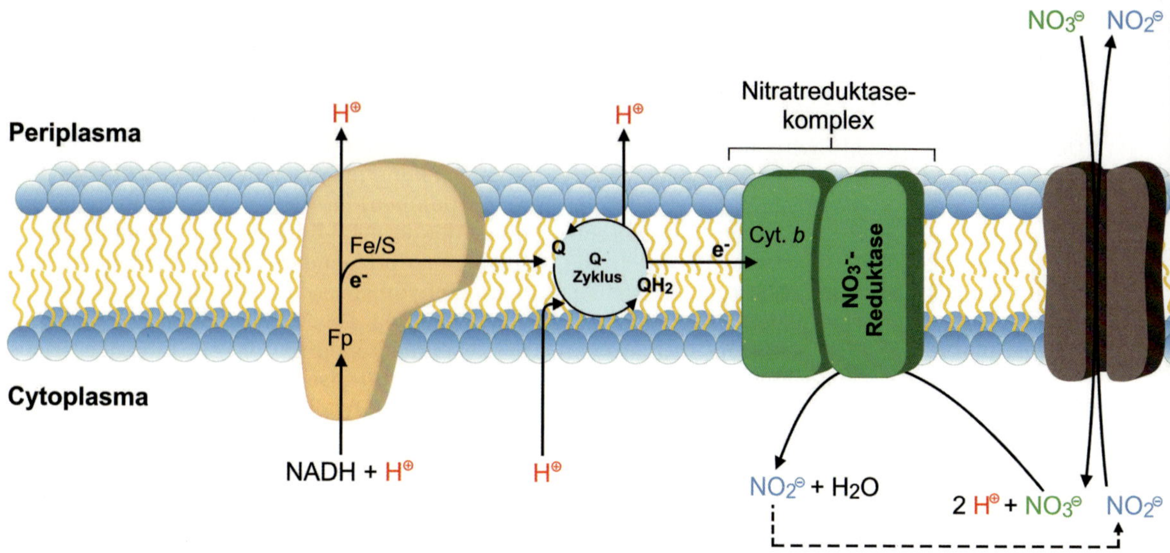

Abbildung 11.20: Die Elektronentransportketten der Denitrifikation für eine anaerobe Energiegewinnung in Mikroorganismen. Die vier Enzyme der Denitrifikation (Nitrat-, Nitrit-, NO-, N_2O-Reduktase) sind terminale Oxidasen, die jeweils in ihren vier Atmungsketten Elektronen auf Nitrat, Nitrit, NO und N_2O übertragen und dabei einen Protonengradienten erzeugen, der wiederum zur ATP-Gewinnung dient. Die Elektronen kommen von primären Dehydrogenasen (hier als Beispiel die NADH-Dehydrogenase) über den Chinonpool (Q-Zyklus mit QH_2) entweder direkt oder über ein Cytochrom bc_1 zu den terminalen Oxidasen.

N_2O zu N_2. Über ein Membranprotein (NosR) hat das Enzym Zugang zu den nötigen Elektronen von Chinonen oder nutzt alternativ reduziertes Cytochrom *c* (▶*Abbildung 11.20*).

Man kann die Gesamtbilanz der Denitrifikation zusammenfassen:

$$NO_3^- + 5\,e^- + 6\,H^+ \longrightarrow 0{,}5\ N_2 + 3\,H_2O, \quad E^{0'} = +753\ \text{mV} \qquad (11.14)$$

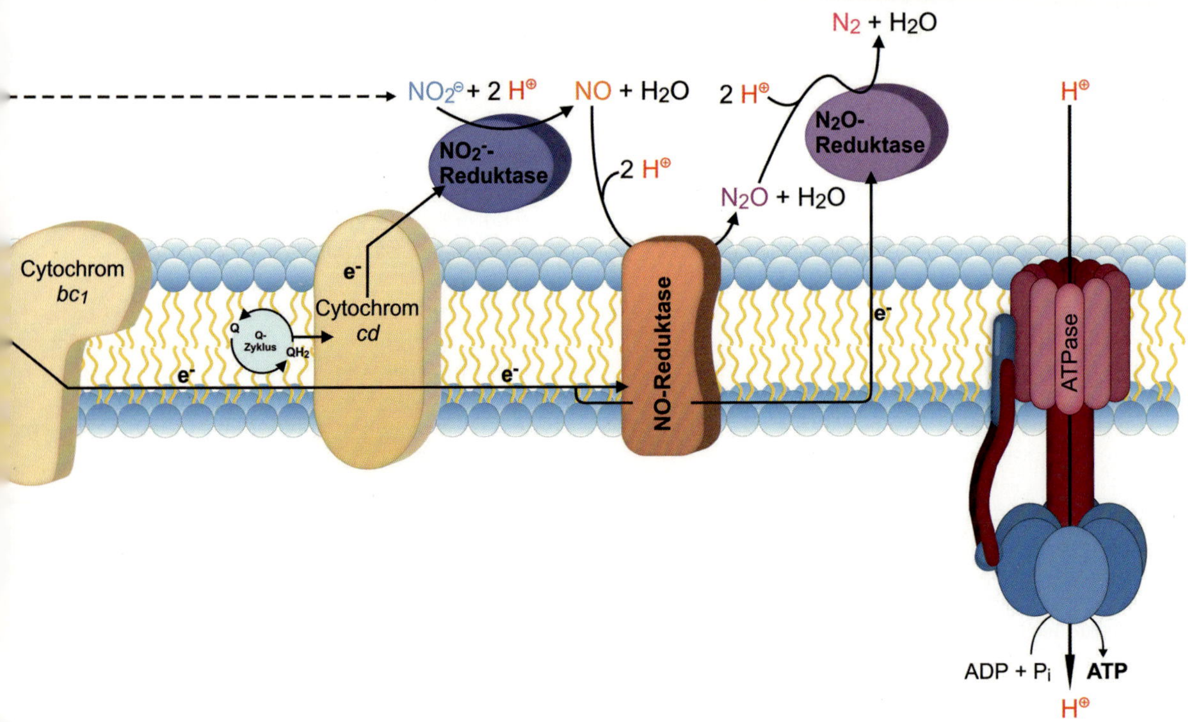

11.12.2 Fe(III)-Reduktion zur Energiegewinnung

Auch Metalle können Sauerstoff als Elektronenakzeptor in Elektronentransportketten zur Energiegewinnung ersetzen. So nutzen Bakterien wie *Shewanella* eine Kaskade von Cytochrom-c-Molekülen, gebunden an Proteinkomplexe (CymA, MtrABC, OmcA), um Elektronen von Chinonen aus der Elektronentransportkette in der Cytoplasmamembran über das Periplasma und die äußere Membran auf schwerlösliche Fe^{3+}-Salze zu übertragen. Der im ersten Schritt erzeugte Protonengradient an der Cytoplasmamembran dient der Energiegewinnung über eine ATPase.

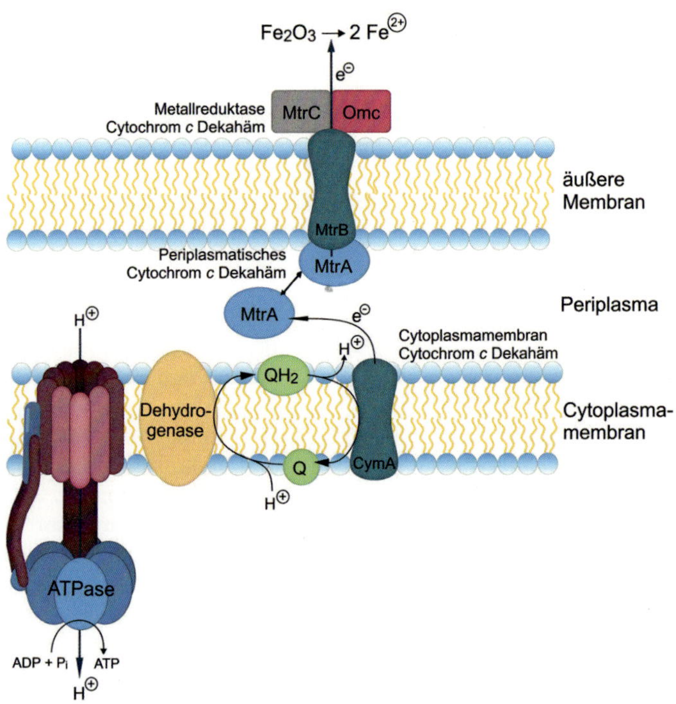

Abbildung 11.21: Eisenreduktion zur anaeroben Energiegewinnung.

ZUSAMMENFASSUNG

1. Die in reduzierten Coenzymen gespeicherte Energie wird durch eine membrangebundene Elektronentransportkette auf einen Protonengradienten übertragen. Beim Rückfluss der Protonen wird die dabei freigesetzte Energie dazu verwendet, die endergone Synthese von ATP anzutreiben.

2. Mitochondrien sind von einer Doppelmembran umgeben. Die Elektronentransportkomplexe und die ATP-Synthase sind in die innere Mitochondrienmembran eingebettet. Diese innere Membran ist hochgradig gefaltet.

3. Die chemiosmotische Theorie erklärt, wie die Energie eines Protonengradienten zur Synthese von ATP genutzt werden kann. Der größte Teil der in einem Protonengradienten gespeicherten freien Enthalpie beruht auf der Ladungsdifferenz zwischen den beiden Membranseiten.

4. Die Elektronentransportkomplexe I bis IV enthalten viele Polypeptide und Cofaktoren. Die Elektronen fließen durch die Komplexe und deren Bestandteile sowie durch die beweglichen Elektronenüberträger in Richtung steigenden Redoxpotenzials. Die beweglichen Elektronenüberträger Ubichinon (Q) und Cytochrom *c* verknüpfen die Redoxreaktionen in den verschiedenen Komplexen.

5. Die Übertragung von zwei Elektronen vom NADH auf Ubichinon (Q) durch Komplex I ist mit dem Transport von vier Protonen durch die Membran gekoppelt.

6. Komplex II trägt nicht direkt zum Aufbau des Protonengradienten bei, schleust aber Elektronen aus der Oxidation von Succinat in die Elektronentransportkette ein.

7. Der Transfer von zwei Elektronen von Ubichinol (QH_2) auf Cytochrom *c* durch Komplex III ist mit dem Transport von vier Protonen durch die Membran infolge der Reaktionen des Q-Zyklus verbunden.

8. Die Übertragung von zwei Elektronen von zwei reduzierten Cytochrom-*c*-Molekülen durch Komplex IV auf 1/2 O_2 führt zur Reduktion des Sauerstoffs zu Wasser und ist mit dem Transport von zwei Protonen durch die Membran gekoppelt.

9. Infolge des Protonengradienten fließen Protonen durch die ATP-Synthase (Komplex V) zurück. Der Protonenfluss treibt einen molekularen Motor in der ATP-Synthase an und ruft dadurch Konformationsänderungen hervor, die zur Synthese von ATP aus ADP und P_i führen.

10. Für den Export eines Moleküls ATP aus der mitochondrialen Matrix und den Import je eines Moleküls ADP und P_i in die Matrix ist insgesamt der Rückfluss eines Protons entsprechend des Protonengradienten in die Matrix erforderlich.

11. Das P/O-Verhältnis entspricht dem Quotienten aus der Anzahl der phosphorylierten ADP-Moleküle und der Anzahl der Sauerstoffatome, die reduziert wurden. Die Anzahl der reduzierten Sauerstoffatome ist direkt mit der Anzahl der durch die Elektronentransportkette geflossenen Elektronen und somit auch mit der Anzahl der durch die Membran transportierten Protonen korreliert. Die Oxidation eines Mols mitochondrialer NADH-Moleküle führt zur Synthese von 2,5 Mol ATP, während die Oxidation von einem Mol Succinat durch die Elektronentransportkette nur genügend Energie für die Synthese von 1,5 Mol ATP liefert.

12. Damit cytosolisches NADH in Eukaryonten zur oxidativen Phosphorylierung beitragen kann, wird seine Reduktionskraft bzw. sein Reduktionsäquivalent, aber nicht das Molekül selbst, durch ein spezielles Shuttle-System in die mitochondriale Elektronentransportkette eingeschleust.

13. Superoxid-Dismutase katalysiert die Umwandlung von zwei cytotoxischen Superoxid-Radikalanionen in Wasserstoffperoxid und Sauerstoff. Das ebenfalls cytotoxische Wasserstoffperoxid wird schließlich durch die Aktivität der Katalase zu den ungiftigen Substanzen Wasser und Sauerstoff (O_2) umgesetzt.

14. In Mikroorganismen können eine Vielzahl von organischen und anorganischen Substanzen (Nitrat, Fumarat, Fe^{3+} und mehr) genutzt werden, um Sauerstoff als Elektronenakzeptor zu ersetzen. Das erlaubt ein Leben ohne Sauerstoff. Gleichzeitig können eine Vielzahl alternativer Elektronendonoren neben NADH benutzt werden. Das ermöglicht eine schnelle Anpassung an sich ändernde Umweltbedingungen bei optimaler Energieversorgung.

15. Wichtige Prozesse des biologischen Stickstoffkreislaufes dieser Erde basieren auf den Elektronentransportketten der Denitrifikation (NO_3^-, NO_2^-, NO, N_2O, N_2), der Nitrifikation (Ammonium wird über Nitrit zu Nitrat) und Anommoxreaktion (Nitrit + Ammonium wird Stickstoff). Darüber gewinnen viele Mikroorganismen ihre Energie unter anaeroben Bedingungen. Dabei dienen die Nitroxide in einigen Prozessen als Elektronendonoren und in anderen als Akzeptoren.

16. Mikroorganismen, die schwerlösliche Fe^{3+}-Salze als Elektronenakzeptoren nutzen, transportieren ihre Elektronen über Cytochrom-*c*-Kaskaden an die Zelloberfläche und übertragen sie dort auf das Metall.

AUSGEWÄHLTE LITERATUR

Nicholls, D. G. und Ferguson, S. 2013. *Bioenergetics*. London. Academic Press.

Kadenbach, B. 2014. *Mitochondrial Oxidative Phosphorylation: Nuclear-Encoded Genes, Enzyme Regulation, and Pathophysiology.* Heidelberg. Springer.

Poole, K. P. 2016. *Advances in Bacterial Electron Transport Systems and Their Regulation (Volume 68) (Advances in Microbial Physiology (Volume 68)*. London. Academic Press.

Sousa, J. S., D'Imprima, E., Vonck, J. 2018. Mitochondrial Respiratory Chain Complexes. *Subcell. Biochem.* 87:167–227.

Chemiosmotische Theorie

Nath, S. und Villadsen, J. 2015. Oxidative phosphorylation revisited. *Biotechnol. Bioeng.* 112:429–433.

Nath, S. 2017. Analysis of molecular mechanisms of ATP synthesis from the standpoint of the principle of electrical neutrality. *Biophys. Chem.* 224:49–58.

Elektronentransportkomplexe

Formosa, L. E., Dibley, M. G., Stroud, D. A., Ryan, M. T. 2018. Building a complex complex: Assembly of mitochondrial respiratory chain complex I. *Semin. Cell Dev. Biol.* 76:154–162.

Friedrich, T., Dekovic, D. K. und Burschel, S. 2016. Assembly of the *Escherichia coli* NADH:ubiquinone oxidoreductase (respiratory complex I). *Biochim. Biophys. Acta.* 1857:214–223.

Letts J. A. und Sazanov, L. A. 2017. Clarifying the supercomplex: the higher-order organization of the mitochondrial electron transport chain. *Nat. Struct. Mol. Biol.* 10:800–808.

Mansilla, N., Racca, S., Gras, D. E., Gonzalez, D. H. und Welchen, E. 2018. The Complexity of Mitochondrial Complex IV: An Update of Cytochrome c Oxidase Biogenesis in Plants. *Int J Mol Sci.* 193, pii: E662.

Ndi, M., Marin-Buera, L., Salvatori, R., Singh, A. P. und Ott, M. 2018. Biogenesis of the bc_1 Complex of the Mitochondrial Respiratory Chain. *J. Mol. Biol.* 430:3892–3905.

Pietras R, Sarewicz M, Osyczka A. 2016. Distinct properties of semiquinone species detected at the ubiquinol oxidation Qo site of cytochrome bc1 and their mechanistic implications. *J. R. Soc. Interface* 118, pii: 20160133.

Sazanov, L. 2014. *A Structural Perspective on Respiratory Complex I: Structure and Function of NADH:ubiquinone oxidoreductase.* Heidelberg. Springer.

Sharma, P., Maklashina, E., Cecchini G. und Iverson, T. M. 2019. Maturation of the respiratory complex II flavoprotein. *Curr. Opin. Struc. Biol.* 59:38–46.

Subrahmanian, N., Remacle, C. und Hamel P.P. 2016. Plant mitochondrial Complex I composition and assembly: A review. Biochim. Biophys. Acta. 1857:1001–1014.

Timón-Gómez, A., Nývltová, E., Abriata, L. A., Vila, A. J., Hosler, J. und Barrientos, A. 2018. Mitochondrial cytochrome *c* oxidase biogenesis: Recent developments. *Semin. Cell Dev. Biol.* 76:163–178.

Wikström, M. und Sharma, V. 2018. Proton pumping by cytochrome *c* oxidase – A 40 year anniversary. *Biochim. Biophys. Acta Bioenerg.* 1859: 692–698.

ATP-Synthase

Sobti, M., Smits, C., Wong, A. S., Ishmukhametov, R., Stock, D., Sandin, S. und Stewart, A. G. 2016. Cryo-EM structures of the autoinhibited *E. coli* ATP synthase in three rotational states. *Elife.* 5. pii: e21598.

Lippe, G., Coluccino, G., Zancani, M., Baratta, W. and Crusiz, P. 2019. Mitochondrial F-ATP Synthase and Its Transition into an Energy-Dissipating Molecular Machine. *Oxid. Med. Cell Longev.* 2019:8743257.

Neupane, P., Bhuju, S., Thapa, N. und Bhattarai, H. K. 2019. ATP Synthase: Structure, Function and Inhibition. *Biomol. Concepts* 10:1–10.

Guo, H., Rubinstein, J. L. 2018. Cryo-EM of ATP synthases. *Curr. Opin. Struct. Biol.* 52:71–79.

Junge, W., Nelson, N. 2015. ATP synthase. *Annu. Rev. Biochem.* 84:631–57.

Andere Elektronendonatoren und Elektronenakzeptoren

Borrero-de Acuña, J. M., Timmis, K. N., Jahn, M. und Jahn, D. 2017. Protein complex formation during denitrification by *Pseudomonas aeruginosa. Microb. Biotechnol.* 10:1523–1534.

Buckel, W. und Thauer, R. K. 2018. Flavin-Based Electron Bifurcation, Ferredoxin, Flavodoxin, and Anaerobic Respiration with Protons (Ech) or NAD^+ (Rnf) as Electron Acceptors: A Historical Review. *Front. Microbiol.* 9:401.

Kern, M. und Simon, J. 2009. Electron transport chains and bioenergetics of respiratory nitrogen metabolism in *Wolinella succinogenes* and other Epsilonproteobacteria. *Biochim. Biophys. Acta* 1787:646–656.

Kraft, B., Strous, M. und Tegetmeyer, H. E. 2011. Microbial nitrate respiration – genes, enzymes and environmental distribution. *J. Biotechnol.* 155:104–117.

Lancaster, C. R. 2013. The di-heme family of respiratory complex II enzymes. *Biochim. Biophys. Acta.* 2013 1827:679–687.

Lehtovirta-Morley, L. E. 2018. Ammonia oxidation: Ecology, physiology, biochemistry and why they must all come together. *FEMS Microbiol. Lett.* 365, fny058.

Martínez-Espinosa, R. M., Cole, J. A., Richardson, D. J. und Watmough, N. J. 2011. Enzymology and ecology of the nitrogen cycle. *Biochem. Soc. Trans.* 39:175–178.

Miralles-Robledillo, J. M., Torregrosa-Crespo, J., Martínez-Espinosa, R. M. und Pire, C. 2019. DMSO Reductase Family: Phylogenetics and Applications of Extremophiles. *Int. J. Mol. Sci.* 20. pii: E3349.

Photosynthese

12

ÜBERBLICK

Die Aufgabe der Photosynthese ist die Umwandlung von Lichtenergie in chemische Energie in Form von ATP. An der Photosynthese sind Pigmentmoleküle wie Bacteriochlorophyll und Chlorophyll beteiligt, bei denen durch die Absorption von Licht ein Elektron in ein höheres elektronisches Energieniveau gehoben wird. Infolgedessen entsteht ein energiereicheres, angeregtes Pigmentmolekül mit einem wesentlich niedrigeren Reduktionspotenzial, das das Elektron auf das nächste Glied in einer membrangebundenen Elektronentransportkette übertragen kann. Der anschließende Fluss des Elektrons durch die Elektronentransportkette ist mit dem Aufbau eines Protonengradienten über der Membran gekoppelt, der die Phosphorylierung von ADP zu ATP antreibt. Auch in diesem Fall wird die Synthese von ATP durch eine ATP-Synthase katalysiert. Am Ende der Elektronentransportkette wird das Elektron in manchen Fällen wieder auf das zu Beginn angeregte und dann oxidierte Pigmentmolekül übertragen, das dadurch in seinen ursprünglichen Grundzustand zurückkehrt und für eine erneute Anregung durch Licht zur Verfügung steht. Häufiger findet aber eine Reduktion von NADP$^{\oplus}$ zu NADPH statt. In diesem Fall erhält das zu Beginn oxidierte Pigmentmolekül sein Elektron durch die Oxidation von Wasser (bei manchen Spezies Schwefelwasserstoff) zurück. Dabei wird molekularer Sauerstoff gebildet. Diese Reaktionen werden Lichtreaktionen oder besser lichtabhängige Reaktionen genannt, weil sie unbedingt auf Licht angewiesen sind. Photosynthetische Organismen nutzen einen großen Teil ihres reichlichen Vorrats an ATP und NADPH, der durch die Lichtreaktionen aufgefüllt wird, zur Synthese von Kohlenhydraten aus CO_2. Die Fixierung von CO_2 ist somit zwar auf ATP und NADPH angewiesen, aber sie benötigt dadurch nur indirekt und nicht unmittelbar die Einstrahlung von Lichtenergie. Tatsächlich sind die Reaktionen zur Fixierung von CO_2 nicht direkt mit den Lichtreaktionen der Photosynthese gekoppelt und finden deswegen auch noch im Dunkeln statt, solange genügend Substrate, ATP und NADPH zur Verfügung stehen. Aus diesem Grund spricht man bei diesem Teil der Photosynthese auch von den Dunkelreaktionen, obwohl sie durchaus im Hellen ablaufen und lichtunabhängige Reaktionen heißen sollten. Der Hauptstoffwechselweg zur Fixierung von CO_2 heißt Calvin-Zyklus. Dieser Zyklus ist eigentlich eine reduktive Version des Pentosephosphatwegs. Die Details der Photosynthesereaktionen sind für das Verständnis der Biochemie allen Lebens auf unserem Planeten von größter Bedeutung. Die im Laufe der Evolution entstandene Fähigkeit, Lichtenergie einzufangen, um sie zur Synthese von biologischen Makromolekülen zu nutzen, hat durch den damit verbundenen Selektionsvorteil zur schnellen Ausbreitung photosynthetischer Organismen, also Bakterien und Pflanzen, geführt. Dies gab anderen Spezies, die keine Photosynthese betreiben konnten, wiederum die Möglichkeit, photosynthetische Organismen als Nahrungsquellen zu verwerten. Tiere, zu denen auch wir gehören, beziehen ihre Energie letztendlich aus dem Abbau von Molekülen, die ursprünglich mithilfe der Energie des Sonnenlichtes synthetisiert worden sind. Als Nebenprodukt der Photosynthese in Pflanzen und Cyanobakterien entsteht durch die Oxidation von Wasser außerdem molekularer Sauerstoff. Die Ausbreitung photosynthetischer Organismen auf der Erde führte infolgedessen zu einer starken Erhöhung des Sauerstoffgehaltes der Atmosphäre und somit zur Rolle des Sauerstoffs als terminaler Elektronenakzeptor des membrangebundenen Elektronentransports. Mit wenigen Ausnahmen sind die modernen Eukaryonten auf die Versorgung mit Sauerstoff, der durch die Photosynthese gebildet wurde, angewiesen, um in ihren Mitochondrien ATP zu synthetisieren. Als Hauptkomponenten der Lichtreaktionen der Photosynthese dienen große Proteinkomplexe, Pigmente und Cofaktoren, die alle in eine Membran eingebettet sind. Die Licht einfangenden Komponenten dieser Komplexe werden als Photosysteme bezeichnet. Die verschiedenen Spezies verwenden eine Vielfalt von Strategien, um Lichtenergie zur Synthese von ATP und in vielen Fällen auch NADPH zu verwerten.

12.1 Pigmente und Lichtsammelkomplexe

Die wahrscheinlich ursprünglicheren Bacteriochlorophylle und die neueren Chlorophylle stellen die wichtigsten Pigmente der Photosynthese dar. Die Strukturen der häufigsten (Bacterio)chlorophyllmoleküle sind in ▶*Abbildung 12.1* dargestellt. Das Tetrapyrrol-Ringsystem der Chlorophylle ähnelt dem des Häms (▶*Abbildung 5.21*). Ihm fehlt im Vergleich zum Häm allerdings die Doppelbindung zwischen den Kohlenstoffatomen 7 und 8 im Ring IV des konjugierten Ringsystems. (Bacterio)chlorophylle enthalten ein zentrales, durch die Stickstoffatome des Tetrapyrrolsystems chelatisiertes $Mg^{2\oplus}$-Ion anstelle des $Fe^{2\oplus}$-Ions des Häms. Außerdem besitzen die meisten (Bacterio)chlorophylle im Gegensatz zum Häm eine lange Phytyl-Seitenkette, welche die Membranintegration erheblich steigert.

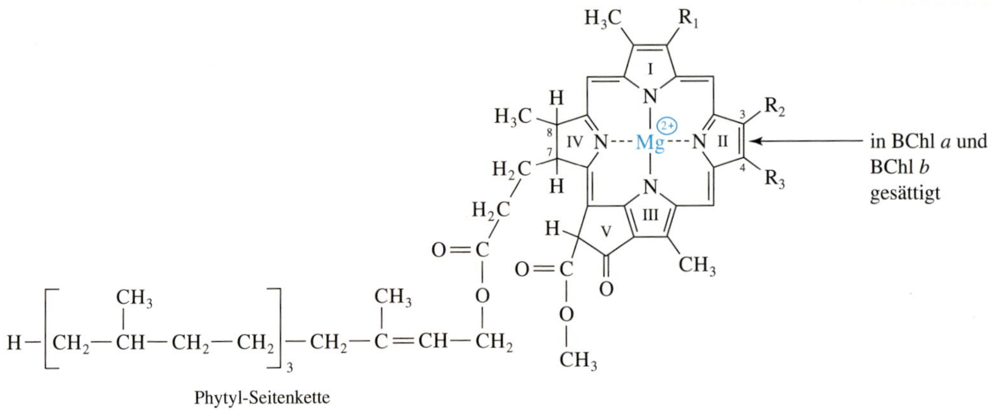

Chl-Spezies	R_1	R_2	R_3
Chl *a*	$-CH=CH_2$	$-CH_3$	$-CH_2-CH_3$
Chl *b*	$-CH=CH_2$	$-C(=O)-H$	$-CH_2-CH_3$
BChl *a*	$-C(=O)-CH_3$	$-CH_3$	$-CH_2-CH_3$
BChl *b*	$-C(=O)-CH_3$	$-CH_3$	$-CH=CH_2$

Abbildung 12.1: Strukturen von Chlorophyll- und Bacteriochlorophyll-Pigmenten. Bei Bacteriochlorophyllen liegt die gekennzeichnete Doppelbindung im Ring II gesättigt vor. In manchen Bacteriochlorophyll-*a*-Molekülen weist die Phytyl-Seitenkette drei weitere Doppelbindungen auf. Die hydrophobe Phytyl-Seitenkette und das hydrophile Porphyrinsystem verleihen Chlorophyll einen amphipathischen Charakter. Chlorophylle treten als Bestandteile von Photosystemen und Lichtsammelkomplexen auf. Die Tabelle zeigt die unterschiedlichen Substituenten der verschiedenen Pigmente, die in der Formel durch R_1, R_2 und R_3 repräsentiert werden.

Es existieren viele verschiedene Typen von (Bacterio)chlorophyllen, die sich hauptsächlich in den Seitenketten, die in ▸*Abbildung 12.1* als R_1, R_2 und R_3 bezeichnet werden, unterscheiden. Chlorophyll *a* (Chl *a*) und Chlorophyll *b* (Chl *b*) treten in einer großen Anzahl von Spezies auf. Bacteriochlorophyll *a* (BChl *a*) und Bacteriochlorophyll *b* (BChl *b*) kommen dagegen nur in photosynthetischen Bakterien vor. Die Bacteriochlorophylle unterscheiden sich von anderen Chlorophyllen durch das Fehlen einer Doppelbindung im Ring II. Phaeophytin (Phaeo) und Bacteriophaeophytin (BPhaeo) sind ähnliche Pigmente, in denen das zentrale $Mg^{\oplus\oplus}$-Ion durch zwei kovalent gebundene Wasserstoffatome ersetzt ist. (Bacterio)chlorophyllmoleküle weisen durch die nichtkovalente Bindung an integrale Membranproteine eine spezifische Orientierung bezüglich der anderen Komponenten der Photosysteme auf. Die hydrophobe Phytyl-Seitenkette unterstützt die Verankerung von Chlorophyll in der Membran. Die lichtabsorbierenden Eigenschaften des (Bacterio)chlorophylls beruhen auf seinem Tetrapyrrol-Ringsystem mit dem Netzwerk aus konjugierten Doppelbindungen. (Bacterio)chlorophylle absorbieren sichtbares Licht im violetten bis blauen Bereich (Absorptionsmaxima etwa zwischen 400 und 500 nm) und im orangeroten Bereich (Absorptionsmaxima etwa zwischen 650 und 700 nm) des elektromagnetischen Spektrums (▸*Abbildung 12.2*). Aus diesem Grund zeigen Blätter eine grüne Farbe, weil der grüne Bereich des Spektrums reflektiert wird, während der blauviolette und der orangerote Bereich absorbiert werden. Die genaue Lage und Intensität der Absorptionsmaxima der einzelnen Chlorophylltypen hängen von deren Strukturen ab. Chl *a* und Chl *b* weisen zum Beispiel etwas unterschiedliche Absorptionsspektren auf. Die Absorptionsmaxima der einzelnen Chlorophylle werden außerdem durch die Mikroumgebung des jeweiligen Chlorophyllmoleküls in seinem Chlorophyll-Protein-Komplex beeinflusst.

Ein einzelnes Lichtquant wird Photon genannt. Wenn ein Chlorophyllmolekül ein Photon absorbiert, wird ein Elektron aus seinem Grundzustand in ein energiereicheres Molekülorbital angehoben, sodass das Molekül in einen angeregten Zustand übergeht. Das Photon kann nur absorbiert wer-

in den folgenden Abschnitten beschrieben werden. In der Abbildung sind nur einige wenige der vielen Antennenmoleküle in den Lichtsammelkomplexen, die das Spezialpaar umgeben, dargestellt. Alle Chlorophyllmoleküle werden durch Wechselwirkungen mit den Seitenketten von Aminosäuren in Proteinen des Photosynthesesystems in spezifischen Anordnungen zueinander fixiert. Diese gezielten räumlichen Orientierungen sind für die effiziente und schnelle Weiterleitung der elektronischen Anregungsenergie zum Spezialpaar erforderlich.

Photosynthetische Membranen enthalten neben Chlorophyll mehrere andere Pigmente, die sogenannten akzessorischen Pigmente oder Hilfspigmente. Dazu gehören zum Beispiel verschiedene Carotinoide wie β-Carotin (▶*Abbildung 12.5a* und die verwandten Xanthophylle, die an den beiden Ringen zusätzlich Hydroxylgruppen aufweisen. Carotinoide wie Chlorophyll besitzen ein ausgedehntes konjugiertes Doppelbindungssystem, das ihnen die Absorption von Licht aus dem sichtbaren Spektralbereich ermöglicht. Ihre Absorptionsmaxima liegen im blauen Bereich des Spektrums, sodass Carotinoide in rötlichen, braunen und gelben Farbtönen erscheinen (▶*Abbildung 12.5*). Bevor die Bäume im Herbst ihre Blätter abwerfen, wird das Chlorophyll oxidativ über ebenfalls rotbraun gefärbte Zwischenstufen abgebaut. Zusammen mit den Carotinoiden verleihen diese Zwischenstufen den Laubwäldern ihre typischen herbstlichen Farbvariationen. Schließlich ist auch die braune Farbe von Seetang in erster Linie auf Carotinoide zurückzuführen.

Die Carotinoide liegen in den Lichtsammelkomplexen eng mit Chlorophyllmolekülen assoziiert vor. Sie absorbieren Licht und übertragen die Anregungsenergie durch strahlungslosen Energietransfer auf benachbarte Chlorophyllmoleküle. Die Kombination der verschiedenen Pigmente mit ihren unterschiedlichen Absorptionsspektren in photosynthetischen Membranen ermöglicht eine besonders effektive Ausnutzung von Photonen aus einem großen Teil des Sonnenspektrums.

Carotinoide dienen aber nicht nur als lichtsammelnde Pigmente, sondern spielen auch eine protektive sowie eine effizienzsteigernde Rolle in der Photosynthese. Sie fangen Elektronen ein, die von angeregten Antennenchlorophyllen abgegeben wurden, und leiten sie zu dem oxidierten Chlorophyllmolekül zurück. Das ist für einen effizienten Energietransfer zum Spezialpaar von großer Bedeutung, weil dieser infolge der besonderen Architektur der Lichtsammelkomplexe nur ohne die Übertragung von Elektronen gezielt und schnell ablaufen kann. Außerdem wird durch das Abfangen dieser Elektronen die Bildung von reaktiven, cytotoxischen Sauerstoffspezies, wie dem Superoxid-Radikalanion ($\bullet O_2^{\ominus}$) verhindert, die infolge ihrer hohen Reaktivität ansonsten zu einem zellschädigenden Abbau zellulärer Komponenten führen würden.

Phycobiline, wie zum Beispiel das rote Phycoerythrin und das blaue Phycocyanin (▶*Abbildung 12.5a*) kommen in einigen Algen und Cyanobakterien vor. Wie Chlorophylle und Carotinoide besitzen auch Phycobiline ein ausgedehntes kon-

(a)

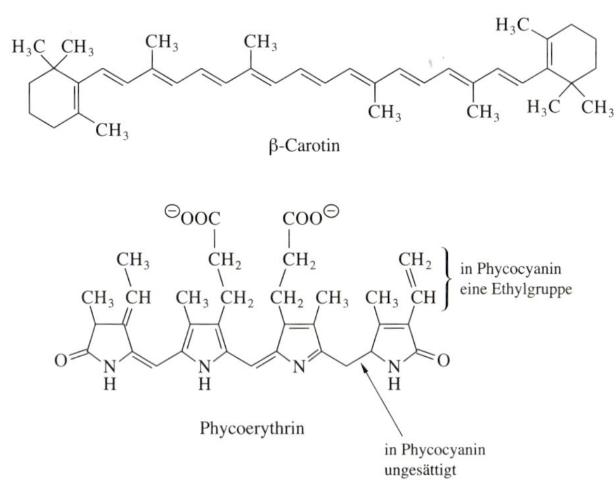

(b)

Abbildung 12.5: Strukturbeispiele für akzessorische Pigmente. (a) β-Carotin ist ein Carotinoid, während Phycoerythrin und Phycocyanin zur Familie der Phycobiline gehören. Phycobiline liegen kovalent mit Proteinen verknüpft vor. Carotinoide sind dagegen über nichtkovalente Wechselwirkungen mit ihren Proteinen assoziiert. (b) Die typischen Herbstfarben der Laubwälder beruhen zumindest zum Teil auf der Farbe der akzessorischen Pigmente, die in den Vordergrund tritt, wenn Chlorophyllmoleküle abgebaut werden, bevor die Blätter abfallen. Einige der leuchtendsten Farben sind auf Anthocyanine zurückzuführen.

jugiertes Doppelbindungssystem, das ihnen die Absorption von Licht aus dem sichtbaren Spektralbereich ermöglicht. Die Phycobiline absorbieren insbesondere im grünen und gelben Bereich des elektromagnetischen Spektrums und tragen somit zusammen mit den Chlorophyllen und den Carotinoiden zu einer weitgehend vollständigen Absorption des solaren Spektrums bei (▸*Abbildung 12.2*). In den meisten Fällen befinden sich die Phycobiline in speziellen Antennenkomplexen, die Phycobilisomen genannt werden. Im Gegensatz zu anderen Pigmenten liegen Phycobiline kovalent mit Polypeptiden verknüpft vor. Die bläuliche Farbe der blaugrünen Cyanobakterien und die rote Farbe von Rotalgen beruhen auf der großen Zahl von Phycobilisomen, die mit den Photosystemen in diesen Spezies assoziiert sind.

12.2 Bakterielle Photosysteme

Die Prozesse der Photosynthese werden hier zunächst mit einfachen bakteriellen Systemen beschrieben. Diese Systeme nutzen statt Wasser als Elektronendonor wie in Pflanzen und Cyanobakterien reduzierte Schwefelverbindungen wie Schwefelwasserstoff (H_2S), Thiosulfat (S_2O_3) oder molekularen Schwefel. Andere Bakterien sind auch in der Lage Wasserstoff oder zweiwertiges Eisen phototroph zu oxidieren. Diese bakterielle Photosynthese läuft also generell ohne Bildung von Sauerstoff ab und wird daher als anoxygen bezeichnet. Das heißt aber nicht, dass die Bakterien nur Photosynthese unter Sauerstoffausschluss, also anaerob betreiben. So gibt es eine aerobe anoxygene (Roseobacters) und eine anaerobe anoxygene (Rhodobacters) Photosynthese.

Aus diesen einfachen Systemen haben sich im Laufe der Evolution zunächst die komplizierteren photosynthetischen Strukturen und Mechanismen der Cyanobakterien entwickelt. Die cyanobakteriellen Versionen der Photosynthese sind schließlich von Algen und Pflanzen übernommen worden, als aus einem endosymbiontischen Cyanobakterium die Chloroplasten hervorgegangen sind.

Photosynthetische Bakterien enthalten typische lichtsammelnde Photosysteme. Es existieren zwei grundlegende Typen von bakteriellen Photosystemen, Photosystem I und Photosystem II, die sich offensichtlich vor mehr als zwei Milliarden Jahren von einem gemeinsamen Vorfahren abgezweigt haben. Beide Photosystemtypen weisen eine große Zahl von Antennenpigmenten auf, die ein kleines Reaktionszentrum (engl. *reaction center*, RC) in der Mitte der Struktur umgeben. Das Reaktionszentrum besteht neben wenigen Chlorophyllmolekülen, die unter anderem auch ein Spezialpaar bilden, aus weiteren Molekülen, die zum Aufbau einer kurzen Elektronentransportkette beitragen. Photosystem I (PSI) enthält ein Typ-I-Reaktionszentrum (RCI) und Photosystem II ein Typ-II-Reaktionszentrum (RCII). Heliobakterien und grüne Schwefelbakterien besitzen Photosysteme mit einem Typ-I-Reaktionszentrum, während photosynthetisch aktive Proteobakterien (früher Purpurbakterien) und grüne Nicht-Schwefelbakterien Photosysteme mit einem Reaktionszentrum vom Typ II verwenden. Cyanobakterien, eine häufig vorkommende Klasse photosynthetischer Bakterien, weisen sowohl Photosysteme des Typs I als auch des Typs II auf, die jeweils in Reihe geschaltet vorliegen. Diese gekoppelten Photosysteme ähneln denen, die in Algen und Pflanzen vorkommen.

12.2.1 Photosystem II

Die photosynthetisch aktiven Proteobakterien (früher Purpurbakterien) und grüne Nicht-Schwefelbakterien generieren Energie mit dem Photosystem II. Diese Bakterien leben aerob, fakultativ aerob oder als strikte Anaerobier, die in Gegenwart von Sauerstoff nicht überleben können. Sie produzieren aber alle keinen Sauerstoff als Nebenprodukt der Photosynthese und sie verwenden keinen Sauerstoff als terminalen Elektronenakzeptor der Atmungskette. Deswegen werden sie auch als anoxygene Bakterien bezeichnet. Photosynthetisch aktive Proteobakterien und grüne Nicht-Schwefelbakterien besitzen Photosysteme mit einem Typ-II-Reaktionszentrum (RCII). Diese membrangebundenen Proteinkomplexe werden häufig bakterielle Reaktionszentren genannt, aber diese Bezeichnung ist irreführend, weil andere Bakterien auch Reaktionszentren des Typs I aufweisen. Ihre Benennung als Photosystem II beruht auf der evolutionären Verwandtschaft zum Photosystem II von Cyanobakterien und Eukaryonten. Die Struktur des Photosystems aus dem Proteobakterium *Rhodopseudomonas viridis* ist in ▸*Abbildung 3.35f* dargestellt. In ▸*Abbildung 12.6* finden Sie ein Strukturmodell des Photosystems von Rhodobacter sphaeroides. Die Pigmentmoleküle des inneren Reaktionszentrums vom Typ II (RCII) bilden eine Elektronentransportkette mit zwei Zweigen. Das Spezialpaar aus Bacteriochlorophyllmolekülen (P870) befindet sich in der Nähe der periplasmatischen Oberfläche der Membran (Außenseite). Jeder der Zweige der Elektronentransportkette besteht aus einem Molekül Bacteriochlorophyll *a* und einem Molekül Bacteriophaeophytin. Der rechte Zweig

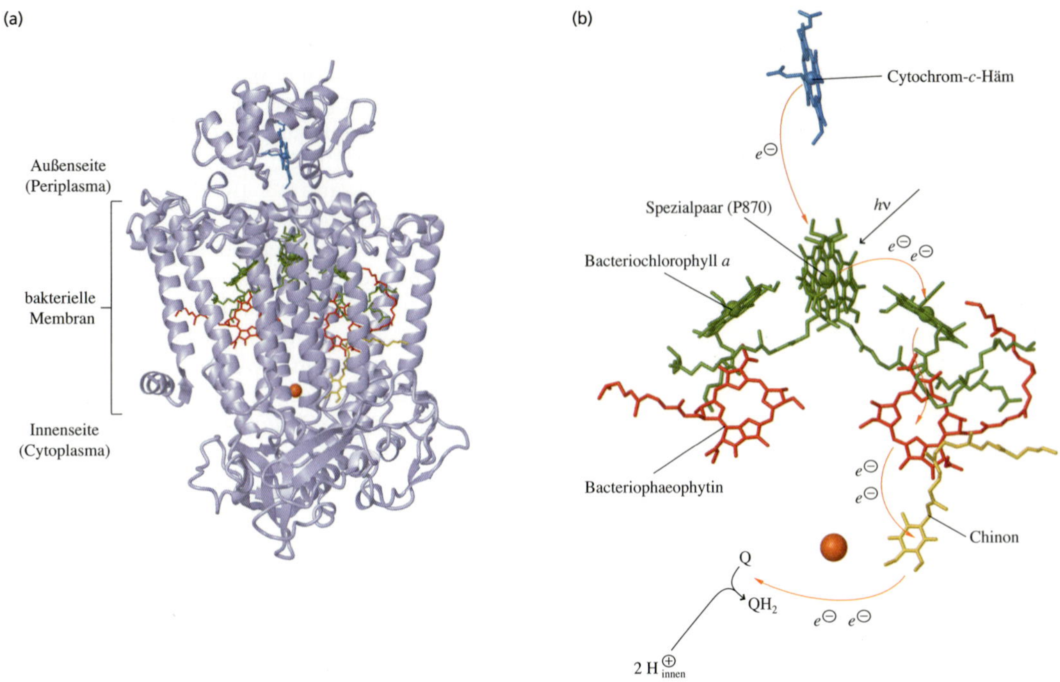

Abbildung 12.6: Das Photosystem II (PSII) aus dem Purpurbakterium *Rhodobacter sphaeroides*. (a) Der Kern der Struktur besteht aus zwei homologen membrandurchspannenden Polypeptid-Untereinheiten. Jede der Untereinheiten weist fünf α-Helices auf, die die Membran durchspannen. Die Moleküle der Elektronentransportkette des Reaktionszentrums (RCII) sind zwischen den Polypeptidketten der Kernstruktur in spezifischen Positionen und Orientierungen gebunden. Auf der periplasmatischen Seite der Membran (oben) bindet Cytochrom *c* an das PSII. Eine weitere Untereinheit deckt die Untereinheiten der Kernstruktur auf der cytoplasmatischen Seite ab [PDB 1L9B]. (b) Das Typ-II-Reaktionszentrum (RCII) enthält eine Elektronentransportkette. Das Spezialpaar (P870) befindet sich in der Nähe der Hämgruppe des Cytochrom-*c*-Moleküls an der periplasmatischen Oberfläche der Kernstruktur. Ausgelöst durch die Absorption von Licht, wird ein Elektron nach dem anderen von P870 über BChl *a* und BPhaeo auf ein fest gebundenes Chinonmolekül und von dort über ein zentrales Eisen-Ion (orange) auf ein gegenüberliegendes, lose gebundenes Chinonmolekül übertragen. Die Regeneration von P870 erfolgt durch die Aufnahme eines Elektrons durch P870$^{\oplus}$ vom reduzierten Cytochrom *c* auf der periplasmatischen Seite. Das oxidierte Cytochrom *c* diffundiert anschließend weg und wird durch ein anderes reduziertes Cytochrom-*c*-Molekül ersetzt.

in ▸*Abbildung 12.6b* endet in einem fest an das Protein gebundenen Chinonmolekül, während die entsprechende Position im linken Zweig von einem lose gebundenen Chinonmolekül besetzt wird, das abdissoziieren und innerhalb der Lipiddoppelschicht hin- und herdiffundieren kann.

Die Elektronenübertragung beginnt mit der Abgabe eines Elektrons vom P870, das durch die Absorption eines Photons oder den Transfer der Anregungsenergie von Antennenpigmenten angeregt worden ist. Die Antennenpigmente sind in ▸*Abbildung 12.6* nicht dargestellt. Das Elektron wird dann ausschließlich im rechten Zweig des Reaktionszentrums zum fest gebundenen Chinon weitergeleitet. Das Chinonmolekül wird infolgedessen reduziert. Im Anschluss wird das Elektron auf das gegenüberliegende, lose gebundene Chinonmolekül übertragen. Dieser Elektronentransfer erfolgt über ein Eisen-Ion, das zwischen den beiden Chinonmolekülen auf der zentralen Achse des Reaktionszentrums in der Nähe der cytoplasmatischen Membranseite lokalisiert ist. Das bewegliche Chinonmolekül (Q) wird in einem zweistufigen Prozess durch die sequenzielle Übertragung von zwei Elektronen und die Aufnahme von zwei $H^{\oplus}$ aus dem Cytoplasma zu QH_2 reduziert. Für die Produktion eines reduzierten Chinonmoleküls (QH_2) ist die Absorption von zwei Photonen erforderlich. Die „modernen" Typ-II-Reaktionszentren haben sich wahrscheinlich aus einem primitiveren System entwickelt, in dem Elektronen durch beide Zweige zu beiden Q-Stellen geleitet wurden, um QH_2 zu erzeugen.

Das in der Membran bewegliche QH_2 diffundiert innerhalb der Lipiddoppelschicht zu einem Cytochrom-*bc*-Komplex (Komplex III) der bakteriellen Atmungskette. Dabei handelt es sich um denselben Komplex III der Atmungskette wie für die oxidative Phosphorylierung. Der Cytochrom-*bc*-Komplex katalysiert die Oxidation von QH_2 zurück zum Chinon Q sowie die Reduktion des beweglichen Cytochroms *c*. Wegen dieser enzymatischen Aktivitäten heißt der Cytochrom-*bc*-Komplex auch Ubichinon:Cytochrom-*c*-Oxidoreduktase. Die Reaktionen dieses Komplexes sind mit dem Transport von Protonen aus dem Cytoplasma ins Periplasma durch den Q-Zyklus gekoppelt. Der resultierende Protonengradient treibt die Synthese von ATP aus ADP und P_i, die durch die ATP-Synthase katalysiert wird, an (▶*Abbildung 12.7*). Auf diese Weise wird die Energie des Lichtes, die durch die photosynthetischen Pigmente absorbiert wurde, letztendlich zur Synthese von ATP genutzt.

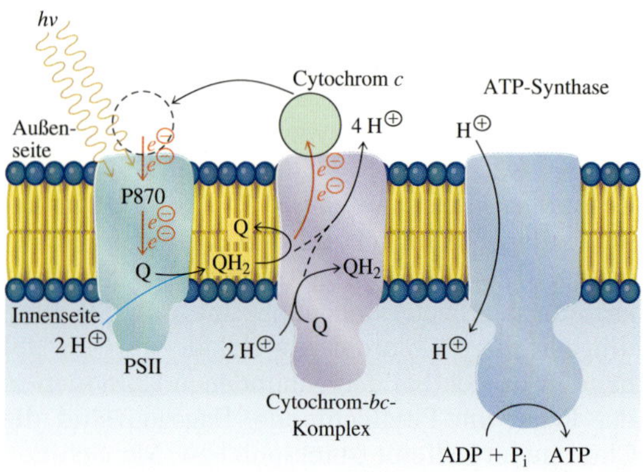

Abbildung 12.7: Schematische Darstellung der Prozesse bei der Photosynthese in Purpurbakterien. Die sequenzielle Absorption von zwei Lichtquanten durch die Pigmente des PSII-Komplexes führt zur sequenziellen Übertragung von zwei Elektronen von P870 über die Elektronentransportkette des RCII auf ein Chinonmolekül (Q), das dadurch zum QH_2 reduziert wird. QH_2 diffundiert durch die Membran zu einem Cytochrom-*bc*-Komplex, durch den die Elektronen auf Cytochrom-*c*-Moleküle übertragen werden. Die Reaktionen des Cytochrom-*bc*-Komplexes sind mit dem Transport von vier Protonen (pro zwei Elektronen) durch die Membran gekoppelt (Q-Zyklus). Der auf diese Weise erzeugte Protonengradient treibt die Synthese von ATP durch die Aktivität der ATP-Synthase an. Die reduzierten Cytochrom-*c*-Moleküle diffundieren frei durch den periplasmatischen Raum zum PSII und geben dort pro Cytochrom-*c*-Molekül ein Elektron an ein oxidiertes Spezialpaar ($P870^{\oplus}$) ab, das dadurch wieder zum P870 reduziert wird. Die Reaktionen des Q-Zyklus wurden in ▶*Abbildung 11.7* und ▶*Abschnitt 11.6* ausführlich beschrieben.

Das oxidierte $P870^{\oplus}$-Spezialpaar wird durch eines der beweglichen Cytochrom-*c*(Fe^{2+})-Moleküle, die durch den Cytochrom-*bc*-Komplex (Komplex III) der bakteriellen Elektronentransportkette produziert werden, wieder zum P870 reduziert. Cytochrom *c* kann innerhalb des periplasmatischen Raumes frei diffundieren. Das Periplasma liegt zwischen den beiden Membranen, die die Bakterienzelle umgeben. Der photosynthetische Elektronentransport des Photosystems II hat somit einen cyclischen Charakter, da die Elektronen vom P870* des PSII zum Cytochrom-*bc*-Komplex und wieder zurück zum P870 fließen. Damit der Zyklus erneut beginnen kann, muss P870 durch die Absorption von Lichtenergie zunächst wieder in das angeregte P870* umgewandelt werden. In ▶*Abbildung 12.6a* ist auch das bewegliche Cytochrom-*c*-Molekül dargestellt, das auf der periplasmatischen Seite an das PSII gebunden hat. Dadurch wird die Übertragung eines Elektrons vom Häm des Cytochrom-*c*(Fe^{2+})-Moleküls auf das benachbarte oxidierte Spezialpaar ($P870^{\oplus}$) ermöglicht.

Die Übertragung von Elektronen zwischen dem Photosystem II und dem Cytochrom-*bc*-Komplex erfolgt durch die beweglichen Cofaktoren QH_2/Q und Cytochrom *c*, also durch die gleichen Elektronenüberträger wie bei der Atmungskette. Ein Hauptunterschied zwischen der Photosynthese in Purpurbakterien und dem membrangebundenen Elektronentransport der Atmungskette besteht im cyclischen Charakter des Elektronenflusses bei der Photosynthese. Es findet also weder eine Nettoaufnahme noch eine Nettoabgabe von Elektronen bei der Photosynthese in Purpurbakterien statt. Infolgedessen ist keine äußere Elektronenquelle erforderlich. Der cyclische Fluss von Elektronen ist für die photosynthetischen Reaktionen in vielen, aber nicht allen photosynthetischen Organismen charakteristisch. Als Nettoergebnis der Kopplung des PSII mit dem Cytochrom-*bc*-Komplex wird ein Protonengradient erzeugt, der zur Synthese von ATP dient. Die Gesamtstöchiometrie der photosynthetischen Reaktionen in Purpurbakterien setzt sich folgendermaßen zusammen:

$$\begin{array}{lrcl}
\textbf{PSII:} & 2\,\mathrm{P870} + 2\,\text{Photonen} & \longrightarrow & 2\,\mathrm{P870}^{\oplus} + 2\,e^{\ominus} \\
 & \mathrm{Q} + 2\,e^{\ominus} + 2\,\mathrm{H}^{\oplus}_{\text{innen}} & \longrightarrow & \mathrm{QH_2} \\
\textbf{Cyt } \boldsymbol{bc}\textbf{:} & 2\,\mathrm{QH_2} + 2\,\mathrm{Cyt}\,c\,(\mathrm{Fe}^{3+}) & \longrightarrow & 2\,\mathrm{Q} + 2\,\mathrm{Cyt}\,c\,(\mathrm{Fe}^{2+}) + 4\,\mathrm{H}^{\oplus}_{\text{außen}} + 2\,e^{\ominus} \\
 & \mathrm{Q} + 2\,e^{\ominus} + 2\,\mathrm{H}^{\oplus}_{\text{innen}} & \longrightarrow & \mathrm{QH_2} \\
\textbf{PSII:} & 2\,\mathrm{Cyt}\,c\,(\mathrm{Fe}^{2+}) + 2\,\mathrm{P870}^{\oplus} & \longrightarrow & 2\,\mathrm{Cyt}\,c\,(\mathrm{Fe}^{3+}) + 2\,\mathrm{P870} \\
\hline
\textbf{Summe:} & 2\,\text{Photonen} + 4\,\mathrm{H}^{\oplus}_{\text{innen}} & \longrightarrow & 4\,\mathrm{H}^{\oplus}_{\text{außen}}
\end{array} \qquad (12.2)$$

Für den Transport von vier Protonen durch die Membran müssen also zwei Photonen absorbiert werden. Die als Ergebnis dieses Zyklus produzierten ATP-Moleküle liefern in den Bakterien unter anderem die Energie für die Synthese von Proteinen, Nucleinsäuren, Kohlenhydraten und Lipiden. Somit wird die absorbierte Lichtenergie letztendlich für die Durchführung endergoner Biosynthesereaktionen verwendet.

12.2.2 Photosystem I

In ▶*Abbildung 12.8* ist die Struktur eines typischen PSI-Komplexes dargestellt. Der zentrale Teil des Komplexes besteht aus zwei homologen Polypeptiden mit vielen die Membran durchspannenden α-Helices. Jede Untereinheit dieses Dimers weist zwei Domänen auf: eine innere Domäne, mit der die Pigmente der Elektronentransportkette des Typ-I-Reaktionszentrums (RCI) assoziiert sind, sowie eine periphere Domäne, in der sich gebundene Antennenpigmente befinden. Die Domänen der PSI-Untereinheiten, die das Reaktionszentrum beherbergen, sind bezüglich ihrer Aminosäuresequenz und ihrer dreidimensionalen Struktur mit den Kernpolypeptiden des PSII verwandt. Dies stellt einen überzeugenden Beleg für einen gemeinsamen Vorfahren der Reaktionszentren vom Typ I und Typ II dar.

Der offensichtlichste Unterschied zwischen den Photosystemen PSI und PSII ist wohl die deutlich größere und kompliziertere Struktur des Antennenkomplexes im PSI. Der PSI-Antennenkomplex ist mit Chlorophyll- und Carotinoid-Pigmentmolekülen voll bepackt. Das Beispiel eines PSI-Komplexes aus einem Cyanobakterium in ▶*Abbildung 12.8* enthält 96 Chlorophyll- und 22 Carotinoidmoleküle. Viele der lichtsammelnden Pigmente liegen fest an zusätzliche membrandurchspannende Polypeptid-Untereinheiten, die die Kernstruktur umgeben, gebunden vor. Der große Kontrast zwischen den ▶*Abbildung 12.6* und ▶*Abbildung 12.8* kann aber auch in die Irre führen, da in einigen Bakterien auch einfachere Version des PSI und in anderen Bakterienspezies kompliziertere Varianten des PSII vorkommen. Nichtsdestotrotz sind Photosysteme des Typs I (PSI) im Allgemeinen größer und weisen eine komplexere Struktur auf als Photosysteme des Typs II (PSII). Die Untersuchung der Organisation der Moleküle in der Elektronentransportkette des PSI offenbart bemerkenswerte Parallelen zum PSII (▶*Abbildung 12.9*). In beiden Fällen enthält das Reaktionszentrum zwei kurze Zweige aus Pigmentmolekülen, die mit gebundenen Chinonmolekülen enden. Das Reaktionszentrum des PSI weist anstelle der Bacteriophaeophytine im PSII allerdings weitere Chlorophyllmoleküle auf. Im PSI handelt es sich bei den gebundenen Chinonen in der Regel um Phyllochinone. Dagegen sind die Chinone im PSII mit Ubichinon bzw. Menachinon (bei Bakterien) verwandt. Im Reaktionszentrum (RCI) des PSI liegen beide Phyllochinonmoleküle fest an den Komplex gebunden vor und bilden einen Bestandteil der Elektronentransportkette. Dagegen tritt eines der Chinonmoleküle im Reaktionszentrum des PSII als beweglicher terminaler Elektronenakzeptor auf.

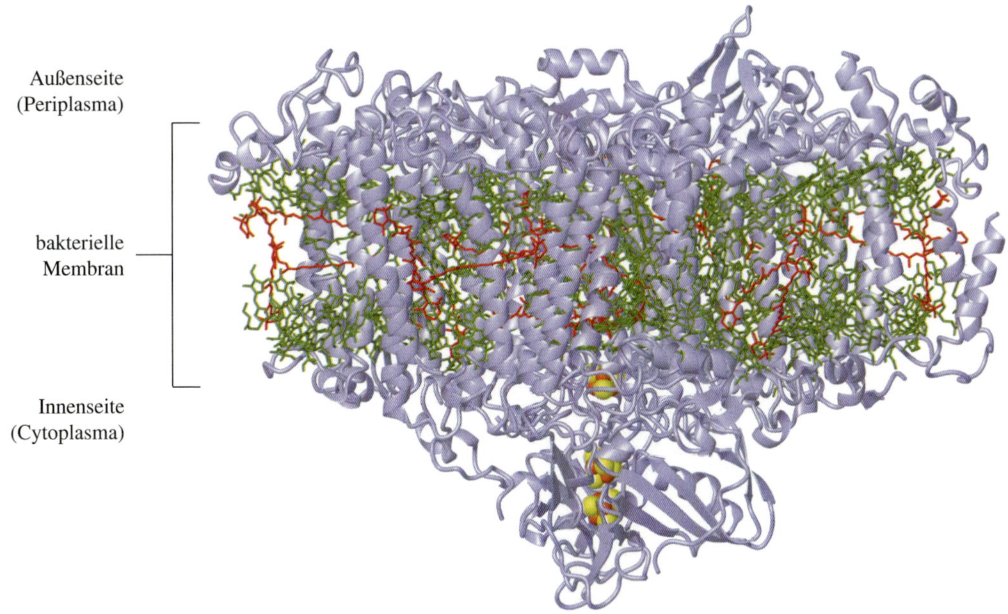

Abbildung 12.8: Struktur von Photosystem I (PSI) aus dem Cyanobakterium *Thermosynechococcus elongatus*. Der Komplex enthält 96 Chlorophyllmoleküle (grün), 22 Carotinoide (rot) und drei Eisen-Schwefel-Cluster (gelbe und orangefarbene Kugeln). Der Proteinkomplex besteht aus insgesamt 14 Polypeptid-Untereinheiten, von denen die meisten membrandurchspannende Helices aufweisen [PDB 1JBO].

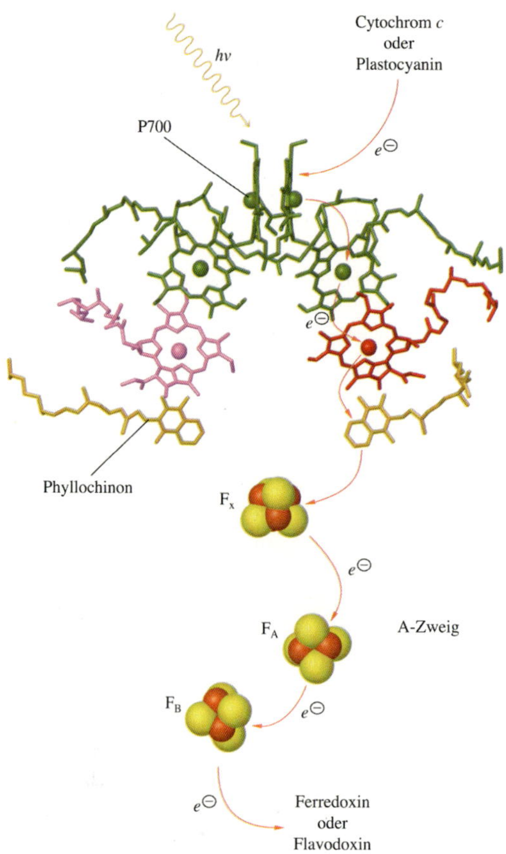

Abbildung 12.9: Elektronentransportkette im Typ-I-Reaktionszentrum (RCI) des PSI. Zu Beginn gibt ein durch die Absorption von Licht elektronisch angeregtes Spezialpaar (P700) aus Chlorophyllmolekülen ein Elektron ab, das entlang eines der beiden Zweige zum Phyllochinon übertragen wird. Von dort fließt das Elektron über die Fe-S-Cluster weiter, um schließlich von Ferredoxin aufgenommen zu werden. Das $P700^{\oplus}$ wird durch reduziertes Cytochrom *c* oder Plastocyanin wieder zum P700 reduziert [PDB 1JBO].

Der Elektronentransfer beginnt mit dem Spezialpaar aus Chlorophyllmolekülen, das sich in der Nähe der periplasmatischen Oberfläche der Membran befindet. Dieses Spezialpaar ist als P700 bekannt, weil es Licht mit einer Wellenlänge von 700 nm absorbiert. Die beiden Chlorophyllmoleküle des Spezialpaars sind nicht identisch. Das Chlorophyllmolekül, das näher am A-Zweig liegt, stellt ein Epimer von Chlorophyll *a* (bei Bakterien Bacteriochlorophyll *a*) dar. P700 geht durch die Absorption eines Photons oder durch den strahlungslosen Energietransfer von den durch Licht angeregten Antennenmolekülen in einen angeregten elektronischen Zustand über. Das angeregte Elektron wird anschließend vom P700* über einen der Zweige der Elektronentransportkette des RCI zu einem der gebundenen Phyllochinone weitergeleitet. Der Elektronentransfer vom P700* zum Phyllochinon dauert nur etwa 20 Picosekunden (1 ps = 10^{-12} s). Damit erfolgt dieser Elektronenfluss im Vergleich zu anderen Elektronentransportsystemen äußerst schnell. Im RCII des PSII nimmt der Transfer eines Elektrons von P680* zum gebundenen Chinon etwa 200 ps in Anspruch.

Im Anschluss wird das Elektron vom gebundenen Phyllochinon über drei Eisen-Schwefel-Cluster, F_X, F_A und F_B, weitergeleitet. Als terminaler Elektronenakzeptor des PSI dient Ferredoxin (oder Flavodoxin). Das reduzierte Ferredoxin (Fd_{red}) tritt nun als Reduktionsmittel in einer Redoxreaktion auf, die durch die Ferredoxin:$NADP^{\oplus}$-Oxidoreduktase katalysiert wird. Dieses Enzym wird üblicherweise als Ferredoxin:$NADP^{\oplus}$-Reduktase bezeichnet und mit FNR abgekürzt. Die FNR stellt ein FAD-haltiges Flavoprotein dar. Die Redoxreakion verläuft in drei Schritten über ein typisches FADH•-Semichinonradikal. Die Reaktion führt zur Reoxidation des Ferredoxins und zur Bildung von Reduktionsäquivalenten in Form von NADPH, das einen essenziellen Cofaktor in einer Vielzahl von biosynthetischen Reaktionen repräsentiert. Die gekoppelten Reaktionen, an denen PSI beteiligt ist, können folgendermaßen zusammengefasst werden:

$$\textbf{PSI:}\quad 2\,P700 + 2\,\text{Photonen} \longrightarrow 2\,P700^{\oplus} + 2\,e^{\ominus} \qquad (12.3)$$

$$2\,Fd_{ox} + 2\,e^{\ominus} \longrightarrow 2\,Fd_{red}$$

$$\textbf{FNR:}\quad Fd_{red} + H^{\oplus} + FAD \rightleftharpoons Fd_{ox} + FADH\bullet$$

$$Fd_{red} + H^{\oplus} + FADH\bullet \rightleftharpoons Fd_{ox} + FADH_2$$

$$FADH_2 + NADP^{\oplus} \rightleftharpoons FAD + NADPH + H^{\oplus}$$

$$\textbf{Summe:}\quad 2\,P700 + 2\,\text{Photonen} + NADP^{\oplus} + H^{\oplus} \longrightarrow 2\,P700^{\oplus} + NADPH$$

Dies ist ein nichtcyclischer Prozess. Das oxidierte Spezialpaar ($P700^{\oplus}$) im Reaktionszentrum des PSI muss durch die Aufnahme eines Elektrons aus einer anderen Quelle reduziert werden, da das ursprünglich abgegebene angeregte Elektron am Ende schließlich auf $NADP^{\oplus}$ auf der anderen, inneren Membranseite übertragen wird. Einige Bakterien besitzen Versionen des PSI, die in direkter Nachbarschaft zum Spezialpaar an der äußeren Membranseite Cytochrom *c* binden können. In diesen Bakterien wird $P700^{\oplus}$ durch reduziertes Cytochrom *c* wieder zum P700 reduziert, ähnlich wie bei der Reduktion des Spezialpaars im PSII. Das dabei oxidierte Cytochrom *c* muss aber auch wieder reduziert werden. Die für diese Reduktion genutzte Elektronenquelle hängt von der jeweiligen Spezies ab. In grünen Schwefelbakterien dienen dazu reduzierte Schwefelverbindungen in unterschiedlichen Oxidationsstufen, wie zum Beispiel H_2S und $S_2O_3^{2-}$. Die Oxidation dieser Schwefelverbindungen erfolgt durch die Übertragung von Elektronen auf oxidierte Cytochrom-*c*-Moleküle, die durch spezielle Enzyme in diesen Spezies katalysiert wird. Grüne Schwefelbakterien sind Photoautotrophe, die in Abwesenheit von Sauerstoff wachsen. Der nichtcyclische oder lineare Elektronentransfer stellt ein charakteristisches Merkmal des PSI dar, weil die aus dem PSI stammenden Elektronen im Gegensatz zu denen aus dem PSII ein genügend niedriges Reduktionspotenzial besitzen, um zum Beispiel $NAD(P)^{\oplus}$ zu reduzieren. Aber die Elektronen können auch beim PSI in einem cyclischen Prozess auf das Spezialpaar zurückübertragen werden. Dieser cyclische Elektronentransfer findet gelegentlich statt, indem die Elektronen vom reduzierten Ferredoxin nicht auf $NADP^{\oplus}$, sondern auf ein Chinon übertragen werden. Diese Redoxreaktion wird vermutlich durch die Ferredoxin:Chinon-Oxidoreduktase, die auch kurz als Ferredoxin:Chinon-Reduktase (FQR) bezeichnet wird, katalysiert. Das durch die Reduktion des Chinons gebildete Chinol (QH_2) tritt mit dem Cytochrom-*bc*-Komplex in Wechselwirkung, der die Übertragung der Elektronen vom Chinol zum oxidierten Cytochrom *c* auf der anderen, äußeren Membranseite vermittelt. Das infolgedessen reduzierte Cytochrom *c* reduziert, wie oben beschrieben, schließlich $P700^{\oplus}$ zu P700 (▶*Abbildung 12.10*). Dieser cyclische Prozess ähnelt den gekoppelten Reaktionen, an denen PSII beteiligt ist. Der cyclische Elektronentransport ist nicht mit der Produktion von Reduktionsäquivalenten in Form von NADPH verbunden. Stattdessen führt er zur lichtgetriebenen ATP-Synthese, weil der Fluss der Elektronen durch den Cytochrom-*bc*-Komplex mit der Erzeugung eines Protonengradienten einhergeht, der infolge des Transports von Protonen durch den Q-Zyklus entsteht. In den meisten Fällen überwiegt der nichtcyclische Elektronentransport, sodass NADPH gebildet wird. Wenn das NADPH allerdings je nach Stoffwechsellage gerade nicht in ausreichendem Maße in Biosynthesereaktionen verbraucht wird, fließen die Elektronen verstärkt durch den Cytochrom-*bc*-Komplex, sodass vermehrt ATP synthetisiert wird. Durch die Oxidation von H_2S im Fall des nichtcyclischen Elektronentransports auf der äußeren Membranseite wird für jedes abgegebene Elektron ein Proton freigesetzt. Auch diese Protonen tragen zur Erzeugung des Protonengradienten und somit zur ATP-Synthese bei. Allerdings ist der pro Elektron, das durch das PSI fließt, geleistete Beitrag zum Protonengradienten viel kleiner als beim cyclischen Elektronentransport.

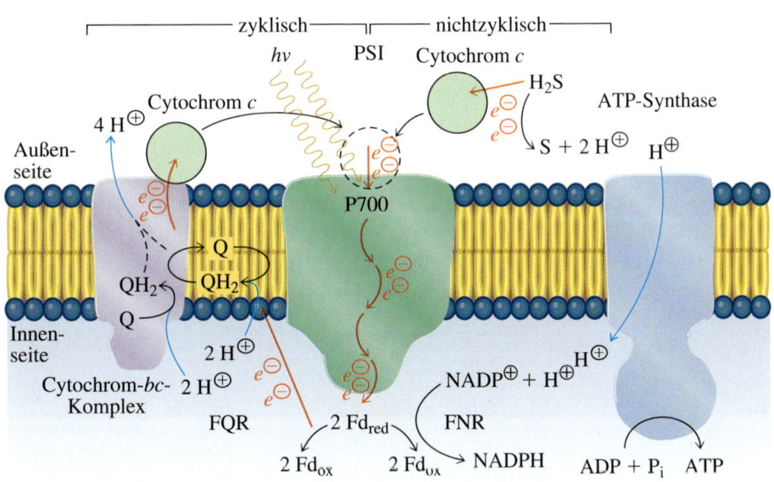

Abbildung 12.10: Schematische Darstellung der Prozesse bei der Photosynthese in grünen Schwefelbakterien. Die Photoaktivierung von P700 führt zur Produktion von reduziertem Ferredoxin (Fd_{red}) auf der cytoplasmatischen Seite der Membran. Das Ferredoxin fungiert anschließend als Reduktionsmittel in einer Redoxreaktion, die durch die Ferredoxin:$NADP^{\oplus}$-Reduktase (FNR) katalysiert wird und zur Erzeugung von NADPH im Cytoplasma führt. Alternativ kann Ferredoxin aber in einer Reaktion, die durch die Ferredoxin:Chinon-Reduktase (FQR) katalysiert wird, auch Q zu QH_2 reduzieren. Die Oxidation des QH_2 durch den Cytochrom-*bc*-Komplex ist mit dem Transfer von Elektronen zum Cytochrom *c* und dem Transport von Protonen durch die Membran (Q-Zyklus) verbunden. Das zu Beginn entstandende $P700^{\oplus}$ wird normalerweise durch reduziertes Cytochrom *c* auf der periplasmatischen Seite wieder zum P700 reduziert. Beim nichtcyclischen (linearen) Elektronentransport erfolgt die Regeneration des reduzierten Cytochrom *c* durch die Oxidation von Schwefelverbindungen wie H_2S. Elektronentransferschritte sind durch rote Pfeile dargestellt.

12.2.3 Gekoppelte Photosysteme und Cytochrom *bf*

Die Membranen von Cyanobakterien enthalten sowohl PSI als auch PSII. Die beiden Photosysteme sind mechanistisch in Serie geschaltet, um die absorbierte Lichtenergie effizient sowohl zur Produktion von NADPH als auch zur Synthese von ATP zu nutzen. Die Prozesse der Photosynthese in Cyanobakterien sind in ▸*Abbildung 12.11* dargestellt. Die Absorption von Licht durch PSII führt zur elektronischen Anregung von P680, das infolgedessen für jedes absorbierte Photon ein Elektron auf ein bewegliches Chinon namens Plastochinon (PQ) überträgt. Das Plastochinon diffundiert durch die Membran und gibt die Elektronen an einen Cytochrom-*bf*-Komplex ab, der dem Cytochrom-*bc*-Komplex ähnelt. Der anschließende Elektronenfluss durch den Cytochrom-*bf*-Komplex ist mit dem Transport von Protonen durch die Membran gekoppelt, der durch einen photosynthetischen Q-Zyklus erfolgt. Die Reihenschaltung von Photosystem II und Cytochrom-*bf*-Komplex ist mit den photosynthetischen Reaktionen in Purpurbakterien vergleichbar. Allerdings gibt es einen entscheidenden Unterschied: In Purpurbakterien werden die Elektronen durch den terminalen Elektronenakzeptor des Cytochrom-*bc*-Komplexes, also durch Cytochrom *c*, zum PSII zurücktransportiert, während die Elektronen in Cyanobakterien vom Cytochrom-*bf*-Komplex zum PSI weitergeleitet werden. Als terminaler Elektronenakzeptor des Cytochrom-*bf*-Komplexes dienen entweder Cytochrom *c* oder das kupferhaltige Protein Plastocyanin (PC). Reduziertes Cytochrom *c* und Plastocyanin sind bewegliche Elektronenüberträger, die auf der äußeren Membranoberfläche an PSI binden und $P700^{\oplus}$ zum P700 reduzieren. In den meisten Cyanobakterien und Algen tritt Cytochrom *c* als Elektronenüberträger auf, während diese Aufgabe in einigen Cyanobakterien und allen Pflanzen vom Plastocyanin übernommen wird.

Die Struktur des photosynthetischen Cytochrom-*bf*-Komplexes konnte mithilfe der Röntgenkristallografie aufgeklärt werden (▸*Abbildung 12.12*). Der Komplex enthält ein Cytochrom *b* mit zwei Häm-Reaktionszentren, deren Rolle im Q-Zyklus derjenigen im Cytochrom *b* des Cytochrom-*bc*-Komplexes (Komplex III,) in der Atmungskette ähnelt. Ein Rieske-Eisen-Schwefel-Protein (ISP) transportiert Elektronen von einer der Hämgruppen des Cytochroms *b* zum Cytochrom *f*. Das reduzierte Cytochrom *f* überträgt die Elektronen schließlich an der äußeren Membranoberfläche auf Plastocyanin. Cytochrom *f* (*f* steht für: franz. *feuille*, das Blatt) stellt ein eigenes Protein dar, das nicht mit dem Cytochrom c_1 des Cytochrom-*bc*-Komplexes verwandt ist. Das Cytochrom *b* und das ISP des Cytochrom-*bf*-Komplexes sind aber

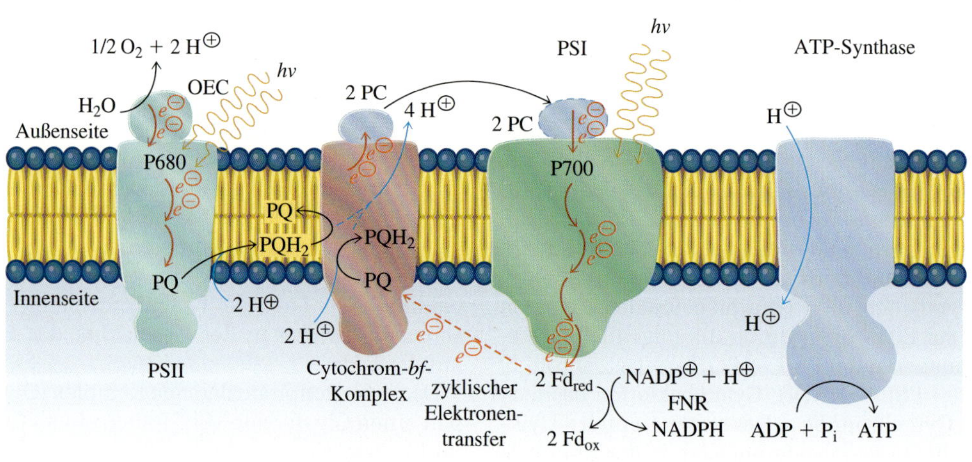

Abbildung 12.11: Schematische Darstellung der Prozesse bei der Photosynthese in Cyanobakterien. Nach der elektronischen Anregung von PSII durch die Absorption von Licht (wellenförmige Pfeile) werden Elektronen, die aus der Oxidation von Wasser stammen, vom PSII mithilfe der beweglichen Elektronenüberträger Plastochinon (PQ) und Plastocyanin (PC) über den Cytochrom-*bf*-Komplex zum PSI transportiert. Die Absorption von Licht durch PSI ermöglicht die anschließende Weiterleitung der Elektronen zum Ferredoxin (Fd), das dann $NADP^{\oplus}$ zu NADPH reduziert. Der gesamte Elektronenfluss ist mit der Erzeugung eines Protonengradienten durch den Q-Zyklus im Cytochrom-*bf*-Komplex und die Freisetzung von Protonen bei der Oxidation von Wasser gekoppelt, wobei der Beitrag des Q-Zyklus bei Weitem überwiegt. Der Protenengradient treibt schließlich die Phosphorylierung von ADP durch die Aktivität der ATP-Synthase an. Für jedes durch den sauerstoffproduzierenden Komplex (OEC; engl. *oxygen evolving complex*) oxidierte Wassermolekül kann ein $NADP^{\oplus}$-Molekül zu NADH reduziert werden. Der Einfachheit wegen sind PSI, PSII und der Cytochrom-*bf*-Komplex in enger Nachbarschaft in der Plasmamembran dargestellt. In den meisten Spezies befinden sie sich aber überwiegend in intrazellulären Membranstrukturen. Als beweglicher Elektronenüberträger zwischen PSII und dem Cytochrom-*bf*-Komplex dient Plastochinon (PQ) und für den Elektronentransfer vom Cytochrom-*bf*-Komplex zum PSI wird in diesem Beispiel Plastocyanin verwendet.

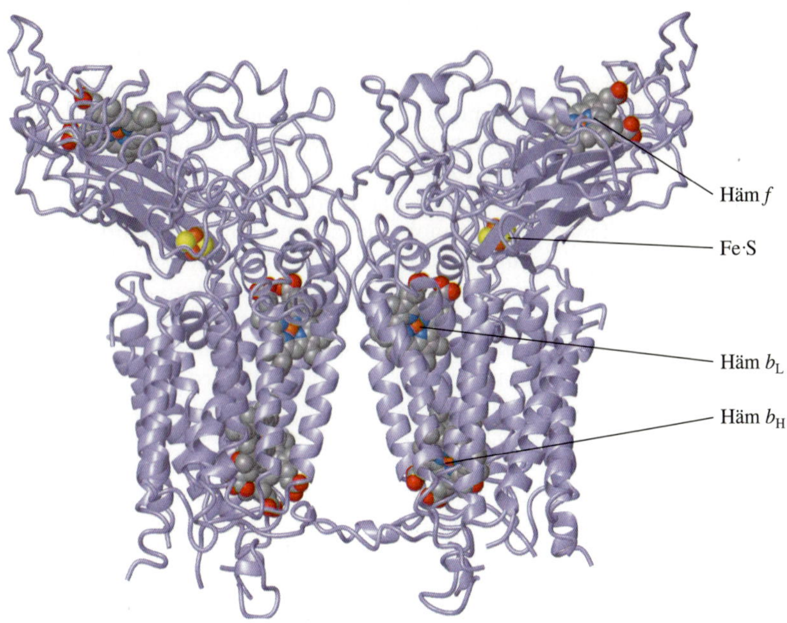

Abbildung 12.12: Strukturmodell des Cytochrom-*bf*-Komplexes aus dem Cyanobakterium *Mastigocladus laminosus*. Der Komplex enthält wie Komplex III (▶*Abbildung 11.6*) zwei Einheiten mit je drei funktionellen Untereinheiten: Cytochrom *b*, ISP und Cytochrom *f*. Die reaktiven Komponenten des Elektronentransfers sind Häm b_L und Häm b_H im Cytochrom *b* (die Orte der Redoxreaktionen des Q-Zyklus), die Fe-S-Cluster im ISP sowie das Häm *f* im Cytochrom *f*. Jede Einheit enthält außerdem ein Chlorophyll *a*, ein β-Carotin und eine ungewöhnliche Hämgruppe (Häm *x*), deren Funktion noch nicht bekannt ist (in der Abbildung nicht dargestellt).

Homologe der entsprechenden Proteine des Cytochrom-*bc*-Komplexes (Komplex III).

Der Cytochrom-*bf*-Komplex hat sich aus dem Cytochrom-*bc*-Komplex früher Cyanobakterien entwickelt. Die wichtigste Adaption war der Austausch des Cytochroms c_1 im bakteriellen Cytochrom-*bc*-Komplex gegen Cytochrom *f* im Cytochrom-*bf*-Komplex der Cyanobakterien. Durch diese Änderung wurde die Übertragung von Elektronen auf das kupferhaltige Plastocyanin möglich, die durch das Cytochrom *f* erfolgt. Wichtig ist hier, dass bewegliches Cytochrom *c* und nicht Plastocyanin als normaler terminaler Elektronenakzeptor des Cytochrom-*bc*-Komplexes fungiert. In manchen Spezies tritt allerdings Cytochrom c_6 anstelle von Plastocyanin als Elektronenakzeptor des Cytochrom-*bf*-Komplexes auf. Plastocyanin bindet in Cyanobakterien spezifisch an PSI, nicht an PSII, und überträgt Elektronen auf P700$^{\oplus}$. Dies ermöglicht den eindimensionalen, linearen Fluss der Elektronen durch die folgende Elektronentransportkette: PSII → PQH_2 → Cytochrom *bf* → PC → PSI → NADH. Cyanobakterien besitzen kein Cytochrom *bc*. Deswegen spielt Cytochrom *bf* in Cyanobakterien auch in der Atmungskette eine Rolle, indem es den Platz von Cytochrom *bc* als Komplex III einnimmt. In diesem Fall dient reduziertes Plastocyanin, möglicherweise über eine Cytochrom-*c*-ähnliche Zwischenstufe, als Elektronendonor für die terminale Oxidase (Komplex IV). Sowohl in der Photosynthese als auch der Atmungskette von Cyanobakterien stellt Plastochinon (PC) das bewegliche Chinon dar. Die Photoaktivierung von PSI führt auf ähnliche Weise wie in grünen Schwefelbakterien zur Bildung von NADH. Wie in grünen Schwefelbakterien werden einige Elektronen, die das PSI verlassen, über einen cyclischen Transportweg zum P700$^{\oplus}$ des PSI zurückgeleitet. Der cyclische Weg führt nun aber über den Cytochrom-*bf*-Komplex und Plastocyanin. PSII, Cytochrom *bf* und PSI sind in Reihe geschaltet, sodass die Übertragung der Elektronen auf den terminalen Elektronenakzeptor NADP$^{\oplus}$ ein Elektronendefizit im P680$^{\oplus}$ des PSII hinterlässt. In Cyanobakterien erfolgt die Regeneration von P680 durch die Reduktion von P680$^{\oplus}$ mit Elektronen, die aus der Oxidation von Wasser stammen. Dabei wird molekularer Sauerstoff gebildet. Das Enzym, das die oxidative Spaltung des Wassers katalysiert, wird sauerstoffproduzierender Komplex (engl. *oxygen evolving complex*, OEC) genannt. Der OEC ist auf der äußeren Oberfläche der Membran fest an das PSII gebunden. Die Entwicklung eines sauerstoffproduzierenden Komplexes in primitiven Cyanobakterien war eines der bedeutendsten biochemischen Ereignisse in der Geschichte des Lebens auf der Erde.

Der sauerstoffproduzierende Komplex (OEC) enthält einen Cluster aus Mn^{2+}-Ionen, einem Ca^{2+}-Ion und einem $Cl^{\ominus}$-Ion. Er katalysiert eine komplizierte Redoxreaktion, in der nacheinander vier Elektronen von zwei Wassermolekülen auf ein immer wieder erneut angeregtes und oxidiertes Spezialpaar aus Chlorophyllmolekülen (P680$^{\oplus}$) im PSII übertragen werden. Der genaue Mechanismus dieser Wasseroxidation ist noch nicht bekannt, wird aber in vielen Laboratorien intensiv untersucht. Am Ende der Atmungskette findet übrigens die Rückreaktion, also die Reduktion von molekularem Sauerstoff zu Wasser, am Komplex IV statt. Die durch die Oxidation des

Wassers freigesetzten Protonen tragen zur Erzeugung des Protonengradienten über der Membran bei, allerdings zu einem viel geringeren Teil als der Q-Zyklus im Cytochrom-*bf*-Komplex. Wie bereits erwähnt, deuten die Ähnlichkeiten von PSI und PSII auf einen gemeinsamen Vorfahren der beiden Systeme hin. Mit der Zeit haben sich die beiden Systeme in photosynthetischen Bakterienspezies, die nur einen der beiden Typen besaßen, wie zum Beispiel Proteobakterien und grüne Schwefelbakterien, zunächst auseinanderentwickelt. Irgendwann vor etwa 2,5 Milliarden Jahren erwarb ein primitiver Vorfahre der Cyanobakterien beide Photosysteme, vermutlich durch die Aufnahme eines großen Teils des Genoms einer nicht mit ihm verwandten Bakterienspezies. Anschließend müssen die beiden Photosysteme in diesem Organismus zunächst parallel gearbeitet haben. Mit der Entwicklung eines photosynthetischen Cytochrom-*bf*-Komplexes (aus dem Cytochrom-*bc*-Komplex) und eines sauerstoffproduzierenden Komplexes konnten sie in Reihe geschaltet werden. Zu einem späteren Zeitpunkt ist eine cyanobakterielle Spezies in eine symbiontische Beziehung mit einer primitiven eukaryontischen Zelle getreten. Diese Symbiose führte schließlich zu den Chloroplasten, die heute in Algen und Pflanzen den Photosyntheseapparat beherbergen. Die gekoppelten Photosysteme verwenden die absorbierte Lichtenergie sowohl zur Erzeugung eines Protonengradienten und somit zur ATP-Synthese als auch zur Bildung von Reduktionsäquivalenten in Form von NADPH. Allein kann keines der beiden Photosysteme diese beiden Ergebnisse mit der gleichen Effizienz erreichen.

Das Nettoergebnis dieses nichtcyclischen, linearen Elektronentransferweges besteht in der Produktion eines Moleküls NADPH, dem Transport von vier Protonen durch die Membran und der Freisetzung von zwei weiteren Protonen auf der äußeren Membranseite für je zwei Elektronen, die in jedem der Photosysteme durch die Absorption von Lichtquanten in ein höheres Energieniveau gehoben werden. Für die getrennten Anregungen der vier Elektronen (je zwei) in den Photosystemen I und II ist die Absorption von insgesamt vier Photonen erforderlich: zwei Photonen, deren Energie einer Wellenlänge des Lichtes von 680 nm entspricht (PSII), und zwei Photonen, für die diese Wellenlänge 700 nm beträgt (PSI). Die oxidative Spaltung von Wasser durch den OEC trägt zur Erzeugung des Protonengradienten bei und führt zur Bildung von molekularem Sauerstoff. Die einzelnen Reaktionen können folgendermaßen zu einer Nettoreaktionsgleichung zusammengefasst werden:

$$
\begin{array}{lrcl}
\textbf{PSII:} & 2\,\mathrm{P680} + 2\,\text{Photonen} & \longrightarrow & 2\,\mathrm{P680}^{\oplus} + 2\,e^{\ominus} \\
 & \mathrm{PQ} + 2\,e^{\ominus} + 2\,\mathrm{H}^{\oplus}_{\text{innen}} & \longrightarrow & \mathrm{PQH_2} \\
\textbf{OEC:} & \mathrm{H_2O} & \longrightarrow & \tfrac{1}{2}\mathrm{O_2} + 2\,\mathrm{H}^{\oplus}_{\text{außen}} + 2\,e^{\ominus} \\
 & 2\,\mathrm{P680}^{\oplus} + 2\,e^{\ominus} & \longrightarrow & 2\,\mathrm{P680} \\
\textbf{Cyt } \boldsymbol{bf}\textbf{:} & 2\,\mathrm{PQH_2} + 2\,\text{Plastocyanin}\,(\mathrm{Cu}^{2\oplus}) & \longrightarrow & 2\,\mathrm{PQ} + 2\,\text{Plastocyanin}\,(\mathrm{Cu}^{\oplus}) + 4\,\mathrm{H}^{\oplus}_{\text{außen}} + 2\,e^{\ominus} \\
 & \mathrm{PQ} + 2\,\mathrm{H}^{\oplus}_{\text{innen}} + 2\,e^{\ominus} & \longrightarrow & \mathrm{PQH_2} \\
\textbf{PSI:} & 2\,\mathrm{P700} + 2\,\text{Photonen} & \longrightarrow & 2\,\mathrm{P700}^{\oplus} + 2\,e^{\ominus} \\
 & 2\,\mathrm{Fd_{ox}} + 2\,e^{\ominus} & \longrightarrow & 2\,\mathrm{Fd_{red}} \\
 & 2\,\text{Plastocyanin}\,(\mathrm{Cu}^{\oplus}) + 2\,\mathrm{P700}^{\oplus} & \longrightarrow & 2\,\text{Plastocyanin}\,(\mathrm{Cu}^{2\oplus}) + 2\,\mathrm{P700} \\
\textbf{FNR:} & 2\,\mathrm{Fd_{red}} + \mathrm{H}^{\oplus} + \mathrm{NADP}^{\oplus} & \rightleftharpoons & 2\,\mathrm{Fd_{ox}} + \mathrm{NADPH} \\
\hline
\textbf{Summe:} & \mathrm{H_2O} + 4\,\text{Photonen} + 4\,\mathrm{H}^{\oplus}_{\text{innen}} + \mathrm{NADP}^{\oplus} + \mathrm{H}^{\oplus} & \longrightarrow & \tfrac{1}{2}\mathrm{O_2} + 6\,\mathrm{H}^{\oplus}_{\text{außen}} + \mathrm{NADPH}
\end{array}
\qquad (12.4)
$$

12.2.4 Reduktionspotenziale und Gibbs'sche freie Enthalpien bei der Photosynthese

Der Elektronenfluss im Verlauf der Photosynthese kann in einem zickzackförmigen Diagramm, dem Z-Schema (▶*Abbildung 12.13*), dargestellt werden. Im Z-Schema sind die einzelnen Komponenten des photosynthetischen Elektronentransports im PSI, PSII und Cytochrom-*bf*-Komplex in vertikaler Richtung entsprechend ihrer Reduktionspotenziale angeordnet. Aus dem Z-Schema geht unmittelbar hervor, dass die Pigmentmoleküle P680 und P700 im Grundzustand ein hohes positives Reduktionspotenzial besitzen (im Z-Schema entspricht eine tiefe Position einem großen positiven Reduktionspotenzial) und somit nur sehr schwache Reduktionsmittel darstellen. Durch die Absorption von Licht werden die Pigmente aber in die elektronisch angeregten Moleküle P680*

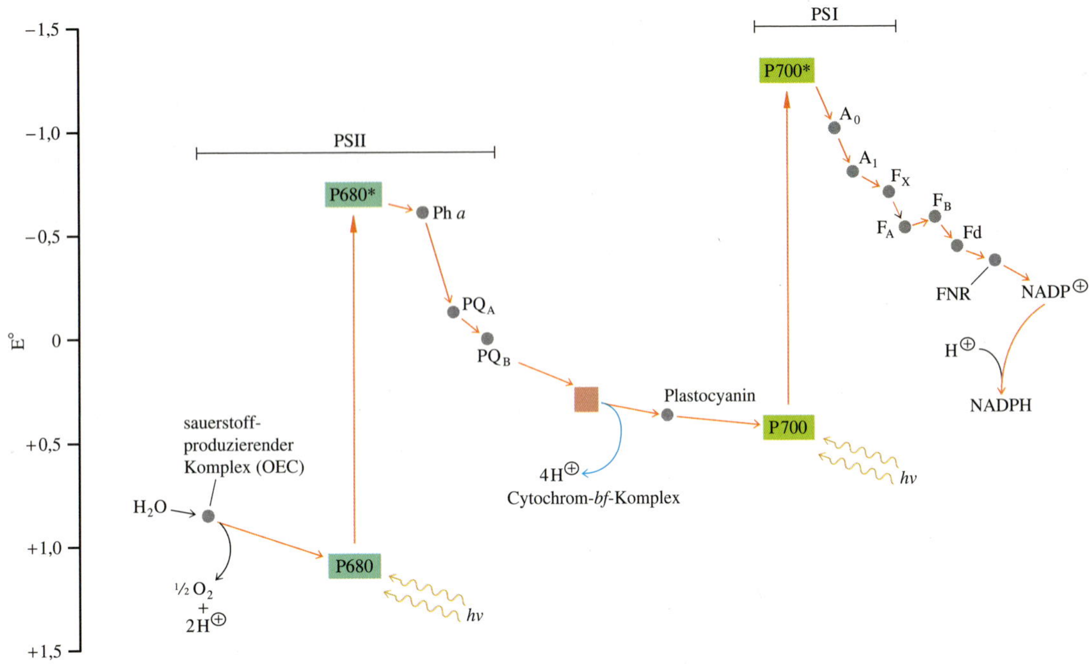

Abbildung 12.13: Z-Schema, das die Reduktionspotenziale und den Elektronenfluss bei der Photosynthese in Cyanobakterien veranschaulicht. Die Pigmente der beiden Spezialpaare P680 und P700 werden durch die Absorption von Lichtenergie elektronisch angeregt. Im Gegensatz zu den Grundzuständen stellen die angeregten Zustände starke Reduktionsmittel dar. Dies wird durch den großen Sprung der Standardreduktionspotenziale im Z-Schema verdeutlicht. Die Reduktionspotenziale der Elektronenüberträger variieren mit den experimentellen Bedingungen. Deswegen sind die gezeigten Werte nur Näherungswerte. Die dargestellte Stöchiometrie entspricht dem Transfer von zwei Elektronen vom Wasser zum NADPH. Abkürzungen: Ph *a*, Phaeophytin *a*, nimmt Elektron von P680* auf; PQ_A, gebundenes Plastochinon; PQ_B, bewegliches Plastochinon; A_0, Chlorophyll *a*, das das Elektron von P700* empfängt; A_1, Phyllochinon; F_X, F_B und F_A, Eisen-Schwefel-Cluster; Fd, Ferredoxin; FNR, Ferredoxin:$NADP^{\oplus}$-Reduktase.

bzw. P700* überführt, die ein wesentlich niedrigeres Reduktionspotenzial aufweisen und deswegen starke Reduktionsmittel repräsentieren. Je stärker ein Reduktionsmittel ist, desto größer ist sein Bestreben, ein Elektron auf eine andere Substanz, das Oxidationsmittel, zu übertragen. Dabei wird das Reduktionsmittel oxidiert und das Oxidationsmittel reduziert. Durch die Abgabe eines Elektrons werden die angeregten Pigmentmoleküle in die oxidierten Pigmentmoleküle $P680^{\oplus}$ und $P700^{\oplus}$ umgewandelt. Die Lichtenergie, deren Absorption zur Anregung der Pigmentmoleküle geführt hat, wird durch die Oxidation der angeregten Pigmentmoleküle und den anschließenden Elektronenfluss in der photosynthetischen Elektronentransportkette sowie den damit gekoppelten Reaktionen auf NADPH und ATP übertragen.

Die Standardreduktionspotenziale von vielen Komponenten des Z-Schemas sind in ▶*Tabelle 8.4* aufgelistet. Die Differenz zwischen zwei beliebigen Reduktionspotenzialen ist ein Maß für die Gibbs'sche freie Reaktionsenthalpie der Redoxreaktion, die sich aus der Kombination der zugehörigen Halbreaktionen ergibt (▶*Gleichung 8.25*). Dem Z-Schema in ▶*Abbildung 12.13* können wir eine Absenkung des Standardreduktionspotenzials von P680 um etwa 1,85 V infolge der Anregung durch die Absorption eines passenden Photons entnehmen. Diese Potenzialdifferenz ist nach ▶*Gleichung 8.25* für die Anregung des P680, bei der ein Elektron in ein höheres Energieniveau gehoben wird, mit einer Änderung der Gibbs'schen freien Enthalpie von knapp 180 kJ mol^{-1} verbunden ($\Delta G^{\circ\prime}$ = 180 kJ mol^{-1}). Dieser Wert entspricht fast genau der Energie eines Mols Photonen von Licht mit einer Wellenlänge von 680 nm, die man mithilfe von ▶*Gleichung 12.1* berechnen kann. Das bedeutet, dass die Energie des Sonnenlichtes bei der Absorption zunächst sehr effizient in die Änderung eines Reduktionspotenzials umgesetzt wird. Dies trifft auch für die Lichtabsorption durch P700 zu, allerdings sind die entsprechenden Werte der Potenzialdifferenz und der freien Enthalpieänderung wegen der größeren Wellenlänge etwas kleiner.

Es gibt viele Ähnlichkeiten zwischen dem Elektronentransfer bei der Photosynthese und dem membrangebundenen Elektronentransport. In beiden Fällen fließen energiereiche Elektronen durch einen Cytochrom-Komplex, der infolgedessen Protonen durch eine Membran transportiert, und der daraus resultierende Protonengradient wird zum Antrieb der endergonen Synthese von ATP durch die ATP-Synthase verwendet. Außerdem weisen der Cytochrom-*bc*-Komplex (Komplex III) und der Cytochrom-*bf*-Komplex ähnliche Strukturen und Orientierungen in der Membran auf. Beide Komplexe setzen Protonen in dem Raum zwischen einer inneren und einer äußeren Membran frei. Auch die Orientierung der ATP-Synthase stimmt in beiden Fällen überein: Der Knopf der *Knopf-und-Stiel-Struktur* weist bei Bakterienzellen ins Cytoplasma und bei Eukaryonten in die Matrix der Mitochondrien hinein, während die Basis des Stiels in die Plasmamembran bzw. die innere Mitochondrienmembran eingebettet ist. Die ATP-Synthase in Chloroplasten ist auf analoge Weise orientiert. Der Hauptunterschied zwischen dem Elektronentransport bei der Photosynthese und der Atmungskette besteht in der initialen Elektronenquelle und dem terminalen Elektronenakzeptor. In Mitochondrien werden die energiereichen Elektronen zum Beispiel von Reduktionsmitteln wie NADH ($E^{\circ\prime} = -0{,}32$ V) geliefert und am Ende der Kette vom Elektronenakzeptor O_2 ($E^{\circ\prime} = +0{,}82$ V) aufgenommen. In der Elektronentransportkette der gekoppelten Photosysteme bei der Photosynthese sind die Verhältnisse umgekehrt, denn in diesem Fall treten H_2O ($E^{\circ\prime} = +0{,}82$ V) als initialer Elektronendonor und NADP$^{\oplus}$ ($E^{\circ\prime} = -0{,}32$ V) als terminaler Elektronenakzeptor auf. Im Gegensatz zum mitochondrialen Elektronentransport ist der photosynthetische Elektronentransport demzufolge thermodynamisch ungünstig, also endergon, und mit einer positiven Änderung der freien Enthalpie verbunden. Damit er überhaupt ablaufen kann, muss er deswegen mit einem exergonen Prozess gekoppelt werden, der eine genügend große negative Änderung der freien Enthalpie zur Folge hat, sodass die Änderung der freien Enthalpie des Gesamtprozesses negativ wird. Dieser exergone Prozess entspricht bei der Photosynthese der Kernfusion in der Sonne, bei der Energie freigesetzt wird und als elektromagnetische Strahlung zur Erde gelangt, wo sie von den Photosystemen PSI und PSII absorbiert werden kann.

Um Wasser zu oxidieren, ihm also Elektronen zu entziehen, müssen die Zellen ein starkes Oxidationsmittel erzeugen, dessen Reduktionspotenzial größer ist als das der Halbreaktion $H_2O \rightarrow 1/2\ O_2 + 2\ H^{\oplus} + 2\ e^{\ominus}$. Dieses starke Oxidationsmittel stellt das oxidierte Spezialpaar P680$^{\oplus}$ dar, dessen Bildung durch die Absorption von Lichtenergie und die anschließende Abgabe des energiereichen Elektrons ermöglicht wird. Das Standardreduktionspotenzial für die Halbreaktion P680$^{\oplus}$ + $e^{\ominus}$ $\rightarrow$ P680 beträgt $E^{\circ\prime} = +1{,}1$ V. Dieses Standardreduktionspotenzial ist größer als das von Wasser. Deswegen kann Wasser, wie in ▶*Abbildung 12.13* angedeutet, Elektronen an P680$^{\oplus}$ abgeben. P680$^{\oplus}$ ist das stärkste bekannte Oxidationsmittel, das in biochemischen Reaktionen auftritt. Seine Oxidationskraft ist auch viel größer als die des P870$^{\oplus}$ in Purpurbakterien, obwohl Purpurbakterien ein ähnliches Reaktionszentrum des Typs II (RCII) besitzen. P700* ist dementsprechend ein starkes Reduktionsmittel mit einem niedrigeren Reduktionspotenzial als NADPH. In diesem Fall wird durch Absorption eines Photons mit geeigneter Energie durch PSI ein energiereiches Elektron erzeugt, dass auf NADP$^{\oplus}$ übertragen werden kann, sodass Reduktionsäquivalente in Form von NADPH gebildet werden. Der aus thermodynamischer Sicht im Vergleich zum mitochondrialen Elektronentransport umgekehrte Elektronenfluss bei der Photosynthese wird somit durch die speziellen lichtabsorbierenden Eigenschaften der Pigmentmoleküle in den beiden Photosystemen ermöglicht.

12.2.5 Photosynthetische Komplexe in innenliegenden Membranen

Die vier Komplexe PSI, PSII, Cytochrom *bf* und ATP-Synthase sind in Membranen eingebettet. Cyanobakterien besitzen in der Regel ein inneres Netzwerk aus Membranen, in denen diese Komplexe konzentriert vorliegen (▶*Abbildung 12.14*). Diese innenliegenden Membranen werden Thylakoidmembranen genannt. Sie entstehen aus Einstülpungen der Plasmamembranen und bilden Strukturen, die denen der mitochondrialen Cristae ähneln. Wenn sich die Plasmamembran zur Bildung von Thylakoiden nach innen faltet, schließt sie einen Raum ein, der als Lumen des Thylakoids bezeichnet wird. Das Thylakoidlumen kann noch mit dem periplasmatischen Raum in Verbindung stehen oder ein eigenes intrazelluläres Kompartiment bilden, wenn sich ein Membranbläschen nach innen von der Plasmamembran abschnürt. Die Innenseite der Membran eines solchen Thylakoidkompartiments entspricht der ursprünglichen Außenseite der Plasmamembran. Deswegen erfolgt der photosynthetische Protonentransport vom Cytoplasma in das Lumen hinein, sodass sich die Protonen im Lumen anhäufen.

Durch die Bildung des inneren Membrannetzwerkes wird die Membranfläche, die für die Einbettung der Photosyntheseapparate zur Verfügung steht, erheblich vergrößert. Infolgedessen weisen Cyanobakterien eine viel größere Konzentration an photosynthetischen Komplexen auf als andere photosynthetische Bakterienspezies. Deswegen können Cyanobakterien die Energie des Sonnenlichtes viel effizienter absorbieren und in chemische Energie umwandeln. Dadurch haben sie sich im Lauf der Evolution einen Selektionsvorteil verschafft, sodass ihre große Verbreitung zur Anreicherung der Atmosphäre mit molekularem Sauerstoff führen konnte.

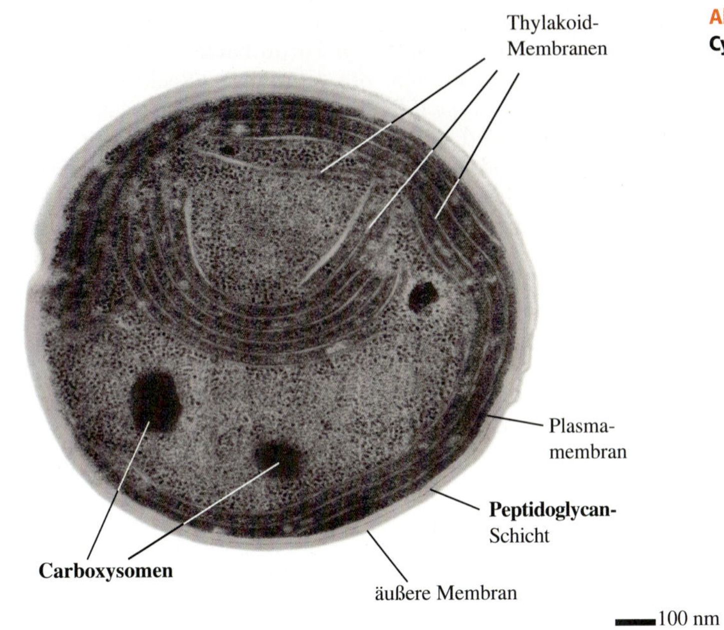

Abbildung 12.14: Innere Struktur des Cyanobakteriums *Synechocystis* [PCC 6803].

Bacteriorhodopsin 12.3

Bacteriorhodopsin ist ein Membranprotein, das in spezialisierten Spezies von Archaeen, wie zum Beispiel *Halobacterium salinarium*, vorkommt. Das Protein besitzt sieben membrandurchspannende α-Helices, die einen Kanal durch die Membran bilden.

Das Protein enthält ein einzelnes Retinalmolekül, das mit der Seitenkette eines Lysinrestes in der Mitte des Kanals kovalent verknüpft ist. Im Grundzustand befindet sich das Retinal in einer all-*trans*-Konfiguration. Durch die Absorption eines Photons geeigneter Energie geht es aber in eine 13-*cis*-Konfiguration über. Die lichtinduzierten Änderungen der Konfiguration sind mit der Deprotonierung und Reprotonierung des Stickstoffatoms der Lysin-Seitenkette verbunden. Wenn das Retinal infolge der Lichtabsorption in die 13-*cis*-Konfiguration übergegangen ist, kann das Proton über einen Aminosäurerest, der in Richtung der Außenseite der Membran im Kanal liegt, nach außen freigesetzt werden. Nach einer thermischen Reisomerisierung zur all-*trans*-Konfiguration wird dieses Proton über einen Aminosäurerest, der in Richtung Innenseite der Membran im Kanal lokalisiert ist, aus dem Cytoplasma nachgeliefert. Für jedes vom Bacteriorhodopsin absorbierte Photon wird auf diese Weise ein Proton durch die Membran transportiert. Bacteriorho-

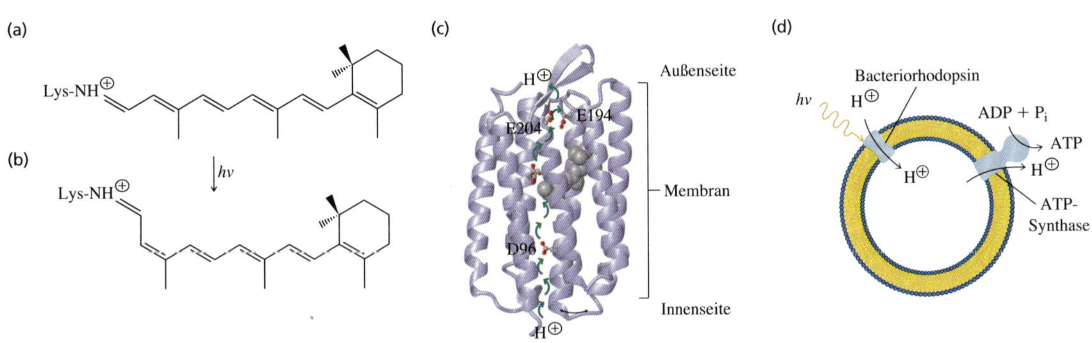

Abbildung 12.15: Zwei Konfigurationen des lysingebundenen Retinals im Bacteriorhodopsin. (a) All-*trans*-Retinal. (b) 13-*cis*-Retinal. Die all-*trans*-Konfiguration wandelt sich infolge der Absorption eines Photons von Licht geeigneter Wellenlänge in die 13-*cis*-Konfiguration um. Die auf die Isomerisierung folgende Abgabe des Protons ist nicht gezeigt. (c) Kristallstuktur des Membranproteins Bacteriorhodopsin. (d) Bacteriorhodopsin erzeugt unter Bestrahlung einen Protonengradienten, der die Synthese von ATP antreibt. Lipidvesikel, deren Membran sowohl Bacteriorhodopsin als auch ATP-Synthase in der dargestellten Orientierung enthielten, konnten künstlich hergestellt werden. Wenn diese Vesikel beleuchtet werden, pumpt Bacteriorhodopsin Protonen in die Vesikel hinein und der dadurch erzeugte Protonengradient liefert die notwendige Energie zur Synthese von ATP durch die ATP-Synthase.

dopsin erzeugt einen lichtinduzierten Protonengradienten über der Plasmamembran, der die Synthese von ATP durch die ATP-Synthase antreibt. In dieser funktionellen Hinsicht ähnelt das einfache System des Rhodopsins somit den wesentlich komplizierteren Photosystemen. Die Kopplung des Bacteriorhodopsins mit der ATP-Synthase kann mithilfe von künstlich hergestellten Lipidvesikeln, deren Membran beide Proteine enthält, direkt demonstriert werden. Wenn solche Vesikel beleuchtet werden, produzieren sie ATP aus ADP und P_i. Dabei weisen die Proteine in der Vesikelmembran im Vergleich zu den Proteinen in der Plasmamembran der lebenden Bakterien die entgegengesetzte Orientierung auf. So können die Substrate der ATP-Synthese im Experiment von außen nachgeliefert und müssen nicht in ausreichender Menge schon vorher in die Vesikel eingeschlossen werden. Dieses Experiment wurde erstmals von Efraim Racker und seinen Mitarbeitern im Jahr 1974 durchgeführt. Es stellte eine der ersten experimentellen Bestätigungen der chemiosmotischen Theorie dar.

12.4 Photosynthese in Pflanzen

Bisher wurden bakterielle Photosynthese beschrieben, aber viele eukaryontische Spezies sind ebenfalls zur Photosynthese fähig. Die photosynthetischen Eukaryonten, die uns am besten vertraut sind, stellen die Blütenpflanzen und andere landbewohnende Spezies, wie zum Beispiel Moose und Farne, dar. Zusätzlich zu diesen offensichtlichen Beispielen existieren viele einfachere photosynthetische Eukaryonten wie Algen und Diatomeen (Kieselalgen). In allen photosynthetischen Eukaryonten befinden sich die Photosyntheseapparate in spezifischen zellulären Organellen, den sogenannten Chloroplasten. Im Gegensatz zu Bakterien liegen die Enzymsysteme der Photosynthese und des membrangebundenen Elektronentransports der Atmungskette bei Eukaryonten somit nicht in einem Membransystem vereinigt vor. Stattdessen befinden sie sich in getrennten, verschiedenen Kompartimenten, den Chloroplasten und Mitochondrien. Die Chloroplasten haben sich, wie bereits erwähnt, aus einer cyanobakteriellen Spezies entwickelt, die vor über zwei Milliarden Jahren in eine symbiontische Beziehung mit einer primitiven eukaryontischen Zelle getreten ist. Die heutigen Chloroplasten weisen immer noch eine reduzierte Form des ursprünglichen bakteriellen Genoms auf. Diese DNA enthält die Gene für viele Proteine der Photosysteme und für einige der Enzyme, die an der CO_2-Fixierung beteiligt sind. Dieser prokaryontische Charakter der Genexpression in Chloroplasten spiegelt deren bakteriellen evolutionären Ursprung wider. Auf der heutigen Erde wird ein großer Teil (~70 Prozent) des atmosphärischen Sauerstoffs durch die Photosynthese in Landpflanzen, insbesondere in tropischen Regenwäldern, produziert. Fast die gesamte Nahrung der tierischen Lebewesen stammt direkt oder indirekt von Pflanzen, sodass die Synthese der Nährstoffe sowohl der Tiere als auch der Pflanzen auf die Energie des Sonnenlichtes angewiesen ist.

12.4.1 Chloroplasten

Die Chloroplasten besitzen eine Doppelmembranhülle (▶*Abbildung 12.16*). Wie in Mitochondrien ist die äußere Membran unmittelbar vom Cytoplasma umgeben. Die innere Membran umhüllt den Innenraum des Chloroplasten, das sogenannte Stroma. Innerhalb des Stromas befindet sich ein komplexes Membransystem, das als Thylakoid bezeichnet wird. Dieses entsteht bei der Entwicklung der Chloroplasten durch Einstülpungen der inneren Membran. Cyanobakterien besitzen eine ähnliche Thylakoidmembran (▶*Abbildung 12.16*). Das Thylakoid in Chloroplasten weist einen eigenen, kontinuierlichen Innenraum (das Lumen des Thylakoids) auf und steht nicht mehr in direktem Kontakt zur inneren Chloroplastenmembran. In den Chloroplasten bilden die Thylakoidmembranen ein blattartiges Netzwerk, das innerhalb des Stromas liegt und vollständig von diesem umgeben ist. Bei der Entstehung eines Chloroplasten wachsen aus diesen Blättern flache, scheibenförmige Gebilde heraus. Diese scheibenförmigen Strukturen sind zu Stapeln, die Münzstapeln ähneln, den sogenannten Grana (Singular: Granum), übereinandergeschichtet. Ein typischer Chloroplast enthält Dutzende solcher Grana, also gestapelte Scheiben aus Thylakoidmembranen. In ausgereiften Chloroplasten sind die Grana durch dünne Schichten aus Thylakoidmembranen, die Stromathylakoide genannt werden, untereinander verbunden. Innerhalb der Grana grenzen die Thylakoidmembranen direkt aneinander und stehen daher nicht mit dem Stroma in Kontakt.

Die dreidimensionale Organisation der Thylakoidmembran ist in ▶*Abbildung 12.16c* dargestellt. Jede Scheibe eines Granum-Stapels weist kurze Verbindungsbrücken zu den Stromathylakoiden auf. Die Brückenansätze bilden eine rechtsgängige Helix rund um das jeweilige Granum. Das Innere jeder der Scheiben entspricht einem Teil des Lumens (Innenraums) des Thylakoids und somit einem Teil desselben Kompartiments, das sich auch zwischen den Stromathylakoidmembranen befindet. Alle Thylakoidmembranen werden durch Einstülpungen und Abschnürungen der inneren Chloroplastenmembran gebildet. Das Thylakoidlumen entspricht aus topologischer Sicht deswegen dem Intermembranraum zwischen der inneren und der äußeren Membran der Chloroplasten. Wie in Cyanobakterien enthält die Thylakoidmembran viele Exemplare des PSI, des PSII, des Cytochrom-*bf*-Komplexes und der ATP-Synthase. In Mitochondrien werden Protonen im Intermembranraum im Vergleich zur Matrix angereichert (▶*Abschnitt 11.2*). In Chloroplasten werden auf analoge Weise Protonen aus dem Stroma in das Lumen der Grana- und der Stromathylakoide transportiert. Das Stroma der Chloroplasten stellt das Analogon des Cytoplasmas in Bakterien und der Matrix in Mitochondrien dar.

12.4.2 Photosysteme in Pflanzen

Die photosynthetischen Komplexe in eukaryontischen Chloroplasten haben sich aus Komplexen in frühen, primitiven Cyanobakterien entwickelt. Das Photosystem I (PSI) der Chloroplasten weist große strukturelle und funktionelle Ähnlichkeiten zu seinem bakteriellen Vorfahren auf. Der einzige signifikante Unterschied besteht darin, dass das eukaryontische PSI Chlorophyll anstelle des Bacteriochlorophylls in der Elektronentransportkette des Reaktionszentrums enthält. Die eukaryontische Version des PSI oxidiert Plastocyanin (oder Cytochrom *c*) und reduziert Ferredoxin (oder Flavodoxin). Das eukaryontische PSI liegt mit einem Lichtsammelkomplex namens LHCI (engl. *light-harvesting complex I*), der dem in manchen Bakterien vorkommenden Komplex ähnelt, assoziiert vor. Auch das Photosystem II der Chloro-

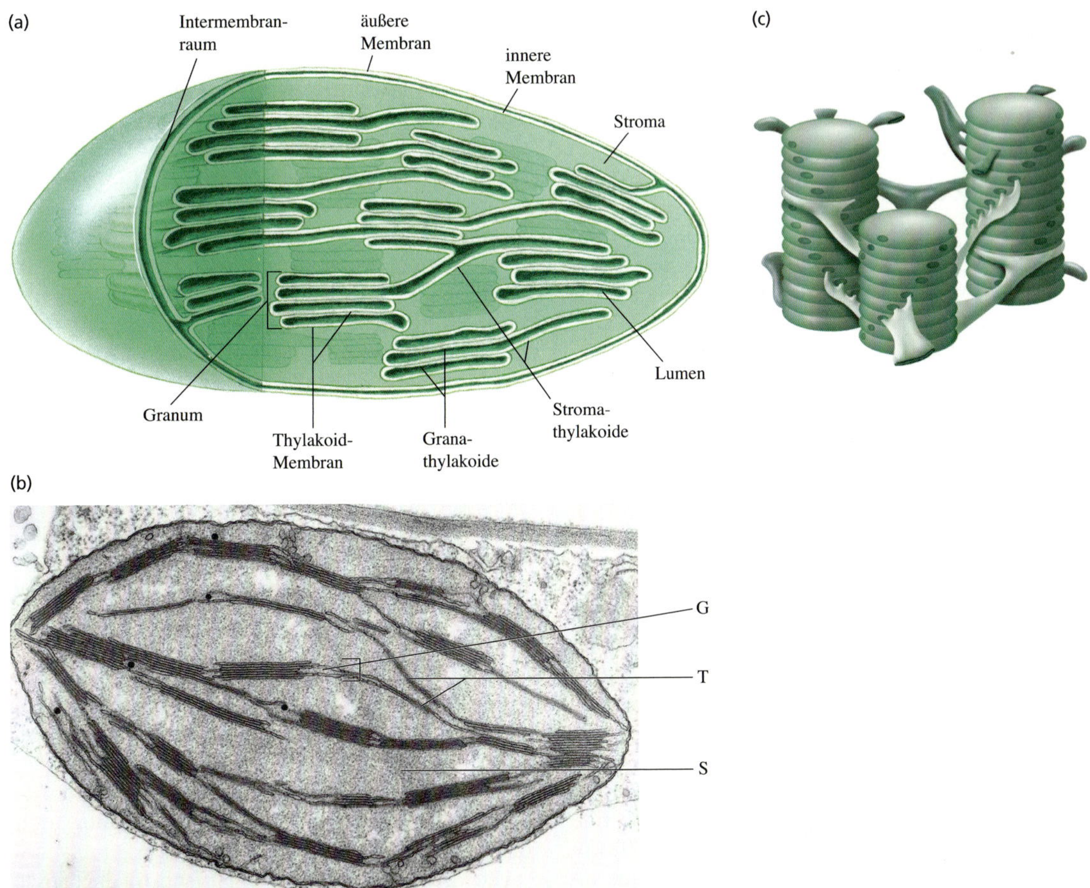

Abbildung 12.16: Struktur eines Chloroplasten. (a) Schematische Darstellung. (b) Elektronenmikroskopische Aufnahme des Querschnitts durch den Chloroplasten eines Spinatblatts. Ein Granum (G), ein Abschnitt der Thylakoidmembran (T) und das Stroma (S) sind beispielhaft gekennzeichnet. (c) Schematische Darstellung der räumlichen Anordnung der Thylakoidscheiben in den Grana und der Verbindung der Grana zu den Stromathylakoiden. [Aus: Staehlin, L. A. 2003. Chloroplast structure: from chlorophyll granules to supra-molecular architecture of thylakoid membranes. *Photosynthesis Research* 76:185–196.]

plasten zeigt große Ähnlichkeiten zum PSII in Cyanobakterien. Pflanzenchloroplasten enthalten einen Lichtsammelkomplex, der LHCII genannt wird und in der Chloroplastenmembran mit dem PSII assoziiert vorliegt. LHCII erscheint als großer Komplex, der 140 Chlorophyll- und 40 Carotinoidmoleküle enthält und das PSII in der Membran vollständig umschließt. Infolgedessen verläuft das Einfangen der Photonen in Pflanzen effizienter als in Bakterien. Außerdem besitzen Cyanobakterien und Chloroplasten auch ähnliche Cytochrom-*bf*-Komplexe.

Erwartungsgemäß ist auch die ATP-Synthase der Chloroplasten mit der cyanobakteriellen ATP-Synthase verwandt. Zur mitochondrialen Version der ATP-Synthase besteht allerdings trotz aller Ähnlichkeiten keine unmittelbare Verwandtschaft. Dies ist aber nicht besonders verwunderlich, da sich die mitochondriale ATP-Synthase wie die Mitochondrien selbst aus einem protobakteriellen Vorfahren entwickelt hat und Protobakterien mit Cyanobakterien nur sehr entfernt verwandt sind. Spezies wie Algen, Diatomeen und Pflanzen, die sowohl Mitochondrien als auch Chloroplasten aufweisen, enthalten dementsprechend zwei verschiedene Versionen der ATP-Synthase, von denen eine nur in Mitochondrien und die andere nur in Chloroplasten vorkommt. Die ATP-Synthase der Chloroplasten stellt eine CF_0F_1-ATP-Synthase dar, wobei der Buchstabe C nur darauf hinweist, dass es sich um die Chloroplastenversion handelt. Die molekulare Gestalt der CF_0F_1-ATP-Synthase ist der Gestalt der mitochondrialen Version sehr ähnlich, obwohl die verschiedenen Untereinheiten der beiden Enzyme von unterschiedlichen Genen codiert werden. Wie in Mitochondrien besteht die Membrankomponente der CF_0F_1-ATP-Synthase aus einem multimeren Ring, während ein Stiel in die hexamere Knopfstruktur außerhalb der Membran hineinragt. Der multimere Ring in der Membran rotiert, wenn Protonen über die ATP-Synthase durch die Membran zurückfließen. Infolgedessen wird in der hexameren Knopfstruktur ATP aus ADP und P_i nach einem Bindungsveränderungs-Mechanismus (engl. *binding change mechanism*) synthetisiert.

12.4.3 Organisation der Photosysteme in Chloroplasten

▶*Abbildung 12.17* illustriert die Lokalisationen der membrandurchspannenden photosynthetischen Komponenten innerhalb der Thylakoidmembran von Chloroplasten. Die PSI-Komplexe befinden sich überwiegend in den Stromathylakoiden und stehen daher mit dem Stroma in Kontakt. Dagegen liegen die PSII-Komplexe vorwiegend ohne direkte Verbindung zum Stroma in der Membran der Granathylakoide. Der in ▶*Abbildung 12.17* nicht dargestellte sauerstoffproduzierende Komplex (OEC) ist auf der luminalen Seite der Thylakoidmembran mit den PSII-Komplexen assoziiert. Der Cytochrom-*bf*-Komplex kommt ohne besondere Präferenz sowohl in der Membran der Stroma- als auch der Granathylakoide vor. Die ATP-Synthase befindet sich ausschließlich in den Stromathylakoiden. Die CF_1-Komponente, an der die Synthese des ATP stattfindet, ragt in das Stroma und nicht in das Thylakoidlumen hinein.

Innerhalb der Grana grenzen die Membranen benachbarter Scheiben der Thylakoidstapel direkt aneinander und bilden daher Doppelmembranstrukturen. Diese Membranbereiche sind mit den lichtabsorbierenden PSII-Komplexen und den mit ihnen assoziierten LHCII-Komplexen dicht besetzt. Die Photonen des Lichtes passieren die Plasmamembran, das Cytoplasma und die äu-

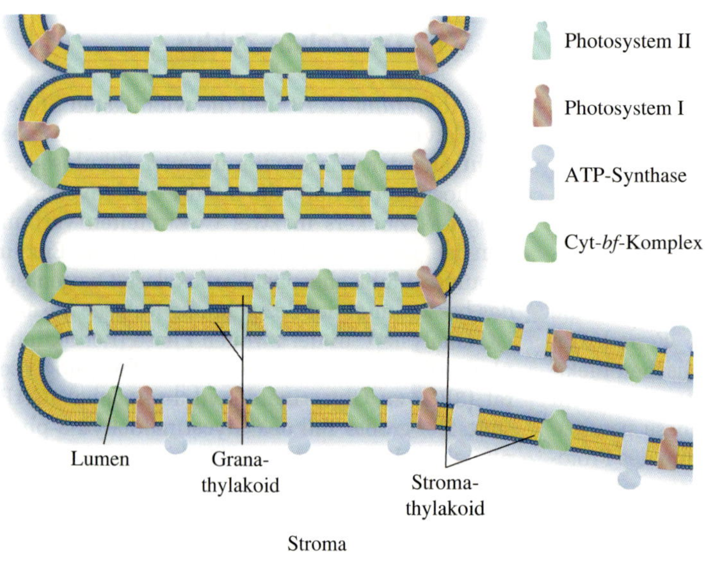

Abbildung 12.17: Verteilung der membrandurchspannenden photosynthetischen Komponenten auf die Stroma- und Granathylakoide. PSI befindet sich überwiegend in Stromathylakoiden, während PSII vorwiegend in Granathylakoiden vorkommt. Die Cytochrom-*bf*-Komplexe treten ohne besondere Präferenz sowohl in Stroma- als auch in Granathylakoiden auf. Die ATP-Synthase ist ausschließlich in den Stromathylakoiden lokalisiert.

austreten kann, ohne dass der für die Vollendung des Zyklus erforderliche Vorrat angegriffen wird. Die in runde Klammern gefassten Zahlen vor den Zwischenprodukten repräsentieren die stöchiometrischen Faktoren für den Umsatz dieser drei CO_2-Moleküle. In den Fällen, in denen der Faktor *(1)* lautet, wurde er nicht explizit angegeben.

12.5.2 Rubisco: Ribulose-1,5-bisphosphat-Carboxylase/Oxygenase

Die Rubisco (Ribulose-1,5-bisphosphat-Carboxylase/Oxygenase) ist *das* Schlüsselenzym des Calvin-Zyklus. Sie katalysiert die Fixierung von atmosphärischem CO_2 in organischen Kohlenstoffverbindungen. Die Reaktion umfasst die Carboxylierung des C_5-Zuckers Ribulose-1,5-bisphosphat und die anschließende Spaltung des C_6-Zwischenproduktes in zwei Moleküle der C_3-Verbindung 3-Phosphoglycerat. Der Reaktionsmechanismus dieser Reaktion ist in ▶*Abbildung 12.20* dargestellt.

Der Anteil der Rubisco an allen löslichen Proteinen in den Blättern von Pflanzen beträgt bis zu 50 Prozent, wodurch sie eines der am reichlichsten vorhandenen Enzyme auf der Erde überhaupt ist. Interessanterweise sind die großen Mengen dieses Enzyms in den Pflanzenzellen unter anderem auch auf seine geringe Effizienz zurückzuführen. Infolge der niedrigen Wechselzahl von nur etwa 3 s^{-1} sind große Mengen des Enzyms erforderlich, um eine nennenswerte Reaktionsgeschwindigkeit der CO_2-Fixierung zu erreichen! Die Rubisco in Pflanzen, Algen und Cyanobakterien besteht aus acht großen (L wie *large*) Untereinheiten und acht kleinen (S wie *small*) Untereinheiten (▶*Abbildung 12.21*). Das Enzym weist acht aktive Zentren auf, die sich in den acht großen L-Untereinheiten befinden. An jedem Ende des Kerns aus den acht L-Untereinheiten befinden sich vier S-Untereinheiten. Die Rubisco-Moleküle anderer photosynthetischer Bakterien sind nur aus L-Untereinheiten, die die aktiven Zentren enthalten, aufgebaut. Die Rubisco des Purpurbakteriums *Rhodospirillum rubrum* bildet zum Beispiel ein einfaches L_2-Dimer aus zwei großen Untereinheiten.

Die Rubisco aus Purpurbakterien weist eine geringere Affinität für CO_2 auf als das komplexere Multiuntereinheiten-Enzym anderer Spezies, aber sie katalysiert die gleiche Reaktion. Diese funktionelle Übereinstimmung konnte durch die gentechnische Veränderung von Tabakpflanzen, bei

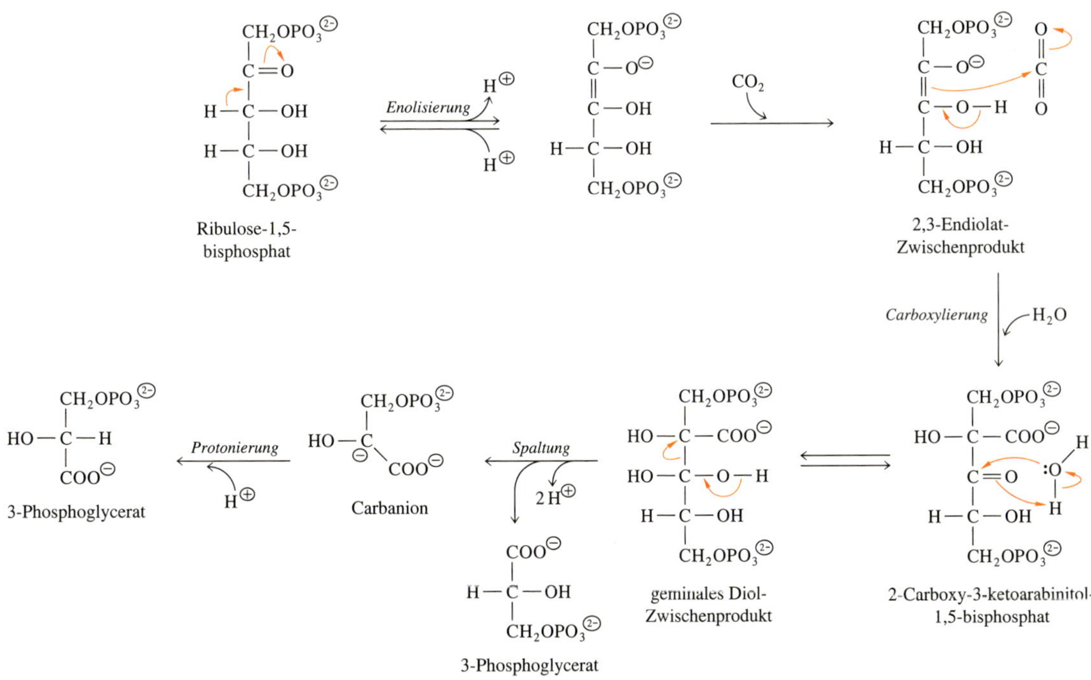

Abbildung 12.20: Mechanismus der durch Rubisco katalysierten Carboxylierung von Ribulose-1,5-bisphosphat, die zur Bildung von zwei Molekülen 3-Phosphoglycerat führt. Durch die Abspaltung eines Protons vom C-3 des Ribulose-1,5-bisphosphats wird ein 2,3-Endiolat-Zwischenprodukt erzeugt. Das nucleophile Endiolat greift das elektrophile Kohlenstoffatom des CO_2 an. Dadurch entsteht 2-Carboxy-3-keto-arabinitol-1,5-bisphosphat, das zu einem instabilen geminalen Diol hydratisiert wird. Die C-2–C-3-Bindung dieses Diol-Zwischenprodukts wird umgehend in ein Molekül 3-Phosphoglycerat und ein Carbanion gespalten. Die stereospezifische Protonierung des Carbanions liefert ein zweites Molekül 3-Phosphoglycerat. Dieser Schritt vollendet die Phase der CO_2-Fixierung (Carboxylierungsphase) des Calvin-Zyklus, in der aus einem CO_2-Molekül und einem Molekül des C_5-Zuckers Ribulose-1,5-bisphosphat zwei Moleküle 3-Phosphoglycerat gebildet werden.

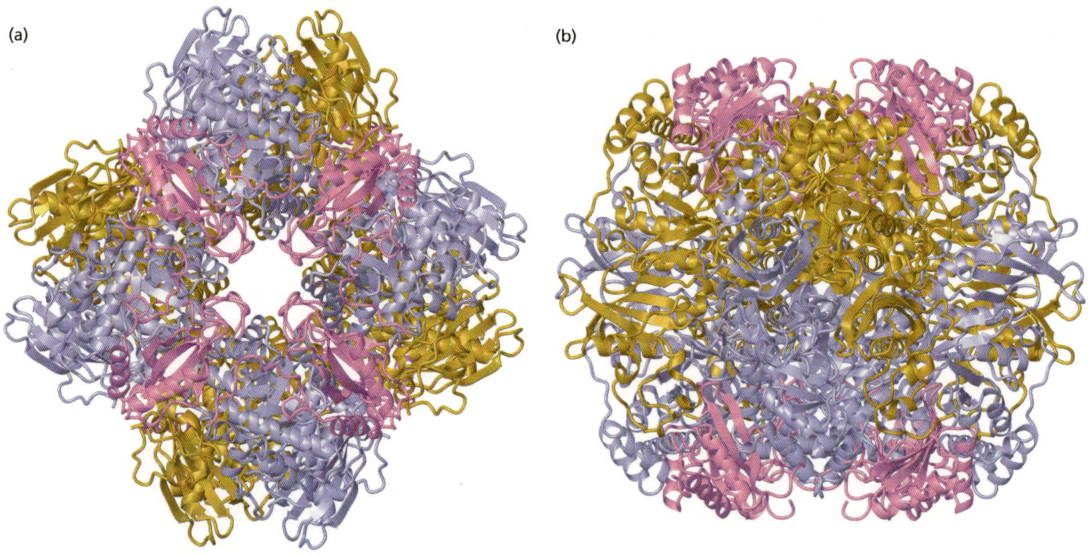

Abbildung 12.21: Kopf- und Seitenansicht der Quartärstruktur (L_8S_8) der Ribulose-1,5-bisphosphat-Carboxylase/Oxygenase (Rubisco) aus Spinat *(Spinacia oleracea)*. Die großen Untereinheiten (L) sind abwechselnd gelb und blau, die kleinen Untereinheiten (S) violett dargestellt [PDB 1RCX].

der das normale Pflanzengen der Rubisco gegen das entsprechende Gen des Purpurbakteriums *Rhodospirillum rubrum* ausgetauscht wurde, eindrucksvoll demonstriert werden. Die modifizierten Pflanzen enthielten nur die bakterielle dimere Form des Enzyms. Diese Pflanzen wuchsen und vermehrten sich normal, solange sie in einer Atmosphäre mit hoher CO_2-Konzentration kultiviert wurden. Die Rubisco wechselt zwischen einer aktiven (im Hellen) und einer inaktiven Form (im Dunkeln) hin und her. Sie muss aktiviert werden, um die Fixierung von CO_2 katalysieren zu können. Unter Lichteinfluss steigt die Aktivität der Rubisco infolge des höheren (stärker basischen) pH-Wertes, der sich im Stroma (bzw. dem bakteriellen Cytoplasma) durch den photosynthetischen Protonentransport entwickelt. Unter alkalischen Bedingungen reagiert ein aktivierendes CO_2-Molekül, bei dem es sich nicht um das Substratmolekül der enzymatischen Reaktion handelt, mit der Seitenkette eines Lysinrestes der Rubisco zu einem Carbamat-Addukt. Dieses CO_2-Lysin-Carbamat-Addukt wird durch die Komplexierung eines Mg^{2+}-Ions stabilisiert. Nur das carbamylierte Enzym besitzt die CO_2-fixierende Aktivität. Allerdings dissoziiert das Carbamat-Addukt leicht wieder zum inaktiven Enzym. Vor der Erhöhung des pH-Wertes im Stroma durch den photosynthetischen Protonentransport kann die ε-Aminogruppe in der Seitenkette des Lysinrestes nicht carbamyliert werden, weil sie in der protonierten Form vorliegt und das CO_2 infolge des fehlenden freien Elektronenpaares am Stickstoff nicht nucleophil angreifen kann. Steigt der pH-Wert am Tag unter Lichteinfluss auf etwa 8,0 an, bindet ein lichtaktiviertes, ATP-abhängiges Enzym namens Rubisco-Aktivase an die Rubisco und katalysiert die Carbamylierung der nun nicht mehr protonierten Aminogruppe des Lysinrestes, indem sie eine Konformationsänderung der Rubisco hervorruft. Unter diesen Bedingungen ist die Rubisco also aktiv. Wenn die Sonne untergeht, verliert die lichtaktivierte und ATP-abhängige Rubisco-Aktivase ihre Aktivität. Infolge der Dissoziation des Carbamat-Adduktes geht auch die Rubisco in den inaktiven Zustand über und die CO_2-Fixierung wird gestoppt. Diese Regulation der Rubisco ist sinnvoll, da die Photosynthese im Dunkeln nicht ablaufen kann und deswegen in den Chloroplasten auch kein weiteres ATP und NADPH mehr gebildet wird. Diese Cofaktoren werden aber im Calvin-Zyklus benötigt, vor allem in der Reduktionsphase. Deswegen kann der Calvin-Zyklus im Dunkeln wegen der fehlenden Cofaktoren nicht ablaufen. Da die Regulation des Zyklus über das erste Enzym der Reduktionsphase, die Rubisco, erfolgt, werden die unproduktive Anhäufung von 3-Phosphoglycerat sowie die verschwenderische Oxygenierungsreaktion verhindert. In Pflanzen wird eine zusätzliche Ebene der Rubisco-Regulation durch die hemmende Wirkung von 2-Carboxyarabinitol-1-phosphat (▶*Abbildung 12.22*) vermittelt. Diese Verbindung stellt ein Analogon des instabilen, geminalen Diol-Zwischenprodukts des Carboxylierungsmechanismus dar. Sie wird nur im Dunkeln gebildet und hemmt jedes übriggebliebene carbamylierte Rubisco-Molekül, indem sie an das aktive Zentrum bindet, ohne umgesetzt werden zu können. Auf diese Weise wird die weitge-

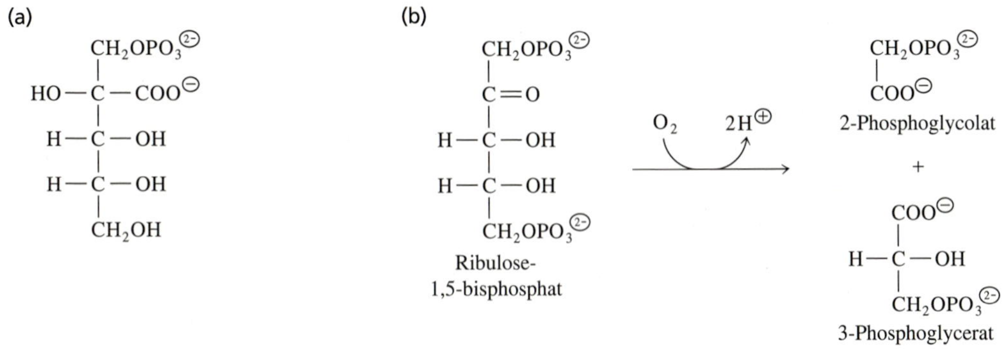

Abbildung 12.22: (a) Struktur von 2-Carboxyarabinitol-1-phosphat und (b) durch die Rubisco katalysierte Oxygenierung von Ribulose-1,5-bisphosphat.

hende Außerbetriebsetzung des Calvin-Zyklus bei Nacht sichergestellt. Einige Pflanzen produzieren ausreichende Mengen dieses Inhibitors, um die Rubisco im Dunkeln vollständig zu inaktivieren.

12.5.3 Oxygenierung von Ribulose-1,5-bisphosphat

Wie der vollständige Name des Enzyms andeutet, katalysiert die Ribulose-1,5-bisphosphat-Carboxylase/Oxygenase nicht nur die Carboxylierung, sondern auch die Oxygenierung von Ribulose-1,5-bisphosphat. Die beiden Reaktionen stehen miteinander im Wettstreit, da CO_2 und O_2 um die Bindung im selben aktiven Zentrum der Rubisco konkurrieren. Während die Carboxylierung zwei Moleküle 3-Phosphoglycerat hervorbringt, führt die Oxygenierung zur Bildung eines Moleküls 3-Phosphoglycerat und eines Moleküls 2-Phosphoglycolat (▶*Abbildung 12.22b*). Durch die Oxygenierung werden *in vivo* merkliche Mengen des Ribulose-1,5-bisphosphats verbraucht. Unter normalen Wachstumsbedingungen ist die Carboxylierungsgeschwindigkeit etwa drei- bis viermal so groß wie die Geschwindigkeit der Oxygenierung. Das durch die Oxygenierung von Ribulose-1,5-bisphosphat gebildete 3-Phosphoglycerat kann auf dem normalen Weg im Calvin-Zyklus weiter umgesetzt werden. Das zweite Produkt der Oxygenierung folgt aber einem anderen Stoffwechselweg. Zwei Moleküle 2-Phosphoglycolat (C_2) werden in Peroxisomen und Mitochondrien durch einen oxidativen Weg über Glyoxylat sowie die Aminosäuren Glycin und Serin zu einem Molekül CO_2 und einem Molekül 3-Phosphoglycerat (C_3) verstoffwechselt. Dieses 3-Phosphoglycerat kann ebenfalls in den Calvin-Zyklus eintreten. Trotzdem stellt die Oxygenierung eine verschwenderische Reaktion dar, weil im Verlauf des folgenden oxidativen Stoffwechselweges weniger 3-Phosphoglycerat als bei der Carboxylierung gebildet sowie ATP und NADH verbraucht werden. Die lichtabhängige Umsetzung von Sauerstoff durch die Rubisco und die darauffolgende Freisetzung von CO_2 während der Verstoffwechselung des 2-Phosphoglycolats nennt man Photorespiration oder Lichtatmung. Auch die Oxygenierungsreaktion ist im Dunkeln, wenn sich die Rubisco im inaktiven Zustand befindet, gehemmt. Die Freisetzung nicht unerheblicher Mengen von fixiertem CO_2 und der Verbrauch von Energie durch die Photorespiration, die mit keinem ersichtlichen Nutzen für die Pflanze verbunden ist, finden infolge der zu geringen Substratspezifität der Rubisco statt und können die Ausbeuten von Ernten einschränken.

12.5.4 Calvin-Zyklus: Reduktions- und Regenerationsphase

Die Reduktionsphase des Calvin-Zyklus beginnt mit der ATP-abhängigen Umwandlung von 3-Phosphoglycerat in 1,3-Bisphosphoglycerat. Diese Reaktion wird durch die Phosphoglycerat-Kinase katalysiert. Das 1,3-Bisphosphoglycerat wird anschließend in einer Reaktion, die durch ein Isoenzym der Glycerinaldehyd-3-phosphat-Dehydrogenase katalysiert wird, durch NADPH zum Glycerinaldehyd-3-phosphat reduziert. Im Gegensatz zur Gluconeogenese dient NADPH und nicht NADH als Reduktionsmittel. Wie bei der Gluconeogenese wird ein Teil des Glycerinaldehyd-3-phosphats durch die Aktivität der Triosephosphat-Isomerase zum Dihydroxyacetonphosphat isomerisiert. Ein kleiner Teil des Glycerinaldehyd-3-phosphats verlässt den Zyklus und dient als Substrat in der Biosynthese von Kohlenhydraten, aber der größte Teil wird in der Regenerationsphase des Calvin-Zyklus verwertet.

In der Regenerationsphase wird das Glycerinaldehyd-3-phosphat auf drei verschiedene Zweige des Stoffwechselweges aufgeteilt. Auf diesen Zweigen werden verschiedene phosphorylierte C_3-, C_4-, C_5-, C_6- und C_7-Zucker als Zwischenprodukte gebildet (▶*Abbildung 12.19*). Sie münden aber alle in der Regeneration des C_5-Zuckers Ribulose-1,5-bisphosphat. Die Nettoreaktionsgleichung des Calvin-Zyklus lautet folgendermaßen:

$$3\,CO_2 + 9\,ATP + 6\,NADPH + 5\,H_2O \longrightarrow \text{Glycerinaldehyd-3-phosphat} + 9\,ADP + 8\,P_i + 6\,NADP^{\oplus} \tag{12.5}$$

Für die Fixierung von CO_2 durch den Calvin-Zyklus werden sowohl ATP als auch NADPH benötigt. Diese entstehen als Hauptprodukte der Lichtreaktionen der Photosynthese. Die Tatsache, dass der ATP-Bedarf des Calvin-Zyklus größer ist als sein NADPH-Bedarf, ist ein Grund für die Bedeutung des cyclischen Elektronentransports in der Photosynthese, der vom PSI über den Cytochrom-*bf*-Komplex erfolgt. Der zum Teil cyclisch stattfindende Elektronenfluss führt nämlich zur Produktion von mehr ATP als NADPH. Mithilfe von ▶*Reaktionsgleichung 12.5* können die energetischen Kosten der Synthese von Acetyl-CoA, dem Substrat des Citronensäurezyklus, aus CO_2 ermittelt werden: 1. die Umwandlung eines Moleküls Glycerinaldehyd-3-phosphat in Acetyl-CoA durch einen Teil der Reaktionen der Glycolyse (▶*Abschnitt 9.2*) ist mit 2. der Reaktion der Pyruvat-Dehydrogenase (▶*Abschnitt 9.4*) mit der Produktion von zwei Molekülen NADH und zwei Molekülen ATP verbunden. Wird dieser Nettogewinn an ATP und NADH von den energetischen Kosten der Synthese eines Moleküls Glycerinaldehyd-3-phosphat aus CO_2 durch den Calvin-Zyklus subtrahiert, wird ein Bedarf von sieben ATP und vier NAD(P)H für die Erzeugung eines Acetyl-CoA-Moleküls aus CO_2 entstehen. Dies entspricht 17 ATP-Äquivalenten, da jedes NADH-Molekül 2,5 ATP-Äquivalenten gleichgesetzt werden kann. Da der Nettogewinn aus der vollständigen Oxidation der Acetylgruppe eines Acetyl-CoA-Moleküls durch den Citronensäurezyklus 10 ATP-Äquivalente beträgt, muss somit für den Biosyntheseweg mehr Energie zugeführt werden, als durch den Katabolismus gewonnen wird. In diesem Fall weist die Oxidation des Acetyl-CoA also nur eine Energieausbeute von etwa 60 Prozent ($10 \div 17 = 59\,\%$) bezüglich der bei der Synthese verbrauchten Energie auf. Tatsächlich wird bei der Oxidation des Acetyl-CoA allerdings ein erheblich größerer Anteil der im Acetyl-CoA gespeicherten Energie gewonnen, als es dieser Wert vermuten lässt. In Wirklichkeit ist die Ineffizienz viel stärker auf den kostspieligen Acetyl-CoA-Syntheseweg zurückzuführen.

12.6 Saccharose- und Stärkestoffwechsel in Pflanzen

GAP (Glycerinaldehyd-3-phosphat) ist in den meisten photosynthetischen Spezies das Hauptprodukt der Kohlenstofffixierung. GAP kann anschließend auf dem Gluconeogeneseweg in Glucose umgewandelt werden. Neu synthetisierte Hexosen können unmittelbar als Substrate in einer Anzahl von Biosynthesewegen verwertet oder für eine spätere Verwendung in Form von Polysacchariden gespeichert werden. In Bakterien, Algen und manchen Pflanzen dient, wie in Säugetieren, Glycogen als Speicherpolysaccharid. In Gefäßpflanzen wird aber Stärke als Speicherpolysaccharid gebildet. In Chloroplasten wird Stärke aus Glucose-6-phosphat, dem Hauptprodukt der Gluconeogenese, synthetisiert. Im ersten Schritt der Stärkesynthese wird Glucose-6-phosphat durch die Aktivität des Enzyms Glucosephosphat-Mutase zu Glucose-1-phosphat isomerisiert (▶*Abbildung 12.23*). Dabei handelt es sich um das gleiche Enzym, das auch einen Schritt der Glycogensynthese katalysiert. Der zweite Schritt besteht in der Aktivierung der Glucose durch die Bildung von ADP-Glucose. Diese Reaktion wird durch die ADP-Glucose-Pyrophosphorylase katalysiert. Die Strategie der Aktivierung von Glucose ähnelt derjenigen der Glycogensynthese, bei der allerdings UDP-Glucose als aktiviertes Schlüsselintermediat gebildet wird. Das Enzym Stärke-Synthase katalysiert die zur Synthese von Stärke erforderliche Polymerisationsreaktion. Dieser Syntheseweg ist mit dem Verbrauch eines ATP-Moleküls sowie der Freisetzung eines Moleküls Pyrophosphat für jeden Glucoserest, der an die wachsende Kette angefügt wird, verbunden. Das notwendige ATP wird durch die Reaktionen der Photosynthese geliefert.

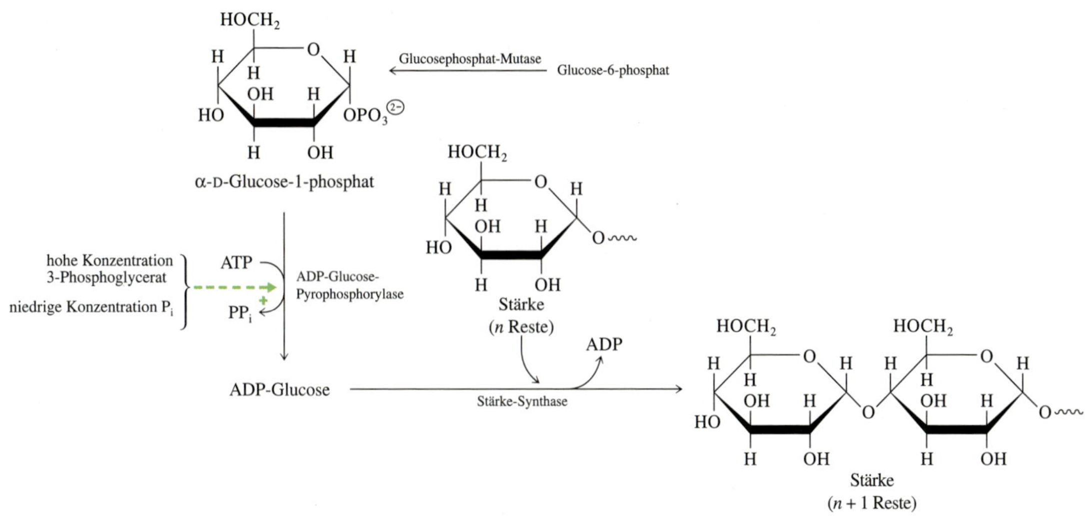

Abbildung 12.23: Biosynthese von Stärke in Chloroplasten. Die hier dargestellten Reaktionen verlängern das wachsende Stärkemolekül um eine Hexoseeinheit.

Stärke wird bei Tageslicht synthetisiert, wenn die Photosynthese stattfindet und ATP in den Chloroplasten akkumuliert. In der Nacht dient Stärke für die Pflanze dann aber als Kohlenstoff- und Energiequelle. Durch die Aktivität der Stärke-Phosphorylase werden Glucosereste vom Stärkemolekül als Glucose-1-phosphat abgespalten, das anschließend durch die Reaktionen der Glycolyse in Triosephosphate umgewandelt wird. Die Triosephosphate werden aus den Chloroplasten ins Cytoplasma exportiert. Alternativ kann Stärke durch die Aktivität von Amylasen zu Dextrinen hydrolysiert werden. Die Dextrine werden weiter zu Maltose und schließlich zu Glucose abgebaut. Die auf diesem Weg gebildete Glucose wird durch die Hexokinase phosphoryliert und tritt somit in die Glycolyse ein. Die Saccharose ist ein wichtiges mobiles Kohlenhydrat in Pflanzen. Sie wird im Cytoplasma von photosynthetischen Zellen, wie zum Beispiel den Blattzellen einer Pflanze, synthetisiert. Anschließend kann sie in das Gefäßsystem der Pflanze exportiert und von dort durch nichtphotosynthetische Zellen, wie zum Beispiel Wurzelzellen, aufgenommen und verwertet werden. Somit stellt Saccharose in dieser Hinsicht das funktionelle Analogon der Glucose dar, die in Tieren mit einem Kreislaufsystem die zentrale mobile Kohlenhydratform repräsentiert. Der Stoffwechselweg zur Synthese von Saccharose ist in ▶*Abbildung 12.24* dargestellt. Vier Triosephosphat-Moleküle müssen in den Weg eintreten, um ein Molekül Saccharose zu bilden. Die Triosephosphate werden auf dem Weg der Gluconeogenese weiter umgesetzt. Zunächst kondensieren sie zu Fructose-1,6-bisphosphat, das anschließend zu Fructose-6-phosphat hydrolysiert und dann zu Glucose-6-phosphat isomerisiert wird. Glucose-6-phosphat verlässt den Weg der Gluconeogenese durch die Umwandlung in α-D-Glucose-1-phosphat. Glucose-1-phosphat reagiert mit UTP zu UDP-Glucose. Durch die Übertragung des aktivierten Glucoserestes der UDP-Glucose auf Fructose-6-phosphat entsteht schließlich Saccharose.

In den Reaktionen des Saccharose-Syntheseweges, die durch die Fructose-1,6-bisphosphatase und die Saccharosephosphat-Phosphatase katalysiert werden, wird anorganisches Phosphat (P_i) freigesetzt und in der Reaktion der UDP-Glucose-Pyrophosphorylase entsteht Pyrophosphat (PP_i). Der Syntheseweg verbraucht ein ATP-Äquivalent in Form von UTP. Für die Saccharosesynthese ist wie für die Glycogensynthese ein aktiviertes Glucosemolekül in Form von UDP-Glucose erforderlich, während die Glucose bei der Stärkesynthese durch die Bildung von ADP-Glucose aktiviert wird. Der erste metabolisch irreversible Schritt der Saccharose-Biosynthese stellt die Hydrolyse von Fructose-1,6-bisphosphat zu Fructose-6-phosphat und P_i dar. Die Aktivität der Fructose-1,6-bisphosphatase wird durch den allosterischen Effektor Fructose-2,6-bisphosphat gehemmt. Die Konzentration von Fructose-2,6-bisphosphat unterliegt einer Regulation durch mehrere Stoffwechselzwischenprodukte, deren Auftreten als Hinweise auf die Eignung der aktuellen Bedingungen für die Saccharosesynthese gewertet werden können.

Nach der Aufnahme durch nichtphotosynthetische Zellen wird die Saccharose in Fructose und Glucose gespalten, die über die Glycolyse und den Citronensäurezyklus verfügbare Stoffwechselenergie liefern. In den Geweben, die als Stärke-Reservespeicher für die ganze Pflanze dienen, können

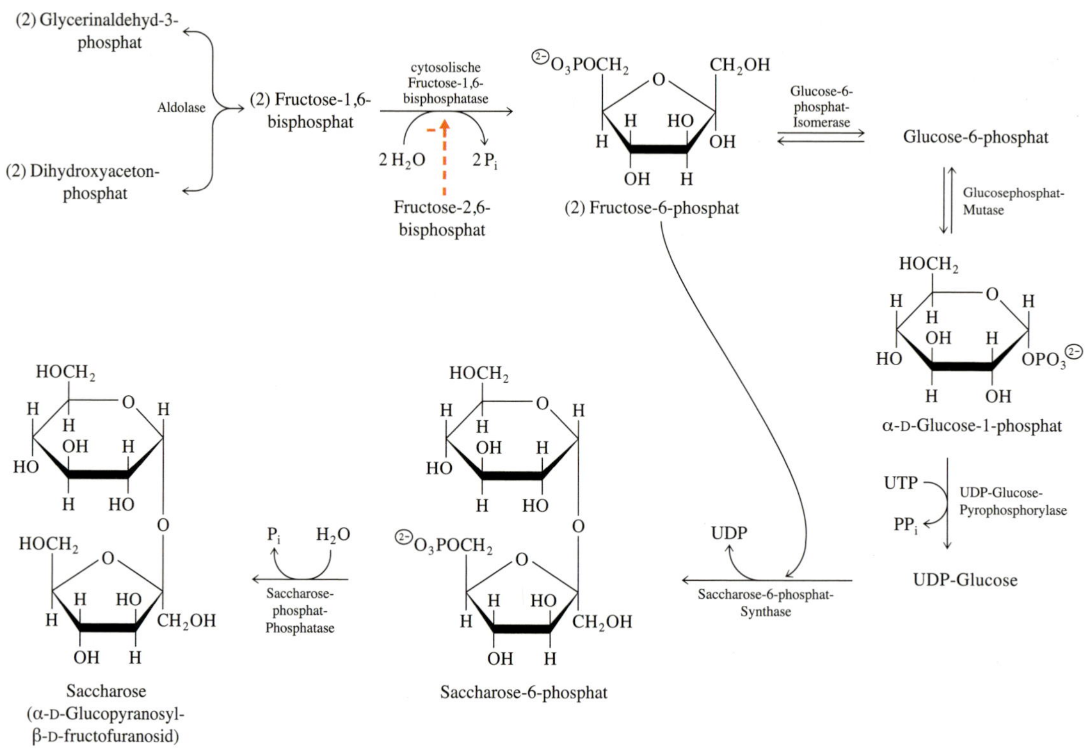

Abbildung 12.24: Biosynthese von Saccharose aus Glycerinaldehyd-3-phosphat und Dihydroxyacetonphosphat im Cytosol. Vier Moleküle Triosephosphat (C_3) werden auf diesem Weg zu einem Saccharosemolekül (C_{12}) kombiniert.

diese Hexosen aber auch in Stärke umgewandelt werden. In Wurzelzellen wird Saccharose zum Beispiel in Hexosemonomere gespalten, die anschließend in spezialisierte Organellen, die sogenannten Amyloplasten, eingeschleust werden. Amyloplasten stellen modifizierte Chloroplasten dar, denen die Photosynthesekomplexe fehlen, die aber die Enzyme zur Stärkesynthese besitzen. In einigen Pflanzen, wie zum Beispiel Kartoffeln, Rüben und Karotten, können in den Wurzelzellen große Mengen Stärke gespeichert werden.

12.7 Zusätzliche Wege zur CO_2-Fixierung

Mehrere Pflanzenspezies vermeiden die verschwenderische Photorespiration durch einen sekundären Stoffwechselweg zur CO_2-Fixierung. Der Nettoeffekt dieses sekundären Stoffwechselweges besteht in der Steigerung der lokalen CO_2-Konzentration relativ zur O_2-Konzentration in den Zellen, in denen die Rubisco aktiv ist. Einer dieser Wege wird als C_4-Zyklus bezeichnet, weil das CO_2 in ihm zuerst in C_4-Zwischenprodukten fixiert wird. Pflanzen, in denen sich der C_4-Zyklus etabliert hat, wachsen bevorzugt bei höheren Temperaturen und hoher Lichtintensität. Zu den C_4-Pflanzen gehören so ökonomisch bedeutende Pflanzen wie Mais, Hirse (Sorghum), Zuckerrohr und viele der lästigsten Unkräuter. Diese Art der Vermeidung der Photorespiration ist besonders für tropische Pflanzen essenziell, weil das Verhältnis von Oxygenierung zu Carboxylierung durch die Rubisco mit der Temperatur ansteigt. Ein ähnlicher Stoffwechselweg in anderen Spezies ermöglicht die Steigerung der Effizienz der Rubisco bei gleichzeitiger Vermeidung eines hohen Wasserverlustes durch die hohen Außentemperaturen. Dieser Stoffwechselweg, der als Crassulaceen-Säurestoffwechsel (CAM; engl. *crassulacean acid metabolism*) bezeichnet wird, kommt hauptsächlich in Sukkulenten vor (▶*Abschnitt 12.7.2*).

12.7.1 Der C_4-Zyklus

Der C_4-Zyklus konzentriert CO_2 und liefert es zu Zellen im Inneren des Blattes, in denen der Calvin-Zyklus abläuft. Im Gegensatz zum Calvin-Zyklus, in dem als erstes Produkt der CO_2-Fixierung die C_3-Säure 3-Phosphoglycerat auftritt, stellt das erste Produkt, das durch die Fixierung von CO_2 im C_4-Zyklus entsteht, eine C_4-Säure dar. Die Reaktionen des C_4-Zyklus verteilen sich auf zwei verschiedene Zelltypen innerhalb des Pflanzenblattes. Zunächst wird CO_2 in den Mesophyllzellen, die die Zellen der Leitbündelscheiden umhüllen und sich somit zwischen der Blattoberfläche und den Leitbündelscheidenzellen befinden, zu Hydrogencarbonat hydratisiert. Das Hydrogencarbonat reagiert mit der C_3-Verbindung Phosphoenolpyruvat (PEP) zur C_4-Säure Oxalacetat. Diese Reaktion wird durch die Phosphoenolpyruvat-Carboxylase oder PEP-Carboxylase katalysiert. Nach der Umwandlung in eine andere C_4-Säure wird diese in eine der benachbarten Leitbündelscheidenzellen, in denen niedrigere O_2-Konzentrationen herrschen als in den Mesophyllzellen, transportiert und anschließend decarboxyliert. Das freigesetzte CO_2 wird dann durch die Aktivität der Rubisco fixiert und tritt somit in den Calvin-Zyklus ein, der in den Leitbündelscheidenzellen abläuft. Die durch die CO_2-Freisetzung aus der C_4-Säure gebildete C_3-Verbindung wird in die Mesophyllzelle zurücktransportiert und dort zu Phosphoenolpyruvat regeneriert. In ▶*Abbildung 12.25* ist die Reaktionssequenz des C_4-Zyklus schematisch dargestellt.

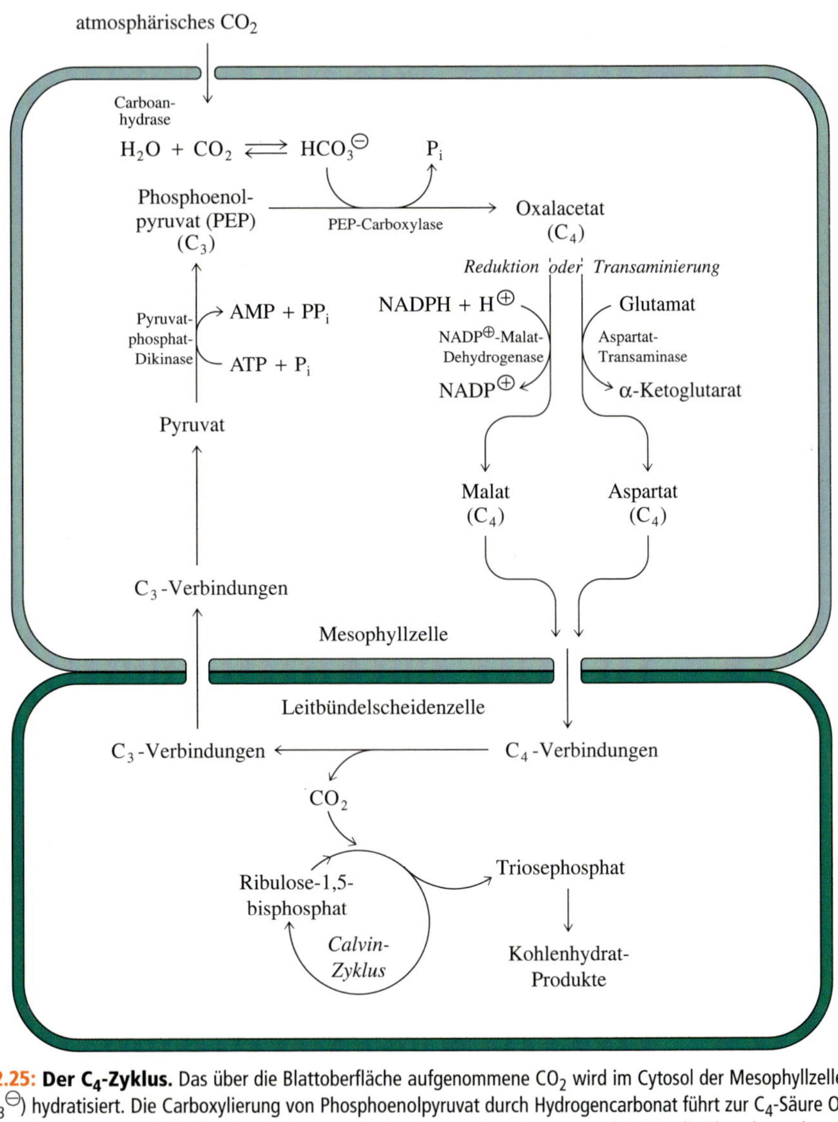

Abbildung 12.25: Der C_4-Zyklus. Das über die Blattoberfläche aufgenommene CO_2 wird im Cytosol der Mesophyllzellen zu Hydrogencarbonat ($HCO_3^{\ominus}$) hydratisiert. Die Carboxylierung von Phosphoenolpyruvat durch Hydrogencarbonat führt zur C_4-Säure Oxalacetat. Diese Carboxylierung wird in den Mesophyllzellen durch ein cytosolisches Enzym ohne Oxygenaseaktivität, die Phosphoenolpyruvat-Carboxylase oder PEP-Carboxylase, katalysiert. In Abhängigkeit von der Spezies wird das Oxalacetat entweder zu Malat reduziert oder durch eine Transaminierung in Aspartat umgewandelt. Das Malat bzw. Aspartat wird dann in eine benachbarte Leitbündelscheidenzelle transportiert und dort decarboxyliert. Das freigesetzte CO_2 wird durch die Aktivität der Rubisco fixiert und tritt auf diese Weise in den Calvin-Zyklus ein. Die bei der Decarboxylierung zurückbleibende C_3-Verbindung wird in die Mesophyllzelle zurücktransportiert und anschließend zum CO_2-Akzeptor Phosphoenolpyruvat regeneriert.

Die Zellwände der innenliegenden Leitbündelscheidenzellen sind für Gase impermeabel. Deswegen führt die Decarboxylierung von C_4-Säuren in diesen Zellen zu einer erheblichen Steigerung der intrazellulären CO_2-Konzentration und zu einem hohen CO_2/O_2-Verhältnis. Die Oxygenasereaktion der Rubisco in den Blättern von C_4-Pflanzen wird auf diese Weise fast vollständig unterdrückt, weil sich in den Mesophyllzellen nur eine unerhebliche Menge Rubisco befindet und durch den C_4-Zyklus in den rubiscoreichen Leitbündelscheidenzellen ein sehr großes CO_2/O_2-Verhältnis aufrechterhalten wird. Infolgedessen findet in C_4-Pflanzen im Wesentlichen keine Photorespiration statt. Deswegen besitzen C_4-Pflanzen gegenüber C_3-Pflanzen einen erheblichen Vorteil, auch wenn die Regeneration des Phosphoenolpyruvats im C_4-Zyklus zusätzliche Energie kostet.

12.7.2 Crassulaceen-Säurestoffwechsel (CAM)

Sukkulenten, wie zum Beispiel viele Kakteen, wachsen hauptsächlich in ariden (trockenen, wüstenhaften) Umgebungen, in denen der Verlust von Wasser ein ernstes Problem darstellen kann. Während der normalen CO_2-Fixierung kann insbesondere in trockenen, heißen Gegenden eine erhebliche Menge Wasser durch Verdunstung verloren gehen, weil die Zellen zu diesem Zweck mit der CO_2-haltigen Atmosphäre in Kontakt stehen müssen. Die CAM-Pflanzen minimieren diesen Wasserverlust, indem sie die CO_2-Assimilation in der Nacht durchführen. Der Stoffwechselweg, auf dem diese CO_2-Fixierung stattfindet, heißt Crassulaceen-Säurestoffwechsel (CAM; engl. *crassulacean acid metabolism*), weil er erstmals in Pflanzen der Familie der *Crassulacaea* entdeckt wurde. Bei Landgefäßpflanzen ist die Blattoberfläche in der Regel von einer wasserundurchlässigen, wachsartigen Schicht, der Cuticula, bedeckt. Die Aufnahme von CO_2 erfolgt über Spaltöffnungen zwischen an der Blattoberfläche liegenden Epidermiszellen, durch die das CO_2 zur Oberfläche von photosynthetischen Zellen im Inneren des Blattes, die nicht durch eine Cuticula geschützt sind, gelangt. Jede Spaltöffnung bildet einen Eingang zu einer kleinen Höhle innerhalb des Blattes, deren Wand von Zellen mit Chloroplasten ausgekleidet ist. Der Öffnungsgrad der Spaltöffnungen wird über den Fluss von Ionen und die damit verbundene, osmotisch bedingte Wasseraufnahme der Zellen, die die Spaltöffnung bilden, kontrolliert. Der Ionenfluss durch diese Schließzellen wird durch Faktoren reguliert, die die CO_2-Fixierung beeinflussen, wie zum Beispiel die Temperatur und die Verfügbarkeit von Wasser. In der Tageshitze halten CAM-Pflanzen ihre Spaltöffnungen geschlossen, um den Wasserverlust zu minimieren. Infolgedessen können sie am Tag aber auch kein CO_2 assimilieren. In der Nacht nehmen die Mesophyllzellen dann aber über die geöffneten Spaltöffnungen CO_2 auf, während der Wasserverlust nur geringe Ausmaße annimmt, weil die Temperatur im Vergleich zum Tage deutlich niedriger ist. Wie bei normalen C_4-Pflanzen wird das CO_2 durch die PEP-Carboxylase-Reaktion fixiert und das gebildete Oxalacetat wird anschließend zu Malat reduziert (▶*Abbildung 12.26*).

Das Malat wird zunächst in einer zentralen Vakuole gespeichert, um im Cytosol einen annähernd neutralen pH-Wert aufrechtzuerhalten, da die Konzentration dieser Säure am Ende der Nacht einen Wert von 0,2 M erreichen kann. Die Vakuolen in CAM-Pflanzen füllen im Allgemeinen mehr als 90 Prozent des Gesamtvolumens der Zelle aus. Wenn am Tage durch die Photosynthese ATP und NADPH gebildet werden, wird Malat aus den Vakuolen freigesetzt und decarboxyliert. Auf diese Weise liefert der große Malatvorrat, der in der Nacht angelegt wurde, das CO_2 für die Kohlenstoffassimilation am Tag. Während der Decarboxylierung des Malats bleiben die Spaltöffnungen fest geschlossen, sodass weder Wasser noch CO_2 aus dem Blatt entweichen können und die CO_2-Konzentration im Blatt wesentlich höher werden kann als die atmosphärische CO_2-Konzentration. Wie in C_4-Pflanzen wird die Photorespiration durch die hohe CO_2-Konzentration weitgehend unterdrückt. In CAM-Pflanzen wird das für die Malatbildung in der Nacht benötigte Phosphoenolpyruvat (PEP) durch den Abbau von Stärke und sich anschließende Reaktionen der Glycolyse gewonnen. Das tagsüber infolge der Decarboxylierung von Malat erzeugte Phosphoenolpyruvat wird über Reaktionen der Gluconeogenese in Stärke umgewandelt, die bis zur Nacht in Chloroplasten gespeichert wird. Die Decarboxylierung des Malats erfolgt je nach Spezies entweder direkt durch die Aktivität des $NAD(P)^{\oplus}$-Malatenzyms oder nach vorheriger Reduktion zum Oxalacetat durch die PEP-Carboxykinase. Im ersten Fall wird Pyruvat gebildet, das durch die Aktivität der Pyruvatphosphat-Dikinase zum PEP phosphoryliert wird. Im zweiten Fall entsteht das PEP direkt durch die Decarboxylierung des Oxalacetats.

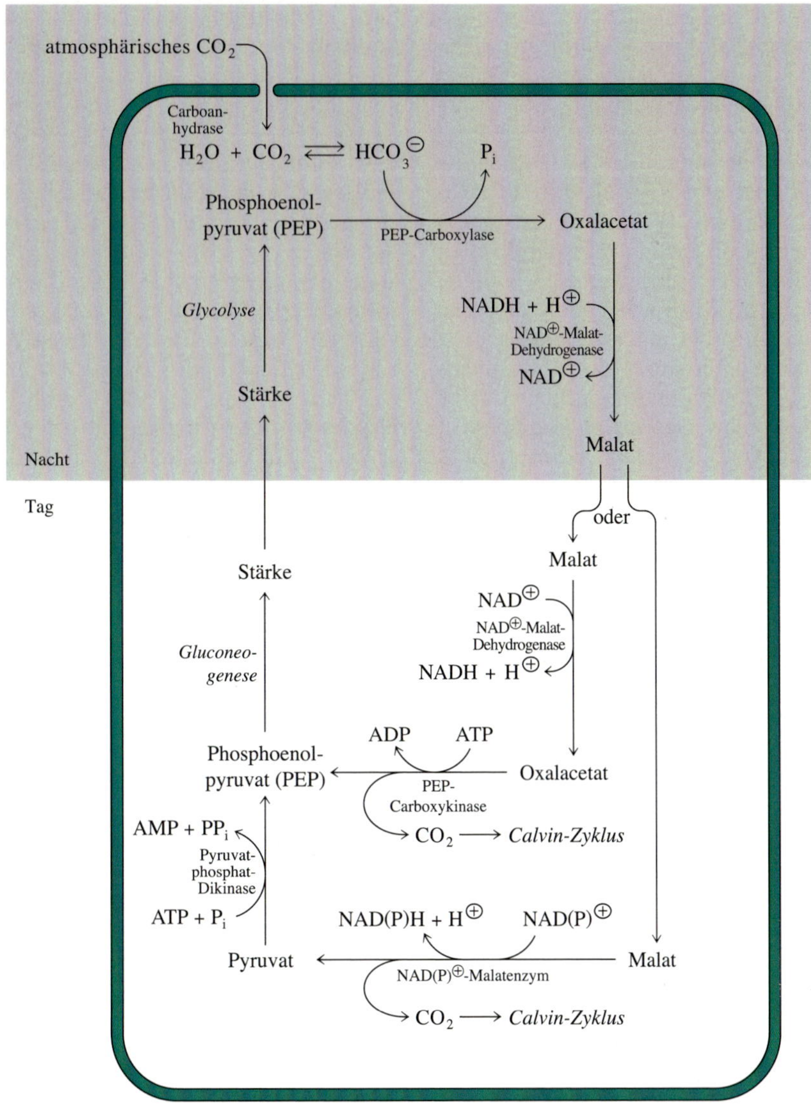

Abbildung 12.26: Der Crassulaceen-Säurestoffwechsel (CAM; engl. *crassulacean acid metabolism*). In der Nacht wird CO_2 aufgenommen und durch die Aktivitäten der PEP-Carboxylase sowie der $NAD^{\oplus}$-Malat-Dehydrogenase zusammen mit Phosphoenolpyruvat (PEP) zu Malat umgesetzt. Das dafür erforderliche PEP wird durch den Abbau von Stärke und die notwendigen Reaktionen der Glycolyse gewonnen. Wenn am folgenden Tag durch die Lichtreaktionen der Photosynthese NADPH und ATP gebildet werden, führt die Decarboxylierung des in der Nacht gespeicherten Malats zu einem Anstieg der intrazellulären CO_2-Konzentration und das CO_2 kann durch den Calvin-Zyklus fixiert werden. Die Decarboxylierung, die in Abhängigkeit von der Spezies auf einem von zwei Wegen erfolgt, liefert schließlich PEP. Um das PEP bis zur Nacht, wenn es für die Fixierung des atmosphärischen CO_2 wieder benötigt wird, zu speichern, wird es über die Gluconeogenese in Stärke umgewandelt.

Sowohl im Crassulaceen-Säurestoffwechsel als auch im C_4-Zyklus wird die C_4-Säure, die durch die CO_2-Fixierung gebildet wird, anschließend decarboxyliert, um CO_2 für den Calvin-Zyklus zur Verfügung zu stellen. Beim C_4-Zyklus laufen die Carboxylierung und die Decarboxylierung räumlich getrennt in verschiedenen Zelltypen ab. In CAM-Pflanzen finden die Phasen der Decarboxylierung und Carboxylierung dagegen zeitlich getrennt am Tag und in der Nacht statt.

Ein wichtiges regulatorisches Merkmal des Crassulaceen-Säurestoffwechsels stellt die Hemmung der PEP-Carboxylase durch Malat und einen niedrigen pH-Wert dar. Infolgedessen wird die PEP-Carboxylase am Tage, wenn die cytosolische Malatkonzentration hoch und der pH-Wert niedrig sind, effektiv gehemmt. Diese Hemmung verhindert den nutzlosen Zyklus zwischen CO_2 und Malat durch die PEP-Carboxylase und vermeidet die Konkurrenz um das zur Verfügung stehende CO_2 zwischen der PEP-Carboxylase und der Rubisco.

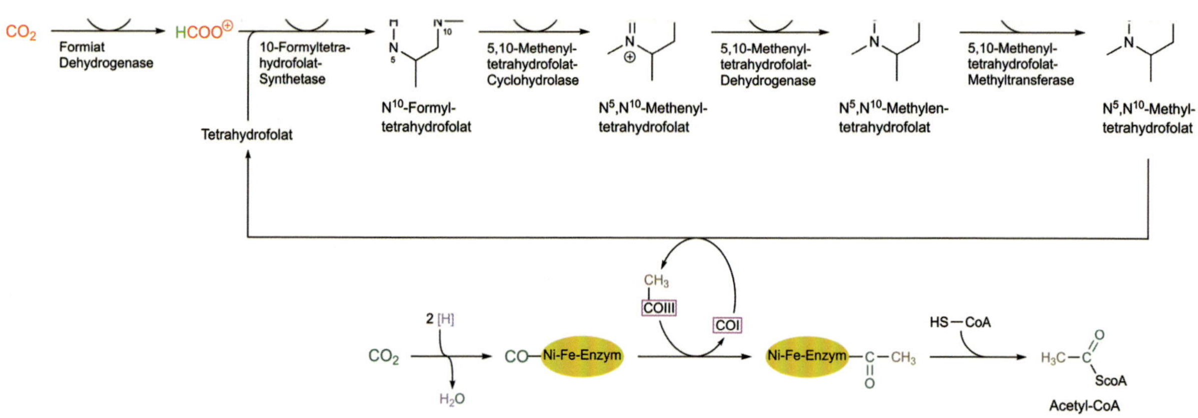

Abbildung 12.27: Der reduktive Acetyl-CoA-Weg (Wood-Ljungdahl-Weg).

12.7.3 CO_2-Fixierung in Bakterien

Neben dem zuvor beschriebenen Calvin-Zyklus gibt es in der Natur eine Reihe weiterer Wege zur CO2-Fixierung. Diese werden von Mikroorganismen verwendet. Der reduktive Acetyl-CoA-Weg (Wood-Ljungdahl-Weg) dient anaeroben, autotrophen, Gram-positiven Bakterien zur CO_2-Assimilation und zur Energiegewinnung (▶*Abbildung 12.27*). Man findet ihn auch in Archaea, allerdings mit etwas veränderter Enzym- und Cofaktorenausstattung. Es ist ein nicht cyclischer Weg. Als Reduktionsmittel dient Wasserstoff (H_2). Die Gesamtreaktion kann zusammengefasst werden als:

$$4\,H_2 \text{ und } 2\,CO_2 \rightarrow CH_3COO^- + H^+ + 2\,H_2O,\ (\Delta G^{\circ\prime} = -95\ \text{kJ/mol})$$

Das erste Molekül CO2 wird durch die Formiatdehydrogenase mit NADPH zu Formiat reduziert. Das Enzym enthält Wolfram und Selenocystein. Zur Kondensation des Formiats mit Tetrahydrofolat (THF) zu N^{10}-Formyl-THF durch eine 10-Formyl-THF-Synthetase wird ATP benötigt. N^{10}-Formyl-THF wird dann schrittweise zu N_5-Methyl-THF umgesetzt, wobei die Formylgruppe zu einer Methylgruppe reduziert wird. Diese wird dann durch eine Methyltransferase auf das Cobalt(I)-Zentralatom des B_{12}-Derivats Methylcobamid des Corrinoid-Eisenschwefel-Proteins (CoFeSP) übertragen. CoFeSP bindet dann an den Acetyl-CoA-Synthese-Komplex, um die Methylgruppe für die folgende Kondensation zu übertragen. Ein zweites Molekül CO_2 wird durch eine Nickel-enthaltende CO-Dehydrogenase des Acetyl-CoA-Synthese-Komplexes zu Kohlenmonoxid reduziert. Der Acetyl-CoA-Synthase des Komplexes katalysiert schließlich die Kondensation des Methylrestes und des Carbonylrestes mit Coenzym A zu Acetyl-CoA.

Im Citronensäurezyklus wird an zwei Stellen CO_2 freigesetzt. Die Umkehr dieser Reaktionen würde zur Fixierung von 2 Molekülen CO_2 führen. Dies geschieht im reduktiven Citronensäurezyklus. Der reduktive Citronensäurezyklus stellt also die Umkehrung des oxidativen Citronensäurezyklus dar (▶*Abbildung 12.28*). Entsprechend werden die meisten Enzyme des Citronensäurezyklus in umgekehrter Richtung verwendet. Es gibt aber drei irreversible Schritte im oxidativen Citronensäurezyklus, die durch drei neue Enzyme rückwärtskatalysiert werden. So wird die Reduktion von Fumarat zu Succinat durch die oft $FADH_2$-abhängige Fumarat-Reduktase katalysiert. Diese ersetzt die Succinat-Dehydrogenase. Die α-Ketoglutarat-Dehydrogenase wird durch eine Ferredoxin-abhängige α-Ketoglutarat-Synthase ersetzt, die eine reduktive Carboxylierung katalysiert und so das erste CO_2 fixiert. Das zweite CO_2 wird durch Umkehrung der Isocitrat-Dehydrogenase-Reaktion erreicht.

Die Reaktion der Citrat-Synthase wird durch eine ATP-Citrat-Lyase umgekehrt, womit sich der Zyklus schließt. Gesamtbilanz:

$$2\,CO_2 + 8\,[H] + 2\,ATP \rightarrow 2\ \text{Acetyl-CoA} + 2\,ADP + P_i + H_2O$$

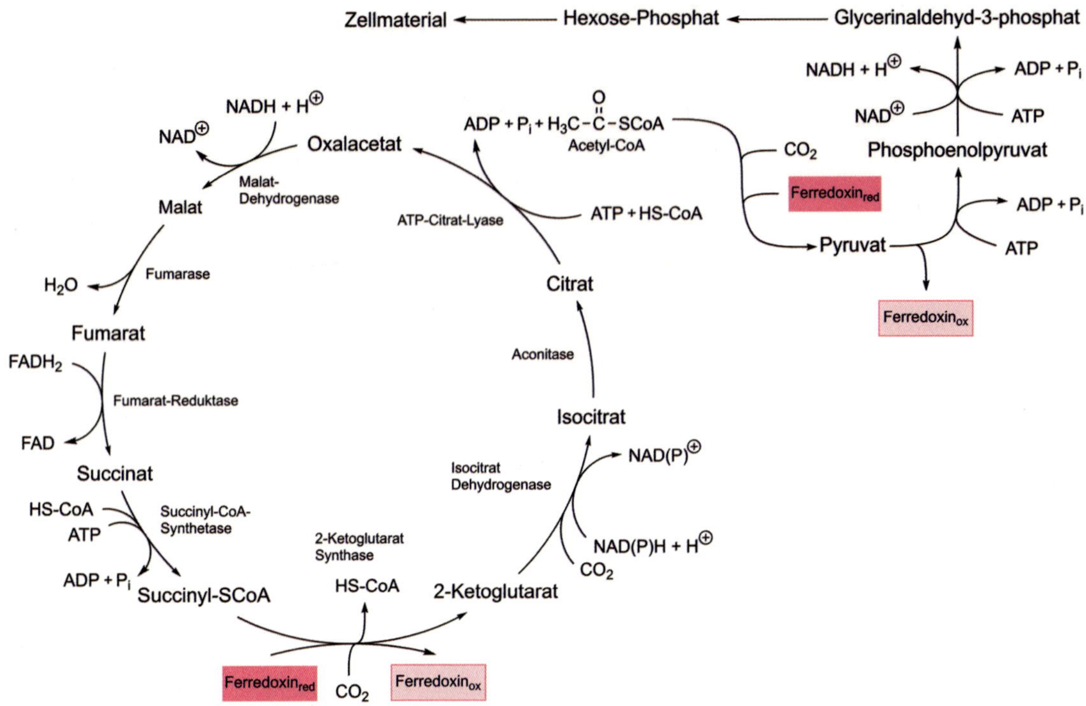

Abbildung 12.28: Der reduktive Citronensäurezyklus zur CO_2-Fixierung.

Für die Fixierung zweier Moleküle CO_2 in Acetyl-CoA werden insgesamt acht Reduktionsäquivalente (NAD(P)H, Ferredoxin) und zwei Moleküle ATP benötigt. Das bedeutet, dass die Umkehrung des Citronensäurezyklus ein Molekül ATP mehr benötigt, als im oxidativen Zyklus gewonnen wird. Eine Ferredoxin-abhängige Pyruvat-Synthase setzt schließlich Acetyl-CoA zu Pyruvat um, wobei ein drittes CO_2 fixiert wird.

Es gibt noch weitere Wege der CO_2-Fixierung in Mikroorganismen, wie den Dicarboxylat/4-Hydroxybutyratzyklus in Archaea und den 3-Hydroxypropionat-Bizyklus in Grünen Nicht-Schwefelbakterien.

ZUSAMMENFASSUNG

1. Chlorophyll stellt das wichtigste der lichtsammelnden Pigmente der Photosynthese dar. Wenn ein Spezialpaar aus Chlorophyllmolekülen ein Photon absorbiert, wird ein Elektron in ein höheres Energieniveau angehoben. Dieses Elektron kann auf das erste Glied einer Elektronentransportkette übertragen werden, wodurch ein oxidiertes Chlorophyllmolekül mit einem Elektronendefizit entsteht.

2. Akzessorische Pigmente absorbieren Licht und leiten die Energie durch einen strahlungslosen Energietransfer, der auch nicht mit der Übertragung von Elektronen verbunden ist, an das Spezialpaar aus Chlorophyllmolekülen weiter.

3. Photosystem-II-Komplexe (PSII) enthalten ein Reaktionszentrum vom Typ II (RCII). In diesem werden die Elektronen vom elektronisch angeregten Spezialpaar über eine kurze Elektronentransportkette aus Chlorophyll, Phaeophytin und einem gebundenen Chinonmolekül auf ein bewegliches Chinonmolekül übertragen.

4. In einigen Bakterien binden QH_2-Moleküle, die vom PSII gebildet werden, an den Cytochrom-*bc*-Komplex. Durch diesen Komplex werden Elektronen vom QH_2 auf Cytochrom *c* auf der anderen Membranseite übertragen. Dieser Prozess ist mit dem Transport von Protonen durch die Membran über den Q-Zyklus gekoppelt. Das bewegliche reduzierte Cytochrom-*c*-Molekül bindet an PSII und überträgt je ein Elektron auf das oxidierte Spezialpaar des PSII. Insgesamt ergibt sich daraus ein cyclischer Elektronentransport. Der in diesem Zusammenhang erzeugte Protonengradient über der Membran treibt die endergone ATP-Synthese an.

5. Photosystem-I-Komplexe (PSI) weisen ein Reaktionszentrum des Typs I (RCI) auf. Die Elektronentransportkette des PSI besteht aus zwei Chlorophyllmolekülen, einem Phyllochinon, drei Fe-S-Clustern sowie einem Ferredoxinmolekül (oder Flavodoxin).

6. Reduziertes Ferredoxin dient als Reduktionsmittel zur Reduktion von $NADP^{\oplus}$ zu NADPH, die durch das Enzym Ferredoxin:$NADP^{\oplus}$-Reduktase (FNR) katalysiert wird. $NADP^{\oplus}$ stellt den terminalen Elektronenakzeptor der linearen, nichtcyclischen Elektronentransportkette des PSI dar. Gelegentlich werden die Elektronen vom reduzierten Ferredoxin nicht auf $NADP^{\oplus}$, sondern auf den Cytochrom-*bc*-Komplex und von dort mithilfe des beweglichen Cytochroms *c* auf das oxidierte Spezialpaar eines PSI zurückübertragen. In diesem Fall erfolgt ein cyclischer Elektronentransport, an dem das PSI beteiligt ist.

7. Cyanobakterien und Chloroplasten enthalten gekoppelte Photosysteme, die aus PSI, PSII und dem Cytochrom-*bf*-Komplex bestehen. Der Cytochrom-*bf*-Komplex stellt eine photosynthetische Variante des Cytochrom-*bc*-Komplexes dar. Wenn PSII Photonen absorbiert, werden Elektronen vom PSII über den Cytochrom-*bf*-Komplex auf Plastocyanin übertragen. Das Plastocyanin liefert Elektronen an das oxidierte Spezialpaar von PSI. Wenn PSI Photonen absorbiert, werden am Ende der Elektronentransportkette des RCI Elektronen zur Reduktion von $NADP^{\oplus}$ zu NADPH verwendet. In dieser nichtcyclischen Elektronentransportkette von gekoppelten Photosystemen werden die Elektronen zu Beginn durch die Oxidation von Wasser zu O_2 bereitgestellt und auf das oxidierte Spezialpaar eines PSII übertragen. Diese Oxidation wird durch einen sauerstoffproduzierenden Komplex (OEC; engl. *oxygen evolving complex*), der mit dem PSII assoziiert ist, katalysiert.

8. Das Z-Schema illustriert den Elektronenfluss während der Photosynthese durch gekoppelte Photosysteme durch die vertikale Anordnung der Komponenten der Elektronentransportkette gemäß ihrer Reduktionspotenziale.

9. In Cyanobakterien befinden sich die photosynthetischen Komplexe in Thylakoidmembranen. Auch Chloroplasten enthalten ein kompliziertes inneres Membransystem aus Thylakoidmembranen, in denen die Photosynthesekomplexe lokalisiert sind.

10. Der Calvin-Zyklus ist für die Fixierung von CO_2 in Kohlenhydraten verantwortlich. Das Schlüsselenzym des Zyklus stellt die sogenannte Rubisco (Ribulose-1,5-bisphosphat-Carboxylase/Oxygenase) dar. Die Rubisco ist ein relativ ineffizientes Enzym, das die Carboxylierung von Ribulose-1,5-bisphosphat, infolge ihrer geringen Substratspezifität aber auch eine Oxygenierung, katalysiert.

11. Saccharose und Stärke sind die Hauptprodukte der photosynthetischen Kohlenhydratsynthese in Pflanzen.

12. Zusätzliche Stoffwechselwege zur CO_2-Fixierung dienen in vielen Pflanzen zur Steigerung der CO_2-Konzentration am Ort, an dem der Calvin-Zyklus abläuft, um die Photorespiration als Folge der Oxygenaseaktivität der Rubisco zu unterdrücken.

13. Mikroorganismen haben eine Reihe alternativer CO_2-Fixierungswege entwickelt, darunter den reduktiven Acetyl-CoA-Weg (Wood-Ljungdahl-Weg) und den umgekehrten, reduktiven Citronensäurezyklus.

AUSGEWÄHLTE LITERATUR

Allgemein

Barber, J. und Ruban, A. V. 2017. *Photosynthesis and Bioenergetics.* Singapore. World Scientific Pub. Co.

Blankenship, R. E. 2014. *Molecular Mechanisms of Photosynthesis*, 2nd Edition. Oxford. Wiley-Blackwell.

Brinkert, K. 2019. *Energy Conversion in Natural and Artificial Photosynthesis (Springer Series in Chemical Physics, Band 117).* Heidelberg. Springer.

Golbeck, J. und van der Est, A. 2016. *The Biophysics of Photosynthesis (Biophysics for the Life Sciences, Band 11.* Heidelberg. Springer.

Sánchez-Baracaldo, P, und Cardona, T. 2019. On the origin of oxygenic photosynthesis and Cyanobacteria. *New Phytol.* 2019 Oct 9. doi: 10.1111/nph.16249.

Shevela, D., Björn, L.-O. und Govindjee. 2019. *Photosynthesis: Solar Energy for Life (Biochemistry Biological Chemis).* Singapore. World Scientific Pub. Co.

Photosysteme

Adir, N., Bar-Zvi, S. und Harris, D. 2019. The amazing phycobilisome. *Biochim. Biophys. Acta Bioenerg.* pii: S0005-2728(19)30078–7.

Büchel, C. 2019. Light harvesting complexes in chlorophyll c-containing algae. *Biochim. Biophys. Acta Bioenerg.* pii: S0005-2728(19)30051–9.

Cardona, T. und Rutherford, A. W. 2019 Evolution of Photochemical Reaction Centres: More Twists? *Trends Plant Sci.* pii: S1360–1385(19)30163–3.

Croce, R., Van Grondelle, R., Van Amerongen, H. und Van Stokkum, I. 2018. *Light Harvesting in Photosynthesis (Foundations of Biochemistry and Biophysics).* Roca Baton. CRC Press.

Fromme, P. 2008. *Photosynthetic Protein Complexes: A Structural Approach.* Weinheim, Wiley-VCH.

Llobet, A. 2014. *Molecular Water Oxidation Catalysis.* Oxford. Wiley.

Liu, H. und Blankenship, R. E. 2019. On the interface of light-harvesting antenna complexes and reaction centers in oxygenic photosynthesis. *Biochim. Biophys Acta Bioenerg.* 1860:148079.

Pan, X., Cao, P., Su, X., Liu, Z. und Li, M. 2019. Structural analysis and comparison of light-harvesting complexes I and II. *Biochim. Biophys. Acta Bioenerg.* pii: S0005–2728(19)30062–3.

Saer, R. G. und Blankenship, R. E. 2017. Light harvesting in phototrophic bacteria: structure and function. Biochem J. 474:2107–2131.

Cytochrom-*bf*-Komplex

Cramer, W. A. 2019. Structure-function of the cytochrome b6f lipoprotein complex: a scientific odyssey and personal perspective. *Photosynth. Res.* 139:53–65.

Tikhonov, A. N. 2018. The Cytochrome b6f Complex: Biophysical Aspects of Its Functioning in Chloroplasts. *Subcell. Biochem.* 87:287–328.

Calvin-Zyklus und Stärkestoffwechsel

Bathellier, C., Tcherkez, G., Lorimer, G.H. und Farquhar, G. D. Rubisco is not really so bad. *Plant. Cell Environ* 41:705–716.

Bracher, A., Whitney, S. M., Hartl, F. U., Hayer-Hartl, M. 2017. Biogenesis and Metabolic Maintenance of Rubisco. *Annu. Rev. Plant Biol.* 68:29–60.

Erb, T. J. und Zarzycki, J. 2018. A short history of RubisCO: the rise and fall (?) of Nature's predominant CO_2 fixing enzyme. *Curr. Opin. Biotechnol* 49:100–107.

Jensen E, Clément R, Maberly SC, Gontero B. 2017. Regulation of the Calvin-Benson-Bassham cycle in the enigmatic diatoms: biochemical and evolutionary variations on an original theme. *Philos. Trans. R. So. Lond. B. Biol. Sci.* 372. pii: 20160401.

Niechayev, N. A., Pereira, P.N. und Cushman, J. C. 2019. Understanding trait diversity associated with crassulacean acid metabolism (CAM). *Curr. Opin. Plant Biol.* 49:74–85.

Schnarrenberger, C. und Martin, W. 1997. The Calvin cycle – a historical perspective. *Photosynthetica* 33:331–345. *Ein Überblick über die seit 1950 erzielten Fortschritte in der Erforschung des Calvin-Zyklus.*

Sun, X., Han, G., Meng, Z., Lin, L., Sui, N. 2019. Roles of malic enzymes in plant development and stress responses. *Plant Signal Behav.* 14:e1644596.

Lipidstoffwechsel

13

ÜBERBLICK

Lipide spielen eine zentrale Rolle im Stoffwechsel aller Lebewesen. Leben basiert auf einer Biochemie in wässriger Lösung. Eine lebende Zelle ist im Prinzip ein membranumschlossener Reaktionsraum. Die wässrige Phase des Inneren wird dabei durch eine Lipiddoppelschicht in Form der Cytoplasmamembran vom Äußeren getrennt. Kompartimente für spezielle biochemische Leistung, wie die Organellen des Kerns, der Mitochondrien oder Chloroplasten werden ebenfalls über Lipidschichten getrennt. Gleichzeitig dienen Lipide als Speicherstoffe, Vitamine oder Signalmoleküle. Lipide sind aber keine strukturell einheitliche Gruppe von Molekülen. Entsprechend unterscheiden sich ihre Biosynthesewege und Abbauwege erheblich. So wird eine Vielzahl unterschiedlicher Fettsäuren aus einem C_2-Körper aufgebaut und zu diesem abgebaut. Fettsäuren können in Di- und Triglyceride eingebaut werden oder über Modifikationen zu diversen Eicosanoiden weiterentwickelt werden. In Sphingolipiden findet sich der C_{18}-Aminoalkohol Sphingosin als wesentlicher Baustein. Sterole wie Cholesterin werden über eine lineare Squalen-Zwischenstufe gebildet. Squalene finden sich auch in den Etherlipiden der Membranlipide in Archaea. So bringt der Baukasten der Lipide durch vielfältige Kombination eine strukturelle Fülle von Molekülen für multiple zelluläre Funktionen hervor.

13.1 Biosynthese von Fettsäuren

Fettsäuren werden durch die wiederholte Verknüpfung einer C_2-Einheit mit dem wachsenden Kohlenwasserstoffschwanz einer Acylgruppe synthetisiert. Während der Synthese liegen sowohl die wachsende Fettsäure-Acylgruppe als auch die Gruppe, die die C_2-Einheit liefert, über eine Thioesterbindung kovalent mit dem Protein-Coenzym ACP (engl. *acyl carrier protein*) verknüpft vor. ▶*Abbildung 13.1* zeigt einen ersten Überblick über die Schritte der Fettsäurebiosynthese, die in eine Initiationsphase und eine Elongationsphase unterteilt werden können.

In den ersten Schritten des Fettsäure-Syntheseweges werden Acetyl-ACP und Malonyl-ACP aus Acetyl-CoA, ACP und CO_2 gebildet. Malonsäure ist die Standard-C_3-dicarbonsäure ($HOOCCH_2$ OOH). Im weiteren Verlauf der Initiationsphase des Fettsäure-Biosyntheseweges erfolgt die Kondensation der enzymgebundenen Acetylgruppe mit der Malonylgruppe unter Freisetzung von CO_2 zu einem enzymgebundenen C_4-Acylgruppenderivat. Das Kondensationsprodukt der Initiationsphase wird anschließend in der Elongationsphase zunächst durch zwei Reduktionen und eine Dehydratation in ein Acyl-ACP umgewandelt, dessen Acylgruppe eine gesättigte Kohlenwasserstoffkette aufweist. Acyl-ACP dient dann als Substrat für eine weitere Kondensation mit Malonyl-CoA als Donator einer C_2-Einheit, die analog zur Kondensation in der Initiationsphase abläuft. Dadurch wird die Acylkette um zwei C-Atome verlängert. Durch den wiederholten Ablauf dieser Elongationsphase erfolgt die Verlängerung der wachsenden Acylkette. Die Biosynthese von Fettsäuren läuft in Bakterien und Tieren im Cytosol ab, in Pflanzen dagegen nur in den Chloroplasten.

13.1.1 Synthese von Malonyl-ACP und Acetyl-ACP

Malonyl-ACP stellt das Hauptsubstrat der Fettsäurebiosynthese dar. Es wird in zwei Schritten gebildet. Im ersten wird zunächst Acetyl-CoA im Cytosol zu Malonyl-CoA carboxyliert (▶*Abbildung 13.2*). Die Carboxylierung wird durch ein Biotin-abhängiges Enzym namens Acetyl-CoA-Carboxylase katalysiert. Sie folgt einem Mechanismus, der dem der Pyruvat-Carboxylase-Reaktion ähnelt (▶*Abschnitt 9.8.1*). Dabei findet zunächst eine ATP-abhängige Aktivierung von Hydrogencarbonat ($HCO_3^{\ominus}$) durch die Bildung von Carboxybiotin statt. Anschließend wird durch die Übertragung

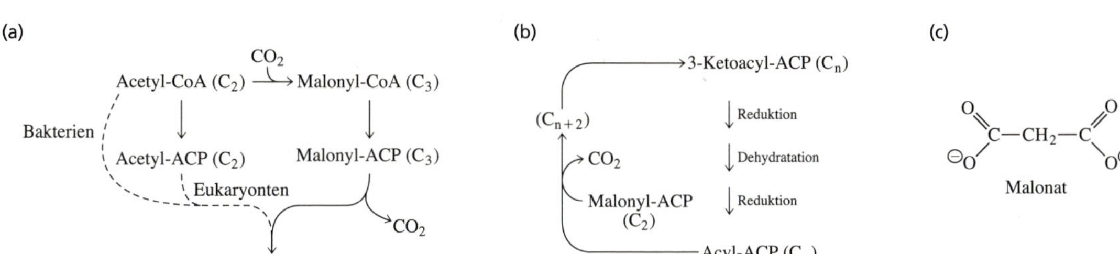

Abbildung 13.1: Kurze Übersicht über die Schritte des Stoffwechselweges zur Biosynthese von Fettsäuren. (a) Initiationsphase. (b) Elongationsphase. (c) Malonat.

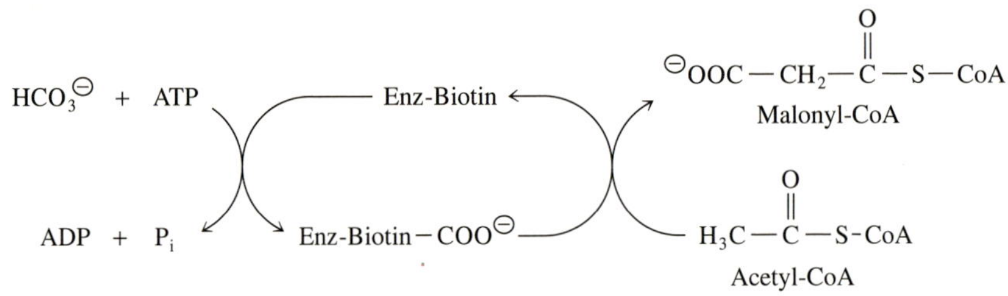

Abbildung 13.2: Carboxylierung von Acetyl-CoA zu Malonyl-CoA. Diese Reaktion wird durch die Biotin-abhängige Acetyl-CoA-Carboxylase katalysiert.

des aktivierten CO_2 auf Acetyl-CoA Malonyl-CoA gebildet. In Eukaryonten werden diese Reaktionen durch ein bifunktionelles Enzym katalysiert, in dem die Biotingruppe an einen flexiblen Arm gebunden ist, der zwischen zwei aktiven Zentren hin- und herschwenkt. Die bakterielle Version der Acetyl-CoA-Carboxylase stellt einen Multiuntereinheiten-Enzymkomplex dar, der eine Biotin-Carboxylase, ein Biotin-Carboxylase-Trägerprotein sowie eine heterodimere Transcarboxylase enthält. Die Carboxylierungsreaktion verläuft metabolisch irreversibel und die Acetyl-CoA-Carboxylase dient als Schlüssel-Regulatorprotein der Fettsäurebiosynthese.

Der zweite Schritt der Synthese von Malonyl-ACP besteht in der Übertragung der Malonyleinheit vom Malonyl-CoA auf ACP. Dieser Transfer wird durch das Enzym Malonyl-CoA:ACP-Transacylase katalysiert (▶*Abbildung 13.3*). Ein ähnliches Enzym namens Acetyl-CoA:ACP-Transacylase vermittelt die Übertragung der Acetylgruppe von Acetyl-CoA auf ACP.

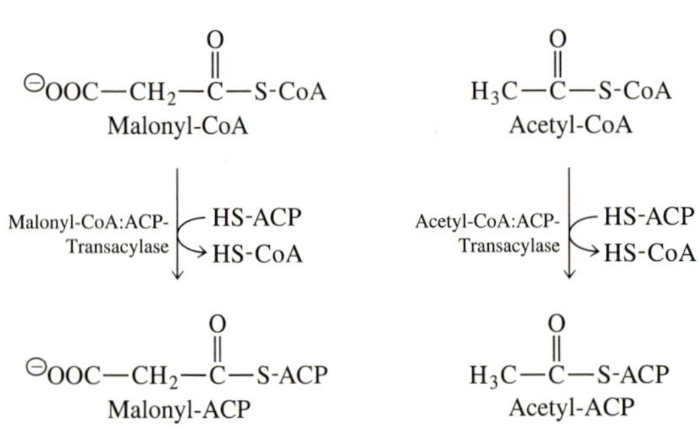

Abbildung 13.3: Synthese von Malonyl-ACP und Acetyl-ACP aus Malonyl-CoA beziehungsweise Acetyl-CoA und ACP (HS-ACP).

13.1.2 Die Startreaktion der Fettsäurebiosynthese

Die Synthese von langkettigen Fettsäuren beginnt mit der Bildung einer C_4-Einheit, die an ACP gebunden ist. Diese C_4-Einheit, die einer Acetoacetylgruppe entspricht, entsteht unter Freisetzung von CO_2 durch die Kondensation einer Acetylgruppe (C_2-Einheit) aus Acetyl-CoA (Bakterien) oder Acetyl-ACP (Eukaryonten) mit einer Malonylgruppe (C_3-Einheit) aus Malonyl-ACP. Diese Kondensationsreaktion wird durch das Enzym 3-Ketoacyl-ACP-Synthase (KAS) katalysiert.

In Bakterienzellen existieren mehrere Versionen der KAS. Die KAS III katalysiert die Kondensation in der Initiationsphase, während die KAS I und die KAS II in der Elongationsphase zum Einsatz kommen. Bei der bakteriellen KAS III dient Acetyl-CoA als Substrat für die Kondensation mit Malonyl-ACP in der Initiationsphase (▶*Abbildung 13.4*).

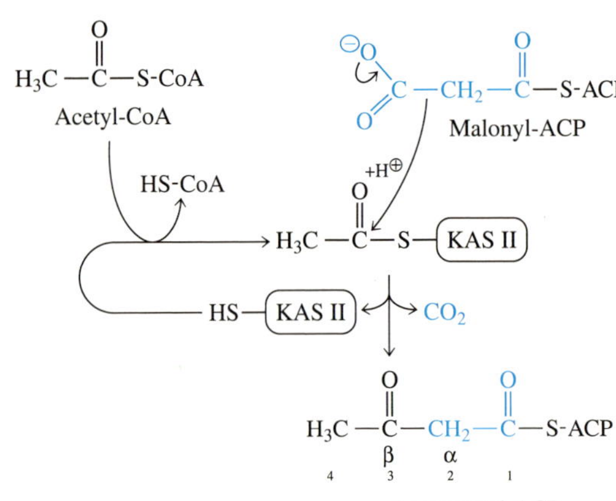

Abbildung 13.4: Synthese von Acetoacetyl-ACP während der Initiationsphase der Fettsäurebiosynthese in Bakterien.

Bei dieser Reaktion wird die Acetylgruppe von Acetyl-CoA zunächst über eine Thioesterbindung kovalent an das Enzym gebunden. Das Enzym katalysiert anschließend die Übertragung der Acetylgruppe auf die Malonylgruppe durch den nucleophilen Angriff des Methylenkohlenstoffatoms (CH_2) der Malonylgruppe auf das Carbonylkohlenstoffatom der Acetylgruppe. Diese C-C-Verknüpfungsreaktion wird durch die Freisetzung von CO_2 angetrieben und führt zur Bildung der Acetoacetylgruppe, einer an ACP gebundenen C_4-Einheit. Eukaryontische Versionen der 3-Ketoacyl-ACP-Synthase (KAS) katalysieren die gleiche

13.1.4 Aktivierung von Fettsäuren

Die Thioesterase-Reaktion führt zur Freisetzung der Fettsäure beziehungsweise ihres Carboxylats. Für nachfolgende Modifizierungen der Fettsäure oder ihren Einbau in Membranlipide ist aber ein Aktivierungsschritt erforderlich, durch den der Thioester der Fettsäure mit Coenzym A gebildet wird. Diese ATP-abhängige Reaktion wird durch die Acyl-CoA-Synthetase katalysiert (▶*Abbildung 13.6*). Das bei dieser Reaktion freigesetzte Pyrophosphat (PP_i) wird durch die Aktivität der Pyrophosphatase zu zwei P_i hydrolysiert. Im Endeffekt werden für die Synthese eines Moleküls eines Fettsäure-CoA-Thioesters also zwei ATP-Äquivalente verbraucht. Bakterien besitzen im Allgemeinen nur eine einzelne Version der Acyl-CoA-Synthetase, während in Säugetieren mindestens vier verschiedene Isoformen der Acyl-CoA-Synthetase vorkommen. Jedes dieser unterschiedlichen Enzyme setzt spezifisch Fettsäuren bestimmter Kettenlängen um: kurz ($< C_6$), mittel (C_6 bis C_{12}), lang (C_{13} bis C_{16}) und sehr lang ($> C_{16}$). Der Mechanismus entspricht demjenigen der Synthese von Acetyl-CoA aus Acetat und Coenzym A (▶*Abbildung 5.9*).

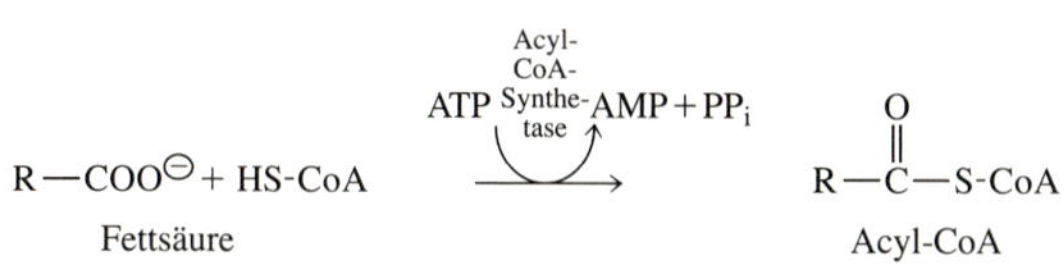

Abbildung 13.6: Aktivierung von Fettsäuren.

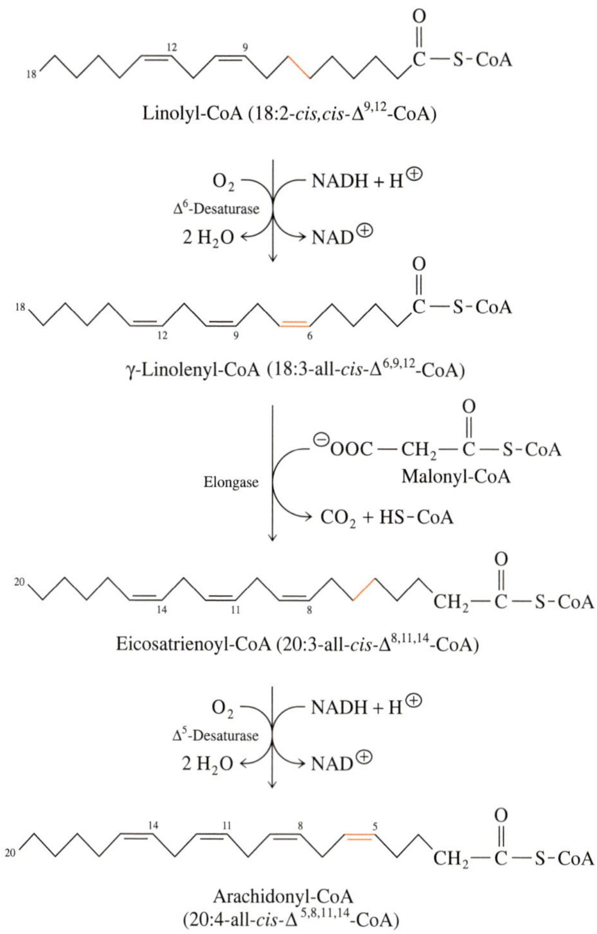

Abbildung 13.7: Elongase- und Desaturase-Reaktionen bei der Umwandlung von Linolyl-CoA in Arachidonyl-CoA.

13.1.5 Elongasen und Desaturasen

Wie bereits erwähnt, können durch die Fettsäure-Synthase keine Fettsäuren synthetisiert werden, deren Ketten mehr als 16 oder 18 Kohlenstoffatome (C_{16} oder C_{18}) enthalten. Längere Fettsäuren müssen nachträglich durch die Verlängerung der Acylgruppen von Palmityl-CoA oder Stearyl-CoA gebildet werden. Die Enzyme, die diese Verlängerungen katalysieren, werden Elongasen genannt. Elongasen nutzen Malonyl-CoA und nicht Malonyl-ACP als Quelle für die C_2-Verlängerungseinheit. Der zweite Schritt in ▶*Abbildung 13.7* stellt ein Beispiel für eine Elongase-Reaktion dar. Langkettige Fettsäuren mit 20 und 22 Kohlenstoffatomen kommen noch häufig vor, während solche mit 24 oder 26 Kohlenstoffatomen nur selten zu finden sind. Ungesättigte Fettsäuren werden sowohl in Bakterien als auch in Eukaryonten synthetisiert, allerdings auf sehr unterschiedlichen Wegen. Im Fettsäure-Synthase-System des Typs II (FAS II) von Bakterien wird eine Doppelbindung in die wachsende Kette eingefügt, wenn sie eine Länge von zehn Kohlenstoffatomen erreicht hat. Diese Reaktion wird durch spezifische Enzyme katalysiert, die das C_{10}-Zwischenprodukt erkennen. Die Aktivität des Enzyms 3-Hydroxydecanoyl-ACP-Dehydratase führt zum Beispiel wie die normale Dehydratase-Reaktion in der Elongationsphase zur Bildung einer Doppelbindung in Position 2 (▶*Abbildung 13.5*). Allerdings erzeugt die spezifische C_{10}-Dehydratase eine *cis*-konfigurierte Doppelbindung im Produkt *cis*-2-Decanoyl-ACP anstelle der *trans*-Doppelbindung in der normalen Elongationsphase. Die *cis*-Doppelbindung kann aber nicht als Substrat der Enoyl-ACP-Reduktase dienen und somit nicht zur gesättigten Alkylkette reduziert werden. Die anschließende Verlängerung dieser ungesättigten C_{10}-Fettsäure erfolgt auf dem normalen Fettsäure-Synthase-Weg. Dabei wird die Kondensationsreaktion allerdings durch eine spezifische 3-Ketoacyl-ACP-Synthase katalysiert, die die ungesättigte Fettsäure erkennt. Die vorläufigen Endprodukte sind die einfach ungesättigten Fettsäuren 16:1-Δ^8 und 18:1-Δ^{10}. Zur Synthese von mehrfach ungesättigten Fettsäuren in Bakterien können diese Produkte weiter modifiziert werden. Die Ketten können durch die Aktivität von Elongasen verlängert werden, während die Einführung zusätzlicher Doppelbindungen durch sogenannte Desaturasen katalysiert wird. Bakterien weisen eine große Vielfalt von mehrfach ungesättigten Fettsäuren auf, die zur Erhöhung der Fluidität der Zellmembranen dienen, wenn sich die Bakterien an niedrige Temperaturen anpassen müssen (▶*Abschnitt 9.9*). Viele marine Bakterienspezies synthetisieren zum Beispiel mehrfach ungesättigte 20:5- und 22:6-Fettsäuren. In diesen Spezies stellen bis zu 25 Prozent der Fettsäuren in Membranen lange, mehrfach ungesättigte Fettsäuren dar.

In Eukaryonten ist die Einführung einer Doppelbindung während der Synthese der Fettsäurekette nicht möglich, weil diese an der Fettsäure-Synthase des Typs I (FAS I) abläuft, bei der die wachsende Kette an das Enzym gebunden bleibt. Die FAS I enthält eine einzelne 3-Ketoacyl-ACP-Synthase (KAS), die ein Teil des großen multifunktionellen Enzyms ist. Das aktive Zentrum der eukaryontischen KAS erkennt keine ungesättigten Fettsäure-Zwischenprodukte und könnte diese deswegen auch nicht verlängern, wenn sie wie bei Bakterien im C_{10}-Stadium gebildet würden. Deshalb können Eukaryonten ungesättigte Fettsäuren ausschließlich mithilfe von Desaturasen produzieren, die auf die fertiggestellten, gesättigten Fettsäurederivate Palmityl-CoA und Stearyl-CoA einwirken. Die meisten eukaryontischen Zellen besitzen verschiedene Desaturasen, die die Bildung von Doppelbindungen katalysieren, die bis zu 15 Kohlenstoffatome vom Carboxylende entfernt liegen. Palmityl-CoA kann zum Beispiel zu seinem 16:1-Δ^9-Analogon oxidiert werden, durch dessen Hydrolyse die häufig vorkommende Fettsäure Palmitoleinsäure bzw. ihr Carboxylat Palmitoleat freigesetzt wird. Mehrfach ungesättigte Fettsäuren werden durch das aufeinanderfolgende Einwirken von verschiedenen, hoch spezifischen Desaturasen gebildet. In den meisten Fällen liegen die Positionen der Doppelbindungen um drei Kohlenstoffatome auseinander. Da jede Doppelbindung zwei Kohlenstoffatome umfasst, sind die Doppelbindungen dann nur durch eine Methylengruppe ($-CH_2-$) getrennt, infolgedessen aber auch *nicht* konjugiert. Ein Beispiel für den Syntheseweg einer solchen mehrfach ungesättigten Fettsäure ist die Bildung von α-Linolensäure in Pflanzen:

$$\text{18:0 (Stearyl-CoA)} \longrightarrow \text{18:1-}\Delta^{9}\text{(Oleyl-CoA)} \longrightarrow \text{18:2-}\Delta^{9,12}\text{ (Linolyl-CoA)} \longrightarrow \text{18:3-}\Delta^{9,12,15}\text{ (}\alpha\text{-Linolenyl-CoA)} \qquad (13.4)$$

Säugetierzellen besitzen keine Desaturasen, die Doppelbindungen nach Position 9 erzeugen können, und sind deswegen nicht zur Synthese von Linolsäure (18:2-$\Delta^{9,12}$) oder α-Linolensäure (18:3-$\Delta^{9,12,15}$) fähig. Mehrfach ungesättigte Fettsäuren mit einer Doppelbindung in Position 12 sind aber für die Lebensfähigkeit von Säugetieren absolut essenziell, da sie als Vorstufen für die Synthese von wichtigen Eicosanoiden wie Prostaglandinen eingesetzt werden. Weil sie aber keine Δ^{12}-Desaturase besitzen, müssen Säugetiere zum Beispiel Linolsäure mit der Nahrung aufnehmen. Linolsäure und andere mehrfach ungesättigte Fettsäuren stellen also essenzielle Nahrungsbestandteile für Säugetiere dar. Beim Menschen ist ein echter Mangel an mehrfach ungesättigten Fettsäuren eher selten, weil die normale Ernährung ausreichende Mengen enthält. Pflanzen und vor allem Pflanzenöle sind beispielsweise reichhaltige Quellen für mehrfach ungesättigte Fettsäuren. Nichtsdestotrotz werden viele Nahrungsergänzungsmittel angeboten, in denen Linolsäure enthalten ist. Säugetiere können Linolsäure, die durch die Bildung von Linolyl-CoA aktiviert wird, durch eine Reihe von Desaturase- und Elongase-Reaktionen zu Arachidonyl-CoA (20:4) umsetzen (▶*Abbildung 13.7*). Als Vorstufe in der Synthese von Eicosanoiden dient aus Phospholipiden freigesetztes Arachidonat. Dieser Weg illustriert typische Desaturase- und Elongase-Aktivitäten bei der Synthese von komplizierten, mehrfach ungesättigten Fettsäuren. Das Zwischenprodukt γ-Linolenyl-CoA im Arachidonat-Syntheseweg kann durch Desaturasen und Elongasen in mehrfach ungesättigte C_{20}- oder C_{22}-Fettsäuren umgewandelt werden. Die Doppelbindungen in mehrfach ungesättigten Fettsäuren sind nicht konjugiert, sondern jeweils durch eine Methylengruppe getrennt. Eine bereits vorhandene Δ^9-Doppelbindung dirigiert die als Nächstes eingeführte Doppelbindung in die Δ^6- oder Δ^{12}-Position.

13.2 Synthese von Triacylglycerinen und Glycerophospholipiden

Die meisten Fettsäuren kommen in veresterter Form in Triacylglycerinen oder Glycerophospholipiden vor. Phosphatidate treten als Zwischenprodukte bei der Synthese von Triacylglycerinen und Glycerophospholipiden auf. Sie werden

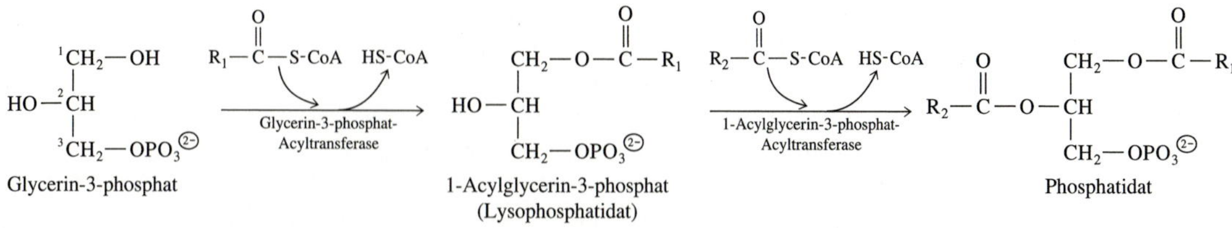

Abbildung 13.8: Bildung eines Phosphatidats. Im ersten Schritt katalysiert die Glycerin-3-phosphat-Acyltransferase die Veresterung der C-1-Hydroxylgruppe von Glycerin-3-phosphat mit einer Fettsäure. Dieses Enzym überträgt bevorzugt gesättigte Fettsäure-Acylgruppen von einem Fettsäureacyl-CoA-Molekül. Im zweiten Schritt führt die Aktivität der 1-Acylglycerin-3-phosphat-Acyltransferase zur Veresterung der C-2-Hydroxylgruppe, diesmal bevorzugt mit einer ungesättigten Fettsäure aus einem Fettsäureacyl-CoA-Molekül.

durch die Übertragung der Acylgruppen von Fettsäureacyl-CoA-Molekülen auf die Sauerstoffatome der Kohlenstoffatome C-1 und C-2 von Glycerin-3-phosphat gebildet (▶*Abbildung 13.8*). Die Reaktionen werden durch zwei verschiedene Acyltransferasen katalysiert, die Fettsäureacyl-CoA-Moleküle als Acylgruppen-Donoren verwenden. Im ersten Reaktionsschritt entsteht durch die Aktivität der Glycerin-3-phosphat-Acyltransferase, die bevorzugt gesättigte Fettsäure-Acylketten überträgt und zur Veresterung der C-1-Hydroxylgruppe von Glycerin-3-phosphat führt, ein 1-Acylglycerin-3-phosphat (Lysophosphatidat). Das Enzym 1-Acylglycerin-3-phosphat-Acyltransferase katalysiert im zweiten Schritt dann die Veresterung der C-2-Hydroxylgruppe des 1-Acylglycerin-3-phosphats. Als Produkt dieser Reaktion wird ein Phosphatidat gebildet. Die spezifischen Eigenschaften eines Phosphatidats hängen von seinen Fettsäure-Acylgruppen ab.

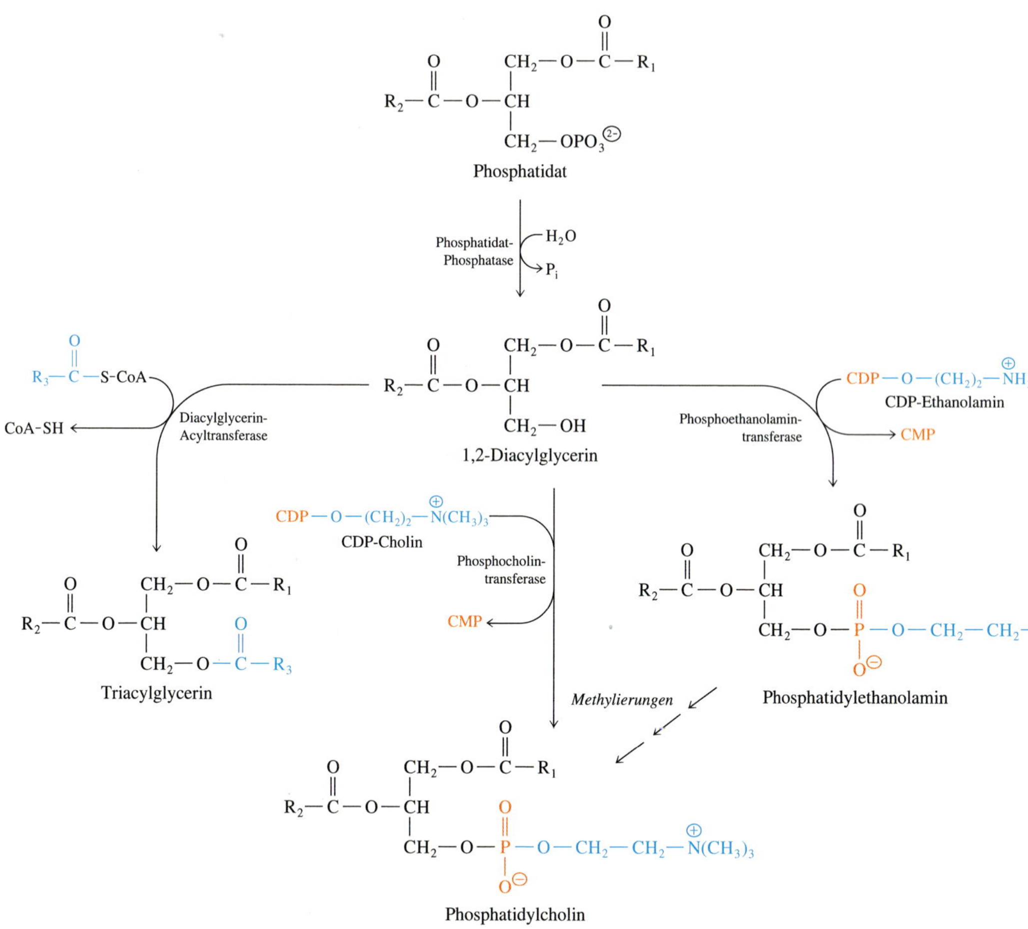

Abbildung 13.9: Synthese von Triacylglycerinen und neutralen Phospholipiden. Die Bildung von Triacylglycerinen, Phosphatidylcholinen und Phosphatidylethanolaminen erfolgt über 1,2-Diacylglycerin als Zwischenprodukt aus dem entsprechenden Phosphatidat. Cytosinnucleotid-Derivate liefern die polaren Kopfgruppen der Phospholipide. Ein Phosphatidylcholin kann auch durch drei enzymatische Methylierungen, bei denen *S*-Adenosylmethionin als Methylgruppen-Donator auftritt, aus dem entsprechenden Phosphatidylethanolamin synthetisiert werden.

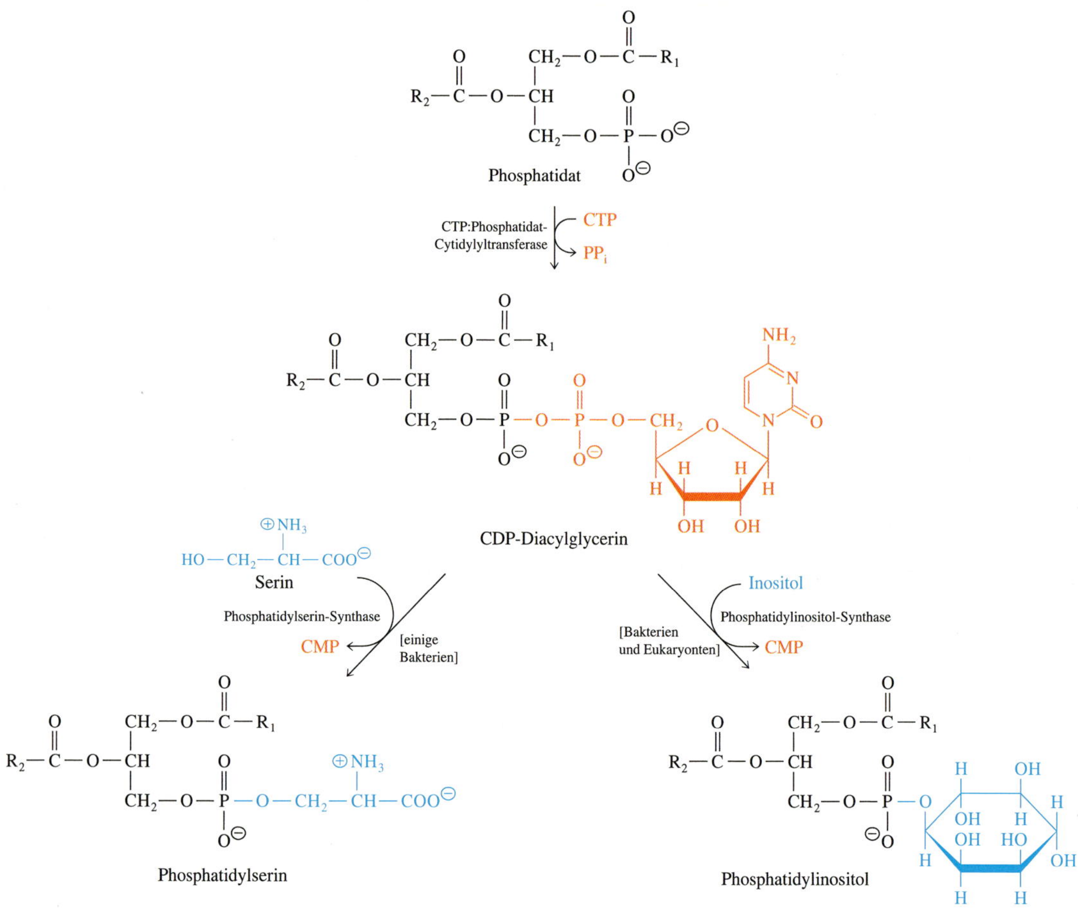

Abbildung 13.10: Synthese von sauren Phospholipiden. Ein Phosphatidat kondensiert mit CTP unter Freisetzung von Pyrophosphat (PP_i) zum CDP-Diacylglycerin. Anschließend erfolgt die Substitution von CMP durch einen der Alkohole Serin oder Inositol. Dabei wird das entsprechende Phosphatidylserin beziehungsweise Phosphatidylinositol gebildet.

Die Bildung von Triacylglycerinen und neutralen Phospholipiden aus Phosphatidaten beginnt mit der Dephosphorylierung, die durch die Phosphatidat-Phosphatase katalysiert wird (▶*Abbildung 13.9*). Das Produkt dieser Reaktion, ein 1,2-Diacylglycerin, kann direkt zu einem Triacylglycerin acyliert werden. 1,2-Diacylglycerin kann alternativ aber auch mit einem Nucleotid-Alkoholderivat zu einem Phosphatidylcholin beziehungsweise einem Phosphatidylethanolamin reagieren, wie zum Beispiel CDP-Cholin oder CDP-Ethanolamin. Diese Derivate werden aus CTP durch die folgende allgemeine Reaktion gebildet:

$$\text{CTP} + \text{Alkoholphosphat} \longrightarrow \text{CDP-Alkohol} + PP_i \qquad (13.5)$$

Phosphatidylcholin kann auch durch die Methylierung von Phosphatidylethanolamin mit *S*-Adenosylmethionin synthetisiert werden.

Phosphatidate dienen außerdem als Vorstufen für saure Phospholipide. Die Synthese der sauren Phospholipide beginnt mit der Aktivierung eines Phosphatidats durch die Reaktion mit CTP zum entsprechenden CDP-Diacylglycerin, bei der Pyrophosphat freigesetzt wird (▶*Abbildung 13.10*). In einigen Bakterien führt die Substitution von CMP im CDP-Diacylglycerin durch Serin zur Bildung von Phosphatidylserinen. Sowohl in Prokaryonten als auch in Eukaryonten werden durch den Austausch von CMP gegen Inositol Phosphatidylinositole produziert. Das Phosphatidylinositol kann durch aufeinanderfolgende ATP-abhängige Phosphorylierungen in Phosphatidylinositol-4-phosphat (PIP) und Phosphatidylinositol-4,5-bisphosphat (PIP_2) umgewandelt werden.

Die meisten Eukaryonten nutzen unterschiedliche Wege zur Synthese von Phosphatidylserinen. So können sie auch durch den reversiblen Austausch der Ethanolamin-Einheit eines Phosphatidylethanolamins gegen Serin erzeugt werden. Dieser Austausch wird durch das Enzym Phosphatidylethanolamin:Serin-Transferase katalysiert (▶*Abbildung 13.11*). Das Phosphatidylserin kann

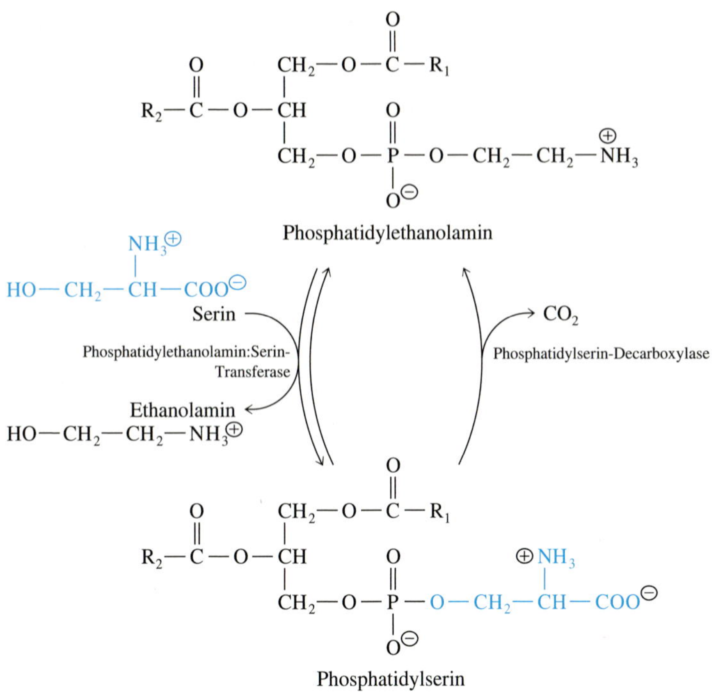

Abbildung 13.11: Wechselseitige Umwandlung von Phosphatidylethanolamin und Phosphatidylserin.

durch die Aktivität der Phosphatidylserin-Decarboxylase in einer Decarboxylierungsreaktion in das Phosphatidylethanolamin zurückverwandelt werden.

Synthese von Eicosanoiden 13.3

Der biosynthetische Vorläufer der (meisten) Eicosanoide ist Arachidonsäure beziehungsweise Arachidonat (20:4-$\Delta^{5,8,11,14}$). Es gibt zwei Hauptklassen von Eicosanoiden: die auf dem *cyclischen* Weg des Arachidonsäurestoffwechsels gebildeten Prostaglandine, Thromboxane und Prostacycline sowie die auf dem *linearen* Weg des Arachidonsäurestoffwechsels synthetisierten Leukotriene. Die Synthese des Arachidonats erfolgt, wie bereits erläutert (▶*Abbildung 13.7*), aus Linolyl-CoA (18:2-$\Delta^{9,12}$) auf einem Reaktionsweg, für den eine Δ^6-Desaturase, eine Elongase und eine Δ^5-Desaturase erforderlich sind. Der cyclische Weg des Arachidonsäurestoffwechsels beginnt mit der Umwandlung des Arachidonats in Prostaglandin H_2 (PGH_2) durch die Aktivität des bifunktionellen Enzyms Prostaglandin-H_2-Synthase (PGHS). Das Enzym tritt als dimeres Membranprotein auf der inneren Oberfläche des endoplasmatischen Reticulums auf. Zunächst wird das Arachidonat durch die Cyclooxygenaseaktivität (COX) der PGHS in das Hydroperoxid Prostaglandin G_2 (PGG_2) umgewandelt. Unmittelbar im Anschluss findet die Umsetzung des relativ instabilen Hydroperoxids PGG_2 zum PGH_2 statt. Dabei verlässt das frisch gebildete PGG_2 das Enzym nicht. Stattdessen wird es in einem zweiten, hämhaltigen aktiven Zentrum desselben Enzymdimers, das die Hydroperoxidaseaktivität aufweist, durch die Reduktion der Hydroperoxidgruppe zur Hydroxylgruppe direkt in PGH_2 überführt (▶*Abbildung 13.12*). Prostaglandin H_2 dient als Ausgangspunkt für die Synthese vieler verschiedener, kurzlebiger Regulatormoleküle wie Prostacycline, Prostaglandine oder Thromboxane. Im Gegensatz zu den etwas resistenteren Hormonen, die durch verschiedene Drüsen in die Blutbahn ausgeschüttet werden und dann mit dem Blutstrom zu ihren Zielgeweben gelangen, stellen Eicosanoide infolge ihrer Kurzlebigkeit lokale Mediatoren dar. Sie beeinflussen deswegen nur die Aktivität der Zellen in unmittelbarer Nachbarschaft der Zelle, in der sie gebildet worden sind, und werden aus diesem Grund auch als Gewebshormone bezeichnet. Thromboxan A_2, das von Thrombocyten (Blutplättchen) produziert wird, wirkt zum Beispiel lokal vasokonstriktorisch (gefäßverengend) und führt zu einer deutlichen Steigerung der irreversiblen Thrombocytenaggregation. Es ist infolgedessen einerseits für die lebenswichtige, normale Blutgerinnung bei Verletzungen von großer Bedeutung, spielt aber auch bei der Entstehung von Blutgerinnseln im Zusammenhang mit Gefäßverschlusserkrankungen wie Herzinfarkt und Schlaganfall eine Rolle. Bestimmte Prostaglandine rufen

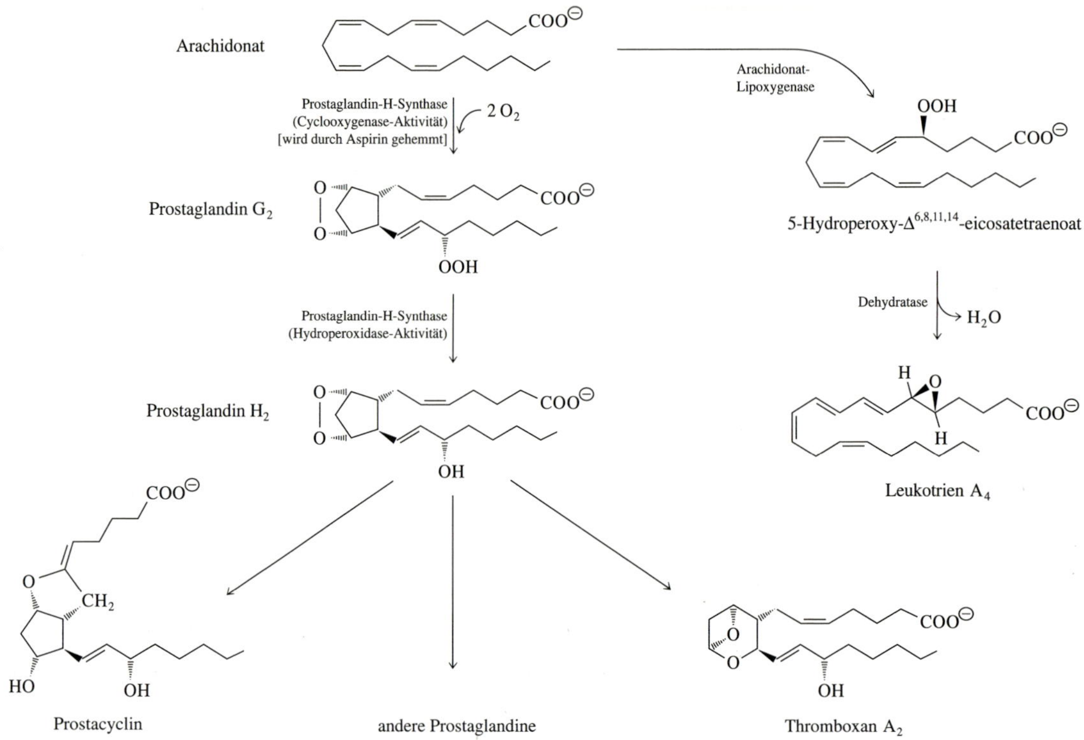

Abbildung 13.12: Cyclischer und linearer Weg des Arachidonsäurestoffwechsels zur Bildung verschiedener Eicosanoide. Der cyclische Weg führt zur Bildung von Prostaglandin H_2, das als Vorstufe für die Synthese von Prostacyclinen, Thromboxanen und einer Vielfalt von anderen Prostaglandinen dient. Auf dem linearen Weg entstehen Leukotriene wie das gezeigte Leukotrien A_4, das den Ausgangspunkt zur Synthese einiger weiterer Leukotriene darstellt. Die Cyclooxygenaseaktivität der Prostaglandin-H_2-Synthase kann durch Aspirin gehemmt werden.

die Kontraktion der Gebärmutter während der Geburtswehen hervor. Eicosanoide treten weiterhin als Mediatoren bei der Entstehung von Schmerzen, Entzündungen und Ödemen in Erscheinung.

Linolsäure stellt unter anderem deswegen einen essenziellen Nahrungsbestandteil dar, weil sie für die Synthese der lebenswichtigen Eicosanoide benötigt wird. Aspirin hemmt die Produktion von Eicosanoiden, die auf dem cyclischen Weg des Arachidonsäurestoffwechsels gebildet werden. Dadurch werden zum Beispiel Schmerzen, Fieber und Entzündungen gelindert, und die Produkte des cyclischen Weges treten als Mediatoren auf. Der Wirkstoff des Aspirins, die Acetylsalicylsäure, führt zu einer irreversiblen Hemmung der COX-Aktivität der PGHS durch die Acetylierung eines Serinrestes im aktiven Zentrum der COX. Durch die Acetylierung dieses Serinrestes sind die betroffenen Enzymmoleküle nicht mehr zur Synthese von PGH_2 fähig; somit können die verschiedenen Endprodukte des cyclischen Weges des Arachidonsäurestoffwechsels nicht mehr gebildet werden. Die Vertreter der zweiten Hauptklasse der Eicosanoide, die Leukotriene, werden auf dem linearen Weg des Arachidonsäurestoffwechsels gebildet. Die ersten beiden Schritte dieses Weges werden durch das bifunktionelle Enzym 5-Lipoxygenase katalysiert, das eine Arachidonat-Lipoxygenase- und eine Dehydratase-Aktivität aufweist. Als Produkt dieser Reaktionen entsteht das instabile Epoxid Leukotrien A_4 (LTA_4). Die Bezeichnung *trien* bezieht sich auf die Anwesenheit von drei konjugierten Doppelbindungen in Leukotrienen. LTA_4 wird enzymatisch zu einer Reihe weiterer Leukotriene umgesetzt, wie zum Beispiel den Verbindungen der sogenannten SRS-A (engl. *slow-reacting substance of anaphylaxis*), einer Substanzmischung, die unter anderem als wichtiger Mediator der allergischen Überempfindlichkeitsreaktionen auftritt.

13.4 Synthese von Etherlipiden

Etherlipide enthalten anstelle (wenigstens) einer der Estergruppen in Glycerolipiden eine Ether- beziehungsweise Vinylethergruppe. Der Stoffwechselweg zur Synthese von Etherlipiden beginnt mit

Dihydroxyacetonphosphat (▶*Abbildung 13.13*). Zunächst wird durch die Veresterung des alkoholischen Sauerstoffatoms am C-1 mit einer Fettsäure-Acylgruppe aus Fettsäureacyl-CoA das entsprechende 1-Acyldihydroxyacetonphosphat erzeugt. Anschließend erfolgt eine Substitution des Fettsäurecarboxylats am C-1 durch einen langkettigen Alkohol (Fettalkohol). Durch diese Reaktion findet der Austausch der Ester- gegen die Ethergruppe statt und es entsteht ein 1-Alkyldihydroxyacetonphosphat. Die Carbonylgruppe dieser Verbindung wird mit NADPH zum sekundären Alkohol reduziert. Das Produkt dieser Reduktion ist ein 1-Alkylglycerin-3-phosphat. Danach führt die Veresterung der C-2-Hydroxylgruppe zu einem 1-Alkyl-2-acylglycerin-3-phosphat. Die nachfolgenden Reaktionen umfassen eine Dephosphorylierung und die Verknüpfung mit einer neuen polaren Kopfgruppe, bei der es sich entweder um Phosphocholin oder Phosphoethanolamin handelt. Diese Schritte gleichen den entsprechenden Reaktionen in ▶*Abbildung 13.9*. Plasmalogene, deren C-1-Substituent über eine Vinyletherbrücke mit dem Glyceringrundkörper verknüpft ist (▶*Abbildung 7.6*), werden aus den gesättigten Alkylethern durch eine Oxidation der (–O–CH_2–CH_2–)-Einheit zur Vinylethergruppe (–O–CH=CH–) gebildet. Die Reaktion wird durch eine NADH- und O_2-abhängige Oxidase katalysiert. Diese Oxidase ähnelt den Acyl-CoA-Desaturasen (▶*Abbildung 13.7*), die Doppelbindungen in Fettsäuren einführen.

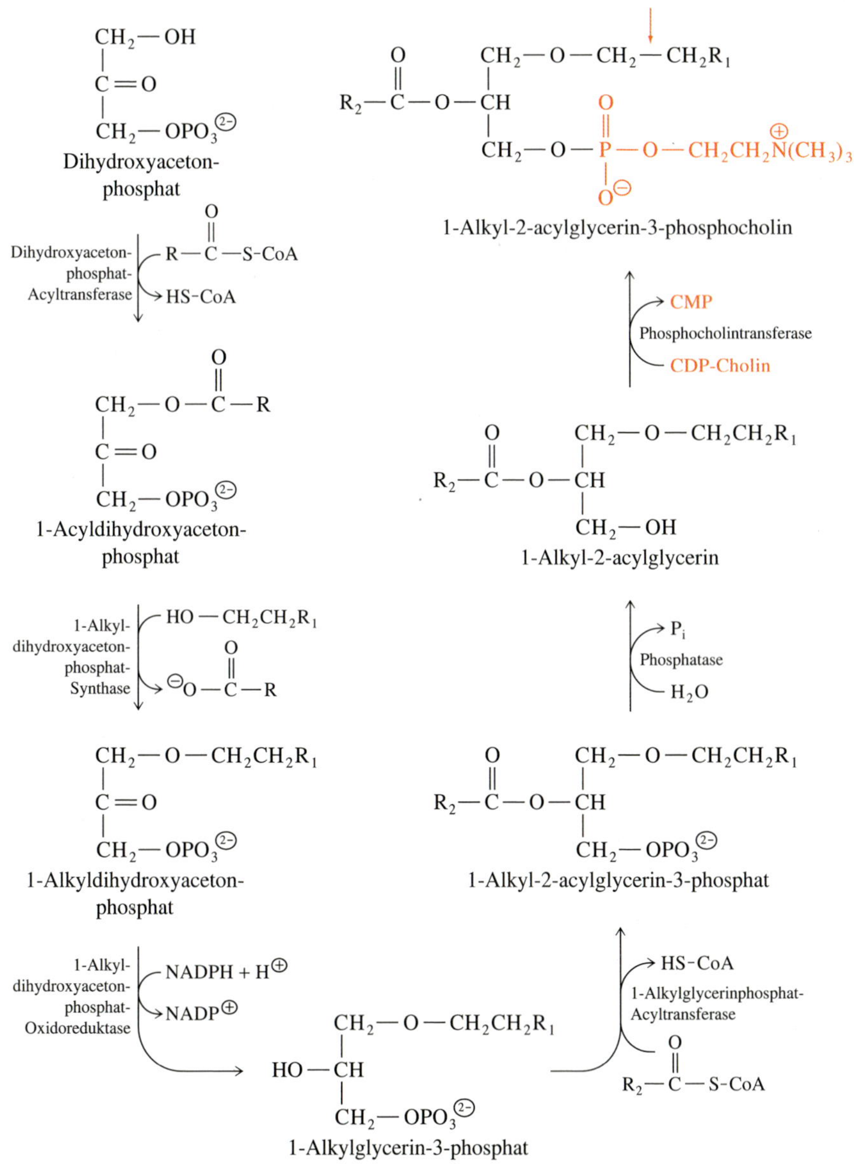

Abbildung 13.13: Synthese von Etherlipiden. Plasmalogene werden aus Etherlipiden durch die Erzeugung einer Doppelbindung an der durch den roten Pfeil markierten Position synthetisiert.

13.5 Synthese von Sphingolipiden

Der ungesättigte C_{18}-Aminoalkohol Sphingosin (▶*Abbildung 7.8a*) bildet das strukturelle Rückgrat der Sphingolipide, einer wichtigen Klasse von Membranlipiden. Im ersten Schritt der Biosynthese von Sphingolipiden kondensiert Serin (eine C_3-Einheit) unter Freisetzung von CO_2 mit Palmityl-CoA zum 3-Ketosphinganin (▶*Abbildung 13.14*). Das 3-Ketosphinganin wird mit NADPH zum Sphinganin reduziert. Im Anschluss erfolgt in einer *N*-Acetylierung die Übertragung einer Fettsäure-Acylgruppe aus dem entsprechenden Acyl-CoA auf die Aminogruppe des Sphinganins. Das Produkt dieser Reaktion, das Dihydroceramid *N*-Acylsphinganin, wird durch die Aktivität der Dihydroceramid-Δ^4-Desaturase, die die typische Doppelbindung eines Sphingosins zwischen C-4 und C-5 einführt, in ein Ceramid umgewandelt. Das vorläufige Endprodukt dieses Stoffwechselweges ist ein Ceramid (*N*-Acylsphingosin).

Das Ceramid dient als Ausgangspunkt für die Synthese aller anderen Sphingolipide. Seine Reaktion mit Phosphatidylcholin ergibt das Sphingomyelin, während die Glycosylierung durch UDP-Zucker zur Bildung von Cerebrosiden führt. Die komplexeren Zucker-Lipid-Konjugate, die Ganglioside genannt werden, entstehen durch die Reaktion von Cerebrosiden mit weiteren UDP-Zuckern und CMP-*N*-Acetylneuraminsäure (▶*Abbildung 7.9*). Ganglioside werden, wie die meisten Glycolipide, in das äußere Blatt der Plasmamembran eingebaut, sodass ihre Zuckerreste auf der äußeren Membranseite lokalisiert sind.

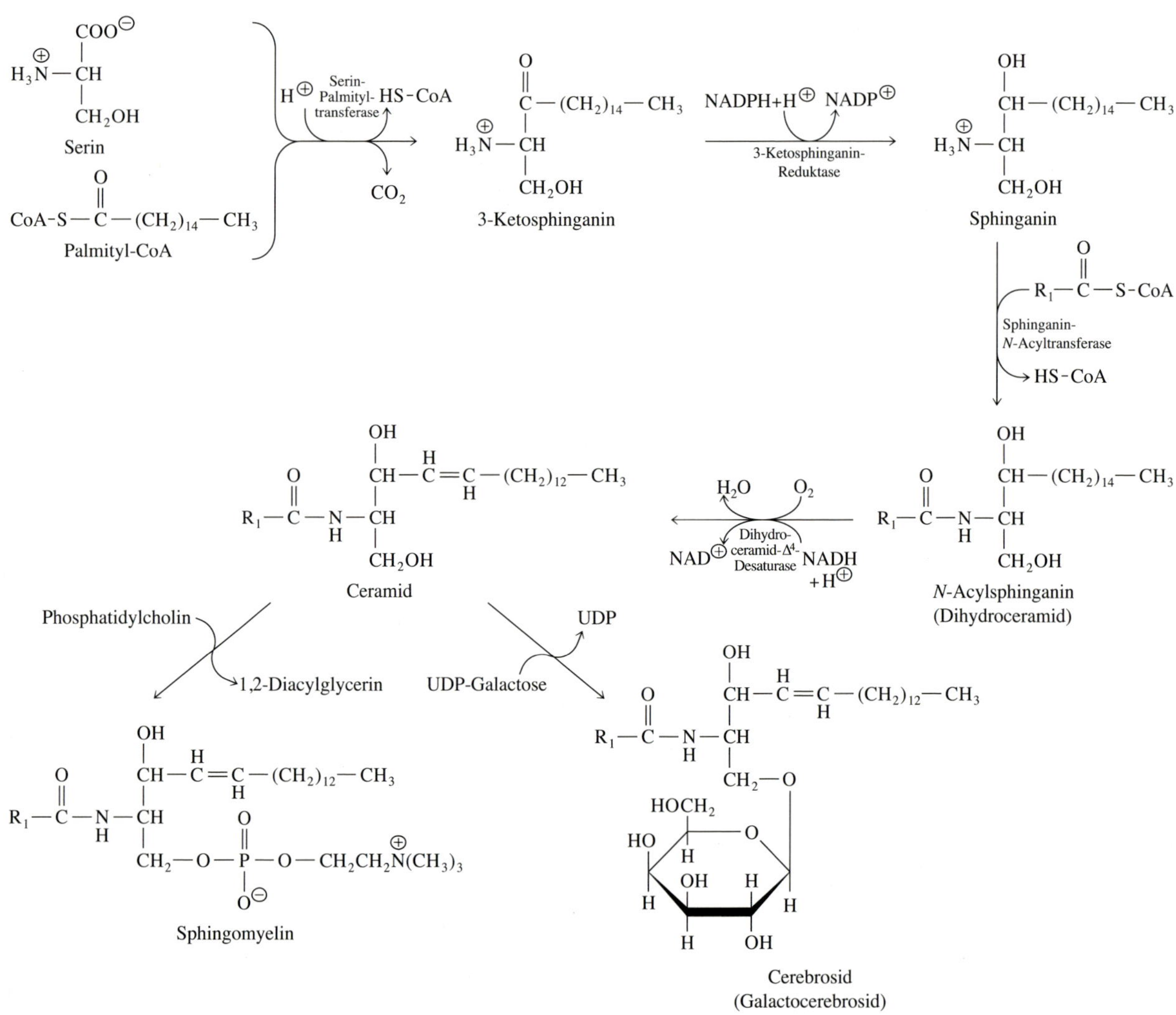

Abbildung 13.14: **Synthese von Sphingolipiden.**

13.6 Synthese von Cholesterin

Das Steroid Cholesterin tritt als wichtiger Bestandteil vieler Membranen und in Säugetieren als biosynthetische Vorstufe von Steroidhormonen und Gallensalzen auf. Durch Markierungsexperimente mit radioaktiven Isotopen konnte gezeigt werden, dass alle Kohlenstoffatome im Cholesterin aus Acetyl-CoA stammen. Die Biosynthese des C_{27}-Steroids Cholesterin verläuft über den mehrfach ungesättigten, nichtcyclischen C_{30}-Kohlenwasserstoff Squalen, der zuvor aus mehreren C_5-Isoprenoidderivaten aufgebaut wird. Während der Cholesterinsynthese werden somit die folgenden Phasen durchlaufen:

$$\text{Acetat } (C_2) \longrightarrow \text{Isoprenoid } (C_5) \longrightarrow \text{Squalen } (C_{30}) \longrightarrow \text{Cholesterin } (C_{27}) \qquad (13.6)$$

13.6.1 Phase 1: Vom Acetyl-CoA zum Isopentenylpyrophosphat

In der ersten Phase der Cholesterinbiosynthese erfolgt zunächst die sequenzielle Kondensation von drei Molekülen Acetyl-CoA. Diese beiden Kondensationsschritte werden durch die Acetoacetyl-CoA-Thiolase und die HMG-CoA-Synthase katalysiert. Danach wird das Produkt 3-Hydroxy-3-methylglutaryl-CoA (HMG-CoA) durch die Aktivität der HMG-CoA-Reduktase zum Mevalonat reduziert (▶*Abbildung 13.15*). Diese Reduktion stellt den ersten festlegenden Schritt (engl. *committed step*) der Cholesterinbiosynthese dar. Zwei Phosphorylierungen, denen eine Decarboxylierung folgt, führen schließlich zur Bildung von Isopentenylpyrophosphat. Für die Synthese von Isopentenylpyrophosphat aus drei Molekü-

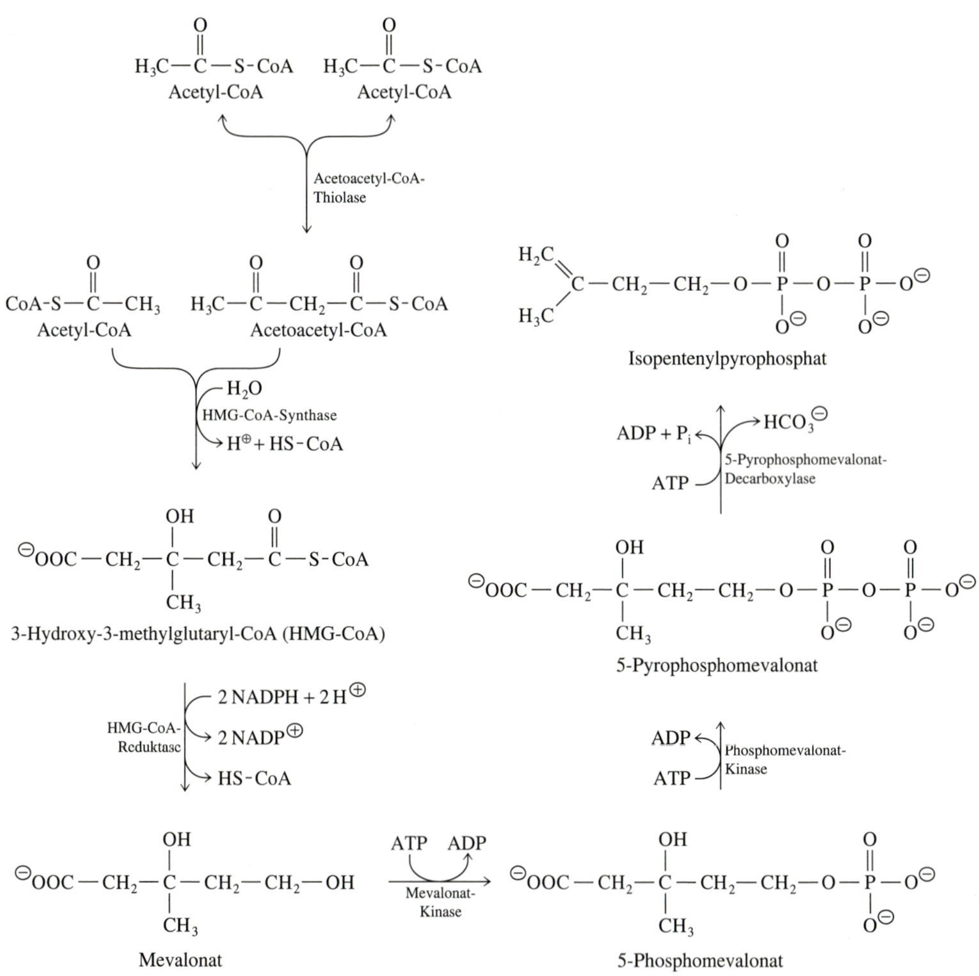

Abbildung 13.15: Phase 1 der Cholesterinbiosynthese: die Bildung von Isopentenylpyrophosphat. Die schrittweise Kondensation von drei Molekülen Acetyl-CoA führt zur Bildung von HMG-CoA, das dann zum Mevalonat reduziert wird. Das Mevalonat wird anschließend durch zwei Phosphorylierungen und eine Decarboxylierung zum C_5-Produkt Isopentenylpyrophosphat umgesetzt.

len Acetyl-CoA muss Energie in Form von zwei Molekülen NADPH und drei Molekülen ATP zur Verfügung gestellt werden. Neben seiner Rolle in der Cholesterinsynthese tritt Isopentenylpyrophosphat als wichtiger Donor von Isoprenyleinheiten in vielen anderen Biosynthesewegen auf.

Viele Bakterienspezies synthetisieren Isopentenylpyrophosphat auf einem völlig anderen, Mevalonat-unabhängigen Stoffwechselweg. Als Ausgangssubstrate dieses Weges dienen, statt Acetyl-CoA, Glycerinaldehyd-3-phosphat und Pyruvat. Der Mevalonat-unabhängige Weg ist aus evolutionärer Sicht älter als der hier beschriebene Mevalonat-abhängige Weg.

13.6.2 Phase 2: Vom Isopentenylpyrophosphat zum Squalen

Die intramolekulare Verschiebung der Doppelbindung des Isopentenylpyrophosphats durch die spezifische Aktivität des Enzyms Isopentenylpyrophosphat-Isomerase führt zur Bildung von Dimethylallylpyrophosphat. Die beiden Isomere Isopentenyl- und Dimethylallylpyrophosphat werden in einer Kopf-Schwanz-Kondensation, die durch die Prenyltransferase katalysiert wird, unter Freisetzung von Pyrophosphat (PP_i) miteinander verknüpft (▶ *Abbildung 13.16*). Das Produkt dieser Reaktion ist das C_{10}-Molekül Geranylpyrophos-

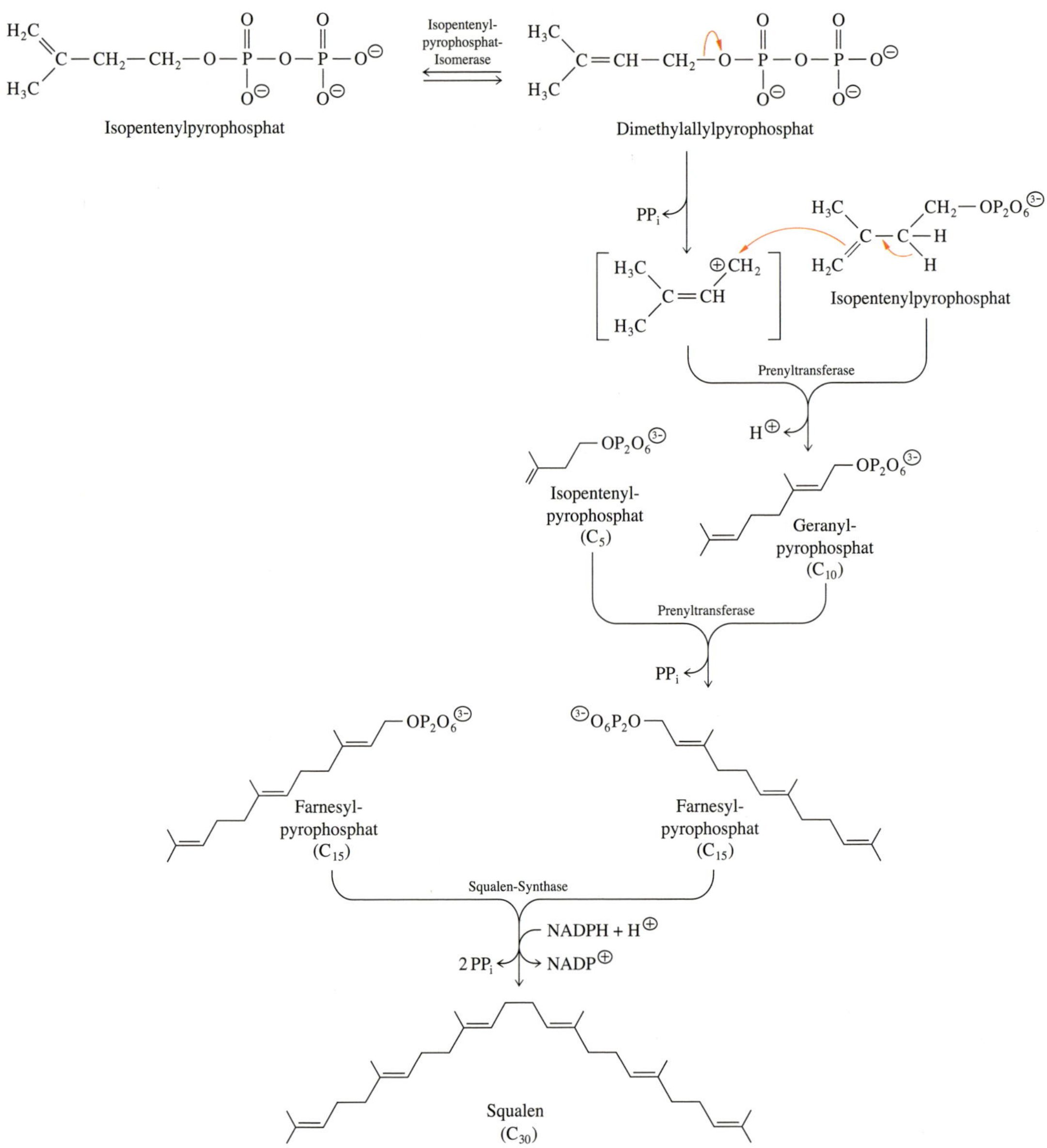

Abbildung 13.16: Kondensationsreaktionen in Phase 2 der Cholesterinbiosynthese, die zur Bildung von Squalen aus Isopentenylpyrophosphat führen.

phat. In der folgenden Kondensationsreaktion von Geranylpyrophosphat mit einem weiteren Molekül Isopentenylpyrophosphat, die ebenfalls durch die Prenyltransferase katalysiert wird, entsteht das wichtige C_{15}-Zwischenprodukt Farnesylpyrophosphat. Durch die Kondensation der Isoprenyleinheiten wird eine charakteristische, verzweigte Kohlenwasserstoffkette gebildet, deren Verzweigungen aus Methylgruppen bestehen. Die Methylgruppen weisen regelmäßige Abstände auf und in der Hauptkette befindet sich an jeder Verzweigungsstelle eine C=C-Doppelbindung. Diese Isopreneinheiten kommen bei einer ganzen Reihe von wichtigen Cofaktoren vor. Zwei Moleküle Farnesylpyrophosphat reagieren schließlich in einer Kopf-Kopf-Kondensation unter Freisetzung von zwei Molekülen Pyrophosphat (PP_i) zum mehrfach ungesättigten C_{30}-Kohlenwasserstoff Squalen. Pyrophosphat, dessen Hydrolyse zur weitgehend vollständigen Verschiebung des Reaktionsgleichgewichts in Richtung der Produkte führt, wird in drei Schritten des Squalensyntheseweges freigesetzt.

13.6.3 Phase 3: Vom Squalen zum Cholesterin

Die Schritte vom Squalen zum ersten Zwischenprodukt der Cholesterinbiosynthese, welche das vollständige kondensierte Ringsystem aus einem Fünf- und drei Sechsringen aufweist, dem Lanosterin, beinhalten unter anderem die Addition eines Sauerstoffatoms und eine nachfolgende Serie von konzertierten Cyclisierungen (▶*Abbildung 13.17*). In Zellen, die aktiv Cholesterin synthetisieren, sammelt sich Lanosterin in wahrnehmbaren Mengen an. Die Umwandlung von Lanosterin in Cholesterin findet auf zwei Stoffwechselwegen statt, die beide über viele Schritte ablaufen und hier nicht im Detail beschrieben werden sollen.

13.6.4 Andere Produkte des Isoprenoidstoffwechsels

Eine Vielzahl von Isoprenoiden wird aus Cholesterin und seinen Vorstufen synthetisiert. Isopentenylpyrophosphat, der C_5-Vorläufer von Squalen, dient als Ausgangssubstrat für die Synthese einer großen Zahl anderer Produkte, wie beispielsweise für Chinone, die fettlöslichen Vitamine A, E und K, Terpene, die Seitenketten mancher Cytochrom-Hämgruppen und die Phytylseitenkette des Chlorophylls (▶*Abbildung 13.18*). Viele dieser Isoprenoide werden in Bakterien synthetisiert, allerdings produzieren Bakterien kein Cholesterin. Die beiden Stoffwechselwege zur Erzeugung von Isopentenylpyrophosphat haben sich zu einem viel früheren Zeitpunkt der Evolution entwickelt als der Biosyntheseweg des Cholesterins.

Cholesterin dient zum Beispiel als Vorstufe zur Synthese von Gallensalzen, die für die effektive Absorption von Nahrungslipiden im Darm eine große Rolle spielen, von Vitamin D, das unter anderem die Aufnahme von Ca^{2+}-Ionen aus dem Darm fördert, von Steroidhormonen wie Testosteron und β-Östradiol, die die Ausbildung der Geschlechtsmerkmale kontrollieren, sowie von Steroiden, die den Salzhaushalt steuern. Das Hauptprodukt der Steroidbiosynthese in Säugetieren ist aber das Cholesterin selbst, das die Fluidität von Membranen moduliert und eine essenzielle Komponente der Plasmamembranen tierischer Zellen darstellt.

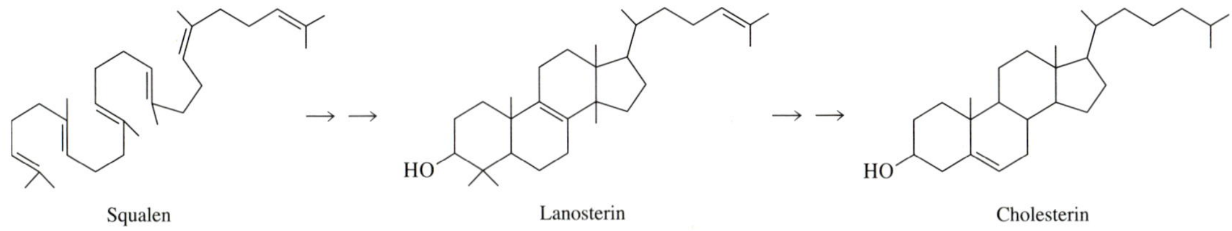

Abbildung 13.17: In der letzten Phase der Cholesterinbiosynthese erfolgt zunächst die Cyclisierung des Squalens zum Lanosterin. Die nachfolgende Umwandlung von Lanosterin in Cholesterin läuft in 19 Schritten ab.

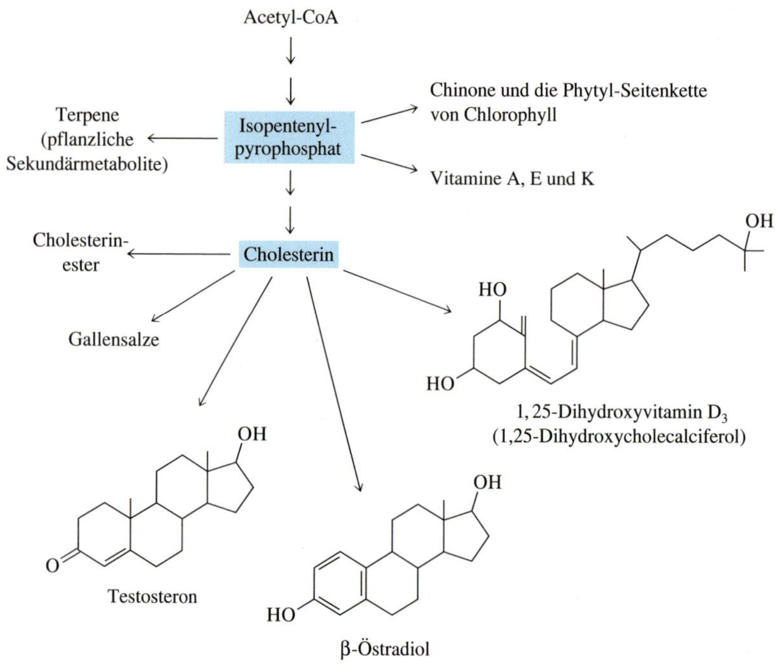

Abbildung 13.18: Andere Produkte des Isopentenylpyrophosphat- und Cholesterinstoffwechsels.

Fettsäureoxidation 13.7

Auf dem Stoffwechselweg zum oxidativen Abbau von Fettsäuren werden schrittweise C_2-Einheiten abgespalten und unter Bildung von Acetyl-CoA als Acetylgruppen auf Coenzym A übertragen. Die nach jedem Schritt zurückbleibende, um eine C_2-Einheit verkürzte Fettsäure-Acylgruppe tritt erneut in den Zyklus des oxidativen Abbaus ein. Dieser Prozess wird als β-Oxidation bezeichnet, weil zur Überführung der C_2-Einheit in eine Acetylgruppe in jedem Zyklus das zum Carboxylkohlenstoffatom der Fettsäure β-ständige Kohlenstoffatom (C-3) zum Carbonylkohlenstoffatom oxidiert wird. Die Fettsäureoxidation kann in zwei Phasen unterteilt werden: die Aktivierung der Fettsäure und den Abbau zu C_2-Einheiten in Form von Acetylgruppen im Acetyl-CoA. Die bei der stark exergonen Fettsäureoxidation erzeugten reduzierten Coenzyme NADH und Ubichinol (QH_2) können durch den membrangebundenen Elektronentransport der Atmungskette oxidiert und somit zur Produktion von ATP genutzt werden. Die Acetylgruppen der Acetyl-CoA-Moleküle können im Citronensäurezyklus ebenfalls vollständig oxidiert werden und dadurch Energie zur Produktion von ATP liefern. Die Kohlenstoffatome der Fettsäuren können aber auch als Substrate für die Biosynthese von Aminosäuren dienen, da zu diesem Zweck mehrere Zwischenprodukte aus dem Citronensäurezyklus abgezweigt werden, in den die Acetyl-CoA-Moleküle aus der Fettsäureoxidation eintreten. In den Organismen, die über einen vollständigen Glyoxylatzyklus verfügen, kann das Acetyl-CoA aus der Fettsäureoxidation schließlich auch zur Nettoproduktion von Glucose durch die Gluconeogenese eingesetzt werden. Die Oxidation von Fettsäuren stellt einen Teil des normalen Umsatzes von Membranlipiden dar. Deswegen besitzen sowohl Bakterien, Protisten und Pilze als auch Pflanzen und Tiere einen Stoffwechselweg zur Oxidation von Fettsäuren. Neben ihrer Rolle im normalen Zellstoffwechsel ist die Fettsäureoxidation in Tieren auch für den Energiestoffwechsel von großer Bedeutung. Ein erheblicher Teil der Nahrung von Tieren besteht aus Membranlipiden und Fetten. Diese reichhaltige Energiequelle wird durch die Fettsäureoxidation ausgenutzt. Die Aktivierung von Fettsäuren für die anschließende Oxidation wird durch die Acyl-CoA-Synthetase katalysiert (▶*Abbildung 13.6*). Dabei handelt es sich um denselben Aktivierungsschritt, der für die Synthese von mehrfach ungesättigten Fettsäuren und komplexen Lipiden erforderlich ist.

13.7.1 Die Reaktionen der β-Oxidation

In Eukaryonten findet die β-Oxidation in den Mitochondrien und in spezialisierten Organellen, den sogenannten Peroxisomen, statt, während sie in Bakterien im Cytosol abläuft. Vier Schritte sind erforderlich, um ein Fettsäureacyl-CoA-Molekül um eine C_2-Einheit zu verkürzen und dabei ein Acetyl-CoA-Molekül zu erzeugen: eine Oxidation, eine Hydratation, eine weitere Oxidation und eine Thiolyse (▶*Abbildung 13.19*).

Im ersten Oxidationsschritt von gesättigten Fettsäuren mit einer geraden Anzahl von Kohlenstoffatomen katalysiert die Acyl-CoA-Dehydrogenase die Bildung eines *trans*-Δ^2-Enoyl-CoA-Moleküls durch die Erzeugung einer Doppelbindung zwischen den Kohlenstoffatomen C-2 und C-3 der Acylgruppe. Es existieren verschiedene Isoenzyme der Acyl-CoA-Dehydrogenase mit einer jeweils unterschiedlichen Präferenz für bestimmte Kettenlängen: kurz, mittel, lang und sehr lang. Bei der oxidativen Bildung der Doppelbindung werden die Elektronen vom Fettsäureacyl-CoA zunächst auf die prosthetische FAD-Gruppe der Acyl-CoA-Dehydrogenase übertragen. Von dort erfolgt die Weiterleitung der Elektronen zur prosthetischen FAD-Gruppe eines mobilen, wasserlöslichen Protein-Coenzyms, das elektronenübertragendes Flavoprotein (ETF, engl. *electron transferring flavoprotein*) genannt wird. Das ETF nimmt auch von mehreren anderen Flavoproteinen Elektronen auf, die nicht mit der Fettsäureoxidation assoziiert sind. Die Elektronen werden schließlich durch die Aktivität der ETF:Ubichinon-Oxidoreduktase vom ETF auf Ubichinon (Q) übertragen. Das durch die Aktivität dieser membrangebundenen Oxidoreduktase infolge der Fettsäureoxidation gebildete Ubichinol (QH_2) ist ein Bestandteil des QH_2-Pools, der durch die membrangebundene Elektronentransportkette wieder oxidiert wird und somit zur Produktion von ATP beiträgt. Der zweite

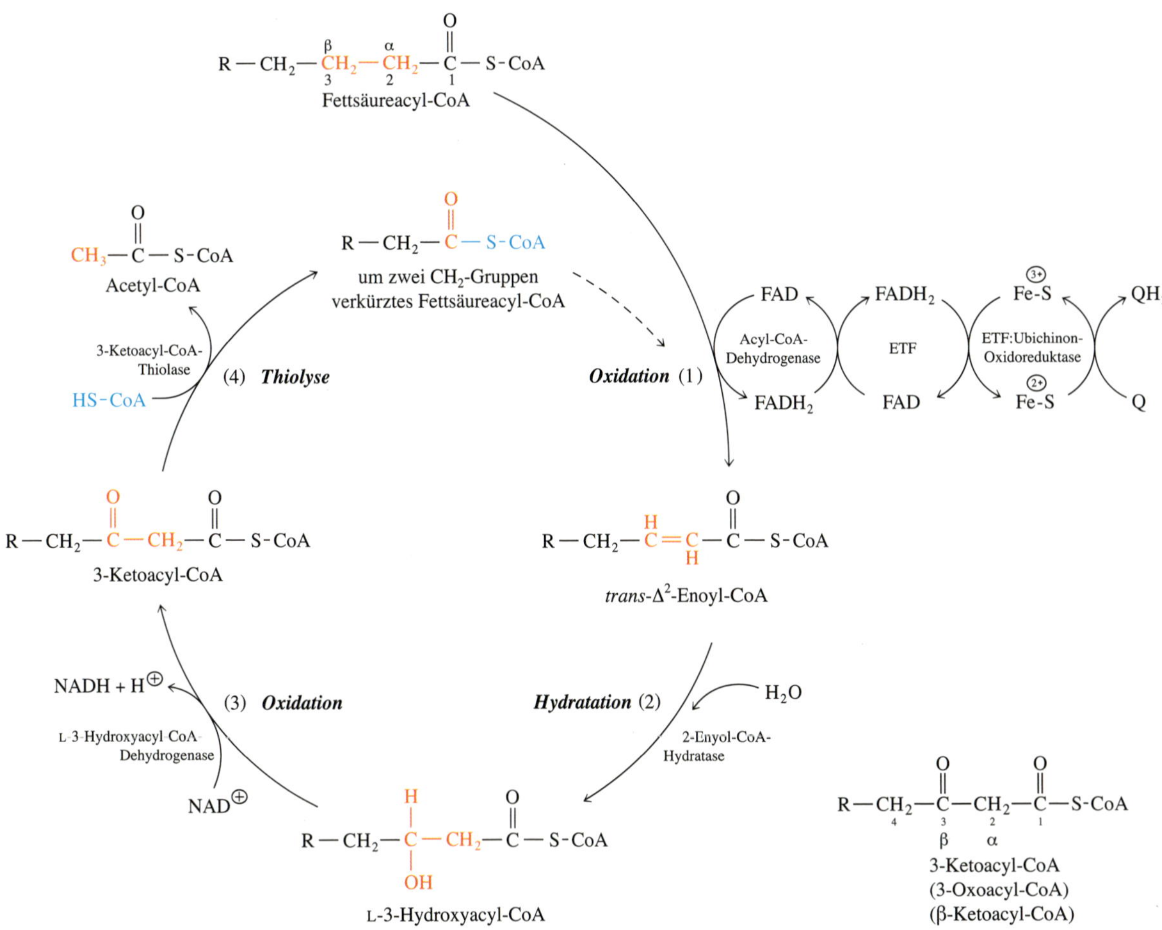

Abbildung 13.19: β-Oxidation von gesättigten Fettsäuren. (a) Ein Zyklus der Fettsäureoxidation besteht aus vier enzymatisch katalysierten Reaktionen. Diese vier Reaktionen erzeugen je ein Molekül QH_2, NADH und Acetyl-CoA sowie ein Fettsäureacyl-CoA-Molekül, das um eine C_2-Einheit verkürzt worden ist. Das elektronenübertragende Flavoprotein (ETF, engl. *electron transferring flavoprotein*) ist ein wasserlösliches, bewegliches Protein-Coenzym mit einer prosthetischen FAD-Gruppe. (b) 3-Ketoacyl-CoA (3-Oxoacyl-CoA, b-Ketoacyl-CoA).

Schritt stellt eine Hydratation dar, die durch das Enzym 2-Enoyl-CoA-Hydratase katalysiert wird. Dabei erfolgt die regio- und stereospezifische Addition eines Wassermoleküls an die Doppelbindung des ungesättigten *trans*-Δ^2-Enoyl-CoA. Infolgedessen wird das Produkt L-3-Hydroxyacyl-CoA gebildet. Bei der Fettsäuresynthese tritt das D-Isomer dieser 3-Hydroxyacylgruppe auf (▶ *Abbildung 13.5*).

Im dritten Schritt katalysiert die L-3-Hydroxyacyl-CoA-Dehydrogenase die zweite Oxidation des Weges. Durch diese NAD$^{\oplus}$-abhängige Oxidation wird L-3-Hydroxyacyl-CoA in 3-Ketoacyl-CoA umgewandelt. Die in diesem Zusammenhang erzeugten Reduktionsäquivalente in Form von NADH können entweder direkt in Biosynthesewegen genutzt oder durch die membrangebundene Elektronentransportkette oxidiert und somit zur ATP-Produktion verwendet werden. Im vierten Schritt greift schließlich das nucleophile Schwefelatom der Sulfhydrylgruppe eines Coenzym-A-Moleküls (HS–CoA) das elektrophile Carbonylkohlenstoffatom der 3-Ketogruppe an. Infolgedessen erfolgt eine thiolytische Spaltung, die durch das Enzym 3-Ketoacyl-CoA-Thiolase katalysiert wird. Dieses Enzym, das auch Thiolase II genannt wird, ist mit der Acetoacetyl-CoA-Thiolase (Thiolase I) verwandt, die am Weg vom Acetyl-CoA zum Isopentenylpyrophosphat beteiligt ist. Die Acetoacetyl-CoA-Thiolase weist eine hohe Substratspezifität bezüglich Acetoacetyl-CoA auf, während die 3-Ketoacyl-CoA-Thiolase länger- und langkettige 3-Ketoacylgruppen aus 3-Ketoacyl-CoA-Molekülen umsetzt. Die mit der thiolytischen Spaltung verbundene Freisetzung von Acetyl-CoA hinterlässt ein Fettsäureacyl-CoA-Molekül, das um eine C_2-Einheit verkürzt worden ist. Dieses Fettsäureacyl-CoA-Molekül dient als Substrat für den nächsten Zyklus der vier Reaktionsschritte zum oxidativen Abbau von Fettsäuren. Auf diese Weise wird die Stoffwechselspirale der Fettsäureoxidation fortgesetzt, bis das gesamte Fettsäuremolekül zu Acetyl-CoA abgebaut worden ist. Dabei wird der erste Reaktionsschritt jeweils von dem Acyl-CoA-Dehydrogenase-Isoenzym katalysiert, dessen Kettenlängenpräferenz mit der gerade vorhandenen Kettenlänge übereinstimmt. Interessanterweise lassen die ersten drei Schritte des Zyklus in der Fettsäureoxidation eine große chemische Ähnlichkeit zu drei aufeinanderfolgenden Schritten des Citronensäurezyklus erkennen, sodass man sie sich leicht merken kann. In diesen Reaktionen des Citronensäurezyklus wird die ($-CH_2-CH_2-$)-Gruppe des Succinats über die Bildung einer Doppelbindung und die Addition von Wasser in die ($-CO-CH_2-$)-Gruppe der Oxalacetate umgewandelt (▶ *Abbildung 13.3*). Bei der Fettsäurebiosynthese laufen diese Schritte im Prinzip in umgekehrter Richtung ab. Tatsächlich tauchen die Peroxisomen in den meisten Eukaryonten sogar als einzige Orte auf, an denen die Fettsäureoxidation abläuft. In Peroxisomen wird der erste Oxidationsschritt durch die Acyl-CoA-Oxidase katalysiert. Diese Oxidase ist zur Acyl-CoA-Dehydrogenase homolog, die die erste Oxidation in Mitochondrien beschleunigt. Im Gegensatz zur Acyl-CoA-Dehydrogenase überträgt die Acyl-CoA-Oxidase die Elektronen nicht über das ETF auf Ubichinon (Q), sondern unter Bildung von Wasserstoffperoxid (H_2O_2) auf molekularen Sauerstoff (O_2).

$$\text{Fettsäureacyl-CoA} \xrightarrow{\text{Acyl-CoA-Oxidase}} trans\text{-}\Delta^2\text{-Enoyl-CoA} + H_2O_2 \qquad (13.7)$$

Bei der cytosolischen Fettsäureoxidation in Bakterien und der mitochondrialen Fettsäureoxidation in Eukaryonten wird infolge der ersten Oxidation QH_2 gebildet. Das QH_2 kann in der membrangebundenen Elektronentransportkette wieder oxidiert werden. Dabei entspricht jedes QH_2-Molekül 1,5 ATP-Äquivalenten. In Peroxisomen existiert keine membrangebundene Elektronentransportkette. In diesen Organellen findet also eine andere Redoxreaktion statt, weil das Produkt QH_2 nicht weiterverarbeitet werden könnte. Deswegen werden infolge der peroxisomalen Fettsäureoxidation aber auch weniger ATP-Äquivalente gebildet. In Säugetieren, in denen sowohl die peroxisomale als auch die mitochondriale Fettsäureoxidation stattfinden, erfolgt in den Peroxisomen insbesondere der Abbau sehr langer und verzweigter Fettsäuren sowie langkettiger Dicarbonsäuren und möglicherweise ungesättigter *trans*-Fettsäuren. Als Produkte dieser katabolen Stoffwechselwege entstehen kleinere, polarere Verbindungen, die ausgeschieden werden können. Die meisten der häufig auftretenden Fettsäuren werden aber in den Mitochondrien oxidativ abgebaut.

13.7.2 Ein trifunktionelles Enzym zur Fettsäureoxidation

Viele Spezies besitzen ein trifunktionelles Enzym, das die β-Oxidation von Fettsäuren katalysiert. Die Aktivitäten der 2-Enoyl-CoA-Hydratase (ECH) und der L-3-Hydroxyacyl-CoA-Dehydrogenase (HACD) befinden sich in der einzelnen Polypeptidkette jeder α-Untereinheit, während die Aktivität der 3-Ketoacyl-CoA-Thiolase (KACT) in jeder β-Untereinheit lokalisiert ist. Das Enzym weist eine $\alpha_2\beta_2$-Quartärstruktur auf.

Die ▶*Abbildung 13.20* zeigt ein Strukturmodell des bakteriellen Enzyms. Während der β-Oxidation bindet das Produkt der ersten Reaktion, *trans*-Δ^2-Enoyl-CoA, zunächst an die ECII-Stelle des trifunktionellen Enzyms. Im Anschluss findet die Umsetzung des Substrats durch die drei folgenden Reaktionen der Fettsäureoxidation, die durch dieses Enzym katalysiert werden, in dem Hohlraum statt, der von den aktiven Zentren der ECH, der HACD und der KACT gebildet wird. Im Verlauf dieser Reaktionen wird kein Zwischenprodukt vom Enzym freigesetzt, weil das Substrat über sein CoA-Ende an das Enzym gebunden bleibt. Dies ist ein weiteres Beispiel für die Kanalisierung von Stoffwechselzwischenprodukten (engl. *metabolite channeling*), die in diesem Fall innerhalb eines Multienzymkomplexes erfolgt.

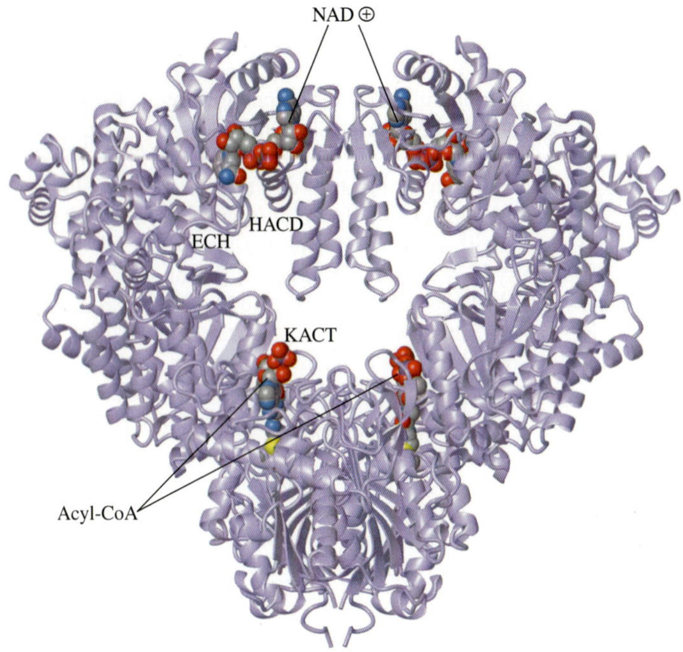

Abbildung 13.20: Bändermodell des Multienzymkomplexes zur β-Oxidation von Fettsäuren aus dem Bakterium *Pseudomonas fragi*. In diesem Strukturmodell ist an jede der KACT-Stellen ein Acyl-CoA-Molekül und an jede HACD-Stelle ein $NAD^{\oplus}$-Molekül gebunden (Kugelmodelle) [PDB 1WDK].

13.7.3 Vergleich von Fettsäuresynthese und β-Oxidation

Die Fettsäurebiosynthese umfasst die Bildung von neuen Kohlenstoff-Kohlenstoff-Bindungen durch Kondensationen, denen jeweils eine Reduktion, eine Dehydratation und eine weitere Reduktion zur Vorbereitung auf die nächste Kondensationsreaktion folgen. Der umgekehrte Weg, der durch eine Oxidation, eine Hydratation, eine zweite Oxidation sowie die Spaltung einer Kohlenstoff-Kohlenstoff-Bindung beschritten wird, stellt dagegen einen Zyklus des oxidativen Abbaus von Fettsäuren dar. In ▶*Abbildung 13.21* werden die Reaktionen dieser beiden Wege miteinander verglichen.

Die aktivierten Thioester bei der Fettsäureoxidation sind CoA-Derivate, während die Fettsäure-Acylgruppen bei der Fettsäuresynthese als Thioester an ein sogenanntes Acyl-Carrier-Protein (ACP) gebunden vorliegen. In beiden Fällen sind die Acylgruppen mit einer Phosphopantetheingruppe verknüpft. Sowohl bei der Synthese als auch beim Abbau wird pro Zyklus eine C_2-Einheit entweder abgespalten oder hinzugefügt. Allerdings führt jeder Abbauschritt direkt zum C_2-Produkt Acetyl-CoA, während jeder Aufbauschritt das C_3-Substrat Malonyl-CoA benötigt, das unter Abspaltung von CO_2 eine C_2-Einheit auf die wachsende Acylkette überträgt. Die für die Biosynthese erforderliche Reduktionskraft wird durch NADPH bereitgestellt. Dagegen hängt der oxidative Abbau von $NAD^{\oplus}$ und über das ETF auch von Ubichinon (Q) ab. Schließlich tritt in der Fettsäuresynthese D-3-Hydroxyacyl-ACP als Zwischenprodukt auf, wohingegen bei der Fettsäureoxidation das L-Isomer in Form von L-3-Hydroxyacyl-CoA als Zwischenprodukt gebildet wird.

Die anabolen und katabolen Stoffwechselwege der Fettsäuren werden durch vollkommen unterschiedliche Sätze von Enzymen katalysiert und die Zwischenprodukte bilden getrennte Pools (Vorräte), da sie an die unterschiedlichen Cofaktoren CoA und ACP gebunden sind. In eukaryontischen Zellen finden die beiden gegenläufigen Stoffwechselwege in verschiedenen Kompartimenten statt und sind deswegen auch physikalisch voneinander getrennt: Die biosynthetischen Enzyme befinden sich im Cytosol, während die abbauenden Enzyme der Fettsäureoxidation in den Peroxisomen und in den Mitochondrien lokalisiert sind.

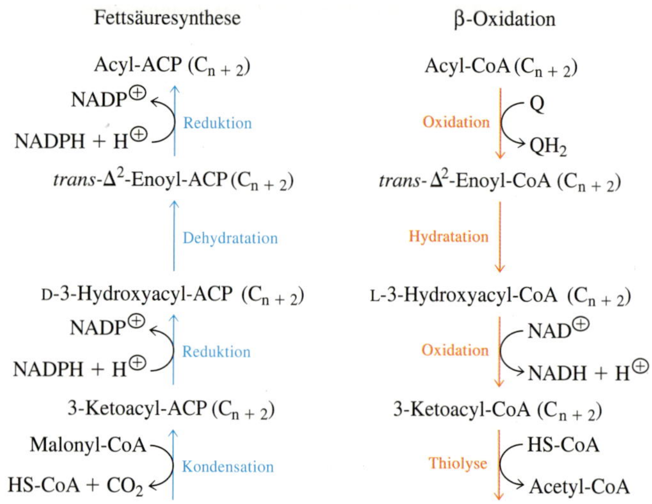

Abbildung 13.21: Vergleichende Gegenüberstellung von Fettsäurebiosynthese und Fettsäure-β-Oxidation.

13.7.4 Transport von Fettsäureacyl-CoA in die Mitochondrien

Langkettige Fettsäureacyl-CoA-Moleküle, die im Cytosol synthetisiert worden sind, können nicht durch die innere Mitochondrienmembran in die mitochondriale Matrix diffundieren. Dort findet aber die Fettsäureoxidation statt. Für den aktiven Transport von Fettsäuren in die mitochondriale Matrix ist ein Transportsystem verantwortlich, das Carnitin-Shuttle genannt wird (▶*Abbildung 13.22*). Zu diesem Zweck erfolgt zunächst die Übertragung der Acylgruppe des Fettsäureacyl-CoA im Cytosol durch die Aktivität der Carnitin-Acyltransferase I auf die Hydroxylgruppe von Carnitin. Diese Reaktion, durch die Acylcarnitin gebil-

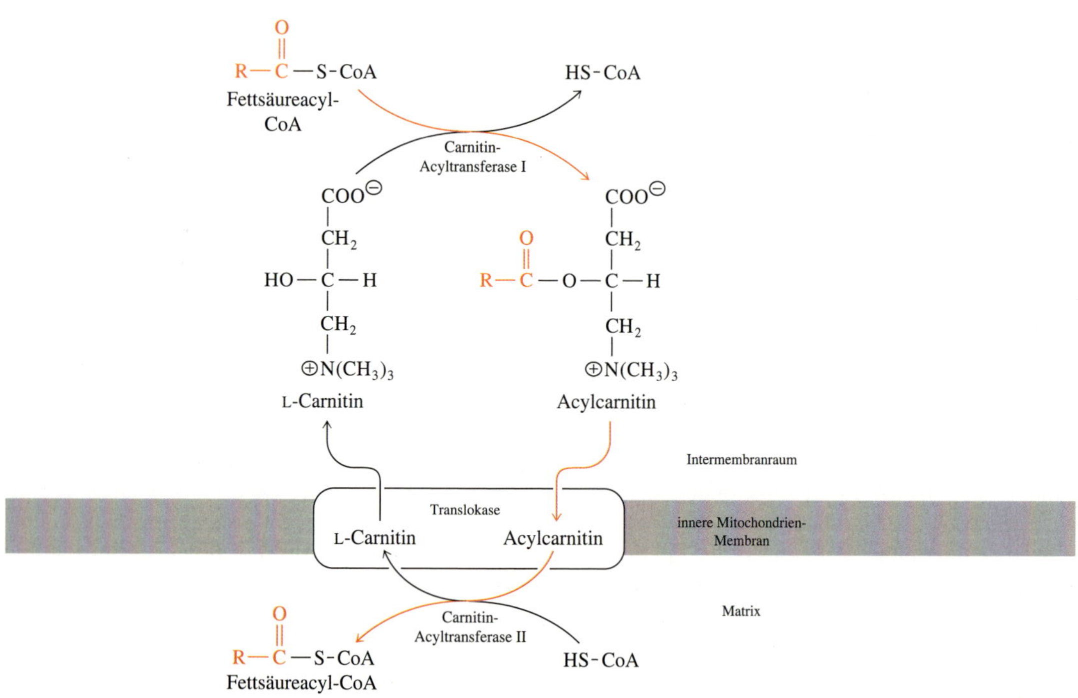

Abbildung 13.22: Carnitin-Shuttle für den Transport von Fettsäureacyl-CoA in die mitochondriale Matrix. Der Weg der Acylgruppe ist rot hervorgehoben.

det wird, stellt eine der Hauptregulationsstellen für die intrazelluläre Oxidation von Fettsäuren dar. Der Oxoester Acylcarnitin ist ein energiereiches Molekül, dessen Hydrolyse mit einer ähnlich großen negativen freien Enthalpieänderung verbunden ist wie die Hydrolyse eines Thioesters. Acylcarnitin wird im Austausch gegen freies Carnitin durch die Aktivität der Carnitin:Acylcarnitin-Translokase in die mitochondriale Matrix transportiert. In der Matrix katalysiert die Carnitin-Acyltransferase II, ein Isoenzym der Carnitin-Acyltransferase I, die Rückübertragung der Acylgruppe auf Coenzym A. Der Nettoeffekt des Carnitin-Shuttles besteht also in der Entfernung von Fettsäureacyl-CoA aus dem Cytosol und der Regeneration von Fettsäureacyl-CoA in der mitochondrialen Matrix, in der die Fettsäure der β-Oxidation zugeführt werden kann.

13.7.5 ATP-Produktion durch die Fettsäureoxidation

Die vollständige Oxidation von Fettsäuren liefert mehr Energie als die Oxidation einer entsprechenden Menge Glucose. Wie bei der Glycolyse kann die Energieausbeute der Fettsäureoxidation aus der theoretisch erreichbaren Gesamtausbeute an ATP abgeschätzt werden. Als Beispiel wird die stöchiometrisch ausgeglichene Nettoreaktionsgleichung für die vollständige Oxidation eines Stearatmoleküls (C_{18}) durch acht Zyklen der Fettsäureoxidation dargestellt. Stearat wird auf Kosten von zwei ATP-Äquivalenten in Stearyl-CoA umgewandelt. Die anschließende Oxidation des Stearyl-CoA liefert neun Moleküle Acetyl-CoA sowie jeweils acht Moleküle der reduzierten Coenzyme QH_2 und NADH.

$$\text{Stearyl-CoA} + 8\,\text{HS—CoA} + 8\,\text{Q} + 8\,\text{NAD}^{\oplus} \longrightarrow 9\,\text{Acetyl-CoA} + 8\,\text{QH}_2 + 8\,\text{NADH} + 8\,\text{H}^{\oplus} \tag{13.8}$$

Wie zuvor beschrieben entspricht jedes NADH-Molekül 2,5 ATP-Äquivalenten und jedes QH_2-Molekül 1,5 ATP-Äquivalenten. Außerdem führt jedes Acetyl-CoA-Molekül, dessen Acetylgruppe durch den Citronensäurezyklus und die membrangebundene Elektronentransportkette vollständig zu CO_2 und H_2O oxidiert wird, zur Bildung von zehn ATP-Äquivalenten. Damit ergibt sich für die Oxidation eines Stearatmoleküls durch acht Zyklen der Fettsäureoxidation inklusive der vorherigen Aktivierung durch die Bildung von Stearyl-CoA eine Nettoausbeute von 120 ATP-Äquivalenten.

8 QH_2	≈	12 ATP
8 NADH	≈	20 ATP
9 Moleküle Acetyl-CoA	≈	90 ATP
Aktivierung von Stearat	≈	–2 ATP
Insgesamt	=	120 ATP

Im Vergleich dazu ist die vollständige Oxidation eines Glucosemoleküls zu CO_2 und H_2O nur mit der Produktion von ca. 32 ATP-Äquivalenten verbunden. Da Stearat 18 Kohlenstoffatome enthält und Glucose nur 6, müssen wir die Oxidation eines Stearatmoleküls gerechterweise mit der Oxidation von drei Glucosemolekülen vergleichen. Die Oxidation von drei Glucosemolekülen liefert demnach 96 ATP-Äquivalente. Dies entspricht nur 80 Prozent der ATP-Ausbeute der Stearatoxidation. Bei der Oxidation von Fettsäuren wird pro Kohlenstoffatom mehr Energie freigesetzt als bei der Oxidation von Kohlenhydraten, weil Kohlenhydrate bereits einen höher oxidierten Zustand repräsentieren als die Alkylketten von Fettsäuren. Außerdem können Fettsäureeinheiten infolge ihrer Hydrophobie in großen Mengen als Triacylglycerine gespeichert werden, ohne dabei wie die Kohlenhydrate große Mengen Wasser zu binden. Wasserfreie Speicher ermöglichen die Speicherung von viel mehr Energie pro Masse.

Zum Vergleich mit der energieliefernden Fettsäureoxidation sollen die energetischen Kosten für die Biosynthese eines Stearatmoleküls berechnet werden. Für die Berechnung muss die Anzahl der ATP-Äquivalente bekannt sein, die für die Synthese eines Moleküls Acetyl-CoA aus CO_2 erforderlich ist. Aus den Reaktionen der CO_2-Fixierung in Pflanzen erhält man einen Bedarf von 17 ATP-Äquivalenten für die Synthese eines Acetyl-CoA-Moleküls. Damit ergibt sich gemäß der folgenden Bilanzierung ein Bedarf von 201 ATP-Äquivalenten für die Synthese eines Stearatmoleküls:

8 Acetyl-CoA ⟶ 8 Malonyl-ACP		≈	8 ATP
8 Syntheseschritte	16 NADPH	≈	40 ATP
9 Acetyl-CoA	9 × 17	≈	153 ATP
Insgesamt		=	201 ATP

Die Energie, die beim Abbau von Stearat gewonnen wird, beträgt demnach nur etwa 60 Prozent der Energie, die für seine Synthese eingesetzt werden muss. Dies ist ein typisches Beispiel für die Effizienz von Stoffwechselwegen.

13.7.6 β-Oxidation von ungesättigten Fettsäuren und Fettsäuren mit ungerader Kohlenstoffzahl

Die meisten natürlichen Fettsäuren weisen eine gerade Anzahl von Kohlenstoffatomen auf. Bakterien und einige andere Organismen synthetisieren aber auch Fettsäuren mit einer ungeraden Anzahl von Kohlenstoffatomen. Diese Fettsäuren werden durch die gleiche Folge von Reaktionen oxidiert wie die mit einer geraden Anzahl von Kohlenstoffatomen. Allerdings wird als Produkt der abschließenden thiolytischen Spaltung Propionyl-CoA gebildet (CoA mit einer C_3-Acylgruppe) statt Acetyl-CoA (CoA mit einer C_2-Acylgruppe). In Säugetieren kann Propionyl-CoA in drei Schritten in Succinyl-CoA umgewandelt werden (▶*Abbildung 13.23*). Der erste Schritt wird durch die Propionyl-CoA-Carboxylase katalysiert. Die Aktivität dieses Biotin-abhängigen Enzyms führt durch die Verknüpfung von Propionyl-CoA mit CO_2 aus Hydrogencarbonat ($HCO_3^{\ominus}$) zur Bildung von D-Methylmalonyl-CoA, das durch die Methylmalonyl-CoA-Racemase in das entsprechende L-Isomer umgewandelt wird. Zum Abschluss katalysiert die Methylmalonyl-CoA-Mutase die Isomerisierung von L-Methylmalonyl-CoA zum Succinyl-CoA.

Die Methylmalonyl-CoA-Mutase ist eines der wenigen Enzyme, die Adenosylcobalamin als Cofaktor benötigen. Schon in ▶*Abschnitt 5.11* wurde gezeigt, dass Adenosylcobalamin-abhängige Enzyme intramolekulare Umlagerungen katalysieren, bei denen ein Wasserstoffatom und ein Substituent am benachbarten Kohlenstoffatom (formal) ihre Positionen tauschen. Bei der Isomerisierung von L-Methylmalonyl-CoA durch die Aktivität der Methylmalonyl-CoA-Mutase wird die (–CO–S–CoA)-Gruppe auf die benachbarte Methylgruppe verschoben (▶*Abbildung 5.17b*). Das Succinyl-CoA-Molekül, das durch die Aktivität der Methylmalonyl-CoA-Mutase entsteht, wird zu Oxalacetat umgesetzt. Da Oxalacetat ein Substrat der Gluconeogenese darstellt, können die infolge der β-Oxidation von Fettsäuren mit einer ungeraden Anzahl von Kohlenstoffatomen gebildeten Propionylgruppen in Glucose umgewandelt werden. Für die Oxidation von ungesättigten Fettsäuren sind zusätzlich zu den Enzymen, die die Oxidation von gesättigten Fettsäuren katalysieren, zwei weitere Enzyme erforderlich. Die in ▶*Abbildung 13.24* dargestellte Oxidation von Linolyl-CoA (18:2-*cis*,*cis*-$\Delta^{9,12}$-Octadecadienoyl-CoA) illustriert diesen modifizierten Weg.

Wie alle mehrfach ungesättigten Fettsäuren besitzt auch Linolyl-CoA sowohl in ungeradzahligen als auch in geradzahligen Positionen Doppelbindungen, da diese jeweils durch eine Methylengruppe getrennt sind. Zunächst wird die Fettsäure durch die normalen Enzyme der Fettsäureoxidation abgebaut, bis durch eine Doppelbindung in einer ungeradzahligen Position der verkürzten Fettsäure die katalytische Aktivität unterbrochen wird. Im Beispiel des oxidativen Abbaus von Linolyl-CoA führen drei Runden der β-Oxidation zur Bildung des C_{12}-Moleküls 12:2-*cis*,*cis*-$\Delta^{3,6}$-Dodecadienoyl-CoA (Schritt 1 in ▶*Abbildung 13.24*). Diese Verbindung weist im Gegensatz zur *trans*-2,3-Doppelbindung, die im Verlauf der β-Oxidation von gesättigten Fettsäuren in jedem Zyklus gebildet wird, eine *cis*-3,4-Doppelbindung auf. Diese 3,4-ungesättigte Acylgruppe kann nicht durch die Aktivität der 2-Enoyl-CoA-Hydratase hydratisiert werden, weil das Enzym eine hohe Substratspezifität für *trans*-Acyl-CoA-Moleküle aufweist und weil sich die Doppelbindung außerdem in der falschen Position befindet. Um durch die normalen Enzyme

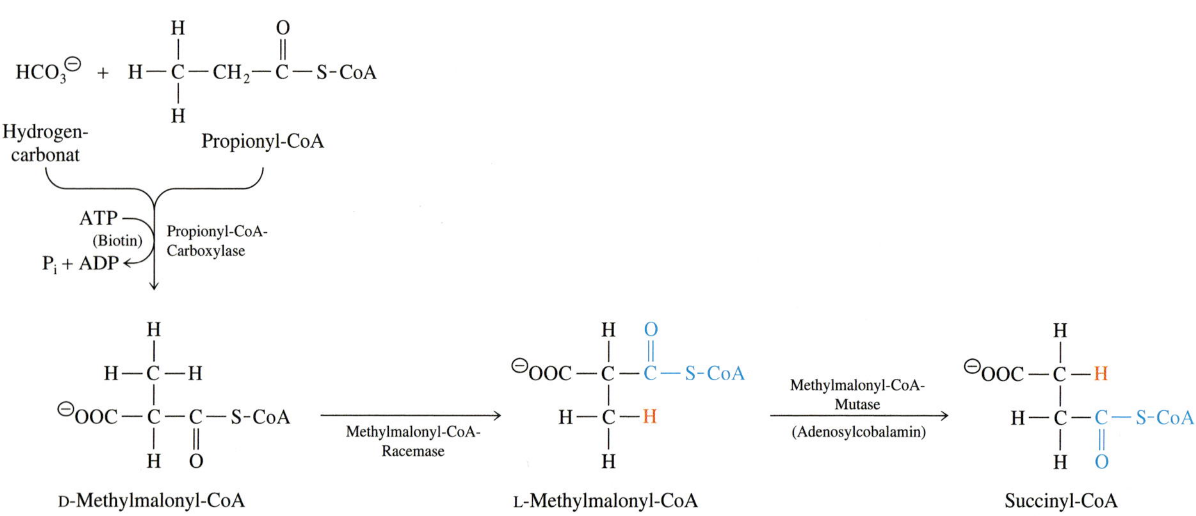

Abbildung 13.23: Umwandlung von Propionyl-CoA in Succinyl-CoA.

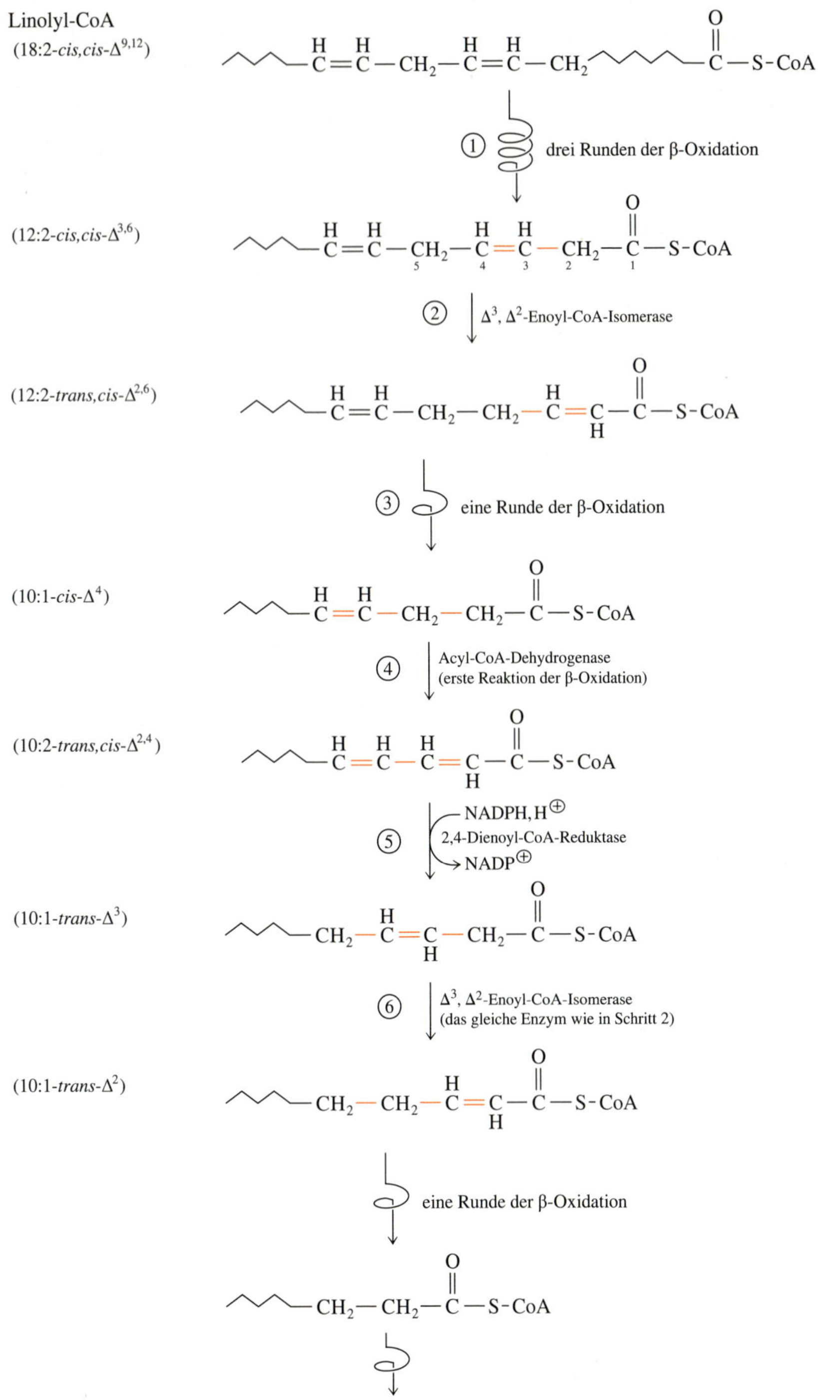

Abbildung 13.24: Oxidation von Linolyl-CoA. Für die Oxidation ungesättigter Fettsäuren sind im Vergleich zur β-Oxidation von gesättigten Fettsäuren zwei zusätzliche Enzyme erforderlich: die Enoyl-CoA-Isomerase und die 2,4-Dienoyl-CoA-Reduktase.

der Fettsäureoxidation weiter abgebaut werden zu können, findet eine Umlagerung der *cis*-Δ^3-Doppelbindung zur *trans*-Δ^2-Doppelbindung statt. Durch diese Umlagerung, die durch die Δ^3, Δ^2-Enoyl-CoA-Isomerase katalysiert wird, entsteht das neue C_{12}-Molekül 12:2-*trans,cis*-$\Delta^{2,6}$-Dodecadienoyl-CoA (Schritt 2). Dieses Produkt besitzt die passende Doppelbindung mit der korrekten Konfiguration in der richtigen Position, um durch die normale Fettsäureoxidation weiter umgesetzt zu werden. In der folgenden, vollständig ablaufenden Runde der β-Oxidation wird die C_{10}-Verbindung 10:1-*cis*-Δ^4-Decenoyl-CoA gebildet (Schritt 3). Im ersten Schritt der nächsten Runde der β-Oxidation führt die normale Aktivität der Acyl-CoA-Dehydrogenase zur Einführung einer *trans*-konfigurierten Doppelbindung in Position 2. Das dadurch erzeugte 10:2-*trans,cis*-$\Delta^{2,4}$-Decadienoyl-CoA enthält zwei konjugierte Doppelbindungen, deren Resonanzstabilisierung die Addition von Wasser (Hydratation) im nächsten Schritt der β-Oxidation verhindert. Damit die Fettsäureoxidation fortgesetzt werden kann, muss die Δ^2-Doppelbindung dieser Verbindung durch das zweite zusätzliche Enzym, die NADPH-abhängige 2,4-Dienoyl-CoA-Reduktase, reduziert werden (Schritt 5). Diese Reduktion liefert das C_{10}-Molekül 10:1-*trans*-Δ^3-Decenoyl-CoA mit nur noch einer Doppelbindung, die sich in Position 3 befindet. Da sich die Doppelbindung für die Hydratation durch die Aktivität der 2-Enoyl-CoA-Hydratase erneut in der falschen Position befindet, muss sie zunächst durch die Aktivität der Δ^3, Δ^2-Enoyl-CoA-Isomerase in die Position 2 umgelagert werden. Anschließend kann der normale Weg der β-Oxidation fortgesetzt werden. Die Isomerase katalysiert sowohl die Umlagerung der *cis*-Δ^3- als auch der *trans*-Δ^3-Doppelbindung zur *trans*-Δ^2-Doppelbindung.

Für die Oxidation einer einfach ungesättigten Fettsäure mit einer *cis*-konfigurierten Doppelbindung in einer ungeradzahligen Position (zum Beispiel Ölsäure beziehungsweise Oleat) ist die Aktivität der Δ^3, Δ^2-Enoyl-CoA-Isomerase erforderlich, während die Aktivität der NADPH-abhängigen 2,4-Dienoyl-CoA-Reduktase nicht benötigt wird. Oleyl-CoA (18:1-*cis*-Δ^9-CoA) unterliegt zunächst drei Zyklen der normalen β-Oxidation, durch die drei Moleküle Acetyl-CoA und ein Molekül 12:1-*cis*-Δ^3-Dodecenoyl-CoA gebildet werden. Damit dieses C_{12}-Molekül durch die normale β-Oxidation weiter abgebaut werden kann, muss infolge der Aktivität der Δ^3, Δ^2-Enoyl-CoA-Isomerase eine Umlagerung der Doppelbindung erfolgen, die zur Bildung von 12:1-*trans*-Δ^2-Dodecenoyl-CoA führt.

Kapitel 13

ZUSAMMENFASSUNG

1. Die Fettsäurebiosynthese beginnt mit der Bildung von Malonyl-CoA durch die Carboxylierung von Acetyl-CoA. Diese Reaktion wird durch die biotinabhängige Acetyl-CoA-Carboxylase katalysiert. Malonyl-CoA wird dann in Malonyl-ACP umgewandelt. Anschließend kondensiert Malonyl-ACP je nach Spezies mit Acetyl-CoA oder Acetyl-ACP zu Acetoacetyl-ACP.

2. Die Synthese langkettiger Fettsäuren aus einem 3-Ketoacyl-ACP-Vorläufer erfolgt durch die mehrfache Wiederholung von vier aufeinanderfolgenden Reaktionen: eine Reduktion, eine Dehydratation, eine weitere Reduktion und schließlich die eigentliche Kettenverlängerung um eine C_2-Einheit durch eine erneute Kondensation mit Malonyl-ACP. Durch die mehrfache Wiederholung dieser vier Reaktionen wird schließlich eine langkettige, gesättigte Fettsäure gebildet. Für die Synthese von Fettsäuren mit mehr als 18 Kohlenstoffatomen und von ungesättigten Fettsäuren sind zusätzliche Reaktionen erforderlich.

3. Triacylglycerine und Glycerophospholipide leiten sich biosynthetisch von Phosphatidaten ab. Die Biosynthese von Triacylglycerinen und neutralen Phospholipiden verläuft über ein 1,2-Diacylglycerin-Zwischenprodukt. Bei der Synthese von sauren Phospholipiden tritt ein CDP-Diacylglycerin-Zwischenprodukt auf.

4. Arachidonat stellt das Startsubstrat für die Synthese der Eicosanoide dar. Der Cyclooxygenase-Weg (cyclischer Weg des Arachidonsäurestoffwechsels) führt zur Bildung der cyclischen Prostacycline, Prostaglandine und Thromboxane. Auf dem Lipoxygenase-Weg (linearer Weg des Arachidonsäurestoffwechsels) werden dagegen hauptsächlich die nichtcyclischen, linearen Leukotriene gebildet. Die meisten Eicosanoide sind wichtige, lokal wirksame Mediatoren (Gewebshormone).

5. Die Synthese der Sphingolipide beginnt mit der Reaktion zwischen Serin und Palmityl-CoA. Die anschließende Reduktion, Acylierung und Oxidation führt zu Ceramiden, die durch das Hinzufügen von polaren Kopfgruppen oder Zuckerresten in Sphingomyeline beziehungsweise Cerebroside und Ganglioside umgewandelt werden können.

6. Cholesterin wird auf einem langen Stoffwechselweg synthetisiert, der vom Startsubstrat Acetyl-CoA über Mevalonat, Isopentenylpyrophosphat, Farnesylpyrophosphat und Squalen abläuft. Sowohl Cholesterin als auch Isopentenylpyrophosphat dienen als Vorläufer für viele andere Verbindungen.

7. Der Abbau von Fettsäuren erfolgt durch die sequenzielle Abspaltung von C_2-Einheiten durch die Reaktionen der β-Oxidation zu Acetyl-CoA. Dazu wird die Fettsäure zunächst durch die Veresterung mit Coenzym A zum aktivierten Fettsäureacyl-CoA umgesetzt, um anschließend durch die mehrfache Wiederholung von vier enzymatisch katalysierten Reaktionen oxidativ abgebaut zu werden. Diese vier Reaktionen sind eine Oxidation, eine Hydratation, eine weitere Oxidation und schließlich eine Thiolyse. Der oxidative Abbau von Fettsäuren liefert, bezogen auf die eingesetzte Masse Substrat, mehr Energie in Form von ATP als die Oxidation von Glucose oder anderen Kohlenhydraten.

8. Die β-Oxidation von Fettsäuren mit einer ungeraden Anzahl von Kohlenstoffatomen liefert Acetyl-CoA sowie ein Molekül Propionyl-CoA für jedes abgebaute Fettsäuremolekül. Für den oxidativen Abbau der meisten ungesättigten Fettsäuren sind zusätzlich zu den Enzymen der normalen β-Oxidation gesättigter Fettsäuren zwei weitere Enzyme erforderlich, eine Isomerase und eine Reduktase.

AUSGEWÄHLTE LITERATUR

Allgemein

Gurr, M. I., Harwood, J. L., Frayn, K. N., Murphy, D. J. und Mitchell, R. H. 2016. *Lipids: Biochemistry, Biotechnology and Health.* Oxford. Wiley-Blackwell.

Ridgway, N. und McLeod, R. 2015. *Biochemistry of Lipids, Lipoproteins and Membranes.* Amsterdam, Elsevier.

Thompson, D. 2017. *Lipid Biochemistry.* New York. Syrawood Pub. House.

Trostchansky, A. und Rubbo, H. 2019. *Bioactive Lipids in Health and Disease (Advances in Experimental Medicine and Biology, Band 1127).* Heidelberg. Springer.

Weselake, R. J. 2019. *Teaching Innovations in Lipid Science.* Boca Raton. CRC Press.

Lipidsynthese

Beld, J., Lee, D. J. und Burkart, M. D. 2015. Fatty acid biosynthesis revisited: structure elucidation and metabolic engineering. *Mol. Biosyst.* 11:38–59.

Chen, A., Re, R. N. und Burkart, M. D. 2018 Type II fatty acid and polyketide synthases: deciphering protein-protein and protein-substrate interactions. *Nat. Prod. Rep. 35*:1029–1045.

Capra, V., Rovati, G. E., Mangano, P., Buccellati, C., Murphy, R. C. und Sala, A. 2015. Transcellular biosynthesis of eicosanoid lipid mediators. *Biochim. Biophys. Acta.* 1851:377–382.

Ehnholm, C. 2009. *Cellular Lipid Metabolism.* Heidelberg. Springer.

Farooqui, A. A. A., Farooqui, T. und Horrocks, L. A. 2010. *Metabolism and Functions of Bioactive Ether Lipids in the Brain.* Heidelberg. Springer.

Geiger, O. 2019. *Biogenesis of Fatty Acids, Lipids and Membranes (Handbook of Hydrocarbon and Lipid Microbiology).* Heidelberg. Springer.

Hanna, V. S. und Hafez, E. A. A. 2018. Synopsis of arachidonic acid metabolism: A review. *J. Adv. Res.* 11:3–13.

Hannun, Y. A. und Obeid. L. M. 2018. Sphingolipids and their metabolism in physiology and disease. *Nat. Rev. Mol. Cell. Biol.* 19:175–191.

Harrison, P. J., Dunn, T. M. und Campopiano, D. J. 2018. Sphingolipid biosynthesis in man and microbes. *Nat. Prod. Rep.* 35:921–954.

Nagao, K., Murakami, A. und Umeda, M. 2019. Structure and Function of ?9-Fatty Acid Desaturase. *Chem. Pharm. Bull (Tokyo)* 67:327–332.

Stams, A. J. M. und Souza, D. Z. 2019. *Biogenesis of Hydrocarbons (Handbook of Hydrocarbon and Lipid Microbiology).* Heidelberg. Springer.

Stanley, D. und Kim Y. 2019. Prostaglandins and Other Eicosanoids in Insects: Biosynthesis and Biological Actions. *Front Physiol.* 9:1927.

Lipidkatabolismus

Bartlett, K. und Eaton, S. 2004. Mitochondrial β-oxidation. *Eur. J. Biochem.* 271:462–469.

Ishikawa, M., Tsuchiya, D., Oyama, T., Tsunaka, D. und Morikawa, K. 2004. Structural basis for channeling mechanism of a fatty acid β-oxidation multienzyme complex. *EMBO J.* 23:2745–2754.

Rojo, F. 2019. *Aerobic Utilization of Hydrocarbons, Oils, and Lipids (Handbook of Hydrocarbon and Lipid Microbiology).* Heidelberg. Springer.

Lipoproteine

Harris, J. R. 2010. *Cholesterol Binding and Cholesterol Transport Proteins: Structure and Function in Health and Disease.* Heidelberg. Springer.

Schäfer, E. J. 2015. *High Density Lipoproteins, Dyslipidemia, and Coronary Heart Disease.* Heidelberg. Springer.

Von Eckardstein, A. und Kardassis, D. 2015. *High Density Lipoproteins: From Biological Understanding to Clinical Exploitation.* Heidelberg. Springer.

14 Aminosäurestoffwechsel

ÜBERBLICK

Der Stoffwechsel von Aminosäuren umfasst Hunderte von enzymatisch katalysierten Umwandlungen kleiner Moleküle. Verschiedene Organismen, Gewebe und sogar Organellen nutzen häufig unterschiedliche Reaktionswege für den Stoffwechsel der Aminosäuren. Deshalb sollen die Grundprinzipien des Anabolismus und des Katabolismus von Aminosäuren mit einer überschaubaren Anzahl von wichtigen, zentralen Reaktionswegen verdeutlicht werden. Die Fähigkeit verschiedener Organismen zur Synthese von Aminosäuren ist abhängig von der Verfügbarkeit von reduziertem Stickstoff. Einige wenige Organismen können molekularen Stickstoff (N_2) aufnehmen, fixieren und zur Synthese von Aminosäuren aus einfachen Kohlenstoffverbindungen verwenden. Andere Organismen können die Kohlenstoffketten der Aminosäuren bilden, sind aber auf Ammoniak als Stickstoffquelle angewiesen. Säuger können nicht alle 20 Standardaminosäuren synthetisieren. Essenzielle Aminosäuren, die nicht selbst gebildet werden können, müssen mit der Nahrung aufgenommen werden. Die nichtessenziellen Aminosäuren können selbst gebildet werden. Die Wege zur Entsorgung von stickstoffhaltigen Abfallprodukten des Aminosäurestoffwechsels unterscheiden sich in den verschiedenen Spezies ebenfalls. Überschüssiger Stickstoff wird zum Beispiel durch Wassertiere als Ammoniak, von Vögeln und den meisten Reptilien als Harnsäure und von vielen anderen Landwirbeltieren in Form von Harnstoff ausgeschieden. Schließlich sind Aminosäuren die Vorstufe von komplexeren Cofaktoren, wie den Tetrapyrrolen, und von Naturstoffen, wie Antibiotika.

14.1 Stickstoffkreislauf und Stickstofffixierung

Der Stickstoff, der für die Synthese von Aminosäuren und für die heterocyclischen Basen der Nucleotide benötigt wird, stammt im Wesentlichen aus dem Stickstoffgas (N_2) in der Atmosphäre und dem Nitrat ($NO_3^{\ominus}$) im Boden und im Wasser. Der komplette Stickstoffkreis wurde im ▸*Kapitel 11* im Rahmen der Atmungsketten der Denitrifikation, Nitrifikation und der Anammox-Reaktion dargestellt. Molekularer Stickstoff, dessen Anteil an der Atmosphäre knapp 80 Prozent beträgt, dient als grundlegende Quelle für den Stickstoff in biologischen Verbindungen. Das Stickstoffmolekül (N_2) kann nur von wenigen Bakterienspezies gebunden (fixiert) und in Verbindungen eingebaut werden, die für andere Organismen verwertbar sind. N_2 und $NO_3^{\ominus}$ müssen zunächst zu Ammoniak (NH_3) reduziert werden, damit der Stickstoff im Stoffwechsel weiter umgesetzt werden kann. Die meisten Grünpflanzen und viele Bakterien besitzen die Enzyme Nitrat-Reduktase und Nitrit-Reduktase, deren Aktivitäten zusammen zur Reduktion von Stickstoffoxiden zu Ammoniak führen. Das Ammoniak wird über Glutamat, Glutamin und Carbamoylphosphat in Aminosäuren eingebaut. Dieser Prozess wird im Stickstoffkreislauf als Stickstoff-Assimilation bezeichnet.

Die chemische Reaktivität des N_2-Moleküls ist infolge seiner sehr stabilen N≡N-Dreifachbindung äußerst gering. Manche Bakterienspezies besitzen aber ein sehr spezifisches, hochentwickeltes Enzym, die Nitrogenase, dessen katalytische Aktivität die Reduktion von N_2 zu Ammoniak ermöglicht. Dieser Prozess wird Stickstofffixierung genannt. Zusätzlich zu dieser biologischen Stickstofffixierung gibt es zwei weitere Prozesse, durch die molekularer Stickstoff aus der Atmosphäre in andere Stickstoffverbindungen umgewandelt wird. Die Hochspannungsentladungen bei Gewitterblitzen verursachen die Oxidation des Stickstoffs zu Nitrat und Nitrit. Industriell wird Ammoniak vor allem zur Produktion von Pflanzendüngern durch ein sehr energieaufwendiges Verfahren mit Wasserstoff (H_2) zu Ammoniak reduziert, für das hohe Temperaturen und Drücke sowie ein spezieller Katalysator erforderlich sind (Haber-Bosch-Verfahren). Die Verfügbarkeit von biologisch verwertbaren Stickstoffverbindungen stellt oftmals den begrenzenden Faktor für das Wachstum von Pflanzen dar, sodass die Anwendung von Stickstoffdüngern in der Landwirtschaft für die Steigerung von Ernteerträgen von großer Bedeutung ist. Auch wenn nur ein kleiner Prozentsatz des Stickstoffs, der im Stoffwechsel umgesetzt wird, direkt aus der Fixierung von atmosphärischem Stickstoff stammt, liefert dieser Prozess dennoch die einzige Möglichkeit zur biologischen Nutzung des riesigen Stickstoffvorrats der Atmosphäre.

$$NO_3^{\ominus} \xrightarrow[\;]{2e^{\ominus}, 2H^{\oplus} \;\; H_2O} NO_2^{\ominus} \xrightarrow[\;]{6e^{\ominus}, 7H^{\oplus} \;\; 2H_2O} NH_3 \qquad (14.1)$$

Der größte Teil der Stickstofffixierung in der Biosphäre erfolgt in Bakterien, die das Enzym Nitrogenase besitzen. Dieses Multiuntereinheiten-Enzym katalysiert die Umwandlung je eines Stickstoffmoleküls (N_2) in zwei Moleküle Ammoniak ($2\,NH_3$). Die Nitrogenase kommt in verschiedenen Spezies von *Rhizobium* und *Bradyrhizobium* vor, die in sogenannten Wurzelknöllchen in einer Symbiose mit vielen Pflanzen aus der Familie der

Leguminosen leben (▶*Abbildung 14.1*), wie zum Beispiel Sojabohnen, Erbsen, Alfalfa und Klee. N_2 wird außerdem von einigen frei lebenden Bodenbakterien fixiert, so beispielsweise von *Agrobacteria*, *Azotobacter*, *Klebsiella* und *Clostridium*, sowie durch im Ozean lebende Cyanobakterien (hauptsächlich *Trichodesmium* spp.). Die meisten Pflanzen benötigen eine Versorgung mit bereits fixiertem Stickstoff, der aus verwesenden tierischen und pflanzlichen Geweben, von Bakterien sezernierten Stickstoffverbindungen oder Düngern stammen kann. Wirbeltiere decken ihren Stickstoffbedarf durch die Aufnahme von tierischer und pflanzlicher Nahrung.

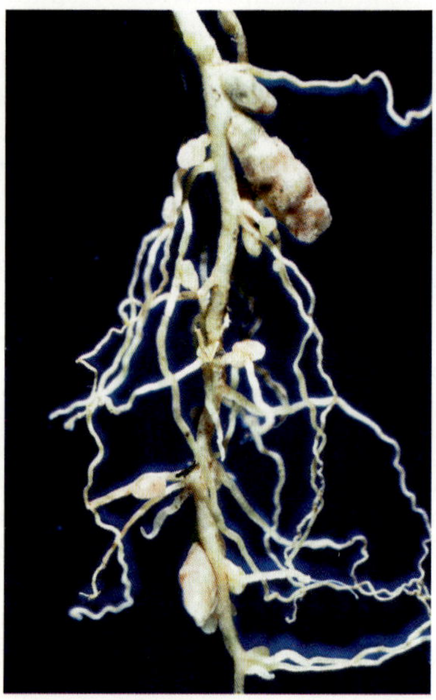

Abbildung 14.1: Wurzelknöllchen an den Wurzeln einer Kleepflanze. Symbiontische Bakterien der Gattung *Rhizobium* leben in den Wurzelknöllchen und reduzieren atmosphärischen Stickstoff zu Ammoniak.

Die Nitrogenase ist ein Proteinkomplex, der aus zwei verschiedenen Proteinen besteht, die ein relativ kompliziertes Elektronentransportsystem aufweisen. Eines der Proteine, das sogenannte Fe-Protein (Eisen-Protein), enthält einen [4Fe–4S]-Cluster. Im zweiten Protein, dem FeMo-Protein (Eisen-Molybdän-Protein), befinden sich zwei Redoxzentren, von denen eines einen [8Fe–7S]-Cluster und das andere einen Fe- und Mo-haltigen Cluster aufweist. Nitrogenasen müssen vor Sauerstoff geschützt werden, weil die Metalloenzyme gegenüber einer Inaktivierung durch molekularen Sauerstoff sehr empfindlich sind. Frei lebende, strikte Anaerobier existieren nur in sauerstofffreier Umgebung, sodass die Stickstofffixierung nicht gestört wird. In frei lebenden Aerobiern und innerhalb der Wurzelknöllchen der Leguminosen wird der anwesende Sauerstoff durch unterschiedliche Mechanismen weitgehend von der Nitrogenase ferngehalten. In den Wurzelknöllchen geschieht dies zum Beispiel durch das sauerstoffbindende Protein Leghämoglobin, das ein zum Myoglobin von Wirbeltieren homologes Protein darstellt und die Sauerstoffkonzentration in der unmittelbaren Umgebung der stickstofffixierenden Enzyme in den Rhizobien genügend niedrig hält. In filamentösen Cyanobakterien findet die Stickstofffixierung ausschließlich in spezialisierten Zellen statt, den sogenannten Heterocysten, deren dicke, besonders strukturierte Zellwand die Eindiffusion von Sauerstoff weitgehend verhindert.

Für die enzymatische Reduktion von N_2 zu NH_3 ist ein starkes Reduktionsmittel erforderlich. Zu diesem Zweck dienen entweder reduziertes Ferredoxin oder reduziertes Flavodoxin, ein elektronenübertragendes Flavoprotein in Mikroorganismen. Die Reduktion von N_2 wird von einer Reduktion von zwei $H^{\oplus}$ zu molekularem Wasserstoff (H_2) begleitet, die aus mechanistischen Gründen nicht vermeidbar ist. Für jedes Elektron, das durch die Nitrogenase übertragen werden soll, müssen mindestens zwei Moleküle ATP in ADP und P_i umgewandelt werden. Die Reduktion eines N_2-Moleküls durch sechs Elektronen zu NH_3 und die damit verknüpfte Reduktion von zwei $H^{\oplus}$ zu H_2 erfordert demnach die Hydrolyse von 16 ATP-Molekülen.

$$N_2 + 8\,H^{\oplus} + 8\,e^{\ominus} + 16\,ATP \longrightarrow 2\,NH_3 + H_2 + 16\,ADP + 16\,P_i \qquad (14.2)$$

Um die Reduktionskraft und das ATP für diesen Prozess zu erhalten, beziehen symbiontische, stickstofffixierende Mikroorganismen Nährstoffe, die durch die Photosynthese in den Pflanzen gebildet wurden, mit denen sie in Symbiose leben. Auf dem Elektronentransportweg der Nitrogenase wird ein Elektron nach dem anderen vom reduzierten Coenzym, also zum Beispiel vom Ferredoxin, über das Fe-Protein zum FeMo-Protein befördert, an dessen Fe- und Mo-haltigen Clustern die Reduktion von N_2 erfolgt. Die Bindung von ATP an das Fe-Protein führt zu einer Konformationsänderung dieses Proteins, die seine nachfolgende Bindung an das FeMo-Protein ermöglicht. Dadurch wird der effektive Elektronentransportweg der Nitrogenase aufgebaut und diese aktiviert. Der Fluss eines Elektrons ist mit der Hydrolyse des gebundenen ATP-Moleküls verbunden. Infolgedessen geht das Fe-Protein wieder in eine Konformation über, die nicht an das FeMo-Protein binden kann. Dieser Aktivierungs-Deaktivierungs-Mechanismus ähnelt dem der G-Proteine in ihrer

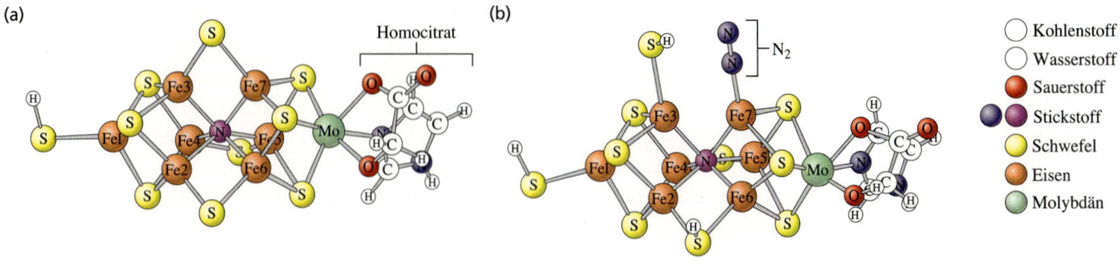

Abbildung 14.2: Struktur des $MoFe_7S_9N$•Homocitrat-Reaktionszentrums des FeMo-Proteins aus *Azotobacter vinelandii*. (a) Ruhezustand ohne gebundenes N_2. (b) Eine mögliche Struktur mit gebundenem N_2 [PDB 2MIN].

Rolle als Signaltransduktoren. Die Reduktion des Stickstoffs findet am Eisen-Molybdän-Cluster des FeMo-Proteins statt. Die Struktur dieses Clusters ist bemerkenswert komplex. Er besteht aus einem Käfig aus Eisen- und Schwefelatomen, in dessen Zentrum ein Stickstoffatom lokalisiert ist. An eine Außenseite des Fe-S-Käfigs bindet ein Molybdänatom, das außerdem von einem Homocitrat chelatisiert ist, sodass insgesamt ein $MoFe_7S_9N$•Homocitrat-Cluster vorliegt (▶ *Abbildung 14.2*).

Trotz vieler Jahre intensiver Forschung ist der detaillierte Reaktionsmechanismus der Stickstofffixierung durch die Nitrogenase noch nicht bekannt. Wahrscheinlich werden die drei Bindungen der N≡N-Dreifachbindung nacheinander gespalten, sodass ein Diimin- und ein Hydrazin-Zwischenprodukt gebildet werden.

$$N{\equiv}N \xrightarrow{2e^{\ominus},\,2H^{\oplus}} \underset{\text{Diimin}}{H{-}N{=}N{-}H} \xrightarrow{2e^{\ominus},\,2H^{\oplus}} \underset{\text{Hydrazin}}{H_2N{-}NH_2} \xrightarrow{2e^{\ominus},\,2H^{\oplus}} NH_3 + NH_3 \qquad (14.3)$$

Diese Reduktionsschritte verbrauchen sechs Elektronen pro Stickstoffmolekül. Die restlichen zwei von den acht Elektronen (▶ *Reaktionsgleichung 14.2*), die die reduzierten Ferredoxinmoleküle liefern, werden für die mit der Stickstofffixierung mechanistisch fest verknüpfte Reduktion von zwei $H^{\oplus}$ zu H_2 benötigt.

14.2 Assimilation von Ammoniak

Ammoniak wird in eine große Anzahl von kleinen Metaboliten mit geringer Molekülmasse eingebaut, häufig über die Aminosäuren Glutamat und Glutamin. Bei einem pH-Wert von 7 liegt Ammoniak überwiegend in Form von Ammonium-Ionen vor ($NH_4^{\oplus}$, $pK_S = 9{,}2$). An den Reaktionen in den aktiven Zentren vieler Enzyme nimmt aber die unprotonierte, nucleophile Ammoniak-Spezies (NH_3) teil.

14.2.1 Einbau von Ammoniak in Glutamat und Glutamin

Die reduktive Aminierung von α-Ketoglutarat zu Glutamat durch die Aktivität der Glutamat-Dehydrogenase (▶ *Abbildung 14.3*) stellt eine hoch effiziente Route zur Einführung von Ammoniak in die zentralen Reaktionswege des Aminosäurestoffwechsels dar. Die Glutamat-Dehydrogenasen einiger Spezies oder Gewebe verwenden spezifisch NADH als Reduktionsmittel, die Dehydrogenasen aus anderen Spezies benutzen NADPH. Schließlich existieren auch Glutamat-Dehydrogenasen, die sowohl mit NADH als auch mit NADPH funktionieren.

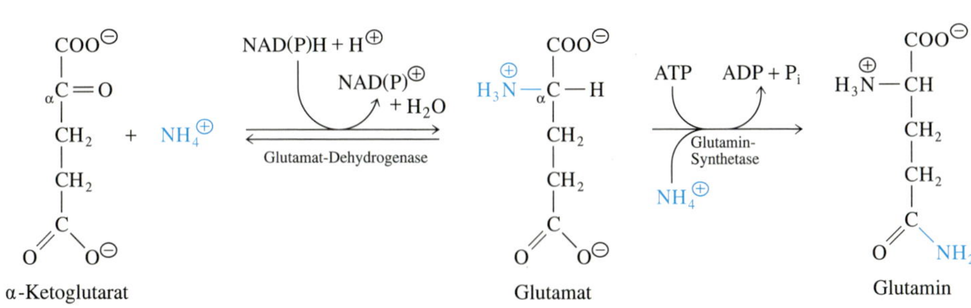

Abbildung 14.3: Reaktionen zum Einbau von Ammoniak in Glutamat und Glutamin.

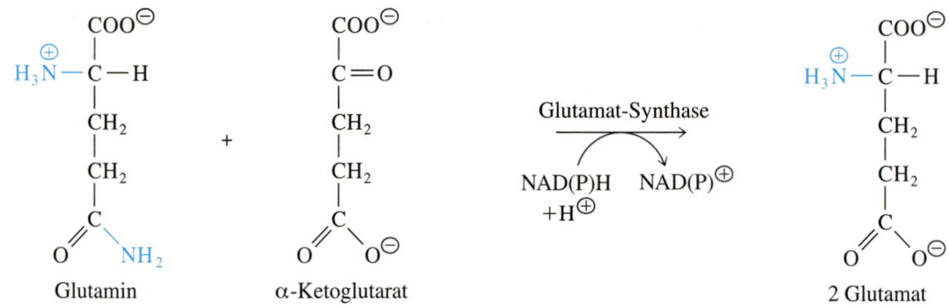

Abbildung 14.4: Die Glutamat-Synthase katalysiert die reduktive Aminierung von α-Ketoglutarat.

In Abhängigkeit von der Verfügbarkeit der Substrate und der Coenzyme sowie von der Enzymspezifität spielt die Glutamat-Dehydrogenase unterschiedliche physiologische Rollen. Im Bakterium *Escherichia coli* katalysiert das Enzym hauptsächlich die Bildung von Glutamat, wenn eine hohe $NH_4^{\oplus}$-Konzentration vorliegt. Der Schimmelpilz *Neurospora crassa* enthält eine NADPH-abhängige Variante des Enzyms, die für die reduktive Aminierung von α-Ketoglutarat zu Glutamat verwendet wird, während die Rückreaktion durch die Aktivität einer $NAD^{\oplus}$-abhängigen Version des Enzyms stattfindet. In Säugetieren und Pflanzen befindet sich die Glutamat-Dehydrogenase in den Mitochondrien und katalysiert eine Reaktion nahe am Gleichgewicht mit einem Nettofluss vom Glutamat zum α-Ketoglutarat. Die Hauptaufgabe der Glutamat-Dehydrogenase in Säugetieren besteht in der Katalyse des Abbaus von Aminosäuren unter Freisetzung von $NH_4^{\oplus}$. Säugetiere assimilieren wahrscheinlich nur sehr wenig Stickstoff aus Ammoniak. Den meisten Stickstoff für ihren Stoffwechsel beziehen sie aus den Aminosäuren und den Nucleotiden in der Nahrung. Eine andere Reaktion, die für die Assimilation von Ammoniak in vielen Organismen eine entscheidende Rolle spielt, stellt die Bildung von Glutamin aus Glutamat und $NH_4^{\oplus}$ dar, die durch die Glutamin-Synthetase katalysiert wird (▶*Abbildung 14.3*). Glutamin dient in vielen biosynthetischen Reaktionen als Stickstoffdonator. Mehrere der Stickstoffatome in den Purin- und Pyrimidinbasen von Nucleotiden stammen zum Beispiel vom Amidstickstoffatom des Glutamins. In Säugetieren wird Glutamin für den Transport von Stickstoff und Kohlenstoff zwischen verschiedenen Geweben eingesetzt, sodass zu hohe toxische Konzentrationen von $NH_4^{\oplus}$ im Blut vermieden werden können. Das Amidstickstoffatom von Glutamin kann auch auf α-Ketoglutarat übertragen werden. Dabei führt die Aktivität der Glutamat-Synthase zur reduktiven Aminierung des α-Ketoglutarats durch Glutamin unter Bildung von zwei Molekülen Glutamat (▶*Abbildung 14.4*). Wie im Fall der Glutamat-Dehydrogenase ist auch für die Reaktion der Glutamat-Synthase der Einsatz eines reduzierten Pyridinnucleotids erforderlich, um α-Ketoglutarat reduktiv zu aminieren. Im Gegensatz zur Dehydrogenase verwendet die Glutamat-Synthase allerdings Glutamin und nicht $NH_4^{\oplus}$ als Stickstoffquelle. Tiere besitzen keine Glutamat-Synthase.

14.2.2 Transaminierungen

Die Aminogruppe von Glutamat kann auf viele α-Ketocarbonsäuren übertragen werden. Diese Reaktionen werden durch Enzyme katalysiert, die Transaminasen oder Aminotransferasen genannt werden. In ▶*Abbildung 14.5* ist das allgemeine Reaktionsschema einer solchen Transaminierung dargestellt.

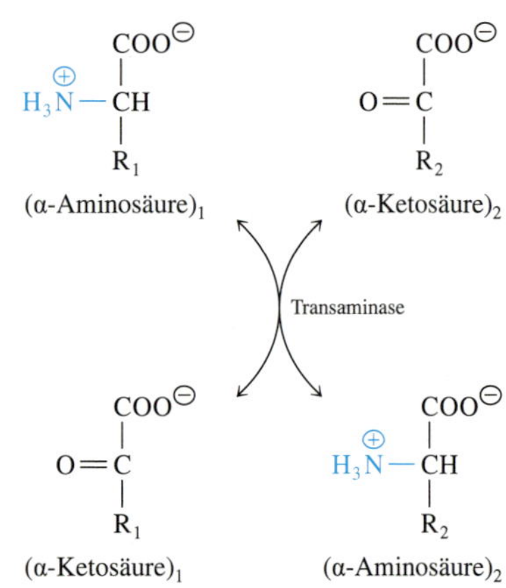

Abbildung 14.5: Allgemeines Reaktionsschema für die Übertragung einer Aminogruppe von einer α-Aminosäure auf eine α-Ketocarbonsäure, die durch eine Transaminase katalysiert wird. In biosynthetischen Reaktionen wird häufig zunächst Glutamat [(α-Aminosäure)$_1$] gebildet, das seine Aminogruppe in einer anschließenden Transaminierung auf eine α-Ketocarbonsäure [(α-Ketosäure)$_2$] übertragen kann. Dabei werden α-Ketoglutarat [(α-Ketosäure)$_1$] und eine neue α-Aminosäure erzeugt, die sich von der (α-Ketosäure)$_2$ ableitet.

Die Übertragung der Aminogruppe auf verschiedene α-Ketocarbonsäuren führt zur Bildung der entsprechenden α-Aminosäuren während der Aminosäurebiosynthese. Die meisten der Standardaminosäuren können durch eine Transaminierung erzeugt werden. Im Aminosäurekatabolismus werden die Aminogruppen von einigen Aminosäuren unter Bildung von Glutamat oder Aspartat auf α-Ketoglutarat beziehungsweise Oxalacetat transferiert. Alle bekannten Transaminasen benötigen das Coenzym Pyridoxalphosphat (▶*Abbildung 14.6*). Der Reaktionsmechanismus der Transaminierung ist in ▶*Abbildung 5.13* ausführlich dargestellt. In diesem wird die Aminogruppe in mehreren Schritten vorübergehend auf das Coenzym übertragen. Infolgedessen wird ein enzymgebundenes Pyridoxaminphosphat erzeugt, das die Aminogruppe unter Bildung einer neuen Aminosäure an eine andere α-Ketocarbonsäure übergibt.

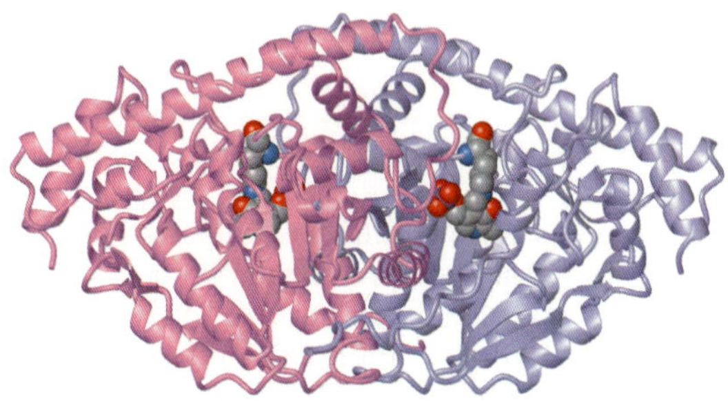

Abbildung 14.6: Die cytosolische Aspartat-Transaminase aus dem Schwein *(Sus scrofa)* ist ein Dimer aus zwei identischen Untereinheiten. Die einzelnen Monomere sind violett beziehungsweise blau dargestellt. In jeder der Untereinheiten befindet sich ein Molekül des Coenzyms Pyridoxalphosphat im aktiven Zentrum, das als Kalottenmodell hervorgehoben ist [PDB 1AJR].

Die Reaktionen der Transaminasen finden im annähernden Gleichgewicht statt. Die Richtung, in die die Reaktion *in vivo* tatsächlich abläuft, hängt von den gerade vorliegenden Konzentrationen der Substrate und Produkte ab und somit auch von der Nachlieferung der Substrate und der Entfernung der Produkte. In Zellen mit einem Überangebot an α-Aminosäuren können die Aminogruppen zum Beispiel durch eine oder über mehrere Transaminierungen unter Bildung von Glutamat auf α-Ketoglutarat übertragen werden. Die Aktivität der Glutamat-Dehydrogenase führt schließlich zur oxidativen Desaminierung des Glutamats. Während der Synthese von Aminosäuren finden diese Reaktionen, in denen Glutamat als Aminogruppendonator auftritt, in der entgegengesetzten Richtung statt. In Bakterien kommt ein wichtiger alternativer Weg zur Reaktion der Glutamat-Dehydrogenase vor, auf dem die nacheinander ablaufenden Reaktionen der Glutamin-Synthetase und der Glutamat-Synthase zum Einbau von Ammoniak in Glutamat führen. Dieser Weg wird insbesondere dann beschritten, wenn die Ammoniak- beziehungsweise Ammoniumkonzentrationen niedrig sind. In ▶*Abbildung 14.7* wird verdeutlicht, dass die Kombination der Aktivitäten der Glutamin-Synthetase und der Glutamat-Synthase die Grundlage für den Einbau von Ammoniak in eine Vielzahl von Aminosäuren bilden kann. Zu diesem Zweck unterliegt das Glutamat nach seiner Synthese Transaminierungen mit verschiedenen α-Ketocarbonsäuren, die die entsprechenden α-Aminosäuren hervorbringen. Die Umwandlung von α-Ketoglutarat in Glutamat kann auf dem Glutamin-Synthetase/Glutamat-Synthase-Weg auch bei den niedrigen $NH_4^{\oplus}$-Konzentrationen, die in den meisten Bakterien herrschen, in nennenswertem Maße ablaufen, weil der K_M-Wert der Glutaminsynthetase für die Umsetzung von $NH_4^{\oplus}$ viel kleiner ist als der K_M-Wert der Glutamat-Dehydrogenase für $NH_4^{\oplus}$.

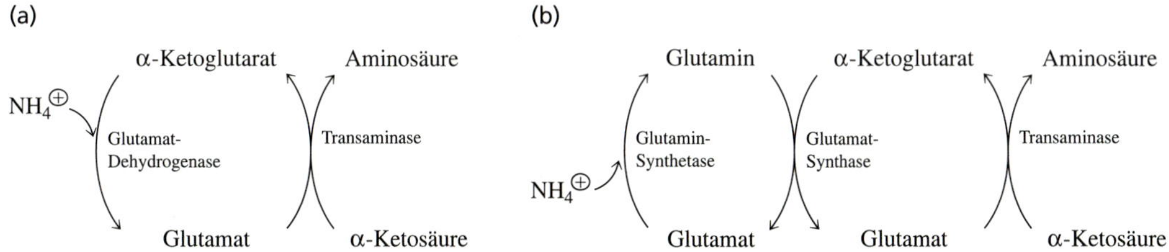

Abbildung 14.7: Einbau von Ammoniak in Aminosäuren. (a) Der Glutamat-Dehydrogenase-Weg. (b) Die Assimilation von Ammoniak durch die Kombination der Aktivitäten der Glutamin-Synthetase und der Glutamat-Synthase läuft bei niedriger $NH_4^{\oplus}$-Konzentration wegen des viel kleineren K_M-Wertes der Glutamin-Synthetase im Vergleich zur Glutamat-Dehydrogenase bevorzugt ab.

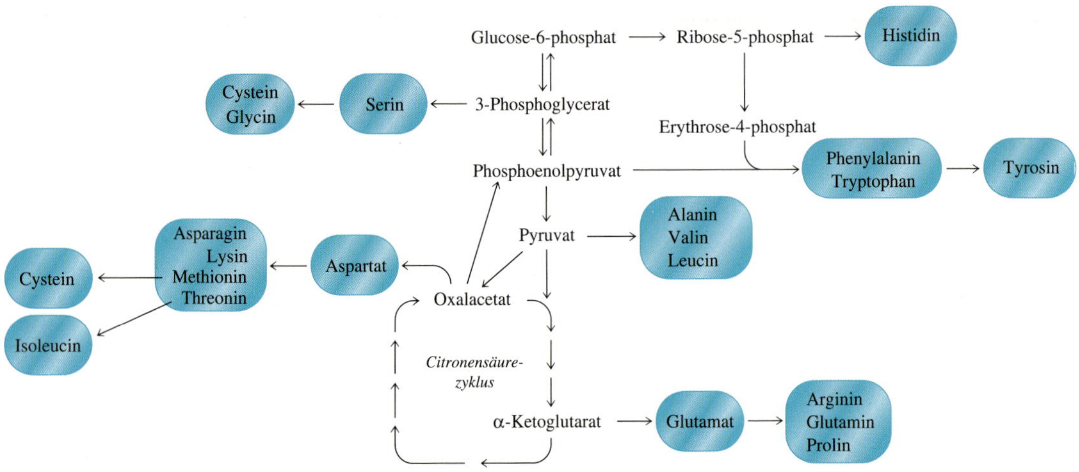

Abbildung 14.8: Verknüpfung der Biosynthesewege für die 20 Standardaminosäuren mit anderen Stoffwechselwegen wie der Glycolyse beziehungsweise Gluconeogenese sowie dem Citronensäurezyklus.

14.3 Synthese von Aminosäuren

▶*Abbildung 14.8* zeigt die Verknüpfung der Synthesewege, die zur Bildung der 20 Standardaminosäuren führen, mit anderen Stoffwechselwegen. 11 der 20 Standardaminosäuren leiten sich biosynthetisch aus Zwischenprodukten des Citronensäurezyklus ab. Für die Synthese der übrigen Aminosäuren sind einfache Vorläufer erforderlich, die bereits in früheren Kapiteln beschrieben wurden.

14.3.1 Aspartat und Asparagin

Wenn Oxalacetat als Aminogruppenakzeptor in einer Transaminierung auftritt, wird Aspartat gebildet (▶*Abbildung 14.9*). Für die Katalyse dieser Reaktion ist die Aspartat-Transaminase verantwortlich. Im Anschluss kann in den meisten Spezies durch den ATP-abhängigen Transfer der Amid-NH_2-Gruppe von Glutamin auf Aspartat die Aminosäure Asparagin synthetisiert werden.

Die Beschleunigung dieser Reaktion erfolgt durch das Enzym Asparagin-Synthetase. In einigen Bakterien katalysiert die Asparagin-Synthetase die Bildung von Asparagin aus Aspartat, und das unter Verwendung von Ammoniak statt Glutamin als Quelle für die Amid-NH_2-Gruppe. Diese Reaktion ähnelt der Reaktion der Glutamin-Synthetase.

In manchen Fällen setzt dieselbe Asparagin-Synthetase sowohl Ammoniak als auch Glutamin um. Diese Enzyme verwenden $NH_4^{\oplus}$ als Substrat für die Bildung von Asparagin aus Aspartat in ihrem ersten aktiven Zentrum. Das $NH_4^{\oplus}$ stammt aber aus der Hydrolyse von Glutamin in einem zweiten aktiven Zentrum desselben Enzymmoleküls und diffundiert nach seiner Freisetzung aus dem Glutamin durch einen Tunnel innerhalb des Proteins, der die beiden aktiven Zentren miteinander verbindet. Dieses Beispiel einer Kanalisierung von Stoffwechselzwischenprodukten (engl. *metabolite channeling*) stellt die feste Kopplung der Glutaminhydrolyse mit der Bildung von Asparagin sicher und verhindert so das Auftreten höherer $NH_4^{\oplus}$-Konzentrationen in der Zelle. Es gibt einige Beispiele von molekularen Tunneln zur Kanalisierung von $NH_4^{\oplus}$.

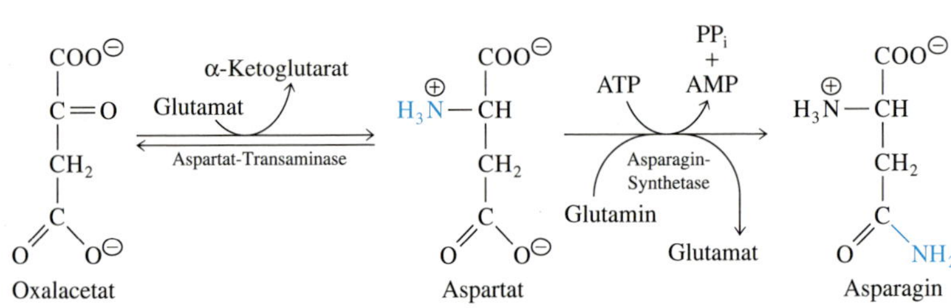

Abbildung 14.9: Synthese von Aspartat und Asparagin.

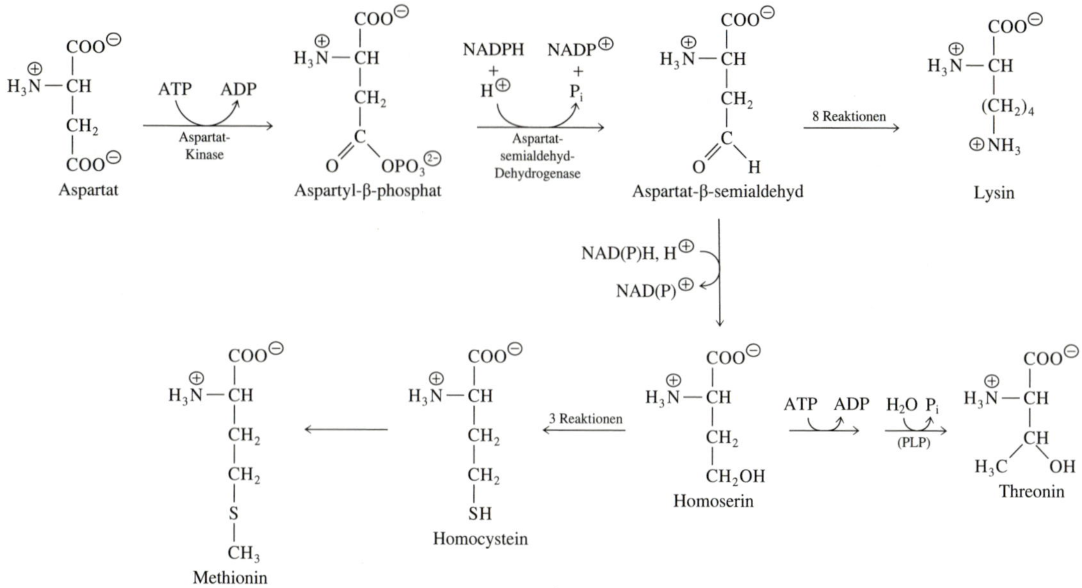

Abbildung 14.10: Biosynthese von Lysin, Threonin und Methionin aus Aspartat.

14.3.2 Lysin, Methionin und Threonin

Aspartat dient als Vorstufe in der Synthese von Lysin, Methionin und Threonin (▶*Abbildung 14.10*). Der erste Schritt in diesem Biosyntheseweg besteht in der Phosphorylierung von Aspartat durch die Aktivität der Aspartat-Kinase. Im zweiten Schritt erfolgt die Umwandlung von Aspartylphosphat in den Aspartat-β-semialdehyd, die durch die Aspartatsemialdehyd-Dehydrogenase katalysiert wird. Die Enzyme für diese beiden Schritte kommen in Bakterien, Protisten, Pilzen und Pflanzen vor, aber sie fehlen in Tieren. Deswegen können Tiere die Aminosäuren Lysin, Methionin und Threonin nicht selbst synthetisieren.

Die ersten beiden Reaktionen, die zum Aspartat-β-semialdehyd führen, sind Bestandteil der Synthesewege für alle drei Aminosäuren. Danach spaltet sich der Weg in getrennte Routen zu den einzelnen Aminosäuren auf. In dem zum Lysin führenden Zweig stellt Pyruvat die Quelle für Kohlenstoffatome dar, die zum Aspartat-β-semialdehyd noch hinzugefügt werden, und Glutamat dient als Donor der ε-Aminogruppe des Lysins. In Hefen und einigen Algen wird Lysin auf einem ganz anderen Weg synthetisiert, der mit α-Ketoglutarat beginnt. Auf einem zweiten Zweig, der nicht beim Lysin endet, wird aus dem Aspartat-β-semialdehyd zunächst Homoserin gebildet. Aus einer erneuten Verzweigung des Biosyntheseweges beim Homoserin gehen zwei neue Zweige hervor, die in der Bildung von Threonin beziehungsweise Methionin münden. Threonin entsteht aus Homoserin in zwei Schritten, von denen einer PLP-abhängig ist. Auf dem Weg zum Methionin wird Homoserin zuerst in drei Schritten in Homocystein umgewandelt. Das Schwefelatom der Sulfhydrylgruppe des Homocysteins nimmt eine Methylgruppe von 5-Methyltetrahydrofolat auf. Dadurch wird das Homocystein zu Methionin umgesetzt. Ein Enzym, das diese Reaktion katalysiert, kommt in Tieren zwar vor, aber seine Aktivität ist gering und das Angebot an Homocystein ist relativ begrenzt. Insbesondere wegen des Fehlens der ersten beiden Enzyme dieses Syntheseweges ist Methionin eine essenzielle Aminosäure für Tiere.

14.3.3 Alanin, Valin, Leucin und Isoleucin

Wenn Pyruvat als Aminogruppenakzeptor in einer Transaminierung auftritt, wird die Aminosäure Alanin gebildet (▶*Abbildung 14.11*). Pyruvat dient aber auch als Vorläufer in der Synthese der verzweigtkettigen Aminosäuren Valin, Leucin und Isoleucin. Der erste Schritt des Syntheseweges zu diesen verzweigtkettigen Aminosäuren besteht in der Synthese von α-Ketobutyrat aus Threonin.

Im Folgenden werden α-Ketobutyrat und Pyruvat durch eine Serie von drei Reaktionen zum verzweigtkettigen Zwischenprodukt α-Keto-β-methylvalerat kombiniert. Dieses Zwischenprodukt wird durch eine Transaminierung in Isoleucin umgewandelt. Die Aktivität des gleichen Enzyms, das die Synthese von α-Keto-β-methylvalerat katalysiert, führt auch zur Bildung von α-Ketoisovalerat durch die Reaktion zwischen zwei Pyruvatmolekülen anstelle eines Pyruvat- und eines α-Ketobutyratmoleküls. α-Ketoisovalerat wird durch die

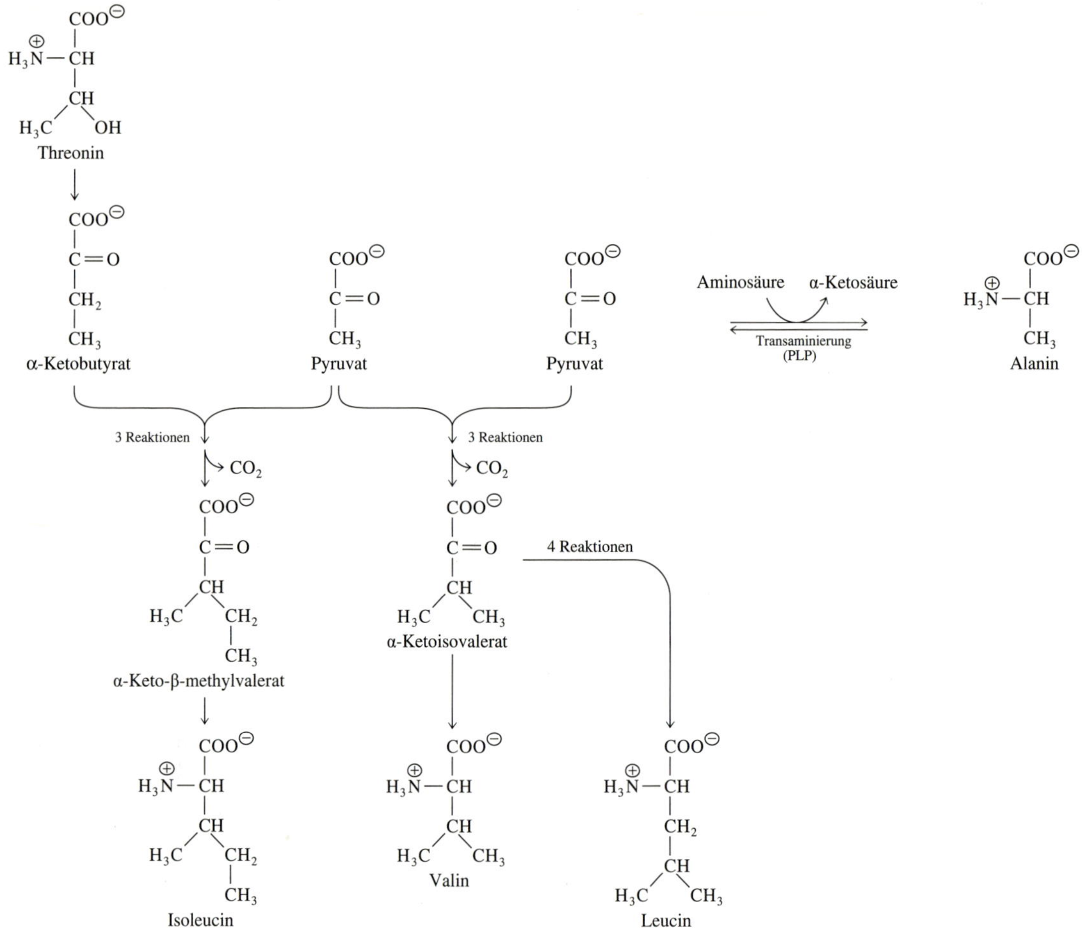

Abbildung 14.11: Biosynthese von Alanin, Isoleucin, Valin und Leucin.

Valin-Transaminase direkt in Valin umgewandelt. Das gleiche Enzym katalysiert die Synthese von Isoleucin aus α-Keto-β-methylvalerat.

Leucin wird auf einem Syntheseweg gebildet, der vom Valin-Syntheseweg abzweigt. In diesem Zweig erfolgt die Erweiterung des Kohlenstoffskeletts von α-Ketoisovalerat durch den Einschub einer Methylengruppe. Zwei Enzyme dieses Reaktionsweges sind jeweils zu einem Enzym des Citronensäurezyklus homolog, und zwar der Aconitase und der Isocitrat-Dehydrogenase. Diese Tatsache unterstützt die Vorstellung, dass sich Enzyme des Citronensäurezyklus evolutionär von bereits zuvor existierenden Enzymen zur Aminosäurebiosynthese abgeleitet haben.

14.3.4 Glutamat, Glutamin, Arginin und Prolin

Glutamat und Glutamin werden aus α-Ketoglutarat, einem Zwischenprodukt des Citronensäurezyklus, erzeugt. Auch die Kohlenstoffatome von Prolin und Arginin stammen vom α-Ketoglutarat, das über Glutamat in mehreren Schritten in die beiden Aminosäuren umgewandelt wird. Prolin entsteht aus Glutamat durch einen vierstufigen Syntheseweg, auf dem die γ-Carboxylatgruppe des Glutamats zu einem Aldehyd reduziert wird. Das Glutamat-γ-semialdehyd-Zwischenprodukt vollzieht eine nichtenzymatische Cyclisierung zu einer Schiff'schen Base, die anschließend durch ein Pyridinnucleotid-Coenzym zu Prolin reduziert wird (▶*Abbildung 14.12*).

In den meisten Organismen ähnelt der Syntheseweg zum Arginin dem Weg zum Prolin. Allerdings wird die Aminogruppe des Glutamats acetyliert, bevor die γ-Carboxylgruppe zum Aldehyd reduziert wird. Auf diese Weise wird die Cyclisierung zur Schiff'schen Base verhindert, die bei der Synthese des Prolins stattfindet. Das Zwischenprodukt *N*-Acetylglutamat-5-semialdehyd wird anschließend über *N*-Acetylornithin in Ornithin umgewandelt. In Säugetieren erfolgt eine Transaminierung des Glutamat-γ-semialdehyds zum Ornithin, das durch Reaktionen des Harnstoffzyklus zu Arginin umgesetzt wird.

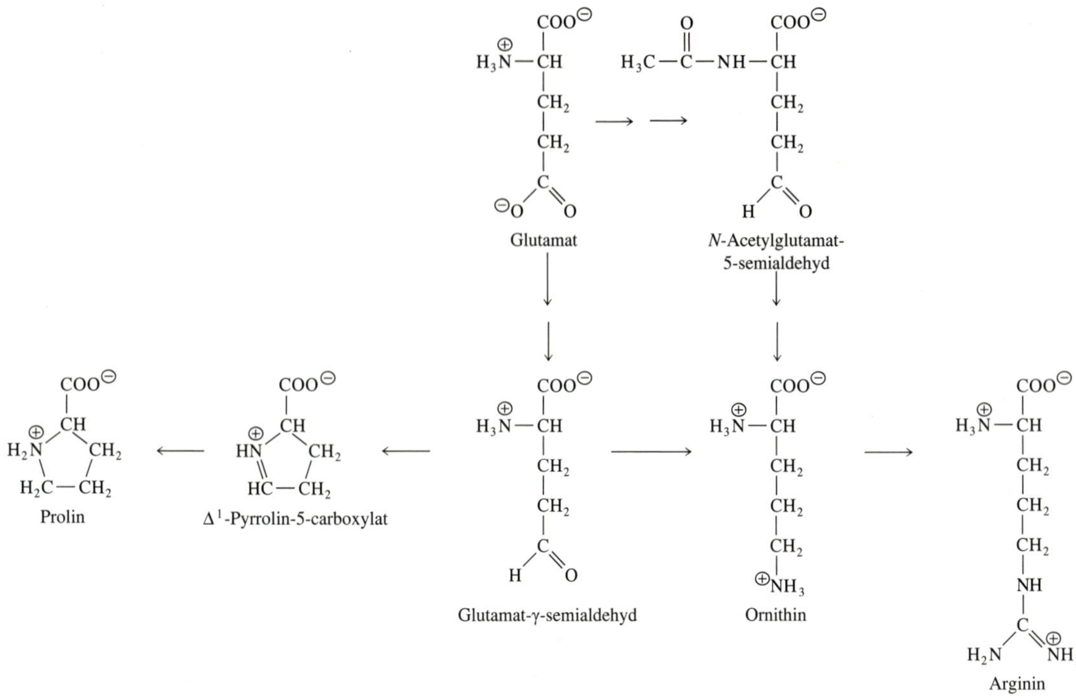

Abbildung 14.12: Umwandlung von Glutamat in Prolin und Arginin.

14.3.5 Serin, Glycin und Cystein

Die drei Aminosäuren Serin, Glycin und Cystein leiten sich biosynthetisch von dem Glycolyse/Gluconeogenese-Zwischenprodukt 3-Phosphoglycerat ab. Serin wird aus 3-Phosphoglycerat in drei Schritten synthetisiert (▶*Abbildung 14.13*). Zunächst bildet sich zur Ketogruppe 3-Phosphohydroxypyruvat, und zwar durch die Oxidation der sekundären Hydroxylgruppe des 3-Phosphoglycerats. Diese Verbindung reagiert mit Glutamat in einer Transaminierung zu 3-Phosphoserin und α-Ketoglutarat. Die Hydrolyse des 3-Phosphoserins ergibt schließlich Serin und P_i.

Serin dient über eine Reaktion, die durch die Serin-Hydroxymethyltransferase katalysiert wird, als Hauptquelle für Glycin (▶*Abbildung 14.14*). In Pflanzenmitochondrien und Bakterien kann der Fluss durch diese Reaktion auch in Richtung Serin stattfinden. Dadurch steht noch eine andere Möglichkeit zur Synthese von Serin zur Verfügung als diejenige, die mit 3-Phosphoglycerat beginnt. Die Serin-Hydroxymethyltransferase benötigt zwei Cofaktoren: die prosthetische Gruppe Pyridoxalphosphat (PLP) und das Cosubstrat Tetrahydrofolat (THF).

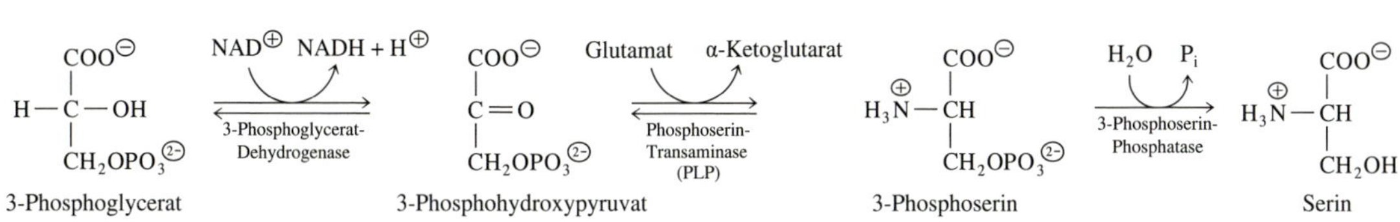

Abbildung 14.13: Biosynthese von Serin.

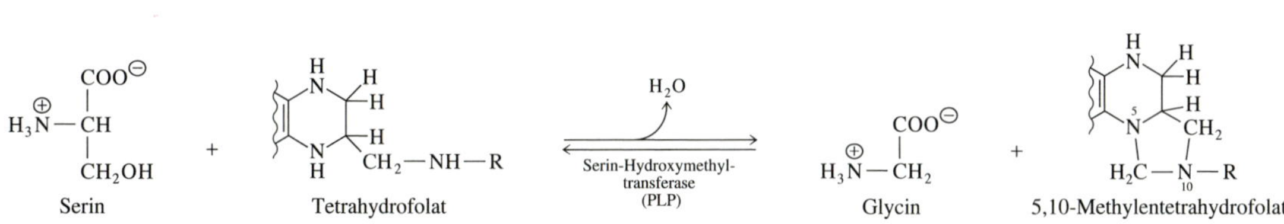

Abbildung 14.14: Biosynthese von Glycin.

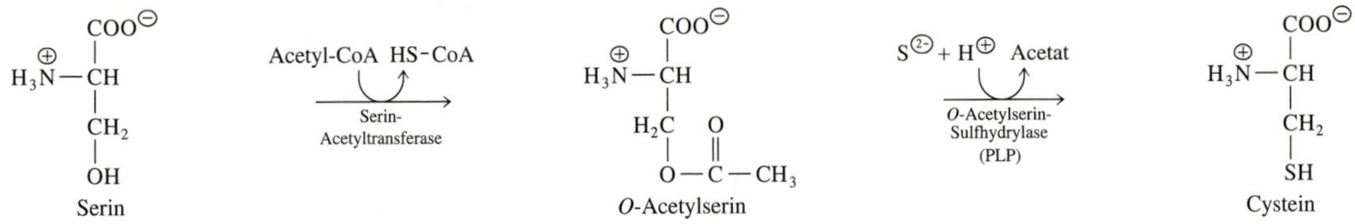

Abbildung 14.15: Biosynthese von Cystein aus Serin in Pflanzen und vielen Bakterien.

Die Biosynthese von Cystein erfolgt in den meisten Spezies in zwei Schritten aus Serin (▶*Abbildung 14.15*). Zuerst führt die Acetylierung der β-Hydroxygruppe von Serin durch Acetyl-CoA zur Bildung von *O*-Acetylserin. Anschließend wird durch die Substitution der Acetylgruppe durch Sulfid (S^{2-}) Cystein gebildet.

In Tieren kann der in ▶*Abbildung 14.15* gezeigte normale Weg zur Biosynthese von Serin nicht ablaufen. Dennoch kann Cystein in Tieren als Nebenprodukt des Methioninabbaus erzeugt werden. Dabei kondensiert Serin zunächst mit Homocystein, das sowohl im Verlauf des Methioninabbaus als auch während der Methioninsynthese als Zwischenprodukt auftritt. Das Kondensationsprodukt Cystathionin wird anschließend in α-Ketobutyrat und Cystein gespalten (▶*Abbildung 14.16*).

14.3.6 Phenylalanin, Tyrosin und Tryptophan

Der Schlüssel zur Aufklärung des Stoffwechselweges zur Biosynthese von aromatischen Aminosäuren war die Beobachtung, dass einige Bakterien mit einzelnen Genmutationen nicht weniger als fünf Verbindungen benötigen, um wachsen zu können: Phenylalanin, Tyrosin, Tryptophan, *p*-Hydroxybenzoat und *p*-Aminobenzoat. All diese Verbindungen enthalten einen aromatischen Ring. Die Mutanten können auch ohne die Zufuhr dieser Substanzen wachsen, wenn ihnen Shikimat als Substrat zur Verfügung gestellt wird. Dieser Sachverhalt deutet auf eine Rolle des Shikimats als Zwischenprodukt in der Biosynthese all dieser aromatischen Verbindungen hin. Chorismat, ein Derivat von Shikimat, konnte als eine Schlüsselverzweigungsstelle im Syntheseweg für die aromatischen Aminosäuren identifiziert werden. Der Reaktionsweg vom Shikimat zum Chorismat (▶*Abbildung 14.17*) beginnt mit der Kondensation von Phosphoenolpyruvat und Erythrose-4-phosphat zu einem C_7-Zuckerderivat unter Freisetzung von P_i. In drei nachfolgenden Schritten, die auch eine Cyclisierung einschließen, wird dieses Zuckerderivat zu Shikimat umgesetzt. Im weiteren Verlauf des Weges zum Chorismat finden eine Phosphorylierung des Shikimats, eine zweite Kondensation mit Phosphoenolpyruvat sowie die Eliminierung von Hydrogenphosphat (P_i) statt. Vom Chorismat führen verschiedene Stoffwechselwege zu Phenylalanin, Tyrosin und Tryptophan. Tiere besitzen die Enzyme des Chorismat-Syntheseweges nicht. Deswegen können sie kein Chorismat bilden und infolgedessen auch keine der aromatischen Aminosäuren produzieren.

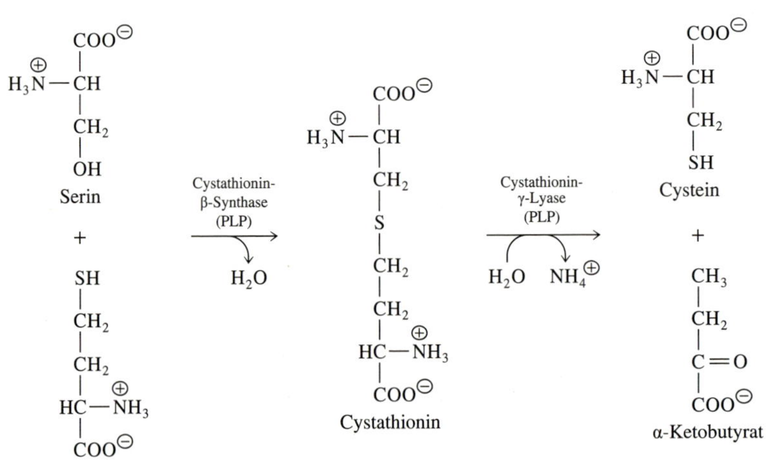

Abbildung 14.16: Biosynthese von Cystein in Säugetieren aus Serin und Homocystein, das als Zwischenprodukt beim Abbau und bei der Synthese von Methionin auftritt.

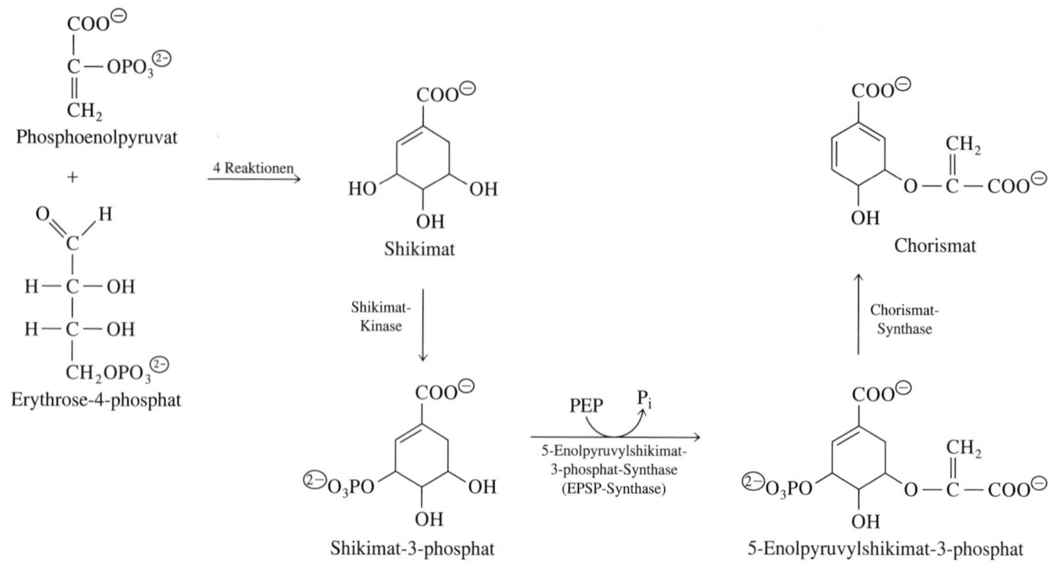

Abbildung 14.17: Synthese von Shikimat und Chorismat.

Auf einem verzweigten Stoffwechselweg werden ausgehend vom Chorismat Phenylalanin und Tyrosin synthetisiert (▶*Abbildung 14.18*). Bei der Phenylalaninsynthese in *E. coli* katalysiert ein bifunktionelles Enzym, das die Aktivitäten einer Chorismat-Mutase und einer Prephenat-Dehydratase aufweist, zunächst die Umlagerung von Chorismat in das hoch reaktive Zwischenprodukt Prephenat. Anschließend erfolgt durch das gleiche Enzym die Eliminierung eines Hydroxid-Ions

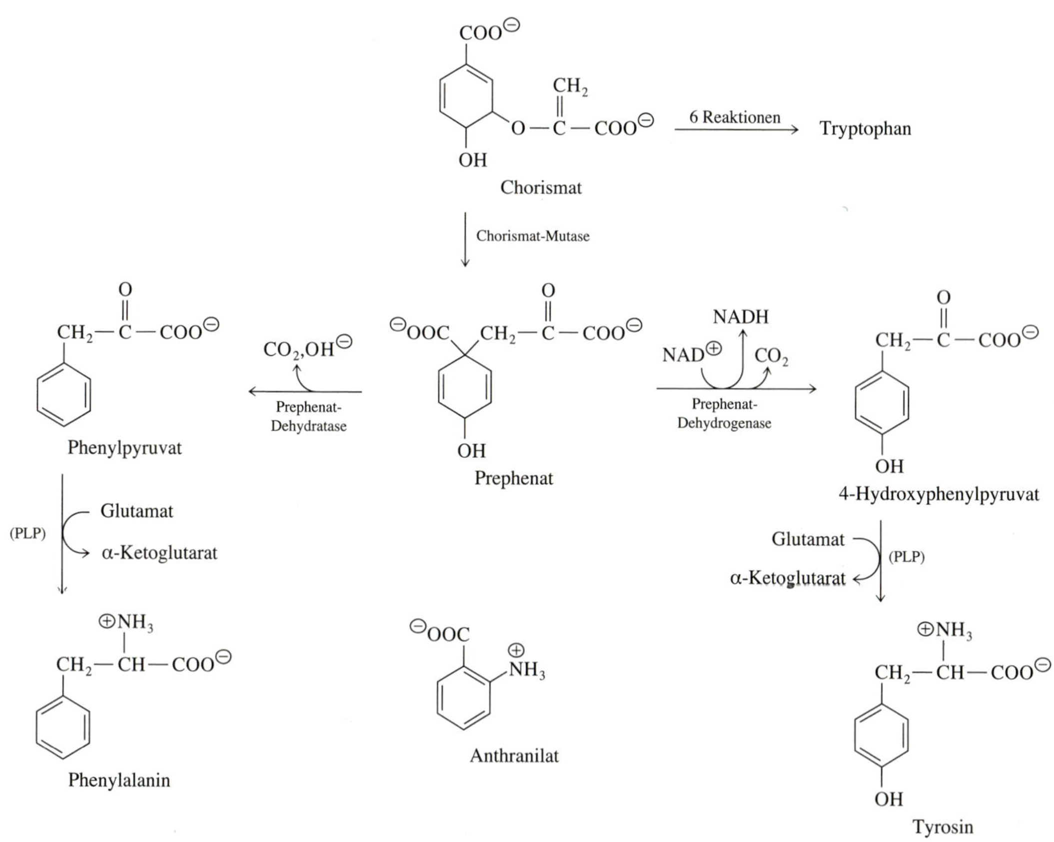

Abbildung 14.18: Biosynthese von Tryptophan, Phenylalanin und Tyrosin aus Chorismat in *E. coli* sowie die Struktur von Anthranilat.

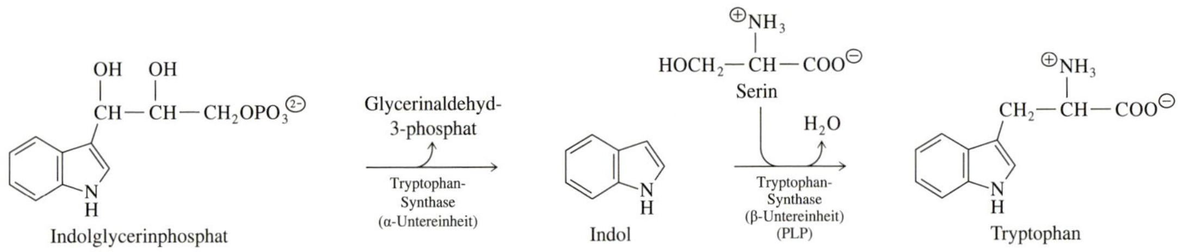

Abbildung 14.19: Reaktionen, die durch die Tryptophan-Synthase katalysiert werden und zur Bildung von Tryptophan führen.

und eines CO_2-Moleküls aus Prephenat. Als Produkt dieser Reaktion entsteht die aromatische Verbindung Phenylpyruvat, die schließlich durch eine Transaminierung in Phenylalanin umgewandelt wird. Im Tyrosin-Zweig katalysiert ein ähnliches bifunktionelles Enzym, das eine Chorismat-Mutase- sowie eine Prephenat-Dehydrogenase-Aktivität besitzt, die Umwandlung von Chorismat über Prephenat in 4-Hydroxyphenylpyruvat. Durch eine Transaminierung wird aus diesem Zwischenprodukt die aromatische Aminosäure Tyrosin gebildet. In mehreren Bakterien und einigen Pflanzen läuft der gleiche Stoffwechselweg von Chorismat zu den aromatischen Aminosäuren Phenylalanin und Tyrosin ab wie in *E. coli*. Allerdings befinden sich die Aktivitäten der Chorismat-Mutase und der Prephenat-Dehydratase beziehungsweise Prephenat-Dehydrogenase in diesen Spezies in unterschiedlichen monofunktionellen Enzymen. Einige andere Bakterien nutzen alternative Wege, auf denen Prephenat zuerst aminiert und anschließend decarboxyliert wird.

Für die Biosynthese von Tryptophan aus Chorismat sind fünf enzymatische Reaktionen erforderlich. Im ersten Schritt erfolgt in einer Transaminierung die Übertragung der Amid-NH_2-Gruppe von Glutamin auf Chorismat sowie die Eliminierung der Hydroxylgruppe und der benachbarten Pyruvateinheit unter Bildung der aromatischen Verbindung Anthranilat (▶*Abbildung 14.18*). Das Anthranilat übernimmt eine Phosphoribosylgruppe von Phosphoribosylpyrophosphat (PRPP). Die anschließende Isomerisierung der Riboseeinheit und eine Cyclisierung unter Abspaltung von Wasser und CO_2 liefern Indolglycerinphosphat. Die beiden abschließenden Reaktionen der Tryptophanbiosynthese werden durch das Enzym Tryptophan-Synthase katalysiert (▶*Abbildung 14.19*). In manchen Organismen befinden sich die beiden unabhängigen katalytischen Domänen in der gleichen Polypeptidkette. In anderen Organismen besteht das Enzym aus zwei unterschiedlichen Untereinheiten, die $\alpha_2\beta_2$-Tetramere bilden. Die α-Untereinheit katalysiert die Spaltung von Indolglycerinphosphat in Glycerinaldehyd-3-phosphat und Indol. Die Aktivität der β-Untereinheit führt zur Kondensation von Indol mit Serin zu Tryptophan. Für diese Reaktion ist Pyridoxalphosphat (PLP) als Cofaktor erforderlich. Das Indol, dessen Bildung im aktiven Zentrum der α-Untereinheit des $\alpha_2\beta_2$-Tetramers stattfindet, wird durch eine Kanalisierung direkt zum aktiven Zentrum der β-Untereinheit desselben Enzyms weitergeleitet. Bei der Untersuchung der dreidimensionalen Struktur des $\alpha_2\beta_2$-Tetramers der Tryptophan-Synthase aus *Salmonella typhimurium* wurde ein molekularer Tunnel entdeckt, der die aktiven Zentren der α-Untereinheiten und der β-Untereinheiten miteinander verbindet. Der Durchmesser dieses Tunnels entspricht den molekularen Abmessungen des Indols, sodass der Fluss des Indols durch diesen Tunnel erklären könnte, warum das Indol zwischenzeitlich nicht vom Enzym hinwegdiffundiert.

Der Chorismat-Syntheseweg stellt ein geeignetes Ziel für Herbizide dar, weil Verbindungen, die spezifisch nur Enzyme dieses Weges in Pflanzen hemmen, keinen Einfluss auf den Stoffwechsel von Tieren ausüben. Glyphosat ist eines der effektivsten Totalherbizide. Es hemmt das Enzym 5-Enolpyruvylshikimat-3-phosphat-Synthase (EPSP-Synthase) durch seine Wirkung als kompetitiver

(a)

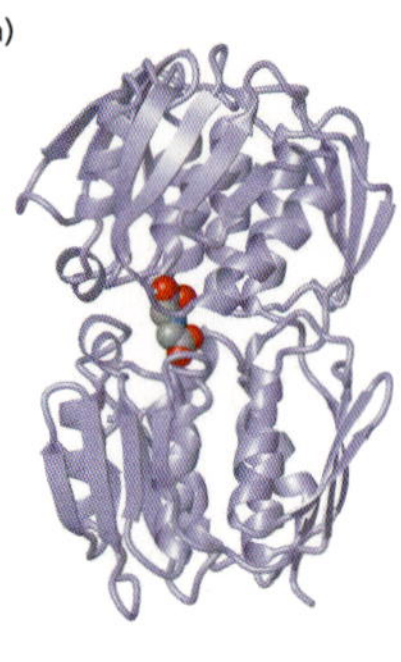

(b)

$$^{2\ominus}O_3P-CH_2-NH-CH_2-COO^{\ominus}$$

Glyphosat

N-(Phosphonomethyl)-glycin

Abbildung 14.20: Strukturmodell der (a) 5-Enolpyruvylshikimat-3-phosphat-Synthase aus *E. coli* mit einem Glyphosatmolekül (Kalottenmodell) im aktiven Zentrum und (b) Struktur von Glyphosat.

Kapitel 14

Inhibitor der PEP-Bindung (▶*Abbildung 14.20a*). Glyphosat ist der aktive Wirkstoff im Herbizid *Roundup*, der alle Pflanzen abtötet (▶*Abbildung 14.20b*). Er wird zum Beispiel zur Entfernung von Unkräutern auf Straßen, Bürgersteigen und Bahndämmen eingesetzt. Aber obwohl Glyphosat ein billiger und effektiver Unkrautvernichter ist, kann es nicht zur Unkrautvernichtung auf Äckern verwendet werden, auf denen bereits Nutzpflanzen wachsen, weil diese durch das unselektive Glyphosat ebenfalls abgetötet würden.

In vielen Bakterienspezies konnten gegen Glyphosat unempfindliche, resistente Versionen der EPSP-Synthase identifiziert werden. Das entsprechende Enzym aus dem Stamm CP4 von *Agrobacterium sp.* ist genetisch modifiziert worden, sodass es auch in Gegenwart hoher Glyphosatkonzentrationen seine volle Aktivität behält. Das Gen für diese bakterielle CP4-EPSP-Synthase wurde patentiert und dann in Sojabohnen eingeführt. Auf diese Weise erhielt man eine genetisch modifizierte Pflanze, die gegen Glyphosat resistent ist. Der neue Stamm von Sojabohnen wird von Monsanto als *Roundup Ready*-Sojabohne vermarktet. Landwirte, die ihre Felder mit diesen Sojabohnen bestellen, können Unkraut auch mitten in der Wachstumsphase der Sojabohnen mit *Roundup* bekämpfen, das ebenfalls von Monsanto vertrieben wird. Die meisten Sojabohnen, die zurzeit in Nordamerika wachsen, sind genetisch modifiziert worden.

14.3.7 Histidin

Der zehnstufige Stoffwechselweg für die Biosynthese von Histidin in Bakterien (▶*Abbildung 14.21*) beginnt mit einer Kondensation des Pyrimidinrings der Purineinheit von ATP mit dem Ribosederivat Phosphoribosylpyrophosphat (PRPP). In den nachfolgenden Reaktionen wird der sechsgliedrige Ring der Pyrimidineinheit gespalten und Glutamin liefert ein Stickstoffatom, das über eine Cyclisierung in den Imidazolring des Zwischenproduktes Imidazolglycerinphosphat eingebaut wird. Außerdem wird dabei der Großteil des ursprünglichen ATP-Moleküls als Aminoimidazolcarboxamidribonucleotid freigesetzt, ein Zwischenprodukt in der Biosynthese von Purinnucleotiden. Dieses Zwischenprodukt kann wieder in ATP zurückverwandelt werden. Imidazolglycerinphosphat unterliegt anschließend einer Dehydratation, einer Transaminierung durch Glutamat, der hydrolytischen Abspaltung des Phosphats und der abschließenden Oxidation des durch die Hydrolyse erzeugten primären Alkohols zur Carboxylgruppe der Aminosäure Histidin. Die Oxidation des primären Alkohols erfolgt in zwei aufeinanderfolgenden NAD$^{\oplus}$-abhängigen Schritten.

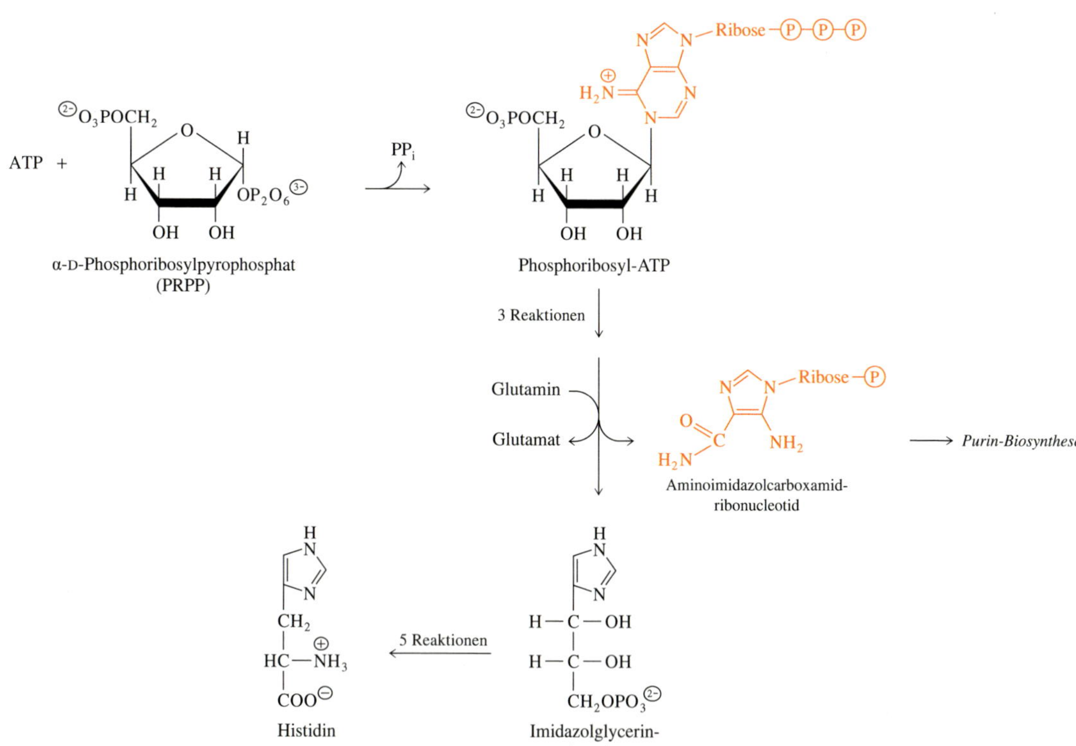

Abbildung 14.21: Synthese von Histidin aus Phosphoribosylpyrophosphat (PRPP) und ATP. Fünf C-Atome des Histidins stammen vom PRPP, ein N- und ein C-Atom vom Pyrimidinring der Purineinheit des ATP, ein N-Atom von Glutamin und ein N-Atom von Glutamat.

14.3.8 Essenzielle und nichtessenzielle Aminosäuren in Tieren

Menschen und Tiere besitzen nicht die vollständige enzymatische Ausstattung zur Synthese aller 20 Standardaminosäuren. Diejenigen Aminosäuren, die nicht gebildet werden können, stellen deswegen essenzielle Bestandteile der Nahrung des Menschen dar. Im Allgemeinen ist die Fähigkeit zur Durchführung der Synthesewege mit den meisten Schritten beziehungsweise dem höchsten Energieverbrauch verlorengegangen. Ein grobes Maß für die Komplexität eines Stoffwechselweges stellt die Anzahl der ATP-Äquivalente dar, die für seinen Ablauf erforderlich sind. Die ▶*Tabelle 14.1* zeigt den Zusammenhang zwischen dem Energiebedarf der Synthesewege für die einzelnen Aminosäuren und der Fähigkeit des menschlichen Organismus zur Durchführung dieser Synthesen, indem sie die Aminosäuren in essenzielle und nichtessenzielle Aminosäuren einteilt und die für die jeweilige Synthese benötigte ATP-Menge angibt. Die Aminosäuren sind nach ihren gemeinsamen biosynthetischen Vorläufern in Gruppen angeordnet, so wie in den vorangegangenen Abschnitten beschrieben wurde. Zum Beispiel Lysin, Methionin und Threonin werden aus einer gemeinsamen Vorstufe gebildet. Alle drei Aminosäuren sind für Menschen und Tiere essenziell, weil diese den Vorläufer nicht synthetisieren können. Valin, Leucin und Isoleucin sind ebenfalls essenzielle Nahrungsbestandteile für Menschen und Tiere, weil ihnen ein Schlüsselenzym fehlt, das in allen drei Biosynthesewegen vorkommt.

Tabelle 14.1

Energiebedarf der Biosynthesewege der Standardaminosäuren und die Fähigkeit des menschlichen und der tierischen Organismen zur Durchführung dieser Synthesen

Aminosäure	Mole ATP, die für die Synthese eines Mols der Aminosäure benötigt werden[a]	
	Nichtessenziell	Essenziell
Aspartat	21	
Asparagin	21–24	
Lysin		50 oder 51
Methionin		44
Threonin		31
Alanin	20	
Valin		39
Leucin		47
Isoleucin		55
Glutamat	30	
Glutamin	31	
Arginin	44[b]	
Prolin	39	
Serin	18	
Glycin	12	
Cystein	19[c]	
Phenylalanin		65
Tyrosin	62[d]	
Tryptophan		78
Histidin		42

[a] Die erforderlichen Mole ATP beziehen sich auf die Synthese der Vorstufen und deren Umwandlung in die Aminosäuren.
[b] Für manche Säugetiere ist Arginin ein essenzieller Nahrungsbestandteil.
[c] Cystein kann in Tieren nur aus Homocystein synthetisiert werden, das als Zwischenprodukt beim Abbau von Methionin auftritt. Für die Biosynthese von Cystein ist deswegen ein ausreichend großer Methioningehalt der Nahrung erforderlich.
[d] Tyrosin kann aus der essenziellen Aminosäure Phenylalanin synthetisiert werden.

Aminosäuren als Vorstufen im Stoffwechsel 14.4

Einige Aminosäuren stellen essenzielle Vorstufen in anderen Biosynthesewegen dar. Die Liste dieser Stoffwechselwege ist lang und wir können hier nicht alle erwähnen. Einige wichtige regulatorische Amine, die sich biosynthetisch von Aminosäuren ableiten, wurden bereits beschrieben (Histamin, GABA, Adrenalin, Thyroxin). Die bedeutende Rolle von Methionin bei der Synthese von *S*-Adenosylmethionin (SAM) wurde ebenfalls zuvor erläutert.

14.4.1 Von Glutamat, Glutamin und Aspartat abgeleitete Produkte

Glutamat und Glutamin stellen wichtige Komponenten bei der Stickstoffassimilation dar. Außerdem fungieren Glutamat und Glutamin als Aminogruppendonoren in vielen Transaminase-Reaktionen. Glutamat und Aspartat werden im Harnstoffzyklus benötigt. Glutamin und Aspartat treten außerdem als Vorstufen sowohl bei der Purin- als auch der Pyrimidinbiosynthese auf. Die Synthese von biologisch aktivem Tetrahydrofolat benötigt die Addition von bis zu sechs Glutamatresten für die Bildung einer Tetrahydrofolateinheit.

14.4.2 Von Serin und Glycin abgeleitete Produkte

Serin und Glycin dienen als Stoffwechselvorläufer von vielen anderen Verbindungen (▶*Abbildung 14.22*). Die Rolle von Serin in der Lipidbiosynthese ist bereits im vorhergehenden Kapitel besprochen worden.

Glycin wird auch für die Purinsynthese benötigt. Die Umwandlung von Serin in Glycin ist mit der Synthese von Methylentetrahydrofolat gekoppelt. Tetrahydrofolatderivate spielen als Überträger von C_1-Einheiten in vielen Reaktionen eine wichtige Rolle. Die wichtigste dieser Reaktionen ist die Synthese von Desoxythymidylat.

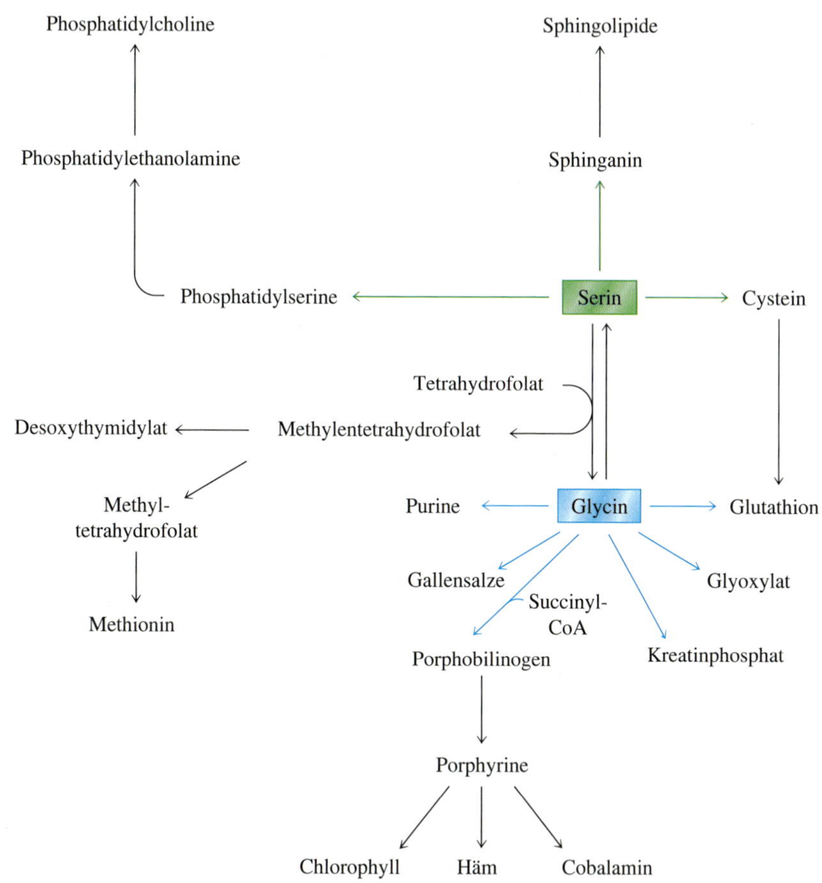

Abbildung 14.22: Verbindungen, die aus Serin und Glycin gebildet werden.

14.4.3 Tetrapyrrole aus Glycin oder Glutamat

Tetrapyrrole werden oft als die Farben des Lebens bezeichnet, da man ihnen im Alltag in Form von grünen Pflanzen oder rotem Blut begegnet. Glycin und Succinyl-CoA treten als Hauptvorstufen im Porphyrinsyntheseweg von Tieren, Pilzen und einigen Proteobakterien auf, der zum roten Häm und zum grünen Bakteriochlorophyll führt. In fast allen Bakterien, in Archaea und in Pflanzen startet die Tetrapyrrolbildung von Glutamat (▶*Abbildung 14.23*). Das allgemeine Vorläufermolekül aller Tetrapyrrole ist 5-Aminolävulinsäure. Aus zwei dieser Moleküle wird das erste Pyrrol Porphobilinogen gebildet. Vier Pyrrole werden zum ersten Tetrapyrrol Uroporphyrinogen III unter Inversion des vierten Ringes verbunden. Damit endet der gemeinsame Biosyntheseweg alle Tetrapyrrole. Über Coproporphyrinogen III und Protoporphyrinogen IX führt der Weg zu Protoporphyrin IX. Nach Magnesiuminsertion geht es weiter zu verschiedenen Chlorophyllen und Bacteriochlorophyllen. Die Funktion dieser Tetapyrrole in der Photosynthese wird in ▶*Kapitel 12* beschrieben. Hier kann aber auch Eisen eingebaut und Häm *b* gebildet werden. Diese Moleküle sind zum Bespiel an diversen Atmungsketten (▶*Kapitel 11*) und der Photosynthese beteiligt, aber auch am Sauerstoff/CO_2-Transport im Blut. Zum Häm führen weitere zwei Wege, die einerseits beim Coproporphyrinogen III abzweigen und über Coproporphyrin III und Fe-Coproporphyrin zu Häm *b* (▶*Abbildung 5.21*) führen. Andererseits kann von Uroporphyrinogen III über Precorrin 2 zuerst Sirohäm gebildet werden, um dann wieder über Fe-Coproporphyrin zum Häm *b* zu führen. Das lilafarbige Sirohäm ist ein Cofaktor von Sulfit- und Nitrit-Reduktasen. Vom Sirohäm kann es aber auch zum bläulich-grünen Häm d_1 führen, das eigentlich kein Häm sondern ein Isobacteriochlorin ist und einen Cofaktor der Cytochrom-c-abhängigen Nitrit-Reduktase im Rahmen der Denitrifikation darstellt. Precorrin 2 ist dann schließlich der Ausgangspunkt zur Biosynthese der Cobalt-enthaltenden pinken Cobalamine (▶*Abbildung 5.17*) und des gelblichen Nickel-Tetrapyrrols Faktor F_{430}, der an dem Prozess der Methanogenese beteiligt ist.

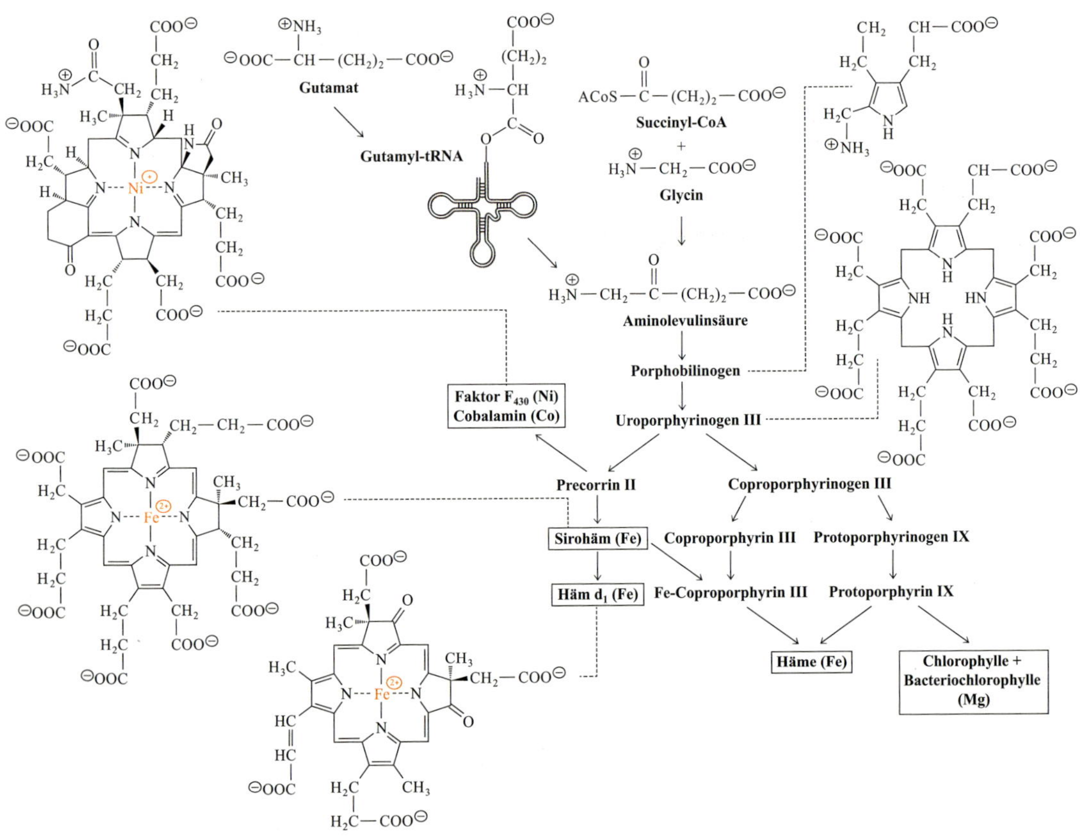

Abbildung 14.23: Übersicht über die Biosynthese verschiedener Tetrapyrrole ausgehend von Glycin oder Glutamat.

14.4.4 Synthese von Stickstoffmonoxid aus Arginin

Ein sehr interessantes Beispiel für eine Aminosäure als Vorstufe in einem Stoffwechselweg stellt die Rolle von Arginin als Substrat für die Synthese von Stickstoffmonoxid (NO) dar. Stickstoffmonoxid ist eine reaktive gasförmige Stickstoffverbindung mit einer ungeraden Anzahl von Elektronen (•N=O). Obwohl es ein potenziell toxisches, freies Radikal ist, spielt Stickstoffmonoxid eine wichtige physiologische Rolle. Als Gas kann NO leicht in Zellen hineindiffundieren. Weil NO in wässriger Lösung schnell mit Sauerstoff oder Wasser zu Nitraten und Nitriten reagiert, existiert es *in vivo* immer nur für maximal wenige Sekunden. Die in Säugetieren vorkommende NO-Synthase (Stickstoffmonoxid-Synthase) katalysiert die Umwandlung von Arginin in Citrullin und Stickstoffmonoxid (▶*Abbildung 14.24*). Für die Reaktionen sind die Cofaktoren NADPH, FMN, FAD, ein Cytochrom P450 und Tetrahydrobiopterin erforderlich. Die mechanistische Rolle des Tetrahydrobiopterins konnte noch nicht genau geklärt werden, aber es scheint als Reduktionsmittel zu fungieren, das für die Hydroxylierung von Arginin benötigt wird. Die NO-Synthase existiert in drei Isoformen. Zwei konstitutive, das heißt ständig mit relativ konstanter Geschwindigkeit synthetisierte, Calcium-abhängige Formen treten im zentralen Nervensystem, in peripheren Neuronen beziehungsweise den Endothelzellen der Blutgefäße auf. Indessen kommt eine induzierbare, also in Abhängigkeit von den Bedingungen in der Zelle synthetisierte, Calicum-unabhängige Form unter anderem in Makrophagen vor.

Stickstoffmonoxid weist viele Funktionen auf. Es fungiert als Botenstoff, der durch Bindung an eine lösliche Guanylat-Cyclase die Bildung von cyclischem GMP hervorruft und somit den zugehörigen Signalweg auslöst. Wenn Makrophagen stimuliert werden, synthetisieren sie Stickstoffmonoxid. Das kurzlebige, reaktive freie NO-Radikal stellt eine der Waffen dar, die Makrophagen zur Zerstörung von Bakterien und Tumorzellen einsetzen. NO kann mit Superoxid-Anionen ($•O_2^{\ominus}$) zu giftigeren Spezies reagieren, die eine noch stärkere zellabtötende Wirkung haben. Eine Isoform der NO-Synthase kommt in den Endothelzellen vor, die die Innenwände von Blutgefäßen auskleiden. Unter bestimmten Bedingungen wird Stickstoffmonoxid gebildet, das anschließend in die Zellen der glatten Gefäßmuskulatur diffundiert. Dort löst es eine Relaxation der Muskulatur aus und führt somit zu einer Absenkung des Blutdrucks. Eine gestörte Relaxation der Gefäßmuskulatur spielt auch bei Erkrankungen wie Bluthochdruck (Hypertonie) und Herzinsuffizienz eine Rolle. Nitroglycerin, das bei der Behandlung einer Angina pectoris zur Erweiterung der Koronararterien eingesetzt wird, entfaltet seine Wirkung durch die reduktive enzymatische Abspaltung von Stickstoffmonoxid. Schließlich wirkt Stickstoffmonoxid auch als Neurotransmitter im zentralen Nervensystem und in peripheren Neuronen. Infolge eines Schlaganfalls können ungewöhnlich große Mengen Stickstoffmonoxid gebildet werden, die auf die gleiche Weise wie bei der Abtötung von Bakterien in Makrophagen zur Zerstörung von Neuronen führen.

14.5 Aminosäurekatabolismus

Aminosäuren, die aus dem Abbau endogener Proteine oder aus der Nahrung stammen, können für die Biosynthese neuer Proteine verwendet oder katabolisiert werden, um ihren Stickstoff und ihr Kohlenstoffskelett einer anderen Verwertung zuzuführen. Der erste Schritt beim Abbau von Aminosäuren besteht häufig in der Entfernung der α-Aminogruppe. Anschließend werden die verbleibenden Kohlenstoffverbindungen weiter modifiziert, um ihre Verwertung in einem der zentralen Stoffwechselwege vorzubereiten. Im nächsten Abschnitt wird der Stoffwechsel des Ammoniaks untersucht, der aus dem Abbau von Aminosäuren hervorgeht. Diese katabolen Stoffwechselwege kommen in allen Spezies vor, aber sie spielen in Tieren eine besondere Rolle, weil

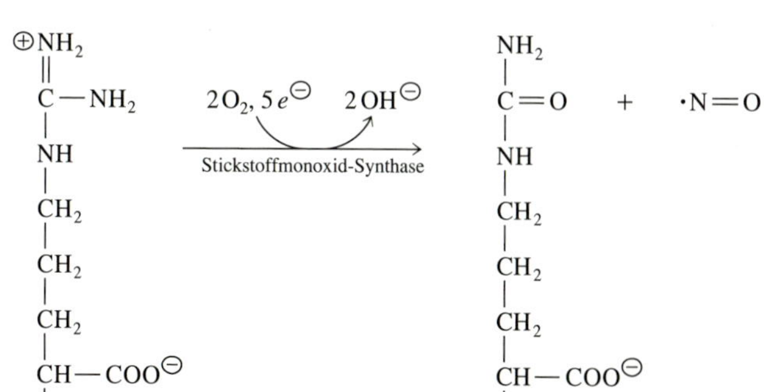

Abbildung 14.24: Umwandlung von Arginin in Stickstoffmonoxid und Citrullin. Als Quelle für die fünf Elektronen dient NADPH.

Aminosäuren in Tieren zu einem merklichen Anteil am Energiestoffwechsel beteiligt sind. Die Entfernung der α-Aminogruppe von Aminosäuren erfolgt auf mehreren Wegen. Meistens wird die Aminogruppe in einer Transaminierung auf α-Ketoglutarat übertragen, sodass die der ursprünglichen Aminosäure entsprechende α-Ketocarbonsäure (α-Ketosäure) und Glutamat gebildet werden. Das Glutamat wird schließlich durch $NAD^{\oplus}$ infolge der Aktivität der mitochondrialen Glutamat-Dehydrogenase zu α-Ketoglutarat und Ammoniak oxidiert. Das Nettoergebnis dieser beiden Reaktionen besteht in der Oxidation der ursprünglichen Aminosäure zur entsprechenden α-Ketocarbonsäure unter Freisetzung von Ammoniak und der Bildung von NADH. Dies ist die Umkehrung des Stoffwechselweges, der in ▶*Abbildung 14.7a* dargestellt ist.

$$\text{Aminosäure} + \alpha\text{-Ketoglutarat} \rightleftharpoons \alpha\text{-Ketosäure} + \text{Glutamat}$$

$$\text{Glutamat} + NAD^{\oplus} + H_2O \rightleftharpoons \alpha\text{-Ketoglutarat} + NADH + H^{\oplus} + NH_4^{\oplus}$$

$$\text{Summe: Aminosäure} + NAD^{\oplus} + H_2O \rightleftharpoons \alpha\text{-Ketosäure} + NADH + H^{\oplus} + NH_4^{\oplus} \quad (14.4)$$

Die Amidgruppen von Glutamin und Asparagin werden durch die spezifischen Enzyme Glutaminase und Asparaginase zu Ammoniak und den entsprechenden Aminodicarbonsäuren Glutamat beziehungsweise Aspartat hydrolysiert. Das aus Amino- und Amidgruppen stammende Ammoniak, der nicht in Synthesereaktionen zum Einsatz kommt, wird ausgeschieden. Nachdem die Aminogruppe entfernt wurde, können die verbleibenden Kohlenstoffketten der 20 Standardaminosäuren abgebaut werden. Manche werden in eines von vier Zwischenprodukten des Citronensäurezyklus umgewandelt, andere werden zu Pyruvat, Acetyl-CoA oder Acetoacetat umgesetzt (▶*Abbildung 14.25*). Jede Aminosäure folgt ihrer eigenen Abbauroute zu einer oder mehreren dieser sieben Verbindungen. All diese Produkte können zu Wasser und Kohlendioxid oxidiert werden, aber auch in andere Stoffwechselwege eintreten. Aminosäuren, die zu Pyruvat oder Zwischenprodukten des Citronensäurezyklus abgebaut werden, bezeichnet man als glucogen, weil sie direkt Substrate für die Gluconeogenese zur Verfügung stellen können. Diejenigen Aminosäuren, aus denen Acetyl-CoA oder Acetoacetat gebildet wird, können zur Bildung von Fettsäuren oder Ketonkörpern beitragen. Man nennt sie deswegen ketogene Aminosäuren. Manche Aminosäuren sind sowohl glucogen als auch

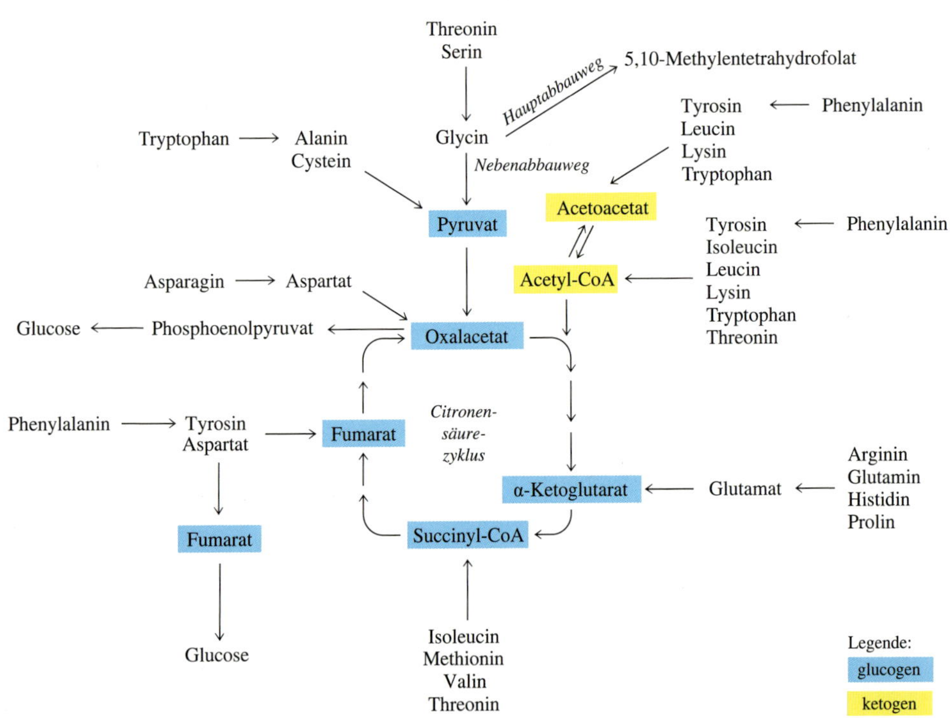

Abbildung 14.25: Abbau von Aminosäuren in Pyruvat, Acetoacetat, Acetyl-CoA oder einem von vier Zwischenprodukten des Citronensäurezyklus. Diese unterliegen anschließend einer weiteren Umsetzung im Stoffwechsel. Das Diagramm zeigt, welche Aminosäuren glucogen und welche ketogen sind.

ketogen, weil verschiedene Teile ihres Kohlenstoffgerüstes zu den erforderlichen unterschiedlichen Produkten abgebaut werden. Die Unterscheidung zwischen glucogenen und ketogenen Aminosäuren ist bei Tieren von Bedeutung, da Aminosäuren wichtige Stoffwechselbrennstoffe in der Nahrung darstellen. Tiere besitzen keinen effizienten Stoffwechselweg, der zur Nettoproduktion von Glucose aus Acetyl-CoA führt, sodass die Produktion eines Überschusses an Acetyl-CoA zur Stimulation der Synthese von Ketonkörpern führt. Bei Bakterien, Protisten, Pilzen und Pflanzen ist die Unterscheidung zwischen glucogenen und ketogenen Aminosäuren weniger bedeutsam, weil diese Organismen Acetyl-CoA über den Glyoxylatzyklus in Oxalacetat umwandeln können. In diesen Organismen ist Acetyl-CoA über den erwähnten Weg also glucogen.

14.5.1 Alanin, Asparagin, Aspartat, Glutamat und Glutamine

Alanin, Aspartat und Glutamat werden durch reversible Transaminierungen synthetisiert. Zum Abbau dieser drei Aminosäuren durchlaufen sie ihren Biosyntheseweg in umgekehrter Richtung. Aus Alanin wird in einer Transaminierung, die jener bei der Synthese entgegengesetzt verläuft, Pyruvat gebildet, aus Aspartat Oxalacetat und aus Glutamat α-Ketobutyrat. Alle drei Aminosäuren sind glucogen, weil Alanin in Pyruvat sowie Aspartat und Glutamat in Zwischenprodukte des Citronensäurezyklus umgewandelt werden. Sowohl der Abbau von Glutamin als auch der von Asparagin beginnen mit der Hydrolyse des Amids, sodass Glutamat beziehungsweise Aspartat gebildet werden. Auch Glutamin und Asparagin sind somit glucogen. Die Hydrolyse der Amidbindungen in diesen beiden Aminosäuren erfolgt durch die Aktivität der spezifischen Enzyme Glutaminase und Asparaginase.

14.5.2 Arginin, Histidin und Prolin

Die Stoffwechselwege für den Katabolismus von Arginin, Histidin und Prolin treffen sich beim Glutamat (▶*Abbildung 14.26*). Im Fall von Arginin und Prolin ähnelt der Abbauweg der Umkehrung ihres Biosyntheseweges. Der Argininabbau beginnt mit der Abspaltung von Harnstoff durch die Aktivität der Arginase. Das dabei gebildete Ornithin wird durch eine Transaminierung zum Glutamat-γ-semialdehyd aminiert, das anschließend zum Glutamat oxidiert wird.

Prolin wird in drei Schritten in Glutamat umgewandelt. Zuerst erfolgt eine Oxidation durch molekularen Sauerstoff. Das Enzym, das diese Reaktion katalysiert, entspricht nicht demjenigen, von einem Pyridinnucleotid abhängigen, Enzym, das den umgekehrten Schritt in der Prolinbiosynthese beschleunigt (vergleichen Sie die ▶*Abbildung 14.12* und ▶*Abbildung 14.26*). Durch die nichtenzymatische Hydrolyse der Schiff'schen Base wird der Ring des Δ^1-Pyrrolin-5-carboxylats geöffnet. Das dabei entstehende Produkt Glutamat-γ-semialdehyd wird schließlich zum Glutamat oxidiert. Auch der Hauptstoffwechselweg für den Abbau von Histidin mündet in der Bildung von

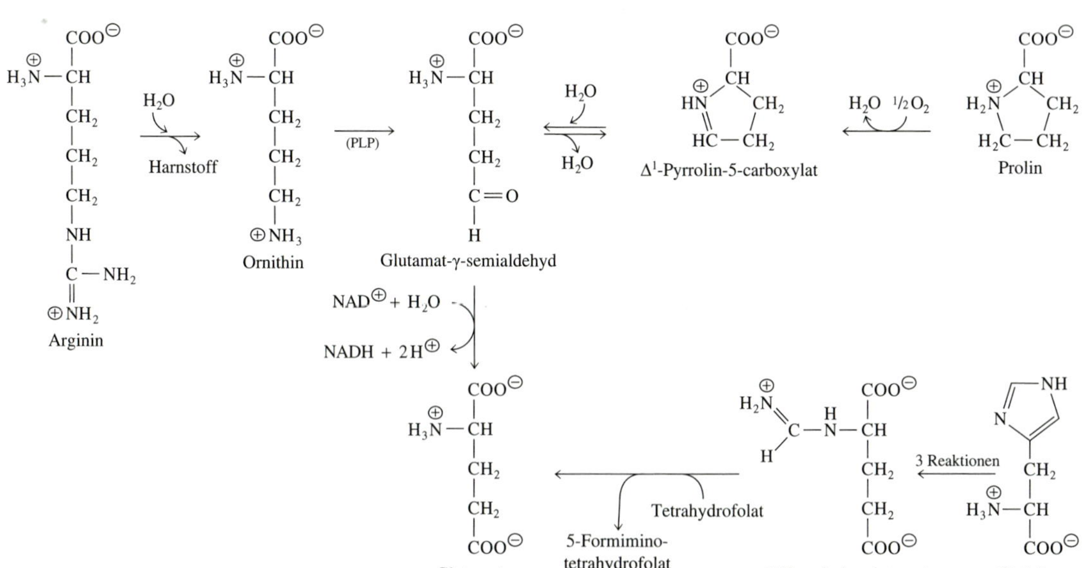

Abbildung 14.26: Grundlegende katabole Stoffwechselwege für Arginin, Prolin und Histidin.

Glutamat. Auf diesem Weg unterliegt Histidin einer nichtoxidativen Desaminierung, einer Hydratation und einer Ringöffnung zum *N*-Formiminoglutamat. Die Formimino-Einheit (–NH–CH=$NH_2^{\oplus}$) wird dann auf Tetrahydrofolat übertragen. Infolgedessen werden 5-Formiminotetrahydrofolat und Glutamat erzeugt. Die anschließende enzymatische Desaminierung von 5-Formiminotetrahydrofolat ergibt 5,10-Methenyltetrahydrofolat. Die C_1-Methenylgruppe dieses Tetrahydrofolatderivats kann in verschiedenen Stoffwechselwegen, wie zum Beispiel der Purinbiosynthese, zum Einsatz kommen.

14.5.3 Glycin und Serin

Es gibt zwei Stoffwechselwege für den Abbau von Serin (▶ *Abbildung 14.27*). In manchen Organismen oder Geweben wird Serin durch die Aktivität der PLP-abhängigen Serin-Dehydratase direkt in Pyruvat umgewandelt. Das meiste Serin wird allerdings in einer Reaktion, die durch die Serin-Hydroxymethyltransferase katalysiert wird, zu Glycin umgesetzt. Dies ist die gleiche Reaktion, die bei der Glycinbiosynthese zur abschließenden Bildung von Glycin führt (▶ *Abbildung 14.14*) und mit der Produktion von 5,10-Methylentetrahydrofolat (5,10-Methylen-THF) verbunden ist. Eine kleine Menge Glycin kann durch die umgekehrte Reaktion der Serin-Hydroxymethyltransferase in Serin umgewandelt werden. Wenn das Serinmolekül desaminiert wird, finden sich die Kohlenstoffatome des ursprünglichen Glycins im Pyruvat wieder. Der Hauptstoffwechselweg für den Abbau von Glycin besteht aber in allen Spezies aus der Umwandlung von Glycin in $NH_4^{\oplus}$ und $HCO_3^{\ominus}$ durch das sogenannte Glycin-Spaltsystem.

Für die katalytische Aktivität des Glycin-Spaltsystems ist ein Enzymkomplex erforderlich, der vier verschiedene Untereinheiten enthält. PLP, Liponamid und FAD treten bei der Glycinspaltung als prosthetische Gruppen auf, während $NAD^{\oplus}$ und Tetrahydrofolat (THF) als Cosubstrate dienen. Zuerst erfolgt die Decarboxylierung des Glycins. Dabei wird die –CH_2–$NH_3^{\oplus}$-Gruppe auf Liponamid übertragen. Anschließend erfolgt die Freisetzung von $NH_4^{\oplus}$ und Tetrahydrofolat wird durch die Aufnahme der verbleibenden C_1-Gruppe in 5,10-Methylentetrahydrofolat (5,10-Methylen-THF) umgewandelt. Reduziertes Liponamid wird durch FAD oxidiert und das dadurch gebildete $FADH_2$ reduziert den beweglichen Elektronenüberträger $NAD^{\oplus}$.

Das Glycin-Spaltsystem stellt ein weiteres Beispiel für einen Liponamid-Schwenkarm-Mechanismus dar, der im Prinzip dem der Pyruvat-Dehydrogenase ähnelt (▶ *Abschnitt 10.1*). Obwohl der Glycinabbau *in vitro* reversibel ist, katalysiert das Glycin-Spaltsystem in Zellen eine irreversible Reaktion. Die Irreversibilität der Reaktionssequenz beruht zumindest teilweise auf den K_M-Werten für die Produkte Ammoniak und Methylentetrahydrofolat, die viel größer sind als die Konzentrationen dieser Verbindungen, die *in vivo* auftreten.

14.5.4 Threonin

Es existieren mehrere Wege für den Abbau von Threonin. Auf dem Hauptabbauweg wird Threonin zu 2-Amino-3-ketobutyrat oxidiert. Diese Oxidation wird durch die Threonin-Dehydrogenase katalysiert (▶ *Abbildung 14.28*). 2-Amino-3-ketobutyrat kann anschließend durch eine Thiolyse in Acetyl-CoA und Glycin umgewandelt werden.

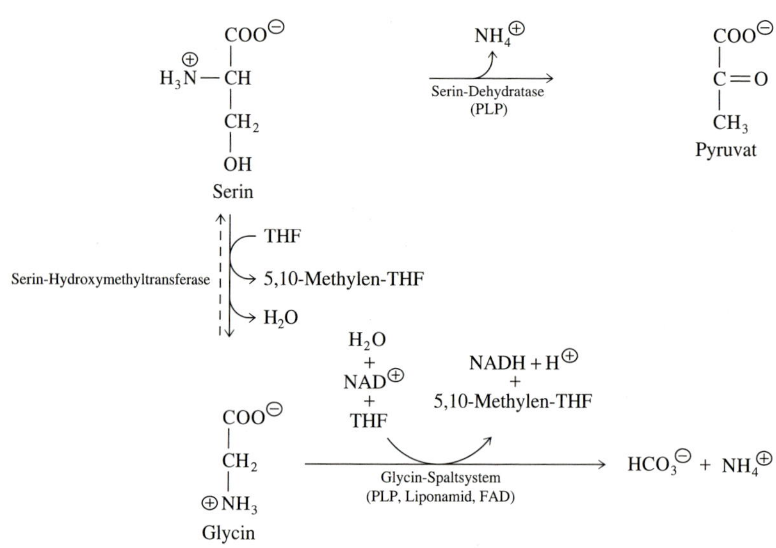

Abbildung 14.27: Katabolismus von Serin und Glycin.

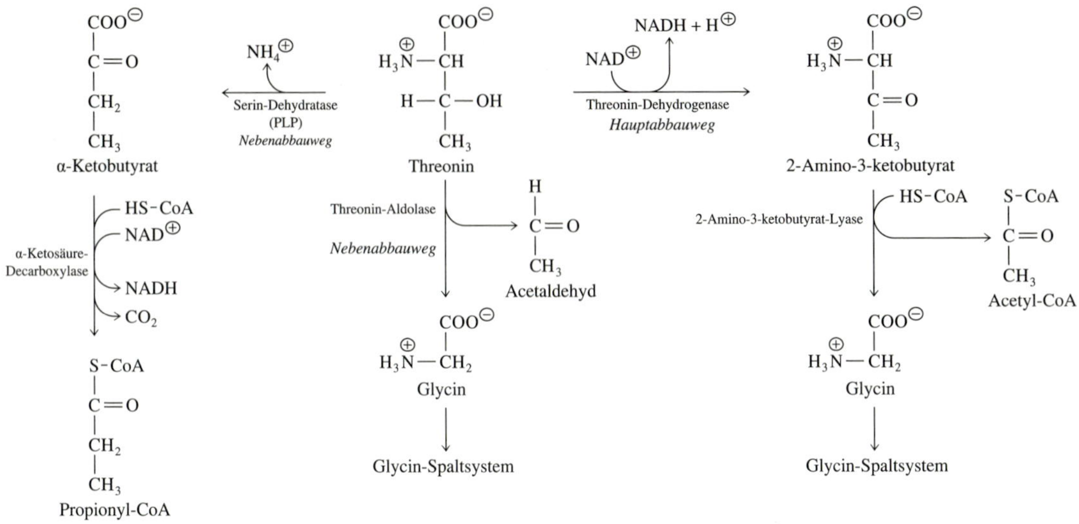

Abbildung 14.28: Alternative Routen für den Abbau von Threonin.

Eine andere Route des Threoninkatabolismus besteht in der Spaltung in Acetaldehyd und Glycin durch die Aktivität der Threonin-Aldolase. In manchen Geweben und Organismen stellt die Threonin-Aldolase tatsächlich eine untergeordnete Aktivität der Serin-Hydroxymethyltransferase dar. Acetaldehyd kann durch die Acetaldehyd-Dehydrogenase zu Acetat oxidiert werden und die nachfolgende Umwandlung von Acetat in Acetyl-CoA wird durch die Acetyl-CoA-Synthetase katalysiert.

Eine dritte Route des Threoninkatabolismus in Säugetieren verläuft über die Desaminierung zum α-Ketobutyrat. Diese Reaktion wird durch die Serin-Dehydratase beschleunigt, also durch das gleiche Enzym, das für die Umwandlung von Serin in Pyruvat verantwortlich ist. Sie dient in den meisten Spezies zur Bildung von α-Ketobutyrat für die Synthese von Isoleucin (▶*Abschnitt 14.3.3*). Auf dem katabolen Weg kann α-Ketobutyrat zu Propionyl-CoA umgesetzt werden, das einen Vorläufer des im Citronensäurezyklus auftretenden Zwischenprodukts Succinyl-CoA darstellt. In Abhängigkeit vom Stoffwechselweg kann der Abbau von Threonin also entweder zu Succinyl-CoA oder zu Glycin und Acetyl-CoA führen.

14.5.5 Verzweigtkettige Aminosäuren

Leucin, Valin und Isoleucin werden auf verwandten Wegen abgebaut (▶*Abbildung 14.29*). Die ersten drei Schritte ihrer Abbauwege stimmen überein. Der erste Schritt, eine Transaminierung, findet infolge der Aktivität der Aminosäure-Transaminase für verzweigtkettige Aminosäuren statt. Der zweite Schritt des Katabolismus verzweigtkettiger Aminosäuren wird durch die α-Ketosäure-Dehydrogenase für verzweigtkettige α-Ketosäuren katalysiert. In dieser Reaktion unterliegen die verzweigtkettigen α-Ketocarbonsäuren einer oxidativen Decarboxylierung zum verzweigtkettigen Acyl-CoA-Molekül, dessen Acylkette um ein Kohlenstoffatom kürzer ist als die der ursprünglichen α-Ketocarbonsäure. Die α-Ketosäure-Dehydrogenase für verzweigtkettige α-Ketosäuren ist ein Multienzymkomplex, der Liponamid und Thiaminpyrophosphat (TPP) enthält und NAD^+ sowie Coenzym A benötigt. Sein katalytischer Mechanismus ähnelt denen des Pyruvat-Dehydrogenase-Komplexes und des α-Ketoglutarat-Dehydrogenase-Komplexes. Die α-Ketosäure-Dehydrogenase für verzweigtkettige α-Ketosäuren weist die gleichen Dihydroliponamid-Dehydrogenase-Komponenten (E_3) auf wie die beiden anderen Dehydrogenase-Komplexe.

Die verzweigtkettigen Acyl-CoA-Moleküle werden durch die Aktivität einer FAD-haltigen Acyl-CoA-Dehydrogenase oxidiert. Die Oxidation verläuft analog zum ersten Schritt der Fettsäureacyl-CoA-Oxidation (▶*Abbildung 13.7*). Die Elektronen werden bei dieser Reaktion über das elektronenübertragende Flavoprotein (ETF, engl. *electron transferring flavoprotein*) auf Ubichinon (Q) übertragen. Ab diesem Punkt laufen die katabolen Stoffwechselwege der verzweigtkettigen Aminosäuren auseinander. Alle Kohlenstoffatome des Leucins werden letztlich in Acetyl-CoA eingebaut, sodass Leucin rein ketogen ist. Valin wird in Propionyl-CoA umgewandelt. Wie beim Abbau von Threonin erfolgt die Umsetzung des Propionyl-CoA zum Succinyl-CoA, das als Zwischenprodukt des Citronensäurezyklus in diesem weiter verstoffwechselt wird. Valin ist infolgedessen

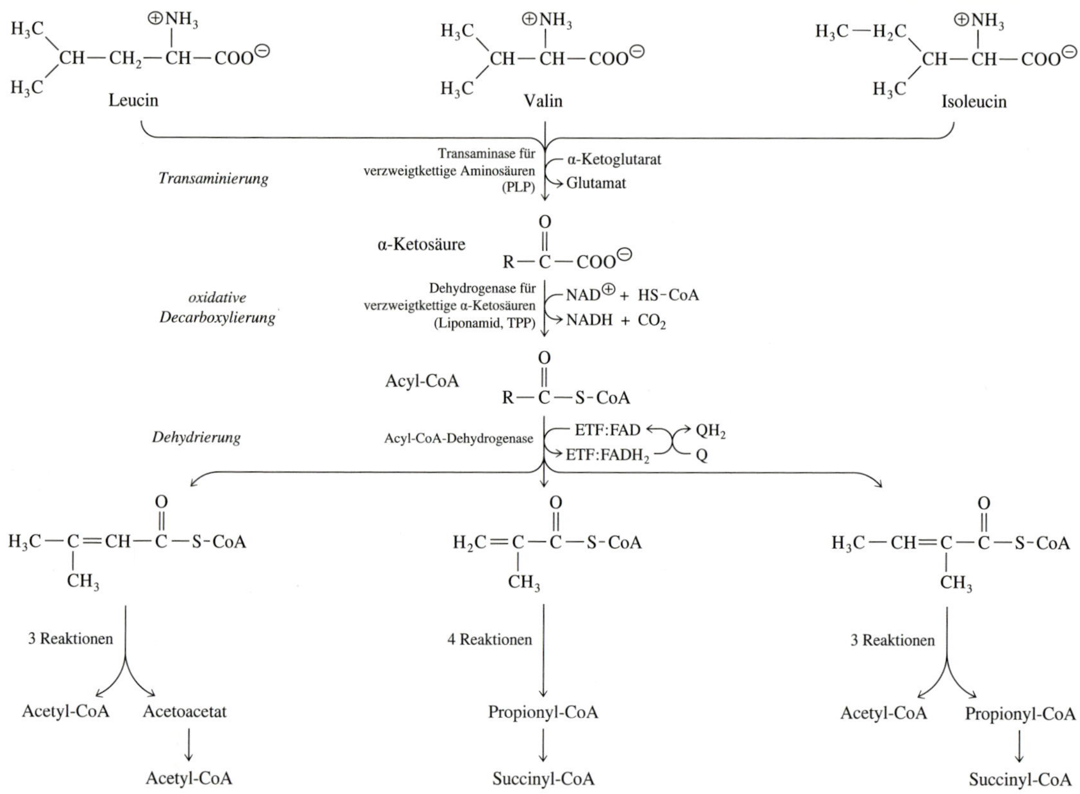

Abbildung 14.29: Katabolismus der verzweigtkettigen Aminosäuren. R repräsentiert die Seitenketten von Leucin, Valin und Isoleucin.

glucogen. Der Abbauweg des Isoleucins führt sowohl zu Propionyl-CoA als auch zu Acetyl-CoA. Isoleucin ist demzufolge über das aus Propionyl-CoA gebildete Succinyl-CoA glucogen und über Acetyl-CoA ketogen. Somit erleiden die Kohlenstoffskelette der verzweigtkettigen Aminosäuren unterschiedliche Stoffwechselschicksale, obwohl die ersten drei Schritte ihrer Abbauwege analog verlaufen.

14.5.6 Methionin

Um eine seiner Hauptrollen im Stoffwechsel spielen zu können, wird Methionin in den Methylgruppendonor *S*-Adenosylmethionin umgewandelt. Die Übertragung der Methylgruppe von *S*-Adenosylmethionin auf einen Methylgruppenakzeptor hinterlässt *S*-Adenosylhomocystein, das durch Hydrolyse in Homocystein und Adenosin gespalten wird (▶*Abbildung 14.30*). Homocystein kann entweder durch 5-Methyltetrahydrofolat zu Methionin methyliert werden oder mit Serin zu Cystathionin reagieren, das in Cystein und α-Ketobutyrat gespalten werden kann. Auf diesem Weg können Säugetiere Cystein bilden, indem sie das Schwefelatom der essenziellen Aminosäure Methionin verwenden. α-Ketobutyrat wird durch die Aktivität einer α-Ketosäure-Dehydrogenase in Propionyl-CoA umgewandelt, das weiter zu Succinyl-CoA verstoffwechselt werden kann. Methionin ist deswegen glucogen.

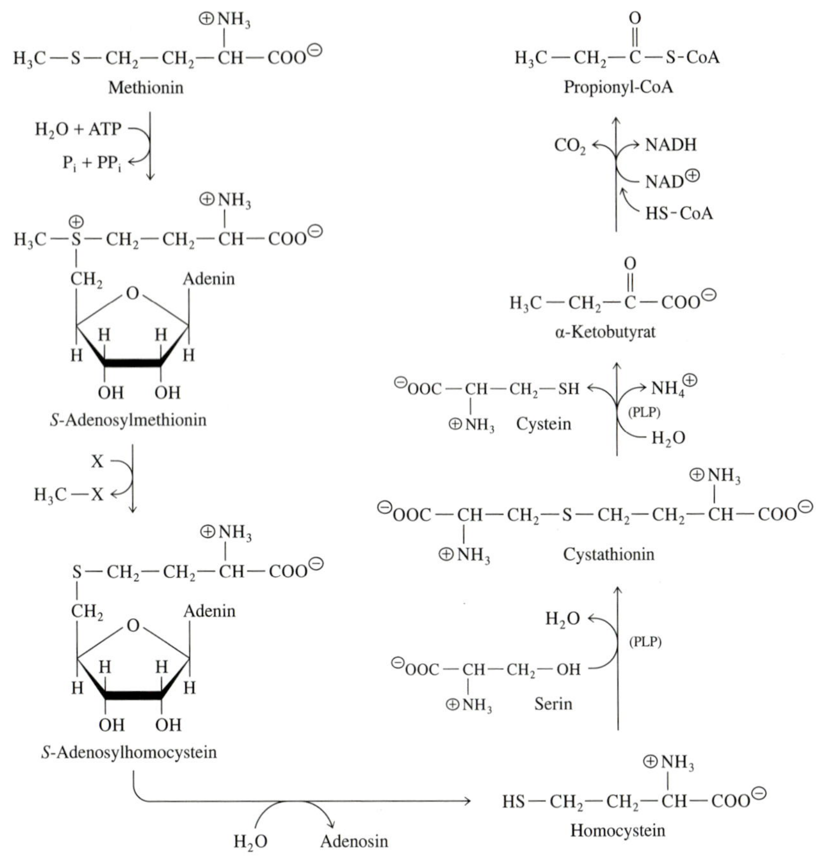

Abbildung 14.30: Umwandlung von Methionin in Cystein und Propionyl-CoA. Das X im zweiten Schritt repräsentiert einen von mehreren möglichen Methylgruppenakzeptoren.

14.5.7 Cystein

Der zum Pyruvat führende, dreistufige Stoffwechselweg, der in ▸*Abbildung 14.31* dargestellt ist, dient als Hauptroute des Cysteinkatabolismus. Cystein ist demzufolge glucogen. Auf diesem Weg wird Cystein zuerst zu Cysteinsulfinat oxidiert, das durch den Verlust seiner Aminogruppe in einer Transaminierung zu β-Sulfinylpyruvat umgesetzt wird. Durch die nachfolgende nichtenzymatische Desulfinierung entsteht schließlich Pyruvat.

14.5.8 Phenylalanin, Tryptophan und Tyrosin

Die aromatischen Aminosäuren zeigen alle ein gemeinsames Abbaumuster. Im Allgemeinen beginnt ihr Katabolismus mit einer Oxidation und der anschließenden Entfernung des Stickstoffs durch eine Transaminierung oder eine Hydrolyse. Dem Verlust des Stickstoffs folgt eine oxidative Ringöffnung. Ein wichtiger Schritt im Katabolismus von Phenylalanin ist seine Umwandlung in Tyrosin, die durch die Phenylalanin-Hydroxylase katalysiert wird (▸*Abbildung 14.32*). Die Reaktion dient auch als Quelle für Tyrosin in Tieren, da diesen der normale Chorismatweg zur Synthese von Tyrosin fehlt.

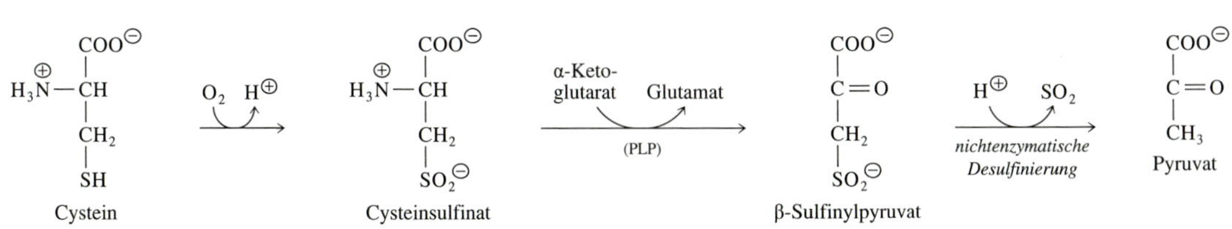

Abbildung 14.31: Abbau von Cystein zu Pyruvat.

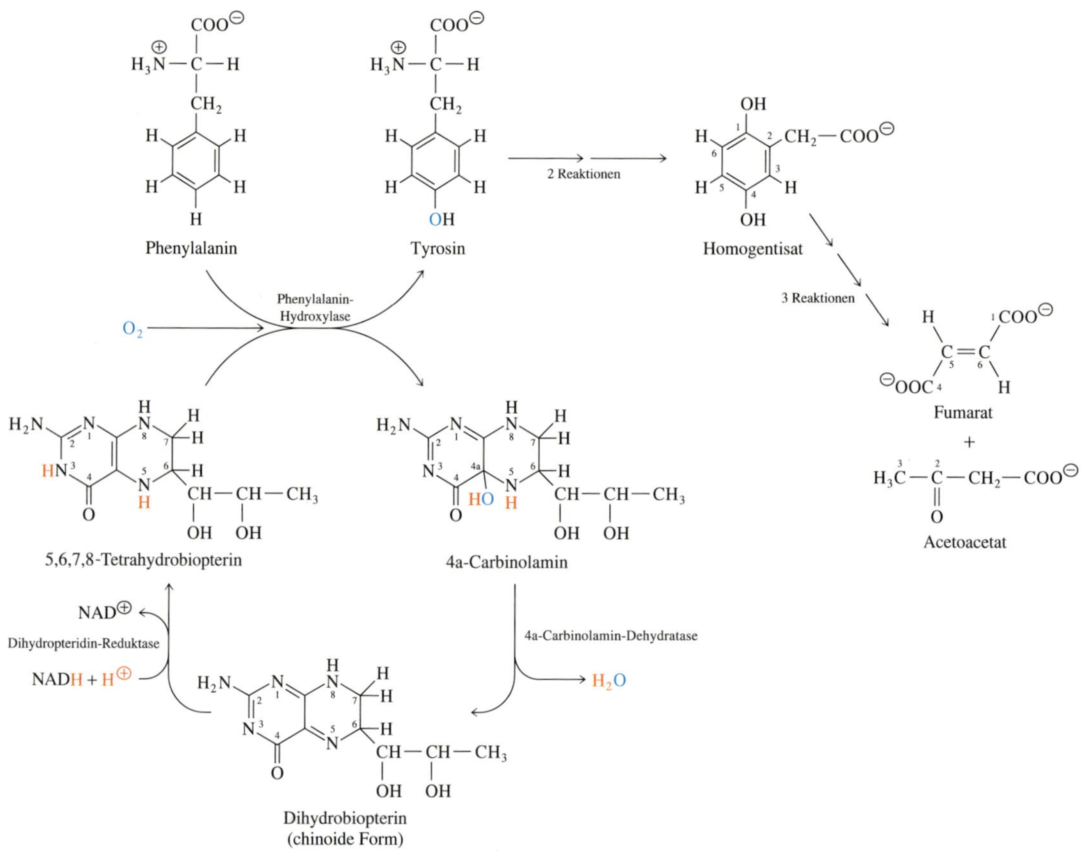

Abbildung 14.32: Abbau von Phenylalanin und Tyrosin zu Fumarat und Acetoacetat. Der Cofaktor Tetrahydrobiopterin wird durch eine Dehydratation und eine NADH-abhängige Reduktion regeneriert.

Für die Reaktion der Phenylalanin-Hydroxylase sind molekularer Sauerstoff und das Reduktionsmittel Tetrahydrobiopterin erforderlich. Ein Sauerstoffatom aus O_2 wird dabei in Tyrosin eingebaut, während das andere zu Wasser reduziert wird.

Tetrahydrobiopterin wird in zwei Schritten regeneriert. Die 4a-Carbinolamin-Dehydratase katalysiert die Dehydratation des ersten Oxidationsproduktes und verhindert so seine Isomerisierung in eine inaktive Form, in der die Seitenkette an C-7 und nicht an C-6 gebunden ist. Das resultierende chinoide Dihydrobiopterin wird durch die Aktivität der Dihydropteridin-Reduktase in einer NADH-abhängigen Reaktion wieder zu 5,6,7,8-Tetrahydrobiopterin reduziert. Tetrahydrobiopterin dient auch als Reduktionsmittel bei der Biosynthese von Stickstoffmonoxid aus Arginin. Der Katabolismus von Tyrosin beginnt mit der Übertragung der α-Aminogruppe auf α-Ketoglutarat durch eine Transaminierung. Die anschließenden Oxidationsschritte führen zur Ringöffnung und schließlich zur Bildung der Produkte Fumarat und Acetoacetat. Das Fumarat ist ein Zwischenprodukt des Citronensäurezyklus und Acetoacetat stellt einen Ketonkörper dar. Tyrosin ist somit sowohl glucogen als auch ketogen. Das Indolringsystem von Tryptophan wird auf einem komplizierteren Stoffwechselweg abgebaut, an dem zwei Ringöffnungsreaktionen beteiligt sind. Der Hauptweg des Tryptophankatabolismus in der Leber und in vielen Mikroorganismen führt zur Bildung von α-Ketoadipat und schließlich zu Acetyl-CoA (▶*Abbildung 14.33*). Das in einer frühen Stufe des Abbauweges von Tryptophan gebildete Alanin wird durch eine Transaminierung in Pyruvat umgewandelt. Tryptophan ist demzufolge ebenfalls ketogen und glucogen.

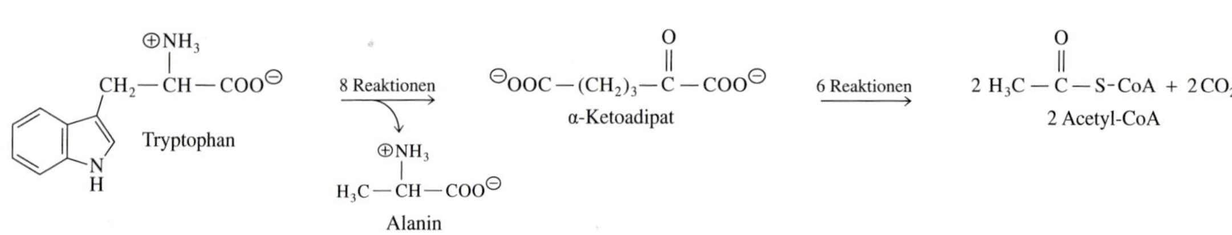

Abbildung 14.33: Abbau von Tryptophan zu Alanin und Acetyl-CoA.

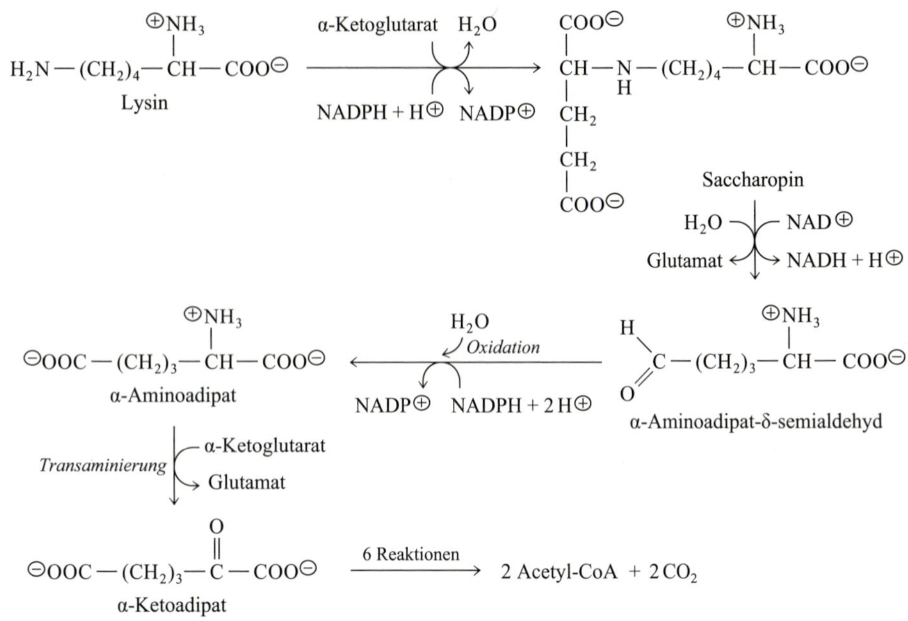

Abbildung 14.34: Abbau von Lysin zu Acetyl-CoA.

14.5.9 Lysin

Der Hauptstoffwechselweg zum Abbau von Lysin führt durch die Kondensation von Lysin mit α-Ketoglutarat zunächst zum Zwischenprodukt Saccharopin (▶*Abbildung 14.34*). Nachfolgende Oxidationen und eine Hydrolyse ergeben α-Aminoadipat, das durch die Übertragung seiner Aminogruppe in einer Transaminierung auf α-Ketoglutarat in α-Ketoadipat umgewandelt wird. Das α-Ketoadipat wird anschließend durch die gleiche Reaktionsfolge wie beim Abbau des Tryptophans zu Acetyl-CoA umgesetzt. Wie Leucin ist deshalb auch Lysin ketogen. Leucin und Lysin stellen die beiden einzigen Standardaminosäuren dar, die rein ketogen sind.

14.6 Umwandlung von Ammoniak in Harnstoff im Harnstoffzyklus

Hohe Ammoniakkonzentrationen wirken auf Zellen toxisch. Verschiedene Organismen haben unterschiedliche Strategien zur Eliminierung von überschüssigem Ammoniak aus dem Organismus entwickelt. Die Natur des Produktes, über das Ammoniak ausgeschieden wird, hängt unter anderem vom Lebensraum ab. Bei vielen im Wasser lebenden Organismen diffundiert Ammoniak direkt durch die Zellmembran und wird vom Wasser in der Umgebung schnell verdünnt. Diese Strategie ist für große, multizelläre Landbewohner nicht effizient genug, weil sie nicht von Wasser, sondern von Luft umgeben sind. Die Anhäufung von Ammoniak in den Zellen dieser Organismen muss aber trotzdem vermieden werden. Die meisten Landwirbeltiere wandeln überschüssiges Ammoniak in das deutlich weniger toxische Produkt Harnstoff um (▶*Abbildung 14.35*). Harnstoff ist eine ungeladene, aber sehr gut wasserlösliche Verbindung, die in der Leber produziert und anschließend über das Blut zu den Nieren transportiert wird, um dort als Hauptkomponente des Harns (nach Wasser) ausgeschieden zu werden. Harnstoff wurde erstmals um das Jahr 1720 als wesentlicher Bestandteil von Urin (Harn) beschrieben. Daraus leitet sich auch der Name Harnstoff ab. Vögel und viele Landreptilien wandeln überschüssiges Ammoniak in Harnsäure um. Harnsäure ist eine relativ schwer lösliche Verbindung, die aus wässriger Lösung als halbfester Schlamm ausfällt. Bei Vögeln, einigen Reptilien und Primaten tritt Harnsäure auch als Abbauprodukt von Purinnucleotiden auf.

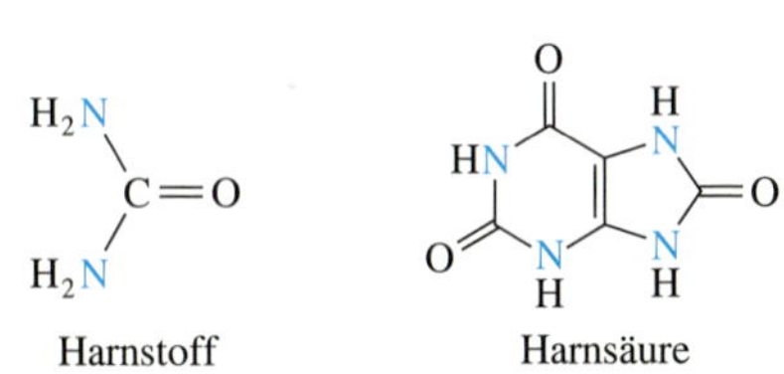

Abbildung 14.35: Strukturen von Harnstoff und Harnsäure.

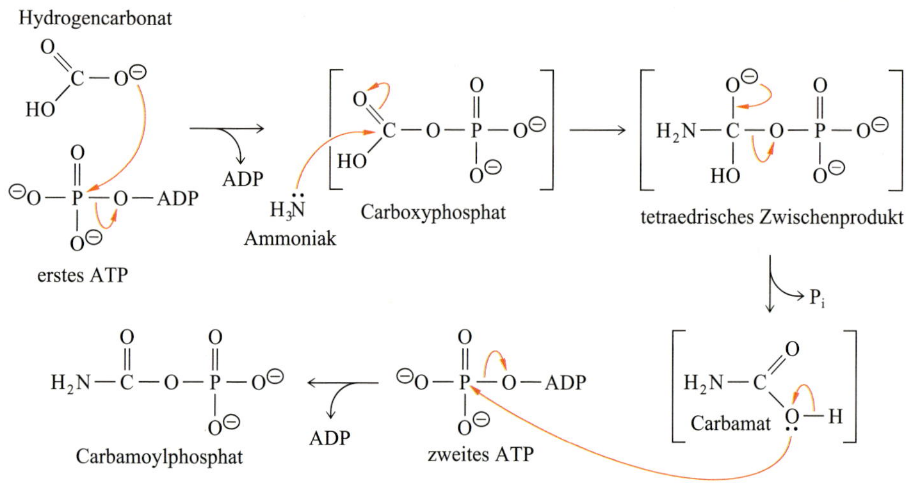

Abbildung 14.36: Synthese von Carbamoylphosphat durch die Aktivität der Carbamoylphosphat-Synthetase I. Die Reaktion umfasst zwei Phosphorylgruppenübertragungen. Bei der ersten Übertragung werden durch den nucleophilen Angriff von Hydrogencarbonat ($HCO_3^{\ominus}$) auf ATP Carboxyphosphat und ADP gebildet. Anschließend reagiert Ammoniak mit Carboxyphosphat zu einem tetraedrischen Zwischenprodukt, das durch die Eliminierung von Phosphat in Carbamat umgewandelt wird. Eine zweite Phosphorylierung durch ein weiteres ATP-Molekül ergibt Carbamoylphosphat und ADP. Die eingeklammerten Strukturen bleiben während der Reaktion an das Enzym gebunden.

Die Synthese von Harnstoff findet fast ausschließlich in der Leber statt. Harnstoff entsteht als Produkt einer Reihe von aufeinanderfolgenden Reaktionen, die als Harnstoffzyklus bezeichnet werden. Dieser Stoffwechselweg wurde von Hans Krebs und Kurt Henseleit im Jahr 1932 entdeckt, also mehrere Jahre vor der Entschlüsselung des Citronensäurezyklus durch Hans Krebs. Mehrere Beobachtungen führten zur Identifizierung des Harnstoffzyklus. In Schnittpräparaten einer Rattenleber kann zum Beispiel die Nettoproduktion von Harnstoff aus Ammoniak erfolgen. Die Harnstoffproduktion in diesen Leberpräparaten kann durch das Hinzufügen der Aminosäure Ornithin merklich gesteigert werden. Außerdem übersteigt die gebildete Harnstoffmenge die zuvor hinzugefügte Ornithinmenge ganz erheblich. Ornithin übt also offensichtlich einen katalytischen Effekt auf die Harnstoffsynthese aus. Schließlich war bekannt, dass in der Leber aller Organismen, die Harnstoff produzieren, hohe Konzentrationen des Enzyms Arginase vorkommen.

14.6.1 Synthese von Carbamoylphosphat

Das bei der oxidativen Desaminierung freigesetzte Ammoniak reagiert mit Hydrogencarbonat zu Carbamoylphosphat. Für die Reaktion, die durch die Carbamoylphosphat-Synthetase katalysiert wird, sind zwei Moleküle ATP erforderlich (▶*Abbildung 14.36*). Die Carbamoylphosphat-Synthetase kommt in allen Spezies vor, weil Carbamoylphosphat einen essenziellen Vorläufer der Pyrimidinbiosynthese darstellt und in Spezies, die keinen Harnstoffzyklus besitzen, außerdem zur Synthese von Arginin benötigt wird. In Säugetieren existieren zwei Versionen dieses Enzyms. Die cytosolische Variante wird Carbamoylphosphat-Synthetase II genannt. Sie verwendet Glutamin statt Ammoniak als Stickstoffdonor und ist für die Synthese von Carbamoylphosphat in der Pyrimidinsynthese verantwortlich. Auch die bakteriellen Enzyme nutzen Glutamin als Stickstoffquelle. Die mitochondriale Variante des Enzyms, die Carbamoylphosphat-Synthetase I, katalysiert die Bildung von Carbamoylphosphat für den Harnstoffzyklus. Mit ca. 20 Prozent Anteil an den Proteinen in der mitochondrialen Matrix stellt die Carbamoylphosphat-Synthetase I eines der häufigsten Enzyme in den Mitochondrien von Leberzellen dar. Das vom Ammoniak stammende Stickstoffatom des Carbamoylphosphats wird durch die Reaktionen des Harnstoffzyklus in Harnstoff eingebaut.

14.6.2 Die Reaktionen des Harnstoffzyklus

Bei der Synthese von Harnstoff im Harnstoffzyklus wird das erste Stickstoffatom vom Carbamoylphosphat beigesteuert, während das zweite Stickstoffatom aus Aspartat stammt. Die Synthese von Harnstoff findet statt, während die Zwischenprodukte kovalent an einen Ornithingrundkörper gebunden bleiben. Wenn Harnstoff freigesetzt wird, erfolgt die Regeneration von Ornithin, das erneut in den Harnstoffzyklus eintritt. Somit spielt Ornithin eine katalytische Rolle bei der

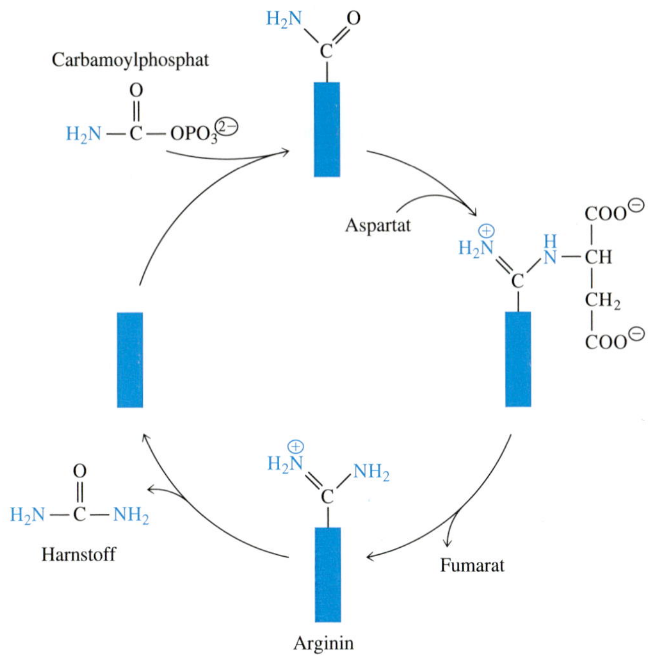

Abbildung 14.37: Vereinfachtes Übersichtsschema des Harnstoffzyklus. Die blauen Rechtecke repräsentieren Ornithin.

Synthese von Harnstoff (▸*Abbildung 14.37*). Die Kohlenstoff-, Stickstoff- und Sauerstoffatome des Ornithins werden im Verlauf des Harnstoffzyklus nicht ausgetauscht. Die Rolle des Ornithins als Katalysator ist deswegen noch offensichtlicher als im Fall des Oxalacetats im Citronensäurezyklus.

Die tatsächlichen Reaktionen des Harnstoffzyklus sind komplizierter, als sie im vereinfachten Übersichtsschema in ▸*Abbildung 14.37* dargestellt sind. Das liegt unter anderem daran, dass die erste Reaktion in der mitochondrialen Matrix abläuft, während die übrigen drei Reaktionen im Cytosol stattfinden (▸*Abbildung 14.38*). Infolgedessen werden zwei Transportproteine benötigt, die Zwischenprodukte des Harnstoffzyklus zwischen der mitochondrialen Matrix und dem Cytosol hin- und herbefördern: der Citrullin-Ornithin-Antiporter und die Glutamat-Aspartat-Translokase. Der eigentliche Harnstoffzyklus umfasst vier Reaktionen. Im ersten Schritt reagiert Carbamoylphosphat in den Mitochondrien mit Ornithin zu Citrullin. Diese Reaktion wird durch die Ornithin-Transcarbamoylase katalysiert und führt zum Einbau des ursprünglich vom Ammoniak stammenden Stickstoffatoms in Citrullin. Citrullin enthält somit bereits die Hälfte des Stickstoffs, der für das spätere Harnstoffmolekül bestimmt ist. Es wird anschließend durch den Citrullin-Ornithin-Antiporter im Austausch gegen cytosolisches Ornithin aus der mitochondrialen Matrix ins Cytosol transportiert. Das zweite Stickstoffatom des späteren Harnstoffmoleküls stammt von einem Aspartatmolekül und wird in ein Intermediat des Harnstoffzyklus eingebaut, wenn Citrullin mit Aspartat zu Argininsuccinat kondensiert. Diese ATP-abhängige Reaktion wird durch die Argininsuccinat-Synthetase katalysiert. Das meiste Aspartat in einer Zelle entsteht in den Mitochondrien, obwohl manchmal auch im Cytosol Aspartat erzeugt wird. Mitochondriales Aspartat gelangt im Austausch gegen cytosolisches Glutamat ins Cytosol. Die Aktivität der Argininsuccinat-Lyase führt zu einer nichthydrolytischen Spaltung von Argininsuccinat zu Arginin und Fumarat durch eine Eliminierungsreaktion. Arginin dient als unmittelbare Vorstufe von Harnstoff. Zusammen veranschaulichen der zweite und der dritte Schritt des Harnstoffzyklus eine Strategie zur Überführung der Aminogruppe von Aspartat in ein Stoffwechselprodukt, der wir auch im nächsten Kapitel als Teil der Purinbiosynthese noch zweimal begegnen werden. Dabei stellen eine Nucleosidtriphosphat-abhängige Kondensation und eine nachfolgende Eliminierung von Fumarat die Schlüsselprozesse zur Übertragung der Aminogruppe dar. In der abschließenden Reaktion des Harnstoffzyklus werden durch eine hydrolytische Abspaltung der Guanidiniumgruppe des Arginins durch die Aktivität der Arginase Ornithin und Harnstoff gebildet. Im aktiven Zentrum der Arginase befindet sich ein Paar von Mn^{2+}-Ionen. Dieser zweikernige Mangancluster bindet ein Wassermolekül, dessen Nucleophilie infolgedessen durch die Bildung eines Hydroxid-Ions stark erhöht wird, sodass es Arginin durch einen nucleophilen Angriff auf das Kohlenstoffatom der Guanidiniumgruppe hydrolytisch spalten kann. Das dabei erzeugte Ornithin wird, wie oben besprochen, im Austausch gegen Citrullin in die mitochondriale Matrix transportiert, wo es durch die Reaktion mit Carbamoylphosphat eine neue Runde des Harnstoffzyklus einleitet.

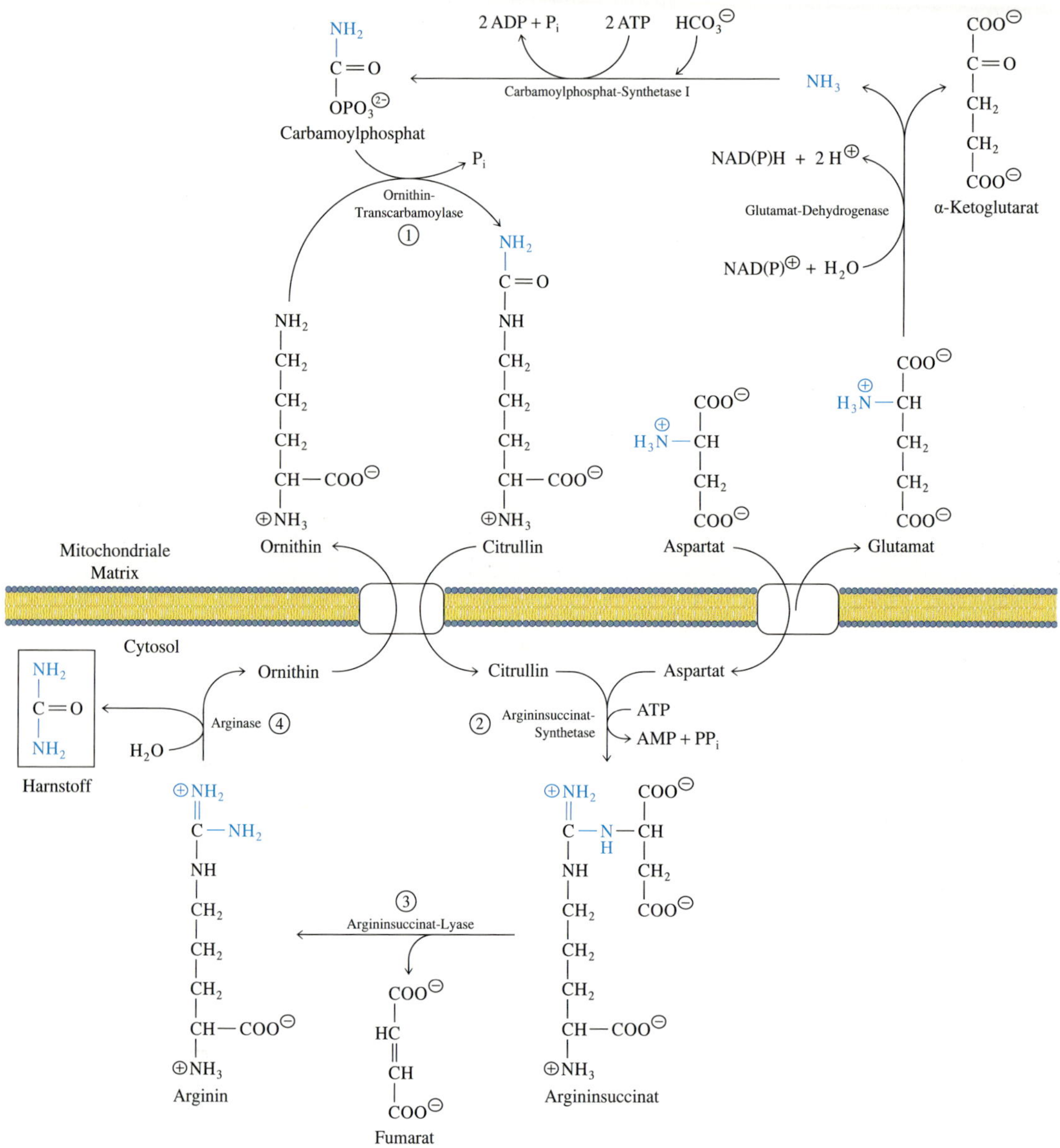

Abbildung 14.38: Der Harnstoffzyklus.

Die Nettoreaktionsgleichung des Harnstoffzyklus lautet folgendermaßen:

$$NH_3 + HCO_3^{\ominus} + \text{Aspartat} + 3\ \text{ATP} \longrightarrow \text{Harnstoff} + \text{Fumarat} + 2\ \text{ADP} + 2\ P_i + \text{AMP} + PP_i \quad (14.5)$$

Die beiden Stickstoffatome des Harnstoffmoleküls stammen vom Ammoniak und vom Aspartat. Das Kohlenstoffatom wird vom Hydrogencarbonat-Ion beigesteuert und das Sauerstoffatom von einem Wassermolekül. Für jedes synthetisierte Harnstoffmolekül werden vier ATP-Äquivalente verbraucht. Drei ATP-Moleküle werden während der Synthese eines Harnstoffmoleküls in zwei ADP-Moleküle und ein AMP-Molekül umgewandelt. Die Hydrolyse des dabei freigesetzten anorganischen Pyrophosphats entspricht dem vierten ATP-Äquivalent, das hydrolysiert wird. Das im Cytosol gebildete Fumarat tritt nicht in den Citronensäurezyklus ein. Stattdessen wird es zu Glucose und CO_2 umgesetzt. Dazu führt die Aktivität einer cytosolischen Fumarase bzunächst zur Umwandlung des Fumarats in Malat, das anschließend durch eine Malat-Dehydrogenase in Oxalacetat überführt wird. Das Oxalacetat wird schließlich auf dem Weg der Gluconeogenese zu CO_2 und Glucose verstoffwechselt. Das Fumarat aus dem Abbau von Tyrosin teilt das gleiche Stoffwechselschicksal wie das Fumarat aus dem Harnstoffzyklus.

ZUSAMMENFASSUNG

1. Molekularer Stickstoff kann nur durch einige wenige Spezies von Bakterien, Cyanobakterien und Archaeen fixiert werden, in denen atmosphärischer Stickstoff (N_2) durch die Aktivität der Nitrogenase zu Ammoniak reduziert wird. Pflanzen und Mikroorganismen können Nitrat und Nitrit zu Ammoniak reduzieren.

2. Ammoniak wird über die reduktive Aminierung von α-Ketoglutarat zu Glutamat durch die Aktivität der Glutamat-Dehydrogenase in Stoffwechselzwischenprodukte eingebaut. Glutamin, das in vielen biosynthetischen Reaktionen als Stickstoffdonator auftritt, wird aus Glutamat und Ammoniak durch die Aktivität der Glutamin-Synthetase gebildet.

3. Die Aminogruppe von Glutamat kann in einer reversiblen Transaminierung auf eine α-Ketocarbonsäure übertragen werden. Dabei werden α-Ketoglutarat sowie die der ursprünglichen α-Ketosäure entsprechende α-Aminosäure produziert.

4. Die Biosynthesewege zum Aufbau des Kohlenstoffgerüstes von Aminosäuren beginnen mit einfachen Stoffwechselvorstufen, wie zum Beispiel Pyruvat oder einem der Zwischenprodukte des Citronensäurezyklus.

5. Nichtessenzielle Aminosäuren können von Tieren selbst in Mengen synthetisiert werden, die für ihr Wachstum ausreichen. Diese Aminosäuren werden im Allgemeinen auf relativ kurzen Stoffwechselwegen mit einem nicht zu großen Energiebedarf produziert. Essenzielle Aminosäuren müssen von Tieren mit der Nahrung aufgenommen werden. Diese Aminosäuren wurden zuvor von Bakterien oder Pflanzen synthetisiert.

6. Zusätzlich zu ihrer Rolle als Substrat bei der Proteinbiosynthese dienen Aminosäuren als Vorstufen in einer Vielzahl von Stoffwechselwegen, wie zum Beispiel der Biosynthese von Tetrapyrrolen (Häm, Chlorophyll, Vitamin B_{12}).

7. Aminosäuren aus dem Abbau von Proteinen oder direkt aus der Nahrung können katabolisiert werden. Der Abbau beginnt häufig mit einer Desaminierung und einer anschließenden Modifizierung des verbleibenden Kohlenstoffgerüstes für den nachfolgenden Eintritt in einen der zentralen Wege des Kohlenstoffstoffwechsels.

8. Die Stoffwechselwege des Abbaus der Aminosäuren führen zu Pyruvat, Acetyl-CoA oder Zwischenprodukten des Citronensäurezyklus. Aminosäuren, deren Abbau in der Bildung von Pyruvat oder Zwischenprodukten des Citronensäurezyklus mündet, sind glucogen. Diejenigen, deren Abbau Acetyl-CoA liefert, sind ketogen.

9. Säugetiere scheiden den meisten überschüssigen Stickstoff in Form von Harnstoff aus, der durch die Reaktionen des Harnstoffzyklus in der Leber gebildet wird. Das Kohlenstoffatom des Harnstoffs stammt aus Hydrogencarbonat und das Sauerstoffatom aus einem Wassermolekül. Eine der Aminogruppen leitet sich biosynthetisch aus Ammoniak und die andere aus Aspartat ab.

AUSGEWÄHLTE LITERATUR

Stickstoffkreislauf

Bothe, H., Ferguson, S. und Newton, W. E. 2006. *Biology of the Nitrogen Cycle.* Amsterdam. Elsevier.

Chamizo-Ampudia, A., Sanz-Luque, E., Llamas, A., Galvan, A., und Fernandez, E. 2016. Nitrate Reductase Regulates Plant Nitric Oxide Homeostasis. *Trends Plant Sci.* 22:163–174.

Gaimster, H., Alston, M., Richardson, D. J., Gates, A. J. und Rowley, G. 2018. Transcriptional and environmental control of bacterial denitrification and N_2O emissions. *FEMS Microbiol Lett.* 365(5).

Kartal, B. und Keltjens J. T. 2016. Anammox Biochemistry: a Tale of Heme c Proteins. *Trends Biochem. Sci.* 41:998–1011.

Nishibayashi, Y. 2017. *Nitrogen Fixation (Topics in Organometallic Chemistry, Band 60).* Cham. Springer-Nature.

Peeters, S. H. und van Niftrik, L. 2019. Trending topics and open questions in anaerobic ammonium oxidation. *Curr. Opin. Chem. Biol.* 49:45–52.

Ribbe, M. 2019. *Metallocofactors that Activate Small Molecules: With Focus on Bioinorganic Chemistry.* Cham. Springer-Nature.

Aminosäure- und Tetrapyrrolstoffwechsel

Barrett, F. 2017. Amino Acids: Biochemistry and Applications. New York. Larsen and Keller Education.

Bezsudnova, E. Y., Boyko K. M. und Popov, V. O. 2017. Properties of Bacterial and Archaeal Branched-Chain Amino Acid Aminotransferases. *Biochemistry (Mosc).* 82:1572–1591.

Caldwell, R. W., Rodriguez, P. C., Toque, H. A., Narayanan, S. P. und Caldwell R. B. 2018. Arginase: A Multifaceted Enzyme Important in Health and Disease. *Physiol. Rev.* 98:641–665.

Dailey, H. A., Dailey, T. A., Gerdes, S., Jahn, D., Jahn, M., O'Brian, M. R. und Warren, M. J. Prokaryotic Heme Biosynthesis: Multiple Pathways to a Common Essential Product. *Microbiol. Mol. Biol. Rev.* 81. pii: e00048–16.

Fichman, Y., Gerdes, S. Y., Kovác,s H., Szabados, L., Zilberstein, A. und Csonka, L. N. 2015. Evolution of proline biosynthesis: enzymology, bioinformatics, genetics, and transcriptional regulation. *Biol. Rev. Camb. Philos. Soc.* 90:1065–1099.

Fitzpratrick, P. F. 2015. Structural insights into the regulation of aromatic amino acid hydroxylation. *Curr. Opin. Struct. Biol.* 35:1–6.

Heinemann I. U., Jahn, M. und Jahn D. 2008. The biochemistry of heme biosynthesis. *Arch. Biochem. Biophys.* 474:238–251.

Jacobs, N. L. 2011. *Arginine Amino Acid (Microbiology Research Advances: Protein Biochemistry, Synthesis, Structure and Cellular Functions).* New York. Nova Science Publishers Inc.

Keshet, R., Szlosarek, P., Carracedo, A. und Erez, A. 2018. Rewiring urea cycle metabolism in cancer to support anabolism. *Nat. Rev. Cancer.* 18:634–645.

Kulis-Horn, R. K., Persicke, M. und Kalinowski, J. 2014. Histidine biosynthesis, its regulation and biotechnological application in *Corynebacterium glutamicum. Microb. Biotechnol.* 7:5–25.

Lomelino, C. L., Andring, J. T., McKenna, R. und Kilberg, M. S. 2017. Asparagine synthetase: Function, structure, and role in disease. *J. Biol. Chem.* 292:19952–19958.

Neinast, M., Murashige, D. und Arany, Z. 2019. Branched Chain Amino Acids. *Annu. Rev. Physiol.* 81:139–164.

Maeda, H. und Dudareva, N. 2012. The shikimate pathway and aromatic amino Acid biosynthesis in plants. *Annu. Rev. Plant Biol.* 63:73–105.

Mir, R., Jallu, S. und Singh, T. P. 2015. The shikimate pathway: review of amino acid sequence, function and three-dimensional structures of the enzymes. *Crit. Rev. Microbiol.* 41:172–189.

Pajares, M. A. und Pérez-Sala, D. 2018. Mammalian Sulfur Amino Acid Metabolism: A Nexus Between Redox Regulation, Nutrition, Epigenetics, and Detoxification. *Antioxid. Redox Signal.* 29:408–452.

Nucleotidstoffwechsel

15

ÜBERBLICK

Alle Nucleotide sind aus drei Komponenten aufgebaut: einer Purin- oder Pyrimidinbase, dem C_5-Zucker Ribose oder Desoxyribose sowie einer oder mehreren Phosphorylgruppen. Innerhalb von Zellen kommen die Standardbasen Adenin, Guanin, Cytosin, Thymin und Uracil fast immer als Bestandteile von Nucleotiden oder Polynucleotiden vor. Alle Organismen können Purin- und Pyrimidinnucleotide synthetisieren, weil diese Moleküle für die Speicherung und den Fluss der genetischen Information unentbehrlich sind. In Zellen, die sich nicht teilen, dient die Nucleotidbiosynthese fast ausschließlich zur Produktion von Ribonucleotiden für die Synthese von RNA und verschiedenen Nucleotid-Cofaktoren. Desoxyribonucleotide werden für die Replikation der DNA in sich teilenden Zellen benötigt. Weiterhin dienen ATP (▸Abbildung 15.1) als Energiespeicher der Zellen sowie cyclische Formen von AMP und GMP als Signalmoleküle.

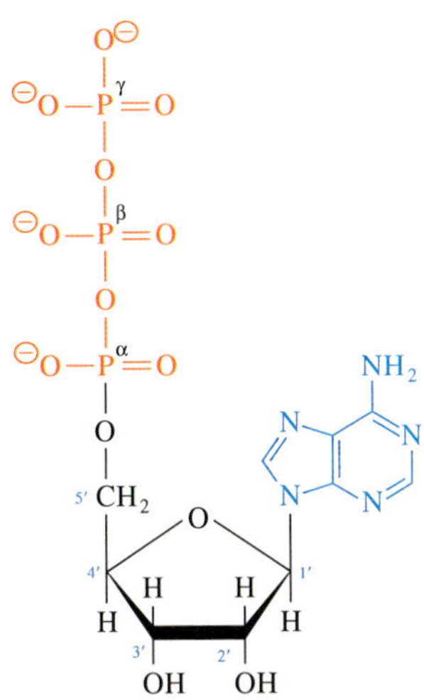

Abbildung 15.1: Struktur von Adenosintriphosphat (ATP). Im ATP ist die Purinbase Adenin (blau) mit Ribose (schwarz) verknüpft. An das Sauerstoffatom am C-5 der Ribose ist eine Kette aus drei Phosphorylgruppen gebunden.

Die De-novo-Biosynthese von Purin- und Pyrimidinnucleotiden ist ein komplexer Prozess, der die Produkte verschiedener Wege des Zentralstoffwechsels nutzt. Im Anschluss können die Purin- und Pyrimidinribonucleotide in die entsprechenden 2′-Desoxyderivate, die als Bausteine der DNA Verwendung finden, umgewandelt werden. Purine und Pyrimidine, die aus dem intrazellulären Abbau von Nucleinsäuren oder aus der Nahrung stammen, können durch einen Prozess, den man als Salvage-Pathway *(engl. salvage, Wiederverwertung) bezeichnet, direkt wieder in Nucleotide eingebaut werden. Durch die Wiederverwertung von Zwischenprodukten des Nucleinsäureabbaus wird Energie gespart, die ansonsten für die vollständige De-novo-Synthese der unentbehrlichen Nucleotide aufgebracht werden muss. Schließlich führt im Rahmen des Katabolismus von Nucleinsäuren der Abbau von Purinen zu potenziell toxischen Produkten, die ausgeschieden werden müssen, während aus dem Abbau von Pyrimidinen ungiftige Zwischenprodukte von zentralen Stoffwechselwegen hervorgehen, die leicht weiterverwertet werden können.*

Synthese von Purinnucleotiden 15.1

Die Identifizierung der Enzyme und der Zwischenprodukte des Stoffwechselweges zur Synthese der Purinnucleotide Adenosin-5′-monophosphat (AMP) und Guanosin-5′-monophosphat (GMP) begann mit Untersuchungen des Stickstoffstoffwechsels in Vögeln. Das Hauptendprodukt des Stickstoffstoffwechsels bei Vögeln und einigen Reptilien ist Harnsäure (▸*Abbildung 15.2a*) und nicht, wie bei Säugetieren, Harnstoff. In den 1950er-Jahren entdeckten Wissenschaftler, dass Harnsäure und die Purinbasen von Nucleinsäuren aus den gleichen Vorläufern und durch die gleiche Reaktionssequenz gebildet werden. Als geeignete Quelle für Enzyme zur Untersuchung der einzelnen Schritte der Purinbiosynthese dienten Homogenisate von Taubenleber, in der Purine aktiv synthetisiert werden. Der in der Taubenleber ablaufende Stoffwechselweg der Purinsynthese ist seitdem auch in vielen anderen Organismen gefunden worden.

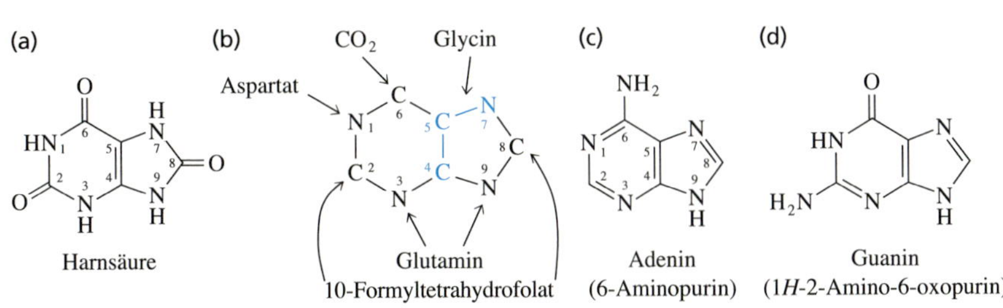

Abbildung 15.2: Purinbiosynthese. (a) Struktur der Harnsäure. (b) Quellen der Purinringatome in der *De-novo*-Biosynthese von Purinnucleotiden. (c) Adenin (6-Aminopurin). (d) Guanin (1 H-2-Amino-6-oxopurin).

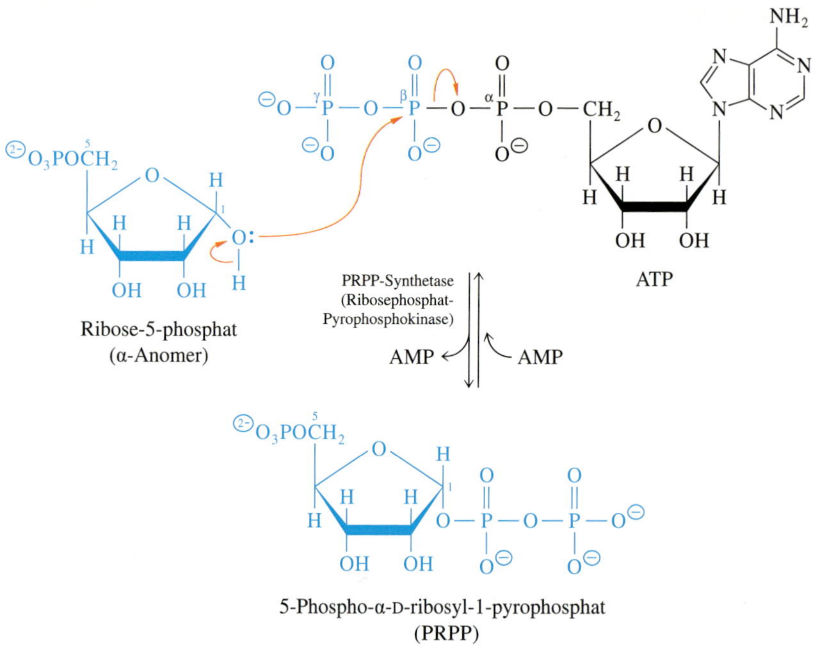

Abbildung 15.3: Synthese von 5-Phosphoribosyl-1-pyrophosphat aus Ribose-5-phosphat und ATP. Die PRPP-Synthetase katalysiert die Übertragung einer Pyrophosphorylgruppe von ATP auf das 1-Hydroxylsauerstoffatom von Ribose-5-phosphat.

Als Tauben und Ratten in einer Vielzahl von Experimenten unterschiedliche isotopenmarkierte Verbindungen, wie zum Beispiel $^{14}CO_2$, $H^{14}COO^{\ominus}$ (Formiat), $H_3N^{\oplus}$–CH_2–$^{14}COO^{\ominus}$ (Glycin) oder ^{15}N-Aspartat, verabreicht wurde, kam es zur Ausscheidung von isotopenmarkierter Harnsäure. Die Harnsäure wurde jeweils isoliert und chemisch abgebaut, um die Positionen der markierten Kohlenstoff- bzw. Stickstoffatome im Harnsäuremolekül zu identifizieren. Das Kohlenstoffatom des Kohlendioxids wurde zum Beispiel als C-6, das Kohlenstoffatom des Formiats als C-2 und C-8 in die Purine eingebaut. Die vielen Experimente zeigten schließlich, aus welchen Quellen die verschiedenen Atome des Purinringsystems stammten: N-1 aus Aspartat, C-2 und C-8 über 10-Formyltetrahydrofolat aus Formiat, N-3 und N-9 aus der Amidgruppe von Glutamin, C-4, C-5 und C-7 aus Glycin sowie C-6 aus Kohlendioxid. Diese Ergebnisse sind in ▶*Abbildung 15.2b* zusammenfassend dargestellt.

Die Purine werden nicht als freie Basen synthetisiert, sondern schrittweise als Substituenten von Ribose-5-phosphat aufgebaut. Ribose-5-phosphat tritt zu Beginn der Purinsynthese in aktivierter Form als 5-Phosphoribosyl-1-pyrophosphat (PRPP) in den Syntheseweg ein. PRPP wird vorher durch die Aktivität der PRPP-Synthetase aus Ribose-5-phosphat und ATP gebildet (▶*Abbildung 15.3*). Im ersten Schritt der eigentlichen Purinsythese fungiert PRPP dann als Donor von Ribose-5-phosphat, das als Fundament für den Aufbau der Purinstruktur dient. PRPP stellt auch den Vorläufer in der Biosynthese der Pyrimidinnucleotide dar. Allerdings reagiert es in diesem Fall mit einem bereits vorher erzeugten Pyrimidinsystem direkt zu einem Nucleotid. PRPP spielt außerdem bei den *Salvage*-Reaktionen (engl. *salvage*, Wiederverwertung) für Nucleotidbasen sowie bei der Biosynthese von Histidin eine Rolle.

Als erstes Nucleotidprodukt dieses Biosyntheseweges für Purinnucleotide wird Inosin-5′-monophosphat (IMP, ▶*Abbildung 15.4*) gebildet. Das Nucleotid IMP enthält die Purinbase Hypoxanthin (1*H*-6-Oxopurin). Der zehnstufige Stoffwechselweg für die *De-novo*-Biosynthese von IMP wurde in den 1950er-Jahren durch die Arbeitsgruppen um John M. Buchanan und G. Robert Greenberg mithilfe der oben beschriebenen Markierungsexperimente, bei denen auch die aus den Taubenleberhomogenisaten gewonnenen markierten Zwischenprodukte des Syntheseweges untersucht wurden, schrittweise aufgeklärt. Die sorgfältige Isolierung und strukturelle Charakterisierung der Zwischenprodukte nahm etwa zehn Jahre in Anspruch.

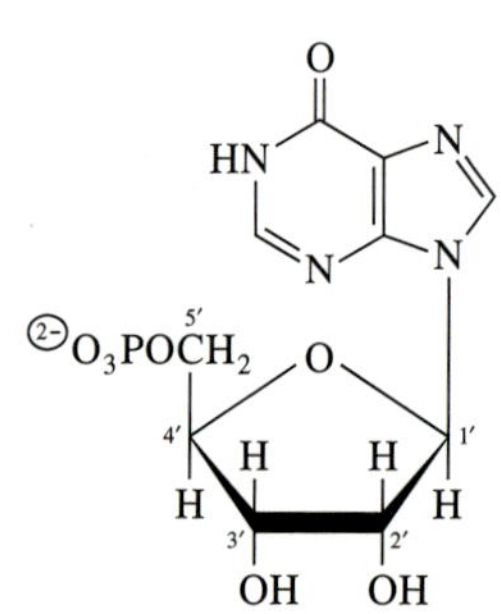

Abbildung 15.4: Struktur von Inosin-5′-monophosphat (IMP). IMP dient als Startpunkt für die Biosynthese anderer Purinnucleotide. In Vögeln wird ein großer Teil des IMP direkt zu Harnsäure abgebaut.

Der Stoffwechselweg zur Synthese von IMP ist in ▶*Abbildung 15.5* dargestellt. Er beginnt mit der Verdrängung von Pyrophosphat aus PRPP durch die Übertragung des Amidstickstoffs von Glutamin. Diese Reaktion wird durch die Glutamin-PRPP-Amidotransferase katalysiert. Die Konfiguration am anomeren Kohlenstoffatom wird infolge dieser nucleophilen Substitution von α zu β invertiert. Die β-Konfiguration bleibt während der gesamten weiteren Synthese bis zum Purinnucleotid erhalten. Die Aminogruppe des Produktes Phosphoribosylamin (PRA) wird an-

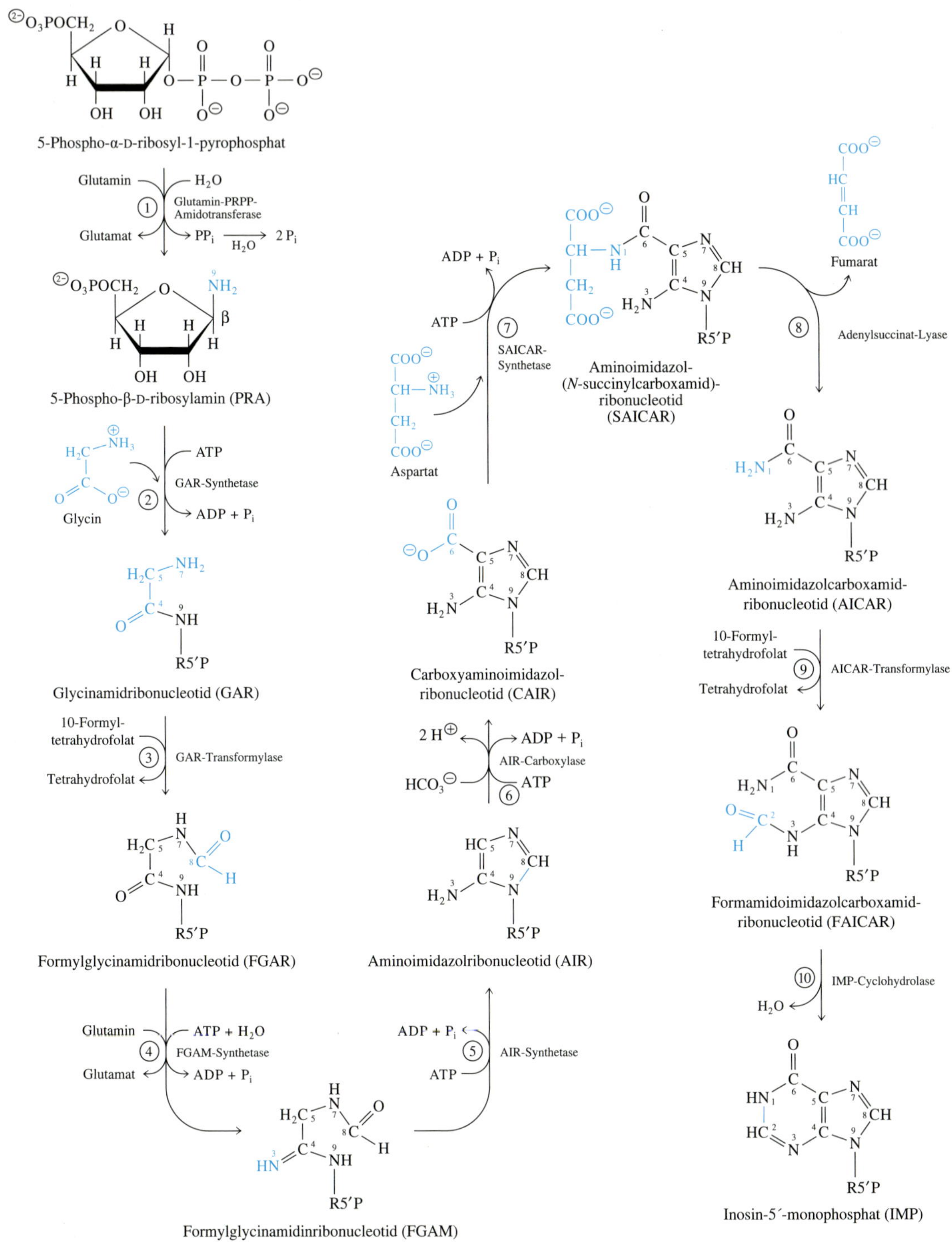

Abbildung 15.5: Zehnstufiger Reaktionsweg zur Biosynthese von IMP. R5′P steht für Ribose-5′-phosphat. Die Atome sind im gesamten Schema entsprechend ihrer Position im fertigen Purinringsystem nummeriert.

schließend durch die Aktivität der GAR-Synthetase mit Glycin zum Glycinamidribonucleotid (GAR) acyliert. Bei dieser Reaktion tritt ein enzymgebundenes Glycylphosphat-Zwischenprodukt auf. Der Mechanismus ähnelt dem der Glutamin-Synthetase, bei dem γ-Glutamylphosphat als Zwischenprodukt gebildet wird.

Im dritten Schritt erfolgt die Übertragung einer Formylgruppe von 10-Formyltetrahydrofolat auf die Aminogruppe von GAR, deren Stickstoffatom im weiteren Verlauf als N-7 des Purins in IMP eingebaut wird. Danach wird im vierten Schritt in einer ATP-abhängigen Reaktion das innere Amid in ein Amidin (RHN–C=NH) umgewandelt. Dabei dient Glutamin als Stickstoffdonor. Im fünften Schritt findet eine Ringschlussreaktion statt, die ATP benötigt und zur Bildung eines Imidazolderivats führt. CO_2 wird durch die Verknüpfung mit dem späteren C-5 des IMP im sechsten Schritt in das Molekül eingebaut. Diese Carboxylierung ist ungewöhnlich, da die Reaktion nicht durch Biotin vermittelt wird. Stattdessen wird CO_2 aus Hydrogencarbonat in einem ATP-abhängigen Schritt zunächst an das Stickstoffatom der noch freien Aminogruppe, das spätere N-3 des IMP, gebunden. Das carboxylierte Zwischenprodukt unterliegt anschließend einer Umlagerung, bei der die Carboxylatgruppe auf das Kohlenstoffatom, das am Ende das C-5 des Purins repräsentiert, verschoben wird (▶*Abbildung 15.6*). In *Escherichia coli* werden zum Beispiel diese Schritte der Carboxylierung durch zwei getrennte Enzyme katalysiert, während in Eukaryonten ein multifunktionelles Enzym für die Carboxylierung verantwortlich ist.

Im siebten und achten Schritt wird die Aminogruppe von Aspartat in das entstehende Purinringsystem eingebaut. Zunächst kondensiert Aspartat mit der gerade eingefügten Carboxylatgruppe zum Succinylcarboxamid-Derivat SAICAR. Anschließend erfolgt durch die Aktivität der Adenylsuccinat-Lyase eine nichthydrolytische Eliminierung unter Freisetzung von Fumarat. Dieser zweistufige Prozess resultiert in der Einführung einer Aminogruppe, deren Stickstoffatom dem N-1 des letztendlich gebildeten IMP entspricht. Diese beiden Reaktionen ähneln dem zweiten und dritten Schritt des bereits besprochenen Harnstoffzyklus. Allerdings wird ATP im Harnstoffzyklus zu AMP und PP_i hydrolysiert, während hier ADP und P_i gebildet werden.

Der neunte und der dritte Schritt der Purinbiosynthese ähneln sich insofern, als dass in beiden Reaktionen eine Formylgruppe (–CH=O) von 10-Formyltetrahydrofolat auf eine freie Aminogruppe des Substrats übertragen wird. Im neunten Schritt wird auf diese Weise die nucleophile Aminogruppe von Aminoimidazolcarboxamidribonucleotid (AICAR) formyliert. Zum Abschluss findet eine intramolekulare Kondensation statt, bei der ein Ringschluss zwischen dem Amidstickstoffatom und dem Formylkohlenstoffatom sowie die Abspaltung von Wasser erfolgen und das vollständige Purinringsystem des IMP gebildet wird.

Für die Synthese von IMP ist der Einsatz einer erheblichen Menge Energie erforderlich. Ein ATP-Molekül wird bei der Synthese von PRPP verbraucht. Außerdem werden die Schritte 2, 4, 5, 6 und 7 durch die Hydrolyse von ATP zu ADP und P_i angetrieben. Ein zusätzliches ATP wird schließlich für die Synthese von Glutamin aus Glutamat und Ammoniak benötigt.

Kapitel 15

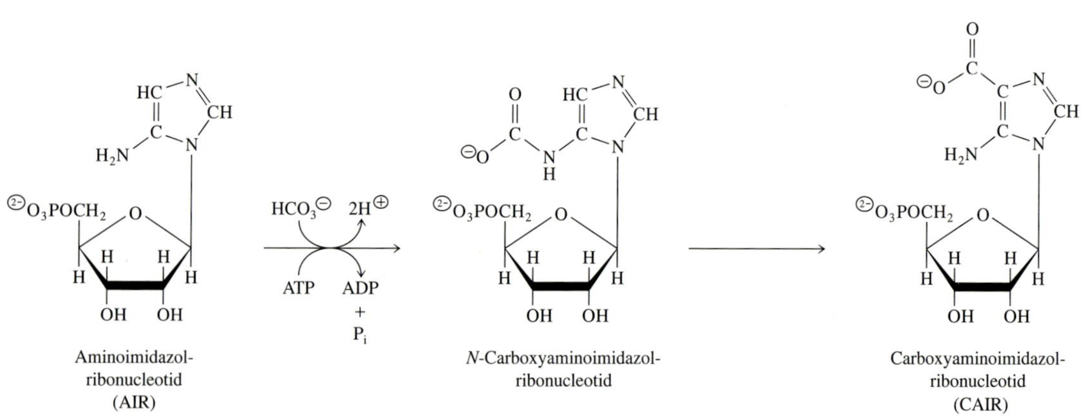

Abbildung 15.6: Umwandlung von AIR in CAIR. Bei der Umwandlung von AIR in CAIR wird *N*-Carboxyaminoimidazolribonucleotid als Zwischenprodukt gebildet, das einer Umlagerung zu CAIR unterliegt.

Synthese anderer Purinnucleotide aus IMP 15.2

IMP kann in AMP oder GMP umgewandelt werden (▶*Abbildung 15.7*). Für jede dieser Umwandlungen sind zwei enzymatisch katalysierte Reaktionen erforderlich. AMP und GMP können anschließend durch die Aktivitäten von spezifischen Nucleotid-Kinasen (Adenylat-Kinase bzw. Guanylat-Kinase) und die weniger spezifische Nucleosiddiphosphat-Kinase zu den Di- und Triphosphaten phosphoryliert werden.

Die beiden Schritte, durch die IMP zu AMP umgesetzt wird, weisen große Ähnlichkeit zum siebten und achten Schritt der Biosynthese von IMP auf. Zunächst kondensiert Aspartat über seine Aminogruppe mit der Ketogruppe von IMP. Diese Reaktion wird durch die GTP-abhängige Adenylsuccinat-Synthetase katalysiert. Anschließend führt die Aktivität der Adenylsuccinat-Lyase zur Eliminierung von Fumarat aus dem Adenylsuccinat. Diese Adenylsuccinat-Lyase ist das gleiche Enzym, das den achten Schritt der IMP-Biosynthese beschleunigt. Die Aktivität der NAD⊕-abhängigen IMP-Dehydrogenase ist im ersten Schritt der Umwandlung von IMP in GMP für die Oxidation von C-2 verantwortlich. Diese Reaktion erfolgt durch die Addition eines Wassermoleküls an die Doppelbindung zwischen C-2 und N-3 sowie die nachfolgende Oxidation der alko-

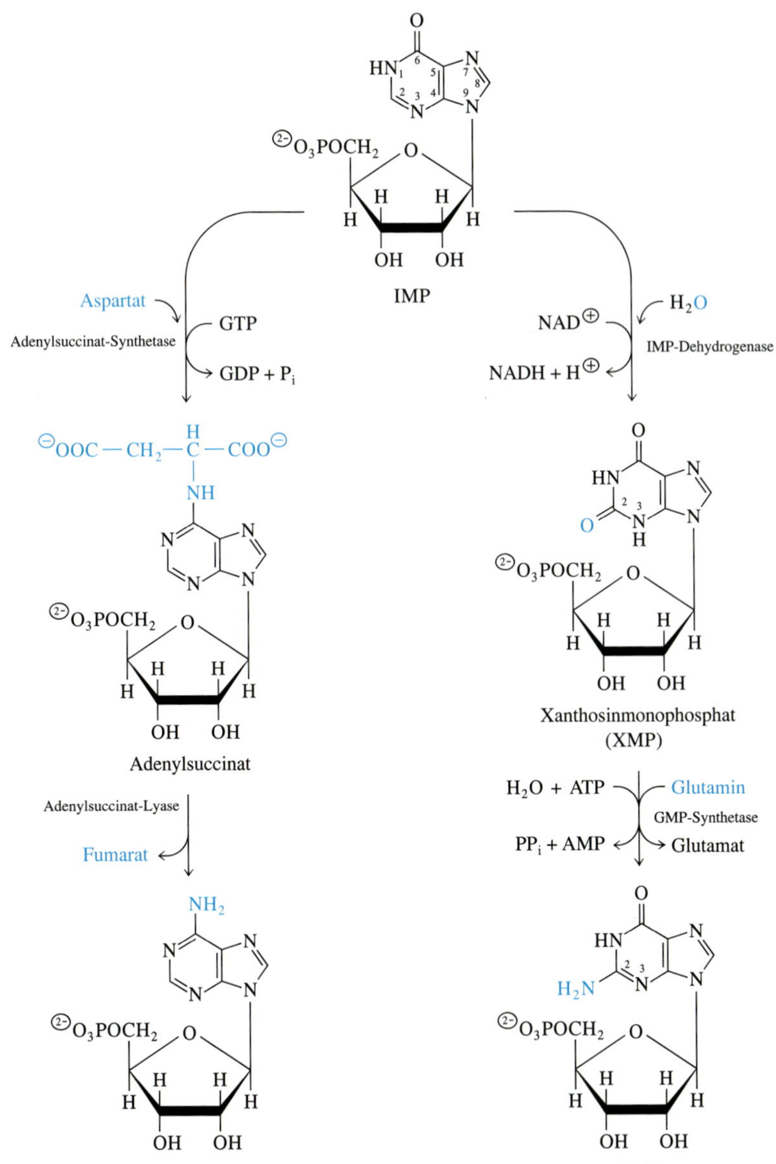

Abbildung 15.7: Reaktionswege für die Umwandlung von IMP in AMP und GMP.

holischen Gruppe zur Ketogruppe. Als Produkt der Oxidation entsteht Xanthosinmonophosphat (XMP). In einer ATP-abhängigen Reaktion, die durch die GMP-Synthetase katalysiert wird, findet der Austausch des Sauerstoffatoms am C-2 von XMP gegen das Amidstickstoffatom von Glutamin statt. Die Verwendung von GTP als Cosubstrat in der Synthese von AMP aus IMP und von ATP in der Synthese von GMP aus IMP sorgt für ein ausgeglichenes Mengenverhältnis zwischen den Produkten AMP und GMP. Die Biosynthese der Purinnucleotide wird in Zellen durch verschiedene Rückkopplungshemmungen reguliert. Mehrere Enzyme, die verschiedene Schritte der Purinnucleotid-Biosynthese katalysieren, zeigen *in vitro* allosterische Eigenschaften. PRPP-Synthetase wird durch mehrere Purinribonucleotide gehemmt, allerdings nur bei Konzentrationen, die die in Zellen in der Regel auftretenden Konzentrationen übersteigen. PRPP dient in mehr als ein Dutzend Reaktionen als Donor von Ribose-5-phosphat. Man würde deswegen auch nicht erwarten, dass die PRPP-Synthese ausschließlich durch die Konzentrationen der Purinnucleotide kontrolliert wird. Das Enzym, das den ersten festlegenden Schritt (engl. *committed step*) im Syntheseweg der Purinnucleotide katalysiert, die Glutamin-PRPP-Amidotransferase, wird durch übliche intrazelluläre Konzentrationen der Ribonucleotid-Produkte IMP, AMP und GMP allosterisch gehemmt. Dieser Schritt ist als Hauptregulationsstelle dieses Syntheseweges identifiziert worden.

Die beiden Wege, die sich vom IMP abzweigen und zu AMP und GMP führen, werden ebenfalls durch eine Rückkopplungshemmung reguliert. Adenylsuccinat-Synthetase wird durch AMP, also durch das Produkt dieses zweistufigen Syntheseweges, *in vitro* kompetitiv gehemmt. Außerdem erfolgt sowohl durch XMP als auch durch GMP eine kompetitive Hemmung der IMP-Dehydrogenase. Das Regulationsmuster der Rückkopplungshemmungen im Biosyntheseweg zum AMP und GMP ist in ▶*Abbildung 15.8* in einer Übersicht dargestellt. Die Endprodukte hemmen also sowohl zwei der ersten Schritte ihres gemeinsamen Syntheseweges als auch den jeweils ersten Schritt ihres spezifischen Syntheseweges nach dem Verzweigungspunkt (IMP).

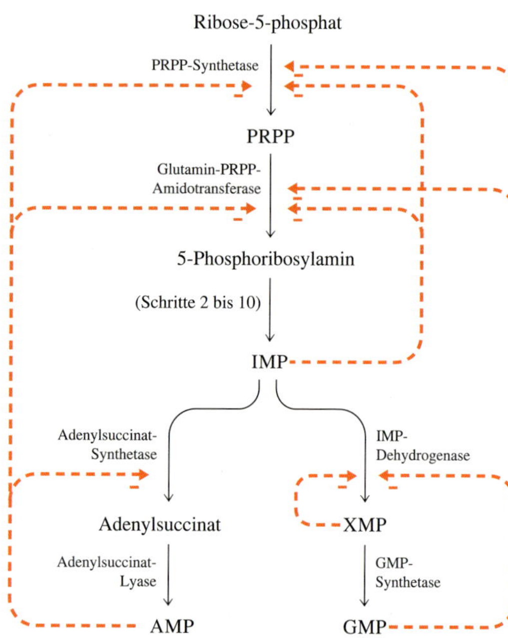

Abbildung 15.8: Rückkopplungshemmungen im Purinnucleotid-Biosyntheseweg.

Tabelle 15.1

Trivialnamen von Purin- und Pyrimidinbasen

Trivialname	Herkunft des Namens
Adenin	Von griech. *adenas* (Drüse) abgeleitet; wurde zuerst aus Bauchspeicheldrüsen isoliert (1885)
Cytosin	Von griech. *cyto* (Behälter, Zelle) abgeleitet (1894)
Guanin	Wurde ursprünglich aus Vogelexkrementen (Guano) isoliert
Uracil	Herkunft ungewiss, aber möglicherweise vom Wort *urea* für Harnstoff abgeleitet (1890)
Thymin	Wurde erstmals aus Thymusdrüsen isoliert (1894)
Xanthin	Von griech. *xanthos* (gelb) abgeleitet (1857)

Synthese von Pyrimidinnucleotiden 15.3

Uridin-5′-monophosphat (UMP) dient als Vorläufer der anderen Pyrimidinnucleotide. Der UMP-Biosyntheseweg ist einfacher als der Purinsyntheseweg. Außerdem werden bei der Synthese von UMP weniger ATP-Moleküle verbraucht. Die Atome des Pyrimidinrings stammen aus folgenden Quellen: C-2 aus Hydrogencarbonat, N-3 aus der Amidgruppe von Glutamin sowie C-4, C-5, C-6 und N-1 aus Aspartat (▸*Abbildung 15.9*). C-2 und N-3 werden über die vorgeschaltete Bildung von Carbamoylphosphat in den Pyrimidinring eingebaut.

Auch in der Pyrimidinnucleotid-Biosynthese tritt PRPP als Donor von Ribose-5-phosphat auf. Allerdings wird die Ribose-5-phosphat-Einheit in diesem Fall erst auf den bereits gebildeten Pyrimidinring übertragen und dient nicht als Fundament für den schrittweisen Aufbau des Rings. Die Bildung des ersten Pyrimidinribonucleotids in diesem Syntheseweg erfolgt im fünften Schritt des sechsstufigen Weges durch die Reaktion zwischen PRPP und Orotat (6-Carboxyuracil).

15.3.1 Der Pyrimidinnucleotid-Biosyntheseweg

In ▸*Abbildung 15.10* ist der sechsstufige Stoffwechselweg für die Biosynthese von UMP dargestellt. Die ersten beiden Schritte erzeugen das nichtcyclische Zwischenprodukt Carbamoylaspartat, das bereits alle Atome des späteren Pyrimidinrings enthält. Carbamoylaspartat unterliegt anschließend einer enzymatisch katalysierten Cyclisierung. Das cyclische Produkt Dihydroorotat wird zum Orotat oxidiert. Das Orotat wird danach durch die Reaktion mit PRPP in das Ribonucleotid Orotidin-5′-monophosphat (OMP oder Orotidylat) umgewandelt, das schließlich durch eine Decarboxylierung zum UMP (Uridylat) umgesetzt wird. Dieses Pyrimidinnucleotid stellt sowohl den biosynthetischen Vorläufer aller anderen Pyrimidinribonucleotide als auch der Pyrimidindesoxyribonucleotide dar. Die Enzyme, die für die Pyrimidinnucleotid-Biosynthese benötigt werden, sind in Prokaryonten und Eukaryonten unterschiedlich organisiert und unterliegen verschiedenen Regulationsmechanismen.

Der erste Schritt in der Pyrimidinbiosynthese besteht in der Bildung von Carbamoylphosphat durch die Reaktion von Hydrogencarbonat, Glutamin und ATP, die durch die Carbamoylphosphat-Synthetase katalysiert wird (in Säugetierzellen durch die Carbamoylphosphat-Synthetase II). Für die Reaktion werden zwei Moleküle ATP benötigt, von denen eines die Phosphorylgruppe beisteuert, während die Hydrolyse des anderen die Bildung der C–N-Bindung antreibt. Die hier auftretende Carbamoylphosphat-Synthetase entspricht nicht der Carbamyolphosphat-Synthetase I, die für die Bildung von Carbamoylphosphat im Harnstoffzyklus verantwortlich ist. Die Reaktion der Carbamoylphosphat-Synthetase I ist mit der Assimilation von freiem Ammoniak verbunden. Dagegen sorgt die Aktivität der Carbamoylphosphat-Synthetase in der Pyrimidinsynthese (bei Säugetieren die Carbamoylphosphat-Synthetase II) für den Einbau einer Aminogruppe aus der Amidgruppe von Glutamin. Im zweiten Schritt der UMP-Biosynthese wird durch die Übertragung der aktivierten Carbamoylgruppe des Carbamoylphosphats auf Aspartat Carbamoylaspartat gebildet. Bei dieser Reaktion, die durch die Aspartat-Transcarbamoylase (ATCase) katalysiert wird, erfolgt ein nucleophiler Angriff des Stickstoffatoms der Aminogruppe des Aspartats auf das elektrophile Carbonylkohlenstoffatom des Carbamoylphosphats.

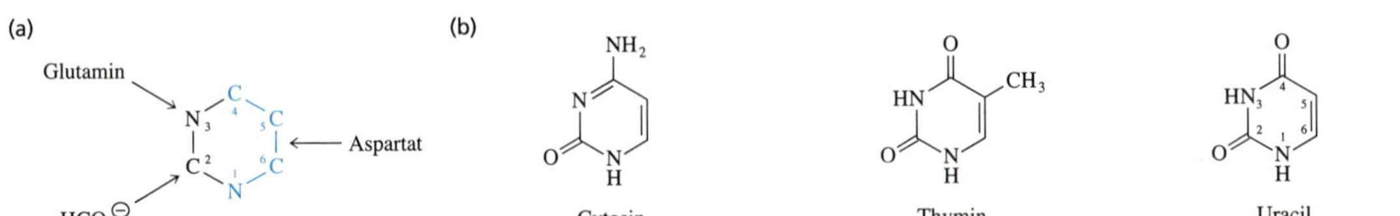

Abbildung 15.9: Pyrimidine. (a) Quellen der Pyrimidinringatome. C-2 und N-3 werden über die vorhergehende Bildung von Carbamoylphosphat in den Pyrimidinring eingebaut. (b) Strukturen der Pyrimidinbasen Cytosin, Thymin und Uracil.

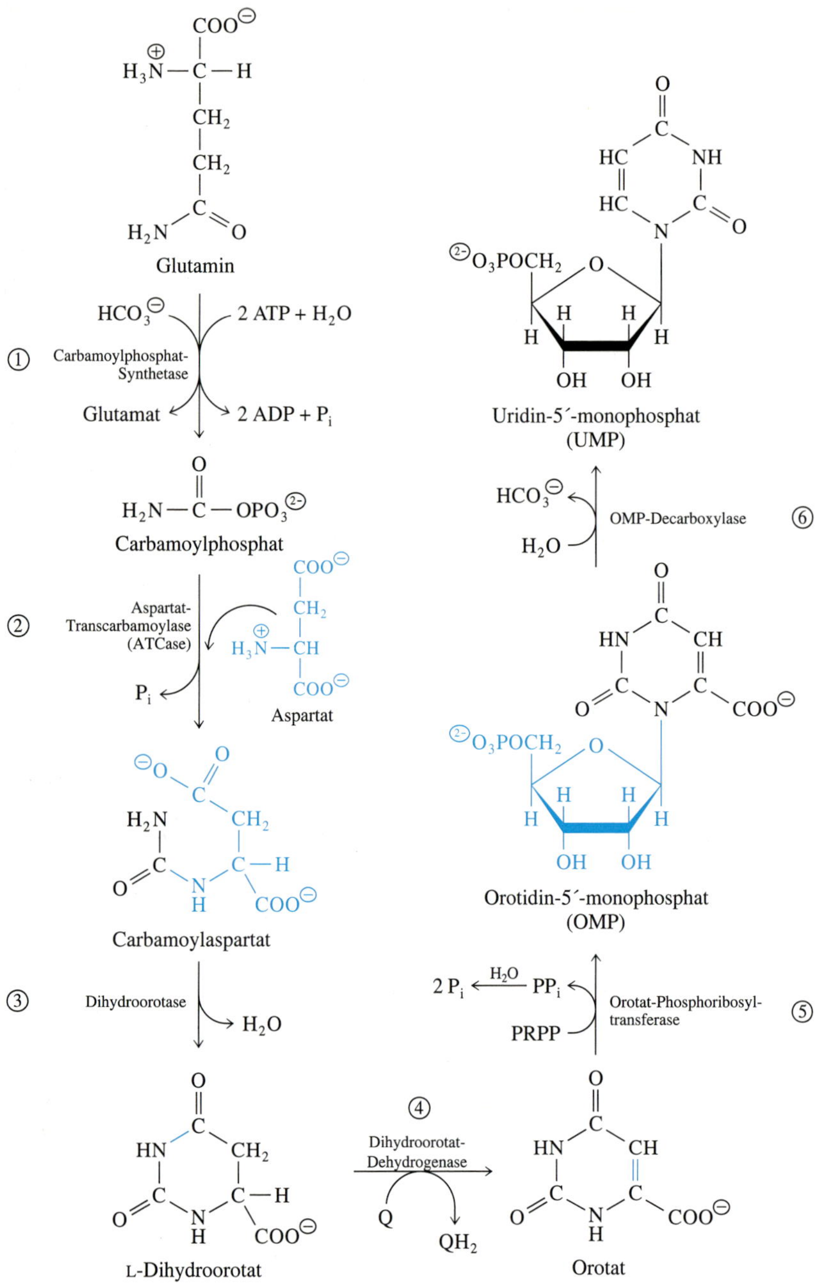

Abbildung 15.10: Sechsstufiger Syntheseweg für UMP in Prokaryonten. In Eukaryonten werden die Schritte 1 bis 3 durch ein multifunktionelles Enzym, die Dihydroorotat-Synthase, katalysiert. Außerdem ist für die Katalyse in den Schritten 5 und 6 in Eukaryonten das bifunktionelle Enzym UMP-Synthase verantwortlich.

Die Aktivität der Dihydroorotase führt im dritten Schritt der UMP-Biosynthese zu einer intramolekularen Kondensation des Carbamoylaspartats zum Pyrimidinring (▶*Abbildung 15.11*). Das Produkt dieser Cyclisierung, Dihydroorotat, wird anschließend zum Orotat oxidiert. Für die Katalyse dieser Oxidation ist die Dihydroorotat-Dehydrogenase zuständig. In Eukaryonten wird Dihydroorotat durch die Schritte 1 bis 3 zunächst im Cytosol synthetisiert. Danach passiert es die äußere Mitochondrienmembran, um durch die Aktivität der Dihydroorotat-Dehydrogenase, die mit der inneren Mitochondrienmembran assoziiert ist, zum Orotat oxidiert werden zu können. Da das aktive Zentrum der Dihydroorotat-Dehydrogenase auf der äußeren Seite der inneren Mitochondrienmembran lokalisiert ist, muss das Dihydroorotat die innere Mitochondrienmembran nicht

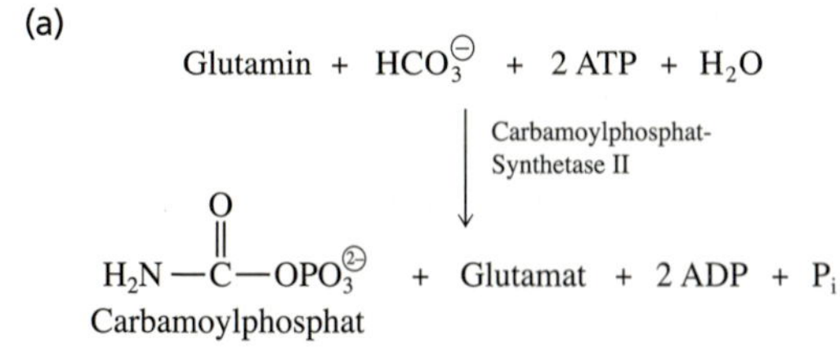

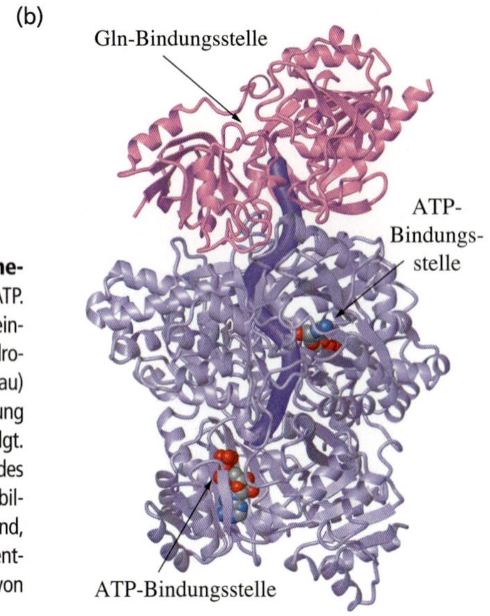

Abbildung 15.11: Katalyse und Struktur der Carbamoylphosphat-Synthetase. (a) Synthese von Carbamoylphosphat aus Hydrogencarbonat, Glutamin und ATP. (b) Bändermodell der Carbamoylphosphat-Synthetase aus *E. coli*. Die kleine Untereinheit (N-terminale Domäne; hellviolett) enthält das aktive Zentrum, in dem die Hydrolyse von Glutamin unter Freisetzung von NH_3 stattfindet. Die große Untereinheit (blau) weist eine ATP-Bindungsstelle in der Mitte des Tunnels auf, an der die Carboxylierung des Ammoniaks zum instabilen Zwischenprodukt Carbaminsäure ($H_2N–COOH$) erfolgt. Die Carbaminsäure wird an der zweiten ATP-Bindungsstelle am C-terminalen Ende des Tunnels (in der Abbildung unten) zum Carbamoylphosphat phosphoryliert. In der Abbildung sind zwei ADP-Moleküle, die an die beiden ATP-Bindungsstellen gebunden sind, als Kalottenmodelle hervorgehoben. Der molekulare Tunnel, der die drei aktiven Zentren miteinander verbindet, ist als dunkelvioletter Schlauch dargestellt, der sich von oben nach unten durch das Modell erstreckt [PDB 1A9X].

durchdringen. Die membrangebundene Dihydroorotat-Dehydrogenase stellt ein eisenhaltiges Flavoprotein dar, das den Transfer von Elektronen vom Dihydroorotat auf Ubichinon (Q) unter Bildung von Ubichinol (QH_2) katalysiert. Die Elektronen können schließlich über die mitochondriale Elektronentransportkette vom QH_2 auf O_2 übertragen werden. Auf der Stufe des Orotats erfolgt die Übertragung der Ribose-5-phosphat-Einheit auf den Pyrimidinring. Infolge dieser Reaktion, in der Orotat die Pyrophosphatgruppe von PRPP verdrängt, wird Orotidin-5′-monophosphat (OMP) gebildet. Die Katalyse findet bei dieser Substitution durch die Orotat-Phosphoribosyltransferase statt. Durch die nachfolgende Hydrolyse des freigesetzten Pyrophosphats verläuft die Reaktion im Wesentlichen irreversibel. Die abschließende Decarboxylierung von OMP zu UMP wird durch die OMP-Decarboxylase katalysiert. In Eukaryonten diffundiert das im Intermembranraum der Mitochondrien erzeugte Orotat wieder zurück ins Cytosol, wo seine Umwandlung in UMP stattfindet. Diese Umwandlung erfolgt in Eukaryonten durch die bifunktionelle UMP-Synthase, die sowohl die Reaktion von Orotat mit PRPP zum OMP als auch die schnelle Decarboxylierung von OMP zum UMP katalysiert.

In Säugetieren werden die Zwischenprodukte, die in den Schritten 1 und 2 (Carbamoylphosphat und Carbamoylaspartat) sowie im Schritt 5 (OMP) entstehen, nicht in das wässrige Medium freigesetzt. Stattdessen bleiben sie an den jeweiligen Enzymkomplex gebunden und werden direkt von einem aktiven Zentrum zum nächsten aktiven Zentrum desselben Enzymmoleküls weitergeleitet. In manchen Organismen treten auch in der Biosynthese der Purinnucleotide multifunktionelle Enzyme auf, von denen jedes mehrere Schritte katalysiert. Die Kanalisierung von instabilen Zwischenprodukten in multifunktionellen Enzymen minimiert deren unerwünschten Abbau und erhält auf diese Weise eine hohe Reaktionsspezifität aufrecht. Außerdem spart sie wertvolle Stoffwechselenergie und führt zu einer höheren Gesamtreaktionsgeschwindigkeit.

15.3.2 Weg der Ammoniakübertragung in manchen Enzymen

Mehrere Enzyme, die Glutamin als Aminogruppendonor verwenden, weisen einen molekularen Tunnel auf, der sich durch das Innere des Proteinmoleküls zieht. Da dieser Tunnel zur Weiterleitung von Zwischenprodukten zu weiteren aktiven Zentren desselben Enzymmoleküls dient, handelt es sich bei diesen Enzymen um Beispiele für die Kanalisierung von Zwischenprodukten (engl. *metabolite channeling*). Die Carbamoylphosphat-Synthetase aus *E. coli* ist das am besten untersuchte Enzym aus dieser Gruppe. Sie katalysiert die Synthese von Carbamoylphosphat aus Hydrogencarbonat, Glutamin und ATP. Das in dieser Reaktion gebildete Carbamoylphosphat dient zur Synthese von Pyrimidinnucleotiden. Eine andere Carbamoylphosphat-Synthetase, die statt Glutamin Ammoniak als Stickstoffquelle nutzt, wurde ebenfalls beschrieben. Die Carbamoylphosphat-Synthetase aus *E. coli* stellt ein Heterodimer dar, das aus einer kleinen und einer großen Untereinheit aufgebaut ist. Die Synthese von Carbamoylphosphat verläuft über drei Zwischenprodukte, die alle in unterschiedlichen aktiven Zentren dieses Enzyms gebildet werden.

In zwei aktiven Zentren ist ATP an der Reaktion beteiligt. Die drei aktiven Zentren sind durch den besagten Tunnel miteinander verbunden. Der Tunnel erstreckt sich von der Glutamin-Bindungsstelle, an der ein Ammoniakmolekül aus Glutamin freigesetzt wird, über eine ATP-Bindungsstelle, an der die Carboxylierung von Ammoniak durch die Hydrolyse von ATP angetrieben wird, bis zur zweiten ATP-Bindungsstelle, an der die Phosphorylierung zum Carbamoylphosphat erfolgt. Das im aktiven Zentrum der kleinen Untereinheit aus Glutamin freigesetzte Ammoniak tritt nicht mit dem wässrigen Medium in Kontakt, sondern wandert durch den Tunnel zu den beiden anderen aktiven Zentren (Substrat-Bindungsstellen), in denen es schließlich bis zum Carbamoylphosphat umgesetzt wird. Insbesondere die infolge der Carboxylierung von Ammoniak gebildete Carbaminsäure ist in freier Form sehr instabil. Durch die Abschottung der Zwischenprodukte von der wässrigen Umgebung im Tunnel innerhalb des Enzyms wird ihr frühzeitiger Abbau durch Hydrolyse oder Zerfall verhindert. Es ist weitere Forschung notwendig, um festzustellen, wie häufig solche molekularen Tunnel in Multidomänenenzymen des Glutaminstoffwechsels vorkommen.

15.3.3 Regulation der Pyrimidinsynthese

Auch die Regulation der Pyrimidinnucleotid-Biosynthese unterscheidet sich in Prokaryonten und Eukaryonten. Obwohl UMP in beiden Fällen durch die gleichen sechs Reaktionen gebildet wird, unterscheidet sich die Organisation der Enzyme in den verschiedenen Organismen. In *E. coli* wird jede der sechs Reaktionen durch ein separates Enzym katalysiert. Dagegen kommt im Cytosol von Eukaryonten das multifunktionelle Enzym Dihydroorotat-Synthase vor, dessen Aktivität für die ersten drei Schritte des Syntheseweges verantwortlich ist. Die Dihydroorotat-Synthase weist drei getrennte aktive Zentren mit den Aktivitäten der Carbamoylphosphat-Synthetase II, der ATCase und der Dihydroorotase auf. Carbamoylphosphat stellt nicht nur ein Zwischenprodukt in der Pyrimidinsynthese dar, sondern tritt auch als Metabolit bei der Argininbiosynthese über Citrullin im Harnstoffzyklus auf. In Prokaryonten dient die gleiche Carbamoylphosphat-Synthetase sowohl für die Pyrimidin- als auch für die Argininbiosynthese. Dieses Enzym wird durch Pyrimidinribonucleotide, wie zum Beispiel UMP, allosterisch gehemmt. Im Gegensatz dazu wird es durch L-Ornithin, einen Vorläufer von Citrullin, und durch Purinnucleotide, die zusammen mit den Pyrimidinnucleotiden Substrate der Nucleinsäuresynthese darstellen, aktiviert. Die eukaryontische Carbamoylphosphat-Synthetase II unterliegt einer allosterischen Regulation. PRPP und IMP führen zu einer Aktivierung und mehrere Pyrimidinnucleotide zu einer Hemmung dieses Enzyms. Das nächste Enzym des Syntheseweges ist die Aspartat-Transcarbamoylase (ATCase). Die ATCase aus *E. coli* ist das am gründlichsten untersuchte allosterische Enzym. Da Carbamyolphosphat in Bakterien sowohl in der Pyrimidinsynthese als auch in der Argininsynthese weiter umgesetzt werden kann, katalysiert die ATCase den ersten festlegenden Schritt (engl. *committed step*) der Pyrimidinnucleotid-Biosynthese. Dieses Enzym unterliegt *in vitro* einer Hemmung durch Pyrimidinnucleotide und einer Aktivierung durch ATP. Die ATCase in *E. coli* wird auch durch ihren stärksten Inhibitor, CTP, nur teilweise (50 bis 70 Prozent) gehemmt. Wenn aber sowohl CTP als auch UTP anwesend sind, kann eine fast vollständige Hemmung eintreten, während UTP allein nicht als Inhibitor wirkt. Die allosterische Kontrolle dieses Enzyms in Form der Hemmung durch Pyrimidinnucleotide und der Aktivierung durch das Purinnucleotid ATP ermöglicht die mengenmäßige Angleichung der Pyrimidinnucleotid- und Purinnucleotid-Pools in *E. coli* durch die Aktivitäten der Carbamoylphosphat-Synthetase und der ATCase. Das Verhältnis der Konzentrationen der beiden Typen von allosterischen Effektoren bestimmt die Aktivität der ATCase, sodass zum Beispiel Pyrimidinnucleotide verstärkt nachgebildet werden, wenn viel ATP und im Vergleich dazu nur wenig Pyrimidinnucleotide anwesend sind.

Die ATCase aus *E. coli* weist eine komplizierte Struktur auf, in der sich die Bindungsstellen für die Substrate und die allosterischen Effektoren in verschiedenen Untereinheiten befinden. Das Enzym besteht aus zwei identischen Hexameren. Jedes der Hexamere ist aus drei katalytischen Untereinheiten, die ein zentrales Trimer bilden, und drei regulatorischen Untereinheiten in der Peripherie des katalytischen Trimers aufgebaut (▶*Abbildung 15.12*). Die beiden Hexamere sind so zusammengesetzt, dass die insgesamt sechs regulatorischen Untereinheiten drei Dimere bilden. Die Untereinheiten jedes katalytischen Trimers sind über die regulatorischen Dimere mit den Untereinheiten des anderen katalytischen Trimers verbunden. Wenn ein Molekül Aspartat in Gegenwart von Carbamoylphosphat an das Enzym bindet, wechseln alle sechs katalytischen Untereinheiten in eine Konformation mit einer höheren enzymatischen Aktivität.

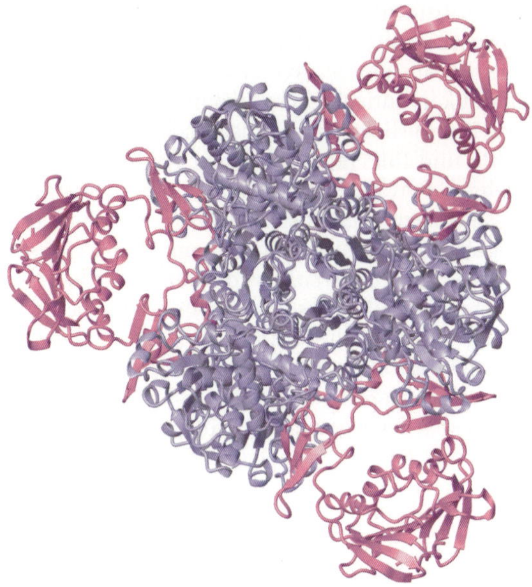

Abbildung 15.12: **Die komplexe Struktur der ATCase aus *Escherichia coli*.** Die Abbildung zeigt eines der beiden identischen Hexamere, die gemeinsam das vollständige Enzym aus 12 Untereinheiten bilden. Die regulatorischen Untereinheiten (außen, violett) sind an das zentrale Trimer aus katalytischen Untereinheiten (blau) gebunden.

Die eukaryontische ATCase unterliegt keiner Rückkopplungshemmung. Diese ist nicht erforderlich, da der Pyrimidinsyntheseweg in Eukaryonten durch die Regulation des Enzyms Carbamoylphosphat-Synthetase II, das den vor der ATCase-Reaktion ablaufenden Schritt katalysiert, kontrolliert werden kann. Hier stellt das Substrat der ATCase nämlich keinen Verzweigungspunkt dar, weil die Synthese von Carbamoylphosphat und Citrullin für den Harnstoffzyklus in den Mitochondrien abläuft, während die Bildung von Carbamoylphosphat im Rahmen der Pyrimidinsynthese im Cytosol stattfindet. Die Carbamoylphosphat-Pools für die beiden Stoffwechselwege sind somit durch die Lokalisation in verschiedenen Kompartimenten voneinander getrennt.

Synthese von CTP aus UMP 15.4

CTP wird in drei Schritten aus UMP gebildet. Zunächst führt die Aktivität der UMP-Kinase (Uridylat-Kinase) durch die Übertragung einer γ-Phosphorylgruppe von ATP auf UMP zur Synthese von UDP. Die Nucleosiddiphosphat-Kinase katalysiert anschließend die Phosphorylierung von UDP zu UTP durch ATP. In diesen beiden Reaktionen werden insgesamt zwei Moleküle ATP in ADP umgewandelt.

$$\text{UMP} \xrightarrow{\text{ATP} \rightarrow \text{ADP}} \text{UDP} \xrightarrow{\text{ATP} \rightarrow \text{ADP}} \text{UTP} \qquad (15.1)$$

Danach erfolgt die Bildung von CTP durch die ATP-abhängige Übertragung der Amid-NH_2-Gruppe von Glutamin auf das Kohlenstoffatom C-4 von UTP. Diese Transaminierung wird durch die CTP-Synthetase katalysiert (▶*Abbildung 15.13*). Aus rein chemischer Sicht, ohne Berücksichtigung des enzymatischen Umfelds, verläuft die Reaktion analog zu den Schritten 4 und 5 der Purinnucleotid-Biosynthese (▶*Abbildung 15.5*) und zur Bildung von GMP aus XMP, die durch die GMP-Synthetase katalysiert wird (▶*Abbildung 15.7*).

CTP-Synthetase wird durch ihr Produkt CTP allosterisch gehemmt und in *E. coli* wird sie durch GTP allosterisch aktiviert (▶*Abbildung 15.14*). Die Regulation der ATCase und der CTP-Synthetase führt zur Angleichung der Konzentrationen der verschiedenen endogenen Pyrimidinnucleotide. Wenn erhöhte CTP-Konzentrationen auftreten, wird die weitere Synthese von CTP infolge der Hemmung der CTP-Synthetase durch CTP blockiert. Unter diesen Bedingungen wird die UMP-Synthese außerdem verlangsamt, aber nicht gestoppt, weil CTP die ATCase nur teilweise hemmt. Somit steht weiterhin UMP für die RNA-

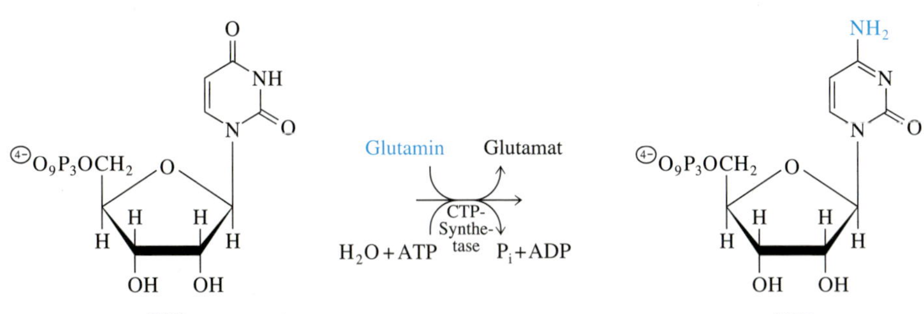

Abbildung 15.13: **Umwandlung von UTP in CTP.** Diese Reaktion wird durch die CTP-Synthetase katalysiert.

Synthese und als Vorläufer von dTTP (▶*Abschnitt* 15.6) zur Verfügung. Wenn sowohl die Konzentration von UTP als auch von CTP erhöht ist, wird die ATCase vollständig gehemmt. Erhöhte Konzentrationen der Purinnucleotide ATP und GTP führen dagegen zu einer Steigerung der Syntheserate der Pyrimidinnucleotide. Dadurch wird die Sicherstellung einer ausgeglichenen Versorgung mit Purin- und Pyrimidinnucleotiden unterstützt.

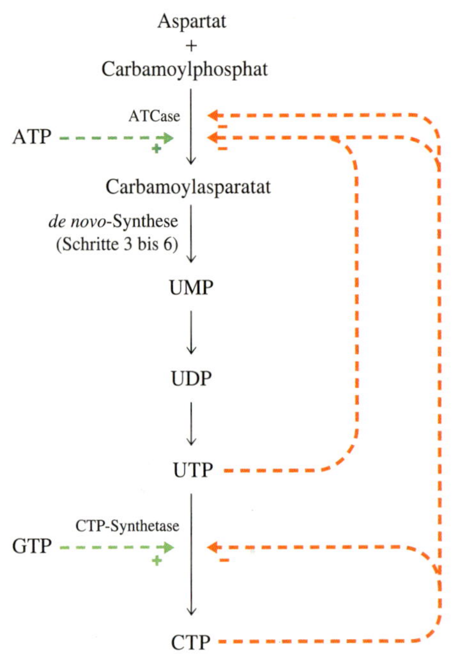

Abbildung 15.14: Regulation der Pyrimidinnucleotid-Biosynthese in *E. coli*. Die allosterische Regulation der ATCase und der CTP-Synthetase sowohl durch Purin- als auch durch Pyrimidinnucleotide ermöglicht eine ausgeglichene Versorgung mit allen Nucleotiden.

Reduktion von Ribonucleotiden zu Desoxyribonucleotiden 15.5

Die 2′-Desoxyribonucleotide werden durch die enzymatisch katalysierte Reduktion von Ribonucleotiden synthetisiert. In den meisten Organismen erfolgt diese Reduktion auf der Ebene der Nucleosiddiphosphate. Peter Reichard und seine Mitarbeiter zeigten, dass alle vier Ribonucleotiddiphosphate, also ADP, GDP, CDP und UDP, als Substrate einer einzelnen, streng regulierten Ribonucleosiddiphosphat-Reduktase auftreten. In manchen Mikroorganismen, einschließlich Spezies von *Lactobacillus*, *Clostridium* und *Rhizobium*, dienen Ribonucleosidtriphosphate als Substrate für die Reduktion durch eine Cobalamin-abhängige Reduktase. Beide Enzymtypen werden vereinfacht als Ribonucleotid-Reduktase bezeichnet, auch wenn die korrekteren Namen Ribonucleosiddiphosphat-Reduktase bzw. Ribonucleosidtriphosphat-Reduktase lauten. NADPH dient als Reduktionsmittel in der Synthese von Desoxyribonucleosiddiphosphaten. Zunächst erfolgt die Reduktion einer Disulfidgruppe im aktiven Zentrum der Ribonucleotid-Reduktase zu zwei Thiolgruppen (–SH), die anschließend das C-2′ der Riboseeinheit des Nucleotidsubstrats über einen komplizierten radikalischen Mechanismus reduzieren. Die Elektronen werden über das Flavoprotein Thioredoxin-Reduktase und die reduzierte Dithiolform des Protein-Coenzyms Thioredoxin vom NADPH auf die Ribonucleotid-Reduktase übertragen (▶*Abbildung 15.15*). In Prokaryonten und Hefen befindet sich im aktiven Zentrum der Thioredoxin-Reduktase die Disulfid/Dithiol-Gruppe eines Cysteinpaars. Die Säugetierversion des Enzyms enthält im Vergleich dazu anstelle eines der Cysteinreste einen Selenocysteinrest. Die Desoxynucleosiddiphosphate dADP, dGDP und dCDP werden durch die Aktivität von Nucleosiddiphosphat-Kinasen zu den entsprechenden Desoxynucleosidtriphosphaten phosphoryliert. dUDP wird über dUMP in dTMP umgewandelt (▶*Abschnitt* 15.6).

Die Ribonucleotid-Reduktase wird durch einen komplizierten Mechanismus allosterisch reguliert, sodass ein mengenmäßig ausgeglichener Pool der Desoxyribonucleotide für die DNA-Synthese zur Verfügung steht. Sowohl die Substratspezifität als auch die katalytische Aktivität der Ribonucleotid-Reduktase werden in eukaryontischen Zellen durch die reversible Bindung von Nucleotidmetaboliten kontrolliert. Die allosterischen Effektoren ATP, dATP, dTTP und dGTP üben ihre Wirkung durch die Bindung an eines von zwei allosterischen Zentren der Ribonucleotid-Reduktase aus. Über eines der beiden allosterischen Zentren, das Aktivitätszentrum genannt wird, erfolgt die Kontrolle der katalytischen Aktivität des aktiven Zentrums, in dem die enzymatische Reaktion stattfindet. Das zweite allosterische Zentrum, das als Spezifitätszentrum bezeichnet wird, dient zur Regulation der Substratspezifität des aktiven Zentrums. Die Bindung von ATP an das Aktivitätszentrum führt zur Aktivierung der Reduktase, während die Bindung von dATP an das Aktivitätszentrum die vollständige Hemmung der enzymatischen Aktivität hervorruft. Wenn ATP im Aktivitätszentrum und entweder ATP oder dATP im Spezifitätszentrum gebunden sind, weist die Reduktase eine hohe Spezifität für Pyrimidinnucleotide auf und katalysiert die Reduktion von CDP und UDP. Die spezifische Reduktion von GDP erfolgt, wenn ATP an das Aktivitätszen-

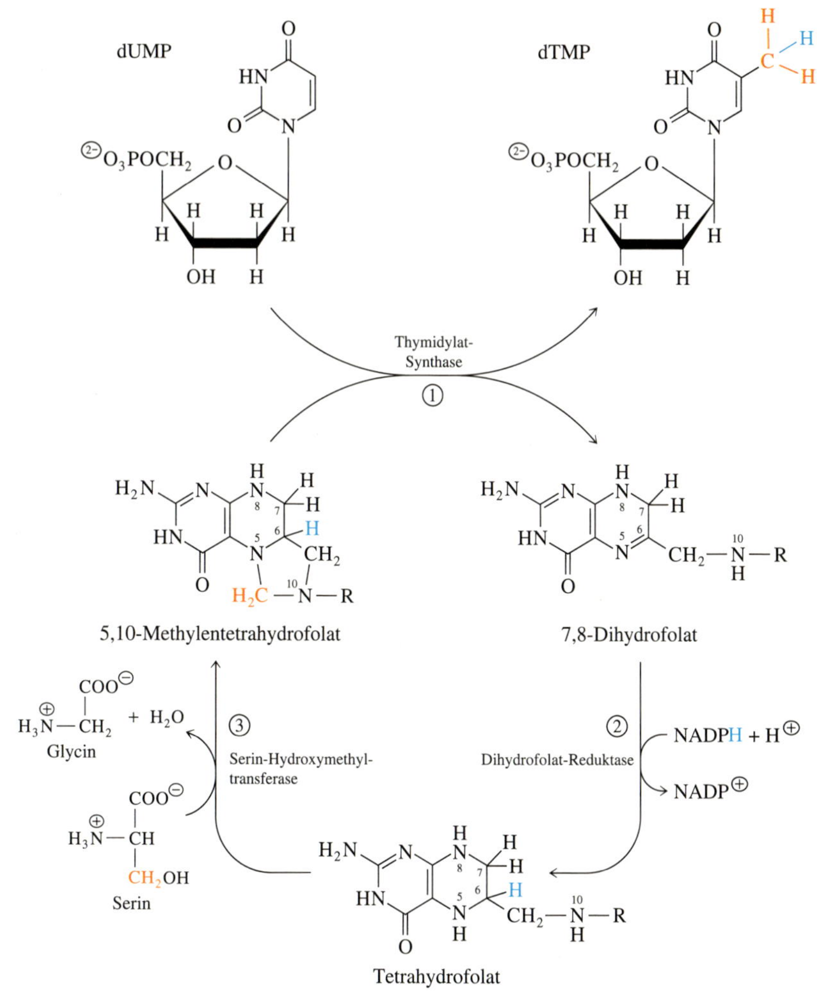

Abbildung 15.17: Reaktionszyklus zur Synthese von dTMP aus dUMP. Die Thymidylat-Synthase katalysiert die erste Reaktion dieses dTMP-produzierenden Zyklus. Das andere, oxidierte Produkt der Reaktion, Dihydrofolat, muss durch die Aktivität der Dihydrofolat-Reduktase mit NADPH zunächst wieder zum Tetrahydrofolat reduziert werden. Das Tetrahydrofolat kann eine neue C_1-Einheit von Serin aufnehmen, sodass 5,10-Methylentetrahydrofolat regeneriert wird. Diese Reaktion wird durch die Serin-Hydroxymethyltransferase katalysiert.

wird. Das Kohlenstoffatom der übertragbaren Methylengruppe von 5,10-Methylentetrahydrofolat ist nämlich an zwei Stickstoffatome gebunden ($N–CH_2–N$) und weist somit die gleiche Oxidationsstufe auf wie in einer an Stickstoff gebundenen Hydroxymethylgruppe ($N–CH_2OH$) oder in Formaldehyd ($H_2C{=}O$). 5,10-Methylentetrahydrofolat dient demzufolge nicht nur als Donor einer C_1-Einheit, sondern auch als Reduktionsmittel, das ein Hydrid-Ion auf das Substrat überträgt und dadurch selbst zum 7,8-Dihydrofolat oxidiert wird. Dies ist die einzige bekannte Reaktion, bei der die Übertragung einer C_1-Einheit von einem Tetrahydrofolatderivat mit der Oxidation von N-5 und C-6 unter Bildung von Dihydrofolat einhergeht.

Bevor das Coenzym eine neue C_1-Einheit für weitere Übertragungsreaktionen aufnehmen kann, muss Dihydrofolat wieder in Tetrahydrofolat umgewandelt werden. Zu diesem Zweck erfolgt die Reduktion der 5,6-Doppelbindung des Dihydrofolats mit NADPH durch die Aktivität der Dihydrofolat-Reduktase. Die Serin-Hydroxymethyltransferase katalysiert anschließend die Regeneration von 5,10-Methylentetrahydrofolat durch die Übertragung der Hydroxymethylgruppe ($–CH_2OH$) von Serin auf Tetrahydrofolat unter Freisetzung von Glycin und Wasser.

Thymidylat-Synthase und Dihydrofolat-Reduktase stellen in den meisten Organismen zwei getrennte Enzyme dar. In Protozoen werden die beiden enzymatischen Aktivitäten dagegen durch die gleiche Polypeptidkette zur Verfügung gestellt. Das durch die Aktivität der Thymidylat-Synthase gebildete Produkt Dihydrofolat wird in diesem Fall unmittelbar zum aktiven Zentrum der Dihydrofolat-Reduktase im selben Enzymmolekül weitergeleitet. Ladungs-Ladungs-Wechselwirkungen zwischen einer positiv geladenen Region auf der Oberfläche des bifunktionellen Enzyms und dem negativ geladenen Dihydrofolat dirigieren das Produkt zum nächsten aktiven Zentrum. Die negative Ladung des Dihydrofolats ergibt sich aus seiner Polyglutamylkette.

dTMP kann außerdem durch die Wiederverwertung (engl. *salvage*) von Thymidin (Desoxythymidin) durch Phosphorylierung, die durch die ATP-abhängige Thymidin-Kinase katalysiert wird, synthetisiert werden.

$$\text{Desoxythymidin (Thymidin)} \xrightarrow[\text{Thymidin-Kinase}]{\text{ATP} \quad \text{ADP}} \text{dTMP} \qquad (15.6)$$

Häufig wird radioaktives Thymidin als hochspezifischer Marker für die Verfolgung der intrazellulären DNA-Synthese eingesetzt. Das radioaktive Thymidin ist für diesen Zweck gut geeignet, weil es leicht in die Zellen eintritt und sein Hauptschicksal im Stoffwechsel in der Umwandlung in Thymidylat und dessen Einbau in DNA besteht.

15.7 Wiederverwertung von Purin- und Pyrimidinbasen

Im Verlauf des normalen Zellstoffwechsels werden auch immer Nucleinsäuren zu Mononucleotiden, Nucleosiden und schließlich zu den heterocyclischen Purin- und Pyrimidinbasen abgebaut (▶*Abbildung 15.18*). Die katabolen Reaktionen werden durch Ribonucleasen, Desoxyribonucleasen und eine Vielfalt von Nucleotidasen, unspezifischen Phosphatasen sowie Nucleosidasen oder Nucleosid-Phosphorylasen katalysiert. Einige der Purin- und Pyrimidinbasenmoleküle werden weiter abgebaut, Purine zum Beispiel zu Harnsäure und anderen Ausscheidungsprodukten, aber ein erheblicher Anteil der Basen wird normalerweise durch die direkte Umwandlung in die entsprechenden 5′-Mononucleotide wiederverwertet. Phosphoribosylpyrophosphat (PRPP) dient in diesen Recycling-Reaktionen, die auch als *Salvage*-Reaktionen bezeichnet werden, als Donor der 5-Phosphoribosylgruppe. Die Stoffwechselwege des Abbaus und der Wiederverwertung stellen einen Teil des Energiestoffwechsels in Tieren dar. Purine und Pyrimidine, die während der Verdauung der Nahrung freigesetzt werden, unterliegen bevorzugt einem weiteren Abbau, während die innerhalb der Zelle gebildeten Basen meistens wiederverwertet werden. Das Recycling von intakten Basenmolekülen spart viel Stoffwechselenergie im Vergleich zu der sonst notwendigen *De-novo*-Synthese.

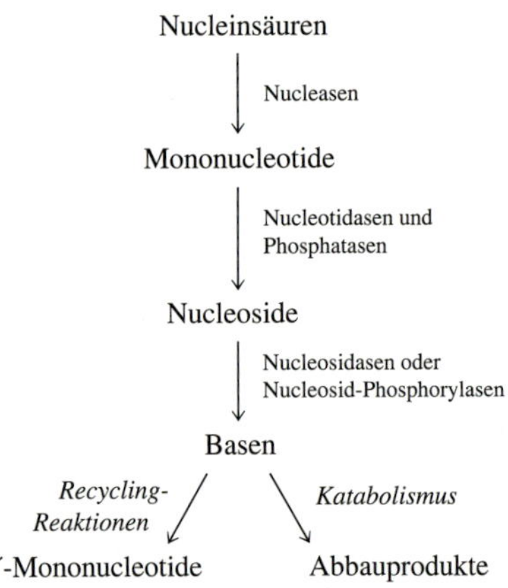

Abbildung 15.18: Abbauweg für Nucleinsäuren.

Der Abbau von Purinnucleotiden zu den entsprechenden Purinen und deren Recycling durch die Reaktion mit PRPP ist in ▶*Abbildung 15.19* schematisch dargestellt. Die Adenin-Phosphoribosyltransferase katalysiert die Reaktion zwischen Adenin und PRPP zu AMP und Pyrophosphat (PP_i). Durch die Hydrolyse des PP_i infolge der Aktivität der Pyrophosphatase verläuft die Gesamtreaktion metabolisch irrevesibel. Die Hypoxanthin-Guanin-Phosphoribosyltransferase (HGPRT) katalysiert ähnliche Reaktionen, nämlich die Umwandlungen von Hypoxanthin in IMP und von Guanin in GMP unter Freisetzung von PP_i.

Pyrimidine werden durch die Aktivität der Orotat-Phosphoribosyltransferase, die den fünften Schritt der Pyrimidinnucleotid-Biosynthese katalysiert (▶*Abbildung 15.10*), wiederverwertet. Dieses Enzym akzeptiert als Substrat auch andere Pyrimidine als Orotat und setzt sie zu den entsprechenden Pyrimidinnucleotiden um.

Nucleotide und ihre Bestandteile werden durch viele Reaktionen, von denen wir bereits einige kennengelernt haben, wechselseitig ineinander umgewandelt. Die Aktivitäten von Phosphatasen, Nucleotidasen und Nucleosidasen oder Nucleosid-Phosphorylasen können die Basen aus ihren Nucleotiden freisetzen. Reaktionen, die durch Phosphoribosyltransferasen oder Nucleosid-Phos-

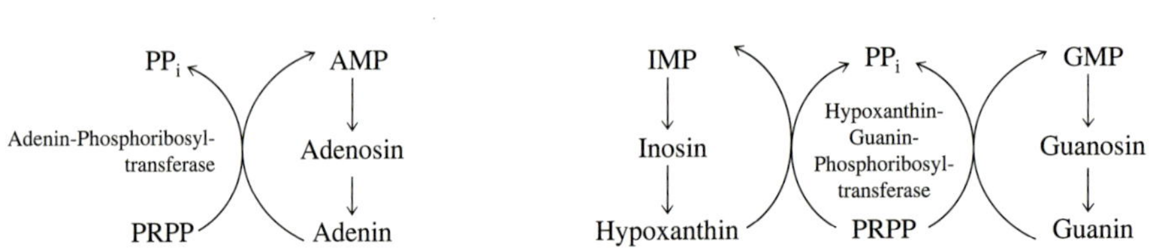

Abbildung 15.19: Abbau und Wiederverwertung von Purinen.

phorylasen katalysiert werden, können zur Wiederverwertung der Basen und Nucleoside durch deren Umwandlung in die entsprechenden Nucleotide dienen. Basen, die keiner Wiederverwertung unterliegen, können stattdessen katabolisiert werden. Die verschiedenen wechselseitigen Umwandlungen der Purinnucleotide und ihrer Bestandteile sind in ▶*Abbildung 15.20* zusammenfassend dargestellt. ▶*Abbildung 15.21* enthält die entsprechende Darstellung für die Pyrimidinnucleotide und deren Bestandteile.

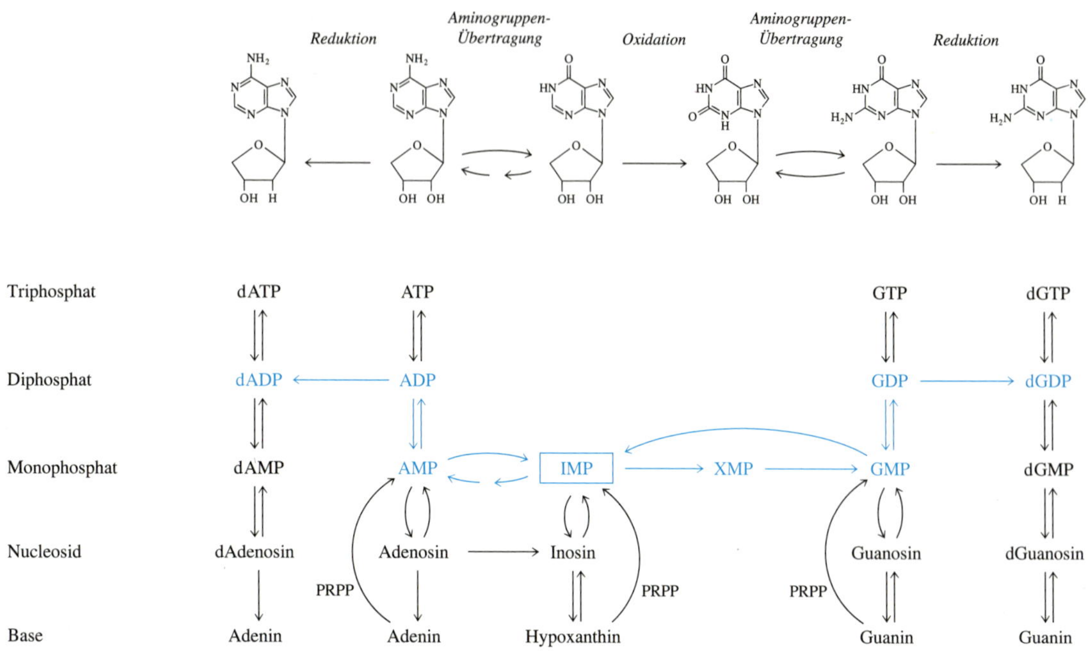

Abbildung 15.20: Wechselseitige Umwandlungen der Purinnucleotide und ihrer Bestandteile. IMP, das erste Nucleotidprodukt in der Purinnucleotid-Biosynthese, kann zum Beispiel leicht in AMP und GMP sowie die entsprechenden Di- und Triphosphate und die Desoxyversionen dieser Nucleotide umgewandelt werden. Die 5′-Phosphatgruppen wurden in den Strukturformeln zur Vereinfachung vernachlässigt. [Aus: Traut, T. W. 1988. Enzymes of nucleotide metabolism: the significance of subunit size and polymer size for biological function and regulatory properties. *Crit. Rev. Biochem.* 23:121–169.]

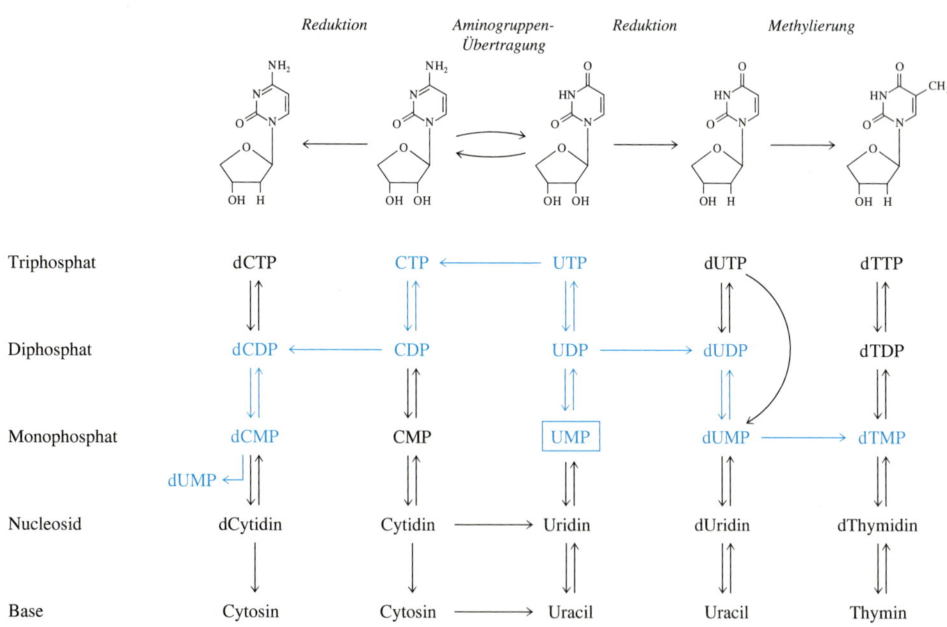

Abbildung 15.21: Wechselseitige Umwandlungen der Pyrimidinnucleotide und ihrer Bestandteile. Das in der Pyrimidinnucleotid-Biosynthese gebildete UMP kann zum Beispiel sowohl in Cytidin- und Thymidinphosphate als auch in verschiedene Uridinderivate umgewandelt werden. Die 5′-Phosphatgruppen wurden in den Strukturformeln zur Vereinfachung vernachlässigt. [Aus: Traut, T. W. 1988. Enzymes of nucleotide metabolism: the significance of subunit size and polymer size for biological function and regulatory properties. *Crit. Rev. Biochem.* 23:121–169.]

15.8 Purinkatabolismus

Obgleich die meisten freien Purin- und Pyrimidinmoleküle der Wiederverwertung zugeführt werden, findet auch der Katabolismus eines Teils dieser Stickstoffbasen statt. Vögel, einige Reptilien und Primaten (einschließlich des Menschen) bauen Purinnucleotide zu Harnsäure ab, die letztendlich ausgeschieden wird. In Vögeln und Reptilien mündet auch der Aminosäurekatabolismus in der Bildung von Harnsäure, während ein Überschuss von Stickstoff aus dem Aminosäureabbau in Säugetieren in Form von Harnstoff entsorgt wird. Vögel und Reptilien können Harnsäure nicht weiter katabolisieren, aber viele andere Organismen bauen Harnsäure zu weiteren Produkten ab.

AMP kann zu Hypoxanthin und GMP zu Guanin abgebaut werden (▶*Abbildung 15.20*). Die hydrolytische Abspaltung von Phosphat aus AMP und GMP liefert Adenosin bzw. Guanosin. Adenosin kann durch die Aktivität der Adenosin-Desaminase hydrolytisch zu Inosin desaminiert werden. Alternativ kann die Desaminierung auch auf der Ebene von AMP stattfinden und zur Bildung von IMP führen. Diese Reaktion wird durch die AMP-Desaminase katalysiert. IMP kann anschließend zu Inosin hydrolysiert werden. Aus der Phosphorolyse von Inosin geht Hypoxanthin und aus der Phosphorolyse von Guanosin Guanin hervor. Diese beiden Reaktionen werden, wie auch die Phosphorolyse mehrerer Desoxynucleoside, durch die Purinnucleosid-Phosphorylase katalysiert. Neben den freien Purinbasen führen diese Phosphorolysen außerdem zur Bildung von α-D-Ribose-1-phosphat bzw. Desoxyribose-1-phosphat.

$$\text{(Desoxy)Nucleosid} + P_i \rightleftharpoons \text{Base} + \text{(Desoxy)-}\alpha\text{-D-Ribose-1-phosphat} \qquad (15.7)$$

In Säugetieren ist Adenosin kein Substrat der Purinnucleosid-Phosphorylase.

Das aus Inosin gebildete Hypoxanthin wird zu Xanthin und Xanthin schließlich zu Harnsäure oxidiert (▶*Abbildung 15.22*). Beide Oxidationen können sowohl durch die Xanthin-Oxidase als auch durch die Xanthin-Dehydrogenase katalysiert werden. Bei der Xanthin-Oxidase-Reaktion erfolgt die Übertragung der Elektronen auf Sauerstoff (O_2) unter Bildung von Wasserstoffperoxid (H_2O_2), das durch die Aktivität der Katalase in Wasser und Sauerstoff umgewandelt wird ($2\,H_2O_2 \rightarrow 2\,H_2O + O_2$). Xanthin-Oxidase tritt in Säugetieren als extrazelluläres Enzym auf und ist offensichtlich eine abgewandelte Variante der intrazellulären Xanthin-Dehydrogenase. Die Aktivität der Xanthin-Dehydrogenase führt zur Bildung der gleichen Purinprodukte, aber die Elektronen werden unter Bildung von NADH auf $NAD^{\oplus}$ übertragen. Diese beiden enzymatischen Aktivitäten sind in der Natur weit verbreitet und weisen eine breite Substratspezifität auf. Die Enzyme enthalten komplizierte Elektronenübertragungssysteme, an denen ein Eisen-Schwefel-Cluster ([Fe-S]-Cluster), ein molybdänhaltiges Pterin-Coenzym und FAD beteiligt sind.

In den meisten Zellen erfolgt die hydrolytische Desaminierung von Guanin zu Xanthin (▶*Abbildung 15.22*) durch die Aktivität der Guanase (Guanin-Desaminase). Tiere, die keine Guanase besitzen, scheiden Guanin aus. Schweine sind zum Beispiel Guaninausscheider, aber sie verstoffwechseln Adeninderivate weiter zu Allantoin, das in den meisten Säugetieren als Hauptendprodukt des Purinkatabolismus gebildet wird. Harnsäure kann in den meisten Organismen weiter oxidiert werden. Die Urat-Oxidase katalysiert die O_2-abhängige Umwandlung von Harnsäure in Allantoin, H_2O_2 und CO_2 (▶*Abbildung 15.23*). Diese Reaktion führt zur Öffnung des Pyrimidinrings der Harnsäure. Allantoin stellt in den meisten

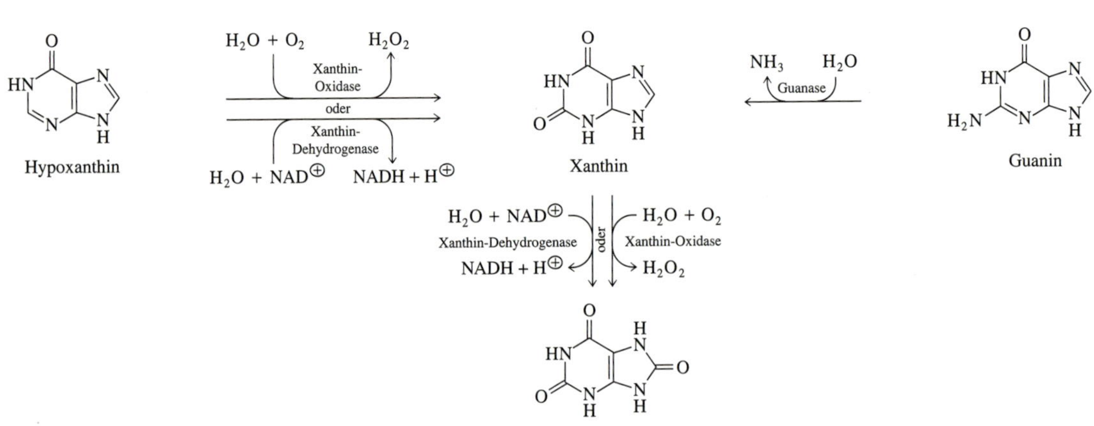

Abbildung 15.22: Abbau von Hypoxanthin und Guanin zu Harnsäure.

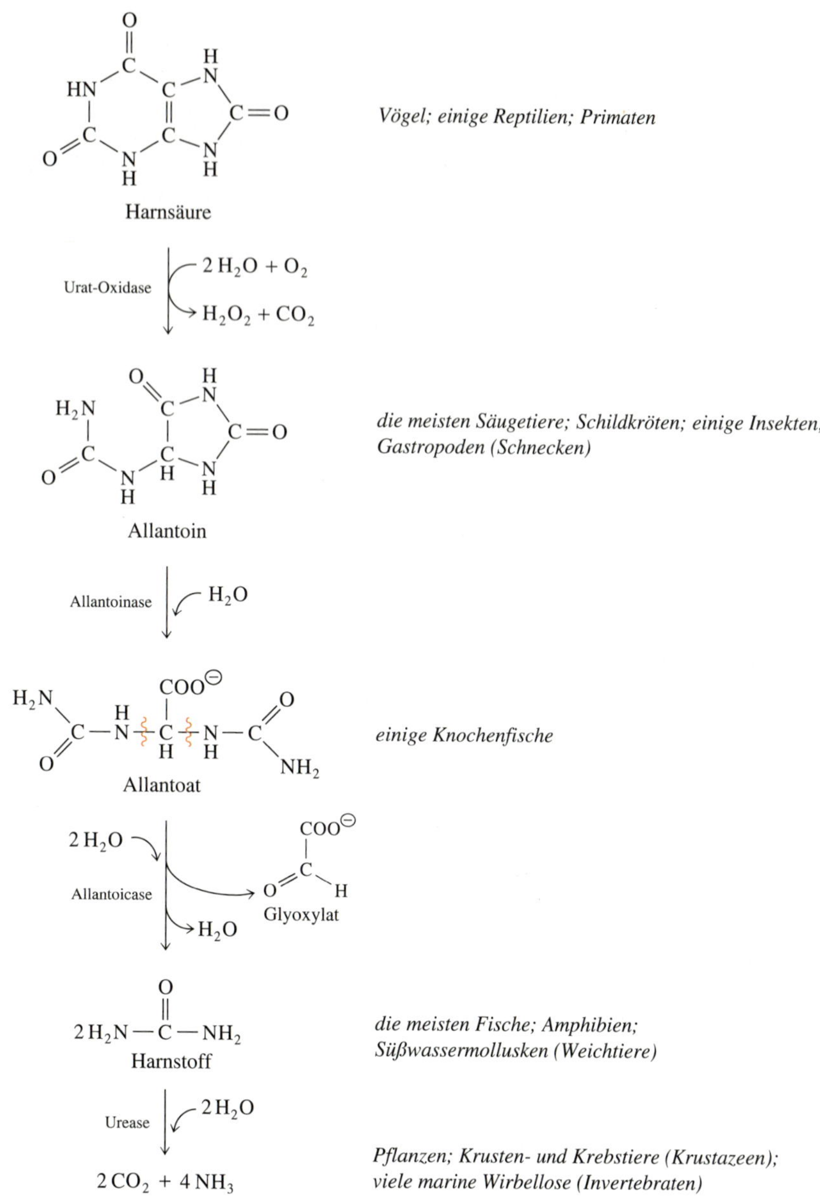

Abbildung 15.23: Katabolismus von Harnsäure durch Oxidation und Hydrolyse. Auf der rechten Seite neben den einzelnen Zwischenstufen sind Organismen aufgelistet, die dieses jeweilige Produkt ausscheiden.

Säugetieren das Hauptendprodukt des Purinabbaus dar, allerdings nicht im Menschen, bei dem Harnsäure diese Rolle spielt. Allantoin wird außerdem von Schildkröten, einigen Insekten und von Gastropoden (Schnecken) ausgeschieden.

In anderen Organismen katalysiert das Enzym Allantoinase die hydrolytische Öffnung des Imidazolrings von Allantoin. Als Produkt dieser Reaktion entsteht Allantoat, die konjugierte Base von Allantoinsäure. Einige Knochenfische besitzen noch die Allantoinase-Aktivität, aber nicht mehr das Enzym des nächsten Schrittes des Harnsäureabbaus, und scheiden deswegen Allantoat als Endprodukt des Purinkatabolismus aus.

Die meisten Fische, Amphibien und Süßwassermollusken (Weichtiere) können Allantoat noch weiter abbauen. Sie besitzen das Enzym Allantoicase, das die Hydrolyse von Allantoat in ein Molekül Glyoxylat und zwei Moleküle Harnstoff katalysiert. In diesen Organismen stellt Harnstoff das stickstoffhaltige Endprodukt des Purinkatabolismus dar.

Schließlich können einige Organismen, wie zum Beispiel Pflanzen, Krusten- und Krebstiere (Krustazeen) sowie viele marine Wirbellose (Invertebraten) Harnstoff mithilfe der Aktivität der Urease zu Kohlendioxid und Ammoniak hydrolysieren. Urease kommt nur in den Zellen von Organismen vor, in denen die cytotoxische Wirkung des Ammoniaks, das bei der Hydrolyse von Harnstoff gebildet wird, durch geeignete Entgiftungsmechanismen verhindert werden kann. In Pflanzen wird das aus Harnstoff freigesetzte Ammoniak zum Beispiel schnell durch die Aktivität der Glutamin-Synthetase wieder gebunden. Bei marinen Lebewesen wird Ammoniak in Oberflächenorganen wie den Kiemen produziert und an das Wasser in der Umgebung abgegeben, bevor sich toxische Konzentrationen entwickeln können. Die Organismen, die Harnsäure ausscheiden, haben die Enzyme des Harnsäurekatabolismus wahrscheinlich im Laufe der Evolution verloren. Die meisten landbewohnenden Organismen würden toxische Schäden erleiden, wenn sie die Harnsäure bis zum Ammoniak abbauen würden.

15.9 Pyrimidinkatabolismus

Der Katabolismus der Pyrimidinnucleotide beginnt mit der Hydrolyse zu den entsprechenden Nucleosiden und Phosphat (P_i), die durch die 5′-Nucleotidase katalysiert wird. Im Fall von CMP kann

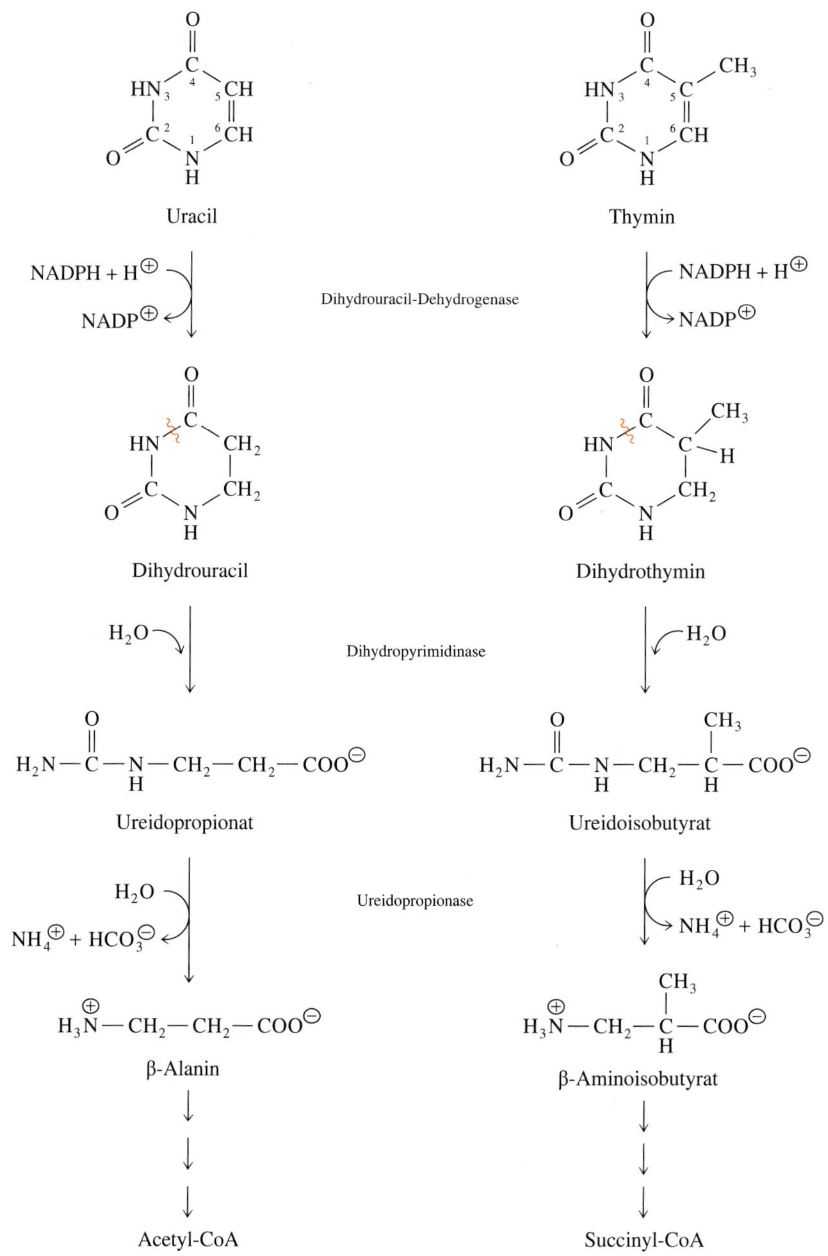

Abbildung 15.24: Katabolismus von Uracil und Thymin.

der anfänglichen Hydrolyse zu Cytidin eine Desaminierung unter Bildung von Uridin folgen. Für diese Desaminierung ist die Cytidin-Desaminase verantwortlich. Die glycosidischen Bindungen von Uridin und Thymidin unterliegen infolge der Aktivitäten der Uridin- und der Thymidin-Phosphorylase anschließend einer phosphorolytischen Spaltung. Die Uridin-Phosphorylase katalysiert auch die Phosphorolyse von Desoxyuridin. Als Produkte dieser Phosphorolysereaktionen entstehen α-D-Ribose-1-phosphat oder Desoxyribose-1-phosphat sowie Thymin und Uracil. Der Katabolismus der Pyrimidinbasen mündet in der Bildung von Zwischenprodukten des zentralen Stoffwechsels, sodass im Pyrimidinkatabolismus keine charakteristischen Ausscheidungsprodukte gebildet werden. Sowohl der Abbau von Uracil als auch der von Thymin verläuft über mehrere Schritte (▶*Abbildung 15.24*). In beiden Fällen wird der Pyrimidinring zuerst zu einem 5,6-Dihydropyrimidin reduziert. Diese NADPH-abhängige Reduktion wird durch die Dihydrouracil-Dehydrogenase katalysiert. Infolge der Aktivität der Dihydropyrimidinase erfolgt anschließend die Öffnung des reduzierten Rings durch die hydrolytische Spaltung der N-3–C-4-Bindung. Die resultierenden Carbamoyl-β-aminosäurederivate Ureidopropionat und Ureidoisobutyrat werden weiter zu $NH_4^{\oplus}$, $HCO_3^{\ominus}$ und den entsprechenden β-Aminosäuren, β-Alanin und β-Aminoisobutyrat hydrolysiert. β-Alanin (aus Uracil) und β-Aminoisobutyrat (aus Thymin) können schließlich in Acetyl-CoA bzw. Succinyl-CoA umgewandelt werden, die in den Citronensäurezyklus eintreten und zu anderen Verbindungen umgesetzt werden können. In Bakterien kann β-Alanin auch für die Synthese von Pantothenat, einem Bestandteil von Coenzym A, verwendet werden.

ZUSAMMENFASSUNG

1. Die Biosynthese von Purinnucleotiden erfolgt auf einem zehnstufigen Stoffwechselweg, der zur Bildung von IMP (Inosinat) führt. Zu Beginn des Weges tritt 5-Phosphoribosyl-1-pyrophosphat (PRPP) als Donor einer Ribose-5-phosphat-Einheit auf, die als Fundament für den schrittweisen Aufbau des Purinsystems dient.

2. IMP kann in AMP oder GMP umgewandelt werden.

3. In der sechsstufigen Biosynthese des Pyrimidinnucleotids UMP überträgt PRPP die Phosphoribosylgruppe erst auf einen bereits fertiggestellten Pyrimidinring.

4. CTP wird durch die Aminierung von UTP gebildet.

5. Desoxyribonucleotide werden durch die Reduktion des C-2′ der entsprechenden Ribonucleotide synthetisiert. Diese Reduktion wird durch Ribonucleotid-Reduktase katalysiert.

6. Die Synthese von Desoxythymidinmonophosphat (Thymidylat, dTMP) erfolgt aus Desoxyuridinmonophosphat (Desoxyuridylat, dUMP) durch eine reduktive Methylierung, bei der 5,10-Methylentetrahydrofolat sowohl als Donor einer C_1-Einheit als auch als Donor eines Hydrid-Ions in Erscheinung tritt. Dabei wird 5,10-Methylentetrahydrofolat zu 7,8-Dihydrofolat oxidiert. Das Dihydrofolat wird anschließend durch eine NADPH-abhängige Reduktion zum aktiven Coenzym Tetrahydrofolat recycelt.

7. Die Reaktionen von PRPP mit Pyrimidinen und Purinen in sogenannten *Salvage*-Reaktionen liefern Nucleosidmonophosphate und dienen somit der Wiederverwertung der Purin- und Pyrimidinbasen. Nucleotide und ihre Bestandteile werden durch eine Vielzahl von Reaktionen wechselseitig ineinander umgewandelt.

8. In Vögeln und einigen Reptilien stellt das Ausscheidungsprodukt Harnsäure das Endprodukt des Katabolismus von Aminosäuren und Purinnucleotiden dar. Primaten bauen Purine ebenfalls zu Harnsäure ab. In den meisten anderen Organismen findet ein weiterer Abbau der Harnsäure statt, der je nach Spezies bei Allantoin, Allantoat, Harnstoff oder Ammoniak endet.

9. Pyrimidine werden zu Ammoniak, Hydrogencarbonat und Acetyl-CoA (aus Cytosin oder Uracil) oder Succinyl-CoA (aus Thymin) katabolisiert.

AUSGEWÄHLTE LITERATUR

Allgemein

Wang, L. 2016. Mitochondrial purine and pyrimidine metabolism and beyond. *Nucleosides Nucleotides Nucleic Acids.* 35:578–594.

Purinstoffwechsel

Cheviet, T., Lefebvre-Tournier, I., Wein, S. und Peyrottes, S. Plasmodium Purine Metabolism and Its Inhibition by Nucleoside and Nucleotide Analogues. *J. Med. Chem.* 62:8365–8391.

Fotie, J. 2018. Inosine 5′-Monophosphate Dehydrogenase (IMPDH) as a Potential Target for the Development of a New Generation of Antiprotozoan Agents. *Mini Rev. Med. Chem.* 18:656–671.

Hove-Jensen, B., Andersen, K. R., Kilstrup, M., Martinussen, J., Switzer, R. L. und Willemoës, M. 2016. Phosphoribosyl Diphosphate (PRPP): Biosynthesis, Enzymology, Utilization, and Metabolic Significance. *Microbiol. Mol. Biol. Rev.* 81. pii: e00040–16.

Pedley, A. M., Benkovic, S. J. 2017. A New View into the Regulation of Purine Metabolism: The Purinosome. Trends Biochem. *Sci. 42*:141–154.

Zhang, Y., Morar, M., Ealick, S. E. 2008. Structural biology of the purine biosynthetic pathway. *Cell. Mol. Life Sci.* 65:3699–3724.

Pyrimidinstoffwechsel

Charlier D., Nguyen Le Minh P., Roovers M. 2018. Regulation of carbamoylphosphate synthesis in Escherichia coli: an amazing metabolite at the crossroad of arginine and pyrimidine biosynthesis. *Amino Acids.* 50:1647–1661.

Karunaratne, K., Luedtke, N., Quinn, D. M. und Kohen, A. 2017. Flavin-dependent thymidylate synthase: N5 of flavin as a Methylene carrier. *Arch. Biochem. Biophys.* 632:11–19.

Lipscomb, W. N. und Kantrowitz, E. R. 2012. Structure and mechanisms of *Escherichia coli* aspartate transcarbamoylase. *Acc. Chem. Res.* 45:444–453.

Löffler, M, Carrey, E. A. und Zameitat, E. 2016. Orotate (orotic acid): An essential and versatile molecule. *Nucleosides Nucleotides Nucleic Acids.* 35:566–577.

Reis, R. A. G., Calil, F. A., Feliciano, P. R., Pinheiro, M. P. und Nonato, M. C. 2017. The dihydroorotate dehydrogenases: Past and present. *Arch. Biochem. Biophys.* 632:175–191.

Richard, J. P., Amyes T. L. und Reyes. A. C. 2018. Orotidine 5′-Monophosphate Decarboxylase: Probing the Limits of the Possible for Enzyme Catalysis. *Acc. Chem. Res.* 51:960–969.

Reduktion von Ribonucleotiden

Andersson, K. K. 2008. *Ribonucleotide Reductase (Molecular Anatomy and Physiology of Proteins).* New York. Nova Science Publishers Inc.

Torrents, E., Sahlin, M. und Sjöberg, B.-M. 2009. *Ribonucleotide Reductase Family (Novinka).* New York. Nova Science Publishers Inc.

Aye, Y., Li, M., Long, M. J. und Weiss, R. S. 2015. Ribonucleotide reductase and cancer: biological mechanisms and targeted therapies. *Oncogene* 34:2011–2021.

Torrents, E. 2014. Ribonucleotide reductases: essential enzymes for bacterial life. *Front. Cell. Infect. Microbiol.* 4:52.

Kapitel 15

Nucleinsäuren und DNA-Replikation

16

ÜBERBLICK

Aus dem Zellkern (lat. nucleus) von weißen Blutkörperchen wurde erstmals 1869 „Nuklein“ von Friedrich Miescher isoliert, das später als Desoxyribonucleinsäure (engl. deoxyribonucleic acid, DNA) identifziert wurde. Aus Hefezellen erfolgte durch Felix Hoppe-Seyler die erste Isolation der Ribonucleinsäure (engl. ribonucleic acid), RNA. Sowohl DNA als auch RNA sind Polynucleotide, also aus Nucleotiden aufgebaute Polymere. Nucleinsäuren repräsentieren die dritte Hauptklasse von biologischen Makromolekülen. Wie Proteine und Polysaccharide bestehen sie aus langen, polymeren Ketten von kovalent verknüpften, chemisch ähnlichen Monomeren mit gleichartigen funktionellen Gruppen. Als Nächstes wurde die DNA durch Oswald Avery, Colin MacLeod and Maclyn McCarty als Träger der Erbinformation identifiziert und anschließend ihre Struktur durch James D. Watson und Francis Crick aufgeklärt. Jeder lebende Organismus enthält einen Satz von Instruktionen, die für die Erzeugung einer Kopie von sich selbst erforderlich sind. Diese Informationen sind im genetischen Material, dem Genom des Organismus gespeichert. Die Genome aller Zellen bestehen aus DNA, die Genome von manchen Viren auch aus RNA. Ein Genom kann aus nur einem einzelnen DNA-Molekül aufgebaut sein, wie zum Beispiel bei vielen Bakterienspezies. In eukaryontischen Zellen befindet sich das Genom im Zellkern und enthält einen vollständigen Satz der DNA-Moleküle des jeweiligen Organismus.

Da die genetische Information in der Basensequenz der DNA gespeichert ist, müssen zur Übertragung der Information von einer Elternzelle auf ihre Tochterzellen offensichtlich genaue Kopien ihrer DNA hergestellt werden. Dies erfolgt in einem Prozess, der Replikation genannt wird. Die von Watson und Crick im Jahr 1953 vorgeschlagene DNA-Struktur legte unmittelbar einen plausiblen Mechanismus für die Replikation nahe. Da die beiden Stränge der DNA-Doppelhelix komplementär sind, bestimmt die Nucleotidsequenz des einen Strangs automatisch auch die Sequenz des anderen Strangs. Watson und Crick nahmen an, dass sich die beiden Stränge der Helix während der Replikation entwinden und trennen, um dann einzeln jeweils als Matrize für die Synthese eines Komplementärstrangs zu dienen. Auf diese Weise gehen aus der Replikation zwei doppelsträngige DNA-Tochtermoleküle hervor, von denen jedes einen Elternstrang und einen neu synthetisierten Strang enthält. Diese Art der Replikation nennt man semikonservative Replikation, weil ein Strang der Eltern-DNA in jedem Tochtermolekül konserviert wird, also die Hälfte (lat. semi-, halb-) des Tochtermoleküls aus Eltern-DNA besteht. Sie wurde von Matthew Meselson und Franklin W. Stahl nachgewiesen. Die erste DNA-Polymerase, die an der Replikation beteiligt ist, wurde von Arthur Kornberg isoliert. Inzwischen kennt man die wesentlichen Teile der Replikationsmaschinerie und ihre Funktion. Eine größere Zahl von Polypeptiden lagert sich für diesen Zweck zu einem Komplex zusammen, der auch als Replisom bezeichnet wird. Er katalysiert die komplizierte Serie von Reaktionen zur Replikation der DNA. Die DNA-Replikation verläuft über drei Hauptphasen. In der Initiationsphase (Startphase) findet der korrekte Zusammenbau des DNA-Replikationskomplexes (Replisom) an der Stelle der DNA, an der die Replikation beginnen soll, statt. Während der Elongationsphase (Verlängerungsphase) erfolgt die eigentliche semikonservative Replikation der DNA. Dieser Vorgang findet infolge der Aktivität des Replisoms durch die Anknüpfung eines Nucleotids nach dem anderen an das Ende des wachsenden DNA-Strangs statt. Nach der Vollendung der semikonservativen Replikation zerfällt die Proteinmaschinerie des Replisoms wieder in ihre Komponenten und die beiden Tochtermoleküle trennen sich, sodass sie bei einer folgenden Zellteilung auf die beiden Tochterzellen verteilt werden können. Für die Erhaltung der genetischen Information von einer Generation zur nächsten ist eine schnelle und sehr genaue DNA-Replikation erforderlich. Die Replikation muss schnell ablaufen, weil das gesamte Genom repliziert worden sein muss, bevor sich die Zelle das nächste Mal teilen kann. Neben den äußerst genau arbeitenden Polymerisationsenzymen (DNA-Polymerasen) besitzen alle Zellen Enzyme, die Replikationsfehler korrigieren und geschädigte DNA reparieren. Außerdem können in allen Zellen einzelne DNA-Abschnitte zwischen Chromosomen oder innerhalb eines Chromosoms durch einen Prozess, der genetische Rekombination genannt wird, verschoben werden. Sowohl für die Reparatur als auch für die Rekombination von DNA kommen viele der Enzyme zum Einsatz, die auch bei der Replikation benötigt werden. Die grundlegenden Prinzipien und Strategien der Replikation, Reparatur und Rekombination von DNA sind in Prokaryonten und Eukaryonten in hohem Maße konserviert, obgleich spezifische Enzyme in den verschiedenen Organismen variieren können.

16.1 Nucleotide als Bausteine von Nucleinsäuren

Jedes Nucleotidmolekül als Baustein einer Nucleinsäure besteht aus drei Komponenten: einem C_5-Zucker (einer Pentose), einer Kette von mehreren Phosphorylgruppen und einem schwach basischen Stickstoffheterocyclus (▶ *Abbildung 16.1*).

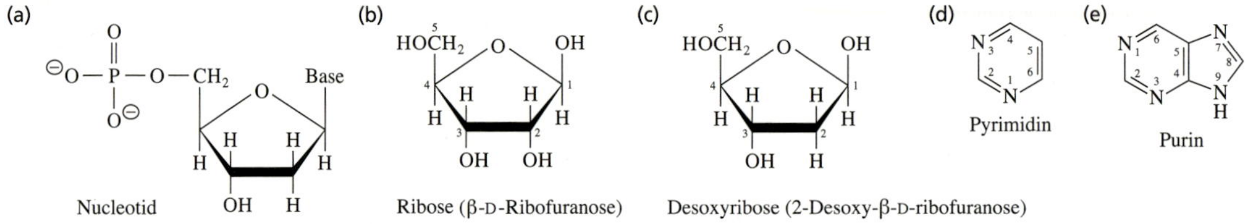

Abbildung 16.1: Allgemeine chemische Struktur eines Nucleotids sowie beteiligter Zucker und Basen. (a) Nucleotide enthalten einen C_5-Zucker (eine Pentose), eine Stickstoffbase und mindestens eine Phosphatgruppe. Die Zuckerkomponente kann entweder die hier dargestellte (b) Ribose (β-D-Ribofuranose) oder die (c) Desoxyribose (2-Desoxy-β-D-ribofuranose) sein. Die Basen sind entweder (d) Pyrimidine oder (e) Purine.

Die Basen, die als Bestandteile von Nucleotiden auftreten, sind Pyrimidin- und Purinderivate, während die Zuckerkomponente in der Regel entweder Ribose (D-Ribofuranose) oder 2-Desoxyribose (2-Desoxy-D-ribofuranose) entspricht. Die *N*-Glycoside dieser Zucker mit den Purin- und Pyrimidinbasen heißen Nucleoside. Nucleotide sind schließlich Phosphatester von Nucleosiden. Die üblichen Nucleotide enthalten ein bis drei Phosphorylgruppen. Je nach Zuckerkomponente werden die Nucleotide Ribonucleotide oder Desoxyribonucleotide genannt.

In ▶*Abbildung 16.1b und* ▶*Abbildung 16.1c* sind die Strukturen der beiden Zuckerkomponenten, die in Nucleinsäuren vorkommen, mithilfe von Haworth-Projektionen dargestellt. Die stabile Konfiguration am anomeren Zentrum der Furanoseringe in Nucleinsäuren entspricht der β-Konfiguration (▶*Abschnitt 6.2*). Jeder der Furanoseringe kann unterschiedliche Konformationen, wie zum Beispiel die in ▶*Abschnitt 6.2* diskutierte Briefumschlagkonformation, annehmen. In doppelsträngiger DNA überwiegt die C_2'-*endo*-Briefumschlagkonformation der Desoxyribose.

Die Basen in den Nucleotiden der Nucleinsäuren sind Derivate der Heterocyclen Pyrimidin und Purin (▶*Kapitel 18*). Die Strukturen dieser heterocyclischen Stammsysteme und die Nummerierung ihrer Kohlenstoff- und Stickstoffringatome sind in ▶*Abbildung 16.1d und* ▶*Abbildung 16.1e* dargestellt. Pyrimidin entspricht einem sechsgliedrigen Ring, der vier Kohlenstoffatome und zwei Stickstoffatome enthält. Purin besteht aus einem kondensierten Pyrimidin/Imidazol-Ringsystem. Beide Basentypen sind hochgradig ungesättigt und enthalten konjugierte Doppelbindungen. Infolge dieser strukturellen Merkmale sind die Ringe planar und absorbieren ultraviolettes Licht.

Substituierte Purine und Pyrimidine sind in lebenden Zellen allgegenwärtig, aber den unsubstituierten Stammsystemen Purin und Pyrimidin selbst begegnet man in biologischen Systemen nur selten. Die wichtigsten Pyrimidine in Nucleotiden sind Uracil (1*H*,3*H*-2,4-Dioxopyrimidin, **U**), Thymin (1*H*,3*H*-5-Methyl-2,4-dioxopyrimidin, **T**) und Cytosin (1*H*-4-Amino-2-oxopyrimidin, **C**). Als wichtigste Purine treten Adenin (6-Aminopurin, **A**) und Guanin (1*H*-2-Amino-6-oxopurin, **G**) auf. In ▶*Abbildung 16.2* sind die Strukturen dieser fünf Hauptbasen in Nucleinsäuren dargestellt. Thymin ist als substituiertes Derivat von Uracil auch 5-Methyluracil. Adenin, Guanin und

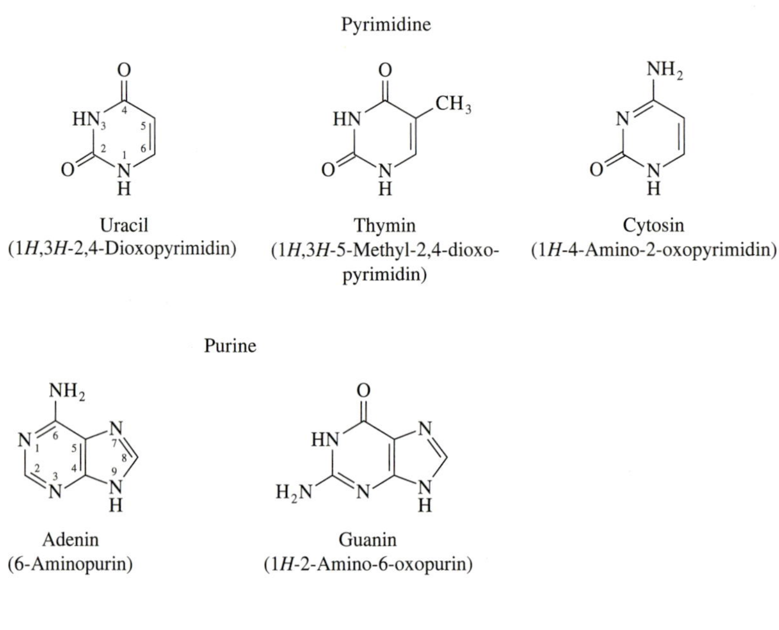

Abbildung 16.2: Chemische Strukturen der wichtigsten Pyrimidine und Purine.

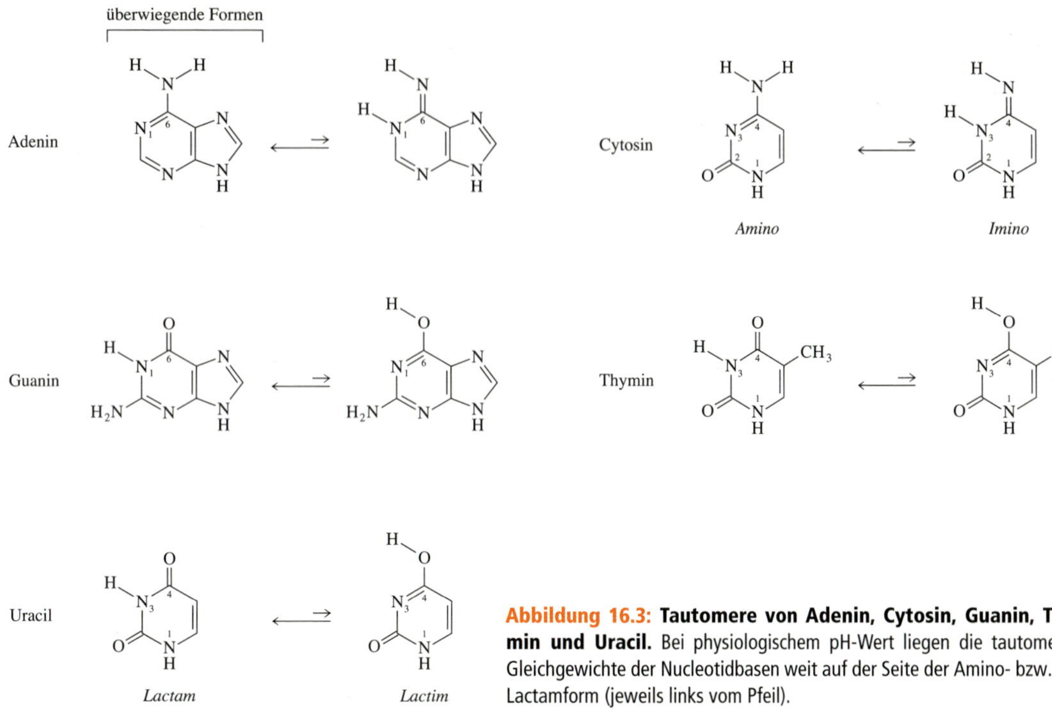

Abbildung 16.3: Tautomere von Adenin, Cytosin, Guanin, Thymin und Uracil. Bei physiologischem pH-Wert liegen die tautomeren Gleichgewichte der Nucleotidbasen weit auf der Seite der Amino- bzw. der Lactamform (jeweils links vom Pfeil).

Cytosin kommen sowohl in Ribonucleotiden als auch in Desoxyribonucleotiden vor. Das Auftreten von Uracil ist dagegen hauptsächlich auf Ribonucleotide und das von Thymin auf Desoxyribonucleotide beschränkt.

Purine und Pyrimidine sind schwache Basen und bei physiologischem pH-Wert in Wasser relativ schwer löslich. Innerhalb von Zellen treten die meisten Pyrimidin- und Purinbasen allerdings als Bestandteile der sehr gut wasserlöslichen Nucleotide und Polynucleotide in Erscheinung. Jede der fünf heterocyclischen Basen in Nucleotiden kann in Form von *mindestens* zwei verschiedenen Tautomeren vorliegen. Von den cyclischen Amidinen Adenin und Cytosin existieren unter anderem eine Amino- und eine Iminoform. Die cyclischen Amide Guanin, Thymin und Uracil können in einer Lactam- oder in einer Lactimform auftreten (▶*Abbildung 16.3)* Die tautomeren Formen jeder der Basen befinden sich im Gleichgewicht. Unter den Bedingungen innerhalb der meisten Zellen überwiegen in diesem Gleichgewicht die in ▶*Abbildung 16.3* gezeigten stabileren Lactam- bzw. Aminotautomere die anderen Tautomere bei Weitem. Unabhängig von der jeweiligen tautomeren Form bleiben die Ringe hochgradig ungesättigt und planar.

Die Pyrimidin- und Purinbasen von Nucleotiden können Wasserstoffbrückenbindungen bilden, die wesentlich zur Stabilisierung der DNA-Doppelhelix beitragen. Die Aminogruppen von Adenin und Cytosin stellen zum Beispiel Wasserstoffdonoren, und die Ringstickstoffatome N-1 in Adenin und N-3 in Cytosin Wasserstoffakzeptoren dar (▶*Abbildung 16.4*). Cytosin besitzt mit dem Carbonylsauerstoffatom am C-2 außerdem einen weite-

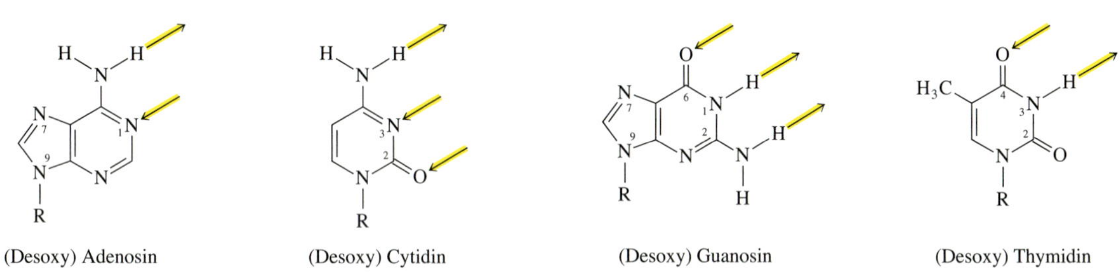

Abbildung 16.4: Wasserstoffdonatoren und Wasserstoffakzeptoren in den Nucleotidbasen, die zur Stabilisierung der DNA-Doppelhelix beitragen (gelb unterlegte Pfeile). Jede der Basen enthält mehrere Atome und funktionelle Gruppen, die prinzipiell in Wasserstoffbrücken eingebunden sein können. An der Stabilisierung der DNA-Doppelhelix sind aber jeweils nur bestimmte Atome einer jeden Base beteiligt. Hier sind die bei Weitem überwiegenden tautomeren Formen der Basen dargestellt. Beim Übergang in ein anderes Tautomer kehren einzelne Gruppen ihre Eigenschaften als Wasserstoffdonatoren oder Wasserstoffakzeptoren um. Durch die Einbindung in das Netzwerk aus Wasserstoffbrücken innerhalb der DNA-Doppelhelix werden die hier gezeigten Tautomere allerdings zusätzlich stabilisiert. R steht für die Zuckereinheit der Nucleoside.

ren Wasserstoffakzeptor. Cytosin und Thymin sowie der Pyrimidinring des Purinsystems von Guanin können jeweils prinzipiell an drei Wasserstoffbrücken beteiligt sein. Beim Guanin treten das Carbonylsauerstoffatom am C-6 als Wasserstoffakzeptor sowie N-1 und die Aminogruppe als Wasserstoffdonatoren auf. Das Stickstoffatom N-3 von Thymin ist ein Wasserstoffdonator und die Carbonylsauerstoffatome an den Atomen C-2 und C-4 stellen Wasserstoffakzeptoren dar. Von diesen sind allerdings nur N-3 und das Sauerstoffatom am C-4 an der Stabilisierung der DNA-Struktur über Wasserstoffbrücken beteiligt. Die Fähigkeit von Uracil, der Nucleotidbase, die hauptsächlich in RNA vorkommt, zur Bildung von Wasserstoffbrücken ähnelt der des Thymins. Die Muster der Wasserstoffbrückenbindungen der Basen in Nucleotiden haben bedeutende Folgen für die dreidimensionale Struktur von Nucleinsäuren. In manchen Nucleinsäuremolekülen und im Zusammenhang mit Nucleinsäure-Protein-Wechselwirkungen können noch weitere Atome der Nucleotidbasen in Wasserstoffbrücken eingebunden sein. Das Stickstoffatom N-7 im Imidazolring von Adenin und Guanin kann zum Beispiel als Wasserstoffakzeptor dienen und von den Aminogruppen der Basen Adenin, Guanin und Cytosin können beide Wasserstoffatome zur Bildung einer Wasserstoffbrücke beitragen. Die Wasserstoffbrücken, die für die Stabilisierung der Doppelhelix-Struktur der DNA eine wichtige Rolle spielen, sind in ▶*Abbildung 16.9* noch einmal dargestellt.

Nucleoside sind aus Ribose oder Desoxyribose und einer der im letzten Abschnitt beschriebenen heterocyclischen Basen aufgebaut. In jedem Nucleosidmolekül liegt das C-1-Atom des Zuckers mit dem N-1-Atom der Pyrimidinbase oder dem N-9-Atom der Purinbase über eine β-*N*-glycosidische Bindung verknüpft vor. Nucleoside stellen somit *N*-Ribosyl- oder *N*-Desoyxribosylderivate der Pyrimidin- und Purinbasen dar. Konventionsgemäß werden die Ringatome der Base und des Zuckers von Nucleosiden separat nach einem jeweils eigenen Schema nummeriert. Bei der Unterscheidung der Positionsnummern für die Base und den Zucker hat die Base insofern Vorrang, als dass ihre Nummerierung mithilfe normaler Zahlen (1, 2, 3 ...) erfolgt, während die Positionsnummern für die Zuckeratome mit einem Strich (1′, 2′, 3′ ...) gekennzeichnet werden. Die β-*N*-glycosidische Bindung des Nucleosids verknüpft also das zum Zucker gehörende C-1′ des Nucleosids mit dem von der Base stammenden N-1 bzw. N-9 des Nucleosids. Die Ribose und die Desoxyribose in Nucleinsäuren unterscheiden sich in einem Substituenten am C-2′. Die 2′-Desoxyribose enthält anstelle der 2′-Hydroxylgruppe ein Wasserstoffatom. Die chemischen Strukturen der mit Abstand wichtigsten Ribonucleoside und Desoxyribonucleoside sind in ▶*Abbildung 16.5* dargestellt.

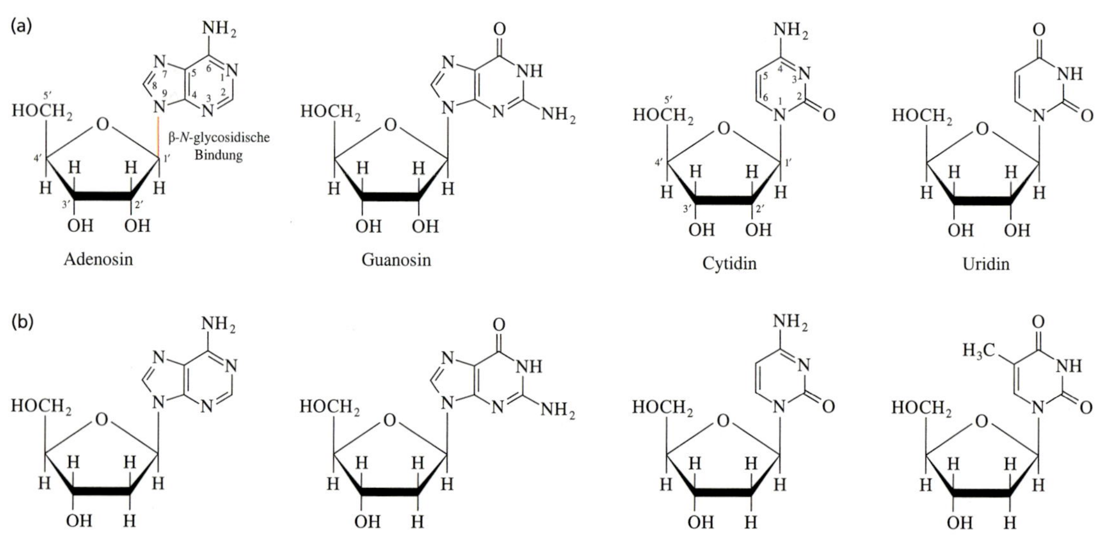

Abbildung 16.5: Chemische Strukturen der Nucleoside. Die Positionsnummern der Ringatome der Zuckereinheiten sind zur Unterscheidung von denen der Basen mit einem Strich (′) gekennzeichnet. (a) Ribonucleoside enthalten die Pentoseeinheit Ribose, die auch am C-2′ eine Hydroxylgruppe trägt. Um die Position der β-*N*-glycosidischen Bindung zu verdeutlichen, ist sie beim Adenosin einmalig in Rot dargestellt. (b) Desoxyribonucleoside weisen anstelle der Hydroxylgruppe am C-2′ der Zuckereinheit ein zweites Wasserstoffatom auf.

Die Namen der Nucleoside leiten sich von denen ihrer Basen ab. Das Ribonucleosid der Base Adenin wird zum Beispiel Adenosin genannt (der systematische Name 9-β-D-Ribofuranosyladenin wird nur sehr selten verwendet). Das entsprechende Desoxyribonucleosid heißt sinnvollerweise Desoxyadenosin. Die Namen der Ribonucleoside von Guanin, Cytosin und Uracil lauten Guanosin, Cytidin und Uridin und die Desoxyribonucleoside von Guanin, Cytosin und Thymin haben die Namen Desoxyguanosin, Desoxycytidin und Desoxythymidin. Weil die Base Thymin in Ribonucleosiden nur sehr selten auftritt, wird Desoxythymidin häufig einfach als Thymidin bezeichnet. Die Ein-Buchstaben-Abkürzungen, die für die Purin- und Pyrimidinbasen eingeführt wurden, werden häufig auch für die entsprechenden Nucleoside verwendet, also A für Adenin und Adenosin, G für Guanin und Guanosin, C für Cytosin und Cytidin, U für Uracil und Uridin sowie T für Thymin. Die Desoxyribonucleoside werden entsprechend durch die Abkürzungen dA, dG, dC und dT beschrieben.

Die freie Rotation um die glycosidische Bindung in Nucleosiden und Nucleotiden ist infolge sterischer Wechselwirkungen erheblich eingeschränkt. In Purinnucleotiden stehen zwei Konformationen im schnellen Gleichgewicht, eine *syn*- und eine *anti*-Konformation (▶*Abbildung 16.6*). Pyrimidinnucleotide liegen weit überwiegend in der stabileren *anti*-Konformation vor. In Nucleinsäuren treten sowohl die Pyrimidin- als auch die Purinnucleotide in den meisten Fällen in der *anti*-Konformation auf.

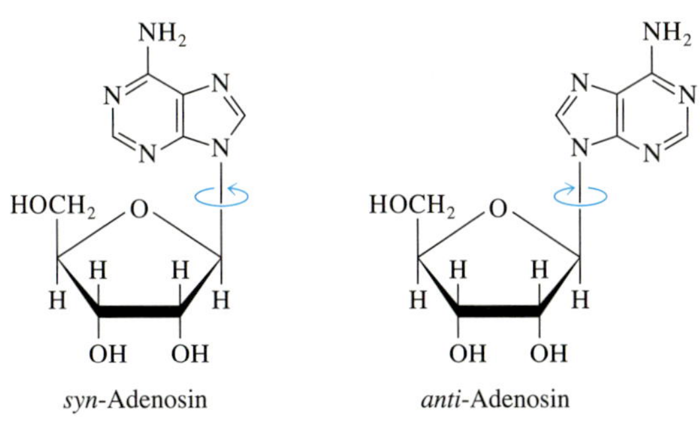

Abbildung 16.6: *Syn*- und *anti*-Konformation von Adenosin. Purinnucleoside kommen sowohl in der anti- als auch der syn-Konformation vor. Bei den Pyrimidinnucleosiden ist die anti-Konformation erheblich stabiler, sodass sie die syn-Konformation praktisch nicht von allein annehmen.

Nucleotide stellen phosphorylierte Derivate von Nucleosiden dar. Ribonucleoside besitzen drei Hydroxylgruppen, am C-2′, C-3′ und C-5′, und Desoxyribonucleoside zwei Hydroxylgruppen, am C-3′ und C-5′, die prinzipiell phosphoryliert werden können. In natürlich vorkommenden Nucleotiden liegen die Phosphorylgruppen meistens mit dem Sauerstoffatom am C-5′ verknüpft vor. Üblicherweise ist bei Nucleotiden immer von den 5′-Phosphatestern der Nucleoside die Rede, wenn nicht eine andere Position der Phosphorylgruppe explizit angegeben wird. In den Namen der Nucleotide wird die Anzahl der Phosphorylgruppen, die an die 5′-Hydroxylgruppe gebunden sind, angegeben. Der 5′-Monophosphatester von Adenosin ist zum Beispiel unter dem Namen Adenosinmonophosphat (AMP) bekannt. AMP wird aber auch häufig einfach Adenylat genannt. Der 5′-Monophosphatester von Desoxycytidin heißt dementsprechend Desoxycytidinmonophosphat (dCMP) oder kurz Desoxycytidylat. Da Thymin in der Regel nur in Desoxyribonucleinsäure und nicht in Ribonucleinsäure vorkommt, wird häufig die Bezeichnung Thymidylat für den 5′-Monophosphatester des Desoxyribonucleosids von Thymin verwendet. Um jede Zweideutigkeit zu vermeiden, wird dieses Nucleotid aber auch Desoxythymidylat bzw. Desoxythymidinmonophosphat genannt. ▶*Tabelle 16.1* liefert einen Überblick über die Nomenklatur der Purin- und Pyrimidinbasen, der Nucleoside und der 5′-Nucleotide. Die Abkürzungen für die Nucleotide, wie AMP oder dCMP, repräsentieren die jeweiligen Nucleotide, in denen die 5′-Hydroxylgruppe in den Phosphatester eingebunden ist. Für Nucleotide, in denen die Phosphatgruppe eine andere Position besetzt, wird der Abkürzung noch die entsprechende Position vorangestellt, also zum Beispiel 3′-AMP.

Nucleosidmonophosphate sind Derivate der Phosphorsäure und liegen bei physiologischem pH-Wert als Anionen vor. Sie stellen zweiwertige Säuren dar, deren pK_S-Werte etwa 1 und 6 betragen. Auch die Stickstoffatome der heterocyclischen Ringe können je nach pH-Wert in ionischer Form vorliegen. Die Nucleosidmonophosphate können weiter zu Nucleosiddiphosphaten und Nucleosidtriphosphaten phosphoryliert werden. Diese zusätzlichen Phosphorylgruppen werden durch die Bildung von Phosphoanhydriden (Phosphorsäureanhydride) an die erste bzw. die zweite Phosphorylgruppe angehängt. Die chemischen Strukturen der Desoxyribonucleosid-5′-monophosphate sind in ▶*Abbildung 16.7* dargestellt und das Molekülmodell, ebenfalls in ▶*Abbildung 16.7*, illustriert die dreidimensionale Struktur eines Nucleotids am Beispiel von dGMP. Das dGMP-Molekül in diesem Modell befindet sich in der *anti*-Konformation bezüglich der glycosidischen Bindung und sein Zuckerring liegt in einer gewinkelten Konformation vor. Die Ebene des Purinringsystems steht annähernd senkrecht zum Desoxyribosering. Die Phosphorylgruppe und die Purinbase befinden sich auf derselben Seite des Zuckerrings, weisen aber voneinander weg.

Tabelle 16.1

Nomenklatur von Basen, Nucleosiden und Nucleotiden

Base	Ribonucleosid	Ribonucleotid (5′-Monophosphat)
Adenin (A)	Adenosin	Adenosin-5′-monophosphat (AMP); Adenylat[a]
Guanin (G)	Guanosin	Guanosin-5′-monophosphat (GMP); Guanylat[a]
Cytosin (C)	Cytidin	Cytidin-5′-monophosphat (CMP); Cytidylat[a]
Uracil (U)	Uridin	Uridin-5′-monophosphat (UMP); Uridylat[a]
Base	**Desoxyribonucleosid**	**Desoxyribonucleotid (5′-Monophosphat)**
Adenin (A)	Desoxyadenosin	Desoxyadenosin-5′-monophosphat (dAMP); Desoxyadenylat[a]
Guanin (G)	Desoxyguanosin	Desoxyguanosin-5′-monophosphat (dGMP); Desoxyguanylat
Cytosin (C)	Desoxycytidin	Desoxycytidin-5′-monophosphat (dCMP); Desoxycytidylat
Thymin (T)	Desoxythymidin oder Thymidin	Desoxythymidin-5′-monophosphat (dTMP); Desoxythymidylat[a] oder Thymidylat[a]

[a] Bei einem pH-Wert von 7,4 überwiegen die anionischen Formen der Phosphatester.

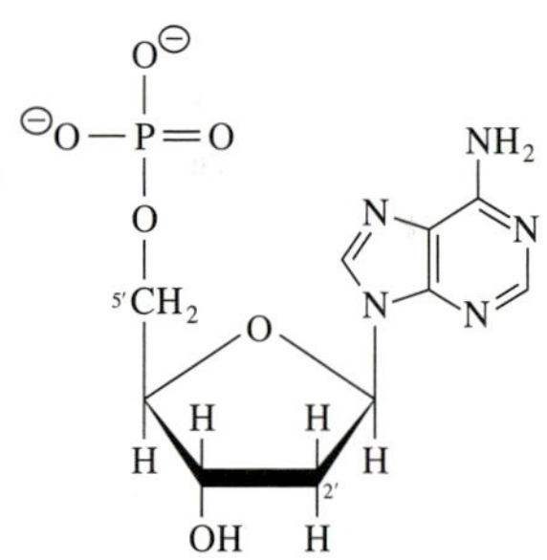

2′-Desoxyadenosin-5′-monophosphat (Desoxyadenylat, dAMP)

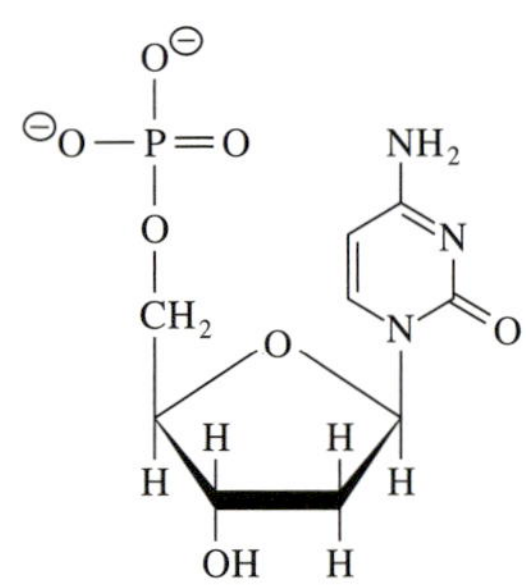

2′-Desoxycytidin-5′-monophosphat (Desoxycytidylat, dCMP)

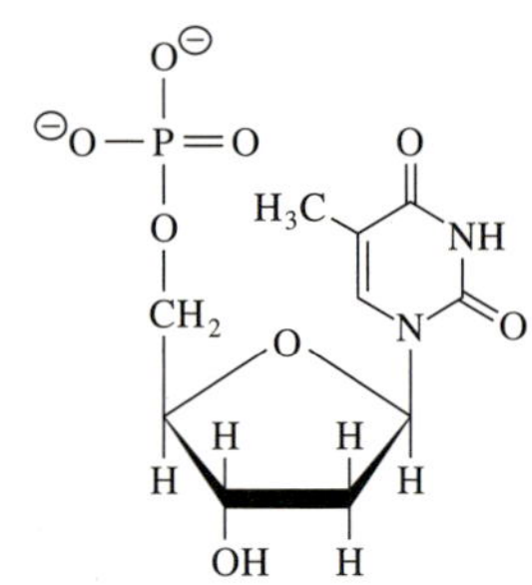

2′-Desoxythymidin-5′-monophosphat (Desoxythymidylat, dTMP)

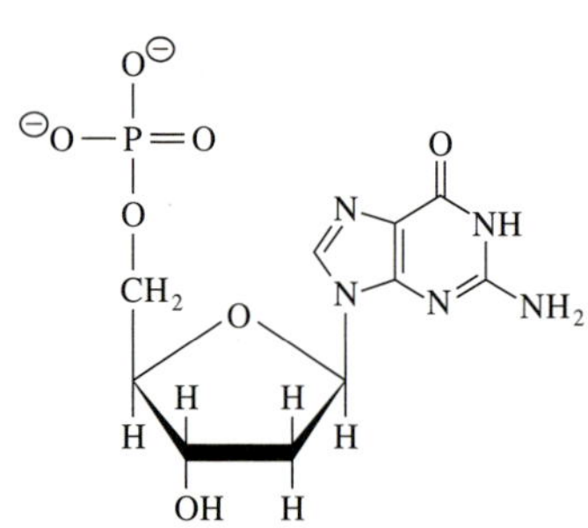

2′-Desoxyguanosin-5′-monophosphat (Desoxyguanylat, dGMP)

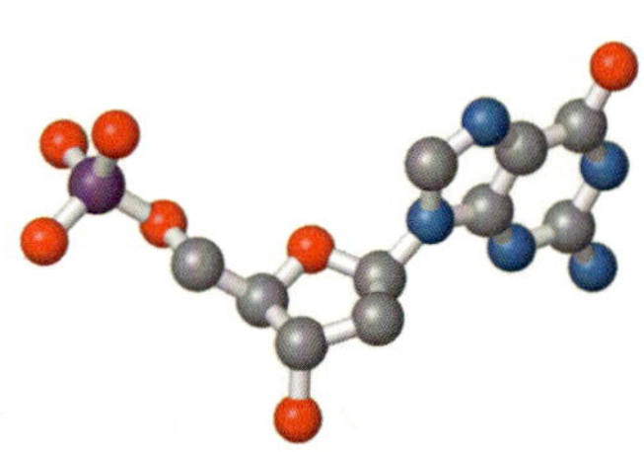

Abbildung 16.7: Chemische Strukturen der Desoxyribonucleosidmonophosphate und 3D-Kugel-Stab-Modell von Desoxyguanosin-5′-monophosphat (dGMP).

Auch die Namen der Nucleosidoligophosphate können durch Abkürzungen ausgedrückt werden. Zu diesem Zweck wird für jede Phosphorylgruppe der Kleinbuchstabe p eingesetzt, während für die Nucleoside die oben bereits eingeführten Ein-Buchstaben-Abkürzungen verwendet werden. Handelt es sich um ein 5′-Phosphat, wird das p der Abkürzung für das Nucleosid vorangestellt, bei einem 3′-Phosphat wird es angehängt. Die Abkürzung für 5′-Adenylat (AMP) gemäß dieser Nomenklatur lautet also zum Beispiel pA, die für 3′-Desoxyadenylat dagegen dAp und die für ATP pppA.

16.2 Die doppelsträngige Struktur der DNA

Um das Jahr 1950 war bereits bekannt, dass DNA-Moleküle lineare Polymere aus 2′-Desoxyribonucleotidresten, die über 3′–5′-Phosphodiester-Brücken verknüpft sind, darstellen. Weiterhin hatte Erwin Chargaff bestimmte Regelmäßigkeiten in der Nucleotidzusammensetzung von DNA-Proben aus einer breiten Vielfalt von Prokaryonten und Eukaryonten entdeckt. Er beobachtete unter anderem, dass einerseits A und T sowie andererseits C und G jeweils in äquimolaren Mengen auftreten. Das von Watson und Crick im Jahr 1953 vorgeschlagene Modell der DNA basierte auf den bekannten Strukturen der Nucleoside, auf Röntgenbeugungsdiagrammen, die Rosalind Franklin und Maurice Wilkins bei der Untersuchung von DNA-Fasern erhalten hatten. Das Watson-Crick-Modell erklärte die gleichen Mengen von Purin- und Pyrimidinbasen mit der Annahme eines doppelsträngigen DNA-Moleküls, in dem die Basen in einem Strang spezifisch nur mit bestimmten Basen des anderen Strangs gepaart vorliegen, und zwar A mit T und C mit G. Die von Watson und Crick vorgeschlagene DNA-Struktur entspricht der Konformation, die heute als B-Konformation der DNA oder einfach als B-DNA bekannt ist.

Die Kenntnis der DNA-Struktur ist für das Verständnis der Prozesse bei der Replikation und der Transkription der DNA unentbehrlich. Die DNA dient als Speicher für die genetische Information. Jede Zelle enthält Dutzende von Proteinen und Enzymen, die an DNA binden können und dabei bestimmte strukturelle Merkmale, wie zum Beispiel spezifische Nucleotidsequenzen, erkennen. In den folgendem Abschnitten werden die Struktur der DNA und der Zugang dieser Proteine zu der gespeicherten Erbinformationen erläutert.

16.2.1 3′–5′-Phosphodiester-Brücken zwischen Nucleotiden

Die Primärstruktur eines Proteins entspricht der Reihenfolge oder Sequenz ihrer durch Peptidbindungen verknüpften Aminosäurereste. Unter der Primärstruktur eines DNA-Moleküls verstehen wir analog die Sequenz seiner Nucleotidreste, die durch 3′–5′-Phosphodiester-Brücken miteinander verbunden sind. Die Struktur eines Tetranucleotids, die einen Ausschnitt aus einem DNA-Molekül repräsentiert und die chemische Natur der Nucleotidverknüpfungen verdeutlicht, ist in ▸*Abbildung 16.8* dargestellt. Das Rückgrat (engl. *backbone*) der Polynucleotidkette besteht aus den Phosphatgruppen sowie aus den Kohlenstoffatomen C-3′, C-4′, C-5′ und O-3′ der Desoxyriboseeinheiten (häufig werden auch noch die restlichen Atome der Riboseeinheiten zum Rückgrat gezählt). In ▸*Abbildung 16.8* kann man erkennen, dass diese Atome des Rückgrats in einer eher gestreckten Konformation angeordnet sind. Im Gegensatz zu Polypeptidketten, die durch viele Knicke in der Regel relativ kompakte Strukturen bilden, existiert doppelsträngige DNA in Form von langgestreckten, dünnen Molekülen.

Alle Nucleotidreste in einer Polynucleotidkette weisen die gleiche Orientierung auf, weil die Nucleotide nur über 3′–5′-Brücken und nicht über 3′–3′-Brücken oder 5′–5′-Brücken verbunden sind. Die Polynucleotidketten besitzen deswegen wie Polypeptidketten eine Richtung. Die beiden Enden der linearen (unverzweigten) Polynucleotidkette sind infolgedessen unterscheidbar. Am sogenannten 5′-Ende befindet sich am C-5′ eine freie Phosphatgruppe, die mit keinem weiteren Zuckerrest verbunden ist. Am anderen, sogenannten 3′-Ende liegt dagegen eine freie Hydroxylgruppe am C-3′ vor, die keine Phosphorylgruppe trägt und auch nicht auf andere Weise mit einem weiteren Nucleotid verbunden ist. Konventionsgemäß wird die Richtung, in der man ein DNA-Molekül betrachtet, durch die Kohlenstoffatome der Zuckereinheiten definiert. Blickt oder bewegt man sich entlang des Moleküls in ▸*Abbildung 16.8* von oben nach unten, so folgt man demnach der 5′→3′-Richtung. Wandert man entlang des Moleküls von unten nach oben, entspricht dies dementsprechend der 3′–5′-Richtung. Bei der abgekürzten Schreibweise für Nucleotide und Polynucleotide, wie zum Beispiel für das Tetranucleotid pdApdGpdTpdC in ▸*Abbildung 16.8*, sind die einzelnen Nucleotidreste in 5′–3′-Richtung notiert, wenn nicht eine andere Richtung explizit angegeben ist. Jedes p in der Abkürzung steht für das Tetranucleotid in ▸*Abbildung 16.8* für eine Phosphatgruppe und jedes d wird durch den nachfolgenden Buchstaben spezifizierte Nucleotid als Desoxynucleotid identifiziert. Wenn unmissverständlich klar ist, dass es sich um ein DNA-Molekül handelt, kann die Abkürzung für das Molekül durch Weglassen der Kleinbuchstaben p und d noch weiter vereinfacht werden. Das Tetranucleotid in ▶*Abbildung 16.8* erhält dann die Kurzbezeichnung AGTC. Die Phosphatgruppen, die an einer Phosphodiester-Brücke beteiligt sind, weisen einen pK_S-Wert von etwa 2 auf. Infolgedessen liegen sie bei neutralem pH-Wert deprotoniert vor und tragen somit jeweils eine negative Ladung. Nucleinsäuren stellen deswegen unter physiologischen Bedingungen Polyanionen dar. Natürlich können Polyanionen nicht isoliert ohne die Gegenwart von Kationen, die die Ladung insgesamt ausgleichen, auftreten. Innerhalb von Zellen dienen zum Ausgleich der Ladungen kleine Kationen und positiv geladen Proteine.

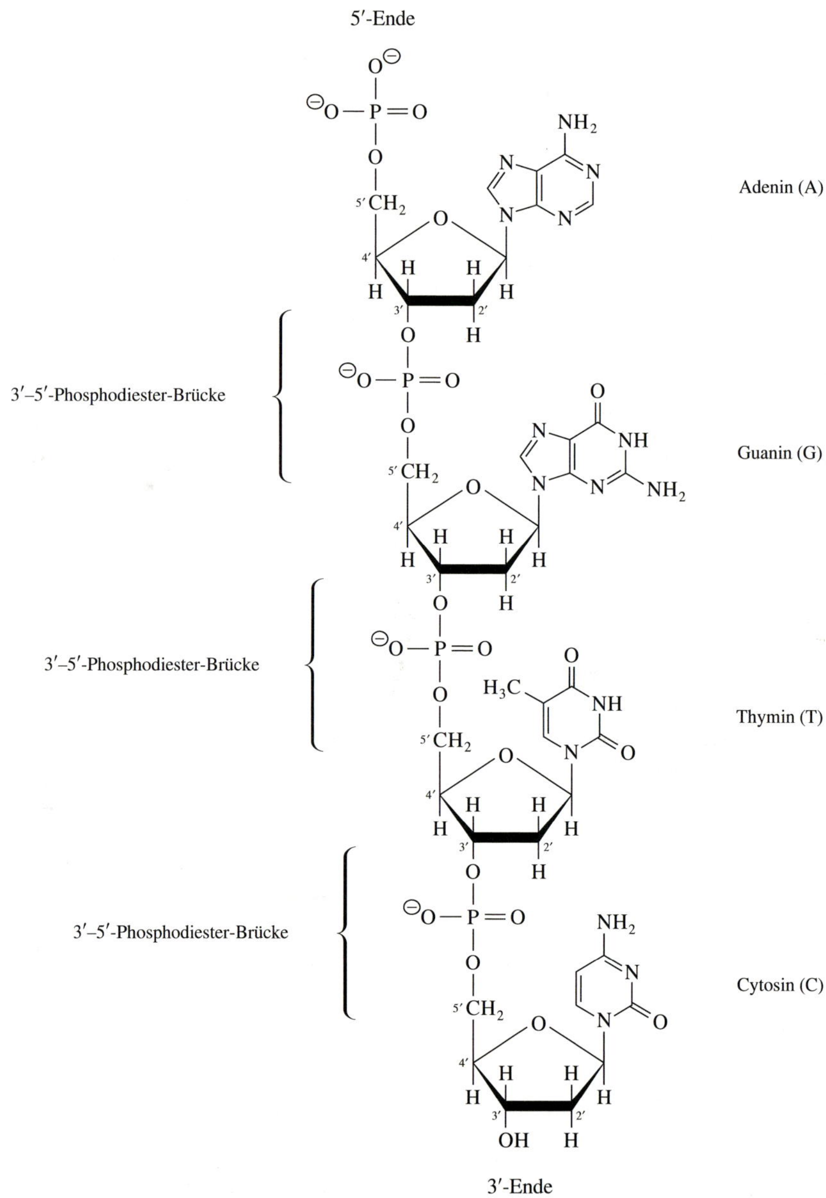

Abbildung 16.8: Chemische Struktur des Tetranucleotids pdApdGpdTpdC. Die Nucleotidreste sind über 3′–5′-Phosphodiester-Brücken miteinander verknüpft. Das Nucleotid mit der freien 5′-Phosphorylgruppe wird auch 5′-Ende genannt, während man das Nucleotid mit der freien 3′-Hydroxylgruppe als 3′-Ende bezeichnet.

16.2.2 Eine Doppelhelix aus zwei antiparallelen Strängen

Die meisten DNA-Moleküle bestehen aus zwei Polynucleotidsträngen. Jede der Basen des einen Strangs bildet Wasserstoffbrücken zu einer Base im anderen Strang (▶*Abbildung 16.9*). Die Basenpaarungen finden in der Regel zwischen dem Lactamtautomer einer Base und dem Aminotautomer einer anderen Base statt. Guanin bildet ein Basenpaar mit Cytosin und Adenin mit Thymin unter Ausbildung der sterisch maximal möglichen Anzahl von Wasserstoffbrücken. Demgemäß werden GC-Basenpaare durch drei Wasserstoffbrücken und AT-Basenpaare durch zwei Wasserstoffbrücken stabilisiert. Diese Merkmale der doppelsträngigen DNA sind für die von Chargaff in einer breiten Vielfalt von DNA-Molekülen entdeckten A/T- und G/C-Basenverhältnisse von 1:1 verantwortlich. Da jedes A mit einem T und jedes G mit einem C im anderen Strang paart, sind die beiden Stränge zueinander komplementär und jeder der Stränge kann als Matrize für den anderen dienen.

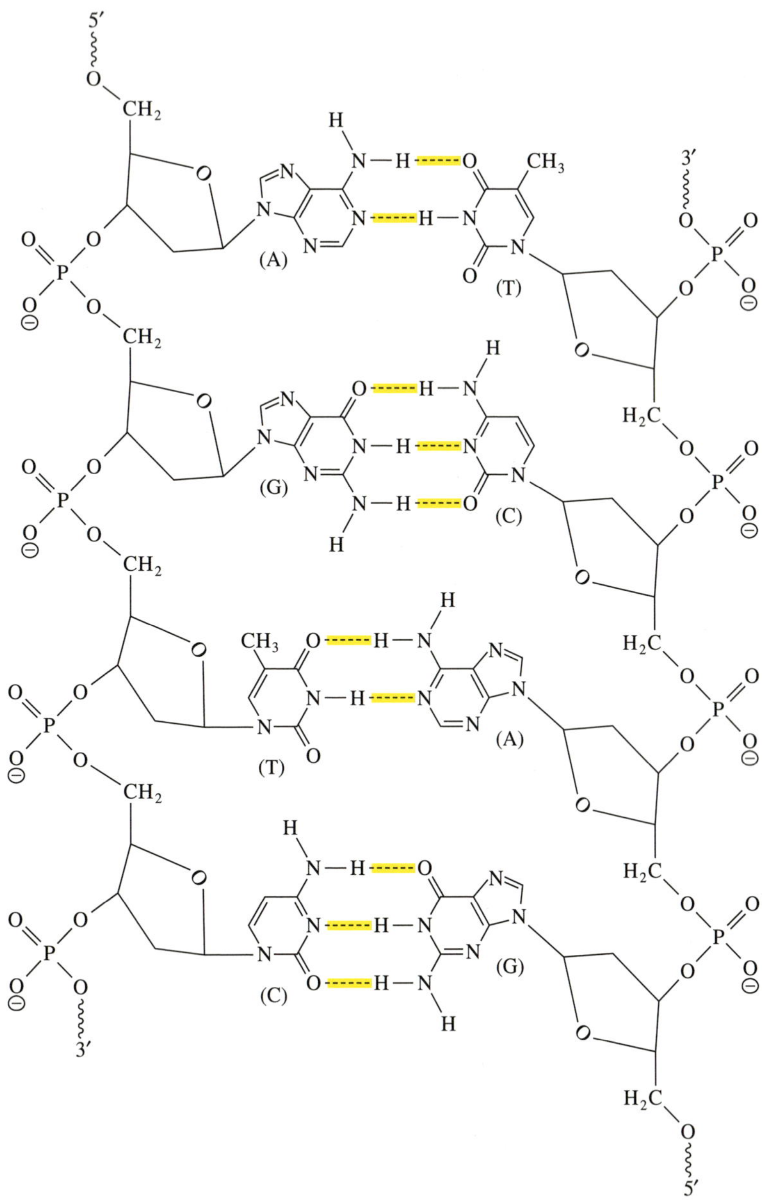

Abbildung 16.9: Chemische Struktur einer doppelsträngigen DNA. Die beiden komplementären Stränge verlaufen in entgegengesetzter Richtung. Jedes Adenin bildet ein Basenpaar mit einem Thymin im anderen Strang, das durch zwei Wasserstoffbrücken stabilisiert wird. Außerdem paart jedes Guanin über drei Wasserstoffbrücken mit einem Cytosin im anderen Strang.

Die Zucker-Phosphat-Rückgrate der beiden komplementären Stränge eines doppelsträngigen DNA-Moleküls sind entgegengesetzt orientiert. Mit anderen Worten: Die beiden Stränge sind antiparallel. Infolgedessen befinden sich an jedem Ende der doppelsträngigen DNA das 5′-Ende eines Strangs und das 3′-Ende des anderen Strangs. Der Abstand zwischen den beiden Zucker-Phosphat-Rückgraten ist im Bereich aller Basenpaare gleich groß. Deshalb weisen alle DNA-Moleküle die gleiche regelmäßige Struktur auf, obwohl ihre Nucleotidsequenzen sehr verschieden sein können. Die tatsächliche Struktur der DNA unterscheidet sich von den zweidimensionalen Strukturformeln in ▶*Abbildung 16.9* in zwei wichtigen Gesichtspunkten. In einer realitätsnahen dreidimensionalen Darstellung eines DNA-Moleküls sind die beiden Stränge ineinander verwunden und bilden eine zweisträngige, helikale Struktur, die DNA-Doppelhelix. Außerdem sind die planaren Ringsysteme der Basen im Vergleich zur ▶*Abbildung 16.9* gedreht, sodass sie annähernd senkrecht zur Papierebene stehen. Die Ringebene der Base in den beiden Konformationen von dGMP ist fast senkrecht zur Ebene des Zuckerrings angeordnet (▶*Abbildung 16.7*).

Die Struktur der DNA-Doppelhelix kann verdeutlicht werden, indem man sie als Leiter betrachtet, deren Holme der Länge nach zu einer Helix verdrillt wurden. Die Sprossen der Leiter repräsentieren in diesem Modell die Basenpaare und die Holme entsprechen den Rückgraten der beiden Nucleotidstränge. Jeder der beiden komplementären Stränge stellt eine perfekte Matrize des anderen Strangs dar. Diese Komplementarität ist für die Regelmäßigkeiten in der Gesamtstruktur der doppelsträngigen DNA-Moleküle verantwortlich. Allerdings führen die komplementären Basenpaarungen allein noch nicht zur helikalen Struktur der DNA. Die kooperativen, nichtkovalenten Wechselwirkungen zwischen den Ober- und Unterseiten der benachbarten Basenpaare verursachen eine Annäherung der Basenpaare und erzeugen einen hydrophoben Innenraum. Diese Wechselwirkungen rufen eine stapelförmige Anordnung der Basenpaare hervor und erzwingen dadurch die Verdrillung des DNA-Doppelstrangs zu der bekannten Helixstruktur (▶*Abbildung 16.10a*). In der häufigs-

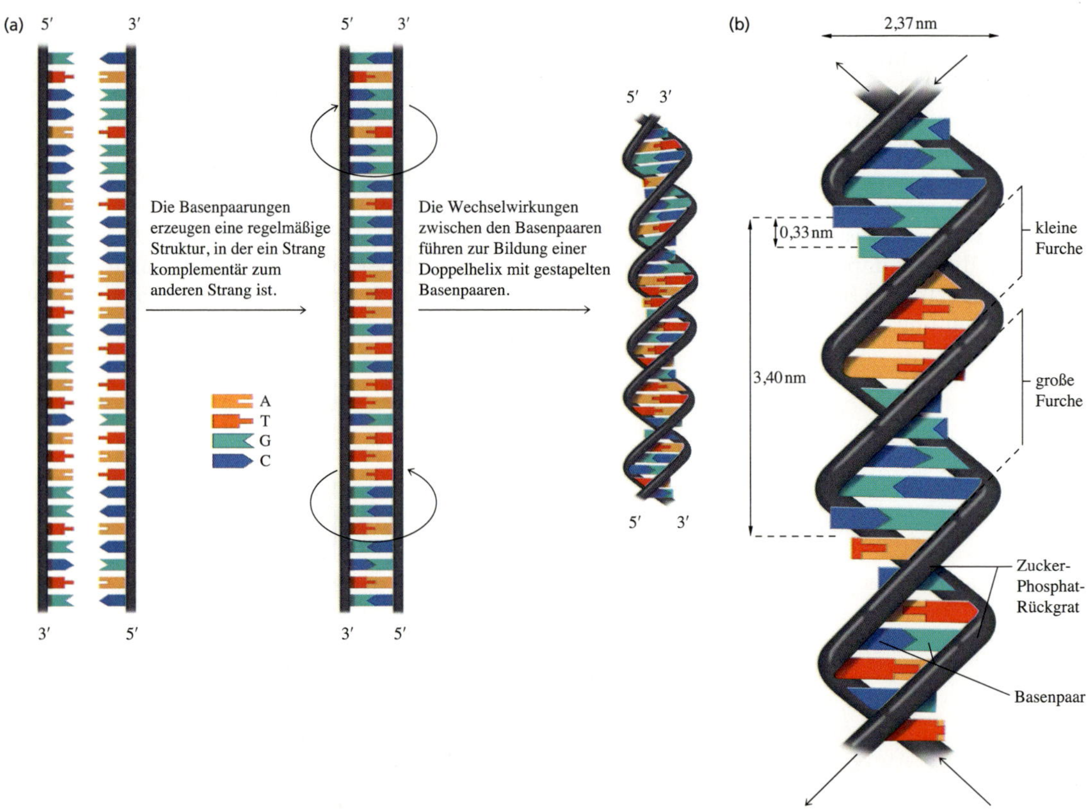

Abbildung 16.10: Schematische Darstellung der (a) komplementären Basenpaarung, der Basenstapelung und der helikalen Verdrillung in doppelsträngiger DNA sowie (b) der dreidimensionalen Struktur von B-DNA. Dieses Modell zeigt die Orientierung der Basenpaare und der Zucker-Phosphat-Rückgrate sowie die relativen Größen der Pyrimidin- und Purinbasen. Die hydrophilen Zucker-Phosphat-Rückgrate winden sich um die Außenseite der Helix und umhüllen somit die Basenpaare im hydrophoben Inneren der Helix. Die genaue Geometrie der Basenpaare und ihrer Stapelung führt zur Ausbildung von zwei unterschiedlich breiten Furchen in der äußeren Oberfläche der Helix, der großen Furche und der kleinen Furche. Der Durchmesser der idealen B-Helix beträgt 2,37 nm und der Abstand zwischen zwei Basenpaaren beläuft sich auf 0,33 nm. Der Fortschritt entlang der Längsachse der Helix für eine volle Umdrehung (Windung), die sogenannte Ganghöhe, beträgt 3,40 nm.

ten Konformation der Doppelstrang-DNA, der sogenannten B-Konformation, sind die Basenpaare übereinandergestapelt und stehen annähernd senkrecht zur Längsachse des Moleküls. Ein großer Teil der strukturellen Stabilität der doppelsträngigen DNA ist auf die Stapelkräfte zwischen den Basenpaaren zurückzuführen.

Die beiden hydrophilen Zucker-Phosphat-Rückgrate bilden die äußere Oberfläche der Doppelhelix und stehen mit der wässrigen Umgebung in Kontakt. Die relativ hydrophoben, gestapelten Basen befinden sich dagegen im Inneren der Helix, wo sie für Wassermoleküle zum großen Teil unzugänglich sind. Diese hydrophobe Mikroumgebung führt zu einer zusätzlichen Stabilisierung der Wasserstoffbrücken zwischen den Basen, weil sie von den konkurrierenden Wassermolekülen abgeschirmt sind. Die Doppelhelix der B-DNA weist an der Außenseite infolge der Art der Basenpaarungen und der Verdrillung der Zucker-Phosphat-Rückgrate zwei unterschiedlich große Furchen auf. Diese Furchen werden große Furche und kleine Furche genannt (▸*Abbildung 16.10b*). In den Furchen können Wassermoleküle aus der Umgebung der Helix mit funktionellen Gruppen am Rand der Basenpaare, deren Art und Anordnung für jedes Basenpaar charakteristisch ist, in Wechselwirkung treten. Weil die Basenpaare in den Furchen von außen zugänglich sind, können sie durch Moleküle, die mit bestimmten Basenpaaren wechselwirken, erkannt werden, ohne dass die Helix entwunden werden muss. Dies ist besonders für Proteine, die an doppelsträngige DNA binden und eine spezifische Sequenz lesen müssen, von großer Bedeutung.

Die Doppelhelix der B-DNA ist rechtsgängig und weist einen Durchmesser von 2,37 nm auf. Die Versetzung (engl. *rise*) der Helix, also der Abstand zwischen zwei benachbarten Basenpaaren entlang der Helixachse, beträgt im Mittel 0,33 nm, während sich die Ganghöhe (engl. *pitch*), also der Fortschritt entlang der Längsachse der Helix im Verlauf einer vollen Umdrehung (Windung), auf 3,40 nm beläuft. Diese Werte unterliegen in Abhängigkeit von der Basenzusammensetzung gewissen Schwankungen. Da die Helix pro Umdrehung 10,4 Basenpaare enthält, sind zwei benachbarte Nucleotide innerhalb eines Stranges um 34,6° (360°/10,4) gegeneinander verdreht.

In ▸*Abbildung 16.11* sind zwei verschiedene Modelle des gleichen B-DNA-Moleküls dargestellt. Das Kugel-Stab-Modell (▸*Abbildung 16.11a*) verdeutlicht, dass die Wasserstoffbrücken zwischen den Basen der Basenpaare im Inneren des Moleküls liegen. Dort sind sie, wie man am Kalottenmodell in ▸*Abbildung 16.11b* erkennen kann, vor den konkurrierenden Wechselwirkungen mit Wassermolekülen aus der Umgebung geschützt. Auch die Lage der geladenen Phosphatgruppen an der äußeren Oberfläche der Helix wird durch das Kalottenmodell besser veranschaulicht. Die Phosphatgruppen können anhand der dunkelviolett dargestellten Phosphoratome leicht identifiziert werden. Das Kalottenmodell zeigt außerdem die relativ frei zugängliche Lage von funktionellen Gruppen an den Kanten der Basen, die in der großen oder kleinen Furche lokalisiert sind. Diese Gruppen sind an den Anhäufungen der blau dargestellten Stickstoffatome und den unmittelbar benachbarten, roten Sauerstoffatomen zu erkennen.

(a)

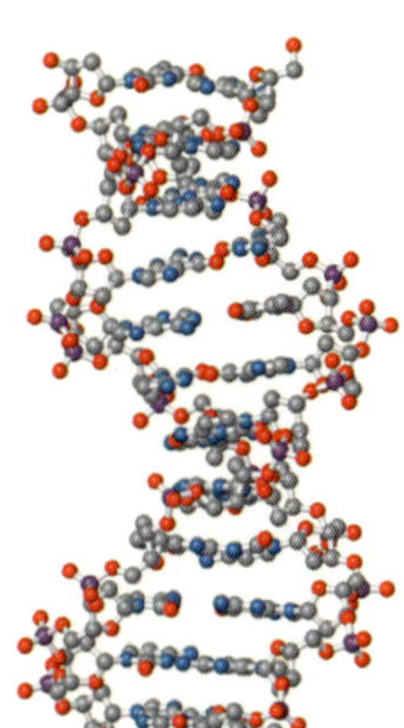

(b)

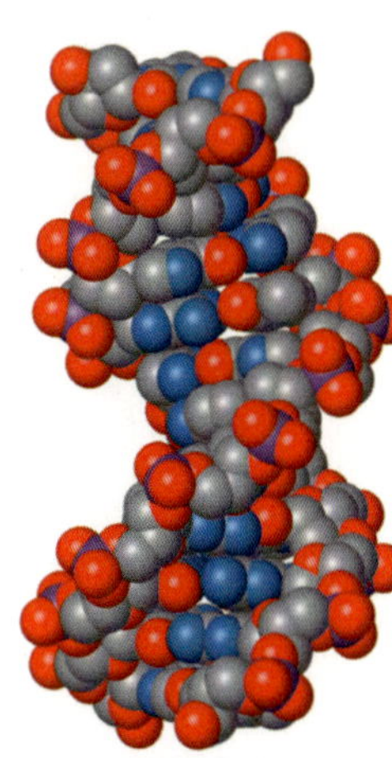

Abbildung 16.11: Zwei Modelle einer B-DNA. (a) Kugel-Stab-Modell (engl. *ball-and-stick model*). Die Basenpaare stehen annähernd senkrecht zur zentralen Helixlängsachse. (b) Kalottenmodell (engl. *space-filling model*). Farbschlüssel: Kohlenstoff, grau; Stickstoff, blau; Sauerstoff, rot; Phosphor, dunkelviolett [NDB BD0001].

Die Länge von doppelsträngigen DNA-Molekülen wird häufig durch die Anzahl ihrer Basenpaare (bp) angegeben. Für eine bessere Übersichtlichkeit verwendet man bei längeren Helices die Einheit Kilobasenpaare, die üblicherweise mit kb abgekürzt wird (1000 bp = 1 kb). Die meisten bakteriellen Genome bestehen aus einem einzelnen DNA-Molekül mit mehreren Tausend kb. Das Genom von *Escherichia coli* enthält zum Beispiel 4600 kb. Die größten DNA-Moleküle, die in den Chromosomen von Säugetieren und Pflanzen vorkommen, können bis zu mehrere Hunderttausend kb lang sein. Das gesamte Humangenom enthält etwa 3.200.000 kb, also $3{,}2 \times 10^9$ Basenpaare. Die meisten Bakterien besitzen ein Chromosom, das nur aus einem einzelnen ringförmigen, doppelsträngigen DNA-Molekül ohne freie Enden besteht. Auch die DNA in den Mitochondrien und Chloroplasten eukaryontischer Zellen ist ringförmig. Die DNA-Moleküle in den Chromosomen im Kern eukaryontischer Zellen sind dagegen linear. Manche Bakterien weisen aber auch mehrere und manche lineare Chromosomen auf.

16.2.3 Stabilisierung der Doppelhelix durch schwache Wechselwirkungen

Native Konformationen von komplizierten zellulären Strukturen werden durch Wechselwirkungen aufrechterhalten, deren Stärke für diesen Zweck ausreicht, die aber gleichzeitig schwach genug sind, um eine gewisse konformative Flexibilität zu ermöglichen. Kovalente Bindungen zwischen benachbarten Resten legen die Primärstruktur von Proteinen und Nucleinsäuren fest, aber die dreidimensionale Gestalt dieser Makromoleküle wird hauptsächlich durch schwache Wechselwirkungen stabilisiert. Die Konformation von doppelsträngigen DNA-Molekülen wird im Wesentlichen durch vier verschiedene Typen von Wechselwirkungen beeinflusst. Die benachbarten Basenpaare in den Basenstapeln bilden untereinander Van-der-Waals-Kontakte. Obwohl die Kräfte infolge dieser Kontakte zwischen einzelnen Basenpaaren nur relativ klein sind, leistet die große Summe aller Van-der-Waals-Kontakte in langen DNA-Molekülen einen erheblichen Beitrag zur Stabilisierung der Doppelhelices. Zweitens stellen die Wasserstoffbrücken zwischen den Basen der Basenpaare einen merklichen Stabilisierungsfaktor für die Doppelhelix dar. Drittens erhöht die Zusammenlagerung der relativ hydrophoben Purin- und Pyrimidinringe im Inneren der Helix die Stabilität der Helix infolge der damit verbundenen hydrophoben Effekte. Schließlich stellt viertens die elektrostatische Abstoßung zwischen den negativ geladenen Phosphatgruppen im Rückgrat des Nucleinsäuremoleküls eine potenzielle Ursache für Instabilitäten in der DNA-Helix dar. Allerdings werden die elektrostatischen Abstoßungen durch die Anwesenheit von Metallkationen wie Mg^{2+} und von kationischen Proteinen minimiert. Kationische Proteine erhalten ihre positive Ladung durch die in verhältnismäßig großer Zahl vorhandenen Arginin- und Lysinreste. Unter physiologischen Bedingungen ist die doppelsträngige DNA thermodynamisch stabiler als die getrennten Stränge. Deswegen liegt *in vivo* überwiegend die doppelsträngige Form vor. In lokalen Regionen kann die helikale Struktur der Doppelstrang-DNA allerdings manchmal vorübergehend entwunden werden. Solche Entwindungen erfolgen während der Replikation, der Reparatur, der Rekombination und der Transkription von DNA. Die vollständige Entwindung der Doppelhelix und die nachfolgende Trennung der Stränge entsprechen einer Denaturierung der DNA, die aber nur unter bestimmten Bedingungen *in vitro* stattfindet.

Doppelstrang-DNA kann ähnlich wie Proteine durch Erhitzen oder durch chaotrope Agenzien, wie zum Beispiel Harnstoff oder Guanidiniumchlorid, denaturiert werden. Bei Untersuchungen der thermischen Denaturierung wird die Temperatur einer DNA-Lösung langsam erhöht. Mit steigender Temperatur werden mehr und mehr Wasserstoffbrücken zwischen den Basen der Basenpaare gespalten und immer mehr Basen brechen aus den Basenstapeln aus. Schließlich erfolgt die vollständige Trennung der beiden DNA-Stränge. Die Temperatur, bei der die Hälfte der DNA in Einzelstrang-DNA umgewandelt wurde, nennt man die Schmelztemperatur (T_m) der DNA. Der Fortschritt der Denaturierung kann durch die Messung der Absorption von ultraviolettem Licht durch die DNA verfolgt werden. Die Messungen werden bei einer Wellenlänge von 260 nm, also nahe am Absorptionsmaximum von Nucleinsäuren, durchgeführt. Einzelsträngige DNA zeigt bei 260 nm eine um 12 bis 40 Prozent höhere Extinktion als doppelsträngige DNA. Ein Diagramm, in dem die Extinktion einer DNA-Lösung gegen die Temperatur aufgetragen ist, nennt man die Schmelzkurve der DNA (▶*Abbildung 16.12a*). Die Extinktion steigt im Bereich der Schmelztemperatur steil an. Das bedeutet, dass der Übergang von der doppelsträngigen zur einzelsträngigen DNA in einem schmalen Temperaturbereich stattfindet.

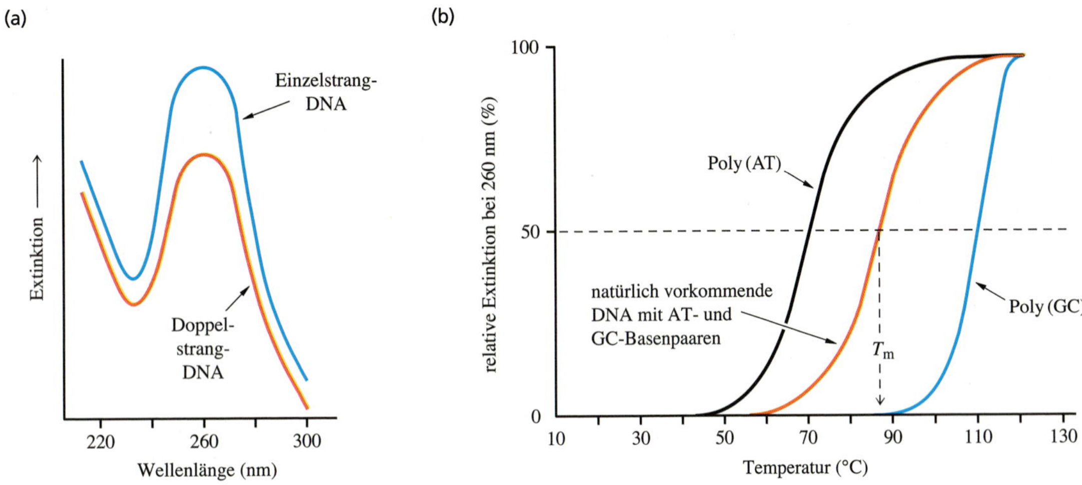

Abbildung 16.12: Absorptionsspektren von doppelsträngiger und einzelsträngiger DNA. (a) Bei einem pH-Wert von 7,0 weist DNA ein Absorptionsmaximum nahe bei 260 nm auf. Die Extinktion von denaturierter, einzelsträngiger DNA ist um 12 bis 40 Prozent höher als die Extinktion von nativer, doppelsträngiger DNA. (b) Bei diesen Experimenten wurde die Extinktion einer DNA-Lösung bei 260 nm während der Erhöhung der Temperatur aufgezeichnet. Die Schmelztemperatur (T_m) entspricht dem Wendepunkt der jeweiligen sigmoidalen Schmelzkurve. An diesem Punkt ist die Extinktion um die Hälfte des Abstandes zwischen den Extinktionen der nativen und der denaturierten DNA angestiegen. Poly(AT) schmilzt bei einer niedrigeren Temperatur als natürlich vorkommende DNA und Poly(GC), weil für die Aufspaltung von gestapelten GC-Basenpaaren mehr Energie erforderlich ist.

Die sigmoidale Gestalt der Schmelzkurven deutet darauf hin, dass die Denaturierung von DNA, wie die Denaturierung von Proteinen, einen kooperativen Prozess darstellt. In diesem Fall ist die Kooperativität eine Folge der schnellen vollständigen Trennung eines doppelsträngigen DNA-Moleküls, sobald die Stapelwechselwirkungen und die Wasserstoffbrücken zwischen den Basen der Basenpaare in einem Teil des Moleküls erst einmal aufgespalten wurden. Die Trennung der Stränge beginnt mit der Entwindung eines kleinen Abschnitts der Doppelhelix und der Aufspaltung der Basenpaare in diesem Bereich. Dadurch bildet sich in der Helix eine Art Blase aus zwei einzelsträngigen DNA-Abschnitten, die zur Destabilisierung der Doppelstrangstruktur in ihrer unmittelbaren Nachbarschaft führt. Infolgedessen pflanzen sich die weitere Entwindung der Helix und die Trennung des Doppelstrangs in Einzelstränge ausgehend von der Blase in beide Richtungen schnell fort, bis die beiden DNA-Stränge schließlich vollständig getrennt sind.

Wie man ▶*Abbildung 16.12b* entnehmen kann, weist Poly(GC) eine deutlich höhere Schmelztemperatur auf als Poly(AT). Die Denaturierung von AT-reicher DNA erfordert weniger Energiezufuhr als die Denaturierung GC-reicher DNA, weil AT-Basenpaare durch eine Wasserstoffbrücke weniger stabilisiert werden als GC-Basenpaare und weil die Stapelwechselwirkungen zwischen AT-Basenpaaren schwächer sind als zwischen GC-Basenpaaren. Natürlich vorkommende DNA enthält verschiedene Bereiche mit unterschiedlicher Basenzusammensetzung. Die AT-reichen Abschnitte können leichter entwunden und in die Einzelstränge getrennt werden als die GC-reichen Abschnitte. Deswegen enthält ein typisches DNA-Molekül knapp unterhalb seiner Schmelztemperatur GC-reiche Doppelstrangregionen sowie Blasen aus AT-reichen einzelsträngigen Bereichen. Diese *In-vitro*-Experimente verdeutlichen die wichtige Tatsache, dass die lokale Entwindung und Auftrennung AT-reicher Abschnitte leichter erfolgen kann als die lokale Blasenbildung in GC-reichen Regionen. Die Initiationsstellen für die Transkription liegen tatsächlich häufig in AT-reichen Abschnitten der DNA.

16.2.4 Konformationen doppelsträngiger DNA

Doppelstrang-DNA kann unter verschiedenen Bedingungen unterschiedliche Konformationen annehmen. Röntgenkristallografische Untersuchungen einer Reihe von Oligodesoxyribonucleotiden mit bekannter Sequenz deuten darauf hin, dass die tatsächliche Konformation der B-DNA in Zellen von der idealen B-Konformation immer etwas abweicht. DNA-Moleküle sind nämlich dynamische Gebilde, deren exakte Konformation unter anderem von der Nucleotidsequenz abhängt. Die lokale Konformation der DNA wird außerdem von Krümmungen und Kurven in der Doppelhelix sowie von möglicherweise an die DNA gebundenen Proteinen beeinflusst. Infolgedessen schwankt die Anzahl der Basenpaare pro voller Umdrehung (Windung) der Doppelhelix in der natürlichen B-DNA zwischen 10,2 und 10,6.

Neben den leichten Variationen in der B-Konformation existieren zwei Konformationen der DNA, die sich merklich von der B-Konformation unterscheiden. Unter dehydratisierenden Bedingungen geht die DNA in ihre A-Konformation über, während sie in Anwesenheit bestimmter Nucleotidsequenzen die sogenannte Z-Konformation annehmen kann (▶*Abbildung 16.13*). Die A- und die B-DNA wurden im Jahr 1952 von Rosalind Franklin entdeckt. A-DNA weist eine kompaktere Windung auf als B-DNA oder mit anderen Worten: Ihre Ganghöhe ist kleiner, aber der Durchmesser infolgedessen größer als bei der B-DNA. Sie besitzt außerdem eine große, sehr tiefe Furche und eine kleine, relativ flache Furche, die allerdings sichtbar breiter ist als die große Furche. Die A-DNA-Helix enthält elf Basenpaare pro voller Umdrehung (Windung), die im Vergleich zur B- und Z-DNA deutlich stärker aus der senkrechten Position in Richtung der Helixlängsachse geneigt sind, nämlich um etwa 20°. Die Konformation von Z-DNA unterscheidet sich sogar noch mehr von der Konformation der B-DNA. Die Z-DNA besitzt keine markanten Furchen und einen linksgängigen Drehsinn, während B- und A-DNA einen rechtsgängigen Drehsinn aufweisen. Im Gegensatz zur A-DNA ist die Ganghöhe der Z-DNA größer und der Durchmesser kleiner als bei der B-DNA. Die Z-Konformation tritt in erster Linie in GC-reichen Abschnitten der DNA auf. In Z-DNA weisen die Desoxyriboseringe der Desoxyguanylatreste eine andere Konformation auf als in B-DNA ($C_{3'}$-*endo*- statt $C_{2'}$-*endo*-Briefumschlagkonformation) und die Guaninbasen befinden sich in *syn*-Stellung bezüglich der Desoxyribose. Natürlich vorkommende DNA liegt überwiegend in der B-Konformation vor. Allerdings existieren *in vivo* auch die A- sowie die Z-Konformation. Diese sind aber auf kurze Abschnitte der DNA beschränkt.

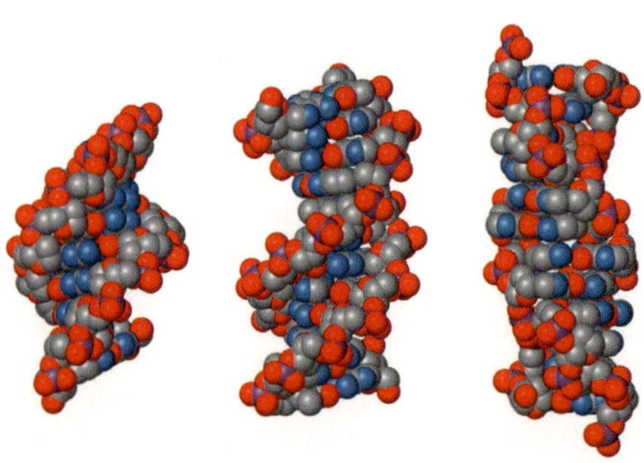

Abbildung 16.13: Kalottenmodelle von DNA-Molekülen in verschiedenen Konformationen. Die A-Konformation (links) wird bevorzugt unter dehydratisierenden Bedingungen angenommen [NDB AD0001]. Die in der Mitte dargestellte B-Konformation stellt die Hauptform innerhalb von Zellen dar [NDB BD0001]. Die Z-Konformation (rechts) tritt bevorzugt in bestimmten GC-reichen Abschnitten der DNA auf [NDB ZDJ050].

16.3 Superspiralisierte DNA

Ein ringförmiges DNA-Molekül, das eine B-Konformation besitzt, weist im Mittel 10,4 Basenpaare pro Windung auf. Ein solches Molekül wird *entspannt* genannt, wenn es als geschlossener Ring ohne Selbstüberlagerungen flach auf einer ebenen Oberfläche liegen würde. Diese entspannte Doppelhelix kann über- oder unterdreht werden, wenn die Stränge des geschlossen-ringförmigen DNA-Moleküls getrennt, gegeneinander verdreht und schließlich unter Bildung eines veränderten geschlossen-ringförmigen DNA-Moleküls wieder verknüpft werden. Die Helix des neuen ringförmigen DNA-Moleküls weist nun nicht mehr 10,4 Basenpaare pro Windung auf, die zur Aufrechterhaltung der stabilen B-Konformation notwendig wären. Das ringförmige Molekül kann diese Über- oder Unterdrehung der Doppelhelix durch die Bildung von Superspiralisierungen kompensieren, durch die die Anzahl von 10,4 Basenpaaren pro Windung in der Doppelhelix wiederhergestellt wird (▶*Abbildung 16.14*). Ein superspiralisiertes, ringförmiges DNA-Molekül würde wegen der Selbstüberlagerungen nicht flach auf einer ebenen Oberfläche liegen. Jede Windung der Superspirale kann in Abhängigkeit von ihrem Drehsinn eine fehlende oder eine überschüssige Windung der Doppelhelix ausgleichen.

Die meisten ringförmigen DNA-Moleküle innerhalb von Zellen liegen superspiralisiert vor, aber sogar lange, lineare DNA-Moleküle enthalten lokal superspiralisierte Regionen. Bakterielle Chromosomen weisen typischerweise auf 1000 Basenpaare etwa fünf Windungen in der Superhelix auf. Die DNA bildet auch in den Zellkernen eukaryontischer Zellen Superspiralisierungen. Alle Organismen besitzen Enzyme, die die Spaltung von DNA-Molekülen, die nachfolgende Unter- oder Überdrehung der DNA-Doppelhelix sowie die abschließende Verknüpfung der zuvor getrennten Stränge zu einem DNA-Molekül mit einer veränderten Topologie katalysieren. Diese Enzyme, die sogenannten Topoisomerasen, sind für die Erhöhung und Erniedrigung der Windungszahlen der DNA-Doppelhelix und der DNA-Superhelix verantwortlich. In ▶*Abbildung 16.15* ist ein Beispiel für eine Topoisomerase, die an ein DNA-Molekül gebunden hat, dargestellt. Diese bemerkenswerten Enzyme spalten je nach Typ der Topoisome-

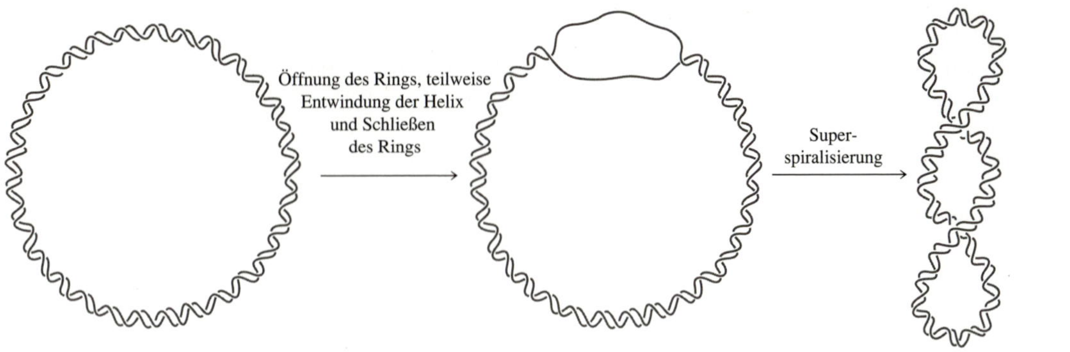

Abbildung 16.14: Superspiralisierte DNA. Das Modell auf der linken Seite stellt ein entspanntes, geschlossen-ringförmiges DNA-Molekül dar, das durchgehend in der normalen B-Konformation vorliegt. Der Bruch des DNA-Moleküls, die nachfolgende Entwindung um zwei Umdrehungen und die abschließende Wiederherstellung des geschlossen-ringförmigen, doppelsträngigen DNA-Moleküls führen zunächst zu einem ringförmigen DNA-Molekül mit einer lokal entwundenen Region, das keine durchgehende B-Konformation mehr besitzt (Mitte). Die Unterdrehung dieses Moleküls kann ohne erneute Spaltung des DNA-Rückgrats durch die Bildung einer Superspiralisierung der DNA-Doppelhelix kompensiert werden (rechts). Infolge der Superspiralisierung kann das DNA-Molekül wieder durchgehend in die B-Konformation übergehen, in der alle Basen in Basenpaare eingebunden sind. Die mittlere und die rechte Konformation sind topologisch äquivalent, weil die Summe der Anzahl der Windungen der DNA-Doppelhelix und der Superhelix in beiden Fällen gleich, jedoch negativ und nicht positiv spiralisiert sind.

rase einen oder beide Stränge der Doppelstrang-DNA und unter- oder überdrehen die beiden Enden an der Bruchstelle. Abschließend verknüpfen sie die Enden wieder miteinander und rufen so eine Veränderung der ursprünglichen Windungszahl der Superhelix hervor.

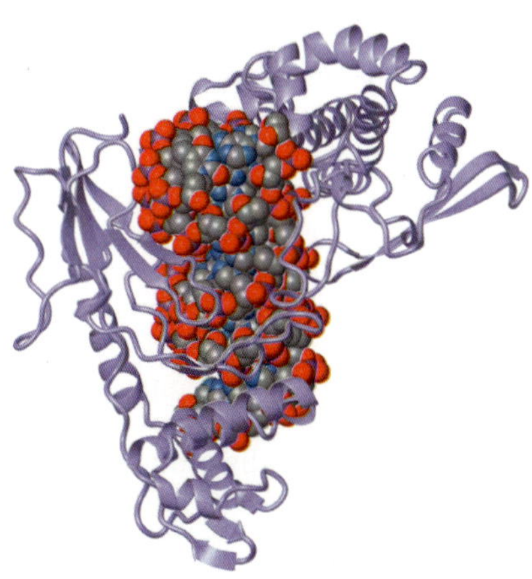

Abbildung 16.15: Topoisomerase I. Modell der Topoisomerase I des Menschen *(Homo sapiens)*, die an ein DNA-Molekül gebunden hat [PDB 1A31].

Eine der wichtigen Folgen der Superspiralisierung kann man in ▸*Abbildung 16.14* erkennen. Die Unterdrehung der DNA wird durch die Ausbildung einer negativen Superspiralisierung kompensiert, um die stabile B-Konformation aufrechtzuerhalten. Dementsprechend verursacht eine Überdrehung eine positive Superspiralisierung. Eine zur Superspirale alternative Konformation ist in der Mitte von ▸*Abbildung 16.14* dargestellt. Diese Konformation enthält keine Superspiralisierung mehr, aber infolge der leichten Unterdrehung eine lokal entwundene Region. Die superspiralisierte Konformation und die nicht superspiralisierte Konformation mit der lokal entwundenen Region stehen miteinander im Gleichgewicht, in dem die superspiralisierte Form wegen ihrer etwas größeren Stabilität im Überschuss vorliegt. Die Differenz zwischen den freien Enthalpien der beiden Konformationen ist allerdings ziemlich gering.

Der größte Teil der DNA in einer Zelle befindet sich in einem superspiralisierten Zustand. Wegen des geringen Unterschiedes in der freien Enthalpie können kurze Abschnitte des Moleküls leicht entwunden werden, insbesondere in AT-reichen Regionen. Wie wir bereits erwähnt haben, stellt die lokale Entwindung einen essenziellen Schritt bei der Initiation der Replikation, Rekombination, Reparatur und Transkription von DNA dar. Die negative Superspiralisierung spielt somit eine bedeutende Rolle bei diesen Prozessen, weil durch sie die für lokale Entwindungen erforderliche Energie im Molekül gespeichert wird. Aus diesem Grund sind Topoisomerasen, die die Entspannung und die Superspiralisierungen der DNA katalysieren, in allen Zellen unentbehrliche Enzyme (▸*Abbildung 16.15*).

16.4 Chromatin – Organisation von DNA in eukaryontischen Zellen

Im Jahr 1879, also zehn Jahre nach der Entdeckung des Nucleins durch Miescher, beobachtete Walter Fleming gebänderte Objekte im Zellkern von angefärbten eukaryontischen Zellen. Er nannte dieses Material Chromatin (gr. *chroma*, Farbe). Heute weiß man, dass Chromatin aus einer Kombination von DNA und verschiedenen Proteinen, die die Packung der DNA in eine kompaktere Form unterstützen, besteht. Auch prokaryontische DNA liegt mit Proteinen in kondensierten Strukturen innerhalb der Zelle vor. Diese Gebilde unterscheiden sich aber erheblich von denen in eukaryontischen Zellen und werden deswegen in der Regel nicht als Chromatin bezeichnet. In einer normalen eukaryontischen Zelle, die sich gerade in der Ruhephase zwischen zwei Teilungen befindet (also in der Interphase der Mitose), tritt Chromatin in Form von langen, dünnen Fäden mit einem Durchmesser von etwa 30 nm auf, die auch als 30-nm-Filamente bezeichnet werden. Im Zellkern menschlicher Zellen müssen 46 solcher Chromatinfilamente oder Chromosomen Platz finden. Das größte menschliche Chromosom enthält etwa $2{,}4 \times 10^8$ bp und hätte eine Länge von etwa 8 cm, wenn sein DNA-Molekül in der B-Konformation lang ausgestreckt würde. Während der Metaphase der mitotischen Zellteilung, in der die Chromosomen am stärksten kondensiert vorliegen, besitzt das größte Chromosom aber nur eine Länge von etwa 10 µm. Das Chromosom in der Metaphase ist demzufolge etwa um den Faktor 8000 kürzer als das gleiche Molekül (der DNA-Anteil) in der ausgestrecken B-Konformation. Diesen Faktor, also das Verhältnis der Längen der ausgestreckten DNA-Helix und des jeweiligen intranucleären Gebildes, das die DNA-Helix enthält, nennt man das *Packungsverhältnis* der DNA.

16.4.1 Nucleosomen

Die Hauptproteine des Chromatins sind die sogenannten Histone. Die meisten eukaryontischen Spezies enthalten fünf verschiedene Histone, die mit H1, H2A, H2B, H3 und H4 bezeichnet werden. Alle fünf Histone sind kleine, basische Proteine, die eine verhältnismäßig große Anzahl von Lysin- und Argininresten aufweisen. Die positiven Ladungen dieser Reste unter physiologischen Bedingungen ermöglichen die Bindung der Histone an die negativ geladenen Phosphatgruppen der Zucker-Phosphat-Rückgrate von DNA-Molekülen. Der Überschuss an basischen, positiv geladenen Resten wird durch die Daten in ▶ *Tabelle 16.2*, in der die Anzahl der basischen und sauren Reste in verschiedenen Säugetier-Histonen aufgelistet ist, verdeutlicht. Außer im Fall von H1 ist die Aminosäuresequenz der verschiedenen Histontypen in allen Eukaryonten hochgradig konserviert. Ein außergewöhnliches Beispiel für die Konservierung sind die aus 102 Aminosäureresten aufgebauten H4-Histone von Rindern und Erbsen, die sich nur in zwei Resten unterscheiden. Ein so hoher Konservierungsgrad in der Primärstruktur ist auch mit einer entsprechenden Konservierung der Tertiärstruktur und der Funktion des Proteins verbunden.

Tabelle 16.2

Basische und saure Aminosäurereste in Säugetier-Histonen

Histontyp	Relative Molekülmasse (M_r)	Gesamtzahl der Aminosäurereste	Anzahl der basischen Reste	Anzahl der sauren Reste
Hasenthymus-H1	21.000	213	65	10
Kalbsthymus-H2A	14.000	129	30	9
Kalbsthymus-H2B	13.800	125	31	10
Kalbsthymus-H3	15.300	135	33	11
Kalbsthymus-H4	11.300	102	27	7

16.4.3 Höhere Organisationsebenen der Chromatinstruktur

Die Verpackung der DNA in Nucleosomen verringert die Längenausdehnung eines DNA-Moleküls etwa um das Zehnfache. Eine weitere Abnahme der Längenausdehnung wird durch höhere Organisationsebenen der Chromatinstruktur erreicht. Die Perlenketten-Struktur kann zum Beispiel selbst zu einem sogenannten Solenoid (Spule) aufgewickelt werden. Daraus ergibt sich eines der erwähnten 30-nm-Filamente. In ▸*Abbildung 16.19* ist ein Modell eines solchen Solenoids dargestellt. Die 30-nm-Filamente bilden sich, wenn jedes Nucleosom ein H1-Histonmolekül enthält und die benachbarten H1-Moleküle kooperativ aneinander binden. Dadurch erfolgen eine Annäherung der Nucleosomen und ihre solenoide Anordnung in einer kompakteren und stabilen Form von Chromatin. Die Kondensation der Perlenketten-Struktur des Chromatins zu einem Solenoid führt zu einer zusätzlichen Verringerung der Längenausdehnung des Chromosoms um den Faktor vier.

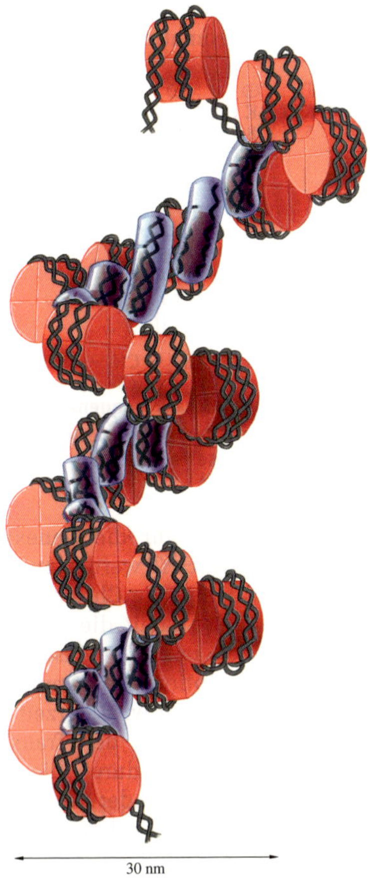

Abbildung 16.19: Modell eines 30-nm-Chromatinfilaments. In diesem Modell ist das 30-nm-Filament als Solenoid, also als Spule oder Helix, aus Nucleosomen dargestellt. Die spulenartige Anordnung der Nucleosomen wird durch Wechselwirkungen zwischen benachbarten H1-Histonen stabilisiert.

In den während der Metaphase der mitotischen Zellteilung mikroskopisch erkennbaren Chromosomen sind die Chromatinfilamente schließlich mit einem zentralen Proteingerüst assoziiert. Dadurch werden die Filamente zusätzlich in eng gepackten Schleifen angeordnet. Ein großes Chromosom kann etwa 2000 von diesen Schleifen aufweisen. Werden die Histone mithilfe spezieller Extraktionsmethoden, die das zentrale Proteingerüst unversehrt lassen, aus den Chromosomen herausgelöst, entstehen stark ausgedehnte Chromosomen, die aber nach wie vor ihr zentrales Proteingerüst besitzen. In elektronenmikroskopischen Aufnahmen dieser Chromosomen sind die von den Histonen befreiten ehemaligen Chromatinschleifen nun als langgezogene DNA-Schleifen gut zu erkennen. In nativen Chromosomen führt die Assoziation des histonhaltigen Chromatins mit dem zentralen Proteingerüst in eng gepackten Schleifen zu einer zusätzlichen Verringerung der Längenausdehnung um etwa den Faktor 200. Die DNA-Schleifen sind an ihrer Basis mit dem Proteingerüst assoziiert. Ihre Enden sind infolgedessen nicht frei drehbar, sodass die Schleifen prinzipiell Superspiralisierungen ausbilden können.

16.4.4 DNA-Verpackung in Bakterien

Histone kommen nur in eukaryontischen Zellen vor, aber prokaryontische DNA ist auch mit Proteinen zu einer stärker kondensierten Form verpackt. Manche dieser Proteine werden als histonartige Proteine betrachtet, weil sie den eukaryontischen Histonen ähneln. In den meisten Fällen kommen in Prokaryonten keine definierten nucleosomartigen Partikel vor und ein großer Teil der DNA ist nicht mit Proteinen assoziiert. Bakterielle DNA ist durch die Verknüpfung mit einem Gerüst zu großen Schleifen aus etwa 100 kb zusammengelagert. Durch diese Anordnung wird das bakterielle Chromosom in eine zelluläre Struktur namens Nucleoid überführt.

16.5 Nucleasen und die Hydrolyse von Nucleinsäuren

Enzyme, die die Hydrolyse von Phosphodiestern in Nucleinsäuren katalysieren, werden Nucleasen genannt. In allen Zellen kommt eine ganze Reihe verschiedener Nucleasen vor. Einige von ihnen sind für die Synthese oder die Reparatur von DNA erforderlich, während andere Nucleasen für die Produktion oder den Abbau zellulärer RNA benötigt werden. Manche Nucleasen akzeptieren sowohl DNA als auch RNA als Substrat, viele setzen aber jeweils nur eine dieser Nucleinsäuresorten um. Diese spezifischen Nucleasen werden Ribonucleasen (RNasen) bzw. Desoxyribonucleasen (DNasen) genannt. Nucleasen können zusätzlich in Exonucleasen und Endonucleasen unterteilt werden. Exonucleasen katalysieren die hydrolytische Spaltung von Phosphodiester-Brücken am Ende von Polynucleotidsträngen und führen somit zur Entfernung des jeweils endständigen Nucleotidrestes. Die häufigsten Exonucleasen stellen 3′→5′-Exonucleasen dar, die den Polynucleotidstrang nur in 3′→5′-Richtung abbauen. Es gibt aber auch einige 5′→3′-Exonucleasen. Endonucleasen katalysieren die hydrolytische Spaltung von Phosphodiester-Brücken an verschiedenen Stellen innerhalb von Polynucleotidketten. Nucleasen weisen eine breite Vielfalt von Spezifitäten für Nucleotidsequenzen auf.

Nucleasen können entweder die 3′- oder die 5′-Esterbindung einer Phosphodiester-Brücke spalten. In einem Fall entstehen ein 5′-Monophosphat und eine 3′-Hydroxylgruppe, im anderen Fall ein 3′-Monophosphat und eine 5′-Hydroxylgruppe (▶*Abbildung 16.20*). Jede Nuclease katalysiert immer nur die Spaltung der 3′- oder der 5′-Esterbindungen, aber nicht die Spaltung beider Typen von Esterbindungen.

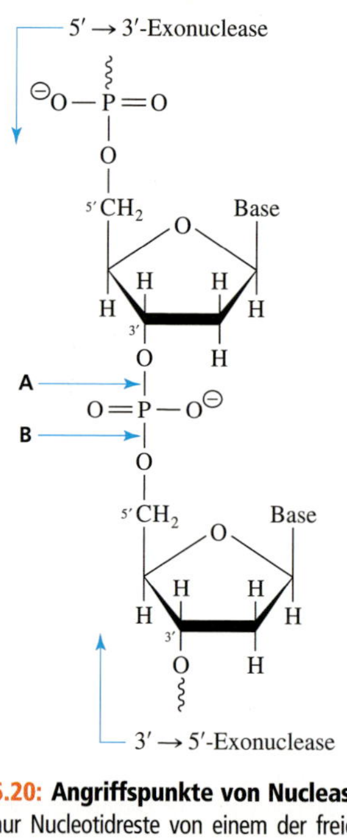

Abbildung 16.20: Angriffspunkte von Nucleasen. Exonucleasen entfernen nur Nucleotidreste von einem der freien Enden eines Polynucleotids durch die Spaltung der zugehörigen Phosphodiester-Brücke. Endonucleasen katalysieren dagegen die Spaltung von Phosphodiester-Brücken innerhalb von Polynucleotidketten. Jede Nuclease spaltet spezifisch entweder nur die 3′- oder die 5′-Esterbindungen der Phosphodiester-Brücken. Die Hydrolyse von Bindung A führt zur Bildung eines 5′-Monophosphat- und eines 3′-Hydroxyl-Terminus. Wenn Bindung B gespalten wird, entstehen im Gegensatz dazu ein 3′-Monophosphat- und ein 5′-Hydroxyl-Terminus. Sowohl DNA (hier gezeigt) als auch RNA können als Substrat für verschiedene Nucleasen dienen.

16.5.1 RNA-Hydrolyse durch Ribonucleasen

Pankreatische Rinder-Ribonuclease A (RNase A), eine Endoribonuclease, besteht aus einer einzelnen Polypeptidkette mit 124 Aminosäureresten, die insgesamt über vier Disulfidbrücken quervernetzt sind. Das pH-Optimum der Aktivität der RNase A beträgt etwa 6. Das Enzym katalysiert die Hydrolyse der 5′-Esterbindung von Phosphodiester-Brücken in RNA-Molekülen. Die Spaltung erfolgt spezifisch auf der 3′-Seite von Pyrimidinnucleotidresten. Somit führt zum Beispiel die RNase-A-katalysierte Hydrolyse eines RNA-Strangs mit der Sequenz pApGpUpApCpGpU zu den Produkten pApGpUp, ApCp und GpU. Das aktive Zentrum der RNase A enthält die drei ionischen bzw. leicht ionisierbaren Aminosäurereste Lys 41, His 12 und His 119. Mithilfe der Ergebnisse vieler experimenteller Untersuchungen konnte der RNase-A-Mechanismus, der in ▶*Abbildung 16.21* dargestellt ist, formuliert werden. Die RNase A nutzt drei grundlegende katalytische Mechanismen: einen Annäherungseffekt durch die Bindung und Positionierung einer geeigneten Phosphodiester-Brücke zwischen den beiden Histidinresten, eine Säure-Base-Katalyse durch die Histidinreste His 119 und His 12 sowie eine Stabilisierung des Übergangszustandes, zu der vor allem der Aminosäurerest Lys 41 in erheblichem Maße beiträgt. Wie bei der alkalischen Hydrolyse von RNA entstehen bei der RNase-A-katalysierten Hydrolyse eine Abgangsgruppe mit einer freien 5′-Hydroxylgruppe sowie ein Nucleosidmonophosphat. Durch die Existenz einer spezifischen Pyrimidin-Bindungstasche spaltet das Enzym, wie bereits erwähnt, nur Phosphodiester-Brücken auf der 3′-Seite von Pyrimidinnucleotidresten. Die Substratspezifität der Serin-Protease Trypsin, die wir in *Abschnitt 6.7.2* diskutiert haben, wird auf ähnliche Weise durch eine für Arginin- und Lysinreste spezifische Bindungstasche gewährleistet. Sowohl im Mechanismus der RNase A als auch der Serin-Proteasen wird das erste Produkt (P_1), das das aktive Zentrum verlässt, durch ein Wassermolekül ersetzt. Außerdem wird bei den Serin-Proteasen die Koordinationszahl des Carbonylkohlenstoffatoms zwischenzeitlich unter Bildung eines tetraedrischen Zwischenproduktes um eins erhöht. Auf ähnliche Weise erfolgt im Verlauf des Mechanismus der RNase A eine vorübergehende Erhöhung der Koordinationszahl des Phosphoratoms von vier auf fünf.

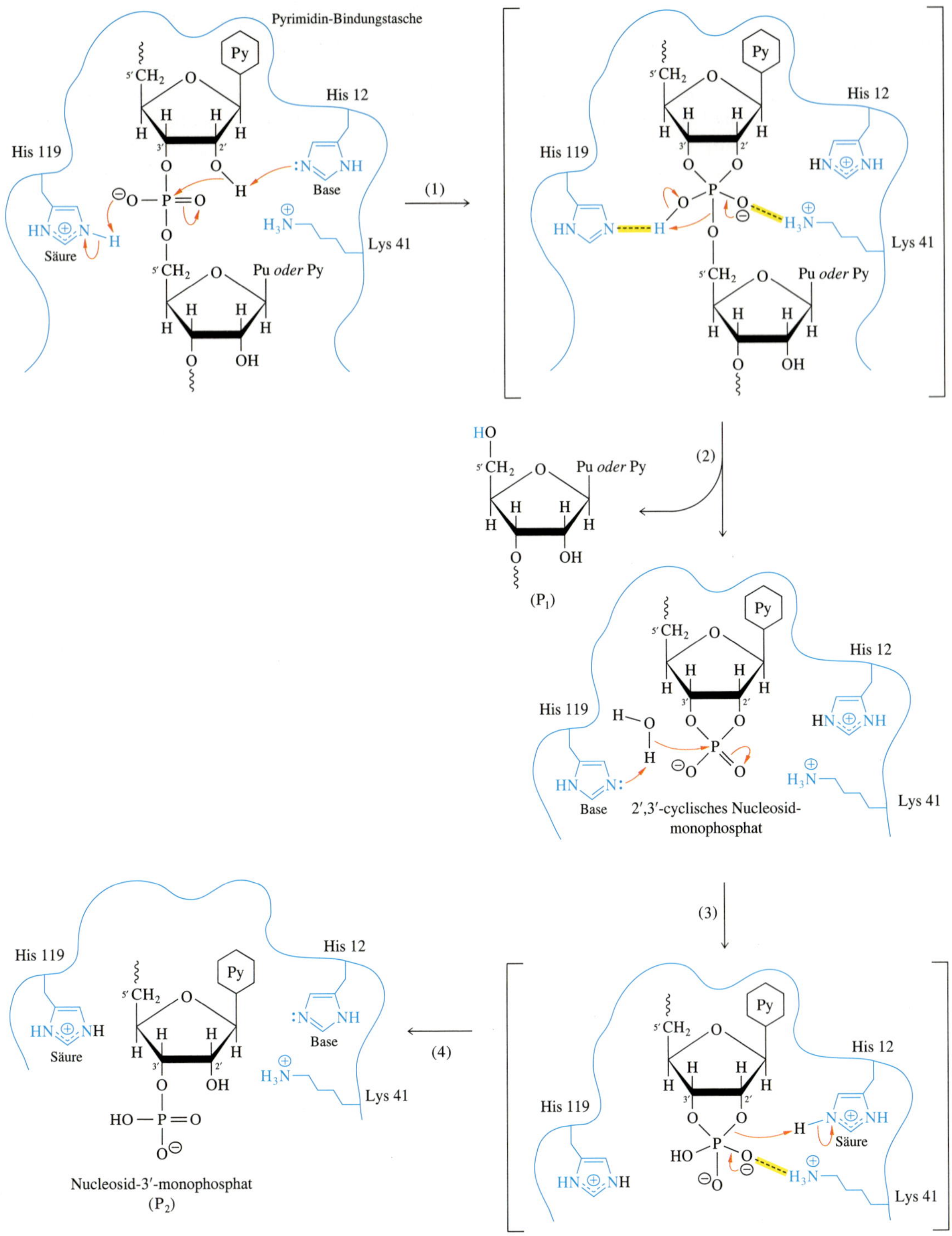

Kapitel 16

Abbildung 16.21: Mechanismus der RNA-Hydrolyse durch die Aktivität der RNase A. Im ersten Schritt abstrahiert His 12 ein Proton von der 2′-Hydroxylgruppe eines Pyrimidinnucleotidrestes, dessen Pyrimidinbase in der Pyrimidin-Bindungstasche des Enzyms gebunden ist. Das Sauerstoffatom der Hydroxylgruppe, dessen Nucleophilie infolge der katalytischen Aktivität von His 12 erheblich gesteigert wird, greift nun das Phosphoratom der benachbarten Phosphodiester-Brücke nucleophil an und führt dadurch zur Bildung einer Zwischenstufe mit einem fünffach koordinierten Phosphoratom. Das 5′-Sauerstoffatom des in 3′-Richtung benachbarten Restes wird im zweiten Schritt durch den als Imidazolium-Ion vorliegenden His-119-Rest zu einer guten, alkoholischen Abgangsgruppe protoniert, die sich vom Phosphoratom trennt. Der resultierende 5′-Alkohol stellt das erste Produkt (P_1) der Reaktion dar. P_1 verlässt das aktive Zentrum und wird durch ein Wassermolekül ersetzt. Als Ergebnis von Schritt 2 bleibt im aktiven Zentrum außerdem noch ein 2′,3′-cyclisches Nucleosidmonophosphat zurück. Im dritten Schritt aktiviert das jetzt in der basischen Imidazolform vorliegende His 119 ein Wassermolekül durch die Aufnahme eines Protons für einen nucleophilen Angriff auf das Phosphoratom. Infolgedessen wird ein zweites instabiles Zwischenprodukt gebildet, in dem das Phosphoratom erneut fünffach koordiniert ist. Im vierten Schritt überträgt His 12 das vorübergehend aufgenommene Proton wieder zurück auf das 2′-Sauerstoffatom, verbessert dadurch dessen Eigenschaften als Abgangsgruppe und führt somit zur Umwandlung des cyclischen Zwischenproduktes in das zweite Produkt der Reaktion (P_2), ein 3′-Monophosphat. Py repräsentiert eine Pyrimidinbase und Pu eine Purinbase.

Die nichtenzymatische alkalische Hydrolyse und die Reaktion, die durch die RNase A katalysiert wird, unterscheiden sich in zwei wesentlichen Punkten. Zunächst kann die alkalische Hydrolyse unspezifisch an allen Phosphodiester-Brücken erfolgen, während die enzymatische Hydrolyse auf Phosphodiester-Brücken auf der 3′-Seite von Pyrimidinnucleotidresten beschränkt ist. Zweitens stellt die Hydrolyse des cyclischen Zwischenproduktes bei der alkalischen Hydrolyse einen weitgehend zufälligen Prozess dar, der sowohl zur Bildung der 2′-Monophosphate als auch der 3′-Monophosphate führt. Die RNase-katalysierte Hydrolyse des cyclischen Zwischenproduktes liefert dagegen infolge der stereochemischen und regiochemischen Vorgaben durch die dreidimensionale Struktur des aktiven Zentrums spezifisch nur das 3′-Monophosphat.

16.5.2 Restriktionsendonucleasen

Restriktionsendonucleasen stellen eine bedeutende Unterklasse von Endonucleasen dar, die die Spaltung von DNA-Molekülen katalysieren. Der Name *Restriktionsendonucleasen* wurde aus der Beobachtung abgeleitet, dass bestimmte Bakterien Infektionen mit Bakteriophagen verhindern können, indem sie spezifisch die infektiöse Bakteriophagen-DNA abbauen. Auf diese Weise wird in solchen Bakterien die Expression von Fremd-DNA eingeschränkt (engl. *restriction*, Einschränkung).

Viele Bakterienspezies bilden Restriktionsendonucleasen, die an fremde DNA binden und deren hydrolytische Spaltung katalysieren. Diese Endonucleasen erkennen bei der Bindung spezifische Basensequenzen in der DNA und zerschneiden *beide* Stränge der DNA an der Bindungsstelle. Dadurch entstehen große DNA-Bruchstücke, die durch Exonucleasen schnell weiter abgebaut werden. Die Bakteriophagen-DNA wird gespalten und abgebaut, bevor ihre Gene exprimiert werden können. Die Wirtszelle muss ihre eigene DNA natürlich vor der Spaltung durch die Restriktionsendonucleasen schützen. Dies wird durch eine kovalente Modifizierung der Basen, die zu spezifischen Erkennungssequenzen der Restriktionsendonucleasen gehören, gewährleistet. Am häufigsten erfolgt die kovalente Modifizierung in diesem Zusammenhang durch eine spezifische Methylierung von Adenin- oder Cytosinresten innerhalb der Erkennungssequenzen. Die Anwesenheit von methylierten Basen an den potenziellen Bindungsstellen verhindert die Spaltung der DNA der Wirtszelle durch die eigenen Restriktionsendonucleasen. Für die Methylierung ist die Aktivität einer spezifischen Methylase (DNA-Methyltransferase) verantwortlich, die an die Erkennungssequenz der zelleigenen Restriktionsendonuclease bindet. Somit besitzen Zellen, die eine Restriktionsendonuclease enthalten, außerdem eine Methylase mit der gleichen Substratspezifität. Jede nicht spezifisch methylierte DNA, die in die Zelle gelangt, wird durch die Restriktionsendonucleasen gespalten. Normalerweise liegt die gesamte DNA einer Wirtszelle allerdings spezifisch methyliert vor und ist deswegen vor der Spaltung durch die eigene Restriktionsendonuclease geschützt. Unmittelbar nach der Replikation (▶*Abschnitt 16.6*) ist der neu entstandene DNA-Tochterstrang noch nicht methyliert worden. Der Elternstrang, der bei der Replikation als Matrize gedient hat, war aber schon vorher methyliert. Hemimethylierte Erkennungssequenzen können durch die Restriktionsendonucleasen ebenfalls *nicht* erkannt werden. Sie stellen allerdings Substrate dar, für die die spezifische Methylase eine hohe Affinität aufweist. Die hemimethylierten Erkennungssequenzen der Wirtszell-DNA werden deswegen im Anschluss an die Replikation schnell vollständig methyliert.

Die meisten Restriktionsendonucleasen (auch Restriktionsenzyme genannt) können einem von zwei Typen zugeordnet werden. Typ-I-Restriktionsendonucleasen katalysieren sowohl die spezifische Methylierung der Wirtszell-DNA als auch die Spaltung von nichtmethylierter Fremd-DNA an einer spezifischen Erkennungssequenz. Typ-II-Restriktionsendonucleasen können dagegen nur die Spaltung doppelsträngiger DNA an oder in der Nähe einer nichtmethylierten Erkennungssequenz katalysieren, aber sie besitzen keine Methylaseaktivität. In diesen Fällen führt die Aktivität von separaten Restriktionsmethylasen zur spezifischen Methylierung der Wirtszell-DNA an den gleichen Erkennungssequenzen. Bei den Methylierungsreaktionen dient *S*-Adenosylmethionin als Methylgruppendonator. Mehr als 200 verschiedene Typ-I- und Typ-II-Restriktionsendonucleasen sind bisher charakterisiert worden. Die Spezifitäten von einigen repräsentativen Vertretern dieser Enzyme sind in ▶*Tabelle 16.3* aufgelistet. In fast allen Fällen weisen die Erkennungssequenzen im DNA-Doppelstrang eine zweizählige Achsensymmetrie auf oder mit anderen Worten: Die Basensequenzen in der 5′→3′-Richtung der beiden antiparallelen Stränge stimmen in diesem Erkennungsbereich überein. Folglich ist die Sequenz der Basenpaare (nicht der Einzelbasen in einem der beiden Stränge) in beiden Leserichtungen gleich. Eine solche Sequenz nennt man eine palindromische Sequenz. Die Worte *Otto*, *Radar*, *Reittier* und *Lagerregal* sowie der Satz *Erika feuert nur untreue Fakire* sind Beispiele für Palindrome.

Tabelle 16.3

Spezifitäten einer Auswahl von Restriktionsendonucleasen

Quelle	Enzym[a]	Erkennungssequenz[b]
Acetobacter pasteurianus	*Apa*I	GGGCC↓C
Bacillus amyloliquefaciens H	*Bam*HI	G↓GATCC
Escherichia coli RY13	*Eco*RI	G↓AA*TTC
Escherichia coli R245	*Eco*RII	↓CC*TGG
Haemophilus aegyptius	*Hae*III	GG↓CC
Haemophilus influenzae R_d	*Hind*III	A*↓AGCTT
Haemophilus parainfluenzae	*Hpa*II	C↓CGG
Klebsiella pneumoniae	*Kpn*I	GGTAC↓C
Nocardia otitidis-caviarum	*Not*I	GC↓GGCCGC
Providencia stuartii 164	*Pst*I	CTGCA↓G
Serratia marcescens S_b	*Sam*I	CCC↓GGG
Xanthomonas badrii	*Xba*I	T↓CTAGA
Xanthomonas holcicola	*Xho*I	C↓TCGAG

[a] Die Namen der Restriktionsendonucleasen entsprechen Abkürzungen der Namen der jeweiligen Organismen, von denen sie produziert werden. Manchen der kursiv gestellten Abkürzungen der Organismennamen folgt ein Buchstabe (nicht kursiv), der den jeweiligen Stamm näher spezifiziert. Die römischen Buchstaben geben die Reihenfolge der Entdeckung der einzelnen Restriktionsendonucleasen in dem zugehörigen Stamm an. [b] Die Erkennungssequenzen sind in 5′→3′-Richtung notiert. Es ist nur die Sequenz in einem Strang angegeben. Die Pfeile kennzeichnen die Stellen, an denen die enzymatische Spaltung erfolgt. Die Sternchen repräsentieren Positionen, an denen Basen in der Wirtszell-DNA methyliert werden.

*Eco*RI war eine der ersten Restriktionsendonucleasen, die entdeckt wurden. Sie kommt in vielen Stämmen von *Escherichia coli* vor. *Eco*RI erkennt eine palindromische Sequenz aus 6 bp (▶*Tabelle 16.3*): GAATTC in 5′→3′-Richtung in beiden Strängen. *Eco*RI stellt ein Homodimer dar, das wie sein Substrat eine zweizählige Achsensymmetrie aufweist. In *E. coli* wandelt die zugehörige Methylase das zweite Adenin innerhalb der Erkennungssequenz in N^6-Methyladenin um (▶*Abbildung 16.22*). Jedes doppelsträngige DNA-Molekül mit einer nichtmethylierten GAATTC-Sequenz kann als Substrat für *Eco*RI dienen. Wirkt *Eco*RI auf ein solches Substrat ein, werden die Phosphodiester-Brücken zwischen G und A in den Erkennungssequenzen in beiden Strängen und somit der DNA-Doppelstrang gespalten.

Einige Restriktionsendonucleasen, wie zum Beispiel *Eco*RI, *Bam*HI und *Hind*III, schneiden die beiden Stränge der Doppelstrang-DNA an gegeneinander versetzten Stellen, sodass zwei DNA-Fragmente gebildet werden, die kurze, überstehende Einzelstrangabschnitte an einem Ende aufweisen (▶*Tabelle 16.3* und ▶*Abbildung 16.22b*). Solche Enden werden klebrige Enden (engl. *sticky ends*) genannt, weil sie mit dem komplementären einzelsträngigen Ende des anderen DNA-Fragments, das bei der Spaltung entstanden ist, durch Basenpaarungen wieder assoziieren können. Andere Restriktionsendonucleasen, wie zum Beispiel *Hae*III und *Sma*I, spalten die beiden Stränge an genau gegenüberliegenden Stellen der Doppelstrang-DNA und erzeugen dadurch DNA-Fragmente mit sogenannten glatten Enden (engl. *blunt ends*) ohne überstehende Einzelstrangabschnitte.

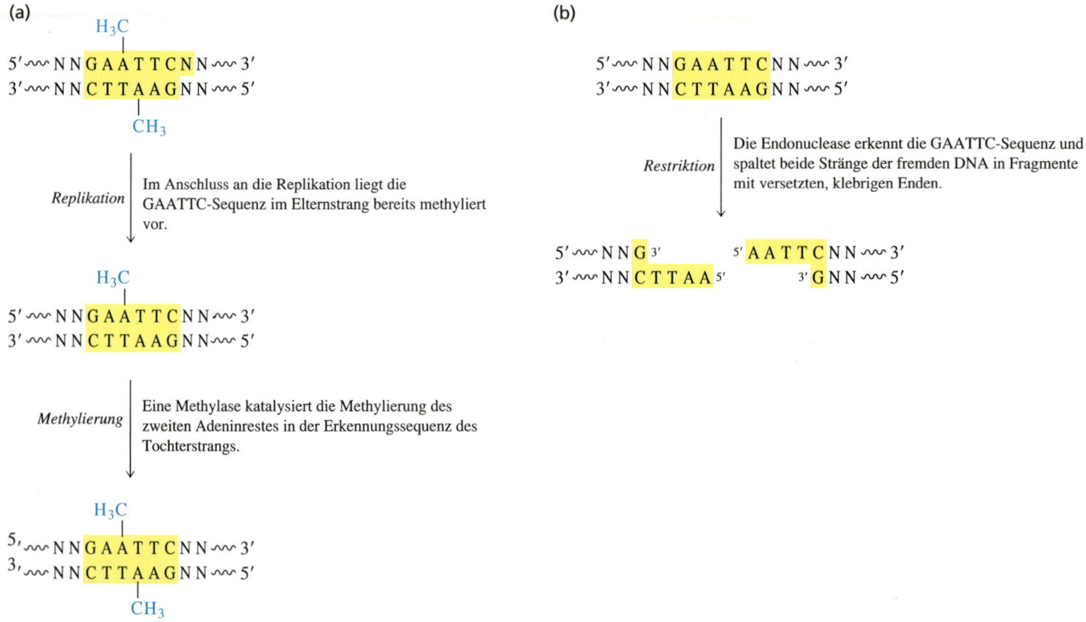

Abbildung 16.22: Methylierung und Restriktion an der *Eco*RI-Erkennungssequenz. (a) Methylierung von Adeninresten in der Erkennungssequenz. (b) Spaltung von nichtmethylierter DNA unter Bildung von DNA-Fragmenten mit klebrigen Enden.

16.5.3 Die Bindung von *Eco*RI an DNA

Restriktionsendonucleasen müssen fest an die DNA binden, um eine spezifische Sequenz erkennen und die DNA an einer spezifischen Stelle spalten zu können. Die 3D-Struktur eines an ein DNA-Molekül gebundenen *Eco*RI-Moleküls ist in ▸*Abbildung 16.23* dargestellt. Diese Molekülmodelle eines *Eco*RI/DNA-Komplexes zeigen, dass jede Untereinheit des *Eco*RI-Homodimers an eine Seite des DNA-Moleküls bindet, sodass das DNA-Molekül fast von dem *Eco*RI-Molekül umhüllt wird. Die Erkennung der spezifischen Nucleotidsequenz durch das Enzym erfolgt über Wechselwirkungen mit Basenpaaren in der großen Furche, während die kleine Furche auch im Bereich der Erkennungssequenz mit der wässrigen Umgebung in Kontakt bleibt. In ▸*Abbildung 16.23a* verläuft die kleine Furche im DNA-Molekül (Kalottenmodell) in der Mitte des Bildes von links unten nach rechts oben.

Eine Spalte zwischen den beiden *Eco*RI-Untereinheiten ist mit mehreren basischen Aminosäureresten ausgekleidet. Die positiv geladenen Seitenketten dieser Aminosäuren binden durch elektrostatische Wechselwirkungen an das negativ geladene Zucker-Phosphat-Rückgrat des DNA-Moleküls. Die spezifische Bindung an die DNA wird durch die Wechselwirkungen von zwei Argininresten (Arg 145 und Arg 200) und einem Glutamatrest (Glu 144) in jeder *Eco*RI-Untereinheit über Wasserstoffbrücken mit Basenpaaren in

(a)

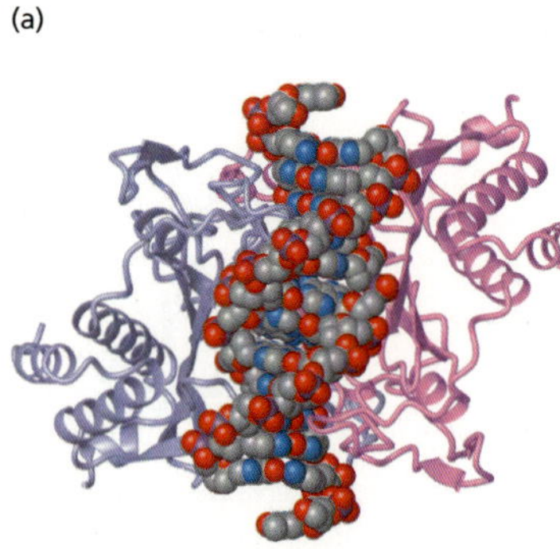

(b)

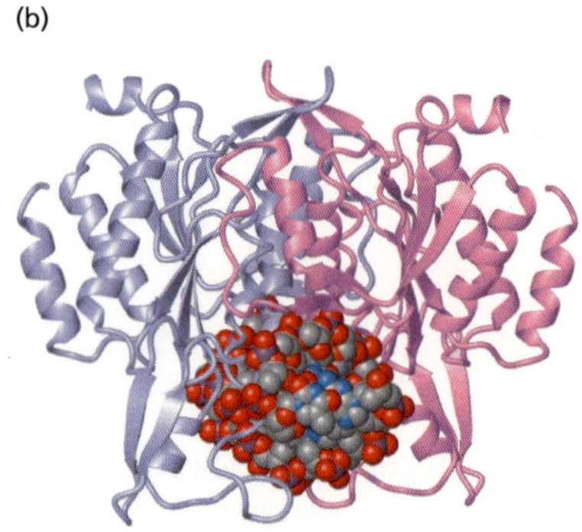

Abbildung 16.23: Bänder-/Kalottenmodelle eines *Eco*RI-DNA-Komplexes. *Eco*RI stellt ein Homodimer dar, das aus zwei identischen Untereinheiten (blaue und violette Bändermodelle) aufgebaut ist. Hier ist *Eco*RI an ein DNA-Fragment mit der Sequenz CGC**GAATTC**GCG gebunden (die Nucleotide der Erkennungssequenz sind fett geschrieben). (a) Seitenansicht. (b) Ansicht entlang der Helixlängsachse des DNA-Moleküls.

Kapitel 16

der Erkennungssequenz gewährleistet. Der Komplex wird durch weitere unspezifische Wechselwirkungen mit dem Rückgrat stabilisiert. *Eco*RI stellt ein typisches Beispiel für ein Protein dar, das eine *spezifische* DNA-Sequenz erkennt und an diese bindet. Die DNA behält dabei im Wesentlichen ihre B-Konformation bei, auch wenn sie gelegentlich etwas verbogen wird. Für die Erkennung einer spezifischen Nucleotidsequenz sind Wechselwirkungen zwischen dem Protein und den funktionellen Gruppen von Basen der Erkennungssequenz, die in den Furchen der DNA-Helix von außen zugänglich sind, erforderlich. Histone sind dagegen Beispiele für Proteine, die *unspezifisch* an Nucleinsäuren binden. Die Bindung solcher Proteine an DNA beruht hauptsächlich auf schwachen Wechselwirkungen zwischen dem Protein und dem Zucker-Phosphat-Rückgrat, während die Basen der DNA nicht an der Bindung beteiligt sind.

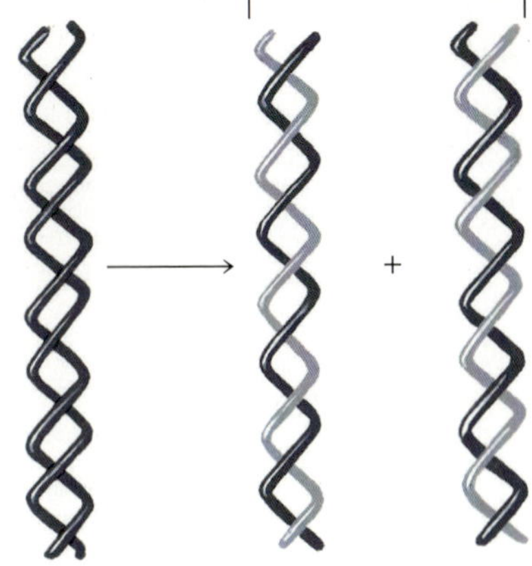

Abbildung 16.24: Semikonservative DNA-Replikation. Jeder Strang der doppelsträngigen Eltern-DNA dient als Matrize für die Synthese eines neuen Strangs. Jedes Tochtermolekül enthält einen Elternstrang und einen neu synthetisierten Strang.

Bidirektionale chromosomale DNA-Replikation 16.6

Die Replikation der DNA eines Organismus erfolgt semikonservativ. Das heißt, dass die beiden Stränge der Eltern-DNA-Doppelhelix getrennt werden und jeweils ein Tochterstrang daran synthetisiert wird. Es entstehen so zwei identische DNA-Doppelhelices. Ein Strang der Eltern-DNA wird so in jedem Tochtermolekül konserviert, also die Hälfte (lat. semi-, halb-) des Tochtermoleküls bestehen aus Eltern-DNA (▶*Abbildung 16.24*).

Das *E. coli*-Chromosom ist ein großes, ringförmiges, doppelsträngiges DNA-Molekül, das $4{,}6 \times 10^3$ Kilobasenpaare (4,6 Mb) enthält. Die Replikation dieses Chromosoms beginnt an einer bestimmten Stelle, die als Replikationsursprung bezeichnet wird, und schreitet von dort in beide Richtungen (bidirektional) voran, bis sich die beiden Replisomen an der Terminationsstelle (Terminationsort) treffen, wo die Replikation abgebrochen wird (▶*Abbildung 16.24*). Das Replisom, also der Proteinkomplex, an dem die Replikation stattfindet, besteht aus einer Reihe von Enzymen, die für eine schnelle und genaue DNA-Replikation erforderlich sind. Die Stellen, an denen die Eltern-DNA gerade entwunden wird, um repliziert werden zu können, heißen Replikationsgabeln. An jeder Replikationsgabel befindet sich ein Replisom.

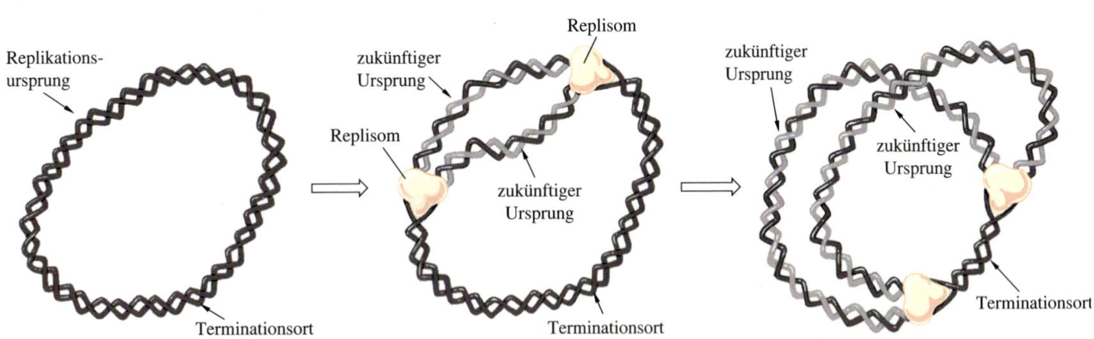

Abbildung 16.25: Bidirektionale DNA-Replikation in *Escherichia coli*. Die semikonservative Replikation der DNA beginnt an einem einzigen Replikationsursprung und schreitet dann bidirektional, also in beiden Richtungen fort. Die Synthese neuer DNA-Stränge (hellgrau) findet an zwei Replikationsgabeln statt, an denen sich die Replisomen befinden. Wenn die Replikationsgabeln die Terminationsorte erreichen, wird die Replikation abgebrochen und die doppelsträngigen DNA-Tochtermoleküle trennen sich. Beachten Sie, dass jedes Tochtermolekül aus einem Elternstrang und einem neu synthetisierten Strang zusammengesetzt ist.

Nachdem die Eltern-DNA an einer Replikationsgabel entspiralisiert wurde, dient jeder der beiden Stränge als Matrize für die Synthese eines neuen Strangs. In *E. coli* bewegt sich ein Replisom und somit die Replikationsgabel mit einer Geschwindigkeit von etwa 1000 Basenpaaren (bp) pro Sekunde an der DNA entlang. Mit anderen Worten: Während der Replikation wird jeder der neu wachsenden Stränge um etwa 1000 Nucleotide pro Sekunde verlängert. Da sich zwei Replikationsgabeln gleichzeitig mit dieser Geschwindigkeit an der DNA entlang bewegen, kann das gesamte *E. coli*-Chromosom innerhalb von etwa 38 Minuten verdoppelt werden. Eukaryontische Chromosomen sind lineare, doppelsträngige DNA-Moleküle, die in der Regel viel größer sind als bakterielle Chromosomen. Die großen Chromosomen der Fruchtfliege *Drosophila melanogaster* enthalten zum Beispiel etwa $5{,}4 \times 10^4$ kb, also ungefähr zehnmal so viele wie das Chromosom von *E. coli*. Die Replikation läuft in Eukaryonten, genauso wie in *E. coli*, bidirektional ab. Aber während das *E. coli*-Chromosom nur einen einzigen Replikationsursprung besitzt, weisen eukaryontische Chromosomen viele Orte auf, an denen die DNA-Replikation gestartet werden kann. Obwohl die Replikationsgabeln in Eukaryonten langsamer voranschreiten als in Bakterien, ermöglicht die Existenz vieler unabhängiger Replikationsursprünge die vollständige Replikation eines größeren eukaryontischen Genoms in annähernd der gleichen Zeit, die für die Replikation eines prokaryontischen Genoms benötigt wird.

16.7 DNA-Polymerase

Die Synthese eines neuen DNA-Strangs erfolgt durch das sukzessive Hinzufügen von Nucleotiden an das Ende einer wachsenden Polynucleotidkette. Diese Polymerisation wird durch sogenannte DNA-Polymerasen katalysiert. *E. coli*-Zellen enthalten (mindestens) drei verschiedene DNA-Polymerasen. Diese werden durch römische Zahlen gekennzeichnet, die die Reihenfolge ihrer Entdeckung angeben und an den Namen angehängt werden. DNA-Polymerase I (Pol I) ist für die Reparatur von Schäden in der DNA verantwortlich und an der Synthese des DNA-Strangs während der Replikation beteiligt. DNA-Polymerase II (Pol II) spielt nur bei der Reparatur von DNA-Schäden eine Rolle, aber nicht bei der Replikation. Die DNA-Polymerase III (Pol III) stellt das Haupt-DNA-Replikationsenzym dar. Sie katalysiert die Kettenverlängerung (Elongation) im Verlauf der Replikation und bildet somit eine entscheidende Komponente des Replisoms. Die aus zehn verschiedenen Polypeptid-Untereinheiten aufgebaute DNA-Polymerase III (▶*Tabelle 16.4*) ist die mit Abstand größte der drei DNA-Polymerasen. Das isolierte Holoenzym stellt ein asymmetrisches Dimer dar, das zwei Exemplare von jeder der Untereinheiten enthält (▶*Abbildung 16.26*). Innerhalb dieser Struktur bilden die α-, ε- und θ-Untereinheiten zwei Kernkomplexe, die hauptsächlich für die eigentlichen Polymerisationsreaktionen verantwortlich sind. Die β-Unter-

Tabelle 16.4

Untereinheiten des DNA-Polymerase-III-Holoenzyms

Untereinheit	M_r	Funktionelle Einheit	Gen	Aktivität/Funktion
α	130.000	Kernkomplex	*pol*C/*dna*E	Polymerase
ε	27.000	Kernkomplex	*dna*Q/*mut*D	3'→5'-Exonuclease
θ	8846	Kernkomplex	*hol*E	?
β	40.000	Gleitende Klammer	*dna*N	Bilden die gleitende Klammer
τ	71.000		*dna*X	Unterstützt die Dimerisierung der Kernkomplexe; ATPase
γ	47.000	γ-Komplex	*dna*X	Der γ-Komplex unterstützt als Klammerlader den Ablauf der Replikation. Außerdem fördert er die Assoziation des Enzyms mit der DNA sowie den Zusammenbau des Replisoms.
δ	38.700	γ-Komplex	*hol*A	
δ'	36.900	γ-Komplex	*hol*B	
χ	16.600	γ-Komplex	*hol*C	
ψ	15.174	γ-Komplex	*hol*D	

Kapitel 16

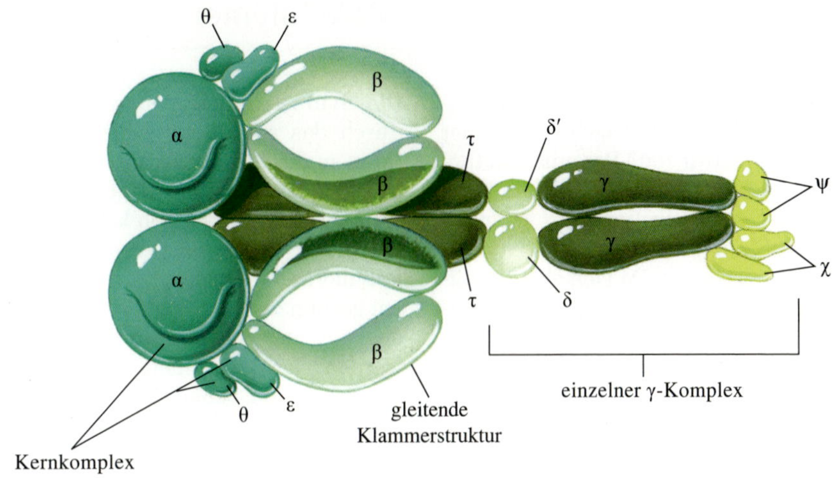

Abbildung 16.26: Ein Modell der Untereinheiten-Zusammensetzung des DNA-Polymerase-III-Holoenzyms aus *E. coli*. Das Holoenzym besteht aus zwei Kernkomplexen, die je eine α-, ε- und θ-Untereinheit aufweisen, gepaarten Kopien aus β- und τ-Untereinheiten sowie aus einem einzelnen γ-Komplex, der zwei γ-, eine δ-, eine δ′- sowie je zwei ψ- und χ-Untereinheiten enthält. Die Struktur stellt ein asymmetrisches Dimer dar. Es sind auch andere Modelle der Holoenzymstruktur der DNA-Polymerase III vorgeschlagen worden. [Aus: O'Donnell, M. 1992. Accessory protein function in the DNA polymerase III holoenzyme from *E. coli*. *BioEssays* 14:105–111.]

einheiten sind zu einer gleitenden Klammerstruktur (engl. *sliding clamp*) zusammengelagert, von der die beiden DNA-Stränge an der Replikationsgabel umgeben sind. Die τ-Untereinheiten stabilisieren das Dimer der Kernkomplexe. Die verbleibenden Untereinheiten bilden den sogenannten γ-Komplex, der auch als Klammerlader (engl. *clamp loader*) bezeichnet wird. Der γ-Komplex unterstützt die Assoziation des Enzyms mit der DNA, den Zusammenbau des Replisoms und die kontinuierliche Bindung der Eltern-DNA an das Enzym während der sukzessiven Polymerisationsreaktionen im Verlauf der Replikation.

16.7.1 Elongation durch Nucleotidylgruppenübertragungen

Praktisch alle DNA-Polymerasen, einschließlich der Polymerase III (Pol III), synthetisieren DNA durch das Hinzufügen eines Nucleotids nach dem anderen an das 3′-Ende der wachsenden Kette. Als Nucleotidsubstrate dienen dabei Desoxyribonucleosid-5′-triphosphate (dNTP). Das im jeweiligen Elongationsschritt an die Kette angehängte spezifische Nucleotid wird durch die Watson-Crick-Basenpaarung mit dem Matrizenstrang bestimmt: Adenin (A) paart mit Thymin (T) und Guanin (G) mit Cytosin (C). Da die Vorräte der einzelnen dNTP in einer Zelle ungefähr gleich groß sind, verbringt die DNA-Polymerase etwa drei Viertel ihrer Zeit mit der Aussortierung der falschen dNTP, die in das aktive Zentrum des Enzyms diffundieren und dort nicht mit der Base des aktuellen Nucleotidrestes des Matrizenstrangs paaren können. DNA-Polymerase III katalysiert die Bildung einer Phosphodiester-Brücke zwischen dem dNTP im aktiven Zentrum und der wachsenden Polynucleotidkette. Zunächst wird ein geeignetes dNTP durch eine Basenpaarung mit dem aktuellen Nucleotidrest des Matrizenstrangs im aktiven Zentrum gebunden (▸*Abbildung 16.27*). Wenn die korrekte Basenpaarung gebildet werden konnte, und nur dann, erfolgt ein nucleophiler Angriff des Sauerstoffatoms der freien 3′-Hydroxylgruppe der naszierenden (wachsenden) DNA-Kette auf das α-Phosphoratom des über die Basenpaarung im aktiven Zentrum gebundenen dNTP. Diese Reaktion führt zur Kondensation des Nucleosidmonophosphats mit dem 3′-Ende der wachsenden Kette unter Freisetzung von Pyrophosphat (PP_i). Durch die nachfolgende Hydrolyse des Pyrophosphats infolge der Aktivität des reichlich vorhandenen Enzyms Pyrophosphatase verläuft die Polymerisationsreaktion im Wesentlichen irreversibel. Blickt man entlang der Kohlenstoffatome des Zuckerrings des neu hinzugefügten Nucleotidrestes, findet die Polymerisation (Kettenverlängerung, Elongation) in 5′→3′-Richtung statt.

Nach jedem Elongationsschritt schreitet die DNA-Polymerase III um ein Nucleotid auf dem Matrizenstrang voran, bindet ein neues dNTP und katalysiert den nächsten Elongationsschritt durch eine Nucleotidylgruppenübertragung. Durch diesen Mechanismus wird gewährleistet, dass die einzelnen Nucleotide schrittweise zu einem neuen Strang aneinandergereiht werden, der durch die Basenpaarung der dNTP mit der Base des jeweils aktuellen Nucleotids des Matrizenstrangs zum Elternstrang komplementär ist.

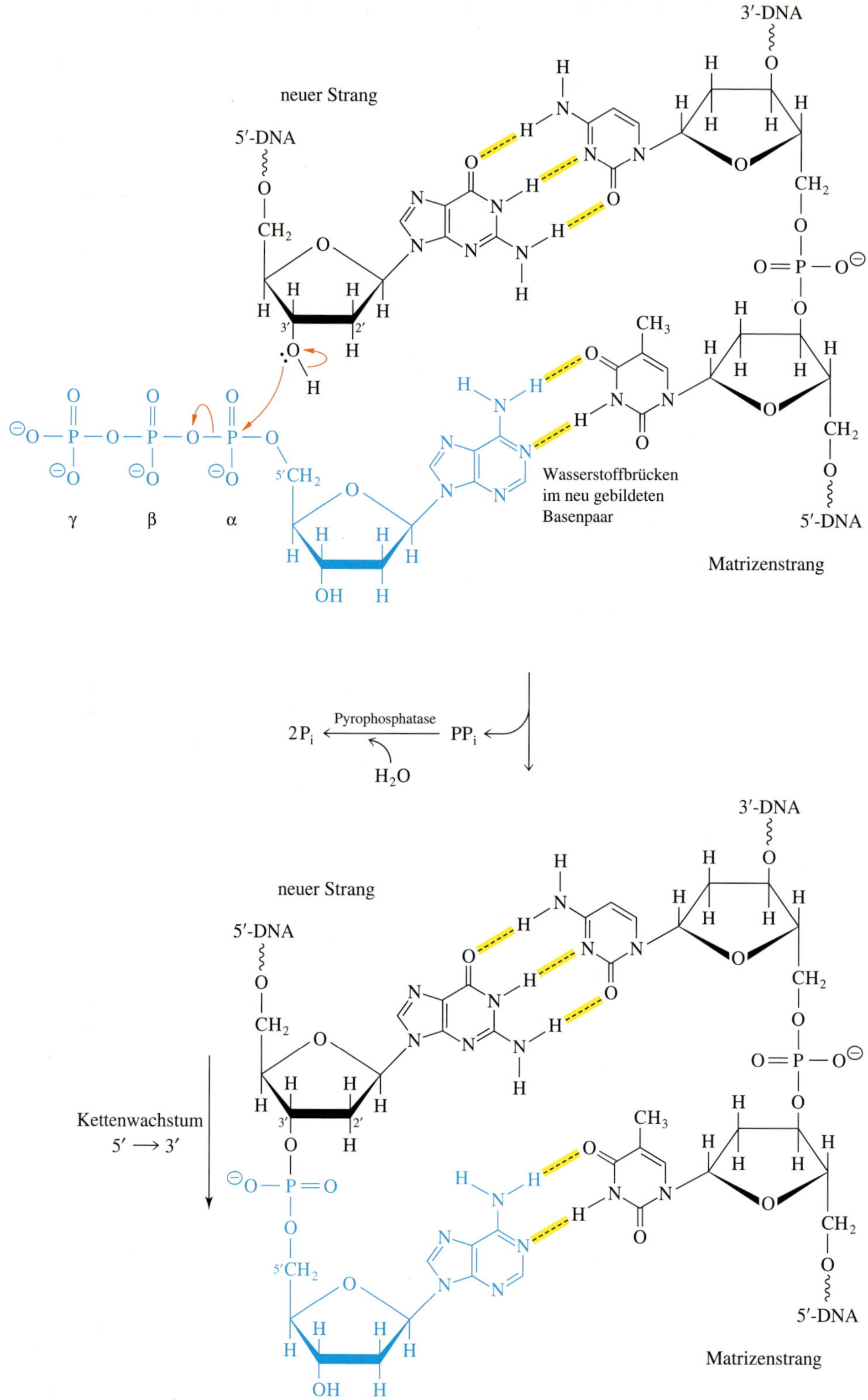

Abbildung 16.27: Elongation einer DNA-Kette. Während der DNA-Synthese findet eine Basenpaarung statt, wenn ein passendes Desoxyribonucleosid-5′-triphosphat (dNTP, blau) in das aktive Zentrum eintritt und Wasserstoffbrücken zur Base des aktuellen Nucleotids des Matrizenstrangs (Elternstrang) bildet. Infolge des nucleophilen Angriffs des 3′-Hydroxylsauerstoffatoms der wachsenden Kette auf das α-Phosphoratom des dNTP wird Letzteres über eine Phosphodiester-Brücke an den neuen DNA-Strang angehängt. Durch die Kopplung mit der Hydrolyse des Pyrophosphats verläuft die Reaktion irreversibel.

Erwartungsgemäß kann die DNA-Polymerase III keine DNA synthetisieren, wenn nicht sowohl ein Matrizenstrang als auch eine bereits zuvor existierende Kette mit einem freien 3′-Ende zur Verfügung stehen. Mit anderen Worten: Für die DNA-Synthese durch die Aktivität der DNA-Polymerase III sind sowohl eine Matrize als auch ein Primer (Startermolekül) erforderlich. Wie wir bereits erwähnt haben, findet die DNA-Replikation (eines neuen Strangs) in der Zelle mit einer Geschwindigkeit von etwa 1000 Nucleotiden pro Sekunde statt. Dies ist die höchste Geschwindigkeit aller bekannten, *in vivo* ablaufenden, biologischen Polymerisationsreaktionen. Die Geschwindigkeit der Polymerisation, die durch gereinigte DNA-Polymerase III *in vitro* katalysiert wird, ist allerdings viel geringer. Dies kann als Hinweis gewertet werden, dass im Fall des isolierten Enzyms Komponenten fehlen, die für die volle enzymatische Aktivität notwendig sind. Nur wenn das vollständige Replisom zusammengesetzt wurde, erfolgt die Polymerisation auch *in vitro* annähernd mit der gleichen Geschwindigkeit wie in der intakten Zelle.

16.7.2 Die Bindung der DNA-Polymerase III an die Replikationsgabel

Nachdem die DNA-Synthese begonnen hat, bleibt die DNA-Polymerase III im weiteren Verlauf der Replikation an die Replikationsgabel gebunden, bis die Replikation vollständig abgeschlossen ist. Das 3′-Ende der wachsenden Kette befindet sich während der gesamten Dauer der Replikation im aktiven Zentrum des Enzyms, wo viele Nucleotide nacheinander angehängt werden. Enzyme, die während der Polymerisation über viele Schritte an die naszierende Kette gebunden bleiben, nennt man prozessive Enzyme. Das Gegenteil von prozessiven Enzymen sind distributive Enzyme, die nach jedem Polymerisationsschritt von der wachsenden Kette abdissoziieren. Als Bestandteil des Replisoms stellt das DNA-Polymerase-III-Holoenzym ein in höchstem Maße prozessives Enzym dar. Das bedeutet, dass nur eine kleine Zahl von DNA-Polymerase-III-Molekülen notwendig ist, um das gesamte Genom in einer Zelle zu replizieren. Die Prozessivität spielt eine wichtige Rolle für die hohe Geschwindigkeit der DNA-Replikation. Die Prozessivität des DNA-Polymerase-III-Holoenzyms ist zumindest zum Teil auf die β-Untereinheiten des Enzyms zurückzuführen. Diese Untereinheiten besitzen keine eigene enzymatische Aktivität, aber im zusammengesetzten Holoenzym bilden sie einen Ring, der das DNA-Molekül vollständig umschließen kann. In *E. coli* besteht der Ring aus zwei β-Untereinheiten, die zu einem Kopf-Schwanz-Dimer assoziiert vorliegen. Jede der Untereinheiten enthält drei ähnliche Domänen, die jeweils ein β-Sandwich-Faltungsmuster mit zwei α-Helices, die mit dem DNA-Molekül wechselwirken, an der Innenseite aufweisen (▶*Abbildung 16.28a*). Die β-Untereinheiten bilden also eine sogenannte gleitende Klammerstrukur, die die Polymerase am DNA-Molekül festhält, aber gleichzeitig das Voranschreiten des Replisoms auf dem DNA-Molekül ermöglicht, indem das DNA-Molekül durch das Zentrum der Klammer gleitet. Wie wir später noch sehen werden, trägt der Einbau der DNA-Polymerase III in eine sogar noch größere Proteinmaschinerie an der Replikationsgabel zusätzlich dazu bei, die Assoziation des Enzyms mit den naszierenden DNA-Ketten während der Replikation aufrechtzuerhalten. Viele andere biochemisch charakterisierte DNA-Replikationssysteme haben die gleiche Strategie entwickelt, um die Geschwindigkeit und somit die Effizienz der DNA-Replikation zu erhöhen. Die beiden verwandten Bakteriophagen T4 und RB69 codieren zum Beispiel beide ein akzessorisches Replikationsprotein, gp45, das auch eine ringförmige Klammer bildet (▶*Abbildung 16.28c*). Mit dieser Klammerstruktur umschließt die jeweilige phagencodierte DNA-Polymerase ihr DNA-Substrat und

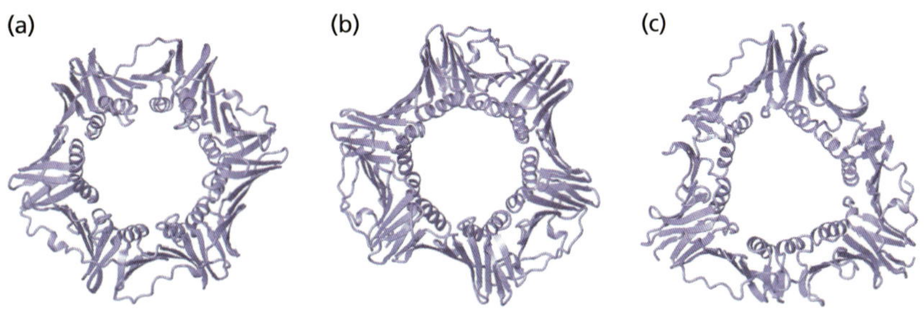

Abbildung 16.28: DNA-Polymerasen nutzen ringförmige gleitende Klammerstrukturen zur Erhöhung der Prozessivität. Diese drei hier als Bändermodelle dargestellten Kristallstrukturen illustrieren die konvergente Evolution von Struktur und Funktion. (a) Die aus zwei β-Untereinheiten zusammengesetzte gleitende Klammerstruktur der DNA-Polymerase III aus *E. coli*. (b) Das Kernantigen proliferierender Zellen (PCNA, engl. *proliferating cell nuclear antigen*) erfüllt die gleiche Funktion in Archaeen. (c) Auch gp45 aus dem Bakteriophagen T4 bildet eine ringförmige gleitende Klammerstruktur, mit der die DNA-Polymerase ihr DNA-Substrat umschließt.

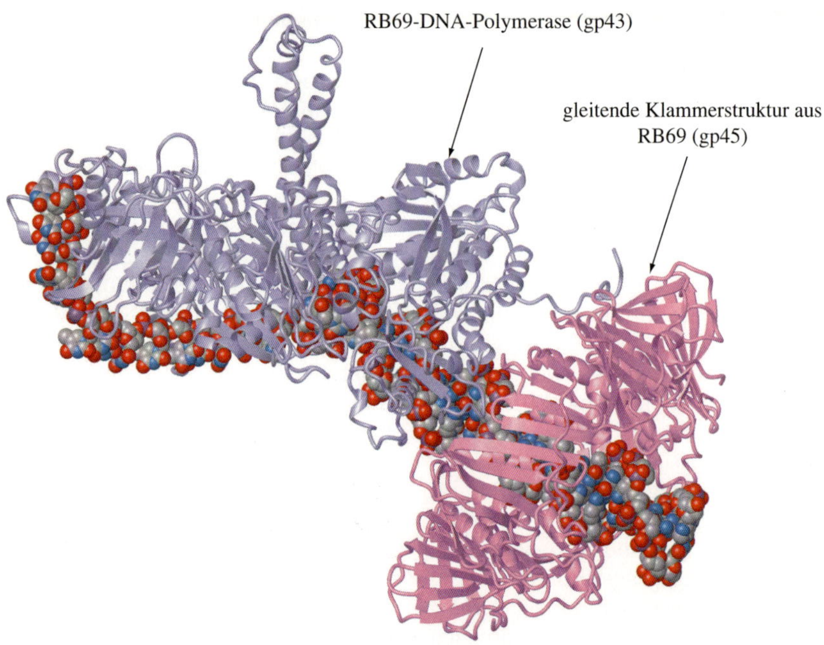

Abbildung 16.29: Modell der DNA-Polymerase eines Bakteriophagen mit gebundener DNA. Die gleitende Klammerstruktur (violettes Bändermodell) umschließt die neu synthetisierte doppelsträngige DNA (Kalottenmodell). Die Untereinheit, die das aktive Zentrum enthält, ist blau dargestellt. Das 3′-Ende des naszierenden Strangs befindet sich im aktiven Zentrum (etwa in der Mitte des Bildes) und der einzelsträngige Abschnitt des Matrizenstrangs erstreckt sich von dort in der Abbildung nach links. Die DNA-Polymerase bewegt sich während der Elongation von rechts nach links entlang des DNA-Strangs [PDB 1WAI].

verstärkt damit ihre Prozessivität. In ▸*Abbildung 16.29* ist ein Molekülmodell der DNA-Polymerase eines Bakteriophagen mit einem gebundenen DNA-Molekül dargestellt, das verdeutlichen kann, wie die Klammerstruktur die Replikation und die Prozessivität *in vivo* unterstützt. Die gleitende Klammer umgibt die doppelsträngige Region der DNA und steht in Wechselwirkung mit den Untereinheiten, die die Polymeraseaktivität aufweisen und an die einzelsträngige Region der DNA-Replikationsgabel binden. Bemerkenswerterweise verwenden eukaryontische DNA-Polymerasen offenbar die gleiche Strategie (▸*Abschnitt 16.11*), um sich an ihren DNA-Substraten festzuklammern (▸*Abbildung 16.28*).

16.7.3 Korrektur von Replikationsfehlern

Das DNA-Polymerase-III-Holoenzym besitzt auch eine 3′→5′-Exonucleaseaktivität. Diese Exonuclease, deren Aktivität hauptsächlich auf die ε-Untereinheit zurückzuführen ist, kann die Hydrolyse der Phosphodiester-Brücke, die den 3′-terminalen Rest mit der übrigen Kette verbindet, katalysieren. Das DNA-Polymerase-III-Holoenzym kann die Polynucleotidkette somit sowohl verlängern als auch um je einen Rest verkürzen. Die Exonucleaseaktivität ermöglicht dem Holoenzym die Korrektur von fehlgepaarten Basenpaaren im neu synthetisierten DNA-Molekül. Wenn die DNA-Polymerase III eine Verzerrung in der DNA erkennt, die durch eine falsche Basenpaarung verursacht wird, katalysiert die Exonucleaseaktivität die Abspaltung des fehlgepaarten Nucleotids, bevor die Polymerisation fortgesetzt wird. Der Einbau einer falschen Base passiert durchschnittlich in einem von 10^5 Polymerisationsschritten. Dies entspricht einer Fehlerhäufigkeit von etwa 10^{-5} (10^{-3} Prozent). Die in 3′→5′-Richtung korrekturlesende Exonucleaseaktivität weist selbst eine Fehlerhäufigkeit von etwa 10^{-2} (1 Prozent) auf. Die Kombination der DNA-Polymerasereaktion mit der anschließenden korrigierenden Exonucleasereaktion verringert die Gesamtfehlerhäufigkeit der DNA-Synthese auf 10^{-7} (10^{-5} Prozent). Dies stellt eine der niedrigsten Fehlerhäufigkeiten aller Enzyme dar. Die meisten der wenigen Fehler, die die DNA-Polymerase III noch produziert, werden nachfolgend durch separate DNA-Reparaturenzyme behoben. Auf diese Weise wird die Gesamtfehlerhäufigkeit nochmals auf schließlich 10^{-9} (10^{-7} Prozent) bis 10^{-10} (10^{-8} Prozent) reduziert. Trotz der beeindruckenden Genauigkeit treten regelmäßig Replikationsfehler auf, wenn große Genome dupliziert werden. Das Humangenom enthält zum Beispiel ungefähr $3{,}2 \times 10^9$ bp. Das bedeutet, dass nach jeder vollständigen Replikation des Humangenoms schließlich statistisch etwa ein Replikationsfehler auf eine der Tochterzellen übertragen wird.

Simultane Synthese von zwei Strängen durch die DNA-Polymerase 16.8

DNA-Polymerasen katalysieren, wie in ▶*Abbildung 16.6* dargestellt, die Kettenverlängerung ausschließlich in 5′→3′-Richtung. Da die beiden Stränge der Eltern-DNA antiparallel verlaufen, erfolgt die 5′→3′-Synthese an einem der Elternstränge als Matrize in die gleiche Richtung wie die Fortbewegung der Replikationsgabel, aber die 5′→3′-Synthese am anderen Elternstrang findet entgegen der Wanderungsrichtung der Replikationsgabel statt (▶*Abbildung 16.30a*). Der neue Strang, dessen Synthese in Richtung des Fortschritts der Replikationsgabel erfolgt, wird Leitstrang (engl. *leading strand*) genannt. Der andere neue Strang, dessen Synthese in der entgegengesetzten Richtung stattfindet, wird als Folgestrang (engl. *lagging strand*) bezeichnet. Wie wir bereits besprochen haben, enthält das Dimer des DNA-Polymerase-III-Holoenzyms zwei Kernkomplexe, die die Polymerisation von Nucleotiden zu DNA katalysieren können. Einer dieser Kernkomplexe ist für die Synthese des Leitstrangs und der andere für die Synthese des Folgestrangs verantwortlich.

16.8.1 Die diskontinuierliche Synthese des Folgestrangs

Der Leitstrang wird ausgehend vom Replikationsursprung bis zur Terminationsstelle als eine kontinuierliche Polynucleotidkette synthetisiert. Die Synthese des Folgestrangs erfolgt dagegen diskontinuierlich in kurzen Abschnitten jeweils gegen die Bewegungsrichtung der Replikationsgabel. Die auf diese Weise entstehenden getrennten Folgestrangfragmente werden anschließend in einer separaten Reaktion miteinander zu einem durchgehenden Polynucleotidstrang verbunden. An der Replikationsgabel entstehen ein langes und viele kurze (1000 Reste) neue DNA-Fragmente. Das lange DNA-Molekül entsteht bei der kontinuierlichen Synthese des Leitstrangs, während die kurzen Fragmente aus der diskontinuierlichen Synthese des Folgestrangs hervorgehen. Die kurzen Folgestrangfragmente nennt man nach ihrem Entdecker, Reiji Okazaki, Okazaki-Fragmente. Der Gesamtvorgang der DNA-Replikation wird auch als semidiskontinuierlicher Prozess bezeichnet, weil die Synthese des einen Strangs kontinuierlich und die des anderen Strangs diskontinuierlich abläuft.

16.8.2 RNA-Primer bei der Synthese der Okazaki-Fragmente

Aber wie wird die Synthese jedes einzelnen Okazaki-Fragments gestartet? Das Problem besteht darin, dass keine DNA-Polymerase die Polymerisation von Nucleotiden *de novo*, also ganz neu, beginnen kann. Vielmehr können sie nur das Hinzufügen von Nucleotiden an bereits vorher existierende Oligo- oder Polynucleotide katalysieren. Diese Einschränkung stellt für die Synthese des Leitstrangs, nachdem sie einmal gestartet

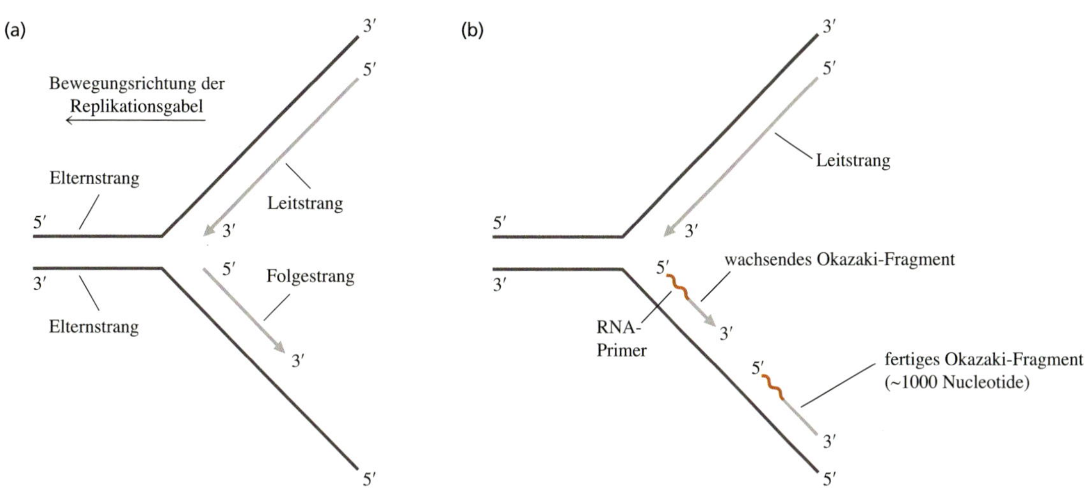

Abbildung 16.30: Die Replikationsgabel. (a) **Schematische Darstellung einer Replikationsgabel.** Die beiden neu synthetisierten Stränge weisen entgegengesetzte Polaritäten auf. Die 5′→3′-Synthese des Leitstrangs findet in der Bewegungsrichtung der Replikationsgabel statt, während die 5′→3′-Synthese des Folgestrangs entgegen dieser Richtung erfolgt. (b) Schematische Darstellung der Synthese des Folgestrangs. Bei der Synthese jedes der Okazaki-Fragmente dient ein kurzes RNA-Fragment (braun) als Primer. Die Länge der Okazaki-Fragmente ergibt sich aus dem Abstand zwischen zwei aufeinanderfolgenden RNA-Primern.

wurde, kein Problem mehr dar, weil die Nucleotide anschließend kontinuierlich an die wachsende Kette angehängt werden. Beim Aufbau des Folgestrangs muss die Synthese jedes einzelnen Okazaki-Fragments aber neu gestartet werden. Zu diesem Zweck werden an der Replikationsgabel kurze RNA-Fragmente synthetisiert. Diese als *Primer* (Startermoleküle) dienenden RNA-Fragmente sind zur Folgestrang-Matrize komplementär. Jeder der RNA-Primer wird anschließend durch die Aktivität der DNA-Polymerase ausgehend vom 3′-Ende unter Bildung eines Okazaki-Fragments verlängert (▶*Abbildung 16.30b*). Auch die Polymerisation der Nucleotide des Leitstrangs beginnt mit einem RNA-Primer, aber für die Synthese des gesamten Strangs wird nur ein einziger Primer zu Beginn der Replikation benötigt.

Durch die Verwendung von kurzen RNA-Primern wird die Einschränkung durch den Mechanismus der DNA-Polymerase, infolge derer die Polymerase die DNA-Synthese nicht *de novo* beginnen kann, umgangen. Die Primer werden durch die Aktivität eines DNA-abhängigen RNA-Polymeraseenzyms, der sogenannten Primase, die in *E. coli* vom Gen *dna*G codiert wird, erzeugt. Die kristallografisch bestimmte, dreidimensionale Struktur der katalytischen Dömane der DnaG (Primase) aus *E. coli* offenbart Unterschiede in der Faltung und der Struktur des aktiven Zentrums im Vergleich zu den gut untersuchten DNA-Polymerasen. Diese Unterschiede weisen auf einen anderen enzymatischen Mechanismus der RNA-Polymerase DnaG hin. Die Primase bildet einen Bestandteil eines größeren Komplexes namens Primosom, der neben der Primase noch viele andere Polypeptide enthält. Das Primosom stellt, wie auch die DNA-Polymerase III, eine Komponente des Replisoms dar.

Mit dem Voranschreiten der Replikationsgabel erfolgt die Entspiralisierung der Eltern-DNA-Doppelhelix, sodass beide Stränge als Einzelstrang-DNA zugänglich werden. Etwa einmal pro Sekunde katalysiert die Primase die Synthese eines kurzen RNA-Primers. Dabei nutzt sie einen der einzelsträngigen Eltern-DNA-Abschnitte als Matrize. Die Primer weisen eine Länge von nur wenigen Nucleotiden auf. Da sich die Replikationsgabel in *E. coli* mit einer Geschwindigkeit von etwa 1000 Nucleotidresten pro Sekunde an der Eltern-DNA entlangbewegt, wird demzufolge ungefähr nach jeweils 1000 eingebauten Nucleotidresten ein neuer Primer synthetisiert. Daraus ergibt sich die Länge der Okazaki-Fragmente in *E. coli*. Im Anschluss an die Synthese jedes der Primer katalysiert die DNA-Polymerase III die Verlängerung (Elongation) des Primers durch Desoxyribonucleotide in 5′→3′-Richtung.

16.8.3 Verknüpfung der Okazaki-Fragmente durch die DNA-Polymerase I und die DNA-Ligase

Die Okazaki-Fragmente müssen schließlich zu einem kontinuierlichen DNA-Strang, der zum Elternstrang durchgehend komplementär ist, verknüpft werden. Um dieses Ziel zu erreichen, müssen drei Prozesse ablaufen: die Entfernung der RNA-Primer, die Synthese von DNA-Fragmenten, die die RNA-Primer ersetzen und zum Elternstrang komplementär sind, sowie die Verknüpfung der einzelnen DNA-Fragmente zu einem einzigen, langen Polynucleotidstrang. Die einzelnen Schritte dieser Prozesse werden durch die Aktivitäten der DNA-Polymerase I und der DNA-Ligase katalysiert.

Mit der DNA-Polymerase I aus *E. coli* entdeckte Arthur Kornberg vor knapp 60 Jahren das erste Enzym, das die Synthese von DNA an einem Matrizenstrang katalysierte. In der DNA-Polymerase I befinden sich in einem einzelnen Polypeptid die Aktivitäten einer 5′→3′-DNA-Polymerase sowie einer korrekturlesenden 3′→5′-Exonuclease, die auch im DNA-Polymerase-III-Holoenzym vorkommt. Zusätzlich besitzt die DNA-Polymerase I eine 3′→5′-Exonucleaseaktivität, die die DNA-Polymerase III nicht aufweist. Mit bestimmten proteolytischen Enzymen kann die DNA-Polymerase I in ein kleineres Fragment, das die 5′→3′-Exonucleaseaktivität enthält, und ein größeres Fragment, das die Polymerisations- und die Korrekturleseaktivität aufweist, gespalten werden. Das größere Fragment besteht aus den 605 C-terminalen Aminosäureresten und das kleinere Fragment enthält die restlichen 323 N-terminalen Reste. Das größere Fragment ist unter dem Namen Klenow-Fragment bekannt. Es wird weitverbreitet zur DNA-Sequenzierung und bei vielen anderen Techniken, für die die Synthese von DNA ohne einen Abbau in 5′→3′-Richtung erforderlich ist, eingesetzt. Außerdem wird das Klenow-Fragment in vielen Untersuchungen zum Mechanismus der Synthese und der Korrektur von DNA-Molekülen als Modell für kompliziertere DNA-Polymerasen verwendet.

In ▶*Abbildung 16.31* ist die Struktur eines Klenow-Fragments dargestellt, an das ein DNA-Fragment mit einem endständigen, fehlgepaarten Basenpaar gebunden ist. Das 3′-Ende des naszierenden DNA-Strangs befindet sich im Zentrum der in 3′→5′-Richtung spaltenden Exonucleaseaktivität des Enzyms. Während der Polymerisation besetzt der Matrizenstrang die Spalte am oberen Ende der in ▶*Abbildung 16.31* gezeigten Struktur und ein mindestens 10 bp langer, doppelsträngiger DNA-Abschnitt ist an das Enzym gebunden.

Viele der Aminosäurereste, die an der Bindung von DNA beteiligt sind, ähneln sich in allen DNA-Polymerasen, obwohl die verschiedenen Enzyme eine recht unterschiedliche dreidimensionale Struktur und Aminosäuresequenz aufweisen können.

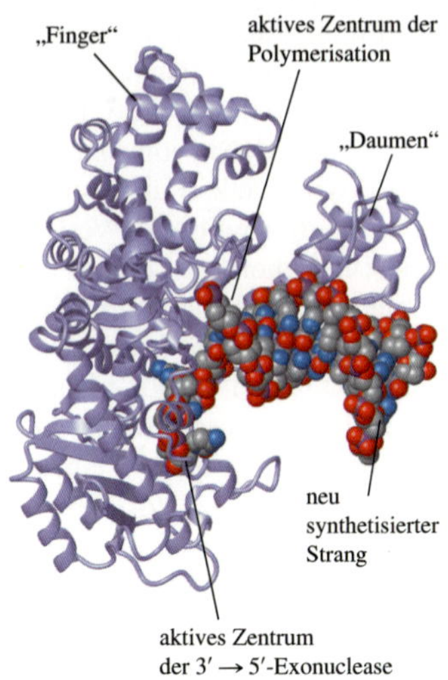

Abbildung 16.31: Struktur eines Klenow-Fragments mit einem gebundenen DNA-Fragment. Das Enzym umschlingt die DNA. Das 3′-Ende des naszierenden Strangs ist im aktiven Zentrum der 3′⟶5′-Exonucleaseaktivität lokalisiert (unten links). *In vivo* erstreckt sich der Matrizenstrang während der DNA-Synthese über die hier gezeigte doppelsträngige Region hinaus in die darüberliegende Spalte [PDB 1KLN].

Die einzigartige 5′⟶3′-Exonucleaseaktivität der DNA-Polymerase I entfernt den RNA-Primer am Anfang jedes Okazaki-Fragments. Da sie keinen Bestandteil des Klenow-Fragments bildet, ist die Domäne, die die 5′⟶3′-Exonucleaseaktivität enthält, in ▶*Abbildung 16.31* nicht dargestellt, aber in der vollständigen DNA-Polymerase I befände sie sich am oberen Ende der Struktur in unmittelbarer Nähe der Spalte, die den Matrizenstrang aufnimmt. Der RNA-Primer wird durch die 5′⟶3′-Exonucleaseaktivität schrittweise abgebaut und der DNA-Matrizenstrang wird durch die erwähnte Spalte zum Zentrum der DNA-Polymeraseaktivität weitergeleitet. Dort wird das 3′-Ende des benachbarten Okazaki-Fragments durch die DNA-Polymerase verlängert, sodass die Lücke, die der entfernte RNA-Primer hinterlässt, durch einen zum Matrizenstrang komplementären DNA-Abschnitt aufgefüllt wird. Dieser Prozess wird Nick-Translation genannt, weil dabei die Einzelstrangbruchstelle (engl. *nick*) zwischen den beiden Okazaki-Fragmenten während des Ersatzes des RNA-Primers durch DNA entlang des Matrizenstrangs verschoben wird (▶*Abbildung 16.32*). Bei der Nick-Translation bindet die DNA-Polymerase I zunächst an einer Einzelstrangbruchstelle zwischen dem 3′-Ende eines Okazaki-Fragments und dem 5′-Ende des RNA-Primers im benachbarten Okazaki-Fragment. Die 5′⟶3′-Exonuclease katalysiert dann die hydrolytische Abspaltung des ersten RNA-Nucleotidrestes. Währenddessen wird durch die Aktivität der 5′⟶3′-Polymerase ein passendes Desoxynucleotid an das 3′-Ende der DNA-Kette des benachbarten Okazaki-Fragments angefügt. Diese Schritte werden so lange wiederholt, bis alle etwa 10 bis 12 Ribonucleotidreste des Primers durch Desoxyribonucleotidreste ersetzt wurden. Auf diese Weise wird die Einzelstrangbruchstelle relativ zum Matrizenstrang verschoben. Anschließend dissoziiert die DNA-Polymerase I von der DNA und hinterlässt zwei RNA-freie Okazaki-Fragmente, die aber noch immer durch eine Bruchstelle im Zucker-Phosphat-Rückgrat getrennt sind. Die Entfernung und der DNA-Ersatz des RNA-

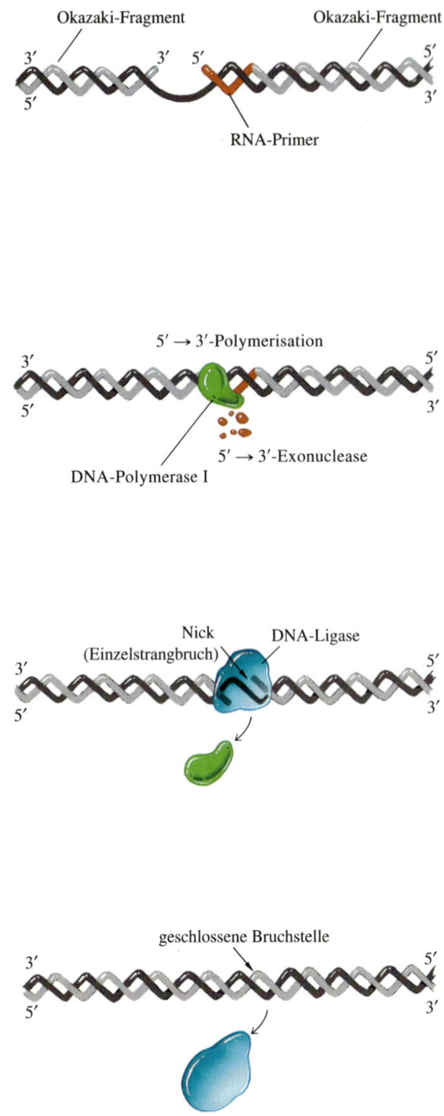

Abbildung 16.32: DNA-Polymerase I und DNA-Ligase. Die Aktivitäten der DNA-Polymerase I und der DNA-Ligase führen zum Ersatz der RNA-Primer in den Okazaki-Fragmenten durch zum Matrizenstrang komplementäre DNA-Abschnitte und schließlich zur Verknüpfung der Okazaki-Fragmente zum durchgehenden Folgestrang.

Primers durch die DNA-Polymerase I stellt einen unentbehrlichen Teilprozess der DNA-Replikation dar, weil das Endprodukt vollständig aus doppelsträngiger DNA bestehen muss.

Der letzte Schritt in der Synthese des fertigen Folgestrangs ist die Bildung von Phosphoesterbindungen zwischen den freien 3′-Hydroxylgruppen am Ende der Okazaki-Fragmente und den 5′-Phosphatgruppen an den entgegengesetzten Enden der jeweils benachbarten Okazaki-Fragmente. Dieser Schritt, durch den die getrennten Okazaki-Fragmente zum fertigen, durchgehenden Folgestrang verknüpft werden, wird durch die DNA-Ligase katalysiert. Die DNA-Ligasen in eukaryontischen Zellen und in Zellen, die von Bakteriophagen infiziert sind, benötigen ATP als Cosubstrat. Im Gegensatz dazu fungiert $NAD^{\oplus}$ als Cosubstrat der DNA-Ligase aus *E. coli*. $NAD^{\oplus}$ dient als Quelle für eine Nucleotidylgruppe, die zuerst auf das Enzym und dann auf das 5′-Ende der DNA an der Einzelstrangbruchstelle übertragen wird. Dadurch wird ein aktiviertes ADP-DNA-Zwischenprodukt erzeugt, das leicht mit der benachbarten freien 3′-Hydroxylgruppe reagieren kann. Der enzymatische Mechanismus, der für die DNA-Ligase aus *E. coli* vorgeschlagen wurde, ist in ▸*Abbildung 16.33* dargestellt. Die Nettogleichung der Ligase-Reaktion lautet folgendermaßen:

$$\text{DNA (unterbrochen)} + NAD^{\oplus} \longrightarrow \text{DNA (kontinuierlich)} + NMN^{\oplus} + AMP \qquad (16.1)$$

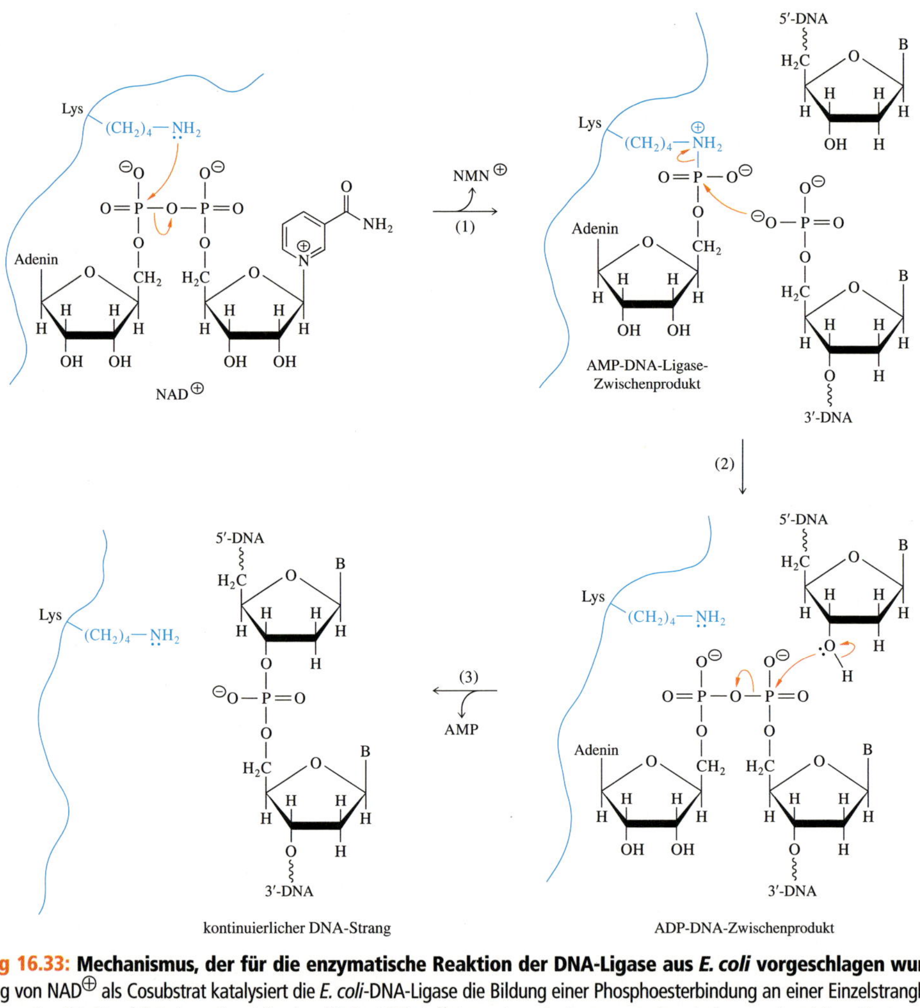

Abbildung 16.33: Mechanismus, der für die enzymatische Reaktion der DNA-Ligase aus *E. coli* vorgeschlagen wurde. Unter Verwendung von $NAD^{\oplus}$ als Cosubstrat katalysiert die *E. coli*-DNA-Ligase die Bildung einer Phosphoesterbindung an einer Einzelstrangbruchstelle der DNA. Im ersten Schritt erfolgt ein nucleophiler Angriff des Stickstoffatoms der ε-Aminogruppe eines Lysinrestes im aktiven Zentrum der DNA-Ligase auf das Phosphoratom, das an das 5′-Sauerstoffatom der Adenosineinheit des $NAD^{\oplus}$-Cosubstrats gebunden ist. Dadurch werden Nicotinamidmononucleotid ($NMN^{\oplus}$) freigesetzt und ein AMP-DNA-Ligase-Zwischenprodukt gebildet. Bei DNA-Ligasen, die ATP als Cosubstrat nutzen, wird stattdessen Pyrophosphat freigesetzt. Im zweiten Schritt findet ein nucleophiler Angriff eines Sauerstoffatoms der freien 5′-Phosphatgruppe der DNA an der Einzelstrangbruchstelle auf das Phosphoratom der Phosphatgruppe des AMP-Enzymkomplexes statt. Infolgedessen wird ein aktiviertes ADP-DNA-Zwischenprodukt gebildet. Im dritten Schritt greift das Sauerstoffatom der freien 3′-Hydroxylgruppe des anderen DNA-Strangs an der Einzelstrangbruchstelle das aktivierte Phosphoratom am endständigen 5′-Sauerstoffatom des DNA-Strangs im ADP-DNA-Zwischenprodukt nucleophil an. Dies führt zur Freisetzung von AMP und zur Verknüpfung der beiden DNA-Bruchstücke durch die Bildung einer Phosphoesterbindung. B repräsentiert in dieser Abbildung jeweils eine beliebige der Purin- oder Pyrimidinbasen, die in DNA vorkommen.

16.9 Modell des Replisoms

Das Replisom enthält ein Primosom, das DNA-Polymerase-III-Holoenzym und weitere Proteine, die für die DNA-Replikation erforderlich sind. Die Zusammenlagerung vieler Proteine in einer einzelnen Proteinmaschinerie ermöglicht die koordinierte Synthese des Leit- und des Folgestrangs an der Replikationsgabel.

Als Matrize für die DNA-Polymerase III dient einzelsträngige DNA. Deswegen müssen die beiden Elternstränge der DNA-Doppelhelix für die Replikation entspiralisiert und getrennt werden. Die Entwindung der Doppelhelix erfolgt hauptsächlich durch die Aktivität einer Klasse von Proteinen, die Helikasen genannt werden. In *E. coli* ist die Helikase DnaB für die DNA-Replikation erforderlich. DnaB stellt eine der Komponenten des Primosoms dar, das wiederum einen Bestandteil des größeren Replisoms bildet. Somit ist die DNA-Entspiralisierung direkt mit der Geschwindigkeit der Polymerisation gekoppelt, wenn das Replisom an der DNA entlangwandert. Die Entwindung der DNA wird durch die Aktivität verschiedener Topoisomerasen befördert. Diese Enzyme bilden keinen Bestandteil des Replisoms, aber sie sind für die Replikation unentbehrlich. Die wichtigste Topoisomerase in *E. coli* stellt die Topoisomerase II dar, die auch Gyrase genannt wird. Mutanten, denen dieses Enzym fehlt, können ihre DNA nicht replizieren. Die Gyrase katalysiert die Entspannung der Superspiralisierungen der DNA vor der Replikationsgabel und die Einführung von neuen Superspiralisierungen hinter der Replikationsgabel. Beachten Sie, dass die DNA-Synthese mit der Entwindung des doppelhelikalen Eltern-DNA-Moleküls verbunden ist. Als Endergebnis werden zwei doppelsträngige Tochtermoleküle gebildet, von denen jedes einen Elternstrang und einen neu synthetisierten Strang enthält (▶*Abbildung 16.34*). Zu keinem Zeitpunkt der DNA-Replikation tritt mit Ausnahme des einzelsträngigen Matrizenabschnitts für die Synthese des Folgestrangs kein einzelsträngiger Bereich signifikanter Länge auf.

Ein weiteres Protein, das eine Komponente des Replisoms darstellt, ist das sogenannte Einzelstrangbindeprotein (SSB, engl. *single-strand binding protein*), das auch als helixdestabilisierendes Protein bekannt ist. SSB bindet an einzelsträngige DNA und verhindert die Ausbildung doppelsträngiger Abschnitte. Das Replisom enthält viele SSB-Moleküle, die in Form von Tetrameren auftreten, deren Untereinheiten eine relative Molekülmasse von M_r = 18.000 besitzen. Jedes dieser Tetramere umgibt etwa 32 Nucleotidreste der Einzelstrang-DNA. Die Bindung von SSB an die DNA erfolgt kooperativ. Das bedeutet, dass die Bindung des ersten SSB-Moleküls die Bindung weiterer SSB-Moleküle erleichtert. Die Anwesenheit mehrerer benachbarter SSB-Moleküle auf einem einzelsträngigen DNA-Abschnitt führt zu einer ausgestreckten, relativ starren Konformation der DNA in diesem Bereich. Da sie keinerlei Sekundärstruktur aufweist, stellt die mit SSB-Molekülen umgebene einzelsträngige DNA eine hervorragende Matrize für die Synthese des komplementären Folgestrangs während der DNA-Replikation dar.

Eine Modellvorstellung von der DNA-Synthese an einem Replisom ist in ▶*Abbildung 16.34* dargestellt. Das Primosom, das die Primase und die Helikase enthält, befindet sich am Kopf der Replikationsgabel. Daran schließt sich das DNA-Polymerase-III-Holoenzym an. Um die Abbildung zu vereinfachen, sind nur die Kernkomplexe und die gleitenden Klammern der DNA-Polymerase III dargestellt. Unmittelbar nach der Entwindung der DNA-Doppelhelix durch die Aktivität der Helikase katalysiert die Primase etwa einmal pro Sekunde die Synthese eines RNA-Primers. Einer der beiden Kernkomplexe des DNA-Polymerase-III-Holoenzym-Dimers ist für die kontinuierliche Synthese des Leitstrangs in 5'→3'-Richtung verantwortlich, während im anderen Kernkomplex die RNA-Primer zu Okazaki-Fragmenten verlängert werden. Man nimmt an, dass die Matrize für den Folgestrang in einer großen Schleife durch den Kernkomplex zurückgeführt wird. Durch diese Anordnung können sowohl der Leit- als auch der Folgestrang in die gleiche Richtung synthetisiert werden, in der auch die Replikationsgabel voranschreitet.

Auch wenn die beiden Kernkomplexe des DNA-Polymerase-III-Holoenzyms in der Modellzeichnung so dargestellt sind, als wären sie äquivalent, funktionieren sie doch etwas unterschiedlich. Einer der Kernkomplexe bleibt während der gesamten Replikation fest mit der Leitstrang-Matrize und dem Leitstrang assoziiert. Der andere Kernkomplex bindet nur so lange an die Matrize für den Folgestrang und verlängert den Folgestrang, bis er auf den RNA-Primer des vorher synthetisierten Okazaki-Fragments trifft. Dann wird die Folgestrang-Matrize vom Kernkomplex freigesetzt und bindet im Bereich des nächsten RNA-Primers erneut an das DNA-Polymerase-III-Holoenzym. Anschließend wird die Synthese des Folgestrangs mit der Verlängerung des nächsten Okazaki-Fragments fortgesetzt (▶*Abbildung 16.34*). Das Holoenzym als Ganzes ist in höchstem Maße prozessiv, weil eine Hälfte fest mit dem Leitstrang assoziiert bleibt, während die andere Hälfte den Folgestrang in Abschnitten von etwa 1000 Nucleotiden prozessiv synthetisiert.

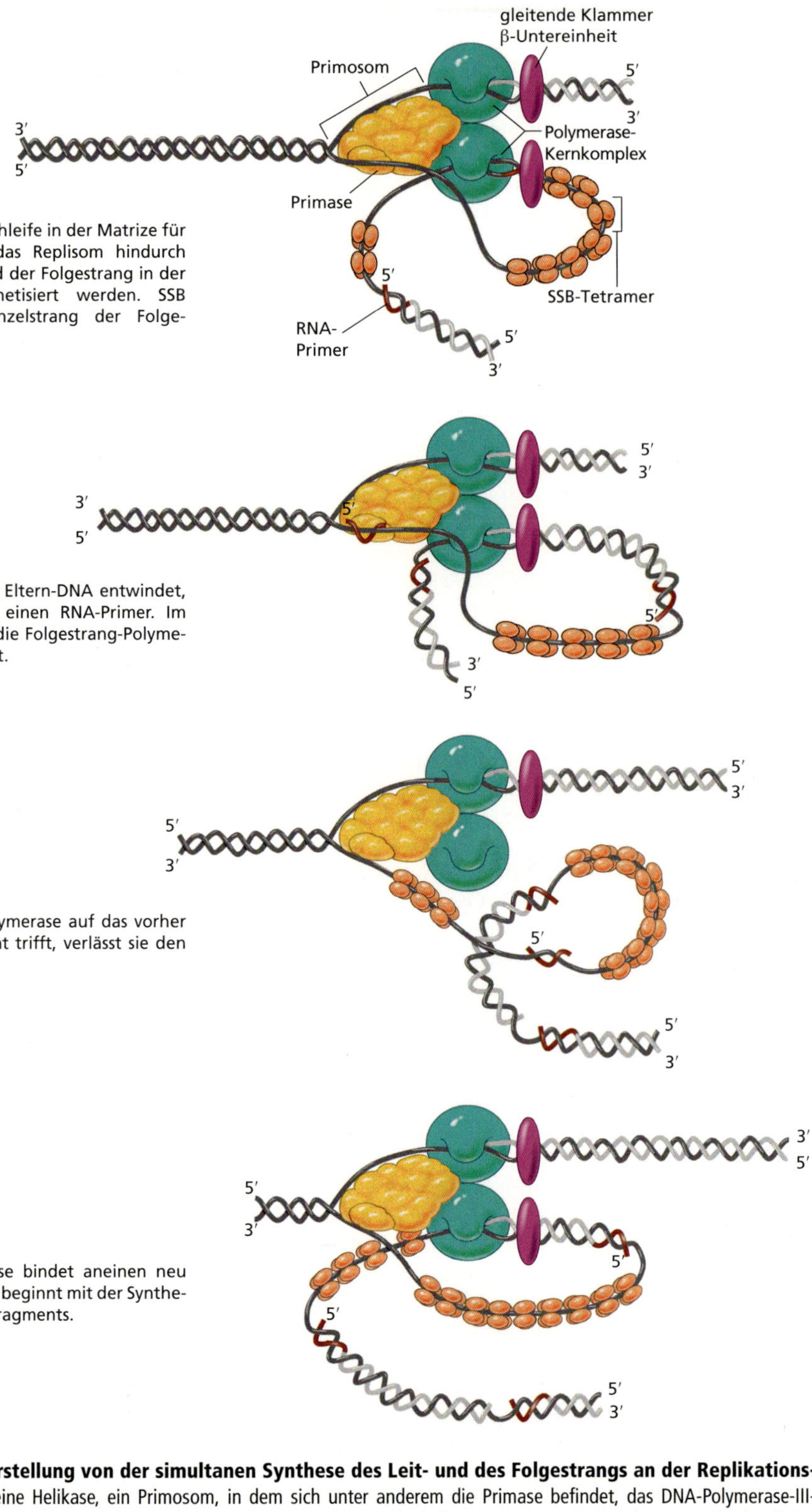

(a) Durch die Bildung einer Schleife in der Matrize für den Folgestrang durch das Replisom hindurch können der Leitstrang und der Folgestrang in der gleichen Richtung synthetisiert werden. SSB bindet an den DNA-Einzelstrang der Folgestrang-Matrize.

(b) Während die Helikase die Eltern-DNA entwindet, synthetisiert die Primase einen RNA-Primer. Im Anschluss vervollständigt die Folgestrang-Polymerase das Okazaki-Fragment.

(c) Wenn die Folgestrang-Polymerase auf das vorher gehende Okazaki-Fragment trifft, verlässt sie den Folgestrang.

(d) Die Folgestrang-Polymerase bindet aneinen neu synthetisierten Primer und beginnt mit der Synthese des nächsten Okazaki-Fragments.

Abbildung 16.34: Modellvorstellung von der simultanen Synthese des Leit- und des Folgestrangs an der Replikationsgabel. Das Replisom enthält eine Helikase, ein Primosom, in dem sich unter anderem die Primase befindet, das DNA-Polymerase-III-Holoenzym, von dem nur die Kernkomplexe und die gleitenden Klammern dargestellt sind, sowie weitere Untereinheiten. Außerdem beinhaltet das Replisom als zusätzliche Komponenten Einzelstrangbindeproteine (SSB, engl. *single-strand binding protein*). Einer der Kernkomplexe katalysiert die Synthese des Leitstrangs, während die Aktivität des anderen Kernkomplexes für die Synthese des Folgestrangs verantwortlich zeichnet. Die Folgestrang-Matrize wird in einer großen Schleife durch das Replisom zurückgeführt, sodass sowohl der Leitstrang als auch der Folgestrang in die gleiche Richtung synthetisiert werden können, in der die Replikationsgabel voranschreitet.

Der γ-Komplex des Holoenzyms unterstützt die Bindung und die Freisetzung der Folgestrang-Matrize, indem er an der Entfernung und der erneuten Zusammensetzung der gleitenden Klammer, die aus den β-Untereinheiten besteht, beteiligt ist. Dieses Modell des Replisoms erklärt, wie die Synthese des Leit- und des Folgestrangs koordiniert werden können. Die Struktur des Replisoms gewährleistet auch, dass alle für die Replikation erforderlichen Komponenten zur richtigen Zeit, in der richtigen Menge und am richtigen Ort zur Verfügung stehen. Komplexe aus Proteinen, die zur Erfüllung einer biochemischen Aufgabe zusammenarbeiten, werden manchmal als Proteinmaschinen bezeichnet. Das Replisom, der ATP-Synthase-Komplex und das photosynthetische Reaktionszentrum stellen Beispiele für solche Proteinmaschinen dar.

Initiation und Termination der DNA-Replikation 16.10

Die Replikation der DNA beginnt an einer spezifischen Nucleotidsequenz, die Replikationsursprung genannt wird. Die entsprechende Sequenz in *E. coli* trägt die Bezeichnung *ori*C. Der Zusammenbau des Replisoms zu Beginn der Replikation am *ori*C-Locus (lat. *locus*, Ort, Stelle) hängt von Proteinen ab, die an diese spezifische Sequenz binden und eine lokale Entwindung der DNA-Doppelhelix verursachen. Eines dieser Proteine heißt DnaA und wird durch das Gen *dna*A codiert, das in unmittelbarer Nachbarschaft zum Replikationsursprung liegt. DnaA hilft bei der Regulation der Replikation, indem es die Häufigkeit der Initiation kontrolliert. Die Produktion der ersten RNA-Primer, die für den Start der Synthese der ersten Okazaki-Fragmente der beiden Folgestränge erforderlich sind, erfolgt wahrscheinlich durch die Aktivität der Primosomen am Replikationsursprung.

Die Termination der Replikation in *E. coli* findet statt, wenn die Replikationsgabeln die Terminationsregion *(ter)*, die dem Replikationsursprung *ori*C im ringförmigen Chromosom genau gegenüber liegt, erreichen. Die *ter*-Region enthält DNA-Sequenzen, die als Bindungsstellen für das sogenannte Tus-Protein (Tus, engl. ***t****erminator* ***u****tilization* ***s****ubstance*) dienen. In ▶*Abbildung 16.35* ist die Struktur eines an DNA gebundenen Tus-Proteins dargestellt. Die Aminosäureseitenketten in β-Strang-Regionen des Proteins treten mit Basenpaaren in der großen Furche der DNA in Kontakt und erkennen die Terminationssequenzen in der *ter*-Region. Die an die *ter*-Region gebundenen Tus-Proteine behindern die Helikaseaktivität des Replisoms, wenn dieses auf ein Tus-Protein trifft. Infolgedessen kann das Replisom nicht weiter auf der DNA voranschreiten. Die Terminationsregion enthält außerdem Nucleotidsequenzen, die eine Rolle bei der Trennung der Tochterchromosomen nach der Vollendung der Replikation spielen.

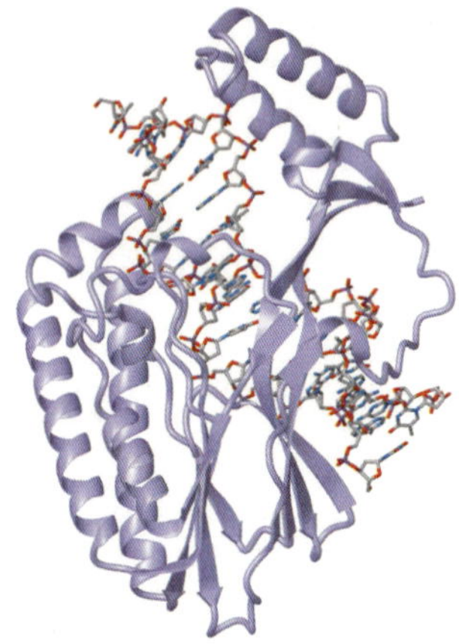

Abbildung 16.35: Struktur eines Tus-Proteins aus *E. coli*, das an ein DNA-Fragment gebunden ist. Tus (blaues Bändermodell) bindet an spezifische Sequenzen der DNA (Stabmodell) in der Terminationsregion *(ter)* der Replikation. Das gebundene Tus-Protein blockiert das weitere Voranschreiten des Replisoms [PDB 1ECR].

Die DNA-Replikation in Eukaryonten 16.11

Die Mechanismen der DNA-Replikation in Prokaryonten und Eukaryonten sind im Wesentlichen ähnlich. Wie in *E. coli* erfolgt die Synthese des Leitstrangs in Eukaryonten kontinuierlich, während der Folgestrang diskontinuierlich synthetisiert wird. Weiterhin stellt die Synthese des Folgestrangs sowohl in Prokaryonten als auch in Eukaryonten einen schrittweisen Prozess dar, der folgende Vorgänge umfasst: die Synthese eines Primers, die Synthese von Okazaki-Fragmenten, die Primerhydrolyse und die Auffüllung der Lücke durch die Aktivität einer DNA-Polymerase. Die eukaryontische Primase produziert wie die prokaryontische Primase etwa einmal pro Sekunde einen kurzen Primer auf der Folgestrang-Matrize. Da die Replikationsgabel in Eukaryonten allerdings langsamer voranschreitet, erreichen die Okazaki-Fragmente nur Längen zwischen 100 und 200 Nucleotidresten. Die eukaryontischen Okazaki-Fragmente sind somit erheblich kürzer als die prokaryontischen Okazaki-Fragmente. Interessanterweise zeigt die eukaryontische (und archaeale) DNA-Primase keine signifikante Sequenzhomologie zur prokaryontischen Primase und besitzt auch keine der auffälligen klassischen Strukturelemente von DNA-Polymerasen wie die „Finger-“ oder „Daumendomänen“ (▶*Abbildung 16.32*). Die bakterielle Primase definiert ebenfalls eine eigene Polymerasefamilie. Vermutlich hat sich die Fähigkeit zur Synthese von RNA-Primern für die Initiation der DNA-Synthese also mindestens zweimal unabhängig voneinander entwickelt. Da viele der übrigen Enzyme, die an der DNA-Replikation in Eukaryonten beteiligt sind, noch nicht identifiziert oder zumindest nicht so umfassend charakterisiert wurden wie die Enzyme aus *E. coli*, werden die Funktionen und manchmal auch die eigentliche Existenz der eukaryontischen Enzyme aus den Erkenntnissen über die prokaryontischen Enzyme abgeleitet.

Die meisten eukaryontischen Zellen enthalten mindestens fünf verschiedene DNA-Polymerasen, die mit den griechischen Buchstaben α, β, γ, δ und ε gekennzeichnet werden (▶*Tabelle 16.5*). Die DNA-Polymerasen α, δ und ε sind für die Elongationsreaktionen (Kettenverlängerungen) während der DNA-Replikation und für einige Reparaturreaktionen verantwortlich. Die DNA-Polymerase β stellt ein DNA-Reparaturenzym dar, das im Zellkern vorkommt, und die DNA-Polymerase γ ist an der Replikation der mitochondrialen DNA beteiligt. Eine sechste DNA-Polymerase ist für die Replikation der DNA in Chloroplasten zuständig.

Die DNA-Polymerase δ katalysiert die Synthese des Leitstrangs an der Replikationsgabel. Dieses Enzym besteht aus verschiedenen Untereinheiten, von denen die größere das aktive Polymerasezentrum enthält. Das Enzym besitzt außerdem eine 3′→5′-Exonucleaseaktivität. Die DNA-Replikation in Eukaryonten verläuft äußerst genau. Die sehr niedrige Fehlerhäufigkeit deutet auf die Existenz eines höchst effizienten Korrekturleseschritts hin.

Die DNA-Polymerase α und die DNA-Polymerase δ arbeiten bei der Synthese des Folgestrangs zusammen. DNA-Polymerase α ist ein multimeres Protein, das sowohl eine DNA-Polymerase- als auch eine RNA-Primaseaktivität aufweist. Der Primer, der durch die Aktivitäten der DNA-Polymerase α synthetisiert wird, besteht aus einem kurzen RNA-Abschnitt, dem ein DNA-Abschnitt folgt. Dieser zweiteilige Primer wird anschließend durch die DNA-Polymerase δ zu einem vollständigen Okazaki-Fragment verlängert. Die DNA-Polymerase ε stellt ein großes, multimeres Protein dar. Die größte Polypeptidkette dieses Enzyms enthält die Polymeraseaktivität sowie das aktive Zentrum der 3′→5′-korrekturlesenden Exonuclease. Ebenso wie ihr Gegenstück in *E. coli*, die DNA-Polymerase I, fungiert die DNA-Polymerase ε wahrscheinlich als Reparaturenzym und füllt die Lücken zwischen den Okazaki-Fragmenten mit DNA.

In Eukaryonten sind außerdem mehrere akzessorische Proteine (Hilfsproteine) mit der Replikationsgabel assoziiert. Diese Proteine arbeiten wie manche der Proteine im bakteriellen Replisom. Das Kernantigen proliferierender Zellen (PCNA, engl. *proliferating cell nuclear antigen*) bildet zum Beispiel Strukturen, die denen der gleitenden Klammern in der DNA-Polymerase III in *E. coli* ähneln (▶*Abbildung 16.28*). Das akzessorische Protein RPC (Replikationsfaktor C) ist strukturell, funktionell und evolutionär mit dem γ-Komplex der DNA-Polymerase III aus *E. coli* verwandt. Ein weiteres Protein, das RPA (Replikationsfaktor A) genannt wird, stellt das eukaryontische Äquivalent des prokaryontischen Einzelstrangbindeproteins (SSB) dar. Schließlich enthält die eukaryontische Replikationsmaschinerie auch Helikasen, die die DNA an der Replikationsgabel entwinden.

Tabelle 16.5

Eukaryontische DNA-Polymerasen

DNA-Polymerase	Aktivitäten	Aufgaben
α	Polymerase, Primase und 3′→5′-Exonuclease[a]	Primersynthese und Reparatur
β	Polymerase	Reparatur
γ	Polymerase und 3′→5′-Exonuclease	Replikation der mitochondrialen DNA
δ	Polymerase und 3′→5′-Exonuclease	Synthese des Leit- und des Folgestrangs sowie Reparatur
ε	Polymerase, 3′→5′-Exonuclease und 5′→3′-Exonuclease	Reparatur und die Auffüllung der Lücken im Folgestrang mit DNA

[a] Die 3′→5′-Exonucleaseaktivität der Polymerase α ist nicht in allen Spezies detektierbar.

Jedes eukaryontische Chromosom weist viele Replikationsursprünge auf. Das größte Chromosom der Fruchtfliege *Drosophila melanogaster* enthält zum Beispiel etwa 6000 Replikationsgabeln zur gleichen Zeit und somit mindestens 3000 Replikationsursprünge. Da die Replikation ausgehend von jedem Replikationsursprung bidirektional abläuft, bewegen sich die Replikationsgabeln, die vom gleichen Ursprung stammen, voneinander weg, während sich Replikationsgabeln von benachbarten Ursprüngen aufeinander zu bewegen. Zwischen den Replikationsgabeln vom gleichen Ursprung bildet sich ein ringförmiges Gebilde aus den beiden DNA-Tochterabschnitten, das Replikationsblase oder Replikationsauge genannt wird. Treffen die Replikationsgabeln benachbarter Replikationsblasen aufeinander, verschmelzen sie zu immer größeren, aber auch immer weniger Replikationsblasen, bis am Ende der Replikation schließlich alle Replikationsblasen miteinander verschmolzen sind. Infolge der großen Zahl von Replikationsursprüngen können die größeren Chromosomen von Eukaryonten immer noch in weniger als einer Stunde repliziert werden, obwohl die Replikationsgabeln viel langsamer voranschreiten als in Prokaryonten.

In Eukaryonten erfolgt die DNA-Replikation im Zusammenhang mit dem vorprogrammierten Zellzyklus, in dessen Verlauf auch die Teilung der Zelle stattfindet. Dieser Zellzyklus stellt einen in hohem Maße regulierten Prozess dar, der über eine Serie voneinander abhängiger Schritte abläuft und mindestens zu den beiden folgenden Ergebnissen führt: (1) Die gesamte DNA der Zelle wird gewissenhaft dupliziert, um zwei genaue Kopien von jedem Chromosom zu produzieren. (2) Die Kopien der Chromosomen werden sorgfältig getrennt, sodass von jedem Chromosom genau ein Exemplar auf eine der beiden Tochterzellen verteilt wird. Der erste Schritt, also die Replikation (Synthese) der DNA, findet in der sogenannten S-Phase (Synthese-Phase) statt. Der zweite Schritt, in dem die Chromosomen auf zwei Chromosomensätze aufgeteilt werden, erfolgt während der Mitose, die auch als mitotische Phase oder als M-Phase bezeichnet wird (▶*Abbildung 16.36*). Danach trennt sich die Zelle in zwei Tochterzellen, die jeweils genau einen vollständigen Chromosomensatz besitzen. Jeder Replikationsursprung muss also im Verlauf eines Zellzyklus genau einmal, nicht mehr und nicht weniger, als Ausgangspunkt für die Replikation während der S-Phase dienen.

Am Ende der Mitose und während der folgenden G1-Phase lagert sich an jedem funktionsfähigen Replikationsursprung ein konservierter Multiproteinkomplex, der sogenannte Ursprungserkennungskomplex (ORC, engl. *origin recognition complex*), zusammen. Wenn die Zelle die G1-Phase durchläuft, regt jeder ORC die Bildung eines Präreplikationskomplexes (Prä-RK) an. Dabei werden unter anderem die unentbehrlichen Proteine Cdc6 und Cdt1 sowie die aus sechs Untereinheiten aufgebaute Helikase MCM eingebunden. Die Prä-RK bleiben in einem Gleichgewichtszustand, bis die Aktivität einer spezifischen S-Phase-Protein-Kinase (SPK) einen kritischen Grenzwert überschreitet, infolgedessen die Prä-RK zu Initiationskomplexen vervollständigt werden und die Replikation an allen Replikationsursprüngen gestartet wird. Die Replikationsgabeln bewegen sich bidirektional von den ursprünglichen Replikationsursprüngen weg und hinterlassen neue Replikationsursprünge in den Tochter-DNA-Molekülen. Solange die SPK eine hohe Aktivität aufweist, verhindert sie die Bildung neuer Präreplikationskomplexe an den neuen Replikationsursprüngen und somit auch die erneute Initiation sowie die mehrfache Replikation eines oder mehrerer DNA-Abschnitte. Nach der S- und G2-Phase werden die SPK-Moleküle proteolytisch gespalten, sodass die SPK-Aktivität weit unter den Grenzwert gesenkt wird, dessen Überschreitung zur Initiation der Replikation führt. Infolgedessen können wieder Ursprungserkennungskomplexe (ORC) an den neuen Replikationsursprüngen in den Tochterchromosomen zusammengesetzt werden, ohne dass die Replikation sofort initiiert wird. Die nächste Initiation geschieht, wie oben beschrieben, erst nach der folgenden Mitose und G1-Phase zu Beginn der nächsten S-Phase in jeder der beiden Tochterzellen.

Die Unterschiede zwischen der eukaryontischen und der prokaryontischen DNA-Replikation ergeben sich nicht nur aus dem erheblichen Größenunterschied zwischen den jeweiligen Genomen, sondern auch aus der Verpackung der eukaryontischen DNA in Chromatin. Die Bindung der DNA an Histone und die strukturelle Organisation in Form von Nucleosomen wird zumindest teilweise für das langsamere Voranschreiten der Replikationsgabeln in Eukaryonten verantwortlich gemacht. Parallel zur eukaryontischen DNA-Replikation erfolgt die Synthese von Histonen. Die Anzahl der Histone wird mit jeder vollständigen Replikation der DNA verdoppelt. An der Verdoppelung der Histone und der DNA-Replikation sind verschiedene Enzyme in unterschiedlichen Bereichen der Zelle beteiligt, aber beide Prozesse finden mit der gleichen (relativen) Geschwindigkeit statt. Es scheint so, als blieben die bereits vorher existierenden Histone an die DNA gebunden, während die neu synthetisierten Histone kurz nach der DNA-Synthese direkt hinter der Replikationsgabel an die DNA binden.

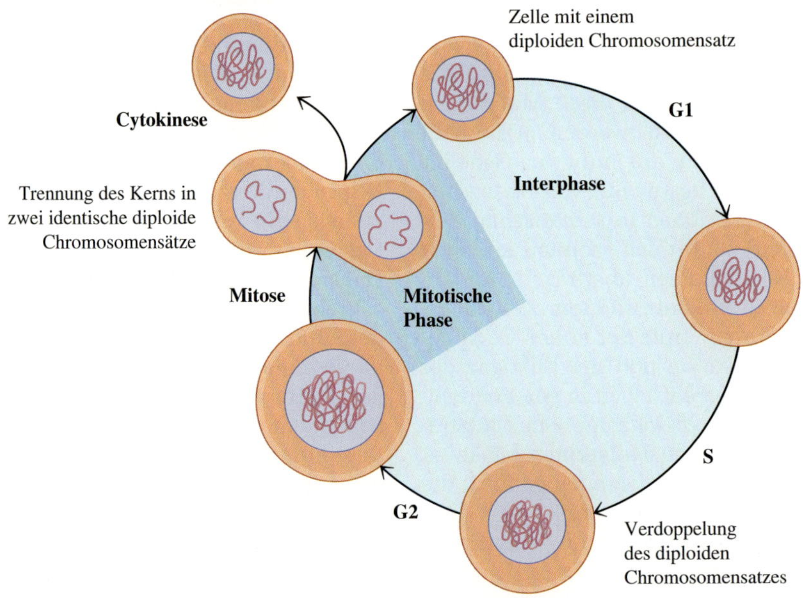

Abbildung 16.36: Im eukaryontischen Zellzyklus finden die DNA-Replikation und die Mitose koordiniert statt. Die DNA-Replikation erfolgt ausschließlich in der S-Phase (Synthese-Phase) des Zellzyklus. Außerdem durchläuft die Zelle zwei sogenannte G-Phasen (Gap-Phasen), in denen intensive Stoffwechselaktivitäten, Zellwachstum und Zelldifferenzierung stattfinden, sowie eine mitotische Phase (Mitose, M-Phase), in der sich die Zelle in zwei Tochterzellen teilt.

16.12 DNA-Reparatur

Die DNA stellt das einzige zelluläre Makromolekül dar, das repariert werden kann. Dies ist vermutlich der Fall, weil die negativen Auswirkungen mutierter oder beschädigter DNA weit schwerer wiegen als der Verbrauch der Energie, die für die Reparatur des Fehlers eingesetzt werden muss. Die Reparatur anderer Makromoleküle lohnt sich dagegen nicht. Die Synthese eines Proteinmoleküls, das infolge eines Translationsfehlers defekt ist, bedeutet kein besonderes Problem für die Zelle. Das Protein wird einfach durch ein neues, funktionsfähiges Proteinmolekül ersetzt. Ein Schaden in der DNA kann jedoch den gesamten Organismus in Gefahr bringen, wenn dadurch der Code für die Synthese eines Moleküls verändert wird, das eine entscheidende funktionelle Bedeutung besitzt. Bei einzelligen Organismen kann die Beschädigung eines Gens, das ein essenzielles Protein codiert, zum Tod des Organismus führen. Aber auch in multizellulären Organismen kann die Anhäufung von Fehlern in der DNA mit der Zeit zu einem zunehmenden Verlust von zellulären Funktionen oder zu einem unkontrollierten Zellwachstum führen, wie es zum Beispiel bei Krebszellen der Fall ist. Es treten verschiedene Arten von DNA-Schäden auf, wie zum Beispiel der Austausch einer Base gegen eine andere, fehlende oder zusätzliche Nucleotide, die Quervernetzung von DNA-Strängen oder Brüche im Zucker-Phosphat-Rückgrat. Während manche DNA-Schäden als Folge von Umwelteinflüssen, wie die Einwirkung von Chemikalien oder Strahlung, entstehen, werden andere Schäden durch Fehler in den normalen zellulären Prozessen verursacht, wie zum Beispiel den Einbau eines falschen Nucleotids bei der DNA-Replikation. Schwere Schäden können potenziell tödliche Auswirkungen haben, aber die meisten Schäden, die in der DNA *in vivo* auftreten, werden wieder repariert. Viele modifizierte Nucleotide sowie fehlgepaarte Basen, die dem Korrekturlesemechanismus der DNA-Polymerase entgehen, werden nach der Replikation von spezifischen Reparaturenzymen, die die DNA ständig nach Veränderungen absuchen, erkannt. Manche Schäden können durch eine direkte Reparatur behoben werden, die nicht mit einer Spaltung des Zucker-Phosphat-Rückgrats verbunden ist. Für andere Reparaturen sind dagegen umfangreichere Prozesse erforderlich.

DNA-Reparaturmechanismen schützen sowohl die einzelne Zelle als auch nachfolgende Generationen. In einzelligen Organismen, egal ob Prokaryonten oder Eukaryonten, können DNA-Schäden, die nicht repariert werden, durch die Replikation der DNA und die anschließende Zellteilung als Mutation direkt auf die Tochterzellen übertragen werden. Bei multizellulären Organismen können Mutationen nur dann an die Nachkommen weitergegeben werden, wenn sie in der Keimbahn auftreten. Keimbahnmutationen haben keine spürbaren Auswirkungen auf den Organismus, in dem sie vorkommen. Die Nachkommen können durch diese Mutationen aber erheblich beeinflusst werden. Das trifft besonders dann zu, wenn die mutierten Gene für die Entwicklung des Organismus von Bedeutung sind. Wenn die Mutationen in somatischen Zellen (Körperzellen) stattfinden, können sie zwar nicht auf die Nachkommen übertragen werden, aber manchmal zu unkontrolliertem Zellwachstum und Krebs führen. Trotz der hohen Genauigkeit der DNA-Replikation und der Effizienz der Reparaturmechanismen entstehen in einem durchschnittlichen Menschen etwa zehn neue Mutationen pro Generation. Diese Mutationen haben zu den Unterschieden in den Genomen geführt, die zum Beispiel zur Identifikation einzelner Individuen mithilfe eines genetischen Fingerabdrucks genutzt werden können.

16.12.1 Reparatur nach einer Photodimerisierung: ein Beispiel für eine direkte Reparatur

Doppelhelikale DNA ist bezüglich einer Schädigung durch ultraviolettes Licht (UV-Licht) besonders empfindlich. Der häufigste Schaden, der durch UV-Licht verursacht wird, besteht in einer Dimerisierung von benachbarten Pyrimidinbasen in einem DNA-Strang. Diese Reaktion stellt ein Beispiel für eine Photodimerisierung dar. Die meisten dieser Dimere werden zwischen zwei benachbarten Thyminen gebildet (▶*Abbildung 16.37*). Im Bereich von Thymin-Dimeren kann die DNA-Replikation nicht stattfinden. Der Grund für diese Blockade der Replikation liegt wahrscheinlich in der Verzerrung der Struktur des Matrizenstrangs, die infolge der Dimerisierung auftritt. Deswegen stellt die Trennung von Pyrimidin-Dimeren einen lebensnotwendigen Prozess dar.

Viele Organismen können Schäden, die infolge der Bildung von Thymin-Dimeren entstehen, durch eine direkte Reparatur beheben. Bemerkenswerterweise besitzen Menschen und viele Säugetiere diesen Reparaturmechanismus nicht. Der einfachste Prozess der direkten Reparatur eines solchen Dimerisierungsschadens besteht in einer Photoreaktivierung, bei der ein Enzym namens DNA-Photolyase im Bereich des Thymin-Dimers zunächst an die verzerrte DNA-Doppelhelix bindet (▶*Abbildung 16.38*). Wenn der DNA-Enzymkomplex sichtbares Licht absorbiert, kann die Rückreaktion der Dimerisierung ablaufen. Die Photolyase dissoziiert anschließend von der DNA und es werden wieder normale AT-Basenpaare gebildet. Die Photoreaktivierung stellt ein Beispiel für eine direkte Reparatur dar. Bei großen multizellulären Organismen wie dem Menschen könnte die Photoreaktivierung selbst in Anwesenheit von funktionsfähiger Photolyase in den meisten Zellen nicht stattfinden, weil das sichtbare Licht nicht in die tieferen Körperschichten eindringen kann.

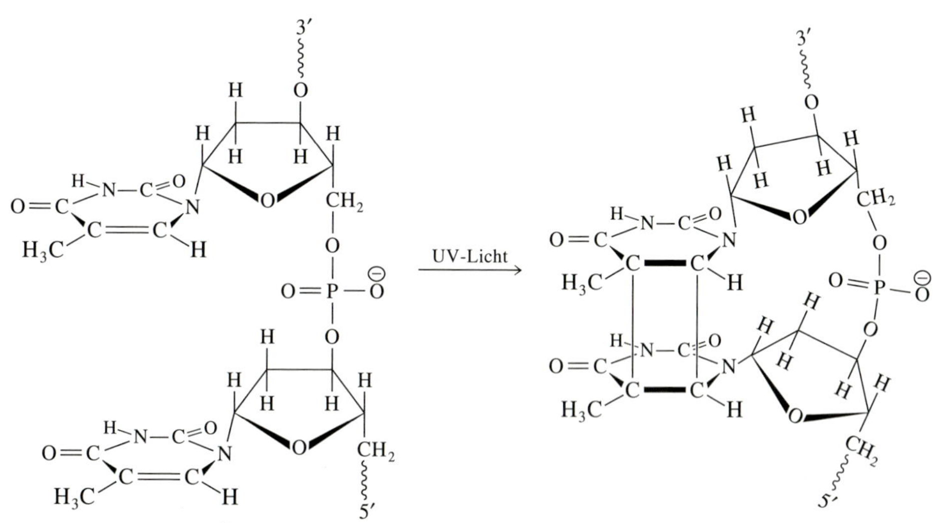

Abbildung 16.37: Photodimerisierung benachbarter Desoxythymidylatreste. Ultraviolettes Licht verursacht die Dimerisierung von benachbarten Basen und somit eine Verzerrung der DNA-Struktur. Für eine bessere Übersichtlichkeit ist nur ein Strang der DNA dargestellt.

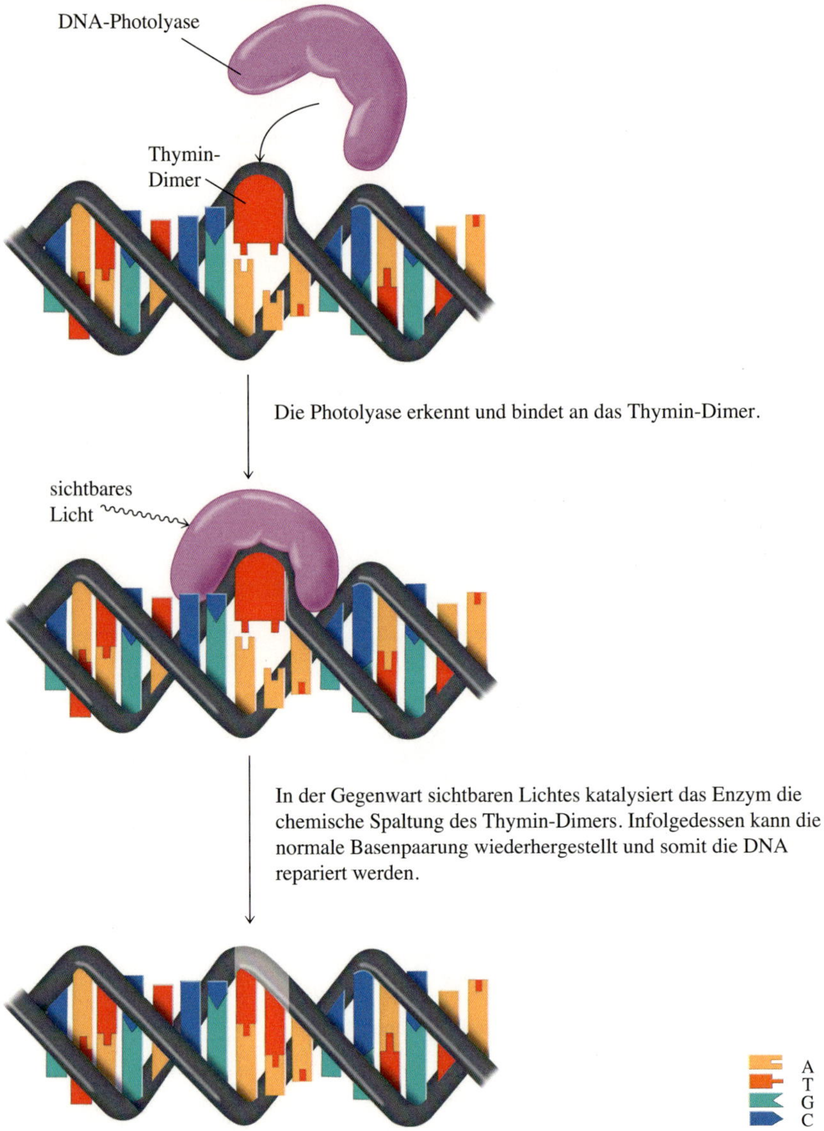

Abbildung 16.38: Reparatur eines Thymin-Dimer-Schadens durch die Aktivität der DNA-Photolyase.

16.12.2 Nucleotid-Excisionsreparatur

DNA kann auch durch andere ionisierende Strahlungsarten und natürlich vorkommende Chemikalien geschädigt werden. Manche Verbindungen, wie bestimmte Säuren und Oxidationsmittel, können zu einer Modifizierung der DNA durch Alkylierung, Methylierung oder Desaminierung führen. DNA ist aber auch für einen spontanen Verlust ihrer heterocyclischen Basen anfällig. Diesen Prozess nennt man Depurinierung bzw. Depyrimidinierung. Viele dieser Defekte können durch einen allgemeinen Weg der Nucleotid-Excisionsreparatur (NER) repariert werden. Die grundlegenden Merkmale dieses Reparaturweges sind in allen Organismen ähnlich. Im ersten Schritt einer Excisionsreparatur erkennt eine Endonuclease einen verzerrten, geschädigten DNA-Abschnitt und spaltet den betroffenen DNA-Strang auf beiden Seiten des Schadens. Dadurch wird ein 12 bis 13 Nucleotidreste langes Oligonucleotid freigesetzt, das die fehlerhafte Stelle enthält. In *E. coli* wird dieses Herausschneiden von geschädigten DNA-Abschnitten durch das Enzym UvrABC katalysiert. Für die Entfernung des DNA-Oligonucleotids kann außerdem eine Helikaseaktivität erforderlich sein, die häufig einen Bestandteil des Excisionsreparatur-Enzymkomplexes bildet. Durch das Entfernen des geschädigten DNA-Einzelstrangabschnitts bleibt in der

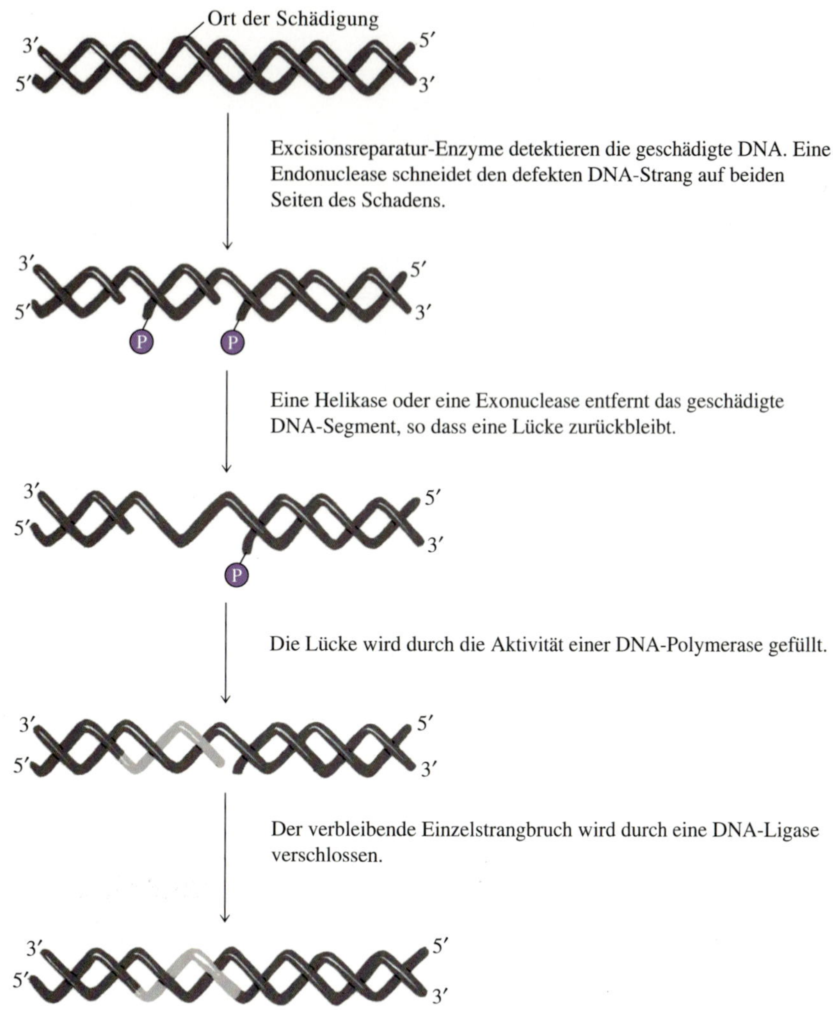

Abbildung 16.39: Allgemeiner Weg der Nucleotid-Excisionsreparatur.

doppelsträngigen DNA eine Einzelstranglücke zurück. Diese Lücke wird im zweiten Schritt der Excisionsreparatur durch die Aktivität der DNA-Polymerase I in Prokaryonten oder von DNA-Reparaturpolymerasen in Eukaryonten wieder korrekt, also mit einem DNA-Abschnitt, der zum Matrizenstrang komplementär ist, aufgefüllt. Der danach noch bestehende Einzelstrangbruch am Ende des neuen DNA-Abschnitts wird schließlich durch die Aktivität der DNA-Ligase geschlossen (▶ *Abbildung 16.39*).

Die Endonuclease UvrABC in *E. coli* erkennt auch Pyrimidin-Dimere sowie modifizierte Basen, die die DNA-Doppelhelix verzerren. Thymin-Dimer-Schäden in der DNA des Menschen werden ebenfalls durch eine NER behoben. Andere Excisionsreparaturenzyme detektieren DNA-Schäden, die infolge einer hydrolytischen Desaminierung von Adenin, Cytosin oder Guanin entstanden sind. Da Thymin keine Aminogruppe besitzt, kann es nicht desaminiert werden. Die spontane Desaminierung von Cytosin stellt eine der häufigsten Schädigungen der DNA dar (▶ *Abbildung 16.40a*). Die desaminierten Basen können falsche Basenpaare bilden und, wenn sie nicht entfernt und durch die korrekte Base ersetzt werden, zum Einbau falscher Basen (bzw. Nucleotide) bei der nächsten Replikation führen.

Die sogenannten DNA-Glycosylasen katalysieren die Entfernung von desaminierten und einigen auf andere Weise modifizierten Basen durch die Hydrolyse der *N*-glycosidischen Bindungen, über die die Basen mit der jeweiligen Zuckereinheit verknüpft sind. Das Uracil, das durch die Desaminierung von Cytosin entsteht, wird zum Beispiel durch die Aktivität des Enzyms Uracil-*N*-Glycosylase hydrolytisch abgespalten. Dieses Enzym erkennt und bindet an das falsche UG-Basenpaar. Anschließend wird die *N*-glycosidische Bindung durch die Drehung des Uracils nach außen im aktiven Zentrum des Enzyms positioniert (▶ *Abbildung 16.40b*). Nachdem die Aktivität der Glycosylase zur Abspaltung der Base geführt hat, erkennt eine Endonuclease die Stelle mit der fehlenden Base und schneidet den entsprechenden Desoxyribosephosphatrest aus dem DNA-Strang heraus, sodass eine Einzel-Nucleotid-Lücke in der doppelsträngigen DNA zurückbleibt. Da diese Endonuclease Apurin- und Apyrimidin-Stellen (AP-Stellen), also Stellen mit fehlenden Purin- oder Pyrimidinbasen, erkennt, nennt man sie AP-Endonuclease. Manche spezifische DNA-

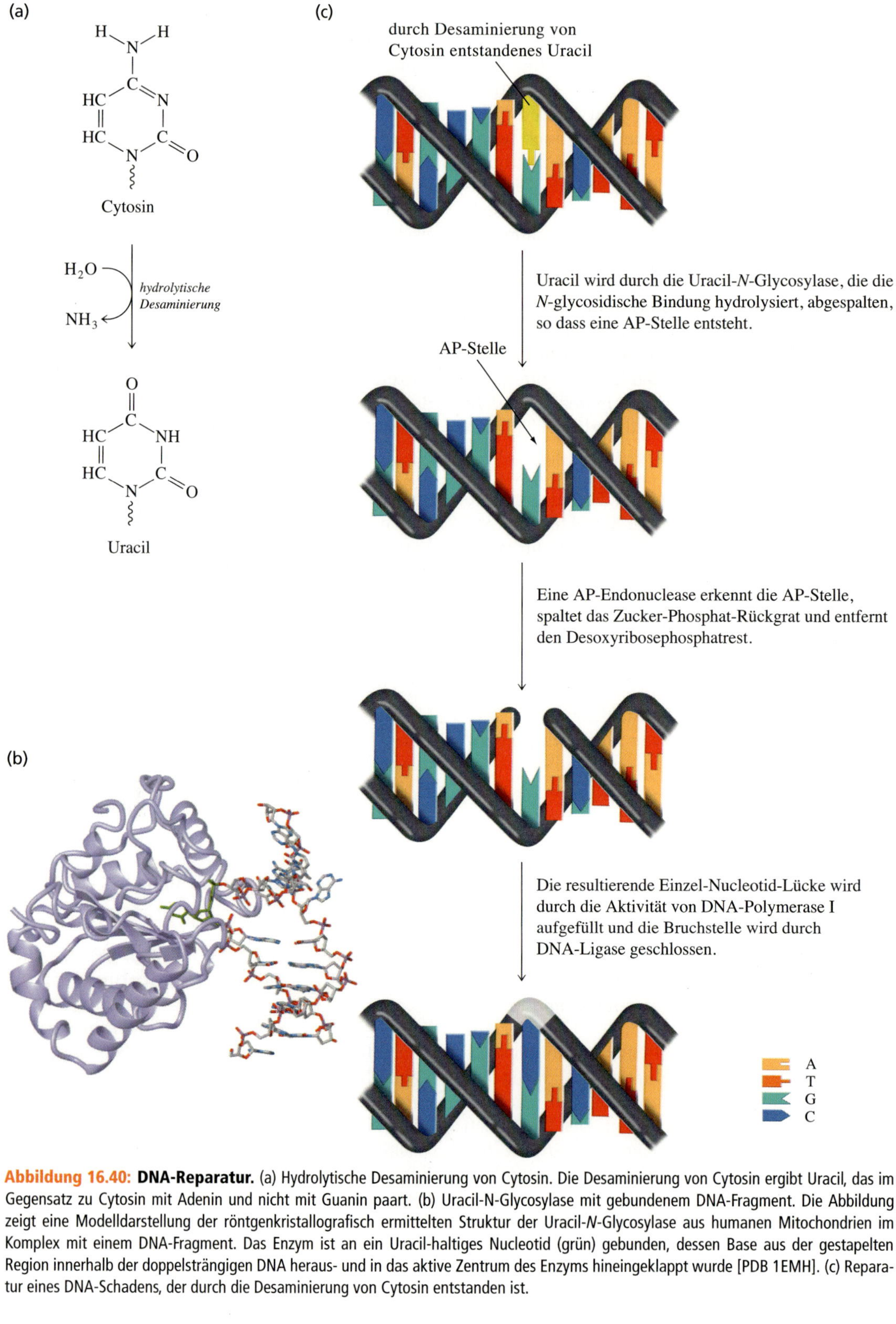

Abbildung 16.40: DNA-Reparatur. (a) Hydrolytische Desaminierung von Cytosin. Die Desaminierung von Cytosin ergibt Uracil, das im Gegensatz zu Cytosin mit Adenin und nicht mit Guanin paart. (b) Uracil-N-Glycosylase mit gebundenem DNA-Fragment. Die Abbildung zeigt eine Modelldarstellung der röntgenkristallografisch ermittelten Struktur der Uracil-*N*-Glycosylase aus humanen Mitochondrien im Komplex mit einem DNA-Fragment. Das Enzym ist an ein Uracil-haltiges Nucleotid (grün) gebunden, dessen Base aus der gestapelten Region innerhalb der doppelsträngigen DNA heraus- und in das aktive Zentrum des Enzyms hineingeklappt wurde [PDB 1EMH]. (c) Reparatur eines DNA-Schadens, der durch die Desaminierung von Cytosin entstanden ist.

Glycosylasen sind bifunktionelle Enzyme, die sowohl eine Glycosylase- als auch eine AP-Endonucleaseaktivität in derselben Polypeptidkette aufweisen. Die Lücken, die durch die AP-Endonuclease erzeugt werden, werden häufig durch Excisionsreparaturenzyme mit einer Exonucleaseaktivität vergrößert. In Prokaryonten bindet die DNA-Polymerase I an das freigelegte 3′-Ende des DNA-Strangs und füllt die Lücke mit den korrekten Nucleotiden wieder auf. Zum Schluss werden die beiden Strangenden an dem noch bestehenden Einzelstrangbruch durch die Aktivität der DNA-Ligase miteinander verknüpft. Die einzelnen Schritte des Excisionsreparaturweges sind in ▸*Abbildung 16.40c* noch einmal zusammenfassend dargestellt.

Während die Desaminierung von Adenin und Guanin nur selten vorkommt, findet die Desaminierung von Cytosin relativ häufig statt. Die Desaminierung von Cytosin zu Uracil würde zu einer großen Zahl von Mutationen führen, die nicht repariert werden könnten, wenn in der DNA nicht anstelle von Uracil grundsätzlich Thymin (5-Methyluracil) eingebaut würde. Wenn Uracil eine der Standardbasen in der DNA repräsentieren würde, wie es in der RNA ja der Fall ist, wäre eine Unterscheidung zwischen korrekten Desoxyuridylatresten und solchen, die fälschlicherweise durch die Desaminierung von Cytosin gebildet wurden, nicht mehr möglich. Weil Uracil aber keine der Standardbasen der DNA darstellt, können Schäden, die aus der Desaminierung von Cytosin resultieren, erkannt und repariert werden. Deswegen erhöht die Anwesenheit von Thymin anstelle von Uracil die Stabilität der genetischen Information, die in der Nucleotidsequenz der DNA gespeichert ist.

16.13 Homologe Rekombination

Als Rekombination wird jeder Vorgang bezeichnet, der zu einem Austausch oder einer Übertragung von DNA-Fragmenten von einem Chromosom auf ein anderes oder innerhalb eines Chromosoms führt. Die meisten Rekombinationen stellen sogenannte homologe Rekombinationen dar. Sie finden zwischen DNA-Abschnitten statt, die eng verwandte Sequenzen aufweisen. Der Austausch von DNA-Fragmenten zwischen gepaarten Chromosomen während der Meiose ist ein Bespiel für eine homologe Rekombination. Eine Rekombination, die zwischen nicht verwandten Sequenzen erfolgt, wird nichthomologe Rekombination genannt. Transponierbare Elemente, sogenannte Transposons, sind bewegliche genetische Elemente, die durch nichthomologe Rekombinationsmechanismen von Chromosom zu Chromosom springen können. Eine Rekombination zwischen DNA-Molekülen findet zum Beispiel auch statt, wenn die DNA eines Bakteriophagen in die DNA einer Wirtszelle insertiert (eingebaut) wird. Wenn eine Rekombination an einer spezifischen Stelle erfolgt, nennt man sie ortspezifische Rekombination. Eine Mutation erzeugt eine neue genetische Variation in einer Population. Infolge von Rekombinationen entstehen verschiedene Kombinationen bzw. Permutationen von Mutationen in einem Genom. Die meisten Spezies besitzen einen Mechanismus für den Austausch von genetischer Information zwischen einzelnen Organismen. Prokaryonten enthalten in der Regel nur eine einzige Kopie ihres Genoms (sie sind haploid), sodass für einen solchen Austausch eine Konjugation erforderlich ist, das heißt, die Übertragung von genetischem Material von einer Prokaryontenzelle in eine andere und eine anschließende Rekombination. Auch manche Eukaryonten sind haploid, aber die meisten besitzen einen diploiden Chromosomensatz, wobei je einer der beiden Chromosomensätze von der Mutter und einer vom Vater beigesteuert wurde. In diploiden Organismen führt die genetische Rekombination zur Vermischung der Gene zwischen den Chromosomen aus den verschiedenen elterlichen Chromosomensätzen, sodass auf die Nachkommen sehr unterschiedliche Kombinationen von Genen übertragen werden. Obwohl die Vermischung von Allelen eine wichtige Folge der Rekombination darstellt, haben sich die Mechanismen der Rekombination wahrscheinlich dennoch nicht aus diesem Grund entwickelt. Die Rekombination kann durch viele verschiedene Mechanismen erfolgen. Viele der Proteine und Enzyme, die an den Reaktionen der Rekombination beteiligt sind, spielen auch in DNA-Reparaturreaktionen eine Rolle. Dies verdeutlicht die enge Beziehung zwischen der Reparatur und der Rekombination von DNA.

16.13.1 Das Holliday-Modell der allgemeinen Rekombination

Das Holliday-Modell der allgemeinen Rekombination ist für viele Spezies gültig. Die homologe Rekombination beginnt entweder mit der Erzeugung von Einzel- oder Doppelstrangbrüchen in DNA-Molekülen. Die Rekombination, die über Einzelstrangbrüche abläuft, wird häufig allgemeine Rekombination genannt. Der Austausch der genetischen Information zwischen zwei doppelsträngigen DNA-Molekülen beginnt in Prokaryonten mit der geeigneten Ausrichtung von homologen Nucleotidsequenzen der beiden Moleküle. Dann werden in den homologen Regionen einzelne Einzelstrangbrüche erzeugt und anschließend erfolgt der Austausch von Einzelstrangabschnitten in einem Prozess, der Stranginvasion oder Strangverdrängung genannt wird. Die infolgedessen gebildete Struktur enthält einen Bereich, in dem sich die beiden Einzelstränge überkreuzen und ihr Verlauf jeweils von einem der doppelsträngigen DNA-Moleküle zum anderen wechselt. Diese Struktur mit den überkreuzten Einzelsträngen wird nach Robin Holliday, der sie im Jahr 1964 als Erster vorgeschlagen hat, als Holliday-Struktur bezeichnet (▶*Abbildung 16.41*). Der Kreuzungsbereich dieser Struktur wird Holliday-Kreuzung oder Holliday-Junction (engl. *junction*, Kreuzung) genannt.

Die Chromosomen können nun durch die Spaltung der beiden Invasionsstränge am Überkreuzungspunkt wieder getrennt werden. Infolgedessen wären zwei mehr oder weniger kurze Einzelstrangabschnitte ausgetauscht worden. An diesem Punkt ist es wichtig, dass die Holliday-Kreuzung durch die Verdrehung der vier DNA-Doppelstränge, die vom Überkreuzungspunkt ausgehen, verschiedene Konformationen annehmen kann. Findet anschließend eine Trennung der Chromosomen durch die Spaltung der beiden ursprünglich nicht überkreuzten, nichtinvasiven Stränge statt, entstehen zwei ganz neue Chromsomen, in denen die ursprünglichen doppelsträngigen Strangabschnitte

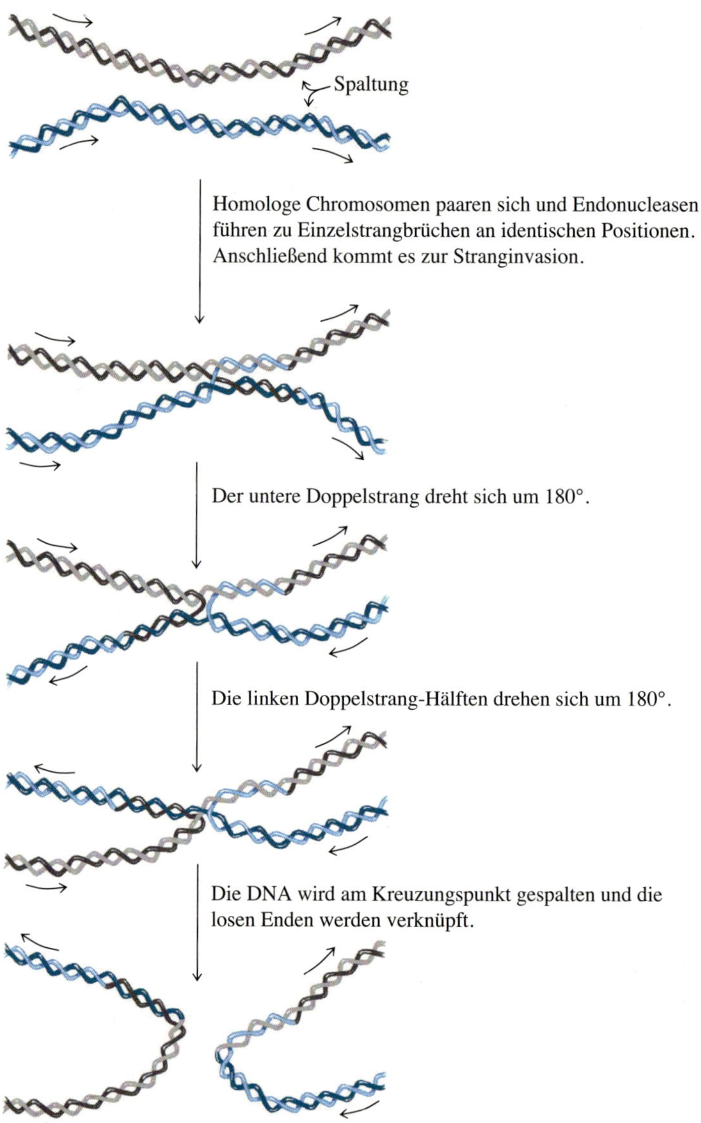

Abbildung 16.41: Holliday-Modell der allgemeinen Rekombination. Zunächst werden an identischen Positionen in den homologen Regionen zweier DNA-Doppelstrangmoleküle Einzelstrangbrüche erzeugt. Die nachfolgende Stranginvasion, die Konformationsänderung der Holliday-Struktur, die Trennung der Chromosomen durch die Spaltung der nichtinvasiven Stränge sowie die abschließende Verknüpfung der Strangenden an den verbleibenden Einzelstrangbrüchen führen zu zwei neuen Chromosomen, in denen die doppelsträngigen Abschnitte beidseits der Überkreuzungsstelle ausgetauscht wurden.

auf beiden Seiten der Überkreuzungsstelle zwischen den beiden Ausgangschromosomen ausgetauscht wurden (▶*Abbildung 16.41*). Wahrscheinlich ähneln die Rekombinationsmechanismen in vielen verschiedenen Organismen diesem Holliday-Mechanismus.

16.13.2 Rekombination in *E. coli*

Einer der ersten Schritte der Rekombination besteht in der Erzeugung einzelsträngiger DNA mit einem freien 3′-Ende. In *E. coli* wird dieser Schritt durch die Endonuclease RecBCD katalysiert. Die Untereinheiten von RecBCD werden von den drei Genen *rec*B, *rec*C und *rec*D codiert, von deren Produkten seit Langem bekannt ist, dass sie eine Rolle bei der Rekombination spielen. RecBCD bindet an die DNA und spaltet einen der Stränge. Anschließend führt die Aktivität der RecBCD in einem Prozess, der mit der Hydrolyse von ATP gekoppelt ist, zur Entwindung der DNA, sodass einzelsträngige DNA mit einem 3′-Terminus entsteht. Der Strangaustausch während der Rekombination beginnt mit der Invasion der Einzelstrang-DNA in die Doppelhelix eines benachbarten DNA-Moleküls. Der Strangaustausch ist kein thermodynamisch begünstigter Vorgang und muss durch Proteine unterstützt werden, die die Rekombination und Reparatur von DNA fördern. RecA stellt den Prototyp eines Strangaustauschproteins dar. Dieses Protein ist für die homologe Rekombination und für einige Reparaturreaktionen unentbehrlich. RecA bindet als Monomer kooperativ an einzelsträngige DNA, wie zum Beispiel die Einzelstrang-DNA, die durch die Aktivität der RecBCD erzeugt wird. Die Kooperativität führt zur Bindung einer ganzen Reihe von RecA-Molekülen an die einzelsträngige DNA. Dabei bedeckt ein RecA-Molekül jeweils etwa fünf Nucleotidreste und das nachfolgende RecA-Molekül bindet an die gegenüberliegende Seite des DNA-Strangs.

Eine der Schlüsselrollen von RecA bei der Rekombination besteht in der Erkennung von Regionen mit ähnlichen Nucleotidsequenzen. RecA fördert die Bildung eines dreisträngigen DNA-Zwischenproduktes, das durch die Bindung der mit RecA bedeckten Einzelstrang-DNA an eine Region doppelsträngiger DNA, die zu der Einzelstrang-DNA eine hohe Sequenzähnlichkeit (Homologie) aufweist, entsteht. Anschließend katalysiert RecA den Strangaustausch zwischen dem Einzelstrang und dem entsprechenden Strang der Doppelhelix.

Der Strangaustausch erfolgt in zwei Schritten, der Stranginvasion und der nachfolgenden Wanderung des Verzweigungspunktes (▶*Abbildung 16.42*).

Während des Austauschprozesses nehmen sowohl die einzelsträngige DNA (ssDNA, engl. *single-stranded DNA*) als auch die doppelsträngige DNA (dsDNA, engl. *double-stranded DNA*) eine gestreckte Konformation an. Die Stränge müssen sich dann umeinanderwickeln. Dieser Prozess wird vermutlich durch Topoisomerasen unterstützt. Der Strangaustausch stellt einen langsamen Prozess dar, obwohl während des Austausches selbst keine kovalenten Bindungen gebrochen werden. In der Biochemie versteht man unter einem langsamen Prozess einen Vorgang, der mehrere Minuten in Anspruch nimmt.

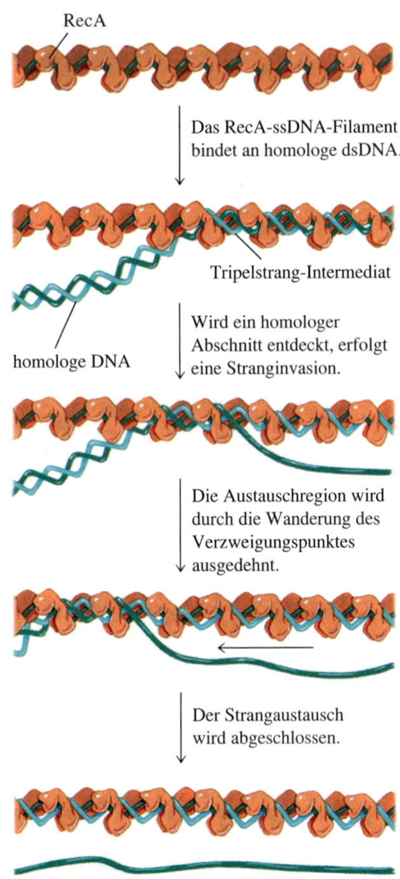

Abbildung 16.42: Schematische Darstellung des durch RecA katalysierten Strangaustausches.

RecA kann auch den Strangaustausch zwischen zwei passend angeordneten doppelsträngigen DNA-Molekülen fördern. Dazu müssen in beiden Molekülen zunächst einzelsträngige, von RecA bedeckte DNA-Abschnitte erzeugt werden. Die nachfolgende Stranginvasion führt zur Bildung einer Holliday-Struktur, wie sie zum Beispiel in ▶*Abbildung 16.41* dargestellt ist. Nach der Stranginvasion winden sich die einzelsträngigen, invasiven Abschnitte nun jeweils weiter um den entsprechenden komplementären Strang des

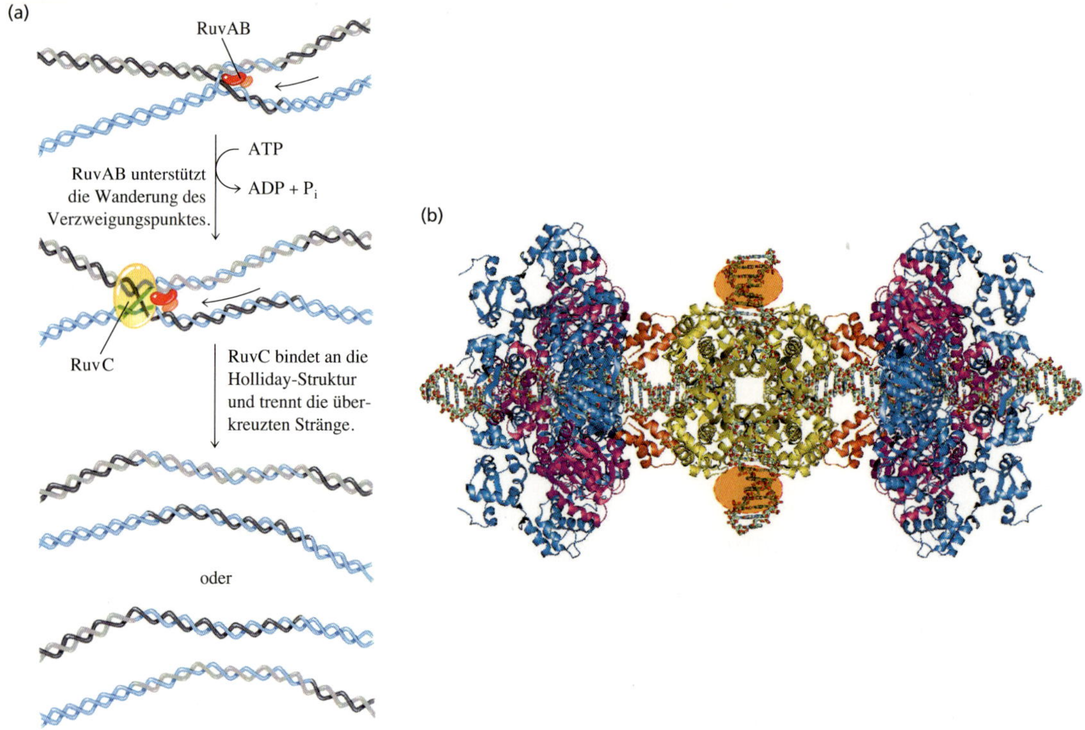

Abbildung 16.43: Aktivität der Ruv-Proteine an der Holliday-Struktur. (a) RuvAB fördert in einem ATP-abhängigen Prozess die Wanderung des Verzweigungspunktes. RuvC spaltet schließlich die Holliday-Struktur in zwei getrennte DNA-Doppelhelices. In Abhängigkeit davon, welche Stränge der Holliday-Struktur die RuvC zerschneidet, können durch diesen Vorgang zwei verschiedene Typen von rekombinierten Molekülen erzeugt werden. (b) Modell der Holliday-Struktur, an die ein RuvAB-Komplex gebunden ist.

homologen DNA-Moleküls. Dadurch wandert der Verzweigungspunkt an den Strängen entlang und die Strangaustauschregion wird ausgedehnt. Die Wanderung des Verzweigungspunktes kann sogar noch fortgesetzt werden, nachdem sich die RecA-Moleküle vom Rekombinations-Zwischenprodukt abgelöst haben.

Die Wanderung des Verzweigungspunktes an der doppelsträngigen Version einer Holliday-Struktur wird durch eine bemerkenswerte Proteinmaschinerie angetrieben, die in allen Spezies vorkommt. Die bakterielle Variante dieser Proteinmaschinerie besteht aus den Komponenten RuvA und RuvB. Diese Proteine binden an die Holliday-Kreuzung und fördern die Wanderung der Verzweigung (▶*Abbildung 16.43*). Wenn RuvC an die Holliday-Kreuzung bindet, werden die überkreuzten Stränge gespalten und die beiden DNA-Helices getrennt.

RuvA und RuvB bilden einen Komplex, der aus vier RuvA-Untereinheiten und zwölf RuvB-Untereinheiten aufgebaut ist. Die vier RuvA-Untereinheiten sind im Zentrum des Komplexes an die Holliday-Kreuzung gebunden. Im Anschluss daran bilden die zwölf RuvB-Untereinheiten zwei hexamere Ringe, die auf gegenüberliegenden Seiten der Holliday-Kreuzung zwei der DNA-Stränge umgeben (▶*Abbildung 16.43b* und ▶*Abbildung 16.44*). Die hexameren RuvB-Ringe ähneln insofern den gleitenden Klammerstrukturen in der DNA-Polymerase III bei der DNA-Replikation, als dass ein DNA-Molekül durch sie hindurchwandert. Die RuvB-Ringe treiben die Wanderung des Verzweigungspunktes an, indem sie die DNA-Stränge durch einen Prozess, der mit der Hydrolyse von ATP gekoppelt ist, durch den RuvA-Holliday-Kreuzung-Komplex ziehen (▶*Abbildung 16.44*). Die Geschwindigkeit der RuvAB-vermittelten Wanderung des Verzweigungspunktes beträgt etwa 1000 bp pro Sekunde. Dieser Vorgang läuft somit erheblich schneller ab als die Stranginvasion.

RuvC katalysiert die Spaltung der überkreuzten Stränge und zerstört dadurch die Holliday-Struktur. Als Ergebnis dieser Spaltung können zwei verschiedene Typen von rekombinierten DNA-Molekülen entstehen (▶*Abbildung 16.43a*). In einem der Molekültypen wurde nur ein Abschnitt eines der beiden Stränge ausgetauscht. Die Länge des Abschnitts hängt davon ab, wie weit der Verzweigungspunkt gewandert ist, bevor die Holliday-Struktur durch RuvC gespalten wurde. Im anderen rekombinierten DNA-Molekültyp sind die doppelsträngigen Enden der Chromsomen beidseits der Verzweigungsregionen gegeneinander ausgetauscht worden.

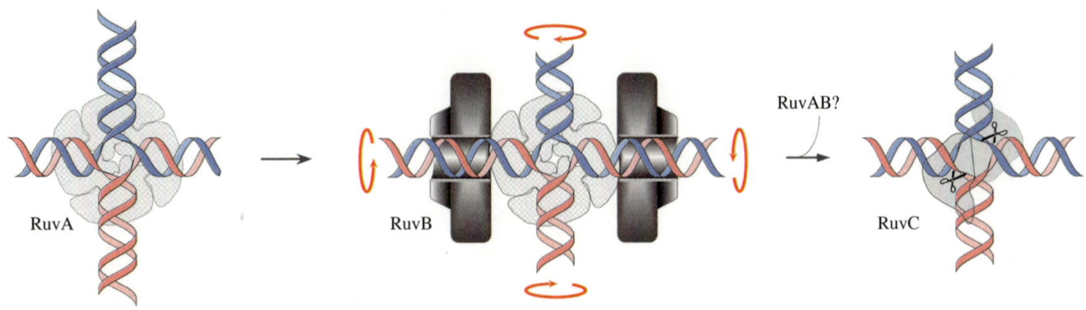

Abbildung 16.44: Schematische Darstellung der Wanderung des Verzweigungspunktes und der Auflösung der Holliday-Struktur. [Aus: Rafferty, J. B. et al. 1996. Crystal structure of DNA recombination Protein RuvA and a model for its binding to the Holliday junction. *Science* 274:425–421.]

16.13.3 Rekombination als Form der Reparatur

Da die natürliche Selektion hauptsächlich auf der Ebene von einzelnen Organismen stattfindet, ist nur schwer zu erkennen, warum die Mechanismen der genetischen Rekombination entstanden sind, außer wenn das Überleben des Individuums gefährdet wird. Die an der Rekombination beteiligten Enzyme haben sich wahrscheinlich entwickelt, weil sie eine wichtige Rolle bei der Reparatur von DNA-Schäden spielen und dem jeweiligen Organismus damit einen Selektionsvorteil verschaffen. Bereiche mit schweren Schäden in der DNA können bei der Replikation zunächst übergangen werden, sodass ein Tochtermolekül mit einem einzelsträngigen Abschnitt, also einer Lücke im neu synthetisierten Strang, im Bereich des Schadens gebildet wird. Durch einen RecA-vermittelten Strangaustausch des beschädigten, durchgehenden Strangs mit dem intakten Strang eines homologen Bereichs in einem anderen Tochterchromosom entstehen ein DNA-Molekül mit einem jetzt korrekten, intakten einzelsträngigen Bereich und ein doppelsträngiges DNA-Molekül, das den Schaden in einem der Stränge enthält. Die Lücke in einem der Stränge des ersten Moleküls kann anschließend anhand des korrekten Matrizenstrangs durch eine DNA-Polymerase aufgefüllt werden. Außerdem ist nun eine Behebung des Schadens in dem doppelsträngigen DNA-Molekül durch eine Excisionsreparatur möglich. Genetische Rekombinationen erzeugen auch neue Kombinationen von Genen auf einem Chromosom. Daraus ergibt sich ein zusätzlicher Vorteil für die Population und ihr Überleben im Verlauf der Evolution. In *E. coli* sind an der Rekombination und Reparatur von DNA mehr als 100 Genprodukte beteiligt. Die meisten, wenn nicht sogar alle Gene, die für die Rekombination von Bedeutung sind, spielen auch eine wichtige Rolle für die Reparatur von DNA. Die Anzahl der Gene, die für die Rekombination und Reparatur in Eukaryonten benötigt werden, ist unbekannt, aber viele von denen, die bereits identifiziert wurden, sind mit den entsprechenden bakteriellen Genen verwandt. Mutationen in mehreren Genen des Menschen rufen Erkrankungen hervor, die auf Defekte im DNA-Rekombinations- oder -Reparatursystem zurückzuführen sind. Xeroderma pigmentosum stellt zum Beispiel eine seltene Erbkrankheit dar, die mit einer stark erhöhten Empfindlichkeit gegenüber UV-Licht und einer erhöhten Anfälligkeit für die Entwicklung von Hautkrebs verbunden ist. Die Ursache dieser Erkrankung liegt in einer gestörten Fähigkeit zur DNA-Excisionsreparatur, die allerdings auf Mutationen in mindestens acht verschiedenen Genen beruhen kann. Eines dieser Gene codiert eine DNA-Glycosylase mit einer AP-Endonucleaseaktivität. Andere codieren zum Beispiel Helikasen, die sowohl für die Rekombination als auch für die Reparatur benötigt werden.

ZUSAMMENFASSUNG

1. Nucleinsäuren sind Polymere aus Nucleotiden, die Phosphatester von Nucleosiden darstellen. Doppelsträngige Polynucleotide werden unter anderem durch Wasserstoffbrücken zwischen den Amino- und Lactamtautomeren der Purin- und Pyrimidinbasen der Nucleoside stabilisiert.

2. DNA besteht in der Regel aus doppelsträngigen Molekülen mit antiparallelen Polynucleotidsträngen, deren Nucleosidreste über 3'–5'-Phosphodiester-Brücken miteinander verknüpft sind. Die Basenpaare in diesen Molekülen werden durch die spezifischen Paarungen von A mit T und von G mit C gebildet. Diese Basenpaarungen finden jeweils zwischen einer Base in einem Strang und einer Base im anderen Strang statt.

3. Die doppelhelikale Struktur der DNA wird durch Wasserstoffbrücken, hydrophobe Effekte, Stapelkräfte und Ladungs-Ladungs-Wechselwirkungen stabilisiert. Die Denaturierung GC-reicher DNA ist schwieriger, das heißt energieaufwendiger, als die Denaturierung AT-reicher DNA. Die am häufigsten vorkommende native Konformation der DNA nennt man B-Konformation. Neben der B-DNA treten außerdem A-DNA und Z-DNA auf.

4. Über- oder Unterdrehungen der DNA-Doppelhelix führen zur Ausbildung von Superspiralisierungen, die die Wiederherstellung der stabilen B-Konformation der Doppelhelix ermöglichen.

5. Ribosomale RNA (rRNA), Transfer-RNA (tRNA), Messenger-RNA (mRNA) und kleine RNA-Moleküle bilden die vier RNA-Hauptklassen. RNA-Moleküle sind einzelsträngig und weisen eine mehr oder weniger komplizierte Sekundärstruktur auf.

6. Eukaryontische DNA liegt zusammen mit Histonen zu Nucleosomen verpackt vor. Eine weitere Kondensation und die Verknüpfung mit einem zentralen Proteingerüst führt schließlich insgesamt zu einer Verringerung der Längenausdehnung von DNA-Molekülen um etwa den Faktor 8000 in den Metaphase-Chromosomen im Vergleich zu den ausgestreckten B-DNA-Molekülen.

7. Die Phosphodiester-Brücken des Zucker-Phosphat-Rückgrats von Nucleinsäuren können durch die Aktivität von Nucleasen hydrolysiert werden. Sowohl die nichtenzymatische alkalische Hydrolyse als auch die RNase-A-katalysierte Hydrolyse von RNA verlaufen über ein 2',3'-cyclisches Nucleosidmonophosphat-Zwischenprodukt.

8. Restriktionsendonucleasen katalysieren die Spaltung beider Stränge doppelsträngiger DNA an spezifischen, palindromischen Erkennungssequenzen. Diese Enzyme können unter anderem zur Erstellung von Restriktionskarten für DNA-Moleküle verwendet werden.

9. Die DNA-Replikation ist ein semikonservativer Prozess. Jeder Strang der DNA dient als Matrize für die Synthese eines komplementären Strangs. Als Produkte der Replikation werden zwei doppelsträngige Tochtermoleküle gebildet, die jeweils aus einem Elternstrang und einem neu synthetisierten Strang bestehen. Die DNA-Replikation läuft ausgehend von Replikationsursprüngen in beiden Richtungen des DNA-Moleküls, also bidirektional, ab.

10. DNA-Polymerasen, wie zum Beispiel die DNA-Polymerase III in *E. coli*, katalysieren das Hinzufügen von Nucleotiden an das Ende von wachsenden DNA-Ketten durch Reaktionen, in denen Nucleotidylgruppen übertragen werden. Die DNA-Synthese erfolgt in 5'→3'-Richtung. Eine 3'→5'-Exonucleaseaktivität der Polymerase dient zur unmittelbaren Behebung von Fehlern bei der DNA-Synthese. Manche DNA-Polymerasen weisen zusätzlich noch eine 5'→3'-Exonucleaseaktivität auf.

11. Bei der DNA-Replikation wird der Leitstrang kontinuierlich synthetisiert, während die Synthese des Folgestrangs unter Bildung von Okazaki-Fragmenten diskontinuierlich erfolgt. Die Synthese des Leitstrangs sowie jedes Okazaki-Fragments beginnt mit einem RNA-Primer. In *E. coli* werden die RNA-Primer zum Abschluss der Replikation durch die Aktivität der DNA-Polymerase I entfernt und durch DNA ersetzt. Die danach noch verbleibenden Einzelstrangbrüche werden durch die Aktivität der DNA-Ligase geschlossen.

12. Das Replisom stellt eine komplizierte Proteinmaschinerie dar, die an jeder Replikationsgabel zusammengesetzt wird. Das Replisom enthält neben zwei DNA-Polymerase-Molekülen einige weitere Proteine, wie zum Beispiel Helikase und Primase.

13. Der Zusammenbau des Replisoms und dessen strukturelle sowie funktionelle Organisation gewährleisten die simultane Synthese von zwei DNA-Strängen. In *E. coli* entwindet zunächst eine Helikase die Eltern-DNA. Einzelstrangbindeproteine (SSB) binden an die einzelsträngige Folgestrangmatrize, um deren Rückfaltung und Bildung von Doppelstrangabschnitten zu verhindern. Die Folgestrangmatrize wird in einer Schleife durch das Replisom zurückgeführt, sodass die Synthesen sowohl des Leit- als auch des Folgestrangs in der gleichen Richtung erfolgen können, in der die Replikationsgabel voranschreitet. Die DNA-Polymerase weist eine hohe Prozessivität auf, weil sie einen Bestandteil des Replisoms darstellt und ihre gleitende Klammerstruktur den DNA-Strang während der Synthese umschließt und an der Polymerase festhält.

14. Die Initiation der DNA-Replikation findet an spezifischen Nucleotidsequenzen, den sogenannten Replikationsursprüngen (*ori*C in *E. coli*), statt und hängt von der Anwesenheit zusätzlicher Proteine ab. In Bakterien erfolgt auch die Termination der Replikation an spezifischen Terminationsstellen. Auch für die Termination sind zusätzliche Enzyme erforderlich.

15. Die eukaryontische DNA-Replikation ähnelt der prokaryontischen DNA-Replikation. Allerdings weisen eukaryontische Chromosomen viele Replikationsursprünge auf und die Okazaki-Fragmente sind kleiner (ca. 100 bis 200 Nucleotide) als die prokaryontischen Okazaki-Fragmente (etwa 1000 Nucleotide). Die langsamere Fortbewegung der Replikationsgabeln in Eukaryonten im Vergleich zu Prokaryonten ist unter anderem auf die Gegenwart der Nucleosomen zurückzuführen.

16. Durch Strahlung oder Chemikalien hervorgerufene Schäden in der DNA können durch direkte Reparaturmechanismen oder durch eine allgemeine Excisionsreparatur behoben werden. Auch fehlgepaarte Nucleotide, die aus Replikationsfehlern resultieren, können durch eine Excisionsreparatur korrigiert werden. Geschädigte und fehlgepaarte Nucleotide werden von spezifischen Enzymen erkannt.

17. Eine genetische Rekombination findet statt, wenn zwei homologe Einzelstrangabschnitte zwischen zwei doppelsträngigen DNA-Molekülen durch Stranginvasion und Wanderung der Verzweigungsstelle ausgetauscht werden. Dabei wird eine sogenannte Holliday-Struktur gebildet. In *E. coli* wird die Stranginvasion durch RecA unterstützt. Die Wanderung der Verzweigungsstelle und die Auflösung der Holliday-Struktur werden in *E. coli* durch RuvABC katalysiert und führen schließlich zu rekombinierten DNA-Molekülen.

18. DNA-Reparatur und DNA-Rekombination stellen ähnliche Prozesse dar. Viele Enzyme spielen sowohl für die Reparatur als auch für die Rekombination eine Rolle. Defekte in menschlichen Genen, deren Produkte für die Reparatur und Rekombination erforderlich sind, verursachen eine erhöhte Empfindlichkeit gegenüber UV-Licht und eine erhöhte Anfälligkeit für Krebserkrankungen.

AUSGEWÄHLTE LITERATUR

Allgemein

Hennig, W. und Graw. J. 2015. *Genetik.* Heidelberg. Springer.

Klug, W. S., Cummings, M. R., Spencer, C. A., Palladino, M. A. und Killian, D. 2019. *Concepts of Genetics, Global Edition.* London. Pearson.

Munk, K., Jahn, D. Jahn, M., Kronberg, I. und Langer. T. 2017. *Taschenlehrbuch Biologie: Genetik.* Stuttgart. Thieme Verlag.

Strachan, T. und Read, A. 2018. *Human Molecular Genetics.* London. Taylor & Francis Ltd.

Historischer Überblick

Knippers, R. 2017. *Kurze Geschichte der Genetik.* Heidelberg. Springer.

Mukherjee, S. 2017. *The Gene: An Intimate History.* New York. Vintage.

Clayton, J. und Denis, C., Hrsg. 2003. *50 Years of DNA.* Nature/Pallgrave/Macmillan.

Maddox, B. 2002. *Rosalind Franklin: The Dark Lady of DNA.* Perennial/HarperCollins.

Watson, J. D. und Berry, A. 2003. *DNA: The Secret of Life.* New York: Alfred A. Knope.

Watson, J.D. 1968. *The Double Helix.* New York: Atheneum.

Struktur und Eigenschaften von Polynucleotiden

Bush, N. G., Evans-Roberts, K. und Maxwell, A. 2015. DNA Topoisomerases. *EcoSal Plus.* 6(2).

Herbert, A. 2019. Z-DNA and Z-RNA in human disease. *Commun. Biol.* 2:7.

Herschlag, D., Bonilla, S. und Bisaria, N. 2018. The Story of RNA Folding, as Told in Epochs. *Cold Spring Harb. Perspect. Biol.* 10(10).

Klostermeier, D. und Hammann, C. 2013. *RNA Structure and Folding: Biophysical Techniques and Prediction Methods.* Berlin. De Gruyter.

Nagaraja, V., Godbole, A. A., Henderson, S. R. und Maxwell, A. 2017. DNA topoisomerase I and DNA gyrase as targets for TB therapy. *Drug Discov. Today.* 22:510–518.

Ravichandran, S., Subramani, V. K., Kim, K. K. 2019. Z-DNA in the genome: from structure to disease. *Biophys. Rev.* 11:383–387.

Vologodskii, A. und Frank-Kamenetskii, M. D. 2018. DNA melting and energetics of the double helix. *Phys. Life Rev.* 25:1–21.

Chromatin

Cutter, A. R. und Hayes, J. J. 2015. A brief review of nucleosome structure. *FEBS Lett.* 589:2914–2922.

Dame, R. T. und Dorman, C. J. 2014. *Bacterial Chromatin.* Heidelberg. Springer.

Jennings, H. 2015. *Chromatin Remodeling.* New Dehli. ML Books International.

Johns, E. 2012. *The HMG Chromosomal Proteins.* London. Academic Press.

Kingyley, L. 2019. *Epigenetics and Chromatin: Advanced Concepts of Cell Biology.* Paris. Callisto Reference.

Kobayashi, W. und Kurumizaka, H. 2019. Structural transition of the nucleosome during chromatin remodeling and transcription. *Curr. Opin. Struct. Biol.* 59:107–114.

Koyama, M. und Kurumizaka, H. 2018. Structural diversity of the nucleosome. *J Biochem.* 163:85–95.

Wolffe, A. P. 2012. *Chromatin: Structure and Function.* San Diego. Academic Press.

Restriktionsendonucleasen

Loenen, W. A., Dryden, D. T., Raleigh, E. A. und Wilson, G. G. 2014. Type I restriction enzymes and their relatives. *Nucleic Acids Res.* 42:20–44.

Pingoud, A. 2012. *Restriction Endonucleases (Nucleic Acids and Molecular Biology).* Heidelberg. Springer.

Pingoud, A., Wilson, G. G. und Wende, W. 2014. Type II restriction endonucleases – a historical perspective and more. *Nucleic Acids Res.* 42:7489–7527.

Rao, D. N., Dryden, D. T. und Bheemanaik, S. 2014. Type III restriction-modification enzymes: a historical perspective. *Nucleic Acids Res.* 42:45–55.

DNA-Replikation

Grand, R. J. A. und Reynolds, R. J. 2018. *DNA Repair and Replication: Mechanisms and Clinical Significance.* Boca Raton. CRC Press.

Maga, G., Spadari, S., Villani, G. und Hübscher, U. 2018. *Human DNA Polymerases: Biology, Medicine and Biotechnology.* London. World Scientific.

Masai, H. und Folani, M. 2018. *DNA Replication: From Old Principles to New Discoveries (Advances in Experimental Medicine and Biology).* Singapore. Springer Nature.

Mishra, S. 2019. *Prokaryotic DNA Replication.* Eigenverlag.

Murakami, K. S. und Trakselis. 2014. *Nucleic Acid Polymerases.* Heidelberg. Springer.

Noguchi, E. 2017. *DNA Replication Controls.* Basel. MDPI.

DNA-Reparatur

Hanaoka, F. und Sugasawa, K. 2016. *DNA Replication, Recombination, and Repair: Molecular Mechanisms and Pathology.* Tokyo. Springer.

Liu, D., Keijzers, G., Rasmussen, L. J. 2017. DNA mismatch repair and its many roles in eukaryotic cells. *Mutat. Res.* 773:174–187.

Prakash, A. und Doublié, S. Base Excision Repair in the Mitochondria. *J. Cell. Biochem.* 116:1490–1499.

Wallace, S. S. 2014. Base excision repair: a critical player in many games. *DNA Repair (Amst)* 19:14–26.

Zhang, M., Wang, L. und Zhong, D. 2017. Photolyase: Dynamics and electron-transfer mechanisms of DNA repair. *Arch. Biochem. Biophys.* 632:158–174.

Zhao, L.und Kaguni, L. 2019. *DNA Repair (The Enzymes Volume 45).* London. Academic Press.

Rekombination

Ho, P. S. 2017. Structure of the Holliday junction: applications beyond recombination. *Biochem. Soc .Trans.* 45:1149–1158.

Kovalchuk, I. und Kovalchuk, O. 2016. *Genome Stability: From Virus to Human Application (Translational Epigenetics).* Amsterdam. Academic Press.

Lowalczykowski, S., Hunter, N. und Heyer, W.-D. 2016. *DNA Recombination.* New York. Cold Spring Harbor Laboratory Press.

Lilleym D. M. J. 2017. Holliday junction-resolving enzymes-structures and mechanisms. *FEBS Lett.* 591:1073–1082.

Michel, B. und Leach D. 2012. Homologous Recombination-Enzymes and Pathways. *EcoSal Plus* 5(1).

Wyatt, H. D. und West, S. C. 2014. Holliday junction resolvases. *Cold Spring Harb. Perspect. Biol.* 6.

Transkription und RNA-Prozessierung

17

ÜBERBLICK

Die von Watson und Crick vorgeschlagene Struktur der DNA vermittelt unmittelbar das Grundprinzip der DNA-Replikation durch Nutzung beider Stränge des DNA-Doppelstranges als Matrize für die Synthese von Tochtersträngen. Es ist aber nicht intuitiv verständlich, wie die in der DNA gespeicherte Information in ein Protein umgesetzt wird. George Beadle und Edward Tatun schlugen als Erste vor, dass eine einzelne Vererbungseinheit, ein Gen, jeweils die Synthese eines einzelnen Enzyms steuert (Ein-Gen-Ein-Enzym-Hypothese). Den endgültigen Beleg für die Beziehung zwischen Genen und Proteinen lieferte Vernon Ingram, als er für das Hämoglobin von Patienten, die an der erblichen Sichelzellenanämie litten, einen Unterschied in nur einer Aminosäure im Vergleich zum normalen Hämoglobin nachweisen konnte. Da Enzyme aus mehreren Untereinheiten, also verschiedenen Polypeptiden bestehen können, erweiterte er die Hypothese (Ein-Gen-Ein-Polypeptid-Hypothese). Die im Genom enthaltene Information legt also offenbar die Primärstruktur der Proteine in einem Organismus fest. Der Genbegriff soll erweitert werden auf eine Sequenz der DNA, die transkribiert wird. Diese Definition umfasst auch solche Nucleotidsequenzen, die keine Proteine codieren, da nicht alle Transkripte mRNA (engl. m für messenger) darstellen. Die Regionen des Genoms, die die Transkription kontrollieren, aber nicht selbst einer Transkription unterliegen, sollen als zweiter wichtiger Bestandteil eines Gens betrachtet werden. Allerdings gibt es immer wieder Ausnahmen zur gegebenen Definition. Viele prokaryontische Genome enthalten normalerweise mehrere Tausend Gene, während manche einfache Bakterien nur 500 bis 600 Gene besitzen. Obligat intrazelluläre bakterielle Parasiten, wie Carsonella ruddii *reduzieren ihr Genom bis auf 180 Gene. Ein Teil dieser Gene sind sogenannte Haushaltsgene (engl. housekeeping genes), die Proteine oder RNA-Moleküle codieren, die für die normalen Aktivitäten aller Zellen unentbehrlich sind. Diese Haushaltsgene codieren Enzyme, die an grundlegenden Stoffwechselprozessen beteiligt sind, wie zum Beispiel der Glycolyse sowie der Synthese von Aminosäuren und DNA. Sie codieren aber auch Transfer-RNA (tRNA) und ribosomale RNA (rRNA). Zusätzlich zu den Haushaltsgenen enthalten alle Zellen Gene, die nur unter bestimmten Umständen exprimiert werden, wie zum Beispiel während der Zellteilung oder unter veränderten Umweltbedingungen. Multizelluläre Organismen besitzen außerdem Gene, die nur in bestimmten Zelltypen exprimiert werden. Alle Zellen in einem Ahornbaum weisen zum Beispiel Gene für Enzyme auf, die für die Synthese von Chlorophyll verantwortlich sind, aber diese Gene werden nur in bestimmten Zellen nahe der Oberfläche der Blätter exprimiert, die dem Licht ausgesetzt sind. In Säugetieren enthalten alle Zellen das Insulingen, aber nur ausgewählte Zellen in der Bauchspeicheldrüse produzieren auch tatsächlich Insulin. Analog produzieren nur Bakterienzellen, die eine Dauerform in Form einer Spore bilden wollen, die Sporulationsgene. Die Anzahl der Gene in der eukaryonryontischen Bäckerhefe gleicht mit ca. 6000 denen komplexer Bakterien, wie den Myxobakterien. Die Anzahl von Genen in multizellulären, eukaryontischen Organismen variiert von etwa 13.500 in* Drosophila melanogaster *bis zu mehr als 100.000 in einigen Pflanzen.*

Eine allgemeine vereinfachte Skizze, die den zellulären Informationsfluss verdeutlicht, ist in ▶Abbildung 17.1 dargestellt. Dieser beginnt mit der Transkription, also dem Prozess, durch den die in der DNA gespeicherte Information in die Sequenz eines neu synthetisierten RNA-Moleküls übersetzt und somit für die Synthese von Proteinen und andere zelluläre Funktionen verfügbar gemacht wird. Es folgt die RNA-Prozessierung, bei der die RNA-Moleküle posttranskriptional modifiziert werden, bevor sie zum Beispiel als Matrize für die Synthese von Proteinen dienen. Die Genexpression wird durch Faktoren, die die Initiation der Transkription beeinflussen, reguliert. In der Translation, also der Proteinbiosynthese, wird die in der Sequenz der mRNA-Moleküle zwischengespeicherte genetische Information in die Aminosäuresequenz der einzelnen Proteine übersetzt.

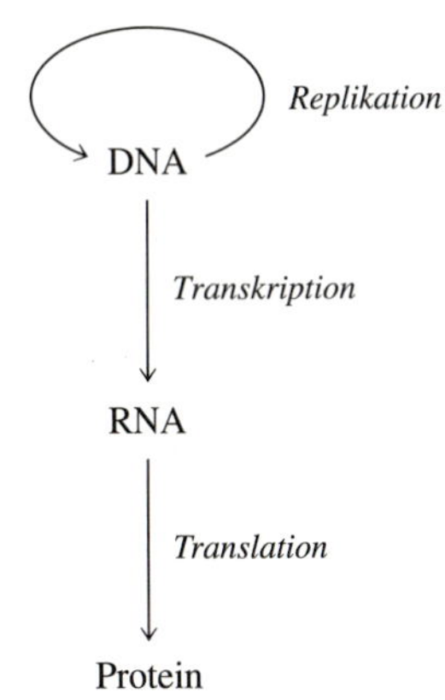

Abbildung 17.1: Fluss der genetischen Information. Der normale Fluss der genetischen Information erfolgt von der DNA über die mRNA zu den Proteinen.

Ein wichtiges Merkmal des in ▶Abbildung 17.1 dargestellten linearen Informationsflusses von der DNA zu den Proteinen ist seine Irreversibilität. Insbesondere die in der Aminosäuresequenz von Proteinen enthaltene Information kann nicht wieder in die Sequenz von Nucleinsäuren zurücküber-

setzt werden. Diese Irreversibilität des genetischen Informationsflusses ist als zentrales Dogma der Molekularbiologie bekannt und wurde bereits im Jahr 1958, also viele Jahre vor der Aufklärung der Mechanismen der Transkription und der Translation, von Francis Crick vorausgesagt. Die ursprüngliche Formulierung des zentralen Dogmas hat den Informationsfluss von RNA zu DNA noch nicht berücksichtigt. Solche Informationswege wurden erst später in Zellen entdeckt, die mit Retroviren infiziert waren. Der Prozess, durch den Information von RNA in DNA übertragen wird, nennt man reverse Transkription.

17.1 RNA-Typen

An der Synthese von Proteinen mit Aminosäuresequenzen, die durch Nucleotidsequenzen der DNA festgelegt oder codiert werden, sind mehrere Klassen von RNA-Molekülen beteiligt. Transfer-RNA-Moleküle (tRNA) transportieren Aminosäuren in aktivierter Form zu den Orten der Proteinbiosynthese, den Ribosomen. Ribosomale RNA-Moleküle (rRNA) bilden einen großen, unentbehrlichen Bestandteil der Ribosomen. Die dritte in diese Prozesse involvierte RNA-Klasse umfasst die mRNA-Moleküle, deren Entdeckung hauptsächlich auf die Arbeiten von François Jacob und Jacques Monod zurückzuführen ist. Sie zeigten, dass die Proteinbiosynthese an den Ribosomen erfolgt und mit der Übersetzung der Sequenz von relativ instabilen mRNA-Molekülen in die Aminosäuresequenz der jeweiligen Proteine, also der Translation, verbunden ist. Jacob und Monod entdeckten außerdem die Komplementarität eines jeden mRNA-Moleküls zu einem zugehörigen Segment eines der Stränge der DNA. Eine vierte RNA-Klasse umfasst kleine RNA-Moleküle, die an verschiedenen Stoffwechselvorgängen beteiligt sind, einschließlich der RNA-Prozessierung. Viele dieser kleinen RNA-Moleküle weisen eine katalytische Aktivität auf.

Ein großer Prozentsatz der gesamten RNA in einer Zelle stellt ribosomale RNA (rRNA) dar, während mRNA nur einen kleinen Teil zur gesamten RNA beisteuert. Wenn jedoch die Mengen der Moleküle aus den verschiedenen RNA-Klassen, die in einer Zelle pro Zeiteinheit synthetisiert werden, anstelle der Konzentrationen im Fließgleichgewicht verglichen werden, ergibt sich ein völlig anderes Bild (▶ *Tabelle 17.1*). Obwohl der Anteil der mRNA an der gesamten RNA in *E. coli* nur etwa 3 Prozent beträgt, verwendet das Bakterium fast ein Drittel seiner Kapazität zur Synthese von RNA für die Produktion von mRNA. Dieser Wert kann sogar auf etwa 60 Prozent steigen, wenn die Zelle nur langsam wächst und nur wenige neue Ribosomen und tRNA bilden muss. Der scheinbare Widerspruch zwischen den Fließgleichgewichtskonzentrationen der verschiedenen RNA-Typen und den Geschwindigkeiten, mit denen sie gebildet werden, kann durch ihre unterschiedlichen Stabilitäten unter zellulären Bedingungen erklärt werden: rRNA- und tRNA-Moleküle sind sehr stabil, während mRNA-Moleküle relativ schnell abgebaut werden und jeweils nur kurze Zeit als Matrize für die Proteinbiosynthese zur Verfügung stehen. In Bakterienzellen wird die Hälfte aller neu synthetisierten mRNA-Moleküle innerhalb von drei Minuten wieder

Tabelle 17.1

RNA in einer *E. coli*-Zelle

RNA-Typ	Anteil an gesamter RNA im Fließgleichgewicht	Anteil an RNA-Synthese-kapazität[a]
rRNA	83 %	58 %
tRNA	14 %	10 %
mRNA	3 %	32 %
RNA-Primer[b]	< 1 %	< 1 %
Andere RNA-Moleküle[c]	< 1 %	< 1 %

[a] Prozentualer Anteil des jeweiligen RNA-Typs an der gesamten zu einem Zeitpunkt in der Zelle synthetisierten RNA. [b] Die RNA-Primer werden bei der DNA-Replikation verwendet und nicht durch RNA-Polymerase synthetisiert. [c] Zu den anderen RNA-Molekülen zählen mehrere RNA-Enzyme, wie zum Beispiel die RNA-Komponente der RNase P. [Aus: Bremer, H. und Dennis, P. P. 1987. Modulation of chemical composition and other parameters of the cell by growth rate. In: *E. coli and Salmonella typhimurium: Cellular and Molecular Biology.* Band 2, S. 1527–1542. Hrsg.: F. C. Neidhardt. Washington D.C.: American Society for Microbiology.]

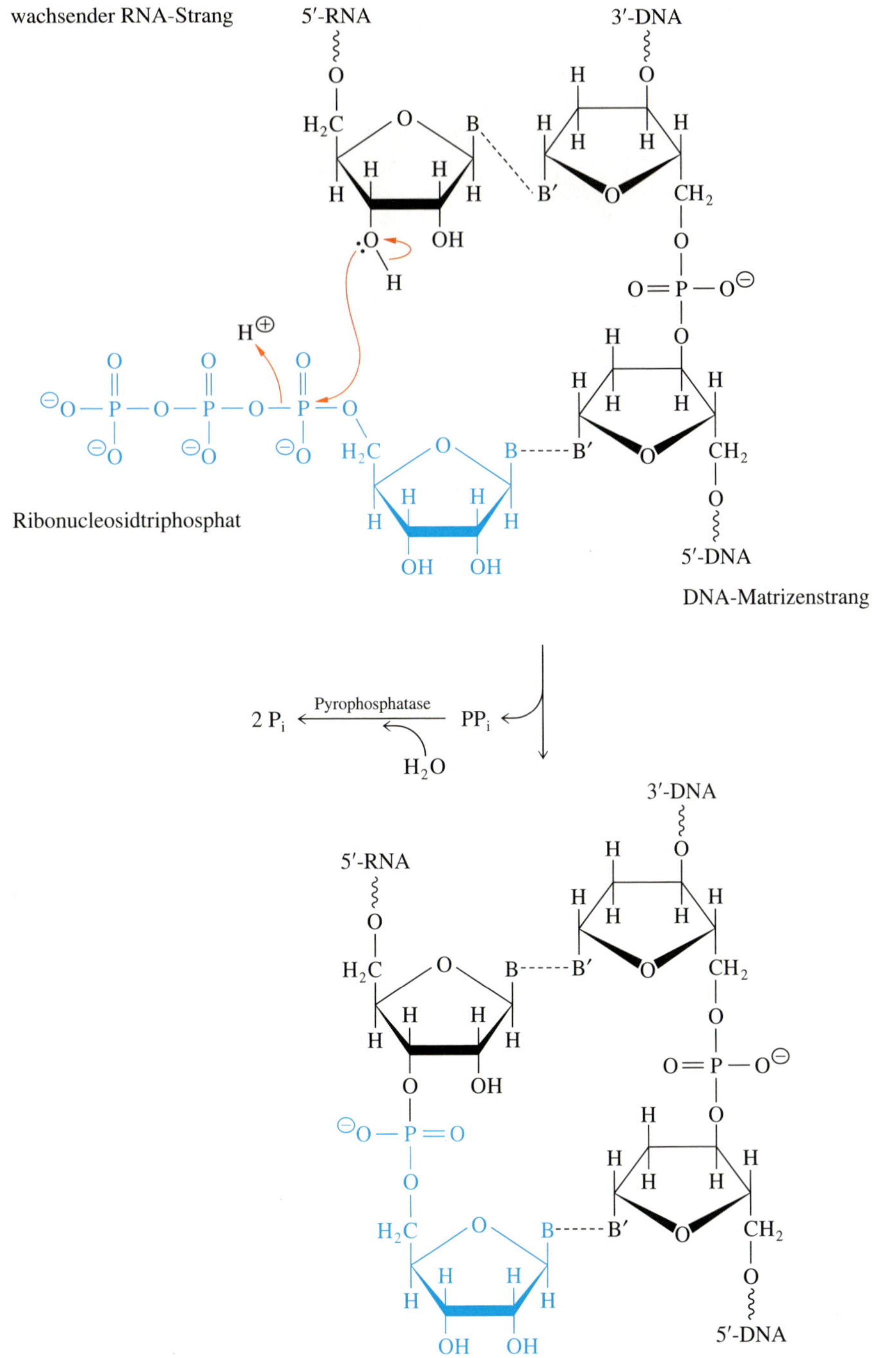

Abbildung 17.3: Reaktion, die durch RNA-Polymerase katalysiert wird. Wenn ein in das aktive Zentrum eintretendes Nucleosidtriphosphat über eine korrekte Basenpaarung an das nächste zu transkribierende ungepaarte Nucleotid des DNA-Matrizenstrangs gebunden werden kann, katalysiert die RNA-Polymerase den nucleophilen Angriff des freien 3′-Hydroxylsauerstoffatoms des wachsenden RNA-Strangs auf das α-Phosphoratom des eintretenden Nucleosidtriphosphats. Infolgedessen werden eine neue Phosphodiester-Brücke gebildet und Pyrophosphat freigesetzt. Die nachfolgende Hydrolyse des Pyrophosphats, die durch die Pyrophosphatase katalysiert wird, liefert eine zusätzliche thermodynamische Triebkraft für die Reaktion. B und B′ repräsentieren komplementäre Basen und die Wasserstoffbrücken der Basenpaare sind jeweils durch eine einzelne gestrichelte Linie dargestellt.

Wie die Reaktion der DNA-Polymerase wird auch die RNA-Polymerase-Reaktion durch die Kopplung mit der nachfolgenden Hydrolyse des freigesetzten Pyrophosphats, die durch die Pyrophosphatase katalysiert wird, zusätzlich thermodynamisch begünstigt. Somit werden also für jedes Nucleotid, das an die wachsende RNA-Kette angehängt wird, letztendlich zwei Phosphoanhydridbindungen, entsprechend zwei ATP-Äquivalenten, verbraucht. RNA-Polymerase unterscheidet sich von DNA-Polymerase insofern, als dass sie Ribonucleosidtriphosphate (UTP, GTP, ATP und CTP) anstelle von Desoxyribonucleosidtriphosphaten (dTTP, dGTP, dATP und dCTP) als Substrate verwendet. Ein weiterer Unterschied besteht darin, dass der neu synthetisierte, wachsende RNA-Strang nur über eine kurze Strecke mit dem DNA-Matrizenstrang assoziiert bleibt. Das Endprodukt der Transkription ist deswegen ein einzelsträngiges RNA-Molekül und kein doppelsträngiges RNA-DNA-Molekül. Schließlich verläuft die Transkription langsamer als die DNA-Replikation. In *E. coli* schwankt die Transkriptionsgeschwindigkeit zwischen 30 und 85 Nucleotiden pro Sekunde. Das ist weniger als ein Zehntel der Geschwindigkeit der DNA-Replikation. Die RNA-Polymerase katalysiert die Bildung einer neuen Phosphodiester-Brücke nur dann, wenn das eintretende Ribonucleosidtriphosphat genau in das aktive Zentrum des Enzyms passt. Für eine ausreichende Passgenauigkeit ist neben der Ausbildung eines korrekten Basenpaars über Wasserstoffbrücken mit dem zugehörigen Nucleotid im Matrizenstrang außerdem eine Basenstapelung mit der Base des bis dahin endständigen Nucleotids des wachsenden RNA-Strangs erforderlich.

Trotz der hohen Anforderungen an die Passgenauigkeit des eintretenden Nucleosidtriphosphats treten bei der RNA-Polymerase auch Fehler auf. Die Fehlerhäufigkeit bei der RNA-Synthese beträgt 10^{-6}. Das bedeutet, dass im Mittel auf eine Million Nucleotide ein falsches Nucleotid eingebaut wird. Diese Fehlerhäufigkeit ist höher als die Gesamtfehlerhäufigkeit der DNA-Synthese, weil die RNA-Polymerase im Gegensatz zu DNA-Polymerasen keine Exonuclease-Korrekturleseaktivität aufweist. Die äußerst hohe Genauigkeit der DNA-Replikation ist notwendig, um die Anzahl von Mutationen zu minimieren, weil diese sonst auf die Nachkommen übertragen werden könnten und dort zur dauerhaft fehlerhaften Synthese von Proteinen führen würden. Da Fehler in einzelnen RNA-Molekülen nicht zuletzt wegen deren relativ kurzer Halbwertszeit aber nur in der Produktion einer verhältnismäßig kleinen Anzahl fehlerhafter Proteine münden und außerdem nicht vererbt werden, ist eine besonders geringe Fehlerhäufigkeit bei der RNA-Synthese längst nicht so überlebenswichtig wie bei der DNA-Replikation.

17.3 Initiation der Transkription

Den Kettenverlängerungsreaktionen (Elongation) der RNA-Synthese geht ein getrennter Initiationsschritt voraus, in dem an der Initiationsstelle ein Transkriptionskomplex zusammengesetzt wird und die Synthese eines kurzen RNA-Abschnitts erfolgt. Die Regionen der DNA, die als Initiationsstellen der Transkription dienen, werden Promotoren genannt. In Bakterien werden häufig mehrere Gene ausgehend vom selben einzelnen Promotor in ein mRNA-Molekül cotranskribiert. Eine solche Transkriptionseinheit nennt man Operon. In eukaryontischen Zellen existiert normalerweise zu jedem Gen ein eigener Promotor. Die Häufigkeit, mit der an einem bestimmten Promotor die Transkription gestartet (initiiert) wird, ist in der Regel auf den Bedarf an dem zugehörigen Genprodukt, also an dem Protein, das durch das Gen codiert wird, abgestimmt. In Zellen, die sich schnell teilen, werden die Gene für ribosomale RNA (rRNA) zum Beispiel häufig transkribiert. In diesem Fall kann alle paar Sekunden ein neuer Transkriptionskomplex mit der Transkription am Promotor beginnen. Während dieses Prozesses können Strukturen auftreten, in denen dasselbe Gen von mehreren Transkriptionskomplexen gleichzeitig transkribiert wird. Im Gegensatz dazu werden einige andere bakterielle Gene nur etwa in jeder zweiten Generation einmal transkribiert. In diesen Fällen können zwischen zwei Initiationen am gleichen Promotor bis zu mehrere Stunden vergehen.

17.3.1 5′→3′-Orientierung der Gene

Die Nucleotidsequenzen von einzelsträngigen Nucleinsäuren wird per Definition in 5′→3′-Richtung von links nach rechts geschrieben. Bei der horizontalen Darstellung der Sequenz eines doppelsträngigen DNA-Moleküls wird die Sequenz des oberen Strangs vereinbarungsgemäß in 5′→3′-Richtung notiert, während die Sequenz des unteren, antiparallelen Strangs in 3′→5′-Richtung niedergeschrieben wird (jeweils von links nach rechts). Ein Gen von dem Nucleotid, an dem die eigentliche Transkription tatsächlich beginnt (wird mit +1 gekennzeichnet), erstreckt sich bis zu dem Nucleotid, an dem die Transkription terminiert wird. Der Anfang eines Gens wird, so wie es bei der Beschreibung von Nucleotidsequenzen üblich ist, sein 5′-Ende genannt. Mit *stromabwärts* ist bei Genen die Bewegung entlang des Gens in 5′→3′-Richtung bezüglich des codierenden Strangs (siehe unten) gemeint, mit *stromaufwärts*

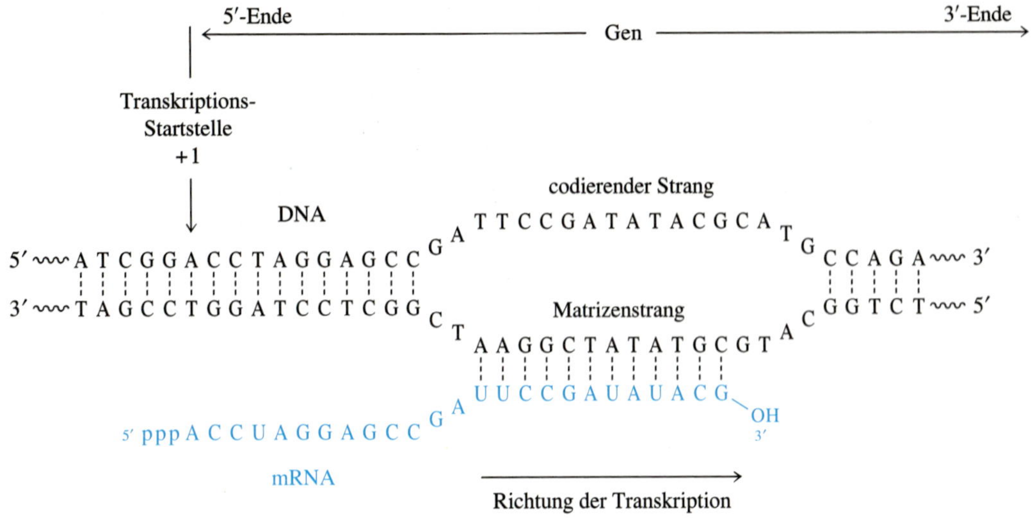

Abbildung 17.4: Orientierung eines Gens. Hier sind die Sequenzen eines hypothetischen Gens und eines naszierenden RNA-Strangs, der durch die Transkription des Gens gerade synthetisiert wird, dargestellt. Vereinbarungsgemäß spricht man davon, dass die Transkription eines Gens in 5′→3′-Richtung stattfindet. Der Matrizenstrang der DNA wird allerdings in 3′→5′-Richtung gelesen, während die Verlängerung der RNA-Kette in 5′→3′-Richtung erfolgt.

die Bewegung in 3′→5′-Richtung. Bei der RNA-Synthese schreiten die Transkriptionskomplexe in 5′→3′-Richtung voran, also stromabwärts. In Übereinstimmung mit den Konventionen zur Notierung von DNA-Sequenzen befinden sich die Initiationsstelle für ein Gen auf der linken Seite und die Terminationsstelle auf der rechten Seite einer Darstellung der Sequenz einer doppelsträngigen DNA. Der obere Strang in einer solchen Darstellung wird auch der codierende Strang genannt, weil seine Basensequenz mit der Basensequenz der zugehörigen mRNA übereinstimmt, die die Aminosäuresequenz eines Proteins codiert. Den unteren Strang nennt man dagegen Matrizenstrang, weil er bei der Transkription als Matrize für die RNA-Synthese dient und seine Sequenz zur Sequenz des RNA-Transkripts komplementär ist (▸*Abbildung 17.4*). Der obere Strang wird manchmal auch als Sense-Strang (oder Sinn-Strang) bezeichnet. Dieser Name deutet an, dass die Sequenz der Codons in einem mRNA-Molekül mit der Basensequenz des Sense-Strangs durch die Ribosomen in ein Protein mit der korrekten und sinnvollen Aminosäuresequenz translatiert wird. In Analogie dazu wird der untere Strang auch Antisense-Strang genannt, weil ein mRNA-Molekül mit der gleichen Basensequenz durch die Ribosomen in ein Protein mit der unkorrekten, nicht sinnvollen Aminosäuresequenz umgesetzt würde. Die Synthese der RNA erfolgt in 5′→3′-Richtung, während der Matrizenstrang in 3′→5′-Richtung gelesen wird. Die Basensequenz des RNA-Produkts stimmt mit der Basensequenz des codierenden Strangs überein, wobei allerdings alle T durch U ersetzt sind.

17.3.2 Zusammenbau des Transkriptionskomplexes am Promotor

Um die Transkription starten zu können, muss das Enzym RNA-Polymerase von regulatorischen Proteinen (Transkriptionsfaktoren) zu ihrer Bindestelle in der Promotorsequenz geleitet werden, um dort einen Transkriptionskomplex zu bilden. Alternativ können Untereinheiten der RNA-Polymerase diese Promotorerkennung vermitteln. Entsprechend beginnt sowohl in Prokaryonten als auch in Eukaryonten der Zusammenbau des Transkriptionskomplexes mit der Bindung eines oder mehrerer Proteine an die Promotorsequenz oder an die RNA-Polymerase. In Bakterien sind neben anderen genspezifischen Regulatoren die σ-Untereinheiten der RNA-Polymerase für die Erkennung des Promotors und die Bildung des Transkriptionskomplexes erforderlich. Die Nucleotidsequenz eines Promotors stellt einen der bedeutendsten Faktoren dar, die die Häufigkeit der Bildung des Transkriptionskomplexes und darüber die Transkription eines Gens beeinflussen.

Die Analyse dieser DNA-Sequenzen offenbarten ein gemeinsames Muster der Promotoren für einen Typ Regulator, die sogenannten Konsensussequenzen. Die Konsensussequenzen für die Bindung eines Regulators in einem Organismus stellen bioinformatisch verglichene Sequenzen dar, die aus den Nucleotiden zusammengesetzt werden, die an den jeweiligen Positionen der Promotoren am häufigsten auftreten. In ▸*Abbildung 17.5* sind die Konsensussequenzen eines häufigen Promotortyps in *E. coli* dargestellt. Diese Promotoren bestehen jeweils aus zwei getrennten Regio-

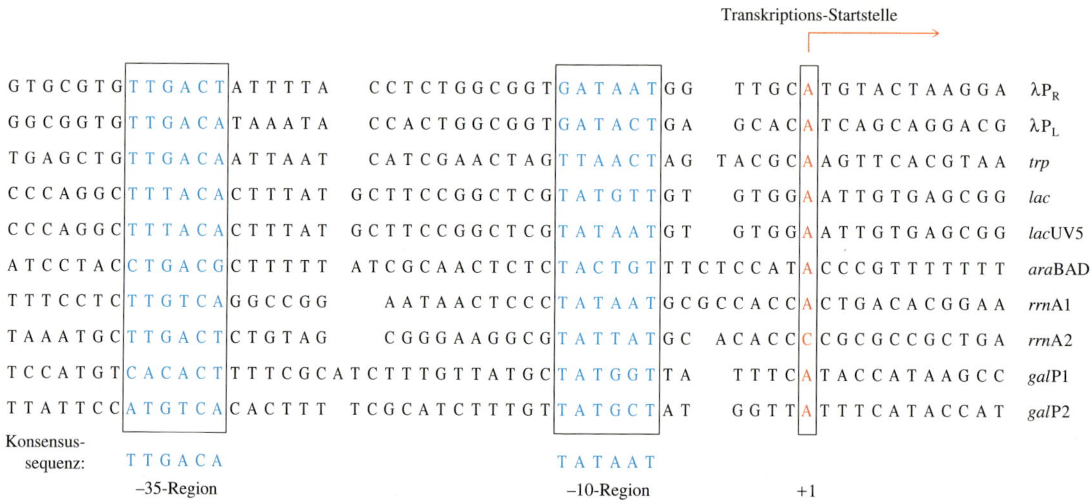

Abbildung 17.5: Promotorsequenzen von zehn Genen aus Bakteriophagen und Bakterien. Alle diese Promotorsequenzen werden durch die σ^{70}-Untereinheit aus *E. coli* erkannt. Die Nucleotidsequenzen sind so angeordnet, dass ihre +1-Stellen sowie ihre −10- und −35-Regionen jeweils passgenau untereinander stehen. Beachten Sie den Grad der Variation an jeder Position. Die Konsensussequenzen wurden aus einem wesentlich größeren Datensatz mit mehr als 300 gut charakterisierten Promotoren abgeleitet.

nen, die in den Promotoren der verschiedenen Gene ähnliche Sequenzen besitzen. Die erste Region liegt um das zehnte Basenpaar stromaufwärts des Transkriptionsstartpunktes (–10-Region) herum und ist reich an AT-Basenpaaren. Die Konsensussequenz der −10-Region lautet TATAAT. Das Zentrum der zweiten Region befindet sich etwa 35 Basenpaare stromaufwärts (−35-Region) vom Transkriptionsstartpunkt. Für die −35-Region wurde die Konsensussequenz TTGACA ermittelt. Zwischen diesen beiden Konsensussequenzen der Promotoren liegen durchschnittlich 17 Basenpaare.

Die −10-Region ist auch unter der Bezeichnung TATA-Box (oder auch Pribnow-Box) bekannt, während die −35-Region einfach –35-Region genannt wird. Gemeinsam bilden diese beiden Regionen den Promotor für das RNA-Polymerase-Holoenzym aus *E. coli*, das die σ^{70}-Untereinheiten enthält. Die σ^{70}-Untereinheiten stellen die häufigsten σ-Untereinheiten in *E. coli*-Zellen dar. Das σ^{70}-haltige Holoenzym bindet spezifisch an Sequenzen, die diesen Konsensussequenzen ähneln. Andere σ-Untereinheiten in *E. coli* binden dagegen an Promotoren mit Sequenzen, die von diesen Konsensussequenzen erheblich abweichen (▶ *Tabelle 17.3*). Verschiedene Bakterienspezies können unterschiedliche Konsensussequenzen aufweisen.

Tabelle 17.3

Verschiedene σ-Untereinheiten in *E. coli*

Untereinheit	Gen	Transkribierte Gene	Konsensussequenzen für σ-Faktor-Bindung	
			−35-Region	−10-Region
σ^{70}	*rpo*D	Viele	TTGACA	TATATTg
σ^{54}	*rpo*N	Stickstoffstoffwechsel	AAANcTGGCA[a]	tTGCaT
σ^{38}	*rpo*S	Stress, Stationäre Phase	–	gcTAtaaTt
σ^{28}	*rpoF*	Geißelsynthese und Chemotaxis	TAAA	GCCGATAA
σ^{24}	*rpoE*	Zellhüllstress	GAACTT	TCTgA
σ^{32}	*rpo*H	Hitzeschock	CTTGAA	CCCATNTA[a]
σ^{19}	rpol	Eisenaufnahme	–	AAGGAAAAT

[a] N steht für ein beliebiges Nucleotid. Die Nucleotidbezeichnungen in kleiner Schrift sind deutlich weniger konserviert.

Kapitel 17

Eine Konsensussequenz ist keine reale Sequenz. Vielmehr gibt sie die Nucleotide an, die in den einzelnen Positionen am häufigsten vorkommen. Nur die Sequenzen von sehr wenigen Promotoren stimmen tatsächlich genau mit den Konsensussequenzen überein. In manchen Fällen, in denen G oder C in Positionen auftreten, die in der Konsensussequenz von A oder T besetzt werden, kann die Übereinstimmung dagegen sehr gering sein. Solche Promotoren hat man ursprünglich als schwache Promotoren bezeichnet. Allerdings werden viele dieser Promotoren dann durch weitere Umweltsignal-abhängige Transkriptionsfaktoren stark reguliert. So kann ein sogenannter schwacher Promotor die Basis für eine starke Induktion unter Bedingungen der Notwendigkeit für das entsprechende Genprodukt bilden. Starke Promotoren, wie zum Beispiel die Promotoren für rRNA-Operons, ähneln den Konsensussequenzen im Gegensatz dazu sehr. Die mit starken Promotoren ausgestatteten Operons oder Gene werden sehr häufig transkribiert. Diese Promotoren, die mit einigen Schwankungen, aber meist stark genutzt werden, nennt man konstitutiv, also dauerhaft benutzt. Sie versorgen die Zelle mit Produkten der *housekeeping genes*. Die Promotorsequenz jedes Gens ist im Verlauf der Evolution durch natürliche Selektion wahrscheinlich an die Bedürfnisse der Zellen der Spezies, in denen es vorkommt, angepasst worden.

17.3.3 Erkennung des bakteriellen Promotors durch die σ-Untereinheiten

Der Effekt der σ-Untereinheiten, die auch σ-Faktoren oder σ-Initiationsfaktoren genannt werden, auf die Erkennung eines bakteriellen Promotors durch die bakterielle RNA-Polymerase kann am besten durch einen Vergleich der DNA-bindenden Eigenschaften der RNA-Polymerase allein und des σ^{70}-haltigen Holoenzyms verdeutlicht werden. Die RNA-Polymerase, die keine σ-Untereinheit besitzt, bindet unspezifisch an DNA. Ihre Affinität für Promotoren ist nicht größer als für andere Nucleotidsequenzen und die Assoziationskonstante $K_{Assoz.}$ beträgt etwa $10^{10}\,M^{-1}$. Nachdem die RNA-Polymerase an DNA gebunden hat, dissoziiert der DNA-Protein-Komplex relativ langsam mit einer Halbwertszeit von $t_{1/2} \approx 60$ min. Das σ^{70}-haltige Holoenzym bindet im Vergleich dazu merklich fester an Promotorsequenzen ($K_{Assoz.} \approx 2 \times 10^{11}\,M^{-1}$) als die RNA-Polymerase allein und bildet stabilere DNA-Holoenzym-Komplexe ($t_{1/2} \approx 2$ bis 3 h). Auch wenn das Holoenzym bevorzugt an Promotorsequenzen bindet, besitzt es trotzdem auch für die restliche DNA in einer Zelle eine nennenswerte Affinität ($K_{Assoz.} \approx 5 \times 10^{6}\,M^{-1}$). Ein durch eine nichtspezifische Bindung des Holoenzyms an die DNA gebildeter Komplex zerfällt relativ schnell wieder ($t_{1/2} \approx 3$ s). Diese Bindungsparameter offenbaren die Funktionen der σ^{70}-Untereinheit. Sie dient sowohl zur Verringerung der Affinität der RNA-Polymerase für promotorfremde Sequenzen als auch zur Erhöhung der Affinität bezüglich der Bindung an spezifische Promotorsequenzen. Die Assoziationskonstanten liefern allerdings keine Information darüber, wie das RNA-Polymerase-Holoenzym überhaupt einen Promotor findet. Man könnte annehmen, dass das Holoenzym kontinuierlich immer wieder an die DNA bindet und abdissoziiert, bis sie zufällig auf eine Promotorsequenz trifft. Ein solcher Bindungsvorgang entspräche einer Reaktion zweiter Ordnung, deren Geschwindigkeit durch die Diffusionsgeschwindigkeit des Holoenzyms in drei Dimensionen beschränkt wäre. Die Bindung an den Promotor erfolgt aber etwa 100-mal schneller, als es im Fall einer diffusionskontrollierten Reaktion zweiter Ordnung maximal möglich ist. Diese bemerkenswerte Geschwindigkeit wird durch die eindimensionale Diffusion der RNA-Polymerase entlang des DNA-Moleküls erreicht. Während der kurzen Zeit, in der das Enzym durch eine unspezifische Bindung mit der DNA assoziiert ist, kann es etwa 2000 Basenpaare nach einer Promotorsequenz absuchen. Mehrere andere sequenzspezifische, DNA-bindende Proteine, wie zum Beispiel Restriktionsenzyme, lokalisieren ihre Bindungsstellen auf ähnliche Weise.

17.3.4 Konformationsänderung der DNA durch die RNA-Polymerase

Obwohl die Suche und die Bindung des RNA-Polymerase-Holoenzyms an den Promotor sehr schnell stattfinden, stellt die Initiation der Transkription einen langsamen Prozess dar. Tatsächlich ist die Initiation häufig der geschwindigkeitsbestimmende Schritt der Transkription, weil während dieser Phase die bis dahin noch intakte Doppelhelixstruktur der DNA entwunden und die beiden Stränge getrennt werden müssen. Außerdem ist die Synthese eines kurzen RNA-Abschnitts erforderlich, der als Primer für die nachfolgende Kettenverlängerung benötigt wird. Bei der DNA-Replikation werden diese Schritte durch eine Helikase und eine Primase katalysiert, aber bei der Transkription ist die Aktivität des RNA-Polymerase-Holoenzyms selbst für die Beschleunigung dieser Schritte verantwortlich. Anders als DNA-Polymerasen können RNA-Polymerasen die Polynucleotidsynthese in Gegenwart von Initiationsfaktoren, wie zum Beispiel beim bakteriellen σ^{70}, eigenständig initiieren. Die Entwindung der DNA an der Initiationsstelle ist ein Beispiel für eine Konformationsänderung, bei der die RNA-Polymerase (R) und der Promotor von einem geschlossenen Komplex (RP_g) in einen offenen Komplex (RP_o) übergehen. Im geschlossenen Komplex liegt die DNA durchgehend doppelsträngig und spiralisiert vor. Im offenen Komplex sind die beiden Stränge der DNA dagegen auf einer Länge von 18 bp entwunden und getrennt, sodass ein offener Einzelstrangabschnitt entsteht, der als Transkriptionsblase oder Transkriptionsauge bezeichnet wird. Die Bildung des offenen Komplexes stellt in der Regel das langsamste Einzelereignis der gesamten Initiation dar. Nachdem der offene Komplex entstanden ist, wird der Matrizenstrang im aktiven Zentrum des Enzyms, das die Polymerisationsreaktion katalysiert, positioniert. Im nächsten Schritt wird eine Phosphodiester-Brücke zwischen zwei Ribonucleosidtriphosphaten gebildet, die in das aktive Zentrum diffundiert sind und dort über Wasserstoffbrückenbindungen zwischen den Basen an die Nucleotide in den Positionen +1 und +2 des Matrizenstrangs gebunden wurden. Diese Reaktion läuft langsamer ab als die analoge Reaktion während der Kettenverlängerung, bei der eines der Substrate, nämlich die wachsende RNA-Kette, durch die Bildung einer kurzen DNA-RNA-Doppelhelix in einer günstigen Orientierung für die Reaktion festgehalten wird. Durch das Anfügen weiterer Nucleotide an das anfängliche Dinucleotid entsteht ein kurzer RNA-Abschnitt, der über Basenpaarungen mit dem Matrizenstrang assoziiert ist. Wenn dieser RNA-Abschnitt eine Länge von etwa zehn Nucleotiden erreicht hat, unterliegt das RNA-Polymerase-Holoenzym einem Übergang vom Initiationsmodus in den Elongationsmodus. Nun löst sich der Transkriptionskomplex vom Promotor ab (engl. *promotor clearance*) und schreitet anschließend die DNA entlang. Die Initiationsreaktionen können folgendermaßen zusammengefasst werden:

$$R + P \underset{}{\overset{K_{\text{Assoz.}}}{\rightleftharpoons}} RP_g \xrightarrow[\textit{Konformationsänderung}]{} RP_o \xrightarrow[\textit{Ablösung vom Promotor}]{} \quad (17.2)$$

Das σ-Faktoren enthaltende Holoenzym weist für die Promotorsequenz eine viel größere Affinität auf als für jede andere Nucleotidsequenz der DNA. Infolge dieser festen Bindung bleibt es lange genug an die Initiationsstelle gebunden, damit die Initiationsreaktionen ablaufen können. Während der Verlängerungsphase (Elongationsphase) bildet die RNA-Polymerase dagegen durch die unspezifische Bindung an die DNA einen in hohem Maße prozessiven Komplex. Der Übergang von der Initiationsphase in die Elongationsphase ist mit einer Konformationsänderung des Holoenzyms verbunden, die zur Freisetzung der σ-Untereinheiten führt. Ohne die σ-Untereinheiten bindet das Enzym nicht mehr spezifisch (fest) an den Promotor, sodass es die Initiationsstelle verlassen kann. Zu diesem Zeitpunkt binden mehrere Transkriptionsfaktoren an die RNA-Polymerase, wodurch die vollständige Proteinmaschinerie zusammengesetzt wird, die für die RNA-Kettenverlängerung benötigt wird. Die Bindung eines dieser Hilfsproteine, nämlich NusA, fördert die Umwandlung der RNA-Polymerase in ihre Elongationsform. Der Elongationskomplex ist für den allergrößten Teil der RNA-Synthese verantwortlich. NusA tritt außerdem mit anderen Hilfsproteinen in Wechselwirkung und ist an der Termination der Transkription beteiligt. In ▶ *Abbildung 17.6* ist die Initiation der Transkription in *E. coli* zusammenfassend dargestellt.

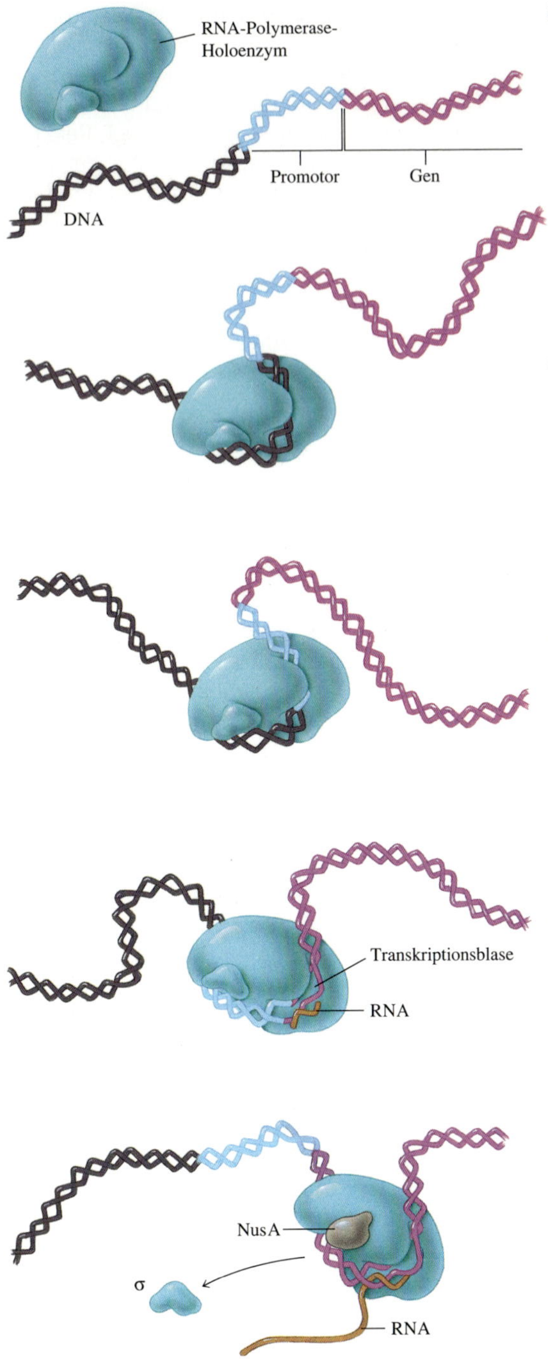

(a) Das RNA-Polymerase-Holoenzym bindet zunächst unspezifisch an DNA.

(b) Das Holoenzym gleitet am DNA-Molekül entlang und sucht dabei nach einem Promotor.

(c) Wenn das Holoenzym einen Promotor erreicht, bindet es erheblich fester an das DNA-Molekül und bildet den geschlossenen Komplex.

(d) Durch eine Konformationsänderung vom geschlossenen Komplex zum offenen Komplex entsteht eine Transkriptionsblase an der Initiationsstelle. Nun wird ein kurzes Stück RNA synthetisiert, das mit der DNA eine RNA-DNA-Hybridhelix bildet.

(e) Die σ-Untereinheit dissoziiert vom RNA-Polymerase-Kernenzym, das sich daraufhin aus seiner spezifischen Bindung an den Promotor lösen und den DNA-Strang weiter entlangwandern kann. Hilfsenzyme, wie zum Beispiel NusA, binden an das Kernenzym und unterstützen die anschließende Kettenverlängerung (Elongation) des RNA-Moleküls.

Abbildung 17.6: Die Initiation der Transkription in *E. coli*.

17.4 Termination der Transkription

Nur bestimmte Regionen der DNA werden transkribiert. Transkriptionskomplexe lagern sich an Promotoren zusammen und zerfallen in Bakterien am 3′-Ende von Genen an spezifischen Sequenzen, die Terminationssequenzen genannt werden. Die Transkription kann auf zwei Arten terminiert (beendet) werden. Die einfachste Form der Termination erfolgt an bestimmten Sequenzen der DNA, an denen der Elongationskomplex destabilisiert wird, sodass der Transkriptionskomplex spontan auseinanderfällt. Für andere Formen der Termination ist ein spezifisches Protein erforderlich, der sogenannte Rho-Faktor, der den Zerfall des Transkriptionskomplexes fördert. Die Termination der Transkription erfolgt häufig in der Nähe von Pause-Stellen. Dabei handelt es sich um Regionen des Gens, in denen die Elongation vorübergehend verlangsamt oder angehalten wird. Ein Transkriptionskomplex wird zum Beispiel abgebremst, wenn er auf eine GC-reiche Region trifft, weil die Trennung von GC-Basenpaaren, die durch drei Wasserstoffbrücken stabilisiert werden, aufwendiger ist als die von AT-Basenpaaren, die nur durch zwei Wasserstoffbrücken stabilisiert werden.

Die Abbremsung des Transkriptionskomplexes ist an Stellen, an denen die DNA zusätzlich palindromische Sequenzen bzw. eine lokale zweizählige Achsensymmetrie aufweist, besonders stark. In diesen Fällen kann die bei der Transkription der DNA neu synthetisierte RNA eine Haarnadelstruktur (engl. *hairpin*) bilden (▶*Abbildung 17.7*). Die Bildung einer GC-reichen RNA-Haarnadelstruktur kann die RNA-DNA-Hybridhelix im Elongationskomplex destabilisieren, indem sie die vorzeitige Ablösung eines Teils der frisch transkribierten RNA von der DNA hervorruft. Diese partielle Störung im Bereich der Transkriptionsblase veranlasst den Transkriptionskomplex, die Elongation zu unterbrechen, bis sich die Hybridhelix zurückgebildet hat. NusA verlängert die Pause an palindromischen Sequenzen, vermutlich durch eine Stabilisierung der Haarnadelstruktur. In Abhängigkeit von der Struktur der Haarnadelschleife kann der Transkriptionskomplex zwischen 10 Sekunden und 30 Minuten pausieren.

In *E. coli* sind einige der starken Pause-Stellen Terminationssequenzen. Solche Terminationsstellen befinden sich am 3′-Ende eines Gens hinter dem DNA-Abschnitt, der die Aminosäuresequenz der Polypeptidkette (bei proteincodierenden Genen) oder die vollständige funktionelle RNA (bei anderen Genen) codiert. Sie codieren eine RNA-Haarnadelstruktur, die durch einen benachbarten U-reichen Abschnitt nur schwach über AU-Basenpaare mit dem Matrizenstrang assoziiert ist. Die AU-Basenpaare stellen die schwächsten möglichen Basenpaare dar und können während einer Pause leicht getrennt werden. Die Trennung der Basenpaare führt aber zur Freisetzung der neu synthetisierten RNA von der DNA und schließlich vom Transkriptionskomplex. Für die Termination an einem anderen Typ von bakteriellen Pausesequenzen wird der Rho-Faktor benötigt. Diese Sequenzen werden deswegen auch Rho-abhängige Terminationssequenzen genannt. Das Rho-Protein fördert allerdings auch die Zerlegung des Transkriptionskomplexes an manchen der oben beschriebenen, eigentlich Rho-unabhängigen Terminationssequenzen. Es ist ein hexameres Pro-

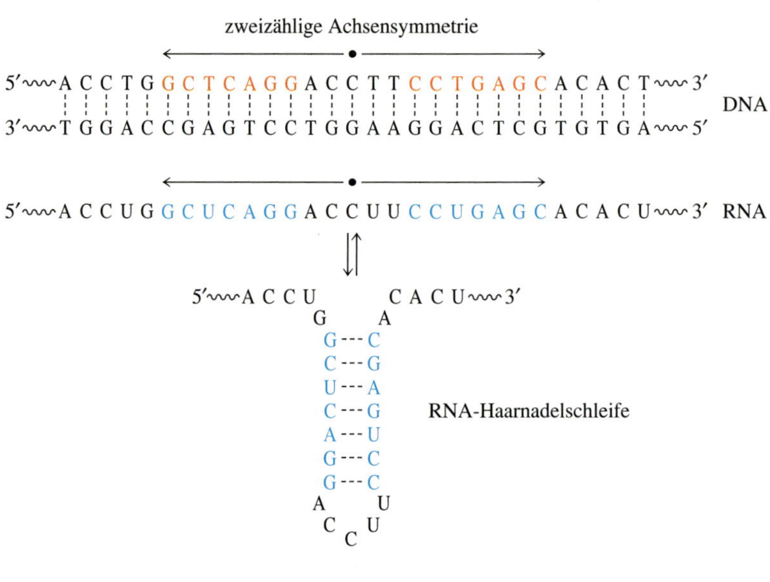

Abbildung 17.7: Bildung einer RNA-Haarnadelstruktur. Die transkribierte DNA weist eine Region zweizähliger Symmetrie auf. Die komplementären Sequenzen im RNA-Transkript können durch die Bildung von Basenpaaren zu einer Haarnadelstruktur führen.

tein mit einer ATPase-Aktivität und einer relativ hohen Affinität für einzelsträngige RNA. Der Rho-Faktor weist offenbar eine ATP-abhängige RNA-DNA-Helikase-Aktivität auf, die zur Entwindung der kurzen RNA-DNA-Hybridhelix im Transkriptionskomplex und zur Ablösung der RNA von der DNA führt. Er bindet an einzelsträngige, bevorzugt C-reiche RNA, die während der Transkription aus dem Transkriptionskomplex austritt. Dabei wird ein annähernd 80 Nucleotide langer Abschnitt dieser Einzelstrang-RNA um das Rho-Protein gewickelt. Anschließend erfolgt der ATP-abhängige Terminationsprozess, bei dem sich das Rho-Protein aktiv an der RNA entlang bewegt, bis es auf den Transkriptionskomplex trifft. Durch die Wechselwirkungen mit dem Rho-Faktor werden die Entwindung der RNA-DNA-Helix und die Ablösung des RNA-Transkripts vom Transkriptionskomplex erzwungen (▶*Abbildung 17.8*). Die Rho-abhängige Termination der Transkription resultiert sowohl aus der Destabilisierung der RNA-DNA-Hybridhelix als auch aus einem direkten Kontakt zwischen dem Rho-Protein und dem Transkriptionskomplex. Sie wird noch durch weitere Hilfsproteine unterstützt. NusA kann zum Beispiel sowohl an den Rho-Faktor als auch an die RNA-Polymerase binden und eine Konformationsänderung der RNA-Polymerase hervorrufen, die zur Dissoziation der Polymerase von der DNA-Matrize führen könnte.

Damit die Rho-abhängige Termination stattfinden kann, muss die aus dem Transkriptionskomplex austretende einzelsträngige RNA für den Rho-Faktor zugänglich sein. In Bakterien kann die frisch synthetisierte RNA, die bei der Transkription eines proteincodierenden Gens gebildet wird, unmittelbar nach ihrem Austritt aus dem Transkriptionskomplex mit einem Ribosom assoziieren. Dadurch wird die Bindung des Rho-Faktors behindert. Die Translation beginnt in diesem Fall noch bevor die Transkription des Gens vollendet wurde. Wenn die Transkription den Punkt überschreitet, an dem die Termination der Proteinsynthese erfolgt, wird die aus dem Transkriptionskomplex austretende, einzelsträngige RNA für den Rho-Faktor zugänglich. Infolgedessen findet an der nächsten Pause-Stelle

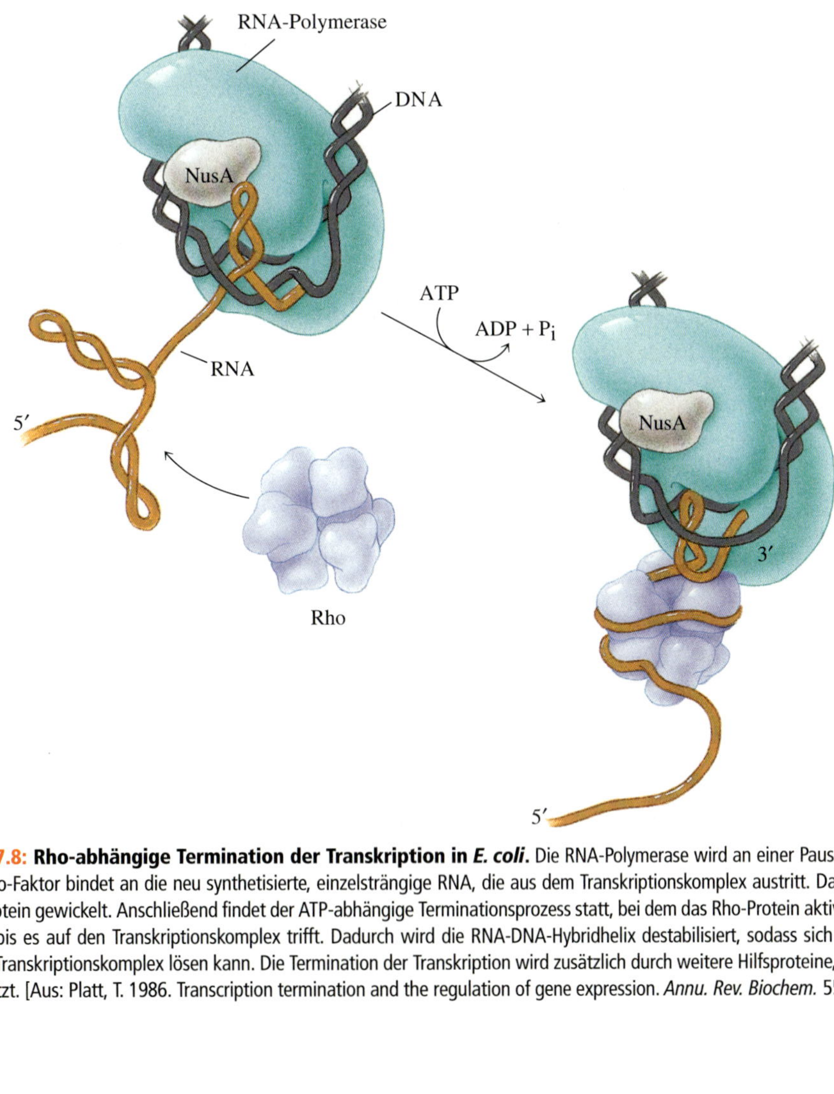

Abbildung 17.8: Rho-abhängige Termination der Transkription in *E. coli*. Die RNA-Polymerase wird an einer Pause-Stelle aufgehalten und der Rho-Faktor bindet an die neu synthetisierte, einzelsträngige RNA, die aus dem Transkriptionskomplex austritt. Dabei wird die RNA um das Rho-Protein gewickelt. Anschließend findet der ATP-abhängige Terminationsprozess statt, bei dem das Rho-Protein aktiv an der RNA entlang wandert, bis es auf den Transkriptionskomplex trifft. Dadurch wird die RNA-DNA-Hybridhelix destabilisiert, sodass sich die RNA von der DNA und dem Transkriptionskomplex lösen kann. Die Termination der Transkription wird zusätzlich durch weitere Hilfsproteine, wie zum Beispiel NusA, unterstützt. [Aus: Platt, T. 1986. Transcription termination and the regulation of gene expression. *Annu. Rev. Biochem.* 55:339–372.]

die Termination der Transkription statt. Mit anderen Worten: An Pause-Stellen innerhalb der proteincodierenden Region kann die Rho-abhängige Termination der Transkription nicht eintreten. Allerdings kann die Transkription an Pause-Stellen nach dem Terminationscodon für die Translation terminiert werden. Dadurch wird die Termination der Transkription mit der Translation gekoppelt. Die Vorteile dieses Mechanismus liegen darin, dass die Synthese einer proteincodierenden mRNA nicht verfrüht abgebrochen und somit die Proteinsynthese verhindert wird und dass keine verschwenderische Transkription nach der codierenden Region stattfindet.

17.5 Transkription in Eukaryonten

Für die Prozesse, die in *E. coli* durch eine einzelne RNA-Polymerase katalysiert werden, sind in Eukaryonten mehrere ähnliche Enzyme verantwortlich. Außerdem sind für die Aktivitäten eukaryontischer Transkriptionskomplexe viel mehr Hilfsproteine erforderlich.

17.5.1 Eukaryontische RNA-Polymerasen und Transkriptionsfaktoren

In Eukaryonten werden die Gene im Zellkern (nucleäre Gene) durch drei verschiedene RNA-Polymerasen transkribiert, während weitere RNA-Polymerasen in den Mitochondrien und Chloroplasten vorkommen. Die verschiedenen nucleären RNA-Polymerasen transkribieren unterschiedliche Klassen von Genen (▶*Tabelle 17.4*). RNA-Polymerase I ist für die Transkription von Genen zuständig, die große ribosomale RNA-Moleküle codieren (Klasse-I-Gene). Gene, die Proteine codieren, und einige wenige Gene, die kleine RNA-Moleküle codieren, werden durch die RNA-Polymerase II transkribiert (Klasse-II-Gene). RNA-Polymerase III ist schließlich für die Transkription einer Vielzahl von Genen (Klasse-III-Gene), die kleine RNA-Moleküle wie tRNA oder 5S-rRNA codieren, verantwortlich. Einige der RNA-Moleküle, die in ▶*Tabelle 17.4* aufgelistet sind, werden in den folgenden Abschnitten beschrieben.

Die mitochondriale Version der RNA-Polymerase ist ein monomeres Enzym, das durch das nucleäre Genom codiert wird. Die Aminosäuresequenz der mitochondrialen RNA-Polymerase ähnelt im Wesentlichen der Sequenz der RNA-Polymerasen aus den Bakteriophagen T3 und T7. Die Sequenzähnlichkeiten deuten darauf hin, dass diese Enzyme evolutionär von einem gemeinsamen Vorläufer abstammen. Wahrscheinlich wurde das Gen für die mitochondriale RNA-Polymerase vom ursprünglichen mitochondrialen Genom irgendwann auf das Genom im Zellkern übertragen. Chloroplastengenome enthalten häufig Gene, die eine eigene Chloroplasten-RNA-Polymerase codieren. Die Sequenzen dieser Gene ähneln denen, die die RNA-Polymerase in Cyanobakterien codieren. Dies stellt einen weiteren Beleg dafür dar, dass sich Chloroplasten, wie Mitochondrien, aus einem bakteriellen Endosymbionten in frühen eukaryontischen Zellen entwickelt haben. Die drei RNA-Polymerasen im Zellkern sind komplizierte Multiuntereinheiten-Enzyme. Sie unterscheiden

Tabelle 17.4

Eukaryontische RNA-Polymerasen

Polymerase	Ort	Kopien pro Zelle	Produkte	Anteil an der gesamten RNA-Polymerase-Aktivität der Zelle
RNA-Polymerase I	Nucleolus	~ 40.000	35–47S-prä-rRNA	50–70 %
RNA-Polymerase II	Nucleoplasma	~ 40.000	mRNA-Vorläufer sowie U1-, U2-, U4- und U5-snRNA	20–40 %
RNA-Polymerase III	Nucleoplasma	~ 20.000	5S-rRNA, tRNA, U6-snRNA, 7S-RNA sowie andere kleine RNA-Moleküle	10 %
Mitochondriale RNA-Polymerase	Mitochondrien	Verschieden	Produkte aller mitochondrialen Gene	< 1 %
RNA-Polymerase in Chloroplasten	Chloroplasten	Verschieden	Produkte aller Gene der Chloroplasten	< 1 %

sich in ihrer Untereinheitenzusammensetzung, bestehen aber zum Teil aus den gleichen kleinen Polypeptidketten. Die RNA-Polymerasen verschiedener Organismen können unterschiedlich viele Untereinheiten aufweisen, aber sie enthalten immer zwei große und sieben bis zwölf kleinere Untereinheiten (▶*Abbildung 17.9a*). RNA-Polymerase II transkribiert alle proteincodierenden Gene sowie einige Gene, die kleine RNA-Moleküle codieren. Die RNA, die infolge der Aktivität dieser Polymerase durch die Transkription eines proteincodierenden Gens erzeugt wird, wurde ursprünglich als heterogene nucleäre RNA (hnRNA) bezeichnet, aber heute wird sie häufiger prä-mRNA genannt. In einer großen eukaryontischen Zelle kommen etwa 40.000 Moleküle der RNA-Polymerase II vor, die zusammen für etwa 20 bis 40 Prozent der gesamten zellulären RNA-Synthese verantwortlich sind. Die Sequenzen der beiden größten Untereinheiten der eukaryontischen nucleären RNA-Polymerasen ähneln den Sequenzen der Untereinheiten β und β′ der *E. coli*-RNA-Polymerase. Diese Beobachtung legt den Schluss nahe, dass sie von einem gemeinsamen Vorfahren abstammen. Wie die prokaryontischen RNA-Polymerasen binden die eukaryontischen RNA-Polymerasen auch von allein an DNA. Die RNA-Polymerase II benötigt fünf verschiedene Proteinfaktoren, um einen grundlegenden Transkriptionskomplex bilden zu können, der an einem minimalen eukaryontischen Promotor die Transkription initiieren kann (▶*Abbildung 17.9b*). Diese sogenannten allgemeinen Transkriptionsfaktoren (GTF, engl. *general transcription factors*) heißen TFIIB, TFIID, TFIIE, TFIIF und TFIIH (▶*Tabelle 17.5*; TF steht für Transkriptionsfaktor und die römische II weist auf die RNA-Polymerase II hin).

Viele Klasse-II-Gene enthalten eine AT-reiche Region, die TATA-Box genannt wird und deren Funktion der oben diskutierten prokaryontischen TATA-Box ähnelt. AT-reiche Regionen können leichter entwunden und in einen offenen Komplex umgewandelt werden, insbesondere bei einer negativen Superspiralisierung der DNA. Die TATA-Box befindet sich 19 bis 27 bp stromaufwärts vom Transkriptionsstartpunkt (+1) und spielt bei der Bindung der RNA-Polymerase II an die DNA während des Zusammenbaus des Initiationskomplexes eine Rolle. Der allgemeine Transkriptionsfaktor TFIID stellt einen Multiuntereinheiten-Faktor dar. Eine der Untereinheiten von TFIID, das sogenannte TATA-Bindungsprotein (TBP), bindet an die DNA-Region, die die TATA-Box enthält. Die Struktur des TBP aus der Pflanze *Arabidopsis thaliana* ist in ▶*Abbildung 17.9c* dargestellt. Das TBP weist die Gestalt einer sattelförmigen molekularen Klammer auf, die die DNA im Bereich der TATA-Box fast vollständig umschließt. Die wichtigsten Wechselwirkungen zwischen dem TBP und der DNA beruhen auf Kontakten zwischen Seitenketten von sauren Aminosäuren in einem β-Faltblatt des TBP und den Kanten von

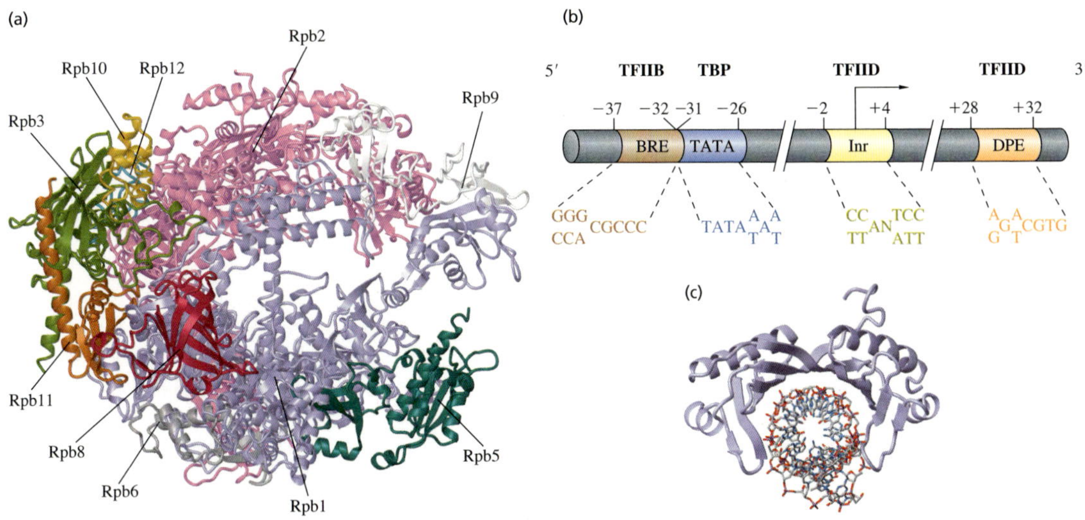

Abbildung 17.9: Transkription durch RNA-Polymerase II: (a) Strukturmodell der RNA-Polymerase II aus der Hefe *Saccharomyces cerevisiae*. Die große, violett dargestellte Untereinheit (Rpb2) ist zur β-Untereinheit der in *Abbildung 17.2* gezeigten prokaryontischen RNA-Polymerase homolog. [PDB 1EN0]. (b) Schematische Darstellung eines allgemeinen eukaryontischen Promotors, die die grundlegenden oder Kernpromotorelemente zeigt. Die TATA-Box wird im Text beschrieben. Die BRE-Sequenz dient als TFIIB-Erkennungselement, während Inr Initiatorelement bedeutet. DPE steht für Downstream-Promotorelement. Die Namen der Transkriptionsfaktoren, die an die einzelnen Elemente binden, sind über dem Promotor angegeben. (c) Strukturmodell des TATA-Bindungsproteins (TBP) aus Arabidopsis thaliana, das an DNA gebunden ist. Das TBP (blau) ist an ein doppelsträngiges DNA-Fragment gebunden, dessen Sequenz (5′-TATAAAG-3′) einer TATA-Box entspricht. Das DNA-Fragment ist als Stabmodell dargestellt. Das β-Faltblatt des TBP liegt in der kleinen Furche des DNA-Fragments [PDB 1VOL].

Tabelle 17.5

Einige repräsentative Transkriptionsfaktoren der RNA-Polymerase II

Faktor	Kennzeichen
TFIIA	Bindet an TFIID; kann in Abwesenheit von DNA mit TFIID wechselwirken
TFIIB	Wechselwirkung mit RNA-Polymerase II
TFIID	RNA-Polymerase-II-Initiationsfaktor
TBP	TATA-Bindungsprotein; Untereinheit von TFIID
TAF	TBP-assoziierte Faktoren; viele Untereinheiten
TFIIE	Wechselwirkung mit RNA-Polymerase II
TFIIH	Für Initiation erforderlich; Helikaseaktivität; koppelt Transkription mit DNA-Reparatur
TFIIS[a]	Bindet an RNA-Polymerase II; Elongationsfaktor
TFIIF	Bindet an RNA-Polymerase II; zwei Untereinheiten (RAP30 und RAP74)
SP1	Bindet an GC-reiche Sequenzen
CTF[b]	Familie von verschiedenen Proteinen, die die Kernsequenz CCAAT erkennen

[a] Auch als sII oder RAP38 bekannt. [b] Auch als NP1 bekannt.

Basenpaaren in der kleinen Furche der DNA. Wenn das TBP an die DNA bindet, wird die DNA im Bereich des Promotors verbogen, sodass sie in diesem Abschnitt nicht mehr die Standard-B-Konformation aufweist. Eine solche Wechselwirkung ist für DNA-bindende Proteine eher ungewöhnlich. Die TBP-Untereinheit von TFIID ist auch für die Initiation der Transkription von Klasse-I- und Klasse-III-Genen durch die RNA-Polymerase I bzw. die RNA-Polymerase III erforderlich.

Die eukaryontische RNA-Polymerase-II-Untereinheit, die zur β′-Untereinheit der prokaryontischen RNA-Polymerase homolog ist, besitzt eine ungewöhnliche carboxyterminale Domäne (CTD), die aus vielen Wiederholungen des Aminosäureheptamers PTSPSYS besteht. Die Serin- (Ser, S) und Threoninreste (Thr, T) dieser Domäne können durch nucleäre Protein-Kinasen phosphoryliert werden. RNA-Polymerase-Moleküle mit einer hyperphosphorylierten CTD sind typischerweise transkriptional aktiv oder beschäftigt, während sich zelluläre RNA-Polymerase-Moleküle mit einer hypophosphorylierten CTD in der Regel im Ruhezustand befinden. Mithilfe der isolierten und gereinigten RNA-Polymerase II und den allgemeinen Transkriptionsfaktoren (GTF) kann die Transkription *in vitro* initiiert werden. Dennoch genügen diese grundlegenden Transkriptionsfaktoren nicht, um die vielen verschiedenen Typen von *trans*-aktiven Faktoren und *cis*-aktiven Elementen zu erkennen, von denen bekannt ist, dass sie bei der Initiation der Transkription *in vivo* eine wichtige Rolle spielen. *Cis*-aktive Elemente sind Sequenzen der transkribierten DNA, die in der Regel in unmittelbarer Nachbarschaft des Gens liegen, an dessen Transkription sie beteiligt sind. Dagegen sind *trans*-aktive Faktoren andere Moleküle, die durch ihre Bindung an die DNA für die Regulation der Transkription eine Rolle spielen. Die Suche nach zellulären Bestandteilen, die *in vitro* auf die Anwesenheit von Transkriptionsaktivatoren reagieren, führte zur Entdeckung eines großen vorgeformten RNA-Polymerase-II-Holoenzyms, das nicht nur die fünf GTF, sondern zusätzlich viele weitere Polypeptide enthält, die Wechselwirkungen zwischen der RNA-Polymerase II und sequenzspezifisch DNA-bindenden Proteinen vermitteln.

17.5.2 Eukaryontische Transkriptionsfaktoren

TFIIA und TFIIB stellen essenzielle Komponenten des RNA-Polymerase-II-Holoenzym-Komplexes dar. Weder TFIIA noch TFIIB können in Abwesenheit von TFIID an die DNA binden. TFIIF, das auch als Faktor 5 oder RAP30/74 bekannt ist, bindet während der Initiation an die RNA-Polymerase II (▸*Abbildung 17.10*). TFIIF spielt zwar keine direkte Rolle bei der Erkennung des Promotors, aber er weist in zweierlei Hinsicht Analogien zu den bakteriellen σ-Faktoren auf: Er verringert die Affinität der RNA-Polymerase II für promotorfremde DNA-Sequenzen und er unterstützt die Bildung des offenen Komplexes. TFIIH, TFIIE und andere, weniger gut charakterisierte Transkriptionsfaktoren bilden auch einen Bestandteil des Initiationskomplexes der Transkription.

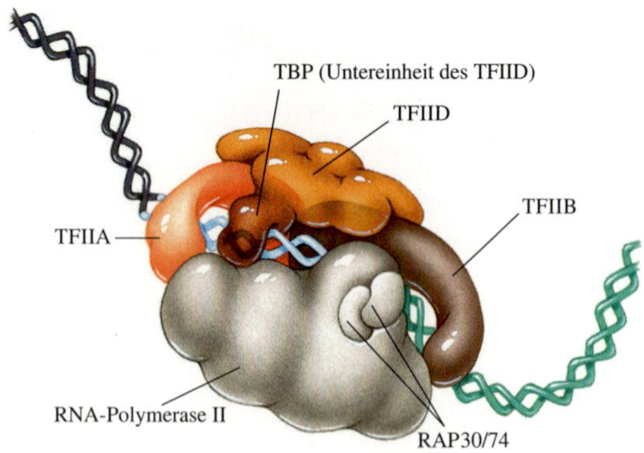

Abbildung 17.10: Schematische Darstellung des an einen Promotor gebundenen RNA-Polymerase-II-Holoenzym-Komplexes. Dieses Modell zeigt die verschiedenen Transkriptionsfaktoren, die an die mit einem Promotor assoziierte RNA-Polymerase gebunden sind. Die Transkriptionsfaktoren sind häufig größer und komplexer als die in dieser Abbildung dargestellten Faktoren.

Nachdem sich der Initiationskomplex am Promotor zusammengelagert hat, ähneln die folgenden Schritte der Transkription denen in Bakterien. Zunächst entsteht ein offener Komplex und ein kurzes RNA-Fragment wird synthetisiert. Dann löst sich der Transkriptionskomplex vom Promotor und die meisten Transkriptionsfaktoren dissoziieren von der DNA und der RNA-Polymerase, wenn die Elongation beginnt. TFIIF bleibt allerdings gebunden und ein spezifischer Elongationsfaktor namens TFIIS, der auch als sII oder RAP38 bezeichnet wird, assoziiert mit der transkribierenden RNA-Polymerase. TFIIS kann eine Rolle bei Transkriptionspausen und bei der Termination der Transkription spielen, die derjenigen von NusA in Bakterien ähnelt.

17.5.3 Die Rolle des Chromatins bei der eukaryontischen Transkription

Die DNA eines eukaryontischen Genoms liegt mit kleinen ubiquitär vorkommenden Bausteinen, den Histonen, zu sogenannten Nucleosomen verpackt vor, die jeweils ein Oktamer aus den vier Kernhistonen enthalten. Es wird geschätzt, dass nur ungefähr ein Prozent eines Säugetiergenoms in proteincodierende mRNA transkribiert wird. Demnach ist der größte Teil der DNA einer Zelle inaktiv. Aber selbst innerhalb dieses einen Prozents, das immerhin etwa 20.000 bis 25.000 verschiedene Gene aufweist, befindet sich der größte Teil der Sequenzen im Ruhezustand. In jeder einzelnen Zelle ist der wichtigste Faktor, der bestimmt, ob ein Gen transkribiert werden kann, der Zustand des Chromatins. Dieser Zustand wird durch zwei Mechanismen moduliert. Der erste Mechanismus besteht in der Ergänzung oder Entfernung von posttranslationalen Modifizierungen an den flexiblen aminoterminalen Armen der vier Kernhistone. Spezifische Lysinreste in diesen Armen können methyliert oder acetyliert und spezifische Argininreste ebenfalls methyliert werden, während die Seitenketten von Serin- und Threoninresten einer Phosphorylierung unterliegen können. Verschiedene Modifizierungen dienen als Signale, um entweder Transkriptionsaktivatoren oder Transkriptionsrepressoren zu diesen Stellen des Chromatins zu dirigieren.

Der zweite Mechanismus zur Festsetzung des Transkriptionsstatus eines eukaryontischen Gens umfasst die Positionierung und den Umbau von Nucleosomen. Gene, die nicht transkribiert werden sollen, werden so im Zellkern positioniert, dass sie relativ schwer zugänglich sind. Gene, die transkribiert werden, sind dagegen für Transkriptionsfaktoren, das RNA-Polymerase-II-Holoenzym und andere nucleäre Proteine relativ leicht erreichbar. Wie kann ein Gen zwischen diesen beiden gegensätzlichen Zuständen hin- und herwechseln? Die Antwort findet man bei erst vor kurzer Zeit entdeckten großen Multiproteinkomplexen, die die bei der Hydrolyse von ATP freigesetzte Energie nutzen, um die Nucleosomen eines ruhenden Gens physikalisch umzubauen und so den verschiedenen Transkriptionsproteinen den Zugang zur DNA zu ermöglichen. Manche der für den Umbau verantwortlichen Komplexe enthalten tatsächlich Enzyme, wie zum Beispiel Histon-Acetylase (HAT) oder Histon-Deacetylase (HDAC), die die Modifizierung von Histonen katalysieren.

17.6 Regulation der Transkription

Viele Gene werden in allen Zellen exprimiert. Die Expression dieser Haushaltsgene wird deswegen als konstitutiv bezeichnet. Im Allgemeinen besitzen solche Gene starke Promotoren, die zu einer effizienten und kontinuierlichen Transkription führen. Gene, deren Produkte nur in geringen Mengen benötigt werden, weisen dagegen in der Regel schwache Promotoren auf und werden eher selten transkribiert. Zusätzlich zu den konstitutiv exprimierten Genen enthalten Zellen Gene, die unter bestimmten Bedingungen in hohem Maße und unter anderen Bedingungen überhaupt nicht exprimiert werden. Solche Gene nennt man regulierte Gene. Die Regulation der Genexpression kann an jedem Punkt des genetischen Informationsflusses erfolgen. Meistens findet sie aber auf der Ebene der Transkription statt.

Die Zellen haben verschiedene Mechanismen entwickelt, um die Genexpression im Verlauf der Zelldifferenzierung, der Zellentwicklung und als Antwort auf Umweltreize zu programmieren. Die Initiation der Transkription regulierter Gene wird durch Regulatorproteine, die an spezifische DNA-Sequenzen binden, kontrolliert. Die transkriptionale Regulation kann negativ oder positiv sein. Die Transkription eines negativ regulierten Gens wird durch ein Regulatorprotein, den sogenannten Repressor, verhindert. Ein negativ reguliertes Gen kann nur in Abwesenheit des aktiven Repressors transkribiert werden. Im Gegensatz dazu wird die Transkription eines positiv regulierten Gens durch ein Regulatorprotein, das als Aktivator bezeichnet wird, aktiviert. In Abwesenheit seines Aktivators wird ein positiv reguliertes Gen nur wenig oder überhaupt nicht transkribiert. Repressoren und Aktivatoren stellen häufig allosterische Proteine dar, deren Funktion durch die Bindung eines Liganden modifiziert werden kann. Im Allgemeinen verursacht die Bindung des Liganden eine Konformationsänderung des Proteins und beeinflusst auf diese Weise die Fähigkeit des Proteins, an spezifische DNA-Sequenzen zu binden. Einige Repressoren kontrollieren zum Beispiel die Synthese von Enzymen eines katabolen Stoffwechselweges. In Abwesenheit der Substrate dieser Enzyme wird die Transkription ihrer Gene durch die Bindung spezifischer Repressoren unterdrückt. Wenn aber Substrate für die Enzyme zur Verfügung stehen, binden sie an die Repressoren. Infolge der damit verbundenen Konformationsänderung der Repressoren dissoziieren diese von der DNA, sodass die Gene anschließend transkribiert werden können. Liganden, die an einen Repressor binden und diesen dadurch inaktivieren, werden Induktoren (engl. *inducer*) genannt, weil sie die Transkription der Gene, die durch den Repressor kontrolliert werden, induzieren. Im Gegensatz dazu binden manche Repressoren, die die Synthese von Enzymen eines biosynthetischen Stoffwechselweges kontrollieren, nur dann an die DNA, wenn sie mit einem Liganden asso-

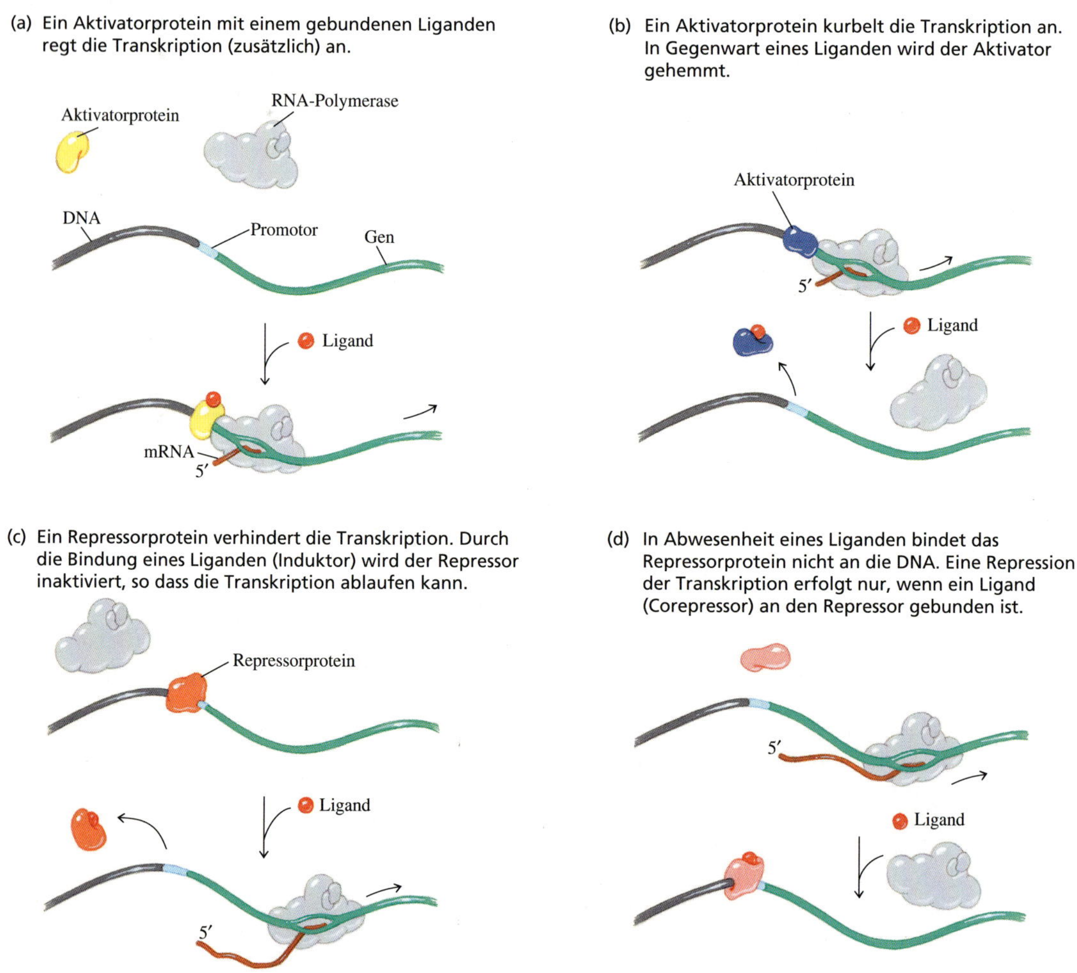

Abbildung 17.11: Strategien zur Regulation der Transkriptionsinitiation durch Regulatorproteine.

ziiert sind. Bei dem Liganden handelt es sich in diesem Fall um ein Produkt des Enzyms oder eines späteren Enzyms im jeweiligen Stoffwechselweg. Häufig stellt der Ligand das Endprodukt des Weges dar. Durch diesen regulatorischen Mechanismus wird sichergestellt, dass Gene ausgeschaltet werden, wenn die Produkte des zugehörigen Stoffwechselweges akkumulieren. Solche Liganden, die an Repressoren binden und diese dadurch aktivieren, die Transkription also blockieren, werden Corepressoren genannt. Auch die DNA-bindenden Eigenschaften eines allosterischen Aktivators können auf zwei Wegen durch die Bindung von Liganden beeinflusst werden. Vier allgemeine Strategien zur Regulation der Transkription werden in ▸*Abbildung 17.11* verdeutlicht. Für alle vier Strategien sind Beispiele gefunden worden.

Nur wenige regulatorische Systeme sind tatsächlich so einfach wie die oben beschriebenen. Die Transkription vieler Gene wird zum Beispiel durch eine Kombination von Repressoren und Aktivatoren oder durch mehrere Aktivatoren reguliert. Um den spezifischen Bedürfnissen einzelner Organismen gerecht zu werden, haben sich speziell angepasste Mechanismen zur Regulation der Transkription entwickelt. Wenn die Transkription durch eine Vielfalt von zusammenwirkenden Mechanismen reguliert wird, steht eine größere Bandbreite von zellulären Antworten zur Verfügung. Durch die Untersuchungen der Kontrollmechanismen einiger weniger, bestimmter Gene beginnen wir zu verstehen, wie negative und positive Regulationsmechanismen kombiniert werden können, um die bemerkenswert fein abgestimmte Regulationen zu ermöglichen, die in Bakterienzellen beobachtet werden kann.

17.7 Das *lac*-Operon als Beispiel negativer und positiver Regulation

Einige Bakterien beziehen den Kohlenstoff, den sie für ihr Wachstum benötigen, aus der Verstoffwechselung von C_5- oder C_6-Zuckern durch die Glycolyse. *E. coli* nutzt zum Beispiel bevorzugt Glucose als Kohlenstoffquelle, kann aber auch andere Zucker verwenden, einschließlich β-Galactosiden wie Lactose. Die Enzyme, die für die Aufnahme und den Katabolismus von β-Galactosiden erforderlich sind, werden allerdings so lange nicht synthetisiert, bis ein entsprechendes β-Galactosidsubstrat auch zur Verfügung steht. Doch selbst in Gegenwart von geeigneten Substraten werden diese Enzyme nur in eingeschränkten Mengen synthetisiert, wenn die bevorzugte Kohlenstoffquelle Glucose ebenfalls zur Verfügung steht. Die Synthese der Enzyme, die für die Nutzung von β-Galactosiden erforderlich sind, wird auf der Ebene der Initiation der Transkription durch einen Repressor und einen Aktivator reguliert. Für die Aufnahme und den Katabolismus von β-Galactosiden sind drei Proteine notwendig. Das Produkt des *lac*Y-Gens, die Lactose-Permease, stellt einen Symporter dar, der für die Aufnahme von β-Galactosiden in die Zelle verantwortlich ist. Die meisten β-Galactoside werden nach der Aufnahme in die Zelle durch die Aktivität der β-Galactosidase zu weiter verstoffwechselbaren Hexosen hydrolysiert. Die β-Galactosidase ist ein großes Enzym mit vier identischen Untereinheiten, die durch das *lac*Z-Gen codiert werden. β-Galactoside, die nicht hydrolysiert werden können, unterliegen einer Acetylierung durch die Aktivität der Thiogalactosid-Transacetylase. Dieses Enzym ist das Produkt des *lac*A-Gens. Die Acetylierung unterstützt die Eliminierung von toxischen Verbindungen aus der Zelle. Die drei Gene *lac*Z, *lac*Y und *lac*A bilden ein gemeinsames Operon, das sogenannte *lac*-Operon, das ausgehend von einem einzigen Promotor transkribiert wird. Die Transkription des *lac*-Operons liefert ein großes mRNA-Molekül, das drei separate proteincodierende Regionen enthält. Die Anordnung von Genen mit untereinander in Beziehung stehenden Funktionen in einem Operon erhöht die Effektivität, weil die Konzentration einer Gruppe von Enzymen durch die Regulation der Transkriptionsinitiation an einem einzelnen Promotor kontrolliert wird. In *E. coli* und anderen Prokaryonten kommen viele aus proteincodierenden Genen zusammengesetzte Operons vor. Dagegen treten Operons in Eukaryonten offenbar nur äußerst selten auf. Im Modellorganismus *C. elegans* und wahrscheinlich auch in anderen Nematoden (Rundwürmern) sind Operons allerdings relativ häufig.

17.7.1 Blockade der Transkription durch den *lac*-Repressor

Die Expression der drei Gene des *lac*-Operons wird durch ein Regulatorprotein namens *lac*-Repressor kontrolliert, einem Tetramer aus vier identischen Untereinheiten. Der Repressor wird von einem vierten Gen, *lac*I, codiert, das sich stromaufwärts in unmittelbarer Nähe des *lac*-Operons befindet, aber ausgehend von einem separaten Promotor transkribiert wird (▸*Abbildung 17.12*).

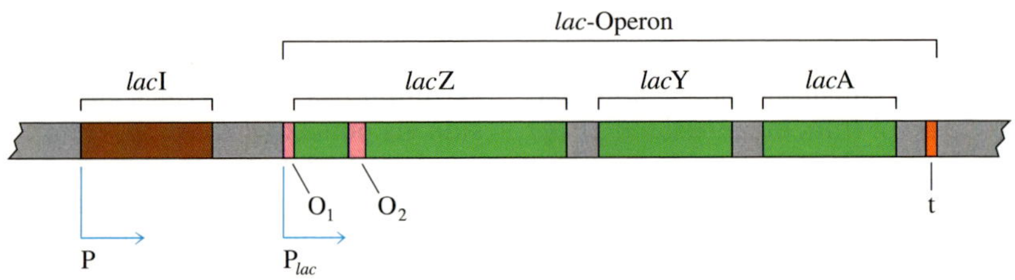

Abbildung 17.12: Organisation der Gene, die die Proteine codieren, die für die Verwertung von Lactose erforderlich sind. Das *lac*-Operon enthält die drei proteincodierenden Gene *lac*Z, *lac*Y und *lac*A. Diese Gene werden ausgehend von einem gemeinsamen Promotor (P_{lac}) in ein großes mRNA-Molekül cotranskribiert. Das Gen *lac*I, das den *lac*-Repressor codiert, befindet sich stromaufwärts des *lac*-Operons und besitzt seinen eigenen Promotor (P). Der *lac*-Repressor bindet an die Operatoren O_1 und O_2 in der Nähe von P_{lac}. Die Terminationssequenz des *lac*-Operons ist durch den Buchstaben t gekennzeichnet.

Der *lac*-Repressor bindet gleichzeitig an zwei getrennte Stellen der DNA, die stromabwärts in der Nähe des Promotors des *lac*-Operons lokalisiert sind. Die Repressor-Bindungsstellen werden Operatoren genannt. Einer der Operatoren (O_1) liegt in direkter Nachbarschaft zum Promotor und der zweite Operator (O_2) innerhalb der codierenden Region des *lac*Z-Gens. Die gleichzeitige Bindung des Repressors an beide Operatoren führt zur Bildung einer stabilen Schleife in der DNA, die in elektronenmikroskopischen Aufnahmen von Komplexen zwischen dem *lac*-Repressor und der DNA sichtbar ist (▶*Abbildung 17.13*). Die Wechselwirkung des *lac*-Repressors mit den Operatorsequenzen könnte die Transkription blockieren, indem sie die Bindung der RNA-Polymerase an den *lac*-Promotor verhindert. Allerdings konnte inzwischen nachgewiesen werden, dass in einigen Fällen sowohl der *lac*-Repressor als auch die RNA-Polymerase zur selben Zeit an den Promotor binden können. Somit könnte der *lac*-Repressor die Transkription auch blockieren, indem er die Bildung des offenen Komplexes und die Ablösung des Transkriptionskomplexes vom Promotor verhindert. ▶*Abbildung 17.13* verdeutlicht die Beziehung zwischen den Operatoren, dem Promotor und der DNA-Schleife, die durch die Bindung des Repressors an die beiden Operatoren gebildet wird.

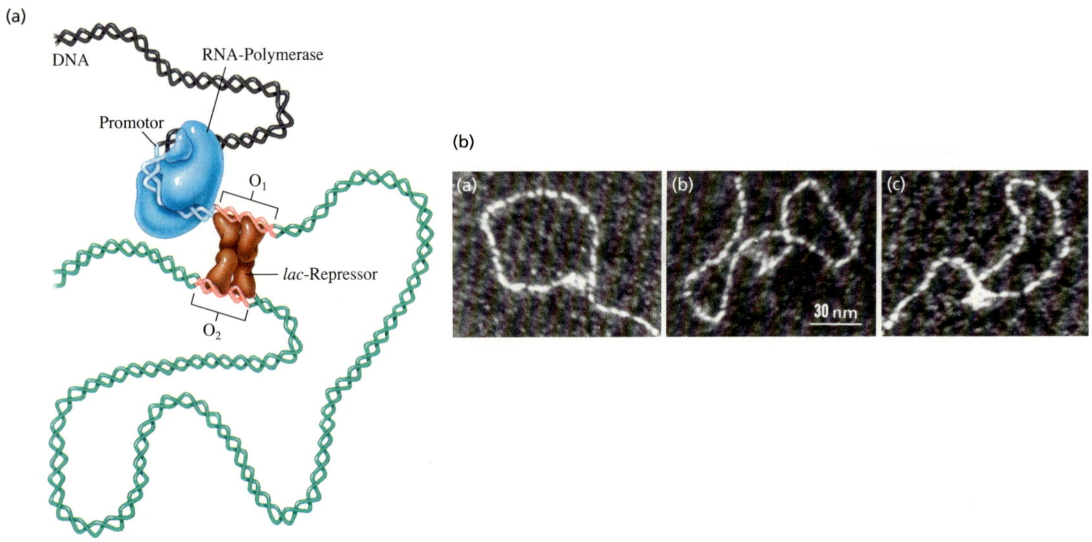

Abbildung 17.13: Funktion des lac-Repessors. (a) **Schematische Darstellung der Bindung des *lac*-Repressors an das *lac*-Operon.** Der tetramere *lac*-Repressor bindet gleichzeitg an zwei Stellen, die Operatoren O_1 und O_2, in der Nähe des Promotors des *lac*-Operons. Infolgedessen entsteht eine DNA-Schleife. Die RNA-Polymerase kann auch nach der Bildung des *lac*-Repressor-DNA-Komplexes immer noch an den Promotor binden. (b) Elektronenmikroskopische Aufnahmen von DNA-Schleifen im *lac*-Operon. Diese Schleifen wurden durch die Mischung des *lac*-Repressors mit einem DNA-Fragment, das zwei synthetische *lac*-Repressor-Bindungsstellen enthält, erzeugt. Eine der Bindungsstellen befindet sich an einem Ende des DNA-Fragments, während die andere Bindungsstelle von dieser 535 bp entfernt liegt. Die 535 bp langen DNA-Schleifen bilden sich, wenn der tetramere Repressor gleichzeitig an die beiden Bindungsstellen bindet.

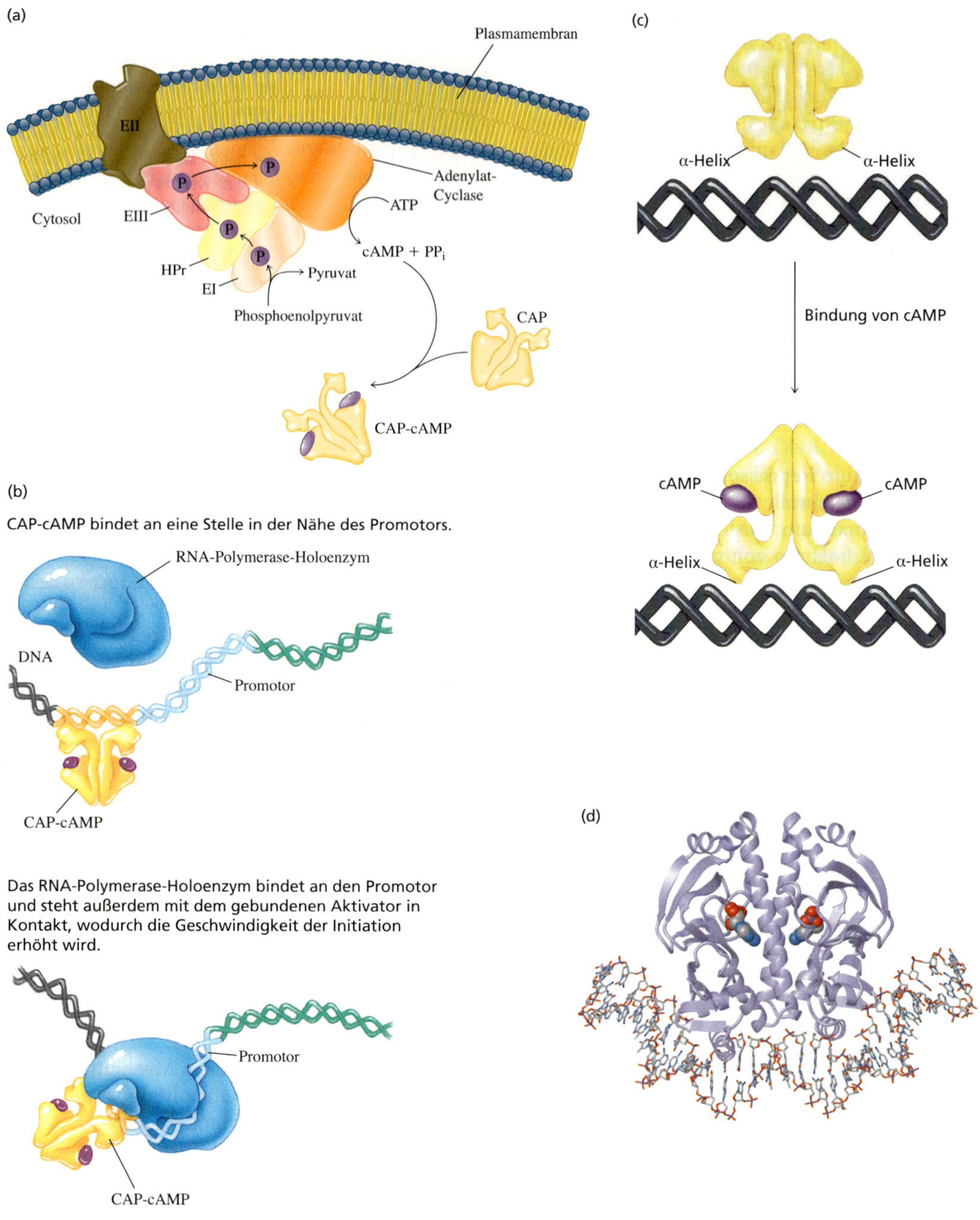

Abbildung 17.16: Funktion des CAP-cAMP Regulators: (a) cAMP-Synthese in Abhängigkeit von der extrazellulären Glucosekonzentration. In Abwesenheit von Glucose überträgt das Enzym III (EIII) des PEP-abhängigen Zucker-Phosphotransferase-Systems eine Phosphorylgruppe, die ursprünglich von Phosphoenolpyruvat stammt, auf die membrangebundene Adenylat-Cyclase. Die phosphorylierte Adenylat-Cyclase katalysiert anschließend die Umwandlung von ATP in cAMP. cAMP bindet an CAP und CAP-cAMP stimuliert die Transkription einer Reihe von Genen, die Enzyme von Stoffwechselwegen codieren, die den Mangel an Glucose kompensieren können. (b) Aktivierung der Transkriptionsinitiation am *lac*-Promotor durch CAP-cAMP. (c) Die Bindung von cAMP an CAP verursacht eine Konformationsänderung, die die Bindung von CAP-cAMP an die DNA ermöglicht. Jedes Monomer des CAP-Dimers enthält ein Helix-Turn-Helix-Motiv. In Abwesenheit von cAMP können die α-Helices nicht in die große Furche der DNA eingepasst werden, sodass CAP die CAP-cAMP-Bindungsstelle nicht erkennen und an sie binden kann. Wenn aber cAMP an CAP gebunden ist, nimmt CAP eine Konformation an, in der je eine Helix aus den beiden Helix-Turn-Helix-Motiven eine Position aufweist, die für die Bindung in benachbarten Abschnitten der großen Furche der DNA an der CAP-cAMP-Bindungsstelle geeignet ist. (d) Struktur eines Komplexes zwischen CAP-cAMP und einem DNA-Fragment. Beide CAP-Untereinheiten (Bändermodell) enthalten je ein cAMP-Molekül (Kalottenmodell), das im allosterischen Zentrum gebunden ist. Je eine α-Helix von jeder Untereinheit befindet sich in der großen Spalte der DNA an der CAP-cAMP-Bindungsstelle. Die Bindung von CAP an die DNA ruft eine leichte Verbiegung der DNA-Doppelhelix im Bereich der CAP-cAMP-Bindungsstelle hervor [PDB 1CGP].

Die CAP-cAMP-Bindungsstellen befinden sich häufig unmittelbar stromaufwärts der −35-Regionen der Promotoren, an denen sie die Transkriptionsinitiation fördern. Wenn ein CAP-cAMP-Komplex an eine solche Bindungsstelle der DNA gebunden ist, kann er mit einem RNA-Polymerase-Molekül am Promotor in Kontakt treten und infolgedessen die Geschwindigkeit der Initiation der Transkription erhöhen (▶*Abbildung 17.16*). Die meisten der Protein-Protein-Wechselwirkungen finden in diesem Fall zwischen dem gebundenen CAP-cAMP-Komplex und den α-Untereinheiten der RNA-Polymerase statt. Dies stellt ein typisches Merkmal der meisten Wechselwirkungen zwischen der RNA-Polymerase und den vielen verschiedenen Transkriptionsaktivatoren in Bakterienzellen dar. Der Nettoeffekt des CAP-cAMP-Komplexes besteht in der Steigerung der Produktion von Enzymen, die andere Substrate als Glucose verwerten. Im Fall des *lac*-Operons erfolgt die Aktivierung durch CAP-cAMP in Abwesenheit von Glucose trotzdem nur, wenn gleichzeitig β-Galactoside verfügbar sind. Ansonsten wird die Transkription des *lac*-Operons durch den *lac*-Repressor unterdrückt.

Die cAMP-Konzentration innerhalb einer *E. coli*-Zelle wird durch die Glucosekonzentration außerhalb der Zelle kontrolliert. Wenn Glucose verfügbar ist, wird sie durch einen Komplex von Transportproteinen, der Phosphoenolpyruvat-abhängiges Zucker-Phosphotransferase-System genannt wird, in die Zelle transportiert und phosphoryliert. In Abwesenheit von Glucose katalysiert eines der Glucosetransportenzyme (EIII, Enzym III) die Übertragung einer Phosphorylgruppe, die letztendlich von Phosphoenolpyruvat (PEP) stammt, auf das Enzym Adenylat-Cyclase (▶*Abschnitt 9.12.2*), das infolgedessen aktiviert wird (▶*Abbildung 17.16*). Die aktivierte Adenylat-Cyclase katalysiert anschließend die Umwandlung von ATP in cAMP und führt somit zu einer Erhöhung des intrazellulären cAMP-Spiegels. Das cAMP bindet dann an CAP und anschließend das CAP-cAMP an die CAP-cAMP-sensitiven Promotoren, die auf die Katabolitrepression reagieren. Dadurch wird die Initiation der Transkription an diesen Promotoren stimuliert. In Eukaryonten sind ähnliche Mechanismen zur Erzeugung von Antworten auf äußere Reize wirksam, bei denen cAMP als sekundärer Botenstoff auftritt.

Jede Untereinheit des CAP-Dimers enthält ein DNA-bindendes Helix-Turn-Helix-Motiv. Die Bindung von cAMP verursacht eine Konformationsänderung des CAP, infolge derer zwei Helices, von denen je eine zu jedem dieser Motive in den beiden Untereinheiten gehört, in benachbarte Abschnitte der großen Furche des DNA-Moleküls eingepasst und über Wechselwirkungen mit den Nucleotiden der CAP-cAMP-Bindungsstelle gebunden werden können (▶*Abbildung 17.16*). In Abwesenheit von cAMP kehrt das Katabolitaktivatorprotein (CAP) wieder in die ursprüngliche Konformation zurück, in der die beiden α-Helices nicht mehr in der großen Furche binden können. Wenn CAP-cAMP an die Aktivatorsequenz in der DNA bindet, wird das DNA-Molekül in diesem Bereich etwas verbogen und somit an die äußere Oberfläche des Proteins angepasst.

17.8 Posttranskriptionale RNA-Prozessierung

In vielen Fällen müssen die primären RNA-Transkripte nach der Transkription noch umfangreichen Veränderungen unterzogen werden, um die reifen RNA-Moleküle mit den Strukturen und Eigenschaften, die für die Erfüllung der weiteren Funktionen erforderlich sind, zu erzeugen. Diese Veränderungen können in drei Kategorien eingeteilt werden: (1) die Entfernung von Nucleotiden aus dem primären RNA-Transkript, (2) das Hinzufügen von Oligo- oder Polynucleotiden, deren Sequenzen nicht durch das entsprechende Gen codiert werden, und (3) die kovalente Modifizierung von bestimmten Nucleotiden. Die Veränderung der RNA nach der Transkription durch die verschiedenen Reaktionen, die das primäre RNA-Transkript in das reife RNA-Molekül umwandeln, wird posttranskriptionale RNA-Prozessierung genannt. Die Prozessierung der RNA ist für die Funktion der meisten RNA-Moleküle von entscheidender Bedeutung und stellt einen wesentlichen Bestandteil der Genexpression dar.

17.8.1 Prozessierung von tRNA

Sowohl in Prokaryonten als auch in Eukaryonten entstehen die reifen tRNA-Moleküle erst durch die Prozessierung der Primärtranskripte. In Prokaryonten enthalten die Primärtranskripte häufig die Vorläufer mehrerer tRNA-Moleküle. Diese Vorläufer werden einzeln vom Primärtranskript abgespalten und anschließend durch die Aktivität von Ribonucleasen (RNasen) auf die Länge des reifen tRNA-Moleküls gekürzt. In ▶*Abbildung 17.17* ist die Prozessierung prokaryontischer tRNA noch einmal zusammenfassend dargestellt.

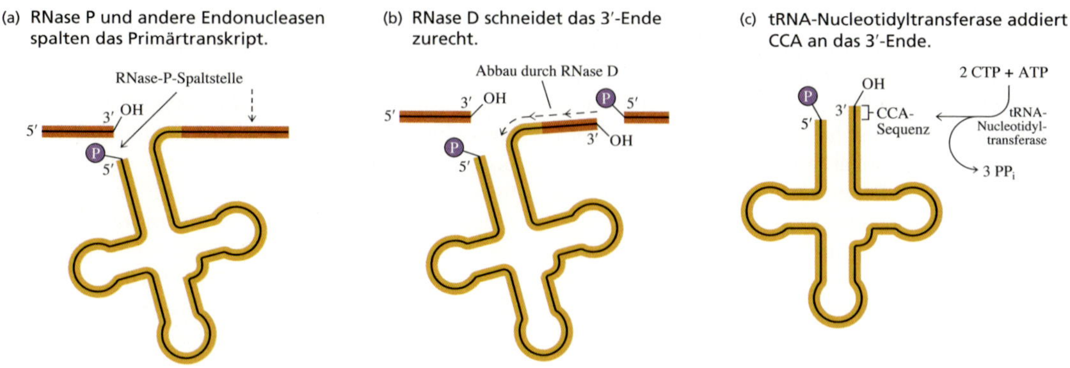

Abbildung 17.17: Zusammenfassende Darstellung der posttranskriptionalen Prozessierung prokaryontischer tRNA.

Die Aufspaltung der meisten tRNA-Primärtranskripte wird zunächst durch die RNase P katalysiert. Dieses Enzym zerschneidet das Primärtranskript auf den 5′-Seiten der einzelnen tRNA-Sequenzen unter Freisetzung von monomeren tRNA-Vorläufermolekülen mit reifen 5′-Enden. *In vivo* verläuft der Abbau des Primärtranskripts durch die Aktivität der RNase P schnell und findet schon statt, während das Primärtranskript noch synthetisiert wird.

RNase P war eine der ersten spezifischen Ribonucleasen, die im Detail untersucht wurden. Das Enzym ist eigentlich ein Ribonucleoprotein. In *E. coli* besteht es aus einem 377 Nucleotide langen RNA-Molekül ($M_r \approx 130.000$) und einem kleinen Polypeptid ($M_r \approx 18.000$). Die RNA-Kompo-

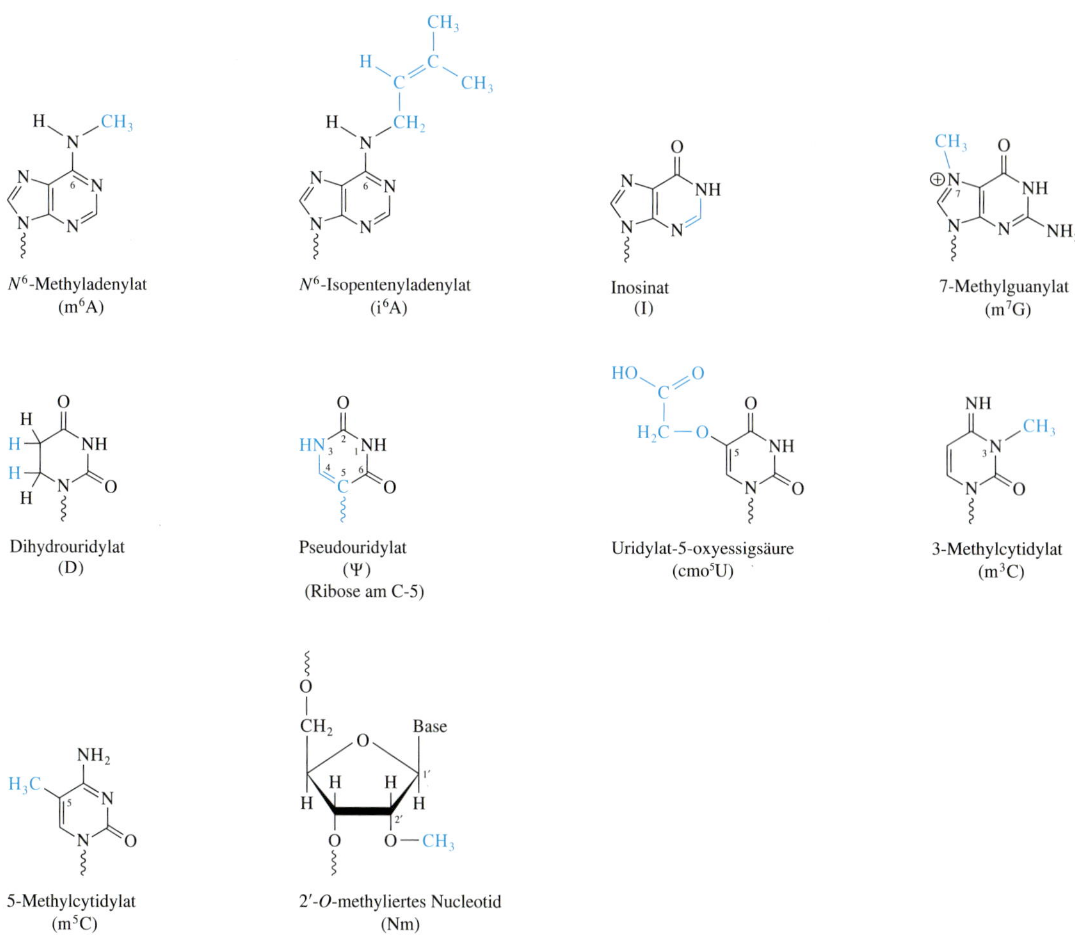

Abbildung 17.18: Beispiele von kovalenten Modifizierungen, die in tRNA-Molekülen vorkommen. Die Modifizierungen sind blau hervorgehoben.

nente ist *in vitro* unter bestimmten Bedingungen auch in Abwesenheit des Proteins katalytisch aktiv. Dieses RNA-Molekül war eines der ersten, bei denen eine katalytische Aktivität nachgewiesen werden konnte, und es ist ein Beispiel für die vierte Klasse von RNA-Molekülen, die zuvor beschrieben wurden. Die Proteinkomponente der RNase P unterstützt die Aufrechterhaltung der dreidimensionalen Struktur der RNA. Andere Endonucleasen spalten die tRNA-Vorläufer in der Nähe ihres 3′-Endes. Für den im Anschluss zur Bildung der reifen tRNA-Moleküle immer noch erforderlichen partiellen Abbau des 3′-Endes wird die Aktivität einer Exonuclease wie RNase D benötigt. Dieses Enzym katalysiert die schrittweise Entfernung von Nucleotiden vom 3′-Ende der monomeren tRNA-Vorläufer, bis sie das 3′-Ende der reifen tRNA erreichen. Um ihre Funktion richtig ausüben zu können, müssen alle reifen tRNA-Moleküle sowohl in Pro- als auch in Eukaryonten die Sequenz CCA an ihrem 3′-Ende aufweisen. In manchen Fällen werden diese Nucleotide posttranskriptional hinzugefügt, nachdem alle anderen Schritte der Prozessierung des 3′-Endes vollendet wurden. Diese Verlängerung der RNA-Kette wird durch die tRNA-Nucleotidyltransferase katalysiert. Sie stellt eines der wenigen Beispiele dar, in denen Nucleotide hinzugefügt werden, die nicht durch ein Gen codiert werden.

Schließlich bildet die kovalente Modifizierung von Nucleotiden einen wichtigen Bestandteil der tRNA-Prozessierung. Reife tRNA-Moleküle zeigen eine größere Vielfalt kovalenter Modifizierungen als jede andere Klasse von RNA-Molekülen. Von den annähernd 80 Nucleotiden in einem tRNA-Molekül liegen 26 bis 30 kovalent modifiziert vor. Jeder Typ einer kovalenten Modifizierung tritt dabei in der Regel nur an einer einzigen Position eines Moleküls auf. Einige Beispiele für kovalente Modifizierungen in Nucleotiden von tRNA-Molekülen sind in ▶*Abbildung 17.18* dargestellt.

17.8.2 Prozessierung von rRNA

Ribosomale RNA-Moleküle (rRNA) werden in allen Organismen als große Primärtranskripte synthetisiert, die eine nachträgliche Prozessierung erfordern, bevor die reifen Moleküle ihre aktive Form annehmen können. Im Rahmen dieser rRNA-Prozessierung finden zum Beispiel Methylierungen und Spaltungen durch Endonucleasen statt. Die Prozessierung von rRNA ist mit dem Zusammenbau der Ribosomen gekoppelt. Die Primärtranskripte prokaryontischer rRNA-Moleküle sind etwa 30S-Partikel, die aus je einer Kopie eines 16S-, eines 23S- und eines 5S-rRNA-Moleküls bestehen. Die Primärtranskripte enthalten abschnittsweise außerdem tRNA-Vorläufer. Das S an dieser Stelle entspricht der Svedberg-Einheit, die ein Maß für die Geschwindigkeit darstellt, mit der die Partikel in einem Schwerefeld, das in einer Ultrazentrifuge erzeugt wird, wandern. Große Massen sind mit großen S-Werten verbunden. Die Beziehung zwischen der Masse und dem S-Wert eines Partikels ist aber nicht linear. Die S-Werte verhalten sich deswegen nicht additiv. Da die drei unterschiedlichen rRNA-Moleküle (16S-, 23S- und 5S-rRNA) alle aus einem Primärtranskript stammen, ist sichergestellt, dass auch die reifen rRNA-Moleküle in der Zelle in äquimolaren Mengen vorkommen.

Die 5′- und 3′-Enden der späteren reifen rRNA-Moleküle befinden sich im Primärtranskript in basengepaarten Regionen. In Prokaryonten bindet die Endonuclease RNase III an diese Regionen des Primärtranskripts und spaltet die Vorläufer in der Nähe der Enden der 16S- und 23S-rRNA-Abschnitte. In Kombination mit den Aktivitäten anderer Endonucleasen werden auf diese Weise die Vorläufer-rRNA-Moleküle prä-16S-, prä-23S- und prä-5S-rRNA freigesetzt. Im Anschluss an diese Spaltungen werden durch den weiteren partiellen Abbau der Enden dieser prä-rRNA-Moleküle durch die Aktivitäten der spezifischen Endonucleasen M16, M23 und M5 die reifen 16S-, 23S- und 5S-rRNA-Moleküle erzeugt (▶*Abbildung 17.19*).

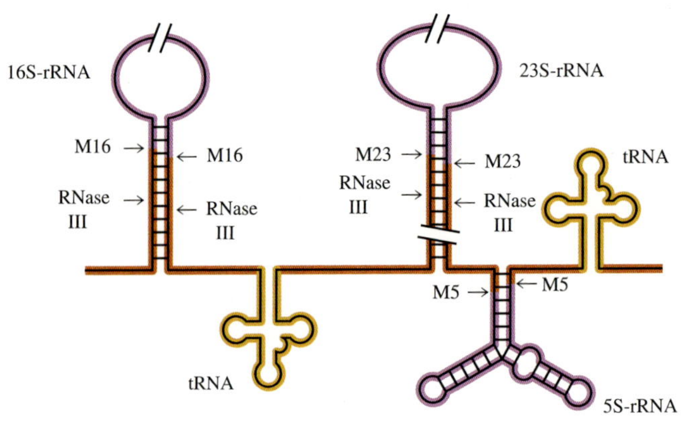

Abbildung 17.19: Spaltungen eines rRNA-Primärtranskripts und der daraus erzeugten prä-rRNA-Moleküle durch verschiedene Endonucleasen in *E. coli*. Das Primärtranskript enthält eine Kopie von jedem der drei rRNA-Moleküle und daneben zum Teil mehrere tRNA-Vorläufer. Die prä-rRNA-Moleküle werden aus dem Primärtranskript durch die Aktivitäten der RNase III und anderer Endonucleasen freigesetzt. Die reifen 16S-, 23S- und 5S-rRNA-Moleküle werden anschließend durch die Aktivitäten der Endonucleasen M16, M23 und M5 aus den entsprechenden prä-rRNA-Molekülen erzeugt. Die Doppelstrichlücken in der Abbildung repräsentieren mehr oder weniger lange RNA-Abschnitte, die zur Vereinfachung der Darstellung ausgelassen wurden.

Auch die reifen eukaryontischen rRNA-Moleküle werden erst durch die Prozessierung eines größeren Vorläufers gebildet. Als rRNA-Primärtranskripte treten in Eukaryonten 35S- bis 47S-RNA-Moleküle auf, die jeweils eine Kopie von jedem der drei eukaryontischen rRNA-Spezies, 18S-, 5,8S- und 28S-rRNA, enthalten. Die vierte eukaryontische rRNA, eine 5S-rRNA, wird als Monomer durch die RNA-Polymerase III transkribiert und anschließend separat prozessiert. Die eukaryontischen rRNA-Primärtranskripte werden in dem Bereich des Zellkerns synthetisiert, der Nucleolus genannt wird. Dort findet auch die anfängliche Prozessierung statt. Jeder der rRNA-Vorläufer faltet sich bereits teilweise und bindet schon an manche seiner ribosomalen Proteine, bevor die Spaltungen im Rahmen der Prozessierung erfolgen.

17.9 Eukaryontische mRNA-Prozessierung

Die Prozessierung von mRNA-Vorläufern stellt eines der biochemischen Merkmale dar, in denen sich Eukaryonten von Prokaryonten unterscheiden. In Prokaryonten wird das primäre mRNA-Transkript nicht prozessiert, sondern direkt in das entsprechende Protein translatiert. Dabei wird die Translation häufig bereits initiiert, bevor die Transkription des mRNA-Moleküls abgeschlossen ist. In Eukaryonten findet die Transkription dagegen im Zellkern statt, während die Translation im Cytoplasma erfolgt. Diese Kompartimentierung biochemischer Funktionen und Prozesse in eukaryontischen Zellen ermöglicht die Prozessierung von mRNA im Zellkern, noch bevor die Translation im Cytoplasma beginnen kann. Reife eukaryontische mRNA-Moleküle leiten sich häufig von viel größeren Primärtranskripten ab, gefolgt von der Abspaltung von Vorläufer-RNA-Molekülen, dem Hinzufügen endständiger Nucleotide und der kovalenten Modifizierung von Nucleotiden. Bei der Prozessierung eukaryontischer mRNA-Moleküle werden außerdem meist mehrere spezifische Nucleotide bzw. Nucleotidsequenzen mitten aus dem mRNA-Primärtranskript herausgeschnitten und die verbleibenden Fragmente werden jeweils an ihren Enden wieder zusammengefügt, um schließlich ein reifes mRNA-Molekül zu erhalten. Diesen Prozess des Herausschneidens und Entfernens von spezifischen Sequenzen und das anschließende Zusammenfügen der entstandenen Schnittenden zu einem reifen mRNA-Molekül nennt man Spleißen. Diesen Prozess findet man in den meisten eukaryontischen Spezies. Auch manche eukaryontische tRNA- und rRNA-Moleküle werden gespleißt. Allerdings unterscheiden sich die Mechanismen dieses Spleißens vom Spleißen der mRNA.

17.9.1 Modifizierte Enden von eukaryontischen mRNA-Molekülen

Alle eukaryontischen mRNA-Vorläufer unterliegen Modifizierungen, die die Stabilität der reifen mRNA-Moleküle unter zellulären Bedingungen erhöhen und ihre Substrateigenschaften für die Translation verbessern. Ein Weg zur Erhöhung der Stabilität der mRNA gegenüber einem Abbau durch zelluläre Exonucleasen besteht in der Modifizierung der Enden der Moleküle.

Die 5′-Enden werden noch modifiziert, während das mRNA-Primärtranskript synthetisiert wird. Das 5′-Ende des Primärtranskripts entspricht einem Nucleosidtriphosphatrest (meistens mit einer Purinbase), der als erstes Nucleotid durch die RNA-Polymerase II in die Kette eingebaut wurde. Die Modifizierung an diesem Ende beginnt mit der Entfernung der endständigen (terminalen) Phosphatgruppe durch die Aktivität einer Phosphohydrolase (▶*Abbildung 17.20*). Ein Sauerstoffatom der endständigen Phosphatgruppe des dabei entstehenden 5′-Diphosphats greift anschließend das α-Phosphoratom eines GTP-Moleküls nucleophil an. Infolgedessen wird eine 5′–5′-Triphosphat-Brücke erzeugt. Diese Reaktion, die durch Guanylyltransferase katalysiert wird, führt zur Bildung einer Struktur am 5′-Ende des mRNA-Moleküls, die als 5′-Kappe oder 5′-Cap (engl. *5′ cap*) bezeichnet wird. Die Kappe wird häufig durch die Methylierung des neu hinzugefügten Guanylats zusätzlich modifiziert. Außerdem können auch die 2′-Hydroxylgruppen der beiden ersten Nucleotide des ursprünglichen Primärtranskripts methyliert werden. Die Methylgruppen für diese Methylierungen werden von *S*-Adenosylmethionin (▶*Abschnitt 7.3*) beigesteuert.

Die 5′-Kappenstruktur schützt die mRNA-Moleküle vor dem Abbau durch die Aktivität von 5′-Exonucleasen, indem sie das 5′-Ende blockiert. Die Kappe überführt den mRNA-Vorläufer außerdem in ein Substrat für andere Prozessierungsenzyme im Zellkern, wie zum Beispiel diejenigen, die die Spleißvorgänge katalysieren. In der reifen mRNA spielt die 5′-Kappe eine wichtige Rolle bei der Initiation der Translation. Die Bildung der 5′-Kappe (das Capping) läuft als cotranskriptionaler Prozess noch während der Synthese des Primärtranskripts und somit ausschließlich im Zellkern ab. Die in ▶*Abbildung 17.20* genannten Capping-Enzyme treten direkt mit RNA-Polymerase-II-Komplexen, aber nicht mit RNA-Polymerase-I- oder RNA-Polymerase-III-Komplexen (▶*Abschnitt 17.5.1*) in Wechselwirkung und gewährleisten dadurch, dass nur mRNA-Vorläufer mit 5′-Kappen ausgestattet werden. Das heißt, tRNA- und rRNA-Moleküle können nicht als Substrate für die Capping-Enzyme dienen.

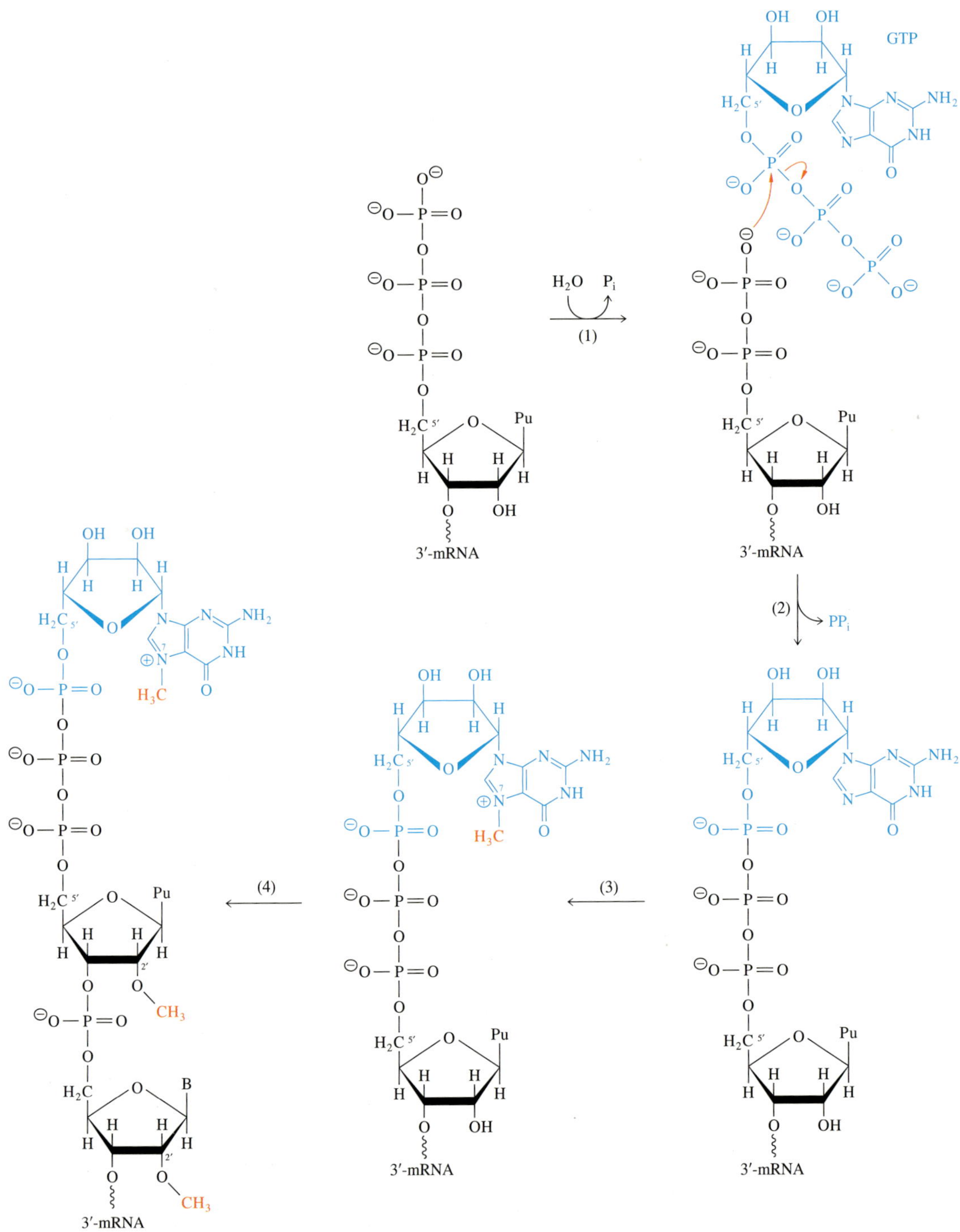

Abbildung 17.20: Bildung einer Kappe am 5′-Ende eines eukaryontischen mRNA-Vorläufers. (1) Eine Phosphohydrolase katalysiert die Entfernung der endständigen Phosphatgruppe der 5′-Triphosphatgruppe am 5′-Ende des mRNA-Vorläufers. (2) Durch die Aktivität von Guanylyltransferase wird dann eine GMP-Gruppe von GTP auf das 5′-Diphosphatende übertragen. (3) Die Base der endständigen Guanylatgruppe wird anschließend am N-7 methyliert. (4) Die 2′-Hydroxylgruppen am endständigen und vorletzten Nucleotid des ursprünglichen Primärtranskripts können ebenfalls methyliert werden.

Eukaryontische mRNA-Moleküle werden außerdem am 3′-Ende modifiziert. Nachdem die RNA-Polymerase II bei der Transkription das 3′-Ende der codierenden Region der DNA überschritten hat, wird die neu synthetisierte RNA durch eine Endonuclease stromabwärts einer spezifischen Sequenz, deren Konsensuserkennungssequenz AAUAAA lautet, gespalten. Diese Sequenz wird durch den sogenannten Spaltungs- und Polyadenylierungsspezifitätsfaktor (CPSF, engl. *cleavage and polyadenylation specifity factor*) erkannt und gebunden. Der CPSF ist ein Protein, das außerdem mit der Endonuclease und einer Poly(A)-Polymerase in Wechselwirkung tritt (▸*Abbildung 17.21*). Nach der Spaltung der RNA dissoziiert die Endonuclease vom CPSF ab. Anschließend werden durch die Aktivität der Poly(A)-Polymerase viele Adenylatreste am neu erzeugten 3′-Ende des RNA-Moleküls hinzugefügt. Die Poly(A)-Polymerase verwendet ATP-Moleküle als Substrate zur Verlängerung des RNA-Moleküls. Auf diese Weise wird ein Polyadenylatabschnitt mit bis zu 250 Nucleotiden als Poly(A)-Schwanz an das mRNA-Molekül angehängt.

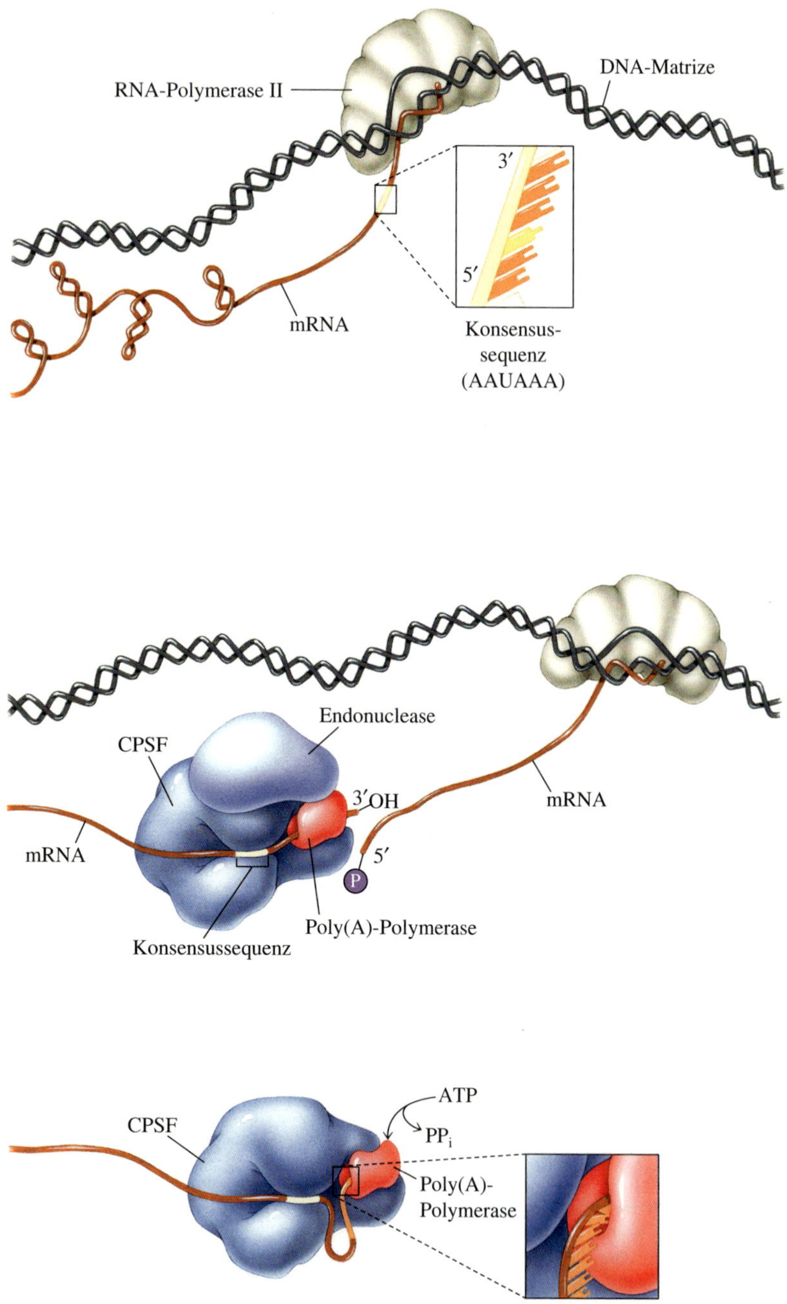

Abbildung 17.21: Polyadenylierung eines eukaryontischen mRNA-Vorläufers.

Mit wenigen Ausnahmen enthalten alle reifen mRNA-Moleküle in Eukaryonten Poly(A)-Schwänze. Die Länge dieser Poly(A)-Schwänze variiert in Abhängigkeit von der Spezies, der Entwicklungsphase der Zelle sowie möglicherweise auch vom Typ der mRNA. Außerdem ist jeder Poly(A)-Schwanz unmittelbar nach seiner Bildung am längsten, weil er anschließend durch die Aktivität von 3′-Exonucleasen nach und nach abgebaut wird. Tatsächlich ist ein Poly(A)-Schwanz bereits um 50 bis 100 Nucleotide verkürzt worden, wenn er die Kernporen erreicht, durch die die mRNA ins Cytoplasma gelangt. Die Anwesenheit des Poly(A)-Schwanzes verlängert die Zeitspanne, in der die 3′-Exonucleasen die mRNA abbauen können, bevor sie auf die proteincodierende Region treffen. Auf diese Weise bleibt im Cytoplasma noch genügend Zeit, um die intakte proteincodierende Sequenz auch mehrfach in das korrekte Protein zu translatieren.

17.9.2 Spleißen eukaryontischer mRNA

In Prokaryonten wird mRNA nur sehr selten gespleißt, aber in Wirbeltieren und Blütenpflanzen ist das Spleißen die Regel. Innere Sequenzen, die beim Spleißen aus dem Primärtranskript entfernt werden, heißen Introns. Sequenzen, die sowohl im Primärtranskript als auch im reifen mRNA-Molekül vorhanden sind, werden Exons genannt. Die Worte *Intron* und *Exon* werden auch für die Sequenzen des Gens in der DNA, die die entsprechenden Introns und Exons der RNA codieren, verwendet. Da die Introns in der DNA auch transkribiert werden, betrachtet man sie als Bestandteil des Gens. Die Verbindungsstellen zwischen den Introns und den Exons nennt man Spleißstellen, weil die mRNA-Vorläufer beim Spleißen an diesen Stellen gespalten und die verbleibenden Exons an diesen Stellen wieder zusammengefügt werden.

Infolge des Verlustes der Introns weist die reife mRNA häufig nur noch einen Bruchteil der Größe des Primärtranskripts auf. Das Gen des Enzyms Triosephosphat-Isomerase aus Mais enthält zum Beispiel neun Exons und acht Introns, die dem Gen eine Gesamtlänge von über 3400 bp verleihen. Die Länge der zugehörigen reifen mRNA, die außerdem einen Poly(A)-Schwanz besitzt, beträgt nur 1050 Nucleotide (▶*Abbildung 17.22*). Das Enzym selbst besteht schließlich aus 253 Aminosäureresten.

(a)

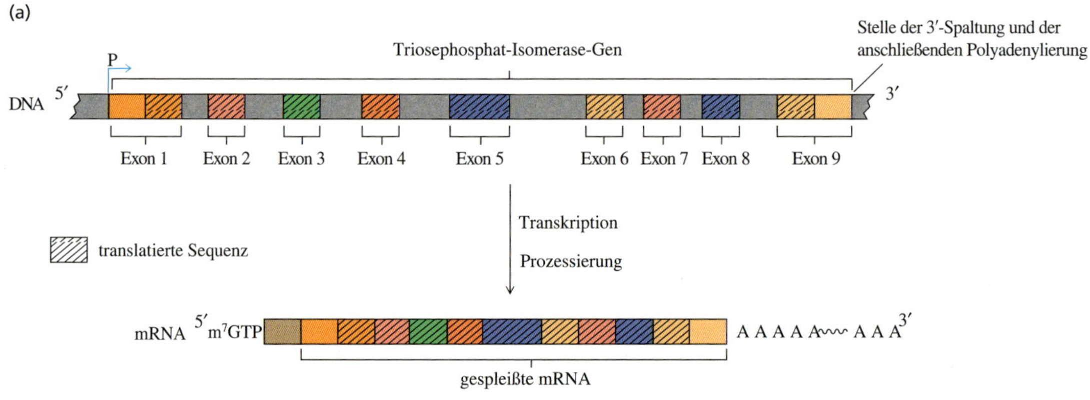

(b)

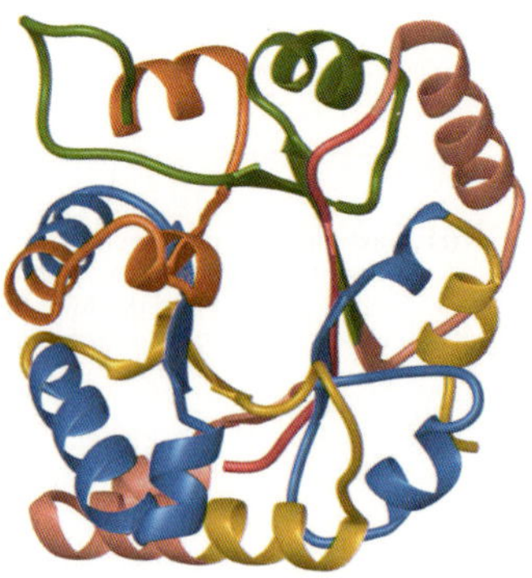

Abbildung 17.22: Schematische Darstellung der Organisation des Triosephosphat-Isomerase-Gens und der Struktur des zugehörigen Genproduktes. (a) Darstellung des Gens, die seine Aufteilung in neun Exons und acht Introns zeigt. Manche Exons enthalten sowohl Sequenzen, die translatiert werden, als auch solche, die nicht translatiert werden. (b) Dieses Bändermodell zeigt die dreidimensionale Struktur des Enzyms Triosephosphat-Isomerase. Die einzelnen Aminosäuresequenzen sind in der gleichen Farbe dargestellt wie die Exons in (a), durch die sie codiert werden.

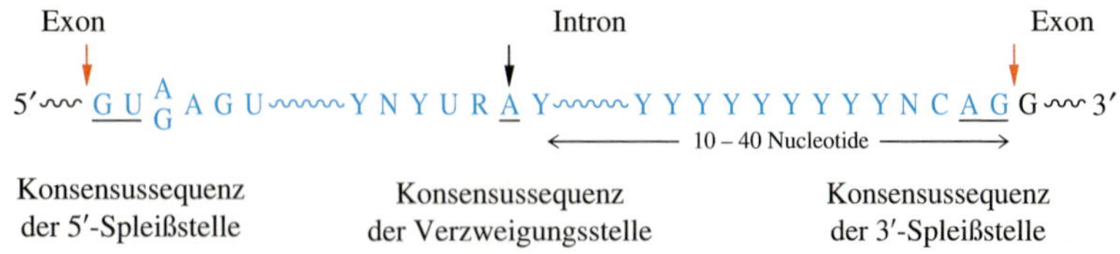

Abbildung 17.23: Konsensussequenzen an den Spleißstellen in Wirbeltieren. In hohem Maße konservierte Nucleotide sind unterstrichen. Y repräsentiert ein Pyrimidinnucleotid (U oder C), R ein Purinnucleotid (A oder G) und N ein beliebiges Nucleotid. Die Spleißstellen, an denen der RNA-Vorläufer gespalten und die Enden der beiden flankierenden Exons wieder zusammengefügt werden, sind durch rote Pfeile markiert. Die Verzweigungsstelle ist durch einen schwarzen Pfeil gekennzeichnet und die Nucleotide des Introns sind blau dargestellt.

Man dachte zunächst, dass zwischen der Intron/Exon-Organisation eines Gens und der Struktur des Proteins, das durch das Gen codiert wird, eine Beziehung besteht. Gemäß dieser Hypothese sollten Exons Proteine codieren und die Anwesenheit der Introns die urzeitliche Organisation des Gens widerspiegeln. Mit anderen Worten: Introns wären bereits zu einem frühen Zeitpunkt der Evolution entstanden. Wie sich herausgestellt hat, besteht allerdings kein klarer Zusammenhang zwischen den Exons und der Proteinstruktur, da nicht alle Exons ausschließlich proteincodierende Sequenzen enthalten. Die meisten Biochemiker und Molekularbiologen glauben heute, dass die Introns im Verlauf der Evolution an zufälligen Stellen der Gene eingefügt wurden. Nach dieser Hypothese von den späten Introns besaßen die urzeitlichen Gene keine Introns. Vielmehr wären die Introns demnach erst viel später in Erscheinung getreten.

Introns weisen sehr unterschiedliche Längen auf, die zwischen 42 bp und mehr als 10.000 bp liegen können. Die untere Grenze der Intronlänge hängt von der Spezies ab. Die meisten Introns aus *C. elegans* sind zum Beispiel zu kurz, um in einer Wirbeltierzelle oder einem zellfreien Extrakt genau gespleißt werden zu können. An den Spleißstellen ähneln sich die Nucleotidsequenzen der Introns in allen mRNA-Vorläufern, aber die übrigen Intronsequenzen sind nicht konserviert. Die Konsensussequenzen an den beiden Spleißstellen in Wirbeltieren sind in ▶*Abbildung 17.23* dargestellt. Eine weitere kurze Konsensussequenz kommt *innerhalb* des Introns in der Nähe seines 3′-Endes vor. Diese Sequenz, die als Verzweigungsstelle oder Verzweigungspunktsequenz bezeichnet wird, spielt ebenfalls eine wichtige Rolle im Spleißprozess.

Für das Spleißen eines mRNA-Vorläufers sind zwei Umesterungen erforderlich. Eine der Umesterungen findet zwischen der 5′-Spleißstelle und dem Adenylatrest an der Verzweigungsstelle statt, die andere zwischen dem dabei freigesetzten 3′-Ende des benachbarten Exons und der 3′-Spleißstelle. Als Produkte dieser beiden Umesterungen entstehen die zusammengefügten Exons von beiden Seiten des Introns sowie das ausgeschnittene Intron in Gestalt eines lassoförmigen Moleküls. Die Spleißreaktionen werden durch einen großen RNA-Protein-Komplex katalysiert, den man Spleißosom nennt. Das Spleißosom dient unter anderem dazu, die getrennten Zwischenprodukte des Spleißprozesses zusammenzuhalten und die beiden Spleißstellen so zu positionieren, dass die beiden Enden der Exons exakt zusammengefügt werden können (▶*Abbildung 17.24*).

Das Spleißosom ist ein großer, aus vielen Untereinheiten aufgebauter RNA-Protein-Komplex. Es enthält über 100 Proteine und fünf RNA-Moleküle, deren Gesamtlänge etwa 5000 Nucleotide beträgt.

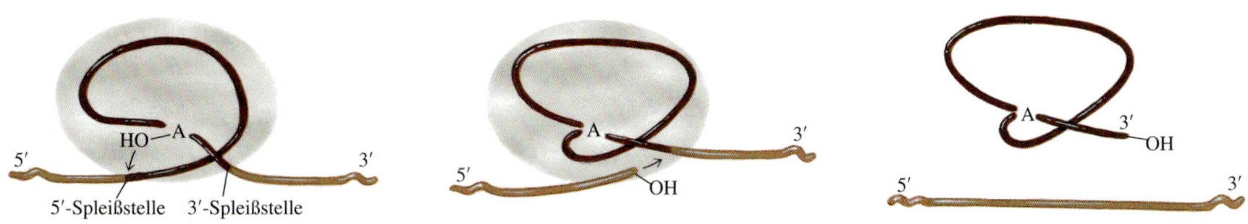

(a) Das Spleißosom positioniert den Adenylatrest an der Verzweigungsstelle im Intron in der Nähe der 5′-Spleißstelle. Infolgedessen kann die 2′-Hydroxylgruppe des Adenylats den 5′-terminalen Phosphatrest des Introns an der 5′-Spleißstelle angreifen.

(b) Die resultierende Umesterung führt zur Verknüpfung des Adenylats mit dem 5′-Ende des Introns und zu einer neu erzeugten freien Hydroxylgruppe am 3′-Ende des Exons, die nun den Phosphatrest zwischen dem zweiten Exon und dem Intron an der 3′-Spleißstelle angreift.

(c) Durch die folgende zweite Umesterung werden die beiden Exons verknüpft und das Intron als lassoförmiges Molekül freigesetzt.

Abbildung 17.24: Die Entfernung eines Introns aus einem mRNA-Vorläufer. Das Spleißosom, ein aus vielen Komponenten zusammengesetzter RNA-Protein-Komplex, katalysiert den Spleißprozess. [Aus: Sharp, P. A. 1987. Splicing of messenger RNA precursors. *Science* 235:766–771.]

Diese RNA-Moleküle werden kleine nucleäre RNA-Moleküle (snRNA, engl. *small nuclear RNA molecule*) genannt und liegen mit Proteinen zu den kleinen nucleären Ribonucleoproteinen (snRNP, häufig „Snurps" ausgesprochen) assoziiert vor. snRNP spielen nicht nur beim Spleißen, sondern auch bei anderen zellulären Prozessen eine wichtige Rolle. Es gibt fünf verschiedene snRNA-Typen, die mit U1, U2, U3, U4 und U5 bezeichnet werden. Das U steht für die Base Uracil, die in diesen kleinen RNA-Molekülen häufig auftritt. Der Zellkern einer diploiden Wirbeltierzelle enthält mehr als 100.000 solcher snRNA-Moleküle. Alle fünf Typen von snRNA-Molekülen weisen ausgedehnte basengepaarte Regionen und modifizierte Nucleotide auf. Jedes snRNP enthält ein oder zwei snRNA-Moleküle sowie eine Anzahl von Proteinen. Einige dieser Proteine treten in allen snRNPs auf, während andere jeweils nur in einer bestimmten snRNP-Klasse vorkommen.

Aus den Ergebnissen von biochemischen *In-vitro*-Experimenten mit aufgereinigten Komponenten ist ein Modell für den schrittweisen Zusammenbau eines Spleißosoms entwickelt worden (▸*Abbildung 17.25*). Die Bildung des Spleißosoms beginnt gemäß dieses Modells mit der Bindung eines U1-snRNP an die frisch synthetisierte 5′-Spleißstelle des mRNA-Vorläufers. Diese Wechselwirkung beruht auf Basenpaarungen zwischen der 5′-Spleißstelle und einer komplementären

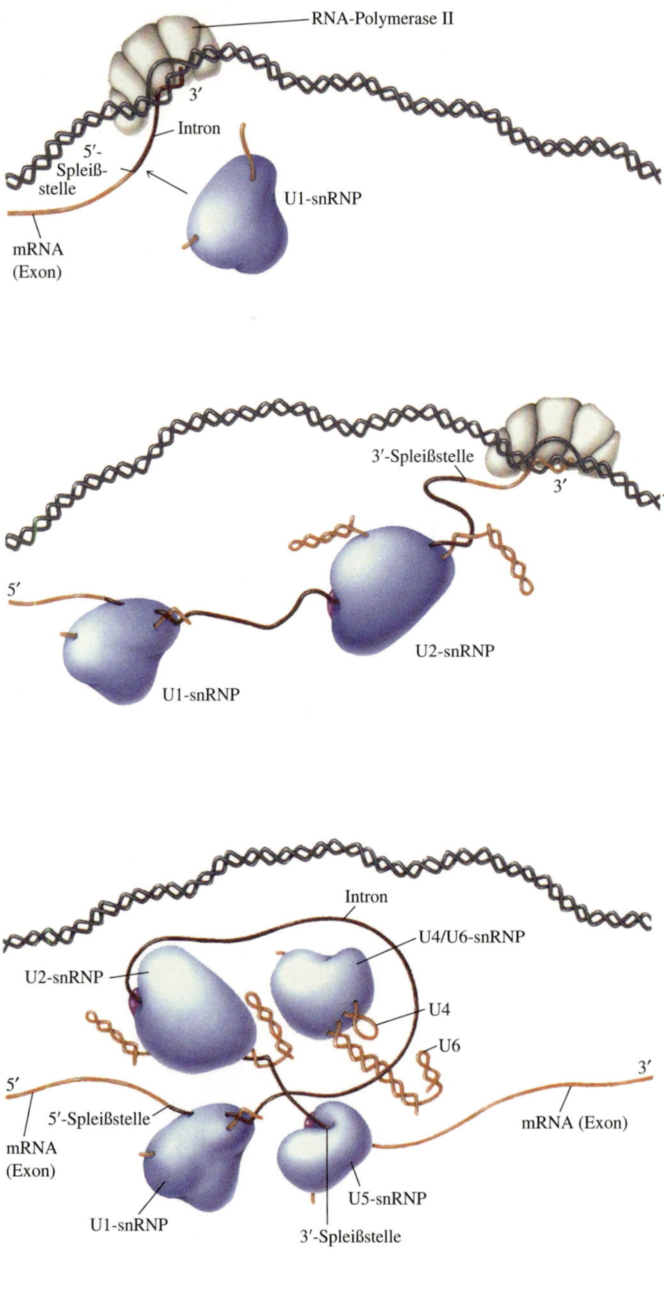

Abbildung 17.25: Zusammenbau eines Spleißosoms. Dieser Weg wurde aus *In-vitro*-Experimenten abgeleitet.

Sequenz in der Nähe des 5′-Endes der U1-snRNA. Ein U2-snRNP bindet anschließend unter Ausbildung eines stabilen Komplexes, der etwa 40 Nucleotide bedeckt, an die Verzweigungsstelle des Introns. Danach assoziiert ein U5-snRNP mit der 3′-Spleißstelle. Schließlich werden die drei an den mRNA-Vorläufer gebundenen snRNP rund um ein U4/U6-snRNP angeordnet und zum Spleißosom zusammengelagert. Inzwischen haben mehrere Forschungsgruppen einen viel größeren Komplex entdeckt, in dem die gleichen snRNP bereits vor Beginn des Spleißprozesses assoziiert vorliegen. Der oben beschriebene Weg des Zusammenbaus eines Spleißosoms, der aus den Ergebnissen von *In-vitro*-Experimenten abgeleitet worden ist, entspricht deswegen möglicherweise nicht dem Weg, der *in vivo* tatsächlich abläuft.

Die Bindung der U1-, U2- und U5-snRNP an die Konsensussequenzen an der 5′-Spleißstelle, der Verzweigungsstelle und der 3′-Spleißstelle des Introns bringt diese drei interaktiven Regionen in für den Spleißprozess geeignete Positionen. Während des Spleißens hindert das Spleißosom das zwischenzeitlich an der 5′-Spleißstelle abgespaltene Exon am Wegdiffundieren und positioniert es passend für die nachfolgende Verknüpfung mit dem Exon an der 3′-Spleißstelle. Nachdem ein Spleißosom an einem Intron gebildet wurde, ist es ziemlich stabil und kann aus einem Zellextrakt isoliert und gereinigt werden. Da Spleißosomen auf naszierenden Transkripten beobachtet werden können, nimmt man an, dass die Entfernung des Introns, also das Spleißen, den geschwindigkeitsbestimmenden Schritt der gesamten Prozessierung darstellt. Weil ein Spleißosom, das fast die Größe eines Ribosoms erreicht, zu groß ist, um eine Kernpore passieren zu können, werden die mRNA-Vorläufer somit im Zellkern zurückgehalten, bis die Prozessierung vollendet wurde. Nachdem das Intron ausgeschnitten worden ist, werden die Bestandteile des Spleißosoms recycelt und können am nächsten Intron, dem sie begegnen, erneut einen Spleißprozess ermöglichen.

ZUSAMMENFASSUNG

1. Ein Gen ist eine Sequenz der DNA, die transkribiert wird. Haushaltsgene codieren Proteine und RNA-Moleküle, die für die normalen zellulären Aktivitäten essenziell sind.

2. Zellen enthalten mehrere RNA-Typen: Transfer-RNA (tRNA), ribosomale RNA (rRNA), Messenger-RNA (mRNA) und kleine RNA-Moleküle.

3. Die DNA-gelenkte RNA-Synthese wird Transkription genannt und durch RNA-Polymerasen katalysiert. Bei der Transkription werden Nucleotidylgruppen aus Nucleosidtriphosphaten schrittweise auf das Ende der wachsenden RNA-Kette übertragen. Dabei wird einer der DNA-Stränge als Matrize zur Synthese eines komplementären RNA-Moleküls verwendet.

4. Die Transkription beginnt an einer Promotorsequenz und wird in 5′→3′-Richtung fortgesetzt. Eine Promotor-Konsensussequenz stellt eine hypothetische Sequenz dar, die in den einzelnen Positionen jeweils das Nucleotid enthält, das in den verglichenen Promotoren an dieser Position am häufigsten vorkommt. Die σ-Untereinheit der *E. coli*-RNA-Polymerase erhöht die Affinität der Kernpolymerase für einen Promotor und verringert gleichzeitig die Affinität für promotorfremde Sequenzen. Während der Initiation der Transkription werden eine Transkriptionsblase und ein kurzes RNA-Fragment gebildet. Beim Übergang von der Initiationsphase in die Elongationsphase dissoziiert die σ-Untereinheit vom Transkriptionskomplex.

5. Die Termination der Transkription findet in *E. coli* in der Nähe von Pause-Stellen statt, an denen die RNA häufig eine Haarnadelstruktur ausbildet. Einige Terminationen benötigen den Rho-Faktor, ein Protein, das an einzelsträngige RNA bindet und den Zerfall des Transkriptionskomplexes fördert.

6. In Eukaryonten sind für die Transkription unterschiedlicher RNA-Typen mehrere verschiedene RNA-Polymerasen verantwortlich. Für die Initiation der Transkription müssen mehrere Transkriptionsfaktoren mit dem Promotor und der RNA-Polymerase in Wechselwirkung treten.

7. Einige Gene werden konstitutiv exprimiert, während die Transkription anderer Gene reguliert wird. Die Transkription kann unter anderem durch einen Repressor oder einen Aktivator kontrolliert werden. Dabei handelt es sich häufig um allosterische Proteine.

8. Die Transkription der drei Gene des *lac*-Operons wird blockiert, wenn der *lac*-Repressor an zwei Operatoren in der Nähe des *lac*-Promotors gebunden wird. Wenn der Induktor Allolactose an den Repressor bindet, dissoziiert der Repressor von der DNA. Die Transkription wird durch einen Komplex aus dem Katabolitaktivatorprotein (CAP) und cAMP aktiviert.

9. RNA-Primärtranskripte werden häufig posttranskriptional prozessiert. Dabei werden zum Beispiel Nucleotidreste entfernt, hinzugefügt oder modifiziert. In Prokaryonten werden tRNA- und rRNA-Primärtranskripte durch nucleolytische Spaltungen und kovalente Modifizierungen prozessiert.

10. Die posttranskriptionale Prozessierung von mRNA in Eukaryonten umfasst das Hinzufügen einer 5′-Kappe und eines 3′-Poly(A)-Schwanzes, um den Abbau der proteincodierenden Region des Moleküls durch Exonucleasen lange genug hinauszuzögern. In vielen Fällen eukaryontischer mRNA-Vorläufer werden im Verlauf der Prozessierung Introns durch Spleißen aus dem Molekül herausgeschnitten. Die beiden Umesterungen eines Spleißprozesses werden durch ein Spleißosom katalysiert. Ein Spleißosom ist ein großer RNA-Protein-Komplex, der kleine nucleäre Ribonucleoproteine (snRNP) enthält.

AUSGEWÄHLTE LITERATUR

Allgemein

Alberts, B., Hopkin, K. und Johnson, A. D. 2019. *Essential Cell Biology.* New York. W W. Norton & Co.

Krebs, J. E., Goldstein, E. S. und Kilpatrick, S. T. 2017. *Lewins GENES XII.* Burlington. Jones and Bartlett Publishers, Inc.

Klug, W. S., Cummings, M. R. und Süpencer, C. 2019. *Concepts of Genetics*, Global Edition. Harlow. Pearson Education Limited.

RNA-Polymerasen und Transkription

Davis, M. C., Kesthely, C. A., Franklin, E. A., MacLellan, S. R. 2017. The essential activities of the bacterial sigma factor. *Can. J. Microbiol.* 63:89–99.

Grylak-Mielnicka, A., Bidnenko, V., Bardowski, J., Bidnenko und E. 2016. Transcription termination factor Rho: a hub linking diverse physiological processes in bacteria. *Microbiology.* 2016 Mar; 162(3):433–447.

Haberle V, Stark A. 2018. Eukaryotic core promoters and the functional basis of transcription initiation. *Nat. Rev. Mol. Cell Biol.* 19:621–637.

Khatter, H., Vorländer, M. K. und Müller C. W. 2017. RNA polymerase I and III: similar yet unique. *Curr. Opin. Struct. Biol.* 47:88–94.

Mitra, P., Ghosh, G., Hafeezunnisa, M. und Sen R. 2017. Rho Protein: Roles and Mechanisms. *Annu. Rev. Microbiol.* 71:687–709.

Murakami, K. S. 2015. Structural biology of bacterial RNA polymerase. *Biomolecules.* 5:848–864.

Murakami, K. S. und Trakselis, M. A. 2016. *Nucleic Acid Polymerases.* Heidelberg. Springer.

Paget M. S. 2015. Bacterial Sigma Factors and Anti-Sigma Factors: Structure, Function and Distribution. *Biomolecules.* 5:1245–1265.

Sainsbury S, Bernecky C, Cramer P. 2015. Structural basis of transcription initiation by RNA polymerase II. *Nat. Rev. Mol. Cell Biol.* 16:129–143.

White, R. J. 2013. *RNA Polymerase III Transcription.* Heidelberg. Springer.

Regulation der Transkription

Aravind, L., Anantharaman, V., Balaji, S., Babu, M. M., Iyer, L. M. 2005. The many faces of the helix-turn-helix domain: transcription regulation and beyond. *FEMS Microbiol. Rev.* 29:231–262.

Berendzen, K., Kilian, J. und Wanke, D. 2018. *The Analysis of Regulatory DNA: Current Developments, Knowledge and Applications Uncovering Gene Regulation.* Sharjah. Bentham Science Publishers.

Carlberg, C. und Molnar, F. 2018. *Mechanisms of Gene Regulation.* Heidelberg. Springer.

Gonzales, D. G. 2015. *Plant Transcription Factors: Evolutionary, Structural and Functional Aspects.* London. Academic Press.

Hughes, T. R. 2011. *A Handbook of Transcription Factors (Subcellular Biochemistry, Band 52).* Heidelberg. Springer.

Latchman, D.S. 2015. *Gene Control.* New York. Garland Science.

Müller-Hill, B. und Oehler, S. 2015. *The lac Operon: A Short History of a Genetic Paradigm.* Berlin. De Gruyter.

Pope, S. D., Medzhitov, R. 2018. Emerging Principles of Gene Expression Programs and Their Regulation. *Mol. Cell.* 71:389–39.

RNA-Prozessierung

Jarrous, N. 2017. Roles of RNase P and Its Subunits. *Trends Genet.* 33:594–603.

Klemm, B. P., Wu, N., Chen, Y., Liu, X., Kaitany, K. J., Howard, M. J. und Fierke C. A. 2016. The Diversity of Ribonuclease P: Protein and RNA Catalysts with Analogous Biological Functions. *Biomolecules.* 6(2).

Ramanathan, A., Robb, G. B., Chan, S. H. 2016. mRNA capping: biological functions and applications. *Nucleic Acids Res.* 44:7511–7526.

Shi, Y. 2017. Mechanistic insights into precursor messenger RNA splicing by the spliceosome. *Nat. Rev. Mol. Cell Biol.* 18:655–670.

Stewart M. 2019. Polyadenylation and nuclear export of mRNAs. *J. Biol. Chem.* 294:2977–2987.

Will C. L. und Lührmann R. 2011. Spliceosome structure and function. *Cold Spring Harb. Perspect. Biol.* 3.

Kapitel 17

Proteinbiosynthese

18

ÜBERBLICK

Die letzte Phase des genetischen Informationsflusses, die Übersetzung der Nucleotidsequenz der mRNA in die Aminosäuresequenz eines Proteins während der Proteinbiosynthese, wird Translation genannt. Es war klar, dass es einen genetischen Code geben musste, der zur Übersetzung einer Nucleotidsequenz in eine Aminosäuresequenz dient. Dieser Code, der aus jeweils drei Nucleotiden pro Aminosäure besteht, wurde aufgeklärt. Im Jahr 1955 schlug Francis Crick die Verknüpfung einer Aminosäure mit einem kleinen RNA-Molekül als möglichen ersten Schritt der Umsetzung des gentischen Codes vor. Kurze Zeit später wurden Transfer-RNAs (tRNAs), strukturell sehr stabile und konservierte RNA-Moleküle, die verschiedene Aminosäuren binden können, nachgewiesen. Mit einem Teil der tRNA (Anticodon) wird dann eine Verbindung zu den Codons der mRNA hergestellt, und so die direkte Verbindung von genetischer Information in Form von Codons zu der Aminosäureresten der Proteine. Nun fehlte noch die zelluläre Maschinerie zum Verbinden der tRNA-gebundenen Aminosäuren in Codon-Anticodon-abhängiger Weise. Ribosomen und die anderen essenziellen Komponenten der Translationsmaschinerie wurden durch die Fraktionierung von Zellen und die anschließende Wiederherstellung der Proteinbiosynthese in vitro entdeckt. Gebildete Proteine werden öfter noch nach der Translation modifiziert und zum Verwendungsort transportiert. Auch dazu gibt es hochspezialisierte zelluläre Komponenten.

Der genetische Code 18.1

George Gamow schlug als Erster die grundlegenden strukturellen Einheiten des genetischen Codes vor. Da das DNA-„Alphabet“ nur vier „Buchstaben“ (die Basen A, T, C und G) enthält, die aber 20 verschiedene Aminosäuren codieren, schlussfolgerte er, dass der genetische Code aus „Wörtern“, den sogenannten Codons, mit einer Länge von je drei Buchstaben bestehen könnte. Aus den vier Buchstaben können nur 16 (4^2) verschiedene Zwei-Buchstaben-Wörter konstruiert werden. Das reicht für die Codierung von 20 Aminosäuren nicht aus. Dagegen ergäbe sich bei der Verwendung von Vier-Buchstaben-Wörtern ein Vokabular mit 256 (4^4) Wörtern, also *viel* mehr, als zur Codierung der 20 Aminosäuren erforderlich sind. Ein Drei-Buchstaben-Code, der aus vier verschiedenen Buchstaben aufgebaut ist, liefert ein Vokabular von 64 (4^3) Wörtern. Das ist mehr als ausreichend, um jede der 20 Aminosäuren eindeutig zu codieren, ohne dabei übermäßig verschwenderisch mit den Ressourcen der Zelle umzugehen. Die Entschlüsselung des genetischen Codes begann mit einer zufälligen Entdeckung durch Marshall Nirenberg und J. Heinrich Matthaei. Sie beobachteten, dass Polyuridylat (Poly(U)) *in vitro* zur Synthese von Polyphenylalanin führte. Durch den Nachweis der Codierung von Phenylalanin durch das Basentriplett UUU hatten sie das erste Codon gefunden und identifiziert. Zwischen 1962 und 1965 wurde auch der Rest des Codes durch mehrere Arbeitsgruppen, hauptsächlich aber durch Nirenberg und H. Gobind Khorana, entschlüsselt. Insgesamt waren zehn Jahre harter Arbeit erforderlich, um zu lernen, wie mRNA die Aminosäuresequenz von Proteinen codiert. Die Entwicklung von Methoden zur Sequenzierung von Proteinen und Genen ermöglichte schließlich den direkten Vergleich der Aminosäuresequenzen von Proteinen mit den Nucleotidsequenzen der zugehörigen Gene. Jedes Mal, wenn ein neues Protein und sein Gen charakterisiert werden, wird der genetische Code erneut bestätigt.

Transfer-RNA (tRNA) spielt eine wichtige Rolle bei der Auswertung des genetischen Codes während der Übersetzung einer Nucleotidsequenz in eine Aminosäuresequenz. tRNA-Moleküle dienen als Adapter zwischen der mRNA und dem Protein. An eine bestimmte Region eines tRNA-Moleküls ist eine spezifische Aminosäure kovalent gebunden, während ein anderer Abschnitt desselben tRNA-Moleküls ein Basentriplett aufweist, das zum genetischen Code für diese Aminosäure komplementär ist. Dieses Basentriplett tritt durch Basenpaarungen mit dem passenden, komplementären Codon in der mRNA in Wechselwirkung. Auf diese Weise wird die gemäß dem genetischen Code korrekte Synthese von Proteinen durch die Verknüpfung der Aminosäuren, die durch die mRNA-Matrize spezifiziert werden, ermöglicht. Prinzipiell kann ein genetischer Code, dessen Wörter jeweils aus drei Buchstaben zusammengesetzt sind, überlappend oder nichtüberlappend sein (▸*Abbildung 18.1*). Wenn die Codons überlappen, tritt jeder Buchstabe (jede Base) als Bestandteil von mehr als einem Wort auf. Infolgedessen würde die Mutation eines einzelnen Buchstabens zur Veränderung von mehreren Wörtern gleichzeitig führen. In der Sequenz, die in ▸*Abbildung 18.1a* dargestellt ist, gehört zum Beispiel jeder Buchstabe zu drei verschiedenen Wörtern in einem überlappenden Code. Einer der Vorteile eines nichtüberlappenden Codes (▸*Abbildung 18.1b*) besteht darin, dass jeder Buchstabe nur genau einem Wort zugeordnet werden kann. Die Mutation eines einzelnen Buchstaben beeinflusst deswegen auch nur ein Codon und somit nur eine Aminosäure im resultierenden Protein. Alle lebenden Organismen verwenden einen nichtüberlappenden genetischen Code.

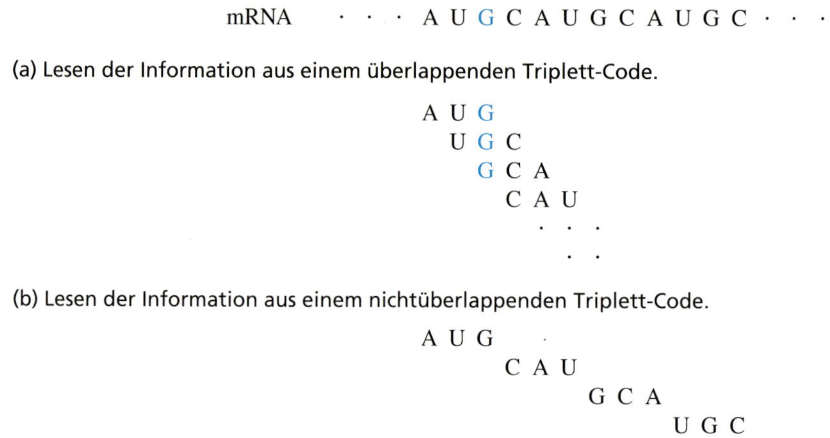

Abbildung 18.1: Lesen von Information aus (a) einem überlappenden und (b) einem nichtüberlappenden Triplett-Code. In dem überlappenden Code ist jeder Buchstabe ein Bestandteil von drei verschiedenen Drei-Buchstaben-Wörtern. Dies wird hier am Beispiel des blau hervorgehobenen Buchstaben G verdeutlicht. In einem nichtüberlappenden Code ist jeder Buchstabe ein Bestandteil von nur einem Wort.

Aber auch bei einem nichtüberlappenden Code kann die Translation einer Sequenz in Abhängigkeit vom Translationsstartpunkt noch zu vielen verschiedenen Ergebnissen führen. Die Translation beginnt nicht typischerweise mit dem allerersten Nucleotid eines mRNA-Moleküls. Durch jeden potenziellen Translationsstartpunkt wird ein eigenes, einzigartiges Leseraster definiert. Die verschiedenen Leseraster führen zur Translation von Sequenzen der mRNA, die aus völlig verschiedenen Drei-Buchstaben-Wörtern zusammengesetzt sind. Für die korrekte Translation einer Nachricht, die im genetischen Code verfasst wurde, ist die richtige Festlegung des Leserasters deswegen von entscheidender Bedeutung (▶*Abbildung 18.2*).

In ▶*Abbildung 18.3* ist der genetische Code dargestellt. Mit wenigen Ausnahmen verwenden alle lebenden Organismen diesen genetischen Code. Daraus kann man auf einen gemeinsamen Vorfahren aller heutigen Spezies schließen, der diesen genetischen Code bereits nutzte. Diese urzeitliche Spezies lebte wahrscheinlich vor Milliarden von Jahren, sodass der genetische Code eines der ältesten noch existierenden Überbleibsel frühen Lebens ist.

Konventionsgemäß werden alle Nucleotidsequenzen in 5′→3′-Richtung geschrieben. Somit codiert UAC die Aminosäure Tyrosin, das Codon CAU aber Histidin. Der Begriff *Codon* bezieht sich in der Regel auf Basentripletts in der mRNA. Er kann aber auch auf die DNA-Sequenz eines Gens angewandt werden. Ein DNA-Codon für Tyrosin lautet zum Beispiel TAC. Codons werden immer in 5′→3′-Richtung translatiert, beginnend nahe des 5′-Endes der Nachricht und dann voranschreitend bis zum Ende der codierenden Region, das sich meistens in der Nähe des 3′-Endes der mRNA befindet. Das korrekte Leseraster wird durch spezielle Signale, die den Anfang und das Ende der codierenden Region markieren, festgelegt. Der genetische Code weist mehrere allgemeine charakteristische Merkmale auf. Der genetische Code ist eindeutig. In einem bestimmten Organismus oder einer Organelle codiert ein Codon genau eine und nur eine Aminosäure. Für die meisten Aminosäuren gibt es mehrere mögliche Codons. So codieren zum Beispiel sechs Codons Serin, vier Glycin und zwei Lysin. Deswegen nennt man den genetischen Code degeneriert. Verschiedene Codons, die die gleiche Aminosäure spezifizieren, werden

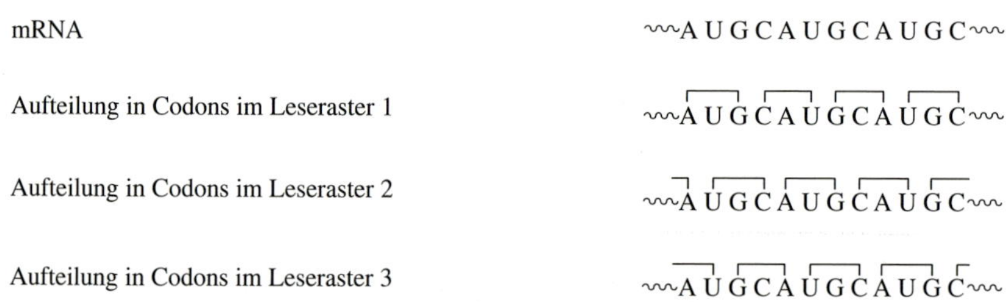

Abbildung 18.2: Drei unterschiedliche Leseraster in einer mRNA. Die Translation derselben Reihe von Nucleotiden (Buchstaben) in drei verschiedenen, jeweils um ein Nucleotid (Buchstaben) versetzten Leserastern führt zu drei unterschiedlichen Proteinen (Nachrichten). Die Translation einer mRNA in das korrekte Protein erfordert deswegen die richtige Auswahl des Leserasters.

Erste Position (5′-Ende)	Zweite Position U	C	A	G	Dritte Position (3′-Ende)
U	Phe	Ser	Tyr	Cys	U
	Phe	Ser	Tyr	Cys	C
	Leu	Ser	STOP	STOP	A
	Leu	Ser	STOP	Trp	G
C	Leu	Pro	His	Arg	U
	Leu	Pro	His	Arg	C
	Leu	Pro	Gln	Arg	A
	Leu	Pro	Gln	Arg	G
A	Ile	Thr	Asn	Ser	U
	Ile	Thr	Asn	Ser	C
	Ile	Thr	Lys	Arg	A
	Met	Thr	Lys	Arg	G
G	Val	Ala	Asp	Gly	U
	Val	Ala	Asp	Gly	C
	Val	Ala	Glu	Gly	A
	Val	Ala	Glu	Gly	G

Abbildung 18.3: Der genetische Code. Der genetische Code besteht aus 64 Basentripletts, den Codons. Die linke Spalte gibt die Base in der ersten (5′-)Position des Codons an. Die obere, horizontale Reihe repräsentiert die zweite (mittlere) Base des Codons und in der rechten Spalte steht die dritte und letzte Base am 3′-Ende des Codons. Das Codon AUG spezifiziert Methionin (Met), dient aber auch als Initiationscodon für die Proteinbiosynthese. STOP bedeutet ein Terminationscodon.

als synonyme Codons bezeichnet. Die Degeneriertheit des genetischen Codes minimiert die Auswirkungen von Mutationen, da die Veränderung eines einzelnen Nucleotids häufig zu einem Codon führt, das immer noch die gleiche Aminosäure spezifiziert. Die einzigen Aminosäuren, die jeweils nur durch ein einziges Codon des genetischen Codes festgelegt werden, sind Methionin und Tryptophan. Häufig genügen bereits die ersten beiden Basen eines Codons, um die codierte Aminosäure eindeutig zu bestimmen. Die vier möglichen Codons GGU, GGC, GGA und GGG, die mit GG beginnen, codieren zum Beispiel alle die Aminosäure Glycin. Codons mit ähnlichen Sequenzen spezifizieren chemisch ähnliche Aminosäuren. Die Codons für Threonin unterscheiden sich zum Beispiel von vier der Codons für Serin nur durch eine einzelne Base am 5′-Ende. Ein weiteres Beispiel sind die Codons für Aspartat und Glutamat, die alle mit GA beginnen und sich nur in der Position am 3′-Ende unterscheiden. Außerdem codieren Codons mit einer Pyrimidinbase in der zweiten Position meistens hydrophobe Aminosäuren. Deswegen führen Mutationen, durch die die Basen am 5′- oder 3′-Ende dieser Codons verändert werden, zum Einbau chemisch ähnlicher (hydrophober) Aminosäuren in das Protein. Nur 61 der 64 Codons spezifizieren Aminosäuren. Die drei verbleibenden Codons (UAA, UGA und UAG) dienen als Terminationscodons oder Stopcodons. Normalerweise bindet keines der tRNA-Moleküle in einer Zelle an eines der Terminationscodons. Stattdessen werden diese Codons von spezifischen Proteinen erkannt, die zur Freisetzung von neu synthetisierten Polypeptiden aus der Translationsmaschinerie führen. Das Methionin-Codon, AUG, spezifiziert außerdem den Translationsstartpunkt der Proteinbiosynthese und wird deswegen auch Initiationscodon genannt.

In den letzten Jahren wurde es klar, dass weitere Aminosäuren neben den klassischen 20 proteinogenen Aminosäuren über tRNAs in Protein eingebaut werden. Selenocystein ist die 21. proteinogene Aminosäure. So kann das eigentliche Stopcodon UGA unter bestimmten Voraussetzungen den tRNA-abhängigen Einbau von Selenocystein (Sec) in Proteine vermitteln. Dazu wird eine zugehörige $tRNA^{Sec}$ mit L-Serin durch die Seryl-tRNA-Synthetase beladen und anschließend eine Hydroxylgruppe der Seitenkette des Serins durch Selenol mittels der Selenocystein-Synthase ersetzt, sodass eine mit Selenocystein beladene tRNA entsteht. Die $tRNA^{Sec}$ hat das zum Codon passende Anticodon und weitere ungewöhnliche Strukturelemente. In der Nähe des UGA-Stopcodons wird nun eine Selenocystein-Insertions-Sequence (SECIS) von der mRNA codiert, die eine haarnadelartige Sekundärstruktur ausbilden kann. Nun erkennt ein für die Sec-$tRNA^{Sec}$ spezifischer EF-Tu Translationsfaktor namens SelB die beladene tRNA. Durch weitere Interaktion mit der mRNA-Haarnadelstruktur in der Nähe des UGA-Codons wird die Codon-Anticodon-Wechselwirkung und so die Integration von Selenocystein in die naszierende Proteinkette ermöglicht. Sehr ähnlich verhält es sich mit der 22. Aminosäure Pyrrolysin. Auch das UAG-Stopcodon kann mit dem Anticodon einer Pyrrolysin-spezifischen $tRNA^{Pyr}$ paaren und den Einbau von Pyrrolysin vermitteln. Dazu wird $tRNA^{Pyr}$ von einer spezifschen Pyrrolysin-tRNA-

Synthetase mit Pyrrolysin beladen. Auch hier hilft eine haarnadelartige Pyrrolysin Insertion Sequence (PYLIS) auf der mRNA. Schließlich gibt es Abweichungen vom genetischen Code in den Mitochondrien. So codiert dort in allen Organismen das Stopcodon UGA für Tryptophan. In den Mitochondrien von Säugern codiert AUA statt für Isoleucin für Methionin und AGC/AGU statt für Serin oder AGA/AGG für Arginin alle für ein Stopcodon. In den Mitochondrien höherer Pflanzen steht CGG statt für Arginin für Tryptophan. Auch einige wenige Bakterien tauschen GUG für Valin oder UUG für Leucin beides in ein Startcodon.

18.2 Transfer-RNA

Transfer-RNA-Moleküle sind die Dolmetscher des genetischen Codes. Sie stellen das entscheidende Bindeglied zwischen der Nucleotidsequenz der mRNA und der Aminosäuresequenz im resultierenden Polypeptid dar. Damit die tRNA diese Aufgabe erfüllen kann, muss jede Zelle mindestens 20 verschiedene tRNA-Spezies (eine für jede Aminosäure) enthalten und jede dieser tRNA-Spezies muss zumindest ein Codon erkennen können.

18.2.1 Die dreidimensionale Struktur von tRNA-Molekülen

Eine Analyse der Nucleotidsequenzen von verschiedenen tRNA-Molekülen aus vielen Organismen hat ergeben, dass die Sequenzen fast aller dieser Moleküle mit der in ▶*Abbildung 18.4a* dargestellten Sekundärstruktur vereinbar sind. Diese Kleeblattstruktur enthält mehrere Arme, die eine Schleife oder eine Schleife mit einem über Wasserstoffbrücken stabilisierten, doppelsträngigen Stamm bilden. Die doppelsträngigen Abschnitte in den einzelnen Armen bestehen aus einer kurzen, rechtsgängigen Helix mit gestapelten Basenpaaren, die Ähnlichkeiten mit der DNA-Doppelhelix aufweist.

Das 5′-Ende und die Region in der Nähe des 3′-Endes des tRNA-Moleküls sind über Basenpaarungen assoziiert. Dieser doppelsträngige Abschnitt wird Akzeptor-Stamm oder Aminosäure-Stamm genannt. Die Aminosäure, die in die Polypeptidkette eingebaut werden soll, wird kovalent an das 3′-Ende dieses Stamms der tRNA gebunden. Die Carboxylgruppe der Aminosäure liegt entweder mit der 2′- oder der 3′-Hydroxylgruppe der Riboseeinheit des 3′-endständigen Adenylatrestes verestert vor. Alle tRNA-Moleküle besitzen außerdem ein phosphoryliertes Nucleotid am 5′-Ende.

Die einzelsträngige Schleife gegenüber dem Akzeptor-Stamm wird Anticodon-Schleife und der entsprechende Arm Anticodon-Arm genannt. Diese Schleife enthält ein Basentriplett, das sogenannte Anticodon, mit dem das tRNA-Molekül über Basenpaarungen an das komplementäre Codon im mRNA-Molekül bindet. Zwei der Arme des tRNA-Moleküls sind nach kovalent modifizierten, konservierten Nucleotiden innerhalb dieser Arme benannt worden. In ▶*Abbildung 18.4c* finden Sie die chemischen Strukturen dieser modifizierten Nucleotide. Einer dieser Arme, der TΨC-Arm, enthält eine Sequenz aus den drei aufeinanderfolgenden Nucleotiden Ribothymidylat (T), Pseudouridylat (Ψ) und Cytidylat (C). Der D-Arm ist nach den häufig in ihm vorkommenden Dihydrouridylatresten (D) benannt. Außerdem besitzen tRNA-Moleküle einen variablen Arm, der sich zwischen dem Anticodon-Arm und dem TΨC-Arm befindet. Die Länge des variablen Arms schwankt etwa zwischen drei und 21 Nucleotiden. Mit wenigen Ausnahmen liegt die Länge der tRNA-Moleküle zwischen 73 und 95 Nucleotiden.

Die Kleeblattstruktur eines tRNA-Moleküls stellt eine übersichtliche zweidimensionale Darstellung der Struktur des Moleküls dar. Die tatsächliche dreidimensionale Struktur eines tRNA-Moleküls weist aber eine L-förmige Gestalt auf (▶*Abbildung 18.4b* und ▶*Abbildung 18.4c*). Der Akzeptor-Stamm bildet den Endbereich eines der Schenkel des L's, während das Anticodon in einer Schleife am Ende des anderen Schenkels lokalisiert ist. Der TΨC-Arm und der D-Arm sind so angeordnet, dass sie den Knick zwischen den beiden Schenkeln des L's bilden. Die resultierende Struktur ist relativ kompakt und sehr stabil. Die Stabilität beruht zum Teil auf Wasserstoffbrücken zwischen Nucleotiden des D- und des TΨC-Arms sowie des variablen Arms. Dabei handelt es sich zu einem erheblichen Anteil um Nicht-Watson-Crick-Basenpaare, die sich von den normalen Watson-Crick-Basenpaaren unterscheiden. Viele der Nucleotide in einem tRNA-Molekül sind Bestandteil von zwei senkrecht zueinander angeordneten Helices. Die additiven Beiträge der einzelnen Stapelwechselwirkungen und Wasserstoffbrücken zwischen den gepaarten Basen in diesen Helices sind, wie im Fall doppelsträngiger DNA, zu einem erheblichen Anteil für die Stabilität der tRNA mitverantwortlich.

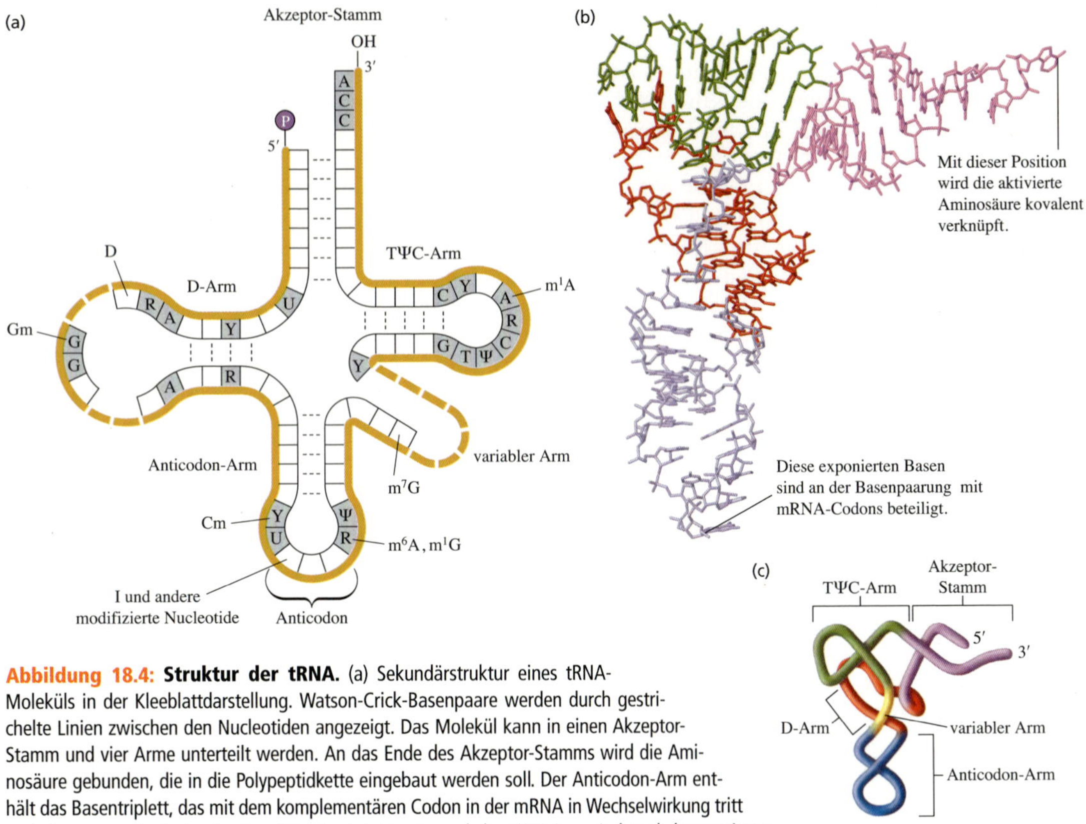

Abbildung 18.4: Struktur der tRNA. (a) Sekundärstruktur eines tRNA-Moleküls in der Kleeblattdarstellung. Watson-Crick-Basenpaare werden durch gestrichelte Linien zwischen den Nucleotiden angezeigt. Das Molekül kann in einen Akzeptor-Stamm und vier Arme unterteilt werden. An das Ende des Akzeptor-Stamms wird die Aminosäure gebunden, die in die Polypeptidkette eingebaut werden soll. Der Anticodon-Arm enthält das Basentriplett, das mit dem komplementären Codon in der mRNA in Wechselwirkung tritt und deswegen als Anticodon bezeichnet wird. Der D- und der TΨC-Arm sind nach konservierten Nucleotiden innerhalb dieser Arme benannt worden. Mit Ausnahme des variablen Arms ist die Anzahl der Nucleotidreste in jedem Arm mehr oder weniger konstant. Konservierte Basen (grau) und die Positionen von häufig modifizierten Nucleotiden sind gekennzeichnet. Die Abkürzungen für Nucleotide, die nicht den Standardnucleotidbezeichnungen entsprechen, besitzen folgende Bedeutungen: R, ein Purinnucleotid; Y, ein Pyrimidinnucleotid; m^1A, 1-Methyladenylat; m^6A, N^6-Methyladenylat; Cm, 2′-*O*-Methylguanylat; D, Dihydrouridylat; Gm, 2′-*O*-Methylguanylat; m^1G, 1-Methylguanylat; m^7G, 7-Methylguanylat; I, Inosinat;Ψ, Pseudouridylat; T, Thyminribonucleotid. (b) Struktur von $tRNA^{Phe}$ aus der Hefe *Saccharomyces cerevisiae*. In diesem Stabmodell sind die Basenpaare sowie die relativen Positionen des D-Arms (rot) und des TΨC-Arms (grün) zu erkennen. In dieser Struktur sind zwei doppelsträngige RNA-Helices zueinander rechtwinklig zu einem insgesamt L-förmigen Molekül angeordnet [NDB TRNA10]. (c) Tertiärstruktur eines tRNA-Moleküls. Die Kleeblattstruktur in Abbildung (a) ist nur eine übersichtliche zweidimensionale Darstellung der tatsächlich L-förmigen, dreidimensionalen Struktur des Moleküls. Die Tertiärstruktur eines tRNA-Moleküls resultiert aus Basenpaarungen zwischen der TΨC-Schleife und der D-Schleife sowie aus Stapelwechselwirkungen, die einerseits den TΨC-Arm und den Akzeptor-Stamm sowie andererseits den D-Arm und den Anticodon-Arm in eine Linie bringen. Für eine bessere Übersichtlichkeit ist hier nur das Ribose-Phosphat-Rückgrat dargestellt.

18.2.2 Basenpaarungen zwischen tRNA-Anticodons und mRNA-Codons

tRNA- und mRNA-Moleküle treten durch Basenpaarungen zwischen Anticodons und Codons miteinander in Wechselwirkung. An welcher Stelle der wachsenden Polypeptidkette die Aminosäure, die am Akzeptor-Stamm eines tRNA-Moleküls gebunden ist, eingebaut wird, ist deswegen von dieser Wechselwirkung abhängig. tRNA-Moleküle werden nach der Aminosäure, die sie tragen, benannt. Das in ▸*Abbildung 18.4c* dargestellte tRNA-Molekül besitzt zum Beispiel das Anticodon GAA, das an das Codon UUC für die Aminosäure Phenylalanin bindet. Während der Proteinbiosynthese ist mit dem Akzeptor-Stamm dieses tRNA-Moleküls demgemäß die Aminosäure Phenylalanin (Phe) verknüpft, die dann auf die wachsende Polypeptidkette übertragen wird. Das tRNA-Molekül wird deswegen als $tRNA^{Phe}$ bezeichnet.

Ein Großteil der Basenpaarungen zwischen Codons und Anticodons wird durch die Regeln für Watson-Crick-Basenpaare bestimmt. A paart demnach mit U, G paart mit C und die beiden Stränge verlaufen in dem basengepaarten Abschnitt antiparallel. Allerdings haben einige Ausnahmen von diesen Regeln Francis Crick zu der Schlussfolgerung veranlasst, dass offenbar nur für zwei der drei Basen eine Watson-Crick-Basenpaarung erforderlich ist, damit das Anticodon an das Codon binden kann. Das Codon muss nur mit der Base am 3′-Ende und in der Mitte des Anticodons Watson-Crick-Basenpaare ausbilden, während für die Base am 5′-Ende des Anticodons auch andere Typen von Basenpaarungen möglich sind. Diese alternativen Basenpaarungen deuten darauf hin, dass die Konformation des Basenpaars am 5′-Ende des Anticodons flexibel ist. Crick nannte diese konformativ flexiblen Basenpaare *Wobble*-Basenpaare (engl. *wobble*, wackeln) und die Position am 5′-Ende eines Anticodons wird auch als *Wobble*-Position bezeichnet.

In ▶ *Tabelle 18.1* sind die erlaubten Basenpaare zwischen der Wobble-Position eines Anticodons und der Base am 3′-Ende des Codons in einer mRNA zusammengefasst. Wenn sich in der Wobble-Position zum Beispiel ein G befindet, kann dieses entweder mit C oder U (!) paaren. Bei vielen Anticodons liegt die Base in der Wobble-Position kovalent modifiziert vor. Dadurch wird die Flexibilität bezüglich der Erkennung von Codons zusätzlich erhöht. In mehreren tRNA-Molekülen kommt in der Wobble-Position zum Beispiel Inosinat (I), die am C-2 desaminierte Form von G, vor. Inosinat kann über Wasserstoffbrücken mit A, C oder U paaren (▶ *Abbildung 18.5*). Die Anwesenheit von I in der Wobble-Position (5′-Position) des Anticodons erklärt, warum $tRNA^{Ala}$ mit dem Anticodon IGC an drei verschiedene Codons, nämlich GCU, GCC und GCA, die alle Alanin codieren, binden kann (▶ *Abbildung 18.6*).

Tabelle 18.1

Mögliche Wobble-Basenpaarungen zwischen der Base in der Wobble-Position (5′-Position) des Anticodons und der Base am 3′-Ende des Codons

Nucleotid in der Wobble-Position des Anticodons	Nucleotid am 3′-Ende des Codons
C	G
A	U
U	A oder G
G	U oder C
I[a]	U, A oder C

[a] I = Inosinat.

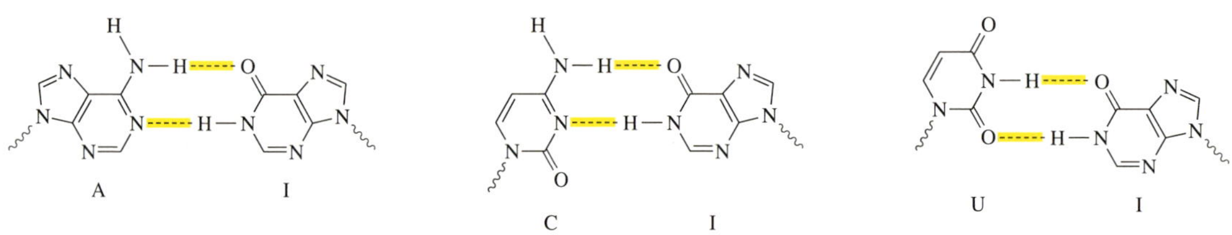

Abbildung 18.5: Inosinat-Basenpaare. In der Wobble-Position (5′-Position) von tRNA-Anticodons kommt häufig Inosinat (I) vor. Inosinat kann über Wasserstoffbrücken Basenpaare mit A, C oder U bilden. Diese Flexibilität bezüglich des Bindungspartners in einem Basenpaar ermöglicht einem tRNA-Molekül mit einem bestimmten Anticodon die Bindung an mehrere verschiedene, synonyme Codons.

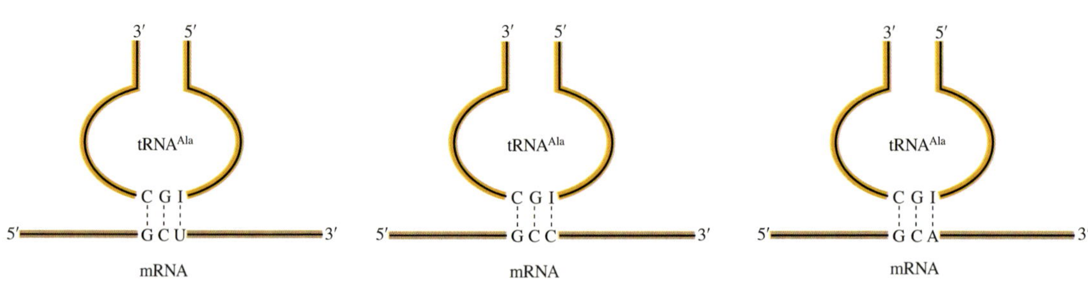

Abbildung 18.6: Basenpaarung an der Wobble-Position. Das hier gezeigte $tRNA^{Ala}$-Molekül mit dem Anticodon IGC kann an jedes der drei Codons GCU, GCC und GCA, die alle die Aminosäure Alanin (Ala) codieren, binden, weil I sowohl mit U als auch mit C und A paaren kann. Der RNA-Strang, der das Codon enthält, und der tRNA-Abschnitt, der das Anticodon aufweist, verlaufen antiparallel.

Schritt im Wesentlichen irreversibel. Im zweiten Schritt der Aminoacyl-tRNA-Synthese erfolgt die Übertragung der Aminoacylgruppe von dem aktivierten Zwischenprodukt (Aminoacyl-AMP) auf das tRNA-Molekül. Dabei wird die Aminoacylgruppe entweder mit dem 2′- oder dem 3′-Hydroxylsauerstoffatom des 3′-endständigen Adenylatrestes der tRNA über eine Esterbindung verknüpft. Auf welches der beiden Sauerstoffatome die Aminoacylgruppe übertragen wird, hängt von der spezifischen Aminoacyl-tRNA-Synthetase ab, die die Reaktion katalysiert. Erfolgt zunächst eine Übertragung auf das 2′-Sauerstoffatom, wird die Aminoacylgruppe anschließend in einem zusätzlichen Schritt zum 3′-Sauerstoffatom verschoben. Damit die Aminoacyl-tRNA als Substrat für die Proteinbiosynthese dienen kann, muss die Aminoacylgruppe an das 3′-Sauerstoffatom gebunden sein.

Unter zellulären Bedingungen ist die Bildung der Aminoacyl-tRNA-Moleküle begünstigt, sodass nur sehr kleine Konzentrationen freier, unbeladener tRNA-Moleküle auftreten. Die freie Reaktionsenthalpie der Hydrolyse eines Aminoacyl-tRNA-Moleküls entspricht etwa derjenigen der Hydrolyse einer Phosphoanhydridbindung von ATP. Die Energie, die in dem energiereichen Aminoacyl-tRNA-Molekül gespeichert ist, wird letztendlich zur Bildung einer Peptidbindung während der Proteinsynthese genutzt. Für die Aminoacylierung eines tRNA-Moleküls werden zwei ATP-Äquivalente verbraucht. Dieser Verbrauch entspricht einem Teil der Energiekosten für die Proteinbiosynthese.

18.3.2 Spezifität von Aminoacyl-tRNA-Synthetasen

Die Verknüpfung einer Aminosäure mit ihrem spezifischen tRNA-Molekül stellt einen entscheidenden Schritt bei der Übersetzung der genetischen Information in die Aminosäuresequenz eines Proteins dar. Wird die Aminosäure in diesem Schritt an die falsche tRNA angehängt, kann es zum Einbau einer falschen Aminosäure in ein Protein kommen.

Jede Aminoacyl-tRNA-Synthetase bindet ATP und wählt auf der Grundlage ihrer Ladung, Größe und Hydrophobie die richtige Aminosäure aus. Diese anfängliche Selektion führt zum Ausschluss fast aller anderen Aminosäuren. Tyrosyl-tRNA-Synthetase bindet fast ausschließlich Tyrosin und nur sehr selten Phenylalanin oder eine andere Aminosäure. Außerdem bindet ein spezifisches tRNA-Molekül an die jeweilige Synthetase. Das richtige tRNA-Molekül wird dabei von anderen tRNA-Molekülen anhand von Merkmalen, die für diese tRNA einzigartig sind, unterschieden. Insbesondere der Teil des Akzeptor-Stamms, der an der Oberfläche der Innenseite des L-förmigen tRNA-Moleküls liegt, ist an der Bindung der tRNA an die Aminoacyl-tRNA-Synthetase beteiligt (▶*Abbildung 18.8*).

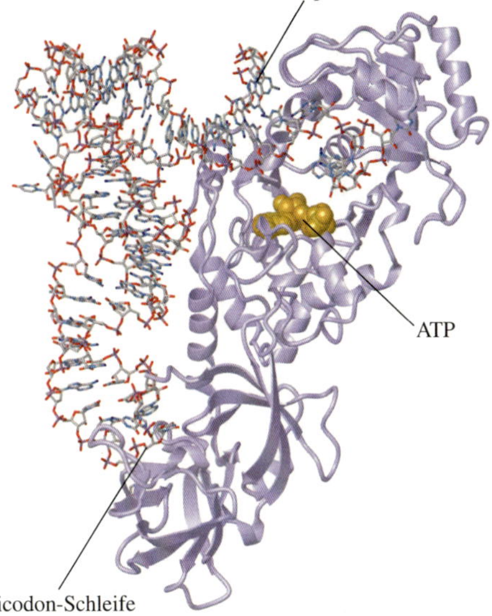

Abbildung 18.8: Strukturmodell eines tRNA^{Gln}-Moleküls aus *E. coli*, das an Glutaminyl-tRNA-Synthetase gebunden ist. Das 3′-Ende des tRNA-Moleküls ist in eine Tasche auf der Oberfläche des Enzyms eingebettet. Außerdem ist an diese Stelle ein ATP-Molekül gebunden. Dieses Enzym, eine Klasse-I-Aminoacyl-tRNA-Synthetase, tritt sowohl mit dem Akzeptor-Stamm als auch mit dem Anticodon des tRNA-Moleküls in Wechselwirkung [PDB 1QRS].

In einigen Fällen erkennt die Synthetase sowohl das Anticodon als auch den Akzeptor-Stamm der tRNA. Ein solches Beispiel ist in *Abbildung 18.8* dargestellt und illustriert den Kontakt der Glutaminyl-tRNA-Synthetase sowohl zum Akzeptor-Stamm als auch zur Anticodon-Region der tRNA^{Gln}. Andere tRNA-Moleküle werden von der Glutaminyl-tRNA-Synthetase nicht erkannt. Auf diese Weise wird sichergestellt, dass Glutamin spezifisch mit der richtigen tRNA verknüpft wird. Das Strukturmodell zeigt außerdem das ATP-Molekül, das sich im aktiven Zentrum der Synthetase in der Nähe des 3′-Endes der gebundenen tRNA befindet. Die Hälfte der 20 verschiedenen Aminoacyl-tRNA-Synthetasen ähnelt der Glutaminyl-tRNA-Synthetase. Diese Enzyme binden an einem Ende des tRNA-Moleküls an das Anticodon und aminoacylieren am anderen Ende die 2′-Hydroxylgruppe des 3′-terminalen Adenylatrestes im Akzeptor-Stamm. Durch eine anschließende Umlagerung wird die Aminoacylgruppe auf das 3′-Hydroxylsauerstoffatom des Adenylatrestes verschoben. Diese Enzyme repräsentieren die sogenannten Aminoacyl-tRNA-Synthetasen der Klasse I. Aminoacyl-tRNA-Synthetasen der Klasse II stellen häufig komplexere Multiuntereinheiten-Enzyme dar. Die Aktivität dieser Enzyme führt direkt zur Aminoacylierung der 3′-Hydroxylgruppe des 3′-terminalen Adenylatrestes im Akzeptor-Stamm. Außerdem binden sie im Gegensatz zu den Klasse-I-Synthetasen nicht an das Anticodon der tRNA. Bei allen Aminoacyl-tRNA-Synthetasen wird das 3′-Ende eines der für diese Synthetase spezifischen tRNA-Moleküle infolge der Wechselwirkungen zwischen dem Enzym und der tRNA im aktiven Zentrum des Enzyms positioniert, um dort schließlich aminoacyliert zu werden.

18.3.3 Korrekturleseaktivität von Aminoacyl-tRNA-Synthetasen

Infolge der hohen Spezifität bezüglich der Aminosäure und des tRNA-Moleküls weisen die meisten Aminoacyl-tRNA-Synthetasen bereits eine sehr niedrige Fehlerrate beim Beladen von tRNA-Molekülen mit Aminosäuren auf. Aufgrund des relativ geringen Unterschieds zwischen den chemischen Strukturen von Valin und Isoleucin kann in diesem Fall aber auch Valin im aktiven Zentrum der Isoleucyl-tRNA-Synthetase gebunden werden, wenn auch schwächer als Isoleucin (▶*Abbildung 18.9*). Isoleucyl-tRNA-Synthetase katalysiert deswegen in etwa einem Prozent der Fälle fälschlicherweise die Bildung des Valyl-Adenylat-Intermediats. Auf der Grundlage dieser Beobachtung könnte man erwarten, dass infolgedessen $tRNA^{Ile}$ unter Bildung von Valyl-$tRNA^{Ile}$ mit Valin beladen wird und in einem von 100 Fällen der Einbau von Valin anstelle von Isoleucin in Polypeptidketten erfolgt. Allerdings findet der Einbau von Valin anstelle von Isoleucin nur in weniger als einem von 10.000 Fällen statt. Diese niedrigere Fehlerrate legt den Schluss auf eine Unterscheidung zwischen den beiden Aminosäuren durch die Isoleucyl-tRNA-Synthetase noch nach der Bildung des Aminoacyl-AMP-Intermediats nahe. Tatsächlich katalysiert die Isoleucyl-tRNA-Synthetase im Anschluss an die Bildung des Intermediats einen Korrekturleseschritt. Auch wenn die Aktivität der Isoleucyl-tRNA-Synthetase in manchen Fällen zunächst fälschlicherweise zur Bildung von Valyladenylat führt, katalysiert sie im Anschluss meistens gleich wieder die Hydrolyse des Valyladenylats in Valin und AMP oder etwas später die Hydrolyse der Valyl-$tRNA^{Ile}$.

Einige Aminoacyl-tRNA-Synthetasen benötigen keine Korrekturleseaktiviät, weil ihre Substratspezifität bereits ausreichend groß ist. So unterscheiden sich zum Beispiel die Seitenketten von Tyrosin und Phenylalanin zwar nur durch eine Hydroxylgruppe, aber die Tyrosyl-tRNA-Synthetase kann die beiden Aminosäuren dennoch sehr effektiv auseinanderhalten. Die Aktivität des Enzyms führt wegen seiner hohen Substratspezifität nur in etwa einem von 100.000 Fällen fälschlicherweise zur Bildung von Phenylalanyl-$tRNA^{Tyr}$.

18.3.4 Natürliche Fehlbeladung durch Aminoacyl-tRNA-Synthetasen und Korrektur zur Synthese von Gln-$tRNA^{Gln}$ und Asn-$tRNA^{Asn}$

Einige Bakterien besitzen statt der üblichen 20 Aminoacyl-tRNA-Synthetasen nur 18 dieser Enzyme. In diesen Organismen wird natürlicherweise durch die Glutamyl-tRNA-Synthetase $tRNA^{Gln}$ mit Glutamat und durch die Aspartyl-tRNA-Synthetase $tRNA^{Asn}$ mit Asparagin fehlbeladen. Eine Korrektur findet dann an der tRNA-gebundenen Aminosäure durch eine Amidotransferase statt, die aus Glu-$tRNA^{Gln}$ und Asp-$tRNA^{Asn}$ dann mittels Amidogruppentransfer die korrekten Gln-$tRNA^{Gln}$ und Asn-$tRNA^{Asn}$ erzeugen. Es konnte gezeigt werden, dass dieser tRNA-abhängige Prozess in der Aminosäurebiosynthese von einigen Prokaryonten zur Erzeugung von Glutamin und Asparagin benutzt wird und somit eine wahrscheinlich sehr ursprüngliche Art der Glutamin- und Asparaginbildung darstellt, die in die Proteinbiosynthese übernommen wurde.

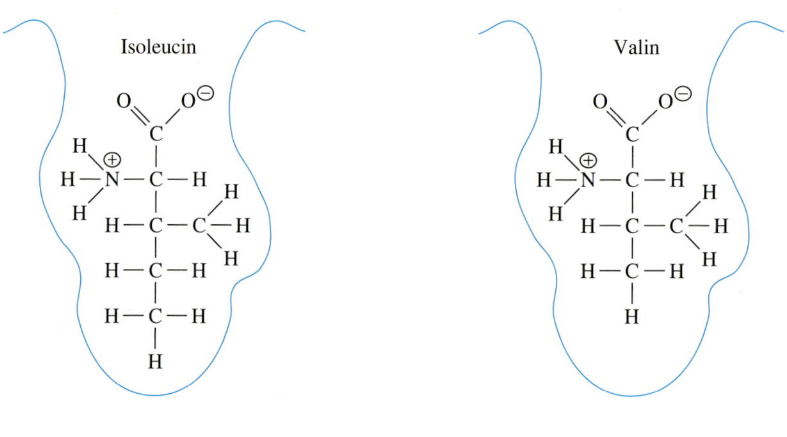

Abbildung 18.9: Modell der Substrat-Bindungsstelle der Isoleucyl-tRNA-Synthetase. Trotz der ähnlichen Struktur, Größe und Ladung von Isoleucin und Valin bindet Isoleucin etwa 100-mal besser im aktiven Zentrum der Isoleucyl-tRNA-Synthetase als Valin. Die Spezifität des Enzyms für das Substrat Isoleucin wird durch einen Korrekturleseschritt nach der Bildung des Aminoacyladenylat-Intermediats oder der Aminoacyl-tRNA nochmals deutlich erhöht, sodass die Bildung von Valyl-$tRNA^{Ile}$ weitgehend verhindert wird.

18.4 Ribosomen

Für die Proteinbiosynthese (Translation) ist ein hoch organisierter Translationskomplex erforderlich, der aus vier Komponenten besteht: (1) den Ribosomen, die die Bildung der Peptidbindungen katalysieren, (2) deren akzessorischen (Hilfs-) Proteinfaktoren, die die Ribosomen in jedem Schritt des Prozesses unterstützen, (3) die mRNA, die die genetische Information trägt und somit die Aminosäuresequenz des Proteins bestimmt, sowie (4) die Aminoacyl-tRNA-Moleküle, die die aktivierten Aminosäuren für die Synthese liefern. Die Translationsinitiation umfasst die Zusammenlagerung des Translationskomplexes am ersten Codon der mRNA. Während der Elongation der Polypeptidkette schreitet das Ribosom mit seinen assoziierten Komponenten in 5'→3'-Richtung an der mRNA-Matrize entlang. Das Polypeptid wird dabei vom N-Terminus in Richtung des C-Terminus synthetisiert. Wenn die Synthese der Polypeptidkette schließlich vollendet worden ist, zerfällt der Translationskomplex in einem separaten Terminationsschritt wieder in seine Einzelteile. Eine wichtige Folge dieses Schrittes besteht in der Freisetzung der beiden intakten ribosomalen Untereinheiten von der mRNA, die infolgedessen an der Translation weiterer Proteine teilnehmen können.

18.4.1 Der Aufbau von Ribosomen aus ribosomaler RNA und Proteinen

Alle Ribosomen enthalten zwei Untereinheiten unterschiedlicher Größe. Die Untereinheiten der Ribosomen in *E. coli* werden 30S-Untereinheit und 50S-Untereinheit genannt. Die Bezeichnungen 30S und 50S sind ursprünglich aus den Sedimentationsraten dieser Partikel abgeleitet worden (S ist die Svedberg-Einheit). Demnach stellt die 30S-Untereinheit die kleinere und die 50S-Untereinheit die größere Untereinheit dar. Die 30S-Untereinheit weist eine länglich abgeflachte, asymmetrische Gestalt mit einer Gesamtausdehnung von etwa 5,5 nm × 22 nm × 22,5 nm auf. Ein schmaler Hals verbindet den Kopf der Struktur mit der Basis, von der sich ein Vorsprung (Schulter) schräg nach oben neben den Hals erstreckt (▶*Abbildung 18.10*), sodass sich zwischen der Schulter und dem Hals eine enge Spalte befindet, in der die mRNA gebunden wird. Die ribosomale 50S-Untereinheit ist dicker und nicht so flach wie die 30S-Untereinheit. Sie weist mehrere Vorsprünge und eine Gesamtausdehnung von etwa 15 nm × 20 nm × 20 nm auf. Die 50S-Untereinheit enthält einen molekularen Tunnel mit einer Länge von ungefähr 10 nm und einem Durchmesser von etwa 2,5 nm. Der Tunnel erstreckt sich lang durch die 50S-Untereinheit und beginnt im aktiven Zentrum, in dem die Peptidbindungen gebildet werden. Die wachsende Polypeptidkette wird im Verlauf der Translation durch diesen Tunnel hindurchgeschleust. Das aktive Ribosom stellt einen 70S-Partikel dar, der durch die Zusammenlagerung einer 30S- und einer 50S-Untereinheit aufgebaut wird. Die RNA-Komponente der 30S-Untereinheit in *E. coli* ist eine 16S-rRNA aus 1542 Nucleotiden. Auch wenn ihre Länge in den verschiedenen Spezies variiert, weist diese 16S-rRNA trotzdem ausgedehnte Sekundärstrukturbereiche auf, die in den Ribosomen aller lebenden Organismen in hohem Maße konserviert sind.

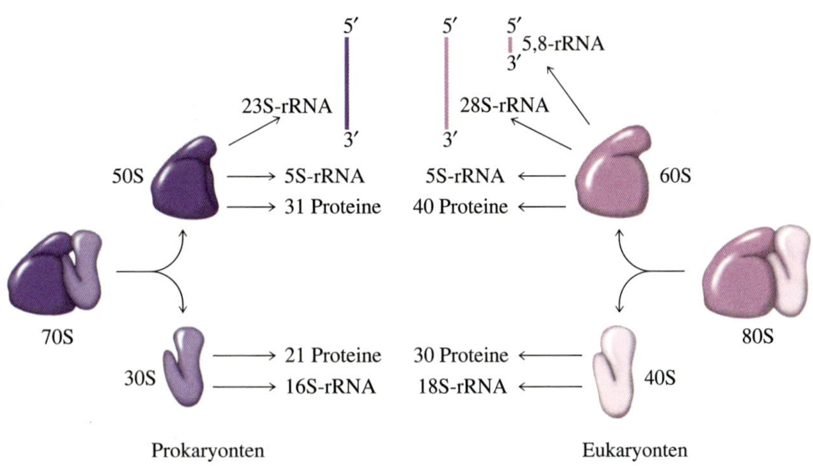

Abbildung 18.10: Vergleich von prokaryontischen und eukaryontischen Ribosomen. Beide Typen von Ribosomen bestehen aus jeweils zwei Untereinheiten, von denen jede ribosomale RNA und Proteine enthält. Die große Untereinheit des prokaryontischen Ribosoms weist zwei rRNA-Moleküle auf, eine 5S- und eine 23S-rRNA. Bei fast allen Eukaryonten kommen in der großen Untereinheit der Ribosomen dagegen drei rRNA-Moleküle vor: eine 5S-, eine 5,8S- und eine 28S-rRNA. Die Sequenz der eukaryontischen 5,8S-rRNA ähnelt der Sequenz am 5'-Ende der prokaryontischen 23S-rRNA.

Die 30S-Untereinheit enthält außerdem 21 ribosomale Proteine. In der größeren 50S-Untereinheit befinden sich zwei rRNA-Moleküle: eine 5S-rRNA aus 120 Nucleotiden und eine 23S-rRNA aus 2904 Nucleotiden. Diese beiden rRNA-Moleküle liegen in der 50S-Untereinheit mit 31 verschiedenen Proteinen assoziiert vor (▶*Abbildung 18.10*).

Die Gestalt eukaryontischer Ribosomen ähnelt derjenigen von prokaryontischen Ribosomen. Allerdings weisen die Ribosomen vieler Eukaryonten, insbesondere die von Wirbeltieren und Blütenpflanzen, eine größere und kompliziertere Struktur auf. Intakte Wirbeltier-Ribosomen sind 80S-Partikel, die aus einer 40S- und einer 60S-Untereinheit bestehen (▶*Abbildung 18.10*). Die 40S-Untereinheit zeigt große Analogien zur prokaryontischen 30S-Untereinheit. Sie ist aus etwa 30 Proteinen und einem einzelnen 18S-rRNA-Molekül zusammengesetzt. Die große 60S-Untereinheit enthält etwa 40 Proteine und drei ribosomale RNA-Moleküle: eine 5S-rRNA, eine 28S-rRNA und eine 5,8S-rRNA. Die 5,8S-rRNA ist etwa 160 Nucleotide lang und ihre Sequenz ähnelt der Sequenz des 5′-Endes der prokaryontischen 23S-rRNA. Aus dieser Ähnlichkeit kann man auf einen gemeinsamen Vorfahren der 5,8S-rRNA und dem 5′-Ende der prokaryontischen 23S-rRNA sowie auf eine Fusion oder eine Aufspaltung von rRNA-Genen im Verlauf der Evolution schließen. Sowohl prokaryontische als auch eukaryontische Genome enthalten viele Kopien der ribosomalen RNA-Gene. Die Kombination aus einer großen Anzahl von Genkopien und starken Promotoren ermöglicht den Zellen die Aufrechterhaltung einer hohen Produktivität der Proteinbiosynthese. Eukaryontische rRNA-Gene werden durch die Aktivität der RNA-Polymerase I transkribiert. Die rRNA-Gene treten in Gruppen von Hunderten hintereinander angeordneten Kopien auf. In den meisten Eukaryonten liegen diese Gene im Nucleolus konzentriert vor. Dort erfolgen auch die Prozessierung der rRNA-Vorläufer und die zumindest teilweise Zusammensetzung der Ribosomenuntereinheiten. In Prokaryonten findet die rRNA-Prozessierung, wie in ▶*Abbildung 18.11* für die *E. coli*-30S-Untereinheit dargestellt ist, mit der Zusammenlagerung der Ribosomenuntereinheiten gekoppelt statt. Viele der ribosomalen Proteine binden spezifisch an Sekundärstrukturbereiche der 16S-rRNA. Andere ribosomale Proteine bilden nur Protein-Protein-Kontakte und werden nur in den Komplex eingebaut, wenn bereits andere ribosomale Proteine vorhanden sind.

In ▶*Abbildung 18.12* sind die Strukturen der ribosomalen 30S-Untereinheit aus dem Bakterium *Thermus thermophilus* und der 50S-Untereinheit aus dem Archaeon *Haloarcula marismortui* dargestellt. Der größte Teil der Masse der 30S-Untereinheit wird von der 16S-rRNA beigesteuert, die zu einer kompakten Struktur mit vielen Regionen doppelsträngiger RNA gefaltet ist. Die ribosomalen Proteine binden an die äußere Oberfläche der RNA bzw. in Furchen oder Spalten zwischen den einzelnen Sekundärstrukturbereichen der RNA.

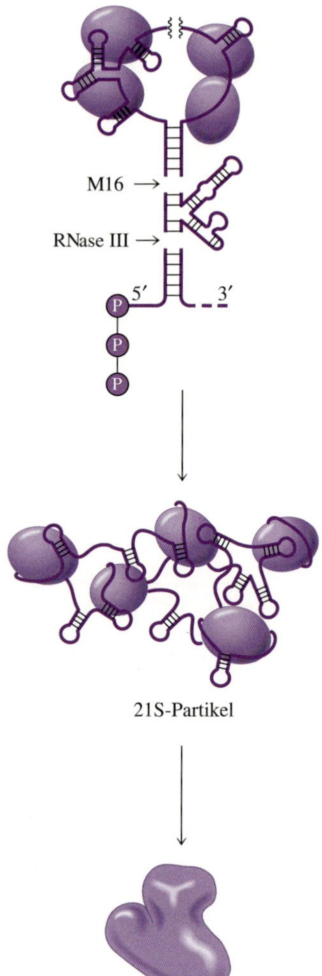

Abbildung 18.11: Reifung der 16S-rRNA und Zusammensetzung der ribosomalen 30S-Untereinheit in *E. coli*. Die Zusammensetzung der ribosomalen 30S-Untereinheit beginnt mit der Bindung von sechs oder sieben ribosomalen Proteinen (nicht alle einzeln dargestellt) an den 16S-rRNA-Vorläufer, während dieser noch transkribiert wird. Durch die anschließende Prozessierung der 16S-rRNA wird ein 21S-Partikel gebildet, der durch Konformationsänderungen und die Anlagerung der restlichen Proteine in die 30S-Untereinheit des Ribosoms umgewandelt wird.

Die Zusammensetzung der bakteriellen 50S-Untereinheit sowie der eukaryontischen 40S- und 60S-Untereinheiten findet ebenfalls bereits parallel zur Prozessierung der rRNA-Vorläufer statt.

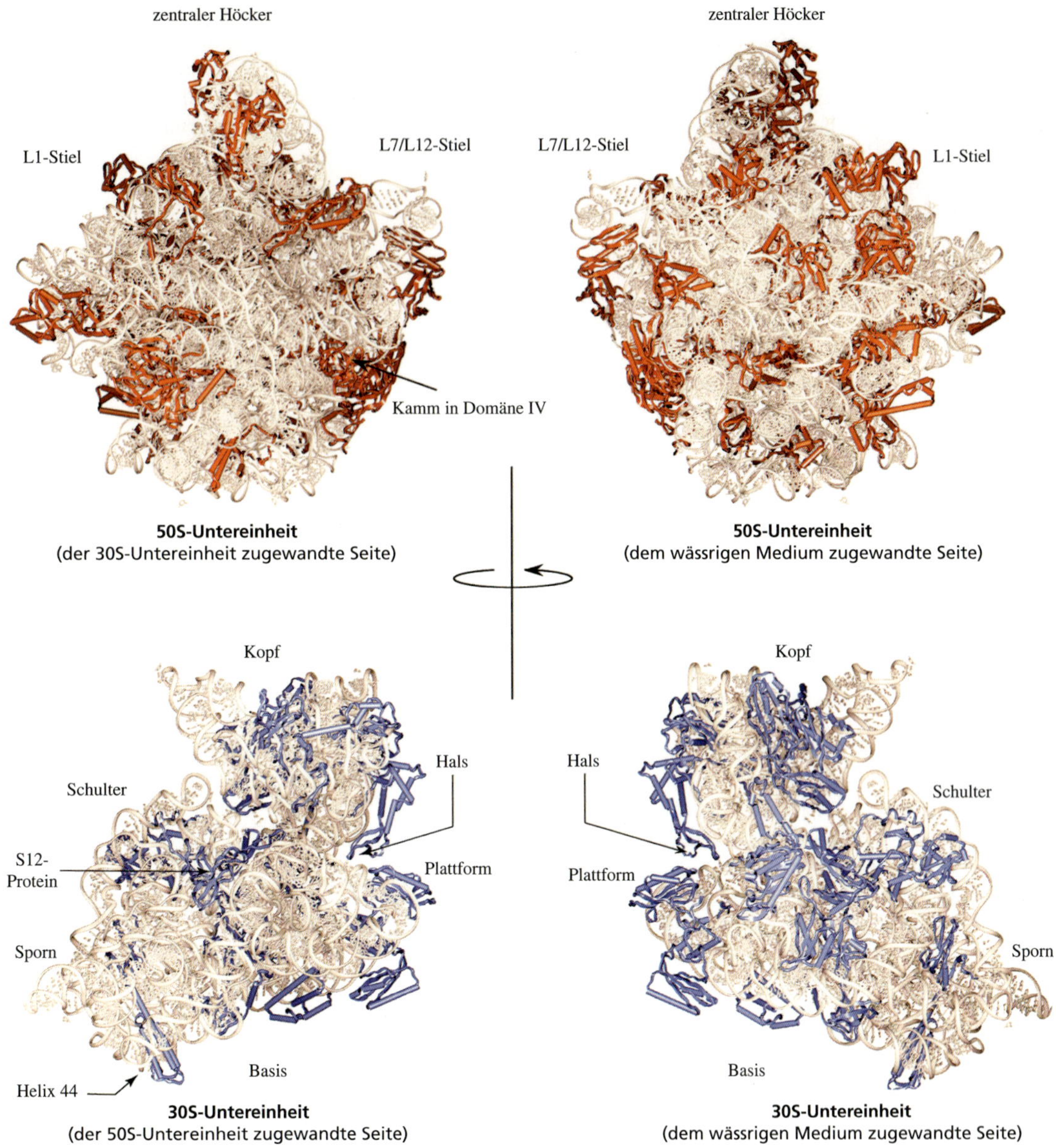

Abbildung 18.12: Dreidimensionale Strukturen der 50S-Untereinheit aus *H. marismortui* (oben) und der 30S-Untereinheit aus *T. thermophilus* (unten). Die RNA ist in allen Untereinheiten weiß dargestellt, während die ribosomalen Proteine orange (50S) oder blau (30S) hervorgehoben sind.

18.4.2 Aminoacyl-tRNA-Bindungsstellen in Ribosomen

Als Substrate für die Bildung der Peptidbindungen während der Translation dienen nicht freie Aminosäuren, sondern die relativ großen Aminoacyl-tRNA-Moleküle. Im Ribosom müssen jeweils zwei Aminoacyl-tRNA-Moleküle so nebeneinander angeordnet werden, dass ihre Anticodons mit den korrekten benachbarten Codons in der mRNA in Wechselwirkung treten. Die aminoacylierten Enden dieser beiden tRNA-Moleküle werden dadurch im aktiven Zentrum zur Bildung der Peptidbindung positioniert. Das Ribosom muss außerdem die mRNA und die wachsende Polypeptidkette in Position halten und Stellen für die Bindung mehrerer Proteinfaktoren während der Translation besitzen. Die Notwendigkeit zur simultanen Erfüllung all dieser Aufgaben erklärt zumindest zum Teil, warum Ribosomen so große Komplexe sind. Die Orientierung der beiden acylierten tRNA-Moleküle, der wachsenden Polypeptidkette sowie der mRNA während der Translation im Ribosom ist in ▸*Abbildung 18.13a* dar-

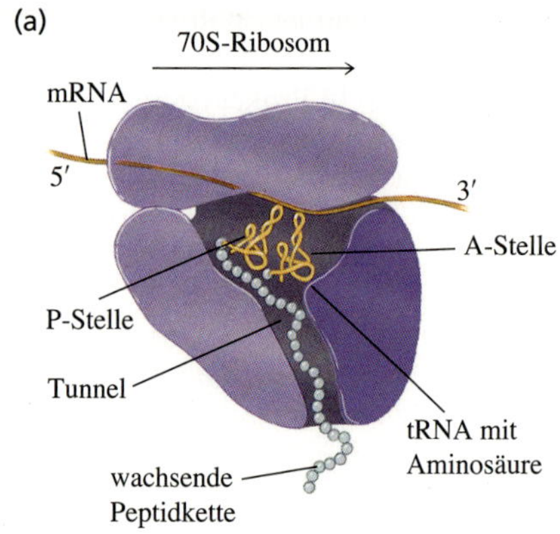

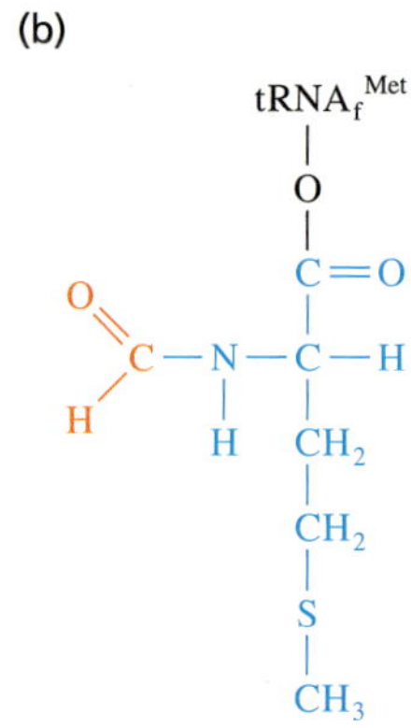

Abbildung 18.13: tRNA-Bindung zum Ribosom. (a) Bindungsstellen für tRNA-Moleküle in einem prokaryontischen Ribosom. Während der Translation besetzt das tRNA-Molekül, mit dem die wachsende Polypeptidkette gerade verknüpft ist, die P-Stelle (Peptidyl-Stelle) und die in jedem Polymerisationsschritt neu hinzugetretene Aminoacyl-tRNA die A-Stelle (Aminoacyl-Stelle). Die wachsende Polypeptidkette wird im Verlauf der Translation durch den Tunnel innerhalb der großen ribosomalen Einheit hindurchgeleitet. Die E-Stelle ist nicht dargestellt. (b) Chemische Struktur der an tRNA$_f^{Met}$ gebundenen *N*-Formylmethionylgruppe in fMethionyl-tRNA$_f^{Met}$. Die *N*-Formylgruppe (rot) wurde durch die Aktivität einer Formyltransferase von 10-Formyltetrahydrofolat auf die Aminogruppe der Methionylgruppe (blau) der Methionyl-tRNA$_f^{Met}$ übertragen.

gestellt. Die naszierende Polypeptidkette liegt kovalent mit einem der tRNA-Moleküle zu einer Peptidyl-tRNA verknüpft vor, die an der sogenannten P-Stelle (Peptidyl-Stelle) gebunden ist. Das zweite tRNA-Molekül, die in jedem Polymerisationsschritt neu hinzugetretene Aminoacyl-tRNA, ist daneben mit der A-Stelle (Aminoacyl-Stelle) assoziiert. Die wachsende Polypeptidkette wird während der Translation durch den Tunnel innerhalb der großen ribosomalen Untereinheit geschleust und tritt auf der anderen Seite aus dem Ribosom aus. Außerdem wurde eine weitere tRNA-Bindungsstelle identifiziert, in der die deaminoacylierten tRNA-Moleküle binden, bevor sie aus dem Ribosom freigesetzt werden. Diese Stelle wird E-Stelle (Exit-Stelle) genannt. Ein Ribosom weist demnach drei tRNA-Bindungsstellen auf *(Drei-Stellen-Modell)*, die unterschiedliche Rollen bei der Translation spielen.

18.5 Initiation der Translation

Die Initiation der Proteinbiosynthese beinhaltet die Zusammenlagerung eines Translationskomplexes am Anfang einer proteincodierenden Sequenz eines mRNA-Moleküls. Dieser Komplex besteht aus den beiden ribosomalen Untereinheiten, der zu translatierenden mRNA-Matrize, einem Initiator-tRNA-Molekül sowie mehreren akzessorischen Proteinen, den sogenannten Initiationsfaktoren (IF). In diesem entscheidenden Initiationsschritt wird sichergestellt, dass das richtige Startcodon und somit das richtige Leseraster zu Beginn der Translation ausgewählt wird.

18.5.1 Initiator-tRNA

Das erste Codon einer mRNA, das translatiert wird, das Initiationscodon, weist in der Regel die Sequenz AUG auf. Jede Zelle enthält mindestens zwei Typen von Methionyl-tRNA^{Met}-Molekülen, die AUG-Codons erkennen können. Der eine Typ kommt ausschließlich an Initiationscodons zum Einsatz und wird deswegen auch Initiator-tRNA genannt. Der andere Typ bindet nur an AUG-Codons innerhalb der codierenden Region. Obwohl diese tRNA^{Met}-Typen unterschiedliche Nucleotidsequenzen und Funktionen besitzen, werden beide durch die gleiche Methionyl-tRNA-Synthetase aminoacyliert. In Bakterien dient tRNA$_f^{Met}$ als Initiator-tRNA. Die beladene Initiator-tRNA, also Methionyl-tRNA$_f^{Met}$, wird durch die Aktivität einer Formyltransferase, die die Übertragung einer Formylgruppe von 10-Formyltetrahydrofolat auf die Aminogruppe der Methionylgruppe katalysiert, unter Bildung von *N*-Formylmethionyl-tRNA$_f^{Met}$ (fMet-tRNA$_f^{Met}$) formyliert (▶*Abbildung 18.13b*). Der Index *f* in tRNA$_f^{Met}$ steht also für *Formyl-*. Eukaryonten und Archaeen nutzen tRNA$_i^{Met}$ als Initiator-tRNA. In diesem Fall bedeutet der Index *i* einfach nur *Initiator*, denn die Methionylgruppe, mit der die Translation in diesen Organismen beginnt, liegt *nicht* formyliert vor.

In Bakterien wird *N*-Formylmethionin, in anderen Organismen Methionin als erste Aminosäure in jede Polypeptidkette eingebaut. Nachdem die Proteinbiosynthese in Gang gesetzt worden ist, kann der N-terminale Methioninrest entweder deformyliert oder vollständig von der Polypeptidkette entfernt werden.

18.5.2 Zusammenlagerung des Intiationskomplexes am Initiationscodon

Die Unterteilung eines mRNA-Moleküls durch die verschiedenen Leseraster ergibt unterschiedliche Codon-Sequenzen, sodass nur eines der Leseraster zur Synthese des korrekten Polypeptids führt. Aus diesem Grund ist die Festlegung des richtigen Leserasters während der Initiation der Translation für die zutreffende Übersetzung der genetischen Information im mRNA-Molekül in die Aminosäuresequenz des Proteins von entscheidender Bedeutung. Eine Verschiebung des Leserasters um nur ein einziges Nucleotid würde zu einer vollständig anderen Sequenz des gesamten Polypeptids und zu einem nicht funktionsfähigen Protein führen. Die Translationsmaschinerie muss deswegen während der Initiation so positioniert werden, dass die Proteinsynthese exakt am Initiationscodon beginnt. Ein Ribosom muss zwischen dem einzelnen Initiations-AUG-Codon und allen anderen AUG-Codons, an denen die Translation nicht beginnen darf, unterscheiden können. Die anderen AUG-Codons spezifizieren im korrekten Leseraster Methionreste innerhalb der Polypeptidkette, während sie in einem falschen Leseraster ganz andere Aminosäuren codieren würden (▸*Abbildung 18.13b*). Das Initiationscodon wird in der Regel *nicht* einfach durch die ersten drei Nucleotide der mRNA gebildet. Stattdessen kann es sogar viele Nucleotide stromabwärts des 5′-Endes der mRNA liegen. In Prokaryonten beruht die Auswahl des Translationsstartpunktes auf Wechselwirkungen zwischen der kleinen Untereinheit des Ribosoms und der mRNA-Matrize. Die ribosomale 30S-Untereinheit bindet an eine purinreiche Region der mRNA, die sich in kurzem Abstand stromaufwärts vom Initiationscodon befindet. Diese Region, die als Shine-Dalgarno-Sequenz bezeichnet wird, ist zu einem pyrimidinreichen Abschnitt am 3′-Ende der 16S-rRNA in der kleinen ribosomalen Untereinheit komplementär. Während der Zusammenlagerung des Initiationskomplexes bilden diese komplementären Nucleotidsequenzen durch Basenpaarungen einen doppelsträngigen RNA-Abschnitt. Dadurch wird die mRNA in einer Position, die durch die Komplementarität der Shine-Dalgarno-Sequenz in der mRNA zu dem Abschnitt am 3′-Ende der 16S-rRNA exakt festgelegt wird, an die 30S-Untereinheit gebunden. Infolgedessen wird das Initiationscodon schließlich genau in der P-Stelle des Ribosoms positioniert (▸*Abbildung 18.14*). Weil Shine-Dalgarno-Sequenzen nicht in einem passenden Abstand stromaufwärts von Methionin-Codons innerhalb der proteincodierenden Region der mRNA vorkommen, lagert sich der vollständige Initiationskomplex ausschließlich am Initiationscodon zusammen.

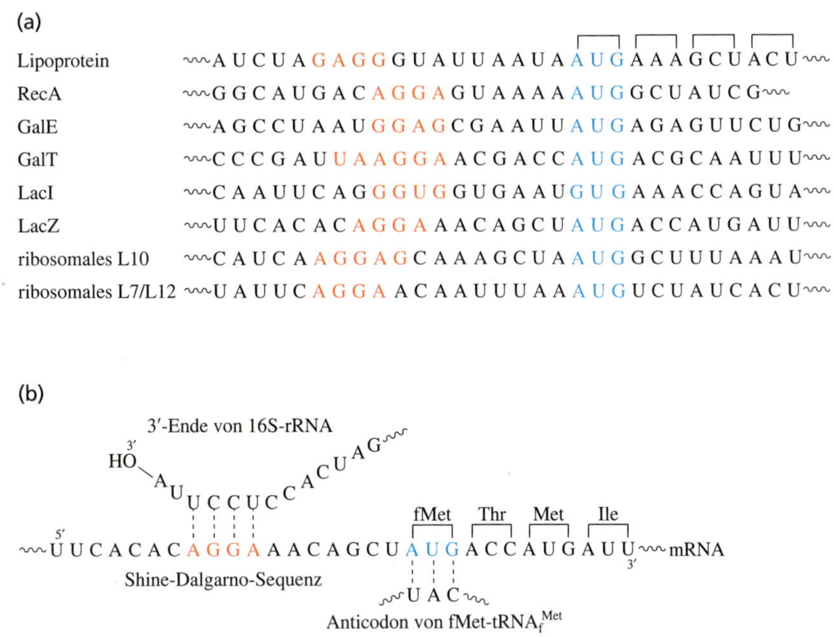

Abbildung 18.14: Shine-Dalgarno-Sequenzen in mRNA-Molekülen aus *E. coli*. (a) Bindungsstellen für die 16S-rRNA der ribosomalen 30S-Untereinheit am 5′-Ende der mRNA mehrerer *E. coli*-Proteine. Die Shine-Dalgarno-Sequenz (rot) befindet sich jeweils in kurzem Abstand stromaufwärts des Initiationscodons (blau). (b) Komplementäre Basenpaarungen zwischen einem Abschnitt nahe dem 3′-Ende der 16S-rRNA und der Shine-Dalgarno-Sequenz in der Nähe des 5′-Endes eines mRNA-Moleküls. Die Bindung der Shine-Dalgarno-Sequenz an die komplementäre Sequenz nahe des 3′-Endes der 16S-rRNA gewährleistet die Festlegung des korrekten Leserasters für die Translation durch die exakte Positionierung des Initiationscodons in der P-Stelle des Ribosoms.

18.5.3 Initiationsfaktoren

Neben dem Ribosom, der Initiator-tRNA und der mRNA sind für die Bildung des Initiationskomplexes außerdem mehrere Initiationsfaktoren (IF) erforderlich. Prokaryonten enthalten drei Initiationsfaktoren, die IF-1, IF-2 und IF-3 genannt werden. In Eukaryonten kommen mindestens acht Initiationsfaktoren vor, die sogenannten eukaryontischen Initiationsfaktoren (eIF). Sowohl in Prokaryonten als auch in Eukaryonten unterstützen die Initiationsfaktoren die Zusammensetzung des Translationskomplexes am Initiationscodon. Eine der Rollen von IF-3 besteht darin, die ribosomalen Untereinheiten zunächst getrennt zu halten, indem er an die kleinere 30S-Untereinheit bindet. Die beiden ribosomalen Untereinheiten binden separat an den Initiationskomplex und die Assoziation von IF-3 mit der 30S-Untereinheit verhindert die vorzeitige Bildung des fertigen 70S-Ribosoms aus der 30S- und der 50S-Untereinheit, durch die die Anlagerung der anderen Komponenten des Initiationskomplexes an die 30S-Untereinheit blockiert würde. IF-3 unterstützt außerdem die Positionierung des Initiationscodons und der fMet-tRNA$_f^{Met}$ in der P-Stelle des Ribosoms. IF-2 dient zur Selektion eines Initiator-tRNA-Moleküls aus dem Pool der aminoacylierten tRNA-Moleküle in der Zelle. Durch die Bindung eines GTP-Moleküls entsteht ein IF-2–GTP-Komplex, der spezifisch eine Initiator-tRNA, aber keines der anderen Aminoacyl-tRNA-Moleküle bindet. Der dritte Initiationsfaktor, IF-1, assoziiert mit der ribosomalen 30S-Untereinheit und unterstützt die Wirkungen von IF-2 und IF-3. Nachdem der 30S-Initiationskomplex am Initiationscodon gebildet worden ist, lagert sich auch die ribosomale 50S-Untereinheit an den

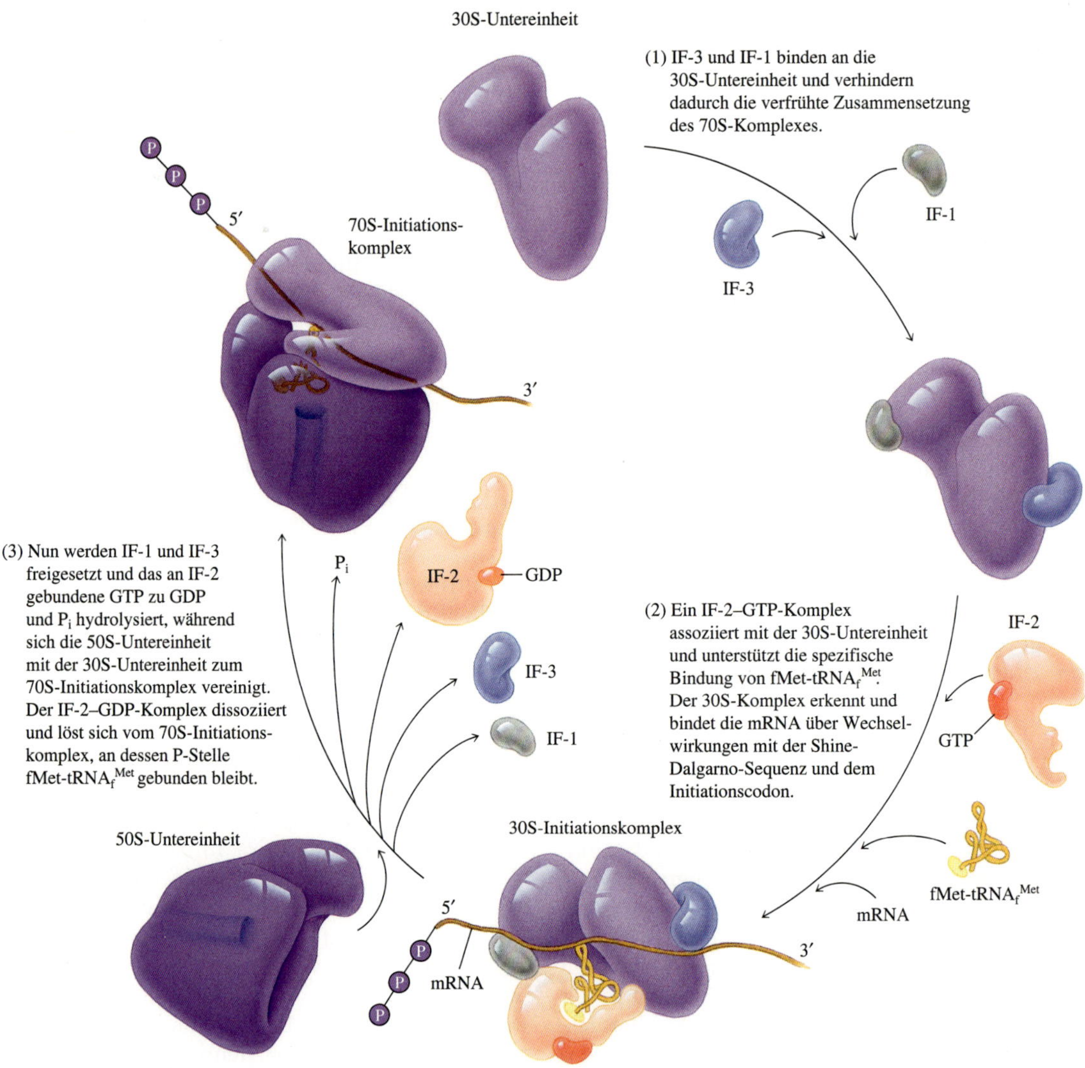

Abbildung 18.15: Bildung des prokaryontischen 70S-Initiationskomplexes.

30S-Initiationskomplex an. Anschließend wird das an IF-2 gebundene GTP hydrolysiert und P_i wird freigesetzt. Wenn das GTP hydrolysiert wird, dissoziieren die Initiationsfaktoren vom Initiationskomplex und der 70S-Initiationskomplex kann seine endgültige Form annehmen. IF-2–GTP wird durch den Austausch des gebundenen GDP gegen GTP aus IF-2–GDP regeneriert. Die einzelnen Schritte der Bildung des 70S-Initiationskomplexes werden in ▸*Abbildung 18.15* noch einmal verdeutlicht.

Die Rolle der prokaryontischen Initiationsfaktoren besteht in der Sicherstellung einer korrekten Positionierung der aminoacylierten Initiator-tRNA (fMet-$tRNA_f^{Met}$) am Initiationscodon der mRNA. Die Initiationsfaktoren vermitteln außerdem die Bildung eines vollständigen Initiationskomplexes durch die Zusammensetzung eines 70S-Ribosoms, in dem das Initiationscodon in der P-Stelle positioniert ist.

18.5.4 Initiation der Translation in Eukaryonten

Einer der wichtigsten Initiationsfaktoren in Eukaryonten ist der eukaryontische Initiationsfaktor 4 (eIF-4). Dieser Faktor, der auch unter der Bezeichnung Kappenbindungsprotein (CBP, engl. *cap binding protein*) bekannt ist, bindet spezifisch an die 7-Methylguanylat-Kappe, die sich am 5′-Ende jedes eukaryontischen mRNA-Moleküls befindet. Die Bindung von eIF-4 an die 5′-Kappe führt zur Bildung eines Präinitiationskomplexes durch die zusätzliche Anlagerung der ribosomalen 40S-Untereinheit, der aminoacylierten Initiator-tRNA und mehrerer anderer Initiationsfaktoren. Der Präinitiationskomplex wandert dann in 5′→3′-Richtung an der mRNA entlang, bis er auf ein Initiationscodon trifft. Dann wird die kleine ribosomale Untereinheit so positioniert, dass die Initiator-tRNA, Met-$tRNA_i^{Met}$, in der P-Stelle mit ihrem Anticodon an das Initiationscodon bindet. Im abschließenden Schritt tritt die ribosomale 60S-Untereinheit hinzu, um den vollständigen 80S-Initiationskomplex zu bilden, während die Initiationsfaktoren freigesetzt werden. Die Dissoziation des Initiationsfaktors eIF-2, des eukaryontischen Gegenstücks zum prokaryontischen IF-2, vom Initiationskomplex ist auch bei Eukaryonten mit der Hydrolyse des gebundenen GTP verbunden. Eukaryontische mRNA-Moleküle besitzen keine charakteristischen Shine-Dalgarno- oder analoge Sequenzen, die als Bindungsstellen für die Komponenten des Initiationskomplexes unmittelbar am Initiationscodon dienen. Stattdessen stellt einfach das erste AUG-Codon, auf das der Präinitiationskomplex bei seiner Wanderung entlang der mRNA ausgehend von deren 5′-Ende trifft, das Initiationscodon dar. Da der normale Mechanismus der Auswahl des Initiationscodons durch die Absuche der mRNA ausgehend vom 5′-Ende nach dem ersten AUG-Codon nur ein Initiationscodon pro mRNA-Molekül ermöglicht, codieren eukaryontische mRNA-Moleküle jeweils nur ein Polypeptid. Solche mRNA-Moleküle werden als monocistronisch bezeichnet. Im Gegensatz dazu enthalten prokaryontische mRNA-Moleküle häufig codierende Regionen für mehrere Polypeptide in einem einzelnen mRNA-Molekül. Jede dieser proteincodierenden Regionen beginnt mit einem Initiationscodon, das mit einer in kurzem Abstand stromaufwärts liegenden Shine-Dalgarno-Sequenz verbunden ist. mRNA-Moleküle, die mehrere Polypeptide codieren, werden polycistronisch genannt.

18.6 Die Elongation

Am Ende der Initiationsphase liegt die mRNA so im Ribosom positioniert vor, dass die Elongationsphase der Proteinsynthese mit der Translation des nächsten Codons nach dem Initiationscodon beginnen kann. Zu diesem Zeitpunkt besetzt die Initiator-tRNA die P-Stelle im Ribosom, während die A-Stelle zur Aufnahme eines Aminoacyl-tRNA-Moleküls, das zu dem nächsten Codon nach dem Initiationscodon passt, bereit ist. Im Verlauf der Kettenverlängerung (Elongation) wird jede zusätzliche Aminosäure in einem dreistufigen Zyklus, dem sogenannten Elongationszyklus, an das C-terminale Ende der wachsenden Polypeptidkette angehängt. Jeder Elongationszyklus umfasst drei Schritte. Zuerst die Positionierung und Bindung der korrekten Aminoacyl-tRNA an der A-Stelle des Ribosoms. Dann die Bildung der neuen Peptidbindung. Und schließlich die Verschiebung der mRNA um ein Codon relativ zum Ribosom, die sogenannte Translokation. Dabei werden die an der P- und A-Stelle gebundenen tRNA-Moleküle zusammen mit der mRNA ebenfalls transloziert. Im Vergleich zu den Enzymen, die die DNA-Replikation katalysieren, arbeitet die Translationsmaschinerie relativ langsam. Proteine werden nur mit einer Geschwindigkeit von etwa 18 Aminosäureresten pro Sekunde aufgebaut, während bakterielle Replisomen DNA mit einer Geschwindigkeit von etwa 1000 Nucleotiden pro Sekunde synthetisieren. Dieser Geschwindigkeitsunterschied beruht zum Teil auf dem unterschiedlich großen Aufwand, der notwendig ist, um einerseits vier Typen von Nucleotiden zu den richtigen Nucleinsäuren und andererseits 20 Typen von Aminosäuren zu den korrekten Proteinen zu polymerisieren. Das Testen und wieder Ausstoßen falscher Aminoacyl-tRNA-Moleküle nimmt insgesamt schon allein wegen der größeren Zahl verschiedener Aminoacyl-tRNA-Moleküle im Vergleich zur Anzahl von unterschiedlichen Nucleotiden mehr Zeit in Anspruch.

Die Transkription findet in Prokaryonten mit einer Geschwindigkeit von annähernd 55 Nucleotiden pro Sekunde statt. Dies entspricht etwa 18 Codons pro Sekunde und somit der Geschwindigkeit, mit der die mRNA auch translatiert wird, da jedes Codon eine Aminosäure codiert. In Bakterien erfolgt die Initiation der Translation, sobald das 5′-Ende der mRNA inklusive des Initiationscodons synthetisiert worden und aus dem Transkriptionskomplex ausgetreten ist, sodass die Translation zum großen Teil bereits parallel zur noch ablaufenden Transkription durchgeführt wird. Diese enge Kopplung von Transkription und Translation ist in Eukaryonten nicht möglich, weil die beiden Prozesse in verschiedenen Kompartimenten der Zelle stattfinden, nämlich im Zellkern und im Cytoplasma. Eukaryontische mRNA-Moleküle müssen noch im Zellkern prozessiert, also dem Capping, dem Spleißprozess und der Polyadenylierung unterzogen werden, bevor sie zur Translation ins Cytoplasma exportiert werden. Eine *E. coli*-Zelle enthält etwa 20.000 Ribosomen, während viele große eukaryontische Zellen sogar mehrere Hunderttausend Ribosomen aufweisen können. Große mRNA-Moleküle können sowohl in Pro- als auch in Eukaryonten von vielen Translationskomplexen gleichzeitig translatiert werden. Währenddessen bilden sich sogenannte Polysomen, also von vielen Ribosomen gleichzeitig besetzte mRNA-Moleküle. Die Anzahl der an ein mRNA-Molekül zur gleichen Zeit gebundenen Ribosomen hängt von der Länge des mRNA-Moleküls und von der Effizienz der Translationsinitiation ab. Bei maximaler Effizienz der Initiation der Translation beträgt der Abstand zwischen zwei benachbarten Translationskomplexen in einem Polysom etwa 100 Nucleotide. In einer *E. coli*-Zelle wird jedes mRNA-Molekül während seiner Lebensdauer im Durchschnitt 30-mal translatiert, wodurch die in ihm gespeicherte genetische Information demzufolge um den Faktor 30 verstärkt wird.

18.6.1 Bindung der Aminoacyl-tRNA in der A-Stelle

Zu Beginn des ersten Elongationszyklus ist die A-Stelle des Ribosoms frei, während die P-Stelle mit der aminoacylierten Initiator-tRNA besetzt vorliegt. Der erste Schritt der Kettenverlängerung besteht in der Bindung eines korrekten Aminoacyl-tRNA-Moleküls in der A-Stelle des Ribosoms. In Bakterien wird dieser Schritt durch einen Elongationsfaktor (EF) namens EF-Tu katalysiert. EF-Tu ist ein monomeres Protein, das unter anderem eine Bindungsstelle für GTP aufweist. Jede *E. coli*-Zelle enthält etwa 135.000 Moleküle EF-Tu, sodass dieser Elongationsfaktor eines der häufigsten Proteine in der Zelle darstellt.

EF-Tu–GTP assoziiert mit einem Aminoacyl-tRNA-Molekül zu einem ternären Komplex (▶*Abbildung 18.16*), der genau in die A-Stelle eines Ribosoms passt. *In vivo* liegen fast alle Aminoacyl-tRNA-Moleküle in solchen ternären Komplexen vor. Die Struktur von EF-Tu ähnelt derjenigen des Initiationsfaktors IF-2, der ebenfalls GTP binden kann, und anderen G-Proteinen. Diese Beobachtung legt den Schluss nahe, dass diese Moleküle alle von einem gemeinsamen Urprotein abstammen.

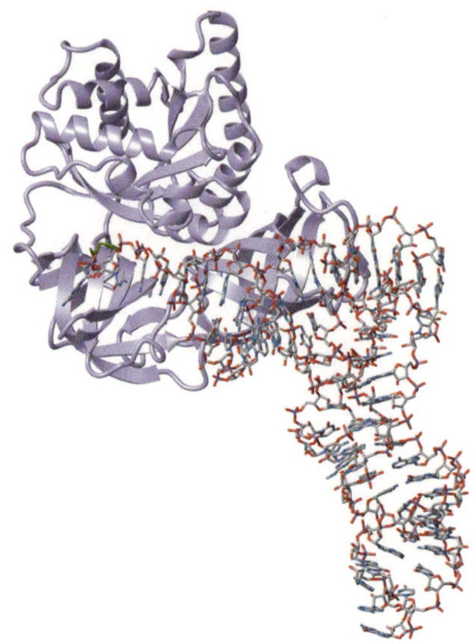

Abbildung 18.16: Strukturmodell eines Komplexes aus EF-Tu und einer Aminoacyl-tRNA. Der EF-Tu–GTP-Komplex (Bändermodell, GTP ist nicht dargestellt) bindet an das Ende des Akzeptor-Stamms der aminoacylierten tRNA (Stabmodell). In diesem Fall handelt es sich um Phenylalanyl-tRNA^{Phe}. Der Phenylalanylrest ist grün dargestellt.

Der EF-Tu–GTP-Komplex erkennt gemeinsame Merkmale in den Tertiärstrukturen von tRNA-Molekülen und bindet fest an alle Aminoacyl-tRNA-Moleküle, nur nicht an fMet-tRNA$_f^{Met}$. Das fMet-tRNA$_f^{Met}$-Molekül unterscheidet sich von allen anderen Aminoacyl-tRNA-Molekülen durch die charakteristische Sekundärstruktur seines Akzeptor-Stamms. Ein ternärer EF-Tu–GTP–Aminoacyl-tRNA-Komplex kann frei in die A-Stelle des Ribosoms hineindiffundieren. Wenn sich zwischen dem aktuellen Codon der mRNA in der A-

Stelle und dem Anticodon der Aminoacyl-tRNA korrekte Basenpaarungen bilden können, wird der ternäre Komplex in der A-Stelle gebunden. EF-Tu–GTP kann nun mit verschiedenen Stellen des Ribosoms und der tRNA in der P-Stelle in Wechselwirkung treten (▶*Abbildung 18.17*). Diese Wechselwirkungen fördern die Hydrolyse des gebundenen GTP zu GDP und P_i. Infolge der GTP-Hydrolyse wird eine Konformationsänderung des EF-Tu–GDP-Komplexes hervorgerufen, die zur Freisetzung der Aminoacyl-tRNA aus dem ternären Komplex führt. EF-Tu–GDP dissoziiert anschließend vom Elongationskomplex, aber die Aminoacyl-tRNA bleibt über die Basenpaarungen zwischen ihrem Anticodon und dem mRNA-Codon in der A-Stelle des Ribosoms gebunden, wo sie für die folgende Bildung der Peptidbindung positioniert wird.

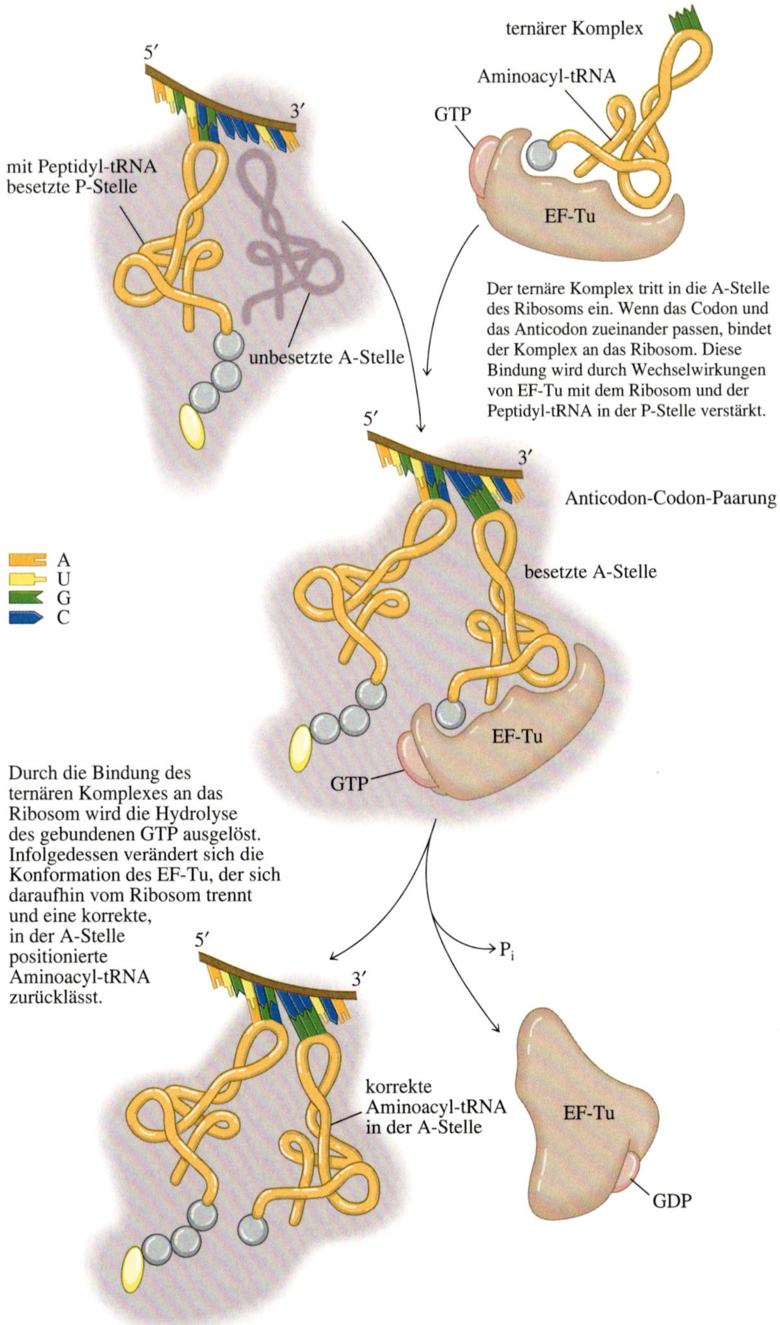

Abbildung 18.17: Durch den Elongationsfaktor EF-Tu vermittelte Bindung einer Aminoacyl-tRNA in der A-Stelle eines Ribosoms während der Elongation in *E. coli*.

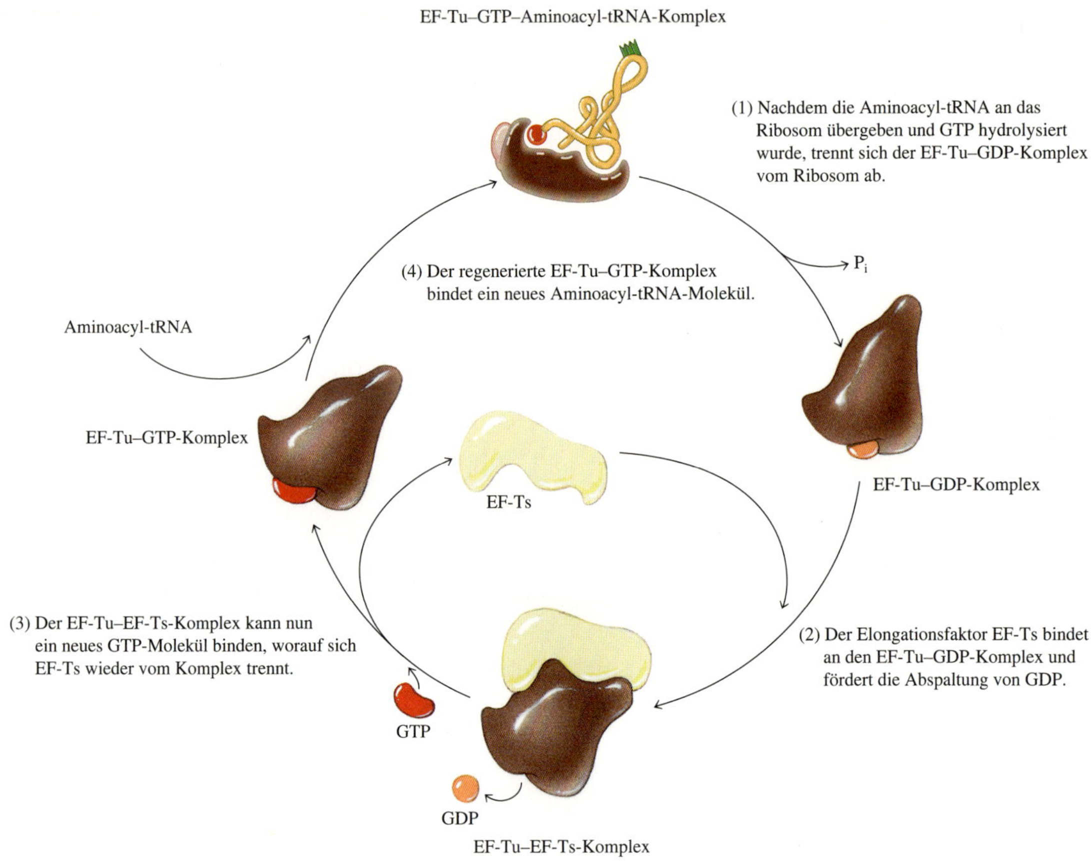

Abbildung 18.18: EF-Tu–GTP/EF-Tu–GDP-Zyklus.

Der EF-Tu–GDP-Komplex kann kein neues Aminoacyl-tRNA-Molekül binden. Zuvor muss das GDP gegen GTP ausgetauscht werden. Dieser Austausch wird durch einen weiteren Elongationsfaktor namens EF-Ts katalysiert (▶*Abbildung 18.18*). Für jedes Aminoacyl-tRNA-Molekül, das erfolgreich in der A-Stelle des Ribosoms positioniert wird, erfolgt die Hydrolyse eines GTP-Moleküls.

18.6.2 Transpeptidierung – Bildung der neuen Peptidbindung

Durch die Bindung einer korrekten Aminoacyl-tRNA in der A-Stelle wird deren freie Aminogruppe in der Nähe der Carbonylgruppe der Esterbindung zwischen dem 3′-Ende der tRNA und der Aminoacylgruppe der Peptidyl-tRNA, die in der benachbarten P-Stelle gebunden ist, positioniert. Der anschließende nucleophile Angriff durch das freie Elektronenpaar am Stickstoffatom dieser Aminogruppe auf das Carbonylkohlenstoffatom führt zu einer Substitutionsreaktion, in deren Verlauf eine neue Peptidbindung gebildet wird. Obwohl man sich leicht vorstellen kann, auf welche Weise die beiden Substrate dieser Reaktion im Ribosom angeordnet werden, weiss man trotzdem nocht nicht ganz genau, wie das Ribosom die Geschwindigkeit dieser Reaktion erhöht. Die wachsende Peptidkette wird durch die Reaktion von der tRNA in der P-Stelle auf die Aminoacylgruppe der Aminoacyl-tRNA in der A-Stelle übertragen (Transpeptidierung) und dadurch gleichzeitig um einen Aminosäurerest verlängert (▶*Abbildung 18.19*). Die Bildung der neuen Peptidbindung erfordert die Hydrolyse der energiereichen Esterbindung in der Peptidyl-tRNA, für deren Bildung bei der Synthese der Aminoacyl-tRNA zuvor zwei ATP-Äquivalente verbraucht worden sind. Nach der Transpeptidierung liegt die wachsende, um einen Aminosäurerest verlängerte Polypeptidkette erneut zu einem Peptidyl-tRNA-Molekül mit der tRNA in der A-Stelle verknüpft vor.

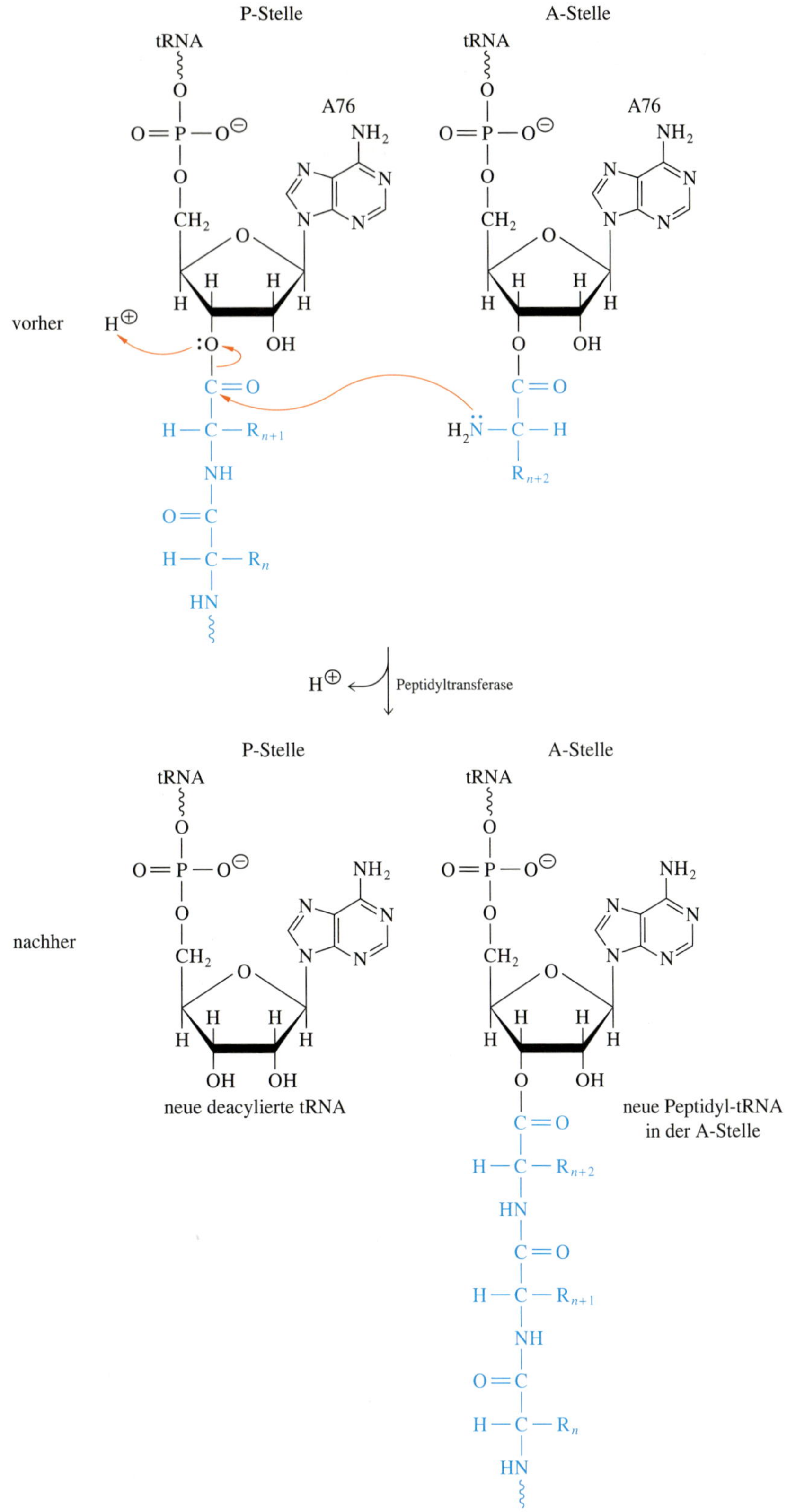

Abbildung 18.19: Bildung einer neuen Peptidbindung im Elongationszyklus der Translation (Transpeptidierung). Diese Substitutionsreaktion erfolgt durch einen nucleophilen Angriff des Stickstoffatoms der freien Aminogruppe der Aminoacyl-tRNA in der A-Stelle auf das Carbonylkohlenstoffatom der Estergruppe der Peptidyl-tRNA in der P-Stelle. Diese Peptidylgruppenübertragung führt zur Verlängerung der wachsenden Polypeptidkette um einen Aminosäurerest und zur Übertragung der wachsenden Polypeptidkette auf die Aminoacylgruppe der Aminoacyl-tRNA in der A-Stelle.

Die für die Bildung der Peptidbindung verantwortliche enzymatische Aktivität entspricht einer Peptidyltransferase. Diese Aktivität ist in der großen ribosomalen Untereinheit lokalisiert. Dabei tragen sowohl die 23S-rRNA als auch die ribosomalen Proteine der 50S-Untereinheit zu den Substrat-Bindungsstellen bei, aber die katalytische Aktivität ist auf die RNA-Komponente zurückzuführen. Die Peptidyltransferase stellt somit ein weiteres Beispiel eines katalytisch aktiven RNA-Moleküls dar.

18.6.3 Translokation

Nachdem die neue Peptidbindung gebildet wurde, befindet sich die neu erzeugte Peptidyl-tRNA bereits teilweise in der P-Stelle, aber auch noch zum Teil in der A-Stelle (▸*Abbildung 18.20*). Außerdem ist die deaminoacylierte tRNA, die zuvor in der P-Stelle gebunden war, bereits etwas aus der P-Stelle herausgedrängt worden. Sie besetzt nun die dritte tRNA-Bindungsstelle des Ribosoms *(Drei-Stellen-Modell)*, die als Exit-Stelle oder E-Stelle bezeichnet wird. Bevor das nächste Codon der mRNA translatiert werden kann, müssen die deaminoacylierte tRNA aus der E-Stelle freigesetzt und die neue Peptidyl-tRNA vollständig in die P-Stelle verschoben werden. Dabei wird außerdem die mRNA, an die die Peptidyl-tRNA immer noch über die Anticodon-Codon-Basenpaarungen gebunden ist, um ein Codon relativ zum Ribosom versetzt, sodass das nächste noch unbesetzte Codon in der nun wieder freien A-Stelle positioniert wird. Den Gesamtprozess nennt man Translokation. Die Translokation repräsentiert den dritten Schritt des Elongationszyklus.

In Prokaryonten ist für die Translokation ein dritter Elongationsfaktor, EF-G, erforderlich. Wie die anderen Elongationsfaktoren stellt EF-G ein reichlich vorkommendes Protein dar. Eine *E. coli*-Zelle enthält etwa 20.000 Moleküle EF-G, also ungefähr ein EF-G-Molekül pro Ribosom. EF-G weist wie EF-Tu eine GTP-Bindungsstelle auf. Die Bindung des EF-G–GTP-Komplexes an das Ribosom fördert die Vollendung der Translokation der Peptidyl-tRNA von der A-Stelle in die P-Stelle und die Freisetzung der deaminoacylierten tRNA von der E-Stelle. EF-G selbst verlässt das Ribosom erst wieder, wenn sein gebundenes GTP hydrolysiert und das dabei entstehende P_i freigesetzt wurde. Nachdem der EF-G–GDP-Komplex vom Ribosom dissoziiert ist, kann der nächste Elongationszyklus stattfinden. Die wachsende Polypeptidkette erstreckt sich von der Peptidyl-tRNA in der P-Stelle durch einen Tunnel in der großen ribosomalen 50S-Untereinheit und tritt auf der anderen Seite aus der Oberfläche des Ribosoms wieder aus (▸*Abbildung 18.20*). Durch die Kettenverlängerung und die nachfolgende Translokation von der A- in die P-Stelle wird die Peptidkette weiter durch den Tunnel hindurchgeschoben. Die neu synthetisierten Abschnitte der Polypeptidkette beginnen erst mit der Faltung zum nativen Protein, nachdem sie den Tunnel auf der anderen Seite des Ribosoms verlassen haben. Die Proteinfaltung wird durch Chaperone unterstützt, die zum Teil spezifisch mit dem Ribosom assoziiert sind. Der Elongationszyklus wird für jedes Codon in der codierenden Region der mRNA wiederholt. Auf diese Weise wird eine Polypeptidkette gebildet, die mehrere Hundert Aminosäurereste lang sein kann. Schließlich erreicht der Translationskomplex das letzte Codon am Ende der codierenden Region der mRNA und die Translation wird terminiert. Die Elongationsreaktionen in Eukaryonten sind denen in *E. coli* sehr ähnlich. In Eukaryonten sind drei akzessorische Proteinfaktoren an der Elongation beteiligt: eEF-1α, eEF-1β und eEF-2. eEF-1α dockt die Aminoacyl-tRNA in der A-Stelle an. Insofern stellt er das eukaryontische Gegenstück zum Elongationsfaktor EF-Tu in *E. coli* dar. eEF-1β spielt bei der Regeneration von eEF-1α eine analoge Rolle wie EF-Ts bei der Regeneration von EF-Tu in Bakterien. eEF-2 ist in Eukaryonten für die Translokation verantwortlich. EF-Tu und eEF-1α sowie EF-G und eEF-2 sind jeweils hoch konservierte, homologe Proteine. Auch die Sequenzen und Sekundärstrukturen der prokaryontischen und eukaryontischen ribosomalen RNA-Moleküle ähneln sich sehr stark. Diese Ähnlichkeiten deuten auf einen gemeinsamen Vorfahren von Prokaryonten und Eukaryonten hin, der die Proteinbiosynthese auf eine ähnliche Weise durchgeführt hat wie die heutigen Organismen. Die Proteinbiosynthese stellt somit einen der ältesten und grundlegendsten biochemischen Prozesse dar.

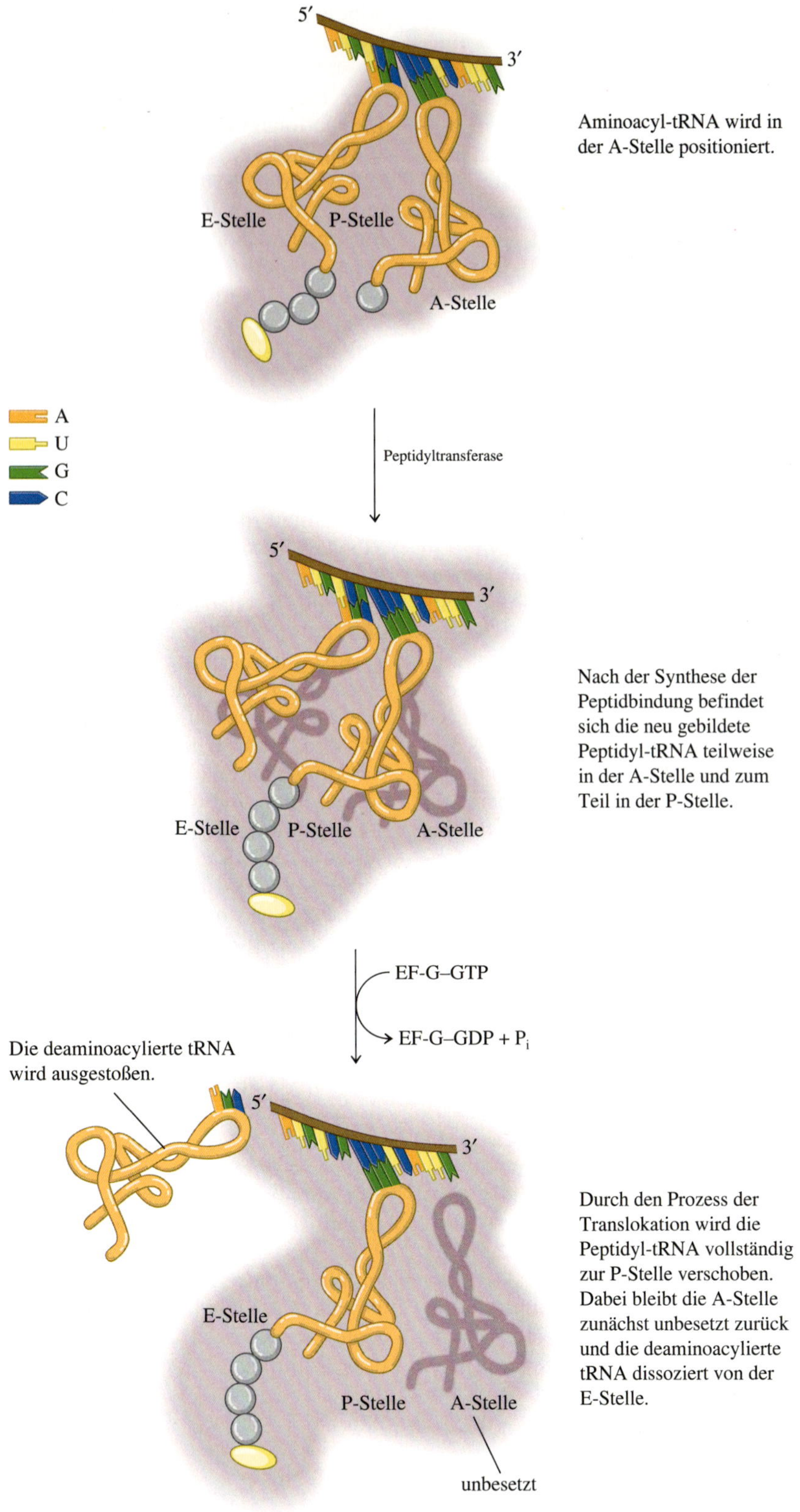

Abbildung 18.20: Translokation während des Elongationszyklus der Proteinbiosynthese in Prokaryonten.

18.7 Termination der Translation

In *E. coli* kommen die drei sogenannten Freisetzungsfaktoren (RF, engl. *release factor*) RF-1, RF-2 und RF-3 vor, die an der Termination der Proteinsynthese beteiligt sind. Nach der Bildung der letzten Peptidbindung wird die Peptidyl-tRNA wie üblich von der A-Stelle in die P-Stelle transloziert. Durch die Translokation wird das Terminationscodon der mRNA (UGA, UAG oder UAA, ▸*Abbildung 18.2*) in der A-Stelle positioniert. Die Terminationscodons werden durch keines der tRNA-Moleküle erkannt. Infolgedessen hält die Translation am Terminationscodon an. Schließlich diffundiert einer der Freisetzungsfaktoren in die A-Stelle. RF-1 erkennt die Terminationscodons UAA und UAG, RF-2 die Terminationscodons UAA und UGA. RF-3 bindet GTP und verstärkt die Wirkungen von RF-1 und RF-2. Wenn die Freisetzungsfaktoren an ein Terminationscodon binden, verursachen sie die Hydrolyse der in der P-Stelle gebundenen Peptidyl-tRNA. Die Freisetzung des vollständigen Polypeptids wird wahrscheinlich von der Hydrolyse von GTP und der Dissoziation der Freisetzungsfaktoren vom Ribosom begleitet. An diesem Punkt dissoziieren schließlich auch die ribosomalen Untereinheiten wieder von der mRNA. Anschließend können erneut Initiationsfaktoren an die ribosomale 30S-Untereinheit binden und dadurch die Synthese des nächsten Proteins starten.

18.8 Die hohen Energiekosten der Proteinbiosynthese

Die Proteinbiosynthese ist sehr energieaufwendig. Ein großer Anteil aller ATP-Äquivalente in einer Zelle wird durch diesen Prozess verbraucht. Für jede Aminosäure, die an eine Polypeptidkette angehängt wird, werden vier Phosphoanhydridbindungen gespalten: Während der Aktivierung der Aminosäure wird ein ATP-Molekül zu AMP und zwei P_i hydrolysiert. Außerdem werden zwei Moleküle GTP im Verlauf jedes Elongationszyklus zu insgesamt zwei GDP und zwei P_i hydrolysiert. Die Hydrolyse der GTP-Moleküle ist jeweils mit Konformationsänderungen in der Translationsmaschinerie gekoppelt. In diesem Sinn wirken GTP und GDP als allosterische Modulatoren. Im Gegensatz zu den meisten Konformationsänderungen, die durch allosterische Modulatoren hervorgerufen werden, sind die Konformationsänderungen, die während der Proteinsynthese stattfinden, allerdings mit dem Verbrauch einer erheblichen Energiemenge verbunden. Die Hydrolyse von vier Phosphoanhydridbindungen bedeutet eine große Änderung der freien Enthalpie. Die dabei freigesetzte nutzbare Energiemenge ist viel größer als die Energiemenge, die für die bloße Bildung einer Peptidbindung benötigt wird. Der größte Teil der darüber hinaus verbrauchten Energie wird für die Kompensation des Entropieverlustes verwendet, der mit der Proteinsynthese verbunden ist. Die Abnahme der Entropie resultiert hauptsächlich aus der spezifischen Verknüpfung von 20 verschiedenen Typen von Aminosäuren zu einer zusammenhängenden Polypeptidkette. Zusätzliche Entropieverluste ergeben sich aus der Verknüpfung einer Aminosäure mit einer bestimmten tRNA und aus der Bindung einer Aminoacyl-tRNA an ein spezifisches Codon in der mRNA.

18.9 Hemmung der Proteinbiosynthese durch Antibiotika

Viele Mikroorganismen produzieren Antibiotika, die sie als chemische Verteidigungsmittel gegen Konkurrenten einsetzen. Einige Antibiotika verhindern das Bakterienwachstum, indem sie die Bildung von Peptidbindungen und somit die Proteinbiosynthese hemmen. Die Struktur des Antibiotikums Puromycin ähnelt zum Beispiel stark dem 3′-Ende eines Aminoacyl-tRNA-Moleküls. Infolge dieser Ähnlichkeit kann Puromycin in die A-Stelle eines Ribosoms eintreten. Anschließend wird die wachsende Polypeptidkette durch die enzymatische Aktivität der Peptidyltransferase auf die freie Aminogruppe des Puromycins übertragen. Das Peptidylpuromycin wird zunächst schwach in der A-Stelle gebunden, aber danach nicht in die P-Stelle transloziert, sondern relativ schnell vom Ribosom freigesetzt (▸*Abbildung 18.21*). Infolgedessen wird die Translation terminiert.

Obwohl Puromycin die Proteinbiosynthese in Prokaryonten effizient hemmt, ist es für die Behandlung von Infektionen des Menschen nicht geeignet, weil es auch die Translation in Eukaryonten blockiert und deswegen für Menschen zu toxisch ist. Klinisch bedeutsame Antibiotika, deren Wirkung ebenfalls auf der Hemmung der Proteinbiosynthese beruht, wie zum Beispiel Streptomycin, Chloramphenicol, Erythromycin und Tetracyclin, hemmen spezifisch das Wachstum

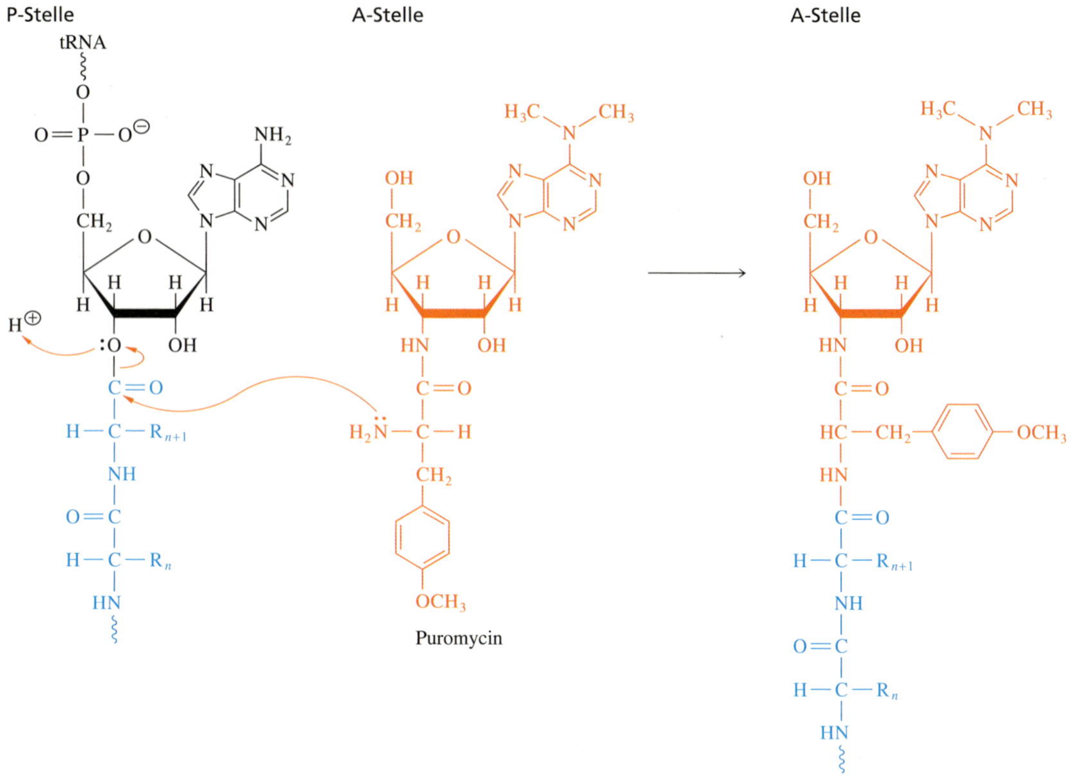

Abbildung 18.21: Die Wirkung des Antibiotikums Puromycin. Sie beruht auf der Bildung einer Peptidbindung zwischen Puromycin in der A-Stelle eines Ribosoms und der wachsenden Peptidkette, die an die tRNA in der P-Stelle gebunden ist. Das Produkt dieser Reaktion wird nur schwach in der A-Stelle gebunden und nicht in die P-Stelle transloziert, sondern vom Ribosom freigesetzt. Der daraus resultierende Abbruch der Synthese des Polypeptids führt zur Bildung eines unvollständigen, inaktiven Proteins.

von Bakterien, während sie keine oder nur eine merklich geringere Wirkung auf die eukaryontische Proteinbiosynthese ausüben. Streptomycin bindet an eines der ribosomalen Proteine in der 30S-Untereinheit und hemmt die Initiation der Translation. Chloramphenicol tritt mit der 50S-Untereinheit in Wechselwirkung und hemmt die Peptidyltransferase. Erythromycin behindert die Translokation durch seine Bindung an die 50S-Untereinheit. Tetracyclin assoziiert schließlich mit der 30S-Untereinheit und verhindert die Bindung von Aminoacyl-tRNA-Molekülen in der A-Stelle.

18.10 Regulation der Proteinbiosynthese

Eine Möglichkeit, die Expression von Genen zu regulieren, besteht in der Kontrolle der Translation ihrer mRNA in Proteine, auch wenn die Transkriptionskontrolle, insbesondere in Prokaryonten, eine größere Rolle bei der Regulation der Genexpression spielt. Die Kontrolle der Translation kann während der Initiation, der Elongation oder auch der Termination stattfinden. Im Allgemeinen wird vor allem die Genexpression von Proteinen, die sich zu Multiuntereinheiten-Komplexen zusammenlagern, und von Proteinen, deren Expression in der Zelle streng und schnell kontrolliert werden muss, auf der Ebene der Translation reguliert. Wie bei der Transkription hängt auch die Geschwindigkeit der Translation zum Teil von der Sequenz der Matrize ab. Eine mRNA, die viele selten vorkommende Codons enthält, wird zum Beispiel langsamer und somit weniger häufig translatiert als eine mRNA, die überwiegend aus sehr häufig auftretenden Codons besteht. Außerdem variiert die Geschwindigkeit der Translation mit der Nucleotidsequenz an der Initiationsstelle. Eine stark ribosomenbindende Initiationsstelle in einer bakteriellen mRNA führt zu einer effizienteren Initiation. Auch bei Eukaryonten gibt es Belege für eine Beeinflussung der Initiationsgeschwindigkeit durch die Nucleotidsequenz in der Umgebung des Initiationscodons in der mRNA. Ein wichtiger Unterschied zwischen der Initiation der Transkription und der Initiation der Translation besteht in der Möglichkeit der Beeinträchtigung der Bildung des Translationskomplexes durch Sekundärstrukturen in der mRNA-Matrize. Die ribosomenbindenden Stellen und das Initiationscodon können zum

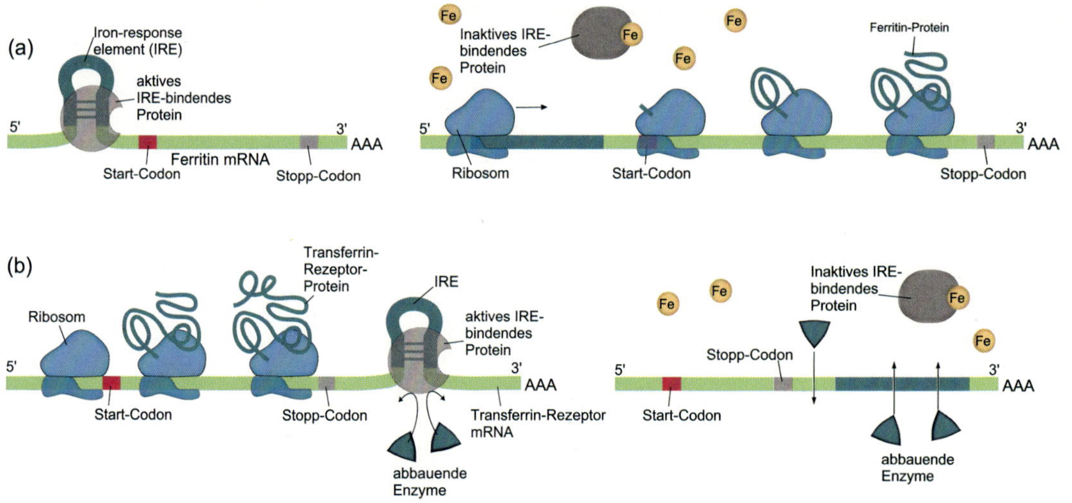

Abbildung 18.22: Funktion des *iron response element* (IRE) mittels des IRE-bindenden Proteins (Aconitase). Gezeigt ist die positive und negative translationale Kontrolle der Bildung des Eisenspeicherproteins Ferritin und des Transferrin-Rezeptors durch die Eisenkonzentration. Das IRE-bindende Protein ist eine spezielle Form der Aconitase, die ein Fe-S-Cluster besitzt. Eigentlich ist die Aconitase ein Enzym des Citronensäurezyklus. In Anwesenheit von Eisen wird dieses Fe-S-Cluster am IRE-bindenden Protein (Aconitase) gebildet und verhindert deren RNA-Bindung. (a) In Abwesenheit von Eisen blockiert das IRE-bindende Protein durch die Bindung an das IRE im 5′-untranslatierten Bereich der Ferrtin-mRNA die Translation der Ferritin-mRNA und gibt sie in Anwesenheit von Eisen frei. So wird das Eisenspeicherprotein nur in Anwesenheit von Eisen gebildet. (b) Umgekehrt verhindert in Abwesenheit von Eisen die Bindung des IRE-bindenden Proteins an das IRE im 3′-untranslatierten Bereich der Transferrin-Rezeptor mRNA. Eine Bindung in Abwesenheit von Eisen stabilisiert die mRNA und fördert deren Translation. Da der Transferrin-Rezeptor für die Eisenaufnahme in die Zelle zuständig ist, ist dessen Bildung in Abwesenheit von Eisen sinnvoll, um die Eisenaufnahme zu fördern und möglichen Eisenmagel auszugleichen.

Beispiel durch die Bildung von doppelsträngigen Bereichen in der mRNA maskiert werden. Obwohl die strukturellen Eigenschaften die Geschwindigkeit und somit auch die Häufigkeit, mit der eine mRNA translatiert wird, erheblich beeinflussen können, handelt es sich dabei streng genommen nicht um eine Regulation der Translation, weil diese Merkmale nicht kurzfristig veränderbar, also regulierbar, sind. Wir verwenden den Begriff translationale Regulation deswegen für diejenigen Fälle, in denen äußere Faktoren die Häufigkeit der Translation einer mRNA modulieren.

Ein Beispiel für eine Translationskontrolle ist die Eisen-abhängige Translation von Eisenstoffwechsel-mRNAs in Tieren und Bakterien mittel eines *iron response element* (IRE) und des IRE-bindenden Proteins, das eigentlich eine zweckentfremdete Aconitase, ein Enzym des Citronensäurezyklus, ist (▶*Abbildung 18.22*).

18.10.1 Kopplung der Synthese ribosomaler Proteine an den Zusammenbau von Ribosomen in *E. coli*

Jedes *E. coli*-Ribosom enthält mindestens 52 Proteine. Die Gene, die diese ribosomalen Proteine codieren, liegen über das gesamte Genom von *E. coli* verstreut. Sie kommen in 13 verschiedenen Operons und in sieben Einzelgenen vor. Wenn viele Kopien von Genen, die manche der ribosomalen Proteine codieren, in *E. coli*-Zellen eingeführt werden, steigen die Konzentrationen der zugehörigen mRNA-Moleküle stark an. Dennoch ändert sich die Gesamtrate der Synthese ribosomaler Proteine kaum. Weiterhin bleiben die relativen Konzentrationen der verschiedenen ribosomalen Proteine unverändert, obwohl nur die Konzentration der mRNA von einem Teil der Proteine erhöht wurde und die verschiedenen mRNA-Moleküle für die ribosomalen Proteine in unterschiedlichen Konzentrationen vorliegen. Diese Beobachtungen legen den Schluss nahe, dass die Synthese der ribosomalen Proteine streng auf der Ebene der Translation kontrolliert wird. Die translationale Regulation der Synthese der ribosomalen Proteine ist von großer Bedeutung, da Ribosomen nicht zusammengesetzt werden können, solange nicht alle ihre Proteine im richtigen stöchiometrischen Verhältnis vorhanden sind. Diese Kontrolle der Produktion der ribosomalen Proteine erfolgt durch die Regulation der Effizienz, mit der die zugehörigen mRNA-Moleküle translatiert werden. Jedes der großen Operons, die die Gene für die ribosomalen Proteine enthalten, codiert ein ribosomales Protein, das die Translation seiner eigenen polycistronischen mRNA hemmt, indem es in der Nähe des Initiationscodons eines der ersten Gene des Operons an die mRNA bindet. Die Wechselwirkungen zwischen den hemmenden ribosomalen Proteinen und ihren mRNA-Molekülen können den Wech-

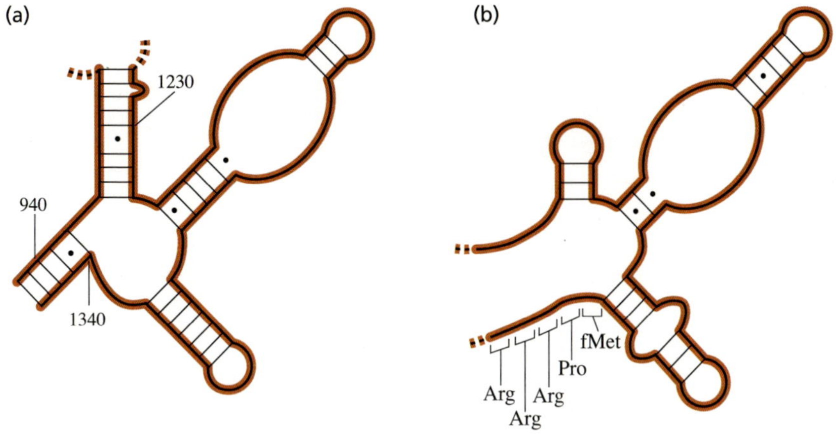

Abbildung 18.23: Vergleich der vorhergesagten Sekundärstrukturen von S7-Bindungsstellen. (a) S7-Bindungsstelle in der 16S-rRNA. (b) S7-Bindungsstelle in der *str*-mRNA.

selwirkungen zwischen diesen Proteinen und der ribosomalen RNA, an die sie bei der Zusammensetzung reifer Ribosomen binden, ähneln. Das mRNA-Transkript des *str*-Operons, das die codierende Region des ribosomalen Proteins S7 enthält, weist zum Beispiel Teilabschnitte auf, die der S7-bindenden Region der 16S-rRNA gleichen. Darüber hinaus ähneln sich die auf Grundlage der Sequenz vorhergesagten Sekundärstrukturen der *str*-mRNA und der 16S-rRNA (▶ *Abbildung 18.23*) im Bereich der S7-Bindungsstellen. S7 bindet an diese Region des *str*-mRNA-Moleküls und hemmt die Translation. Wahrscheinlich erkennt S7 analoge strukturelle Merkmale in beiden RNA-Molekülen. Ähnliche Mechanismen regulieren die Translation der mRNA-Moleküle, die die anderen ribosomalen Proteine codieren.

Die ribosomalen Proteine, die die Translation hemmen, binden fester an die rRNA als an die ähnlichen Bindungsstellen in der mRNA. Solange die neu synthetisierten ribosomalen Proteine in Ribosomen eingebaut werden können, weil alle notwendigen Komponenten zur Verfügung stehen, findet die Translation der mRNA statt. Sobald aber die Zusammensetzung der Ribosomen wegen des Fehlens einzelner Komponenten aufgehalten wird und die Konzentrationen von freien ribosomalen Proteinen in der Zelle deswegen ansteigen, binden die im Überschuss vorliegenden, hemmenden Proteine an ihre eigenen mRNA-Moleküle und blockieren die weitere Translation dieser mRNA. Auf diese Weise wird die Synthese der ribosomalen Proteine mit der Zusammensetzung der Ribosomen koordiniert.

18.10.2 Kontrolle der Globinsynthese durch die Verfügbarkeit von Häm

Für die Synthese von Hämoglobin, dem Hauptprotein in roten Blutkörperchen (Erythrocyten), werden die Globin-Polypeptidketten und die Hämgruppen in stöchiometrischen Mengen benötigt. Ein Weg, auf dem die Synthese des Globins kontrolliert wird, besteht in der Regulation der Translationsinitiation. Die Synthese des Hämoglobins beginnt in bestimmten Vorläuferzellen, den sogenannten Pronormoblasten, während der Reifung der Erythrocyten (Erythropoese). Im weiteren Verlauf der Erythropoese in Säugetieren verlieren die Zellen ihren Zellkern und werden schließlich zu kernlosen Reticulocyten, den unmittelbaren Vorläufern der Erythrocyten. Die Reticulocyten enthalten relativ stabile, prozessierte mRNA-Moleküle, die die Globin-Polypeptidketten codieren. Deswegen wird die Hämoglobinsynthese auch in den kernlosen Reticulocyten noch fortgesetzt.

Die Geschwindigkeit der Globinsynthese in Reticulocyten wird durch die Häm-Konzentration bestimmt. Bei niedriger Häm-Konzentration wird die Translation der Globin-mRNA gehemmt. Der Effekt des Häms auf die Translation der Globin-mRNA wird durch eine Protein-Kinase vermittelt, die hämkontrollierter Inhibitor (HCI, engl. *heme-controlled inhibitor*) genannt wird (▶ *Abbildung 18.24*). Der aktive HCI katalysiert die Übertragung einer Phosphorylgruppe von ATP auf den Translations-Initiationsfaktor eIF-2. In der phosphorylierten Form kann eIF-2 seine Aufgabe bei der Initiation der Translation nicht mehr erfüllen, sodass die Proteinbiosynthese in der Zelle gehemmt wird.

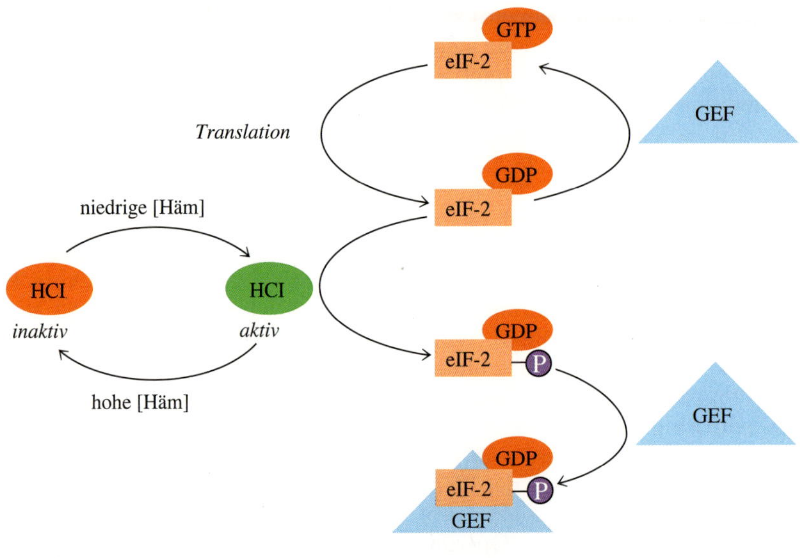

Abbildung 18.24: Hemmung der Proteinbiosynthese durch die Phosphorylierung von eIF-2 in Reticulocyten. Wenn die Häm-Konzentration hoch ist, liegt kein aktiver HCI vor und die Translation kann normal ablaufen. Bei niedriger Häm-Konzentration katalysiert der nun aktivierte HCI die Phosphorylierung des Translations-Initiationsfaktors eIF-2. Phosphoryliertes eIF-2–GDP bindet die begrenzte zelluläre Menge an GEF sehr fest, sodass für die Regeneration von eIF-2–GTP kein GEF mehr zur Verfügung steht. Infolge des fehlenden eIF-2–GTP kann dann keine Translation, einschließlich der des Globins, mehr stattfinden.

Bei der Initiation der Translation bindet eIF-2 sowohl Methionyl-tRNA$_i^{Met}$ als auch GTP. Wenn der Präinitiationskomplex auf ein Initiationscodon trifft, wird die Methionyl-tRNA$_i^{Met}$ von eIF-2 an das Initiationscodon der mRNA übergeben. Dieser Vorgang ist mit der Hydrolyse des gebundenen GTP und der Freisetzung von eIF-2–GDP gekoppelt. Ein Enzym, das Guanylnucleotid-Austauschfaktor (GEF, engl. *guanyl nucleotide exchange factor*) genannt wird, katalysiert die Regeneration von eIF-2 durch den Austausch von GDP gegen GTP und ermöglicht so die anschließende Bindung eines neuen Methionyl-tRNA$_i^{Met}$-Moleküls. Mit dem phosphorylierten eIF-2–GDP bildet GEF einen sehr stabilen Komplex und verhindert den GDP/GTP-Austausch, statt ihn zu katalysieren. Auch nicht phosphorylierte eIF-2–GDP-Komplexe können nicht zu den aktiven eIF-2–GTP-Komplexen regeneriert werden, wenn der gesamte Vorrat an GEF, dessen Konzentration in der Zelle kleiner ist als die Konzentration von eIF-2, fest mit phosphoryliertem eIF-2–GDP assoziiert ist. Auf diese Weise führt bereits die Phosphorylierung eines Teils der eIF-2-Moleküle in der Zelle zur praktisch vollständigen Hemmung der Proteinbiosynthese.

Häm reguliert die Synthese von Globin, indem es die Aktivierung des HCI behindert. Bei hoher Häm-Konzentration liegt deswegen *kein* aktiver HCI vor, sodass die Translation der Globin-mRNA stattfinden kann. Wenn die Häm-Konzentration klein ist, wird HCI dagegen aktiviert und führt auf die oben beschriebene Weise zur Hemmung der Translation der mRNA in der Zelle (▶*Abbildung 18.24*). Auch die Translation in anderen Säugetier-Zelltypen wird durch die Phosphorylierung von eIF-2 reguliert. Während einer Infektion menschlicher Zellen mit RNA-Viren wird zum Beispiel als Anwort auf die Anwesenheit von doppelsträngiger RNA Interferon produziert. Interferon aktiviert wiederum eine Protein-Kinase, die eIF-2 phosphoryliert. Dadurch wird die Proteinbiosynthese in virusinfizierten Zellen blockiert und die Virusvermehrung verhindert.

18.10.3 Regulation des *E. coli-trp*-Operons durch Repression und Attenuation

Das *trp*-Operon in *E. coli* codiert die Proteine, die für die Synthese von Tryptophan erforderlich sind. Die meisten Organismen synthetisieren ihre eigenen Aminosäuren, können aber auch Aminosäuren, die durch den Abbau von exogenen Proteinen freigesetzt werden, nutzen. Aus diesem Grund haben die meisten Organismen Mechanismen zur Repression der Synthese von Enzymen für die *De-novo*-Biosynthese von Aminosäuren entwickelt, die zum Einsatz kommen, wenn die entsprechende Aminosäure aus exogenen Quellen in ausreichender Menge zur Verfügung steht. In *E. coli* wirkt Tryptophan zum Beispiel als negativer Regulator seiner eigenen Biosynthese. Das *trp*-Operon wird in Gegenwart von Tryptophan nicht exprimiert (▶*Abbildung 18.25*). Die Expression des *trp*-Operons wird zum Teil durch den *trp*-Repressor, ein Dimer aus zwei identischen Untereinheiten, gehemmt. Der *trp*-Repressor wird durch das *trp*-Gen codiert, das an einer anderen Stelle des bakteriellen Chromosoms lokalisiert ist und separat transkribiert wird. Wenn reichlich Typtophan vorhanden ist, bindet ein Repressor-Tryptophan-Komplex an den Operator *trp*O, der innerhalb des Promotors des *trp*-Operons liegt. Der gebundene Repressor-Tryptophan-Komplex verhindert die Bindung der RNA-Polymerase am Promotor. Tryptophan übt somit die Funktion eines Corepressors des *trp*-Operons aus.

Die Regulation der Expression des *E. coli-trp*-Operons wird durch einen weiteren, unabhängigen Mechanismus, der als Attenuation bezeichnet wird, ergänzt und verfeinert. Die Attenuation ist ein zweiter, translationsabhängiger Kontrollmechanismus, durch den bestimmt wird, ob die Transkription des *trp*-Operons bis zum Ende durchgeführt oder frühzeitig abgebrochen wird, nachdem die Transkription bereits begonnen hat. Die Wanderung der RNA-Polymerase vom Promotor zum *trp*E-Gen wird durch eine 162 Nucleotide lange Sequenz, die zwischen dem Promotor und dem *trp*E-Gen liegt, maßgeblich beeinflusst. Diese sogenannte Leadersequenz (▶*Abbildung 18.25* und ▶*Abbildung 18.26*) weist einen Abschnitt aus 45 Nucleotiden auf, der das aus 14 Aminosäuren bestehende Leaderpeptid codiert. Das mRNA-Transkript der Leadersequenz besitzt zwei direkt aufeinanderfolgende Tryptophan-Codons, die kurz vor dem Ende des Abschnitts, der das Leaderpeptid

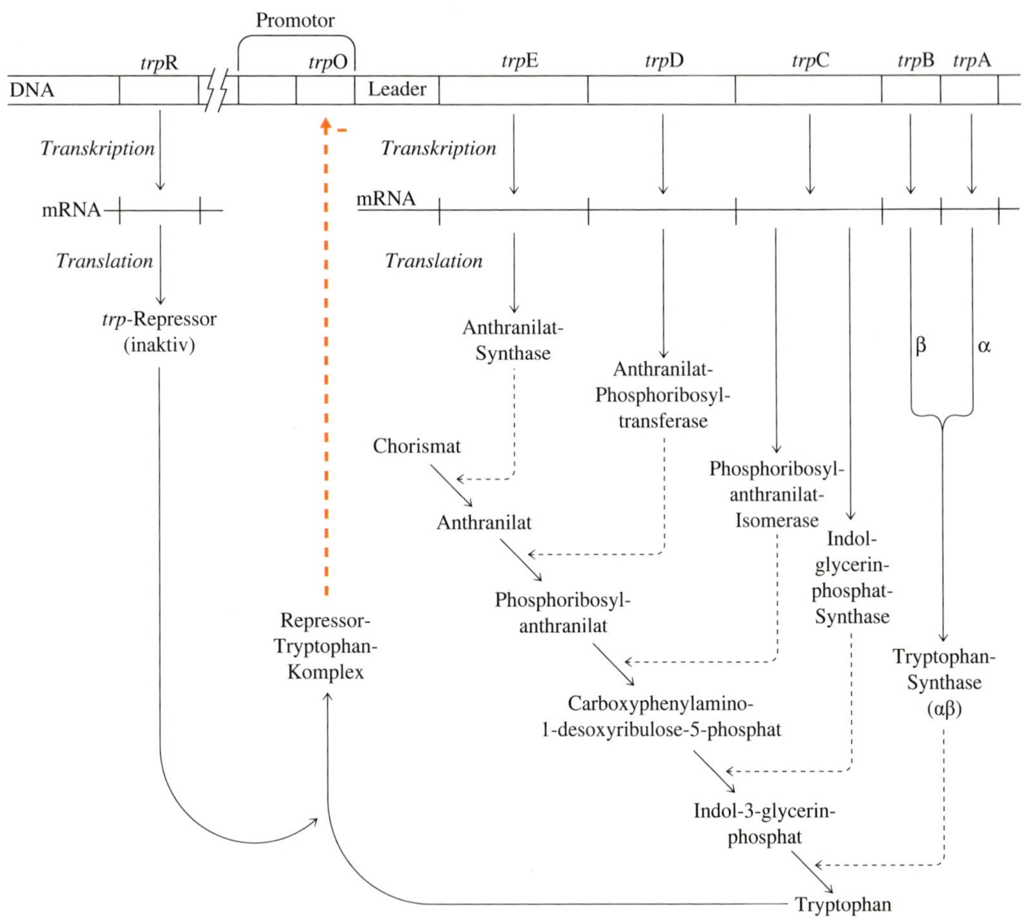

Abbildung 18.25: Repression des *trp*-Operons in *E. coli*. Das *trp*-Operon enthält eine Leadersequenz sowie fünf Gene für Proteine, die für die Biosynthese von Tryptophan aus Chorismat erforderlich sind. Das *trp*R-Gen, das sich stromaufwärts des *trp*-Operons befindet, codiert den *trp*-Repressor, der nur zusammen mit dem Corepressor Tryptophan aktiv ist. Wenn Tryptophan in ausreichender Menge vorhanden ist, bindet es an den *trp*-Repressor und der Repressor-Tryptophan-Komplex bindet an den *trp*-Operator (*trp*O). Der gebundene Repressor-Tryptophan-Komplex verhindert die Bindung der RNA-Polymerase am Promotor und somit die Transkription des *trp*-Operons.

codiert, lokalisiert sind. Außerdem enthält die Leadersequenz vier GC-reiche Sequenzabschnitte. Die beiden Tryptophan-Codons und die vier GC-reichen Abschnitte regulieren die weitere Synthese der mRNA, indem sie unter bestimmten Bedingungen eine frühzeitige Termination der Transkription des *trp*-Operons hervorrufen. Nachdem sie transkribiert wurden, können die vier GC-reichen Abschnitte der Leadersequenz in der mRNA durch Basenpaarungen jeweils eine von zwei möglichen Sekundärstrukturen ausbilden (▶*Abbildung 18.26b* und ▶*Abbildung 18.26c*). Die erste der beiden Sekundärstrukturen beinhaltet zwei RNA-Haarnadelschleifen. Diese werden durch Basenpaarungen zwischen den Sequenzen, die in ▶*Abbildung 18.26c* mit den Ziffern 1 und 2 gekennzeichnet sind, sowie durch Basenpaarungen zwischen den Sequenzen 3 und 4 gebildet. Die 1–2-Haarnadelschleife stellt eine typische Transkriptions-Pausestruktur dar. Auf die 3–4-Haarnadelschleife folgt stromabwärts unmittelbar eine Reihe von direkt benachbarten Uridylatresten. Diese Struktur ist also ein typisches Rho-unabhängiges Terminationssignal. Dieses spezielle Terminationssignal ist insofern ungewöhnlich, als es *vor* dem ersten Gen des *trp*-Operons liegt. Die zweite mögliche Sekundärstruktur umfasst nur eine einzelne RNA-Haarnadelschleife, die durch Basenpaarungen zwischen den Sequenzen 2 und 3 entsteht. Diese 2–3-Haarnadelschleife, die stabiler ist als die 3–4-Haarnadelschleife, wird

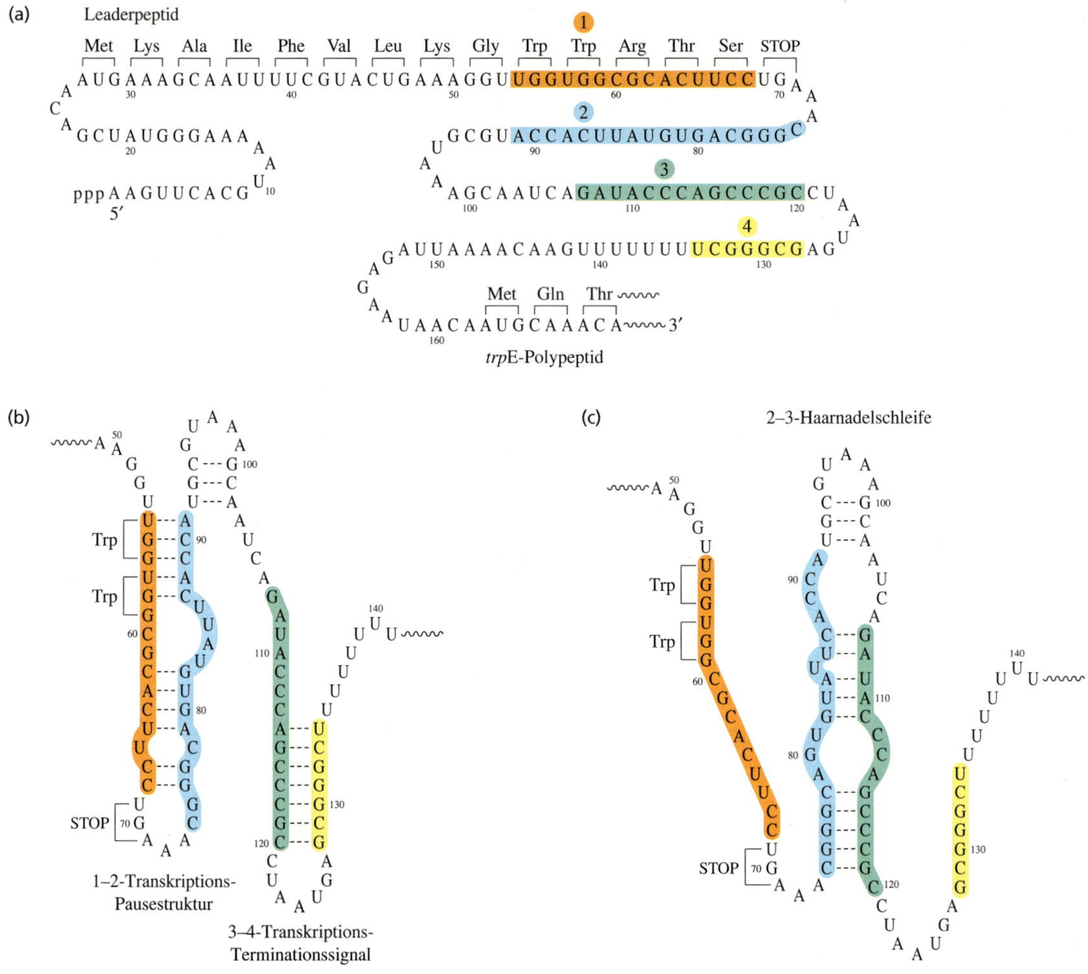

Abbildung 18.26: Leadersequenz des *trp*-Operons. (a) mRNA-Transkript der *trp*-Leadersequenz. Diese 162 Nucleotide lange mRNA weist vier GC-reiche Sequenzabschnitte und die codierende Region für ein aus 14 Aminosäuren bestehendes, sogenanntes Leaderpeptid auf. Diese Leaderpeptid-Sequenz enthält zwei direkt benachbarte Tryptophan-Codons. Die vier GC-reichen Sequenzen (durch die Ziffern 1 bis 4 gekennzeichnet) der Leadersequenz in der mRNA können durch Basenpaarungen zwei unterschiedliche Sekundärstrukturen ausbilden. (b) Wenn die komplementären Sequenzen 1 (rot) und 2 (blau) über Basenpaarungen assoziieren, entsteht eine typische Transkriptions-Pausestruktur (1–2-Haarnadelschleife). Die ebenfalls komplementären Sequenzen 3 (grün) und 4 (gelb) können durch Basenpaarungen gleichzeitig ein Rho-unabhängiges Terminationssignal (3–4-Haarnadelschleife) bilden. (c) Auch die Sequenzen 2 und 3 sind komplementär und können sich zu einer Haarnadelschleife zusammenlagern, die stabiler ist als die 3–4-Haarnadelschleife. Die 2–3-Haarnadelschleife kann aber nur gebildet werden, wenn die Sequenz 1 für die Bildung der 1–2-Haarnadelschleife infolge einer Maskierung durch ein Ribosom nicht zur Verfügung steht.

nur gebildet, wenn die Sequenz 1 für die Bildung der 1–2-Haarnadelschleife nicht zur Verfügung steht.

Im Verlauf der Transkription der Leadersequenz pausiert die RNA-Polymerase unmittelbar nach der Bildung der 1–2-Haarnadelschleife. Während der Pause findet die Initiation der Translation der Leaderpeptid-Sequenz statt. Diese Sequenz, die das Leaderpeptid codiert, beginnt knapp stromaufwärts vor der 1–2-Haarnadelschleife. Die Sequenz 1 codiert die C-terminalen Aminosäuren des Leaderpeptids und enthält das Terminationscodon der Leaderpeptid-Sequenz. Wenn das Ribosom die Sequenz 1 translatiert, wird die 1–2-Haarnadelschleife aufgebrochen. Infolgedessen kann die hinter dieser Haarnadelschleife stromabwärts pausierende RNA-Polymerase ihre Wanderung entlang der mRNA fortsetzen und Sequenz 3 transkribieren. In Gegenwart von genügend Tryptophan und somit Tryptophanyl-$tRNA^{Trp}$ schreiten die RNA-Polymerase und das Ribosom mit etwa der gleichen Geschwindigkeit voran. Wenn das Ribosom auf das Terminationscodon der Leaderpeptid-Sequenz trifft, dissoziiert es, die Translation wird terminiert und die 1–2-Haarnadelschleife bildet sich zurück. Nach dem Zerfall des Ribosoms transkribiert die RNA-Polymerase die Sequenz 4, die dann durch Basenpaarungen mit Sequenz 3 eine Terminations-Haarnadelschleife für die Transkription ausbildet. Dieses Terminationssignal verursacht die Dissoziation des Transkriptionskomplexes (inklusive der RNA-Polymerase) von der DNA, bevor die Gene des *trp*-Operons transkribiert werden konnten. Wenn in der Zelle zu wenig Tryptophan vorhanden ist, muss eine vollständige Transkription des *trp*-Operons stattfinden, damit anschließend die Enzyme zur Tryptophansynthese synthetisiert werden. In diesem Fall bewegen sich die RNA-Polymerase und das Ribosom nicht mit gleicher Geschwindigkeit fort. Bei fallender zellulärer Tryptophan-Konzentration entsteht schließlich ein Mangel an Tryptophanyl-$tRNA^{Trp}$. Unter diesen Bedingungen kommt es zu einer Pause der Translation, wenn das Ribosom die beiden Tryptophan-Codons zu Beginn von Sequenz 1 erreicht, weil das an dieser Stelle notwendige Substrat für die Translation, die Tryptophanyl-$tRNA^{Trp}$, nicht zur Verfügung steht. Da die 1–2-Haarnadelschleife und somit die Transkriptions-Pausestruktur an diesem Punkt durch das Ribosom bereits aufgebrochen wurde, kann die RNA-Polymerase mit der Transkription der Sequenzen 3 und 4 fortfahren. Doch diesmal verweilt das Ribosom an den beiden Tryptophan-Codons und bedeckt dabei Sequenz 1, die infolgedessen nicht für die Bildung der 1–2-Haarnadelschleife verfügbar ist. Weil Sequenz 2 deswegen nicht in die 1–2-Haarnadelschleife eingebunden ist, bildet sie nun mit Sequenz 3 die oben bereits erwähnte 2–3-Haarnadelschleife. Diese bleibt wegen ihrer größeren Stabilität auch nach der Transkription von Sequenz 4 bestehen, sodass die 3–4-Haarnadelschleife und somit das Terminationssignal nicht gebildet werden kann. Infolge des fehlenden Terminationssignals setzt die RNA-Polymerase die Transkription über die Leadersequenz hinaus fort, sodass nun die vollständige Transkription des *trp*-Operons stattfindet. Der Regulationsmechanismus der Attenuation hat sich wahrscheinlich erst in jüngerer Zeit während der Evolution entwickelt. Die Attenuation kommt nur in Bakterien wie *E. coli* vor. In Eukaryonten ist eine Attenuation nicht möglich, weil die Transkription und die Translation an unterschiedlichen Orten der Zelle stattfinden. In *E. coli* werden noch mehr Operons, wie zum Beispiel das *phe*-, *thr*-, *his*-, *leu*- und *ile*-Operon, durch Attenuation reguliert. Manche der Operons werden wie das *trp*-Operon durch eine Kombination von Repression und Attenuation kontrolliert, während andere wie das *his*-Operon nur durch Attenuation reguliert werden. Die Leaderpeptid-Sequenz der mRNA von Operons, deren Gene an der Biosynthese von Aminosäuren beteiligt sind, kann bis zu sieben Codons für eine bestimmte Aminosäure enthalten.

18.11 Posttranslationale Prozessierung

Bei der Wanderung des Translationskomplexes entlang der mRNA-Matrize in 5′→3′-Richtung wird die Polypeptidkette verlängert. Dabei befinden sich zu jedem Zeitpunkt die etwa 30 zuletzt an die Kette angehängten Aminosäurereste noch innerhalb des Ribosoms, während alle übrigen, näher am N-Terminus liegenden Aminosäurereste der wachsenden Kette schon aus dem Ribosom ausgetreten sind. Die Faltung des N-terminalen Kettenabschnitts in die native Konformation des Proteins beginnt bereits, bevor der C-Terminus der Polypeptidkette fertiggestellt worden ist. Noch während die Translation abläuft und die Faltung des N-terminalen Kettenabschnitts erfolgt, wird die wachsende Kette außerdem schon enzymatisch modifiziert. Modifizierungen, die bereits stattfinden, bevor die Polypeptidkette vollständig synthetisiert wurde, werden cotranslationale Modifizierungen genannt. Dagegen spricht man bei Modifizierungen, die nach Abschluss der Translation erfolgen, von posttranslationalen Modifizierungen. Die große Vielfalt möglicher co- und posttranslationaler Modifizierungen umfasst zum Beispiel die Deformylierung des N-terminalen Restes in prokaryontischen Proteinen, die Entfernung des N-terminalen Methioninrestes aus prokaryontischen und eukaryontischen Proteinen, die Bildung von Disulfidbrücken, die Spaltung durch Proteinasen, Phosphorylierungen, die Verknüpfung mit Kohlenhydratresten und Acetylierungen. Zu den wichtigsten Vorgängen, die co- und posttranslational stattfinden, gehören die Einlagerung von Proteinen in und der Transport durch Membranen. Die Synthese der Polypeptidketten erfolgt durch die Ribosomen im Cytosol, aber viele reife Proteine sind in Membranen eingebettet oder innerhalb von membranumschlossenen Kompartimenten lokalisiert. Viele Rezeptorproteine sind zum Beispiel so in die Plasmamembran eingelagert, dass sich der Großteil des Rezeptors außerhalb der Zelle befindet. Andere Proteine werden vollständig aus der Zelle sezerniert, während in eukaryontischen Zellen einige Proteine in Lysosomen und andere Organellen hineinbefördert werden. In all den genannten Fällen müssen die von Ribosomen im Cytosol synthetisierten Proteine durch eine Membran hindurchtransportiert oder in diese eingebettet werden. Tatsächlich werden solche Proteine nicht wie die cytosolischen Proteine durch freie Ribosomen im Cytosol synthetisiert, sondern durch Ribosomen, die bei Bakterien mit der cytosolischen Seite der Plasmamembran und bei Eukaryonten mit der cytosolischen Seite des endoplasmatischen Reticulums (ER) assoziiert sind.

Das am besten charakterisierte dieser Transportsysteme ist dasjenige, das für die Beförderung von neu synthetisierten, für die Sekretion bestimmten Proteinen zur Plasmamembran und aus der Zelle heraus verantwortlich ist (▶*Abbildung 18.27*). In Eukaryonten werden solche Proteine unmittelbar

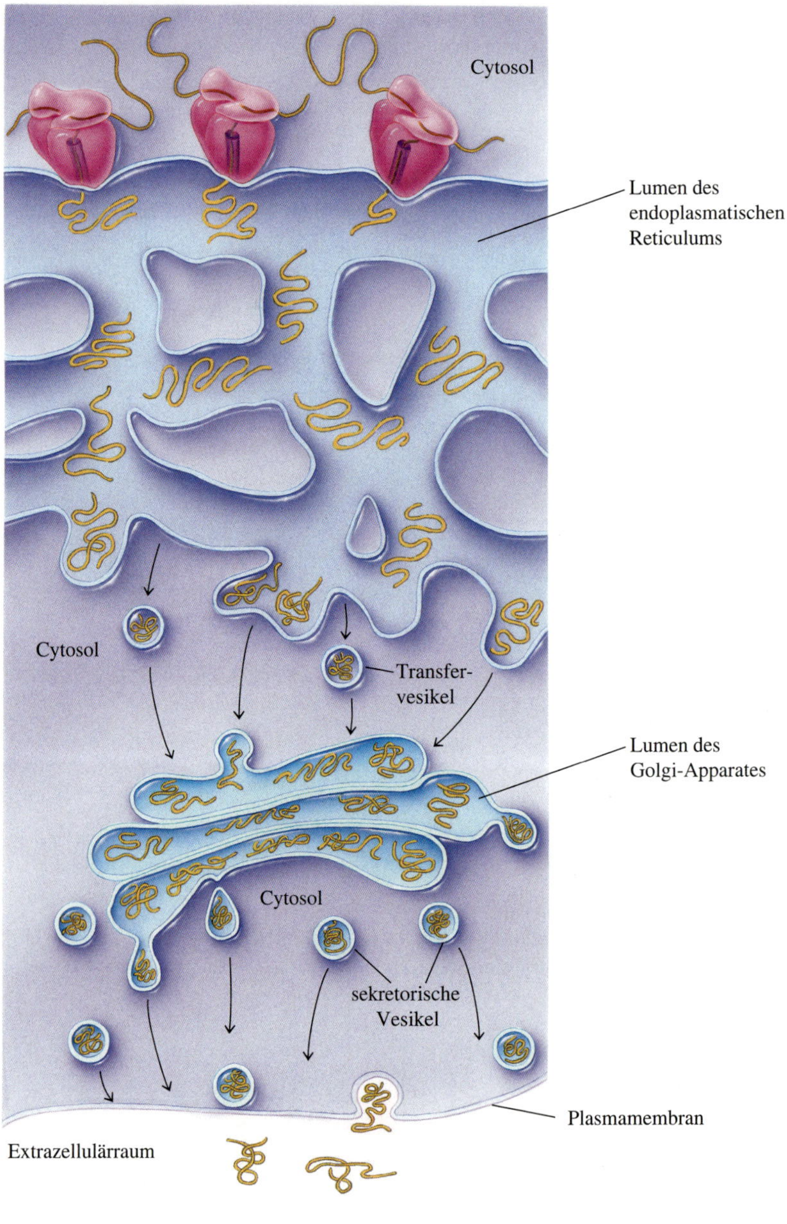

Abbildung 18.27: Der Sekretionsweg für Proteine in eukaryontischen Zellen. Für die Sekretion aus der Zelle bestimmte Proteine werden von Ribosomen synthetisiert, die mit der cytosolischen Seite der ER-Membran assoziiert sind. Ihre Polypeptidketten werden während der Synthese durch die ER-Membran in das Lumen des endoplasmatischen Reticulums befördert (Translokation). Anschließend werden sie innerhalb von membranumschlossenen Transfervesikeln, die sich aus der ER-Membran abschnüren, in das Lumen des Golgi-Apparates und von dort in sekretorischen Vesikeln zur Plasmamembran transportiert. Durch die Verschmelzung der sekretorischen Vesikel mit der Plasmamembran werden die Proteine im Inneren der Vesikel aus der Zelle exportiert. Im ER und während des Transports vom ER zur Plasmamembran können die Proteine vielfältigen chemischen Modifizierungen unterliegen.

während ihrer Synthese, wenn die wachsende Polypeptidkette aus dem Ribosom auf der cytosolischen Seite des ER austritt, durch die Membran in das Lumen des ER geschleust, das *topologisch* dem extrazellulären Raum entspricht. Nachdem die sekretorischen Proteine in das endoplasmatische Reticulum transportiert wurden, werden sie in Membranvesikeln über den Golgi-Apparat zur Plasmamembran befördert und dort schließlich aus der Zelle sezerniert.

18.11.1 Die Signalhypothese

Sekretorische Proteine werden durch Ribosomen an der cytosolischen Seite des endoplasmatischen Reticulums (ER) synthetisiert und während der Translation durch die ER-Membran in das Lumen des endoplasmatischen Reticulums befördert. In Zellen, die größere Mengen sekretorischer Proteine produzieren, ist die Membran des endoplasmatischen Reticulums mit vielen Ribosomen besetzt (▶*Abbildung 18.28*).

Das wesentliche Kriterium für die Weichenstellung, ob eine Polypeptidkette durch ein Ribosom frei im Cytosol oder am ER synthetisiert und dabei durch die ER-Membran befördert wird, ist die Sequenz der ersten etwa 20 Reste der naszierenden Polypeptidkette. Bei den meisten membrangebundenen und sekretorischen Proteinen kommen diese Aminosäurereste nur in der naszierenden Kette, aber nicht im reifen Protein vor. Diese N-terminale Sequenz von Resten, die von der Polypeptidkette proteolytisch wieder abgespalten wird, nennt man Signalpeptid. Die Signalpeptid-Sequenz dient für die Translationsmaschinerie als Anweisung, dass das Polypeptid durch die ER-Membran geschleust werden soll. Die Signalpeptide der verschiedenen Proteine unterscheiden sich zwar in ihrer Länge und Zusammensetzung, aber sie sind typischerweise zwischen 16 und 30 Reste lang und enthalten vier bis 15 hydrophobe Reste (▶*Abbildung 18.29*).

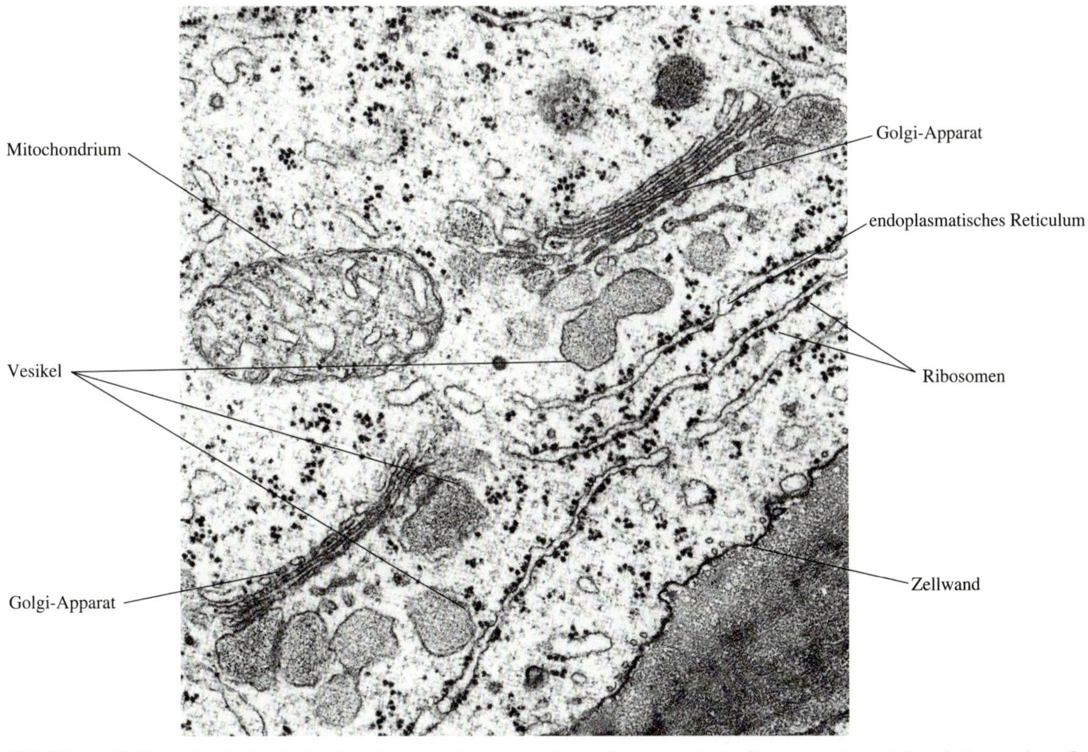

Abbildung 18.28: Sekretorische Vesikel in einer Wurzelhaubenzelle einer Maispflanze. In dieser Zelle schnüren sich große sekretorische Vesikel vom Golgi-Apparat ab. Viele Ribosomen sind auf der cytosolischen Seite an die ER-Membran gebunden.

Prälysozym

$H_3\overset{\oplus}{N}$-Met–Arg–Ser–Leu–Leu–Ile–Leu–Val–Leu–Cys–Phe–Leu–Pro–Leu–Ala–Ala–Leu–Gly↓Gly ~~

Präproalbumin

$H_3\overset{\oplus}{N}$-Met–Lys–Trp–Val–Thr–Phe–Leu–Leu–Leu–Leu–Phe–Ile–Ser–Gly–Ser–Ala–Phe–Ser↓Arg ~~

alkalische Phosphatase

$H_3\overset{\oplus}{N}$-Met–Lys–Gln–Ser–Thr–Ile–Ala–Leu–Ala–Leu–Leu–Pro–Leu–Leu–Phe–Thr–Pro–Val–Thr–Lys–Ala↓Arg ~~

Maltose-bindendes Protein

$H_3\overset{\oplus}{N}$-Met–Lys–Ile–Lys–Thr–Gly–Ala–Arg–Ile–Leu–Ala–Leu–Ser–Ala–Leu–Thr–Thr–Met–Met–Phe–Ser–Ala–Ser–Ala–Leu–Ala↓Lys ~~

OmpA

$H_3\overset{\oplus}{N}$-Met–Lys–Lys–Thr–Ala–Ile–Ala–Ile–Ala–Val–Ala–Leu–Ala–Gly–Phe–Ala–Thr–Val–Ala–Gln–Ala↓Ala ~~

Abbildung 18.29: Signalpeptid-Sequenzen von verschiedenen sekretorischen Proteinen. Hydrophobe Reste sind blau dargestellt. Die Pfeile markieren die Stellen, an denen die Signalpeptide durch die Signalpeptidase abgespalten werden. (OmpA [outer membrane protein A] ist ein bakterielles Membranprotein.)

In Eukaryonten erfolgt die Translokation vieler Proteine, die zur Sekretion bestimmt sind, durch die ER-Membran in das Lumen des endoplasmatischen Reticulums auf dem in ▶*Abbildung 18.30* dargestellten Weg. Zunächst wird im Cytosol ein freier 80S-Initiationskomplex gebildet, der ein Ribosom, ein Met-$tRNA_i^{Met}$-Molekül und ein mRNA-Molekül beinhaltet. Anschließend beginnt das Ribosom mit der Translation der mRNA und synthetisiert das Signalpeptid, das dem N-terminalen Abschnitt der Polypeptidkette entspricht. Sobald die Signalpeptid-Sequenz gebildet wurde und aus dem Ribosom ausgetreten ist, bindet sie an einen Protein-RNA-Komplex, der Signalerkennungspartikel (SRP, engl. *signal recognition particle*) genannt wird.

SRP ist ein kleines Ribonucleoprotein, das aus einem 300 Nucleotide langen RNA-Molekül, das 7SL-RNA genannt wird, und vier Proteinen besteht. SRP erkennt und bindet an die Signalpeptid-Sequenz der wachsenden Kette, wenn diese aus dem Ribosom herauskommt. Infolgedessen wird die Translation angehalten. Der SRP-Ribosom-Komplex bindet nun mit seiner SRP-Komponente an ein SRP-Rezeptorprotein (auch als *Docking Protein* bekannt) auf der cytosolischen Seite der Membran des endoplasmatischen Reticulums. Anschließend wird das Ribosom durch die Bindung an Proteine, die Bestandteile eines Porenkomplexes namens Translocon in der ER-Membran sind, mit der ER-Membran verankert. Das Signalpeptid kann dann in die Pore des Porenkomplexes in der ER-Membran eingeführt werden. Sobald der SRP-Ribosom-Komplex an die Membran gebunden hat, wird die Blockierung der Translation aufgehoben und SRP dissoziiert in einer Reaktion, die mit der Hydrolyse von GTP gekoppelt ist, von dem Komplex ab. Die Rolle des SRP besteht somit darin, die Signalpeptid-Sequenz von naszierenden Polypeptidketten zu erkennen und zu binden, dadurch eine Pause der Translation zu verursachen, den Translationskomplex mit der cytosolischen Seite der ER-Membran zu assoziieren und schließlich an ribosomenbindende Proteine eines Porenkomplexes in der ER-Membran zu übergeben. Nachdem der Translationskomplex an die Membran gebunden wurde, kann die Translation fortgesetzt werden. Dabei wird die wachsende Polypeptidkette durch den Porenkomplex in das Lumen des endoplasmatischen Reticulums hineingeschleust. Das Signalpeptid wird durch eine Signalpeptidase von der naszierenden Polypeptidkette abgespalten. Die Signalpeptidase ist ein integrales Membranprotein, das mit dem Porenkomplex assoziiert vorliegt. Der Transport der Polypeptidkette durch die Membran (Translokation) wird von Chaperonen im Lumen des endoplasmatischen Reticulums unterstützt. Zusätzlich zu ihrer Rolle bei der Proteinfaltung werden Chaperone für die Translokation benötigt. Für ihre Aktivität ist die Hydrolyse von ATP erforderlich. Nach der Termination der Translation löst sich das Ribosom von der ER-Membran ab und zerfällt in seine Komponenten.

nere Peptide gespalten (▶*Abbildung 18.32*). Dieser Prozess läuft sowohl im Cytosol als auch im Zellkern ab. Andere Proteasen katalysieren schließlich die vollständige Hydrolyse der verbleibenden Peptide in die einzelnen Aminosäuren. ATP wird für die Ubiquitinierung des Zielenzyms und für die Hydrolyse des ubiquitinierten Proteins benötigt. Bevor dieser Stoffwechselweg entdeckt wurde, gab es keine Erklärung für die überraschende Beobachtung, dass beim Abbau vieler Proteine ATP verbraucht wird. Die Hydrolyse einer Peptidbindung stellt immerhin eine thermodynamisch begünstigte (exergonische) Reaktion dar.

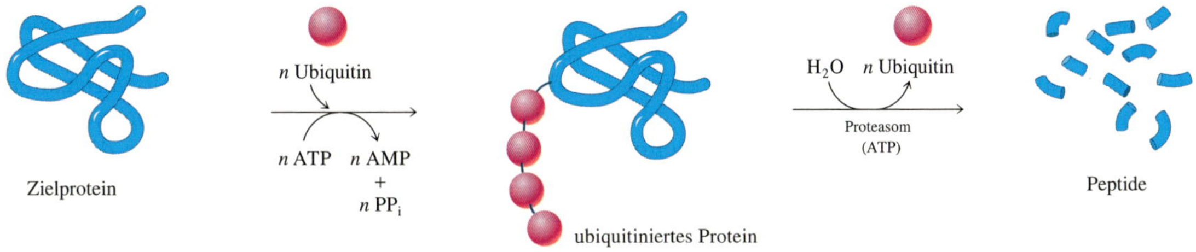

Abbildung 18.32: Ubiquitinierung und Hydrolyse eines Proteins. Ubiquitinierungsenzyme katalysieren die Verknüpfung einer Anzahl von Ubiquitinmolekülen, die häufig zu einer Kette aus kovalent verbundenen Ubiquitinmolekülen aufgereiht werden, mit dem Protein, das für den Abbau markiert werden soll. Die Aktivität des Proteasoms führt zur ATP-abhängigen Hydrolyse des markierten Proteins zu kleineren Peptiden. Das Ubiquitin wird dabei unverändert freigesetzt und kann erneut verwendet werden.

ZUSAMMENFASSUNG

1. Der genetische Code besteht aus nichtüberlappenden Drei-Nucleotide-Codons. Der Code ist eindeutig und degeneriert. Die ersten beiden Nucleotide eines Codons reichen häufig schon aus, um eine spezifische Aminosäure festzulegen. Codons mit ähnlichen Sequenzen spezifizieren chemisch ähnliche Aminosäuren. Es gibt spezielle Codons für die Initiation und die Termination der Polypeptidsynthese.

2. tRNA-Moleküle dienen als Adapter zwischen den Codons in der mRNA und den Aminosäuren im Protein. Alle tRNA-Moleküle besitzen ähnliche Sekundärstrukturen mit jeweils einem Stamm und drei Armen, die zweidimensional als Kleeblattstruktur dargestellt werden können. Die tatsächliche dreidimensionale Tertiärstruktur der tRNA-Moleküle weist allerdings eine L-förmige Gestalt auf. Die Anticodon-Schleife befindet sich an einem Ende der L-förmigen Struktur und der Akzeptor-Stamm am anderen Ende. Während der Translation binden tRNA-Moleküle mit einem zum Codon komplementären Anticodon über Basenpaarungen an das jeweils aktuelle Codon in der mRNA. Die 5′- oder Wobble-Position des Anticodons ist konformativ flexibel.

3. Aminoacyl-tRNA-Synthetasen katalysieren die spezifische Verknüpfung von Aminosäuren mit dem Akzeptor-Stamm der passenden tRNA-Moleküle. Dadurch werden Aminoacyl-tRNA-Moleküle gebildet. Manche Aminoacyl-tRNA-Synthetasen besitzen außerdem eine Korrekturleseaktivität.

4. Ribosomen sind große RNA-Protein-Komplexe, die die Polymerisation von Aminosäuren katalysieren. Als Substrate dienen dabei nicht die freien Aminosäuren, sondern die entsprechenden Aminoacyl-tRNA-Moleküle. Alle Ribosomen bestehen aus zwei Hauptuntereinheiten, einer kleinen und einer großen Untereinheit. Prokaryontische Ribosomen enthalten drei und eukaryontische Ribosomen vier rRNA-Moleküle. Die wachsende Polypeptidkette ist mit einer tRNA verbunden, die sich in der Peptidyl-Stelle (P-Stelle) des Ribosoms befindet. Das Aminoacyl-tRNA-Molekül, das die nächste Aminosäure liefert, die an die wachsende Kette angehängt werden soll, bindet daneben in der Aminoacyl-Stelle (A-Stelle) des Ribosoms.

5. Die Translation beginnt mit der Bildung eines Initiationskomplexes, der aus einer Initiator-tRNA, der mRNA-Matrize, den ribosomalen Untereinheiten und mehreren Initiationsfaktoren besteht. In Prokaryonten erfolgt die Initiation der Translation unmittelbar stromabwärts von spezifischen Sequenzen in der mRNA, die Shine-Dalgarno-Sequenzen genannt werden. In Eukaryonten findet die Translationsinitiation normalerweise an demjenigen AUG-Codon statt, das dem 5′-Ende der mRNA am nächsten liegt. Dieses AUG-Codon wird Initiationscodon genannt.

6. Für die Elongationsschritte der Translation sind zusätzliche Hilfsproteine, die sogenannten Elongationsfaktoren, erforderlich. Ein Elongationszyklus umfasst drei Schritte: die Positionierung eines korrekten Aminoacyl-tRNA-Moleküls in der A-Stelle, die Bildung der neuen Peptidbindung durch die Aktivität der Peptidyltransferase und die Translokation des Ribosoms um ein Codon.

7. Freisetzungsfaktoren erkennen Terminationscodons in der mRNA und katalysieren die Termination der Translation sowie den Zerfall des Translationskomplexes in seine Komponenten.

8. Für die Proteinbiosynthese ist die Energie aus der Hydrolyse von vier Phosphoanhydridbindungen pro Aminosäurerest erforderlich.

9. Die Translation wird unter anderem durch die Bildung von Sekundärstrukturen in der mRNA, die die Geschwindigkeit der Initiation beeinflussen, reguliert. Ribosomale Proteine können zum Beispiel die Translation ihrer eigenen mRNA hemmen, indem sie an solche spezifischen Sekundärstrukturen binden. Die Synthese des Globinanteils von Hämoglobin wird durch die Phosphorylierung eines Initiationsfaktors reguliert. Die Regulation der Expression des *trp*-Operons in *E. coli* erfolgt unter anderem durch Attenuation, bei der die Transkription des Operons über die Translation einer Leadersequenz innerhalb des Operons in der mRNA geregelt wird.

10. Viele Proteine werden posttranslational modifiziert. Einige eukaryontische Proteine, die zur Sekretion aus der Zelle bestimmt sind, enthalten eine N-terminale Signalpeptid-Sequenz. Diese Sequenz dient als Signal, das zum cotranslationalen Transport der wachsenden Polypeptidkette in das endoplasmatische Reticulum führt. Viele membrangebundene und sekretorische Proteine werden posttranslational glycosyliert.

11. In allen lebenden Zellen werden ständig Proteinmoleküle synthetisiert und abgebaut.

AUSGEWÄHLTE LITERATUR

Allgemein

Alberts, B., Hopkin, K. und Johnson, A. D. 2019. *Essential Cell Biology.* New York. W. W. Norton & Co.

Duchene, A.-M. 2016. *Translation in Mitochondria and Other Organelles.* Heidelberg. Springer.

Krebs, J. E., Goldstein, E. S. und Kilpatrick, S. T. 2017. *Lewins GENES XII.* Burlington. Jones and Bartlett Publishers, Inc.

Hernandez, G. und Jagus, R. 2016. *Evolution of the Protein Synthesis Machinery and Its Regulation.* Heidelberg. Springer.

Klug, W. S., Cummings, M. R. und Süpencer, C. 2019. *Concepts of Genetics*, Global Edition. Harlow. Pearson Education Limited.

Liljas, A. und Ehrenberg, H. 2013. *Structural Aspects Of Protein Synthesis (2Nd Edition) (Structural Biology, Band 1).* Singapore. World Scientific.

Aminoacyl-tRNA-Synthetasen

Giegé, R. und Springer, M. 2016. Aminoacyl-tRNA Synthetases in the Bacterial World. *EcoSal Plus.* 7.

Hatfield, D. L., Schweizer, U., Tsuji, P. A. und Gladyshev, V. N. 2018. *Selenium: Its Molecular Biology and Role in Human Health.* Heidelberg. Springer.

Kim, S. 2016. *Aminoacyl-tRNA Synthetases in Biology and Medicine (Topics in Current Chemistry, Band 344).* Heidelberg. Springer.

Melnikov, S. V. und Söll, D. 2019. Aminoacyl-tRNA Synthetases and tRNAs for an Expanded Genetic Code: What Makes them Orthogonal? *Int. J. Mol. Sci.*; 20.

Mirande, M. 2017. The Aminoacyl-tRNA Synthetase Complex. *Subcell. Biochem.* 83:505–522.

Steiner, R. E. und Ibba, M. 2019. Regulation of tRNA-dependent translational quality control. *UBMB Life 71*:1150–1157.

Ribosomen und Translation

Davis, J. H., Williamson, J. R. 2017. Structure and dynamics of bacterial ribosome biogenesis. *Philos. Trans. R. Soc. Lond. B. Biol Sci.*: 372.

Greber, B. J. und Ban, N. 2016. Structure and Function of the Mitochondrial Ribosome. *Annu. Rev. Biochem.* 85:103–132.

Lin, Z. und Wang, L. 2013. *Ribosomes: Molecular Structure, Role in Biological Functions & Implications for Genetic Diseases (Protein Biochemistry, Synthesis, Structure and Cellular Functions).* New York. Nova Science Publishers Inc.

Ramakrishnan, V. 2019. *Gene Machine: The Race to Decipher the Secrets of the Ribosom.* New York. Basic Books.

Rodnina, M. V., Wintermeyer, W. und Green, R. 2016. *Ribosomes Structure, Function, and Dynamics.* Heidelberg. Springer.

Yusupova, G., Yusupov, M. 2017. Crystal structure of eukaryotic ribosome and its complexes with inhibitors. *Philos. Trans. R. Soc. Lond. B. Biol. Sci.*; 372.

Regulation der Translation

Adomavicius, T., Guaita, M., Zhou, Y., Jennings, M. D., Latif, Z., Roseman, A. M., Pavitt, G. D. 2019. The structural basis of translational control by eIF2 phosphorylation. *Nat. Commun.* 10:2136.

Batool, A., Aashaq, S., Andrabi, K. I. 2019. Eukaryotic initiation factor 4E (eIF4E): A recap of the cap-binding protein. *J. Cell. Biochem.* 120:14201–14212.

Dinman, J. D. 2014. *Biophysical approaches to translational control of gene expression (Biophysics for the Life Sciences).* Heidelberg. Springer.

Feng, X., Li, J. and Liu, P. 2018. The Biological Roles of Translation Initiation Factor 3b. *Int. J. Biol. Sci.* 14:1630–1635.

Hershey, J. W. B., Sonenberg, N. und Matthews, M. B. 2012. *Protein Synthesis and Translational Control (Cold Spring Harbor Perspectives in Biology).* New York. Cold Spring Harbor Laboratory Press.

Hinnebusch, A. G., Ivanov, I. P., Sonenberg, N. 2016. Translational control by 5′-untranslated regions of eukaryotic mRNAs. *Science.* 352:1413–1416.

Ito, K. 2016. *Regulatory Nascent Polypeptides.* Heidelberg. Springer.

Jacobson, A. 2017. The moment when translational control had a theory of everything. *Nat. Rev. Mol. Cell. Biol.* 18:344.

Merrick, W. C., Pavitt, G. D. 2018. Protein Synthesis Initiation in Eukaryotic Cells. *Cold Spring Harb. Perspec. Biol.* 10.

Pavitt, G. D. 2018. Regulation of translation initiation factor eIF2B at the hub of the integrated stress response. Wiley Interdiscip. *Rev. RNA.* 9.

Posttranslationale Modifizierung und Proteinabbau

Phillips, A. H. und Kriwacki, R. W. 2019. Intrinsic protein disorder and protein modifications in the processing of biological signals. *Curr. Opin. Struct. Biol.* 60:1–6.

VanDrisse, C. M. und Escalante-Semerena, J. C. 2019. Protein Acetylation in Bacteria. *Annu. Rev. Microbiol.* 73:111–132.

Yang, X. und Qian, K. 2017. Protein O-GlcNAcylation: emerging mechanisms and functions. Nat. Rev. *Mol. Cell Biol.* 18:452–465.

Zheng, N. und Shabek, N. 2017. Ubiquitin Ligases: Structure, Function, and Regulation. *Annu. Rev. Biochem.* 86:129–157.

Abbildungsverzeichnis

Kapitel 1:

Seite 2: oben von links nach rechts: Science Photo Library/Photo Researchers, Inc.; Bettmann/CORBIS; Bettmann/Corbis; mitte von links nach rechts: Science Photo Library/Photo Researchers, Inc.; John Olive; National Library of Medicine; unten von links nach rechts: Corbis; Hulton Archive/Getty Images; © *The Nobel Foundation*; **Seite 3:** oben von links nach rechts: Science Photo Library/Photo Researchers, Inc.; Milton Saier; Lawrence Berkeley National Laboratory; unten von links nach rechts: Dr. L. Caro/Photo Researchers, Inc.; Cold Spring Harbor Laboratory Archives; © *UPI/CORBISBETTMANN.*

Kapitel 2:

Abb. 2.12 (b): Edgar Fahs Smith Memorial Collection.

Kapitel 3:

Abb. 3.17 (b): Lisa A. Shoemaker.

Kapitel 5:

Abb. 5.3: Martina and Dieter Jahn; **Abb. 5.23:** Martina and Dieter Jahn.

Kapitel 7:

Abb. 7.7: Martina and Dieter Jahn; **Abb. 7.12:** Martina and Dieter Jahn; **Abb. 7.15:** Martina and Dieter Jahn; **Abb. 7.17:** Martina and Dieter Jahn; **Abb. 7.18:** Martina and Dieter Jahn; **Abb. 7.19 (c):** H. Larry Scott; **Abb. 7.26:** M. M. Perry.

Kapitel 8:

Abb. 8.6: Phototake NYC; **Abb. 8.7 (a):** Phototake NYC; **Abb. 8.7 (b):** Visuals Unlimited.

Kapitel 9:

Abb. 9.3: Martina and Dieter Jahn; **Abb. 9.6:** Martina and Dieter Jahn; **Abb. 9.11:** Martina and Dieter Jahn; **Abb. 9.12:** Martina and Dieter Jahn; **Abb. 9.13:** Martina and Dieter Jahn; **Abb. 9.14:** Martina and Dieter Jahn; **Abb. 9.15:** Martina and Dieter Jahn; **Abb. 9.16:** Martina and Dieter Jahn; **Abb. 9.31 (b):** Lisa A. Shoemaker.

Kapitel 10:

Abb. 10.1: University of Texas Medical School at Houston (Zhou et al. 2001). Zhou, Z. H., McCarthy, D. B., O'Connor, C. M., Reed, L. J. and Stoops, J. K. 2001. The remarkable structural and functional organization of the eukaryotic pyruvate dehydrogenase complexes. Proc. Natl. Acad. Sci. USA 98:14802–14807. **Abb. 10.2:** University of Texas Medical School at Houston (Zhou et al. 2001) Zhou, Z. H., D. B. McCarthy, C. M. O'Connor, L. J. Reed and J. K. Stoops (2001) The remarkable structural and functional organization of the eukaryotic pyruvate dehydrogenase complexes, *Proc. Natl. Acad. Sci.* USA 98, 14802–14807.

Kapitel 11:

Abb. 11.19: Martina and Dieter Jahn; **Abb. 11.20:** Martina and Dieter Jahn; **Abb. 11.21:** Martina and Dieter Jahn.

Kapitel 12:

Abb. 12.5 (b): Corbis R. F.; **Abb. 12.14:** Michelle Liberton, Howard Berg, and Himadri Pakrasi, of the Donald Danforth Plant Science Center and of Washington University, St. Louis; **Abb. 12.16 (b):** Lisa A. Shoemaker; **Abb. 12.17:** Lisa A. Shoemaker; **Abb. 12.27:** Martina and Dieter Jahn; **Abb. 12.28:** Martina and Dieter Jahn.

Kapitel 14:

Abb. 14.1: Phototake NYC.

Kapitel 16:

Abb. 16.10: Lisa A. Shoemaker; **Abb. 16.16:** Lisa A. Shoemaker; **Abb. 16.19:** Lisa A. Shoemaker; **Abb. 16.24:** Lisa A. Shoemaker; **Abb. 16.26:** Lisa A. Shoemaker; **Abb. 16.32:** Lisa A. Shoemaker; **Abb. 16.34:** Lisa A. Shoemaker; **Abb. 16.38:** Lisa A. Shoemaker; **Abb. 16.39:** Lisa A. Shoemaker; **Abb. 16.40 (c):** Lisa A. Shoemaker; **Abb. 16.41:** Lisa A. Shoemaker; **Abb. 16.42:** Lisa A. Shoemaker; **Abb. 16.43 (a):** Lisa A. Shoemaker; **Abb. 16.43 (b):** Institute of Molecularbiology and Biophysics. Yamada et al. 2002. Molecular Cell 10:671. Figure 4b (right), with permission from Elsevier.

Kapitel 17:

Abb. 17.2: From Murakami et al., *Science* 296: 1285–1290 (2002) Fig5A (left) American Association for the Advancement of Science; 638, Oscar L.Miller, Jr.; **Abb. 17.6:** Lisa A. Shoemaker; **Abb. 17.8:** Lisa A. Shoemaker; **Abb. 17.10:** Lisa A. Shoemaker; **Abb. 17.11:** Lisa A. Shoemaker; **Abb. 17.13 (a):** Lisa A. Shoemaker; **Abb. 17.13 (b):** Lisa A. Shoemaker; **Abb. 17.16 (a):** Lisa A. Shoemaker; **Abb. 17.16 (b):** Lisa A. Shoemaker; **Abb. 17.16 (c):** Lisa A. Shoemaker; **Abb. 17.21:** Lisa A. Shoemaker; **Abb. 17.24:** Lisa A. Shoemaker.

Kapitel 18:

Abb. 18.11: David Goodsell; **Abb. 18.12:** Stanford U School Of Medicine. Joseph D. Puglisi et al. 2000. Approaching translation at atomic resolution. *Nature Structural Biology* 7:855–861; **Abb. 18.13 (a):** Lisa A. Shoemaker; **Abb. 18.15:** Lisa A. Shoemaker; **Abb. 18.17:** Lisa A. Shoemaker; **Abb. 18.18:** Lisa A. Shoemaker; **Abb. 18.20:** Lisa A. Shoemaker; **Abb. 18.22:** Martina and Dieter Jahn; **Abb. 18.27:** Lisa A. Shoemaker; **Abb. 18.28:** H. H. Mollenhauer/USDA; **Abb. 18.30:** Lisa A. Shoemaker.

Stichwortverzeichnis

Numerics

A

D

E

F

G

H

I

J

K

L

M

N

O

P

Q

R

S

T